## SI Prefixes

| Multiplication Factor | Prefix† | Symbol |
|---|---|---|
| 1 000 000 000 000 = $10^{12}$ | tera | T |
| 1 000 000 000 = $10^{9}$ | giga | G |
| 1 000 000 = $10^{6}$ | mega | M |
| 1 000 = $10^{3}$ | kilo | k |
| 100 = $10^{2}$ | hecto‡ | h |
| 10 = $10^{1}$ | deka‡ | da |
| 0.1 = $10^{-1}$ | deci‡ | d |
| 0.01 = $10^{-2}$ | centi‡ | c |
| 0.001 = $10^{-3}$ | milli | m |
| 0.000 001 = $10^{-6}$ | micro | $\mu$ |
| 0. 000 000 001 = $10^{-9}$ | nano | n |
| 0.000 000 000 001 = $10^{-12}$ | pico | p |
| 0.000 000 000 000 001 = $10^{-15}$ | femto | f |
| 0.000 000 000 000 000 001 = $10^{-18}$ | atto | a |

† The first syllable of every prefix is accented so that the prefix will retain its identity. Thus, the preferred pronunciation of kilometer places the accent on the first syllable, not the second.

‡ The use of these prefixes should be avoided, except for the measurement of areas and volumes and for the nontechnical use of centimeter, as for body and clothing measurements.

## Principal SI Units Used in Mechanics

| Quantity | Unit | Symbol | Formula |
|---|---|---|---|
| Acceleration | Meter per second squared | ⋯ | $m/s^2$ |
| Angle | Radian | rad | † |
| Angular acceleration | Radian per second squared | ⋯ | $rad/s^2$ |
| Angular velocity | Radian per second | ⋯ | rad/s |
| Area | Square meter | ⋯ | $m^2$ |
| Density | Kilogram per cubic meter | ⋯ | $kg/m^3$ |
| Energy | Joule | J | N · m |
| Force | Newton | N | $kg \cdot m/s^2$ |
| Frequency | Hertz | Hz | $s^{-1}$ |
| Impulse | Newton-second | ⋯ | kg · m/s |
| Length | Meter | m | ‡ |
| Mass | Kilogram | kg | ‡ |
| Moment of a force | Newton-meter | ⋯ | N · m |
| Power | Watt | W | J/s |
| Pressure | Pascal | Pa | $N/m^2$ |
| Stress | Pascal | Pa | $N/m^2$ |
| Time | Second | s | ‡ |
| Velocity | Meter per second | ⋯ | m/s |
| Volume, solids | Cubic meter | ⋯ | $m^3$ |
| Liquids | Liter | L | $10^{-3}$ $m^3$ |
| Work | Joule | J | N · m |

† Supplementary unit (1 revolution = $2\pi$ rad = 360°).

‡ Base unit.

Beer의 알기 쉬운

# 재료역학

MECHANICS OF MATERIALS SI Units

McGraw-Hill Education

Core 시리즈 05

## 역자 소개

**백태현** 군산대학교 기계자동차공학부 명예교수
**정현조** 원광대학교 기계공학과 교수

McGraw-Hill Education
Core 시리즈 05

MECHANICS OF MATERIALS SI Units

FERDINAND P. BEER

백태현 • 정현조 편역

# Beer의 알기 쉬운 재료역학

Mc Graw Hill Education

Mechanics of Materials SI Units(Core version)



1 2 3 4 5 6 7 8 9 10 MHE-KOREA 20 18

Original: Mechanics of Materials, sixth edition(Global Edition)
By Ferdinand P. Beer, E. Russell Johnston, Jr.
John T. Dewolf, David F. Mazurek
ISBN 978-0-07-131439-8

**Korean ISBN 979-11-321-0156-7 93550**

**Printed in Korea**

McGraw-Hill Education
Core 시리즈 05

Beer의 **알기 쉬운 재료역학**(SI)

발 행 일 / 2018년 1월 4일 발행
저 자 / Ferdinand P. Beer
편 역 / 백태현, 정현조
발 행 인 / 신디존스(CINDY JONES)
발 행 처 / 맥그로힐에듀케이션코리아 유한회사
주 소 / 서울시 마포구 양화로 45, 8층 801호
(서교동, 메세나폴리스)
전 화 / (02)325-2351
등록번호 / 제 2013-000122호(2012.12.28)

ISBN: 979-11-321-0156-7

판 매 처 / (주)경문사
문 의 / 02)332-2004
정 가 / 32,000원

# 역자 머리말

이 책은 비어(Ferdinand P. Beer)와 존스톤(E. Russell Johnston, Jr.) 교수 등이 저술한 재료역학(Mechanics of Materials, Global 6th Edition, McGraw Hill Education) 중에서 학부 입문과정 학생들에게 한 학기에 강의할 수 있는 내용을 발췌하여 번역한 것이다.

재료역학(Mechanics of Materials) 또는 고체역학(Solid Mechanics)은 자동차, 항공, 조선공학을 포함한 기계공학, 더 나아가 재료, 건축 및 토목공학의 주요 핵심 교과목 중의 하나이다. 재료역학에서 다루는 내용은 기계 및 구조물의 부재에 외력이 작용할 때 발생되는 변형과 응력에 관한 사항이며, 공학설계에 필요한 필수 기본역학 중의 하나이다. 각 장은 이론 설명을 위한 절과 공학문제 풀이에 필요한 예제와 연습문제들로 구성되었다. 별표( * )로 표시된 절은 상급과정에 다룰 내용도 포함되어 있으므로 입문과정 학생들을 대상으로 강의할 경우, 고급과정으로 미룰 수 있다. 특히, 각 장에서는 컴퓨터 프로그램을 이용하여 풀 수 있는 컴퓨터 활용 문제들도 포함되어 있다. 이들 문제는 "**공학인증 과정에서 요구되는 설계프로젝트로 활용**"될 수 있다.

역자들은 공과대학에서 다년간 재료역학을 강의하면서 학생들이 쉽게 이해할 수 있도록 원저의 내용을 정확하고 알맞게 번역하고자 노력하였다. 그러나 뜻하지 않은 오류도 있을 수 있고 미숙한 표현도 많으리라 생각한다. 잘못된 곳을 지적해 주시면 기꺼이 수정/보완할 예정이다.

용어는 가급적 대한기계학회 및 관련 전문학회의 용어집에 따랐으며, 어색한 표현은 영어를 병기하여 의미가 정확히 전달되도록 하였다. 그 외에는 공학적으로 사용되는 관용어에 따랐다. 아무쪼록 이 책이 학부 초급 학년생들이 재료역학을 쉽게 이해하고, 또한 산업분야에 종사하는 모든 공학인에게 좋은 교재와 기본 참고서로 애용되기를 바란다.

본서의 여러 장점의 하나는 "**파워포인트 및 연습문제 풀이에 관한 강의용 보조자료**"가 완벽하게 준비되어 있으므로 강의담당 교수가 출판사에 요청하면 언제라도 제공받을 수 있다.

마지막으로 〈Core 시리즈 Beer의 알기 쉬운 재료역학〉 발간 제의를 흔쾌히 받아들이고 어려운 편집 과정을 맡아 주신 맥그로힐에듀케이션코리아 대학교재 담당인 윤도경 이사와 송은영 이사 외 관계자 여러분께 깊은 감사를 드린다.

2017년 8월 역자일동

## About the Authors

# 저자에 관하여

### Ferdinand P. Beer

프랑스 태생으로 소르본느대학에서 석사학위, 그리고 스위스 제네바대학에서 이론역학 분야의 박사학위를 취득하였다. Beer 교수는 리하이대학(Lehigh University) 교수로 부임하여 37년간 강의하였으며, 대학 석좌교수, 기계공학과 학과장 등 중요 직책을 맡았다. 이러한 공로로 1995년 리하이대학에서 명예공학박사 학위를 수여받았다.

### E. Russell Johnston, Jr.

필라델피아 태생으로 델라웨어대학(University of Delaware)에서 토목공학 학사, 그리고 MIT에서 구조역학 분야의 박사학위를 취득하였다. Johnston 교수는 코네티컷대학(University of Connecticut) 교수로 부임, 26년간 토목공학과 학과장으로 재직하였다. 1991년 미국토목공학회가 수여하는 코네티컷 지역 최우수 토목공학인상을 수상하였다.

### John T. Dewolf

DeWolf 교수는 하와이대학(University of Hawii)에서 공학사를, 그리고 코넬대학(Cornell University)에서 구조공학 전공으로 석사와 박사학위를 받았다. DeWolf 교수는 Connecticut 기술사시험위원회(Board of Examiners for Professional Engineers) 위원이며, 2006년에는 Connecticut 대학의 교육위원(Teaching Fellow)으로 선정되었다.

### David F. Mazurek

Mazurek 교수는 플로리다 기술대학(Florida Institute of Technology)에서 해안공학 전공으로 학사학위, 토목공학 전공으로 석사학위를, 그리고 코네티컷대학에서 토목공학 전공으로 박사학위를 받았다. Mazurek 교수는 17년 동안 미국 도로협회 강구조 철도공학 및 보수 위원회로 활동하였으며, 관심분야는 방폭(blast resistant), 구조과학수사(structural forensics), 그리고 교량공학(bridge engineering) 등이다.

Characteristics of a textbooks

# 교재의 특징

### 목표

이 교재는 재료/고체역학 또는 재료강도학을 처음 접하는 학부 저학년 학생들과 전문대학생들이 재료역학 기초과정을 습득할 수 있는 목표로 쓰였다.

### 학습방법

이 교재에서 재료역학 학습은 기본개념 이해와 간단한 모델 사용을 바탕으로 하였다. 부재에 작용하는 내력 또는 외력을 결정하기 위해 "자유물체도"의 "그림을 이용한 방정식"을 사용하여 학생들이 관련된 부재의 응력과 변형을 쉽게 이해할 수 있도록 하였다.

### 각 장의 구성

각 장의 서론에서 목적과 목표를 설정하고, 공학문제 해결을 위한 과정을 아래의 절차에 따라 습득할 수 있도록 하였다.

**예제 및 기초문제.** 이론에 관한 절의 내용을 이해하고 공학문제를 푸는데 필요한 적용 사례를 들기 위해 예제와 기초문제들이 포함되어 있다.

**연습문제.** 연습문제는 공학적인 문제에 관한 것으로 기본적으로 재료역학에 사용된 기본 원리를 이해할 수 있도록 하였다. 연습문제 정답은 교재의 뒷부분에 수록하였다.

**복습 및 요약.** 각 장의 마지막에 배운 내용을 복습할 수 있도록 요약하였다. 학생들이 쉽게 이해할 수 있도록 해당되는 그림도 나타냈다.

**복습문제.** 각 장의 끝에 배운 내용을 이해하고 적용할 수 있도록 복습문제를 수록하였다.

**컴퓨터 활용문제.** 각 장 마지막의 컴퓨터 활용문제는 학생들에게 두 가지 사항, 즉 적용할 역학 원리를 더 잘 이해할 수 있고, 컴퓨터 프로그램 작성 과정에서 얻은 기술을 의미 있는 공학문제 풀이에 적용할 수 있는 기회를 부여할 것이다. 이들 문제는 "**공학인증 과정에서 요구되는 설계 프로젝트**"로 활용할 수 있다.

### 강의 보조자료(교수용)

**연습문제 풀이집.** 본 교재의 강의 교수용 연습문제 풀이집은 사용에 편리하도록 각 문제의 풀이가 한 페이지로 되어 있다.

**강의용 파워포인트 자료.** 이 자료는 수업시간에 학생들에게 강의할 수 있는 각 장 내용과 개념 문제, 그리고 예제 등이 포함되어 있다. 출판사에 요청하면 "**영문과 한글 파워포인트**"를 제공받을 수 있다.

## List of Symbols
# 기호 목록

| | |
|---|---|
| $a$ | 상수; 거리 |
| $\mathbf{A}, \mathbf{B}, \mathbf{C}, \cdots$ | 힘; 반력 |
| $A, B, C, \cdots$ | 점 |
| $A, \mathcal{A}$ | 면적 |
| $b$ | 거리; 폭 |
| $c$ | 상수; 거리; 반지름 |
| $C$ | 도심 |
| $C_1, C_2, \cdots$ | 적분상수 |
| $C_P$ | 기둥 안정도 계수 |
| $d$ | 거리; 지름; 깊이 |
| $D$ | 지름 |
| $e$ | 거리; 편심; 팽창 |
| $E$ | 탄성계수 |
| $f$ | 주파수; 함수 |
| $\mathbf{F}$ | 힘 |
| F.S. | 안전계수 |
| $G$ | 강성계수, 전단탄성계수 |
| $h$ | 거리; 높이 |
| $\mathbf{H}$ | 힘 |
| $H, J, K$ | 점 |
| $I, I_x, \cdots$ | 관성모멘트 |
| $I_{xy}, \cdots$ | 관성곱 |
| $J$ | 극관성모멘트 |
| $k$ | 스프링상수; 형상계수; 체적 탄성계수; 상수 |
| $K$ | 응력집중계수; 비틀림 스프링 상수 |
| $l$ | 길이; 스팬 |
| $L$ | 길이; 스팬 |
| $L_e$ | 유효길이 |
| LRFD | 하중저항계수 설계법 |
| $m$ | 질량 |
| $\mathbf{M}$ | 우력 |
| $M, M_x, \cdots$ | 굽힘모멘트 |
| $M_D$ | 사하중 굽힘모멘트(LRFD) |
| $M_L$ | 활하중 굽힘모멘트(LRFD) |
| $M_U$ | 극한하중 굽힘모멘트(LRFD) |
| $n$ | 수; 탄성계수비; 수직방향 |
| $p$ | 압력 |
| $\mathbf{P}$ | 힘; 집중하중 |
| $P_D$ | 사하중(LRFD) |
| $P_L$ | 활하중(LRFD) |
| $P_U$ | 극한 하중(LRFD) |
| $q$ | 단위길이당 전단력; 전단흐름 |
| $\mathbf{Q}$ | 힘 |
| $Q$ | 1차 면적 모멘트 |
| $r$ | 반지름; 회전반지름 |
| $\mathbf{R}$ | 힘; 반력 |
| $R$ | 반지름; 파단계수 |
| $s$ | 길이 |
| $S$ | 탄성단면계수 |
| $t$ | 두께; 거리; 접선편차 |
| $\mathbf{T}$ | 토크(회전력) |
| $T$ | 온도 |
| $u, v$ | 직교좌표성분 |
| $u$ | 변형률 에너지 밀도 |

| | |
|---|---|
| $U$ | 변형률 에너지 ; 일 |
| v | 속도 |
| V | 전단력 |
| $V$ | 체적 ; 전단력 |
| $w$ | 폭 ; 거리 ; 단위길이당 하중 |
| **W**, $W$ | 무게, 하중 |
| $x, y, z$ | 직교좌표계 ; 거리 ; 변위 ; 처짐(휨) |
| $\bar{x}, \bar{y}, \bar{z}$ | 도심좌표 |
| Z | 소성단면계수 |
| $\alpha, \beta, \gamma$ | 각도 |
| $\alpha$ | 열팽창계수 ; 영향계수 |
| $\gamma$ | 전단변형률 ; 비중량 |
| $\gamma_D$ | 하중계수, 정하중(LRFD) |
| $\gamma_L$ | 하중계수, 동하중(LRFD) |
| $\delta$ | 변형 ; 변위 |
| $\epsilon$ | 수직변형률 |
| $\theta$ | 각도 ; 기울기 |
| $\lambda$ | 방향여현 |
| $\nu$ | 푸아송 비 |
| $\rho$ | 곡률반지름 ; 거리 ; 밀도 |
| $\sigma$ | 수직응력 |
| $\tau$ | 전단응력 |
| $\phi$ | 각도 ; 회전각 ; 저항계수 |
| $\omega$ | 각속도 |

CONTENTS

# 차례

CHAPTER

# 1

# 응력의 개념

## Concept of Stress

이 장에서는 굴삭기에 포함되어 있는 2력 부재, 축, 그리고 볼트 및 핀과 같은 여러 구조 요소들에 발생되는 응력에 관한 사항을 배운다.

## 1.1 서론



재료역학 학습의 주목적은 예비 엔지니어로서 각종 기계와 하중 지지 구조물을 해석하고 설계하는 방법을 익히도록 하는 데 있다.

구조물의 해석과 설계에는 모두 **응력**(stress)과 **변형**(deformation)을 동반한다. 이 장에서는 응력에 대한 개념을 살펴보기로 한다. 1.1절 서론에 이어, 1.2절에서는 구조물 부재에 발생되는 응력의 개념을 소개하고, 부재에 작용하는 하중에 의해 응력을 어떻게 결정할 수 있는지 알아 본다.

1.3절에서는 축방향 하중을 받는 부재 내부에 발생되는 **수직응력**(normal stress), 1.4절에서는 횡방향의 힘(transverse force)에 의한 **전단응력**(shearing stress), 그리고 1.5절에서는 부재들 사이 핀이나 볼트의 연결 상태에서 발생되는 **지압응력**(bearing stress)에 대해 설명한다. 1.6절에서는 간단한 구조물을 대상으로 부재 내에 발생되는 여러 응력들을 어떻게 계산하는지 알아보고, 1.7절에서는 공학적 간단한 설계의 예에 관해 설명한다. 1.1절에서 1.7절까지 배운 내용을 연습할 수 있도록 P1A 연습문제에 수록하였다.

1.8절에서는 축방향하중 즉, 인장 또는 압축만을 받는 **2력부재**(two-force member)를 다시 고려하여 **경사면**(oblique plane)의 응력은 **수직응력**과 **전단응력**이 함께 발생된다는 사항을 알아보고, 1.9절에서는 일반 하중상태에서 3차원 물체의 한 점에 관한 응력상태를 표현하기 위해 **여섯 개의 성분**(six components)이 필요함을 알게 될 것이다. 1.10절에서는 주어진 재료의 시험편으로부터 **극한강도**(ultimate strength)를 결정하기 위한 방법과 그 재료로 만든 부재의 **허용하중**(allowable load)을 계산하기 위한 **안전계수**(safety factor)를 설정하는 방법에 대해 설명한다. 1.8절에서 1.10절까지 배운 내용을 연습할 수 있도록 P1B 연습문제에 수록하였다.

마지막으로, 제1장 복습 및 요약, P1C 복습문제, 그리고 P1D 컴퓨터 활용문제를 수록하여 1장에서 배운 내용을 정리하여 요약하고 컴퓨터프로그램의 작성 및 이를 활용하여 다양한 문제를 해결할 수 있도록 하였다.

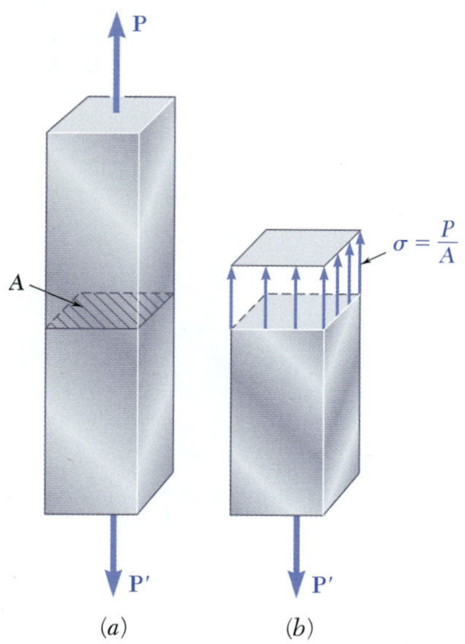

그림 1.1 축방향 하중을 받는 부재

## 1.2 구조물 부재의 응력

단위면적 당 작용하는 힘, 또는 주어진 단면에 분포된 힘의 세기를 그 단면의 **응력**(stress)라 한다. 응력이 단면에 수직으로 작용할 때 이를 수직응력이라 하고, 그리스 문자 $\sigma$(sigma)로 표시한다. 그러므로 단면적 $A$인 부재가 **축방향하중**(axial load) **P**를 받을 때의 응력은 하중 $P$를 면적 $A$로 나누어서 얻는다(그림 1.1).

$$\sigma = \frac{P}{A} \tag{1.1}$$

이 응력이 양(+)의 부호를 가지면 인장응력(부재의 인장), 그리고 음(−)의 부호를 가지면 압축응력(부재의 압축)을 나타낸다.

응력 단위로 국제표준인 SI 단위계(International System of Units)를 사용할 경우, $P$는 뉴턴(N), $A$는 제곱미터($m^2$), 그리고 수직응력 $\sigma$는 $N/m^2$로 나타내며, 이 단위를 파스칼(Pa)이라 한다. 파스칼은 매우 작은 값이므로 실제로는 킬로파스칼(kPa), 메가파스칼(MPa), 또는 기가파스칼(GPa) 단위로 사용하며, 각 단위는 다음 관계를 갖는다.†

$$1\ \text{kPa} = 10^3\ \text{Pa} = 10^3\ \text{N/m}^2$$
$$1\ \text{MPa} = 10^6\ \text{Pa} = 10^6\ \text{N/m}^2$$
$$1\ \text{GPa} = 10^9\ \text{Pa} = 10^9\ \text{N/m}^2$$

참고로, 미국 관용단위계인 USCS(U.S. Customary Systems of Units)에서는 하중 $P$는 파운드(lb) 또는 킬로파운드(kip), 그리고 면적 A는 제곱인치($in^2$)를 사용한다. 그러므로 응력 $\sigma$는 psi($lb/in^2$) 또는 ksi($kip/in^2$)으로 나타낸다.

## 1.3 축방향 하중과 수직응력

앞 절의 그림 1.1에서 부재의 양 끝에 **P**와 **P**′가 작용하고 있다. 두 개의 힘은 부재의 축방향으로 작용하므로 이를 **축방향 하중**(axial loading) 상태에 있다고 한다. 축방향 하중 상태의 구조물 부재에 대한 실례로 사진 1.1의 지붕구조 트러스의 부재가 해당된다.

그림 1.1(b)와 같이 부재 내의 내력은 단면에 수직이며, 그에 연관되는 응력은 **수직응력**(normal stress)이다. 따라서 식 (1.1)를 이용하여 **축방향 하중을 받는 부재의 수직응력**을 계산할 수 있다.

$$\sigma = \frac{P}{A} \tag{1.1}$$

식 (1.1)에서 수직응력 $\sigma$는 단면에 분포되어 있는 내력의 합력인 $P$를 단면적 $A$로 나눈 것으로 이는 단면의 어느 특정한 지점에서의 응력이 아니라 단면 전체에 대한 응력의 **평균값**(average)을 나타낸다.

† 역학에 사용되는 기본 SI 단위계가 이 교재의 앞표지의 뒷면에 수록되어 있다.

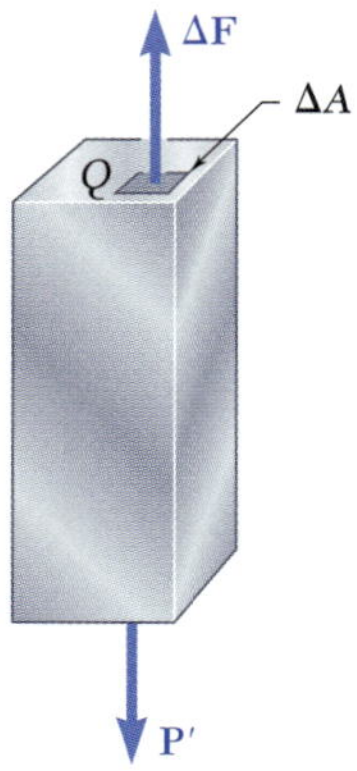


그림 1.2

**사진 1.1** 지붕구조 트러스는 인장, 또는 압축을 받는 2력 부재로 구성되어 있다(인천국제공항).

단면에 주어진 점 $Q$에서의 응력을 정의하기 위해서는 미소면적 $\Delta A$를 고려해야 한다(그림 1.2). $\Delta\mathbf{F}$의 값을 $\Delta A$로 나누어 $\Delta A$에 분포되어 있는 응력의 평균값을 얻을 수 있고, $\Delta A$를 0으로 수렴시키면 점 $Q$에서의 발생되는 응력을 얻을 수 있다.

$$\sigma = \lim_{\Delta A \to 0} \frac{\Delta F}{\Delta A} \tag{1.2}$$

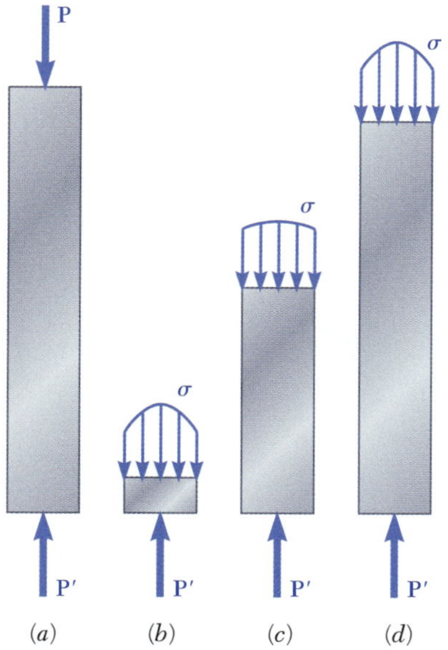


**그림 1.3** 축방향하중 작용시 위치가 다른 단면의 응력분포

일반적으로, 주어진 점 $Q$에서의 응력 $\sigma$에 대한 값은 식 (1.1)에 의해 계산된 값과 다르게 나타나며, $\sigma$는 단면에 걸쳐 다른 값을 갖는다. 그림 1.3$a$에서와 같은 가느다란 봉에 크기가 같고 방향이 반대인 집중하중 $\mathbf{P}$와 $\mathbf{P}'$가 작용하는 경우에는 집중하중이 작용하는 점에서 멀리 떨어진 지점에서의 응력분포의 변화는 작으나(그림 1.3$c$), 집중하중의 작용점 부근에서는 응력분포의 변화가 매우 크다는 것을 유의해야 한다(그림 1.3$b$와 $d$).

식 (1.2)를 사용하여 등가 집중력 $dF$를 전 단면에 대해 적분하면 분포된 내력의 합력을 다음과 같이 구할 수 있다.

$$\int dF = \int_A \sigma \, dA$$

그러나 그림 1.3에서의 봉의 각 부분에 대한 평형방정식으로부터 이 크기는 집중하중 $P$의 크기와 같다는 것을 알 수 있다. 따라서 하중의 크기는 식 (1.3)과 같이 나타낼 수 있다.

$$P = \int dF = \int_A \sigma \, dA \tag{1.3}$$

그림 1.3에 나타낸 임의 단면에서의 응력분포도로부터 단면 두께방향을 고려한 응력체적(화살표가 그려진 부분의 면적과 응력의 곱)은 하중 $P$의 크기와 같아야 한다는 것을 의미한다. 이는 봉의 여러 단면에 발생된 수직응력의 분포를 고려하여, 정역학적 지식을 적용하여 얻을 수 있는 유일한 정보이다. 그러나 주어진 임의 단면에서 응력의 실제 분포는 평형방정식만으로 계산하는 것이 곤란하므로 변형에 관한 적합 방정식이 필요하게 되므로 **부정정**(statically indeterminate) 문제이다. 이러한 분포에 관한 상세 사항은 봉의 끝 부분에 적용된 하중상태에 따른 변형이 고려되어야 한다. 이에 관해서는 제 2장에서 상세히 다룰 것이다.

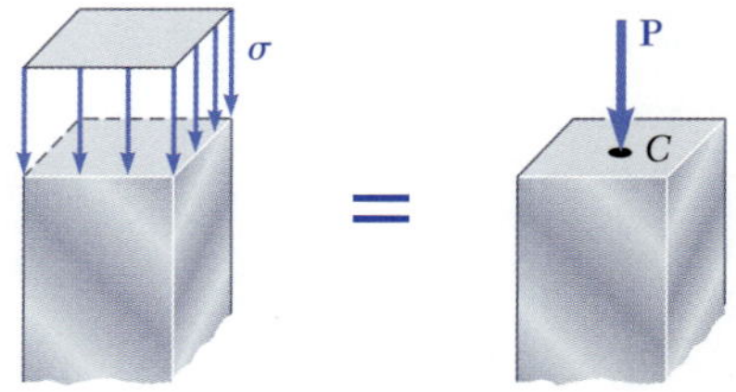

그림 1.4

실제로, 축방향 하중을 받는 부재에 있어서 수직응력 분포는 하중의 작용점의 인근을 제외하면 균일하다고 가정할 수 있다. 그럴 경우 $\sigma$의 값은 $\sigma_{\text{ave}}$와 같으며, 식 (1.1)과 같이 계산할 수 있다. 단면의 응력 분포가 균일하다고 가정한다면, 단면에서 내력도 균등하게 분포된다고 할 수 있다. 이 경우, 내력의 합력 **P**는 단면의 도심 $C$에 작용해야 한다는 정역학 기초이론을 적용할 수 있다(그림 1.4). 이는 **단지 집중하중 P와 P′가 단면의 도심에 작용할 경우에만 균일한 응력분포가 가능하다는 것**을 의미한다(그림 1.5). 이런 형태의 하중을 **중심하중**(centric loading)이라 부르며, 트러스와 핀 연결 구조물에서 인장 또는 압축만을 받는 2력부재에 적용될 수 있다.

그러나 그림 1.6$a$와 같이 2력 부재에 축방향 하중이 **편심하중**(eccentric loading)으로 작용할 경우, 그림 1.6$b$에서 나타낸 부재의 일부에 대한 평형조건으로부터, 주어진 단면의 내력은 단면의 도심에 작용하는 하중 **P**와 우력 **M**($M = Pd$)

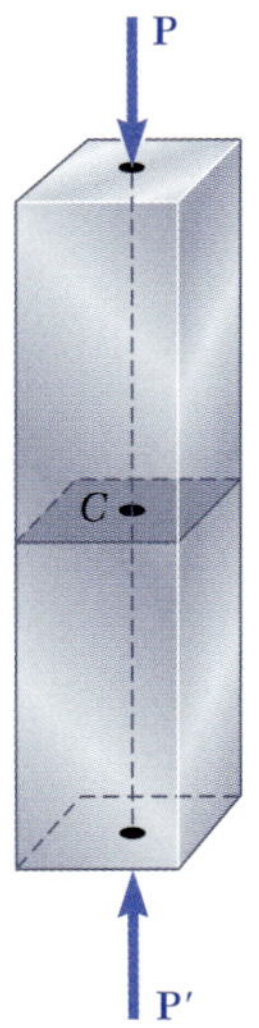

그림 1.5 중심하중

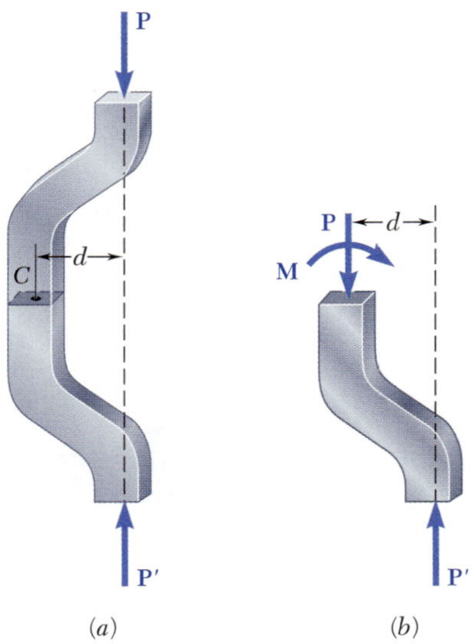

그림 1.6 편심하중

이 된다. 힘의 분포와 이에 따른 응력의 분포는 **균일하지 않다**. 뿐만 아니라 응력의 분포가 그림 1.3과 같이 **대칭일 수도 없다**. 이러한 점은 제 4장에서 자세히 다룰 것이다.

## 1.4 전단응력

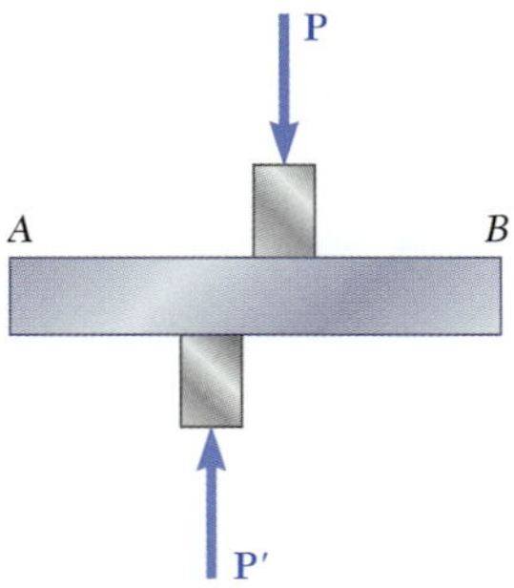

**그림 1.7** 횡방향 하중을 받는 부재

앞절에서 다룬 내력과 이에 따른 응력은 적용단면에 수직이었다. 그림 1.7과 같이 부재 *AB*에 횡방향 하중 **P** 및 **P**′가 적용될 경우에 지금까지와는 매우 다른 형태의 응력이 발생한다. 즉, 그림 1.8*a*와 같이 두 하중 작용점 사이의 점 *C*에서 단면을 절단하면, 그림 1.8*b*와 같이 부재의 *AC*부분에 대한 자유물체도를 얻을 수 있다. 절단면에는 당연히 내력이 존재하며, 이 합력은 외력 **P**와 같다. 이러한 내력을 **전단력**(shearing force)이라고 하며, 단면에 접선방향으로 작용한다. 전단력 *P*를 단면적 *A*로 나누면, 단면에서의 **평균 전단응력**(average shearing stress)을 얻을 수 있다. 전단응력을 그리스 문자 $\tau$(tau)로 표시하며, 다음과 같이 나타낸다.

$$\tau_{\text{ave}} = \frac{P}{A} \tag{1.4}$$

여기서 구한 값은 전체 단면에 걸친 전단응력의 평균값이라는 사실을 명심해야 한다. 앞에서 살펴본 수직응력과는 달리 단면에 걸친 전단응력의 분포는 **균일하다고 가정할 수 없다**. 앞으로 제 6장에서 다루게 되겠지만, 실제적인 전단응력 $\tau$의 값은 부재의 표면에서는 0이며 도심을 지나는 중립축에서는 평균값 $\tau_{\text{ave}}$보다 훨씬 큰 최대값 $\tau_{\max}$까지 변한다.

전단응력은 여러 구조물 부재나 기계부품의 결합을 위해 사용되는 볼트, 핀, 그리고 리벳 등에서 흔히 발생된다(사진 1.2). 볼트 *CD*에 의해서 결합된 두 개의 인장판 *A*와 *B*를 고려해 보자(그림 1.9). 만일 두 개의 평판이 힘의 크기가 *F*인 인장

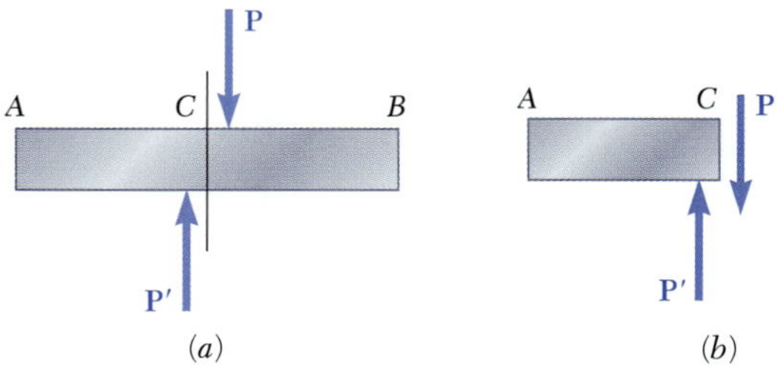

**그림 1.8**

**사진 1.2** 전단력이 발생되는 볼트 연결부 단면

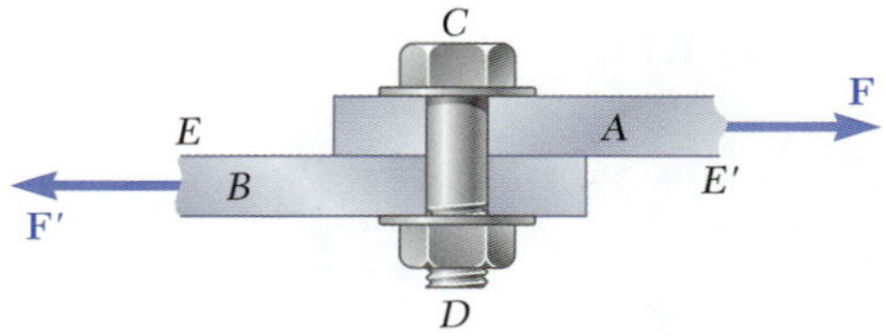


**그림 1.9** 단일전단을 받는 볼트

력을 받고 있다면, 볼트 단면 $EE'$에서 응력이 발생할 것이다. 볼트 $EE'$ 면의 윗 부분에 대한 자유물체도를 그리면(그림 1.10*b*), 그 단면에서 정적 평형조건으로부터 전단력 $P$는 $F$와 같음을 알 수 있다. 단면에서 평균 전단응력은 식 (1.4)과 같이 전단력 $P = F$를 단면적 $A$로 나누어서 얻는다.

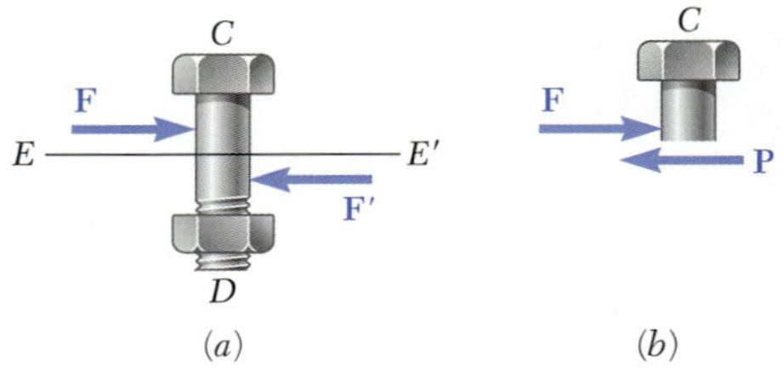


**그림 1.10** 단일전단을 받는 볼트의 자유물체도

$$\tau_{\text{ave}} = \frac{P}{A} = \frac{F}{A} \tag{1.5}$$

위에서 고려한 형태의 볼트는 **단일전단**(single shear) 상태에 있다고 한다. 물론 다른 하중 형태에서도 발생한다. 예를 들어, 겹침판 $C$와 $D$가 판 $A$와 $B$를 연결하는 데 사용된다면(그림 1.11), 볼트 $HJ$는 두 평면 $KK'$와 $LL'$에서 각각 전단이 발생한다(또한, 볼트 $EG$에서도 유사하다). 이 볼트들은 **이중전단**(double shear) 상태에 있다고 한다. 각 단면에서의 평균 전단응력을 계산하기 위하여, 볼트 $HJ$와 두 평면 사이에 위치한 볼트 부분에 대한 자유물체도는 그림 1.12와 같다. 평형조건으로부터 각 단면에서의 전단력 $P$는 $P = F/2$이므로, 평균 전단응력은 다음 식과 같다.

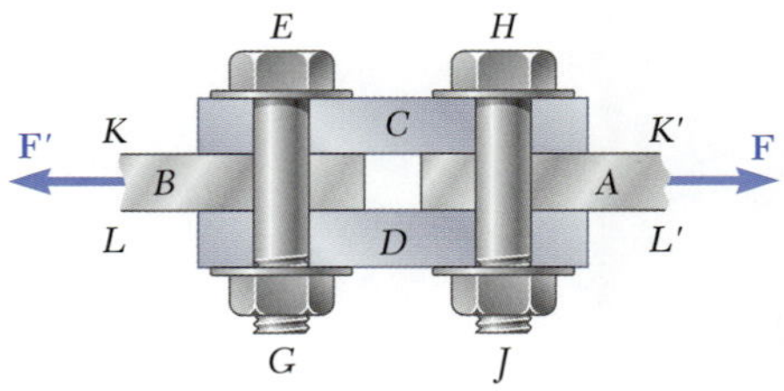


**그림 1.11** 이중전단을 받는 볼트

$$\tau_{\text{ave}} = \frac{P}{A} = \frac{F/2}{A} = \frac{F}{2A} \tag{1.6}$$

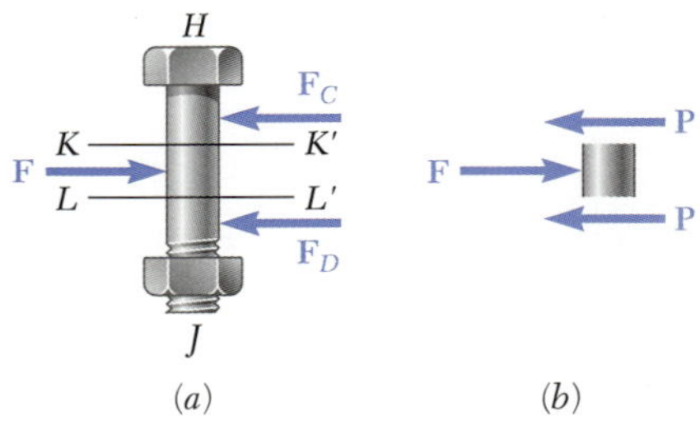


**그림 1.12** 이중전단을 받는 볼트의 자유물체도

## 1.5 결합부의 지압응력

볼트, 핀, 그리고 리벳은 결합하는 부재에 **지압면**(bearing surface) 혹은 접촉면에 응력을 발생시킨다. 예를 들어, 앞 절에서 검토하였던 볼트 $CD$로 결합된 두 판 $A$와 $B$를 다시 고려해 보자(그림 1.9). 판에 의해 볼트에 가해지는 힘 **F**와 크기는

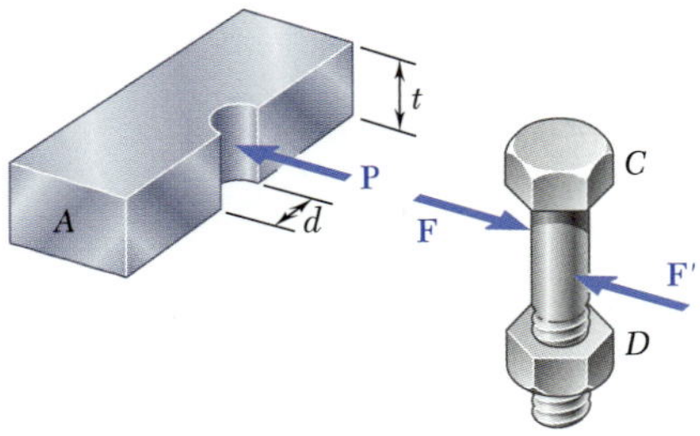


그림 1.13

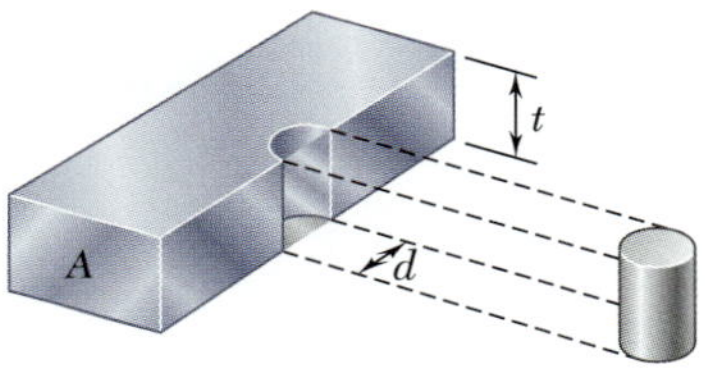


그림 1.14

같고 방향이 반대인 힘 **P**를 판 $A$에 가한다(그림 1.13). 힘 **P**는 지름 $d$인 반원과 판의 두께 $t$로 이루어진 반원통 내부면에 분포된 힘의 요소들의 합력으로 나타낸다. 이 힘에 의한 응력은 매우 복잡하게 분포하므로 실제로는 수직응력의 평균값 $\sigma_b$를 사용하며 이를 **지압응력**(bearing stress)이라고 부른다.

지압응력은 하중 $P$를 볼트가 판의 단면에 투영되어 나타나는 사각형의 면적으로 나누어서 구한다(그림 1.14). 판의 두께가 $t$이고 볼트 지름 $d$일 경우, 투영된 직사각형 면적은 $td$이므로 지압응력은 다음 식으로 계산한다.

$$\sigma_b = \frac{P}{A} = \frac{P}{td} \tag{1.7}$$

## 1.6 간단한 구조물의 해석

앞의 내용으로부터 간단한 2차원 구조물의 부재와 연결부에 대한 응력을 결정할 수 있으며, 따라서 그러한 구조물을 설계할 수 있다.

그림 1.15와 같이 30 kN의 하중을 지지하도록 설계된 구조물을 고려해 보자. 이 구조물은 30 × 50 mm의 단면을 가진 붐(boom) $AB$와 지름 20 mm의 원형 단

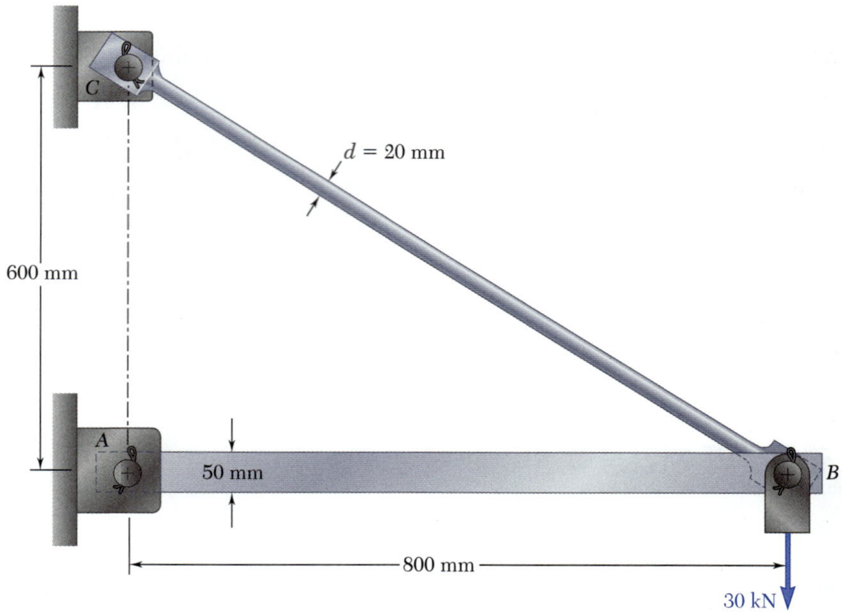


그림 1.15 30 kN의 하중을 지지하기 위한 간단한 구조물

면을 가진 봉(bar) $BC$로 구성되어 있다. 붐과 봉은 $B$에서 핀으로 연결되어 있으며, $A$와 $C$에서 각각 핀과 브래킷에 의해 지지되어 있다.

정역학 평형방정식을 사용하여 지점의 반력과 부재의 내력을 구할 수 있다. 지점 $A$와 $C$로부터 부재들을 분리시켜 그림 1.16과 같은 **자유물체도**(free body diagram)를 그리고, 지점의 반력 성분과 외력을 표시한다. 반력은 지점 $A$에서 $\mathbf{A}_x$와 $\mathbf{A}_y$, 그리고 지점 $C$에서 $\mathbf{C}_x$와 $\mathbf{C}_y$로 표시한다. 이로부터 아래와 같은 세 개의 평형방정식을 얻을 수 있다.

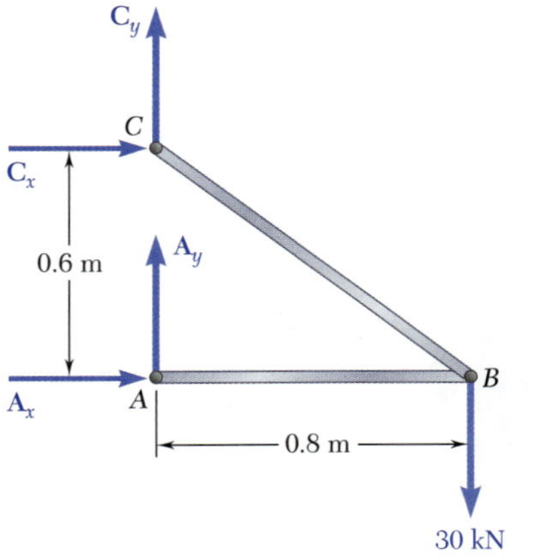

그림 1.16

$$+\circlearrowleft \Sigma M_C = 0: \quad A_x(0.6\text{ m}) - (30\text{ kN})(0.8\text{ m}) = 0 \qquad A_x = +40\text{ kN} \tag{1.8}$$

$$\xrightarrow{+} \Sigma F_x = 0: \quad A_x + C_x = 0 \qquad C_x = -A_x \qquad C_x = -40\text{ kN} \tag{1.9}$$

$$+\uparrow \Sigma F_y = 0: \quad A_y + C_y - 30\text{ kN} = 0 \qquad A_y + C_y = +30\text{ kN} \tag{1.10}$$

4개의 미지반력 중 2개의 반력성분을 결정하였다. 이제 붐 $AB$를 $B$지점에서 분리하여 그림 1.17과 같은 자유물체도를 그린 후, 평형조건으로부터 다음 식을 얻을 수 있다.

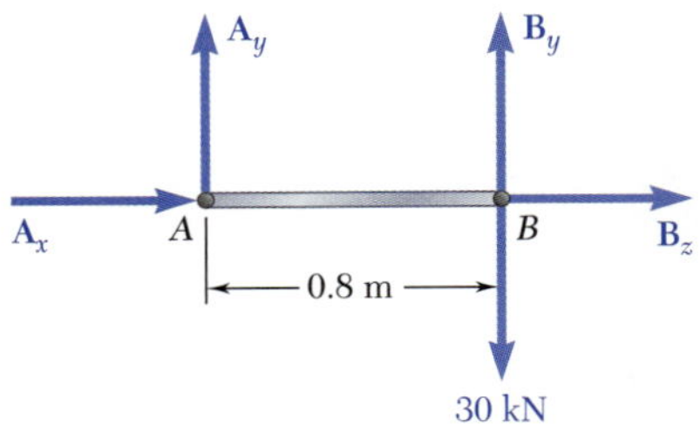

그림 1.17

$$+\circlearrowleft \Sigma M_B = 0: \quad -A_y(0.8\text{ m}) = 0 \qquad A_y = 0 \tag{1.11}$$

식 (1.11)로부터 구한 $A_y$를 식 (1.10)에 대입하면, $C_y = +30$ kN을 얻는다. 따라서 지점 $A$와 $C$의 지점반력을 벡터로 나타내면 다음과 같다.

$$\mathbf{A} = 40\text{ kN} \rightarrow \qquad \mathbf{C}_x = 40\text{ kN} \leftarrow, \qquad \mathbf{C}_y = 30\text{ kN} \uparrow$$

이 결과로부터 지점 $A$의 반력은 붐 $AB$의 축방향으로 작용하며 부재에 압축력을 발생시킴을 알 수 있다. 또한, $C$에 작용하는 지점 반력의 두 성분 $C_x$와 $C_y$는 봉 $BC$ 길이의 수평 및 수직 성분의 길이에 비례하며, $C$ 지점 반력의 합력은 피타고라스 정리에 의해 50 kN이고 봉 $BC$에서 축방향으로 인장력으로 작용된다.

이들 결과는 부재 $AB$와 $BC$가 **2력부재**(two-force member)라는 것을 알기 때문에 예측이 가능하다. 즉, 부재 $AB$에서는 양단 $A$와 $B$, 그리고 부재 $BC$에서는 $B$와 $C$에 크기가 같고 방향이 반대이며 동일 작용선상에 2개의 힘이 인장 또는 압축으로 작용한다는 것을 의미한다. 이러한 특성을 이용하여 핀 $B$에 대한 자유물체도를 고려함으로써 해를 간단히 구할 수 있다. 그림 1.18$a$에 보인 바와 같이 핀 $B$에 걸리는 힘들은 부재 $AB$와 $BC$에 의해 각각 $\mathbf{F}_{AB}$와 $\mathbf{F}_{BC}$, 그리고 외부하중 30 kN이다. 핀 $B$에 작용하는 힘들은 그림 1.18$b$와 같이 **힘의 삼각형**(force triangle)을 나타낼 수 있다.

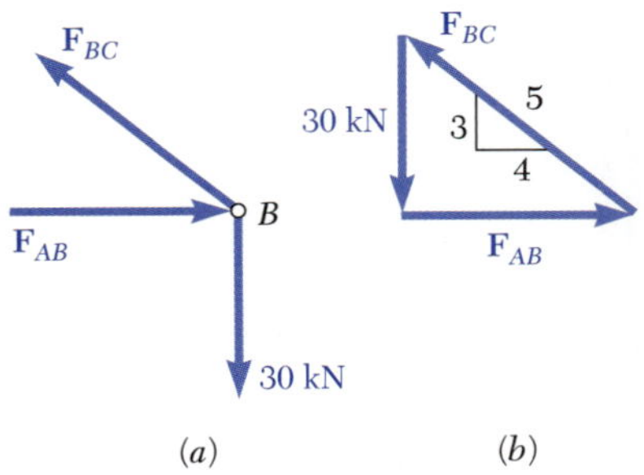

그림 1.18

힘 $\mathbf{F}_{BC}$는 부재 $BC$ 방향이므로 기울기는 부재 $BC$의 기울기, 즉 3/4이다. 따라

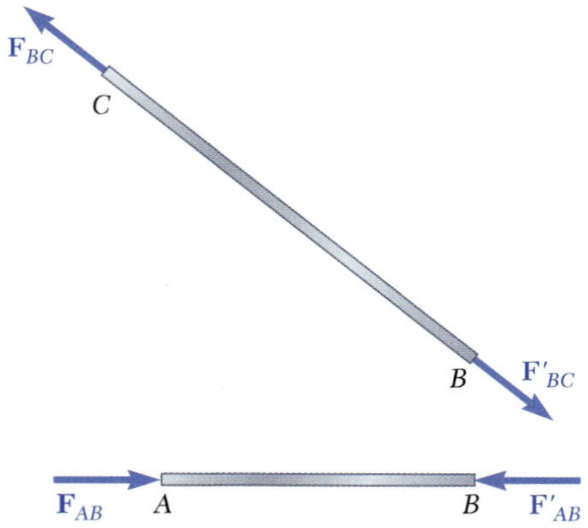

그림 1.19

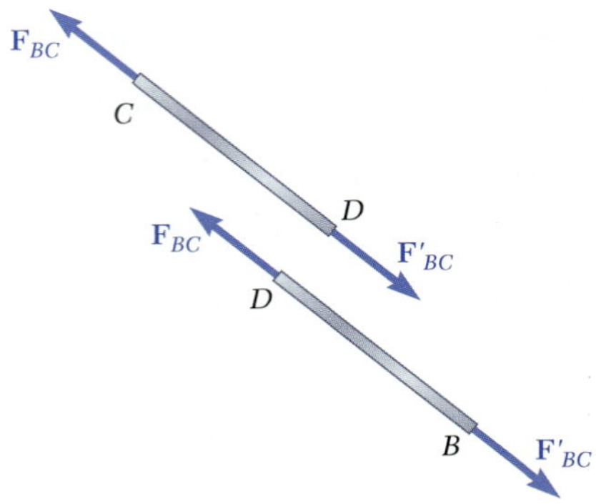

그림 1.20

서 힘의 삼각형을 이용한 비례식에 의해 다음과 같이 쓸 수 있다.

$$\frac{F_{AB}}{4} = \frac{F_{BC}}{5} = \frac{30 \text{ kN}}{3}$$

이 식으로부터 다음의 부재력을 구할 수 있다.

$$F_{AB} = 40 \text{ kN} \qquad F_{BC} = 50 \text{ kN}$$

그림 1.19에 표시된 바와 같이 핀 $B$에 의해서 붐 $AB$와 봉 $BC$에 가해지는 힘들 $\mathbf{F}'_{AB}$와 $\mathbf{F}'_{BC}$는 각각 $\mathbf{F}_{AB}$와 $\mathbf{F}_{BC}$와는 크기가 같고 방향이 반대이다. 각 부재의 끝점에 작용하는 힘들을 알면 각 부재의 내부에 작용하는 내력을 결정할 수 있다. 그림 1.20과 같이 봉 $BC$의 임의의 점 $D$에서 절단하여 두 부분으로 나누어진 $BD$와 $CD$를 고려해보자. 각 부분은 평형을 유지하기 위해 점 $D$에서도 50 kN의 힘이 작용하므로, $B$에 작용하는 30 kN의 외력에 의해 봉 $BC$의 내부에는 50 kN의 내력이 된다는 것을 알 수 있다. 또한, 그림 1.20에서 힘 $\mathbf{F}_{BC}$와 $\mathbf{F}'_{BC}$의 방향으로 봉은 인장력을 받고 있음을 알 수 있다. 같은 방법으로 붐 $AB$에는 40 kN의 압축력이 작용됨을 알 수 있다.

지금부터 부재와 연결부에서 응력을 계산하는 방법을 알아보도록 하자. 그림 1.21과 같이 지름 20 mm의 봉 $BC$는 양 끝이 20 × 40 mm의 사각형 단면을 갖도록 가공되었으며, 붐 $AB$는 30 × 50 mm의 단면이고, 끝점 $B$에서 $U$자형 링크로 체결되어 있다. 양 부재는 $B$점에서 핀으로 고정되고, 그림과 같이 $U$형 브래킷이 30 kN의 하중을 지지하고 있다. 붐 $AB$는 $A$점에서 이중브래킷(double bracket)과 핀으로 고정되었으며, 봉 $BC$는 $C$점에서 단일브래킷(single bracket)과 핀으로 고정되었다. 모든 핀의 지름은 25 mm이다.

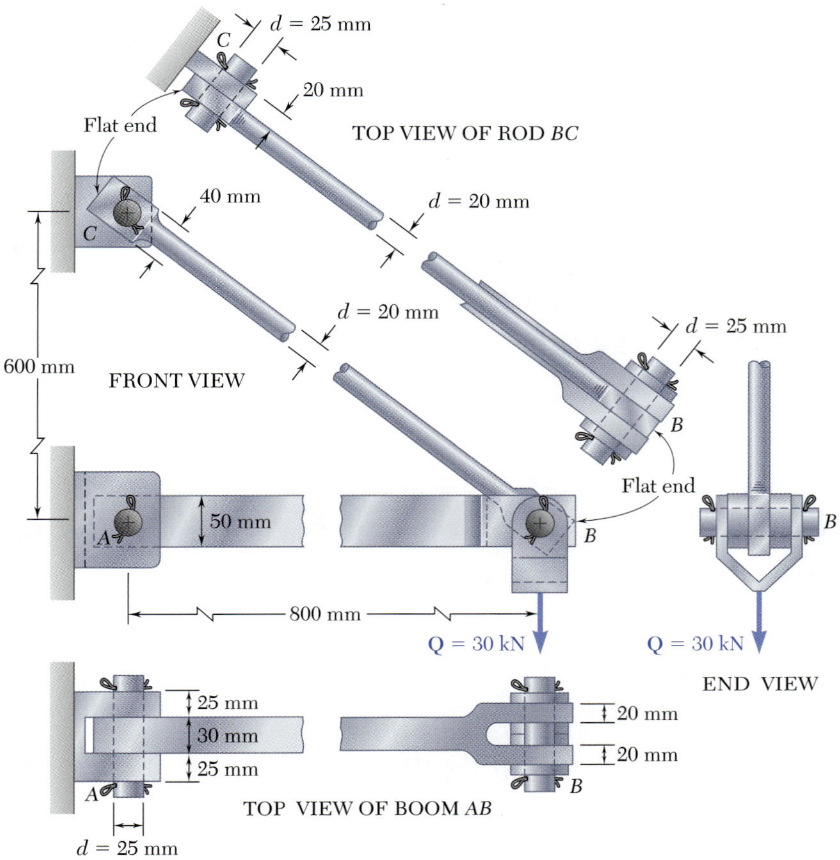


그림 1.21

(a) 붐 *AB*와 봉 *BC*에 발생되는 수직응력의 결정. 앞에서 해석한 바와 같이 봉 $BC$에는 $F_{BC} = 50$ kN의 인장력이 작용한다. 봉의 지름이 20 mm이므로 식 (1.1)을 사용하여 수직응력을 아래와 같이 구한다.

$$P = F_{BC} = +50 \text{ kN} = +50 \times 10^3 \text{ N}$$

$$A = \pi r^2 = \pi\left(\frac{20 \text{ mm}}{2}\right)^2 = \pi(10 \times 10^{-3} \text{ m})^2 = 314 \times 10^{-6} \text{ m}^2$$

$$\sigma = \frac{P}{A} = \frac{+50 \times 10^3 \text{ N}}{314 \times 10^{-6} \text{ m}^2} = +159 \times 10^6 \text{ Pa} = +159 \text{ MPa}$$

그러나 봉의 끝에 있는 직사각형 평판부분도 인장을 받기 때문에 핀 연결부에서 구멍이 있는 가장 좁은 단면에서 더 높은 응력이 발생된다. 봉의 끝부분 평평한 부분 중에서 핀 구멍이 있는 위치의 최소 단면적을 계산하면

$$A = (20 \text{ mm})(40 \text{ mm} - 25 \text{ mm}) = 300 \times 10^{-6} \text{ m}^2$$

따라서 끝부분 단면에서의 평균 수직응력은 다음과 같다.

$$(\sigma_{BC})_{\text{end}} = \frac{P}{A} = \frac{50 \times 10^3\ \text{N}}{300 \times 10^{-6}\ \text{m}^2} = 167\ \text{MPa}$$

여기에서 구해진 값은 구멍 주위의 **평균값**(average value)임을 명심해야 한다. 핀 구멍 주위에서는 응력집중으로 인하여 실제로는 구한 값보다 훨씬 큰 값임을 2.15절에서 알게 될 것이다. 위 계산으로부터 만일 외부하중을 증가시킬 경우 봉은 원형단면보다 직사각형 평판의 핀 구멍 부위에서 파손될 가능성이 높다는 것을 알 수 있다. 따라서 봉 설계에서는 양끝의 직사각형 평판 부분의 폭 또는 두께를 증가시키는 방향으로 검토되어야 한다.

이제 붐 $AB$를 검토하면, 붐은 $F_{AB} = 40$ kN의 압축력을 받고 있다. 붐의 직사각형 단면적은 $A = 30\ \text{mm} \times 50\ \text{mm} = 1.5 \times 10^{-3}\ \text{m}^2$이므로, 핀 $A$와 $B$ 사이 붐의 중간 부분에서 평균 수직응력은 다음과 같다.

$$\sigma_{AB} = -\frac{40 \times 10^3\ \text{N}}{1.5 \times 10^{-3}\ \text{m}^2} = -26.7 \times 10^6\ \text{Pa} = -26.7\ \text{MPa}$$

여기서 붐의 $A$와 $B$의 가장 작은 단면에서는 응력을 받지 않고 있음을 주의해야 한다. 왜냐하면 봉 $BC$에서와 같이 핀을 **당기는 힘**(pulling force), 즉 인장을 받는 반면에 붐 $AB$는 **미는 힘**(pushing force), 즉 압축을 받기 때문이다.

**(b) 각 연결부에서 전단응력 결정.** 볼트, 핀, 리벳과 같은 연결부위에서 전단응력을 결정하기 위해서는 연결된 부재에 걸리는 내력을 알아야 한다. 그림 1.22$a$와 같이 핀 $C$의 경우, 봉 $BC$에 작용하는 50 kN의 힘이 핀에 걸리고, 크기가 같고 방향이 반대인 힘이 브래킷에 걸리는 자유물체도를 그림 1.22$b$와 같이 그린다. $DD'$ 평면에서 절단되는 핀의 아래 부분에 대한 자유물체도를 그리면 그림 1.22$c$와 같으며, 절단면에 발생하는 전단력은 $P = 50$ kN이다. 핀의 단면적은

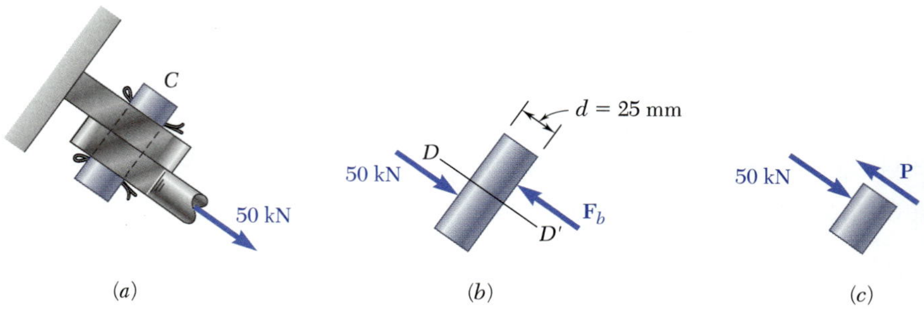


그림 1.22

$$A = \pi r^2 = \pi\left(\frac{25 \text{ mm}}{2}\right)^2 = \pi(12.5 \times 10^{-3} \text{ m})^2 = 491 \times 10^{-6} \text{ m}^2$$

이므로 $C$점에서 핀에 걸리는 평균 전단응력은 다음과 같이 구한다.

$$\tau_{\text{ave}} = \frac{P}{A} = \frac{50 \times 10^3 \text{ N}}{491 \times 10^{-6} \text{ m}^2} = 102 \text{ MPa}$$

다음으로, 그림 1.23과 같이 지점 $A$에서 핀에 걸리는 이중전단(double shear)에 대해 고려해 보자. 핀과 단면 $DD'$와 $EE'$ 사이의 핀 부분에 대한 자유물체도는 각각 그림 1.23$b$ 및 $c$와 같다. 이중전단이므로 각 면에 걸리는 전단력은 $P = 20$ kN이며, 핀의 평균 전단응력은 다음과 같다.

$$\tau_{\text{ave}} = \frac{P}{A} = \frac{20 \text{ kN}}{491 \times 10^{-6} \text{ m}^2} = 40.7 \text{ MPa}$$

마지막으로, 그림 1.24$a$에서와 같이 핀 $B$에 대해서 고려해 보자. $B$ 지점의 핀은 봉 $BC$, 붐 $AB$, 그리고 브래킷에 의해 다섯 부분에 힘이 걸리게 됨을 알 수 있다. 핀의 $DE$(그림 1.24$b$)와 $DG$(그림 1.24$c$)에 관한 자유물체도로부터, $E$ 단면의 전단력은 $P_E = 15$ kN, 그리고 $G$ 단면의 전단력은 $P_G = \sqrt{15^2 + 20^2} = 25$ kN이다. 따라서 최대 전단응력은 $GH$ 구간에서 발생하게 되며, 그 값은 아래와 같이 계산한다.

$$\tau_{\text{ave}} = \frac{P_G}{A} = \frac{25 \text{ kN}}{491 \times 10^{-6} \text{ m}^2} = 50.9 \text{ MPa}$$

**(c) 지압응력 결정.** 부재 $AB$의 $A$지점에서 수직으로 작용하는 지압응력을 결정하기 위하여, 1.5절의 식 (1.7)을 이용한다. 그림 1.21로부터, $t = 30$ mm이고 $d = 25$ mm이다. $P = F_{AB} = 40$ kN임을 상기하면 부재가 핀으로부터 받는 지압응력은 다음과 같다.

$$\sigma_b = \frac{P}{td} = \frac{40 \text{ kN}}{(30 \text{ mm})(25 \text{ mm})} = 53.3 \text{ MPa}$$

지점 $A$에서의 브래킷이 받는 지압응력은 $t = 2(25)$ mm $= 50$ mm, $d = 25$ mm이므로 이 지점의 지압응력은 아래와 같다.

$$\sigma_b = \frac{P}{td} = \frac{40 \text{ kN}}{(50 \text{ mm})(25 \text{ mm})} = 32.0 \text{ MPa}$$

부재 $AB$의 $B$지점, 부재 $BC$의 $B$지점과 $C$지점, 그리고 브래킷의 $C$지점에 발생하는 지압응력들은 동일한 절차를 거쳐 구할 수 있다.

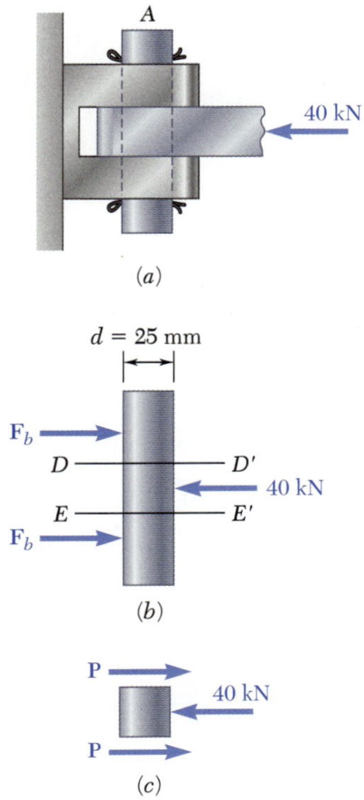

그림 1.23

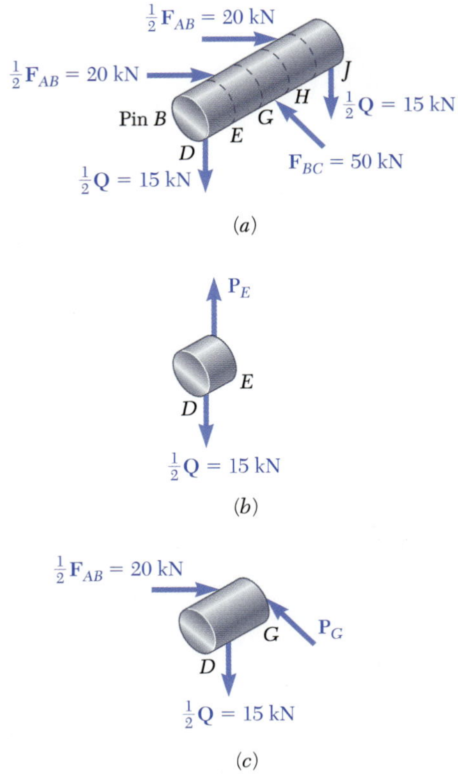

그림 1.24

## 1.7 설계

그림 1.15의 구조물을 다시 고려해 보자. 봉 $BC$는 최대허용응력이 $\sigma_{\text{all}} = 165$ MPa인 강재로 만들어졌다고 가정한다. 이 경우에 봉 $BC$는 안전하게 외부하중을 견딜 수 있을까? 앞에서 계산한 대로, 봉 $BC$에 작용하는 $F_{BC}$의 크기는 50 kN이고 $\sigma_{BC}$는 159 kN이다. 계산된 $\sigma_{BC}$ 값은 사용된 강재의 허용응력 $\sigma_{\text{all}}$ 값보다 작으므로, 고려된 조건에서 봉 $BC$가 안전하게 외부하중을 지지할 수 있다고 간주하였다.

한편으로, 주어진 하중에 의해 발생되는 변형량이 한계값 이내인지 결정해야 한다. 축방향 하중에 의한 변형량은 제 2장에서 다룰 것이다. 압축을 받는 부재에서의 또 다른 고려사항은 부재가 주어진 하중 상태에서 갑작스럽게 형상의 변화를 나타내지 않고 견딜 수 있는 능력, 즉 좌굴의 **안정성**(stability)에 관한 사항이다. 이에 관한 사항은 제 9장에서 다룰 것이다.

엔지니어 역할은 주어진 하중조건에서 구조물이나 기계에 대한 해석에 국한되지 않는다. 엔지니어에게 더욱 중요한 역할은 새로운 구조물이나 기계를 **설계**(design)하는 일과 기능이 수행될 수 있는 적절한 부재를 선정하는 일이다. 설계의 예로서, 그림 1.15로 돌아가서 봉의 재료로 허용응력이 $\sigma_{\text{all}} = 100$ MPa인 알루미늄을 사용한다고 가정해 보자. 주어진 하중에서 봉 $BC$에 걸리는 힘은 $P = F_{BC} =$ 50 kN이다. 식 (1.1)을 이용하면,

$$\sigma_{\text{all}} = \frac{P}{A} \qquad A = \frac{P}{\sigma_{\text{all}}} = \frac{50 \times 10^3 \text{ N}}{100 \times 10^6 \text{ Pa}} = 500 \times 10^{-6} \text{ m}^2$$

이고, $A = \pi r^2$이므로

$$r = \sqrt{\frac{A}{\pi}} = \sqrt{\frac{500 \times 10^{-6} \text{ m}^2}{\pi}} = 12.62 \times 10^{-3} \text{ m} = 12.62 \text{ mm}$$

$$d = 2r = 25.2 \text{ mm}$$

따라서 알루미늄 봉의 지름이 26 mm, 혹은 그 이상을 사용하면 적합하다.

## 기초문제 1.1

그림에서 링크 $ABC$의 상부판 두께는 10 mm이고, 하부판 두께는 각각 6 mm이다. 상부판과 하부판은 $B$부분에서 에폭시 수지로 접착되어 있다. $A$지점에서는 지름이 10 mm인 핀, 그리고 $C$지점에서는 지름이 6.0 mm인 핀이 사용되었다. 다음 사항을 결정하시오. (*a*) 핀 $A$의 전단응력, (*b*) 핀 $C$의 전단응력, (*c*) 링크 $ABC$의 최대 수직응력, (*d*) 접착부분 $B$의 평균 전단응력, (*e*) $C$에서 링크의 지압응력.

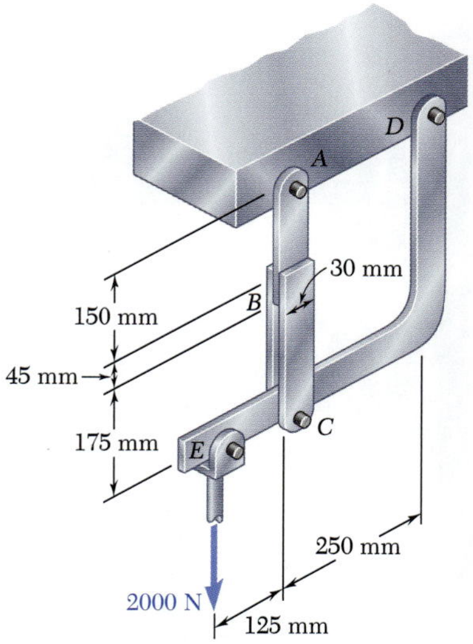


## 풀이

**자유물체도.** 전체 행거(hanger) 구조물. 링크 $ABC$는 2력부재이므로 $A$점에서 반력은 수직방향이다. $D$점의 반력은 $\mathbf{D}_x$와 $\mathbf{D}_y$ 성분으로 표시된다. 그러므로,

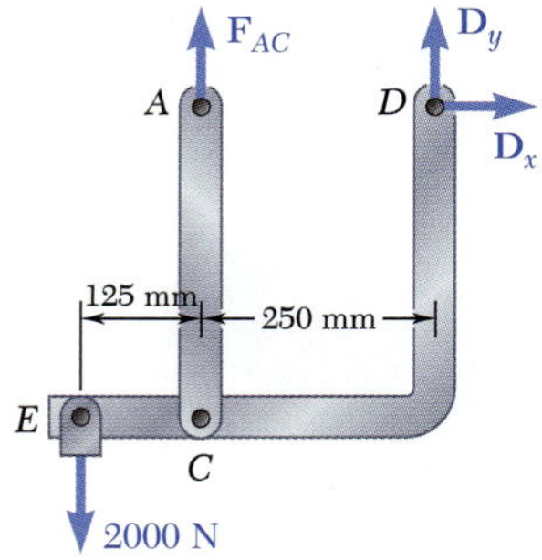


$$+\circlearrowleft \Sigma M_D = 0: \qquad (2000\text{ N})(375\text{ mm}) - F_{AC}(250\text{ mm}) = 0$$
$$F_{AC} = +3000\text{ N} \qquad F_{AC} = 3000\text{ N} \quad \text{인장}$$

**(a) 핀 $A$의 전단응력.** 지름 10 mm인 핀은 단일 전단을 받으므로 다음과 같이 계산한다.

$$\tau_A = \frac{F_{AC}}{A} = \frac{3000\text{ N}}{\frac{1}{4}\pi(10\text{ mm})^2} \qquad \tau_A = 38.2\text{ MPa} \blacktriangleleft$$

**(b) 핀 $C$의 전단응력.** 지름 6 mm인 핀은 이중 전단을 받으므로 다음과 같이 계산한다.

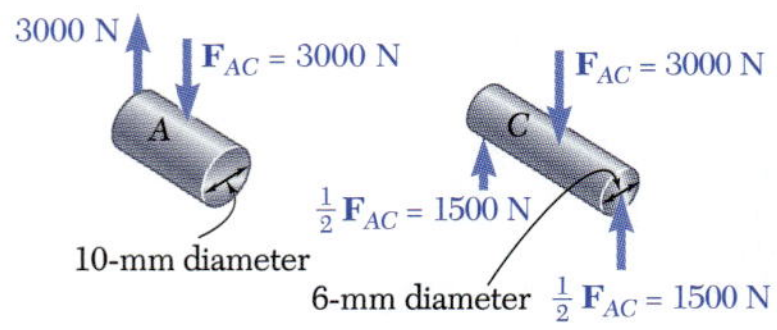


$$\tau_C = \frac{\frac{1}{2}F_{AC}}{A} = \frac{1500\text{ N}}{\frac{1}{4}\pi(6\text{ mm})^2} \qquad \tau_C = 53.1\text{ MPa} \blacktriangleleft$$

**(c) 링크 $ABC$의 최대 수직응력.** 최대응력은 단면적이 최소인 지점에서 발생하므로, $A$점의 10 mm 구멍이 있는 실제단면을 이용하여 계산한다.

$$\sigma_A = \frac{F_{AC}}{A_{\text{net}}} = \frac{3000\text{ N}}{(10\text{ mm})(30\text{ mm} - 10\text{ mm})} = \frac{3000\text{ N}}{200\text{ mm}^2} \qquad \sigma_A = 15\text{ MPa} \blacktriangleleft$$

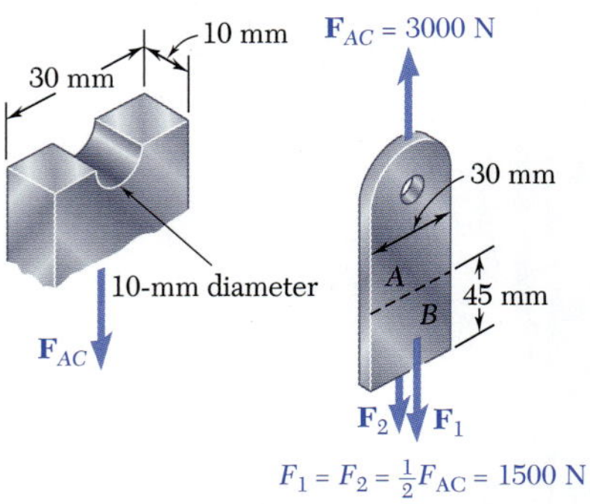


**(d) 접착부분 $B$의 평균 전단응력.** 상부 링크의 양쪽 면이 접착되어 있으므로, 각 접착면에 작용하는 전단력은 $F_1 = (3000\text{ N})/2 = 1500$ N이다. 따라서 각 면의 평균 전단응력은 아래와 같다.

$$\tau_B = \frac{F_1}{A} = \frac{1500\text{ N}}{(30\text{ mm})(45\text{ mm})} \qquad \tau_B = 1.111\text{ MPa} \blacktriangleleft$$

**(e) $C$지점에서 링크의 지압응력.** 양쪽 링크에 걸리는 힘은 각각 $F_1 = 1500$ N이고, 지압 면적은 $(6\text{ mm})(6\text{ mm}) = 36\text{ mm}^2$이므로 다음과 같다.

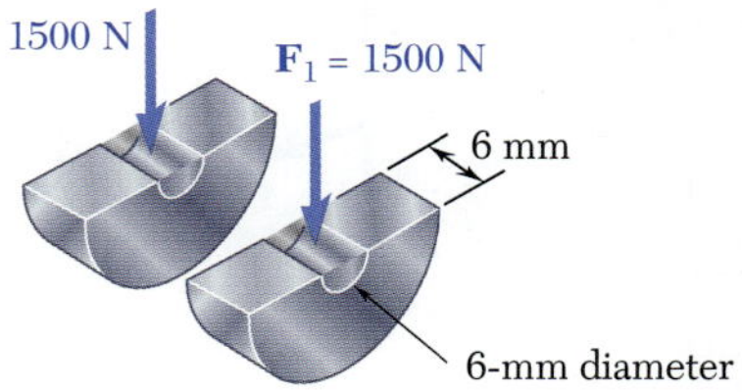


$$\sigma_b = \frac{F_1}{A} = \frac{1500\text{ N}}{36\text{ mm}^2} \qquad \sigma_b = 41.7\text{ MPa} \blacktriangleleft$$

## 기초문제 1.2

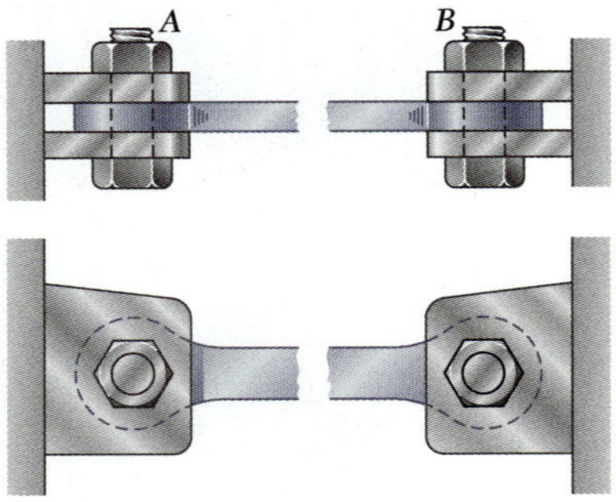


그림과 같은 결합부재(tie bar)가 양끝 $A$, $B$에서 두 개의 브래킷 사이에 볼트로 고정되어 있다. 이 결합부재는 $P$ = 120 kN인 인장력을 받고, 두께가 20 mm인 강재로 제작될 것이다. 사용될 강재의 허용수직응력은 $\sigma$ = 175 MPa, 허용전단응력은 $\tau$ = 100 MPa, 그리고 허용지압응력은 $\sigma_b$ = 350 MPa이다. 결합부재를 설계하기 위해 다음 값들을 결정하시오. ($a$) 볼트의 지름 $d$, ($b$) 부재 양끝의 치수 $b$, ($c$) 부재의 폭 $h$.

### 풀이

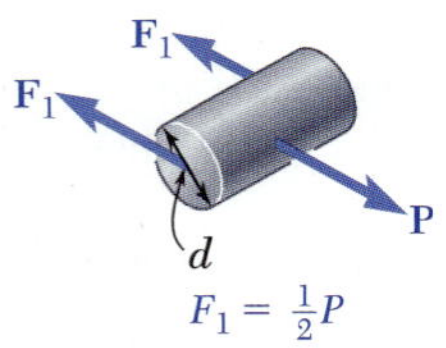


**(a) 볼트의 지름.** 볼트는 이중전단을 받으므로 $F_1 = \frac{1}{2}P = 60$ kN이다.

$$\tau = \frac{F_1}{A} = \frac{60\text{ kN}}{\frac{1}{4}\pi\, d^2} \qquad 100\text{ MPa} = \frac{60\text{ kN}}{\frac{1}{4}\pi\, d^2} \qquad d = 27.6\text{ mm}$$

볼트 지름으로 $d$ = 28 mm를 사용한다. ◀

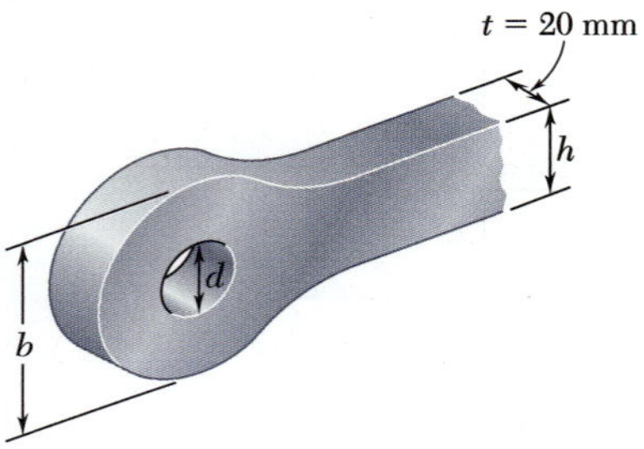


여기에서 강재의 두께 20 mm와 위에서 계산된 볼트 지름 28 mm에 의한 지압응력을 검토해 보자.

$$\sigma_b = \frac{P}{td} = \frac{120\text{ kN}}{(0.020\text{ m})(0.028\text{ m})} = 214\text{ MPa} < 350\text{ MPa} \qquad \text{OK}$$

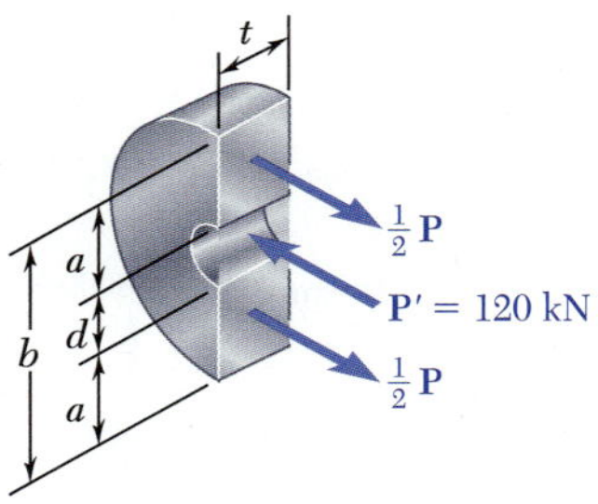


**(b) 부재 양끝의 치수 $b$.** 부재의 한쪽 끝을 고려해 보자. 강재의 두께 $t$ = 20 mm, 그리고 평균 인장응력은 175 MPa를 초과하지 않아야 하므로 다음과 같이 계산한다.

$$\sigma = \frac{\frac{1}{2}P}{ta} \qquad 175\text{ MPa} = \frac{60\text{ kN}}{(0.02\text{ m})a} \qquad a = 17.14\text{ mm}$$

$$b = d + 2a = 28\text{ mm} + 2(17.14\text{ mm})$$

$b$ = 62.3 mm ◀

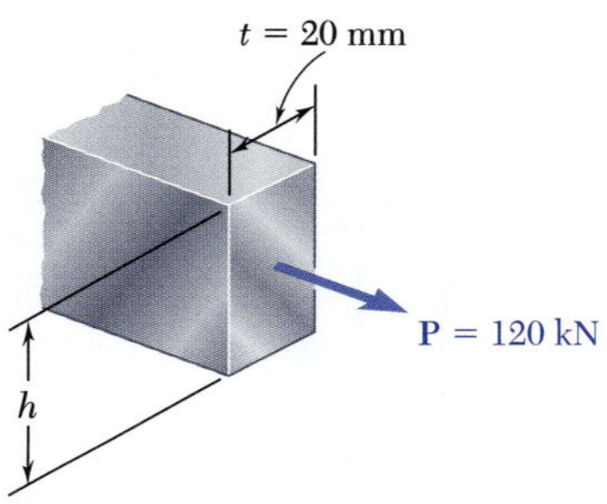


**(c) 부재의 폭 $h$.** 강재의 두께가 $t$ = 20 mm이므로, 다음과 같이 계산한다.

$$\sigma = \frac{P}{th} \qquad 175\text{ MPa} = \frac{120\text{ kN}}{(0.020\text{ m})h} \qquad h = 34.3\text{ mm}$$

그러므로 $h$ = 35 mm를 사용한다. ◀

# P1A 연습문제

**1.1** 그림과 같이 두 개의 원형 중실봉(solid cylindrical rod) $AB$와 $BC$가 $B$지점에서 용접되어 있다. 봉 $AB$와 봉 $BC$에서 평균수직응력이 각각 175 및 150 MPa을 초과하지 않아야 한다. 이 경우, $d_1$ 및 $d_2$의 허용 가능한 최소치수를 결정하시오.

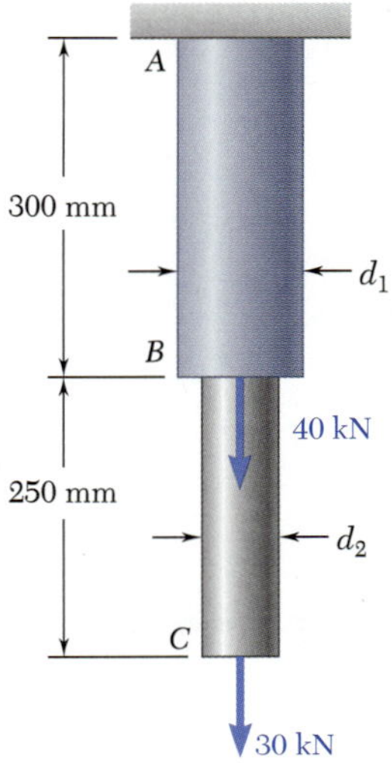

그림 P1.1

**1.2** 두 개의 원형 중실봉 $AB$와 $BC$가 $B$지점에서 용접되어 있으며 그림과 같이 하중이 작용한다. 봉 $AB$의 인장응력이 봉 $BC$의 압축응력과 동일한 크기가 되기 위한 힘 **P**의 크기를 결정하시오.

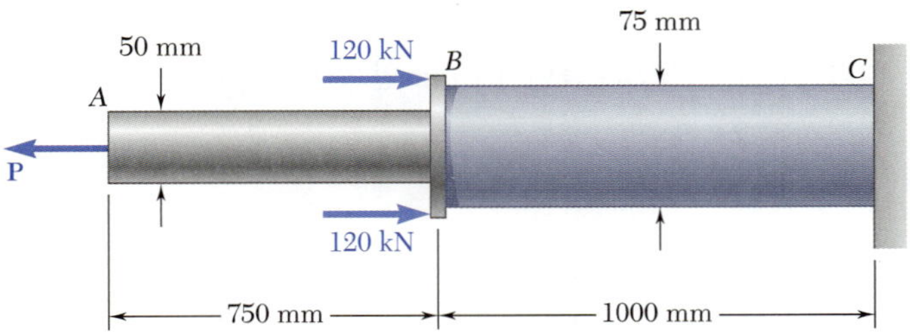

그림 P1.2

**1.3** 두 개의 강판(steel plate)이 그림과 같이 원통형 황동 스페이서(spacer)에 지름 16 mm인 고강도 강재 볼트에 의해 꼭 맞게 고정되어 있다. 볼트 조임시 발생되는 평균 수직응력이 볼트는 200 MPa, 스페이서는 130 MPa을 넘지 말아야 할 경우, 가장 경제적이고 안전한 설계를 고려한 스페이서 바깥지름을 결정하시오.

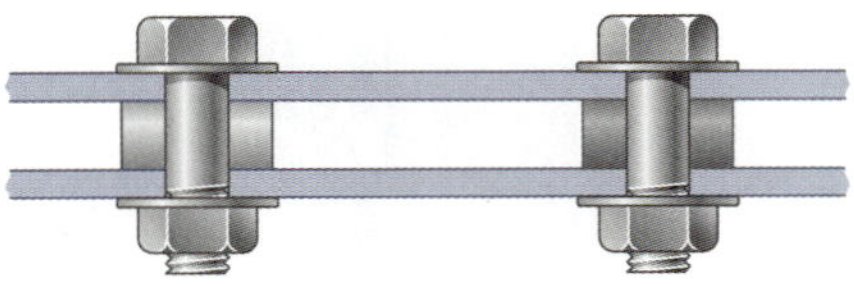
그림 P1.3

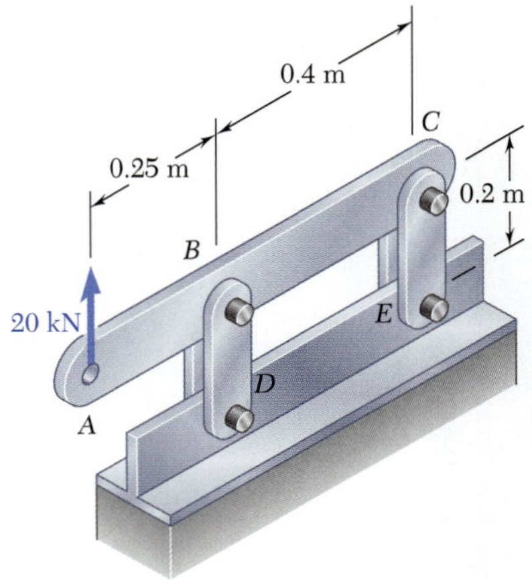

그림 P1.4

**1.4** 네 개의 수직 링크는 각각 $8 \times 36$ mm인 균일한 직사각형 단면을 가지며, 네 개의 핀은 각각 지름이 16 mm이다. 다음에서 평균 수직응력의 최댓값을 결정하시오. ($a$) $B$와 $D$를 연결하는 링크, ($b$) $C$와 $E$를 연결하는 링크.

**1.5** 링크 $BD$의 중앙부분 단면적이 800 $mm^2$로 균일할 경우, $BD$의 중앙에서 수직응력이 50 MPa이 되기 위한 하중 **P**의 크기를 결정하시오.

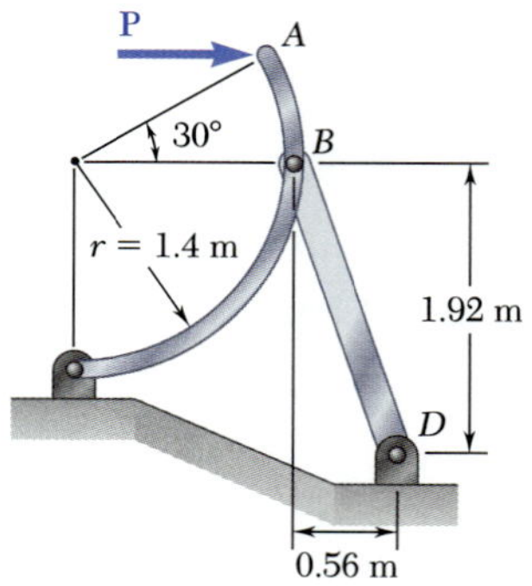


그림 P1.5

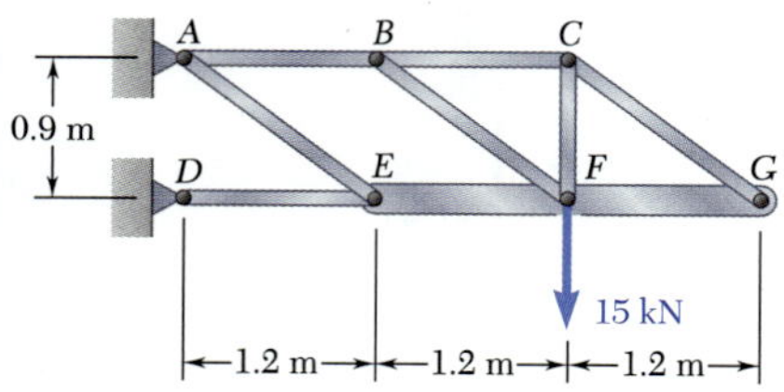


그림 P1.6, P1.7

**1.6** 강체봉(rigid bar) $EFG$가 그림과 같이 하중을 받는 트러스에 의해 지지되어 있다. 부재 $CG$가 지름이 18 mm인 원형봉일 경우, 봉 $CG$에서의 수직응력을 결정하시오.

**1.7** 강체봉(rigid bar) $EFG$가 그림과 같이 하중을 받는 트러스에 의해 지지되어 있다. 부재 $AE$의 수직응력이 105 MPa일 때 이 부재의 단면적을 결정하시오.

**1.8** 1500 N·m의 우력 **M**이 그림과 같이 엔진의 크랭크에 작용하고 있다. 그림에 나타낸 위치에서 다음 사항을 결정하시오. ($a$) 엔진시스템을 평형상태로 유지하는 데 필요로 한 힘 **P**, ($b$) 450 $mm^2$의 균일한 단면적을 갖는 연결봉(connecting rod) $BC$의 평균 수직응력.

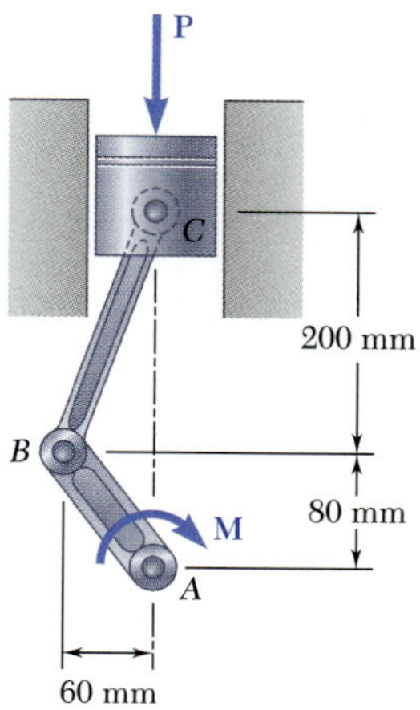


그림 P1.8

**1.9** 그림과 같이 알루미늄판의 구멍에 지지된 강재봉에 하중 **P**가 작용하고 있다. 알루미늄판의 구멍 지름은 12 mm이다. 전단응력이 강재봉에서는 180 MPa, 그리고 알루미늄 판에서는 70 MPa를 각각 초과되지 않아야 할 때, 봉에 작용할 수 있는 최대하중 **P**를 결정하시오.

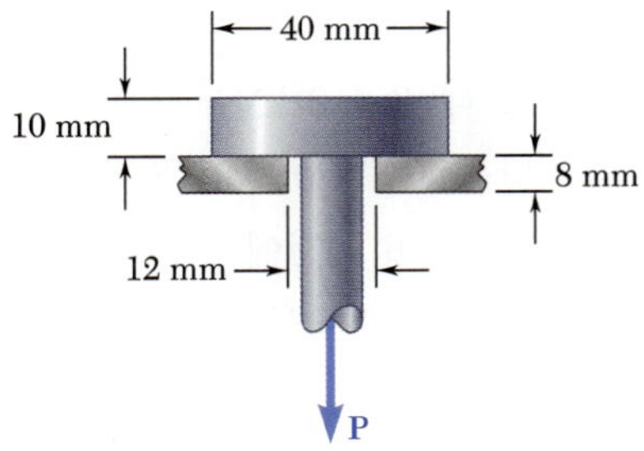


그림 P1.9

**1.10** 두께가 22 mm이고 폭이 160 mm인 두 개의 목재판이 그림과 같이 장부촉이음(mortise joint)으로 접착되어 있다. 접착부의 평균 전단응력이 820 kPa에 도달하면 파손된다고 할 때, 접착부가 축하중 $P = 7.6$ kN에 견딜 수 있는 최소 허용길이 $d$의 치수를 결정하시오.

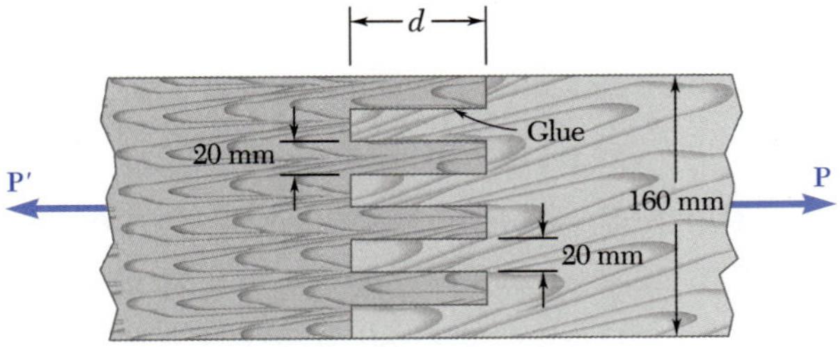


그림 P1.10

**1.11** 그림과 같이 목재보를 지지하고 있는 기둥에 축방향으로 작용하는 하중이 $P = 75$ kN이다. 목재의 지압응력이 3.0 MPa을 초과되지 않기 위한 지압판(bearing plate)의 최소 허용길이 $L$의 치수를 결정하시오.

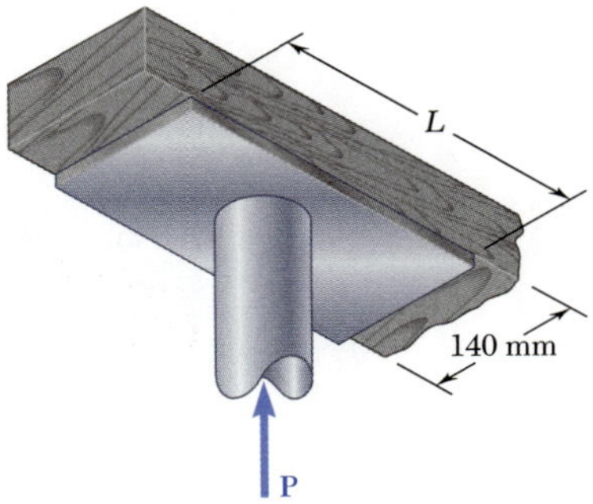


그림 P1.11

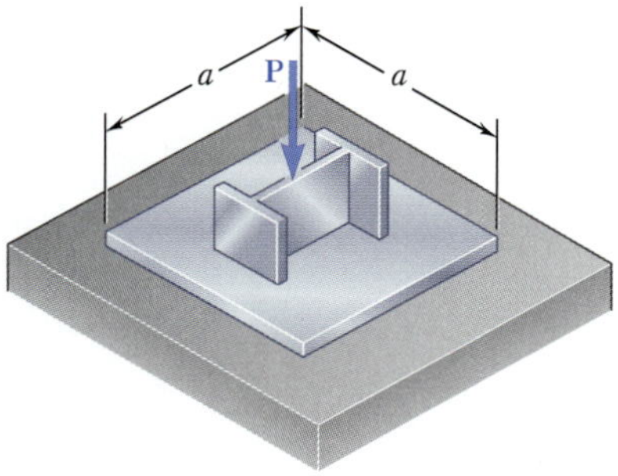


그림 P1.12

**1.12** 그림과 같이 콘크리트 기초 위의 정사각형 판에 W200 × 59 형강 (단면적: A = 7650 $mm^2$)인 짧은 기둥에 축방향하중 **P**가 가해지고 있다. 기둥의 평균 수직응력이 200 MPa, 그리고 콘크리트 기초 위의 지압응력이 20 MPa을 초과되어서는 안 될 경우, 가장 경제적이고 안전한 설계가 되기 위한 정사각형 판의 측면길이 $a$를 결정하시오.

**1.13** 그림에서 $\theta = 40°$일 때 $P = 9$ kN이 작용한다. 다음 사항을 결정하시오. (*a*) 만약 핀의 평균 전단응력이 120 MPa을 초과되어서는 안 될 경우, $B$ 지점에서 핀의 최소 허용지름, (*b*) $B$ 지점에서 부재 $AB$의 평균 지압응력, (*c*) $B$ 지점에서 각 지지 브래킷의 평균 지압응력.

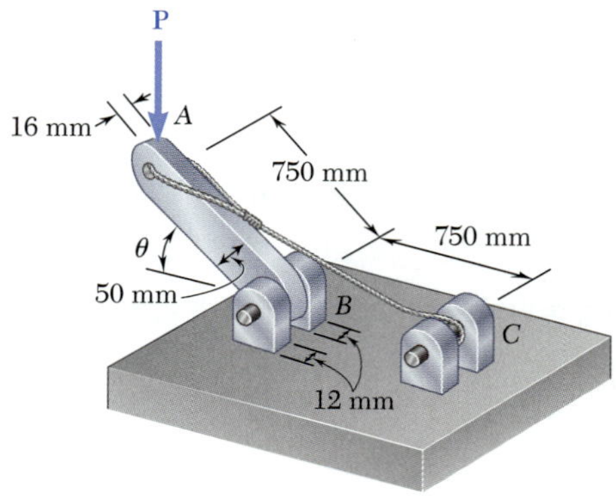


그림 P1.13

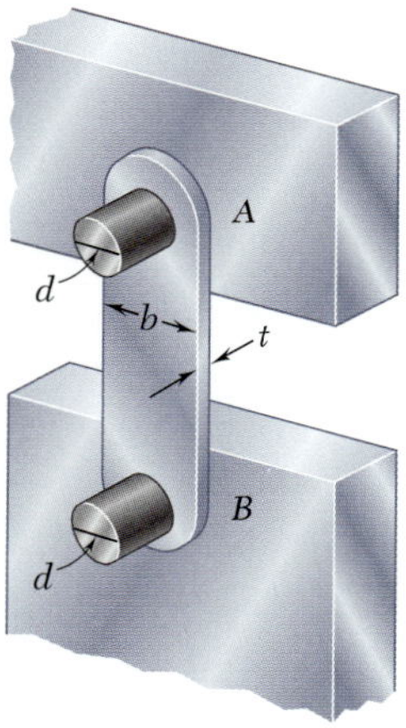


그림 P1.14

**1.14** 그림과 같이 수평보의 끝을 지지하기 위해 폭이 $b = 50$ mm, 두께가 $t = 6$ mm인 링크 $AB$가 사용되었다. 링크의 평균 수직응력이 −140 MPa, 그리고 두 핀의 평균 전단응력이 각각 80 MPa일 때, 다음 사항을 결정하시오. (*a*) 핀의 지름 $d$, (*b*) 링크에서의 평균 지압응력.

**1.15** 목재 $CD$의 끝부분 $C$의 원형구멍에 지름이 12 mm인 강재봉 $AB$가 장착되어 있다. 그림과 같이 하중이 작용할 때, 다음 사항을 결정하시오. (*a*) 목재의 최대 평균 수직응력, (*b*) 점선으로 나타낸 표면의 평균 전단응력이 620 kPa일 경우에 치수 $b$, (*c*) 목재의 평균 지압응력.

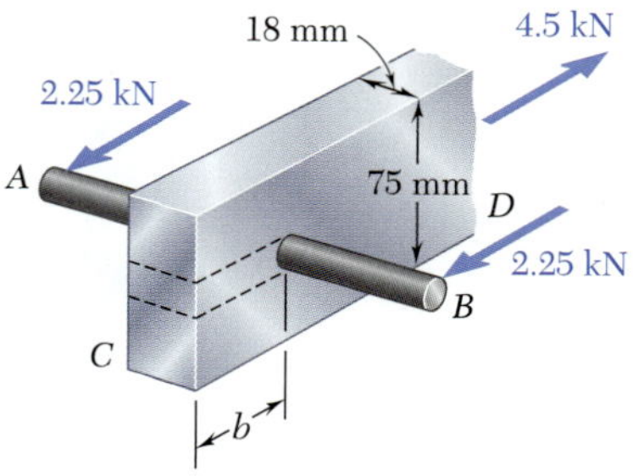


그림 P1.15

## 1.8 축방향 하중 작용시 경사면의 응력

앞 절에서 2력부재(그림 1.25*a*)에 축방향 하중이 작용하면 수직응력이 발생됨을 알았다(그림 1.25*b*). 또한, 볼트나 핀(그림 1.26*a*)에 횡방향 하중(transverse force)이 작용하면 전단응력이 발생된다는 사실도 알게 되었다(그림 1.26*b*).

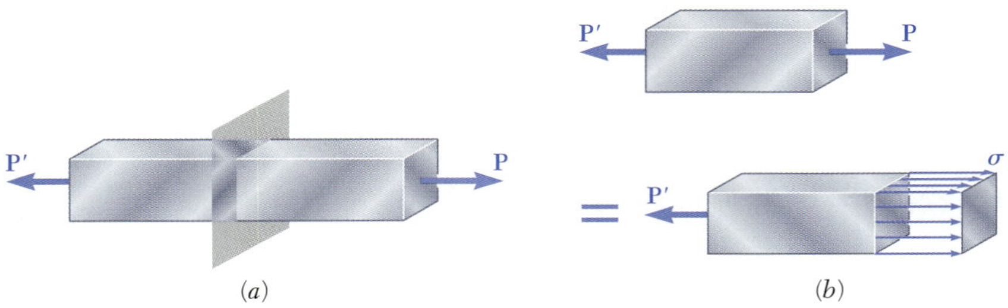


그림 1.25 축방향 하중

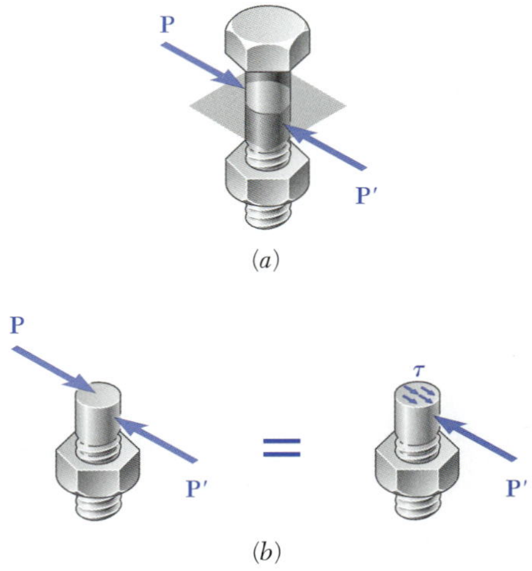


그림 1.26 횡방향 하중

여기서 축방향 하중과 수직응력, 그리고 횡방향 하중과 전단응력의 상호 관계를 살펴 본 이유는 응력을 관찰할 때 부재의 축이나 연결부에 수직인 단면의 응력만 결정했기 때문이다. 이 절에서는 수직하중을 받는 부재의 축에 경사진 단면에서는 수직응력과 전단응력이 함께 발생됨을 알게 될 것이다. 같은 방법으로 볼트나 핀에서도 작용하는 횡방향 하중에 의해 축에 수직하지 않은 경사 단면에서는 수직응력과 전단응력이 함께 발생된다.

그림 1.25의 2력부재가 축하중 **P**와 **P′**을 받고 있는 경우를 고려해 보자. 그림 1.27*a*와 같이 축에 수직인 단면과 $\theta$ 각도인 경사면을 절단하고, 그 부재 왼쪽 부분의 자유물체도를 그리면 그림 1.27*b*와 같다. 이 경우, 평형조건으로부터 절단된 경사면에 분포된 힘의 합력은 **P**와 같아야 한다.

그림 1.27*c*와 같이 절단된 경사면에서 **P**를 수직방향과 접선방향의 분력 **F**와 **V**로 분해하면 다음 결과를 얻는다.

$$F = P\cos\theta \qquad V = P\sin\theta \tag{1.12}$$

여기서 힘 **F**는 경사면에 분포된 수직력의 합력이며, 힘 **V**는 경사면에 분포된 전단력의 합력이다(그림 1.27*d*). 수직응력 및 전단응력의 평균값은 각각 $F$와 $V$를 경사 단면적 $A_\theta$로 나누어 구할 수 있다.

$$\sigma = \frac{F}{A_\theta} \qquad \tau = \frac{V}{A_\theta} \tag{1.13}$$

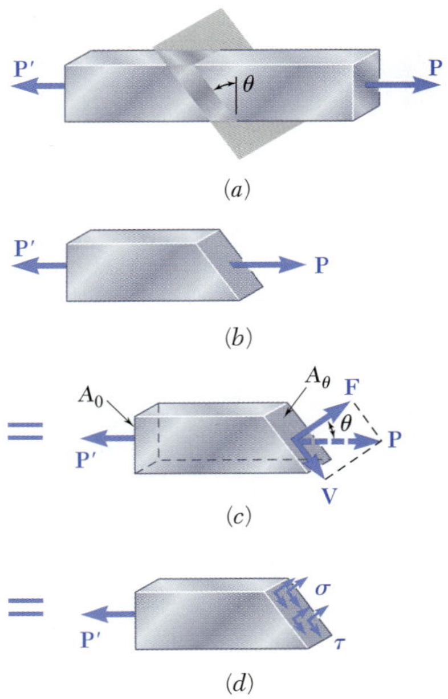


그림 1.27

식 (1.13)에 식 (1.12)의 $F$와 $V$를 대입하고, 그림 1.27*c*로부터 $A_0 = A_\theta\cos\theta$, 혹은 $A_\theta = A_0/\cos\theta$이므로 다음 결과를 얻는다. 여기에서 $A_0$는 부재의 축에 수직인

단면적을 나타낸다.

$$\sigma = \frac{P\cos\theta}{A_0/\cos\theta} \qquad \tau = \frac{P\sin\theta}{A_0/\cos\theta}$$

또는

$$\sigma = \frac{P}{A_0}\cos^2\theta \qquad \tau = \frac{P}{A_0}\sin\theta\cos\theta \tag{1.14}$$

식 (1.14)의 첫 번째 식에서, 수직응력 $\sigma$는 $\theta = 0$일 때, 즉 단면이 부재의 축에 수직일 때 최댓값이 되고, $\theta$가 90°에 가까워지면 수직응력은 0에 접근함을 알 수 있다. $\sigma$의 값은 $\theta = 0°$ 일 때, 1.2절에서 구한 값과 같게 된다.

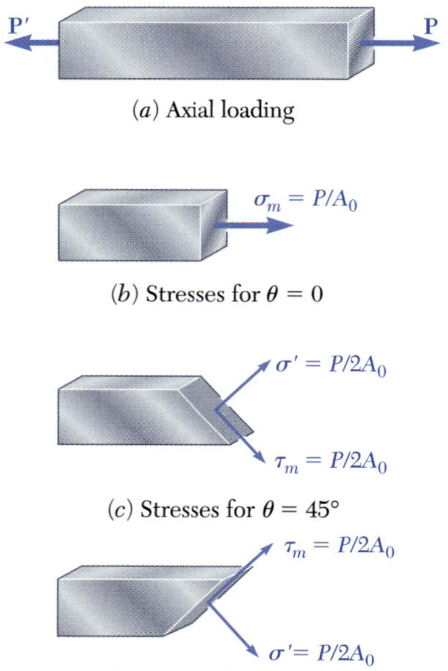

(*a*) Axial loading
(*b*) Stresses for $\theta = 0$
(*c*) Stresses for $\theta = 45°$
(*d*) Stresses for $\theta = -45°$

**그림 1.28**

$$\sigma_m = \frac{P}{A_0} \tag{1.15}$$

식 (1.14)의 두 번째 식에서, 전단응력 $\tau$는 $\theta = 0°$와 $\theta = 90°$에서는 0이고, $\theta = 45°$일 때 최댓값이 되며, 다음과 같다.

$$\tau_m = \frac{P}{A_0}\sin 45°\cos 45° = \frac{P}{2A_0} \tag{1.16}$$

식 (1.14)의 첫 번째 식에서, $\theta = 45°$일 때 수직응력 $\sigma'$는 역시 $P/2A_0$와 같다.

$$\sigma' = \frac{P}{A_0}\cos^2 45° = \frac{P}{2A_0} \tag{1.17}$$

식 (1.15), (1.16) 그리고 (1.17)에서 얻은 결과들을 그림 1.28에 표시하였다. 이로부터 동일한 하중에서도 $\theta = 0°$에서는 그림 1.28$b$와 같이 수직응력 $\sigma_m = P/A_0$가 발생되고 전단응력은 0이다. 반면에 그림 1.28$c$와 그림 1.28$d$에 보인 바와 같이 $\theta = \pm 45°$에서는 $\sigma' = \tau_m = P/2A_0$이 되며, 최대 전단응력과 같은 크기의 수직응력이 동시에 발생된다.

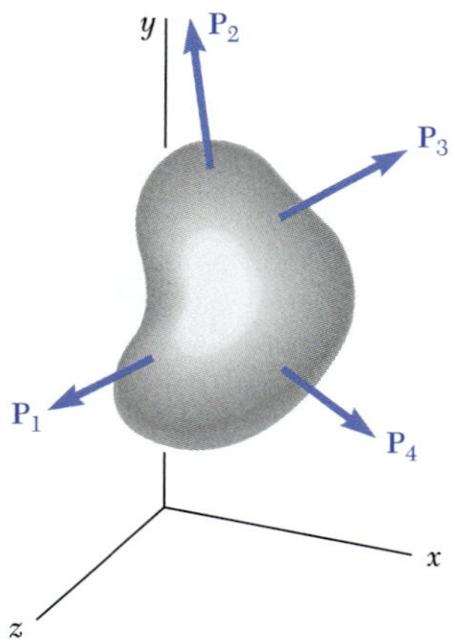


**그림 1.29**

## 1.9 일반하중 상태에서 응력성분

앞 절에서는 축방향 하중을 받는 부재와 횡방향 하중을 받는부재에 한하여 살펴보았다. 그러나 대부분 구조부재나 기계부품들은 하중조건이 더 복잡하다.

여러 개의 하중 $\mathbf{P}_1$, $\mathbf{P}_2$ 등이 작용하는 물체를 고려해 보자(그림 1.29). 임의의 점 $Q$에서 이러한 하중들에 의해 발생하는 응력을 이해하기 위해, $yz$ 평면에 평행하고 $Q$점을 지나는 면으로 절단해 보자. 절단면의 왼쪽 부분에 원래의 하중들과

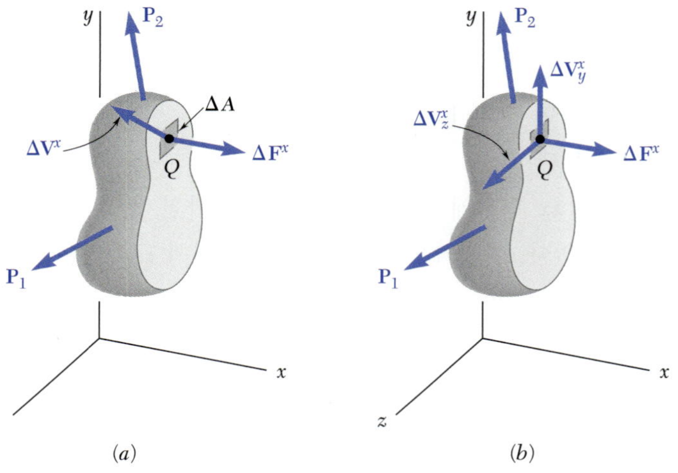


그림 1.30

절단면상에 분포되어 있는 수직력 및 전단력을 나타낸다. 이 경우, 점 $Q$ 주변의 미소면적 $\Delta A$에 작용하는 수직력 및 전단력을 $\Delta\mathbf{F}^x$와 $\Delta\mathbf{V}^x$로 표시한다(그림 1.30$a$). 여기서 위첨자 $x$는 힘 $\Delta\mathbf{F}^x$와 $\Delta\mathbf{V}^x$가 $x$축에 수직인 면에 작용하는 힘을 나타낸다. 수직력 $\Delta\mathbf{F}^x$는 방향이 명확히 정의될 수 있으나, 전단력 $\Delta\mathbf{V}^x$는 단면 접선방향으로 임의 방향으로 작용할 수 있다.

따라서 $\Delta\mathbf{V}^x$를 두 성분의 힘 $\Delta\mathbf{V}_y^x$와 $\Delta\mathbf{V}_z^x$로 분해할 수 있으며, 각각은 $y$축과 $z$축에 평행한 방향으로 작용하는 힘의 성분임을 의미한다(그림 1.30$b$). 각각의 힘의 크기를 면적 $\Delta A$로 나누고, $\Delta A$를 0으로 수렴시키면 그림 1.31에 표시된 세 개의 응력성분을 정의할 수 있다.

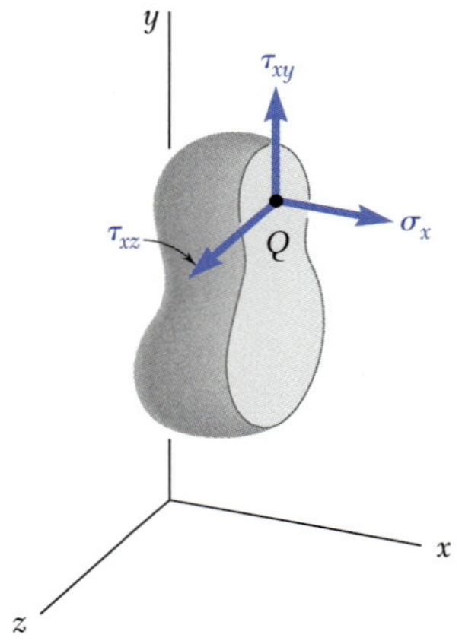


그림 1.31

$$\sigma_x = \lim_{\Delta A \to 0} \frac{\Delta F^x}{\Delta A}$$
$$\tau_{xy} = \lim_{\Delta A \to 0} \frac{\Delta V_y^x}{\Delta A} \qquad \tau_{xz} = \lim_{\Delta A \to 0} \frac{\Delta V_z^x}{\Delta A} \tag{1.18}$$

$\sigma_x$, $\tau_{xy}$, 그리고 $\tau_{xz}$에서 첫 번째의 아래 첨자는 각 응력이 $x$축에 수직인 면에 작용한다는 의미한다. $\tau_{xy}$, $\tau_{xz}$에서 두 번째의 아래 첨자는 분력성분이 작용하는 방향을 나타낸다. 수직응력 $\sigma_x$는 작용하는 화살표 방향이 $x$축의 양(+)으로 향하는 방향이면 양의 값, 즉 물체가 인장을 받는 상태를 말하며, 반대로 화살표 방향이 음(−)으로 향하면 압축을 받는 상태이다. 마찬가지로 $\tau_{xy}$와 $\tau_{xz}$는 작용하는 화살표의 방향이 각각 $y$축과 $z$축의 양(+) 방향이면 양의 값이다.

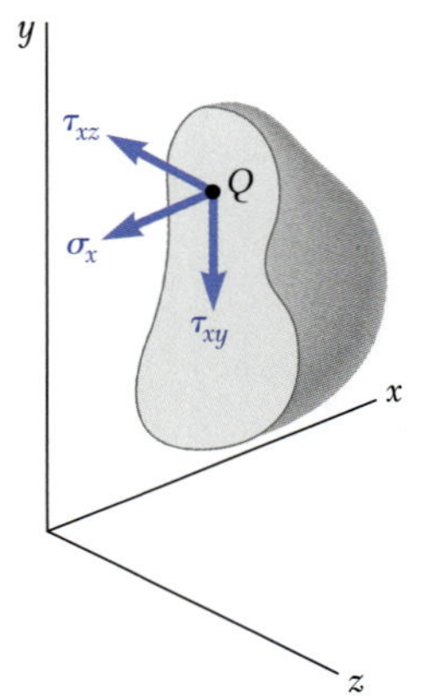


그림 1.32

위의 해석은 그림 1.32와 같이 $Q$점을 통과하는 수직 평면의 오른쪽 부분에 대해서도 같은 결과를 얻을 수 있다. 이 경우, 크기는 같고 방향이 반대인 수직력 및 $\Delta\mathbf{F}^x$ 및 전단력 $\Delta\mathbf{V}_y^x$와 $\Delta\mathbf{V}_z^x$가 된다. 따라서 같은 응력 값들을 얻을 수 있으나, 그림 1.32와 같이 물체 절단면은 $x$축에서 음(−)의 방향을 향하고 있으므로 $\sigma_x$는 화살표가 $x$축의 음(−)의 방향으로 향할 때 양(+)의 값이다. 마찬가지로, $\tau_{xy}$와 $\tau_{xz}$는 작용하는 화살표의 방향이 그림 1.32와 같이 각각 $y$축과 $z$축의 음(−)의 방향으로 향하면 양(+)의 값이 된다.

점 $Q$를 지나면서 $zx$ 평면에 평행한 면으로 절단하면, 동일한 방법으로 $\sigma_y$, $\tau_{yz}$와 $\tau_{yx}$를 정의할 수 있다. 마지막으로, 점 $Q$를 지나면서 $xy$ 평면에 평행한 면으로 절단하면, $\sigma_z$, $\tau_{zx}$와 $\tau_{zy}$를 얻는다.

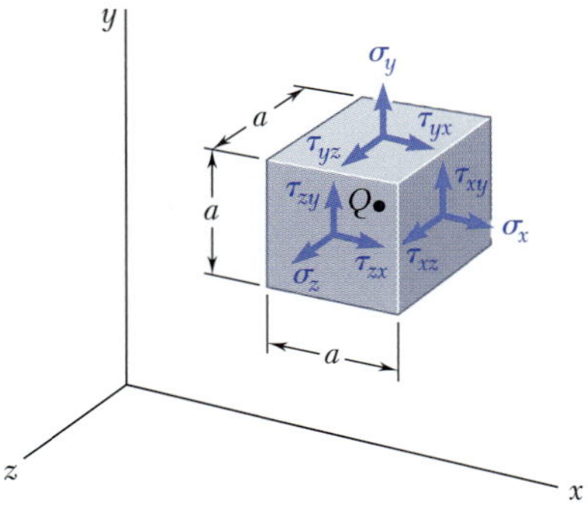

그림 1.33

점 $Q$에서의 응력 조건을 가시적으로 표현하기 위해서, 그림 1.33과 같이 중심점이 $Q$이고 한 변이 $a$인 작은 정육면체를 고려하여, 여섯 개의 표면에 각각의 응력을 표시할 수 있다. 그림에 나타난 응력성분들은 $x$, $y$, $z$축에 수직인 면에 작용하는 $\sigma_x$, $\sigma_y$, $\sigma_z$인 세 개의 수직응력 성분이 있으며, 그리고 $\tau_{xy}$, $\tau_{yz}$, $\tau_{xz}$, … 등 여섯 개의 전단응력 성분이 있다. 전단응력 성분 $\tau_{xy}$는 $x$축에 수직인 평면에 $y$방향으로 작용하는 응력 성분인 반면, $\tau_{yx}$는 $y$축에 수직인 평면에 $x$방향으로 작용하는 응력 성분이다.

그림 1.33에서는 실제로 세 개의 면만 나타나 있으나, 나머지 보이지 않는 면에는 크기는 같고 방향이 반대인 응력 성분이 작용한다. 육면체의 각면에 작용하는 응력은 $Q$에서 작용하는 응력과 다소 다르겠지만, 육면체의 변의 길이 $a$를 0으로 수렴시키면 오차는 무시할 수 있다.

이제 전단응력 성분 사이의 중요한 관계를 살펴보자. 그림 1.34와 같이 중심이 $Q$점인 작은 정육면체에 대한 자유물체도를 고려해 보자. 정육면체의 각 면에 작용하는 수직력 및 전단력은 각 응력에 작용면의 면적 $\Delta A$를 곱하여 얻을 수 있다. 우선, 세 개의 힘에 관한 평형방정식은 다음과 같이 쓸 수 있다.

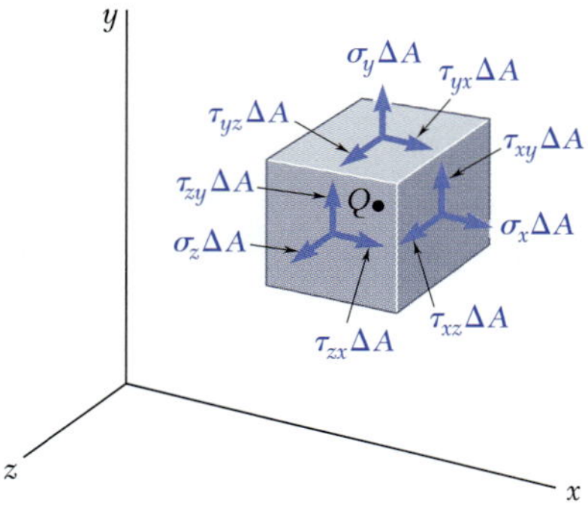

그림 1.34

$$\Sigma F_x = 0 \qquad \Sigma F_y = 0 \qquad \Sigma F_z = 0 \tag{1.19}$$

그림 1.34에 나타낸 힘들은 크기가 같고 방향이 반대인 힘들이 보이지 않는 반대면에 작용하고 있으므로 식 (1.19)를 만족시킨다. 이제 중심점 $Q$에서 $x$, $y$, $z$축에 평행하게 그린 $x'$, $y'$, $z'$축에 대한 힘의 모멘트를 고려하면 다음과 같은 세 개의 식을 추가로 얻을 수 있다.

$$\Sigma M_{x'} = 0 \qquad \Sigma M_{y'} = 0 \qquad \Sigma M_{z'} = 0 \tag{1.20}$$

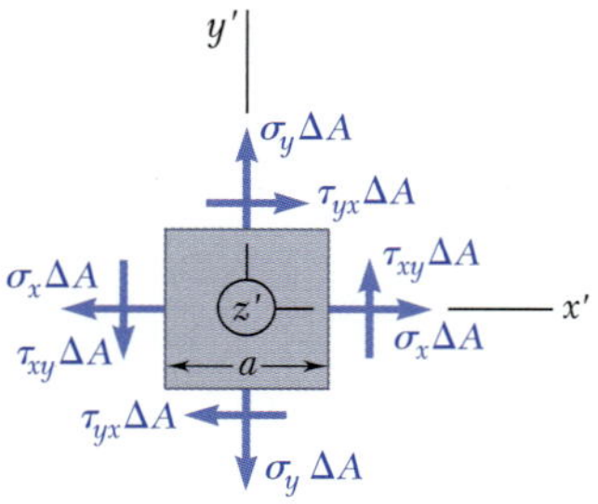

그림 1.35

그림 1.35에 보인 바와 같이 $x'y'$ 평면에 투영하여 나타내면 $z$축을 기준으로 하여 수직응력에 의한 힘들은 모멘트가 0이 되고, 모멘트를 발생시키는 힘은 오로지 전단력뿐임을 주목하자. 이들 힘들은 두 개의 우력(couple)을 이루고 있으며, 하나는 반시계방향으로 양(+)의 모멘트 $(\tau_{xy}\ \Delta A)a$이고, 다른 하나는 시계방향으로 음(−)의 모멘트 $-(\tau_{yx}\ \Delta A)a$이다. 그러므로 식 (1.20)의 마지막 조건식은 다음과 같이 나

타낼 수 있다.

$$+\circlearrowleft \Sigma M_z = 0: \qquad (\tau_{xy}\,\Delta A)a - (\tau_{yx}\,\Delta A)a = 0$$

이 결과로부터 아래의 결론을 얻을 수 있다.

$$\tau_{xy} = \tau_{yx} \tag{1.21}$$

위의 관계로부터, $x$축에 수직인 면에 작용하는 $y$방향 전단응력 성분은 $y$축에 수직인 면에 작용하는 $x$방향 전단응력 성분과 같다는 의미이다. 식 (1.20)의 나머지 두 식으로부터 다음과 같이 유사한 관계를 유도할 수 있다.

$$\tau_{yz} = \tau_{zy} \qquad \tau_{zx} = \tau_{xz} \tag{1.22}$$

위의 식 (1.21)과 식 (1.22)로부터 점 $Q$에서의 응력성분을 정의하기 위해서는 당초에 정의한 9개의 응력성분 대신 6개만 알면 된다. 이들 6개의 응력성분은 $\sigma_x$, $\sigma_y$, $\sigma_z$, $\tau_{xy}$, $\tau_{yz}$, $\tau_{zx}$이다. 또한 주어진 점에서의 전단응력은 한 면에서만 발생할 수 없다. 같은 전단응력이 그 면에 수직인 다른 면에도 작용해야 한다. 예를 들어 그림 1.36의 볼트를 고려해 보자. 볼트에서 그림 1.36$a$와 같이 $Q$점을 중앙으로 하는 작은 육면체를 생각하면, 힘 **P**와 **P**′의 작용방향에 수평인 두 평면에 크기가 같은 전단응력이 발생하고 또한 수직인 두 평면에도 같은 전단응력이 발생한다(그림 1.36$b$).

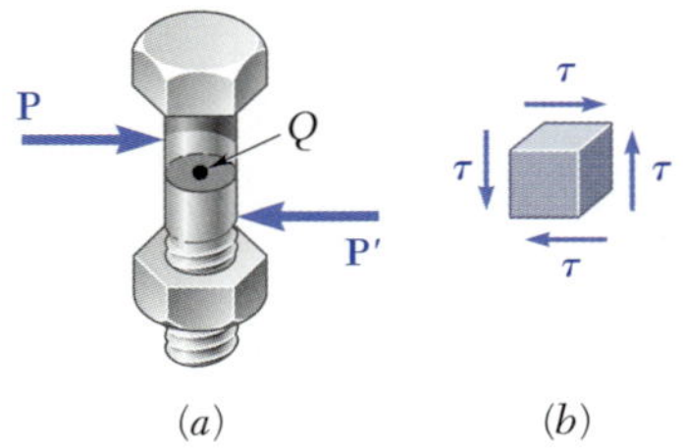

그림 1.36

응력성분에 대한 검토를 마치기 전에 축방향 하중을 받는 부재의 경우를 다시 생각해 보자. 부재의 면과 평행한 미소 육면체를 살펴보면 1.8절에서 얻었던 결과를 이용하여 부재의 응력 상태는 그림 1.37$a$와 같이 나타낸다. 단지 $x$축에 수직인 면에 수직응력 $\sigma_x$만 작용하는 것을 알 수 있다. 그러나 만일 미소 육면체를 $z$축을 중심으로 45° 회전시켜 그림 1.28$c$와 1.28$d$에서 고려했던 단면방향과 일치시키면, 같은 크기의 수직응력 및 전단응력이 육면체의 4면에 작용함을 알 수 있다(그림 1.37$b$). 그러므로 주어진 점에서 동일한 하중상태라도 고려되는 요소의 방향에 따

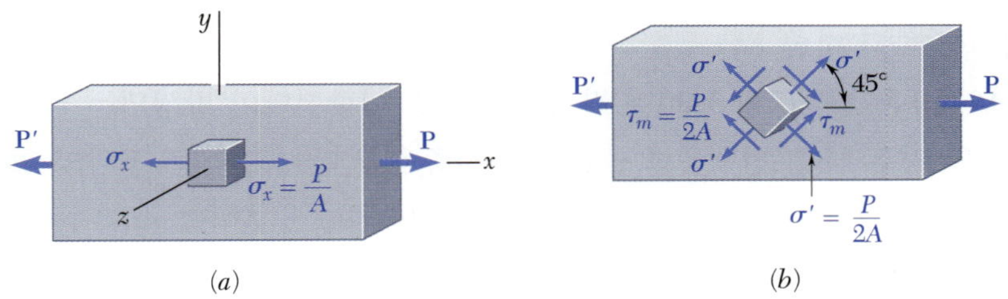

그림 1.37

라 응력이 다르게 해석될 수 있음을 알 수 있다. 이에 대해 더 자세한 사항은 7장에서 다룰 것이다.

## 1.10 설계시 고려사항

앞 절에서는 단순 하중조건하에 있는 봉, 볼트 그리고 핀에 대한 응력을 결정하는 법을 배웠다. 앞으로 더욱 복잡한 경우에 응력을 결정하는 법을 알아 볼 것이다. 공학에서 응력 결정은 그 자체가 궁극적인 목표는 아니다. 오히려 엔지니어는 응력에 대한 지식을 활용하여 가장 중요한 목표인 구조물이나 기계가 안전하고 경제적으로 규정된 기능을 만족시키는 설계를 할 수 있어야 한다.

**a. 재료의 극한강도 결정.** 설계자에 의해 고려되어야 할 중요한 요소는 선택된 재료가 적용 하중에서 어떻게 거동할 것인가를 예측하는 것이다. 주어진 재료의 규정된 시험을 수행함으로써 결정할 수 있다. 예를 들어, 강재 시편은 2.3절에서와 같이 실험실의 인장시험기에 중심축 하중을 가하여 시험한다. 하중을 증가시키면서 시편의 여러 가지 변화, 즉 길이 및 지름의 변화를 측정한다. 결국은 시편이 견딜 수 있는 최대 하중에 도달하여, 시편이 파손되거나 또는 하중이 감소되는 단계에 접어든다. 이러한 최대하중을 그 시편에 대한 **극한하중**(ultimate load)이라 하며 $P_U$로 표시한다.

하중이 중심방향으로 작용되었으므로 극한하중을 시편의 원래의 단면적으로 나누어 재료의 **극한 수직응력**(ultimate normal stress)을 구한다. 이 응력은 재료에 대한 **극한 인장강도**(ultimate strength in tension)라고도 하며 다음과 같이 정의한다.

$$\sigma_U = \frac{P_U}{A} \tag{1.23}$$

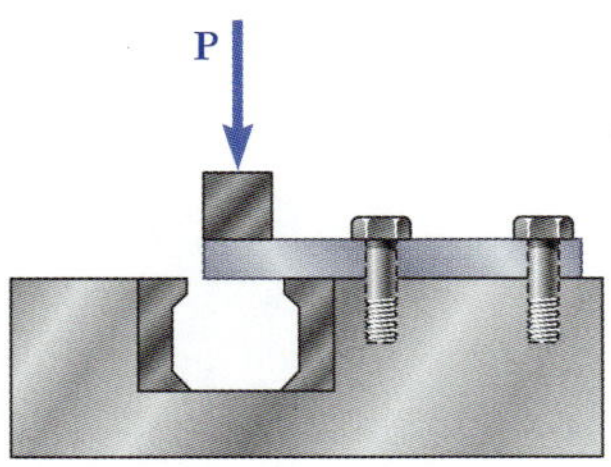


**그림 1.38** 단일전단 시험

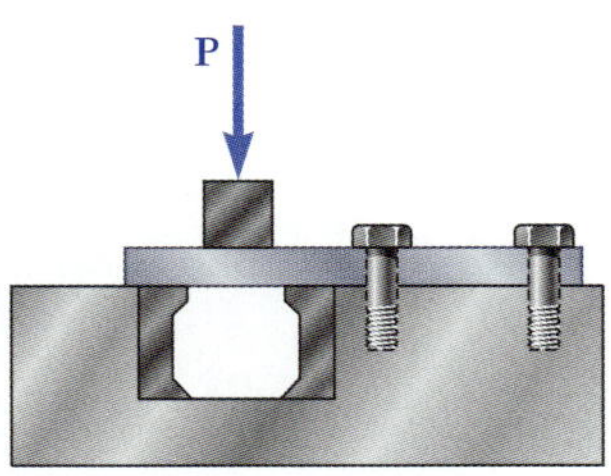


**그림 1.39** 이중전단 시험

재료의 **극한 전단응력**(ultimate shearing stress), 혹은 **극한 전단강도**(ultimate strength in shear)를 결정하기 위한 여러 가지 시험법이 있다. 가장 흔히 사용되는 방법은 원형튜브에 대한 비틀림 시험법이다(3.5절). 다소 정확도가 떨어지기는 하지만 좀 더 직접적인 방법으로는 그림 1.38과 같이 사각형 또는 원형막대를 전단장치에 고정하고 하중 $P$를 극한하중 $P_U$까지 증가시키면 단일전단이 발생된다. 만일 시편의 자유단을 그림 1.39와 같이 설치하면 이중전단이 발생되는 극한하중을 얻는다. 두 경우 극한 전단응력 $\tau_U$는 극한하중을 전단이 일어난 전체의 면적으로 나누어서 얻을 수 있다. 단일전단 경우에 시편의 단면적 $A$이고, 이중전단 경우는 $A$의 두 배, 즉 $2A$가 된다.

**b. 허용하중과 허용응력, 안전계수.** 구조물의 부재나 기계부품이 사용되는 일반적인 조건에서 최대하중은 극한하중보다 월등히 작다. 이 작은 하중은 **허용하중**(allowable load)이라 하고, 때로는 **사용하중**(working load) 또는 **설계하중**(design load)이라고도 한다. 따라서 허용하중이 적용될 경우, 부재가 받을 수 있는 극한하중의 단지 일부분이다. 하중 수용 능력의 나머지 부분은 부재의 안전한 기능 수행을 보장하기 위해 비축되어 있는 셈이다. 허용하중에 대한 극한하중의 비를 **안전계수**(factor of safety)라 정의한다.†

$$\text{안전계수} = F.S. = \frac{\text{극한하중}}{\text{허용하중}} \tag{1.24}$$

응력개념을 사용하여 다음과 같이 안전계수를 정의할 수도 있다.

$$\text{안전계수} = F.S. = \frac{\text{극한응력}}{\text{허용응력}} \tag{1.25}$$

하중과 응력 사이가 선형관계일 때는 식 (1.24)과 식 (1.25)로 나타낸 안전계수에 관한 두 식은 서로 일치한다. 그러나 대부분의 공학적 적용에서는 하중이 극한값에 접근하면 선형적인 관계가 성립되지 않으며, 식 (1.25)에 의해 얻어진 안전계수는 주어진 설계의 안전도에서 정확한 판단 자료로 사용될 수는 없다. 그럼에도 불구하고, 식 (1.25)에 근거한 **허용응력법**(allowable stress method)은 설계에 널리 사용되고 있다.

**c. 적절한 안전계수의 선정.** 여러 적용분야에서 적절한 안전계수의 선정은 가장 중요한 공학적 목표 중의 하나이다. 한편으로 만일 안전계수를 너무 작게 선택한 다면 파손 가능성이 위험한 수준으로 증가될 것이며, 다른 한편으로는 안전 계수를 너무 크게 선택한다면 비경제적이고 제 기능을 하지 못하는 설계가 될 것이다. 주어진 설계사양에 적절한 안전계수를 선택하기 위해서는 아래와 같은 여러 가지 고려사항에 대해 공학적인 판단을 필요로 한다.

1. **부재재료의 특성이 변할 가능성.** 부재재료의 성분, 강도, 그리고 치수 등은 제조과정에서 약간의 변동이 있을 수 있다. 또한 제조, 보관, 운송 및 시공 중에 재료의 성질이 변할 수 있고 열이나 변형에 의해 잔류응력이 발생될 수도 있다.
2. **구조물 혹은 기계의 수명기간 중 예상되는 하중의 횟수.** 대부분의 재료에서

† 공학의 다른 분야, 예를 들면 항공공학 분야에서는 안전계수 대신에 **안전여유**(margin of safety)가 사용된다. 이 안전여유는 안전계수에서 1을 뺀 값이다. 즉, 안전여유 = F.S. − 1.00의 관계를 갖는다.

극한응력은 하중적용 횟수 또는 반복하중에 따라 감소한다. 이러한 현상은 **피로**(fatigue)라 하며, 만일 이를 무시할 경우 갑작스런 파손이 발생될 수 있다(2.6절 참조).

3. **설계시 계획되거나 미래에 발생할 수 있는 하중의 형태.** 정확히 계산된 하중은 매우 제한적이고 몇 가지 안 되며 대부분의 설계하중은 공학적으로 추정된 값이다. 더구나, 미래 용도로 개조, 혹은 변화시킬 경우에 실제로 작용하는 하중은 변동될 수 있다. 동하중, 반복하중, 혹은 충격하중의 경우에 더 큰 안전계수가 요구된다.
4. **발생될 수 있는 파손의 형태.** 취성재료(brittle material)는 사전에 파괴가 일어나는 어떠한 조짐도 없이 갑자기 파손된다. 반면에, 구조용 강재와 같은 연성재료(ductile material)는 일반적으로 파손 전에 과부하를 나타내는 큰 변형, 즉 **항복**(yielding)이 일어난다. 그러나 많은 경우에 재료가 취성재료이거나 또는 아닌 경우에도 좌굴이 발생되거나 안정성이 상실될 수 있다. 그러므로 갑작스런 파손 가능성이 예상될 때에는 명백한 경고나 징후를 보이며 파손이 일어날 경우보다 더 큰 안전계수를 사용해야 한다.
5. **해석방법에 기인하는 불확실성.** 모든 설계 방법은 단순화된 가정을 기반으로 하며, 단지 계산된 응력은 실제 응력의 근사값에 해당된다.
6. **부실한 유지관리 또는 외부 요인에 의해 발생할 수 있는 열화(deterioration).** 부식이나 부패를 방지하기 어렵거나 또는 발견하기조차 곤란할 경우에는 더 큰 안전계수가 필요하다.
7. **전체 구조물에 대해 주어진 부재의 중요도.** 버팀대와 보조부재(bracing and secondary menber)는 주요 부재보다 낮은 안전계수를 사용할 수 있다.

위의 고려사항에 추가하여, 파손으로 인한 인명이나 재산상 손실을 고려해야 한다. 파손이 인명에 대한 위험성은 없고, 단지 약간의 재산상의 손실만 초래할 경우에는 다소 작은 안전계수를 사용할 수 있다. 마지막으로, 실제 고려해야 할 점은 안전계수를 너무 크게 하여 구조물이나 기계가 설계 기능이 상실될 수 있다는 사항을 숙고해야 한다. 예를 들어 항공기 설계 시 높은 안전계수를 사용할 경우 무게의 증가로 인해 비행기가 날을 수 있는 설계기능에 부적합한 영향을 초래할 수 있다. 대부분의 구조물과 기계에 적용되는 안전계수는 해당분야의 전문기술자협회, 산업체, 혹은 정부에서 제정한 **설계규정**(design specification)이나 **건축시방서**(building code)에 명시되어 있다. 이러한 설계규정이나 건축시방서의 예는 다음과 같다.

1. 강재: AISC(American Institute of Steel Construction), Specifications for Structural Steel Buildings)

2. 콘크리트: ACI(American Concrete Institute), Building Code Requirement for Structural Concrete)
3. 목재: AFPA(American Forest and Paper Association), National Design Specification for Wood Construction)
4. 고속도로 교량: AASHO(American Association of State Highway Officials), Standard Specifications for Highway Bridges)

***d. 하중 및 저항계수 설계.** 위에서 보았듯이, **허용응력 설계법**에서는 구조물이나 기계부품에 관련되는 모든 불확실성은 하나의 안전계수로 대표하는 방식이다. 이에 비해 구조 엔지니어들 사이에서 널리 통용되고 있는 다른 설계법은 구조물 자체와 연관되는 불확실성과 이를 지지하기 위한 하중과 연관되는 불확실성 사이를 구분하는 세 개의 다른 계수들을 사용하는 방법이다. 이 방법을 **하중 및 저항계수 설계**(Load and Resistance Factor Design: LRFD)이라고 한다. 즉, 구조물에 의해 지지되는 **활하중**(live load) $P_L$과 전체 하중 중에서 구조물 자체의 하중, 즉 **사하중**(dead load) $P_D$에 연관되는 불확실성으로 구분될 수 있다.

이 설계 방법에서는 구조물이 사용불능 상태가 될 때의 하중, 즉 **극한하중**(ultimate load) $P_U$가 우선 결정되어야 한다. 만일 다음의 부등식을 만족시키면 제안된 설계는 유용한 것으로 판단할 수 있다.

$$\gamma_D P_D + \gamma_L P_L \leq \phi P_U \tag{1.26}$$

계수 $\phi$는 **저항계수**(resistance factor)라고 하고, 구조물 자체의 저항능력과 관련된 불확실성을 나타내며, 통상 1보다 작은 값이다. 계수 $\gamma_D$와 $\gamma_L$은 **하중계수**(load factor)라 하며 각각 사하중과 활하중에 연관되는 불확실성을 나타낸다. 이들 값은 통상 1보다 큰 값이며, $\gamma_L$이 $\gamma_D$보다 약간 크다. 이 교재에서는 허용응력 설계법을 사용한다.

## 기초문제 1.3

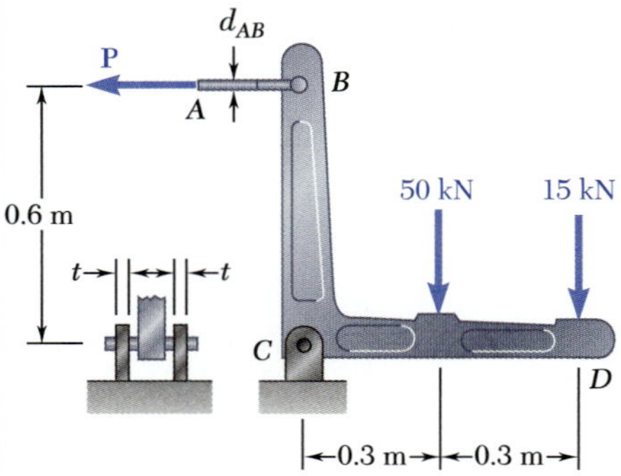


그림과 같이 두 힘이 브래킷 $BCD$에 작용하고 있다. 다음 사항을 결정하시오. ($a$) 제어봉 $AB$가 강재이며 극한 수직응력이 600 MPa이고 안전계수가 3.3일 경우, 제어봉의 지름, ($b$) $C$ 지점 핀은 강재이며 극한 전단응력이 350 MPa이고 전단에 대한 안전계수가 3.3일 때, 핀 $C$의 지름 치수, ($c$) 강재 브래킷의 허용 지압응력이 300 MPa일 때, $C$ 지점에서 브래킷 지지대의 두께.

## 풀이

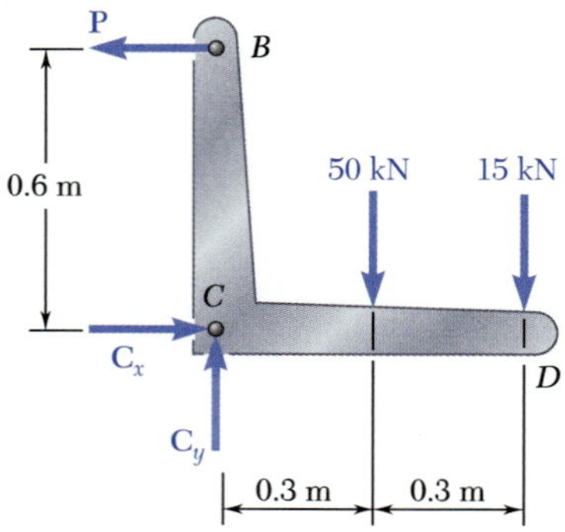


**자유물체도: 전체 브래킷.** $C$ 지점의 반력을 수평성분 $\mathbf{C}_x$ 및 수직성분 $\mathbf{C}_y$로 나타낸다.

$$+\circlearrowleft \Sigma M_C = 0: \quad P(0.6\text{ m}) - (50\text{ kN})(0.3\text{ m}) - (15\text{ kN})(0.6\text{ m}) = 0 \quad P = 40\text{ kN}$$

$$\Sigma F_x = 0: \quad C_x = 40\text{ k}$$

$$\Sigma F_y = 0: \quad C_y = 65\text{ kN} \qquad C = \sqrt{C_x^2 + C_y^2} = 76.3\text{ kN}$$

**(a) 제어봉 $AB$.** 안전계수가 3.3이므로, 허용응력은 다음과 같다.

$$\sigma_{\text{all}} = \frac{\sigma_U}{F.S.} = \frac{600\text{ MPa}}{3.3} = 181.8\text{ MPa}$$

하중 $P = 40$ kN에 대한 단면적으로부터 아래와 같이 제어봉 지름을 결정한다.

$$A_{\text{req}} = \frac{P}{\sigma_{\text{all}}} = \frac{40\text{ kN}}{181.8\text{ MPa}} = 220 \times 10^{-6}\text{ m}^2$$

$$A_{\text{req}} = \frac{\pi}{4} d_{AB}^2 = 220 \times 10^{-6}\text{ m}^2 \qquad d_{AB} = 16.74\text{ mm} \blacktriangleleft$$

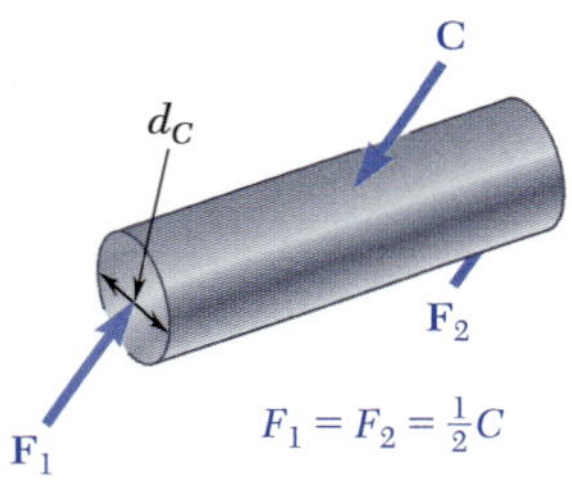


**(b) 핀 $C$의 전단.** 안전계수 3.3을 적용하여 허용 전단응력을 계산한다.

$$\tau_{\text{all}} = \frac{\tau_U}{F.S.} = \frac{350\text{ MPa}}{3.3} = 106.1\text{ MPa}$$

핀은 이중전단 상태에 있으므로,

$$A_{\text{req}} = \frac{C/2}{\tau_{\text{all}}} = \frac{(76.3\text{ kN})/2}{106.1\text{ MPa}} = 360\text{ mm}^2$$

$$A_{\text{req}} = \frac{\pi}{4} d_C^2 = 360\text{ mm}^2 \qquad d_C = 21.4\text{ mm} \qquad \text{사용지름}: d_C = 22\text{ mm} \blacktriangleleft$$

제품치수를 고려하여 계산 값보다 큰 지름 22 mm인 핀을 선택한다.

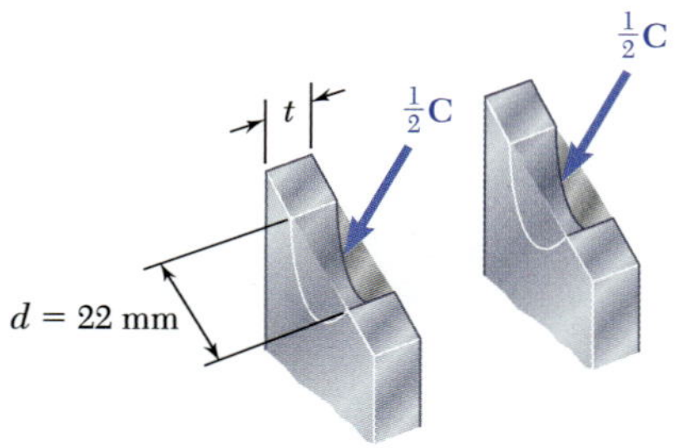


**(c) $C$ 지점의 지압.** 위에서 선택한 지름 22 mm인 핀을 사용하면, 수직 지압면적은 $(22 \times t)$ mm$^2$이다. 각각의 브래킷은 $C/2$의 힘을 받고 허용 지압응력이 300 MPa이므로, 다음과 같이 계산한다.

$$A_{\text{req}} = \frac{C/2}{\sigma_{\text{all}}} = \frac{(76.3\text{ kN})/2}{300\text{ MPa}} = 127.2\text{ mm}^2$$

$$22t = 127.2 \qquad t = 5.78\text{ mm} \qquad \text{사용두께}: t = 6\text{ mm} \blacktriangleleft$$

## 기초문제 1.4

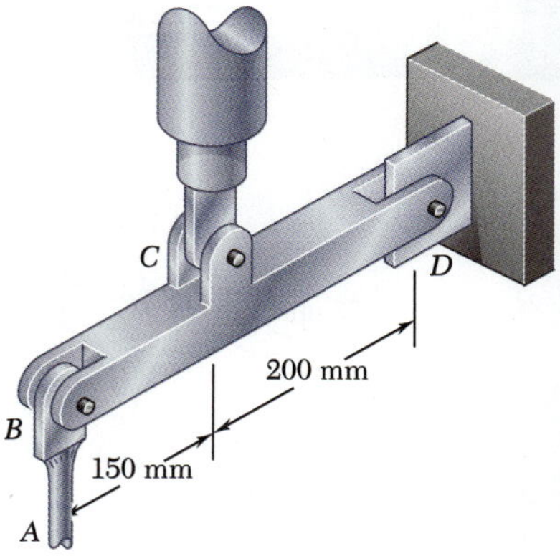


강체로 된 보(rigid beam) $BCD$가 $B$에서 제어봉, $C$에서 유압실린더, 그리고 $D$의 고정지지대에 볼트로 결합되어 있다. 사용된 볼트 지름은 $d_B = d_D = 10$ mm이고, $d_C = 12$ mm이다. 각 볼트는 이중전단을 받으며 강재(steel)로 만들어졌으며 극한 전단 응력은 $\tau_U = 280$ MPa이다. 제어봉 $AB$의 지름은 $d_A = 11$ mm인 강재이며 극한 인장 응력은 $\sigma_U = 420$ MPa이다. 모든 부재요소의 최소 안전계수가 3.0이라면 유압 실린더 $C$에 의해 가할 수 있는 최대하중을 결정하시오.

## 풀이

세 개의 볼트와 제어봉의 파손에 대한 안전계수는 3.0 이상이어야 한다. 각각 이들에 대한 네 가지 별개의 기준을 고려해야 한다.

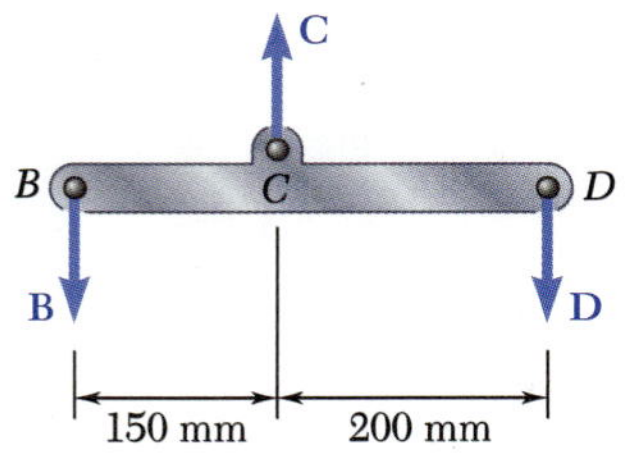


**자유물체도: 강체보 $BCD$.** 먼저 $C$의 힘을 $B$와 $D$에서 걸리는 힘으로 나타낸다.

$$+\circlearrowleft \Sigma M_D = 0: \qquad B(350\text{ mm}) - C(200\text{ mm}) = 0 \qquad C = 1.750B \qquad (1)$$
$$+\circlearrowleft \Sigma M_B = 0: \qquad -D(350\text{ mm}) + C(150\text{ mm}) = 0 \qquad C = 2.33D \qquad (2)$$

**제어봉.** 안전계수 3.0을 이용하면, 허용응력은

$$\sigma_{\text{all}} = \frac{\sigma_U}{F.S.} = \frac{420\text{ MPa}}{3.0} = 140\text{ MPa}$$

따라서 제어봉에서의 허용하중은

$$B = \sigma_{\text{all}}(A) = (140\text{ MPa})\tfrac{1}{4}\pi(11 \times 10^{-3}\text{ m})^2 = 13.30\text{ kN}$$

식 (1)을 이용하여 $C$에 걸릴 수 있는 최대 허용하중을 구한다.

$$C = 1.750B = 1.750(13.3\text{ kN}) \qquad C = 23.3\text{ kN} \blacktriangleleft$$

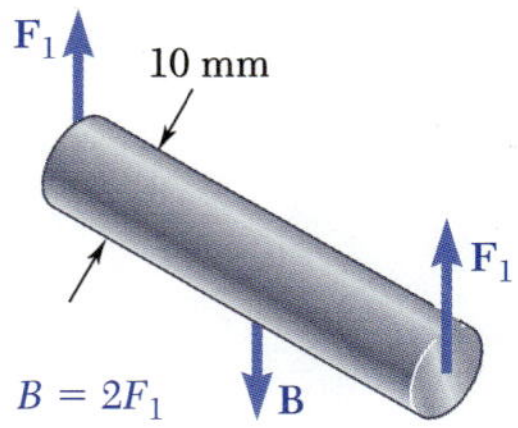


**$B$점의 볼트.** $\tau_{\text{all}} = \tau_U/F.S. = (280\text{ MPa})/3 = 93.33$ MPa. 볼트가 이중전단 상태이므로, 볼트에서 허용하중의 크기는 다음과 같다.

$$B = 2F_1 = 2(\tau_{\text{all}}A) = 2(93.33\text{ MPa})(\tfrac{1}{4}\pi)(10 \times 10^{-3}\text{ m})^2 = 14.66\text{ kN}$$

식 (1)로부터, $\quad C = 1.750B = 1.750(14.66\text{ kN}) \qquad C = 25.7\text{ kN} \blacktriangleleft$

**$D$점의 볼트.** 볼트 $B$와 동일한 상태이므로, 허용하중은 $D = B = 14.66$ kN.

식 (2)로부터, $\quad C = 2.33D = 2.33(14.66\text{ kN}) \qquad C = 34.2\text{ kN} \blacktriangleleft$

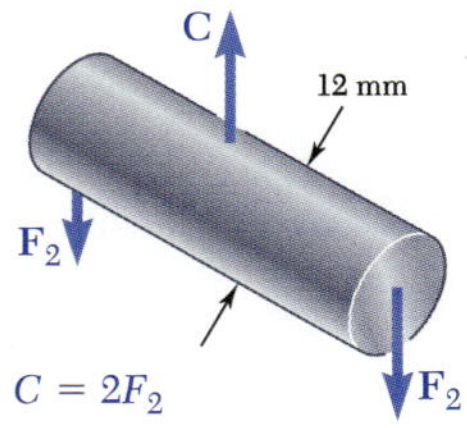


**$C$점의 볼트.** $\tau_{\text{all}} = 93.33$ MPa이므로

$$C = 2F_1 = 2(\tau_{\text{all}}A) = 2(93.33\text{ MPa})(\tfrac{1}{4}\pi)(12 \times 10^{-3}\text{ m})^2 \qquad C = 21.1\text{ kN} \blacktriangleleft$$

**결론.** 위의 네 가지의 경우에 $C$에 걸리는 최대 허용하중을 구했다. 이들 모두를 만족시키기 위해 최소값을 선택해야 한다. 그러므로 $C$에서 유압실린더에 가할 수 있는 힘은 다음과 같다. $\qquad C = 21.1\text{ kN} \blacktriangleleft$

# P1B 연습문제

**1.16** 균일한 단면을 갖는 두 개의 목재가 그림과 같이 단순 맞대기 접착(simple glued scarf slice)되어 있으며, 이 목재에 하중 **P** = 6 kN이 가해지고 있다. 접착면에 발생되는 수직응력과 전단응력을 결정하시오.

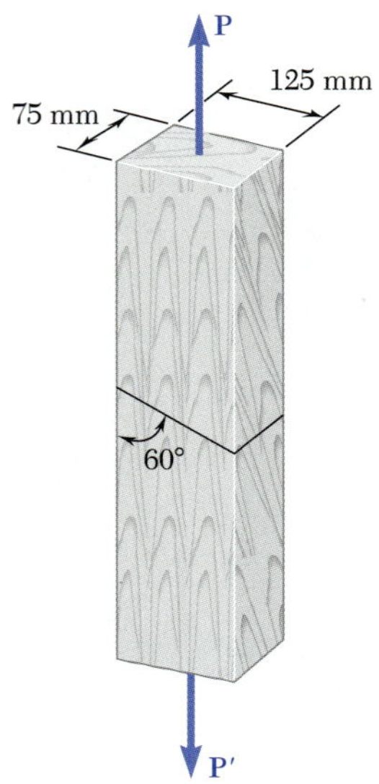


그림 P1.16

**1.17** 균일한 직사각형 단면을 갖는 두 개의 목재가 단순 맞대기 접착되어 있다. 작용하는 하중이 $P$ = 11 kN일 때, 접착면에 발생되는 수직응력 및 전단응력을 결정하시오.

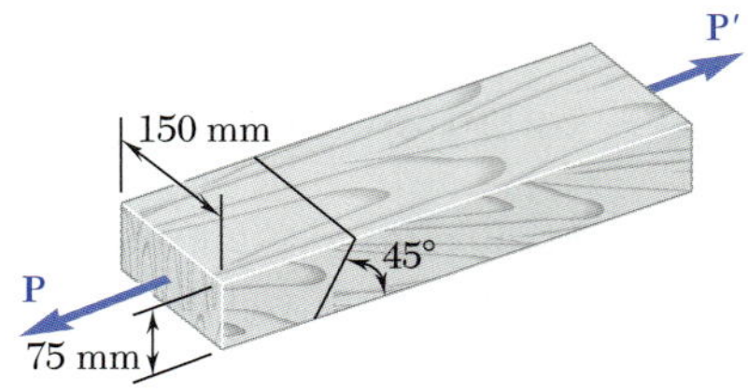


그림 P1.17

**1.18** 바깥지름이 300 mm인 강관이 두께가 6 mm인 판으로 제작되었다. 강관의 나선형 접합부는 용접되었으며 나선의 경사각은 강관의 축에 직각인 면과 25°를 이루고 있다. 강관 용접선의 수직 및 접선 방향에 따른 최대 허용수직응력과 최대 허용전단응력이 각각 $\sigma$ = 50 MPa, $\tau$ = 30 MPa일 때, 강관에 가할 수 있는 최대 축방향하중 $P$를 결정하시오.

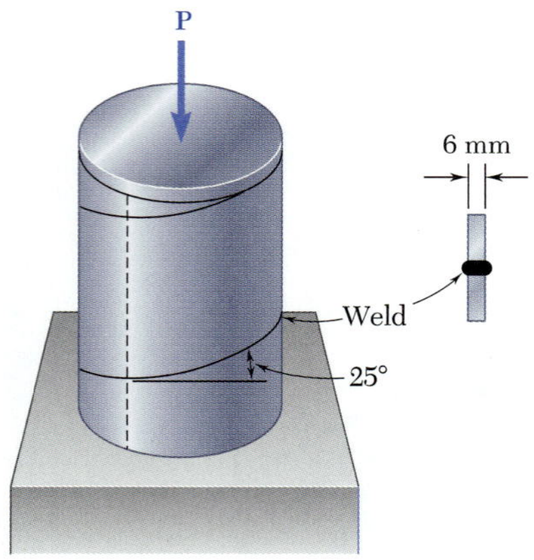


그림 P1.18

**1.19** 그림과 같이 화강암블록에 1060 kN의 하중 **P**가 작용하고 있다. 이로 인해 발생되는 ($a$) 최대 수직응력, ($b$) 최대 전단응력을 결정하시오. 그리고 이들 최댓값이 발생하는 면의 방향을 나타내시오.

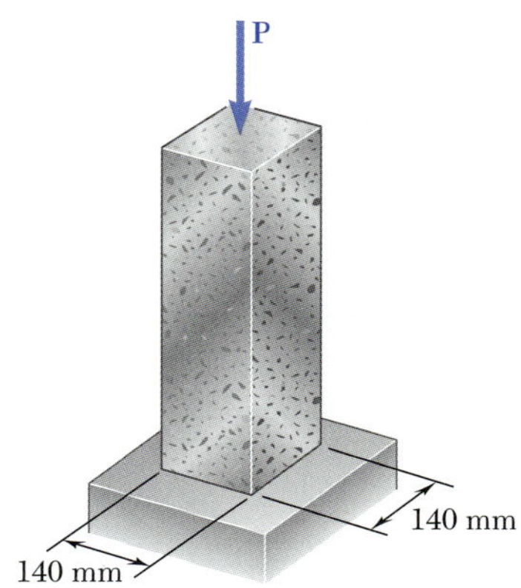


그림 P1.19

**1.20** 링크 $BC$는 두께가 6 mm이고, 폭이 $w$ = 25 mm, 480 MPa의 극한 인장강도를 갖는 강재로 만들어 졌다. 그림과 같이 **P** = 16 kN의 하중을 지지하도록 설계하기 위한 안전계수를 결정하시오.

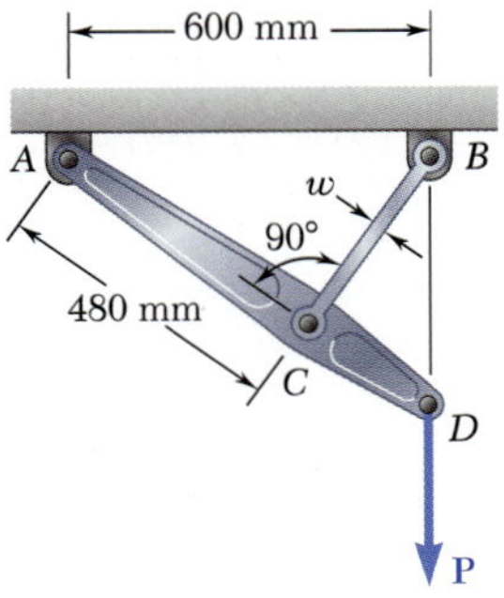

그림 P1.20

**1.21** 그림에 나타낸 트러스의 부재 $AB$ 및 $AC$가 동일한 합금재의 정사각형 단면을 갖는 봉으로 만들어졌다. 한 변이 20 mm인 정사각형 합금재 시편을 파단될 때까지 시험하였을 때 120 kN의 극한하중을 얻었다. 봉 $AB$ 단면의 한 변이 15 mm인 정사각형일 경우, 다음 사항을 구하시오. (*a*) 봉 $AB$의 안전계수, (*b*) 만약 봉 $AC$의 안전계수가 봉 $AB$의 안전계수와 같을 경우, 봉 $AC$ 단면의 치수.

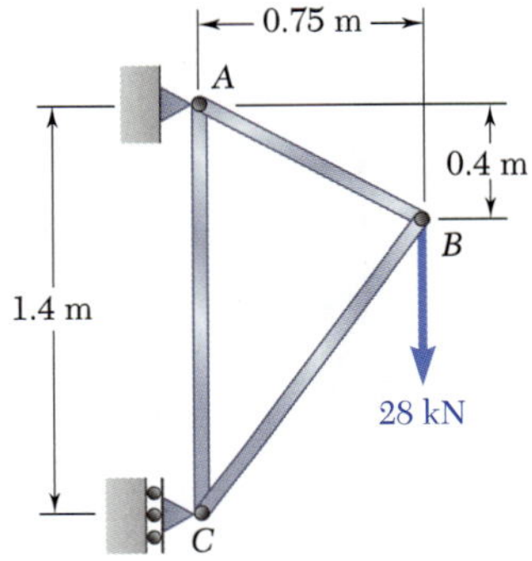

그림 P1.21

**1.22** 링크 $AB$는 극한 수직응력이 450 MPa인 강재로 만들어졌다. 안전계수가 3.5일 때 링크 $AB$의 단면적을 결정하시오. 단, 링크는 $A$와 $B$의 핀 주위에서 적절히 보강되었다고 가정하시오.

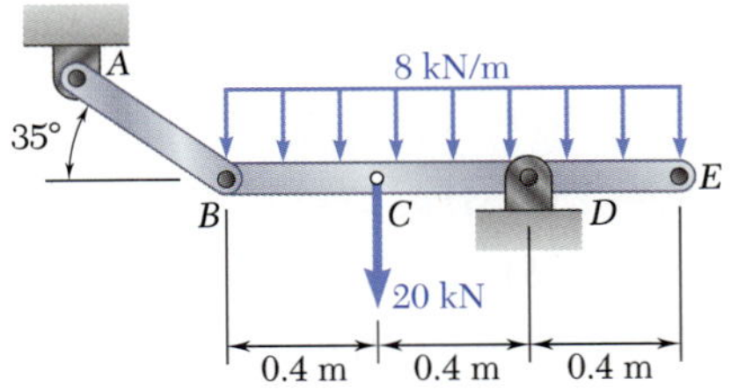

그림 P1.22

**1.23** 두 목재판이 그림과 같이 접촉면 전체가 겹쳐잇기판(plywood splice plate)으로 접착되어 있으며, 이 접착된 판에 16 kN의 하중이 작용하고 있다. 접착부의 극한 전단응력이 2.5 MPa이고 두 판의 간격은 6 mm이다. 안전계수가 2.75일 경우, 양쪽 겹판의 치수 $L$을 결정하시오.

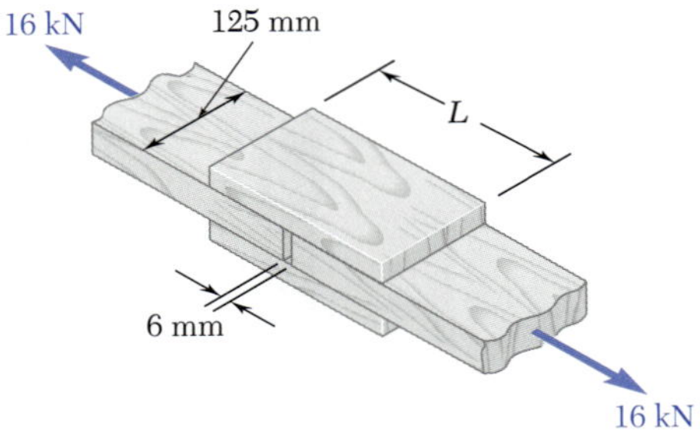

그림 P1.23

**1.24** 천장에 장착된 목재구멍에 강재로 된 핀이 그림과 같이 삽입되어 있으며 하중 **P**가 작용한다. 사용된 목재의 극한강도는 60 MPa, 극한 전단강도는 7.5 MPa이며, 강재의 극한 전단강도는 145 MPa이다. 그림에서 $b$ = 40 mm, $c$ = 55 mm, $d$ = 12 mm이다. 이 설계의 전체 안전계수가 3.2일 경우에 허용하중 **P**를 결정하시오.

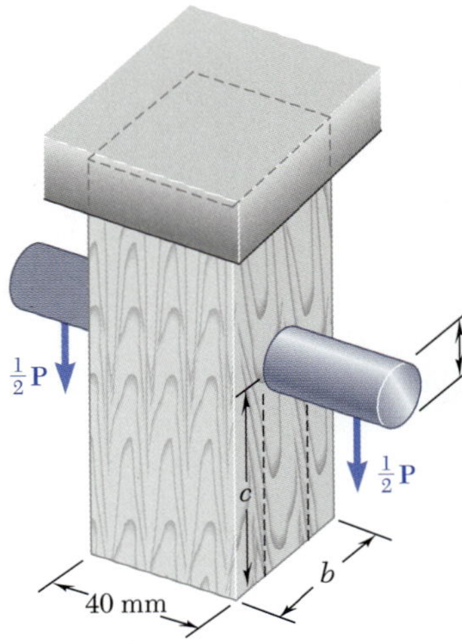

그림 P1.24

**1.25** 그림과 같은 강판(steel plate)을 세 개의 강재볼트(steel bolt)로 목재보에 고정시켰다. 이 강판에 작용하는 하중은 110 kN이다. 강판의 극한 전단응력이 360 MPa이고 안전계수가 3.35일 경우, 필요로 하는 볼트지름을 결정하시오.

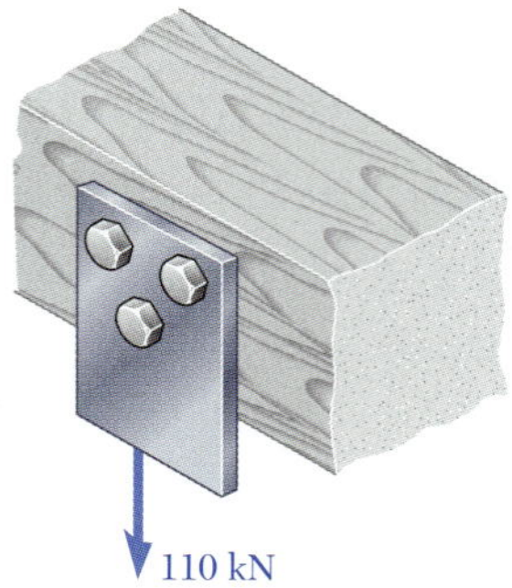


그림 P1.25

**1.26** 그림과 같이 수평 콘크리트슬래브(concrete slab)에 매립된 두께가 8 mm인 강판이 고강도 수직 케이블에 매달려 있다. 강판의 구멍지름은 20 mm, 강판의 극한강도는 250 MPa, 그리고 강판과 콘크리트 극한접합응력(ultimate bonding stress)은 2 MPa이다. 안전계수 3.60을 사용하여 $P = 10$ kN가 작용할 경우, 다음 사항을 결정하시오. (*a*) 판의 폭 $a$, (*b*) 해당되는 폭의 강판이 콘크리트 슬래브에 매립된 최소깊이 $b$. 단, 콘크리트와 바닥판 사이의 수직응력은 무시하시오.

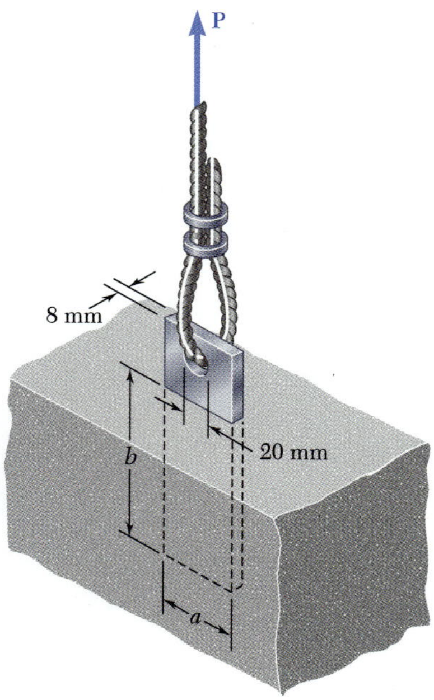


그림 P1.26

**1.27** 그림과 같은 강구조물에서 $C$ 지점에 지름이 6 mm인 핀이 사용되었고, $B$와 $D$ 지점에서는 지름이 10 mm인 핀이 사용되었다. 모든 연결부에서 극한 전단응력은 150 MPa이고, 링크 $BD$의 극한 인장응력은 400 MPa이다. 안전계수를 3.0을 사용하여 $A$ 지점에 작용할 수 있는 최대하중 **P**를 결정하시오. 링크 $BD$는 핀구멍 주변에서 보강되어 있지 않음을 주의하시오.

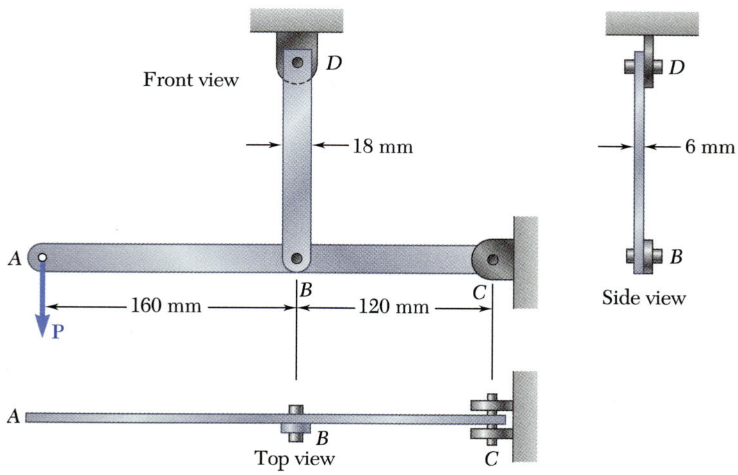


그림 P1.27

**1.28** 강재로 만들어진 링크 $AB$와 $CD$는 $A$에서 핀으로 지지되어 있고, 부재 $BCE$와 단일전단을 받는 25 mm 지름의 핀으로 $B$에 연결되어 있다. 핀으로 사용된 강재의 극한 전단강도가 210 MPa이고, 링크에 사용된 강재의 극한 인장강도는 490 MPa이다. 전체 구조물에 대한 안전계수가 3.0일 경우에 허용하중 **P**를 결정하시오. 단, 링크는 핀구멍 주변이 보강되어 있지 않음을 주의하시오.

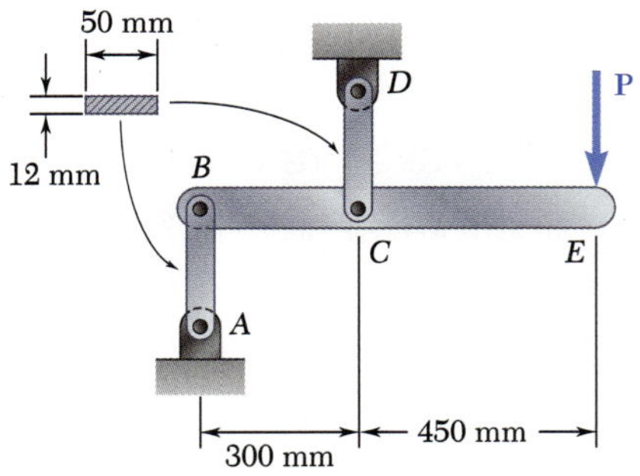


그림 P1.28

**1.29** 그림과 같은 구조물의 $A$에 지름이 8 mm인 핀이, 그리고 $B$와 $D$에는 지름이 12 mm인 핀이 사용되었다. 모든 연결부에서 극한 전단응력이 100 MPa이고, $B$와 $D$를 연결하는 두 개 링크의 극한 수직응력은 250 MPa이다. 안전계수가 3.0일 경우에 허용하중 **P**를 결정하시오.

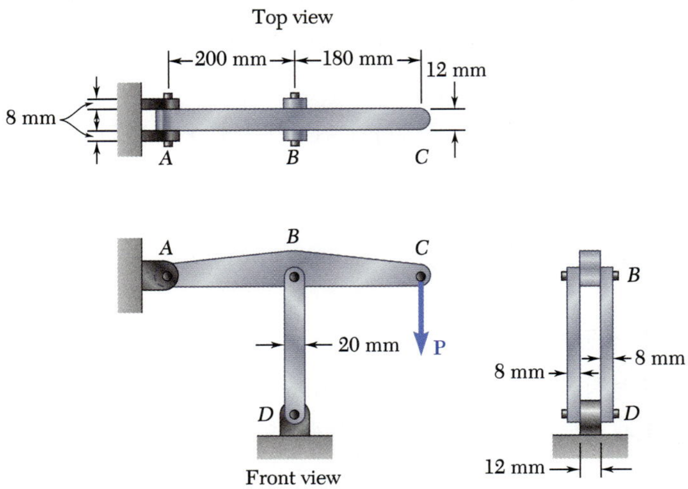


그림 P1.29, P1.30

**1.30** 그림과 같은 구조물의 $A$에 지름이 10 mm인 핀이 사용되었다. 다른 모든 조건은 연습문제 1.29와 같다고 가정한다. 안전계수가 3.0일 경우에 허용하중 **P**를 결정하시오.

# 제1장 복습 및 요약

이 장에서는 응력의 개념, 그리고 기계 및 하중지지 구조물의 해석 및 설계에 사용되는 방법들을 소개하였다.

## 축방향 하중. 수직응력

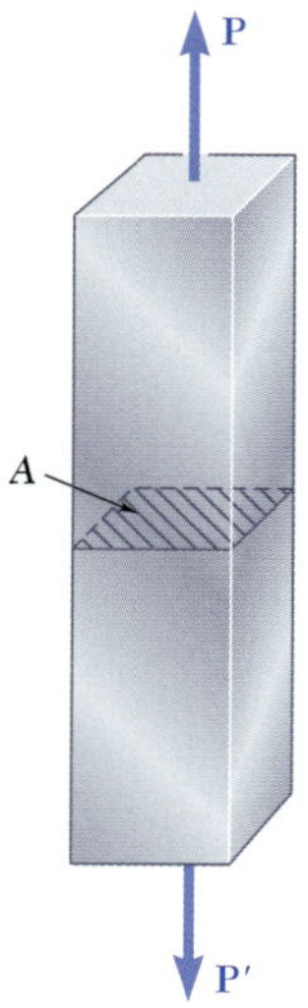


그림 1.40

응력의 개념은 먼저 1.2절에서 **축방향 하중**(axial loading)을 받는 2력부재를 대상으로 살펴보았다. **수직응력**(normal stress)은 부재에 작용하는 하중의 크기 $P$를 부 단면적 $A$로 나누어 다음과 같이 계산한다(그림 1.40).

$$\sigma = \frac{P}{A} \tag{1.1}$$

1.3절에서는 식 (1.1)로 구한 $\sigma$ 값은 단면의 특정한 점 $Q$에서의 응력보다는 그 단면의 **평균응력**(average stress)이라는 것을 알았다. 점 $Q$를 포함하는 미소면적 $\Delta A$와 그 미소면적 $\Delta A$에 작용하는 힘 $\Delta F$를 고려하면, 점 $Q$의 응력은 다음과 같이 정의할 수 있다.

$$\sigma = \lim_{\Delta A \to 0} \frac{\Delta F}{\Delta A} \tag{1.2}$$

일반적으로 점 $Q$에서 얻은 응력 $\sigma$는 식 (1.1)에서 구한 응력과 다르며 단면에 걸쳐 변화된다. 그러나 이러한 값의 변화는 힘의 작용점으로부터 떨어진 거리에서는 작다. 그러므로 실제로 축하중 받는부재에 분포된 수직응력은 힘의 작용점의 인접한 부분을 제외하고는 **균일**(uniform)하다고 가정한다.

주어진 단면의 응력분포가 균일하기 위해서는 힘 **P**와 **P**′의 작용선이 도심 $C$를 통과해야 한다. 그러한 하중을 **중심축방향**(centric axial) 하중이라 한다. **편심축방향**(eccentric axial) 하중인 경우에 응력분포는 균일하지 않다. 이러한 편심축방향 하중을 받는 부재에 대해서는 4장에서 설명할 것이다.

## 횡방향 하중. 전단응력

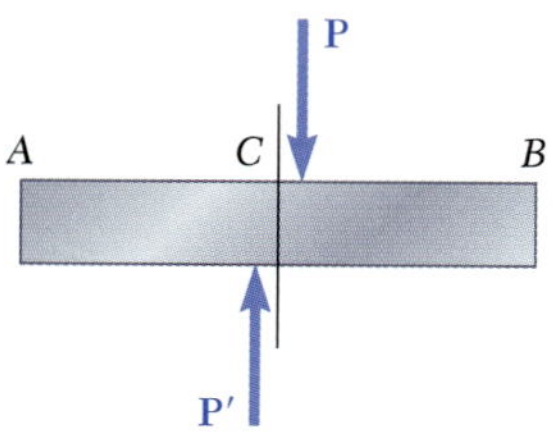


그림 1.41

크기가 같고 방향이 반대인 횡방향의 힘(transverse force) **P**와 **P**′가 부재 $AB$에 작용할 경우(그림 1.41), 두 힘이 작용하는 지점 사이의 절단면에서는 **전단응력**(shearing stress) $\tau$가 발생된다(1.4절). 이러한 전단응력은 단면에 걸쳐 변화가 심하며 균일하지 않다. 그러나 일반적으로 **평균전단응력**(average shearing stress)은 전단력 $P$를 단면적 $A$로 나눈 값으로 아래 식과 같이 정의한다.

$$\tau_{\text{ave}} = \frac{P}{A} \tag{1.4}$$

### 단일전단과 이중전단

전단응력은 두 구조물 부재나 기계의 부품을 연결하는 볼트, 핀, 혹은 리벳에서 발생된다. 예를 들면, 그림 1.42의 볼트 $CD$ 경우에는 **단일전단**(single shear)이 발생되며 평균전단응력은 다음과 같이 계산한다.

$$\tau_{\text{ave}} = \frac{P}{A} = \frac{F}{A} \tag{1.5}$$

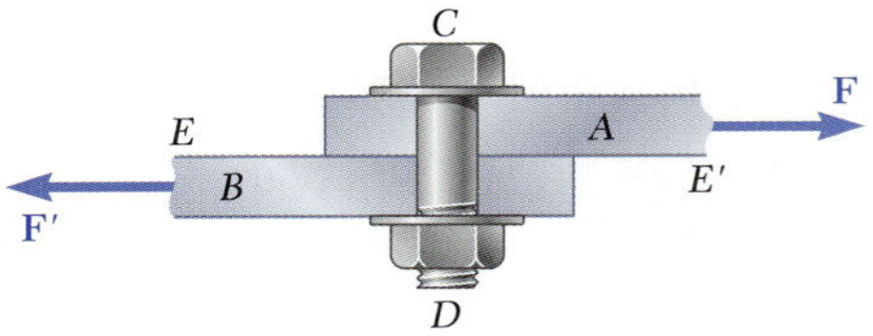


그림 1.42

한편으로, 그림 1.43에 나타낸 볼트 $EG$ 와 $HJ$에서는 **이중전단**(double shear)이 발생되며 평균전단응력은 다음과 같다.

$$\tau_{\text{ave}} = \frac{P}{A} = \frac{F/2}{A} = \frac{F}{2A} \tag{1.6}$$

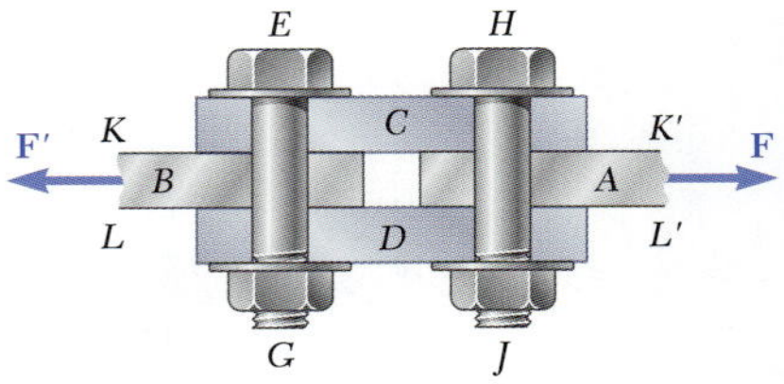


그림 1.43

### 지압응력

볼트, 핀 및 리벳은 연결되는 부재, **지압면**(bearing surface) 또는 접촉면을 따라 응력이 발생된다(1.5절). 그림 1.44에 나타낸 볼트 $CD$를 예로 들면, 접촉하고 있는 판 $A$의 반원통형 표면에 응력이 발생된다. 이러한 응력은 매우 복잡하게 분포한다. 평균수직응력인 **지압응력**(bearing stress) $\sigma_b$는 실제로는 간단하게 하중 $P$를 볼트가 판의 단면에 투영되는 직사각형 면적으로 나누어 얻는다. 즉, 판의 두께를 $t$라 하고 볼트지름을 $d$라 할 때, 지압응력에 관한 식은 다음과 같다.

$$\sigma_b = \frac{P}{A} = \frac{P}{td} \tag{1.7}$$

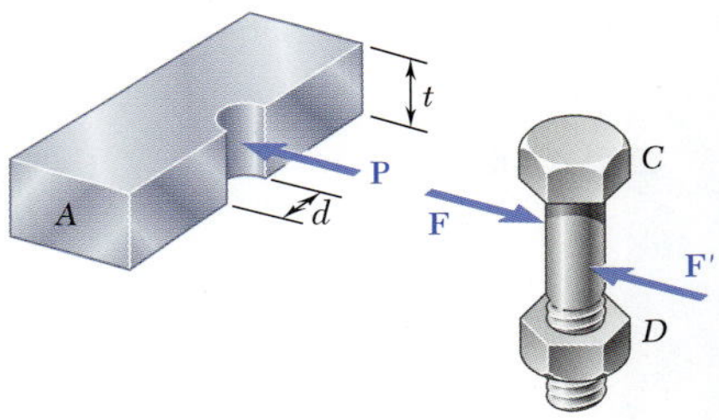


그림 1.44

1.6절에서는 앞 절에서 배운 개념을 이해하기 위해 주어진 하중을 지지하는 단순 구조물의 부재가 핀으로 연결된 경우, 이들에 관한 해석에 관해 살펴보았다. 가장 좁은 단면에 대해 주의해야 하며 부재에 발생하는 수직응력, 각종 핀에 작용하는 전단응력, 그리고 각 연결부에서의 지압응력을 순차적으로 살펴보았다.

### 설계

1.7절에서는 구조물과 기계의 설계에 관해 간단히 소개하였다.

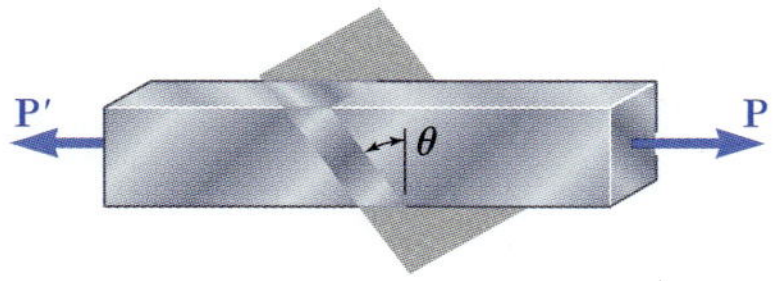


그림 1.45

## 경사면의 응력

1.8절에서는 축하중을 받는 2력부재의 **경사면**(oblique section)에 발생되는 응력을 알아보았다. 경사면에서는 **수직응력**(normal stress)과 **전단응력**(shearing stress)이 모두 발생된다. 부재의 축에 수직인 단면적 $A_0$를 이용하여 수직면과 $\theta$ 각도인 경사면(그림 1.45)에 발생되는 수직응력 $\sigma$와 전단응력 $\tau$는 다음과 같이 계산한다.

$$\sigma = \frac{P}{A_0}\cos^2\theta \qquad \tau = \frac{P}{A_0}\sin\theta\cos\theta \tag{1.14}$$

위 식으로부터 수직응력은 $\theta = 0°$에서 최댓값 $\sigma_m = P/A_0$이 발생되고, 전단응력은 $\theta = 45°$에서 최댓값 $\tau_m = P/2A_0$이 발생된다. 또한 $\theta = 0°$에서 $\tau = 0$이고, $\theta = 45°$에서 $\sigma = P/2A_0$이다.

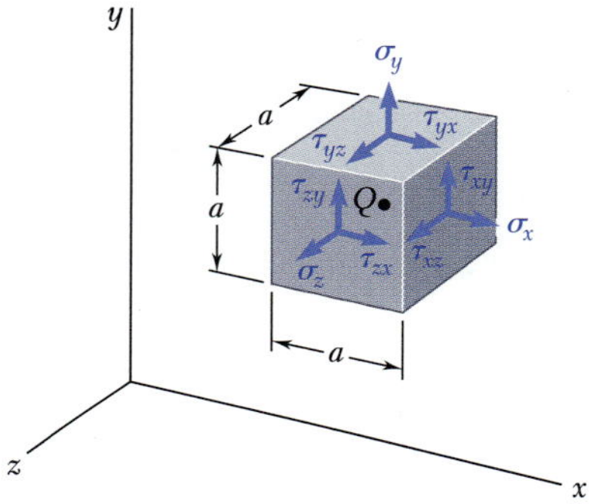


그림 1.46

## 일반적인 하중상태에서 응력

1.9절에서는 일반적인 하중상태에서 물체 내의 한 점 $Q$에 대한 응력상태를 알아보았다. 점 $Q$를 중심으로 한 미소 정육면체에서 $x$축과 수직인 면에 작용하는 수직응력 $\sigma_x$와 $y$와 $z$ 방향으로 작용하는 전단응력 $\tau_{xy}$와 $\tau_{xz}$를 정의하였다(그림 1.46). 이러한 과정을 정육면체의 나머지 두 방향 면에 대해서도 정의하였다. $\tau_{xy} = \tau_{yx}$, $\tau_{yz} = \tau_{zy}$, 그리고 $\tau_{zx} = \tau_{xz}$인 관계로부터 주어진 점 $Q$에서의 정의해야 할 6개의 **응력성분**(six stress components)은 $\sigma_x$, $\sigma_y$, $\sigma_z$, $\tau_{xy}$, $\tau_{yz}$, $\tau_{zx}$임을 알았다.

## 안전계수

1.10절에서는 공학적 구조물 설계에 사용되는 여러 개념을 살펴보았다. 구조부재나 기계부품에서 **극한하중**(ultimate load)은 부재나 부품의 파손이 예상되는 하중으로 사용된 재료의 **극한응력**(ultimate stress), 혹은 **극한강도**(ultimate strength)로부터 계산한다. 이들 값은 시험실에서 해당 재료로 만든 시편을 시험하여 얻는다. 극한하중은 일반적으로 부재나 부품이 지지해야 하는 허용하중보다 상당히 큰 값이다. 허용하중에 대한 극한하중의 비를 **안전계수**(factor of safety)라고 정의하며 다음과 같다.

$$\text{안전계수} = F.S. = \frac{\text{극한하중}}{\text{허용하중}} \tag{1.24}$$

주어진 구조물의 설계에 적용되는 안전계수를 결정하기 위해서는 이 절에서 열거한 여러 사항을 고려해야 한다.

## 하중 및 저항계수 설계

1.10절의 마지막 부분에 엔지니어가 구조와 관련된 설계 대체법으로 하중과 관련된 불확실성을 구별할 수 있는 **하중 및 저항계수 설계**(Load and Resistance Factor Design: LRFD)에 대해 간단히 알아보았다.

**1.31** 뼈의 양끝에 1200 N의 힘이 작용할 때, 그림과 같이 뼈 $AB$의 표면 $C$ 지점에 부착된 스트레인게이지로부터 측정된 평균 수직응력은 3.80 MPa이다. 뼈의 $C$ 지점 단면은 원형이고, 바깥지름이 25 mm일 경우에 $C$지점 뼈 단면의 안지름을 결정하시오.

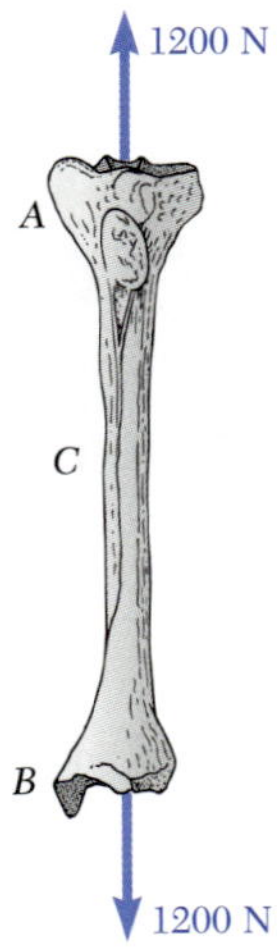


그림 1.31

**1.32** 그림과 같은 기구에서 핀 $B$에 수평방향으로 20 kN인 두 힘이 작용하고 있다. 각 연결부에 지름이 20 mm인 핀이 사용되었다면, 다음 부재에서 평균 수직응력의 최댓값을 구하시오. ($a$) 링크 $AB$, ($b$) 링크 $BC$.

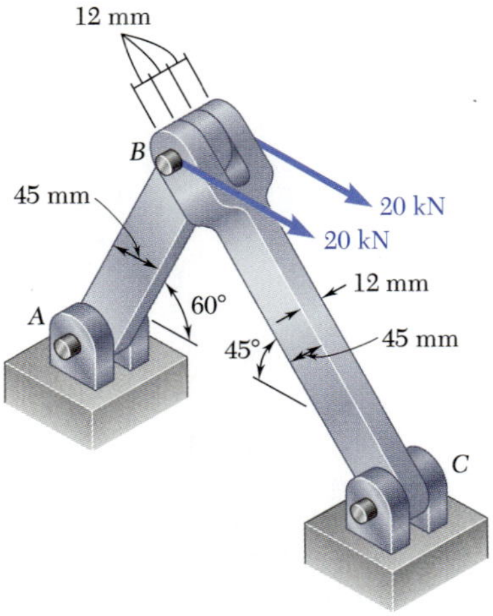


그림 1.32

**1.33** 그림과 같은 해양크레인(marine crane)에서 링크 *CD*는 50 × 150 mm인 균일한 단면을 갖는다. 그림에 나타낸 하중조건에서 링크 *CD*의 중앙 부분에서 수직응력을 결정하시오.

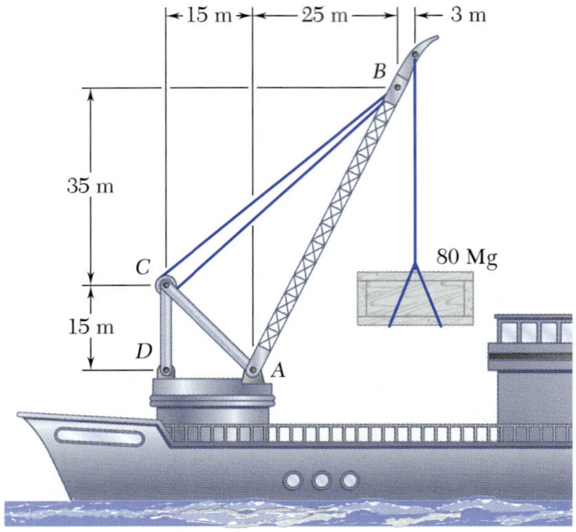


그림 1.33

**1.34** 목재로 된 부재 *AB*가 그림과 같이 접촉면 전체를 접착제로 붙인 이중 겹쳐 잇기 판(plywood splice plate)으로 만들어져 있다. 두 목재 끝 사이의 간격이 6 mm, 접착부의 평균 전단응력이 700 kPa을 넘지 않아야 할 때, 접착부 설계 시 허용할 수 있는 최소치수 *L*을 결정하시오.

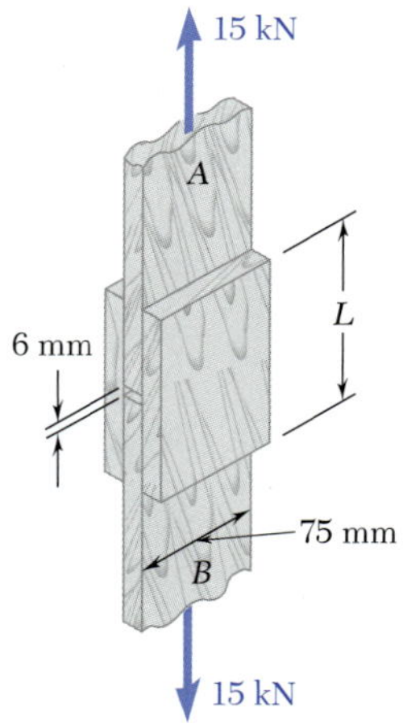


그림 1.34

**1.35** 그림과 같이 부재 *ABC*가 *C*에서 핀과 브래킷에 의해 지지되어 있고, 케이블 *BD*는 P = 16 kN인 하중을 지지하도록 설계되었다. 케이블 *BD*의 극한하중이 100 kN이라 할 때, 케이블의 파손에 대한 안전계수를 결정하시오.

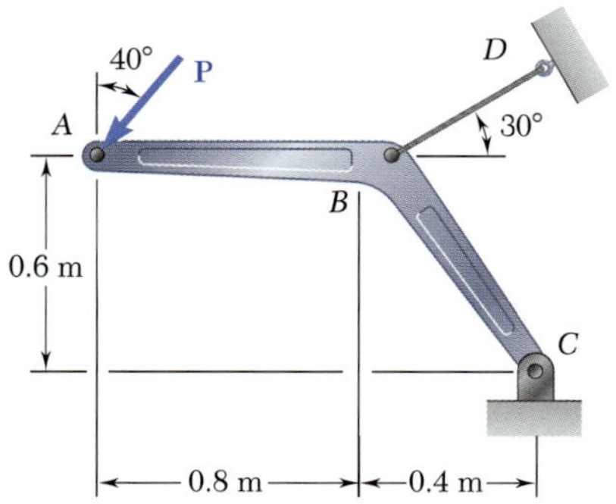


그림 1.35

**1.36** 그림과 같이 페달에 750 N의 힘 **P**가 작용하고 있을 때, 다음 사항을 결정하시오. (*a*) 핀의 평균 전단응력이 40 MPa일 때 *C* 지점 핀의 지름, (*b*) *C* 지점에서 페달에 작용되는 지압응력, (*c*) *C* 지점에서 각 지지브래킷에 작용되는 지압응력.

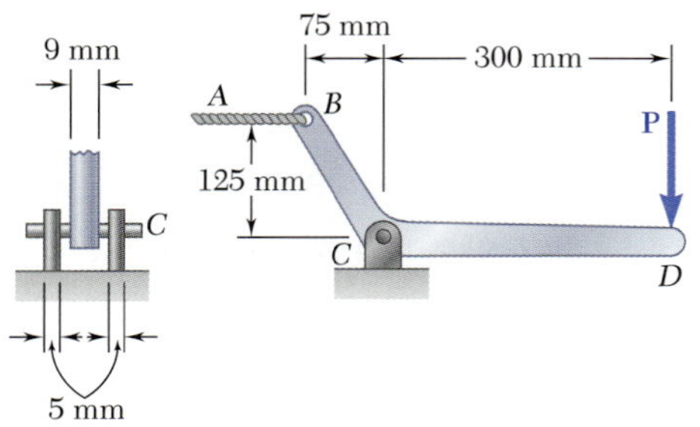


그림 1.36

**1.37** 두 부분으로 이루어진 부재 *AB*가 수평면과 $\theta$ 각도를 이루는 면에 접착되어 있다. 접착부의 극한 인장응력이 17 MPa이고, 극한 전단응력이 9 MPa일 경우, 안전계수가 3.0 이상이 되기 위한 $\theta$ 범위를 결정하시오.

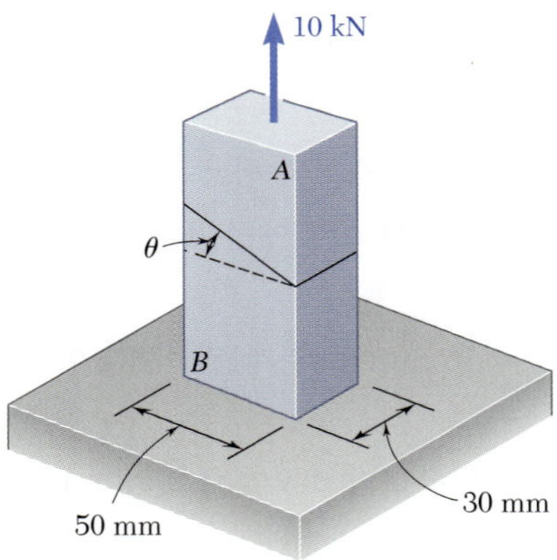


그림 1.37

# P1D 컴퓨터 활용문제

**다음의 문제들은 컴퓨터를 활용하여 풀 수 있도록 작성되었다.**

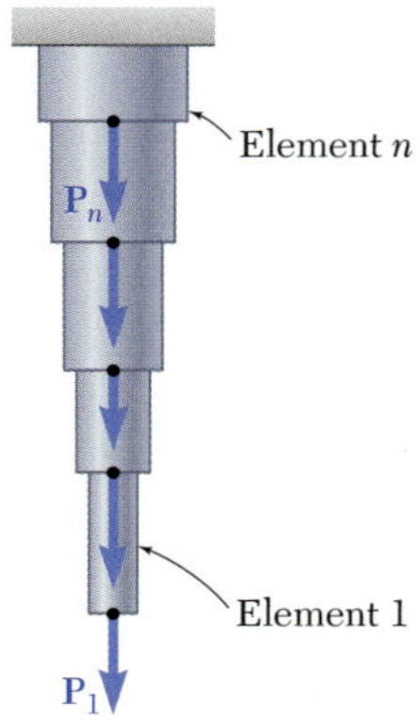


그림 P1.C1

**1.C1** 중실 강재봉(solid steel rod)이 그림과 같이 $n$개의 원통형 요소를 용접하여 만들었으며, 각 부분에 하중을 받고 있다. 요소 $i$의 지름을 $d_i$로 표시하고, 각 요소의 아랫단 $\mathbf{P}_i$에 크기가 $P_i$인 하중이 작용하고 있으며, $\mathbf{P}_i$가 아래 방향을 향하면 양(+)으로, 반대 방향은 음(−)으로 가정한다.

(*a*) 봉의 각 요소에 발생하는 평균응력을 결정하기 위한 컴퓨터프로그램을 SI 단위계로 작성하시오.

(*b*) 이 프로그램을 사용하여 연습문제 1.1을 풀어 보시오.

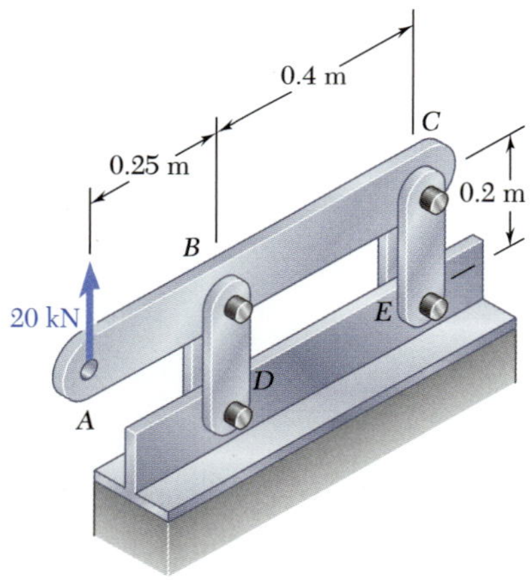


그림 P1.C2

**1.C2** 그림과 같이 수평부재 $ABC$에 20 kN의 힘이 작용하고 있다. 부재 $ABC$는 10 × 50 mm인 균일한 직사각형 단면이고, 8 × 36 mm인 균일한 직사각형 단면을 갖는 네 개의 수직 링크에 의해 지지되어 있다. 네 개의 핀 $A$, $B$, $C$와 $D$는 모두 동일한 지름 $d$이고, 이중전단을 받는다.

(*a*) 지름 $d$의 값이 10에서 30 mm까지 1 mm씩 증가할 경우에 다음 값을 계산하기 위한 컴퓨터프로그램을 작성하시오. (1) 핀 $B$와 $D$를 연결하는 링크 평균 수직응력의 최대값, (2) 핀 $C$와 $E$를 연결하는 링크의 평균 수직응력, (3) 핀 $B$의 평균 전단응력, (4) 핀 $C$의 평균 전단응력, (5) 부재 $ABC$에서 $B$의 평균 지압응력, (6) 부재 $ABC$에서 $C$의 평균 지압응력.

(*b*) 연습문제 1.4에서 $d = 16$ mm일 때 계산한 값과 이 컴퓨터프로그램으로 구한 값을 비교하시오.

(*c*) 수직응력, 전단응력, 지압응력의 허용값이 각각 150 MPa, 90 MPa, 230 MPa일 경우에 허용 가능한 핀의 지름 $d$의 값을 이 프로그램을 이용하여 계산하시오.

(*d*) 부재 $ABC$의 두께가 10 mm에서 8 mm로 작아질 경우에 (*c*)항 문제에서 대해 다시 계산하시오.

**1.C3** 그림과 같이 기구의 핀 $B$에 수평방향으로 20 kN인 두 힘이 작용하고 있다. 핀 $A$, $B$ 및 $C$는 동일한 지름 $d$이고 이중전단을 받는다.

(*a*) 지름 $d$의 값이 12.5 mm에서 37.5 mm까지 1.25 mm씩 증가하는 경우에 다음 값을 계산하는 컴퓨터프로그램을 작성하시오. (1) 부재 $AB$의 평균 수직응력의 최댓값, (2) 부재 $BC$의 평균 수직응력, (3) 핀 $A$의 평균 전단응력, (4) 핀 $C$의 평균 전단응력, (5) 부재 $AB$의 $A$에서 평균 지압응력, (6) 부재 $BC$의 $C$에서 평균 지압응력, (7) 부재 $BC$의 $B$에서 평균 지압응력.

(*b*) 연습문제 1.32에서 $d$ = 20 mm일 때 계산한 값과 이 컴퓨터프로그램으로 구한 값을 비교해 보시오.

(*c*) 수직응력, 전단응력, 지압응력의 허용값이 각각 150 MPa, 90 MPa, 250 MPa일 경우, 허용 가능한 핀의 지름 $d$ 값을 이 프로그램을 이용하여 구하시오.

(*d*) 두 개 부재의 두께와 폭이 각각 12.5 mm에서 8 mm, 그리고 45 mm에서 60 mm로 치수가 변경될 경우에 (*c*)항 문제에서 대해 다시 구하시오.

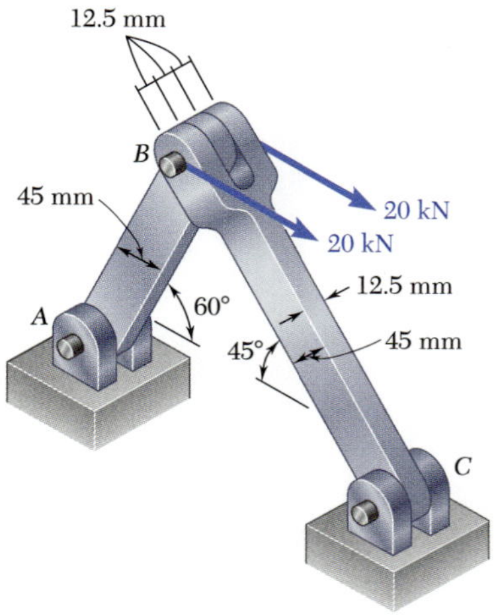


그림 P1.C3

**1.C4** 그림과 같이 부재 $ABC$에 $\mathbf{P}$ = 16 kN의 하중이 수직선과 $\alpha$ 각도로 작용한다. 이 부재는 $C$에서 핀과 브래킷, 그리고 $B$에서 수평선과 $\beta$ 각도인 케이블 $BD$에 의해 지지되어 있다.

(*a*) 케이블의 극한하중이 100 kN일 때, $\alpha$와 $\beta$가 0°에서 45° 범위에 tan $\alpha$와 tan $\beta$ 값이 각각 0.1씩 증가하는 경우에 케이블의 안전계수의 값을 표로 작성하기 위한 컴퓨터프로그램을 작성하시오.

(*b*) $\beta$ = 38.66°일 때, 어느 $\alpha$ 값에서 안전계수가 최대인가를 확인하고 그 이유에 대해 설명하시오.

(*c*) $\beta$ = 38.66°일 때, 안전계수가 최소가 되는 $\alpha$ 값을 구하고, 얻은 결과에 대해 설명하시오.

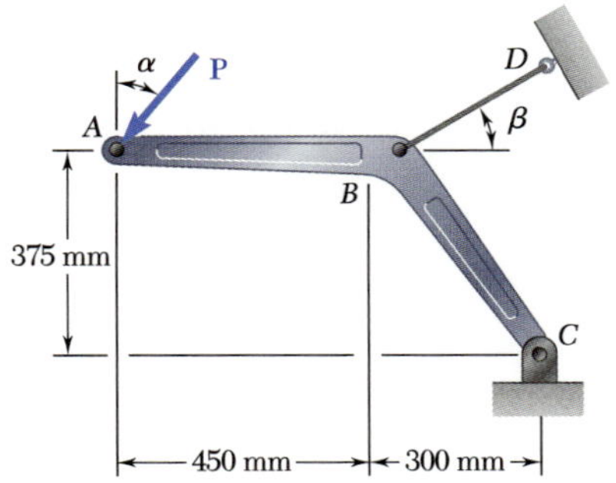


그림 P1.C4

CHAPTER

2

# 응력과 변형률

## 축방향 하중

## Stress and Strain-Axial Loading

이 장에서는 축방향 하중을 받는 구조물 부재에 발생하는 변형에 대해 주로 설명한다. 사진(세종시 금강2교)과 같은 사장교(cable stayed bridge) 설계에서는 대각선 방향의 길이에 관한 변형이 신중히 검토되어야 한다.

## 2.1 서론



1장에서는 구조물 또는 기계에 작용하는 하중에 의해 여러 가지 부재와 연결부에서 발생되는 응력을 해석하였다. 또한 간단한 부재와 연결부에 대해 특정한 하중 조건에서 파손되지 않게 설계하는 법도 다루었다. 구조물의 해석과 설계시 고려해야 할 다른 중요한 사항은 구조물과 기계에 작용하는 하중에 의해 발생되는 **변형**(deformation)이며 설계 목적에 벗어난 큰 변형을 피하도록 해야 한다. 또한 변형 해석은 응력 계산에 도움이 될 수도 있다. 실제로 정역학적 원리만을 적용하여 구조물 부재의 하중을 결정한다는 것이 항상 가능한 것은 아니다. 왜냐하면, 정역학은 변형이 없는 **강체구조**(rigid structure)라는 가정에 기초를 두고 있기 때문이다. 공학 구조물을 **변형체**로 간주하고 여러 가지 부재의 변형을 해석한다면, 정역학적 틀 안에서 **부정정**(statically indeterminate) 힘도 계산할 수 있다. 또한, 1.3절에서 설명한 바와 같이 주어진 부재의 응력분포는 부재에 작용하는 힘을 알고 있다 하더라도 정역학적으로 부정정이다. 부재 내의 실제의 응력분포를 결정하기 위해서는 부재 내에 발생된 변형에 관한 해석이 필요하다. 이 장에서는 **축방향 하중**을 받는 막대, 봉, 혹은 판과 같은 구조물 부재의 변형을 다룰 것이다.

우선 부재의 **수직변형률 $\epsilon$은 단위길이 당 부재의 변형량**으로 정의한다. 부재에 작용하는 하중을 증가시키면서 응력 $\sigma$와 변형률 $\epsilon$의 변화를 그래프로 그리면 그 재료에 대한 **응력-변형률 선도**(stress-strain diagram)가 된다. 이 선도로부터 재료의 중요한 특성인 **탄성계수**(elastic modulus)를 구할 수 있으며 재료가 **연성**인지 또는 **취성**인지 등을 결정할 수 있다(2.2~2.4절). 또한 응력-변형률 선도로부터 하중을 제거하였을 때 시편의 변형률이 없어지거나(이 경우를 재료가 탄성적으로 거동한다고 함), 혹은 **영구변형**(permanent deformation) 또는 **소성변형**(plastic deformation)을 일으키는가를 결정할 수 있다(2.5절). 2.6절에서는 응력의 범위가 탄성한계 내에 있더라도, 매우 많은 횟수의 반복하중이 작용하면 구조물이나 기계가 파손이 되는 **피로**(fatigue)현상에 대해 살펴본다. 2.7절에서 여러 조건에서 부재에 발생되는 축방향 하중에 대한 다양한 변형을 살펴보고, 이 장의 전반부를 맺는다. 2.2절에서 2.7절까지 배운 내용을 연습할 수 있도록 P2A 연습문제에 수록하였다.

2.8절과 2.9절에서는 반력과 내력을 정역학적 평형상태식만으로 풀 수 없는 문제, 즉 **부정정 문제**를 다룰 것이다. 부정정 문제는 변형에 따른 상관관계식을 보완해야 풀 수 있다. 이러한 문제는 기하학적 관계로부터 얻을 수 있다. 2.8절과 2.9절에서 배운 내용을 연습할 수 있도록 P2B 연습문제에 수록하였다.

2.10절에서부터 2.13절까지는 방향에 관계없는 기계적 특성을 가진 재료, 즉 등방성재료와 관련되는 몇 가지 상수들을 살펴 볼 것이다.

이 중에는 축방향과 횡방향의 변형률 관계를 나타내는 **푸아송비**(Poisson's

ratio), 그리고 전단응력과 전단변형률 성분에 관계되는 **강성계수**(modulus of rigidity) 등이 있다. 다축하중 상태에서 등방성 재료의 응력–변형률 관계도 다룰 것이다. 2.10절에서 2.13절까지 배운 내용을 연습할 수 있도록 P2C 연습문제에 수록하였다.

이제까지 이 교재에서 설명한 응력들은 어떤 주어진 단면에서도 균일하게 분포되어 있으며 탄성역 내에서 유효하다고 가정하였다. 첫 번째 가정에 대해 2.14절에서 유효성을 설명할 것이며, 2.15절에서는 평평한 판재의 원형 구멍이나 필릿(fillet)부의 **응력집중**(stress concentration)에 대해서는 검토할 것이다. 2.14절과 2.15절에서 배운 내용을 연습할 수 있도록 P2D 연습문제에 수록하였다.

마지막으로 제2장 복습 및 요약, P2E 복습문제, 그리고 P2F 컴퓨터 활용문제를 수록하여 2장에서 배운 내용을 정리하여 요약하고 컴퓨터프로그램의 작성 및 이를 활용하여 다양한 문제를 해결할 수 있도록 하였다.

## 2.2 축방향 하중작용 시 수직변형률

길이가 $L$이고 균일한 단면적 $A$인 봉 $BC$가 $B$에 매달려 있는 경우를 고려해 보자(그림 2.1$a$). 하중 $\mathbf{P}$를 끝 점 $C$에 가하면 봉은 그림 2.1$b$와 같이 늘어난다. 하중의 크기 $P$를 변형량 $\delta$(그리스문자 delta)에 대응하여 그래프를 그리면 하중–변형량 선도를 얻는다(그림 2.2). 이 선도는 봉을 해석하기 위한 유용한 정보를 포함하고 있지만, 동일한 재료의 치수가 다른 부재에 대한 변형량을 예측하는 데 사용될 수는 없다. 실제로 하중 $\mathbf{P}$에 의해서 봉 $BC$에 변형량 $2\delta$가 발생되었다면, 같은 길이 $L$과 단면적 $2A$인 같은 종류의 봉 $B'C'$에서 같은 변형량을 얻기 위해서는 크기가 $2\mathbf{P}$인 하중을 필요로 한다(그림 2.3). 이 두 경우에 발생된 응력은 $\sigma = P/A$와 같다.

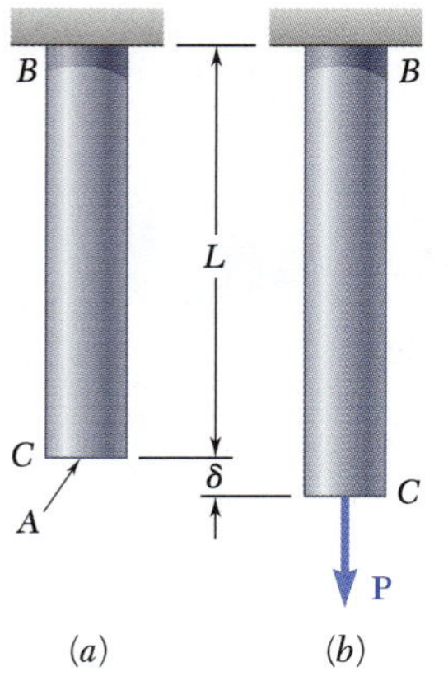


**그림 2.1** 축하중을 받는 봉의 변형

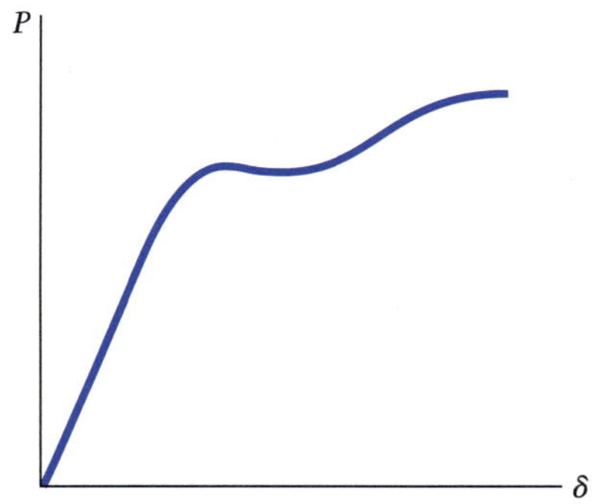


**그림 2.2** 하중–변위 선도

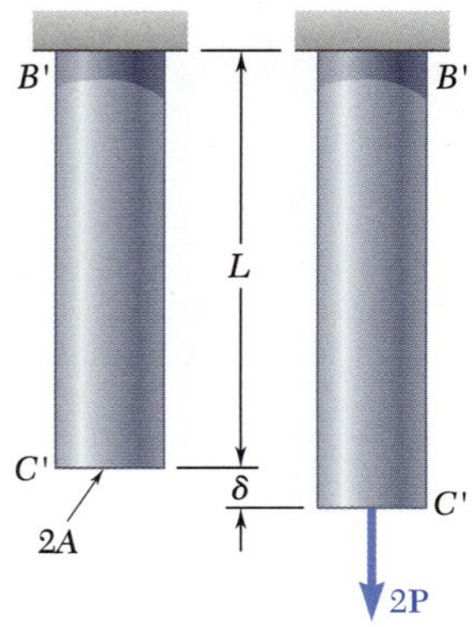


**그림 2.3**

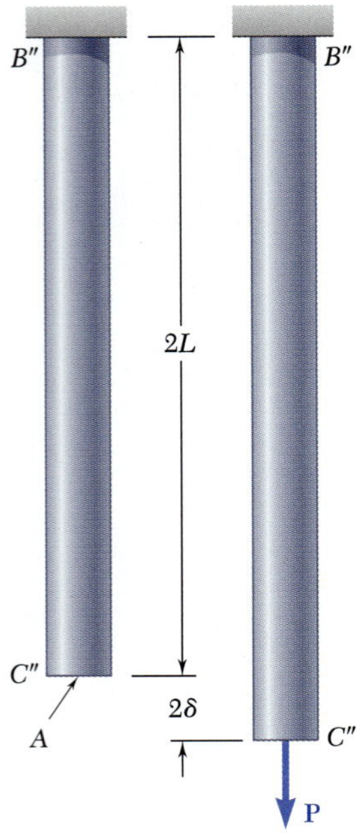


그림 2.4

한편으로 그림 2.4에서와 같이 동일한 단면적 $A$와 $2L$의 길이인 봉 $B''C''$에 가한 $\mathbf{P}$는 변형량 $2\delta$를 발생시킨다. 즉, 봉 $BC$에서 발생된 변형량 $\delta$의 두 배에 해당하는 변형량이 발생된 셈이다. 그러나 두 가지 경우, 봉의 길이에 대한 변형량의 비, 즉 $\delta/L$은 서로 같다. 이로부터 **변형률**(strain)에 관한 개념을 도입할 필요가 있다. 여기서 봉의 **단위 길이당 변형량**을 축방향 하중에서 봉의 **수직변형률**(normal strain)이라고 정의한다. 수직변형률은 $\epsilon$(그리스 문자 epsilon)로 표기하고 다음과 같이 계산한다.

$$\epsilon = \frac{\delta}{L} \tag{2.1}$$

변형률 $\epsilon = \delta/L$에 대응하는 응력 $\sigma = P/A$에 대한 그래프를 그리면 사용된 시편의 치수에 무관하게 재료 성질의 특성을 나타내는 곡선을 얻을 수 있다. 이 곡선을 **응력–변형률 선도**(stress-strain diagram)라 하며 2.3절에서 상세히 다룰 것이다.

앞에서 다룬 봉 $BC$는 균일한 단면적 $A$를 갖는 것으로 생각하였으므로, 수직응력 $\sigma$는 봉 전체에 걸쳐 균일한 값 $P/A$를 갖는다고 할 수 있다. 따라서 변형률 $\epsilon$은 봉의 전체 변형 $\delta$와 전체 길이 $L$의 비로 정의할 수 있다. 단면적 $A$가 변하는 부재의 경우, 수직응력 $\sigma = P/A$는 부재의 길이에 따라 변하며, 그림 2.5에 나타낸 변형 전 길이가 $\Delta x$인 작은 요소를 고려하여 주어진 점 $Q$에서 변형률을 정의할 필요가 있다. 주어진 하중에서 요소의 변형량을 $\Delta\delta$로 표기하면, $Q$점의 수직변형률은 다음과 같이 정의한다.

$$\epsilon = \lim_{\Delta x \to 0} \frac{\Delta\delta}{\Delta x} = \frac{d\delta}{dx} \tag{2.2}$$

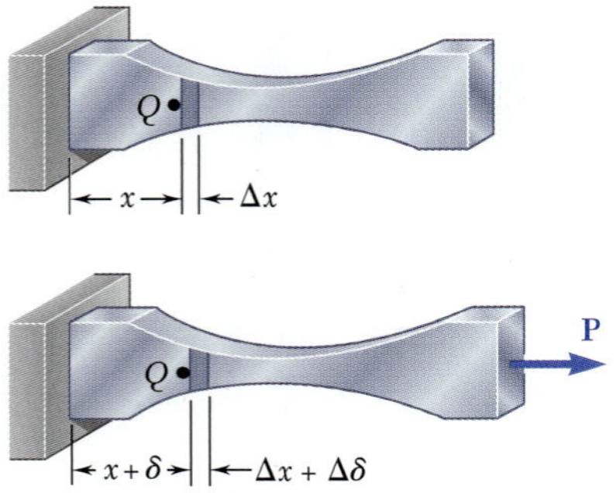


그림 2.5 축방향 하중을 받는 단면이 변화하는 부재의 변형

변형량은 길이와 같은 단위로 표시되므로 $\delta/L$ 또는 $d\delta/dx$로 정의되는 변형률 $\epsilon$은 무차원이다. 예를 들어, 길이 $L = 0.600$ m이고 균일단면을 갖는 봉에서 변형량 $\delta = 150 \times 10^{-6}$ m가 발생한 경우를 고려해 보자. 이 경우의 변형률은

$$\epsilon = \frac{\delta}{L} = \frac{150 \times 10^{-6}\text{ m}}{0.600\text{ m}} = 250 \times 10^{-6}\text{ m/m} = 250 \times 10^{-6}$$

변형량 또는 변위는 마이크로미터(micrometer) 단위로 $\delta = 150\ \mu$m로 나타낼 수 있으므로, 이 경우에 변형률은 다음과 같다.

$$\epsilon = \frac{\delta}{L} = \frac{150\ \mu\text{m}}{0.600\text{ m}} = 250\ \mu\text{m/m} = 250\ \mu$$

이 변형률은 "250 마이크로(micro)"라고 읽는다. 이 값은 $250 \times 10^{-6}$을 나타낸다.

## 2.3 응력–변형률 선도

2.2절에서 주어진 재료에 대한 응력과 변형률의 관계를 나타내는 선도는 재료의 중요한 특성을 나타냄을 알게 되었다. 재료의 응력–변형률 선도를 얻기 위해 재료의 시편을 이용하여 **인장시험**(tensile test)을 수행한다. 일반적으로 사용되는 시편 형상은 사진 2.1에 나타냈다. 시편의 중앙부가 원통형이며 단면적을 정확히 측정하고, 그 원통부에 간격이 $L_0$가 되도록 두 개의 게이지점(gage mark)을 표시한다. 거리 $L_0$를 시편의 **표점거리**(gage length)라 한다.

다음으로 시편을 사진 2.2와 같은 인장시험기에 장착한 후, 중심하중 **P**를 가한다. 하중 **P**가 증가함에 따라 두 게이지점 사이의 거리 $L$도 증가된다(사진 2.3). 거리 $L$은 다이얼 게이지로 측정하며 각각의 $P$ 값에 대해 늘어난 길이 $\delta = L - L_0$를 기록한다. 시편 지름의 변화를 측정하기 위해 또 다른 다이얼 게이지를 사용하기도 한다. 기록된 각각의 $P$와 $\delta$값으로부터 응력 $\sigma$는 $P$를 시편의 원래 단면적 $A_0$로 나누어 계산하고, 변형률 $\epsilon$은 늘어난 길이 $\delta$를 게이지점 사이의 원래 거리 $L_0$로 나누어 계산한다. 변형률 $\epsilon$을 가로좌표에, 그리고 응력 $\sigma$를 세로좌표에 나타낸 그래프를 그려 응력–변형률 선도를 얻는다.

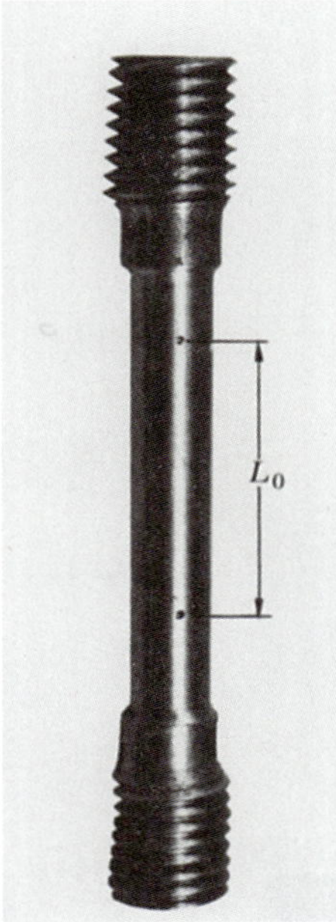

**사진 2.1** 일반적인 인장시편 형상

**사진 2.2** 인장시험기

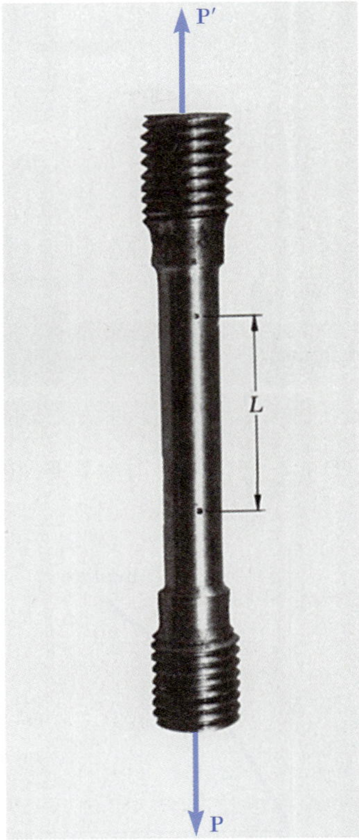

**사진 2.3** 인장 하중을 받는 시편 길이의 변화($L>L_0$)

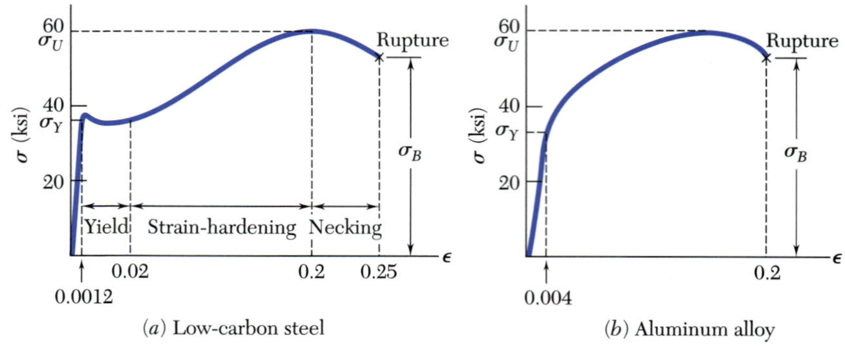


**그림 2.6** 두 가지 대표적인 연성 재료의 응력–변형률 선도

각종 재료의 응력–변형률 선도는 서로 차이점이 많으며 같은 재료일지라도 시편의 온도나 하중의 적용 속도에 따라 결과는 달라진다. 여러 그룹의 재료들에 대한 응력–변형률 선도들로부터 일부 공통되는 특성을 구분할 수 있으며 크게 두 가지로 분류를 할 수 있다. 즉 **연성**(ductile) 재료와 **취성**(brittel) 재료로 나눌 수 있다.

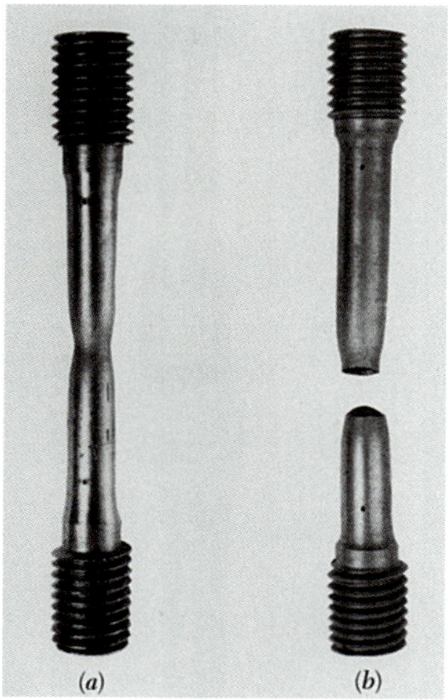


**사진 2.4** 연성 재료 시험 후의 시편

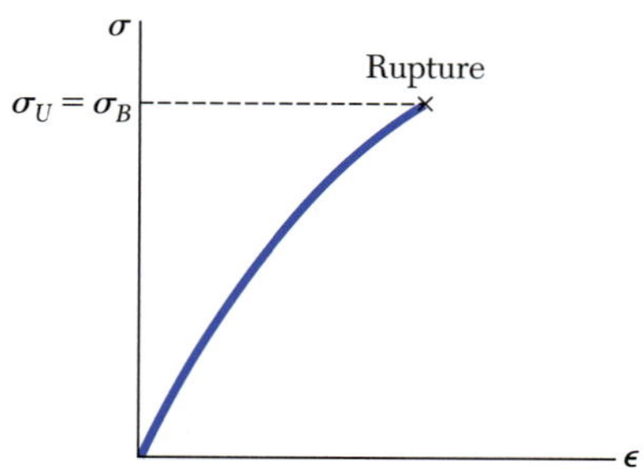


**그림 2.7** 대표적인 취성 재료의 응력–변형률 선도

구조용 강재 또는 다른 많은 금속 합금에 사용되는 연성 재료들은 상온에서 **항복**(yield)이 일어나는 특성을 갖고 있다. 시편에 하중을 증가시키면 처음에는 하중에 의해 시편 길이가 매우 느린 속도로 선형적으로 증가한다. 그러므로 응력–변형률 선도의 최초 부분은 경사가 심한 기울기를 갖는 직선이 된다(그림 2.6). 그러나 응력이 임계값 $\sigma_Y$에 도달한 후에는 작은 하중의 증가에도 불구하고 큰 변형이 일어난다. 이러한 변형은 재료의 경사면을 따라 발생되는 미끄럼(slippage)에 의해 나타나며, 이는 주로 전단응력에 의해 기인한다. 그림 2.6에 나타낸 두 가지 대표적인 연성재료의 응력–변형률 선도에서 보인 바와 같이 항복이 시작된 후, 시편의 신장은 항복 전보다 200배나 크게 나타난 것을 알 수 있다. 하중이 어떤 최고값에 도달한 후에는 사진 2.4*a*에 보인 바와 같이 시편 중앙부분의 지름이 국부적인 불안정성으로 줄어들기 시작한다. 이러한 현상을 **네킹**(necking)이라 한다. 네킹이 시작된 후에 시편의 최종 **파단**(rupture)까지 다소 낮은 하중에서도 더 늘어날 수 있다(사진 2.4*b*). 파단은 시편의 원래 단면에 약 45°를 이루는 원뿔형 단면으로 일어남을 알 수 있다. 이는 **전단**이 연성재료의 파손에 주된 원인이 됨을 시사하며 축방향 하중 하에서 전단 응력은 하중 방향과 45°를 이루는 면에서 최댓값이 된다는 사실을 알 수 있다(1.8절 참조). 항복이 시작된 점에서의 응력 $\sigma_Y$를 재료의 **항복강도**(yield strength), 시편에 최대 하중이 가해진 때의 응력 $\sigma_U$를 **극한강도**(ultimate strength), 그리고 파단이 일어날 때의 응력 $\sigma_B$를 **파단강도**(rupture strength)라 한다.

주철, 유리, 석재와 같은 취성재료들은 신장률이 사전에 현저히 변화되지 않고 파단이 일어난다(그림 2.7). 그러므로 취성재료에서는 극한강도와 파단강도의 구분점이 없다. 또한, 취성재료에서는 파단시의 변형률이 연성재료보다 훨씬 작다. 취성재료는 사진 2.5와 같이 시편에 네킹이 일어나지 않으며, 파단면이 하중방향에 수직임을 알 수 있다. 이러한 결과로부터 취성재료에서는 수직응력이 파손의 주된 원인이라는 것을 알 수 있다.[†]

그림 2.6의 응력–변형률 선도는 구조용 강재와 알루미늄에 대한 선도이며 둘 다 연성이지만 다른 항복 특성을 나타낸다. 구조용 강재의 경우(그림 2.6*a*), 항복이 시작된 후에 변형률이 큰 값으로 변화할 동안 응력이 일정하게 유지된다. 그 후 최댓값 $\sigma_U$에 도달할 때까지 시편이 신장되기 위해서 응력도 증가되어야 한다.

이러한 이유는 **변형경화**(strain hardening) 또는 **가공경화**라고 하는 재료의 특성에 기인한다. 구조용 강재의 경우, 항복강도는 인장시험을 하는 동안 시험장치의 계기에 나타나는 하중을 주시하면 쉽게 결정할 수 있다. 하중이 계속적으로 증가한 후에 갑자기 약간 작은 값으로 떨어져 일정 기간 동안 유지되며, 시편은 계속적으로 신장이 진행된다. 매우 세심한 주의를 기울이면, 항복이 시작되기 직전의 **상항복점**(upper yield point)과 항복상태를 유지시키기 위해 필요한 하중일 때의 **하항복점**(lower yield point)을 구분할 수 있을 것이다. 상항복점은 일시적인 현상이므로 재료의 항복강도로는 하항복점을 사용한다.

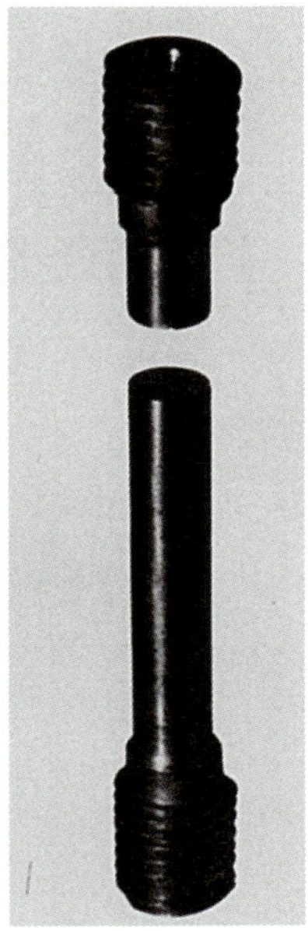

**사진 2.5** 취성 재료 시험 후의 시편

알루미늄(그림 2.6*b*)과 다른 많은 연성재료의 응력–변형률 선도에서는 수평부분이 나타나지 않기 때문에 항복강도 설정이 쉽지 않다. 이 경우, 응력은 극한강도에 도달될 때까지 선형적이지는 않지만 계속 증가한다. 그리고 네킹현상이 발생되면서 최종적으로 파단에 이른다. 이러한 재료의 항복강도 $\sigma_Y$는 **옵셋방법**(offset method)으로 정의할 수 있다.

예를 들어, 0.2% 옵셋에서의 항복강도는 $\epsilon = 0.2\%$(혹은 $\epsilon = 0.002$)인 수평축 점에서 응력–변형률 선도의 초기 직선부분과 평행한 선을 그려 얻을 수 있다(그림 2.8). 여기에서 얻은 $Y$점의 응력 $\sigma_Y$를 0.2% 옵셋에서 항복강도라고 정의한다.

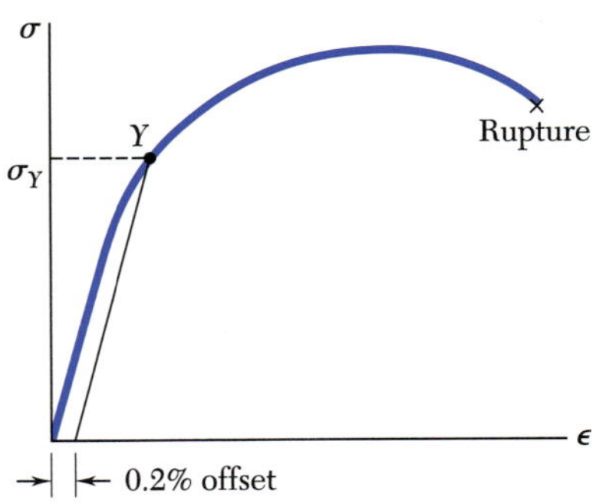


**그림 2.8** 옵셋 방법에 의한 항복강도의 결정

재료의 연성을 나타내는 표준 측정법을 **연신율**(percent elongation)이라 하며, 다음과 같이 정의한다.

$$\text{연신율}(\%) = 100 \times \frac{L_B - L_0}{L_0}$$

여기에서 $L_0$와 $L_B$는 각각 인장시편의 초기길이와 파단시의 최종길이이다. 항복강도가 최대 350 MPa인 강재의 경우, 50 mm 표점거리(gage length)의 시편에 대해 일반적으로 최소 연신율(%)은 21% 정도이다. 이것은 파단시의 평균 변형률이 적

† 이 절에서 서술된 인장시험은 상온에서 실시하는 것으로 가정하였다. 그러나 상온에서 연성인 재료도 매우 낮은 온도에서는 취성특성을 나타낼 수 있으며, 반면에 일반적인 취성재료도 매우 높은 온도에서는 연성재료의 특성을 나타낼 수 있다. 그러므로 상온이 아닌 경우에 재료를 설명할 때는 연성재료, 혹은 취성재료라고 말하기 보다는 **연성상태**(ductile state), 혹은 **취성상태**(brittle state)에 있는 재료라고 표현해야 한다.

어도 0.21 mm/mm라는 것을 의미한다.

때때로 연성을 나타내는 다른 측정법은 **단면수축백분율**(percent reduction in area)이며, 다음과 같이 정의한다.

$$\text{단면수축백분율}(\%) = 100 \times \frac{A_0 - A_B}{A_0}$$

$A_0$와 $A_B$는 각각 시편의 초기 단면적과 파단시의 최소 단면적이다. 구조용 강재에서 단면 수축률은 일반적으로 60~70% 정도이다.

이제까지 인장 시험에 대해서만 살펴보았다. 만일 연성재료가 인장이 아닌 압축을 받는다면 응력–변형률 선도에서 초기 직선부와 항복의 시작점 및 변형경화 부분까지 필연적으로 같을 것이다. 특히 관심을 가져야 할 사실은 주어진 강재에 대해 항복강도는 인장이나 압축에서 같다는 것이다. 그러나 변형률이 큰 값일 경우는 인장과 압축의 응력–변형률 선도는 동일하지 않으며, 압축에서는 네킹이 발생되지 않음을 주지해야 한다. 대부분의 취성재료에서는 압축시 극한강도가 인장시 극한강도보다 훨씬 크다. 이는 재료에 미세 균열이나 공동(空洞)과 같은 결함이 있기 때문이며, 인장의 경우에 재료를 약화시키는 요인이 되지만 압축 파손에는 큰 영향을 미치지 않기 때문이다.

인장과 압축에서 서로 다른 특성을 나타내는 취성재료의 예로서 **콘크리트**를 들 수 있다. 콘크리트에 대한 응력–변형률 선도는 그림 2.9와 같다. 이 선도의 인장 측에서 보면 먼저 변형률이 응력에 비례하는 선형탄성 영역을 관찰할 수 있다. 항복점에 도달한 후, 파단이 일어날 때까지 변형률은 응력보다 빠르게 증가한다. 그러나 압축시의 재료거동은 다르다. 우선, 선형탄성 영역이 훨씬 더 크다. 다음으로, 응력의 최댓값에서 파손이 일어나지 않는다. 대신에 응력은 파손이 일어날 때까지

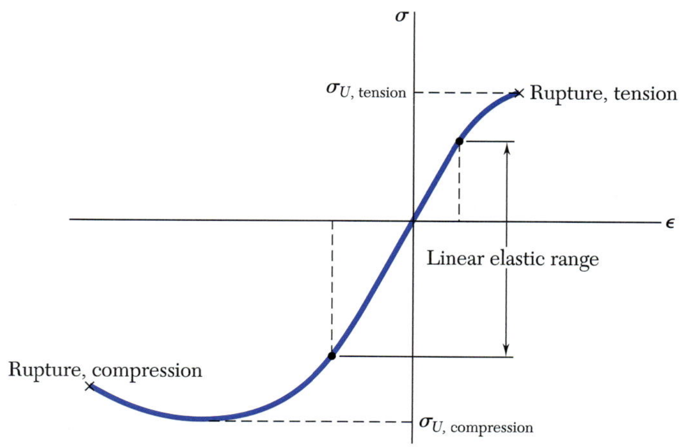


**그림 2.9** 콘크리트에 대한 응력–변형률 선도

감소되는 반면 변형률은 계속 증가된다. 응력-변형률 선도의 선형부분의 기울기로 정의되는 탄성계수는 인장이나 압축의 경우에 서로 같게 나타남을 유의하라. 이는 모든 취성 재료에 나타나는 공통적인 현상이다.

## 2.4 훅의 법칙 및 탄성계수

대부분의 공학적 구조물은 상대적으로 작은 변형만을 고려하여 설계하므로 응력-변형률 선도의 직선 구간에 해당된다. 그림 2.6에서 보인 바와 같이 선도의 초기부분에서는 응력 $\sigma$와 변형률 $\epsilon$은 명백히 비례관계이므로 다음과 같이 쓸 수 있다.

$$\sigma = E\epsilon \tag{2.3}$$

이 관계는 영국의 수학자 Robert Hooke(1635–1703)의 이름을 따서 **훅의 법칙**(Hook's law)으로 불린다. 비례상수 $E$는 재료의 **탄성계수**, 혹은 영국의 과학자 Thomas Young(1773–1829)의 이름을 따서 **영 계수**(Young's modulus) 또는 **영탄성계수**, **영률**이라고도 한다. 변형률 $\epsilon$은 무차원이므로, 탄성계수 $E$는 응력 $\sigma$와 같은 단위이며, SI 단위계로는 파스칼(Pa) 또는 그 배수(승수)에 해당하는 메가파스칼(MPa)과 기가파스칼(GPa) 단위가 사용된다.

주어진 재료에서 훅의 법칙을 적용할 수 있는 가장 큰 응력 값을 재료의 **비례한도**(proportional limit)라고 한다. 그림 2.6*a*와 같이 항복점이 잘 나타나는 연성재료의 경우, 비례한도는 항복점과 거의 일치한다. 다른 재료에 대해서는 $\sigma$와 $\epsilon$이 선형이 아닐 경우에 선형이 끝나는 $\sigma$값을 정확하게 결정하기 어렵기 때문에 비례한도를 쉽게 정의할 수 없다. 그러므로 바로 이러한 어려움으로 인하여 훅의 법칙을 적용하는 재료의 비례한도 값을 실제 비례한도보다 약간 크게 사용해도 큰 오차가 발생되지는 않는다.

구조용 금속재의 강도, 연성, 그리고 내부식성 등과 같은 물리적 성질의 일부는 합금, 열처리, 그리고 사용된 제조과정에 의해 크게 영향을 받을 수 있다. 예를 들어, 순철(pure iron)과 세 가지 다른 성분의 강재에 대한 응력-변형률 선도(그림 2.10)로부터, 항복강도, 극한강도, 그리고 파단시의 최종 변형률(연성)은 네 가지 금속재들 사이에 큰 차이가 있음을 알 수 있다. 그러나 이들 모두의 탄성계수는 같다. 다시 말하면, 선형구간 내에서 "**강성도**(stiffness)", 혹은 변형저항 능력은 같다. 그러므로 주어진 구조물에서 모든 치수가 같고 저강도 강재가 고강도 강재로 대체되면, 구조물이 하중에 견디는 능력이 증가되지만 강성도에는 변화가 없다.

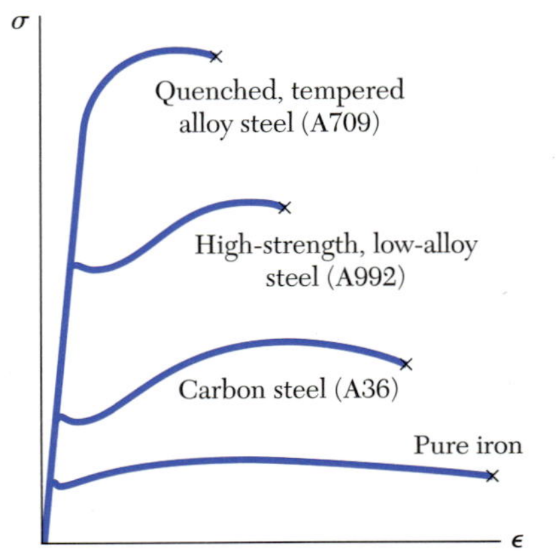


그림 2.10 순철과 다른 종류 강재의 응력-변형률 선도

이제까지 고려한 각각의 재료들은 수직응력과 수직변형률 사이의 관계, 즉 $\sigma = E\epsilon$

은 하중의 방향에 관계가 없다. 왜냐하면 각 재료의 탄성계수 $E$를 포함한 기계적 특성은 방향에 따라 변화하지 않기 때문이다. 이러한 재료를 **등방성**(isotropic) 재료라고 한다.

고려하는 재료가 방향에 따라 특성이 다를 경우, **이방성**(anisotropic) 재료라고 한다. 이방성 재료들 중 중요한 종류의 하나는 **섬유강화복합**(fiber-reinforced composite) 재료이다. 이들 복합재료들은 강성이 약하고 부드러운 **모재**(*matrix*)에 강하고 딱딱한 **섬유**(fiber)를 심어서 얻는다. 섬유강화복합재로 사용되는 재료는 그래파이트, 유리, 폴리머 등이 있으며, 여러 종류의 합성수지가 모재로 사용된다. 그림 2.11은 모재에 많은 수의 평행한 섬유를 심어 만든 복합재료의 **층**(layer) 혹은 **얇은 판**(*lamina*)을 나타낸다. 섬유와 평행한 $x$축 방향으로 판에 가해지는 축방향 하중이 증가됨에 따라 탄성한도를 넘지 않는 한, 판의 수직응력 $\sigma_x$와 수직변형률 $\epsilon_x$는 훅의 법칙을 만족한다. 비슷하게, 판에 수직방향인 $y$축 방향으로 하중이 가해지면 $\sigma_y$와 $\epsilon_y$가 발생되고, $z$축 방향으로 하중이 가해지면 $\sigma_z$와 $\epsilon_z$가 발생되며 이들은 각 방향으로 훅의 법칙을 만족한다. 각 방향에 따른 탄성계수, 즉 $E_x$, $E_y$, 그리고 $E_z$는 서로 다르다. 여기서는 섬유가 $x$축에 평행하므로, $x$축 방향으로 작용된 하중에 대응하는 저항력은 $y$축 또는 $z$축으로 작용하는 하중에 대응하는 저항력보다 훨씬 크다. 즉, $E_x$는 $E_y$ 또는 $E_z$보다 상당히 큰 값이다.

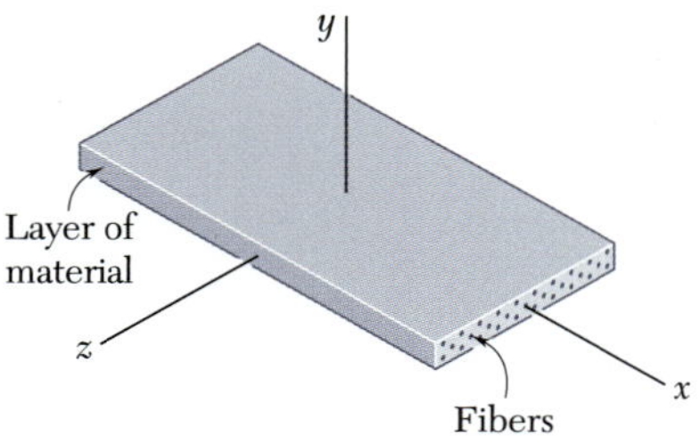

**그림 2.11** 섬유강화 복합재료의 층(layer)

**적층판**(flat laminate)은 여러 겹의 층을 겹쳐서 얻는다. 만일 적층판에 축방향으로 인장하중만 가해질 경우, 가장 큰 강도를 얻기 위하여 모든 층의 섬유들은 하중과 같은 방향으로 배치해야 한다. 그러나, 이 재료가 만일 압축을 받을 경우에는 모재재료가 섬유의 꼬임(kinking)이나 좌굴(buckling)을 방지할 수 있을 만한 강도를 유지할 수 없다. 적층판에서 섬유 일부를 하중방향에 수직인 방향으로 배열하면 가로방향, 즉 횡방향 안정성을 증가시킬 수 있다. 적층판에 작용하는 내면 전단에 관한 저항력을 증가시키기 위해 섬유를 하중방향에 대해 30°, 45°, 혹은 60°로 배열하기도 한다.

## *2.5 재료의 탄성과 소성거동

만일 시편에 적용된 하중이 제거되면 변형률이 없어져 0이 될 경우, 그 재료는 탄성적으로 거동한다고 말한다. 재료가 탄성적으로 거동하는 응력의 최댓값을 재료의 **탄성한도**(elastic limit)라고 한다.

만일 그림 2.6$a$와 같이 항복점이 잘 나타나는 재료인 경우에는 탄성한도, 비례한도(2.4절), 그리고 항복점은 서로 같다. 다시 말하면, 응력이 항복점 아래로 유지되면 재료는 탄성적 또는 선형적으로 거동한다. 그러나 2.3절에서 설명한 바와 같이 항복점에 도달하면, 하중이 제거되었을 때 응력과 변형률은 선도의 직선 구간 $AB$와 평행한 선 $CD$를 따라 선형적으로 감소한다(그림 2.12). 하중이 제거된 후에도 $\epsilon$이 0으로 돌아가지 않는다는 사실은 재료가 **영구변형**(permanent set), 혹은 **소성변형**(plastic deformation)을 일으켰다는 것을 의미한다.

대부분의 재료들에서 소성변형은 응력의 최댓값뿐만 아니라 하중이 제거되기 전까지 경과시간에 의해서도 영향을 받는다. 소성변형 중 응력에 의해 발생한 부분은 **슬립**(slip)에 의한 것이고 시간과 온도에 따라 영향을 받는 부분은 **크리프**(creep)에 의한 것이다.

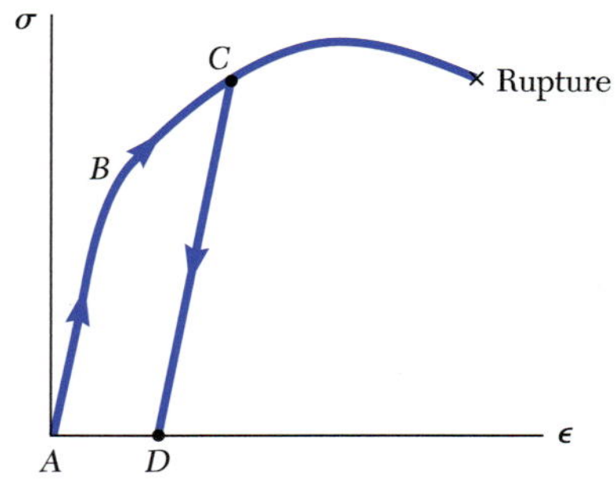


그림 2.12 연성재료에서 하중을 항복점 이상으로 가한 후, 제거하였을 때 응력–변형률 선도

만일 항복점이 명확하지 않는 재료의 경우에는 탄성한도가 정확하게 결정될 수 없다. 그러나 옵셋법(2.3절)에 의한 항복점이 탄성한도와 같다고 가정해도 오차는 단지 작은 값이다. 실제로 그림 2.8에서 보면 최대응력 $\sigma_Y$에 도달한 후에 하중을 제거하면 항복점 $Y$를 결정하기 위해 그은 직선에 따라 복귀함을 알 수 있다. 재료가 완전히 탄성거동을 하지는 않더라도 소성 변형률은 선택된 옵셋(offset) 정도로 작다.

그림 2.13에서와 같이 하중을 가하고 제거한 후에 다시 시편에 하중을 가하면, 새로운 하중 곡선은 앞의 하중제거 시의 복귀곡선에 매우 근접하게 따라가면서 $C$점까지 도달한다. 다음으로 오른쪽으로 구부러져 원래의 응력–변형률 선도에 연결된다. 여기서 새로운 하중곡선의 직선부분이 처음보다 길게 된 것을 알 수 있다. 이러한 이유는 시편의 초기하중 과정에서 발생한 변형경화의 결과로 비례한도와 탄성한도가 증가되었기 때문이다. 그러나 파단점(rupture)은 변화되지 않았으며 연성도는 $D$점에서부터 측정해야 하므로 오히려 줄어든다.

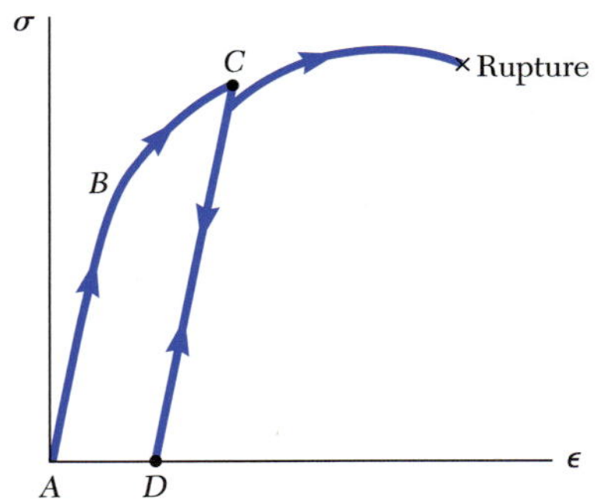


그림 2.13 항복 후 다시 하중을 가한 연성재료의 응력–변형률 선도

위에서 살펴 본 시편은 동일한 방향으로 두 번 하중을 적용하였다고 가정하였다. 즉, 두 번의 하중은 모두 인장하중이었다. 이제 두 번째 하중이 첫 번째와 반대 방향일 때를 고려해 보자. 재료는 인장과 압축에서 같은 항복강도를 갖는 연강이라고 가정한다.

그림 2.14에서 초기하중은 인장으로 응력–변형률 선도의 $C$점에 도달할 때까지 가해진다. 하중 제거 후($D$점), 압축하중을 응력이 $-\sigma_Y$가 되는 $H$점에 도달할 때까지 적용한다. 응력–변형률 선도의 $DH$ 구간은 곡선이므로 항복점이 명확히 나타나지 않는다. 이를 **바우싱거**(Bauschinger) 효과라고 한다. 압축하중이 지속되면, 재료는 $HJ$ 선을 따라 거동한다. 만일 곡선이 $J$점에 도달한 후에 하중을 제거하면, 응력은 $JK$ 선을 따라 변형률이 0에 이르며, $JK$의 기울기는 탄성계수 $E$와 같음을 알 수 있다.

결과로 발생되는 영구변형 $AK$는 선도의 구간 $BC$와 $HJ$의 길이에 따라 값이 양, 음, 혹은 0이 될 수 있다. 만일 시편에 인장이 다시 가해지면, $K$에서 시작하여 응력–변형률 선도(점선 부분)는 위로 증가하면서 오른쪽으로 구부러지는 곡선을 따

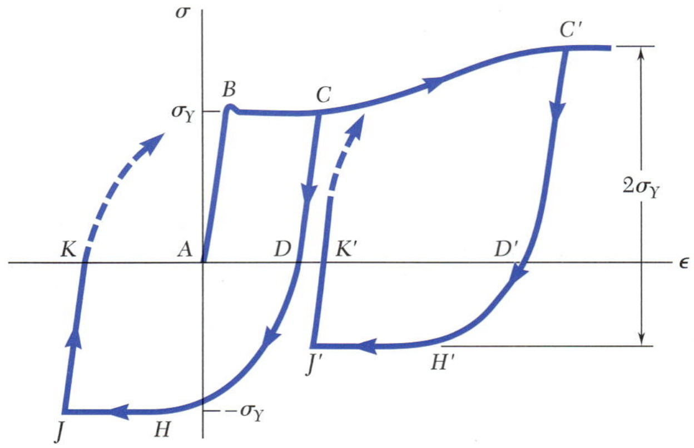


그림 2.14 역방향 하중을 받는 연강의 응력–변형률 선도 특성

라 항복응력 $\sigma_Y$에 도달할 것이다.

만일 초기에 변형경화를 충분히 일으킬 만큼 큰 하중이 작용되면($C'$점), 하중 제거에 의한 궤적은 $C'D'$을 따라 감소된다. 반대방향으로 하중을 가할 경우, 압축응력이 되고 $H'$에서 최댓값에 도달하며 $H'J'$ 선을 따라 거동한다. 압축응력의 최댓값은 $\sigma_Y$보다 작지만 $C'$와 $H'$ 사이의 전체의 응력변화는 $2\sigma_Y$와 같다.

만약 점 $K$나 $K'$이 선도의 원점 $A$와 일치하면 영구변형은 0이고 시편은 변형전의 초기상태로 되돌아 갈 것이다. 그러나 내부에는 변화가 발생되며 같은 하중작용 절차가 계속되면, 시편은 상대적으로 적은 횟수의 반복 후에 사전 징후 없이 파단될 것이다. 이는 시편에서 과도한 소성변형이 일어나 재료특성이 급격히 변화되어 나타나는 현상이다. 그러므로 소성영역 내에서 하중을 반대방향으로 가할 경우, 매우 세심한 통제조건이 아니라면 허용되지 않는다. 이러한 경우는 손상된 재료를 바로 잡을 경우 또는 구조물이나 기계의 최종 마무리 단계에서 발생될 수 있다.

## *2.6 반복하중과 피로

앞 절에서 축방향 하중을 받는 시편의 거동에 대해 살펴보았다. 만일 시편의 최대응력이 재료의 탄성한도를 넘지 않을 경우에 하중이 제거되면 초기상태로 되돌아간다. 탄성영역 이내에서는 주어진 하중을 여러 차례 반복해도 별 영향이 없다고 생각할 수 있다. 이 결론은 수십 차례, 혹은 수백 차례 반복하는 경우에는 옳다. 그러나 하중이 수천 번, 혹은 수백만 번 반복될 경우에는 옳지 않다. 이러한 경우에는 정적인 파손강도보다 훨씬 낮은 응력에서 파손이 일어난다. 이러한 현상을 피로(fatigue)라고 한다. 피로파괴는 정상상태에서 연성인 재료에서 나타나는 취성 특성이다.

피로는 **반복하중**(repeated load)이나 **변동하중**(fluctuated load)을 받는 구조물이나 기계부품의 설계에서 필히 고려해야 할 사항이다. 부품의 유용기간 동안 예상되는 하중 사이클의 수는 매우 다양하다. 예를 들어, 산업용 크레인을 지지하는 보(beam)은 25년 동안에 2백만 회(하루 약 300회씩), 자동차 크랭크축의 경우는 32만 km(200,000 mile) 주행할 경우 약 5억 회, 그리고 각각의 터빈날개(turbine blade)는 수천억 번에 해당되는 반복하중을 받을 것이다.

어떤 하중들은 변동특성을 가지고 있다. 예를 들어, 교량을 통과하는 차량의 경우는 차량의 무제, 속도, 그리고 시간변화에 따라 하중진폭이 변하는 반복하중이므로 교량의 자중과 통행하는 차량에 의해 변동응력을 유발한다. 하중 사이클 사이에 완전히 역하중이 적용될 때에는 더욱 심각한 조건이 발생한다. 예를 들어, 철도 차량의 축에 발생하는 응력은 바퀴가 반 회전돌때마다 역방향 응력, 즉 인장응력에서 압축응력으로 바뀌어 발생된다.

계속적인 반복하중과 역하중을 통해 시편이 파괴를 일으킬 수 있는 필요한 하중 사이클 횟수는 주어진 최대의 응력수준에 대해 실험적으로 결정된다. 각각 다른 최대 응력수준들에 대한 일련의 시험이 시행되면, 결과를 이용하여 $\sigma$–$n$ 곡선으로 그릴 수 있다. 매 시험에 대하여 최대응력 $\sigma$는 수직축으로, 사이클 횟수 $n$은 수평축으로 그래프를 그린다. 파단될 때까지는 매우 큰 사이클 횟수가 필요하므로, 사이클 $n$은 대수눈금자(logarithmic scale)를 쓴다.

강재에 대한 대표적인 $\sigma$–$n$ 곡선을 그림 2.15에 나타낸다. 만일 작용하는 최대응력이 클 경우, 시편이 파단될 때까지 상대적으로 적은 사이클이 소요된다는 것을 알 수 있다. 최대응력의 크기가 감소함에 따라 파손에 이르는 사이클 횟수는 **내구한도**(endurance limit)로 알려진 응력에 도달할 때까지 증가한다. 내구한도란 무한대 횟수의 하중 사이클에도 파괴가 일어나지 않는 응력을 말한다. 구조용 강재와 같은 저탄소강의 경우에, 내구한도는 강의 극한강도의 약 절반이다.

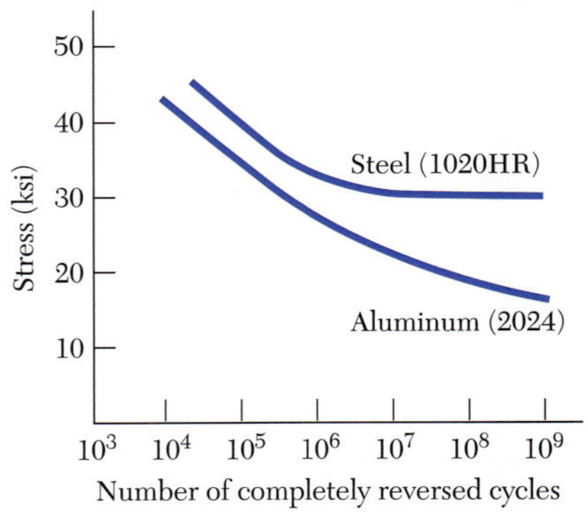

**그림 2.15** 대표적인 $\sigma$–$n$ 선도

알루미늄 및 구리와 같은 비철금속에 대해서 대표적인 $\sigma$–$n$ 곡선(그림 2.15)은 하중 사이클의 횟수가 증가함에 따라 파괴에 이르는 응력도 계속해서 감소한다. 이러한 금속에 대해서는 5억 회의 하중 사이클 횟수 후에 파괴될 때의 응력을 **피로한도**(fatigue limit)라고 정의한다.

피로에 의해 파괴된 축, 스프링, 그리고 다른 부품들의 시편을 검사해보면 파괴가 미세균열, 혹은 어떤 유사한 결함에서 시작되었다는 것을 알 수 있다. 하중단계를 높임에 따라 균열크기는 조금씩 성장한다. 계속적인 하중 사이클 동안, 시편의 손상되지 않은 부분이 최대하중을 견디기에 충분하지 않을 때까지 균열은 재료 내에서 성장해 가며 마지막에는 갑작스런 취성 파괴가 일어난다. 피로파괴는 어떤 균열이나 결함에 기인하므로, 시편의 표면조건은 시험에서 얻어진 내구한도의 값에 중요한 영향을 미친다. 기계가공 후 표면 처리된 시편의 내구한도는 압연, 단조

부품, 또는 부식된 부품에 대한 내구한도보다 더 높다. 염분이 있는 바닷물 속 또는 근처나 부식이 예상되는 환경에 구조물이 설치되어 있을 경우, 내구한도는 최대 50%까지 감소시키는 것이 바람직하다.

## 2.7 축방향 하중을 받는 부재의 변형

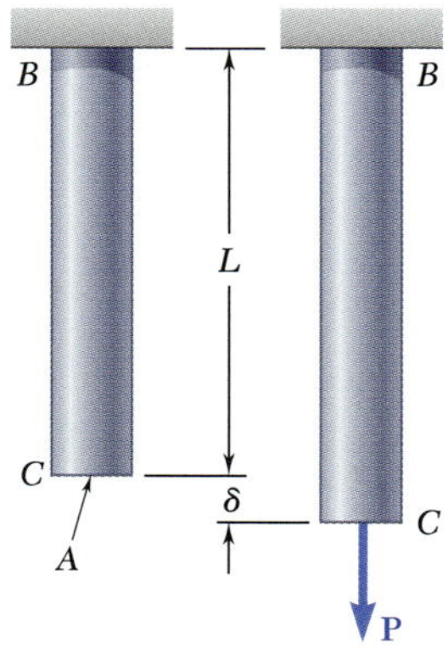


**그림 2.16** 축방향 하중을 받는 봉의 변형

길이가 $L$이고 일정단면적 $A$인 균질한 봉(homogeneous rod) $BC$가 중심 축방향 하중 $\mathbf{P}$를 받고 있는 경우를 고려하자(그림 2.16). 만일 구한 축방향 응력 $\sigma = P/A$가 재료의 비례한도를 넘지 않으면 훅의 법칙을 적용하여 다음과 같이 쓸 수 있다.

$$\sigma = E\epsilon \tag{2.3}$$

이 식을 변형률에 관해 다시 쓰면,

$$\epsilon = \frac{\sigma}{E} = \frac{P}{AE} \tag{2.4}$$

한편으로 변형률 $\epsilon$은 2.2절에 정의된 $\epsilon = \delta/L$임을 상기하면,

$$\delta = \epsilon L \tag{2.5}$$

이다. 그리고 식 (2.4)의 $\epsilon$을 식 (2.5)에 대입하면 다음 식과 같다.

$$\delta = \frac{PL}{AE} \tag{2.6}$$

식 (2.6)은 단지 봉이 균질이고(일정한 $E$), 일정한 단면적 $A$를 가지며 하중이 봉의 끝에 가해질 때만 유효하다. 만일 하중이 다른 지점에서 가해지거나 다른 단면을 가진 여러 부분으로 구성되어 있고, 다른 재료로 만들어졌을 경우에는 식 (2.6)을 개별적으로 만족할 수 있는 구간으로 나누어서 고려해야 한다. 부분 $i$에 대한 내력, 요소길이, 단면적, 그리고 탄성계수를 각각 $P_i$, $L_i$, $A_i$, 그리고 $E_i$로 나타내면 봉 전체의 변형은 다음 식으로 나타낼 수 있다.

$$\delta = \sum_i \frac{P_i L_i}{A_i E_i} \tag{2.7}$$

봉의 단면이 변화될 경우(그림 2.5), 변형률은 계산되는 점 $Q$의 위치에 따라 달라지고 $\epsilon = d\delta/dx$로 정의됨을 상기하자. $d\delta$에 대해서 풀고 $\epsilon$ 대신 식 (2.4)를 대입

하면 미소길이 $dx$에 대한 변형량은 아래의 식으로 나타낼 수 있다.

$$d\delta = \epsilon\, dx = \frac{P\,dx}{AE}$$

봉 전체의 변형량 $\delta$는 위의 식을 길이 $L$에 대해 적분하여 얻는다.

$$\delta = \int_0^L \frac{P\,dx}{AE} \tag{2.8}$$

단면 $A$가 $x$의 함수일 때뿐만 아니라 봉의 자중에 의해 매달려 있는 경우와 같이 내력 $P$가 $x$에 종속함수일 때에는 식 (2.6) 대신에 식 (2.8)을 사용해야 한다.

**예제 2.1**

그림 2.17$a$와 같이 축방향 하중을 받는 강봉에 대한 변형량을 결정하시오. 단, $E$ = 200 GPa이다.

**풀이** 그림 2.17$b$와 같이 봉을 세 부분으로 나누면, 각각에 대한 단면적과 길이는 다음과 같다.

$$L_1 = L_2 = 300\text{ mm} \qquad L_3 = 400\text{ mm}$$
$$A_1 = A_2 = 580\text{ mm}^2 \qquad A_3 = 190\text{ mm}^2$$

내력 $P_1$, $P_2$와 $P_3$를 알기 위해 각 부분을 지나는 단면으로 가상 절단하고, 각각에 대해 절단된 우측부분의 자유물체도를 그린다(그림 2.17$c$). 각각 자유물체도의 평형조건으로부터 다음과 같은 내력 값을 얻는다.

$$P_1 = 240\text{ kN} = 240 \times 10^3\text{ N}$$
$$P_2 = -60\text{ kN} = -60 \times 10^3\text{ N}$$
$$P_3 = 120\text{ kN} = 120 \times 10^3\text{ N}$$

이들 값을 식 (2.7)에 대입하여, 전체 변형량을 다음과 같이 계산한다.

$$\delta = \sum_i \frac{P_iL_i}{A_iE_i} = \frac{1}{E}\left(\frac{P_1L_1}{A_1} + \frac{P_2L_2}{A_2} + \frac{P_3L_3}{A_3}\right)$$
$$= \frac{1}{200 \times 10^9}\left[\frac{(240 \times 10^3)(0.3)}{580 \times 10^{-6}} + \frac{(-60 \times 10^3)(0.3)}{580 \times 10^{-6}} + \frac{(120 \times 10^3)(0.4)}{190 \times 10^{-6}}\right]$$
$$\delta = \frac{0.3457 \times 10^9}{200 \times 10^9} = 1.729 \times 10^{-3}\text{ m} = 1.729\text{ mm}$$

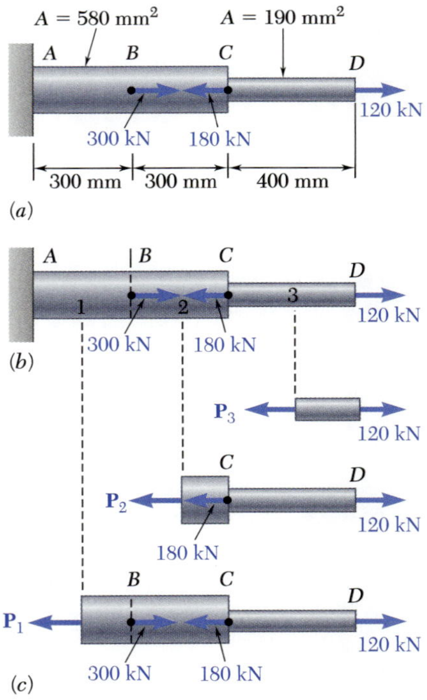


그림 2.17

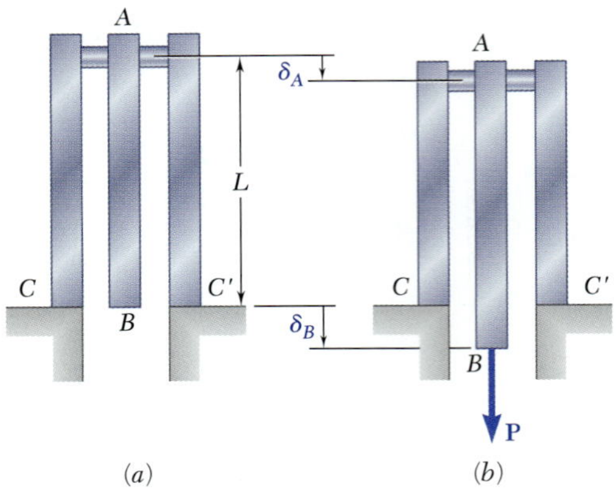


**그림 2.18** 강체핀에 매달린 중간봉 끝의 상대변위

식 (2.6)을 유도하기 위해 나타낸 그림 2.16의 봉 $BC$나 예제 2.1에서 설명한 그림 2.17의 봉 $AD$는 모두 한쪽 끝이 고정된 경우였다. 그러므로 이러한 각각의 경우는 봉의 변형량 $\delta$가 자유단의 변위와 같다. 봉의 양쪽 끝이 움직일 경우에는 봉의 변형량은 한 끝을 기준으로 한 다른 끝의 상대변위를 측정해야 한다. 예를 들어, 그림 2.18$a$와 같이 길이가 $L$인 세 개의 탄성봉이 강체핀(rigid pin) $A$에 의해 매달린 조립체를 고려해 보자. $B$점에 하중 $\mathbf{P}$를 가하면(그림 2.18$b$), 세 개의 봉은 각각 변형될 것이다. 봉 $AC$와 $AC'$이 각각 $C$와 $C'$에 고정 지지되어 있으므로 이들의 변형량은 $A$점에서의 변위 $\delta_A$로 측정될 수 있다. 봉 $AB$는 양끝이 움직이므로 $AB$의 변형량은 점 $A$와 $B$의 변위 $\delta_A$와 $\delta_B$ 사이의 차이로 측정되어야 한다. 즉 $A$에 대한 $B$의 상대변위(relative displacement)이다. 이 상대변위를 $\delta_{B/A}$로 표시하면,

$$\delta_{B/A} = \delta_B - \delta_A = \frac{PL}{AE} \tag{2.9}$$

와 같다. 여기에서, $A$는 봉 $AB$의 단면적이고 $E$는 탄성계수이다.

## 기초문제 2.1

강체봉(rigid bar) $BDE$가 두 개의 링크 $AB$와 $CD$로 지지되어 있다. 링크 $AB$는 $E$ = 70 GPa과 단면적이 500 mm$^2$인 알루미늄으로 만들어졌고, 링크 $CD$는 $E$ = 200 GPa와 단면적이 600 mm$^2$인 강재로 만들어졌다. 그림과 같이 30 kN의 힘이 작용할 때, (*a*) $B$점, (*b*) $D$점, 그리고 (*c*) $E$점에서의 변형량을 결정하시오.

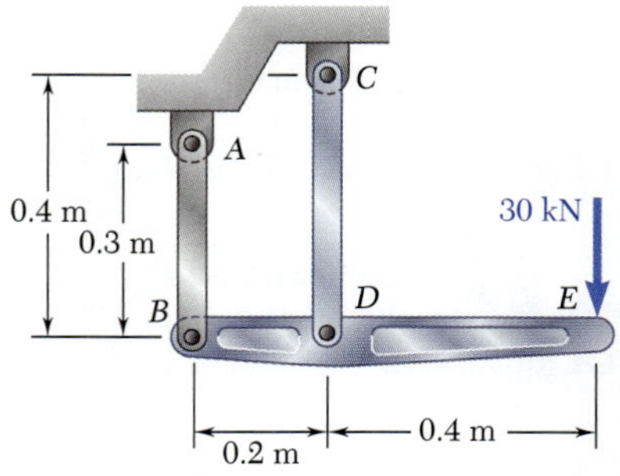


## 풀이

**자유물체도: 봉 *BDE*.**

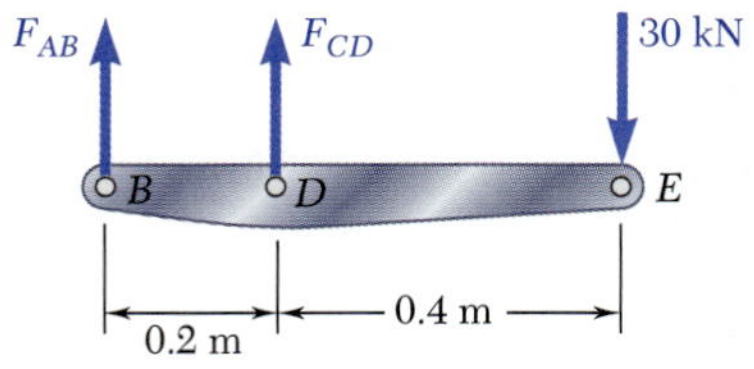


$+\circlearrowleft \Sigma M_B = 0$: $\quad -(30\text{ kN})(0.6\text{ m}) + F_{CD}(0.2\text{ m}) = 0$

$F_{CD} = +90\text{ kN} \qquad F_{CD} = 90\text{ kN}$ 인장

$+\circlearrowleft \Sigma M_D = 0$: $\quad -(30\text{ kN})(0.4\text{ m}) - F_{AB}(0.2\text{ m}) = 0$

$F_{AB} = -60\text{ kN} \qquad F_{AB} = 60\text{ kN}$ 압축

**(a) *B*의 변위.** 링크 $AB$의 내력이 압축이고, $P = -60$ kN이므로,

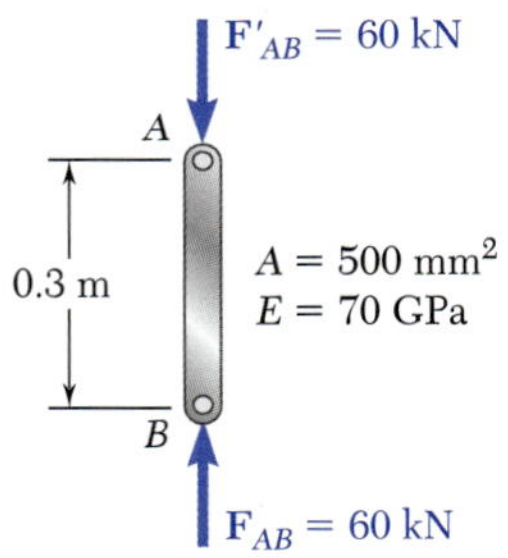


$$\delta_B = \frac{PL}{AE} = \frac{(-60 \times 10^3\text{ N})(0.3\text{ m})}{(500 \times 10^{-6}\text{ m}^2)(70 \times 10^9\text{ Pa})} = -514 \times 10^{-6}\text{ m}$$

음의 부호는 부재 $AB$가 수축됨을 의미하고, 따라서 $B$는 위 방향으로 변형된다.

$\delta_B = 0.514\text{ mm} \uparrow$ ◀

**(b) *D*의 변위.** 봉 $CD$는 $P$ = 90 kN이므로,

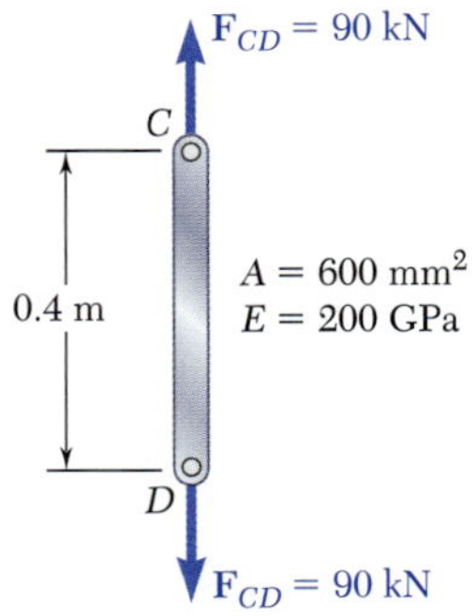


$$\delta_D = \frac{PL}{AE} = \frac{(90 \times 10^3\text{ N})(0.4\text{ m})}{(600 \times 10^{-6}\text{ m}^2)(200 \times 10^9\text{ Pa})}$$
$$= 300 \times 10^{-6}\text{ m}$$

$\delta_D = 0.300\text{ mm} \downarrow$ ◀

**(c) *E*의 변위.** $B$와 $D$의 변형 후의 점을 $B'$과 $D'$으로 표기한다. 바 $BDE$가 강체이므로 점 $B'$, $D'$과 $E'$은 일직선을 이룬다.

$$\frac{BB'}{DD'} = \frac{BH}{HD} \qquad \frac{0.514\text{ mm}}{0.300\text{ mm}} = \frac{(200\text{ mm}) - x}{x} \qquad x = 73.7\text{ mm}$$

$$\frac{EE'}{DD'} = \frac{HE}{HD} \qquad \frac{\delta_E}{0.300\text{ mm}} = \frac{(400\text{ mm}) + (73.7\text{ mm})}{73.7\text{ mm}}$$

$\delta_E = 1.928\text{ mm} \downarrow$ ◀

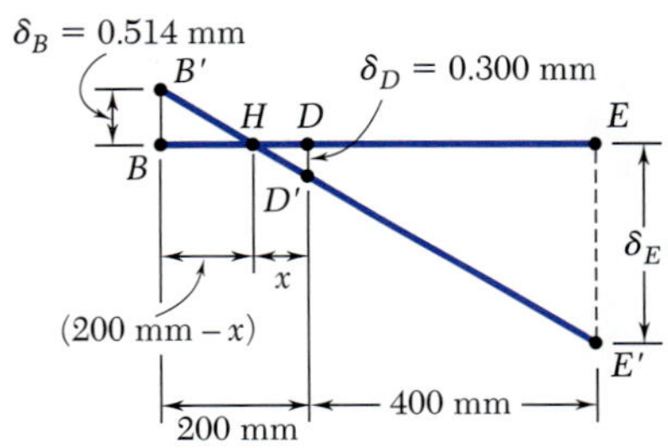

## 기초문제 2.2

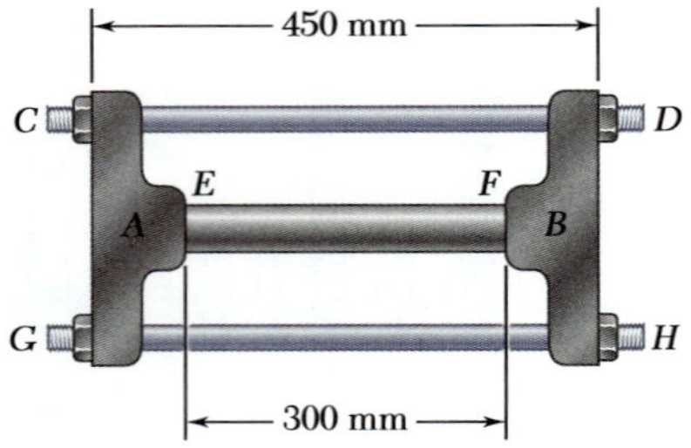


강체주물(rigid cating) $A$와 $B$가 두 개의 강재 볼트(지름은 18 mm) $CD$와 $GH$로 연결되어 있고, 38 mm 지름의 알루미늄 봉 $EF$의 양쪽 끝과 결합되어 있다. 적절한 힘으로 조립한 후에, 피치(pitch)가 2.5 mm이고 한 줄 나사인 너트 $D$와 $H$를 모두 1/4바퀴만큼 돌려 조였다. 강재의 $E$는 200 GPa이고, 알루미늄의 $E$는 70 GPa라고 할 때, 봉 $EF$에 걸리는 수직응력을 결정하시오.

## 풀이

길이의 단위는 mm로 사용되었으므로, $E$는 $N/mm^2$으로 표현되어야 한다. 1 GPa = $10^3$ $N/mm^2$임을 주목하여라.

**변형량.**

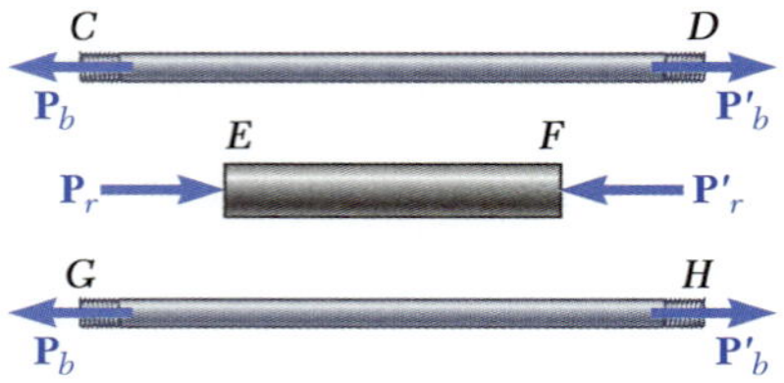


**볼트 *CD*와 *GH*.** 너트를 조이면 볼트는 인장을 받는다. 대칭이므로 양쪽은 같은 내력 $P_b$와 같은 변형량 $\delta_b$를 가지며,

$$\delta_b = +\frac{P_b L_b}{A_b E_b} = +\frac{P_b(450 \text{ mm})}{\frac{1}{4}\pi(18 \text{ mm})^2(200 \times 10^3 \text{ N/mm}^2)} = +8.842 \times 10^{-6} P_b \qquad (1)$$

**봉 *EF*.** 봉은 압축을 받는다. 봉의 내력을 $P_r$로, 그리고 변형량을 $\delta_r$로 표기하면,

$$\delta_r = -\frac{P_r L_r}{A_r E_r} = -\frac{P_r(300 \text{ mm})}{\frac{1}{4}\pi(38 \text{ mm})^2(70 \times 10^3 \text{ N/mm}^2)} = -3.779 \times 10^{-6} P_r \qquad (2)$$

***B*에 대한 *D*의 변위.** 1/4바퀴를 조이면 볼트의 $D$와 $H$는 주물 $B$에 대해 $\frac{1}{4}(2.5 \text{ mm})$의 변위가 발생한다. $D$점을 고려하면,

$$\delta_{D/B} = \tfrac{1}{4}(2.5 \text{ mm}) = 0.625 \text{ mm} \qquad (3)$$

그러나 $\delta_D$와 $\delta_B$가 $D$와 $B$의 변위라면, $\delta_{D/B} = \delta_D - \delta_B$이다. 만일, 주물 $A$가 고정되었고 너트 $D$와 $H$가 조여진다고 보면, 이 변위들은 각각 볼트와 봉의 변형량과 같다. 그러므로

$$\delta_{D/B} = \delta_b - \delta_r \qquad (4)$$

식 (1), (2)와 (3)을 (4)에 대입하면,

$$0.625 \text{ mm} = 8.842 \times 10^{-6} P_b + 3.779 \times 10^{-6} P_r \qquad (5)$$

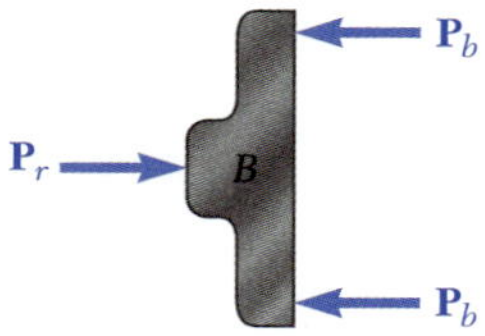


**자유물체도: 주물 *B*.**

$$\overset{+}{\rightarrow}\Sigma F = 0: \qquad P_r - 2P_b = 0 \qquad P_r = 2P_b \qquad (6)$$

**볼트와 봉에 걸리는 힘.**

식 (6)의 $P_r$을 식 (5)에 대입하면,

$$0.625 \text{ mm} = 8.842 \times 10^{-6} P_b + 3.779 \times 10^{-6}(2P_b)$$
$$P_b = 38.1 \times 10^3 \text{ N} = 38.1 \text{ kN}$$
$$P_r = 2P_b = 2(38.1 \text{ kN}) = 76.2 \text{ kN}$$

**봉의 응력.**

$$\sigma_r = \frac{P_r}{A_r} = \frac{76.2 \text{ kN}}{\frac{1}{4}\pi(38 \text{ mm})^2} \qquad \sigma_r = 67.2 \text{ MPa} \blacktriangleleft$$

**2.1** 지름이 5 mm이고 길이가 80 m인 와이어가 $E = 200$ GPa이고 극한 인장강도가 400 MPa인 강재로 만들어졌다. 안전계수가 3.2일 경우에 다음 사항을 결정하시오. (*a*) 와이어의 최대 허용인장력, (*b*) 해당되는 와이어의 신장량.

**2.2** 지름이 12 mm, $E = 73$ GPa, 그리고 극한강도가 140 MPa인 알루미늄 봉에 정확히 250 mm 거리의 두 표점이 마킹(marking)되어 있다. 하중이 작용하여 표점(gage mark)거리가 250.28 mm로 늘어날 경우, 다음 사항을 결정하시오. (*a*) 봉의 응력, (*b*) 안전계수.

**2.3** 길이 300 mm, 지름 12 mm인 폴리스티렌(polystyrene) 봉에 3 kN의 인장하중이 가해지고 있다. $E = 3.1$ GPa일 경우에 다음 사항을 계산하시오. (*a*) 봉의 신장량, (*b*) 봉에서의 수직응력.

**2.4** 지름이 12 mm인 알루미늄 봉에 정확히 250 mm 거리의 두 표점이 마킹되어 있다. 6000 N의 축방향 하중이 작용하여 표점거리가 250.18 mm로 늘어날 경우, 알루미늄봉의 탄성계수를 구하시오.

**2.5** 알루미늄 제어봉에 2 kN의 인장하중이 가해질 2 mm가 늘어나야 한다. $\sigma_{all} = 154$ MPa, 그리고 $E = 70$ GPa일 때, 이 봉의 최소지름과 최소길이를 계산하시오.

**2.6** 길이가 4 m인 강봉에 10 kN의 축방향 하중이 작용할 때, 신장량은 3 mm이하이고 또한 수직응력도 150 MPa을 초과하지 않아야 한다. $E = 200$ GPa일 때, 필요로 하는 봉의 지름을 결정하시오.

**2.7** 나일론줄(nylon thread)이 10 N의 인장력을 받고 있으며, $E = 3.2$ GPa 그리고 최대 허용수직응력은 40 MPa이다. 줄의 길이는 1% 이상 늘어나지 않아야 한다. 이 경우, 필요로 한 나일론줄의 지름을 결정하시오.

**2.8** 지름이 4 mm인 케이블 *BC*가 $E = 200$ GPa인 강재로 만들어졌다. 케이블의 최대응력은 190 MPa을 넘지 않아야 하며, 또한 케이블의 신장량도 6 mm를 초과하지 않아야 한다. 그림의 방향으로 작용할 수 있는 최대하중 **P**를 구하시오.

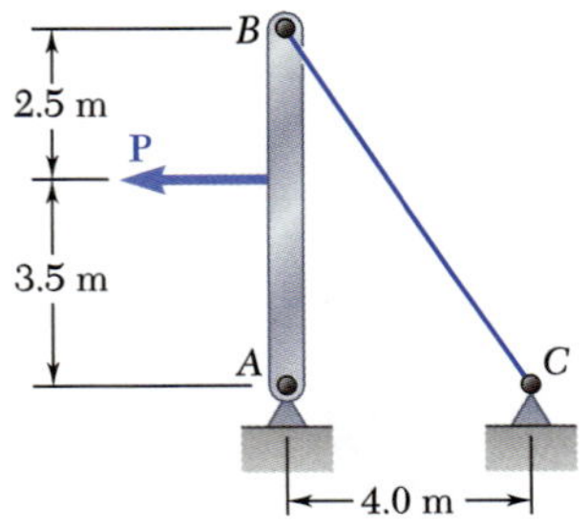


그림 P2.8

**2.9** 단면적이 1100 $mm^2$이고 길이가 1.2 m인 알루미늄 관(aluminum pipe)이 그림과 같이 $A$에 지지되어 있으며, 지름이 15 mm인 강봉 $BC$는 관의 위쪽 $B$에 매달려 있다. 강봉의 탄성계수가 200 GPa이고 알루미늄의 탄성계수는 72 GPa이다. $C$에 60 kN의 힘이 작용할 경우, 점 $C$에서의 변형량을 결정하시오.

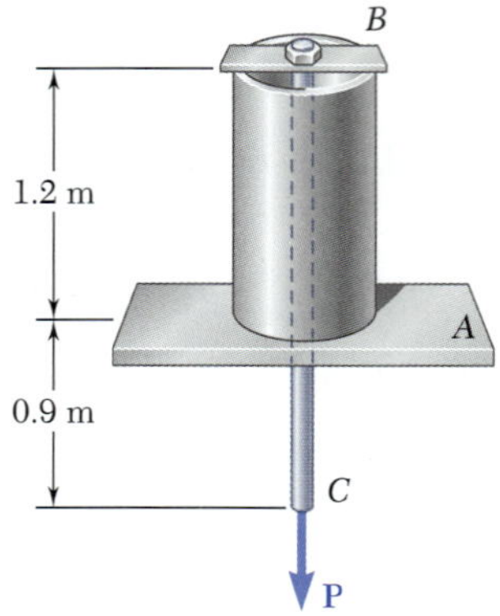


그림 P2.9

**2.10** $P = 58$ kN의 축방향 하중이 $E = 105$ GPa인 황동봉 $ABC$의 끝점 $C$에서 작용하고 있다. 점 $C$에서의 변형량이 3 mm일 경우, 봉 $BC$의 지름 $d$를 결정하시오.

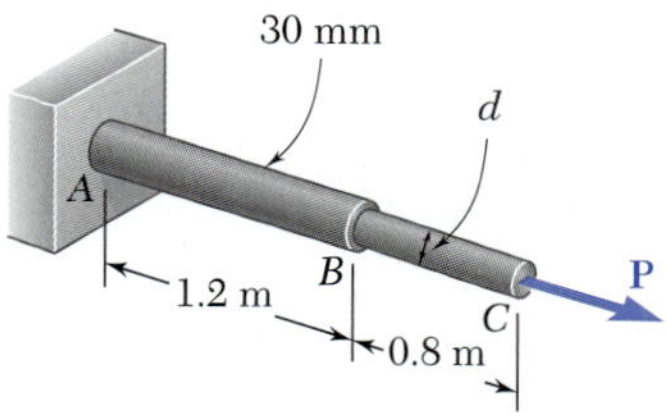


그림 P2.10

**2.11** 봉 $ABC$의 두 부분이 $E = 70$ GPa인 알루미늄으로 만들어졌다. $P = 6$ kN, 그리고 $Q = 42$ kN일 때, 다음 위치에서 변형량을 결정하시오. (*a*) 점 $A$, (*b*) 점 $B$.

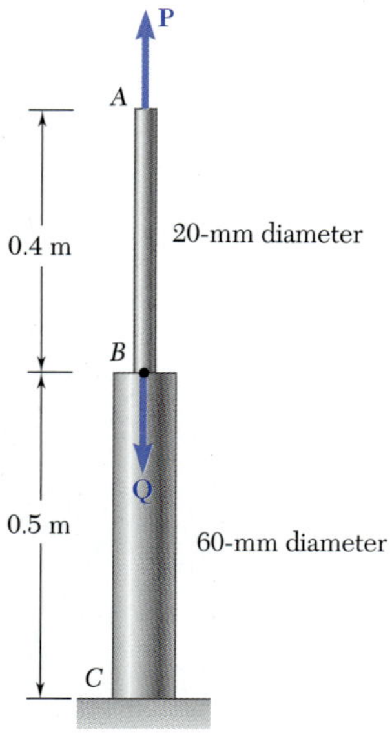


그림 P2.11

**2.12** 부재 $AB$, $BC$가 각각 단면적 516 $mm^2$, 412 $mm^2$인 강재($E = 200$ GPa)로 만들어졌다. 그림과 같이 하중이 작용할 경우, 다음 부재에 대한 신장량을 결정하시오. (*a*) 부재 $AB$, (*b*) 부재 $BC$.

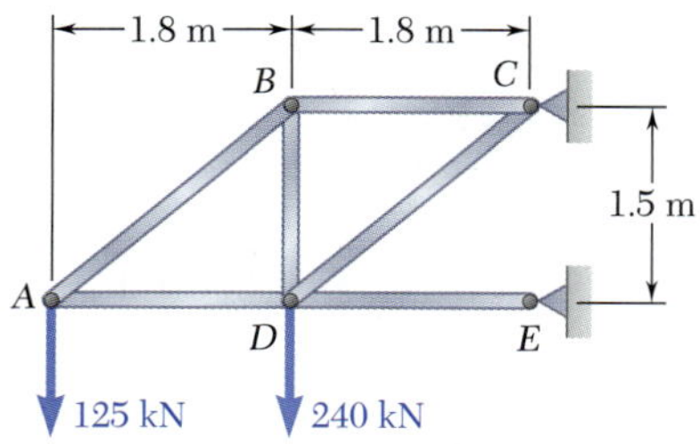


그림 P2.12

**2.13** 강재($E$ = 200 GPa)로 된 트러스에 그림과 같이 하중이 작용한다. 부재 $AB$와 $AD$의 단면적이 각각 2400 mm$^2$과 1800 mm$^2$일 때, 이 두 부재의 변형량을 결정하시오.

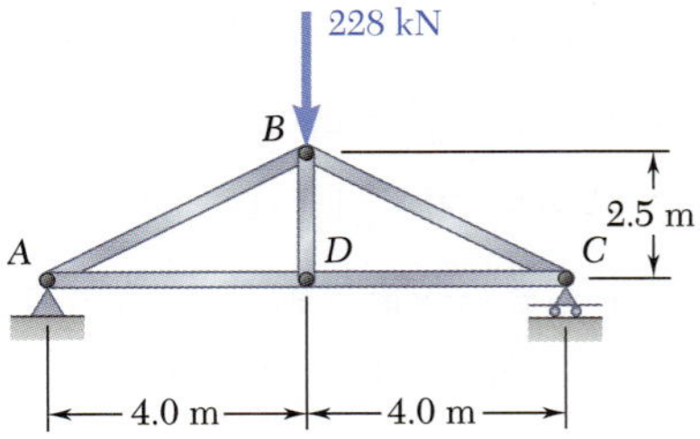


그림 P2.13

**2.14** 링크 $AB$와 $CD$는 동일한 단면적 258 mm$^2$인 알루미늄($E$ = 75 GPa)재료로 만들어졌다. 부재 $BC$가 강체부재(rigid member)일 경우, 점 $E$의 변형량을 결정하시오.

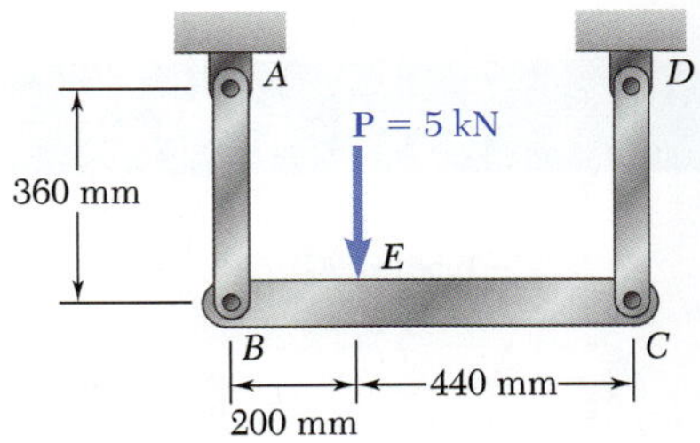


그림 P2.14

**2.15** 수평으로 놓인 두 개의 강체부재(rigid member)를 연결하는 네 개의 수직링크는 재료가 모두 알루미늄($E$ = 70 GPa)이고 10 × 40 mm의 균일한 사각단면을 갖는다. 그림과 같이 하중이 작용할 경우, 다음 위치에서 처짐량을 결정하시오. ($a$) 점 $E$, ($b$) 점 $F$, ($c$) 점 $G$.

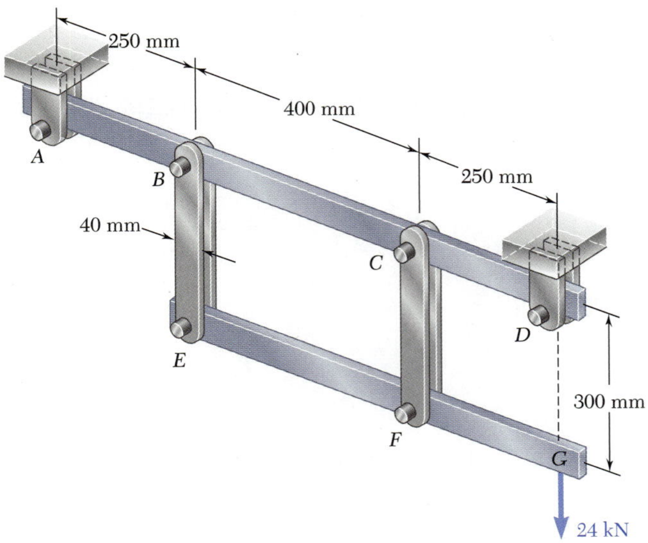


그림 P2.15

## 2.8 부정정 문제

앞 절에서 고려된 문제에서는 항상 자유물체도와 **평형방정식**(equilibrium equation)을 사용하여 주어진 하중 하에서의 각 부분에 대한 내력을 결정하였다. 이 경우, 변형량은 구해진 내력을 식 (2.7), 혹은 식 (2.8)에 대입하여 얻었다.

그러나 문제들 중에는 내력을 정역학적 관계식만으로는 구할 수 없는 경우가 많다. 사실 이러한 문제에서는 외력인 반력 자체를 자유물체도와 평형방정식을 통해 구할 수가 없다. 이와 같은 문제를 풀기 위해서는 평형방정식에 문제의 기하학적 형상을 고려한 변형관계의 식이 추가되어야 한다. 정역학적 평형방정식 만으로는 반력이나 내력을 결정하는 데 불충분하므로, 이런 유형의 문제들은 **부정정**(statically indeterminate)이라고 한다. 아래의 예에서 이러한 문제를 다루는 방법을 익힐 것이다.

### 예제 2.2

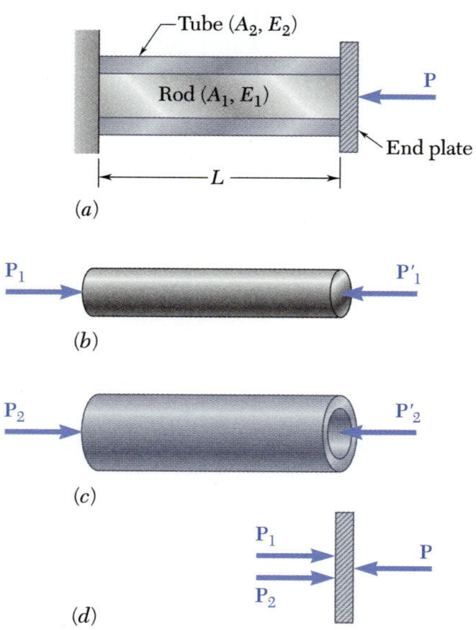


그림 2.19

길이 $L$, 단면적 $A_1$, 탄성계수 $E_1$인 봉이 같은 길이 $L$과 단면적 $A_2$, 탄성계수 $E_2$인 튜브에 그림 2.19*a*와 같이 강체 끝판(rigid end plate)이 설치되어 있다. 강체 판에 하중 **P**가 작용할 때, 봉과 튜브의 변형량은 얼마인가?

**풀이** 봉과 튜브에 걸리는 하중을 각각 $P_1$과 $P_2$로 표기하면, 세 요소에 대한 자유물체도는 그림 2.19*b*, *c*, *d*와 같다. 마지막 자유물체도로부터 다음의 관계식을 알 수 있다. 즉

$$P_1 + P_2 = P \tag{2.10}$$

명백히, 하나의 식으로 두 개의 내력 $P_1$과 $P_2$를 결정하기는 불충분하다. 그러므로 이 문제는 부정정이다.

그러나 이 예제의 기하학적인 관계로부터 봉과 튜브의 변형량 $\delta_1$과 $\delta_2$는 같다. 식 (2.6)을 사용하면 다음과 같다.

$$\delta_1 = \frac{P_1 L}{A_1 E_1} \qquad \delta_2 = \frac{P_2 L}{A_2 E_2} \tag{2.11}$$

$\delta_1$과 $\delta_2$를 같게 놓으면,

$$\frac{P_1}{A_1 E_1} = \frac{P_2}{A_2 E_2} \tag{2.12}$$

식 (2.10)과 식 (2.12)을 연립하여 풀면 $P_1$과 $P_2$를 동시에 구할 수 있다.

$$P_1 = \frac{A_1 E_1 P}{A_1 E_1 + A_2 E_2} \qquad P_2 = \frac{A_2 E_2 P}{A_1 E_1 + A_2 E_2}$$

이제 식 (2.11)의 어느 식으로나 봉과 튜브의 공통적인 변형량을 결정할 수 있다.

**예제 2.3**

길이가 $L$이고 균일한 단면을 가진 봉 $AB$가 하중을 받기 전에 $A$와 $B$의 강체 지지점(rigid support)에 설치되어 있다. 점 $C$에 하중 $P$가 작용할 경우, $AC$ 부분과 $BC$ 부분에 발생하는 응력은 얼마인가(그림. 2.20$a$)?

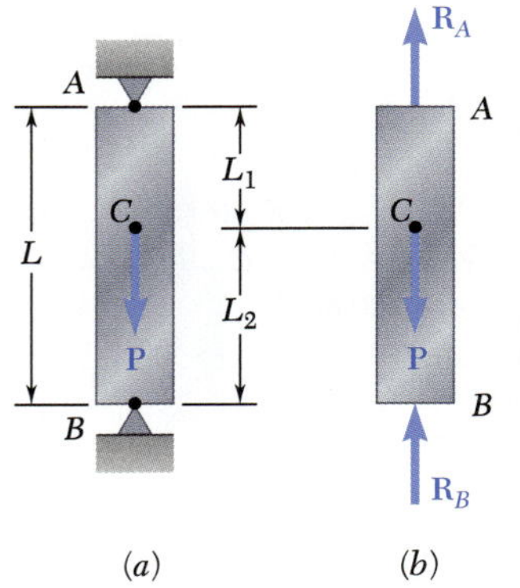

그림 2.20

**풀이** 봉에 대한 자유물체도를 그리면(그림 2.20$b$), 다음과 같은 평형방정식을 얻는다.

$$R_A + R_B = P \tag{2.13}$$

위의 식으로는 두 개의 반력 $R_A$와 $R_B$를 결정하기에 불충분하다. 따라서 이 문제는 부정정이다. 그러나 주어진 조건으로부터 전체 변형량 $\delta$가 0이라는 사실을 알게 되면 반력을 결정할 수 있다. $AC$ 부분과 $BC$ 부분의 신장량을 각각 $\delta_1$과 $\delta_2$라고 하면,

$$\delta = \delta_1 + \delta_2 = 0$$

혹은, $\delta_1$과 $\delta_2$를 내력 $P_1$과 $P_2$로 나타내면,

$$\delta = \frac{P_1L_1}{AE} + \frac{P_2L_2}{AE} = 0 \tag{2.14}$$

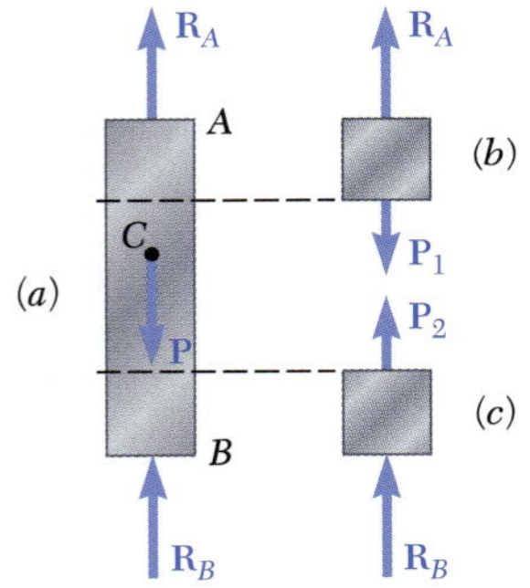

그림 2.21

그림 2.21$b$와 $c$의 자유물체도로부터 $P_1 = R_A$이고 $P_2 = -R_B$임을 알 수 있다. 이 값을 식 (2.14)에 대입하면,

$$R_AL_1 - R_BL_2 = 0 \tag{2.15}$$

식 (2.13)과 식 (2.15)를 $R_A$와 $R_B$에 대해 연립하여 풀면, $R_A = PL_2/L$과 $R_B = PL_1/L$을 얻는다. 그러므로 구하려는 $AC$ 부분의 응력 $\sigma_1$과 $BC$ 부분의 응력 $\sigma_2$는 $P_1 = R_A$와 $P_2 = -R_B$를 각각의 봉의 단면적으로 나누어 얻는다.

$$\sigma_1 = \frac{PL_2}{AL} \qquad \sigma_2 = -\frac{PL_1}{AL}$$

**중첩법** 구조물이 평형을 유지하기 위해 필요한 것보다 많이 지지되어 있을 경우, 부정정이라는 것을 알았다. 이는 구성할 수 있는 평형방정식의 개수보다 많은 미지 반력이 있는 갖는 경우이다. 따라서 반력 중 하나를 **잉여반력**(*redundant reaction*)으로 나타내어 그 지지를 제거할 수 있다. 그러나 문제의 조건을 임의로 변경할 수 없으므로, 잉여반력도 풀이에 포함시켜야 한다. 또한, 잉여반력은 다른 하중과 마찬가지로 미지하중으로 취급하여 당초 제약조건들과 같이 변형을 발생시킨다. 실제 문제풀이는 주어진 하중에 의한 변형과 잉여반력에 의한 변형을 별도로 고려하여 각각의 결과를 **중첩**(superposing)함으로써 얻는다.†

† 여러 하중의 중첩에 의한 효과에 대한 일반 조건들은 2.11절에서 다룰 것이다.

## 예제 2.4

그림 2.22와 같은 하중을 가하기 전에 꼭 맞게 고정(close fit)된 강재 봉이 하중을 받는 상태에서 $A$와 $B$에 발생되는 반력을 결정하시오.

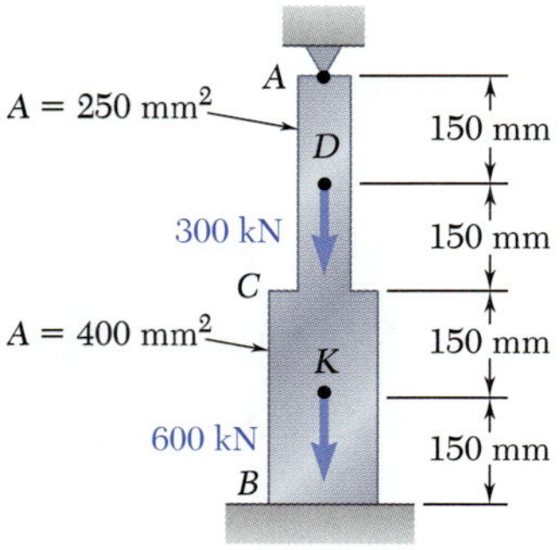


그림 2.22

**풀이** $B$지점의 반력을 잉여반력으로 생각하고 봉을 그 지지로부터 해제시킨다. 이제 반력 $\mathbf{R}_B$는 미지하중으로 생각할 수 있고(그림 2.23$a$), 봉의 변형이 0이라는 조건을 세운다. 주어진 하중에 의한 변형 $\delta_L$(그림 2.23$b$)과 잉여반력 $\mathbf{R}_B$에 의한 변형 $\delta_R$(그림 2.23$c$)을 별도로 고려하여 생각한다.

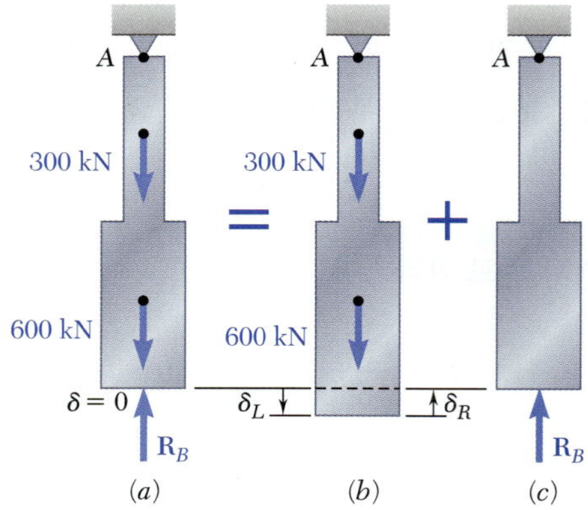


그림 2.23

변형량 $\delta_L$은 그림 2.24에서처럼 네 부분으로 분할하여 식 (2.7)에 의해 구한다. 예제 2.1에서와 같은 절차를 이용하여 다음과 같이 나타낼 수 있다.

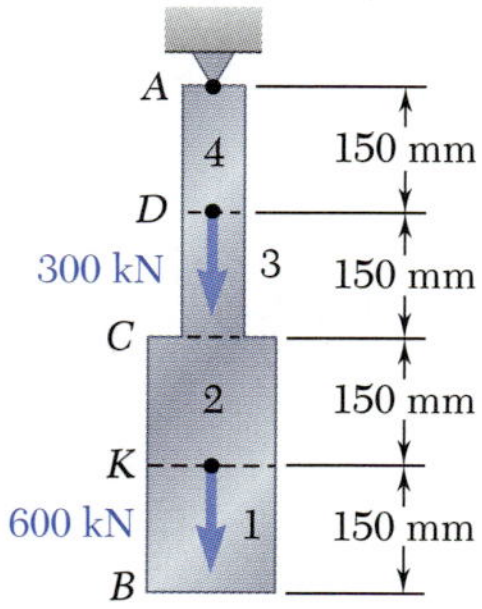


그림 2.24

$$P_1 = 0 \qquad P_2 = P_3 = 600 \times 10^3\ \text{N} \qquad P_4 = 900 \times 10^3\ \text{N}$$
$$A_1 = A_2 = 400 \times 10^{-6}\ \text{m}^2 \qquad A_3 = A_4 = 250 \times 10^{-6}\ \text{m}^2$$
$$L_1 = L_2 = L_3 = L_4 = 0.150\ \text{m}$$

위의 값을 식 (2.7)에 대입하면 $\delta_L$을 다음과 같이 얻는다.

$$\delta_L = \sum_{i=1}^{4} \frac{P_i L_i}{A_i E} = \left(0 + \frac{600 \times 10^3\ \text{N}}{400 \times 10^{-6}\ \text{m}^2} + \frac{600 \times 10^3\ \text{N}}{250 \times 10^{-6}\ \text{m}^2} + \frac{900 \times 10^3\ \text{N}}{250 \times 10^{-6}\ \text{m}^2}\right)\frac{0.150\ \text{m}}{E} \tag{2.16}$$

$$\delta_L = \frac{1.125 \times 10^9}{E}$$

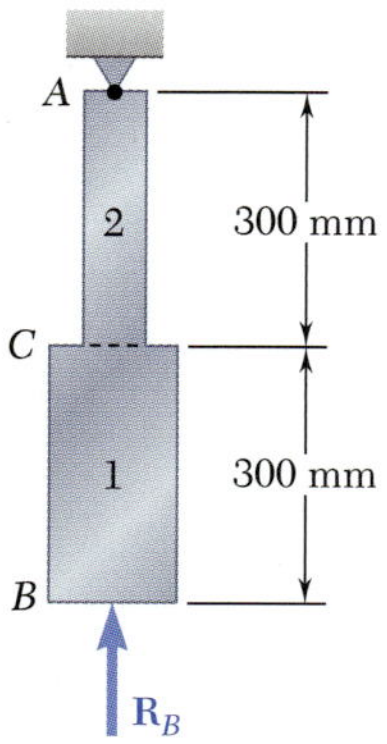


그림 2.25

이제 잉여반력 $R_B$에 의한 변형 $\delta_R$을 고려하면, 그림 2.25와 같이 두 부분으로 분할하고 다음과 같이 쓴다.

$$P_1 = P_2 = -R_B$$
$$A_1 = 400 \times 10^{-6}\ \text{m}^2 \qquad A_2 = 250 \times 10^{-6}\ \text{m}^2$$
$$L_1 = L_2 = 0.300\ \text{m}$$

이 값들을 식 (2.7)에 대입하면, $\delta_R$을 구할 수 있다.

$$\delta_R = \frac{P_1L_1}{A_1E} + \frac{P_2L_2}{A_2E} = -\frac{(1.95 \times 10^3)R_B}{E} \tag{2.17}$$

봉의 총 변형량은 0이 되어야 하므로 다음 식과 같이 쓸 수 있다.

$$\delta = \delta_L + \delta_R = 0 \tag{2.18}$$

그리고 식 (2.16)과 식 (2.17)의 $\delta_L$과 $\delta_R$을 식 (2.18)에 대입하면

$$\delta = \frac{1.125 \times 10^9}{E} - \frac{(1.95 \times 10^3)R_B}{E} = 0$$

을 얻는다. 이제 $R_B$에 대해 풀면 미지반력을 구할 수 있다.

$$R_B = 577 \times 10^3 \text{ N} = 577 \text{ kN}$$

한편으로, 위쪽 반력 $R_A$는 그림 2.26의 자유물체도로부터 계산할 수 있다.

$$+\uparrow\Sigma F_y = 0: \qquad R_A - 300 \text{ kN} - 600 \text{ kN} + R_B = 0$$
$$R_A = 900 \text{ kN} - R_B = 900 \text{ kN} - 577 \text{ kN} = 323 \text{ kN}$$

반력들이 결정되면 응력과 변형률은 쉽게 구할 수 있다. 총 변형량은 0이지만, 각 부분은 주어진 하중과 구속조건에 의해 **변형**(deform)이 발생된다는 사실을 유의해야 한다.

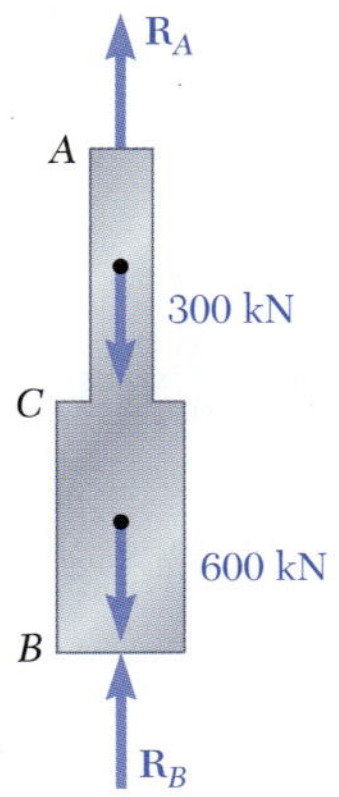

그림 2.26

## 예제 2.5

예제 2.4의 문제에서 하중을 가하기 전에 그림 2.27과 같이 지면과의 간격이 4.50 mm일 경우, 반력 $A$와 $B$를 결정하시오. 단, $E$ = 200 GPa이라고 가정한다.

**풀이** 예제 2.4와 같은 과정을 따른다. $B$지점을 잉여반력으로 간주하고, 주어진 하중과 잉여반력 $\mathbf{R}_B$에 의해 발생되는 $\delta_L$과 $\delta_R$을 각각 계산한다. 이 경우 총 변형량은 0이 아니고, $\delta$ = 4.5 mm이다. 그러므로 다음과 같이 쓴다.

$$\delta = \delta_L + \delta_R = 4.5 \times 10^{-3} \text{ m} \tag{2.19}$$

식 (2.16)과 식 (2.17)로부터 구한 $\delta_L$과 $\delta_R$을 식 (2.19)에 대입하고, 탄성계수로 $E$ = 200 GPa = $200 \times 10^9$ Pa을 사용하면

$$\delta = \frac{1.125 \times 10^9}{200 \times 10^9} - \frac{(1.95 \times 10^3)R_B}{200 \times 10^9} = 4.5 \times 10^{-3} \text{ m}$$

이고, $R_B$에 대해서 풀면 다음 값을 얻을 수 있다.

$$R_B = 115.4 \times 10^3 \text{ N} = 115.4 \text{ kN}$$

반력 $R_A$는 그림 2.27과 같이 봉에 대한 자유물체도로부터 계산할 수 있다.

$$+\uparrow\Sigma F_y = 0: \qquad R_A - 300 \text{ kN} - 600 \text{ kN} + R_B = 0$$
$$R_A = 900 \text{ kN} - R_B = 900 \text{ kN} - 115.4 \text{ kN} = 785 \text{ kN}$$

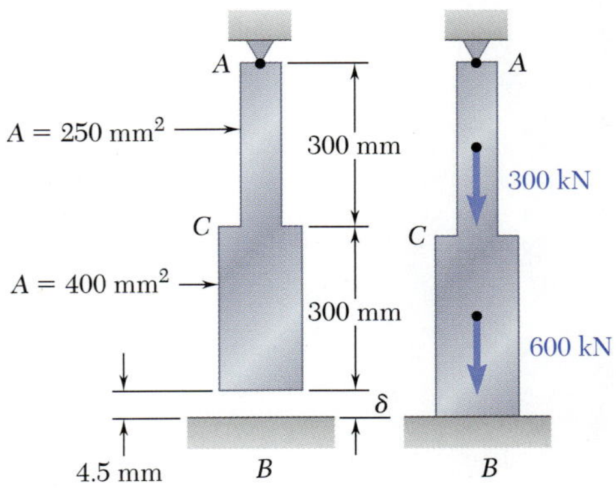

그림 2.27

## 2.9 온도변화와 관련된 문제

이제까지 살펴본 모든 부재와 구조물들은 하중이 가해지는 동안 같은 온도상태가 유지된다고 가정하였다. 이제 온도변화와 관련된 여러 경우를 살펴보기로 하자.

균일단면을 가진 균질의 봉 $AB$가 마찰이 없는 매끄러운 수평면에 놓여있는 경우를 고려하자(그림 2.28$a$). 만일 봉의 온도가 $\Delta T$만큼 상승하였다면, 봉은 온도변화 $\Delta T$와 봉의 길이 $L$, 두 가지에 비례하여 $\delta_T$만큼 늘어난다(그림 2.28$b$).

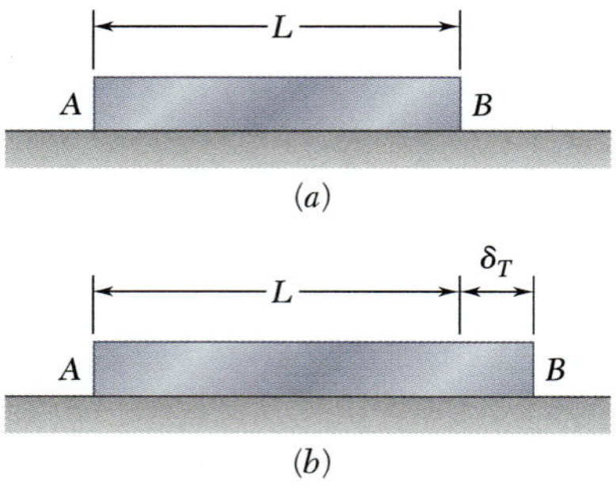


그림 2.28 온도상승에 따른 봉의 변형량

$$\delta_T = \alpha(\Delta T)L \tag{2.20}$$

여기에서 $\alpha$는 재료특성을 나타내는 상수이고 **열팽창계수**(coefficient of thermal expansion)라고 부른다. $\delta_T$와 $L$이 모두 길이의 단위이므로 $\alpha$는 온도변화가 섭씨, 혹은 화씨로 표현되느냐에 따라 섭씨, 또는 화씨의 역수(/°C, /°F)값이 된다.

변형량 $\delta_T$는 변형률 $\epsilon_T = \delta_T/L$과 같은 관계가 있다. 식 (2.20)으로부터 다음과 같이 나타낼 수 있다.

$$\epsilon_T = \alpha\Delta T \tag{2.21}$$

변형률 $\epsilon_T$는 봉의 온도 변화에 기인한 것이므로 **열변형률**(thermal strain)이라 한다. 이 경우 $\epsilon_T$에 의해 응력이 발생되지 않음을 주의하라.

이제, 길이 $L$인 봉 $AB$가 양쪽의 거리가 $L$인 지지대에 고정된 경우를 가정해보자(그림 2.29$a$). 초기조건에서는 응력이나 변형률이 없다. 온도를 $\Delta T$만큼 올린다면, 봉은 양쪽이 지지되어 있으므로 늘어날 수가 없다. 따라서 봉의 신장량 $\delta_T$는 0이다. 봉은 균질(homogeneous)이고 일정한 단면이므로 임의의 점에서의 변형률은 $\epsilon_T = \delta_T/L$이고, 역시 0이다. 그러나 양쪽 고정지지대는 온도가 올라간 후 봉이 늘어나는 것을 억제하므로, 봉에는 크기가 같고 방향이 반대인 힘 $P$와 $P'$을 가하게 된다(그림 2.29$b$). 이로 인하여 봉에 변형률은 없으나 응력이 발생된다.

이제 온도변화 $\Delta T$에 따라 봉에 발생되는 응력 $\sigma$를 결정하기 위해서 해석하려는 문제를 부정정 문제로 간주할 수 있다. 먼저 봉의 신장량이 0인 조건으로부터

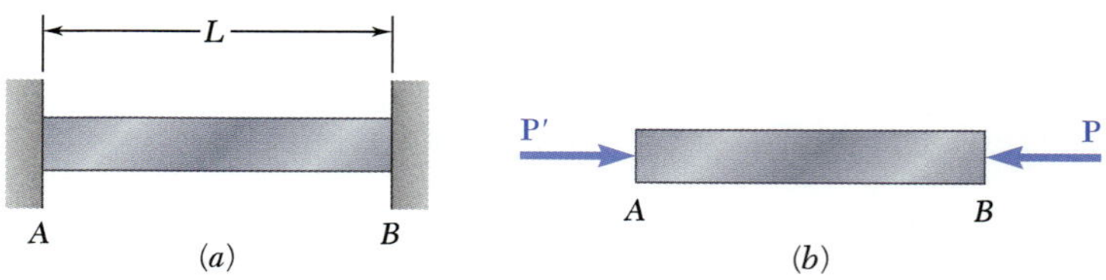


그림 2.29 열팽창에 대해 양 끝이 고정된 봉

발생되는 양단 지지대의 반력의 크기 $P$를 결정해야 한다. 2.8절에서 설명한 중첩법을 이용하여, 봉을 지지대 $B$로부터 분리하고(그림 2.30$a$), 온도 변화 $\Delta T$에 따라 자유롭게 늘어나도록 한다(그림 2.30$b$). 식 (2.20)에 따라 신장량 $\delta_T$를 계산한다.

$$\delta_T = \alpha(\Delta T)L$$

이제 끝점 $B$에 잉여반력인 힘 $P$를 적용하고 식 (2.6)을 이용하면, 두 번째의 변형량을 얻는다(그림 2.30$c$).

$$\delta_P = \frac{PL}{AE}$$

전체의 변형량 $\delta$가 0이 되는 조건으로부터

$$\delta = \delta_T + \delta_P = \alpha(\Delta T)L + \frac{PL}{AE} = 0$$

와 같다. 이 식을 풀어 아래와 같이 미지반력을 구한다.

$$P = -AE\alpha(\Delta T)$$

그리고 온도변화 $\Delta T$에 의한 봉의 응력은 다음과 같다.

$$\sigma = \frac{P}{A} = -E\alpha(\Delta T) \tag{2.22}$$

여기에서 얻은 결과와 봉에 변형률이 없는 것과 관련된 사항들은 단지 **일정한 단면을 갖는 균질재료의 봉에만 적용**된다는 사실을 명심해야 한다. 온도변화를 수반하는 구속된 구조물에 대한 다른 문제들에 대해서는 실제상황에 따라 해석되어야 한다. 그러나 일반적으로 동일한 접근법을 사용할 수 있다. 즉 온도변화에 따른 변형과 잉여반력에 의한 변형을 각각 계산하고 중첩법을 적용하여 문제를 해결할 수 있다.

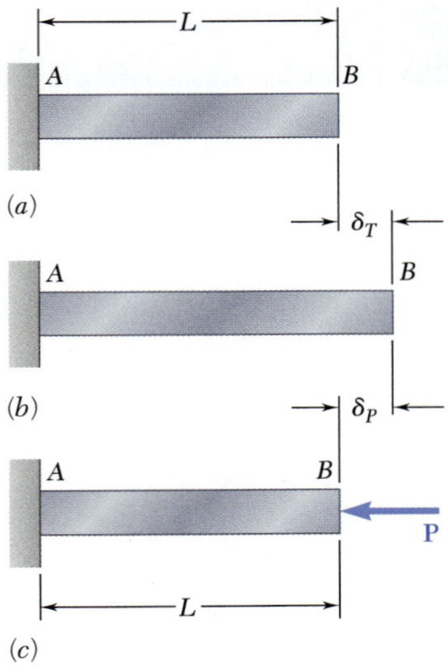


그림 2.30 열팽창시 끝이 구속된 봉에 대한 중첩법 적용

## 예제 2.6

강재로 된 봉(steel bar)이 그림 2.31과 같이 온도 +24°C에서 강체지지대(rigid support)에 의해 고정되어 있다. 강재봉의 온도가 −45°C로 감소될 경우, $AC$ 구간 및 $BC$ 구간에 발생되는 응력을 결정하시오. 강재의 탄성계수와 열팽창계수는 각각 $E = 200$ GPa과 $\alpha = 11.7 \times 10^{-6}$/°C를 사용하시오.

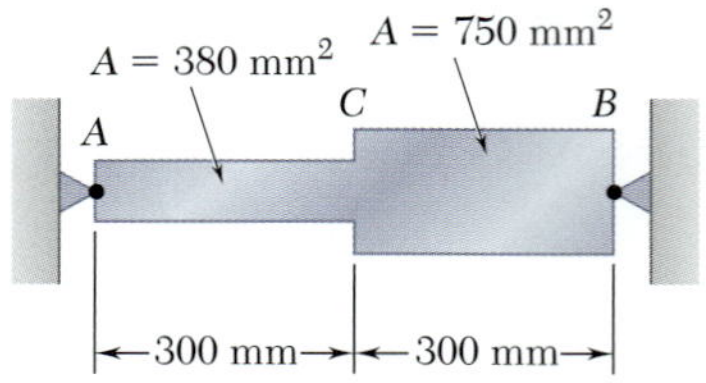


그림 2.31

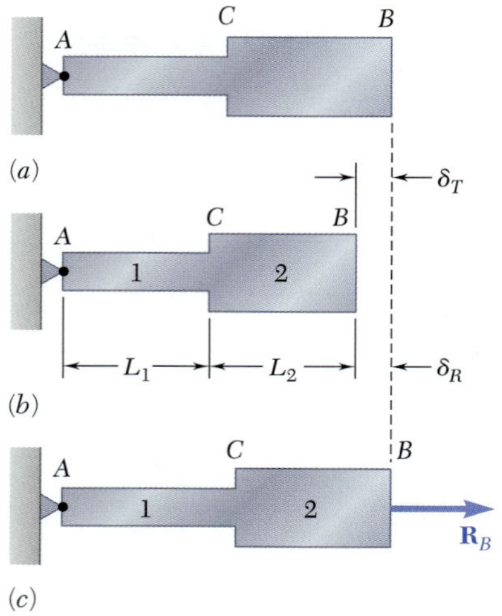


그림 2.32

**풀이** 우선 지지점에서의 반력을 결정한다. 부정정 구조이므로 봉을 지지점 $B$로부터 분리하여 온도변화를 받게 한다(그림 2.31$a$).

$$\Delta T = (-45°\text{C}) - (24°\text{C}) = -69°\text{C}$$

온도변화에 따른 변형량(그림 2.32$b$)은 다음과 같다.

$$\begin{aligned}\delta_T &= \alpha(\Delta T)L = (11.7 \times 10^{-6}/°\text{C})(-69°\text{C})(600\text{ mm}) \\ &= -0.484\text{ mm}\end{aligned}$$

끝점 $B$에 미지력 $\mathbf{R}_B$를 적용하고(그림 2.32$c$), 변형량 $\delta_R$을 구하기 위해 식 (2.7)을 사용한다. 문제에서 주어진 아래 값들을,

$$\begin{gathered} L_1 = L_2 = 300\text{ mm} \\ A_1 = 380\text{ mm}^2 \qquad A_2 = 750\text{ mm}^2 \\ P_1 = P_2 = R_B \qquad E = 200\text{ GPa}\end{gathered}$$

식 (2.7)에 대입하면, 변형량 $\delta_R$을 구할 수 있다.

$$\begin{aligned}\delta_R &= \frac{P_1L_1}{A_1E} + \frac{P_2L_2}{A_2E} \\ &= \frac{R_B}{200\text{ GPa}}\left(\frac{300\text{ mm}}{380\text{ mm}^2} + \frac{300\text{ mm}}{750\text{ mm}^2}\right) \\ &= (5.95 \times 10^{-6}\text{ mm/N})R_B\end{aligned}$$

전체의 변형량은 적용된 구조의 구속조건에 의해 0이 되어야 하므로 다음과 같이 식을 쓸 수 있다.

$$\begin{aligned}\delta &= \delta_T + \delta_R = 0 \\ &= -0.484\text{ mm} + (5.95 \times 10^{-6}\text{ mm/N})R_B = 0\end{aligned}$$

이로부터, $R_B$를 구하면 다음과 같다.

$$R_B = 81.34 \times 10^3 \text{ N} = 81.34 \text{ kN}$$

$A$에서의 반력은 정적 힘의 평형조건에 의해 크기가 위와 같고 방향은 반대이다.

봉의 두 부분에 작용하는 힘은 $P_1 = P_2 = 81.34$ kN이므로, 봉의 $AC$와 $BC$ 부분에 대한 응력은 아래와 같다.

$$\sigma_1 = \frac{P_1}{A_1} = \frac{81.34 \text{ kN}}{380 \text{ mm}^2} = 214.1 \text{ MPa}$$
$$\sigma_2 = \frac{P_2}{A_2} = \frac{81.34 \text{ kN}}{750 \text{ mm}^2} = 108.5 \text{ MPa}$$

**전체변형량**(*total deformation*)은 0이지만 $AC$와 $CB$ 부분에서 각각의 변형량은 0이 아니라는 사실에 주의해야 한다. 그러므로 이러한 변형량이 0이라고 가정하여 문제를 풀면 옳지 않은 결과를 얻는다. $AC$나 $CB$의 어느 변형도 0이라고 가정할 수 없다. 이 점을 자세히 알아보기 위하여, 봉의 $AC$ 부분에 대한 변형률 $\epsilon_{AC}$를 구해 보자. 변형률 $\epsilon_{AC}$는 두 부분으로 나눌 수 있다. 하나는 온도변화 $\Delta T$에 대한 구속되지 않은 봉의 열변형률 $\epsilon_T$이다(그림 2.32*b*). 식 (2.21)로부터 다음과 같이 계산한다.

$$\begin{aligned}\epsilon_T &= \alpha \, \Delta T = (11.7 \times 10^{-6}/°\text{C})(-69°\text{C}) \\ &= -807.3 \times 10^{-6} \text{ mm/mm}\end{aligned}$$

$\epsilon_{AC}$의 또 다른 구성요소는 봉에 작용된 힘 $\mathbf{R}_B$에 의한 응력 $\sigma_1$에 의하여 발생한다(그림 2.32*c*). 응력에 의한 변형률은 훅의 법칙으로부터 다음과 같이 구한다.

$$\frac{\sigma_1}{E} = \frac{+214.1 \text{ MPa}}{200 \text{ GPa}} = +1070.5 \times 10^{-6} \text{ mm/mm}$$

$AC$의 변형률은 두 가지 변형률들을 더하여 다음과 같이 계산한다.

$$\begin{aligned}\epsilon_{AC} &= \epsilon_T + \frac{\sigma_1}{E} = -807.3 \times 10^{-6} + 1070.5 \times 10^{-6} \\ &= +263.2 \times 10^{-6} \text{ mm/mm}\end{aligned}$$

동일한 방법을 사용하여 봉의 $CB$ 부분에 대한 변형률은 다음과 같이 계산한다.

$$\begin{aligned}\epsilon_{CB} &= \epsilon_T + \frac{\sigma_2}{E} = -807.3 \times 10^{-6} + 542.5 \times 10^{-6} \\ &= -264.8 \times 10^{-6} \text{ mm/mm}\end{aligned}$$

위 결과를 이용하여 봉의 두 부분에 대한 변형량 $\delta_{AC}$와 $\delta_{CB}$는 각각 다음과 같이 구한다.

$$\begin{aligned}\delta_{AC} &= \epsilon_{AC}(AC) = (263.2 \times 10^{-6})(300 \text{ mm}) \\ &= 0.079 \text{ mm} \\ \delta_{CB} &= \epsilon_{CB}(CB) = (-264.8 \times 10^{-6})(300 \text{ mm}) \\ &= -0.079 \text{ mm}\end{aligned}$$

따라서 전체 변형량은 $\delta = \delta_{AC} + \delta_{CB}$로서 두 변형량의 합은 0이지만 각각의 변형은 어느 것도 0이 아니다.

## 기초문제 2.3

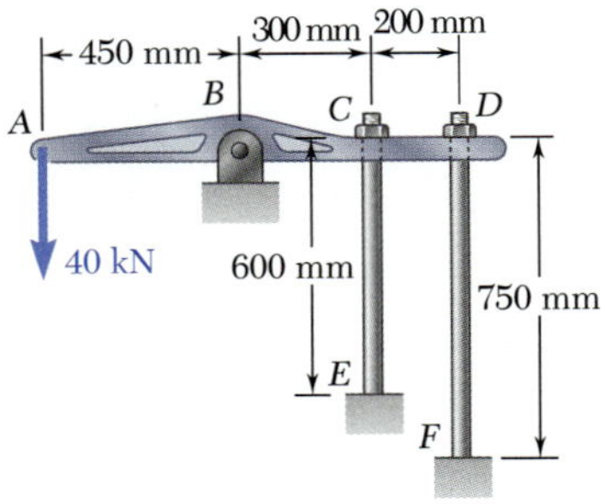

지름 12 mm인 봉 $CE$와 지름 18 mm인 봉 $DF$가 강체봉(rigid bar) $ABCD$에 그림과 같이 결합되어 있다. 봉들은 알루미늄으로 만들어졌으며 $E$ = 70 GPa일 때, ($a$) 주어진 하중에 의해 각봉에 걸리는 힘, ($b$) 이에 대응하는 점 $A$에서 변위를 결정하시오.

## 풀이

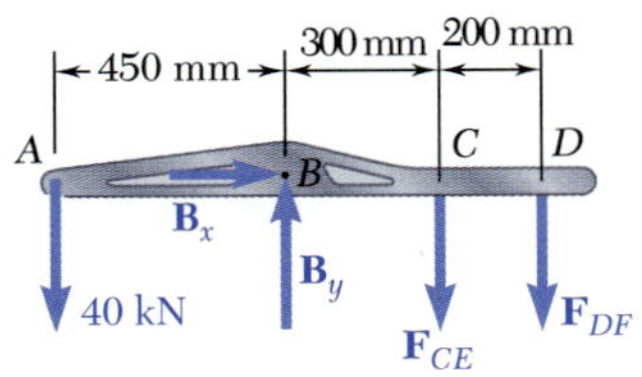

**평형조건(statics).** 봉 $ABCD$의 자유물체도를 그리면 $B$점의 반력과 봉에 걸리는 힘들은 부정정(indeterminate)임을 알 수 있다. 이 경우, 힘의 평형조건으로부터

$$+\circlearrowleft \Sigma M_B = 0: \quad (40\text{ kN})(450\text{ mm}) - F_{CE}(300\text{ mm}) - F_{DF}(500\text{ mm}) = 0$$
$$300F_{CE} + 500F_{DF} = 18000 \quad (1)$$

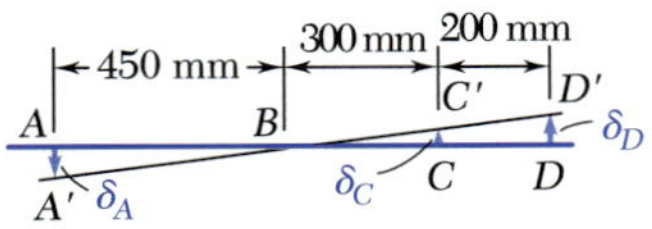

**변위적합조건(geometry).** 40 kN의 하중이 가해지면 봉의 새로운 위치는 $A'BC'D'$으로 된다. 삼각형 $BAA'$, $BCC'$과 $BDD'$은 서로 닮은꼴이므로 아래 관계식을 얻는다.

$$\frac{\delta_C}{300\text{ mm}} = \frac{\delta_D}{500\text{ mm}} \qquad \delta_C = 0.6\delta_D \quad (2)$$

$$\frac{\delta_A}{450\text{ mm}} = \frac{\delta_D}{500\text{ mm}} \qquad \delta_A = 0.9\delta_D \quad (3)$$

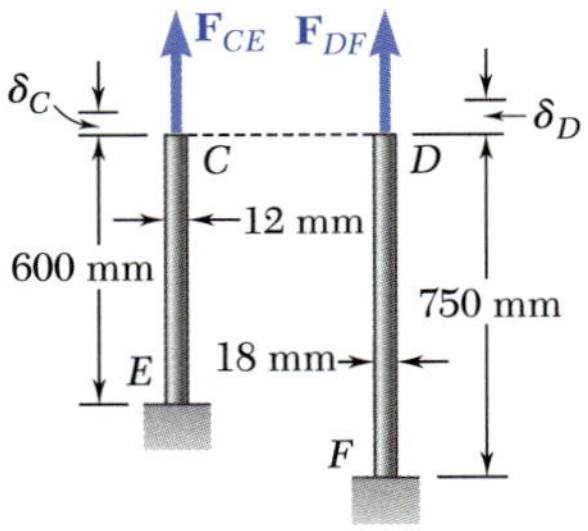

**변형(deformation).** 식 (2.6)을 이용하면 다음과 같이 쓸 수 있다.

$$\delta_C = \frac{F_{CE}L_{CE}}{A_{CE}E} \qquad \delta_D = \frac{F_{DF}L_{DF}}{A_{DF}E}$$

$\delta_C$와 $\delta_D$를 식 (2)에 대입하면,

$$\delta_C = 0.6\delta_D \qquad \frac{F_{CE}L_{CE}}{A_{CE}E} = 0.6\frac{F_{DF}L_{DF}}{A_{DF}E}$$

$$F_{CE} = 0.6\frac{L_{DF}}{L_{CE}}\frac{A_{CE}}{A_{DF}}F_{DF} = 0.6\left(\frac{750\text{ mm}}{600\text{ mm}}\right)\left[\frac{\frac{1}{4}\pi(12\text{ mm})^2}{\frac{1}{4}\pi(18\text{ mm})^2}\right]F_{DF} \qquad F_{CE} = 0.333F_{DF}$$

**각 봉에 걸리는 힘.** $F_{CE}$를 식 (1)에 대입하고, 힘의 단위로 kN을 사용하여 다음과 같이 계산한다.

$$300(0.333F_{DF}) + 500F_{DF} = 18000 \qquad F_{DF} = 30\text{ kN} \blacktriangleleft$$
$$F_{CE} = 0.333F_{DF} = 0.333(30\text{ kN}) \qquad F_{CE} = 10\text{ kN} \blacktriangleleft$$

**처짐(deflection).** 점 $D$의 처짐은

$$\delta_D = \frac{F_{DF}L_{DF}}{A_{DF}E} = \frac{(30 \times 10^3\text{ N})(750\text{ mm})}{\frac{1}{4}\pi(18)^2(70\text{ GPa})} \qquad \delta_D = 1.263\text{ mm}$$

식 (3)을 이용하여 $A$의 처짐을 계산한다.

$$\delta_A = 0.9\delta_D = 0.9(1.26\text{ mm}) \qquad \delta_A = 1.137\text{ mm} \blacktriangleleft$$

## 기초문제 2.4

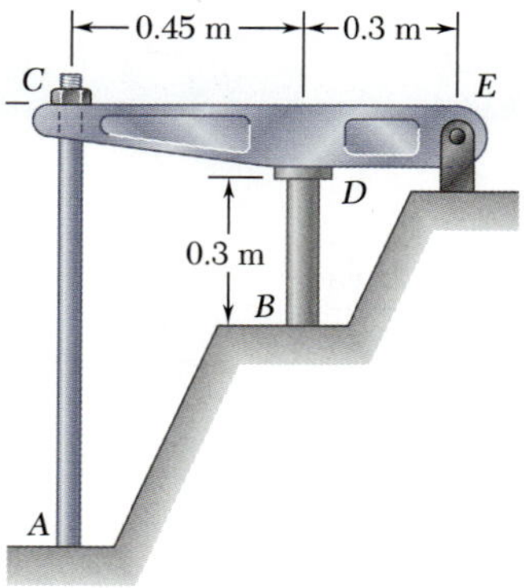


부재 $CDE$는 강체봉(rigid bar)로 $E$에서 핀으로 지지되어 있고 지름 30 mm인 황동실린더 $BD$ 위에 놓여 있다. 지름 22 mm의 강봉 $AC$는 봉의 구멍을 관통하고 조립 당시의 온도 20°C에서 너트로 느슨하게 고정되어 있다. 강봉의 온도는 20°C로 유지된 반면, 황동 실린더의 온도는 50°C로 상승하였다. 온도변화 전에는 응력이 발생하지 않았다고 가정할 경우, 실린더에 걸리는 응력을 결정하시오.

| 봉 $AC$: 강재 | 실린더 $BD$: 황동 |
|---|---|
| $E = 200$ GPa | $E = 105$ GPa |
| $\alpha = 11.7 \times 10^{-6}/°C$ | $\alpha = 20.9 \times 10^{-6}/°C$ |

### 풀이

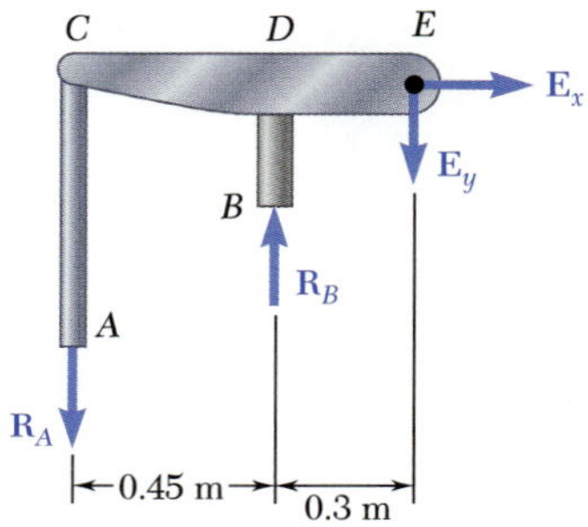


**평형조건.** 전체 구조물의 자유물체도로부터

$$+\circlearrowleft \Sigma M_E = 0: \qquad R_A(0.75\text{ m}) - R_B(0.3\text{ m}) = 0 \qquad R_A = 0.4R_B \tag{1}$$

**변형.** 중첩법을 사용하고, $\mathbf{R}_B$를 잉여반력으로 간주한다. $B$의 지지를 제거하면 실린더의 온도상승으로 인하여 점 $B$를 $\delta_T$만큼 아래로 움직이게 한다. 반력 $\mathbf{R}_B$는 $\delta_T$와 같은 변형량 $\delta_1$을 발생시킨다. 그러므로 $B$의 변위는 0이 된다(그림 ③).

**변위 $\delta_T$.** 온도 상승이 50° − 20° = 30°C이므로, 황동 실린더의 길이는 $\delta_T$만큼 늘어난다.

$$\delta_T = L(\Delta T)\alpha = (0.3\text{ m})(30°C)(20.9 \times 10^{-6}/°C) = 188.1 \times 10^{-6}\text{ m} \downarrow$$

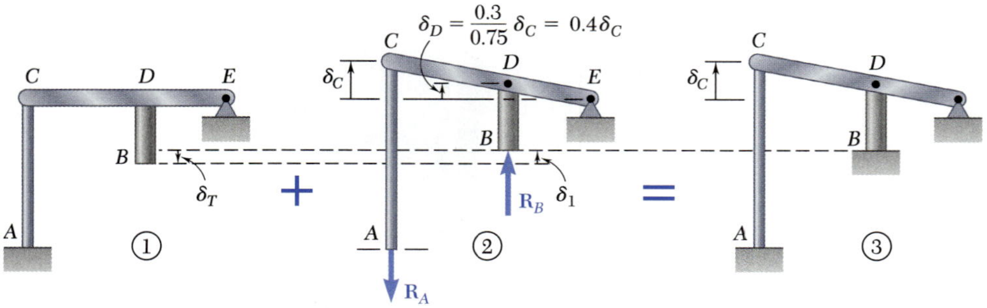


**변위 $\delta_1$.** 변위 $\delta_D = 0.4\,\delta_C$이고 $\delta_1 = \delta_D + \delta_{B/D}$와 같은 관계가 있다.

$$\delta_C = \frac{R_A L}{AE} = \frac{R_A(0.9\text{ m})}{\frac{1}{4}\pi(0.022\text{ m})^2(200\text{ GPa})} = 11.84 \times 10^{-9}R_A \uparrow$$

$$\delta_D = 0.40\delta_C = 0.4(11.84 \times 10^{-9}R_A) = 4.74 \times 10^{-9}R_A \uparrow$$

$$\delta_{B/D} = \frac{R_B L}{AE} = \frac{R_B(0.3\text{ m})}{\frac{1}{4}\pi(0.03\text{ m})^2(105\text{ GPa})} = 4.04 \times 10^{-9}R_B \uparrow$$

식 (1)로부터 $R_A = 0.4R_B$이므로,

$$\delta_1 = \delta_D + \delta_{B/D} = [4.74(0.4R_B) + 4.04R_B]10^{-9} = 5.94 \times 10^{-9}R_B \uparrow$$

$$\delta_T = \delta_1: \qquad 188.1 \times 10^{-6}\text{ m} = 5.94 \times 10^{-9}R_B \qquad R_B = 31.7\text{ kN}$$

**실린더의 응력:**

$$\sigma_B = \frac{R_B}{A} = \frac{31.7\text{ kN}}{\frac{1}{4}\pi(0.03\text{ m})^2} \qquad \sigma_B = 44.8\text{ MPa} \blacktriangleleft$$

# P2B 연습문제

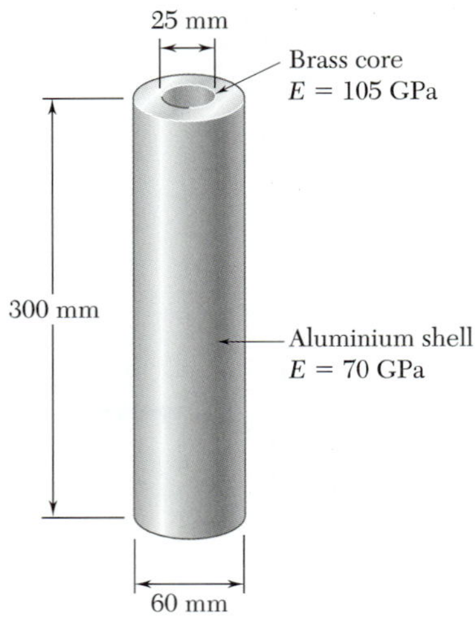


그림 P2.16

**2.16** 그림과 같은 조립체에서 강체 끝판(rigid end plate)에 200 kN의 축방향하중이 작용하고 있다. 다음 사항을 결정하시오. (*a*) 알루미늄 쉘에서의 수직응력, (*b*) 이에 해당되는 조립체의 변형량.

**2.17** 높이가 1.35 m인 콘크리트 기둥이 지름이 28 mm인 여섯 개의 강철봉으로 보강되어있다. $E_s = 200$ GPa, 그리고 $E_c = 29$ GPa이라 할 때, 1560 kN의 축방향 중심하중(axial centric force) **P**가 작용할 때 강철봉과 콘크리트에서 발생되는 수직응력을 결정하시오.

**2.18** 그림과 같이 $P = 450$ kN의 축방향 중심하중이 복합 블록위의 강체 끝판(rigid end plate)에 작용하고 있다. $h = 10$ mm일 때, 다음에 발생되는 수직응력을 결정하시오. (*a*) 황동 코어, (*b*) 알루미늄 판.

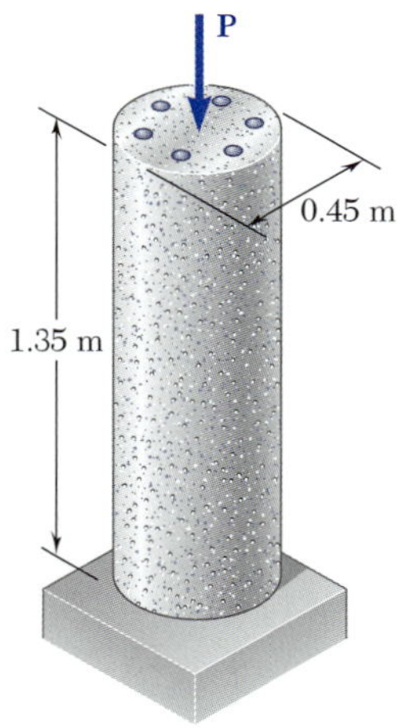


그림 P2.17

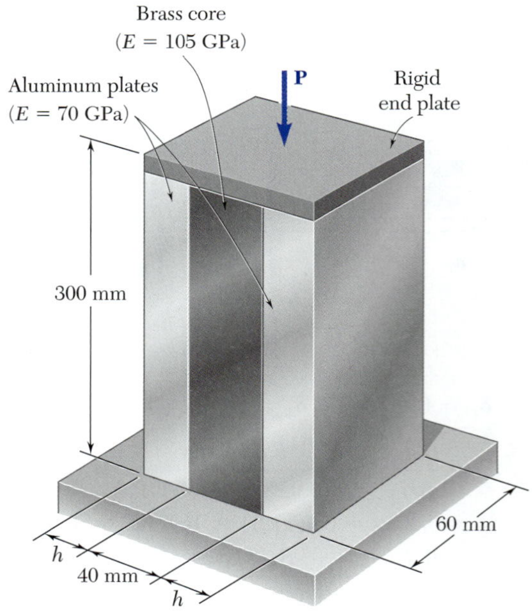


그림 P2.18

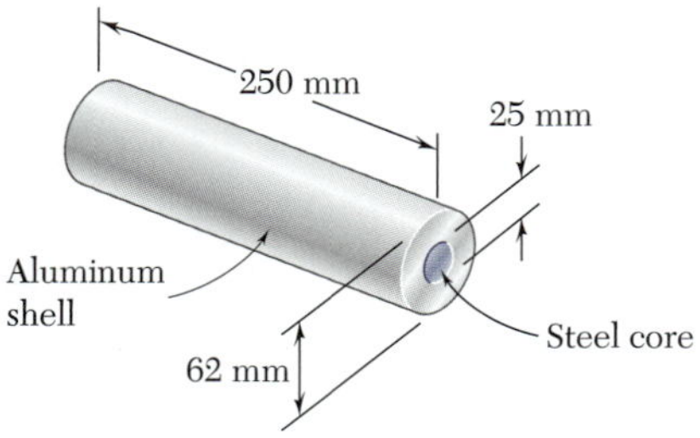


그림 P2.19

**2.19** 그림과 같은 조립체의 끝 단에 160 kN의 압축 중심하중(compressive centric force)이 작용하고 있다. $E_s = 200$ GPa, 그리고 $E_a = 70$ GPa이라 할 때, 다음을 계산하시오. (*a*) 강재 코어와 알루미늄 셸의 수직응력, (*b*) 조립체의 변형량.

**2.20** 세 개의 강재봉($E$ = 200 GPa)이 36 kN의 하중 **P**를 지지하고 있다. 봉 $AB$와 $CD$의 단면적은 200 $mm^2$이고, 봉 $EF$의 단면적은 625 $mm^2$이다. 봉 $BED$의 변형을 무시할 경우, 다음 사항을 계산하시오. ($a$) 봉 $EF$의 길이의 변화량, ($b$) 각 봉에 걸리는 응력.

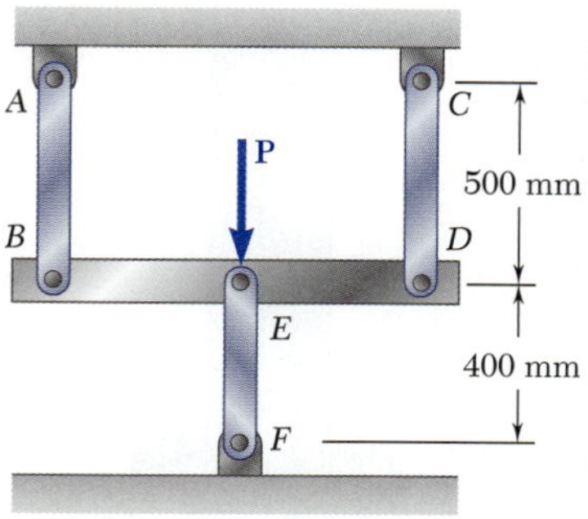

그림 P2.20

**2.21** 바깥지름이 30 mm이고 벽두께가 3 mm인 강관($E$ = 200 GPa)이 압력을 받지 않는 상태로 바이스(vise)에 물려 있다. 다음으로 그림과 같은 두 힘이 강관에 가해진다. 이들 힘이 가해진 후에 바이스의 죠(jaw) 사이의 거리가 0.2 mm 만큼 가까워지도록 조인다. 다음 사항을 계산하시오. ($a$) 바이스에 의해 강관의 $A$와 $D$에 가해진 힘, ($b$) 강관 $BC$ 부분의 길이 변화량.

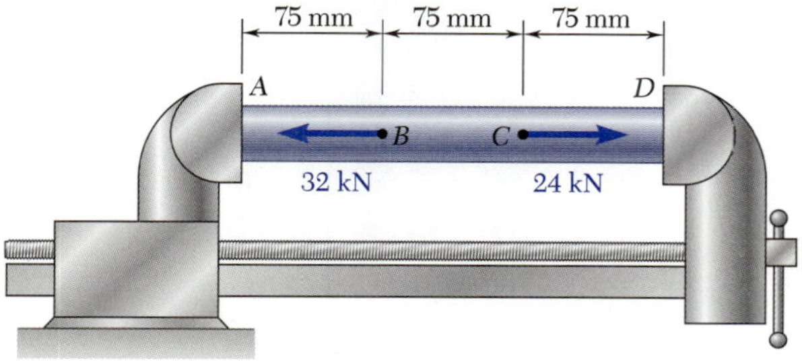

그림 P2.21

**2.22** 강체봉(rigid bar) $AD$가 지름이 1.5 mm인 두 강철선($E$ = 200 GPa)과 $A$에서 핀과 브래킷으로 지지되어 있다. 강철선이 처음에 팽팽히 고정(initially taut)되었다고 가정할 때, 다음 사항을 결정하시오. ($a$) $D$에 1.0 kN의 하중 **P**가 작용할 때 각 강철선에서의 추가적인 인장력, ($b$) 이때 점 $D$의 처짐량.

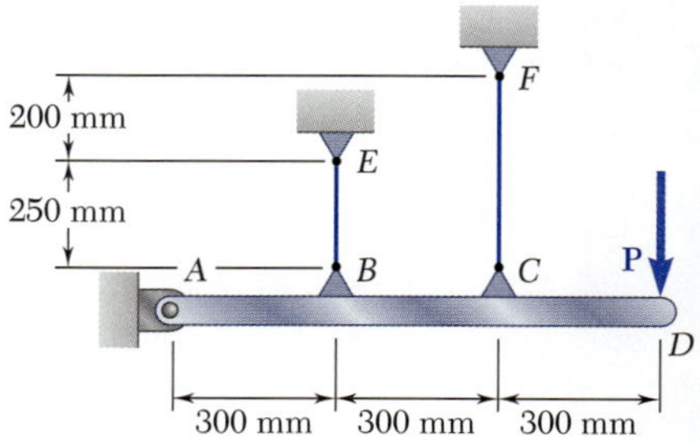

그림 P2.22

**2.23** 링크 $BC$, $DE$가 모두 강재($E$ = 200 GPa)로 만들어졌고 폭이 12 mm, 그리고 두께는 6 mm이다. 다음 사항을 결정하시오. ($a$) 2.4 kN의 힘 **P**가 그림과 같이 부재 $AF$에 작용할 때 각 링크에서의 내력, ($b$) 이 경우, 점 $A$의 처짐량(deflection).

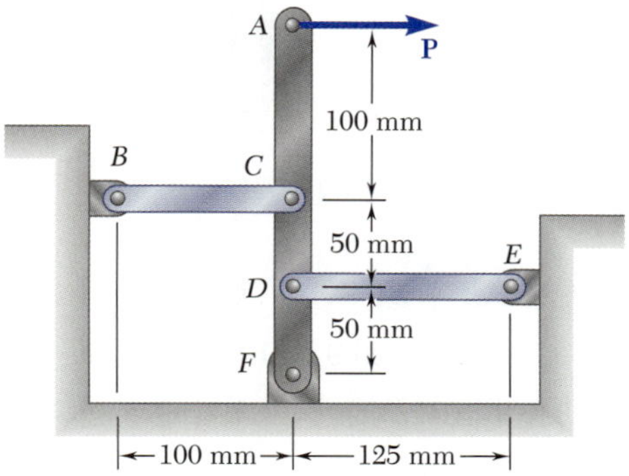

그림 P2.23

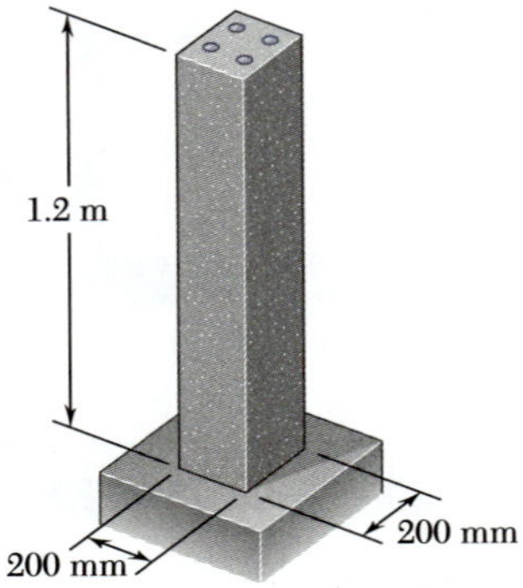


그림 P2.24

**2.24** 높이가 1.2 m인 콘크리트 기둥($E_c$ = 25 GPa, $\alpha_c = 9.9 \times 10^{-6}$/°C)이 지름 18 mm인 네 개의 강철봉($E_s$ = 200 GPa, $\alpha_s = 11.7 \times 10^{-6}$/°C)으로 보강되어 있다. 온도상승이 27°C일 경우, 강철봉과 콘크리트에 발생되는 수직응력을 결정하시오.

**2.25** 알루미늄 셸이 황동 코어에 접착제로 완전히 결합되어 있고 온도가 15°C에서 무응력 상태이다. 단지 축방향 변형만을 고려할 경우, 온도가 195°C로 상승할 때 알루미늄에 발생되는 응력을 결정하시오.

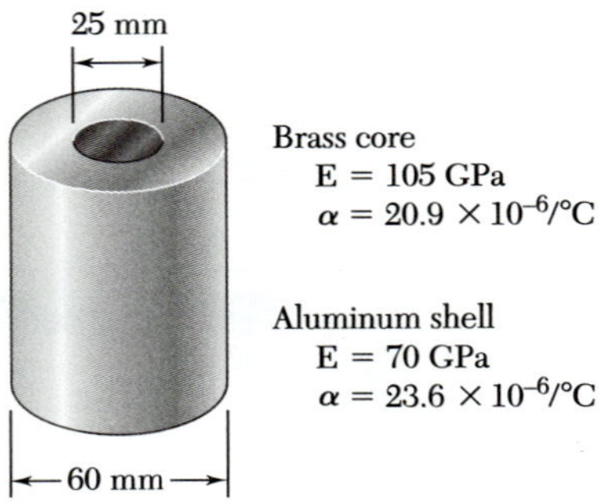


그림 P2.25

**2.26** 두 개의 원통형 $AB$와 $BC$로 된 봉의 양단이 고정되어 있다. $AB$ 부분은 강재($E_s$ = 200 GPa, $\alpha_s = 11.7 \times 10^{-6}$/°C)이고, $BC$ 부분은 황동($E_b$ = 105 GPa, $\alpha_b = 20.9 \times 10^{-6}$/°C)이다. 초기에 봉은 무응력 상태이다. 온도상승 50°C일 경우, $ABC$ 부분에 발생되는 압축력을 결정하시오.

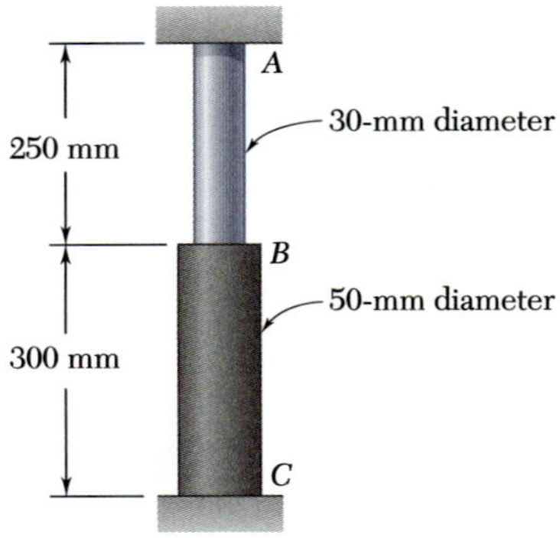


그림 P2.26

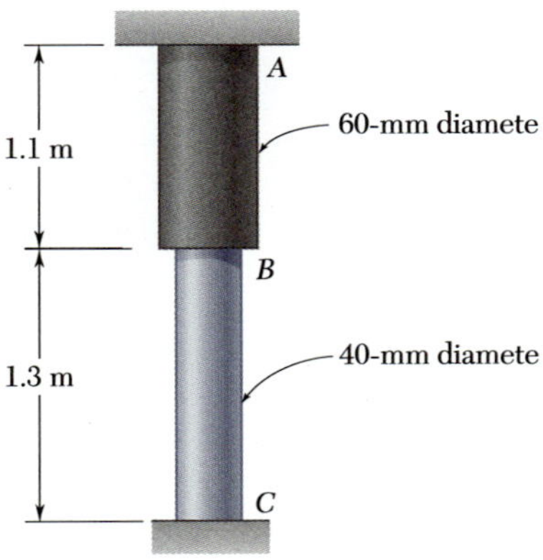


그림 P2.27

**2.27** 두 개의 원통형 $AB$와 $BC$로 된 봉의 양단이 고정되어 있다. $AB$ 부분은 황동($E_b$ = 105 GPa, $\alpha_b = 20.9 \times 10^{-6}$/°C)이고, $BC$ 부분은 알루미늄($E_a$ = 72 GPa, $\alpha_a = 23.9 \times 10^{-6}$/°C)이다. 초기에 봉이 무응력 상태일 경우, 다음 사항을 결정하시오. (*a*) 온도상승 42°C일 때 $AB$ 부분과 $BC$ 부분에 발생하는 수직응력, (*b*) 이 경우, $B$점의 변형량.

**2.28** 황동링크($E_b$ = 105 GPa, $\alpha_b$ = 20.9 × $10^{-6}$/°C)와 강봉($E_s$ = 200 GPa, $\alpha_s$ = 11.7 × $10^{-6}$/°C)이 20°C의 온도에서 그림의 치수로 제작되었다. 강봉이 링크에 자유롭게 들어갈 수 있을 때까지 냉각된다. 그리고 전체 조립체의 온도를 45°C까지 올린다. 이 경우 다음 사항을 계산하시오. (*a*) 강봉의 최종 수직응력, (*b*) 강봉의 최종길이.

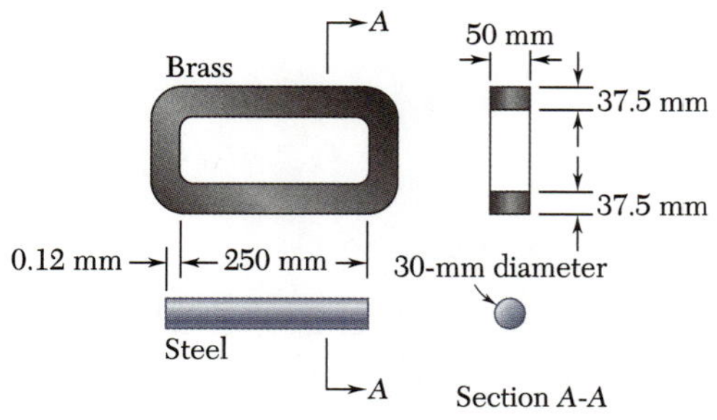


그림 P2.28

**2.29** 두 강철판($E_s$ = 200 GPa, $\alpha_s$ = 11.7 × $10^{-6}$/°C)이 $P$ = 25 kN의 힘이 가해지는 황동판($E_b$ = 105 GPa, $\alpha_b$ = 20.9 × $10^{-6}$/°C)을 보강하기 위해 사용되었다. 강철판을 제작할 때, 핀을 고정하기 위해 구멍 중심 간 거리를 필요한 2 m 보다 0.5 mm 작게 만들었다. 그림에서 치수 2 m는 판의 길이가 아니라 핀 구멍 중심 사이의 거리이다. 그리고 강철판을 가열로에서 구멍 간 거리가 맞도록 가열했다. 제작 후, 강철판의 온도는 실내 온도로 떨어졌다. 다음 사항을 결정하시오. (*a*) 강철판을 핀 구멍에 맞추는데 필요한 온도상승, (*b*) 하중이 작용된 후, 황동판의 응력.

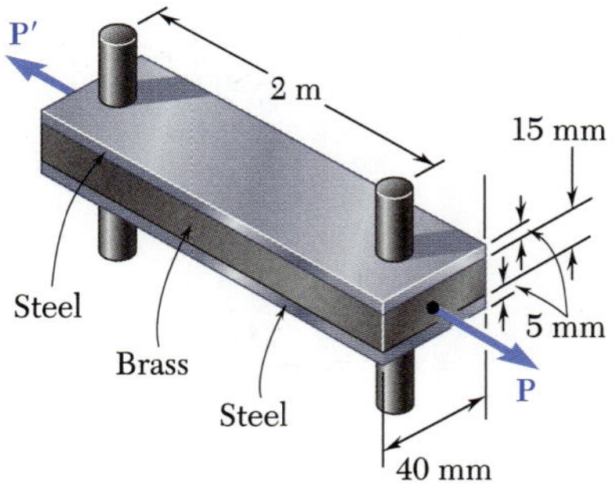


그림 P2.29

**2.30** 그림과 같이 벽에 설치된 봉에서 온도가 24°C일 때 간격이 0.5 mm이다. 만일 온도가 변화될 경우, 다음 사항을 계산하시오. (*a*) 알루미늄 봉의 수직응력이 −75 MPa일 때 온도, (*b*) 이 경우, 알루미늄 봉의 정확한 길이.

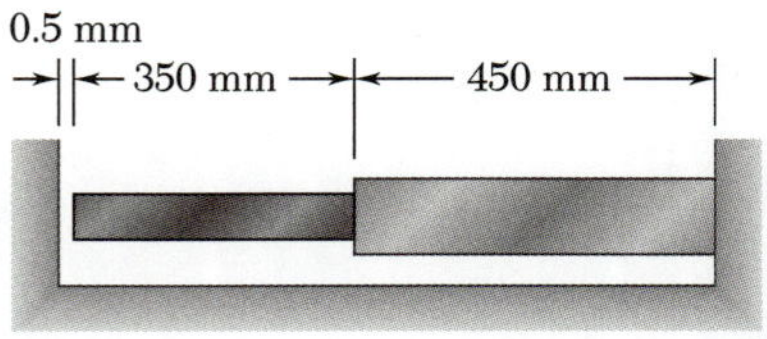


| Bronze | Aluminum |
|---|---|
| $A$ = 1500 mm$^2$ | $A$ = 1800 mm$^2$ |
| $E$ = 105 GPa | $E$ = 73 GPa |
| $\alpha$ = 21.6 × $10^{-6}$/°C | $\alpha$ = 23.2 × $10^{-6}$/°C |

그림 P2.30

## 2.10 푸아송 비

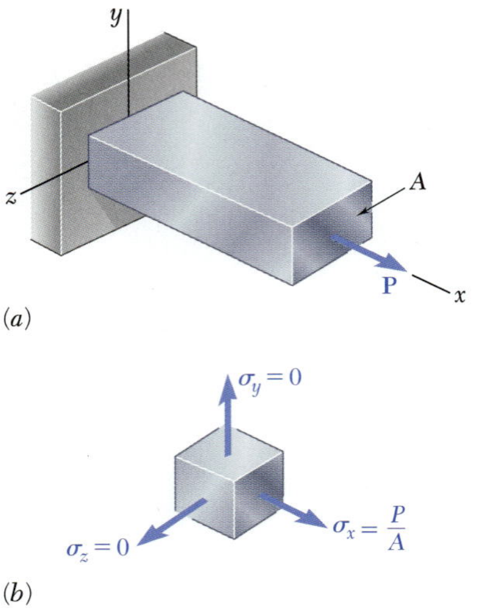


**그림 2.33** 축방향 하중을 받는 봉의 응력

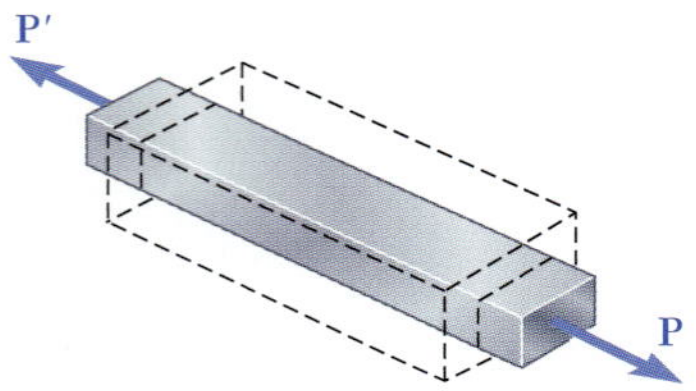


**그림 2.34** 축방향 인장력을 봉의 횡방향 수축

이 장의 앞부분에서 균질이고 가느다란 봉이 축방향 하중을 받을 때 발생하는 응력과 변형률은 탄성한계 내에서는 훅의 법칙을 만족한다고 설명했다. 하중 $\mathbf{P}$가 $x$축 방향이라고 가정하면(그림 2.33$a$), 봉의 단면적이 $A$인 $x$축 방향 응력은 $\sigma_x = P/A$이다.

훅의 법칙으로부터

$$\epsilon_x = \sigma_x/E \tag{2.23}$$

의 관계이고, $E$는 재료의 탄성계수이다.

이 경우에 $y$와 $z$축에 수직인 단면에 발생되는 응력은 각각 0이다. 즉, $\sigma_y = \sigma_z = 0$이다(그림 2.33$b$). 그러므로 이 응력에 대응되는 $\epsilon_y$와 $\epsilon_z$ 역시 0이 될 것으로 생각하기 쉬우나 **이 경우는 옳지 않다**. 모든 공학재료는 축방향 인장력 $\mathbf{P}$에 의해 하중방향으로 발생하는 신장은 다른 두 횡방향의 수축을 동반한다(그림 2.34). 이 절과 다음 절(2.11~2.13)에서 다루는 모든 재료는 **균질**(*homogeneous*), **등방성**(*isotropic*)이라고 가정한다. 즉, 기계적 성질은 모든 위치와 방향으로 같다고 가정한다. 이에 따르면 변형률은 두 가로방향의 값이 같음을 의미한다. 그러므로 그림 2.33에 나타낸 하중상태에서 $\epsilon_y = \epsilon_z$이다. 이 공통적인 값을 **횡방향 변형률**(*lateral strain*)이라고 한다. 주어진 재료에 대한 중요한 상수값을 프랑스의 수학자 Siméon Denis Poisson(1781–1840)의 이름을 따서 **푸아송 비**(*Poisson's ratio*)라 하고 그리스 문자 $\nu$(nu: 누)로 표기한다. 푸아송 비는 그림 2.33의 하중조건에서 아래와 같이 정의한다.

$$\nu = -\frac{\text{횡방향 변형률}}{\text{축방향 변형률}} \tag{2.24}$$

또는

$$\nu = -\frac{\epsilon_y}{\epsilon_x} = -\frac{\epsilon_z}{\epsilon_x} \tag{2.25}$$

위의 식에서 음(−)의 부호는 $\nu$가 양의 값을 갖도록 사용되었다. 모든 공학재료는 축방향과 횡방향의 변형률 값은 서로 반대 부호를 갖는다.† 식 (2.23)의 관계를 이

† 특별한 경우, 폴리머 폼(polymer foam)과 같은 실험용 재료는 축방향으로 늘어나게 하면 가로방향으로도 늘어난다. 이 경우, 축방향 변형률과 가로방향 변형률이 같은 부호를 가지므로 이러한 재료의 푸아송 비는 음의 값이다. (Roderic Lakes, "Foam Structures with a Negative Poisson's Ratio," *Science*, 27 February 1987, Volume 235, pp. 1038–1040.)

용하여 $\epsilon_y$와 $\epsilon_z$를 식 (2.25)로부터 풀면 $x$축 방향으로 적용된 하중에 의한 변형률은 아래의 관계식과 같다.

$$\epsilon_x = \frac{\sigma_x}{E} \qquad \epsilon_y = \epsilon_z = -\frac{\nu\sigma_x}{E} \tag{2.26}$$

**예제 2.7**

길이 500 mm, 지름 16 mm인 균질이고 등방성재료의 봉이 축방향으로 12 kN의 하중을 받을 경우, 길이방향으로 300 μm가 늘어나고 지름은 2.4 μm 줄어들었다. 재료의 탄성계수와 푸아송 비를 결정하시오.

**풀이** 봉의 단면적은 다음과 같다.

$$A = \pi r^2 = \pi(8 \times 10^{-3}\,\text{m})^2 = 201 \times 10^{-6}\,\text{m}^2$$

봉의 축 방향을 $x$축으로 선택(그림 2.35)할 경우, 다음과 같이 쓸 수 있다.

$$\sigma_x = \frac{P}{A} = \frac{12 \times 10^3\,\text{N}}{201 \times 10^{-6}\,\text{m}^2} = 59.7\,\text{MPa}$$

$$\epsilon_x = \frac{\delta_x}{L} = \frac{300\,\mu\text{m}}{500\,\text{mm}} = 600 \times 10^{-6}$$

$$\epsilon_y = \frac{\delta_y}{d} = \frac{-2.4\,\mu\text{m}}{16\,\text{mm}} = -150 \times 10^{-6}$$

훅의 법칙으로부터 $\sigma_x = E\epsilon_x$이므로 탄성계수는

$$E = \frac{\sigma_x}{\epsilon_x} = \frac{59.7\,\text{MPa}}{600 \times 10^{-6}} = 99.5\,\text{GPa}$$

와 같으며, 푸와송 비는 식 (2.25)으로부터 다음과 같이 계산한다.

$$\nu = -\frac{\epsilon_y}{\epsilon_x} = -\frac{-150 \times 10^{-6}}{600 \times 10^{-6}} = 0.25$$

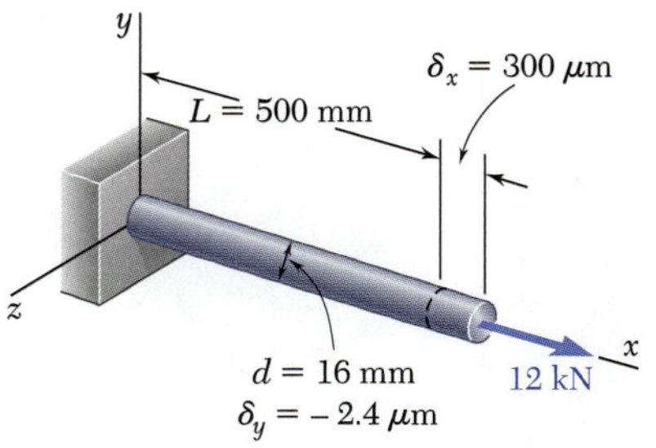


그림 2.35

## 2.11 다축하중상태에서 일반화된 훅의 법칙

지금까지 이 장에서 고려한 모든 예들은 축방향 하중을 받는 가느다란 부재에 대해서 다루었다. 즉 단축하중일 경우이다. 이 축을 $x$축으로 선택하고 주어진 지점에서 하중 **P**가 작용하면 그때의 응력성분은 $\sigma_x = P/A$, $\sigma_y = 0$, 그리고 $\sigma_z = 0$이다.

이제 세 좌표축 방향으로 작용하는 힘에 의한 수직응력 $\sigma_x$, $\sigma_y$, 그리고 $\sigma_z$가 각각 다르고 0이 아닌 구조물의 요소에 대해 살펴보기로 하자(그림 2.36). 이런 경우

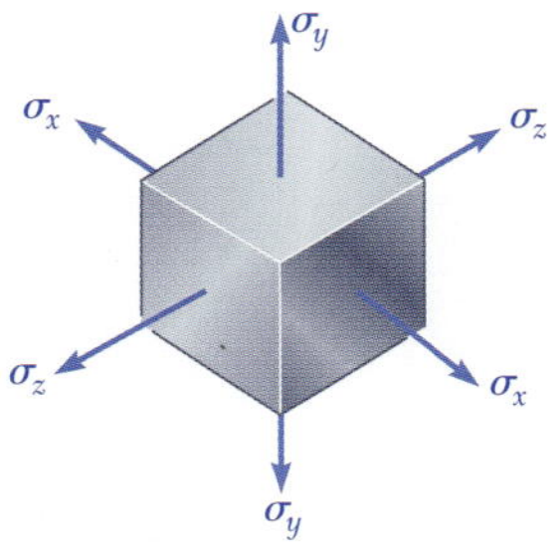


그림 2.36 다축하중을 받는 응력상태

를 **다축하중**(multiaxial loading)상태라고 한다. 이것은 그림 2.36에 나타난 응력들은 전단응력이 포함되지 않았으므로 1.9절에서 설명한 일반적인 응력상태는 아니다.

등방성 재료인 육면체 요소를 고려해 보자(그림 2.37*a*). 육면체의 각 면은 단위 길이 1이라고 가정한다. 주어진 다축하중상태에서 요소는 각 면이 $1 + \epsilon_x$, $1 + \epsilon_y$, $1 + \epsilon_z$인 직육면체로 변형할 것이며, 이때의 $\epsilon_x$, $\epsilon_y$, $\epsilon_z$는 세 좌표축 방향의 수직변형률을 나타낸다(그림 2.37*b*).

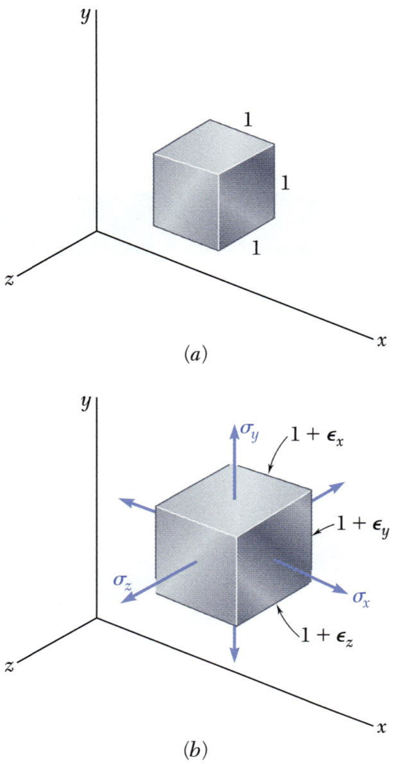


**그림 2.37** 다축하중을 받는 입방체의 변형

재료의 다른 요소들의 변형의 결과로 고려된 요소가 움직일 수도 있으나, 여기에는 다른 어떤 부가적인 강체변위(rigid-body displacement)에 대해서는 고려하지 않고 단지 **실제변형**(actual deformation)만을 고려한다.

변형률 성분 $\epsilon_x$, $\epsilon_y$, $\epsilon_z$를 응력성분 $\sigma_x$, $\sigma_y$, $\sigma_z$로 나타내기 위하여 각 응력성분을 별개로 고려하고, 그 얻은 결과를 서로 더한다. 이 방법은 교재에서 여러 차례 사용되며 **중첩의 원리**(principle of superposition)에 근거한다. 이 원리는 아래의 조건들을 만족시킬 경우, '**구조물에 가해진 복합하중에 의한 효과는 여러 하중들의 효과를 각각 결정하여 서로 더한 결과와 같다**'라고 할 수 있다.

1. 각 효과는 그것을 발생시키는 하중과 선형적인 관계를 갖는다.
2. 어떤 주어진 하중으로부터 발생하는 변형도 크기가 작고, 다른 하중의 적용 조건에 영향을 미치지 않는다.

다축하중의 경우에 응력이 재료의 비례한도를 넘지 않으면 첫 번째의 조건 만족할 것이다. 또한, 어떤 주어진 면에서의 응력도 다른 면의 응력 계산에 영향을 미칠 만큼 충분히 큰 변형을 발생시키지 않는다면 두 번째 조건도 역시 만족할 것이다.

우선 응력성분 $\sigma_x$를 고려하면, 2.10절로부터 $\sigma_x$는 $x$축 방향으로 $\sigma_x/E$와 같은 크기의 변형률을 발생시키고, $y$와 $z$방향으로는 $-\nu\sigma_x/E$와 같은 크기의 변형률을 발생시킨다. 비슷한 절차에 따라 각각에 대해서 별도로 적용하면, 응력성분 $\sigma_y$도 $y$축 방향으로 $\sigma_y/E$와 같은 크기의 변형률을 발생시키고, 나머지 두 방향으로는 $-\nu\sigma_y/E$와 같은 크기의 변형률을 발생시킨다. 마지막으로, 응력성분 $\sigma_z$도 $z$축 방향으로 $\sigma_z/E$와 같은 크기의 변형률을 발생시키고, $x$와 $y$방향으로는 $-\nu\sigma_y/E$와 같은 크기의 변형률을 발생시킨다. 이와 같이 얻은 결과를 서로 더하면 주어진 다축하중상태에서 변형률 성분은 다음과 같이 된다.

$$
\begin{aligned}
\epsilon_x &= +\frac{\sigma_x}{E} - \frac{\nu\sigma_y}{E} - \frac{\nu\sigma_z}{E} \\
\epsilon_y &= -\frac{\nu\sigma_x}{E} + \frac{\sigma_y}{E} - \frac{\nu\sigma_z}{E} \\
\epsilon_z &= -\frac{\nu\sigma_x}{E} - \frac{\nu\sigma_y}{E} + \frac{\sigma_z}{E}
\end{aligned}
\tag{2.27}
$$

이 관계식 (2.27)은 균질 등방성 재료에 적용된 다축하중에서의 일반화된 **훅의 법칙**이라고 한다. 앞에서 살펴 본 바와 같이, 얻어진 결과는 단지 탄성한도 내에서 변형이 작을 경우에만 유효하다. 또한 응력의 양(+)의 값은 인장을, 음(−)의 값은 압축을 나타낸다. 같은 방법으로 변형률도 양의 값은 팽창을, 그리고 음의 값은 수축을 나타낸다.

**예제 2.8**

그림 2.38과 같은 강재블록(steel block)이 모든 면에 균일한 압력을 받는다. 모서리의 길이 $AB$에 대한 길이변화가 $-30 \times 10^{-3}$ mm일 때, (*a*) 다른 두 모서리의 길이변화, (*b*) 블록면에 작용된 압력 $p$를 결정하시오. $E = 200$ GPa이고 $\nu = 0.29$라고 가정하시오.

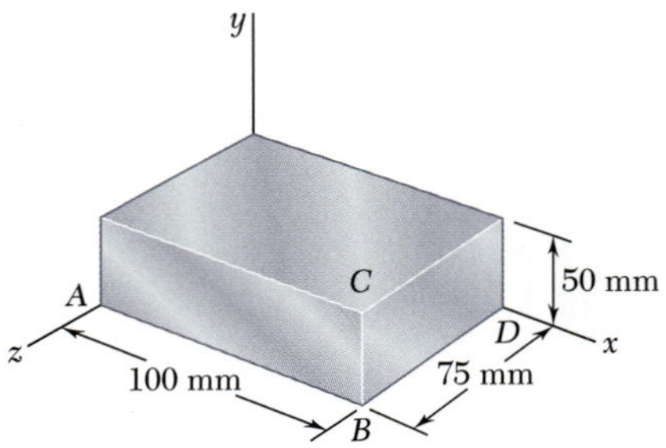

그림 2.38

**풀이**

**(a) 다른 두 모서리의 길이의 변화.** $\sigma_x = \sigma_y = \sigma_z = -p$를 식 (2.27)에 대입하면 세 개의 변형률 성분은 모두 아래와 같다.

$$\epsilon_x = \epsilon_y = \epsilon_z = -\frac{p}{E}(1 - 2\nu) \tag{1}$$

한편으로,

$$\begin{aligned}\epsilon_x &= \delta_x/AB = (-30 \times 10^{-3}\text{ mm})/(100\text{ mm}) \\ &= -300 \times 10^{-6}\text{ mm/mm}\end{aligned}$$

이므로 다음과 같다.

$$\epsilon_y = \epsilon_z = \epsilon_x = -300 \times 10^{-6}\text{ mm/mm}$$

위 결과를 이용하여 아래와 같이 각 모서리의 길이변화를 계산한다.

$$\begin{aligned}\delta_y &= \epsilon_y(BC) = (-300 \times 10^{-6})(50\text{ mm}) = -15 \times 10^{-3}\text{ mm} \\ \delta_z &= \epsilon_z(BD) = (-300 \times 10^{-6})(75\text{ mm}) = -22.5 \times 10^{-3}\text{ mm}\end{aligned}$$

**(b) 압력.** 식 (1)를 $p$에 대해서 풀면 아래와 같다.

$$p = -\frac{E\epsilon_x}{1 - 2\nu} = -\frac{(200\text{ GPa})(-300 \times 10^{-6})}{1 - 0.58}$$

$$p = 142.9\text{ MPa}$$

## 2.12 전단변형률

2.11절에서 유도된 균질 등방성재료에 대한 수직응력과 수직변형률의 관계식 (2.27)은 전단응력 항이 포함되지 않았다. 그러나 그림 2.39와 같이 보다 일반화된 응력상태에서는 전단응력 $\tau_{xy}$, $\tau_{yz}$, $\tau_{zx}$ 성분이 존재한다(물론, 전단응력 $\tau_{yx}$, $\tau_{zy}$,

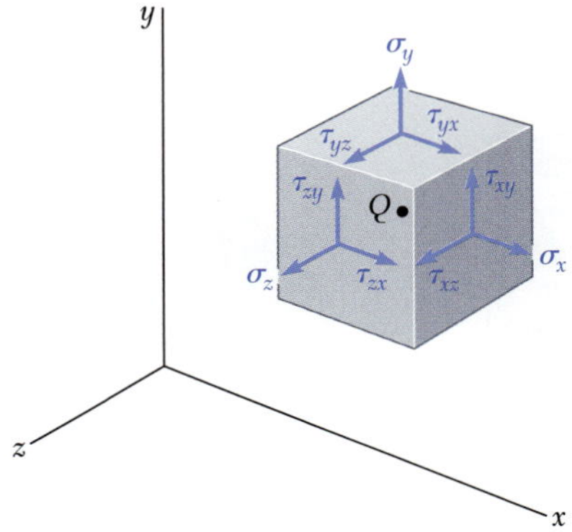

그림 2.39 일반적 응력상태

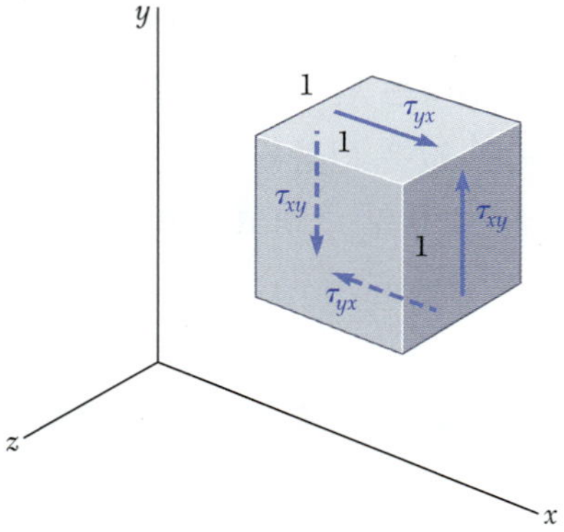


**그림 2.40** 전단응력을 받는 입방체요소

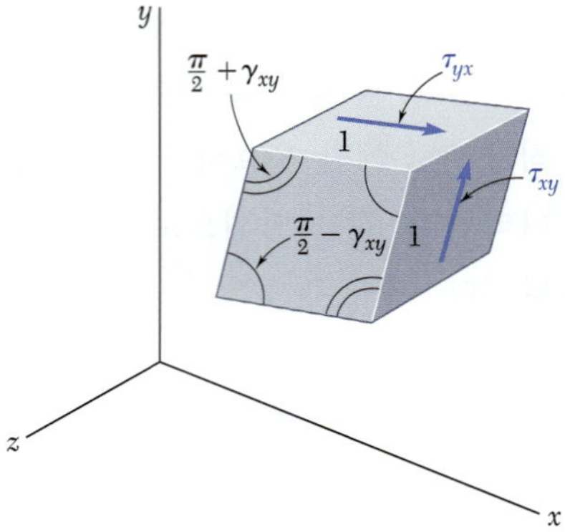


**그림 2.41** 전단응력에 의해 입방체요소의 변형

$\tau_{xz}$ 성분도 포함). 이러한 응력들은 발생되는 변형량이 작을 경우에는 수직변형률에 직접적인 효과를 미치지 않으며, 관계식 (2.27)의 유도와 식의 유효성에도 영향을 미치지 않는다. 그러나 전단응력은 재료의 육면체 요소를 **경사진 평행육면체**(oblique parallelepiped)로 변형시킬 것이다.

우선, $x$와 $y$축에 수직인 면에 다른 응력은 무시하고 각각 $\tau_{xy}$와 $\tau_{yx}$만 작용하는 육면체 요소의 한 면(그림 2.40)을 고려하자(1.9절에서 $\tau_{xy} = \tau_{yx}$인 관계를 상기하자). 요소는 한 변의 길이가 1인 마름모꼴 형상으로 변형될 것이다(그림 2.41). 응력으로 인하여, 네 면에 의해 생기는 각도 중 두 개는 $\pi/2$에서 $(\pi/2 - \gamma_{xy})$로 감소되는 반면, 나머지 두 개는 $\pi/2$에서 $(\pi/2 + \gamma_{xy})$로 증가된다. 미소 각 $\gamma_{xy}$(라디안 단위)를 $x$와 $y$방향에 대한 **전단변형률**(shearing strain)이라 정의한다. 그림 2.41과 같이 $x$와 $y$축의 양의 방향으로 있는 두 면이 이루는 각도가 감소되는 변형일 때 전단변형률 $\gamma_{xy}$는 양(+)의 값이며, 그 반대의 경우는 음(−)의 값이다.

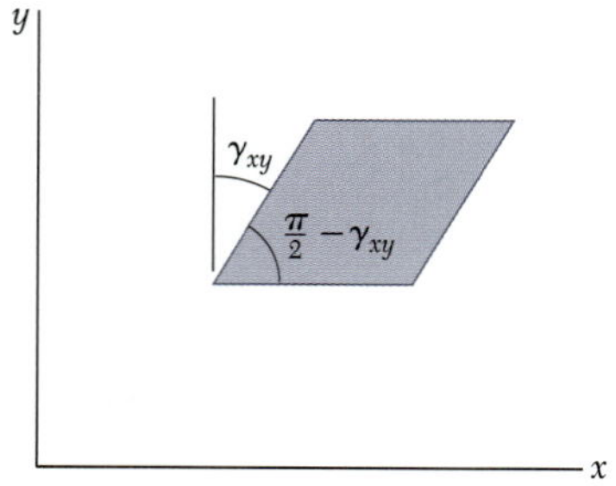


**그림 2.42**

재료의 다른 요소의 변형의 결과로 해당되는 요소가 전체적으로 회전을 일으킬 수 있다. 그러나 수직변형률의 경우와 같이 여기에서도 발생할지도 모르는 어떤 부수적인 강체변위(rigid-body deformation)에 대해서는 고려하지 않고 다만 **실제 변형**(actual deformation)만을 고려한다.†

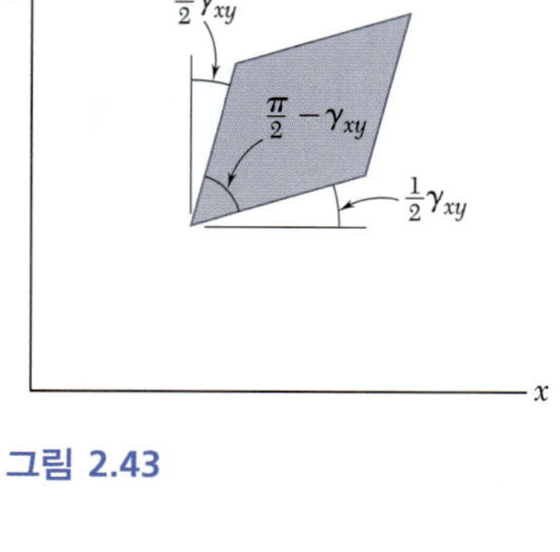


**그림 2.43**

전단변형률 $\gamma_{xy}$값의 변화에 따른 전단응력 $\tau_{xy}$값을 그래프로 나타내면, 주어진 재료에 대한 전단응력–변형률 선도를 얻는다. 이 선도는 3장의 **비틀림 시험**(torsion test)을 수행함으로 써 얻을 수 있다. 이와 같이 얻어진 선도는 이 장의 앞부분에

† 변형률 $\gamma_{xy}$를 정의하는 데 있어서, 어떤 저자들은 요소의 실제 변형이 요소의 수평면은 수평을 유지하면서 회전하지 않고 단지 강체회전을 동반한다고 가정한다(그림 2.42). 그러나 다른 저자들은 수평면은 반시계방향으로 $\gamma_{xy}$, 수직면은 시계방향으로 $\gamma_{xy}$만큼 강체 회전을 한다고 가정한다(그림 2.43). 두 가정이 모두 불필요한 혼돈만 초래하기 때문에 이 교재에서 전단변형률 $\gamma_{xy}$는 제한된 조건으로 주어진 면이 회전하기보다는 두 면이 이루는 각도의 변화로 해석한다.

설명한 인장시험에서 동일한 재료를 시험하여 얻은 수직응력–변형률 선도와 유사하다. 그러나 항복강도, 극한강도 등의 값은 인장에서 얻은 값의 대략 절반에 해당한다. 수직응력–변형률 선도에서와 같이 전단응력–변형률 선도의 초기 부분은 직선이다. 전단시험에서 비례한도를 넘지 않는 경우에 균질 등방성 재료의 전단응력은 다음과 같이 나타낼 수 있다.

$$\tau_{xy} = G\gamma_{xy} \tag{2.28}$$

이 관계를 **전단응력–변형률에 관한 훅의 법칙**(Hooke's law for shearing stress and strain)이라고 하고, 상수 $G$를 재료의 **강성계수**(modulus of rigidity), 혹은 **전단탄성계수**(shear modulus)라고 한다.

변형률 $\gamma_{xy}$가 라디안(radian) 단위인 각도로 정의되었으므로, 무차원이고, 계수 $G$의 단위는 $\tau_{xy}$와 같은 파스칼(Pa), 혹은 psi이다. 일반재료의 강성계수 $G$는 동일한 재료의 탄성계수 $E$의 1/3보다 크고 1/2보다는 작은 값이다.

이제, 전단응력 $\tau_{yz}$와 $\tau_{zy}$를 받는 재료의 미소요소(그림 2.44$a$)를 고려해 보자. 앞에서와 같이 전단응력을 받는 면에 의해 형성되는 각도의 변화를 전단변형률 $\gamma_{yz}$를 정의한다. 유사한 방법으로 전단변형률 $\gamma_{zx}$도 전단응력 $\tau_{zx}$와 $\tau_{xz}$를 받는 요소(그림 2.44$b$)를 고려하여 정의할 수 있다. 전단에서 비례한도를 넘지 않는 응력 이내에서 아래 두 개의 추가적인 관계식을 쓸 수 있다.

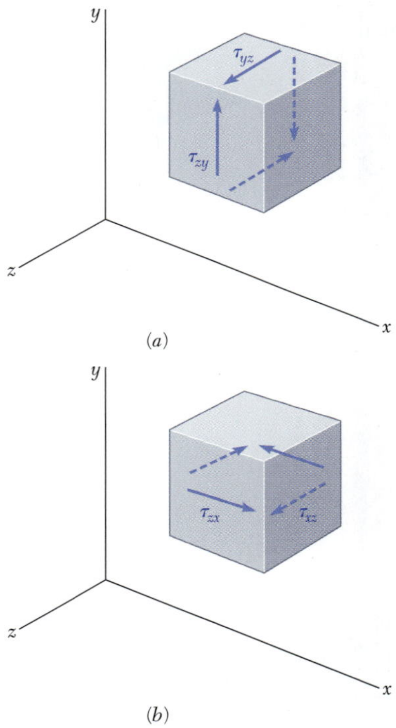


그림 2.44

$$\tau_{yz} = G\gamma_{yz} \qquad \tau_{zx} = G\gamma_{zx} \tag{2.29}$$

여기서 상수 $G$는 식 (2.28)에서와 같다.

그림 2.39에 나타난 일반적인 응력조건에서는, 그리고 어떠한 응력성분도 비례한도를 넘지 않는다고 가정하여 중첩의 원리를 적용할 수 있다. 즉, 이 절에서 얻은 결과와 2.11절의 결과를 조합할 수 있다. 이러한 절차를 거쳐 일반적인 응력조건에서 **균질 등방성재료에 대한 일반화된 훅의 법칙**(generalized Hooke's law)을 나타내는 다음 식들은 얻을 수 있다.

$$\begin{aligned}
\epsilon_x &= +\frac{\sigma_x}{E} - \frac{\nu\sigma_y}{E} - \frac{\nu\sigma_z}{E} \\
\epsilon_y &= -\frac{\nu\sigma_x}{E} + \frac{\sigma_y}{E} - \frac{\nu\sigma_z}{E} \\
\epsilon_z &= -\frac{\nu\sigma_x}{E} - \frac{\nu\sigma_y}{E} + \frac{\sigma_z}{E} \\
\gamma_{xy} &= \frac{\tau_{xy}}{G} \qquad \gamma_{yz} = \frac{\tau_{yz}}{G} \qquad \gamma_{zx} = \frac{\tau_{zx}}{G}
\end{aligned} \tag{2.30}$$

**예제 2.9**

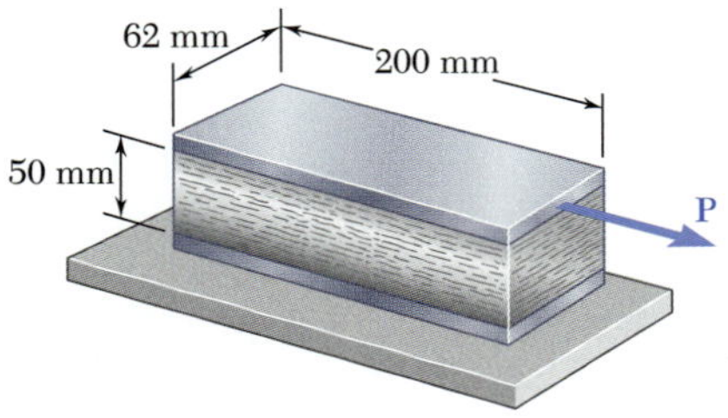


그림 2.45

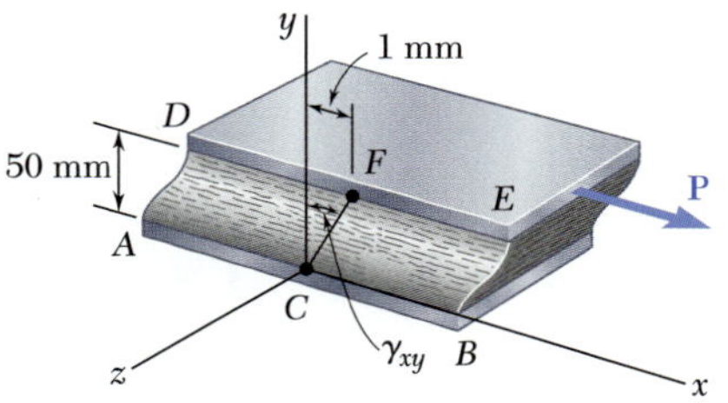


그림 2.46

강성계수가 $G = 630$ MPa인 재료의 사각형 블록이 두 개의 강체 수평판에 접착되어 있다. 아래 평판은 고정되어 있고, 위 평판은 수평력 **P**를 받는다(그림 2.45). 가해진 외력에 의해 위 평판이 1 mm 수평방향으로 이동하였다면, (*a*) 재료의 평균 전단 변형률, (*b*) 위 평판에 작용된 힘 **P**를 결정하여라.

**풀이**

**(a) 전단 변형률.** 모서리 $AB$의 중앙에 좌표축 중심을 $C$점으로 하고, 그림 2.46과 같은 방향으로 좌표를 설정한다. 정의에 의해 전단변형률 $\gamma_{xy}$는 수직선과 두 모서리 $AB$와 $DE$의 중앙 점을 이은 선분 $CF$가 이루는 각도이다. 이 각도는 매우 작은 미소각이며 라디안 단위로 다음과 같이 쓸 수 있다.

$$\gamma_{xy} \approx \tan \gamma_{xy} = \frac{1 \text{ mm}}{50 \text{ mm}} \qquad \gamma_{xy} = 0.020 \text{ rad}$$

**(b) 위 평판에 작용된 힘.** 우선 재료에 발생하는 전단응력 $\tau_{xy}$를 결정한다. 전단에 관한 훅의 법칙을 이용하면

$$\tau_{xy} = G\gamma_{xy} = (630 \text{ MPa})(0.020 \text{ rad}) = 12.6 \text{ MPa}$$

그러므로 위쪽 평판에 작용된 힘은 다음과 같다.

$$P = \tau_{xy} A = (12.6 \text{ MPa})(200 \text{ mm})(62 \text{ mm}) = 156.2 \times 10^3 \text{ N}$$
$$P = 156.2 \text{ kN}$$

식 (2.30)을 살펴보면 임의의 응력조합에 의해 재료에 발생하는 변형을 예측하기 위해서는 우선 먼저 세 개의 상수 $E$, $\nu$, 그리고 $G$가 실험에 의해 결정되어야 한다. 실제로는 이들 중 단지 두 상수만 주어진 재료에 대해서 실험으로 결정하면 된다. 다음 절에서 나타낸 바와 같이 세 번째 상수는 간단한 관계식을 통해 구할 수 있다.

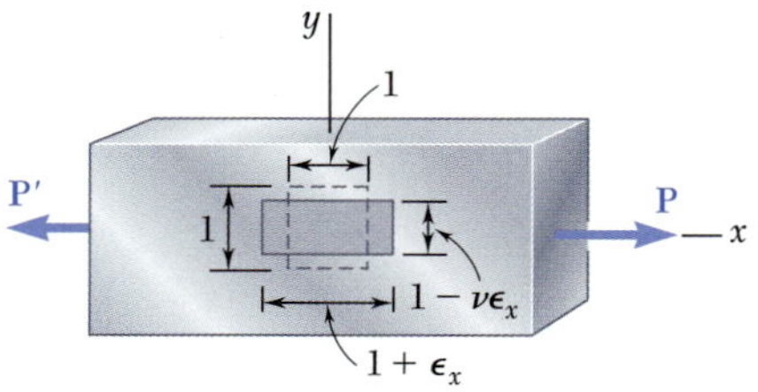


(*a*)

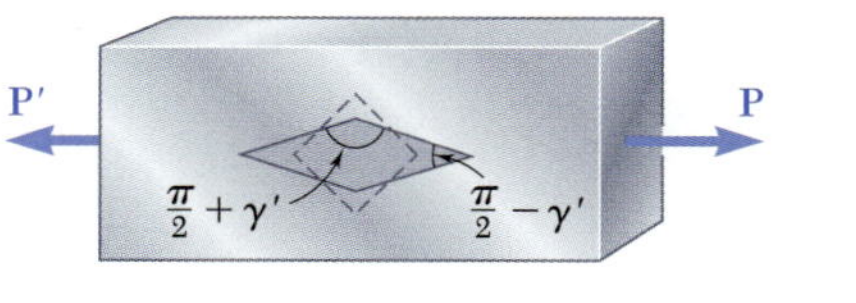


(*b*)

그림 2.47 축방향 하중을 받는 봉의 변형률 변화

## *2.13 축방향 하중작용 시 추가사항; $E$, $\nu$, $G$의 관계

2.10절에서 가느다란 봉이 $x$축 방향 인장하중을 받을 때, $x$방향으로는 늘어나고 $y$와 $z$방향으로는 수축한다는 것을 알았다. 축방향 변형률을 $\epsilon_x$로 나타내면 횡방향(가로방향) 변형률은 $\epsilon_y = \epsilon_z = -\nu\epsilon_x$이다. 여기서 $\nu$는 푸아송 비(Poisson's ratio)이다. 따라서 그림 2.47$a$와 같이 모서리의 길이가 1인 정육면체 요소는 각 모서리가 $1 + \epsilon_x$, $1 - \nu\epsilon_x$, 그리고 $1 - \nu\epsilon_x$인 직육면체로 변형될 것이다(그림에서는 요소의 한 면만

표시되어 있다). 반면에 하중이 작용하는 축으로부터 요소를 45° 회전시킬 경우에는 그림 2.47$b$와 같이 마름모꼴 형상으로 변형된다. 축방향 하중 **P**로 인한 요소의 각도변화가 발생되며 그림 2.47$b$와 같이 전단변형률 $\gamma'$은 증가 또는 감소된다.

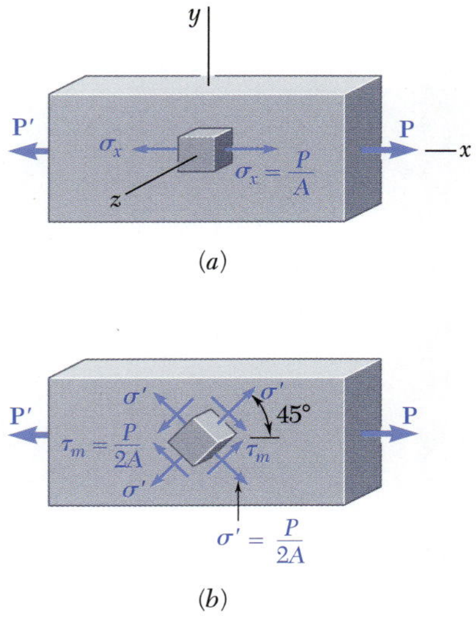


그림 1.37 (반복)

앞의 1.9절 후반부에서 축방향 하중 **P**로 인하여 부재의 축과 45°로 위치한 요소의 네 면에 동일한 크기의 수직응력과 전단응력을 발생시키고, 축방향 하중에 의해 수직변형률뿐만 아니라 전단변형률도 발생시킨다는 사실을 알았다. 편의상 그림 1.37을 여기에 다시 나타내보자. 1.8절로부터 하중이 작용하는 축과 45°인 경사면에서는 전단응력이 최대가 된다는 사실도 알았다. 이 경우에 전단응력과 전단변형률에 대한 훅의 법칙으로부터 그림 2.47$b$의 요소에 표시된 전단변형률 $\gamma'$도 최댓값이다. 즉 $\gamma' = \gamma_m$이다.

여기서, 그림 2.47$b$의 요소에 나타낸 최대 전단변형률 $\gamma' = \gamma_m$과 축방향 수직변형률 $\epsilon_x$ 사이의 관계를 유도해 보자. 이를 위하여 그림 2.47$a$에 나타낸 정육면체 요소를 대각선 면으로 절단한 삼각기둥 요소(prismatic element)를 고려해 보자(그림 2.48$a$, $b$). 그림 2.47$a$를 참고하면, 하중에 의해 변형된 요소는 그림 2.48$c$와 같고 수평방향과 수직방향의 변의 길이는 각각 $(1 + \epsilon_x)$와 $(1 - \nu\epsilon_x)$로 변화된다. 그러나 그림 2.48$b$의 요소에서 수평면과 경사면이 이루는 각도는 그림 2.47$b$에서 고려한 직각의 절반이다. 따라서 변형 후의 각도 $\beta$도 $(\pi/2 - \gamma_m)$의 절반으로 다음과 같다.

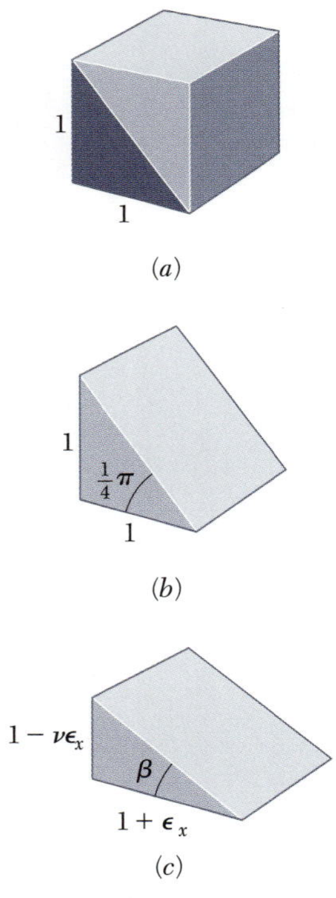


그림 2.48

$$\beta = \frac{\pi}{4} - \frac{\gamma_m}{2}$$

두 각의 차이에 대한 탄젠트(tangent)공식으로부터

$$\tan\beta = \frac{\tan\frac{\pi}{4} - \tan\frac{\gamma_m}{2}}{1 + \tan\frac{\pi}{4}\tan\frac{\gamma_m}{2}} = \frac{1 - \tan\frac{\gamma_m}{2}}{1 + \tan\frac{\gamma_m}{2}}$$

이다. $\gamma_m/2$은 매우 작은 미소각이므로

$$\tan\beta = \frac{1 - \frac{\gamma_m}{2}}{1 + \frac{\gamma_m}{2}} \tag{2.31}$$

또한, 그림 2.48$c$로부터 다음과 같이 쓸 수 있다.

$$\tan\beta = \frac{1 - \nu\epsilon_x}{1 + \epsilon_x} \tag{2.32}$$

식 (2.31)과 식 (2.32)의 우측 항을 연립하여 $\gamma_m$에 대해서 풀면 아래 결과를 얻는다.

$$\gamma_m = \frac{(1 + \nu)\epsilon_x}{1 + \dfrac{1 - \nu}{2}\epsilon_x}$$

$\epsilon_x \ll 1$이므로 분모 값은 1과 거의 같다고 할 수 있다. 따라서

$$\gamma_m = (1 + \nu)\epsilon_x \tag{2.33}$$

이 되며, 이 식은 최대 전단변형률 $\gamma_m$과 축방향 수직변형률 $\epsilon_x$의 관계를 나타내는 식이다.

한편으로 $E$, $\nu$, 그리고 $G$의 상호 관계식을 얻기 위해 훅의 법칙으로부터, $\gamma_m = \tau_m/G$와 $\epsilon_x = s\sigma_x/E$를 다시 생각해 보자. 이들 관계식으로부터 식 (2.33)은 다음과 같이 나타낼 수 있다.

$$\frac{\tau_m}{G} = (1 + \nu)\frac{\sigma_x}{E}$$

또는

$$\frac{E}{G} = (1 + \nu)\frac{\sigma_x}{\tau_m} \tag{2.34}$$

그림 1.37에서 $\sigma_x = P/A$, 그리고 $\tau_m = P/2A$($A$는 부재의 단면적)이므로 $\sigma_x/\tau_m = 2$가 됨을 알 수 있다. 이 값을 식 (2.34)에 대입하여 양변을 2로 나누면 다음 관계식을 얻을 수 있다.

$$\frac{E}{2G} = 1 + \nu \tag{2.35}$$

이 식을 이용하면, $E$, $\nu$, $G$의 세 개의 상수 중 다른 두 개로부터 하나의 상수를 결정할 수 있다. 예를 들어 식 (2.35)을 $G$에 대해 정리하면 다음과 같다.

$$G = \frac{E}{2(1 + \nu)} \tag{2.35$'$}$$

## 기초문제 2.5

두께가 $t = 18$ mm인 알루미늄 판에 응력을 받지 않은 상태에서 지름이 $d = 225$ mm인 원이 새겨져 있다. 지름이 새겨진 후 판에 작용된 힘에 의해 수직응력 $\sigma_x = 84$ MPa와 $\sigma_z = 140$ MPa가 발생되었다. $E = 70$ GPa이고, $\nu = 1/3$일 때 다음의 변화량을 구하시오. (*a*) 지름 *AB*, (*b*) 지름 *CD*, (*c*) 판의 두께.

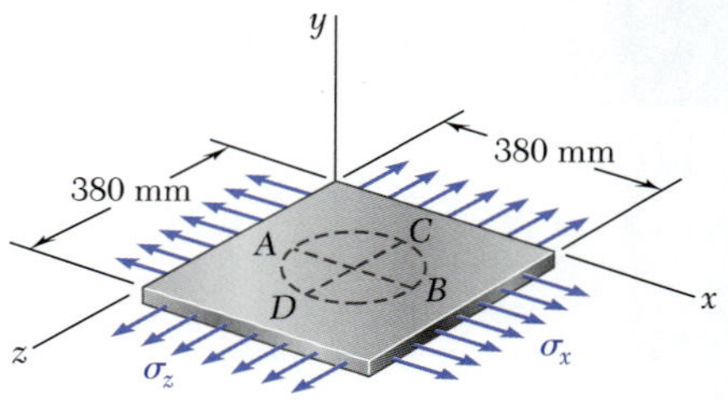


## 풀이

**훅의 법칙.** 여기서 $\sigma_y = 0$이다. 식 (2.27)을 이용하여 각 좌표계 방향으로 수직변형률을 계산한다.

$$\epsilon_x = +\frac{\sigma_x}{E} - \frac{\nu\sigma_y}{E} - \frac{\nu\sigma_z}{E}$$

$$= \frac{1}{70\text{ GPa}}\left[(84\text{ MPa}) - 0 - \frac{1}{3}(140\text{ MPa})\right] = +0.533 \times 10^{-3}\text{ mm/mm}$$

$$\epsilon_y = -\frac{\nu\sigma_x}{E} + \frac{\sigma_y}{E} - \frac{\nu\sigma_z}{E}$$

$$= \frac{1}{70\text{ GPa}}\left[-\frac{1}{3}(84\text{ MPa}) + 0 - \frac{1}{3}(140\text{ MPa})\right] = -1.067 \times 10^{-3}\text{ mm/mm}$$

$$\epsilon_z = -\frac{\nu\sigma_x}{E} - \frac{\nu\sigma_y}{E} + \frac{\sigma_z}{E}$$

$$= \frac{1}{70\text{ GPa}}\left[-\frac{1}{3}(84\text{ MPa}) - 0 + (140\text{ MPa})\right] = +1.600 \times 10^{-3}\text{ mm/mm}$$

**(a) 지름 *AB*.** 길이 변화는 $\delta_{B/A} = \epsilon_x d$이므로

$$\delta_{B/A} = \epsilon_x d = (+0.533 \times 10^{-3}\text{ mm/mm})(225\text{ mm})$$

$$\delta_{B/A} = +0.12\text{ mm} \quad ◀$$

**(b) 지름 *CD***

$$\delta_{C/D} = \epsilon_z d = (+1.600 \times 10^{-3}\text{ mm/mm})(225\text{ mm})$$

$$\delta_{C/D} = +0.36\text{ mm} \quad ◀$$

**(c) 두께.** $t = 18$ mm이므로 두께의 변화량은 다음과 같다.

$$\delta_t = \epsilon_y t = (-1.067 \times 10^{-3}\text{ mm/mm})(18\text{ mm})$$

$$\delta_t = -0.0192\text{ mm} \quad ◀$$

# P2C 연습문제

**2.31** 두께가 1.6 mm의 평평한 강판($E$ = 200 GPa, $\nu$ = 0.30)으로 만든 시험편에 2.75 kN의 인장하중이 작용된다. 다음의 각 경우에 변화량을 결정하시오. ($a$) 표점거리 50 mm, ($b$) 시편의 $AB$ 부분의 폭, ($c$) 시편의 $AB$ 부분의 두께, ($d$) 시편의 $AB$ 부분의 단면적.

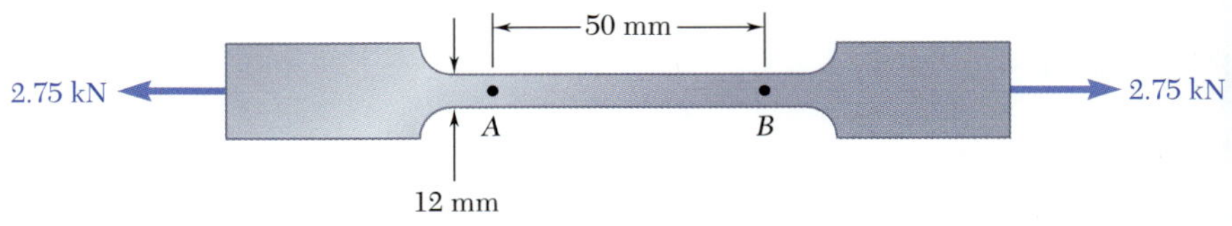


그림 P2.31

**2.32** 표준 인장시험에서 지름이 20 mm인 알루미늄 봉에 $P$ = 30 kN의 인장력이 작용한다. $\nu$ = 0.35, 그리고 $E$ = 70 GPa일 때, 다음 사항을 결정하시오. ($a$) 표점 거리 150 mm인 봉의 신장량, ($b$) 봉 지름 변화량.

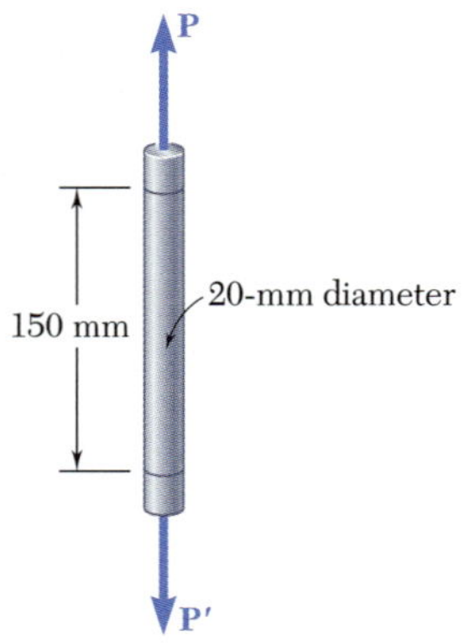


그림 P2.32

**2.33** 실험용 플라스틱의 재질특성을 구하기 위해 표준 인장시험을 한다. 지름이 20 mm, 표점 거리가 150 mm인 봉으로 된 시편에 6 kN의 인장력이 작용한다. 지름이 0.85 mm 감소하고 신장량은 14 mm로 측정되었다. 이 재료의 탄성계수($E$), 강성계수($G$), 그리고 푸아송비($\upsilon$)가 얼마인지 결정하시오.

**2.34** 그림과 같은 기구에서 너트를 조이며 강재 볼트의 길이변화를 주의 깊게 측정하였다. $E$ = 200 GPa, 그리고 $\nu$ = 0.30이라 할 때, 지름이 13 $\mu$m 감소되었다면, 볼트의 내력이 얼마인지 결정하시오.

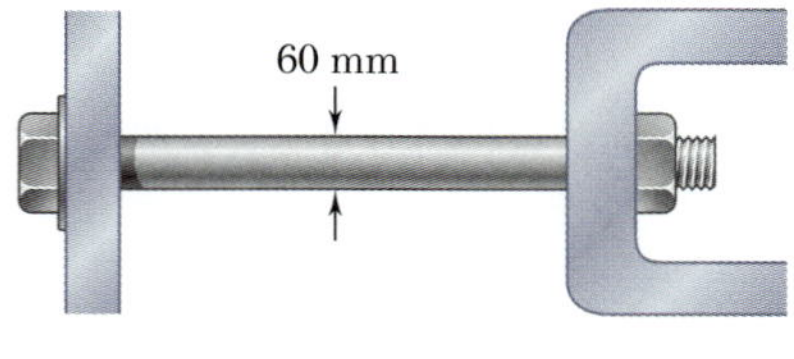


그림 P2.34

**2.35** 바깥지름이 300 mm, 벽 두께가 15 mm, 그리고 길이가 2.5 m인 강관을 700 kN의 중심축하중을 지지하는 기둥으로 사용한다. $E$ = 200 GPa이고 $\nu$ = 0.30일 때, 다음 사항을 결정하시오. ($a$) 관의 길이 변화, ($b$) 관의 바깥지름의 변화, ($c$) 관의 벽두께의 변화.

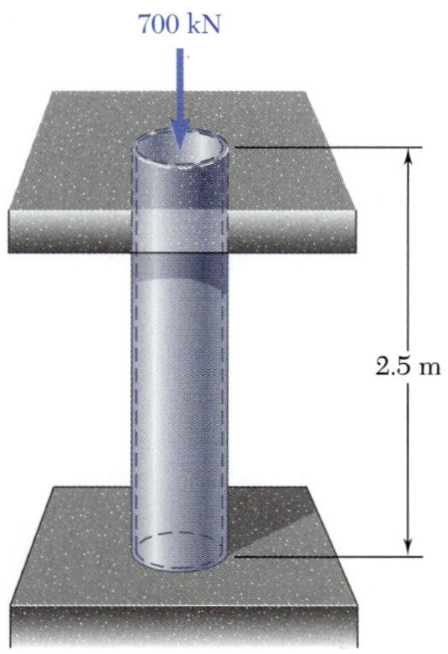


그림 P2.35

**2.36** 강재의 압력용기 측면에 한 변의 길이가 30 mm인 정사각형이 새겨져 있다. 용기에 압력이 가해진 후, 사각형에 그림과 같은 2축응력(biaxial stress)이 발생되었다. $E = 200$ GPa, 그리고 $\nu = 0.30$일 경우에 다음의 변화량을 구하시오. (*a*) 면 *AB*, (*b*) 면 *BC*, (*c*) 대각선 AC.

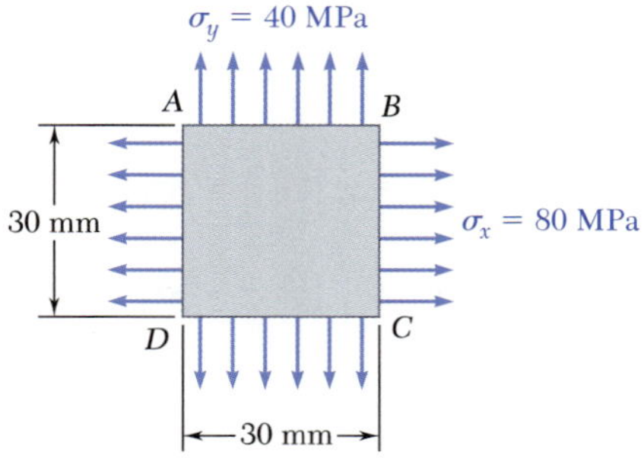


그림 P2.36

**2.37** 알루미늄 판($E = 74$ GPa, $\nu = 0.33$)에 중심축 하중이 작용하여 수직응력 $\sigma$를 발생시킨다. 하중을 가하기 전, 판에 새겨진 선의 기울기는 2 : 1이다. 수직응력이 $\sigma = 125$ MPa일 경우, 선의 기울기를 결정하시오.

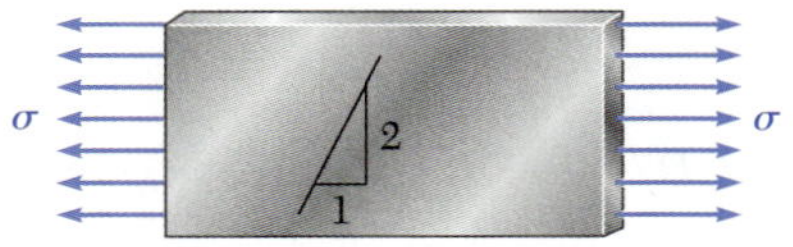


그림 P2.37

**2.38** 알루미늄봉 *AD*가 자켓(jacket)에 고정되어 있으며, 치수가 300 mm인 봉의 *BC* 구간에 42 MPa의 정수압이 작용된다. $E = 70$ GPa이고 $\nu = 0.36$일 때, 다음 사항을 계산하시오. (*a*) 전체 길이 *AD*의 변화량, (*b*) 봉의 중심에서 지름의 변화량.

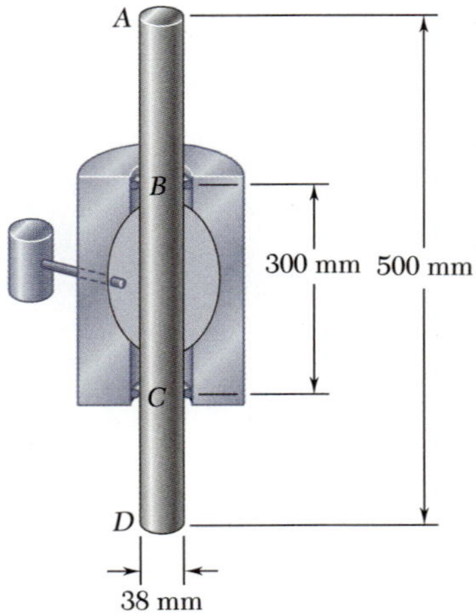


그림 P2.38

**2.39** 주어진 방향으로 수직응력이 0이 되는 경우가 많다. 예를 들어 그림과 같은 얇은 판에서는 $\sigma_z = 0$이다. 이러한 경우를 **평면응력**(plane stress)상태라 한다. 이때 변형률 $\epsilon_x$와 $\epsilon_y$가 실험에 의해 구해졌다면 $\sigma_x$, $\sigma_y$, 그리고 $\epsilon_z$에 관한 식이 다음과 같이 나타낼 수 있음을 보이시오.

$$\sigma_x = E\frac{\epsilon_x + \nu\epsilon_y}{1 - \nu^2}$$
$$\sigma_y = E\frac{\epsilon_y + \nu\epsilon_x}{1 - \nu^2}$$
$$\epsilon_z = -\frac{\nu}{1 - \nu}(\epsilon_x + \epsilon_y)$$

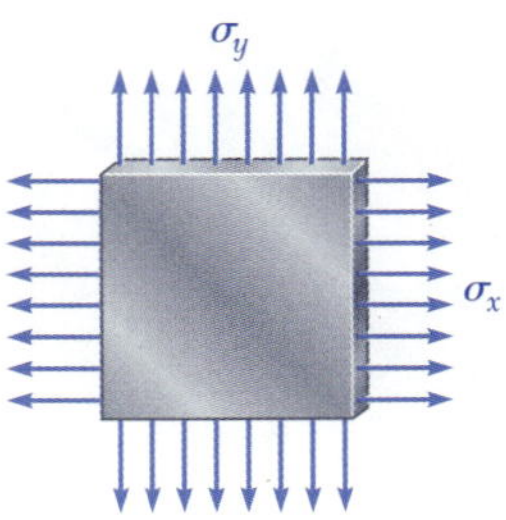


그림 P2.39

**2.40** 물리적인 제약으로 주어진 방향에서 변형률 발생이 억제되는 경우가 많다. 예를 들어 그림과 같은 긴 각기둥(long prism)의 경우, 길이 방향의 변형률은 $\epsilon_z = 0$이다. 길이 방향 축에 수직인 평면구간은 평면을 유지하고 동일한 거리가 유지된다. 이 경우를 **평면변형률**(plain strain) 상태라고 한다. 이 때 $\sigma_z$, $\epsilon_x$, 그리고 $\epsilon_y$에 관한 식이 다음과 같이 나타낼 수 있음을 보이시오.

$$\sigma_z = \nu(\sigma_x + \sigma_y)$$

$$\epsilon_x = \frac{1}{E}[(1 - \nu^2)\sigma_x - \nu(1 + \nu)\sigma_y]$$

$$\epsilon_y = \frac{1}{E}[(1 - \nu^2)\sigma_y - \nu(1 + \nu)\sigma_x]$$

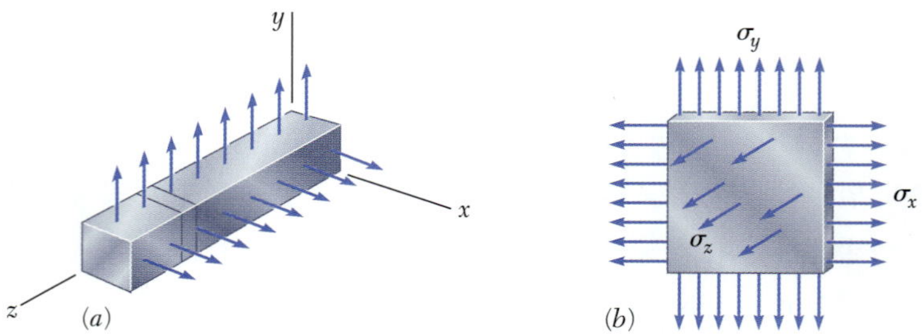


그림 P2.40

**2.41** 균질한 판 $ABCD$가 그림과 같은 2축하중(biaxial loading)을 받고 있다. 응력 $\sigma_z = \sigma_0$이고 판의 $x$방향 길이 변화는 0, 즉 $\epsilon_x = 0$이다. 탄성계수를 $E$ 그리고 푸아송 비를 $\nu$라고 할 때, 다음 사항을 결정하시오. (*a*) 필요한 $\sigma_x$의 크기, (*b*) $\sigma_0/\epsilon_z$의 비.

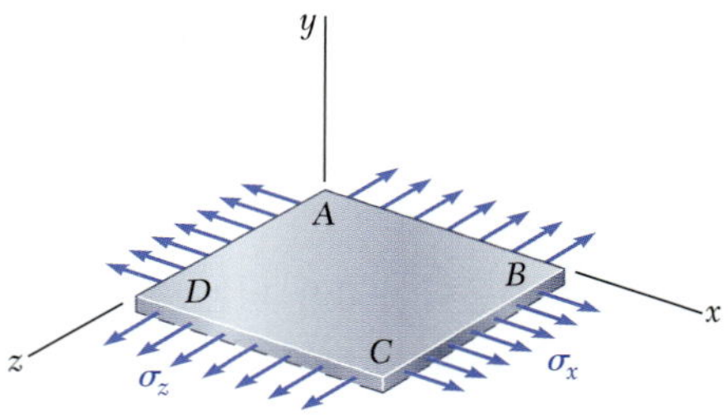


그림 P2.41

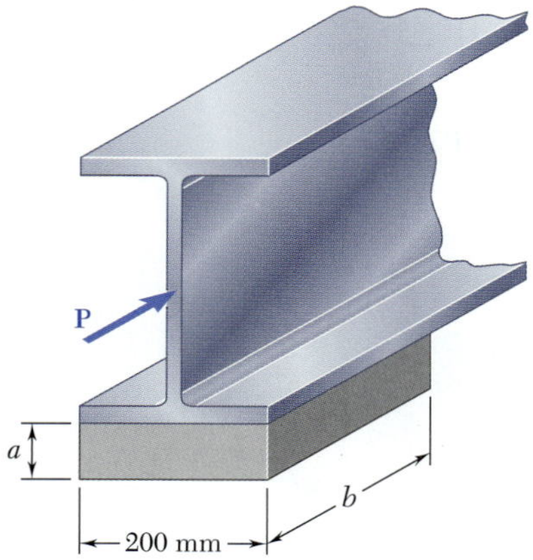


그림 P2.42

**2.42** 그림과 같이 강성계수가 $G = 0.9$ MPa인 탄성중합 베어링(elastomeric bearing)이 지진에 유연성(flexiblity)을 갖도록 교량거더(bridge girder)를 지지하는 데 사용된다. 그림에 나타낸 수평방향으로 22 kN의 힘이 작용할 때 보는 10 mm 이상 변형되지 않아야 한다. 최대 허용전단응력이 420 kPa일 경우, 다음 사항을 계산하시오. (*a*) 최소 허용치수 $b$, (*b*) 최소 두께 $a$.

**2.43** 폭이 $w = 60$ mm 인 두 개의 고무블록이 강체지지대(rigid support)와 움직일 수 있는 판 $AB$에 접합되어 있다. $P = 10$ kN 힘이 작용하여 $\delta = 3$ mm의 신장량이 발생되었면 사용된 고무의 강성계수(G)가 얼마인지 계산하시오.

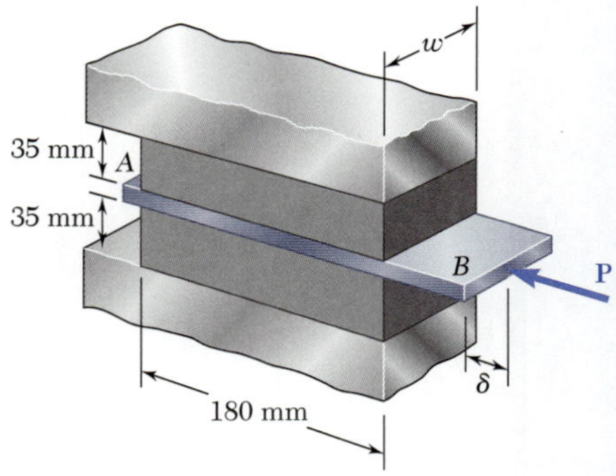


그림 P2.43

**2.44** 두 개의 단단한 고무블록으로 만들어진 진동방지장치가 판 $AB$와 강체지지대에 그림과 같이 접착되어 있다. 사용된 고무특성은 $\tau_{all} = 1.54$ MPa, $G = 12.6$ MPa이다. 수직방향으로 중심하중 $P = 13$ kN의 힘이 작용하여 판 $AB$의 수직변위가 2.5 mm 발생될 경우, 블록치수 $a$와 $b$의 최소 허용치수를 결정하시오.

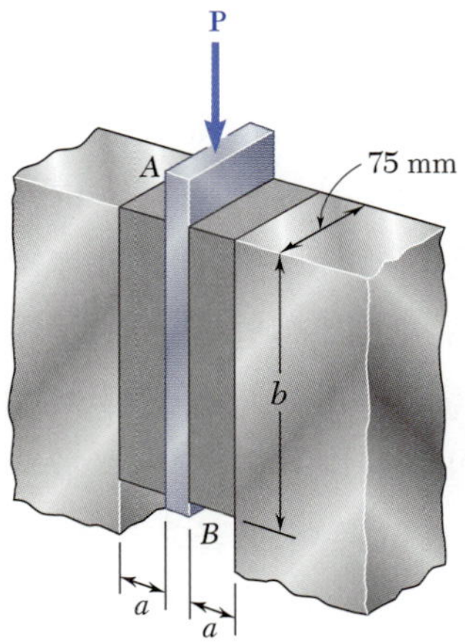


그림 P2.44

**2.45** 그림과 같은 플라스틱 블록이 강체지지대에 접착되어 있으며 블록에 붙어있는 수직판에 240 kN의 힘 **P**가 작용된다. 플라스틱의 강성계수가 $G = 1050$ MPa일 때, 판의 변형량을 계산하시오.

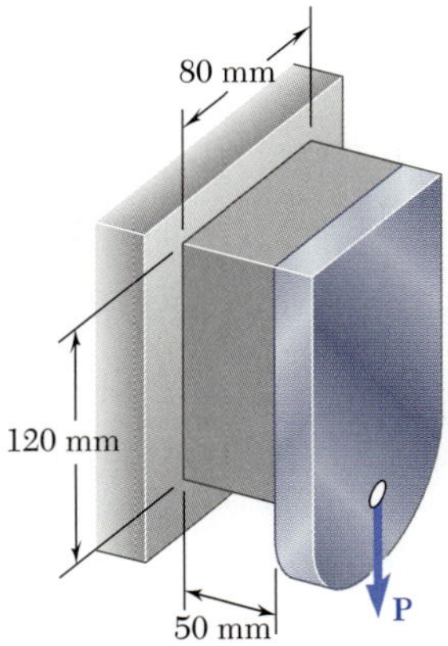


그림 P2.45

## 2.14 축방향 하중작용 시 응력과 변형률 분포; 생브낭의 원리

그림 2.49 강체판에 의해 부재에 작용된 축방향 하중

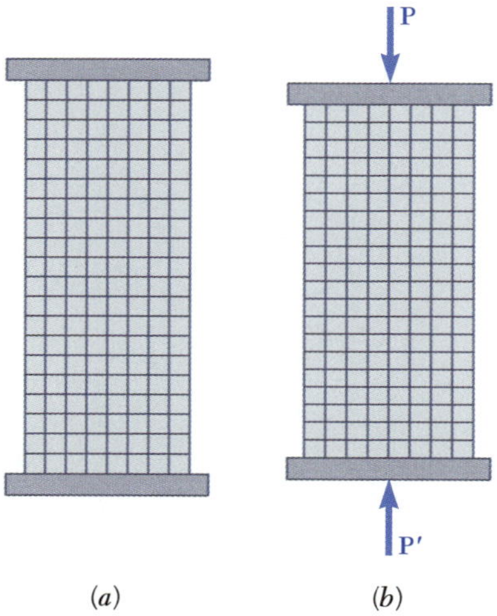


그림 2.50 강체판에 의해 고무모델에 작용된 축방향 하중

이제까지 축방향 하중을 받는 부재에서 수직응력은 부재 축의 수직단면에 균일하게 분포된다고 가정하였다. 이러한 가정은 1.3절에서와 같이 하중의 작용점 바로 근접한 부분에서는 오차가 매우 크다. 이 경우, 부재의 주어진 단면에서 실제 응력을 결정하는 것은 부정정 문제로 풀어야 한다.

2.8절로부터 부정정 문제에서 힘을 결정하는 것은 힘에 의해 나타나는 **변형**(deformation)을 고려함으로써 풀 수 있음을 알았다. 그러므로 부재에 걸리는 **응력**(stress)의 결정은 응력에 의해 발생되는 **변형률**(strain)의 해석을 필요로 한다. 이러한 사항은 고등 이론교재에서 다루는 접근법을 이용한다. 즉, 부재의 경계에 작용하는 여러 하중 적용모드에 따른 응력분포는 **수학적 탄성이론**(mathematical theory of elasticity)을 사용하여 결정될 수 있다. 우리가 사용할 수 있는 더욱 제한된 수학적 방법으로 응력해석은 균질 등방성 재료의 부재에 두 개의 강체 판을 통해 하중이 전달되도록 하는 특수한 경우에만 적용시킬 수 있다(그림 2.49).

만일 하중이 강체판(rigid plate)의 중심에 가해지면,[†] 판은 회전하지 않고 서로 접근하는 쪽으로 움직일 것이다. 이 경우, 부재는 짧아지고 폭과 두께는 증가할 것이다. 이러한 가정은 명백히 주어진 끝단 조건과도 부합하며, 부재는 직선을 유지하고, 변형 후에도 평면으로 유지되며, 부재의 모든 요소는 같은 방법으로 변형된다고 가정하는 것이 타당하다. 이에 관한 사항이 그림 2.50에서와 같이 하중 전·후의 고무모델에 잘 나타나 있다.[‡] 만일 모든 요소가 동일한 방법으로 변형된다면, 전체부재의 변형률 분포는 균일해야 한다. 다시 말하면, 축방향 변형률 $\epsilon_y$와 횡방향 변형률 $\epsilon_x = -\nu\epsilon_y$는 일정하다. 그러나 만일 응력이 비례한도를 넘지 않으면 훅의 법칙을 적용하여 $\epsilon_y = E\epsilon_y$라고 쓸 수 있으며, 이로부터 $\sigma_y$ 역시 일정하게 된다. 따라서 응력분포는 부재 전체를 통하여 일정하고, 어느 위치에서도 다음과 같다.

$$\sigma_y = (\sigma_y)_{\text{ave}} = \frac{P}{A}$$

여기서 그림 2.51과 같이 하중이 한 점에 집중하여 작용하면, 작용점 바로 인근 요소에서는 매우 큰 응력을 받게 되는 반면, 부재 끝 부분의 다른 요소들은 하중의 영향을 크게 받지 않는다. 이는 하중 작용점 인근에서는 큰 변형과 이에 따른 큰 변형률 및 큰 응력이 발생되는 반면, 모서리 부근에서는 변형이 생기지 않는 것을 관찰할 수 있다. 이제 부재의 양단에서 더욱 멀리 있는 요소를 고려하면 변형이 점

† 정확하게는 하중 작용선은 단면의 도심을 지나야 한다(1.3절 참조).

‡ 길고 가느다란 부재에서는 하중을 증가시키면 그 부재는 좌굴(buckling)이 발생되어 구부러진 형상이 될 수 있다(9장 참조).

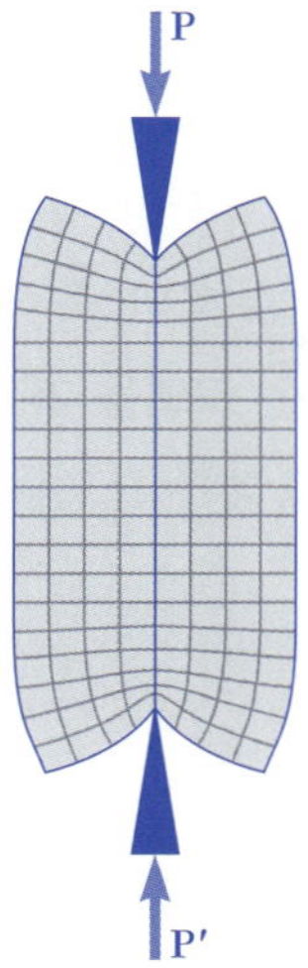


그림 2.51 고무 모델에 작용된 집중 축하중

진적으로 균일하게 되고 부재의 단면에 걸쳐 응력과 변형률이 거의 균일하게 분포됨을 알 수 있다. 이는 그림 2.52에서와 같이 집중하중을 받는 직사각형 평판의 각 단면에 발생하는 응력분포를 이론적인 역학이론으로 계산한 결과에 잘 나타나 있다.

부재의 양단으로부터 폭 $b$만큼 떨어진 거리에서 응력분포는 거의 균일하고 응력 $\sigma_y$는 평균값 $P/A$와 같다고 가정할 수 있다. 따라서 부재의 폭과 같거나 그 이상의 거리에서는 그림 2.49나 그림 2.51에 나타낸 하중조건과 관계없이 주어진 단면의 응력분포는 거의 일정하다고 할 수 있다. 즉, 하중을 작용시킨 바로 인근을 제외하면 응력분포는 실제하중 적용모드와 무관하다고 가정해도 좋다. 수직방향 하중뿐만 아니라 특수한 하중형태에서도 적용할 수 있는 이러한 원리를 프랑스의 수학자이자 공학자인 Ashemar Barre de Saint-Venant(1797–1886)의 이름을 따라 **생브낭의 원리**(*Saint-Venant*'s principle)라고 한다.

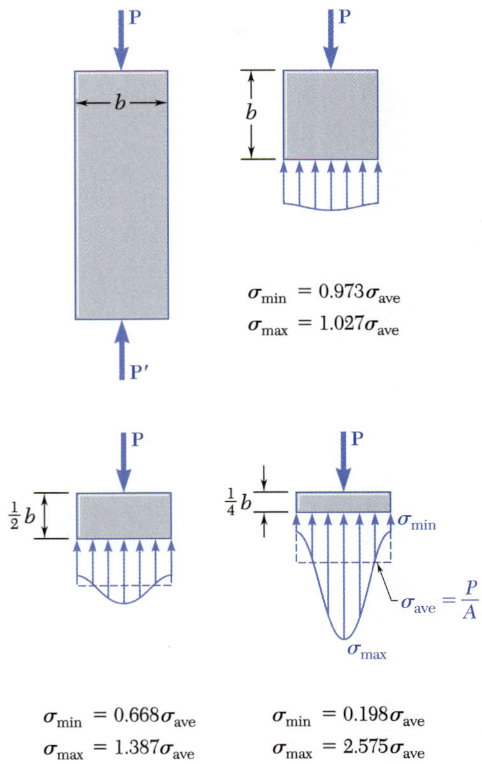


그림 2.52 집중 축하중 하의 판에서의 응력분포

생브낭의 원리는 구조물 부재의 응력을 계산하기 위해 주어진 하중을 간단한 것으로 대체할 수 있으나 이 원리를 적용할 경우, 명심해야 할 중요한 두 가지 사항이 있다:

1. 실제하중과 응력을 계산하기 위해 사용한 하중은 정역학적으로 같아야 한다.
2. 하중의 작용점 바로 인근에서의 응력은 이러한 방법으로 계산될 수 없다. 그러한 영역에서는 고급역학이나 혹은 실험방법을 이용하여 응력분포를 결정해야 한다.

그림 2.50의 부재에서 균일한 응력분포를 얻기 위해 사용된 판은 부재가 횡방향(가로방향)으로 자유롭게 팽창할 수 있도록 허용되어야 한다. 따라서 판은 부재에 완전히 부착되지 않아야 한다.

판은 부재와 단지 접촉하고 있으며 부재의 횡방향 팽창을 방해하지 않을 정도로 충분히 매끄럽다고 가정해야 한다. 그러한 양단 부분의 조건은 부재가 압축일 경우는 만족시킬 수 있지만, 부재가 인장일 경우는 물리적으로 실현시키기 어렵다. 실제로 고정가능 여부는 상관없이 부재의 응력분포가 균일하도록 부재에 하중을 가한다. 이러한 응력분포를 허용하는 **모델을 가상**(*imagine a model*)하고, 나중에 실제 하중조건과 비교할 수 있도록 그러한 모델을 기억해 두는 일이 의미가 있는 일이다.

## 2.15 응력집중

앞 절에서와 같이 집중하중 작용점 인근의 응력은 부재내의 평균 응력보다 훨씬 큰 값이 될 수 있다. 구조물 부재 내에 구멍이나 급격한 단면 변화와 같은 불연속 부분이 있을 때, 높은 국부적 응력이 불연속 부근에서 발생된다. 그림 2.53과 2.54에서는 그러한 두 경우에 관련된 임계 단면에서의 응력분포를 나타낸다. 그림 2.53은 원형구멍이 있는 평판에 관한 것으로 구멍중심을 통과하는 단면에 발생하는 응력분포를 나타낸다. 그림 2.54는 필릿으로 연결된 두 개의 폭이 다른 평판에 관한 경우이며, 그림의 좁은 부분에 대한 응력분포를 보면 단면 폭이 최소인 연결부에서 가장 높은 응력이 발생됨을 알 수 있다.

이러한 결과는 **광탄성법**(photoelastic method)과 같은 실험적 방법을 통하여 얻어졌다. 부재를 설계하기 위해 실험적 해석을 수행할 수 없는 엔지니어에게는 다행스럽게도, 위의 결과는 부재의 크기와 사용된 재료에 상관없이 단지 기하학적 파라미터(parameter)의 비에만 관련된다는 점이다. 즉, 원형 구멍의 경우에는 $r/d$

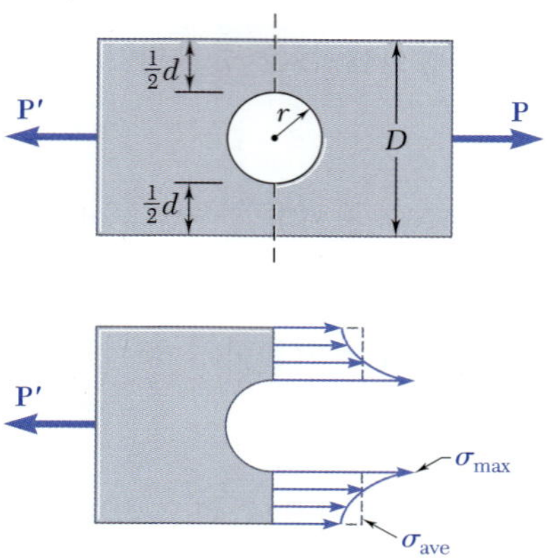


**그림 2.53** 축방향 하중을 받는 평판에서 원형구멍 부근의 응력분포

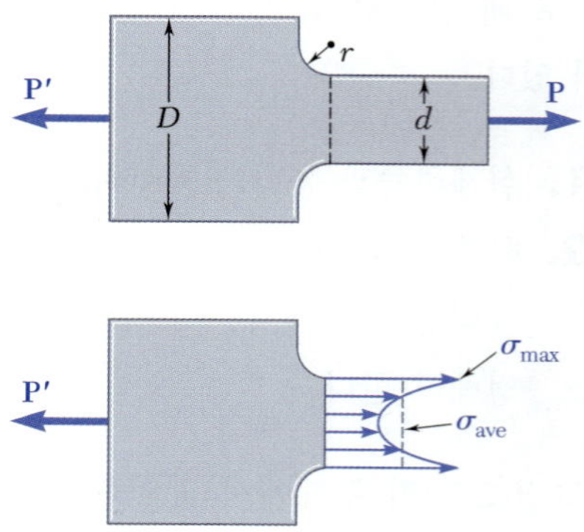


**그림 2.54** 축방향 하중을 받는 평판에서 필릿 부근의 응력분포

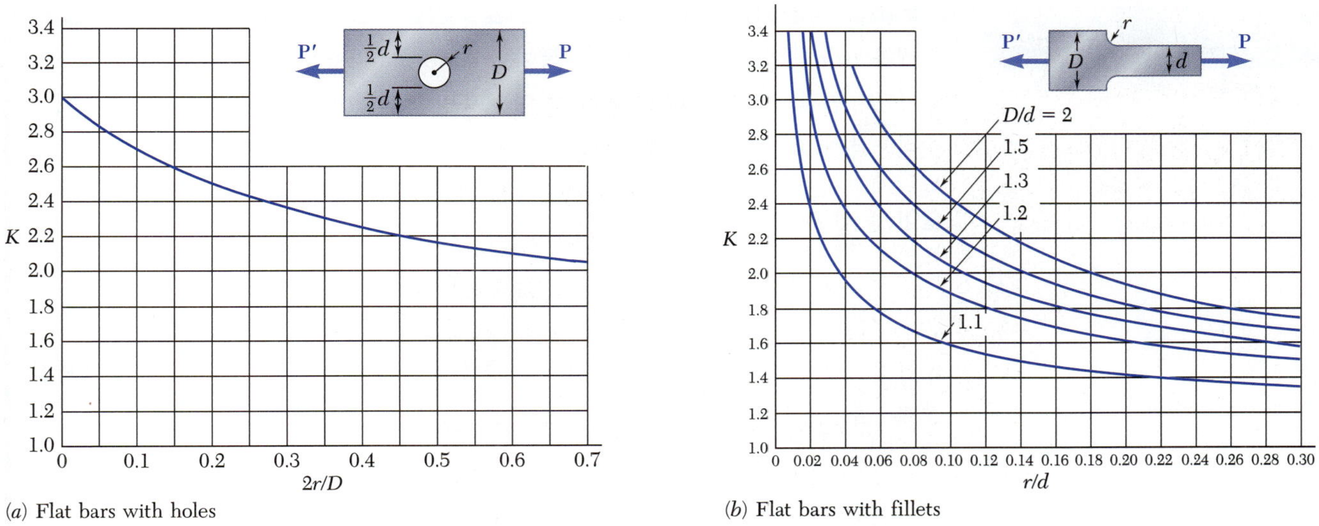


**그림 2.55** 축방향 하중을 받는 평판의 응력집중계수

의 비율, 그리고 필릿의 경우에는 $r/d$와 $D/d$의 비율에 의해서만 결정된다. 더군다나, 설계자는 주어진 하중에서 허용응력이 초과하는지 아닌지를 결정하는 것이 주된 관심사이며, 주어진 단면에 발생하는 실제적인 응력분포보다 그 단면에서의 최대 응력값에 더 관심을 갖는다. 이러한 이유로 불연속 단면의 임계(최소폭 단면)영역에서의 최대응력과 평균응력의 비를 정의한다.

$$K = \frac{\sigma_{\text{max}}}{\sigma_{\text{ave}}} \tag{2.36}$$

이 비율을 주어진 불연속 단면에서의 **응력집중계수**(stress-concentration factor)라고 한다. 계산된 응력집중계수는 모든 경우에 기하학적 파라미터의 비에 적용시킬 수 있으며, 얻어진 결과는 표(table)의 형태나 또는 그림 2.55와 같은 그래프로 나타낼 수 있다. 주어진 부재가 축방향 하중 $P$를 받는 경우에 불연속 단면 부근에서 발생하는 최대 응력값을 결정하기 위하여, 설계자는 단지 임계단면에서 평균응력 $\sigma_{\text{ave}} = P/A$를 계산한 후 해당되는 응력집중계수 $K$를 곱해 주어 얻는다.

여기서 주의할 점은 그림 2.55에 표시된 $K$값들은 응력과 변형률의 관계가 선형적이라는 가정에서 구해진 것이므로, 이 과정은 $\sigma_{\text{max}}$가 재료의 비례한도를 넘지 않는 경우에만 유효하다. 또한 평균응력은 최소폭 단면적에서 계산해야 함을 주의하라. 즉, $\sigma_{\text{ave}} = P/td$, $t$는 판의 두께이다.

† W. D. Pilkey, *Peterson's Stress Concentration Factors*, 2nd ed., John Wiley & Sons, New York, 1997.

**예제 2.10**

두께가 10 mm인 강재로 된 평판의 폭이 각각 40 mm와 60 mm이고 필릿 반지름 $r$ = 8 mm로 연결되어 있을 때, 지지할 수 있는 축방향 최대하중 **P**를 결정하시오. 단, 허용 수직응력은 165 MPa로 가정하시오.

**풀이** 우선 다음의 비율을 계산한다.

$$\frac{D}{d} = \frac{60 \text{ mm}}{40 \text{ mm}} = 1.50 \qquad \frac{r}{d} = \frac{8 \text{ mm}}{40 \text{ mm}} = 0.20$$

그림 2.55$b$의 그래프에서 $D/d$ = 1.50인 곡선을 사용하면 $r/d$ = 0.20일 때의 응력집중계수를 결정할 수 있다.

$$K = 1.82$$

이 값을 식 (2.36)에 대입하고, $\sigma_{ave}$에 대해서 풀면,

$$\sigma_{ave} = \frac{\sigma_{max}}{1.82}$$

그러나 $\sigma_{max}$는 허용응력 $\sigma_{all}$ = 165 MPa을 초과할 수 없다. 이 값을 $\sigma_{max}$에 대입하면 판의 최소폭 단면 부분($d$ = 40 m)의 평균응력은 다음과 같다.

$$\sigma_{ave} = \frac{165 \text{ MPa}}{1.82} = 90.7 \text{ MPa}$$

$\sigma_{ave} = P/A$ 관계이므로 축방향 최대하중은 다음과 같다.

$$P = A\sigma_{ave} = (40 \text{ mm})(10 \text{ mm})(90.7 \text{ MPa}) = 36.3 \times 10^3 \text{ N}$$
$$P = 36.3 \text{ kN}$$

**2.46** 하중 $P = 40$ kN가 그림과 같이 작용할 때, 필릿 반지름(fillet radius)이 다음과 같을 경우에 최대응력을 구하시오. (*a*) $r = 12$ mm, (*b*) $r = 15$ mm.

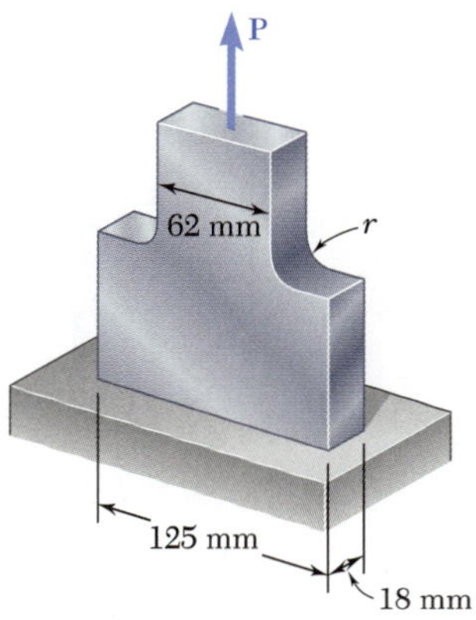


그림 P2.46, P2.47

**2.47** 그림과 같은 판에서 허용응력이 110 MPa이다. 필릿 반지름이 다음과 같을 경우, 최대 허용하중 **P**를 구하시오. (*a*) $r = 10$ mm, (*b*) $r = 18$ mm.

**2.48** 구멍지름이 9 mm일 때, 다음 사항을 계산하시오. (*a*) 구멍 *A*와 필릿에서 동일한 최대응력이 발생할 필릿 반지름 $r_f$, (*b*) 허용응력이 100 MPa일 경우에 대해 최대 허용하중 **P**.

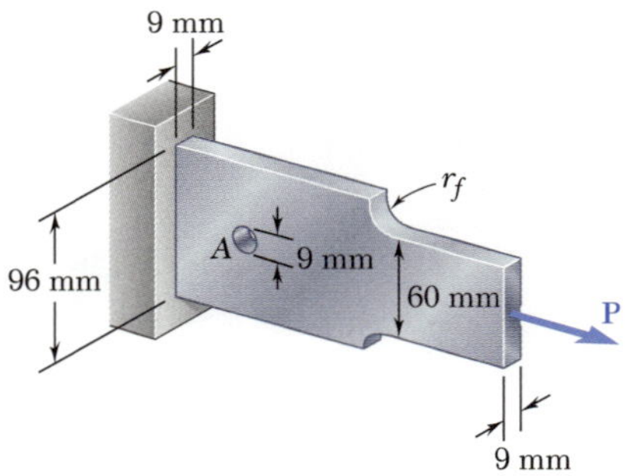


그림 2.48

**2.49** 그림과 같이 하중을 받고 있는 강재판에 구멍이 뚫려 있다. 허용응력이 125 MPa일 경우, $P = 100$ kN을 작용시킬 수 있는 위한 판의 최소두께 $t$를 구하시오.

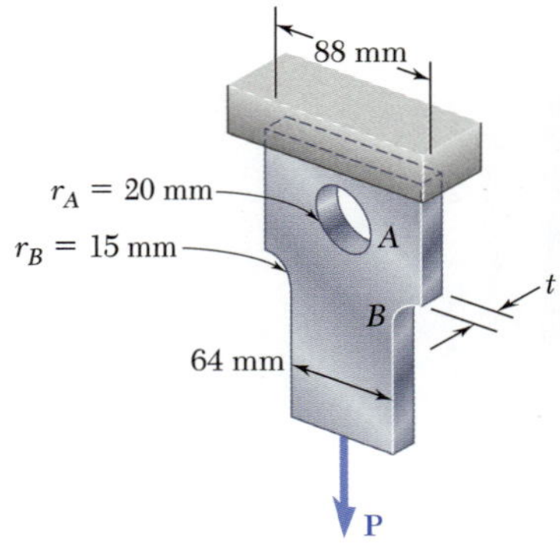


그림 2.49

**2.50** 알루미늄 시험편이 양끝에 동일한 크기 P의 중심축방향 하중을 받고 있다. (*a*) $E = 70$ GPa, $\sigma_{all} = 200$ MPa 일 경우에 시험편에 가할 수 있는 최대 허용하중 *P*와 총변형량을 구하시오. (*b*) 길이가 같고 60 × 15 mm의 균일한 직사각형단면을 갖는 알루미늄 시편일 경우에 (*a*)항을 계산하시오.

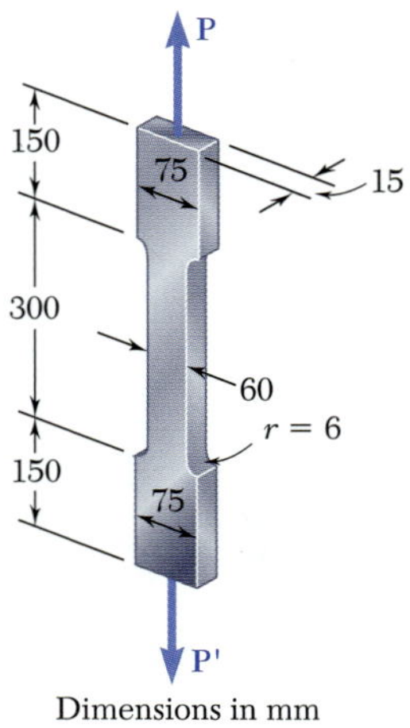


그림 P2.50

**2.51** 연습문제 2.50에서 총변형량이 0.75 mm일 경우에 최대 수직응력을 결정하시오.

**2.52** 그림과 같이 두 개의 구멍이 있는 강재로 된 판이 중심축방향 하중을 받고 있다. $P = 30$ kN이 작용할 경우, 다음 지점에서 최대응력을 결정하시오. (*a*) *A*, (*b*) *B*.

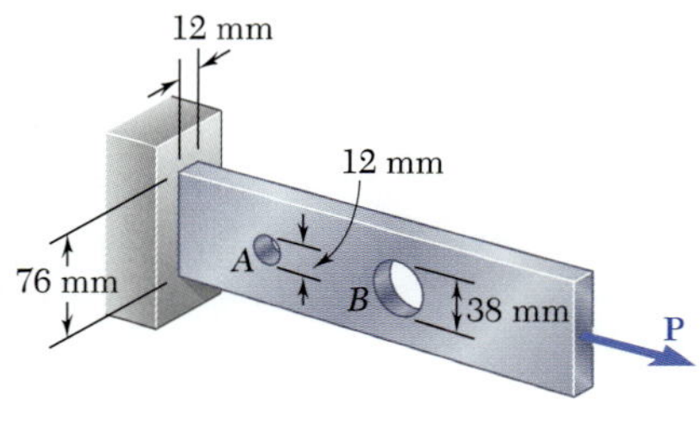


그림 P2.52, P2.53

**2.53** 허용응력이 $\sigma_{all} = 110$ MPa일 경우, 허용할 수 있는 최대 중심축방향 하중 **P**를 계산하시오.

# 제2장 복습 및 요약

이 장에서는 변형률의 개념에 대한 소개와, 여러 형태의 재료에 대한 응력과 변형률의 관계, 그리고 축방향 하중을 받는 구조물 부품의 변형량을 결정하는 방법을 자세히 살펴보았다.

## 수직변형률

길이가 $L$이고 균일한 단면이 일정한 봉이 축방향 하중 **P**를 받아 일어나는 변형량을 $\delta$로 표기하면(그림 2.56), **단위길이 당 변형량**(deformation per unit length) 봉의 **수직변형률**(normal strain) $\epsilon$으로 정의했다(2.2절).

$$\epsilon = \frac{\delta}{L} \tag{2.1}$$

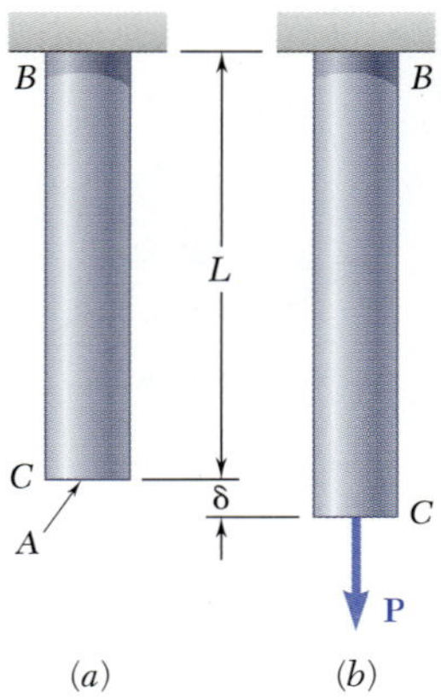


그림 2.56

단면이 변하는 봉의 경우, 주어진 봉의 $Q$점을 포함하는 작은 요소를 고려함으로써 점 $Q$ 점에서 발생되는 수직변형률이 정의되었다. 요소길이를 $\Delta x$, 그리고 주어진 하중에서의 변형을 $\Delta\delta$로 나타내면 다음과 같이 쓸 수 있다.

$$\epsilon = \lim_{\Delta x \to 0} \frac{\Delta\delta}{\Delta x} = \frac{d\delta}{dx} \tag{2.2}$$

## 응력-변형률 선도

하중 증가에 따라 변형률 $\epsilon$에 대한 응력 $\sigma$를 그래프로 나타내면, 사용된 재료에 대한 **응력-변형률 선도**(stress-strain diagram)를 얻을 수 있다(2.3절). 이 선도로부터 **취성**(brittle)과 **연성**(ductile) **재료**들을 구분할 수 있다. 취성재료로 만들어진 시편은 신장률이 거의 없는 상태에서 파단된다(그림 2.57). 그러나 연성재료로 만들어진 시편은 **항복강도**(yield strength)라고 불리는 임계응력 $\sigma_Y$에 도달하면 증가되는 하중크기가 작아도 파단되

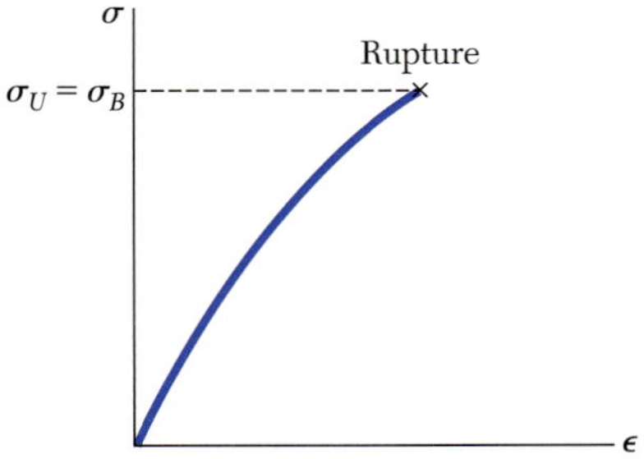


그림 2.57

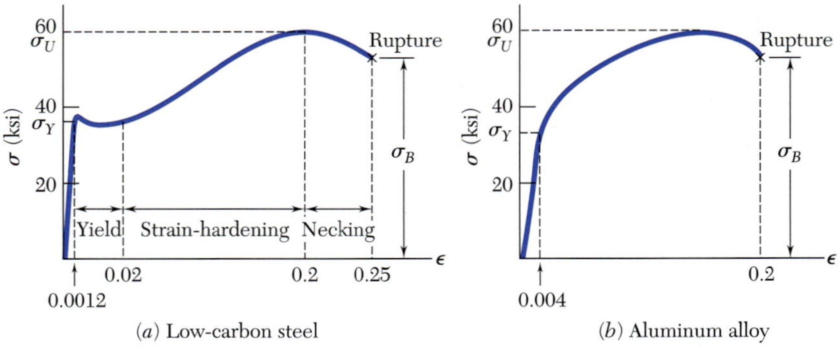


그림 2.58

기 전에 상당히 큰 변형이 일어난다(그림 2.58). **콘크리트**와 같은 취성재료는 인장시험과 압축시험에서 서로 다른 특성을 나타낸다.

### 훅의 법칙과 탄성계수

2.4절에서 응력–변형률 선도의 초기부분은 직선임을 알았다. 즉, 작은 변형량에서는 응력은 변형률에 직접 비례한다는 것을 의미한다.

$$\sigma = E\epsilon \tag{2.3}$$

이 관계를 **훅의 법칙**(Hooke's law)이라 하고 계수 $E$는 재료의 **탄성계수**(modulus of elasticity)이다. 식 (2.3)을 적용할 수 있는 최대응력을 재료의 **비례한도**(proportional limit)라고 한다.

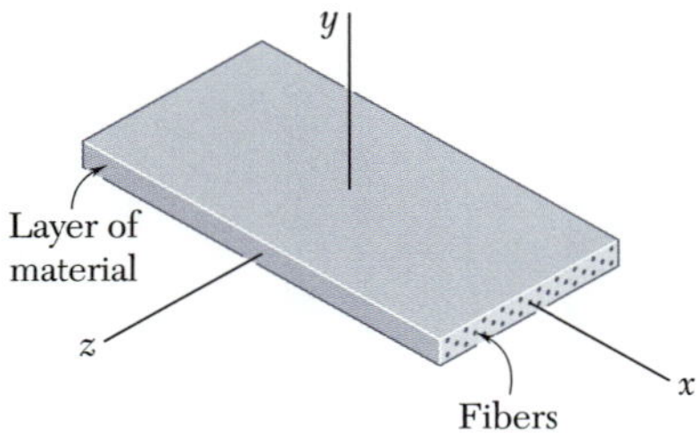

그림 2.59

이제까지 고려한 재료들은 특성이 방향성을 갖지 않는 **등방성**(isotropic)이었다. 2.4절에서는 방향에 종속적인 특성을 갖는 재료, 즉 **이방성재료**(anisotropic material)의 한 종류에 대해 살펴보았다. 이러한 재료들은 **섬유강화 복합재료**(fiber-reinforced composite material)로, 강성이 큰 재질의 섬유를 약하고 부드러운 모재에 심어서 만든다(그림 2.59). 이러한 재료에서는 하중의 적용방향에 따라 각각 서로 다른 탄성계수들이 사용되어야 한다.

### 탄성한도와 소성변형

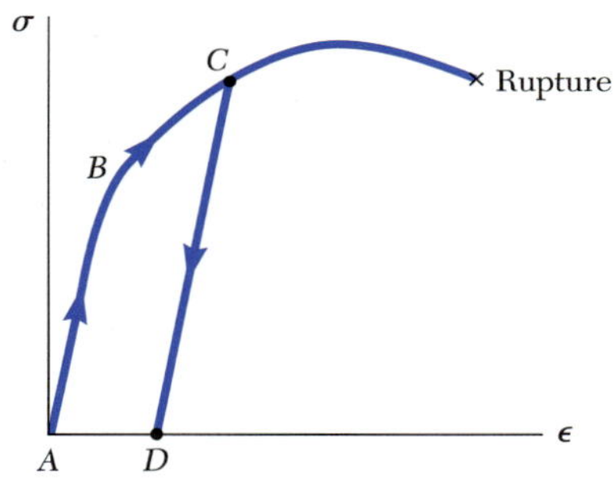

그림 2.60

만일 가해진 하중에 의해 시편에 발생된 변형률이 하중이 제거된 후 사라진다면, 재료는 **탄성적**(elastically)으로 거동한다고 말한다. 이 경우에 최대응력을 재료의 **탄성한도**(elastic limit)라 한다(2.5절). 만일 탄성한도를 초과한 후, 하중이 제거될 때 응력과 변형률은 선형적으로 감소하지만 변형률은 0으로 돌아가지 않으며(그림 2.60), 재료에 **영구변형**(permanent set), 혹은 **소성변형**(plastic deformation)이 발생된다.

### 피로, 내구한도

2.6절에서는 작용된 응력이 탄성영역 내에 있더라도 많은 횟수의 반복하중이 가해진 후에 구조물, 혹은 기계부품이 파손되는 **피로**(fatigue)현상을 살펴보았다. 표준 피로시험은 주어진 최대응력 수준에서 시편에 파손을 일으킬 만큼의 계속적인 하중의 작용 및 제거 사이클(successive loading-and-unloading cycle)에 대한 횟수 $n$을 결정하여, $\sigma$–$n$ 곡선을 그린다. 무한대의 사이클에도 파손이 발생되지 않은 $\sigma$값을 시험에 사용한 재료의 **내구한도**(endurance limit)라 한다.

### 축방향 하중상태에서 탄성변형

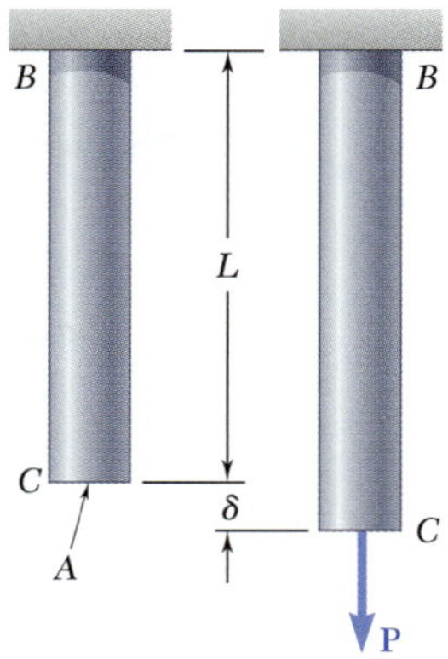

그림 2.61

2.7절에서는 다양한 축방향 하중조건에서 여러 가지 기계나 구조물 부품의 탄성 변형량을 결정하는 과정을 살펴보았다. 단면적 $A$가 일정하고 길이 $L$인 봉의 끝에 중심 축방향 하중 $\mathbf{P}$가 작용하면(그림 2.61) 변형량은 다음 식과 같다.

$$\delta = \frac{PL}{AE} \tag{2.6}$$

만일 봉의 여러 지점에 하중이 작용되거나 단면과 재료가 다르게 만들어진 경우에 봉의 변형량 $\delta$는 다음 식과 같이 각 부분의 변형량의 합으로 나타낼 수 있다(예제 2.1).

$$\delta = \sum_i \frac{P_i L_i}{A_i E_i} \tag{2.7}$$

### 부정정 문제

2.8절에서는 **부정정 문제**(statically indeterminate problems)의 해에 관해 중점을 두었다. 즉, 반력이나 내력을 정역학 평형방정식으로는 결정할 수 없는 문제들이다. 부재의 자유물체도로부터 유도된 평형방정식은 문제의 기하학적 형상과 발생된 변형의 적합조건 관계식에 의해 보완된다. 예를 들어, 그림 2.62의 봉과 튜브에 작용하는 힘의 합은 $P$와 같아야 하고 또한 봉과 튜브의 변형량은 서로 같아야 한다(예제 2.2). 또한 다른 예로서, 그림 2.63에 나타낸 봉의 지지점에 발생하는 지점반력은 봉의 자유물체도만으로는 구할 수 없다(예제 2.3). 이 문제에서는 전체의 변위가 0이 되어야 한다는 조건을 추가하면 반력을 구할 수 있다.

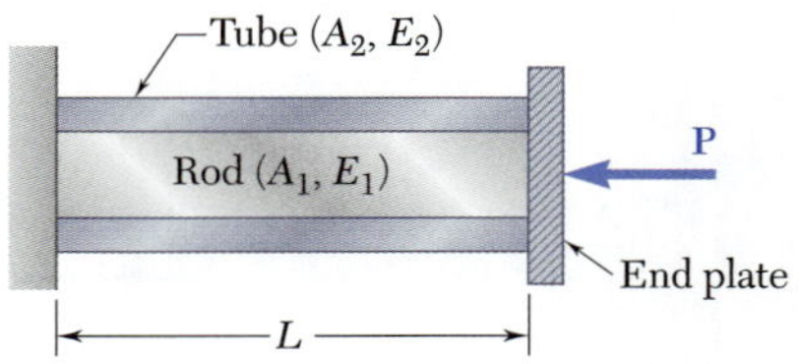

그림 2.62

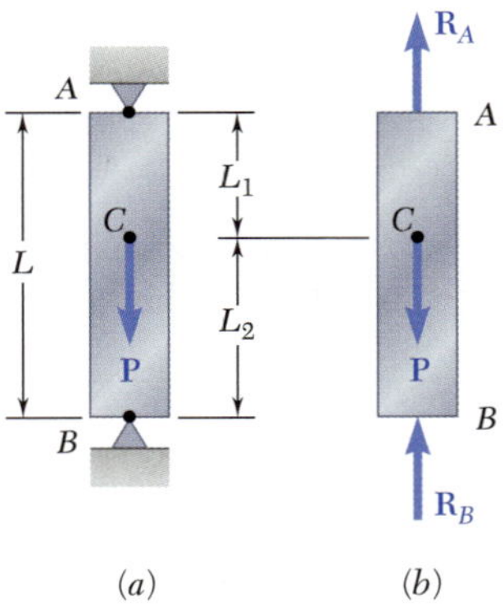

그림 2.63

### 온도변화와 관련된 문제

2.9절에서는 **온도변화**를 포함하는 문제를 살펴보았다. 우선 길이가 $L$인 **구속되지 않은 봉**(unrestrained rod) $AB$의 온도가 $\Delta T$만큼 상승할 경우에 늘어난 길이는 다음 식과 같다.

$$\delta_T = \alpha(\Delta T)L \tag{2.20}$$

여기에서 $\alpha$는 재료의 **열팽창계수**(thermal expansion coefficient)이다. 이 경우, **열변형률**(thermal strain)은 다음과 같다.

$$\epsilon_T = \alpha \Delta T \tag{2.21}$$

위의 변형률은 무응력상태에서 발생됨을 알 수 있다. 그러나 만일 봉 $AB$가 고정 지지대에 의해 구속되어 있으면(그림 2.64), 온도가 상승함에 따라 지지대에서 생기는 반력으로 인하여 봉에는 응력이 발생된다.

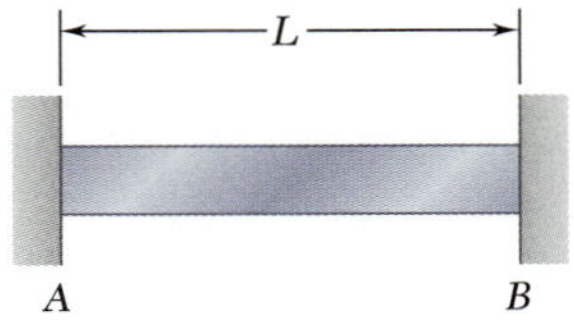

그림 2.64

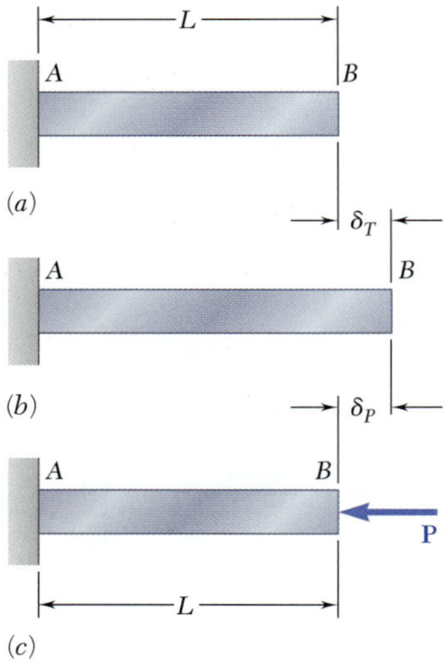


그림 2.65

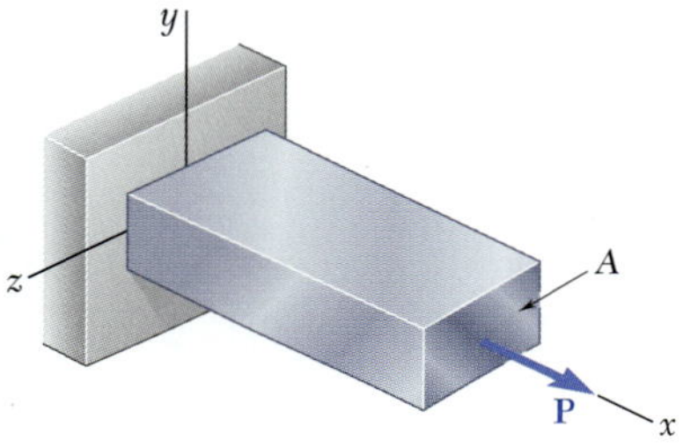


그림 2.66

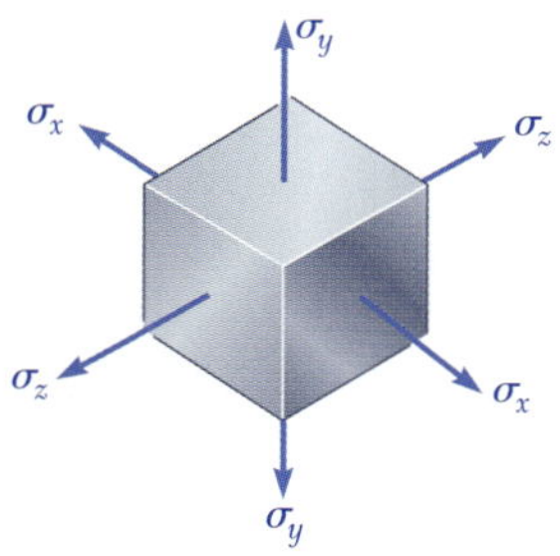


그림 2.67

반력 $P$의 크기를 결정하기 위하여 그림 2.65에서와 같이 우선 봉의 $B$점을 고정 지점으로부터 분리하여 온도 변화에 따라 자유롭게 팽창하도록 하고 그때의 변형량 $\delta_T$를 별도로 고려한다. 다음으로 $B$점에 고정 지지를 다시 적용하여 원래의 길이로 되돌리기 위해 필요한 힘 $P$에 의해서 발생되는 변형량 $\delta_P$를 고려한다. 전체의 변형량 $\delta = \delta_T + \delta_P$가 0이라는 식을 사용하면 $P$에 대해서 풀 수 있는 하나의 식을 얻는다. 봉 $AB$의 전체 변형률이 분명히 0이더라도 봉의 단면이나 재질이 서로 다른 요소로 구성되어 있을 경우, 요소부분의 **변형량은 일반적으로 0이 아니므로** 이것과는 다른 문제이다(예제 2.6).

## 횡방향 변형률과 푸아송 비

축방향 하중 **P**가 균질의 가느다란 봉에 가해지면(그림 2.66), 봉의 축방향 뿐만 아니라 가로방향 또는 횡방향(transverse direction)으로도 변형률을 발생시킨다(2.10절). 이 변형률을 **횡방향 변형률**(lateral strain) 또는 가로방향 변형률이라고 한다. 횡방향 변형률과 축방향 변형률의 비를 **푸아송 비**(Poisson's ratio)라고 하며, 그리스 문자 $\nu$(nu)로 표기한다.

$$\nu = -\frac{\text{횡방향 변형률}}{\text{축방향 변형률}} \tag{2.24}$$

봉의 축방향 변형률은 $\epsilon_x = \sigma_x/E$이며, 축방향 하중에 의한 다른 방향, 즉 횡방향 변형률식은 아래와 같다:

$$\epsilon_x = \frac{\sigma_x}{E} \quad \epsilon_y = \epsilon_z = -\frac{\nu\sigma_x}{E} \tag{2.26}$$

## 다축하중

위의 결과를 2.11절에서 그림 2.67과 같은 응력상태를 발생시키는 **다축하중**(multiaxial loading)의 경우로 확장했다. 이 경우에 발생되는 변형률은 다음의 관계식들로 나타냈으며, 이를 다축하중 상태에서 **일반화된 훅 법칙**(generalized Hooke's law)이라 한다.

$$\begin{aligned}
\epsilon_x &= +\frac{\sigma_x}{E} - \frac{\nu\sigma_y}{E} - \frac{\nu\sigma_z}{E} \\
\epsilon_y &= -\frac{\nu\sigma_x}{E} + \frac{\sigma_y}{E} - \frac{\nu\sigma_z}{E} \\
\epsilon_z &= -\frac{\nu\sigma_x}{E} - \frac{\nu\sigma_y}{E} + \frac{\sigma_z}{E}
\end{aligned} \tag{2.27}$$

## 전단변형률, 강성계수

제1장 응력의 개념에서 설명한 바와 같이 가장 일반적인 하중조건에서의 재료의 응력상태는 수직응력뿐 만 아니라 전단응력도 포함한다(그림 2.68). 전단응력은 재료의 입방체요소(cubic element)를 경사진 평행육면체(oblique parallelepiped)로 변형시킨다(2.12절). 예를 들어, 그림 2.69에서와 같이 크기가 같은 전단응력 $\tau_{xy}$와 $\tau_{yx}$를 고려하면, 그들이 작용하는 면에 의해서 형성되는 각도가 작은 각 $\gamma_{xy}$만큼 증가되거나 또는 감소하게 된다. 이 각도는 라디안(radian) 단위로 나타내며 $x$와 $y$방향의 **전단변형률**(shearing strain)이라고

정의한다. 같은 방법으로 전단변형률 $\gamma_{yz}$와 $\gamma_{zx}$도 다음과 같이 표시한다.

$$\tau_{xy} = G\gamma_{xy} \qquad \tau_{yz} = G\gamma_{yz} \qquad \tau_{zx} = G\gamma_{zx} \tag{2.28, 2.29}$$

이 식들은 전단응력이 비례한도 이내에 있는 균질 등방성재료에 대해서만 유효하다. 상수 $G$는 재료의 **강성계수**(modulus of rigidity)라고 하며 **전단응력과 전단변형률에 대한 훅의 법칙**(Hooke's law for shearing stress and strain)을 나타낸다. 식 (2.27)과 함께 이 식들은 가장 일반적인 응력 조건에서의 균질 등방성 재료에 대한 일반화된 훅의 법칙을 나타내는 식들이다.

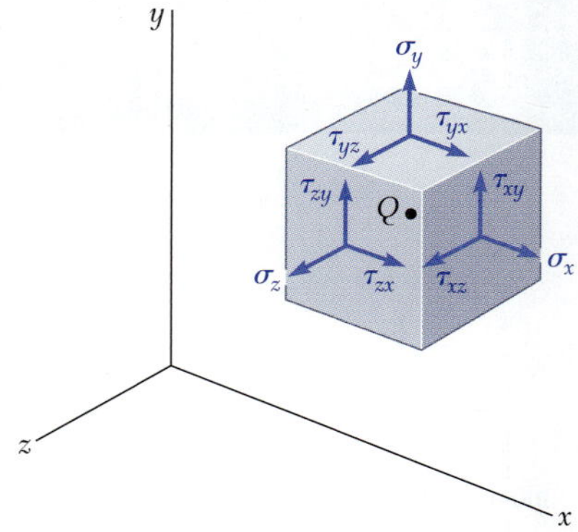


**그림 2.68**

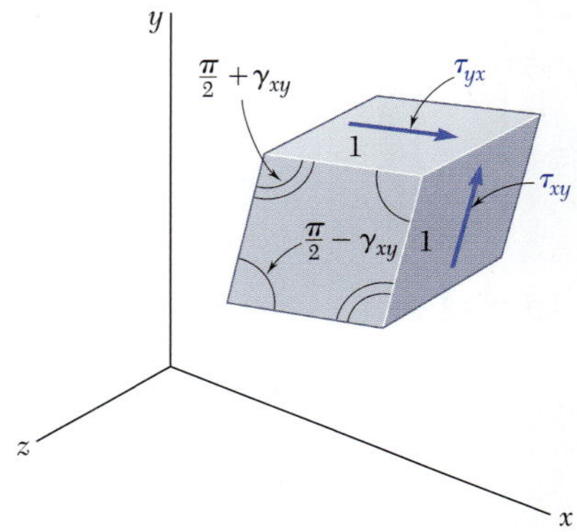


**그림 2.69**

2.13절에서는 가느다란 봉에 축방향 하중이 가해지면 축방향 요소의 축방향과 가로방향의 수직변형률만 발생시키는 반면, 45°의 각도로 회전된 요소에는 수직변형률과 전단변형률이 모두 발생된다(그림 2.70). 또한 세 개의 상수 $E$, $\nu$, $G$는 서로 종속적이며 다음 관계를 만족한다.

$$\frac{E}{2G} = 1 + \nu \tag{2.35}$$

이 관계식으로부터 두 개의 상수를 알면 다른 하나를 결정할 수 있다.

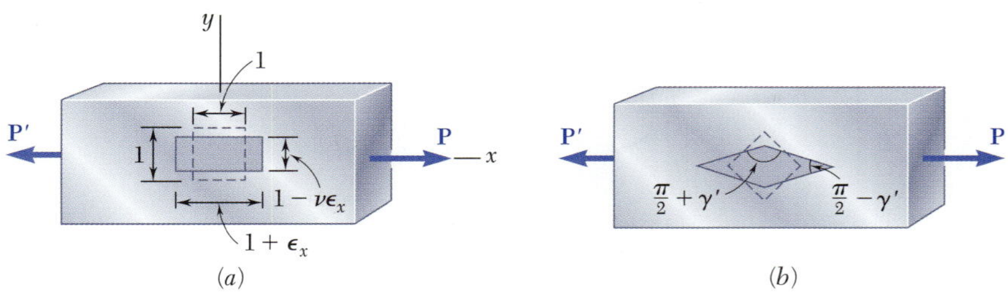


**그림 2.70**

## 생브낭의 원리

2.14절에서 **생브낭의 원리**(Saint-Venant's principle)의 원리를 살펴보았으며, 주어진 부재의 응력분포는 하중 작용점 바로 인근을 제외하고는 하중 작용의 실제 형태와 무관하다는 것이다. 이 원리에 의하면 축방향으로 집중하중을 받는 부재에서 응력분포는 응력집중이 발생되는 하중 작용점 인근을 제외하고는 균일하다고 가정할 수 있다.

## 응력집중

응력집중은 구조물 부재에서 구멍이 있거나 단면이 급격히 변화되는 불연속 부근에서 발생된다(2.15절). 임계단면에서 계산한 평균응력에 대한 불연속점 부근에서의 최대응력 값의 비를 그 불연속점에서의 **응력집중계수**(stress-concentration factor)라고 정의하며 $K$로 표기한다.

$$K = \frac{\sigma_{\max}}{\sigma_{\text{ave}}} \tag{2.36}$$

원형구멍과 필릿(fillet)이 있는 평판에 대한 $K$값은 그림 2.55에 주어져 있다.

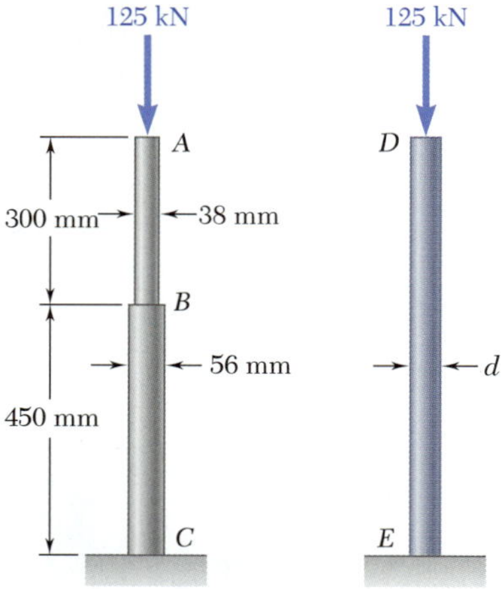


그림 P2.54

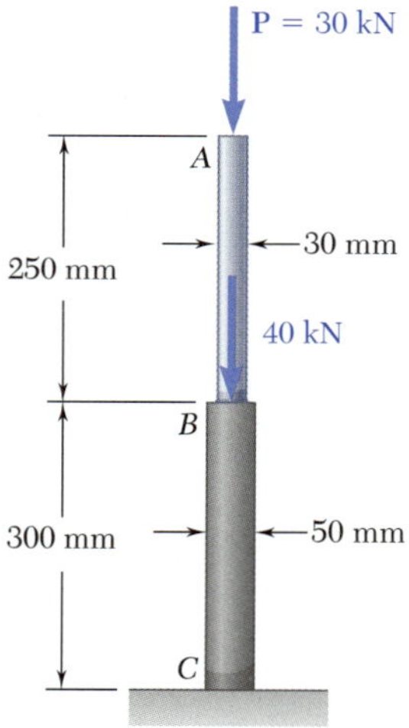


그림 P2.55

**2.54** 두 개의 중심봉 $AB$와 $BC$로 만들어진 알루미늄봉 $ABC$($E$ = 70 GPa)가 같은 길이의 중심 강재봉 $DE$($E$ = 200 GPa)로 대체되었다. 만일, 강재봉의 수직변형이 동일한 하중조건에서 알루미늄봉의 수직변형을 초과하지 않고, 강재의 허용응력도 165 MPa을 초과하지 않기 위한 강재봉의 최소지름을 결정하시오.

**2.55** 두 개의 중실 원통형 봉이 $B$에 부착되어 있으며 그림과 같이 하중이 작용하고 있다. 봉 $AB$는 강재($E$ = 200 GPa)이고 봉 $BC$는 황동($E$ = 105 GPa)이다. 다음 사항을 계산하시오. (*a*) 복합봉(composite rod) $ABC$의 총 변형량, (*b*) 점 $B$의 변형량.

**2.56** 지름이 24 mm인 원통형 강철봉이 그림과 같이 바깥지름이 36 mm인 슬리브에 접착되어 있다. $E$ = 200 GPa일 때, 다음 사항을 계산하시오. (*a*) 총 변형량이 0.04 mm가 되기 위한 하중 **P**, (*b*) 중앙부분 $BC$의 변형량.

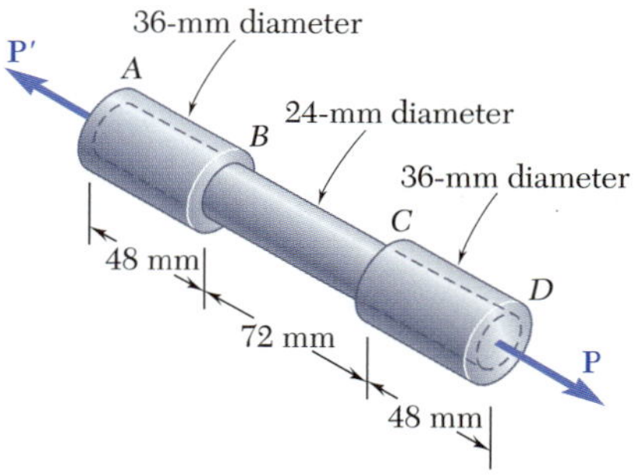


그림 P2.56

**2.57** 황동스트립 $AB$가 $A$점에 고정 지지되어 있고 $B$점에서 느슨하게 놓여 있다. 스트립과 $B$ 지지대 사이의 마찰계수는 0.60이다. 슬립(slipping)이 막 일어나려고 할 때 온도 감소량를 결정하시오.

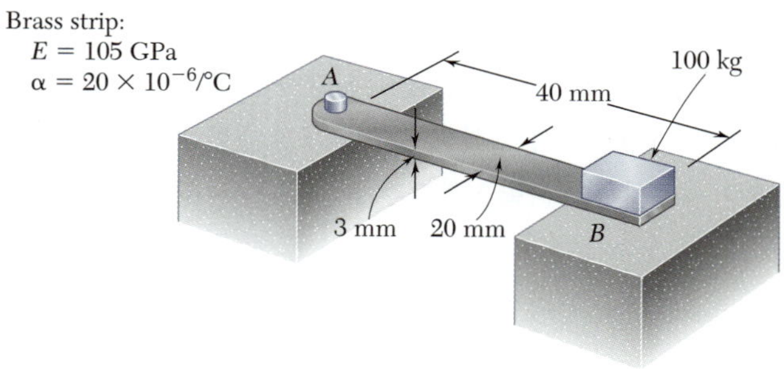


그림 P2.57

**2.58** 강재트러스($E$ = 200 GPa)에 그림과 같이 하중이 작용하고 있다. 부재 $BD$ 및 $DE$의 단면적이 각각 1250 mm$^2$ 및 1875 mm$^2$일 경우에 부재 $BD$ 및 $DE$의 변형량을 결정하시오.

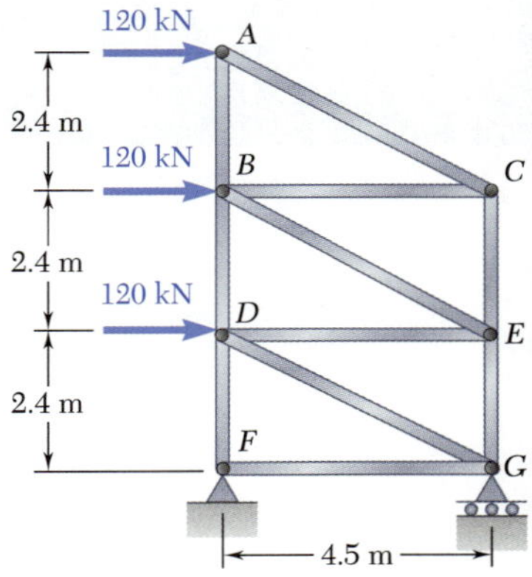


그림 P2.58

**2.59** 직사각형 단면 치수가 15 × 30 mm이고 길이가 250 mm인 봉이 두께가 5 mm인 두 개의 알루미늄층과 중앙에 동일한 두께의 황동층판으로 만들어져 있다. 이 봉에 중심축방향으로 $P$ = 30 kN인 압축하중이 작용한다. $E_a$ = 70 GPa, 그리고 $E_b$ = 105 GPa일 경우에, 다음 위치에서 발생되는 수직응력을 구하시오. (*a*) 알루미늄층, (*b*) 황동층.

brass layer.

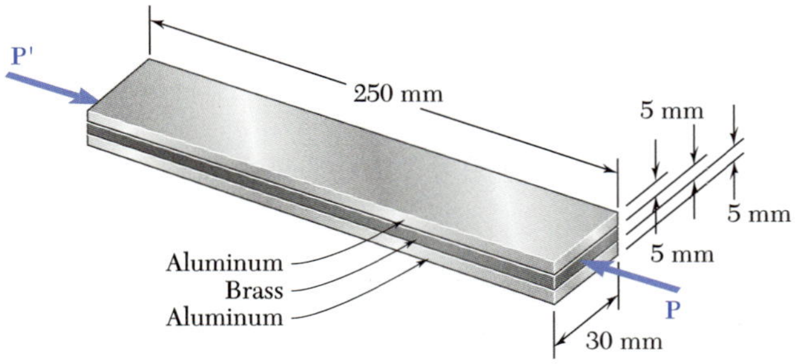


그림 P2.59

**2.60** 공기압에 의해 팽창되는 용기의 직물구조(fabric structure)에 수직응력 $\sigma_x$ = 120 MPa, $\sigma_z$ = 160 MPa의 2축하중(biaxial loading)이 작용되고 있다. 직물의 물성이 $E$ = 87 GPa, 그리고 $\nu$ = 0.34라고 하면, 다음 길이의 변화량을 계산하시오. (*a*) $AB$, (*b*) $BC$, (*c*) 대각선 $AC$.

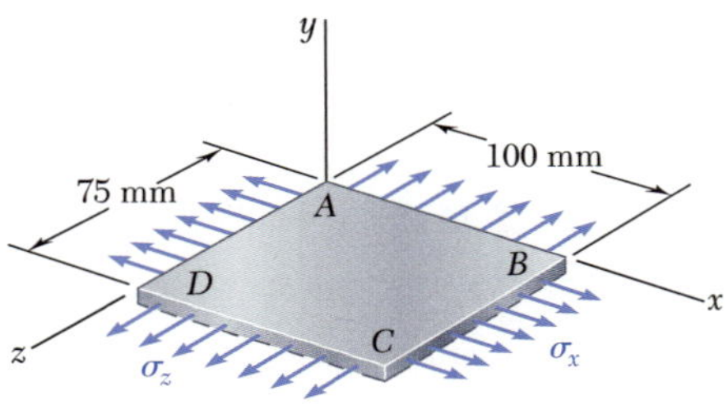


그림 P2.60

**2.61** 그림과 같이 두 개의 경질고무 블록으로 만들어진 진동방지 장치가 판 $AB$와 강체 지지대(rigid support)에 접착되어 있다. $P$ = 25 kN의 힘이 작용할 때 판의 신장량이 $\delta$ = 1.5 mm가 발생되었다. 이 경우, 사용된 고무의 강성계수 $G$를 결정하시오.

**2.62** 두 개의 경질고무 블록($G$ = 19 MPa)으로 만들어진 진동방지 장치가 판 $AB$와 강체 지지대에 그림과 같이 접착되어 있다. 판에 작용된 하중의 크기를 $P$, 그리고 발생된 변위를 $\delta$로 나타낼 경우에 시스템의 유효 스프링상수(effective spring constant) $k = P/\delta$를 계산하시오.

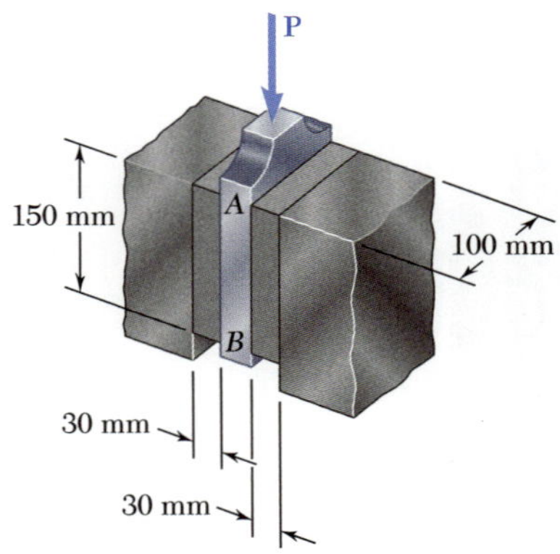


그림 P2.61, P2.62

# P2F 컴퓨터 활용문제

**다음의 문제들은 컴퓨터를 활용하여 풀 수 있도록 작성되었다.**

**2.C1** 균질(homogeneous)이고 균일(unifrom)한 단면적을 갖는 $n$개의 요소로 구성된 봉이 그림과 같은 하중을 받고 있다. 요소 $i$의 길이를 $L_i$, 단면적을 $A_i$, 탄성계수를 $E_i$, 그리고 오른쪽 끝에 작용하는 하중을 $\mathbf{P}_i$라 할 때, $\mathbf{P}_i$의 방향이 오른쪽을 향하면 양(+), 그 반대는 음(−)으로 한다.

(*a*) 각 요소에 걸리는 수직응력, 각 요소의 변형, 그리고 봉 전체의 변형량을 계산하는 프로그램을 작성하시오.

(*b*) 이 프로그램을 이용하여 연습문제 2.11과 2.56에 대해 구하시오.

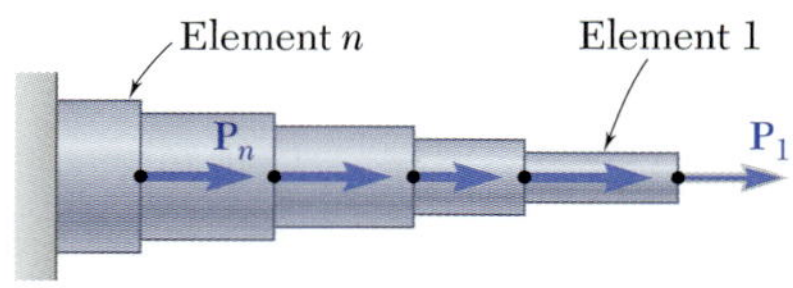


그림 2.C1

**2.C2** 수평으로 놓인 봉 $AB$의 양끝이 고정되어 있다. 균질이고 균일한 단면적을 갖는 $n$개의 요소로 구성된 봉이 그림과 같은 하중을 받고 있다. 요소 $i$의 길이를 $L_i$, 단면적을 $A_i$, 탄성계수를 $E_i$, 그리고 오른쪽 끝에 작용하는 하중을 $\mathbf{P}_i$라고 할 때, $P_i$의 방향이 오른쪽을 향하면 양(+), 그 반대는 음(−)으로 한다(여기서 $P_1 = 0$이다).

(*a*) $A$와 $B$에 발생되는 반력의 크기, 각 요소에 걸리는 수직응력, 그리고 각 요소의 변형량을 계산하는 프로그램을 작성하시오.

(*b*) 이 프로그램을 이용하여 연습문제 2.21에 대해 구하시오.

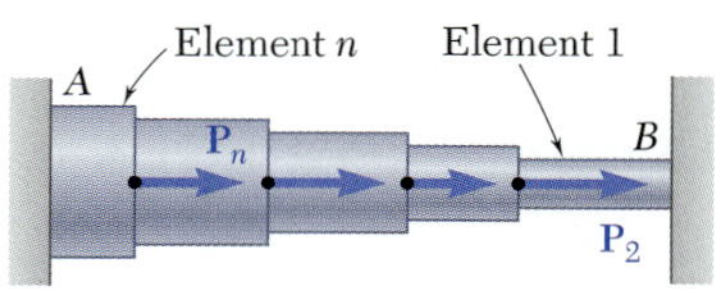


그림 2.C2

**2.C3** 균질이고 균일한 단면적을 가진 $n$개의 요소로 구성된 봉 $AB$가 있다. 왼편 끝 $A$는 고정이고, 오른편 끝 $B$는 초기에 오른쪽의 고정 지지대와 $\delta_0$의 간격으로 떨어져 있다. 요소 $i$의 길이를 $L_i$, 단면적을 $A_i$, 탄성계수를 $E_i$, 그리고 열팽창계수를 $\alpha_i$라고 한다. 봉의 온도가 $\Delta T$만큼 증가한 후에 $B$의 간격이 없어지며, 지지대의 수직면에 힘의 크기는 같고 방향이 반대인 반력이 봉에 가해진다.

(*a*) $A$와 $B$에 발생되는 반력의 크기, 각 요소에 발생되는 수직응력, 그리고 각 요소의 변형량을 계산하는 프로그램을 작성하시오.

(*b*) 이 프로그램을 이용하여 연습문제 2.26, 그리고 2.30에 대해 구하시오.

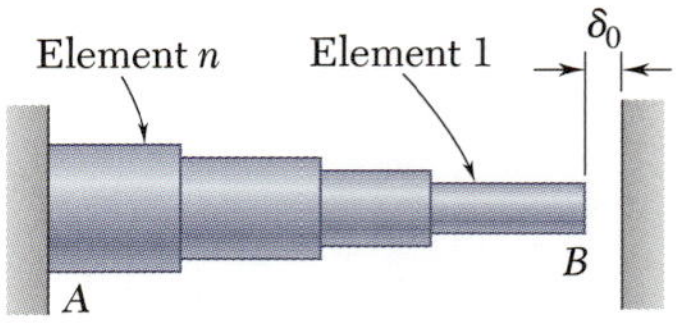


그림 2.C3

**2.C4** 평판의 폭 중앙에 그림과 같이 구멍이 있다. 축방향 하중이 평판에 작용할 때 응력집중계수는 다음과 같이 나타낼 수 있다.

$$K = 3.00 - 3.13\left(\frac{2r}{D}\right) + 3.66\left(\frac{2r}{D}\right)^2 - 1.53\left(\frac{2r}{D}\right)^3$$

여기서, $r$은 구멍의 반지름이고 $D$는 판의 폭이다.

(*a*) 판에서 주어진 값 $r$, $D$, 두께 $t$, 그리고 재료의 허용응력 $\sigma_{all}$일 경우에 허용하중 $\mathbf{P}$를 계산할 수 있는 프로그램을 작성하시오.

(*b*) $t = 6$ mm, $D = 75$ mm 그리고 $\sigma_{all} = 110$ MPa이고, $r$이 3 mm에서 18 mm까지 3 mm 간격으로 증가할 때 해당되는 허용하중 $\mathbf{P}$를 계산하시오.

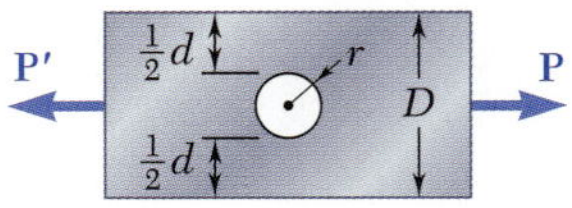


그림 2.C4

CHAPTER

# 3

# 비틀림

## Torsion

이 장에서는 비틀림과 비틀림에 의해 발생된 응력과 변형에 대해 배운다. 사진에 나타낸 증기터빈은 회전식 발전기의 축에 직접 연결되어 전기에너지를 발생시킨다.

## 3.1 서론



앞의 1장과 2장에서는 축방향 하중을 받는 구조용 부재의 응력과 변형률을 계산하는 방법에 대하여 배웠다. 이 장에서는 **비틀림**(*torsion*)을 받는 기계부품이나 구조용 부재에 대해 고려해보기로 한다. 좀 더 구체적으로 비틀림 우력(twisting couple), 혹은 토크(*torque*) **T**와 **T**′을 받는 원형단면 부재의 응력과 변형률에 관해 해석하기로 한다(그림 3.1). 이 우력은 같은 크기 $T$이고 방향(sense)은 서로 반대이다. 이 우력은 벡터량이며 그림 3.1*a*와 같이 원형화살 또는 3.1*b*와 같이 우력벡터(couple vector)로 표시한다.

비틀림을 받는 부재는 많은 공학적인 구조물에서 찾아볼 수 있다. 가장 일반적인 응용은 한 곳에서 다른 곳으로 동력을 전달하기 위해 사용되는 **전동축**(transmission shaft)이다. 예로서 사진 3.1에 나타낸 진동축은 자동차의 엔진에서 뒷바퀴로 동력을 전달하는 데에 사용된다. 이 축들은 그림 3.1과 같이 중실축(solid shaft)이거나 중공축(hollow shaft)일 수 있다.

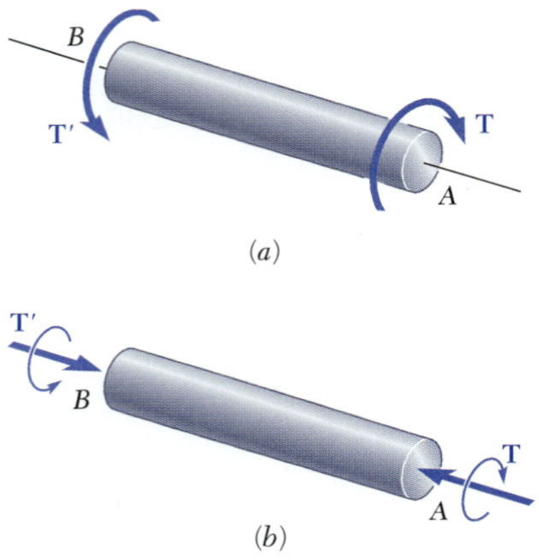


**그림 3.1** 비틀림이 작용되는 축

그림 3.2*a*에 나타낸 시스템은 증기터빈 $A$와 전동축 $AB$에 연결된 발전기 $B$로 구성되어 있다. 이 시스템을 세 부분으로 분리하면(그림 3.2*b*), 터빈은 축에 비틀림 우력 또는 토크 **T**를 발생시키고, 이 축이 다시 발전기에 같은 토크를 전달한다. 즉, 발전기는 같은 크기이고 방향이 반대인 토크 **T**′을 전동축에 전달하고, 이 전동축은 크기가 같고 방향이 반대인 토크 **T**′을 터빈에 작용시킨다.

먼저 3.2절에서 원형축에 발생하는 응력과 변형에 대해 일반적인 사항을 알아보기로 하자. 3.3절에서는 원형축의 중요한 특성, 즉 **원형단면 축은 비틀림을 받아도 각각의 단면은 평면으로 유지되며 뒤틀리지 않는다**는 사항을 알아볼 것이다.

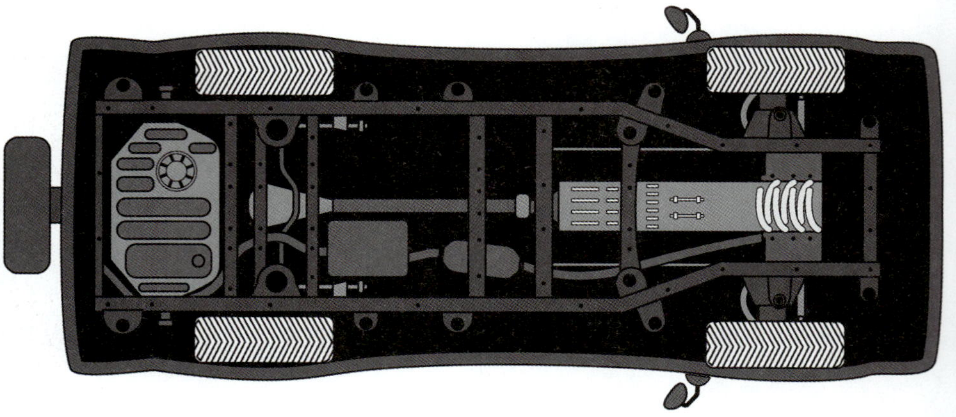

**사진 3.1** 자동차 동력전달(power train)장치에서 구동축(propeller shaft)은 엔진에서 뒷바퀴로 동력을 전달한다.

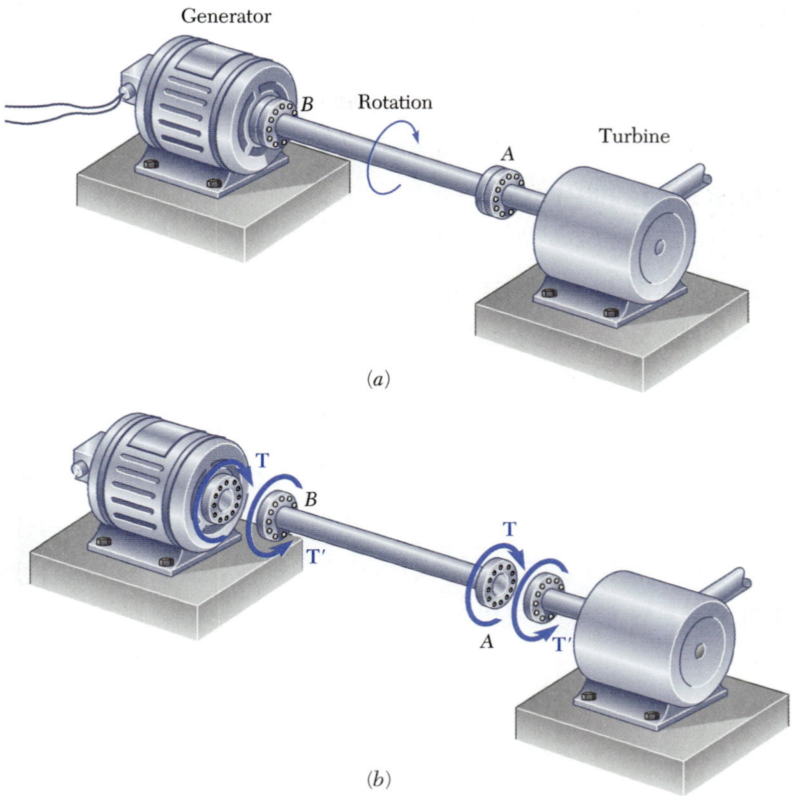


**그림 3.2** 전동축

다시 말하면 여러 단면이 축에 따라 다른 각도로 회전하는 동안 각각의 단면은 견고한 강체슬래브(solid rigid slab)처럼 회전한다. 이 특성으로부터 원형축 내의 전단변형률 분포를 구할 수 있다. 즉, **전단변형률은 이 원형축의 축(axis)중심으로부터 떨어진 거리에 비례적으로 변화**한다는 것을 알 수 있다. 변형이 **탄성영역**(elastic range) 내에서 일어나고 전단응력과 전단변형률에 대한 훅의 법칙을 사용하면 원형축 내에 존재하는 **전단응력분포**(distribution of shearing stresses)를 결정할 수 있고 **탄성비틀림식**(elastic torsion formulas)을 유도할 수 있다(3.4절). 3.2절에서 3.4절까지 배운 내용을 연습할 수 있도록 P3A 연습문제에 수록하였다.

3.5절에서는 탄성변형 내에서 주어진 비틀림 토크를 받는 원형축의 **비틀림각**(angle of twist)을 구하는 방법을 배운다. 3.6절에서는 **부정정축**(statically indeterminate shaft) 문제에 대한 해법을 공부하게 될 것이다. 3.5절과 3.6절에서 배운 내용을 연습할 수 있도록 P3B 연습문제에 수록하였다.

마지막으로, 제3장 복습 및 요약, P3C 복습문제, 그리고 P3D 컴퓨터 활용문제를 수록하여 3장에서 배운 내용을 정리하여 요약하고 컴퓨터프로그램의 작성 및 이를 활용하여 다양한 문제를 해결할 수 있도록 하였다.

## 3.2 축응력에 대한 예비고찰

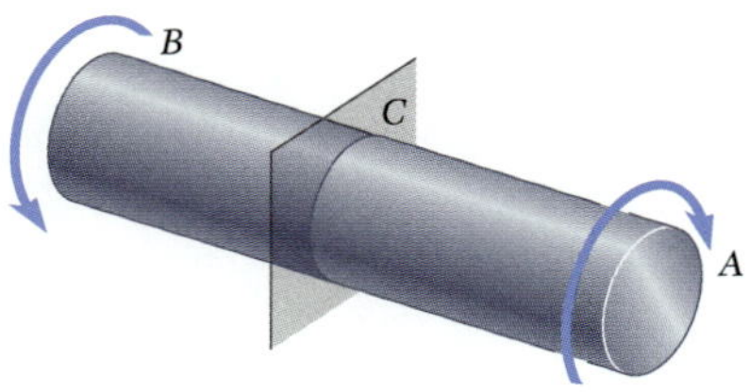


그림 3.3 비틀림을 받는 축

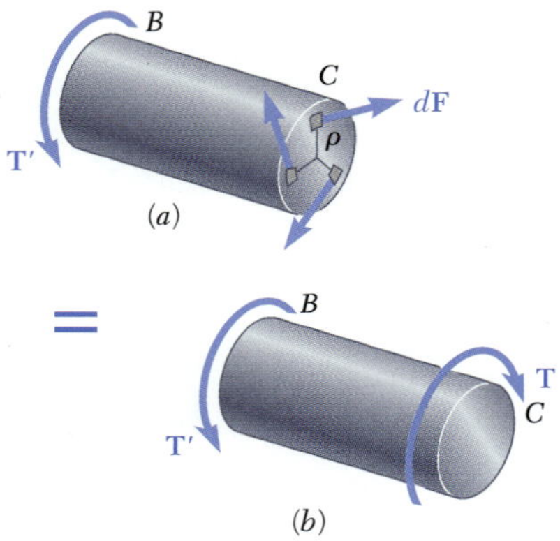


그림 3.4

$A$와 $B$에서 크기가 같고 방향이 서로 반대인 토크 **T**와 **T′**을 받는 축 $AB$에서 이 축의 임의 점 $C$를 지나고 축방향 선에 수직인 단면을 고려하자(그림 3.3). 이 축 $BC$ 부분의 자유물체도에는 축반지름에 수직하게 작용하는 미소전단력 $d\mathbf{F}$가 포함되며, 이 미소전단력은 축이 비틀림을 받을 때 $AC$ 부분에서 $BC$ 부분에 미치는 영향으로 인해 발생되는 전단력이다(그림 3.4$a$). 그러나 $BC$ 부분의 평형조건에 의한 기본적 힘 계에서 내부 토크 **T**는 크기가 같고 방향이 반대인 **T′**와 같이 됨을 필요로 한다(그림 3.4$b$). 따라서 $d\mathbf{F}$로부터 축선까지의 거리를 $\rho$로 표시하고 축방향 선에 대한 $d\mathbf{F}$의 모멘트의 합을 토크 **T**로 나타내면 다음과 같이 쓸 수 있다.

$$\int \rho dF = T$$

또한 $dF = \tau dA$이고 $\tau$는 미소면적 $dA$에 작용하는 전단응력이라면, 위 식은 아래 식과 같이 쓸 수 있다.

$$\int \rho(\tau dA) = T \tag{3.1}$$

위 식은 축에서 주어진 임의 단면상에 분포하는 전단응력에 의해 만족되어야 하는 평형조건을 나타내지만 이 응력이 축의 단면상에 어떻게 분포되고 있는가는 표시하지는 않는다. 그러므로 1.3절에서 설명한 것처럼 주어진 하중에 의한 실제 응력분포는 **부정정**(statically indeterminate) 상태에 있다는 것을 알 수 있다. 즉, 이 전단응력분포는 위의 정역학적인 방법에 의한 **평형방정식만으로는 구할 수 없다**. 그러나 1.3절에서 축방향 중심하중(axial centric load)에 의한 수직응력이 균일하게 분포한다고 가정하며, 이러한 가정은 집중하중을 받는 부근을 제외하고는 옳다는 것을 알 수 있다(2.14절).

그러나 탄성축(elastic shaft)의 전단응력분포에 대해서는 같은 가정을 적용할 수 없다. 축방향 중심하중에 의한 수직응력이 균일하게 분포한다고 가정한 것은 집중하중을 받는 부근을 제외하고는 옳다는 것을 알게 되었으나, **탄성축의 전단응력분포에 대해서는 같은 가정이 적용될 수 없다**. 축에 발생된 **변형**(deformation)에 대해 검토를 할 때까지 이러한 응력분포에 관해서는 보류해 두자. 이에 관한 사항은 다음 절에서 다룰 예정이다.

여기서는 다른 측면으로 관찰해 보기로 하자. 1.9절에서 설명한 바와 같이 전단응력은 한 평면에만 존재하지 않는다. 그림 3.5에 나타낸 것과 같이 축의 미소요소에 대해 고려해보자. 축에 작용하는 토크는 축방향 선에 수직한 전단응력 $\tau$를 발생시킨다. 그러나 1.9절에서 설명한 평형조건에 따라 축의 축선(axis of shaft)을 포함한 두 평면에 의해 형성된 두 면에서 같은 응력이 되어야 한다. 비틀림에서 발생되는 이와 같은 전단응력은 그림 3.6*a*와 같이 분리된 많은 얇은 슬랫(slat)을 양단에서 원판(disk)에 핀으로 고정하여 만든 "축"으로 생각하여 설명할 수 있다. 만일 두 인접한 슬랫에 그림과 같은 표시(marking)가 되었다면, "축"의 양단에 크기가 같고 방향이 반대인 토크가 작용할 때 이들 슬랫들은 서로 미끄러지게 되는 것을 관찰할 수 있다(그림 3.6*b*). 균질이고 응집력이 있는 재료로 된 축에서는 미끄럼이 실제 일어나지 않지만 미끄러지려는 경향은 존재한다. 이러한 경향에 의해 전단응력은 축선에 수직한 평면과 길이방향 평면에서도 일어난다.†

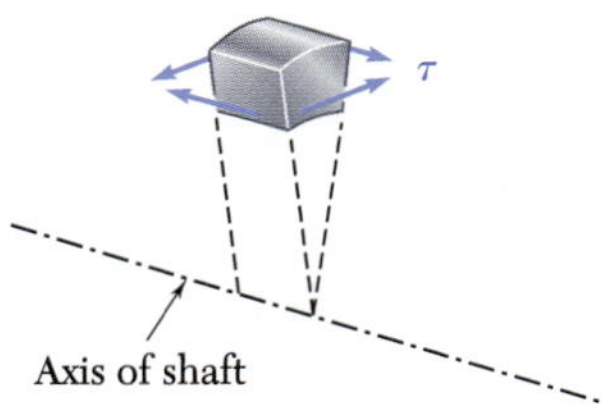


그림 3.5 비틀림을 받는 축의 요소

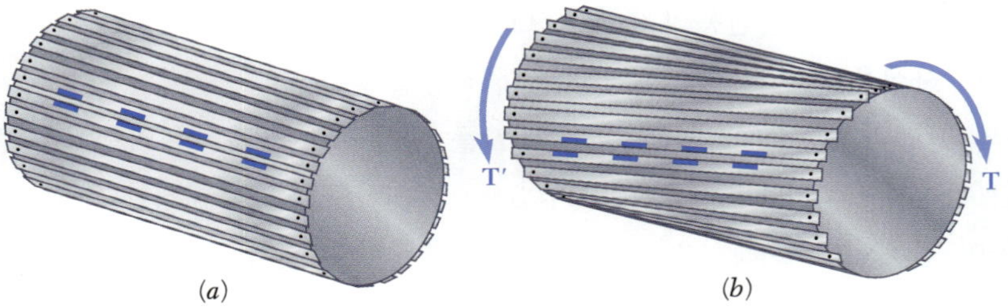


그림 3.6 비틀림을 받는 축의 모델

## 3.3 원형단면 축의 변형

한쪽 끝이 고정되어 있는 그림 3.7*a*와 같은 원형단면 축을 생각해 보자. 만일 다른 끝에 토크 **T**가 작용한다면 그림 3.7*b*와 같이 자유단은 **비틀림각**(*angle of twist*) $\phi$ 만큼 회전하면서 비틀릴 것이다. $T$의 어떤 범위 내에서는 비틀림각 $\phi$는 $T$에 비례한다.

또한, 비틀림각 $\phi$는 축의 길이에도 비례한다는 것을 알 수 있다. 달리 말하면 같은 재료와 같은 단면을 갖지만 축의 길이가 2배일 경우에 동일한 토크 **T**에서 비틀림각은 2배로 증가된다는 것이다. 이 해석의 첫째 목적은 $\phi$, $L$, 그리고 $T$ 사이의 특정한 관계식을 구하는 것이고, 두 번째 목적은 앞 절의 정역학적인 관계식으로는 구할 수 없는 축의 전단응력분포를 결정하는 것이다.

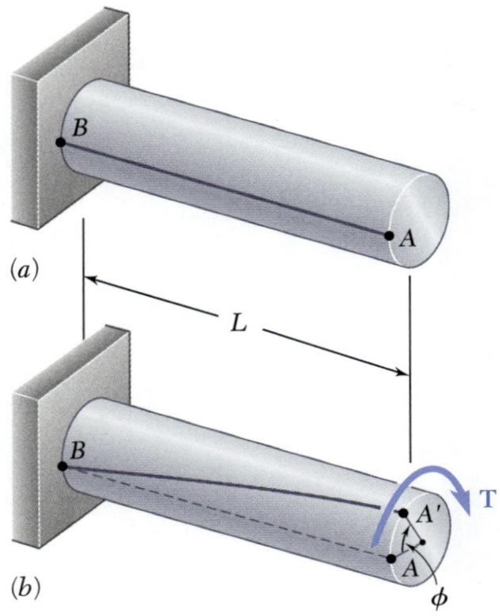


그림 3.7 한쪽 끝이 고정된 축

† 길이 방향으로 돌출된 판지 튜브(cardboard tube)의 비틀림을 관찰하면 길이 방향 평면에도 전단응력이 존재함을 보여줍니다.

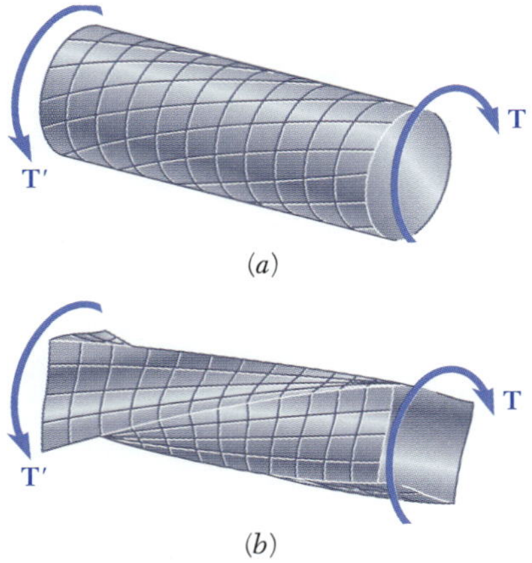


**그림 3.8** 비틀림을 받는 원형단면 축과 정사각형 단면축의 변형 비교

여기서 원형단면 축에 관한 중요한 특성을 유의할 필요가 있다. 원형축이 비틀림을 받을 때 **모든 단면은 평면을 유지하며 뒤틀리지 않는다**(every cross section remains plane and undistorted)는 것이다. 다시 말해서 축의 여러 단면들이 서로 다른 크기의 양만큼 회전하지만, 각 단면들은 강체평판(solid rigid slab)과 같이 회전하고 있다는 뜻이다. 이것을 그림 3.8$a$에 도시하였다. 이 그림은 비틀림을 받는 고무모델의 변형을 나타낸다. 이러한 특성은 원형 중실축과 원형 중공축에 관한 것이며, 비원형 단면축에 대한 것은 아니다. 예를 들어 정사각형 단면을 갖는 봉이 비틀림을 받으면 각 단면들은 뒤틀리고 평면이 유지되지 않는다(그림 3.8$b$).

원형 단면축이 비틀림을 받을 때 단면이 평면을 유지하며, 평면이 뒤틀리지 않는 이유는 단면이 **축대칭**(axisymmetric)이기 때문이다. 즉, 축이 축선에 임의의 각도로 회전할 때 어떤 일정한 위치에서 관찰하면 그 모양은 동일하다는 것이다. 반면에 정사각형 단면봉은 단지 90°나 180° 회전할 경우에만 모양이 같아진다. 그러므로 여기서는 원형 단면봉의 축대칭으로 인하여 단면이 뒤틀리지 않고 평면이 유지된다는 사실을 이론적으로 증명하는 데 적용할 수 있다.

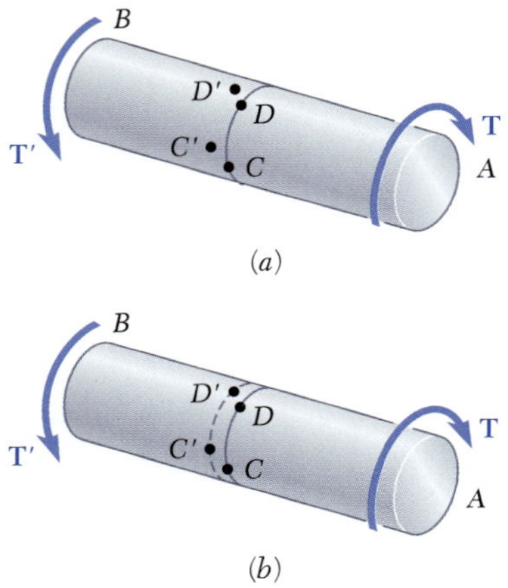


**그림 3.9** 비틀림을 받는 축

축의 단면의 원주상에 있는 점 $C$와 $D$를 생각하고, 이 축이 비틀림을 받은 후 이동한 위치를 $C'$과 $D'$으로 하자(그림 3.9$a$). 축과 토크의 축대칭에 의해 $D$가 $C$로 회전하여 움직이면 $D'$도 $C'$으로 회전하여 움직이게 된다. 따라서 $C'$과 $D'$은 한 원주상에 있어야 하며, 호 $C'D'$과 호 $CD$와 서로 같아야 한다(그림 3.9$b$).

여기서 $C'$과 $D'$이 있는 원이 원래의 원과 다른지를 살펴보자. 그림 3.9$b$와 같이 $C'$과 $D'$이 다른 원에 있고, 이 새로운 원이 원래의 원의 왼쪽에 있다고 가정하자. 축의 모든 단면은 같은 내부토크 $T$를 받기 때문에 이 경우가 다른 단면들에 대해서도 적용된다. 그리고 축에서 $A$로부터 바라보는 관측자는 토크로 인하여 축단면의 원이 관측자로부터 멀리 떨어진다고 생각할 것이다. 그러나 $B$의 관측자는 동일한 하중조건(축 $A$와 $B$ 관찰자 전면에서는 시계방향, 후면에는 반시계방향으로 토크가 작용)에서 정반대로 원이 자기를 향해 다가온다고 생각할 것이다. 이 모순은 앞의 가정이 옳지 않다는 것을 의미하는 것이며, $C'$과 $D'$이 $C$와 $D$가 있는 같은 원주상에 있어야 한다는 것을 의미한다. 그러므로 축이 비틀릴 때 원래의 원(original circle)은 바로 자신의 평면내에서 회전하게 된다. 동일한 추론이 고려된 단면의 동심원인 작은 원에도 적용될 수 있으므로 단면 전체가 평면을 유지한다는 결론을 내릴 수 있다(그림 3.10).

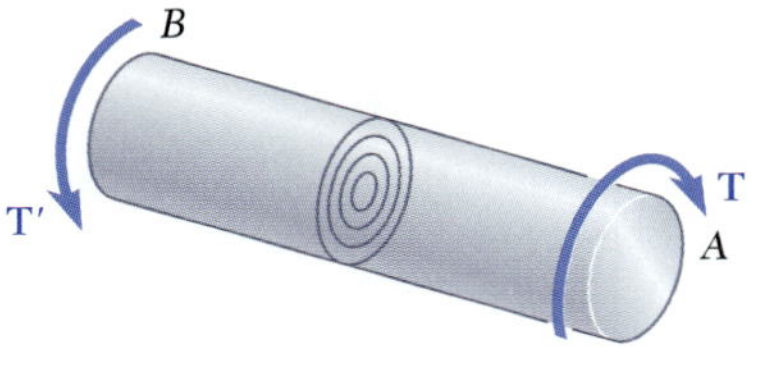


**그림 3.10** 비틀림을 받는 원형봉에서 동심원

지금까지의 설명에 의하면 축이 비틀어질 때 그림 3.10의 여러 동심원은 서로 다른 각도로 회전할 가능성을 배제하지는 않았다. 그러나 만일 이렇게 각도가 다르게 회전한다면 그림 3.11$a$와 같이 동심원들의 지름은 곡선으로 비틀어지게 될 것이다. $A$로부터의 관측자가 본 곡선은 축의 바깥쪽 층(layer)이 축의 안쪽 층보다 더 비틀어져 보일 것이며, $B$로부터의 관측자는 같은 사실에 대하여 정반대의 결론

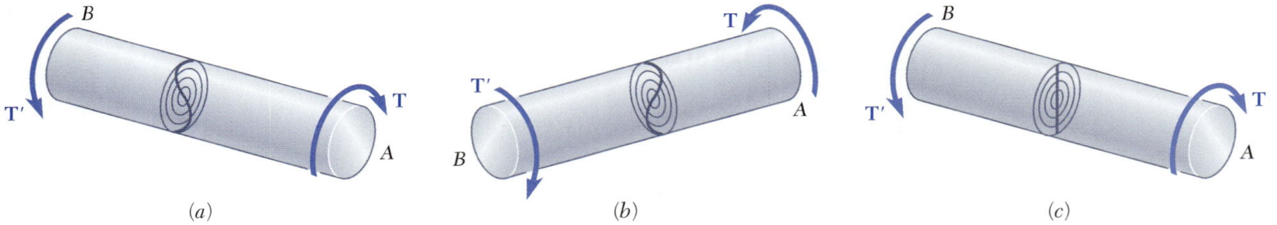


**그림 3.11** 비틀림을 받는 원형봉에서 단면의 변형가능성

에 도달하게 된다(그림 3.11*b*). 이와 같은 모순은 주어진 단면의 지름이 직선을 유지해야 한다는 결론에 도달한다(그림 3.11*c*). 그러므로 원형축의 단면들은 평면을 유지하며, 뒤틀리지도 않는다.

지금까지는 비틀림우력 **T**와 **T**′의 작용모드(mode)에 대해서는 무시하였다. 축의 한 끝단에서 다른 끝단까지의 모든 단면이 평면을 유지하고 뒤틀리지 않을 때 축 양단 그 자체에서도 같은 토크에 의해 평면이 유지되고 뒤틀리지 않는가를 검토해 보자. 이러한 사항은 그림 3.12*a*와 같이 축의 양단에 단단하게 붙인 강체판(rigid plate)에 우력 **T**와 **T**′을 작용시켜 실험할 수 있다. 즉, 축에 토크를 작용시켰을 때 모든 단면이 평면을 유지하며 뒤틀리지 않는지, 또는 축의 전체 길이에 대해 변형이 균일하게 일어나는지를 확인하면 된다. 그림 3.12*a*와 같이 동일한 간격으로 그린 모든 원들은 인접한 원들에 대하여 상대적으로 같은 양만큼 회전하게 되며, 각각의 직선들은 각각 같은 각도로 여러 원을 교차하는 곡선(나선)으로 변환된다(그림 3.12*b*).

이 절과 다음 절의 해석은 축 양단이 강체판(rigid end plate)이라는 가정에 기초한다. 실제 하중조건은 그림 3.12의 모델(model)과는 큰 차이가 있다. 그러나 이 모델의 주요 장점은 정확한 해를 얻을 수 있는 비틀림 문제를 정의하는 것이다. 이것은 2.14절의 양단 강체판 모델이 축방향 하중을 받는 문제를 쉽고 정확하게 풀 수 있도록 정의한 것과 같다. 생브낭(Saint-Venant)의 원리를 적용하면 이상화한 모델로 구한 결과를 대부분의 공학적인 문제에 적용시킬 수 있다. 그러나 이러한 결과들은 그림 3.12와 같이 특정한 모델에 한정된 것임을 명심해야 한다.

비틀림각이 $\phi$이며 길이 $L$, 반지름 $c$인 원형축의 **전단변형률**(shearing strain)의 분포에 대해 검토해 보자(그림 3.13a). 반지름 $\rho$인 원통을 축으로부터 분리하고 하중을 작용하기 전에 원통의 두 인접한 원과 두 직선이 만드는 미소 정사각형 요소를 생각하자(그림 3.13*b*). 축이 비틀림 하중을 받으면 이 미소요소는 마름모형(rhombus)으로 변형된다(그림 3.13*c*). 2.12절에서와 같이 이 요소의 전단변형률 $\gamma$는 이 요소의 변에 의해 형성된 각도 변화로서 측정된다. 여기서 고려된 요소의 두 변을 정의하는 원은 변화되지 않았으므로 전단변형률 $\gamma$는 $AB$와 $A'B$ 사이의 각과 동일하다($\gamma$는 radian 단위이다).

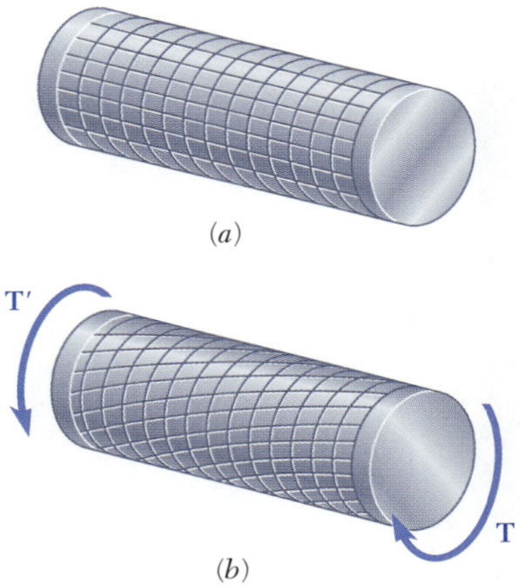


**그림 3.12** 비틀림을 받는 원형단면 축의 변형

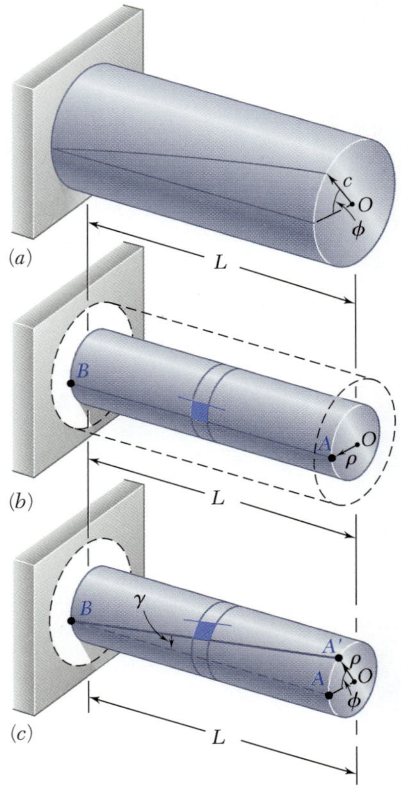


**그림 3.13** 전단변형률

그림 3.13$c$로부터 $\gamma$가 작은 값일 때 원호길이 $AA' = L\gamma$로 표시될 수 있다. 한편으로 호 $AA' = \rho\phi$이므로 $L\gamma = \rho\phi$가 되어, 다음과 같이 된다.

$$\gamma = \frac{\rho\phi}{L} \tag{3.2}$$

여기서 $\gamma$와 $\phi$는 모두 라디안(radian) 단위이다. 이 식은 비틀림을 받는 축의 임의 점에서 전단변형률 $\gamma$는 비틀림각 $\phi$와 비례하며, 또한 축선으로부터 임의 점까지의 거리 $\rho$에 비례한다는 것을 나타낸다. 따라서 **원형축에서 전단변형률은 원형축 중심선으로부터 거리에 따라 비례관계를 유지하며 선형으로 변화한다.**

식 (3.2)로부터 전단변형률은 축의 표면($\rho = c$)에서 최대가 됨을 알 수 있다. 따라서 다음 식과 같다.

$$\gamma_{max} = \frac{c\phi}{L} \tag{3.3}$$

식 (3.2)와 (3.3)에서 $\phi$를 소거하여 축 중심으로부터 $\rho$에서 전단변형률 $\gamma$에 대해 구하면 다음 식과 같다.

$$\gamma = \frac{\rho}{c}\gamma_{max} \tag{3.4}$$

## 3.4 비틀림에 의한 전단응력

비틀림을 받는 원형축에 대해 설명하면서 지금까지 응력과 변형률의 특별한 관계에 대해서는 언급하지 않았다. 여기서 축의 모든 전단응력이 항복전단강도 $\tau_Y$ 이하가 되도록 토크 $\mathbf{T}$가 작용하는 경우를 생각해 보자. 이것은 2장으로부터 축의 응력은 실제의 모든 경우에 탄성한계(elastic limit)는 물론 비례한도 이하에 있다는 것을 의미한다. 그러므로 훅의 법칙(Hook's law)이 적용되며, 영구변형이 존재하지 않는다.

2.12절로부터 전단응력과 변형률에 대한 훅의 법칙을 기억하면 다음 식을 쓸 수 있다.

$$\tau = G\gamma \tag{3.5}$$

여기서 $G$는 강성계수(modulus of rigidity), 혹은 전단탄성계수(shear modulus)이

다. 식 (3.4)의 양변에 $G$를 곱하면 다음 식과 같다.

$$G\gamma = \frac{\rho}{c} G\gamma_{\max}$$

또는 식 (3.5)의 관계를 사용하면 다음과 같다.

$$\tau = \frac{\rho}{c}\tau_{\max} \tag{3.6}$$

이 식은 원형축의 어느 곳이라도 응력이 항복강도(혹은 비례한도)를 넘지 않을 경우에는 **축의 전단응력이 축 중심으로부터 $\rho$에 따라 선형적으로 변화한다**는 것을 나타낸다. 그림 3.14$a$는 반지름 $c$인 원형중실축의 응력분포를 나타내며, 그림 3.14$b$는 안쪽 반지름 $c_1$과 바깥 반지름 $c_2$인 원형중공축의 응력분포를 나타낸다. 원형중공축의 경우, 식 (3.6)으로부터 다음 식을 얻을 수 있다.

$$\tau_{\min} = \frac{c_1}{c_2}\tau_{\max} \tag{3.7}$$

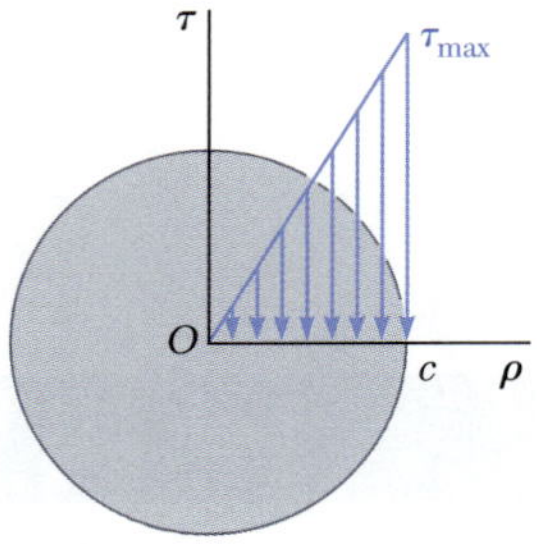

($a$)

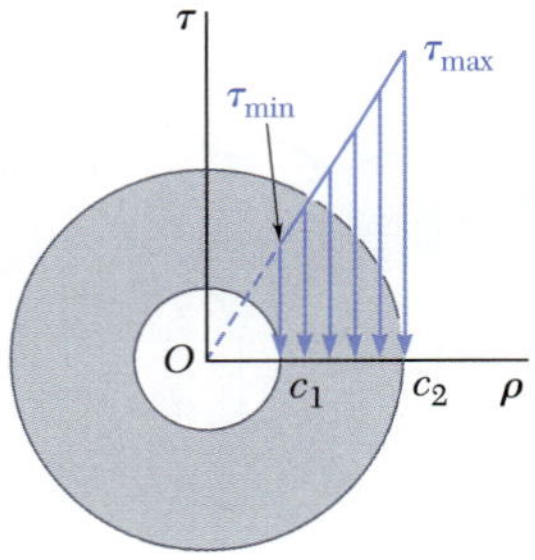

($b$)

**그림 3.14** 비틀림을 받는 원형축의 전단응력 분포

3.2절에서 축단면에 작용한 모멘트 합은 축에 작용된 토크 **T**와 같아야 한다는 다음 식을 상기하자.

$$\int \rho(\tau\, dA) = T \tag{3.1}$$

식 (3.6)의 $\tau$를 식 (3.1)에 대입하면 아래 식을 얻을 수 있다.

$$T = \int \rho\tau\, dA = \frac{\tau_{\max}}{c}\int \rho^2\, dA$$

그러나 위의 적분식에서 마지막 항 $\int \rho^2\, dA$는 중심 $O$에 대한 단면의 극관성모멘트 $J$를 나타내므로 다음 식과 같게 된다.

$$T = \frac{\tau_{\max} J}{c} \tag{3.8}$$

또는 $\tau_{\max}$에 대해 풀면 다음 식을 얻는다.

$$\tau_{\max} = \frac{Tc}{J} \tag{3.9}$$

식 (3.9)의 $\tau_{\max}$에 관한 식을 식 (3.6)에 대입하면 축선으로부터 반지름 $\rho$ 거리에 떨

어진 곳의 전단응력의 크기를 얻는다. 즉,

$$\tau = \frac{T\rho}{J} \tag{3.10}$$

식 (3.9)와 식 (3.10)을 **탄성비틀림공식**(elastic torsion formula)이라고 한다. 반지름이 $c$인 원에 관한 극관성모멘트는 $J = \frac{1}{2}\pi c^4$이다. 또한 안쪽 반지름 $c_1$, 바깥쪽 반지름 $c_2$를 갖는 중공원의 극관성모멘트 $J$는 다음과 같다.

$$J = \tfrac{1}{2}\pi c_2^4 - \tfrac{1}{2}\pi c_1^4 = \tfrac{1}{2}\pi(c_2^4 - c_1^4) \tag{3.11}$$

식 (3.9)와 식 (3.10)에서 $T$의 단위는 N·m, $c$ 또는 $\rho$의 단위는 m, 그리고 $J$의 단위는 $\text{m}^4$이므로 전단응력 단위는 $\text{N/m}^2$되며, 이 단위는 파스칼(Pa)이다.

### 예제 3.1

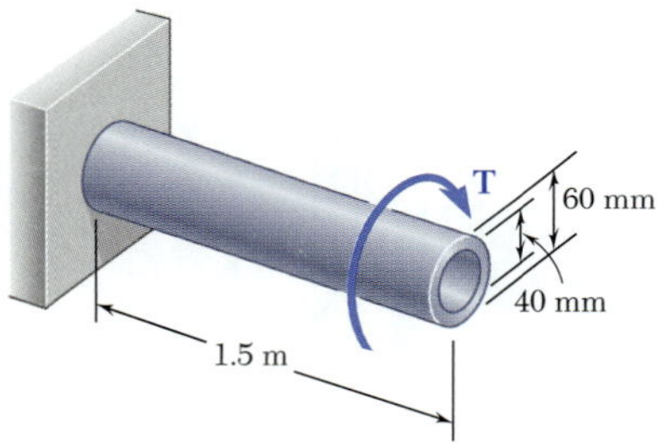


그림 3.15

길이가 1.5 m이고 안지름과 바깥지름이 각각 40, 60 mm인 강재의 중공축 실린더가 있다(그림 3.15). (*a*) 전단응력이 120 MPa를 초과하지 않도록 축에 작용시킬 수 있는 최대 허용토크는 얼마가 되겠는가? (*b*) 이 경우 축의 최소 전단응력은 얼마가 되는지 계산하시오.

#### 풀이

**(a) 최대 허용토크.** 축에 작용할 수 있는 최대토크 **T**는 $\tau_{\max} = 120$ MPa에 대한 토크이다. 이 값은 강재의 항복강도보다 작기 때문에 식 (3.9)를 사용할 수 있다. 이 식을 $T$에 대해 풀면 다음과 같다.

$$T = \frac{J\tau_{\max}}{c} \tag{3.12}$$

단면의 극관성모멘트 $J$는 식 (3.11)에 의해 계산한다. 여기서 $c_1 = \frac{1}{2}(40\text{ mm}) = 0.02$ m이며, $c_2 = \frac{1}{2}(60\text{ mm}) = 0.03$ m이다. 따라서 $J$는 다음 식과 같이 계산한다.

$$J = \tfrac{1}{2}\pi\,(c_2^4 - c_1^4) = \tfrac{1}{2}\pi(0.03^4 - 0.02^4) = 1.021 \times 10^{-6}\text{ m}^4$$

식 (3.12)에 $J$, $\tau_{\max}$, 그리고 $c = c_2 = 0.03$ m를 대입하면 최대 허용토크는 다음과 같다.

$$T = \frac{J\tau_{\max}}{c} = \frac{(1.021 \times 10^{-6}\text{ m}^4)(120 \times 10^6\text{ Pa})}{0.03\text{ m}} = 4.08\text{ kN}\cdot\text{m}$$

**(b) 최소 전단응력.** 전단응력의 최소값은 축의 안지름 내부에서 일어난다. 식 (3.7)로부터 $\tau_{\max}$와 $\tau_{\min}$은 각각 $c_1$과 $c_2$에 비례하므로 최소 전단응력은 다음과 같다.

$$\tau_{\min} = \frac{c_1}{c_2}\tau_{\max} = \frac{0.02\text{ m}}{0.03\text{ m}}(120\text{ MPa}) = 80\text{ MPa}$$

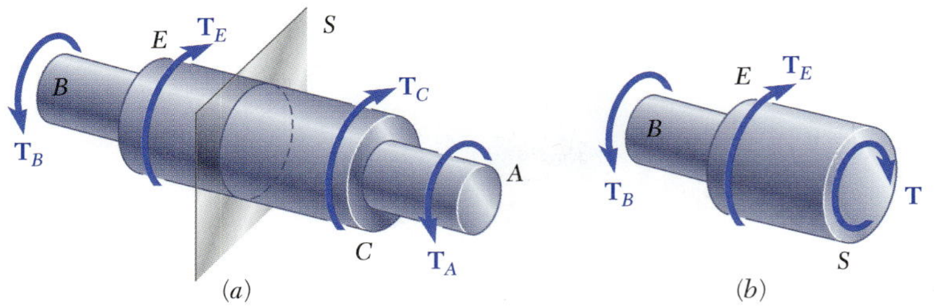


**그림 3.16** 단면이 다른 축

비틀림공식 (3.9)와 (3.10)은 축 양단에 토크를 받는 균일한 원형단면 축에 대해 유도된 것이다. 그러나 이 식들은 불균일 단면축이나 토크가 축의 양단이 아닌 곳에 작용하는 경우에도 사용할 수 있다(그림 3.16*a*). 주어진 축의 *S* 단면에 대한 전단응력분포는 식 (3.9)와 같다. 여기서 *J*는 단면의 극관성모멘트이고 *T*는 이 단면에서 내력토크(internal torque)를 나타낸다. 내력토크 *T*의 크기는 그림 3.16*b*에 나타낸 자유물체도로부터 이 부분에 작용되는 토크의 합과 내력토크 **T**의 합이 0이 되는 힘의 평형조건을 사용하여 구한다(기초문제 3.1 참조).

지금까지 검토한 축에 관한 응력해석은 전단응력에 한정하였다. 이것은 해석한 요소의 각 변의 방향(orientation)이 축 중심선에 평행하거나 수직으로 놓여 있기 때문이다(그림 3.5). 앞의 1.8절과 1.9절에서 설명한 바와 같이 동일한 하중이 작용하는 경우에도 선택된 요소의 방향이 다르면 이에 따라 수직응력, 전단응력, 혹은 이 두 조합성응력이 나타난다는 것을 알았다. 비틀림을 받는 원형축 표면에 있는 두 요소 *a*와 *b*를 생각해 보자(그림 3.17). 요소 *a*의 변은 각각 축 중심선에 평행하고 수직하기 때문에 이 요소에는 전단응력만 존재한다. 이 전단응력은 식 (3.9)의 $\tau_{max} = Tc/J$로 구한다. 그러나 축 중심선과 임의 각을 이루는 요소 *b*의 변은 수직응력과 전단응력이 동시에 발생된다.

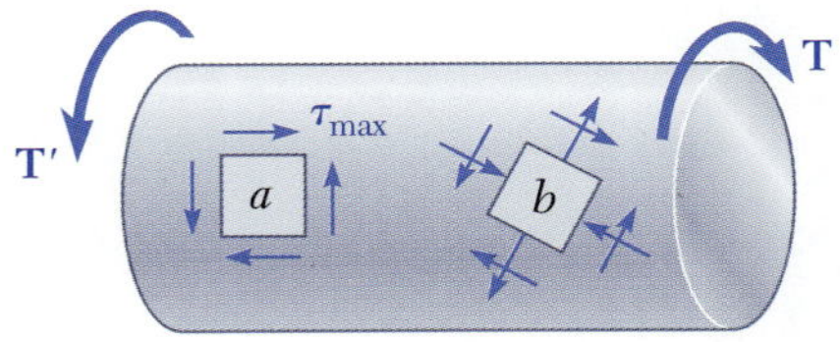


**그림 3.17** 원형축에서 방향이 다른 요소

축선(shaft axis)과 45°를 이루는 요소 *c*(그림에 표시되어 있지 않음)를 생각해 보자. 이 요소 측면의 응력들을 구하기 위해 그림 3.18과 같은 두 개의 삼각형 요소에 대해 자유물체도를 고려해 보자. 그림 3.18*a*의 경우 면 *BC*와 *BD*에 발생되는 응력은 전단응력 $\tau_{max} = Tc/J$라는 것을 알 수 있다. 따라서 이에 해당되는 전단력은 $\tau_{max}A_0$이다. 여기서 $A_0$는 면의 단면적이다. 또 *DC* 면의 두 전단응력의 성분은 크기가 같고 방향이 반대라는 것을 알 수 있으므로 *DC* 면에 발생되는 힘 **F**는 이 면에 수직으로 작용한다. 이 힘은 인장력이고 그 크기는 다음과 같다.

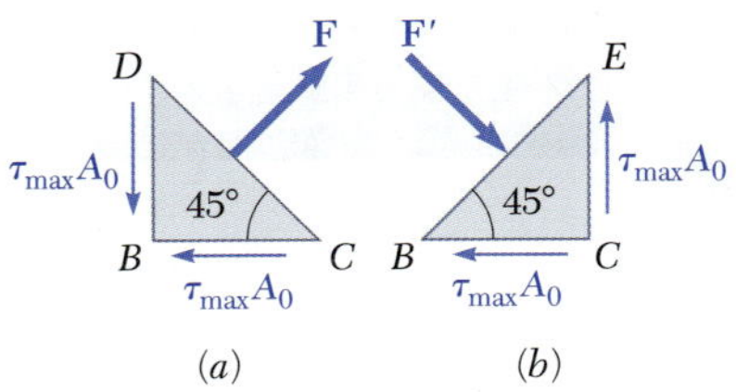


**그림 3.18** 축선과 45°인 면에 작용되는 힘

$$F = 2(\tau_{max}A_0)\cos 45° = \tau_{max}A_0\sqrt{2} \tag{3.13}$$

이에 대응하는 응력은 힘 *F*를 면 *DC*의 단면적 *A*로 나누어 구할 수 있다. $A = A_0\sqrt{2}$이므로 응력은 다음과 같다.

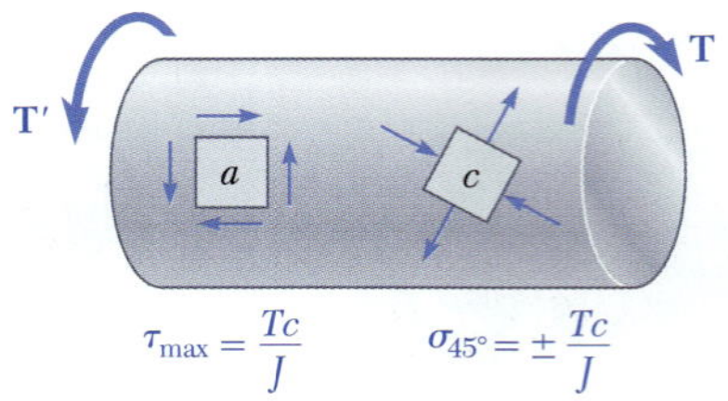


**그림 3.19** 축에서 전단응력 또는 수직 응력만을 갖는 요소

$$\sigma = \frac{F}{A} = \frac{\tau_{max} A_0 \sqrt{2}}{A_0 \sqrt{2}} = \tau_{max} \tag{3.14}$$

같은 방법으로 그림 3.18*b*에서 삼각형요소를 해석하면 *BE* 면의 응력 $\sigma = -\tau_{max}$가 된다. 그림 3.19에서와 같이 축 중심선과 45°를 이루는 요소 *c*의 면들에 작용하는 응력은 수직응력으로 그 크기는 $\pm\tau_{max}$와 같은 값이다. 그러므로 그림 3.19의 요소 *a*는 순수 전단(pure shear)상태에 있으며, 요소 *c*는 두 면에 인장응력을 받고 다른 두 면에는 압축응력을 받는다. 또한, 이 요소들에 발생되는 모든 응력은 같은 크기 $Tc/J$를 갖는다.†

2.3절에서 배운 바와 같이 연성재료는 일반적으로 전단응력에 의해서 파손된다. 그러므로 연성재료로 만든 시험편이 비틀림을 받으면 그 시험편은 축 중심선에 수직인 면에 따라 파단(break)된다(사진 3.2*a*). 그러나 취성재료는 전단보다 인장에 약하다. 따라서 취성재료로 만든 시험편은 인장응력이 최대가 되는 방향에 수직면을 따라 파단되는 경향이 있다. 즉, 이 면은 시험편의 축 중심선과 45°를 이루는 경사면이다(사진 3.2*b*).

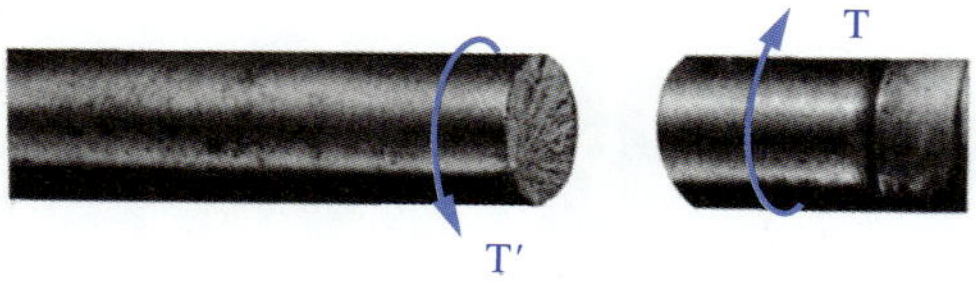


(*a*) Ductile failure

(*b*) Brittle failure

**사진 3.2** 비틀림을 받는 축의 전단에 의한 파단

† 그림 3.17의 *b*와 같이 임의 방향의 요소에 대한 응력은 7장에서 다룬다.

## 기초문제 3.1

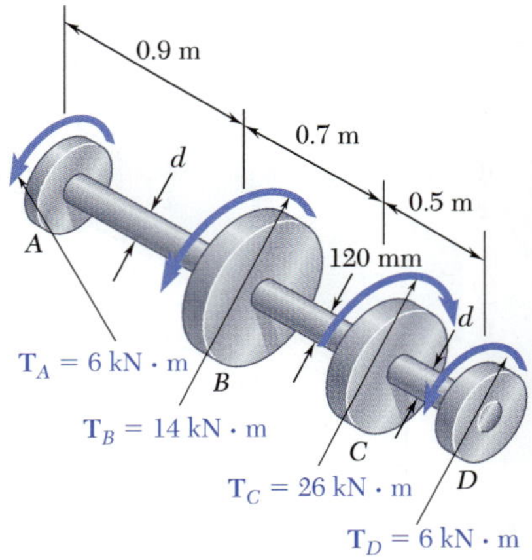


축 $BC$는 안지름 90 mm, 바깥지름 120 mm인 중공축이며 축 $AB$와 $CD$는 지름 $d$인 중실축이다. 그림과 같은 비틀림 하중을 받을 때 다음을 구하시오. ($a$) 축 $BC$에서 최대 전단응력 및 최소 전단응력, ($b$) 축의 허용 전단응력이 65 MPa일 때 축 $AB$와 $CD$가 필요로 하는 지름.

## 풀이

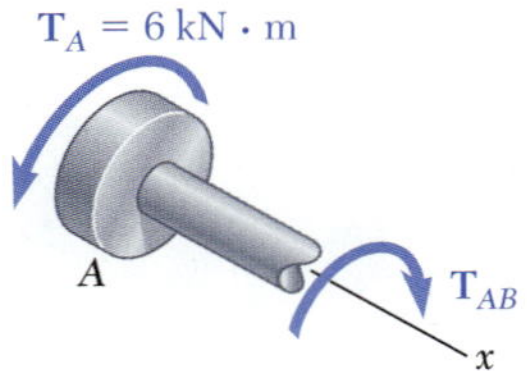


**평형방정식.** 축 $AB$의 토크를 $\mathbf{T}_{AB}$로 나타내고, 축 $AB$의 절단면에 대한 자유물체도로부터 다음 식을 쓸 수 있다.

$$\Sigma M_x = 0: \qquad (6\text{ kN}\cdot\text{m}) - T_{AB} = 0 \qquad T_{AB} = 6\text{ kN}\cdot\text{m}$$

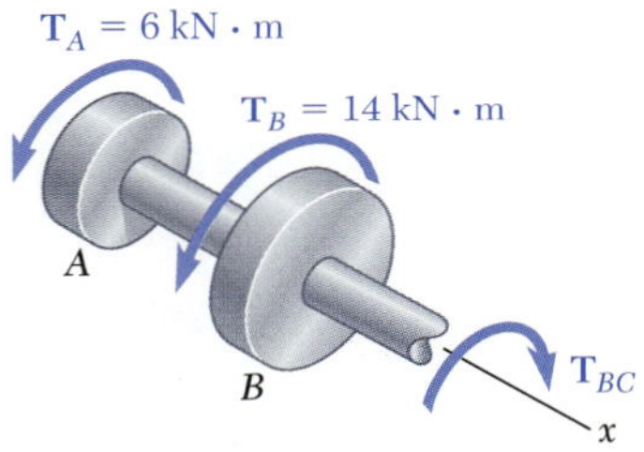


다음으로 축 $BC$의 절단면에 대한 자유물체도로부터 다음 식을 쓸 수 있다.

$$\Sigma M_x = 0: \qquad (6\text{ kN}\cdot\text{m}) + (14\text{ kN}\cdot\text{m}) - T_{BC} = 0 \qquad T_{BC} = 20\text{ kN}\cdot\text{m}$$

**(a) 축 *BC*.** 문제에 주어진 중공축에 대한 극관성모멘트는 다음과 같이 계산한다.

$$J = \frac{\pi}{2}(c_2^4 - c_1^4) = \frac{\pi}{2}[(0.060)^4 - (0.045)^4] = 13.92 \times 10^{-6}\text{ m}^4$$

**최대 전단응력.** 축의 바깥 표면에서 발생된다.

$$\tau_{max} = \tau_2 = \frac{T_{BC}c_2}{J} = \frac{(20\text{ kN}\cdot\text{m})(0.060\text{ m})}{13.92 \times 10^{-6}\text{ m}^4} \qquad \tau_{max} = 86.2\text{ MPa} \blacktriangleleft$$

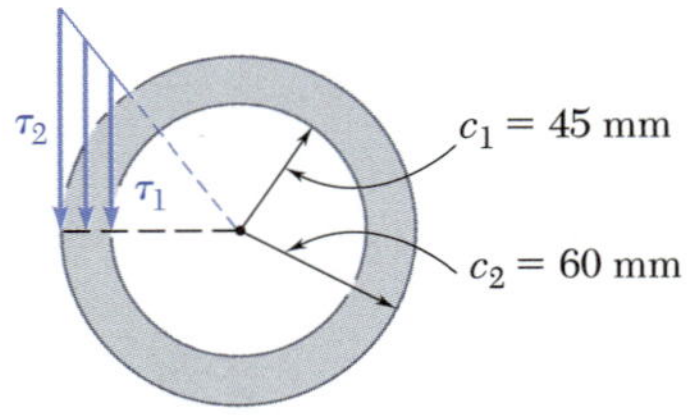


**최소 전단응력.** 응력은 축 중심으로부터의 거리에 비례하므로, 최소 전단응력은 다음과 같다.

$$\frac{\tau_{min}}{\tau_{max}} = \frac{c_1}{c_2} \qquad \frac{\tau_{min}}{86.2\text{ MPa}} = \frac{45\text{ mm}}{60\text{ mm}} \qquad \tau_{min} = 64.7\text{ MPa} \blacktriangleleft$$

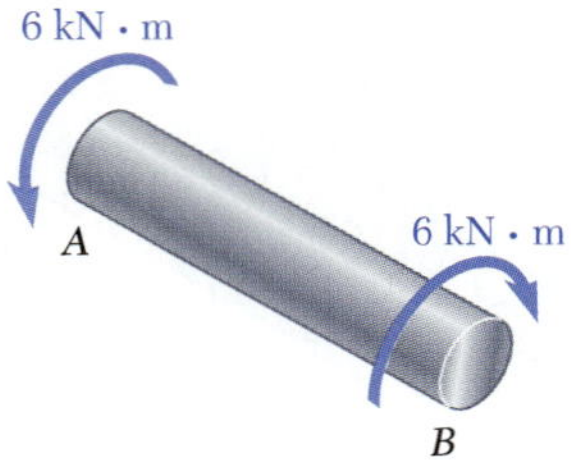


**(b) 축 *AB* 와 *CD*.** 두 축에서 토크의 크기는 $T = 6$ kN · m이고 $\tau_{all} = 65$ MPa이다. 축의 반지름을 $c$로 표시하면, 다음과 같이 계산할 수 있다.

$$\tau = \frac{Tc}{J} \qquad 65\text{ MPa} = \frac{(6\text{ kN}\cdot\text{m})c}{\frac{\pi}{2}c^4}$$

$$c^3 = 58.8 \times 10^{-6}\text{ m}^3 \qquad c = 38.9 \times 10^{-3}\text{ m}$$

$$d = 2c = 2(38.9\text{ mm}) \qquad d = 77.8\text{ mm} \blacktriangleleft$$

## 기초문제 3.2

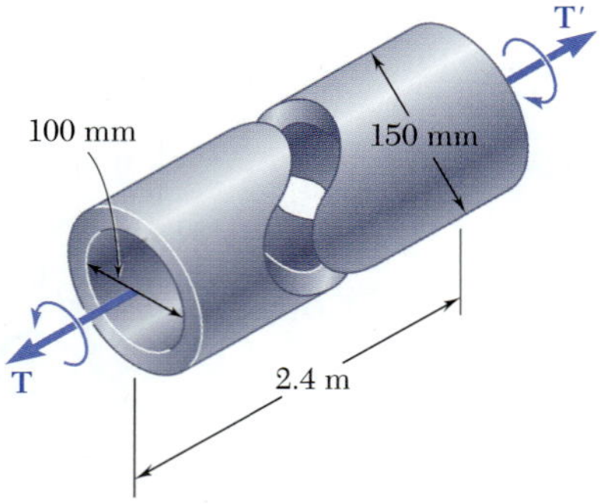


모터를 발전기에 연결하는 대형 축의 예비설계에서 안지름과 바깥지름이 각각 100 mm와 150 mm가 되는 중공축을 필요로 한다. 허용 전단응력이 84 MPa일 때 전달할 수 있는 최대 토크를 구하시오. (*a*) 중공축일 경우, (*b*) 같은 무게를 가진 중실축일 경우, (*c*) 같은 무게로서 바깥지름이 200 mm인 중공축일 경우.

### 풀이

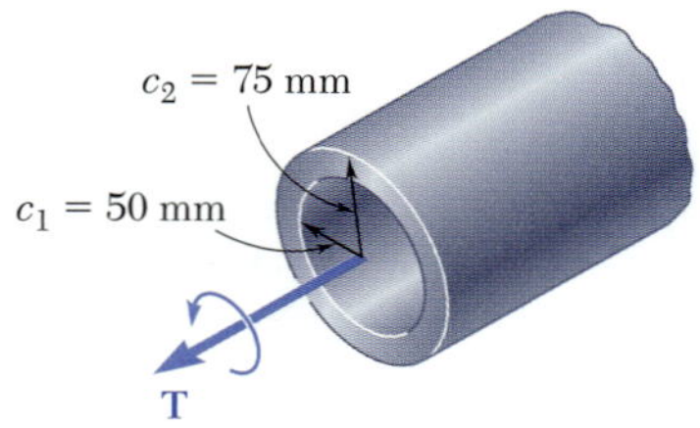


**(a) 중공축일 경우.** 극관성모멘트 $J$는 다음과 같다.

$$J = \frac{\pi}{2}(c_2^4 - c_1^4) = \frac{\pi}{2}[(75\text{ mm})^4 - (50\text{ mm})^4] = 39.88 \times 10^6\text{ mm}^4$$

식 (3.9)를 이용하면, 다음을 계산할 수 있다.

$$\tau_{\max} = \frac{Tc_2}{J} \qquad 84\text{ MPa} = \frac{T(75\text{ mm})}{39.88 \times 10^6\text{ mm}^4} \qquad T = 44.7\text{ kN}\cdot\text{m} \blacktriangleleft$$

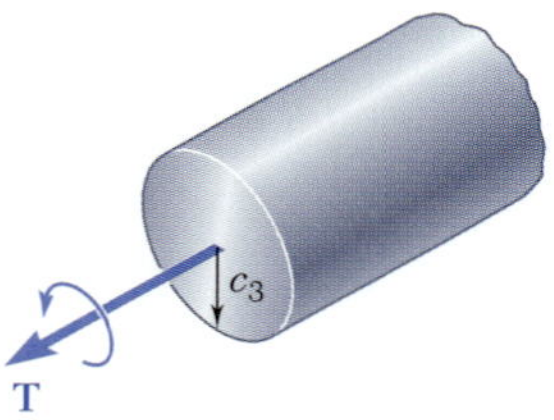


**(b) 동일한 무게의 중실축일 경우.** 동일한 무게와 길이를 갖는 중공축과 중실축은 단면적이 서로 같아야 하는 조건으로부터 다음을 구할 수 있다.

$$A_{(a)} = A_{(b)}$$

$$\pi[(75\text{ mm})^2 - (50\text{ mm})^2] = \pi c_3^2 \qquad c_3 = 55.9\text{ mm}$$

문제에서 $\tau_{\text{all}} = 84$ MPa이므로 토크를 계산하면 다음과 같다.

$$\tau_{\max} = \frac{Tc_3}{J} \qquad 84\text{ MPa} = \frac{T(55.9\text{ mm})}{\frac{\pi}{2}(55.9\text{ mm})^4} \qquad T = 23.1\text{ kN}\cdot\text{m} \blacktriangleleft$$

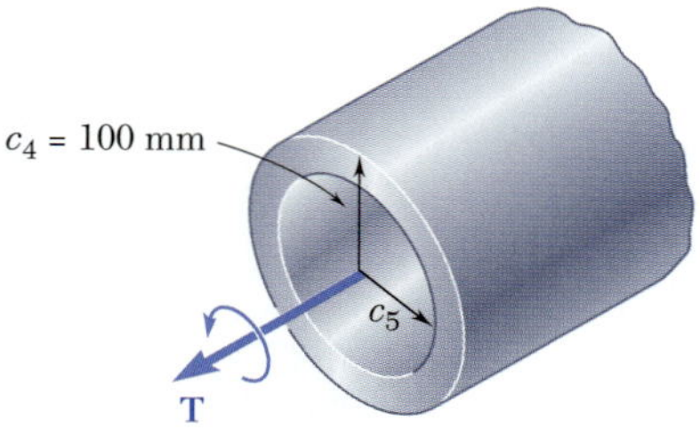


**(c) 지름이 200 mm인 중공축일 경우.** 동일한 무게를 갖기 위해서는 단면적이 같아야 한다는 조건으로부터 축의 안지름을 구하면 다음과 같다.

$$A_{(a)} = A_{(c)}$$

$$\pi[(75\text{ mm})^2 - (50\text{ mm})^2] = \pi[(100\text{ mm})^2 - c_5^2] \qquad c_5 = 82.92\text{ mm}$$

$c_5 = 82.9$ mm 및 $c_4 = 100$ mm에 대하여 극관성모멘트는 다음과 같다.

$$J = \frac{\pi}{2}[(100\text{ mm})^4 - (82.92\text{ mm})^4] = 82.82 \times 10^6\text{ mm}^4$$

$\tau_{\text{all}} = 84$ MPa이고 $c_4 = 100$ mm이므로 토크는 다음과 같이 계산한다.

$$\tau_{\max} = \frac{Tc_4}{J} \qquad 84\text{ MPa} = \frac{T(100\text{ mm})}{82.82 \times 10^6\text{ mm}^4} \qquad T = 69.6\text{ kN}\cdot\text{m} \blacktriangleleft$$

# P3A 연습문제

**3.1** (*a*) 지름이 76 mm인 중실 알루미늄 축에 그림과 같이 4.6 kN·m 크기의 토크 **T**가 작용할 때 발생되는 최대 전단응력을 결정하시오. (*b*) 위의 중실축을 바깥지름이 같고 안지름이 24 mm인 중공축으로 가정하여 (*a*)를 다시 계산하시오.

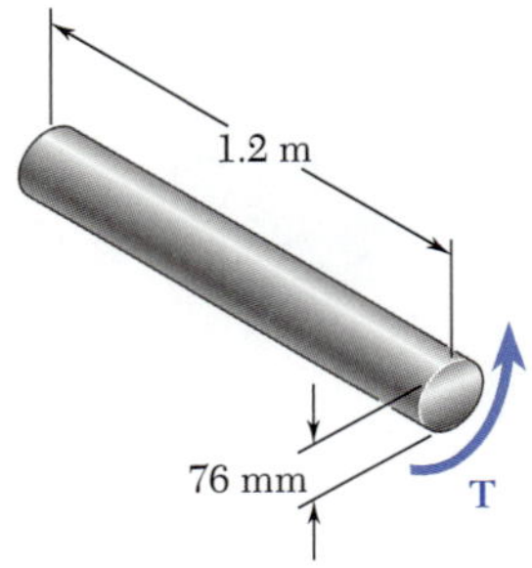


그림 P3.1

**3.2** 안지름이 $d$ = 22 mm인 중공축이 있다. 그림과 같이 토크의 크기 $T$ = 900 N·m가 작용할 경우, 발생되는 최대 전단응력을 구하시오.

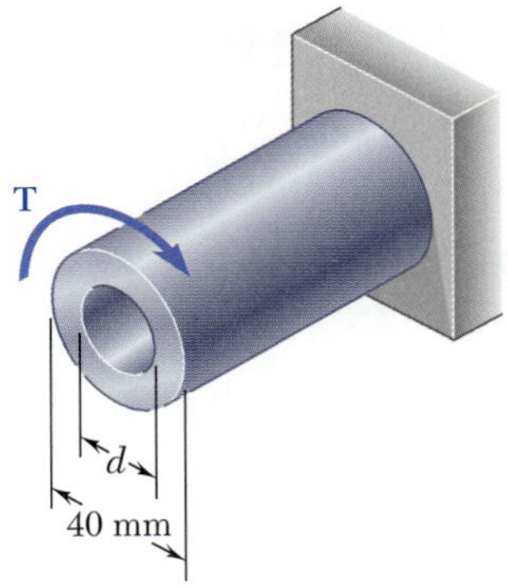


그림 P3.2

**3.3** (*a*) 지름이 75 mm인 중실축에 그림과 같이 토크가 작용할 때 최대 전단응력을 구하시오. (*b*) 바깥지름이 100 mm일 경우, 최대 전단응력이 문제 (*a*)와 같도록 중공축의 안지름을 구하시오.

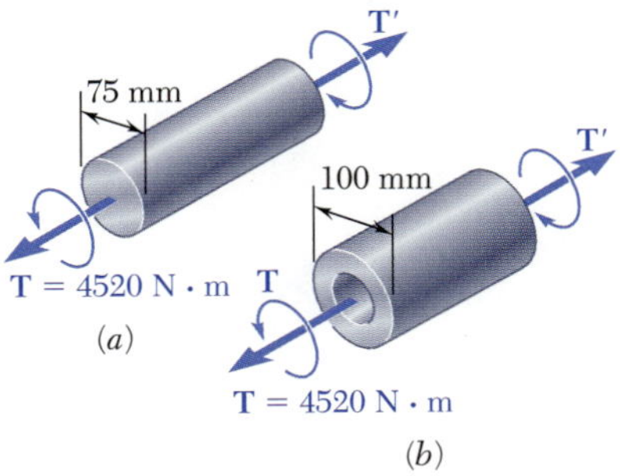


그림 P3.3

**3.4** 중실스핀들(solid spindle) *AB*는 허용 전단응력은 84 MPa인 강재로 만들어져 있고, 슬리브 *CD*는 허용 전단응력은 50 MPa인 황동으로 만들어져 있다. (*a*) 슬리브 *CD*에서 허용 전단응력을 초과하지 않도록 스핀들 *A*에 가할 수 있는 최대 토크 **T**를 구하고, (*b*) 이 경우 스핀들 *AB*의 지름 $d_s$를 결정하시오.

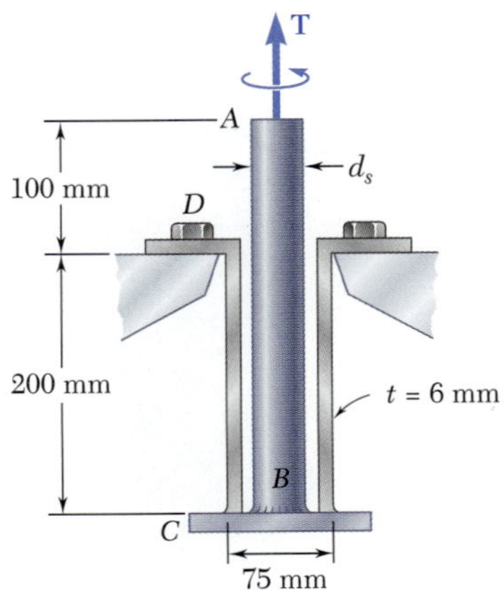


그림 P3.4

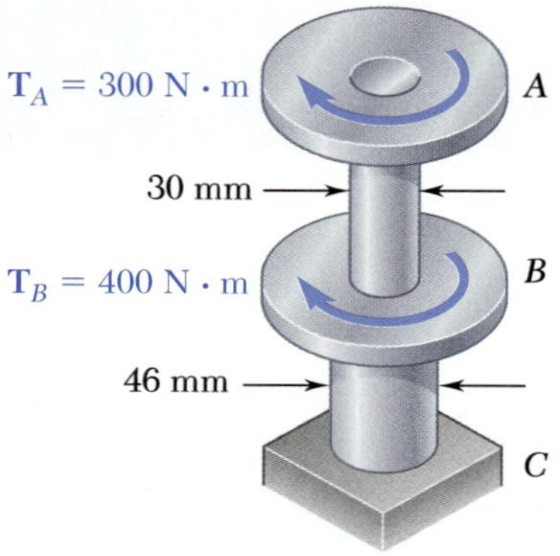


그림 P3.5

**3.5** 풀리(pulley) $A$와 $B$에 그림과 같이 토크가 가해진다. 각각의 축이 중실축일 때, 다음 축에 발생되는 최대 전단응력을 구하시오. (*a*) 축 $AB$, (*b*) 축 $BC$.

**3.6** 그림과 같이 축 $AB$, $BC$, 그리고 $CD$가 모두 중실축으로 되어 있다. (*a*) 최대 전단응력이 발생되는 축, (*b*) 해당되는 응력의 크기를 계산하시오.

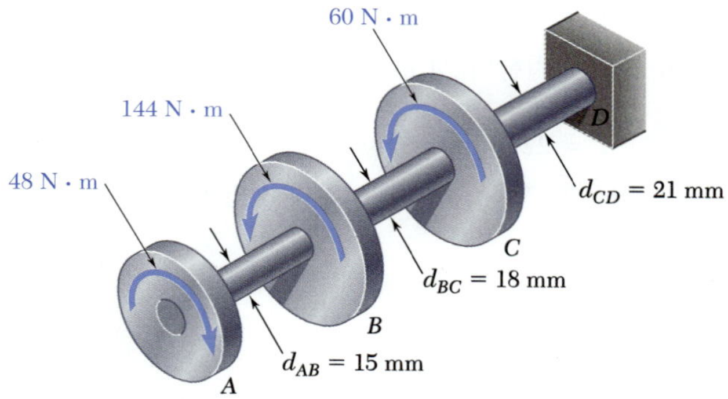


그림 P3.6

**3.7** 정상적인 운전조건에서 전기모터는 축 $AB$에 토크 2.8 kN·m의 힘을 전달하고 있다. 모든 축이 중실축일 경우, 다음 축에 발생되는 최대 전단응력을 구하시오. (*a*) 축 $AB$, (*b*) 축 $BC$, (*c*) 축 $CD$.

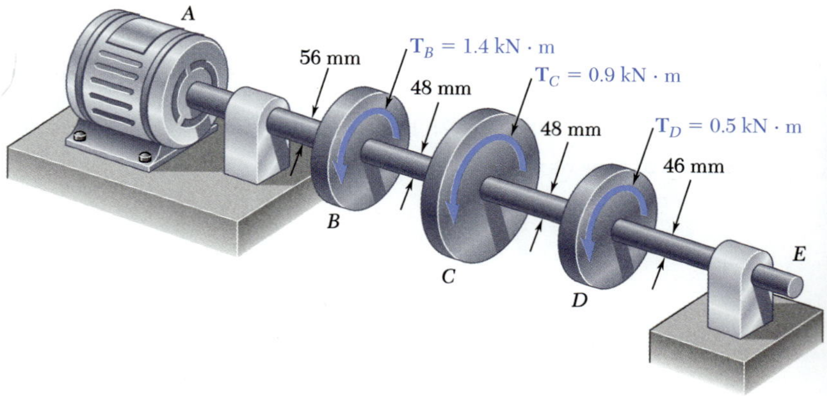


그림 P3.7

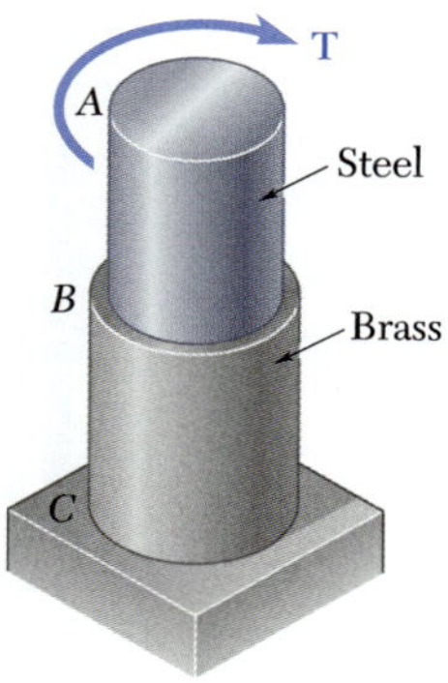


그림 P3.8, P3.9

**3.8** 강봉 $AB$의 허용 전단응력은 100 MPa이고 황동봉 $BC$의 허용 전단응력은 60 MPa이다. $A$지점에 토크 $T$ = 900 N·m가 작용할 때 필요로 하는 다음의 축 지름을 구하시오. (*a*) 축 $AB$, (*b*) 축 $BC$.

**3.9** 지름이 36 mm인 강봉 $AB$의 허용 전단응력은 100 MPa이고, 지름이 40 mm인 황동봉 $BC$의 허용 전단응력은 60 MPa이다. 응력집중을 무시할 경우, $A$지점에 작용시킬 수 있는 최대 토크를 구하시오.

**3.10** 황동봉 $AB$의 허용응력은 50 MPa이고 알루미늄봉 $BC$의 허용응력은 25 MPa이다. $A$지점에 토크 $T = 1250$ N·m가 작용할 때, 다음 봉에서 필요로 하는 지름을 구하시오. (*a*) 봉 $AB$, (*b*) 봉 $BC$.

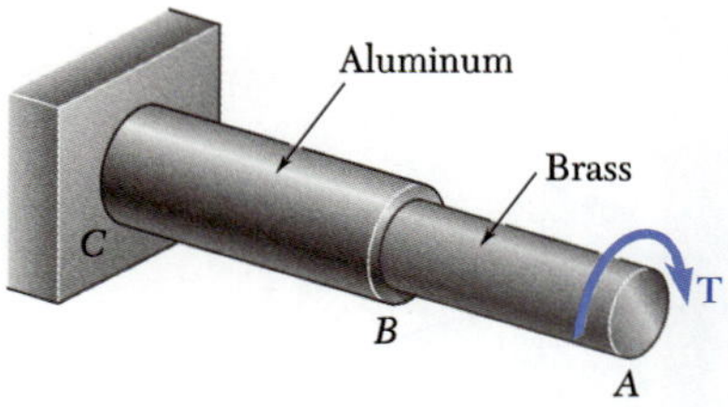


그림 P3.10

**3.11** 중실봉 $AB$의 지름은 $d_{AB} = 60$ mm이다. 파이프 $CD$의 바깥지름은 90 mm이고 벽두께는 6 mm이다. 봉과 파이프는 모두 허용 전단응력이 75 MPa일 경우, $A$ 지점에 작용시킬 수 있는 최대 토크 **T**를 결정하시오.

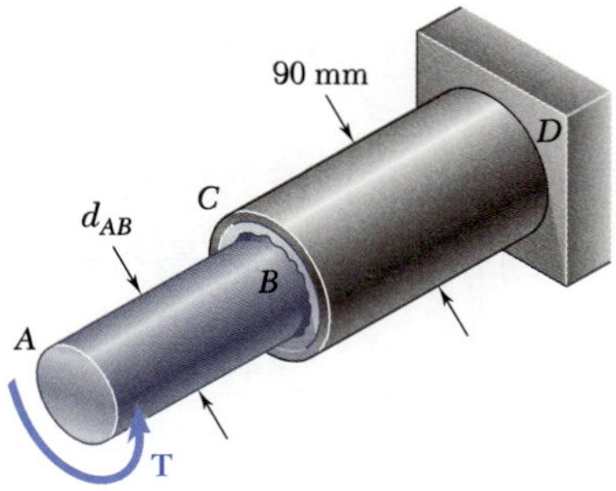


그림 P3.11

**3.12** 두 개의 중실축이 그림과 같이 기어(gear)에 연결되어 있으며 허용 전단응력이 50 MPa인 강재로 되어있다. 두 축의 지름이 각각 $d_{BC} = 40$ mm와 $d_{EF} = 30$ mm일 경우, $C$지점에 작용시킬 수 있는 최대 토크 $\mathbf{T}_C$를 결정하시오.

**3.13** 두 개의 중실축이 그림과 같이 기어(gear)에 연결되어 있으며 허용 전단응력이 60 MPa인 강재로 되어있다. $C$지점에 작용하는 토크가 $T_C = 600$ N·m이고 결합체가 평형상태에 있을 때, 다음 축의 필요로 지름을 구하시오. (*a*) 축 $BC$, (*b*) 축 $EF$.

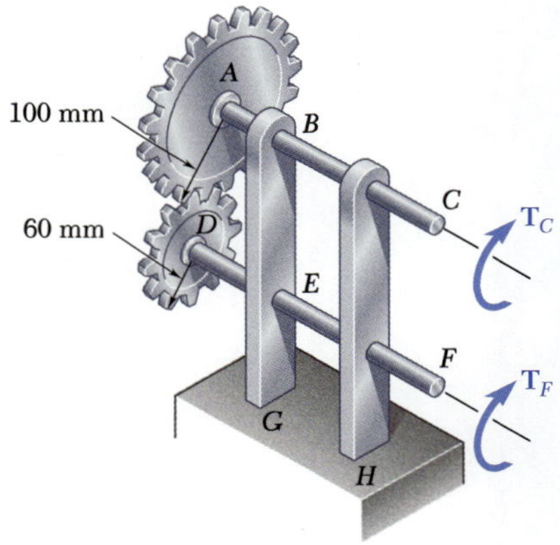


그림 P3.12, P3.13

**3.14** 그림과 같이 $D$ 지점에 토크 $T = 1000$ N·m가 작용된다. 축 $AB$의 지름은 56 mm이고 축 $CD$의 지름은 42 mm이다. 각각의 축의 허용 전단응력이 50 MPa일 경우, 다음에 발생되는 최대 전단응력을 구하시오. (*a*) 축 $AB$, (*b*) 축 $CD$.

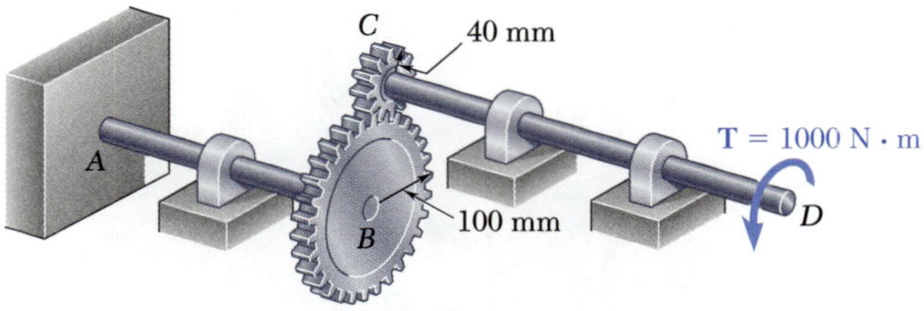


그림 P3.14, P3.15

**3.15** 그림과 같이 $D$ 지점에 토크 $T = 1000$ N·m가 작용된다. 각각의 축의 허용 전단응력이 60 MPa일 경우, 다음 축의 필요로 하는 지름을 결정하시오. (*a*) 축 $AB$, (*b*) 축 $CD$.

## 3.5 비틀림각

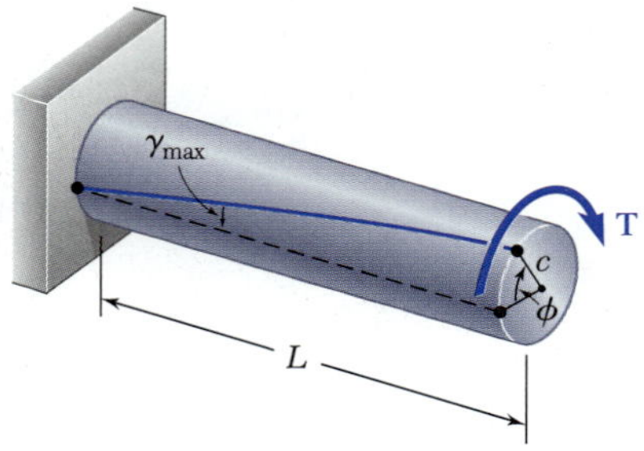


그림 3.20 비틀림각 $\phi$

이 절에서는 축에 작용시킨 토크 **T**와 비틀림각 $\phi$와의 관계를 알아보자. 전체 축은 탄성상태에 있다고 가정한다. 그림 3.20과 같이 길이가 $L$이고 반지름이 $c$인 균일한 축이 자유단에서 토크 **T**를 받으면 3.3절로부터 비틀림각 $\phi$와 최대 전단변형률 $\gamma_{max}$ 사이에는 다음 관계를 갖는다.

$$\gamma_{max} = \frac{c\phi}{L} \tag{3.3}$$

탄성한계 내에서는 축의 어느 곳에서도 항복응력이 초과되지 않으므로 훅의 법칙으로터 $\gamma_{max} = \tau_{max}/G$를 적용하고, 식 (3.9)를 사용하면 다음 관계를 얻을 수 있다.

$$\gamma_{max} = \frac{\tau_{max}}{G} = \frac{Tc}{JG} \tag{3.15}$$

식 (3.3)과 식 (3.15)의 오른편 항들을 같게 놓으면 아래 식과 같이 $\phi$를 구할 수 있다.

$$\phi = \frac{TL}{JG} \tag{3.16}$$

여기서 $\phi$는 라디안(radian) 단위로 나타낸다. 이 관계식은 탄성한도 내에서 **비틀림각 $\phi$는 봉에 작용하는 토크 T에 비례한다**는 것을 의미한다. 이것은 3.3절에서 설명한 실험 결과에 일치한다.

식 (3.16)을 이용하여 재료의 강성계수를 편리하게 구할 수 있다. 지름과 길이가 정해진 원형봉(cylindrical rod) 시편을 사진 3.3과 같은 **비틀림 시험기**(torsion

사진 3.3 비틀림 시험기

testing machine)에 설치한다.

시험편에 토크 $T$를 작용하고 이에 대응하는 비틀림각을 기록한다. 재료의 항복응력이 초과되지 않는 범위에서 $T$와 $\phi$의 그래프는 직선인 관계를 갖는다. 이 직선의 기울기가 $JG/L$이며, 이 관계로부터 강성계수 $G$를 계산할 수 있다.

축의 비틀림각에 관한 식 (3.16)은 균질($G$가 일정)이고 단면이 일정한 축의 끝단에 토크가 작용하는 경우에만 사용할 수 있다. 토크가 축단이 아닌 곳에 작용되고, 축의 단면이 균일하지 않거나 또는 다른 재료로 만들어진 축에 대해는 식 (3.16)을 적용하기 위하여 동일한 조건의 구간으로 나누어야 한다.

예를 들면 그림 3.21과 같은 경우 $AC$, $CD$, $DE$ 및 $EB$의 4개 구간으로 나누어 생각한다. 전체 비틀림각, 즉 끝 $B$에 대한 끝 $A$의 비틀림각은 각 구간의 비틀림각을 대수적으로 합하여 얻는다. 구간 $i$에 해당되는 내력토크, 길이, 단면의 극관성모멘트, 그리고 강성계수를 각각 $T_i$, $L_i$, $J_i$, 그리고 $G_i$로 표시하면 축 전체의 비틀림각은 다음과 같이 나타낼 수 있다.

$$\phi = \sum_i \frac{T_i L_i}{J_i G_i} \tag{3.17}$$

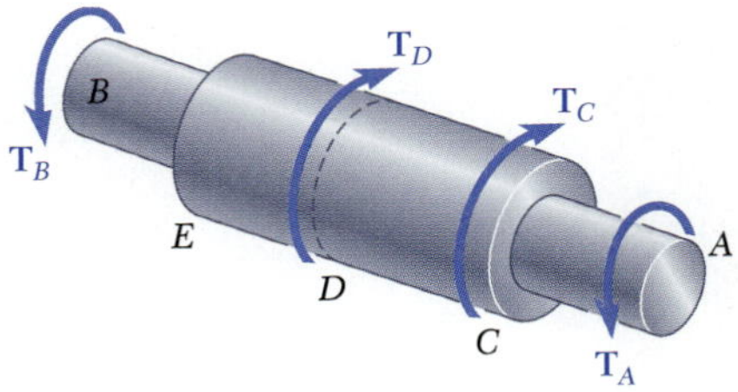


그림 3.21 여러 구간에 다른 토크가 작용되는 축

**예제 3.2**

예제 3.1의 축의 끝에 2°의 비틀림을 일으키려면 얼마의 토크를 작용시켜야 하는지 계산하시오. 강재의 강성계수 $G$ = 77 GPa를 사용하시오.

**풀이** 식 (3.16)에서 $T$를 구하면 아래와 같다.

$$T = \frac{JG}{L}\phi$$

이 식에 다음과 같이 주어진 값을 대입하고

$$G = 77 \times 10^9 \text{ Pa} \qquad L = 1.5 \text{ m}$$

$$\phi = 2^\circ\left(\frac{2\pi \text{ rad}}{360^\circ}\right) = 34.9 \times 10^{-3} \text{ rad}$$

예제 3.1에 주어진 단면에 대한 극관성모멘트는

$$J = 1.021 \times 10^{-6} \text{ m}^4$$

따라서 다음식과 같이 계산한다.

$$T = \frac{JG}{L}\phi = \frac{(1.021 \times 10^{-6} \text{ m}^4)(77 \times 10^9 \text{ Pa})}{1.5 \text{ m}}(34.9 \times 10^{-3} \text{ rad})$$

$$T = 1.829 \times 10^3 \text{ N} \cdot \text{m} = 1.829 \text{ kN} \cdot \text{m}$$

**예제 3.3**

예제 3.1과 3.2에 사용된 중공축의 안지름 표면에 70 MPa의 전단응력을 발생시키기 위한 비틀림각을 계산하시오.

**풀이** 이 문제를 푸는 첫 번째 방법은 식 (3.10)을 사용하여 주어진 $\tau$에 대한 $T$를 결정하고, 식 (3.16)으로부터 이 $T$의 값에 해당하는 비틀림각 $\phi$를 구할 수 있다.

그러나 더욱 간단한 방법을 사용할 수 있다. 훅의 법칙을 이용하여 축의 안지름 면에 발생되는 전단변형률을 먼저 계산한다.

$$\gamma_{\min} = \frac{\tau_{\min}}{G} = \frac{70 \times 10^6 \text{ Pa}}{77 \times 10^9 \text{ Pa}} = 909 \times 10^{-6}$$

그림 3.13$c$의 호 $AA'$의 길이를 $\gamma$와 $\phi$항으로 표시하여 얻었던 식 (3.2)를 이용하면

$$\phi = \frac{L\gamma_{\min}}{c_1} = \frac{1500 \text{ mm}}{20 \text{ mm}}(909 \times 10^{-6}) = 68.2 \times 10^{-3} \text{ rad}$$

위의 비틀림각을 각도로 표시하면 다음과 같다.

$$\phi = (68.2 \times 10^{-3} \text{ rad})\left(\frac{360°}{2\pi \text{ rad}}\right) = 3.91°$$

축의 임의 부분 내력토크 $T_i$는 그 부분을 통과하는 단면과 그 단면을 포함하는 축 부분의 자유물체도로부터 얻을 수 있다. 이 과정은 3.4절에서 이미 설명하였으며, 그림 3.16에 나타내는 절차를 기초문제 3.3에 적용하였다.

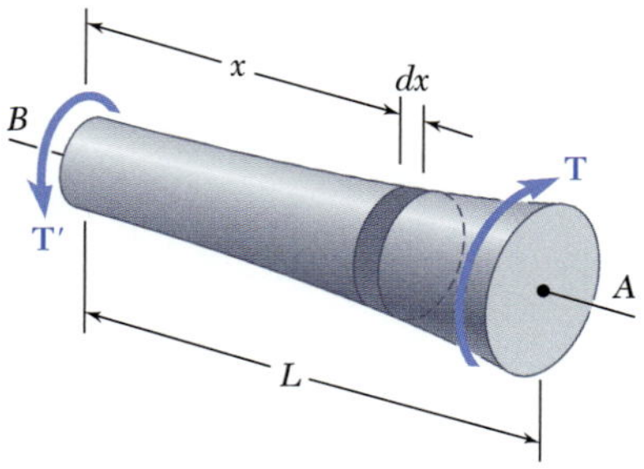


**그림 3.22** 단면이 변화되는 축

그림 3.22와 같이 완만하게 변화하는 단면을 갖는 축의 경우, 식 (3.16)을 두께가 $dx$인 원판에 적용할 수 있다. 원판의 한 면이 다른 면에 대해 회전하는 각도는 다음과 같이 나타낼 수 있다.

$$d\phi = \frac{T\,dx}{JG}$$

여기서 $J$는 $x$의 함수이다. $x$에 대하여 0에서 $L$까지 적분하면 다음 식과 같이 축의 전체 비틀림각을 얻는다.

$$\phi = \int_0^L \frac{T\,dx}{JG} \tag{3.18}$$

식 (3.16)을 유도하기 위해 사용한 그림 3.20의 축과 예제 3.2와 3.3에서 설명한 그림 3.15의 축은 모두 축의 한쪽 단이 고정 지지되어 있다. 그러므로 축의 비

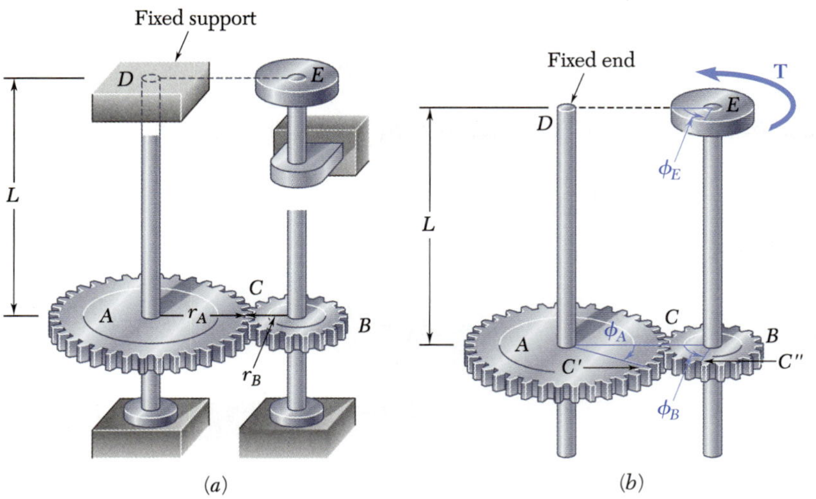


그림 3.23 기어 결합체

틀림각은 자유단의 회전각과 같다. 그러나 축의 양 끝이 모두 회전하면 축의 비틀림각 $\phi$는 축의 한 끝이 다른 끝에 대해 상대적으로 회전한 각과 같다. 예로서 그림 3.23*a*와 같이 두 개의 탄성축 *AD*와 *BE*로 구성된 결합체를 생각해 보자. 여기서 *AD*와 *BE*는 *C*에서 기어로 서로 맞물려있으며 길이는 *L*이고, 반지름은 *c*, 그리고 강성계수는 *G*이다. 만일, 토크 **T**가 그림 3.23*b*와 같이 *E*에 작용한다면 양축은 모두 비틀어질 것이다. 축 *AD*의 끝단 *D*가 고정되어 있기 때문에 *AD*의 비틀림각은 끝단 *A*의 회전각 $\phi_A$로 측정된다. 한편, 양 단이 회전하기 때문에 *BE*의 비틀림각은 회전각 $\phi_B$와 $\phi_E$의 차이와 같다. 즉, 비틀림각은 끝단 *E*가 끝단 *B*에 대해 회전한 상대회전각과 같다. 이 상대회전각을 $\phi_{E/B}$로 표시하면 다음과 같다.

$$\phi_{E/B} = \phi_E - \phi_B = \frac{TL}{JG}$$

### 예제 3.4

그림 3.23과 같은 기어 결합체에서 토크 **T**는 *E*에 작용한다. $r_A = 2r_B$일 경우, 축 *BE*의 끝단 *E*의 회전각을 구하시오.

**풀이** 먼저 축 *AD*에 작용하는 토크 $\mathbf{T}_{AD}$를 구한다. 다음으로 크기가 같고 방향이 반대인 힘 **F**와 **F**′을 *C*에 있는 두 기어에 작용시키고(그림 3.24), $r_A = 2r_B$인 관계를 이용하면 축 *AD*에 작용하는 토크는 축 *BE*에 작용하는 토크의 2배가 됨을 알 수 있다. 즉, $T_{AD} = 2T$이다.

축 *AD*의 끝단 *D*는 고정되어 있기 때문에, 기어 *A*의 회전각 $\phi_A$는 축의 비틀림과 같으며 다음 식으로 구할 수 있다.

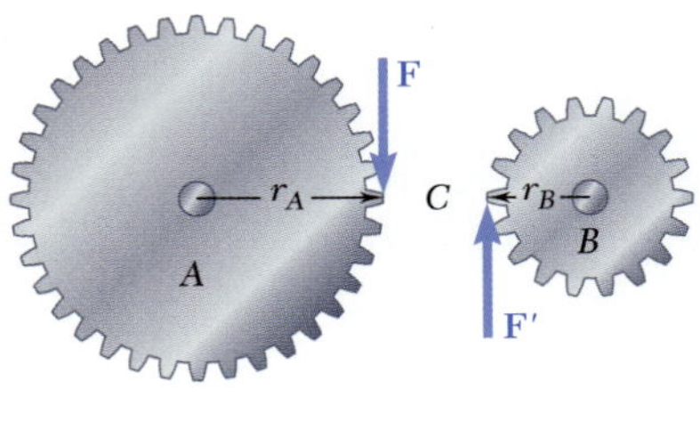


그림 3.24

$$\phi_A = \frac{T_{AD}L}{JG} = \frac{2TL}{JG}$$

그림 3.23$b$의 호 $CC'$과 $CC''$은 같으므로 $r_A\phi_A = r_B\phi_B$가 되며, 다음 관계를 얻는다.

$$\phi_B = (r_A/r_B)\phi_A = 2\phi_A$$

따라서 아래의 식을 얻을 수 있다.

$$\phi_B = 2\phi_A = \frac{4TL}{JG}$$

이제 축 $BE$에 대해 고려하면, 축의 비틀림각은 끝단 $B$에 대한 끝단 $E$의 상대회전각 $\phi_{E/B}$가 되며 다음식과 같다.

$$\phi_{E/B} = \frac{T_{BE}L}{JG} = \frac{TL}{JG}$$

따라서, 끝단 $E$의 회전각은 다음과 같이 계산한다.

$$\begin{aligned}\phi_E &= \phi_B + \phi_{E/B} \\ &= \frac{4TL}{JG} + \frac{TL}{JG} = \frac{5TL}{JG}\end{aligned}$$

## 3.6 부정정축

3.4절로부터 축의 응력을 결정하기 위해서는 축의 여러 구간의 내력토크를 먼저 구해야 한다는 것을 알았다. 이 토크는 자유물체도에서 정역학을 이용하여 세운 힘의 평형방정식을 풀어 결정하였다.

그러나 내력토크를 평형방정식만으로 구할 수 없는 경우가 있다. 실제로 이 경우는 지지점과 연결부에 의해 축에 작용하는 토크를 자유물체도로부터 구할 수 없으므로, 평형방정식은 축의 변형을 표시하는 관계식, 즉 문제의 기하학적 조건이 고려된 보충식이 필요하다. 이 경우는 정역학만으로 토크를 결정하는 것이 충분하지 않으므로 **부정정축**(statically indeterminate shaft)이라 한다. 다음 예제와 기초문제 3.5에서는 부정정축의 해석에 대해 설명한다.

## 예제 3.5

그림 3.25와 같이 길이 250 mm인 원형축 $AB$가 양단에서 고정 지지되어 있고 중간점에 120 N·m의 토크가 작용하고 있다. 끝 $A$에서 125 mm까지는 지름이 22 mm인 중실축이고, 끝 $B$에서 125 mm까지는 안지름이 16 mm인 중공축으로 되어있다. 각 지지점에서 축에 작용되는 토크를 구하여라.

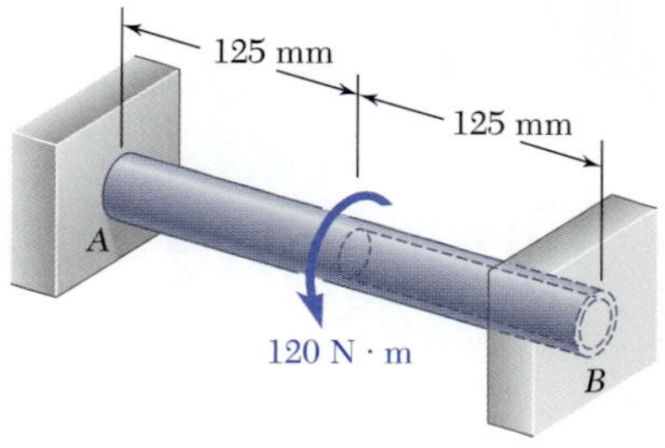


그림 3.25

**풀이** 그림 3.26$a$와 같이 축의 자유물체도로부터 지지점에 작용되는 토크를 $\mathbf{T}_A$와 $\mathbf{T}_B$로 표시하면 다음의 평형방정식을 얻는다.

$$T_A + T_B = 120 \text{ N} \cdot \text{m}$$

이 식만으로는 미지 토크 $\mathbf{T}_A$와 $\mathbf{T}_B$를 구하는 것이 충분하지 않으므로 이 축은 부정정이다. 이 경우에 양단이 구속되어 있기 때문에 축 $AB$의 전체 비틀림각은 0이 되어야 한다는 조건으로부터 $\mathbf{T}_A$와 $\mathbf{T}_B$를 구할 수 있다. $AC$와 $CB$의 비틀림각을 각각 $\phi_1$과 $\phi_2$라 하면, 다음 식과 같다.

$$\phi = \phi_1 + \phi_2 = 0$$

그림 3.26$b$의 자유물체도에서 $AC$ 부분의 내력토크 $T_1$은 $T_A$와 같고, 그림 3.26$c$의 자유 물체로부터 $CB$의 내력토크 $T_2$는 $T_B$와 같음을 알 수 있다. 식 (3.16)을 이용하고, $AC$와 $CB$ 부분이 서로 반대방향으로 비틀리므로 다음 식을 얻는다.

$$\phi = \phi_1 + \phi_2 = \frac{T_A L_1}{J_1 G} - \frac{T_B L_2}{J_2 G} = 0$$

위 식으로부터 $T_B$에 대하여 풀면 다음과 같다.

$$T_B = \frac{L_1 J_2}{L_2 J_1} T_A$$

아래의 값들을 대입하면,

$$L_1 = L_2 = 125 \text{ mm}$$
$$J_1 = \tfrac{1}{2}\pi(0.011 \text{ m})^4 = 230 \times 10^{-10} \text{ m}^4$$
$$J_2 = \tfrac{1}{2}\pi[(0.011 \text{ m})^4 - (0.008 \text{ m})^4] = 165.6 \times 10^{-10} \text{ m}^4$$

다음 관계식을 얻는다.

$$T_B = 0.72\, T_A$$

이 관계를 원래의 평형방정식에 대입하고 정리하면 다음 결과를 얻는다.

$$1.72\, T_A = 120 \text{ N} \cdot \text{m}$$
$$T_A = 69.8 \text{ N} \cdot \text{m} \qquad T_B = 50.2 \text{ N} \cdot \text{m}$$

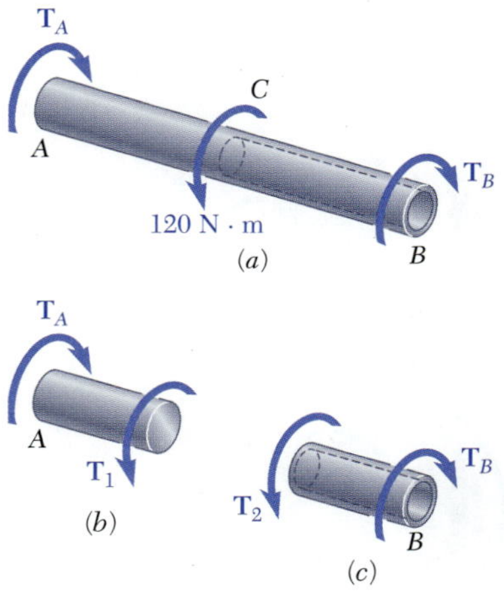


그림 3.26

## 기초문제 3.3

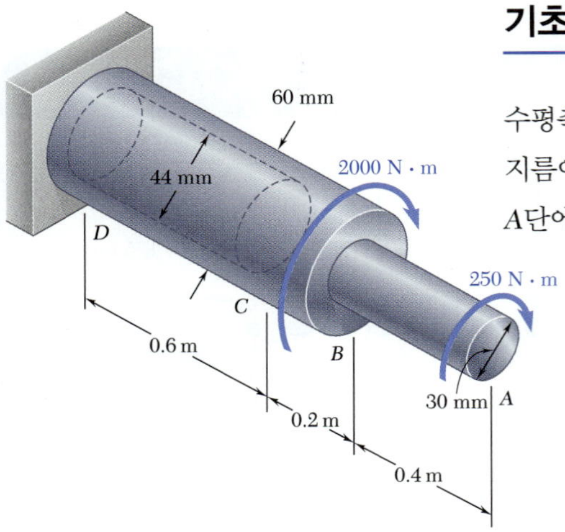


수평축 $AD$는 $D$에 고정되어 있으며 그림에 나타낸 토크가 작용된다. 축 $CD$ 부분은 안지름이 44 mm인 중공축이다. 전체 축이 $G = 77$ GPa인 강재로 만들어져 있다면, 끝 $A$단에서 비틀림각을 계산하시오.

### 풀이

이 축은 $AB$, $BC$, 그리고 $CD$의 세부분으로 되어 있고 각 부분은 균일한 단면과 일정한 내력토크가 작용되고 있기 때문에 식 (3.17)을 사용할 수 있다.

**평형방정식.** 축의 $AB$ 사이의 단면에 대한 자유물체도로부터 다음 식을 얻는다.

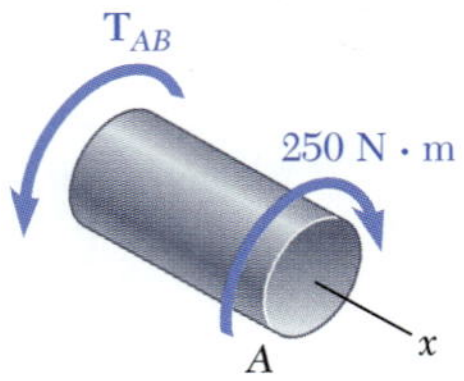


$$\Sigma M_x = 0: \qquad (250\ \text{N}\cdot\text{m}) - T_{AB} = 0 \qquad T_{AB} = 250\ \text{N}\cdot\text{m}$$

다음으로 $BC$ 사이에 있는 단면을 고려하면 다음 식을 세울 수 있다.

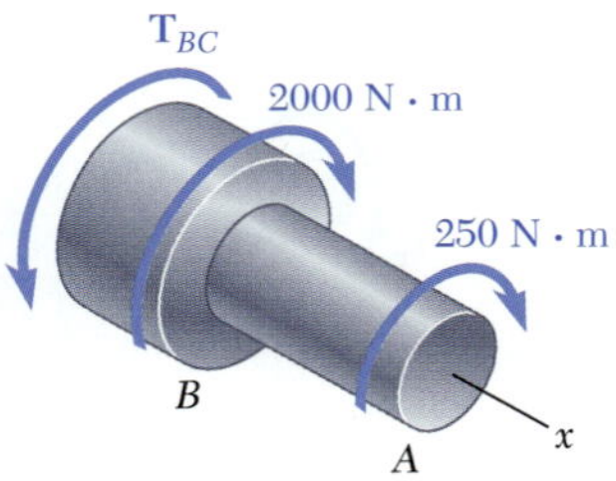


$$\Sigma M_x = 0: (250\ \text{N}\cdot\text{m}) + (2000\ \text{N}\cdot\text{m}) - T_{BC} = 0 \qquad T_{BC} = 2250\ \text{N}\cdot\text{m}$$

$C$에는 토크가 작용되지 않기 때문에 다음과 같다.

$$T_{CD} = T_{BC} = 2250\ \text{N}\cdot\text{m}$$

**극관성모멘트**

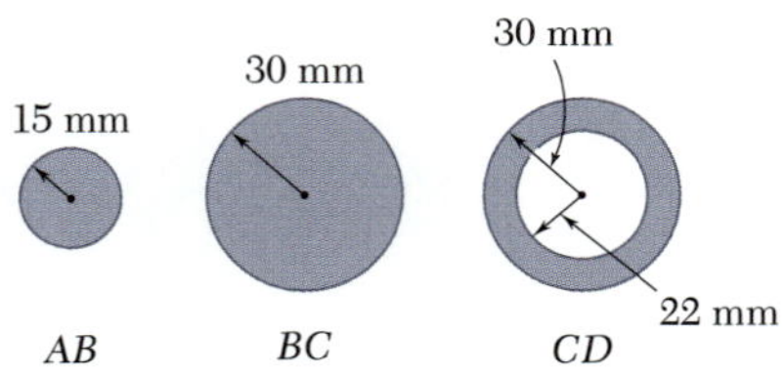


$$J_{AB} = \frac{\pi}{2}c^4 = \frac{\pi}{2}(0.015\ \text{m})^4 = 0.0795 \times 10^{-6}\ \text{m}^4$$

$$J_{BC} = \frac{\pi}{2}c^4 = \frac{\pi}{2}(0.030\ \text{m})^4 = 1.272 \times 10^{-6}\ \text{m}^4$$

$$J_{CD} = \frac{\pi}{2}(c_2^4 - c_1^4) = \frac{\pi}{2}[(0.030\ \text{m})^4 - (0.022\ \text{m})^4] = 0.904 \times 10^{-6}\ \text{m}^4$$

**비틀림각.** 식 (3.17)을 이용하고, $G = 77$ GPa이므로 전체 축에 대한 비틀림각은 다음과 같이 계산한다.

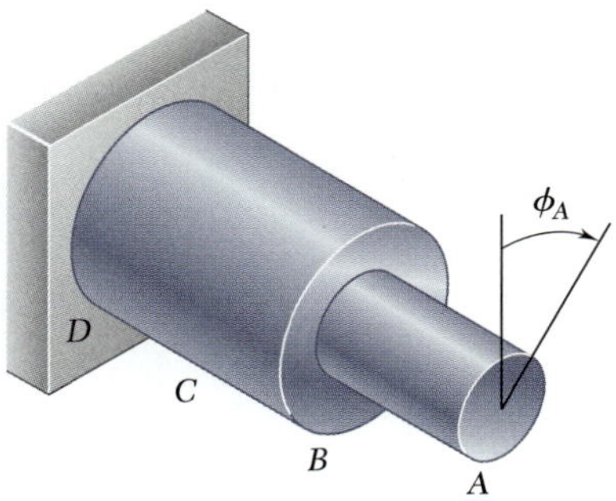


$$\phi_A = \sum_i \frac{T_i L_i}{J_i G} = \frac{1}{G}\left(\frac{T_{AB}L_{AB}}{J_{AB}} + \frac{T_{BC}L_{BC}}{J_{BC}} + \frac{T_{CD}L_{CD}}{J_{CD}}\right)$$

$$\phi_A = \frac{1}{77\ \text{GPa}}\left[\frac{(250\ \text{N}\cdot\text{m})(0.4\ \text{m})}{0.0795 \times 10^{-6}\ \text{m}^4} + \frac{(2250)(0.2)}{1.272 \times 10^{-6}} + \frac{(2250)(0.6)}{0.904 \times 10^{-6}}\right]$$

$$= 0.01634 + 0.00459 + 0.01939 = 0.0403\ \text{rad}$$

$$\phi_A = (0.0403\ \text{rad})\frac{360°}{2\pi\ \text{rad}}$$

$\phi_A = 2.31°$ ◀

## 기초문제 3.4

그림과 같이 두 개의 강재로 된 중실축이 기어에 의해 연결되어 있다. 각 축의 $G = 77$ GPa이고 허용 전단응력은 55 MPa이다. 이 경우에 다음 사항을 구하시오. (*a*) 축 *AB*에서 끝 *A*에 작용할 수 있는 최대 토크 $\mathbf{T}_0$, (*b*) 축 *AB*에서 끝 *A*가 회전되는 각도.

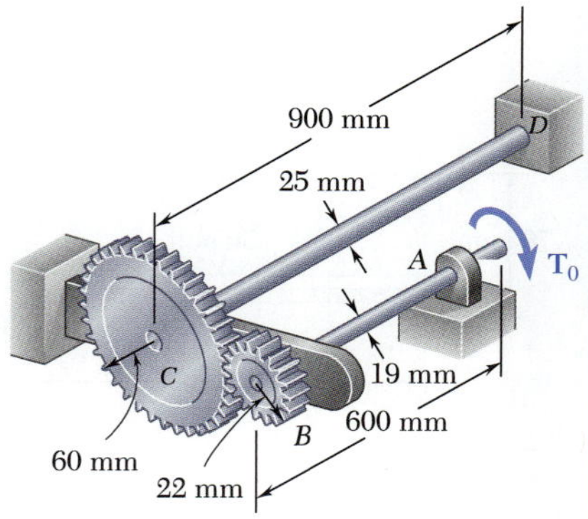


### 풀이

**평형방정식.** 두 기어 사이의 접선력 크기를 *F*로 표시하면 다음 식을 얻는다.

| | | |
|---|---|---|
| 기어 *B* | $\Sigma M_B = 0$: $F(22 \text{ mm}) - T_0 = 0$ | |
| 기어 *C* | $\Sigma M_C = 0$: $F(60 \text{ mm}) - T_{CD} = 0$ | $T_{CD} = 2.73T_0$ (1) |

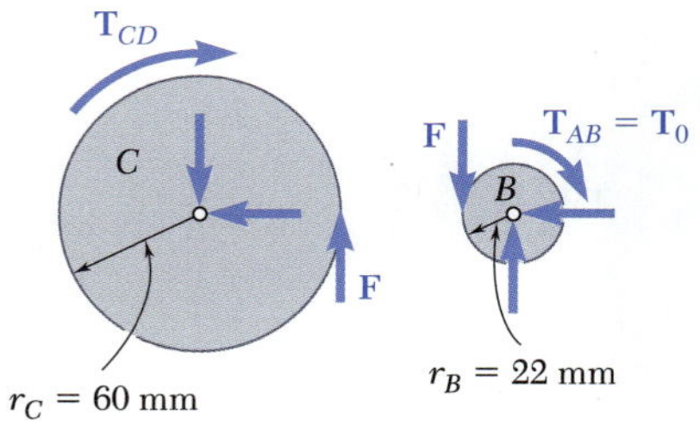


**운동학.** 두 기어의 원주운동 호의 길이는 같으므로 다음 관계를 얻는다.

$$r_B\phi_B = r_C\phi_C \qquad \phi_B = \phi_C\frac{r_C}{r_B} = \phi_C\frac{60 \text{ mm}}{22 \text{ mm}} = 2.73\phi_C \qquad (2)$$

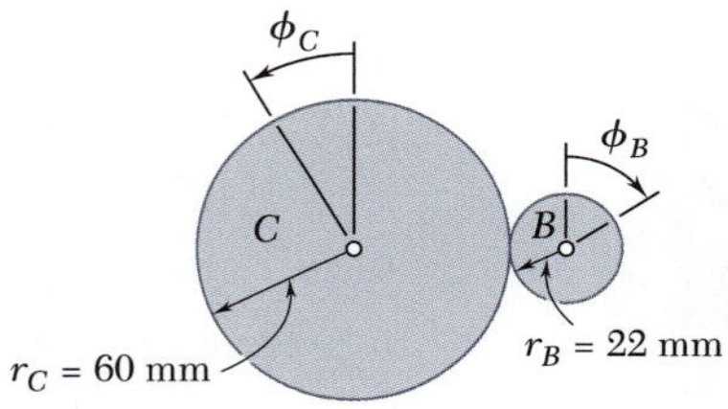


**(a) 토크 $T_0$.**

**축 *AB*.** $T_{AB} = T_0$, $c = 9.5$ mm, 그리고 허용 전단응력은 $\tau_{all} = 55$ MPa이므로 다음과 같다.

$$\tau = \frac{T_{AB}c}{J} \qquad 55 \text{ MPa} = \frac{T_0(9.5 \times 10^{-3} \text{ m})}{\frac{1}{2}\pi(9.5 \times 10^{-3} \text{ m})^4} \qquad T_0 = 74.1 \text{ N}\cdot\text{m} \blacktriangleleft$$

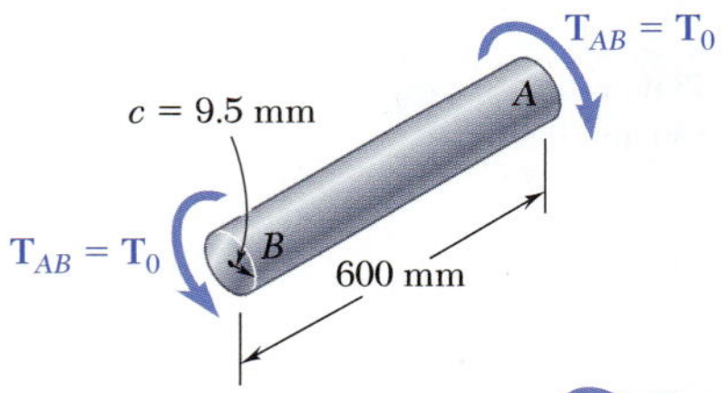


**축 *CD*.** 식 (1) 로부터 $T_{CD} = 2.73\,T_0$, $c = 12.5$ mm, $\tau_{all} = 55$ MPa이므로 다음과 같다.

$$\tau = \frac{T_{CD}c}{J} \qquad 55 \text{ MPa} = \frac{2.73T_0(12.5 \times 10^{-3} \text{ m})}{\frac{1}{2}\pi(12.5 \times 10^{-3} \text{ m})^4} \qquad T_0 = 61.8 \text{ N}\cdot\text{m} \blacktriangleleft$$

**최대 허용토크.** 위의 두 값들 중 최솟값을 선택한다.

$$T_0 = 61.8 \text{ N}\cdot\text{m} \blacktriangleleft$$

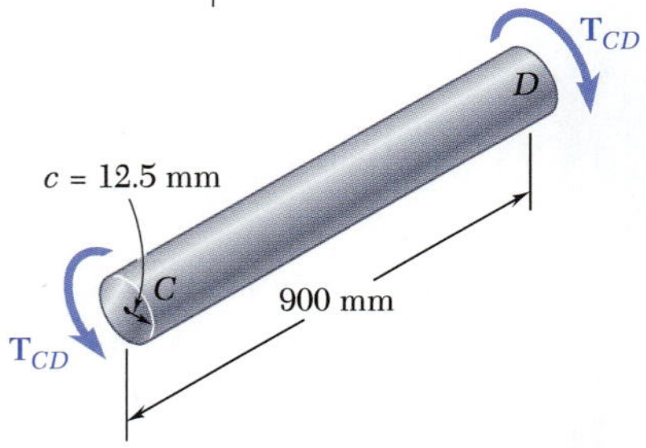


**(b) 끝단 *A*의 회전각.** 먼저 각각의 축에 대한 비틀림각을 계산한다.

**축 *AB*.** $T_{AB} = T_0 = 61.8$ N·m이므로 다음과 같이 계산한다.

$$\phi_{A/B} = \frac{T_{AB}L}{JG} = \frac{(61.8 \text{ N}\cdot\text{m})(0.6 \text{ m})}{\frac{1}{2}\pi(0.0095 \text{ m})^4(77 \times 10^9 \text{ Pa})} = 0.0376 \text{ rad} = 2.16°$$

**축 *CD*.** $T_{CD} = 2.73\,T_0 = 2.73(61.8 \text{ N}\cdot\text{m}) = 168.7$ N·m이므로 다음과 같이 계산한다.

$$\phi_{C/D} = \frac{T_{CD}L}{JG} = \frac{(168.7 \text{ N}\cdot\text{m})(0.9 \text{ m})}{\frac{1}{2}\pi(0.0125 \text{ m})^4(77 \times 10^9 \text{ Pa})} = 0.0514 \text{ rad} = 2.95°$$

축 *CD*의 끝단 *D*는 고정되어 있으므로 $\phi_C = \phi_{C/D} = 2.95°$이다. 기어 *B*의 회전각 $\phi_B$는 식 (2)로부터 다음과 같다.

$$\phi_B = 2.73\phi_C = 2.73(2.95°) = 8.05°$$

그러므로 축 *AB*의 끝단 *A*에서의 회전각은 다음과 같다.

$$\phi_A = \phi_B + \phi_{A/B} = 8.04° + 2.16° \qquad \phi_A = 10.2° \blacktriangleleft$$

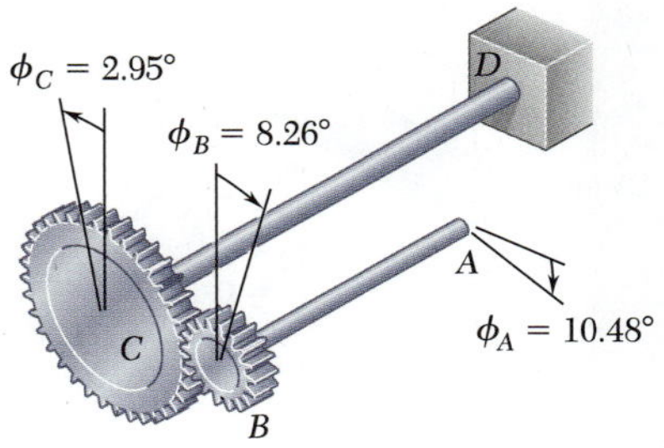

## 기초문제 3.5

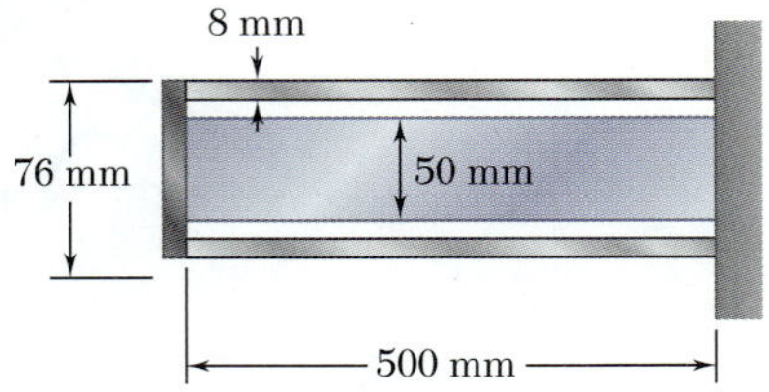


그림과 같이 강재로 된 봉과 알루미늄 튜브가 오른편 고정단에 지지되어 있으며, 왼편 자유단에는 강체로 된 원판(rigid disk)이 부착되어 있다. 초기응력이 0일때 원판에 작용할 수 있는 최대토크 $\mathbf{T}_0$를 구하시오. 강재봉의 허용응력은 120 MPa이고 강성계수는 $G$ = 77 GPa이다. 또, 알루미늄 튜브의 허용응력은 70 MPa이고 강성계수 $G$ = 27 GPa이다.

## 풀이

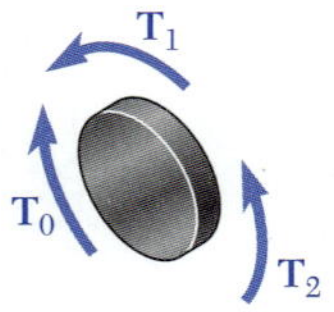


**평형방정식** **원판의 자유물체도.** 원판에서 알루미늄 튜브에 작용되는 토크를 $\mathbf{T}_1$이라 하고 강재봉에 작용되는 토크를 $\mathbf{T}_2$라 하면 다음 식을 얻는다.

$$T_0 = T_1 + T_2$$

**변형.** 튜브와 봉이 강체원판에 연결되어 있기 때문에 다음 식이 성립된다.

$$\phi_1 = \phi_2: \quad \frac{T_1 L_1}{J_1 G_1} = \frac{T_2 L_2}{J_2 G_2}$$

$$\frac{T_1(0.5\text{ m})}{(2.003 \times 10^{-6}\text{ m}^4)(27\text{ GPa})} = \frac{T_2(0.5\text{ m})}{(0.614 \times 10^{-6}\text{ m}^4)(77\text{ GPa})}$$

$$T_2 = 0.874 T_1$$

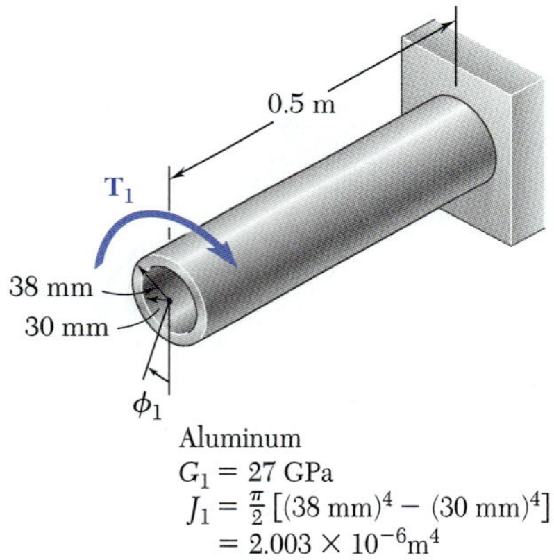


**전단응력.** 임계조건 $\tau_{\text{alum}} \leq$ 70 MPa을 알루미늄 튜브에 적용시켜 다음과 같이 계산한다.

$$T_1 = \frac{\tau_{\text{alum}} J_1}{c_1} = \frac{(70\text{ MPa})(2.003 \times 10^{-6}\text{ m}^4)}{0.038\text{ m}} = 3690\text{ N}\cdot\text{m}$$

식 (2)의 관계를 이용하여 상응하는 $T_2$ 값을 계산하고 강봉의 최대 전단응력을 계산한다.

$$T_2 = 0.874 T_1 = 0.874(3690) = 3225\text{ N}\cdot\text{m}$$

$$\tau_{\text{steel}} = \frac{T_2 c_2}{J_2} = \frac{(3225\text{ N}\cdot\text{m})(0.025\text{ m})}{0.614 \times 10^{-6}\text{ m}^4} = 131.3\text{ MPa}$$

이 값은 강재봉의 허용응력 120 MPa을 초과하므로 가정이 잘못된 것이다. 그러므로 $\mathbf{T}_1$을 먼저 결정할 것이 아니라 $\tau_{\text{steel}}$ = 120 MPa인 경우에 $\mathbf{T}_2$를 먼저 결정하여야 한다.

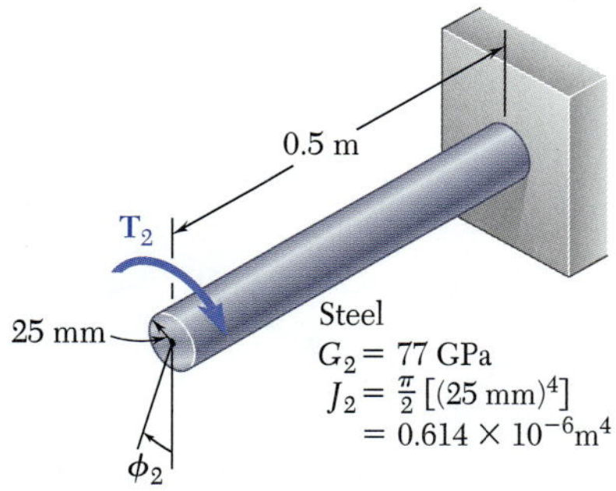


$$T_2 = \frac{\tau_{\text{steel}} J_2}{c_2} = \frac{(120\text{ MPa})(0.614 \times 10^{-6}\text{ m}^4)}{0.025\text{ m}} = 2950\text{ N}\cdot\text{m}$$

식 (2)로부터

$$2950\text{ N}\cdot\text{m} = 0.874 T_1 \qquad T_1 = 3375\text{ N}\cdot\text{m}$$

식 (1)을 이용하면 최대 토크 $\mathbf{T}_0$는 아래와 같다.

$$T_0 = T_1 + T_2 = 3375\text{ N}\cdot\text{m} + 2950\text{ N}\cdot\text{m}$$

$$T_0 = 6{,}325\text{ kN}\cdot\text{m} \quad ◀$$

# P3B 연습문제

**3.16** (*a*) 그림과 같은 강재 중실축($G$ = 77 GPa)에 대해, $A$지점의 비틀림각을 결정하시오. (*b*) 만일 강재축의 바깥지름이 30 mm이고 안지름이 20 mm인 중공축일 경우, 문제 (*a*)를 다시 푸시오.

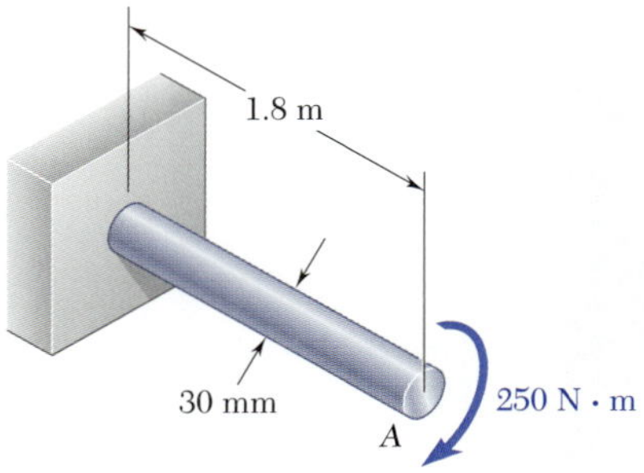


그림 P3.16

**3.17** (*a*) 그림과 같은 알루미늄 튜브($G$ = 27 GPa)에 대해, 2°의 비틀림각을 일으킬 수 있는 토크 $\mathbf{T}_0$를 구하시오. (*b*) 만일 길이와 단면적이 같은 중실축에 동일한 토크 $\mathbf{T}_0$가 작용할 경우, 비틀림각을 구하시오.

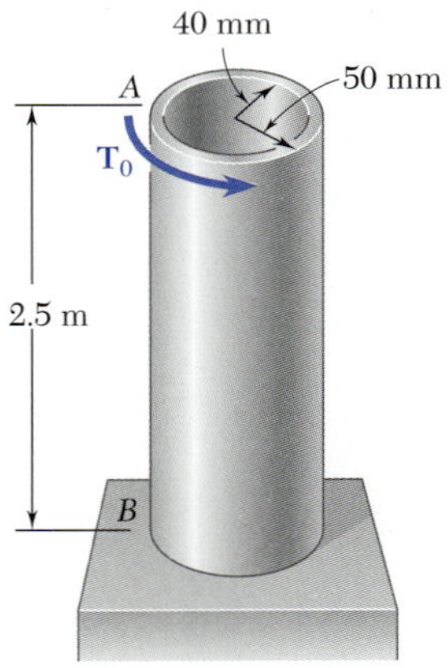


그림 P3.17

**3.18** $A$지점에서 배가 기름을 시추하기 위해 깊이 1500 m 해면바닥 위에서 드릴 작업을 시작했다. $G$ = 77.2 GPa이고 지름이 200 mm인 강재드릴 튜브의 상단이 $B$에서 드릴비트가 작동되기 전에 2회전 비틀려 있었다. 이때 튜브에서 비틀림에 의한 최대 전단응력을 구하시오.

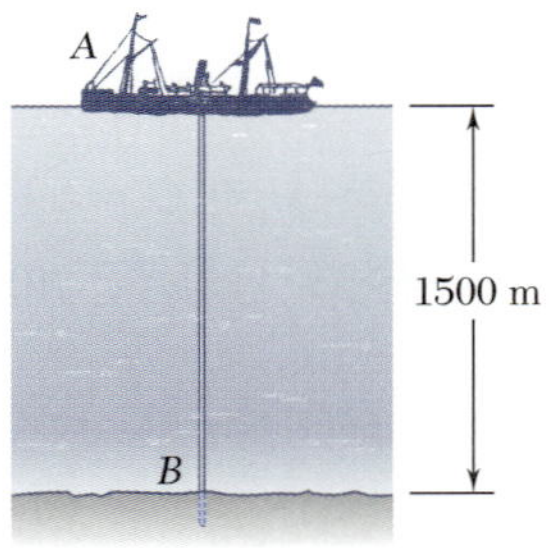


그림 P3.18

**3.19** 전기모터가 일정한 속도로 회전하는 알루미늄 축 $ABCD$에 500 N · m의 토크를 전달한다. $G$ = 27 GPa이고, 풀리 $B$와 $C$에 그림과 같이 토크가 작용될 경우, 다음에 대한 비틀림각을 결정하시오. (*a*) $B$와 $C$ 사이, (*b*) $B$와 $D$ 사이.

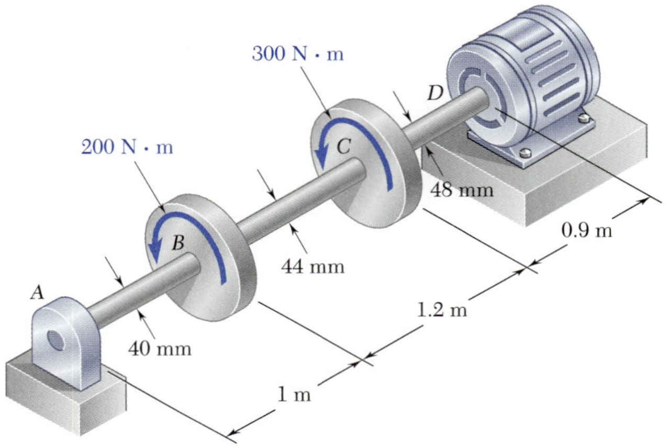


그림 P3.19

**3.20** $G = 26$ GPa인 알루미늄봉 $BC$가 $G = 39$ GPa인 황동봉 $AB$에 접합되어 있다. 각각의 봉은 중실이고 지름이 12 mm일 경우에 다음 지점에서 비틀림각을 구하시오. (*a*) *B*, (*b*) *C*.

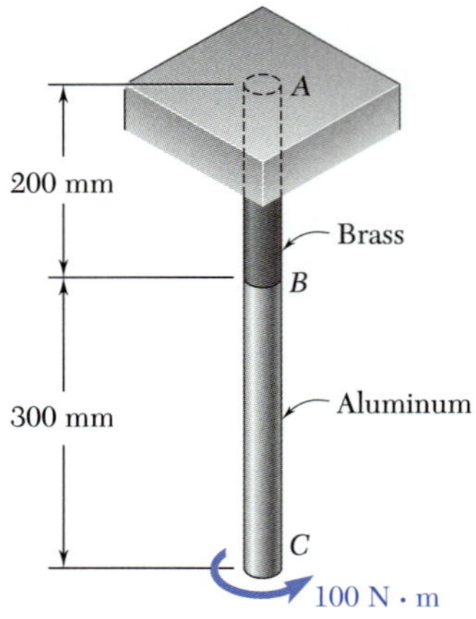


그림 P3.20

**3.21** $G = 27$ GPa인 알루미늄봉 $AB$가 $G = 39$ GPa인 황동봉 $AB$에 접합되어 있다. 황동봉 $CD$ 부분은 중공이고 안지름은 40 mm이다. 이 경우, *A*지점에서 비틀림각을 구하시오.

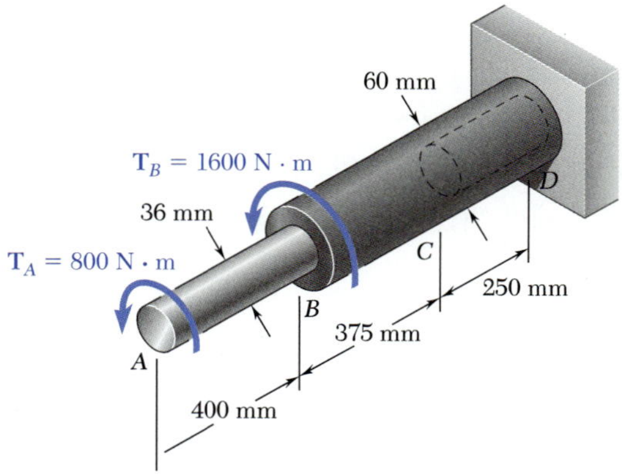


그림 P3.21

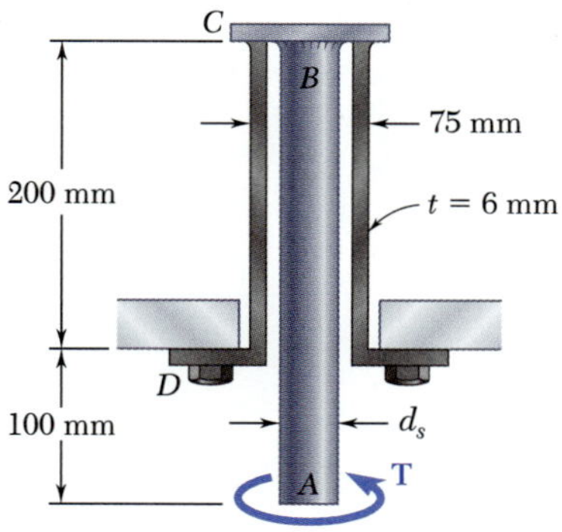


그림 P3.22

**3.22** 중실스핀들 $AB$의 지름은 $d_s = 40$ mm이고 $G = 77$ GPa, $\tau_{all} = 120$ MPa인 강재이며, 슬리이브 $CD$는 $G = 77$ GPa이고 $\tau_{all} = 120$ MPa인 황동으로 만들어졌다. 끝 *A*가 회전될 수 있는 가장 큰 각도를 결정하시오.

**3.23** 지름이 22 mm인 두 개의 축이 그림과 같이 기어에 의해 연결되어 있다. 축은 $F$지점에 고정되어 있으며 두 축의 강성계수는 모두 $G = 77$ GPa이다. $A$지점에 130 N·m의 토크가 가하여질 때 끝단 $A$가 회전되는 각도를 결정하시오.

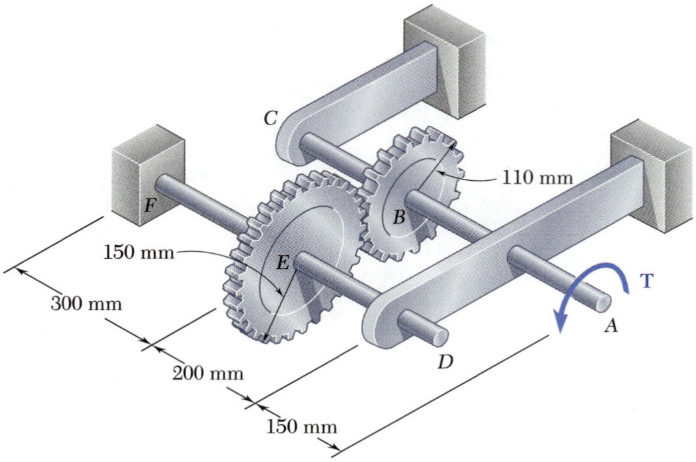


그림 P3.23

**3.24** 그림과 같이 기어와 축으로 만들어진 시스템에서 강재축 $AB$와 $CD$는 지름이 같으며, 강성계수도 $G = 77$ GPa로 동일하다. $\tau_{max} \leq 60$ MPa이고 축 $CD$의 끝점 $D$에서의 회전각 $\phi_D$가 1.5°가 초과되지 않아야 할 경우, 요구되는 축지름을 계산하시오.

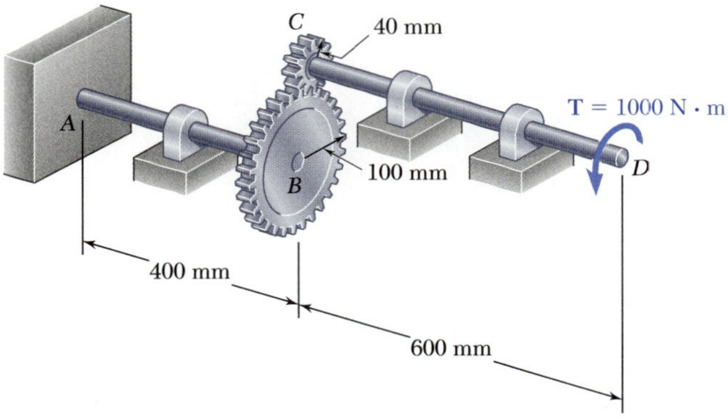


그림 P3.24

**3.25** 전기모터가 일정한 속도로 회전하는 강재축 *ABCD*에 800 N·m의 토크를 전달한다. 설계요구조건에 *A*와 *D* 사이의 축지름은 일정하며, 그리고 *A*와 *D* 사이의 회전각은 1.5° 이내인 제한조건이 명시되어 있다. $\tau_{max}$ = 60 MPa이고 *G* = 77 GPa일 때, 사용가능한 축의 최소지름을 구하시오.

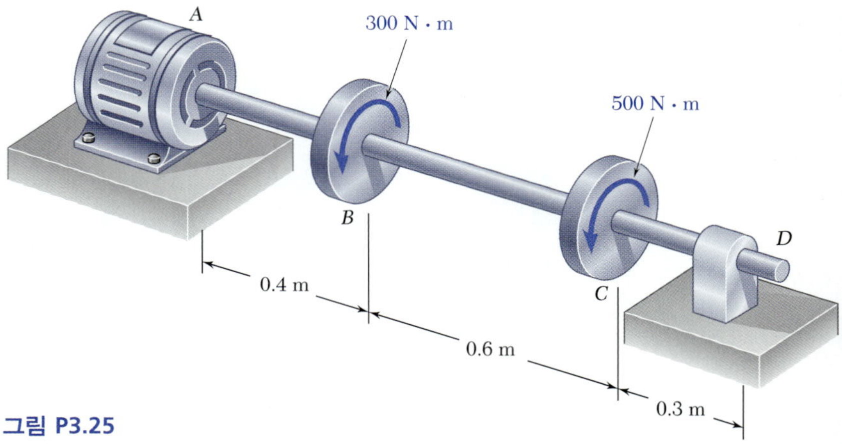


그림 P3.25

**3.26** 길이가 2 m인 중실 원형전동축의 설계요구조건에서 9 kN·m의 토크가 작용할 때 축의 비틀림각이 3°를 초과하지 않도록 되어 있다. 다음 경우에 필요로 하는 축의 지름을 결정하시오. (*a*) 축의 허용 전단응력이 90 MPa이고 강성계수가 77 GPa인 강재로 만들어져 있을 경우, (*b*) 허용 전단응력이 35 MPa이고 강성계수가 42 GPa인 청동재로 만들어져 있을 경우.

**3.27** 그림과 같이 중실 원형축 *BC*에 강체연결(rigidly attached)된 레버 *CD*의 끝 *D*에 600 N의 힘 **P**를 가하면 플라스틱시트의 *A*에 원형구멍이 뚫린다. 설계시방서에 *D*의 변위는 펀치(punch)가 플라스틱 시트에 닿아 관통할 때까지 15 mm 이내이어야 한다는 제한조건이 명시되어 있다. 축이 *G* = 77 GPa, 그리고 $\tau_{all}$ = 80 MPa인 강재로 만들어져 있을 경우, 필요로 하는 축 *BC*의 지름을 결정하시오.

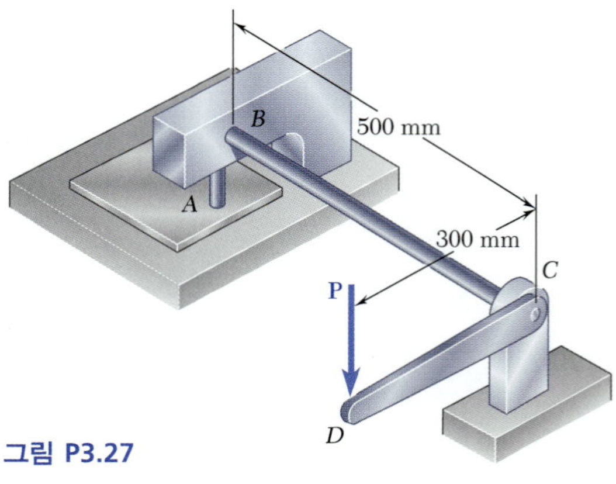


그림 P3.27

**3.28** 그림에 나타낸 복합축(composite shaft)의 끝 $A$에 4 kN·m인 토크가 작용하고 있다. 강성계수가 강재의 경우 77 GPa, 알루미늄에 대해서는 27 GPa일 경우, 다음 사항을 결정하시오. (*a*) 강재코어(steel core)의 최대 전단응력, (*b*) 알루미늄재킷(aluminum jacket)의 최대 전단응력, (*c*) 끝 $A$의 비틀림각.

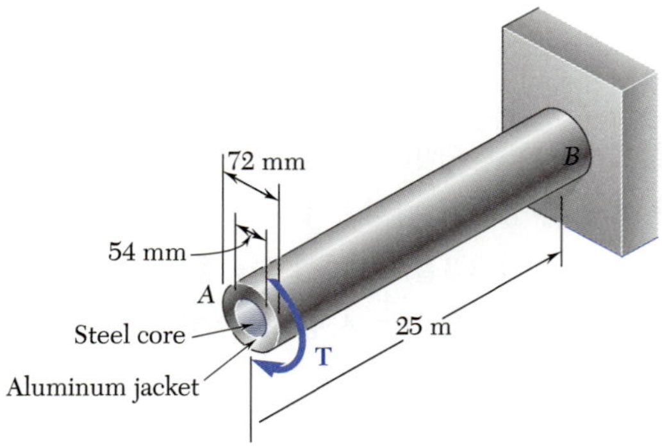


그림 P3.28, P3.29

**3.29** 그림에 나타낸 복합축 끝 $A$에 토크 **T**가 작용하고 있다. 강성계수가 강재는 77 GPa, 알루미늄은 27 GPa이고, 강재와 알루미늄의 허용 전단응력이 각각 $\tau_{steel} = 60$ MPa, $\tau_{alum} = 45$ MPa일 경우에 끝 $A$를 회전시킬 수 있는 가장 큰 각도를 결정하시오.

**3.30** 그림에 나타낸 복합축은 두께가 5 mm인 황동재킷($G_{brass} = 39$ GPa)이 지름이 30 mm인 강재코어($G_{steel} = 77$ GPa)에 접착되어 있다. 이 축에 565 N·m의 토크가 작용될 경우, 다음 사항을 계산하시오. (*a*) 황동재킷의 최대 전단응력, (*b*) 강재코어의 최대 전단응력, (*c*) 끝 $A$에 대한 끝 $B$의 상대적 비틀림각.

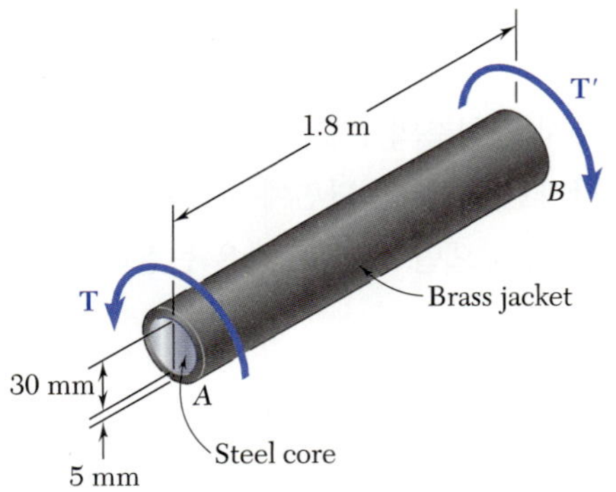


그림 P3.30

# 제3장 복습 및 요약

이 장에서는 **토크**(torque)를 받는 **축**(shaft)을 해석하고 설계하는 방법을 배웠으며, **원형축**(circular shaft)에 관한 사항으로 제한하였다.

### 원형축의 변형

3.2절의 예비고찰에서 원형축 단면의 응력분포는 **부정정**(statically indeterminate)이라는 것을 지적하였다. 따라서 응력을 결정하기 위해서는 축에서 발생되는 **변형**(deformation)을 먼저 해석할 필요가 있다(3.3절). 비틀림 하중을 받는 **원형단면 축에서는 모든 단면이 평면으로 유지되고 뒤틀림이 없다**는 사항으로부터, 축중심으로부터 거리 $\rho$ 떨어진 곳에 축선(shaft axis)에 수직이며, 평행한 면을 갖는 미소요소의 **전단변형률**(shearing strain)에 대해서 다음 식을 유도하였다.

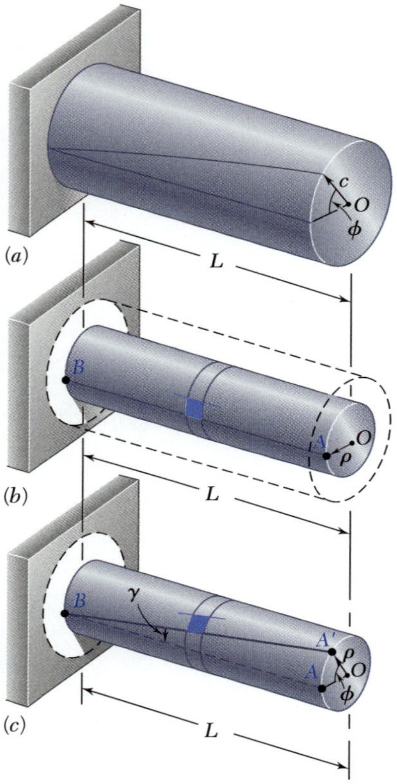

그림 3.27

$$\gamma = \frac{\rho\phi}{L} \tag{3.2}$$

여기서 $\phi$는 축의 길이 $L$에 대한 비틀림각(그림 3.27)이다. 식 (3.2)는 **원형단면 축 내에서 전단변형률이 원형축 중심으로부터 거리에 비례하여 변화**한다는 사실을 나타낸다. 따라서 원형축의 표면에서 변형률이 최대로 되는 것을 알 수 있었다. 여기서는 $\rho$가 축반지름 $c$와 같게 되므로 다음 식과 같다.

$$\gamma_{max} = \frac{c\phi}{L} \qquad \gamma = \frac{\rho}{c}\gamma_{max} \tag{3.3, 3.4}$$

### 탄성영역 내에서 전단응력

탄성영역 내에서 원형축의 **전단응력**(shearing stress)에 대해 고려하였으며(3.2*C*절), 전단응력과 변형률에 대한 훅의 법칙 $\tau = G\gamma$의 관계로부터 다음 식이 유도되었다.

$$\tau = \frac{\rho}{c}\tau_{max} \tag{3.6}$$

이 식은 탄성영역 내에서 **원형축의 전단응력 $\tau$는 원형축 중심으로부터의 거리에 비례하여 변화한다**는 것을 나타낸다. 축 한 단면에 작용되는 힘의 모멘트에 대한 합과 축에 작용된 토크의 크기 $T$를 같게 놓으면, 다음과 같은 **탄성비틀림식**(elastic torsion formulas)을 구할 수 있다.

$$\tau_{max} = \frac{Tc}{J} \qquad \tau = \frac{T\rho}{J} \tag{3.9, 3.10}$$

여기서 $c$는 단면의 반지름이고 $J$는 극관성모멘트이다. 중실축에 대해서는 $J = \frac{1}{2}\pi c^4$이다.

또한, 안지름이 $c_1$이고 바깥지름 $c_2$인 중공축에 대해서는 $J = \frac{1}{2}\pi(c_2^4 - c_1^4)$이다.

그림 3.28에서 요소 $a$는 순수전단 상태이며, 요소 $c$에서 같은 크기의 인장과 압축인 수직응력을 받으며 그 크기는 $Tc/J$이다. 이러한 사항으로부터, 비틀림 시험에서 연성재료는 일반적으로 전단에 취약하므로 시편 중심축에 수직인 면으로 파손된다. 반면에 취성재료는 전단보다 인장에 대해서 취약하기 때문에 축에 대해서 45° 방향으로 파단면이 발생하며 파손된다는 것을 이해할 수 있다.

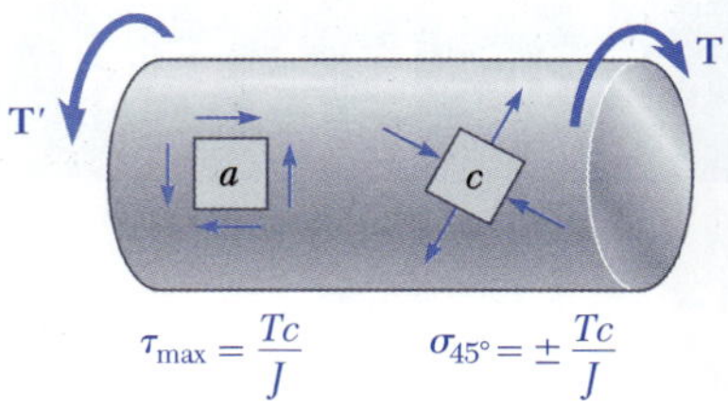


그림 3.28

## 비틀림각

3.5절로부터 탄성범위 내에서 원형축의 비틀림각 $\phi$는 이 축에 작용된 토크 $T$의 크기에 비례한다(그림 3.29). $\phi$는 **라디안**(radian) 단위이며 다음 식과 같다.

$$\phi = \frac{TL}{JG} \tag{3.16}$$

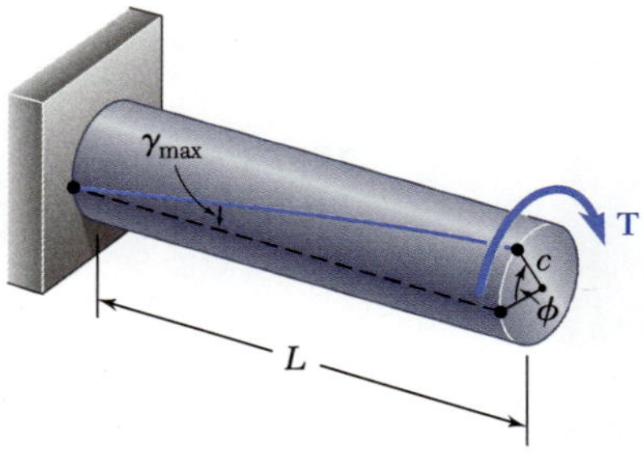


그림 3.29

여기서 $L$ = 축 길이,
$J$ = 단면의 극관성모멘트,
$G$ = 재료의 강성계수 또는 전단탄성계수

작용점이 축의 끝이 아닌 경우, 축이 여러 개의 단면으로 구성되었을 경우, 또는 몇 개의 다른 재료로 만들어졌을 경우에 축에 토크가 작용할 때, 전체 비틀림각은 각 부분의 비틀림각의 **대수합**(algebraic sum)과 같다(기초문제 3.3).

$$\phi = \sum_i \frac{T_i L_i}{J_i G_i} \tag{3.17}$$

그림 3.30과 같이 축 $BE$의 양쪽 끝이 회전하는 경우에 축의 비틀림각은 양 끝의 비틀림 각 $\phi_B$와 $\phi_A$의 **차이**(difference)와 같음을 알았다. 또한 두 축 $AD$와 $BE$가 기어 $A$와 $B$에 의해서 연결될 경우, 기어 $A$에 의해서 축 $AD$에 작용되는 토크와 기어 $B$에 의해서 축 $BE$에 작용되는 토크는 각각 두 기어의 반지름 $r_A$와 $r_B$에 **직접 비례**(directly proportional)한다. 이것은 $C$에서 기어에 의해 서로 작용하는 힘은 크기가 같고 방향이 반대이기 때문이다. 그러나 두 기어가 회전하는 $\phi_A$와 $\phi_B$는 $r_A$와 $r_B$에 **반비례**(inversely proportional)한다. 왜냐하면 기어의 회전에 의해 그려지는 원호길이 $CC'$과 $CC''$이 같기 때문이다(예제 3.4, 기초문제 3.4).

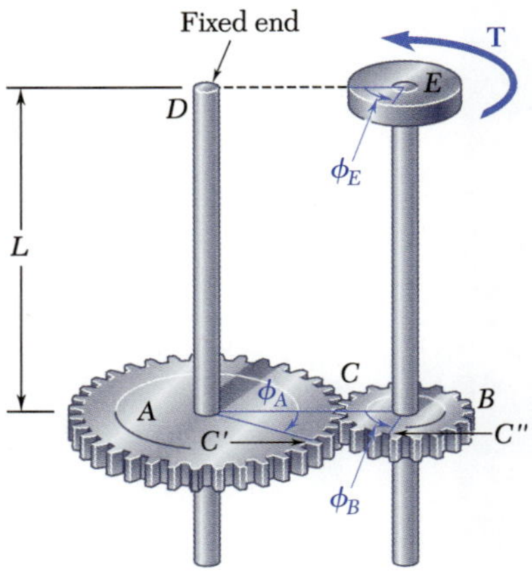


그림 3.30

## 부정정축

축의 지지점에서 반력(혹은 내부토크)이 정역학 관계식만으로 결정될 수 없는 경우는 **부정정**(statically indeterminate) 문제에 해당된다(3.6절). 자유물체도로부터 얻은 평형방정식은 축의 변형이나 문제의 기하학적 조건으로부터 얻을 수 있는 추가 식들이 보완되어야 한다(예제 3.5, 기초문제 3.5).

# P3C 복습문제

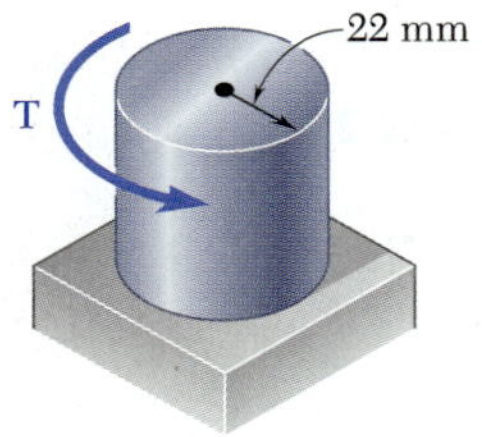


그림 P3.31

**3.31** 그림과 같은 원형축에서 토크의 크기가 $T = 1.5$ kN·m에 의해 발생되는 최대 전단응력을 구하시오.

**3.32** 길이가 3 m이고 $G = 77$ GPa인 강봉에서 전단응력이 84 MPa의 초과하지 않고 30°로 비틀릴 경우, 허용할 수 있는 가장 큰 지름을 구하시오.

**3.33** 두께 6 mm인 강판을 그림과 같이 파이프축에 직각인 면에 45°로 이루는 나선형 모양으로 용접하여 바깥지름이 300 mm인 강재로 된 파이프로 만들었다. 최대 허용인장응력이 84 MPa일 경우, 파이프에 가할 수 있는 최대 토크를 구하시오.

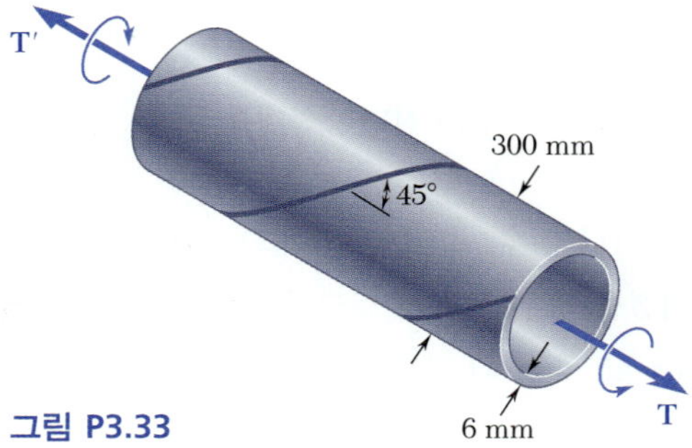


그림 P3.33

**3.34** 두 개의 중실축이 그림과 같이 기어로 연결되어 있다. 각 축의 강성계수는 $G =$ 77.2 GPa 이고 토크 $T_A = 1200$ kN·m일 경우, 끝 $A$의 회전각을 구하시오.

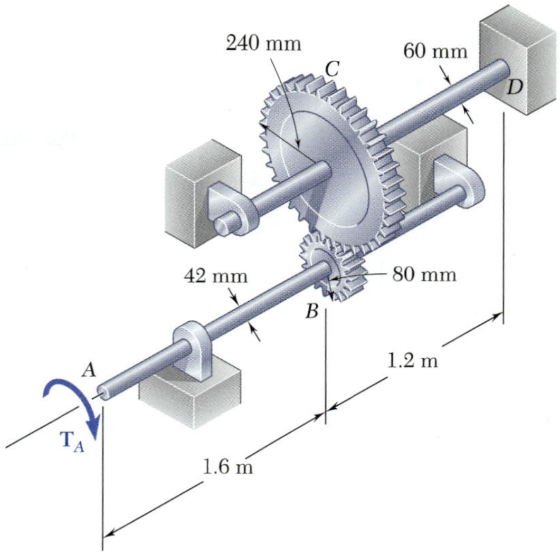


그림 P3.34

**3.35** 강성계수가 $G = 77.2$ GPa인 두 개의 강재 중실축이 커플링 디스크 $B$에 연결되어 있으며 $A$와 $C$에 고정 지지되어 있다. 그림과 같이 토크가 작용될 경우, 다음을 결정하시오. (*a*) 축 $AB$의 최대 전단응력, (*b*) 축 $BC$의 최대 전단응력.

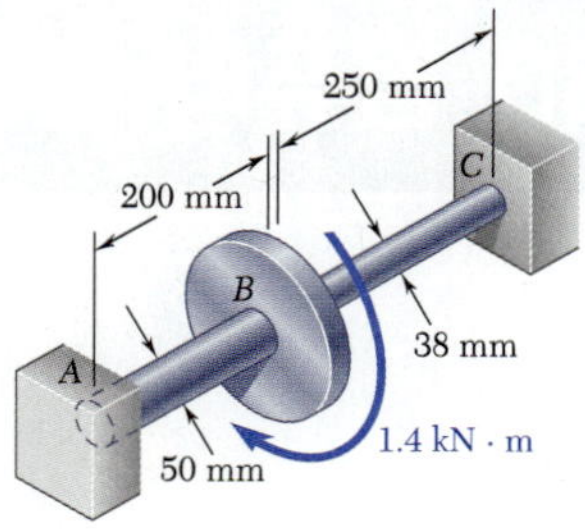


**그림 P3.35**

**3.36** 설계요구조건에서 길이가 1.2 m인 중실전동축에 750 m·N의 토크가 작용될 때 축의 비틀림각이 4°를 초과하지 않도록 규정되어 있다. 축은 강재로 만들어 졌으며 강성계수 또는 전단탄성계수는 77.2 GPa이고 허용 전단응력은 90 MPa일 경우, 필요로 하는 축의 지름을 구하시오.

**3.37** 두 개의 중실황동봉 $AB$와 $CD$가 황동슬리브 $EF$에 용접(brazing)되어 있다. 봉과 슬리브에서 발생되는 최대 전단응력이 같을 경우, $d_2/d_1$의 비율을 구하시오.

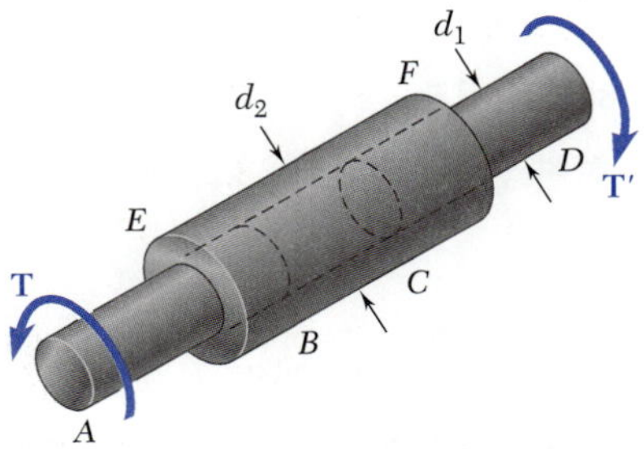


**그림 P3.37**

**3.38** 복합축의 끝 $A$에 그림과 같은 토크 **T**인 비틀림 하중이 작용한다. 강재셸(steel shell)의 최대 전단응력이 150 MPa일 경우, 알루미늄코어(aluminum core)의 최대 전단응력은 얼마인가? 강성계수는 강재의 경우 $G = 77.2$ GPa, 그리고 알루미늄에 대해서는 $G = 27$ GPa을 사용하시오.

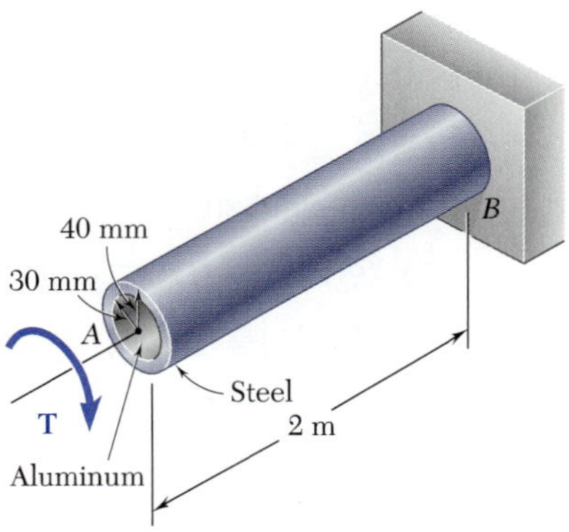


**그림 P3.38**

# P3D 컴퓨터 활용문제

**다음의 문제들은 컴퓨터를 활용하여 풀 수 있도록 작성되었다.**

**3.C1** 축 $AB$는 중실(solid) 또는 중공(hollow)일 수 있으며 $n$개의 원통형 요소로 만들어져 있다. 봉의 요소 내에서는 동일한 재료이지만 인접한 요소에서는 서로 다른 재료가 사용될 수 있다. 봉의 끝 $A$는 고정되어 있으며, 자유단 $B$에 그림과 같이 토크가 가해지고 있다. 요소 $i$의 길이는 $L_i$, 바깥지름은 $OD_i$, 안지름은 $ID_i$, 강성계수는 $G_i$이며, 각각 요소의 오른쪽 끝에 적용하는 토크를 $\mathbf{T}_i$로 나타낸다. $\mathbf{T}_i$가 끝점 $B$에서 시계 반대방향으로 작용하면 토크의 크기 $T_i$는 양(+)이고, 반대의 경우는 음(−)이다(요소가 중실일 경우, $ID_i = 0$).

(*a*) 각 요소의 최대 전단응력과 비틀림각, 그리고 전체 축의 비틀림각을 구하기 위한 컴퓨터프로그램을 작성하시오.

(*b*) 이 프로그램을 사용하여 연습문제 3.19, 3.21에 대해 구하시오.

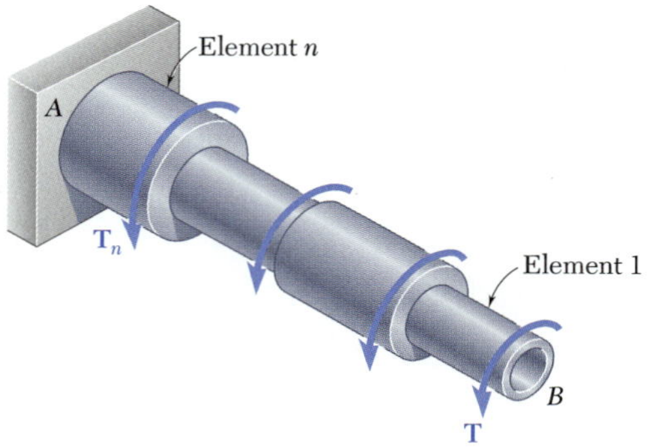


그림 P3.C1

**3.C2** 그림과 같이 중실 또는 중공인 $n$개의 원통형 축으로 만들어진 조립체가 기어에 의해 연결되어 있으며 브레킷(그림에 표시되어 있지 않음)에 지지되어 있다. 첫 번째 축의 자유단 $A_1$에 토크 $\mathbf{T}_0$를 받는다. 반면에 마지막 축의 끝단 $B_n$은 고정되어 있다. 축 $A_iB_i$의 길이는 $L_i$이고, 바깥지름은 $OD_i$, 안지름은 $ID_i$, 그리고 강성계수는 $G_i$로 나타낸다(만약 중실축이면 $ID_i = 0$이다). 기어 $A_i$의 반지름은 $a_i$로, 기어 $B_i$의 반지름은 $b_i$로써 표시한다.

(*a*) 각각의 축에 발생되는 최대 전단응력과 비틀림각, 그리고 끝점 $A_i$의 비틀림각을 결정하기 위한 컴퓨터프로그램을 작성하시오.

(*b*) 이 프로그램을 사용하여 연습문제 3.23에 대해 구하시오.

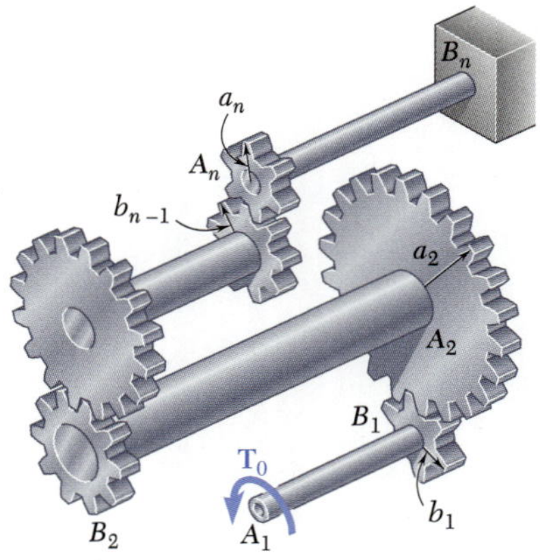


그림 P3.C2

**3.C3** 축 $AB$는 중실 또는 중공이고 $n$개의 원통형 요소로 만들어져 있다. 봉은 요소 내에서는 동일한 재료이지만 인접된 요소에서는 서로 다른 재료가 사용될 수 있다. 양끝은 고정되어 있고, 그림과 같이 토크를 받는다. 요소 $i$의 길이는 $L_i$, 바깥지름은 $OD_i$, 안지름은 $ID_i$, 강성계수는 $G_i$, 그리고 축의 오른쪽 끝에 작용하는 토크는 $\mathbf{T}_i$로 나타낸다. 만약 중실 축 일 경우는 $ID_i = 0$이고, $T_1 = 0$이 된다. $A$와 $B$에서의 반력, 각 요소의 최대 전단응력과 비틀림각을 구하기 위한 컴퓨터프로그램을 작성하고, 이 프로그램을 사용하여 다음에 답하시오.

(*a*) 복습문제 3.35에 대해 구하시오.

(*b*) 예제 3.5의 축에 대해 최대전단응력을 계산하시오.

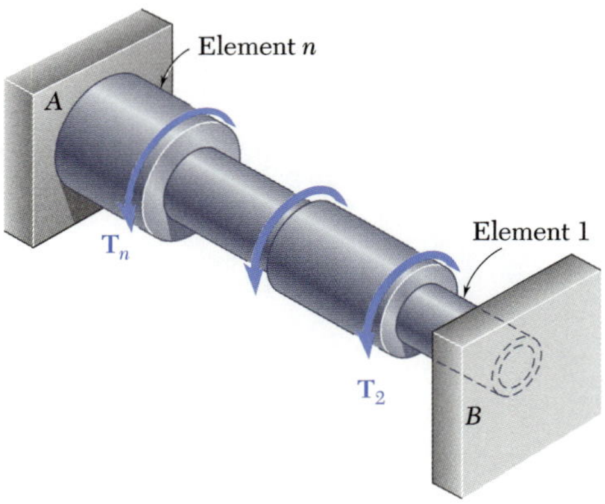


그림 P3.C3

CHAPTER

# 4

# 순수굽힘

## Pure Bending

사진의 역도선수는 원판으로부터 같은 거리에 위치한 곳을 양손으로 잡아 바벨을 들고 있다. 이로 인해 양손의 중간에 있는 봉에 순수굽힘이 발생된다. 이 장에서는 순수굽힘에 의해 발생되는 수직응력과 곡률을 구하는 방법을 배운다.

# 4.1 서론



앞의 세 개의 장에서는 축하중 또는 비틀림 우력을 받는 균일단면부재에 대한 응력을 어떻게 결정하는지를 살펴보았다. 이 장 및 다음 장에서는 **굽힘**(bending)을 받는 균일단면부재의 응력 및 변형률을 해석하려고 한다. 굽힘은 보와 거더(girder)와 같이 기계 및 구조물의 설계에 사용되는 주요 개념이다.

이 장에서는 길이방향면에 작용하는 크기가 같고 방향이 반대인 우력(couple) **M**, **M′**을 받는 부재를 해석할 것이다. 이러한 부재는 **순수굽힘**(pure bending) 상태에 있다고 한다. 이 장에서는 부재가 그림 4.1과 같이 단면은 대칭이고, 대칭면에 우력 **M**, **M′**이 작용한다고 가정한다.

순수굽힘의 예는 앞 장에서 운동선수가 양손으로 들어 올린 바벨에 사용되는 봉에서와 같다. 봉은 운동선수의 손으로부터 동일한 거리만큼 떨어진 곳에서 동일한 무게를 지지하고 있다. 그림 4.2*a*와 같이 봉의 자유물체도가 대칭이므로 손에 작용하는 반력은 바벨의 무게와 동일하고 방향은 반대이다. 따라서 봉의 중간부분 *CD*에서는 그림 4.2*b*와 같이 바벨 무게와 반력의 크기는 같고 방향이 반대인 120 N·m의 우력으로 대체될 수 있으며, 봉의 중간 부분은 순수굽힘 상태에 있다. 사진 4.1에 나타낸 헬스클럽에 있는 체력 단련용 바벨은 지지된 두 지점 사이 가운데 구간에서 순수굽힘 상태에 있다.

순수굽힘의 직접적인 응용은 매우 흥미로울 관심사항일 뿐만 아니라, 이 장에서 얻어진 결과는 **편심축하중**(*eccentric axial loadings*) 및 **횡방향하중**(*transverse loadings*)에 대한 해석에 적용될 것이다.

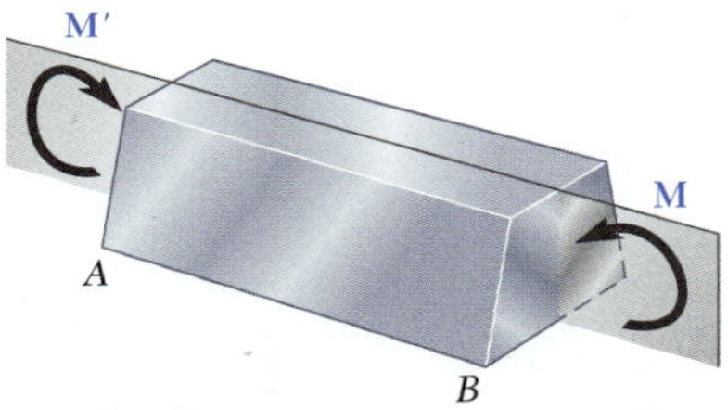


그림 4.1 순수굽힘을 받는 부재

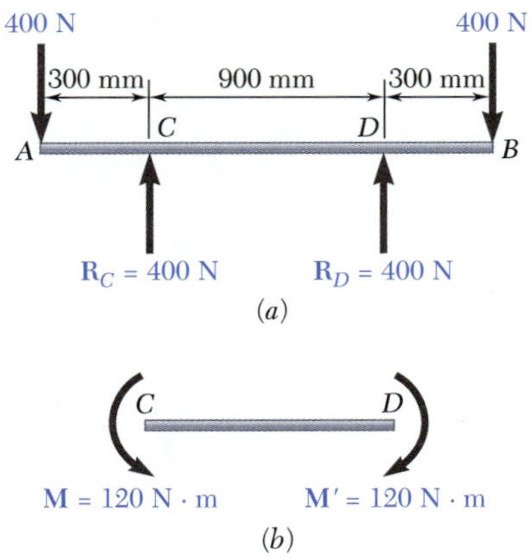


그림 4.2 보의 *CD* 부분은 순수굽힘 상태에 있다.

사진 4.1 헬스클럽에 있는 체력 단련용 바벨

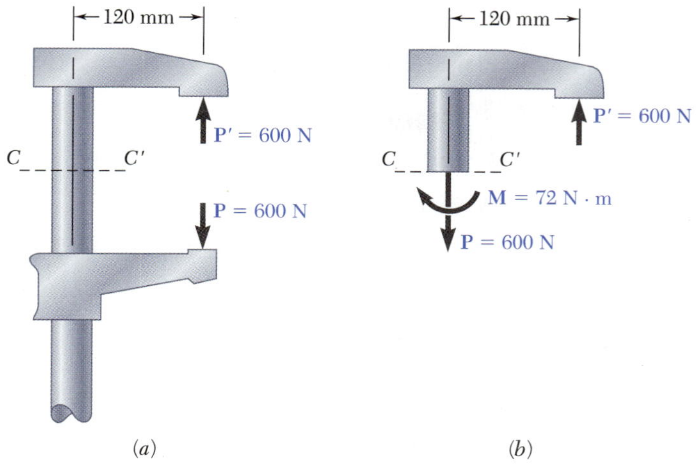


**그림 4.3** 클램프에 가해진 힘

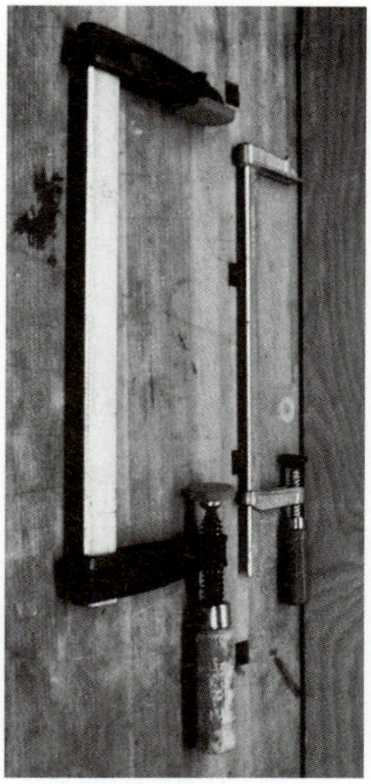

**사진 4.2** 목재판을 접착시키기 위한 F형 클램프

사진 4.2는 목재를 접착시키기 위한 *F*형 클램프를 나타낸다. 그림 4.3*a*는 재료에 의해 클램프에 가해지는 힘이 600 N일 경우, 이 힘의 크기와 같고 방향이 반대인 힘을 나타낸다. 이 힘은 클램프의 곧은 부분에 **편심하중**(*eccentric loading*)을 발생시킨다. 그림 4.3*b*에 같이 클램프 상부의 자유물체도에서 $CC'$ 단면은 클램프를 통과하고 있다. 자유물체도로부터 절단면의 내력은 600 N의 인장하중 **P**와 72 N·m의 우력 **M**과 같다는 것을 알 수 있다. 따라서 편심하중에 의한 응력분포를 얻기 위해서는 순수굽힘에 의한 응력해석 결과와 중심하중에 의한 응력을 조합하여 구할 수 있다. 이와 관련된 내용은 4.6절에서 더 심도 있게 알아 볼 것이다.

순수굽힘에 대한 연구는 또한 보의 연구, 즉 다양한 유형의 **횡하중**(*transverse load*)을 받는 균일단면 부재(prismatic member)의 연구에 중요한 역할을 할 것이다. 예를 들어 그림 4.4*a*와 같이 자유단 끝에 집중하중 **P**를 받고 있는 외팔보 *AB*를 고려해 보자. 만약 *A*로부터 거리 *x*만큼 떨어진 *C*를 통과하는 단면을 가상절단하면, 그림 4.4*b*와 같은 자유물체도 *AC*를 얻을 수 있다. 해당 단면에서 내력은 **P**와 크기가 같고 방향이 반대인 힘 **P**′, 그리고 크기가 $M = Px$인 우력 **M**으로 구성되어 있다. 이 단면의 수직응력분포는 보가 순수굽힘 상태에 있다고 가정하여 우력 **M**으로부터 얻을 수 있다. 다른 한편으로 단면에 발생하는 전단응력은 **P**′에 관련되어 있으며, 6장에서 주어진 단면의 전단응력이 어떻게 분포하는지를 배울 것이다.

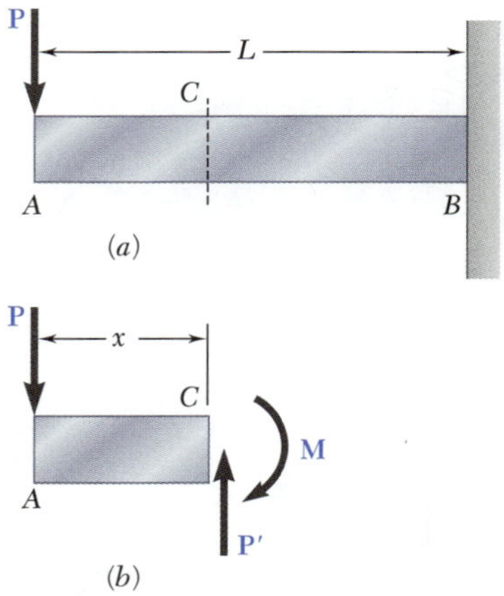


**그림 4.4** 순수굽힘이 아닌 외팔보

이 장의 전반부에서는 대칭단면을 갖고 훅의 법칙을 따르는 재료로 된 균일한 부재에서 순수굽힘 하중에 의해 발생하는 응력과 변형에 관한 해석을 할 것이다. 4.2절에서는 굽힘응력에 대한 예비고찰로부터 정역학적 방법을 이용하여 부재의 단면에 발생하는 수직응력이 필수적으로 만족시켜야 하는 세 개의 기본방정

식을 유도할 것이다. 4.3절에서는 순수굽힘을 받는 부재의 **횡단면은 평면을 유지**(transverse sections remain plane)한다는 사실을 증명할 것이며, 또한 4.4절에서는 탄성범위 내에서 부재에 발생하는 **수직응력**(normal stress) 및 **곡률반지름**(radius of curvature)을 구하는 데 필요한 공식을 유도할 것이다. 4.2절에서 1.4절까지 배운 내용을 연습할 수 있도록 P4A 연습문제에 수록하였다.

4.5절에서는 강재와 콘크리트의 장점을 활용하여 빌딩 및 교량의 건축에 널리 사용되는 철근강화 콘크리트 보와 같이 두 종류 이상의 재료로 만들어진 **복합부재**(composite members)의 응력 및 변형에 대하여 공부할 것이다. 동일한 하중을 받는 복합부재에서의 변형과 동일한 변형을 나타내는 균일재료로 만들어진 부재단면을 나타내는 **변환단면**(transformed section)에 관한 사항을 배울 것이다. 변환단면은 원래의 복합부재에서 응력 및 변형을 구하기 위해 사용될 것이다. 4.5절에서 배운 내용을 연습할 수 있도록 P4B 연습문제에 수록하였다.

4.6절에서는 중심 축방향하중에 의한 응력과 순수굽힘에 의한 응력의 중첩을 이용하여 사진 4.2와 같은 대칭면에서 **편심축하중**(eccentric axial loading)에 대한 해석을 수행할 것이다. 4.6절에서 배운 내용을 연습할 수 있도록 P4C 연습문제에 수록하였다.

4.7절에서는 균일단면부재의 굽힘응력에 의한 **비대칭굽힘**(unsymmetric bending)의 해석, 그리고 4.8절에서는 **편심축하중**(eccentric axial loading)의 일반적인 경우에 대해 설명할 것이다. 4.7과 4.8절에서 배운 내용을 연습할 수 있도록 P4D 연습문제에 수록하였다.

마지막으로, 제4장 복습 및 요약, P4E 복습문제, 그리고 P4F 컴퓨터 활용문제를 수록하여 4장에서 배운 내용을 정리하여 요약하고 컴퓨터프로그램의 작성 및 이를 활용하여 다양한 문제를 해결할 수 있도록 하였다.

## 4.2 순수굽힘을 받는 대칭부재

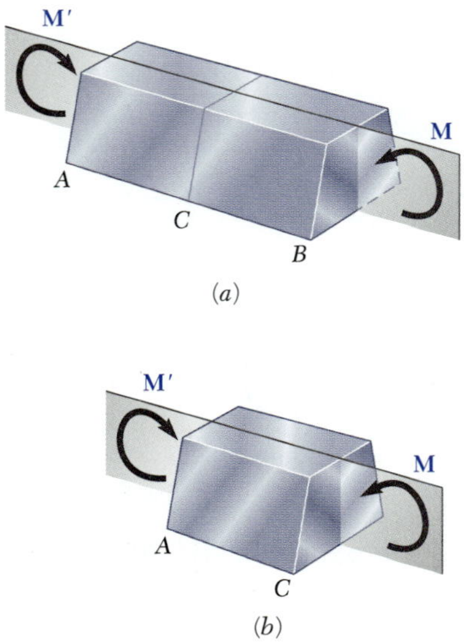


**그림 4.5** 순수굽힘 상태의 부재

그림 4.5$a$와 같이 대칭단면을 갖고 그 면에 크기가 같고 방향이 반대인 모멘트 **M**과 **M′**을 받는 균일단면부재 $AB$를 생각해보자. 만약 절단면이 부재 $AB$의 임의의 점 $C$를 통과한다면, 부재 $AC$ 부분의 평형조건으로부터 절단면에서의 내력은 그림 4.5$b$와 같이 모멘트 **M**과 동일하게 된다. 따라서 순수굽힘 상태에 있는 대칭부재의 임의의 절단면에서의 내력은 모멘트와 동등하며, 이 모멘트는 그 절단면에서 **굽힘모멘트**(bending moment) 또는 **휨모멘트**가 된다. 일반적인 부호규약에 따라 양(+)의 굽힘모멘트는 그림 4.5$a$와 같이 부재의 오목한 면이 위로 향하게 되는 경우이며, 그 반대의 경우는 음(−)의 모멘트이다.

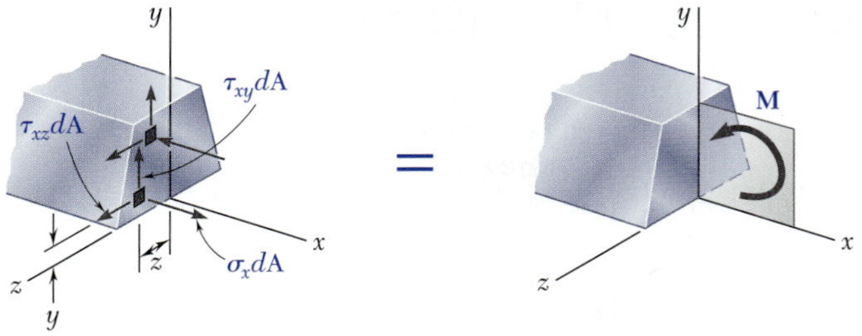


**그림 4.6**

그림 4.6과 같이 단면의 한 점에서 수직응력은 $\sigma_x$, 전단응력성분을 $\tau_{xy}$, $\tau_{xz}$라고 나타내면 단면에 작용하는 내력은 우력(couple) **M**과 같다고 할 수 있다.

정역학에서 우력 **M**은 실제로 크기는 같고 방향이 반대인 두 힘으로 구성되어 있다. 따라서 모든 방향에서 이 힘의 성분들의 합은 0이 된다. 또한 **우력모멘트**(moment of the couple)는 평면에 수직인 축에 대해 동일하며 해당 평면에 포함된 축에 대해서는 0이다. 그림 4.6과 같이 임의로 $z$축을 선택하고, 힘 성분들의 합과 모멘트의 합에 대응하는 힘의 성분들의 우력모멘트 **M**과 동일하다면 내력과 우력 **M**에 대한 평형을 다음과 같은 식으로 나타낼 수 있다.

$$x\text{축 방향의 힘성분:} \quad \int \sigma_x \, dA = 0 \tag{4.1}$$

$$y\text{축에 관한 모멘트:} \quad \int z\sigma_x \, dA = 0 \tag{4.2}$$

$$z\text{축에 관한 모멘트:} \quad \int (-y\sigma_x \, dA) = M \tag{4.3}$$

정역학적 평형조건식으로부터 $y$ 성분, $z$ 성분, 그리고 $x$축에 대한 모멘트의 합이 각각 0이 되는 3개의 추가적인 식을 얻을 수 있지만, 이 식들은 모두 0인 전단응력 성분들을 포함하고 있으므로 쓰지 않았다. 전단응력성분이 모두 0인 사항에 관해서는 다음 절에서 설명할 것이다.

현 시점에서 주목할 두 가지 사항이 있다. 첫째, 식 (4.3)에서의 음(−)의 부호는 인장응력($\sigma_x > 0$)이 $z$축에 대한 수직 힘 $\sigma_x \, dA$에 의하여 음(−)의 모멘트(시계방향)를 발생시키기 때문이다. 둘째, 대칭면을 갖는 부재 $AB$에 우력이 작용할 경우, 발생되는 수직응력 분포는 $y$축에 대해 대칭이므로 식 (4.2)는 당연히 만족할 것이다.

주어진 단면에서의 실제 응력분포는 정역학만으로는 결정할 수 없다는 사실에 유의해야 한다. 이 경우는 **부정정**(statically indeterminate) 문제이며, 부재에 발생하는 **변형**(deformation)을 해석해야만 응력분포를 알 수 있다.

## 4.3 순수굽힘을 받는 대칭부재의 변형

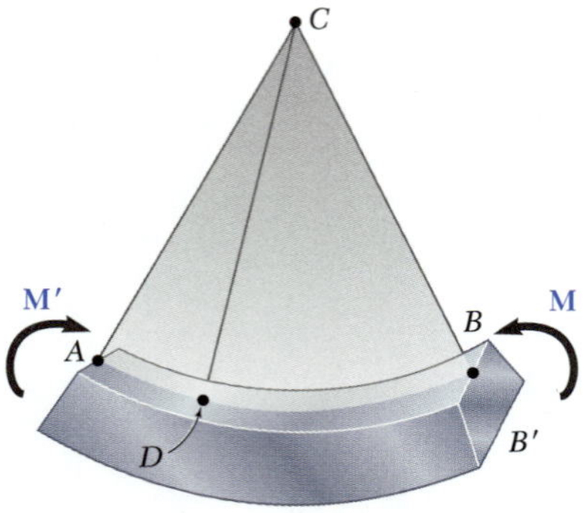


그림 4.7 순수굽힘 부재의 변형

대칭평면을 지니며 양단에 크기는 같고 방향이 반대인 우력모멘트 **M**과 **M′**이 작용하는 균일단면부재의 변형에 대하여 생각해 보자. 보가 우력모멘트의 작용으로 굽혀져도 그림 4.7과 같이 그 대칭평면에 대하여 보는 대칭이 유지될 것이다. 또한 어느 횡단면에서나 굽힘모멘트 $M$은 같으므로 보는 균일하게 구부러질 것이다. 따라서 보의 상부와 우력모멘트의 작용면이 교차하는 선 $AB$는 일정한 곡률을 가질 것이다. 다시 말하면, 원래 직선이었던 선 $AB$는 중심이 $C$인 원형으로 변형할 것이며, 보의 하부와 대칭평면이 교차하는 선 $A'B'$(그림에는 나타나 있지 않음)도 마찬가지일 것이다. 또한 그림과 같이 보가 $M > 0$인 상태에서 구부러질 때, 선 $AB$의 길이는 줄어들고 반면에 $A'B'$은 늘어날 것이다.

다음으로 보의 축에 수직인 횡단면은 평면을 유지하고 그 평면이 $C$를 지나는 것을 증명해 보자. 만일 이것이 사실이 아니라면, 그림 4.8$a$와 같이 $D$를 지나는 원래의 단면에 점 $E$는 보가 그림 4.8$b$와 같이 굽은 후에 선 $CD$를 포함하는 대칭평면에 수직인 평면에 존재하지 않는다. 보의 단면이 대칭이므로 $E$점에 대응하는 점 $E'$이 존재할 것이다. 그림 4.8$b$에서와 같이 보가 굽은 후에 두 점은 $CD$에 의해 결정되는 평면의 좌측에 위치한다고 가정하자. 굽힘모멘트 $M$은 보 전체에 걸쳐 같으므로 다른 단면들에서도 같은 상황에 있을 것이며 $E$와 $E'$에 대응하는 점들이 좌측으로 이동함을 알 수 있다. 따라서 $A$에서 보면 하중에 의하여 $E$, $E'$점이 앞쪽으로(관측자 쪽으로) 움직이게 된다. 그러나 $B$에서 보면 같은 하중이 같은 점 $E$와 $E'$에 대해서 반대의 결과를 나타낸다(관측자에게서 멀어진다). 이러한 모순을 고려하면 $E$와 $E'$은 $CD$에 의하여 형성된 평면에 존재하고, 횡단면은 평면을 유지하며 $C$점을 지난다고 결론지을 수 있다. 그러나 위의 검토에서 단면 내에서 변형 가능성이 있음을 배제하지는 않았다.

보를 세 개의 좌표평면에 각각 평행한 면으로 된 여러 개의 작은 요소로 나누어

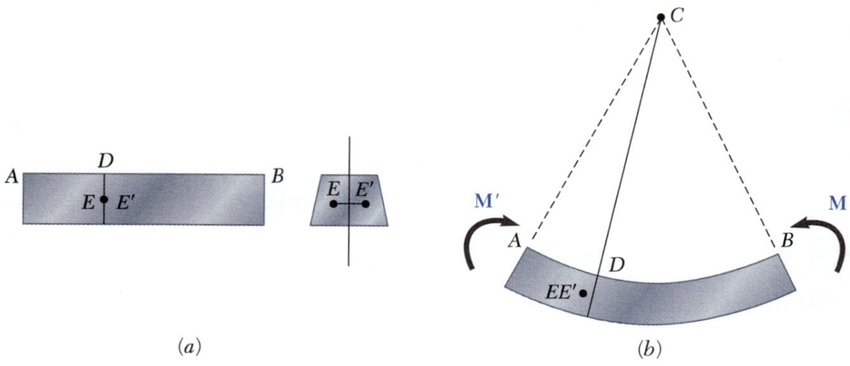


그림 4.8

보자. 보에 우력 $\mathbf{M}$과 $\mathbf{M}'$이 작용할 때 이들 요소들은 그림 4.9와 같이 변형되는 특성을 갖는다고 하자. 그림 4.9의 2개의 투영도에 나타난 모든 요소들이 서로 직각을 이루기 때문에 $\gamma_{xy} = \gamma_{zx} = 0$이고, 그러므로 $\tau_{xy} = \tau_{zx} = 0$이다. 지금까지 언급하지 않은 세 개의 응력요소 $\sigma_y$, $\sigma_z$와 $\tau_{yz}$는 보의 표면에서는 0이 된다. 또한 여기에서 나타난 변형은 횡단면의 요소들 사이의 상호작용을 필요로 하지 않으므로 보 전체에 걸쳐 이들 세 개의 응력성분들은 0으로 가정한다. 이 가정은 작은 변형을 받는 가느다란 부재에 대한 실험결과와 탄성이론으로 증명될 수 있다. 여기서 다룬 미소요소에 작용하는 응력 중에 0이 아닌 유일한 응력성분은 수직성분 $\sigma_x$이다. 그러므로 순수굽힘을 받는 얇은 부재는 어떤 점에서나 **단축응력**(uniaxial stress)상태에 있다. $M > 0$일 때 선분 $AB$와 $A'B'$의 길이는 각각 줄어들고 늘어나므로 변형률 $\epsilon_x$와 응력 $\sigma_x$는 보의 상부에서는 압축상태에 있고 하부에서는 인장상태가 됨을 알 수 있다.

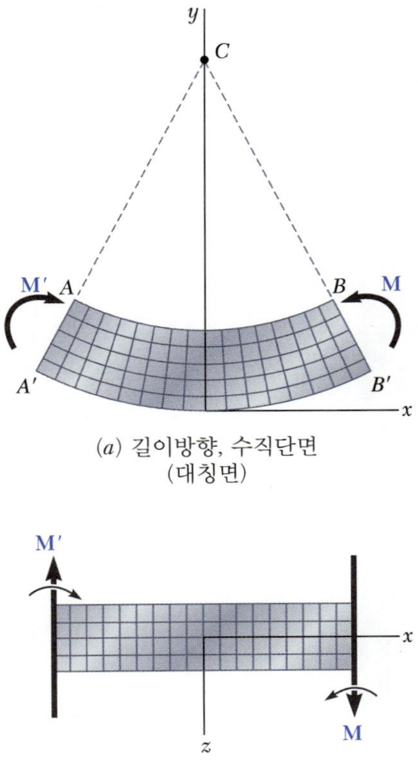


(*a*) 길이방향, 수직단면 (대칭면)

(*b*) 길이방향, 수평면

**그림 4.9** 순수굽힘을 받는 부재

위의 결과로부터 보의 윗면과 아랫면에 평행하며 $\epsilon_x$와 $\sigma_x$가 0인 면이 반드시 존재한다는 사실을 알 수 있으며, 이 면을 **중립면**(*neutral surface*)이라 한다. 중립면은 그림 4.10*a*와 같이 원호 $DE$를 따라 대칭평면과 교차하고, 또한 그림 4.10*b*와 같이 축의 **중립면**이라 불리는 직선을 따라 횡방향 단면과 교차한다. 좌표의 원점을 종전과 같이 보의 아랫면에서 두지 않고 중립면을 기준으로 하면, 중립면으로부터 임의의 점까지의 거리는 $y$좌표로 표시된다.

그림 4.10*a*와 같이 원호 $DE$의 반지름을 $\rho$, 원호 $DE$의 중심각을 $\theta$라고 하면 원호 $DE$의 길이는 변화하지 않은 보의 길이 $L$과 같으므로 다음 식을 얻는다.

$$L = \rho\theta \tag{4.4}$$

원호 $JK$가 중립면으로부터 $y$의 거리만큼 위에 있으면 $JK$의 길이 $L'$은 다음과 같다.

$$L' = (\rho - y)\theta \tag{4.5}$$

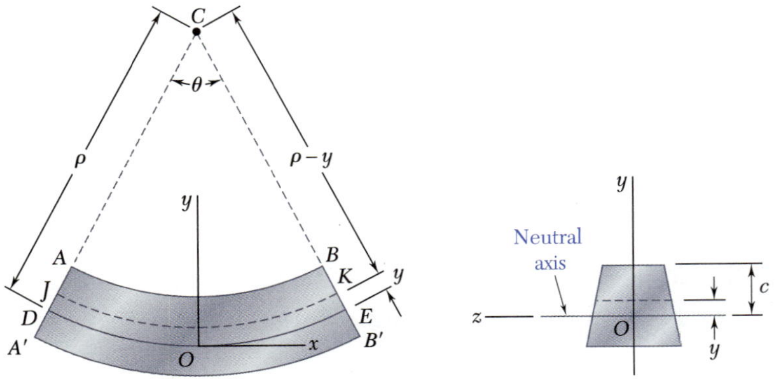


(*a*) 길이방향, 수직단면 (대칭면)

(*b*) 횡단면

**그림 4.10** 중립축에 관한 변형

원호 $JK$의 본래 길이는 $L$이므로 $JK$의 변형량은 다음과 같다.

$$\delta = L' - L \tag{4.6}$$

식 (4.4)와 식 (4.5)를 식 (4.6)에 대입하면 다음과 같다.

$$\delta = (\rho - y)\theta - \rho\theta = -y\theta \tag{4.7}$$

$JK$의 요소들의 길이방향 변형률 $\epsilon_x$는 $\delta$를 $JK$의 원래 길이 $L$로 나누어서 다음과 같이 구한다.

$$\epsilon_x = \frac{\delta}{L} = \frac{-y\theta}{\rho\theta}$$

또는

$$\epsilon_x = -\frac{y}{\rho} \tag{4.8}$$

위 식에서 음(−)의 부호는 굽힘모멘트를 양(+)으로 가정했기 때문이고, 따라서 보는 위로 오목하게 된다.

횡단면은 평면을 유지하기 때문에 대칭평면과 평행한 모든 평면에서의 변형은 같게 된다. 그러므로 식 (4.8)로 나타낸 변형률은 어디에서나 유효하며, 보 내에서의 **길이방향 수직변형률 $\epsilon_x$는 중립면으로부터의 거리 $y$에 따라 선형적으로 변화한다**는 결론을 얻을 수 있다.

변형률 $\epsilon_x$는 $y$가 가장 클 때 **최대변형률**(*maximum absolute value of strain*)이 된다. 중립면으로부터 가장 먼 거리를 $c$(보의 윗면, 혹은 아랫면에 해당하는)라 하면, 변형률의 최대변형률 $\epsilon_m$은 다음과 같다.

$$\epsilon_m = \frac{c}{\rho} \tag{4.9}$$

식 (4.9)를 $\rho$에 대해서 정리하여 얻어진 값을 식 (4.8)에 대입하고, 이를 다시 쓰면 다음과 같다.

$$\epsilon_x = -\frac{y}{c}\epsilon_m \tag{4.10}$$

지금까지는 보의 중립면을 결정하지 못하였으므로 보의 임의 점에서 변형률이나 응력을 계산을 할 수 없다. 이 중립면을 결정하기 위해서는 사용된 재료의 응력–변형률의 관계를 우선 알아야 한다.†

† 부재가 수직과 수평으로 대칭인 단면(예를 들면 직사각형 단면을 갖는 부재)이고, 응력–변형률 곡선이 인장과 압축에 동일할 경우, 중립면은 대칭면과 일치한다.

## 4.4 응력과 변형

굽힘모멘트 $M$을 받는 부재의 수직응력이 항복강도 $\sigma_Y$ 이하인 경우를 생각해보자. 이것은 부재의 응력이 비례한도와 탄성한도 이내이고, 영구변형은 없으므로 단축응력에 대한 훅의 법칙이 적용시킬 수 있다. 재료가 균질하고 탄성계수를 $E$라고 하면, 길이방향인 $x$성분 응력은 다음 식으로 나타낼 수 있다.

$$\sigma_x = E\epsilon_x \tag{4.11}$$

식 (4.10)의 양변에 $E$를 곱하면 다음 식을 얻는다.

$$E\epsilon_x = -\frac{y}{c}(E\epsilon_m)$$

또는 식 (4.11)을 이용하면, 아래의 식이 된다.

$$\sigma_x = -\frac{y}{c}\sigma_m \tag{4.12}$$

위 식에서 $\sigma_m$은 응력의 최대절대값(maximum absolute value of the stress)을 나타낸다. 이 결과로부터 그림 4.11과 같이 탄성범위 내에 있는 수직응력은 중립면으로부터의 거리에 선형적으로 변함을 알 수 있다.

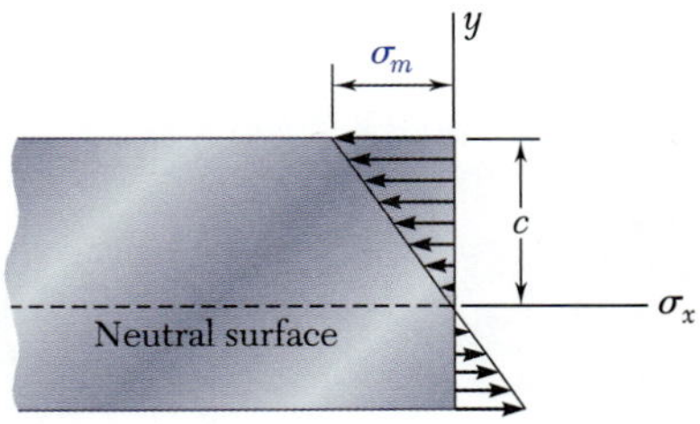

그림 4.11 굽힘 응력

여기서 중립면의 위치와 응력의 최댓값 $\sigma_m$는 정역학으로부터 얻어진 식 (4.1)과 (4.3)의 관계를 이용하여 구할 수 있다. 우선 식 (4.12)의 $\sigma_x$를 식 (4.1)에 대입하면,

$$\int \sigma_x\, dA = \int \left(-\frac{y}{c}\sigma_m\right) dA = -\frac{\sigma_m}{c}\int y\, dA = 0$$

따라서 다음 식을 얻는다.

$$\int y\, dA = 0 \tag{4.13}$$

이 식은 중립축에 대한 단면의 1차모멘트가 0이 됨을 의미한다. 즉 순수굽힘을 받는 부재에 있어서 응력이 탄성범위 내에 있다면 중립축은 단면의 도심을 통과한다.

4.2절에서 임의의 수평 $z$축에 대해 유도된 식 (4.3)을 다시 쓰면 다음과 같다.

$$\int (-y\sigma_x\, dA) = M \tag{4.3}$$

$z$축이 단면의 중립축과 일치한다면 식 (4.12)의 $\sigma_x$를 식 (4.3)에 대입하여, 다음 식을 얻는다.

$$\int(-y)\left(-\frac{y}{c}\sigma_m\right)dA = M$$

또는

$$\frac{\sigma_m}{c}\int y^2 dA = M \tag{4.14}$$

순수굽힘의 경우 중립축은 단면의 도심을 지나므로 $I$는 모멘트 $\mathbf{M}$의 면에 수직한 도심축에 대한 단면의 2차 면적모멘트 또는 면적관성모멘트이다. 식 (4.14)의 $\sigma_m$에 대하여 구하면 다음과 같다.†

$$\sigma_m = \frac{Mc}{I} \tag{4.15}$$

식 (4.15)의 $\sigma_m$을 식 (4.12)에 대입하면 중립축으로부터 $y$만큼 떨어진 곳에서의 수직응력 $\sigma_x$를 구할 수 있다.

$$\sigma_x = -\frac{My}{I} \tag{4.16}$$

식 (4.15)와 식 (4.16)을 **탄성굽힘공식**(*elastic flexure formula*) 또는 **탄성휨공식**이라고 하며, 굽힘 또는 휨에 의하여 발생하는 수직응력 $\sigma_x$는 **굽힘응력**(*flexural stress*) 또는 **휨응력**이라고 한다. 중립축 위 ($y > 0$)에서의 응력은 굽힘모멘트 $M$이 양(+)일 때 압축응력($\sigma_x < 0$)이며, 굽힘모멘트 $M$이 음(−)일 때는 인장응력($\sigma_x > 0$)이 된다.

식 (4.15)에서 $I/c$의 비는 단면의 형상에만 의존하며, 이를 **탄성단면계수**(*elastic section modulus*)라고 하며 $S$로 나타낸다.

$$\text{탄성단면계수} = S = \frac{I}{c} \tag{4.17}$$

$I/c$ 대신 $S$를 식 (4.15)에 대입하면 다음과 같은 식으로 쓸 수 있다.

$$\sigma_m = \frac{M}{S} \tag{4.18}$$

† 굽힘모멘트는 양(+)이라고 가정하였다. 만약 굽힘모멘트가 음(−)이라면 식 (4.15)에서 $M$은 절대값 $|M|$으로 대체되어야 한다.

최대응력 $\sigma_m$은 탄성단면계수 $S$에 반비례하므로, 보에서는 가능한 한 $S$가 큰 값이 되도록 설계되어야 한다. 예를 들어 단면의 폭이 $b$이고 높이 $h$를 지닌 직사각형 단면보의 경우, 단면계수는 다음과 같다.

$$S = \frac{I}{c} = \frac{\frac{1}{12}bh^3}{h/2} = \frac{1}{6}bh^2 = \frac{1}{6}Ah \tag{4.19}$$

위의 식에서 $A$는 보의 단면적이다. 그림 4.12와 같이 같은 단면적을 갖는 두 개의 보에서 높이 $h$가 큰 보가 더 큰 단면계수를 갖게 되며 따라서 굽힘에 대한 저항에 더 효과적이다.†

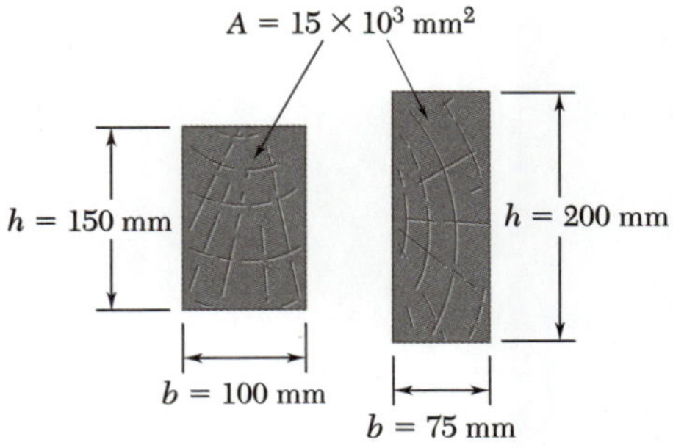


그림 4.12 목재보의 단면

사진 4.3과 같은 구조용 강재의 경우, 미국표준 S보(S-beam)와 광폭플랜지 W보(W-beam)는 그림 4.13과 같이 단면의 큰 부분이 중립축으로부터 멀리 떨어져 있으므로 굽힘에 대한 저항이 크게되어 다른 형상의 보에 비해 많이 사용된다. 즉, 주어진 단면적과 높이에 비해 $I$값과 $S$값이 큰 값이 되도록 설계한다. 일반적으로 제조되는 보의 탄성단면계수 값은 보의 여러 형상에 대한 치수가 수록된 표로부터 얻는다. 일반적인 보의 단면에서 최대응력 $\sigma_m$을 결정하기 위해서 설계자는 표에서 탄성단면계수 $S$를 찾아서 해당단면의 굽힘모멘트 $M$을 $S$로 나누면 된다.

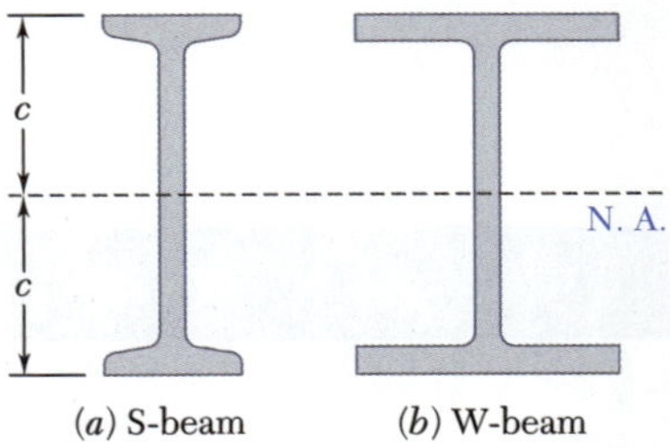


그림 4.13 강재보의 단면

굽힘모멘트 $M$에 의한 보의 변형은 중립축의 곡률에 의해 측정될 수 있다. 곡률

사진 4.3 구조물의 골격을 이루는 광폭 강재보(W보)

† 그러나 $h/b$의 비가 클 경우에 보는 측면방향으로 불안정(lateral instability)하게 된다.

은 곡률반지름 $\rho$의 역수로 정의되며, 식 (4.9)를 $1/\rho$에 대해 풀어서 구한다.

$$\frac{1}{\rho} = \frac{\epsilon_m}{c} \tag{4.20}$$

그러나 탄성영역 내에서는 $\epsilon_m = \sigma_m/E$이므로 $\epsilon_m$을 식 (4.20)에 대입하고, 식 (4.15)를 이용하여 다음과 같이 쓸 수 있다.

$$\frac{1}{\rho} = \frac{\sigma_m}{Ec} = \frac{1}{Ec}\frac{Mc}{I}$$

또는

$$\frac{1}{\rho} = \frac{M}{EI} \tag{4.21}$$

**예제 4.1**

20 × 60 mm의 직사각형 단면을 갖는 강재보의 수직대칭면에 크기는 같고 방향이 반대인 우력모멘트가 그림 4.14와 같이 작용하고 있다. 강재보를 항복시킬 수 있는 모멘트 $M$을 구하시오. 단, 강재보의 항복응력 $\sigma_Y$는 250 MPa로 가정하시오.

그림 4.14

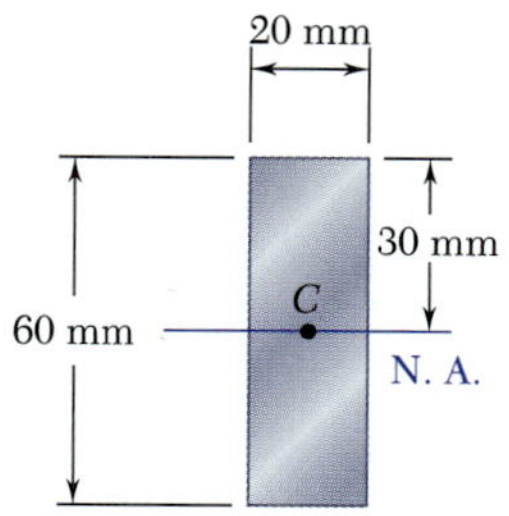


그림 4.15

**풀이** 중립축은 단면의 도심 $C$를 통과해야 하므로 그림 4.15에서 $c$는 30 mm이다. 한편, 직사각형 단면의 도심에 대한 면적관성모멘트는 다음과 같다.

$$I = \tfrac{1}{12}bh^3 = \tfrac{1}{12}(20 \text{ mm})(60 \text{ mm})^3 = 360 \times 10^3 \text{ mm}^4$$

식 (4.15)에서 $M$을 구하고, 위 식에서 얻은 값을 대입하면 다음 결과를 얻는다.

$$M = \frac{I}{c}\sigma_m = \frac{360 \times 10^{-9} \text{ m}^4}{0.03 \text{ m}}(250 \text{ MPa})$$
$$M = 3 \text{ kN} \cdot \text{m}$$

**예제 4.2**

그림 4.16과 같이 반지름 $r = 12$ mm인 반원형 단면적을 지닌 알루미늄봉이 $\rho = 2.5$ m의 곡률반지름의 원호모양으로 휘어 있다. 봉의 평평한 면(flat face)이 원호의 곡률중심을 향하였을 때, 봉에 발생되는 최대인장 응력 및 최대압축응력을 구하시오. 단, $E =$ 70 GPa이다.

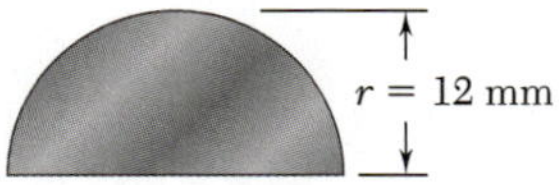


**그림 4.16**

**풀이** 식 (4.21)을 이용하여 주어진 곡률반지름 $\rho$에 대응하는 모멘트 $M$을 구할 수 있고, 식 (4.15)를 이용하여 최대응력 $\sigma_m$을 구할 수 있다. 그러나 식 (4.9)를 이용하여 $\epsilon_m$을 구한 후, 훅의 법칙을 이용하여 $\sigma_m$을 구하는 것이 더 간단하다.

반원형 단면의 도심 $C$의 $\bar{y}$좌표는 다음과 같다.

$$\bar{y} = \frac{4r}{3\pi} = \frac{4(12\text{ mm})}{3\pi} = 5.093\text{ mm}$$

그림 4.17과 같이 중립축은 $C$를 통과하고, 중립축으로부터 가장 멀리 떨어진 점까지의 거리 $c$는 다음과 같다.

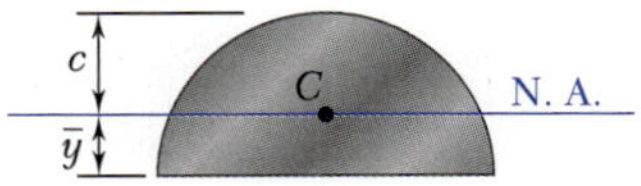


**그림 4.17**

$$c = r - \bar{y} = 12\text{ mm} - 5.093\text{ mm} = 6.907\text{ mm}$$

식 (4.9)를 이용하여 다시 쓰면,

$$\epsilon_m = \frac{c}{\rho} = \frac{6.907 \times 10^{-3}\text{ m}}{2.5\text{ m}} = 2.763 \times 10^{-3}$$

그리고 훅의 법칙으로부터 다음을 구할 수 있다.

$$\sigma_m = E\epsilon_m = (70 \times 10^9\text{ Pa})(2.763 \times 10^{-3}) = 193.4\text{ MPa}$$

이 응력이 작용하는 부분은 곡률중심의 반대편에 있으므로 인장응력이 된다. 최대압축응력은 봉의 평평한 면에 발생하며, 크기는 중립축으로부터의 거리에 비례하므로 다음과 같다.

$$\sigma_{\text{comp}} = -\frac{\bar{y}}{c}\sigma_m = -\frac{5.093\text{ mm}}{6.907\text{ mm}}(193.4\text{ MPa})$$
$$= -142.6\text{ MPa}$$

## 기초문제 4.1

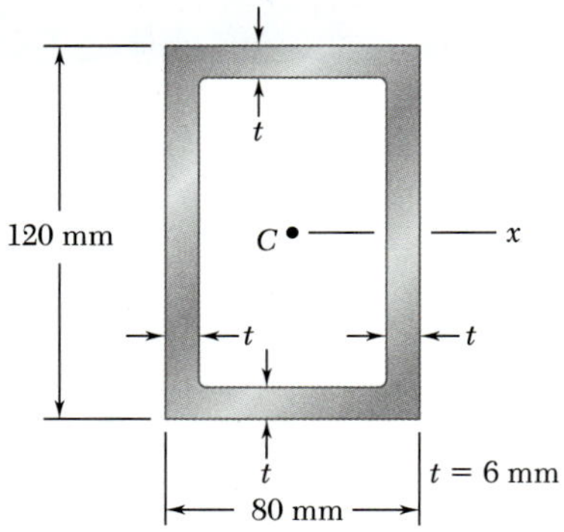


직사각형 단면을 지닌 알루미늄 압출관(extruded tube)의 항복응력은 $\sigma_Y = 275$ MPa, 인장강도는 $\sigma_U = 415$ MPa, 그리고 탄성계수는 $E = 73$ GPa이다. 필릿(fillet) 효과를 무시하고 다음을 계산하시오. (*a*) 안전계수가 3일 때 굽힘모멘트 $M$, (*b*) 관의 곡률반지름.

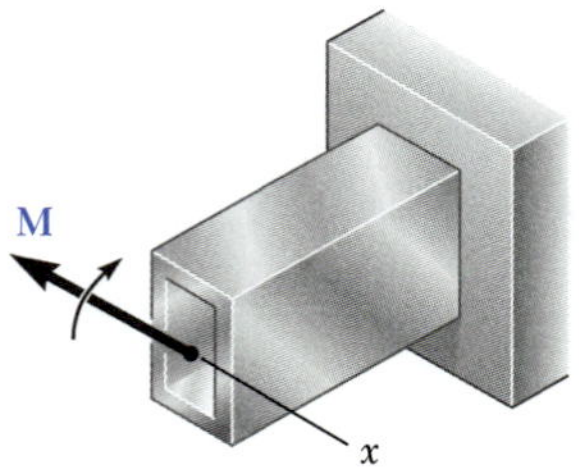


### 풀이

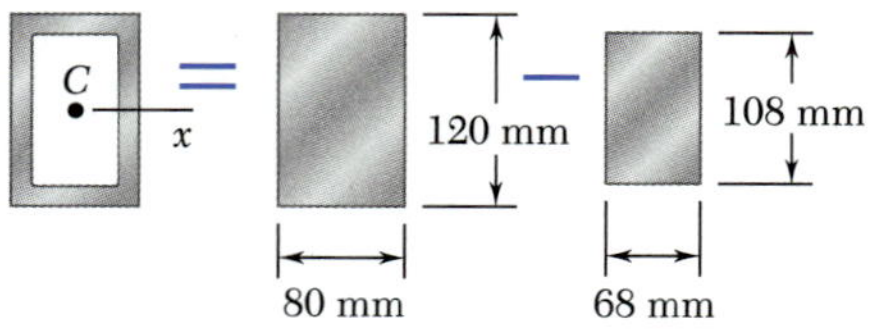


**관성모멘트.** 관의 단면적을 그림과 같이 두 직사각형 단면의 차이로 간주하고, 직사각형 단면의 관성모멘트에 관한 식을 이용하면 다음과 같다.

$$I = \tfrac{1}{12}(80 \text{ mm})(120 \text{ mm})^3 - \tfrac{1}{12}(68 \text{ mm})(108 \text{ mm})^3 \qquad I = 4.382 \times 10^6 \text{ mm}^4$$

**허용응력.** 안전계수 3.0과 인장강도 415 MPa로부터 아래와 같이 구한다.

$$\sigma_{\text{all}} = \frac{\sigma_U}{F.S.} = \frac{415 \text{ MPa}}{3.00} = 138.33 \text{ MPa}$$

$\sigma_{\text{all}} < \sigma_Y$이므로 관은 탄성영역 내에 있으며 아래와 같이 4.4절의 결과를 적용할 수 있다.

**(a) 굽힘모멘트.** $c = \frac{1}{2}(120 \text{ mm}) = 60$ mm이므로 다음과 같이 계산한다.

$$\sigma_{\text{all}} = \frac{Mc}{I} \qquad M = \frac{I}{c}\sigma_{\text{all}} = \frac{4.382 \times 10^{-6} \text{ m}^4}{0.06 \text{ m}}(138.33 \text{ MPa})$$

$M = 10.1$ kN · m ◀

**(b) 곡률반지름.** $E = 73$ GPa이므로 이 값과 $I$와 $M$값을 식 (4.21)에 대입하면 다음을 구할 수 있다.

$$\frac{1}{\rho} = \frac{M}{EI} = \frac{10.1 \text{ kN}\cdot\text{m}}{(73 \text{ GPa})(4.382 \times 10^{-6} \text{ m}^4)} = 0.0316 \text{ m}^{-1}$$

$$\rho = 31.7 \text{ m}$$

$\rho = 31.7$ m ◀

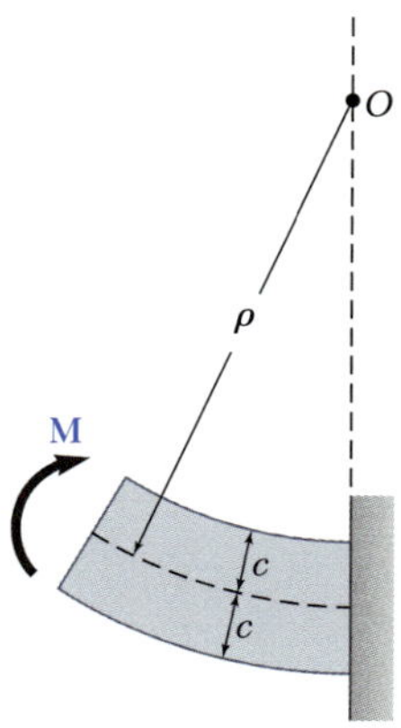


**별도풀이.** 최대응력이 $\sigma_{\text{all}} = 138$ MPa이므로 식 (4.9)을 이용하여 최대변형률 $\epsilon_m$을 구할 수도 있다.

$$\epsilon_m = \frac{\sigma_{\text{all}}}{E} = \frac{138 \text{ MPa}}{73 \text{ GPa}} = 1.8904 \times 10^{-3} \text{ mm/mm}$$

$$\epsilon_m = \frac{c}{\rho} \qquad \rho = \frac{c}{\epsilon_m} = \frac{60 \text{ mm}}{1.8904 \times 10^{-3}}$$

$$\rho = 31.73 \text{ m}$$

$\rho = 31.7$ m ◀

## 기초문제 4.2

주철로 만들어진 기계부품에 그림과 같이 3 kN·m의 모멘트가 작용하고 있다. 보의 단면은 그림과 같다. $E = 165$ GPa이고 필릿효과를 무시할 때 다음 사항을 구하시오. (*a*) 주철부품에 발생하는 최대 인장응력 및 최대 압축응력, (*b*) 곡률반지름.

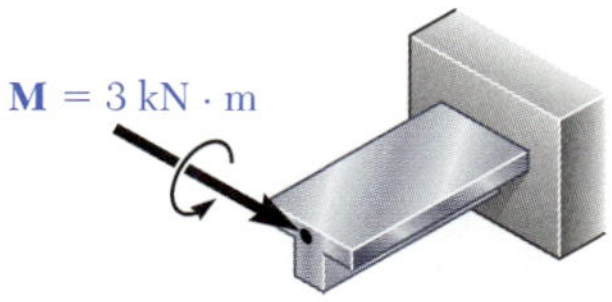


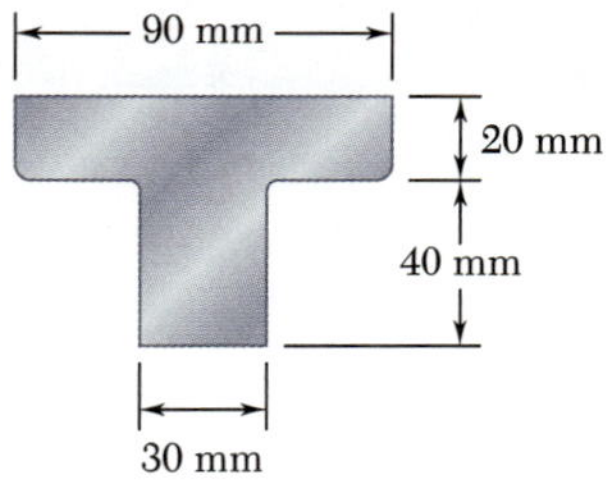


## 풀이

**도심.** T형 단면은 두 개의 직사각형 단면으로 나눌 수 있으므로 다음과 같다.

| | Area, mm² | $\bar{y}$, mm | $\bar{y}A$, mm³ |
|---|---|---|---|
| 1 | (20)(90) = 1800 | 50 | $90 \times 10^3$ |
| 2 | (40)(30) = 1200 | 20 | $24 \times 10^3$ |
| | $\Sigma A = 3000$ | | $\Sigma \bar{y}A = 114 \times 10^3$ |

$$\bar{Y}\Sigma A = \Sigma \bar{y}A$$
$$\bar{Y}(3000) = 114 \times 10^6$$
$$\bar{Y} = 38 \text{ mm}$$

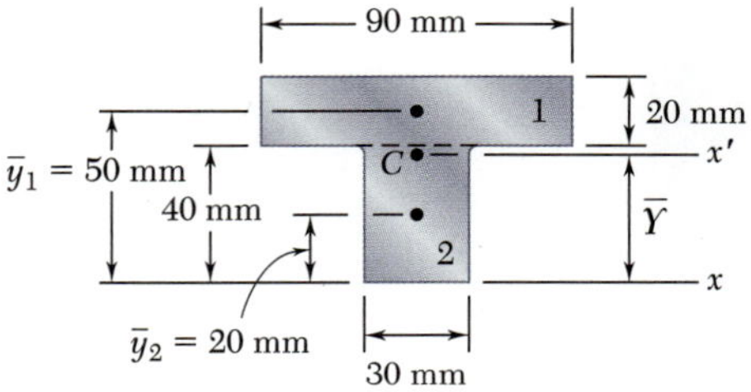


**도심에 대한 면적관성모멘트.** 평행축정리를 사용하여 복합단면의 도심을 통과하는 $x'$축에 대한 각각의 직사각형 단면에 관한 면적관성모멘트를 결정할 수 있다. 직사각형 단면의 면적관성모멘트를 합하면 다음과 같다.

$$\begin{aligned} I_{x'} &= \Sigma(\bar{I} + Ad^2) = \Sigma(\tfrac{1}{12}bh^3 + Ad^2) \\ &= \tfrac{1}{12}(90)(20)^3 + (90 \times 20)(12)^2 + \tfrac{1}{12}(30)(40)^3 + (30 \times 40)(18)^2 \\ &= 868 \times 10^3 \text{ mm}^4 \\ I &= 868 \times 10^{-9} \text{ m}^4 \end{aligned}$$

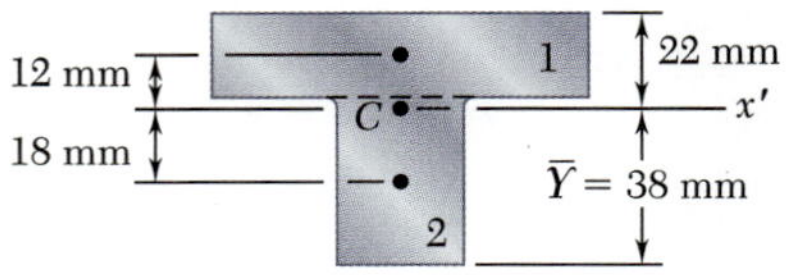


**(a) 최대인장응력.** 가해진 모멘트에 의해 주철부품은 아래쪽으로 구부러지므로 곡률중심은 단면의 아래에 위치한다. 따라서 최대인장응력은 곡률중심으로부터 가장 멀리 떨어진 $A$점에서 발생한다.

$$\sigma_A = \frac{Mc_A}{I} = \frac{(3 \text{ kN} \cdot \text{m})(0.022 \text{ m})}{868 \times 10^{-9} \text{ m}^4} \qquad \sigma_A = +76.0 \text{ MPa} \blacktriangleleft$$

**최대압축응력.** 최대압축응력은 $B$점에서 발생하며 다음과 같다.

$$\sigma_B = -\frac{Mc_B}{I} = -\frac{(3 \text{ kN} \cdot \text{m})(0.038 \text{ m})}{868 \times 10^{-9} \text{ m}^4} \qquad \sigma_B = -131.3 \text{ MPa} \blacktriangleleft$$

**(b) 곡률반지름.** 식 (4.21)로부터 다음과 같이 구한다.

$$\frac{1}{\rho} = \frac{M}{EI} = \frac{3 \text{ kN} \cdot \text{m}}{(165 \text{ GPa})(868 \times 10^{-9} \text{ m}^4)} \qquad \rho = 47.7 \text{ m} \blacktriangleleft$$
$$= 20.95 \times 10^{-3} \text{ m}^{-1}$$

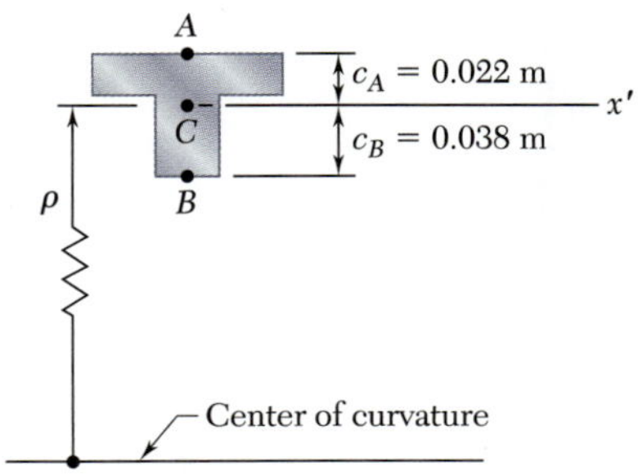

# P4A 연습문제

**4.1** 모멘트가 그림과 같이 수직평면 내에 작용할 때, 다음을 구하시오. (*a*) *A*점의 응력, (*b*) *B*점의 응력.

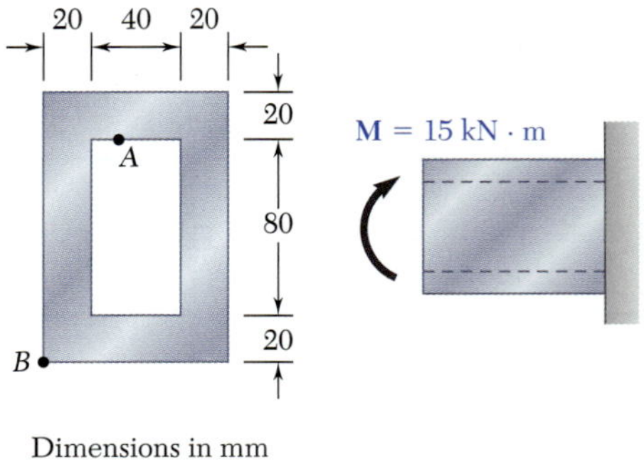


그림 P4.1

**4.2** 그림과 같은 단면을 갖는 나일론 스페이싱(spacing) 보가 있다. 나일론의 허용응력이 24 MPa일 때, 보에 작용할 수 있는 최대모멘트 $\mathbf{M}_z$를 구하시오.

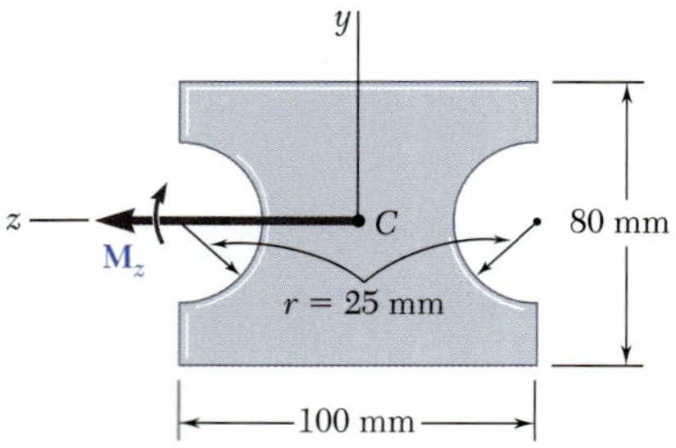


그림 P4.2

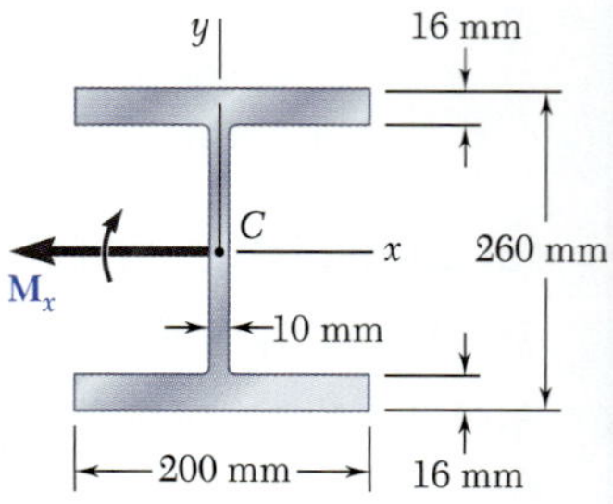


그림 P4.3

**4.3** 그림과 같은 고강도 강재로 만들어진 보의 강도는 $\sigma_Y = 250$ MPa, $\sigma_U = 400$ MPa이다. 보를 *x*축에 대해 구부릴 경우, 보에 작용할 수 있는 최대모멘트를 구하시오. 단, 안전계수는 2.50을 사용하시오.

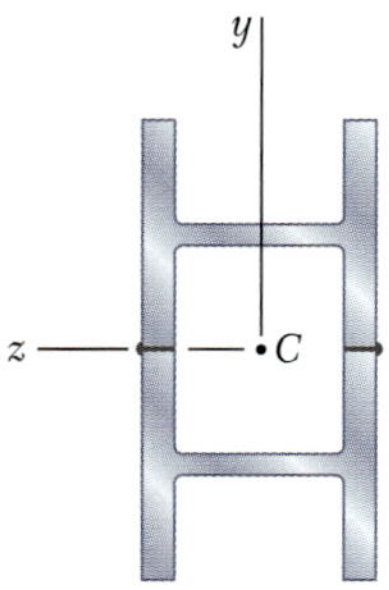


그림 P4.4

**4.4** 두 개의 W100 × 19.3 압연강이 그림과 같이 용접되었다. 합금강의 $\sigma_Y = 260$ MPa, $\sigma_U = 400$ MPa이다. 조립된 보가 *z*축에 대해 구부릴 경우, 보에 작용할 수 있는 최대모멘트를 구하시오. 단, 안전계수는 3.0을 사용하시오.

**4.5, 4.6** 두 개의 수직력이 그림과 같은 단면의 보에 작용하고 있을 때, 보의 $BC$ 부분에서 발생하는 최대인장응력 및 최대압축응력을 구하시오.

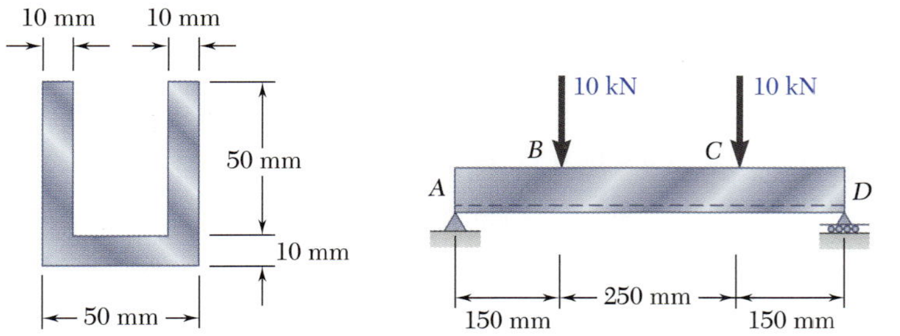


그림 P4.5

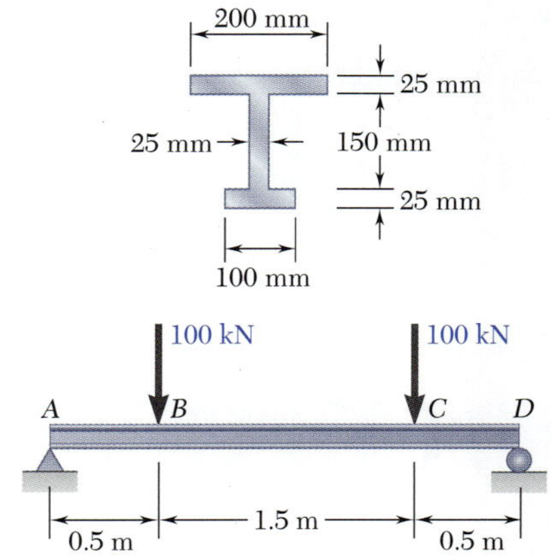


그림 P4.6

**4.7** 그림과 같은 단면의 보에 6 kN·m의 굽힘모멘트가 작용하여 수평축에 대해 구부러질 때, 위 플랜지에 작용하는 총 하중을 구하시오.

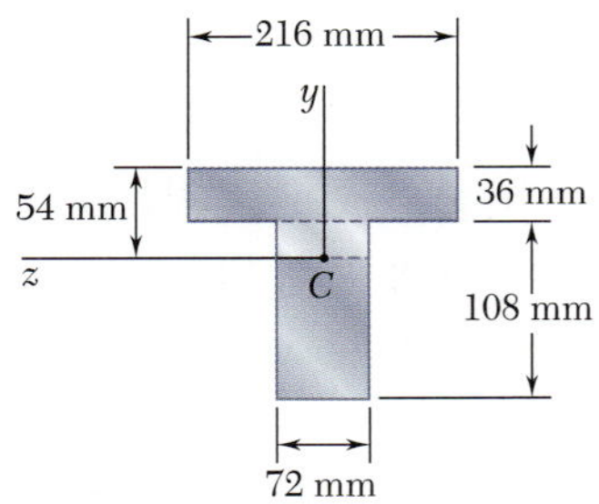


그림 P4.7, P4.8

**4.8** 그림과 같은 단면의 보에 6 kN·m의 굽힘모멘트가 작용하여 수평축에 대하여 구부러질 때, 플랜지의 음영표시 부분에 작용하는 총 하중을 구하시오.

**4.9** 그림과 같은 단면의 보에 900 N·m의 굽힘모멘트가 작용하여 수평축에 대하여 구부러질 때, 보의 음영표시 부분에 작용하는 전체 하중을 구하시오.

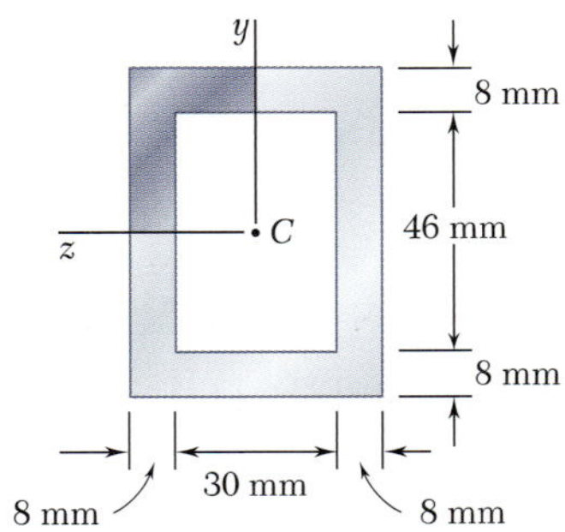


그림 P4.9

**4.10** 허용인장응력 및 허용압축응력이 각각 24 MPa, 30 MPa인 나일론으로 만들어진 보에 작용할 수 있는 최대모멘트 **M**을 구하시오.

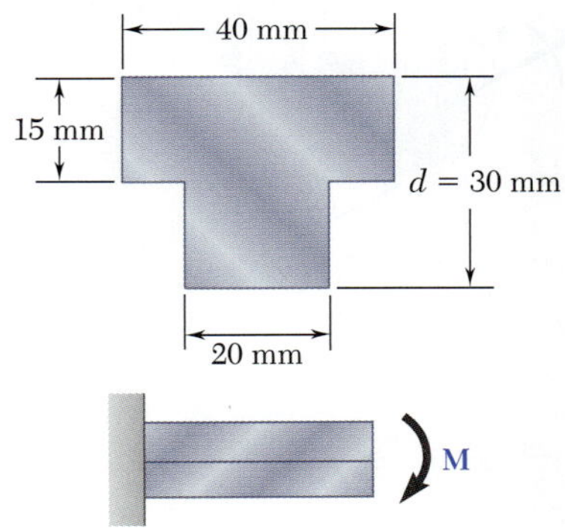


그림 P4.10

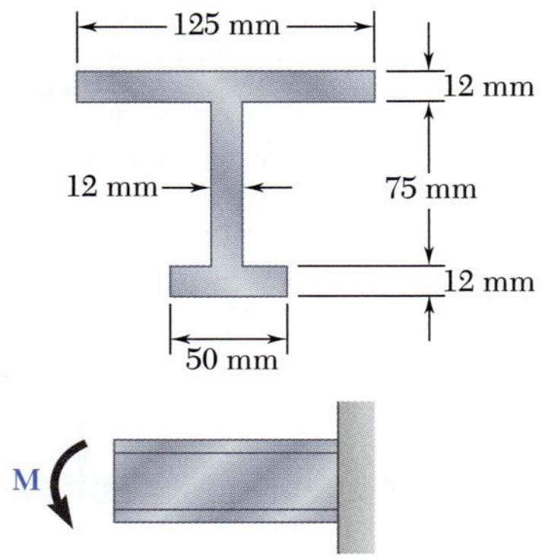

그림 P4.11

**4.11** 주철로 만들어진 보의 허용인장응력이 42 MPa이고 허용압축응력이 105 MPa일 때, 작용할 수 있는 최대모멘트 **M**을 구하여라.

**4.12** 원래 직선으로 곧은 강철밴드(steel band)를 띠톱(band saw)에 장착시킬 때 지름 200 mm인 풀리에 감겨 통과하도록 한다. 강철밴드의 두께가 0.5 mm이고 폭이 16 mm인 경우에 최대응력을 구하시오. 단, 탄성계수는 $E = 200$ GPa을 사용하시오.

그림 P4.12

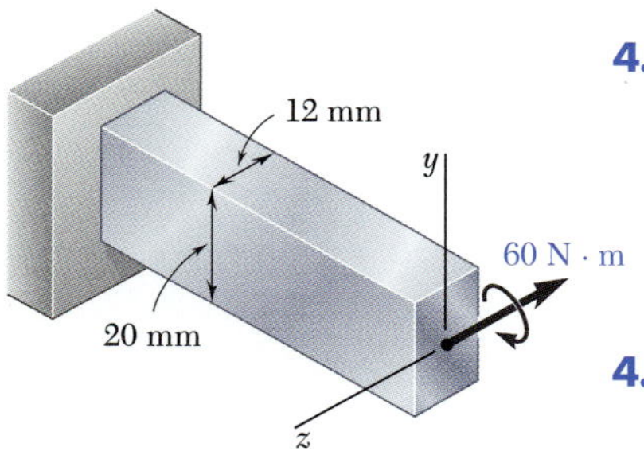

그림 P4.13

**4.13** 강봉에 60 N·m의 모멘트가 작용하고 있을 때 다음을 구하시오. (*a*) $z$축에 대한 모멘트가 작용할 때, 봉에 발생하는 최대응력과 곡률반지름, (*b*) $y$축에 대한 모멘트가 작용할 때의 봉에 발생하는 최대응력과 곡률반지름. 단, 탄성계수는 $E = 200$ GPa을 사용하시오.

**4.14** 모멘트 $M$이 한 변의 길이가 $a$인 정사각형 봉에 작용하고 있다. 그림과 같이 모멘트의 방향이 주어졌을 때, 봉에 발생하는 최대응력 및 곡률을 구하시오.

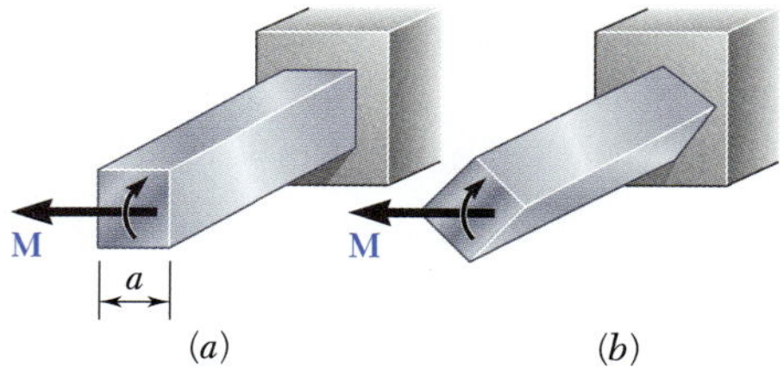

그림 P4.14

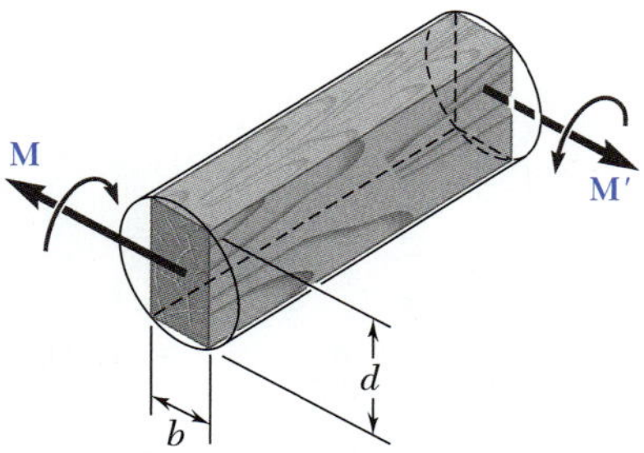

그림 P4.15

**4.15** 원형단면의 통나무에서 잘린 직사각형 단면 보에 모멘트 **M**이 작용할 때, 다음 경우에 $d/b$의 비를 구하시오. (*a*) 최대응력 $\sigma_m$이 가능한 한 작을 경우, (*b*) 보의 곡률반지름이 최대일 경우.

## *4.5 여러 재료로 구성된 부재의 굽힘

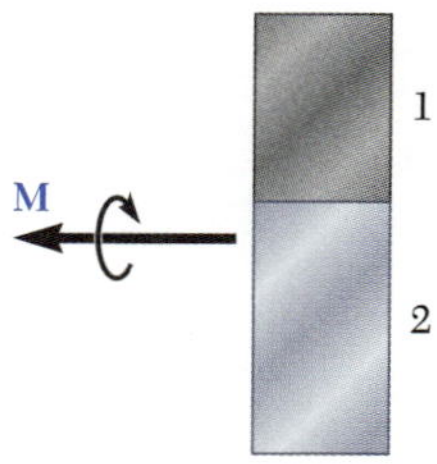


그림 4.18 두 재료로 된 단면

4.4절에서 유도된 식들은 탄성계수가 $E$인 균질재료라는 가정을 기초로 하고 있다. 만일 순수굽힘을 받는 부재가 두 개 이상의 서로 다른 탄성계수를 갖는 재료로 만들어져 있다면, 그 부재의 응력을 결정하는 방법은 수정되어야 한다.

예를 들어 그림 4.18에 보인 단면에서와 같이 서로 다른 두 재료가 접착되어 만들어진 봉을 고려해 보자. 전체 길이에 걸쳐서 이 **복합봉**(composite bar)의 횡단면은 동일하다. 4.3절에서 재료들의 응력–변형률 관계를 취급할 때 어떠한 가정도 하지 않았으므로, 이 복합봉은 4.3절에서 기술한 대로 변형할 것이다. 그러므로 수직변형률 $\epsilon_x$는 그림 4.19$a$, $b$와 같이 중립축으로부터 거리 $y$에 따라 선형적으로 변하고, 식 (4.8)로 나타낼 수 있다.

$$\epsilon_x = -\frac{y}{\rho} \tag{4.8}$$

그러나 중립축이 합성된 단면의 도심을 통과한다고 가정할 수 없으며, 본 해석의 목적 중 하나는 이 중립축의 위치를 결정하는 것이다.

두 재료의 탄성계수 $E_1$과 $E_2$가 서로 다르므로, 각 재료에서의 수직응력을 얻기 위한 식들도 역시 다르다. 각각의 수직응력은 다음과 같다.

$$\begin{aligned} \sigma_1 &= E_1\epsilon_x = -\frac{E_1 y}{\rho} \\ \sigma_2 &= E_2\epsilon_x = -\frac{E_2 y}{\rho} \end{aligned} \tag{4.22}$$

그러므로 그림 4.19$c$와 같이 두 직선으로 구성된 응력분포를 얻는다. 횡단면 위쪽의 미소면적 $dA$에 작용하는 힘 $dF_1$은 식 (4.22)를 이용하면 다음과 같다.

$$dF_1 = \sigma_1 dA = -\frac{E_1 y}{\rho} dA \tag{4.23}$$

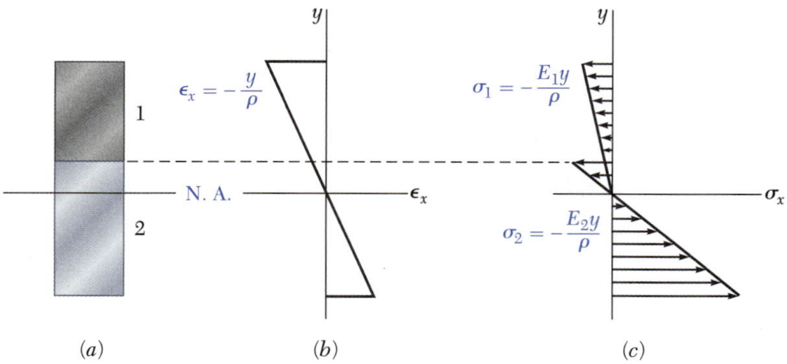


그림 4.19 두 재료로 만들어진 봉의 응력과 변형률의 분포

반면에 아래쪽의 미소면적 $dA$에 작용하는 힘 $dF_2$는 다음과 같다.

$$dF_2 = \sigma_2 dA = -\frac{E_2 y}{\rho} dA \tag{4.24}$$

그리고 두 재료의 탄성계수의 비 $E_2/E_1$을 $n$이라고 하면 $dF_2$는 다음과 같이 나타낼 수 있다.

$$dF_2 = -\frac{(nE_1)y}{\rho} dA = -\frac{E_1 y}{\rho}(n\, dA) \tag{4.25}$$

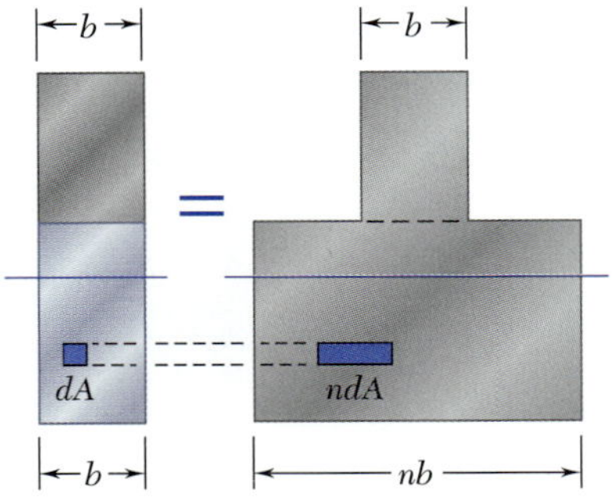


그림 4.20 복합봉의 변환단면

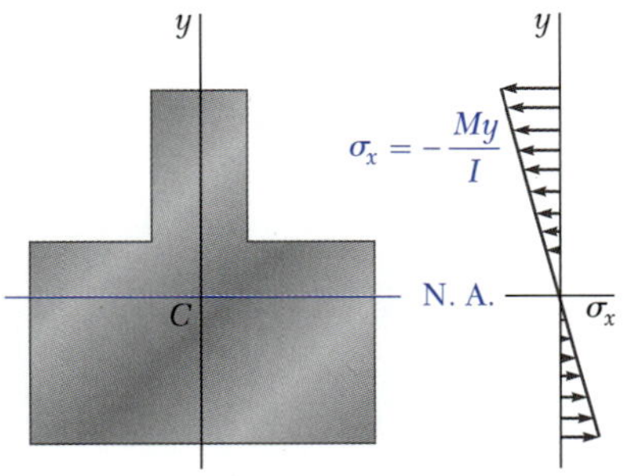


그림 4.21 변환단면에서 응력분포

식 (4.23)과 (4.25)을 비교하면 같은 힘 $dF_2$가 첫 번째 재료의 면적 $n\, dA$에 작용함을 알 수 있다. 즉, 아래쪽의 각 요소의 폭을 $n$배하여 두 부분을 $E_1$인 같은 재료로 만들면 봉의 굽힘에 대한 저항은 같게 될 것이다. 중립축으로부터 각 요소까지 떨어진 거리는 동일하므로, 각 요소의 폭을 넓히거나($n > 1$) 또는 좁히는 것($n < 1$)은 **단면의 중립축에 평행한 방향으로만 영향**을 주어야 한다. 이러한 방법을 이용하여 그림 4.20과 같이 얻은 새로운 횡단면을 부재의 **변환단면**(*transformed section*)이라고 부른다.

변환단면은 탄성계수 $E_1$인 **균질재료**(homogeneous material)로 된 부재의 횡단면을 나타내므로, 4.4절의 방법으로 단면의 중립축의 위치와 단면의 여러 위치에서 수직응력을 결정할 수 있을 것이다. 중립축은 그림 4.21과 같은 **변환단면의 도심을 통과**하며, 대응하는 가상 균질재료의 부재에서 응력 $\sigma_x$는 식 (4.16) 으로부터 얻는다.

$$\sigma_x = -\frac{My}{I} \tag{4.16}$$

여기서 $y$는 중립축으로부터의 거리이고, $I$는 도심축에 관한 **변환단면의 관성모멘트**(moment of inertia of the transformed section)이다.

원래의 합성봉의 횡단면 위쪽에 위치한 지점에서 응력 $\sigma_1$을 구하기 위해서는 변환단면의 대응하는 점에서의 응력 $\sigma_x$를 계산하면 된다. 그러나 횡단면 아래쪽에 있는 지점에서 응력 $\sigma_2$를 구하기 위해서는, 변환단면의 대응하는 점에서 계산된 응력 $\sigma_x$에 $n$을 곱하여야 한다. 앞에서 설명한 것과 같이 같은 힘 $dF_2$가 변환단면의 면적요소 $n\, dA$와 원래 단면의 면적요소 $dA$에 작용된다. 이와 같이 원래 단면의 한 점의 응력 $\sigma_2$는 변환단면의 대응하는 점에서의 응력보다 $n$배 더 크다.

합성부재의 변형은 변환단면에 의해서 결정된다. 변환단면은 탄성계수 $E_1$인 균질재료로 된 부재의 횡단면을 나타내며, 이 부재는 복합부재와 같은 형태로 변형된다. 그러므로 식 (4.21)을 사용하여 합성부재의 곡률을 다음과 같이 쓸 수 있다.

$$\frac{1}{\rho} = \frac{M}{E_1 I}$$

위 식에서 $I$는 부재의 중립축에 관한 변환단면의 관성모멘트이다.

**예제 4.3**

강재($E_s$ = 200 GPa)와 황동($E_b$ = 100 GPa)을 접착하여 만든 봉의 단면이 그림 4.22와 같다. 봉이 순수 굽힘모멘트 $M$ = 4.5 kN·m을 받을 때 강재와 황동에 발생하는 최대응력을 구하시오.

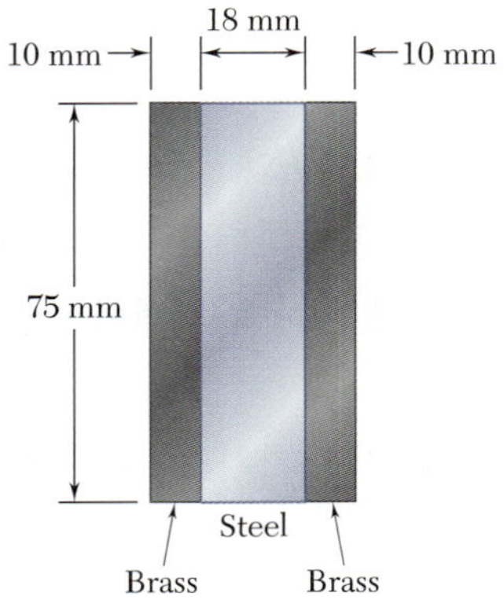


그림 4.22

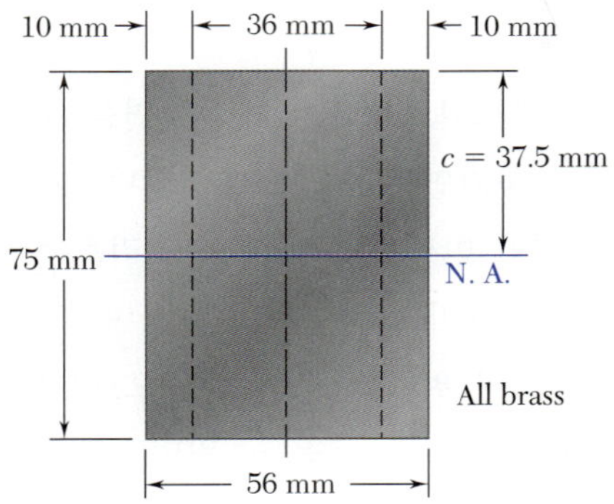


그림 4.23

**풀이** 완전히 황동으로 만들어진 등가의 봉에 대한 변환단면은 그림 4.23과 같다.

$$n = \frac{E_s}{E_b} = \frac{200 \text{ GPa}}{100 \text{ GPa}} = 2.0$$

강재 부분을 황동으로 대치한 중앙 부분의 폭은 원래 폭을 2배 곱하여 아래와 같이 얻는다.

$$(18 \text{ mm})(2) = 36 \text{ mm}$$

이 치수의 변화는 중립축과 평행한 방향이다. 따라서 변환단면의 도심에 대한 관성모멘트는 다음과 같다.

$$I = \tfrac{1}{12}bh^3 = \tfrac{1}{12}(56 \text{ mm})(75 \text{ mm})^3 = 1.9688 \times 10^6 \text{ mm}^4$$

중립축으로부터의 최대거리는 $c$ = 37.5 mm이므로, 식 (4.15)를 이용하여 변환단면에서의 최대응력은 다음과 같이 구한다.

$$\sigma_m = \frac{Mc}{I} = \frac{(4.5 \times 10^3 \text{ N} \cdot \text{m})(37.5 \times 10^{-3} \text{ m})}{1.9688 \times 10^{-6} \text{ m}^4} = 85.7 \text{ MPa}$$

구해진 값은 원래 복합봉에서 황동 부분의 최대응력을 나타낸다. 그러나 강재 부분의 실제 최대응력은 중앙 부분의 면적이 $n$ = 2.0배의 비율로 감소되어야 하므로, 변환단면에서 구한 응력보다는 증가될 것이다. 따라서 다음 결론을 얻을 수 있다.

$$(\sigma_{\text{brass}})_{\max} = 85.7 \text{ MPa}$$
$$(\sigma_{\text{steel}})_{\max} = (2)(85.7 \text{ MPa}) = 171.4 \text{ MPa}$$

두 개의 서로 다른 재료들로 만들어진 구조의 부재중에서, 중요한 예는 **철근콘크리트보**(*reinforced concrete beams*)이다. 이들 보가 양(+)의 굽힘모멘트를 받을 때 그림 4.24*a*에서와 같이 밑면으로부터 가까운 거리에 위치한 철근에 의해서 보강된다. 콘크리트는 인장에 매우 취약하여 중립면 아래에서는 균열이 발생될 것이고 철근이 전체 인장하중을 받게 될 것이다. 또한 철근콘크리트 보의 위쪽은 압축하중을 받게 될 것이다.

철근콘크리트보에서 변환단면을 구하기 위해 그림 4.26*b*와 같이 철근의 단면적 $A_s$를 등가면적 $nA_s$로 대치한다. 여기서 $n$은 철근과 콘크리트의 탄성계수의 비 $E_s/E_c$이다. 반면에 보에서 콘크리트는 단지 압축하중에 대해 효과적이므로, 중립축 위의 콘크리트 단면이 변환단면에서 사용되어야 한다.

중립축의 위치는 보의 윗면으로부터 변환단면의 도심 $C$까지의 거리 $x$를 구하여 결정한다. 보의 폭을 $b$, 윗면으로부터 철근 중심선까지의 거리를 $d$로 표시하면 중립축에 관한 변환단면의 1차모멘트는 0이 되어야 한다. 변환단면의 각 부분에 대한 1차모멘트는 중립축으로부터 도심까지의 거리에 면적을 곱하여 얻는다.

$$(bx)\frac{x}{2} - nA_s(d - x) = 0$$

위의 식으로부터 다음 식을 얻는다.

$$\frac{1}{2}bx^2 + nA_s x - nA_s d = 0 \tag{4.26}$$

위의 식 (4.26)은 2차방정식이므로 $x$에 관해 풀면, 보의 중립축의 위치와 효과적으로 사용될 콘크리트보의 단면위치를 알 수 있다.

변환단면에서 응력은 이 절의 앞에서 설명한 과정으로 구한다(기초문제 4.4 참조). 콘크리트에서 압축응력분포와 철근에서 인장력의 합력 $\mathbf{F}_s$는 그림 4.24*c*와 같다.

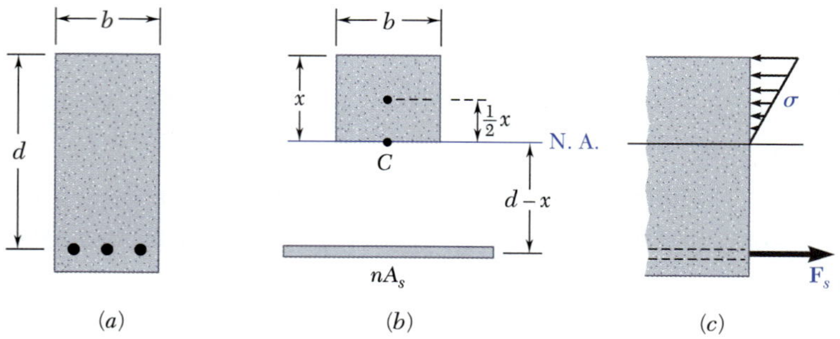


**그림 4.24** 철근콘크리트보

## 기초문제 4.3

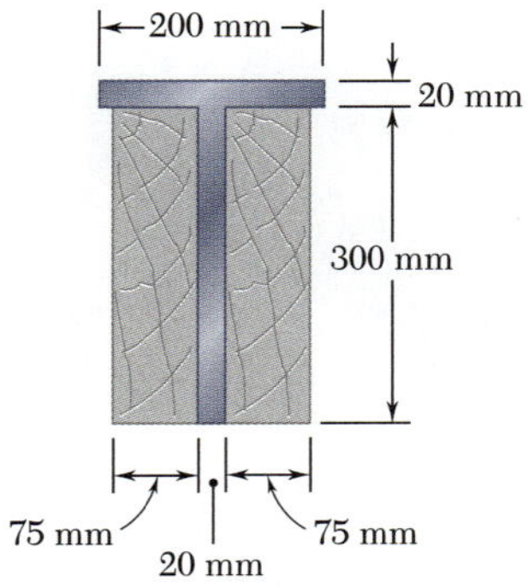


두 개의 강판이 T형 보의 형태로 용접되어 있고 두 개의 오크목재(oak timber)가 강판에 볼트로 견고하게 고정되어 있다. 목재의 탄성계수는 12.5 GPa이고 강판의 탄성계수는 200 GPa이다. 굽힘모멘트 $M = 50\ \text{kN}\cdot\text{m}$이 복합보에 작용할 경우, 다음을 사항을 계산하시오. (*a*) 목재의 최대응력, (*b*) 강판에서 상부 표면에 발생하는 응력.

### 풀이

**변환단면.** 탄성계수의 비로부터 다음을 구한다.

$$n = \frac{E_s}{E_w} = \frac{200\ \text{GPa}}{12.5\ \text{GPa}} = 16$$

강판의 수평방향 길이에 $n = 16$을 곱하면 전체가 목재로 된 변환단면을 얻게 된다.

**중립축.** 중립축은 변환단면의 도심을 통과한다. 단면은 두 개의 직사각형으로 되어 있으므로, 다음과 같이 계산한다.

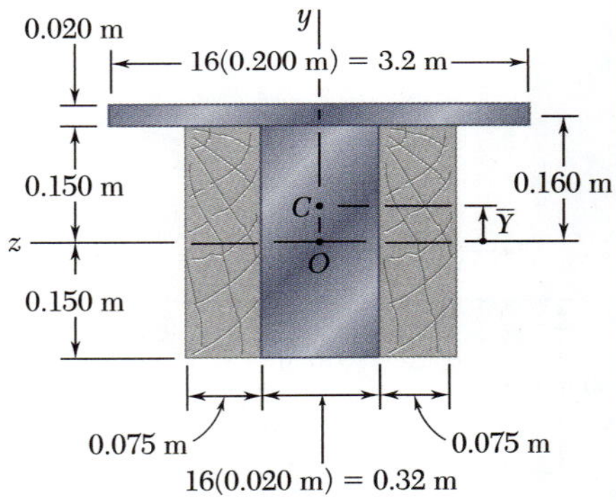


$$\bar{Y} = \frac{\Sigma \bar{y}A}{\Sigma A} = \frac{(0.160\ \text{m})(3.2\ \text{m} \times 0.020\ \text{m}) + 0}{3.2\ \text{m} \times 0.020\ \text{m} + 0.470\ \text{m} \times 0.300\ \text{m}} = 0.050\ \text{m}$$

**도심에 대한 면적관성모멘트.** 평행축의 원리를 이용하여, 다음과 같이 계산한다.

$$\begin{aligned} I &= \tfrac{1}{12}(0.470)(0.300)^3 + (0.470 \times 0.300)(0.050)^2 \\ &\quad + \tfrac{1}{12}(3.2)(0.020)^3 + (3.2 \times 0.020)(0.160 - 0.050)^2 \\ I &= 2.19 \times 10^{-3}\ \text{m}^4 \end{aligned}$$

**(a) 목재의 최대응력.** 중립축으로부터 가장 멀리 떨어진 목재 위치는 바닥면의 가장자리인 $c_2 = 0.200$ m이므로 다음과 같다.

$$\sigma_w = \frac{Mc_2}{I} = \frac{(50 \times 10^3\ \text{N}\cdot\text{m})(0.200\ \text{m})}{2.19 \times 10^{-3}\ \text{m}^4}$$

$$\sigma_w = 4.57\ \text{MPa} \quad ◀$$

**(b) 강판의 응력.** 중립축으로부터 상부 표면까지 거리는 $c_1 = 0.120$ m이다. 변환단면으로부터 목재의 등가응력을 구할 수 있으며, 이로부터 강판의 응력을 얻기 위해서는 목재의 등가응력에 $n$을 곱하여야 한다.

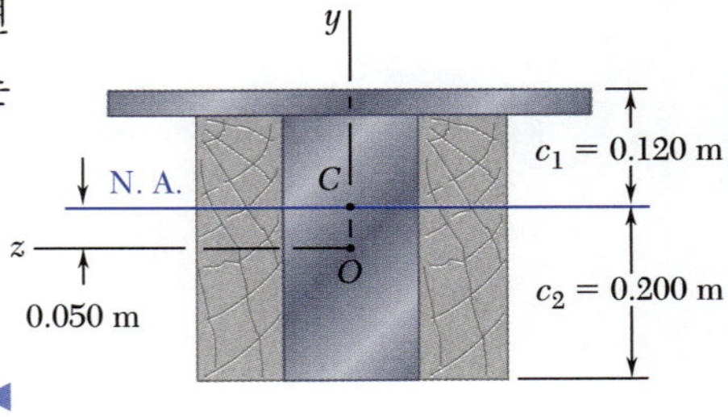


$$\sigma_s = n\frac{Mc_1}{I} = (16)\frac{(50 \times 10^3\ \text{N}\cdot\text{m})(0.120\ \text{m})}{2.19 \times 10^{-3}\ \text{m}^4}$$

$$\sigma_s = 43.8\ \text{MPa} \quad ◀$$

## 기초문제 4.4

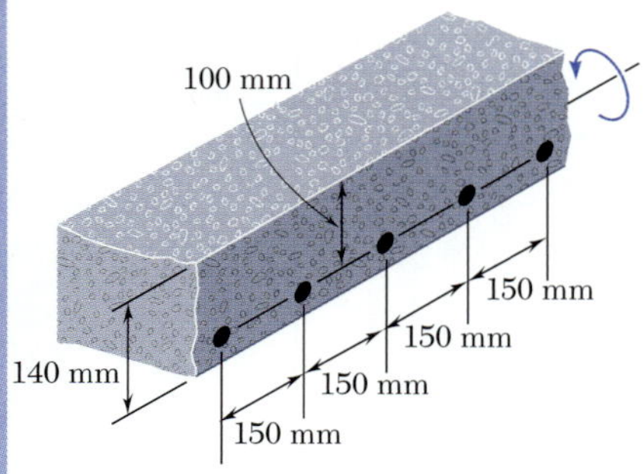


콘크리트 바닥 슬래브(concrete floor slab)가 아래 면에서 위로 38 mm인 곳에 150 mm 간격으로 16 mm 지름의 철근에 의하여 보강되어 있다. 콘크리트의 탄성계수가 25 GPa이고 철근의 탄성계수는 200 GPa이다. 슬래브에서 0.3 m당 4.5 kN·m의 굽힘모멘트가 작용될 때, 다음 사항을 계산하시오. (*a*) 콘크리트에서 최대응력, (*b*) 철근에서의 응력.

## 풀이

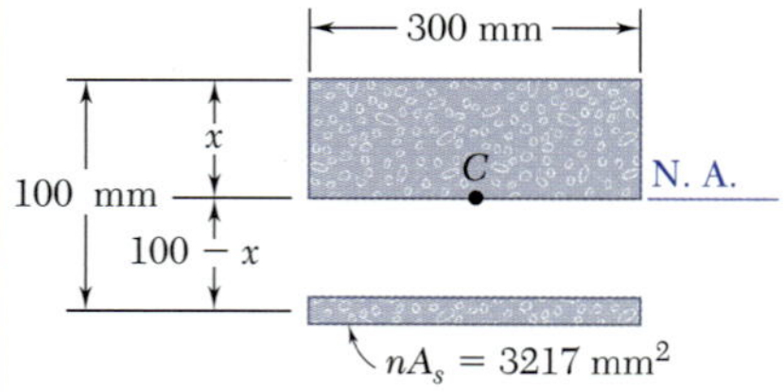


**변환단면.** 300 mm 폭의 슬래브를 고려하면 지름이 16 mm인 철근이 2개가 있으므로 철근의 전체 단면적은 다음과 같다.

$$A_s = 2\left[\frac{\pi}{4}(16\text{ mm})^2\right] = 402.1\text{ mm}^2$$

콘크리트에는 오직 압축만 작용되고, 모든 인장력은 철근에 전달된다. 변환단면은 그림과 같이 두 부분 면적으로 구성된다. 하나는 중립축 위에 있는 압축상태의 콘크리트이며, 다른 하나는 강봉의 변환단면인 $nA_s$이다.

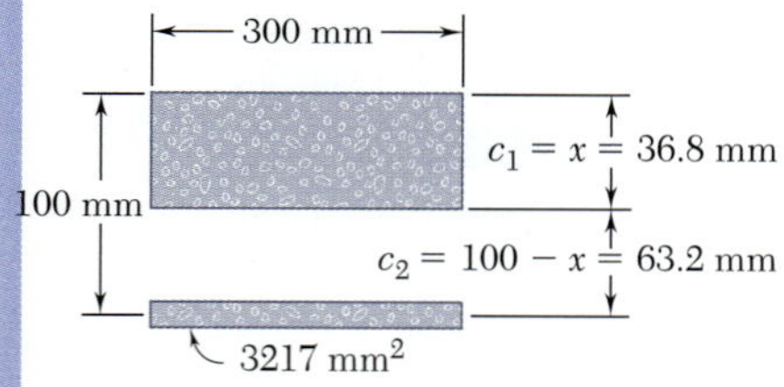


$$n = \frac{E_s}{E_c} = \frac{200\text{ GPa}}{25\text{ GPa}} = 8$$

$$nA_s = 8(402.1\text{ mm})^2 = 3217\text{ mm}^2$$

**중립축.** 슬래브의 중립축은 변환단면의 중립축을 통과한다. 중립축에 대한 변환단면 관성모멘트를 합을 취하면 다음 식을 얻는다.

$$300x\left(\frac{x}{2}\right) - 3217(100 - x) = 0 \qquad x = 36.8\text{ mm}$$

**관성모멘트.** 변환단면의 도심에 대한 관성모멘트는 다음과 같다.

$$I = \tfrac{1}{3}(300)(36.8)^3 + 3217(100 - 36.8)^2 = 17.83 \times 10^6\text{ mm}^4$$

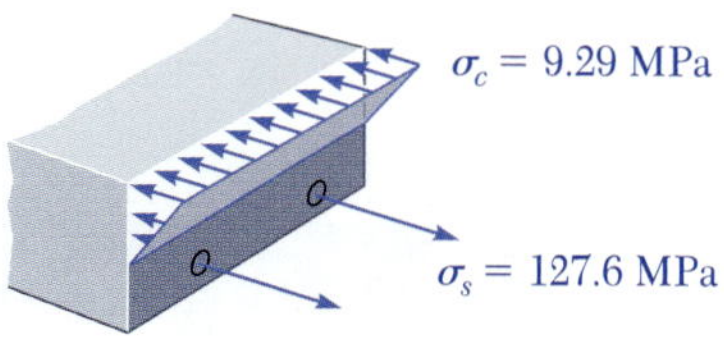


**(a) 콘크리트에서 최대응력.** 슬래브 상부에서 $c_1 = 36.8$ mm이므로 다음과 같이 구한다.

$$\sigma_c = \frac{Mc_1}{I} = \frac{(4.5 \times 10^3\text{ N}\cdot\text{m})(36.8 \times 10^{-3}\text{ m})}{17.83 \times 10^{-6}\text{ m}^4} \qquad \sigma_c = 9.29\text{ MPa} \blacktriangleleft$$

**(b) 철근의 응력.** 철근의 경우 $c_2 = 63.2$ mm, 그리고 $n = 8.0$이므로 다음과 같이 계산한다.

$$\sigma_s = n\frac{Mc_2}{I} = \frac{8(4.5 \times 10^3\text{ N}\cdot\text{m})(63.2 \times 10^{-3}\text{ m})}{17.83 \times 10^{-6}\text{ m}^4} \qquad \sigma_s = 127.6\text{ MPa} \blacktriangleleft$$

**4.16, 4.17** 그림과 같은 단면을 갖는 봉을 황동과 알루미늄을 접합시켜 만들었다. 아래의 데이터를 이용하여 복합부재가 수평축(horizontal axis)에 대하여 구부러질 때, 허용 가능한 최대 굽힘모멘트를 구하시오.

| | Aluminum | Brass |
|---|---|---|
| Modulus of elasticity | 70 GPa | 105 GPa |
| Allowable stress | 100 MPa | 160 MPa |

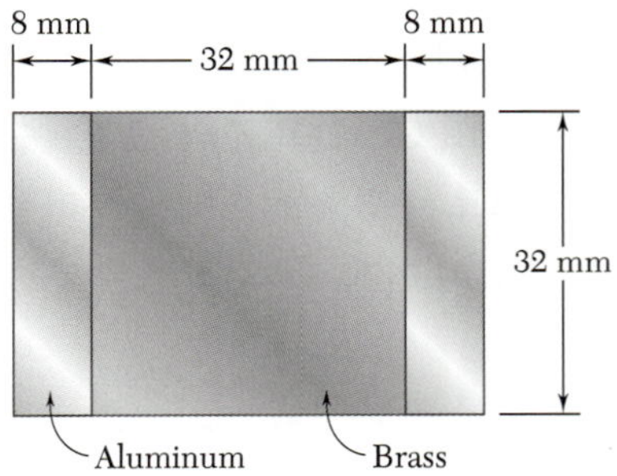


그림 P4.16

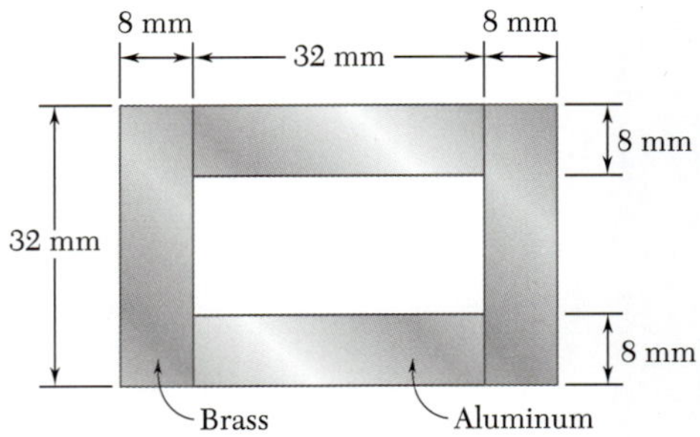


그림 P4.17

**4.18** 연습문제 4.16의 복합부재가 수직축(vertical axis)에 대하여 구부러질 때, 허용 가능한 최대 굽힘모멘트를 구하시오.

**4.19** 연습문제 4.17의 복합부재가 수직축에 대하여 구부러질 때, 허용 가능한 최대 굽힘모멘트를 구하시오.

**4.20** 세 개의 목재보와 두 개의 강철판이 볼트로 견고하게 체결되어 복합부재를 형성하고 있다. 아래 데이터를 이용하여 복합부재가 수평축에 대하여 구부러질 때, 허용 가능한 최대 굽힘모멘트를 구하시오.

| | Wood | Steel |
|---|---|---|
| Modulus of elasticity | 14 GPa | 200 GPa |
| Allowable stress | 14 MPa | 150 MPa |

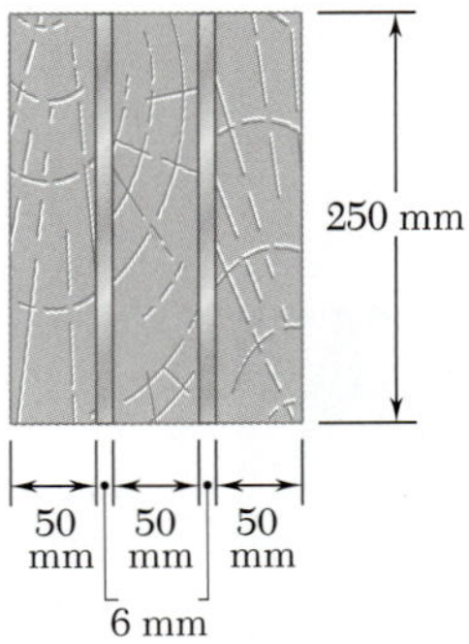


그림 P4.20

**4.21** 연습문제 4.20의 복합부재가 수직축에 대하여 구부러질 경우, 허용 가능한 최대 굽힘모멘트를 구하시오.

**4.22** 강철판($E_s$ = 200 GPa)과 알루미늄판($E_a$ = 70 GPa)이 접착되어 복합부재를 형성하고 있다. 봉이 1500 N·m의 모멘트 작용으로 수평축에 대해 구부러질 때, 다음 경우에 발생하는 최대응력을 구하시오. (*a*) 알루미늄판, (*b*) 강철판.

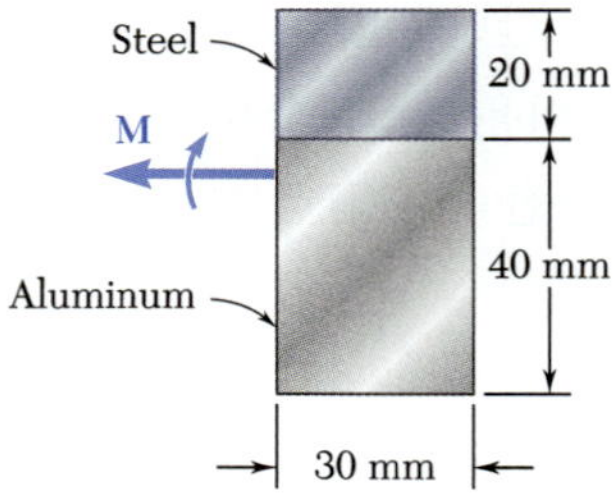


그림 P4.22

**4.23** 150 × 250 mm의 목재보를 그림과 같이 강판을 볼트로 체결하여 강화시켰다. 목재의 탄성계수는 12 GPa이고 강의 탄성계수는 200 GPa이다. 보가 모멘트 50 kN·m의 작용으로 수평축에 대해 구부러질 때, 다음 경우에 발생하는 최대응력을 구하시오. (*a*) 목재, (*b*) 강판

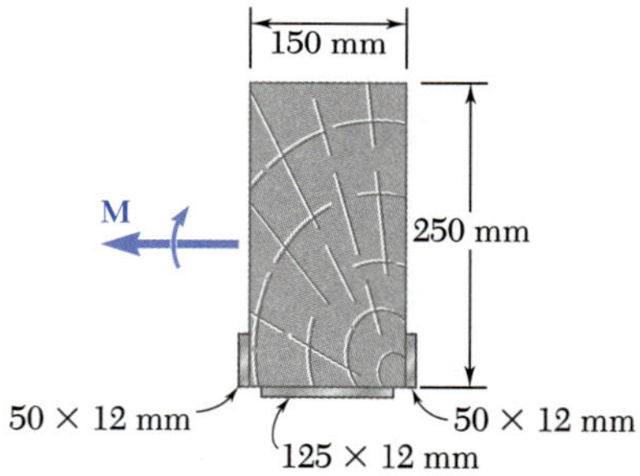


그림 P4.23

**4.24** 연습문제 4.22의 복합부재가 1500 N·m의 굽힘모멘트를 받을 때 곡률반지름을 구하시오.

**4.25** 연습문제 4.23의 복합부재가 50 N·m의 굽힘모멘트를 받을 때 곡률반지름을 구하시오.

**4.26** 철근 강화콘크리트보가 175 kN·m의 양(+)의 모멘트를 받고 있다. 콘크리트의 탄성계수는 25 GPa, 그리고 철근의 탄성계수는 200 GPa이다. 다음 경우에 발생되는 최대응력을 구하시오. (*a*) 철근, (*b*) 콘크리트.

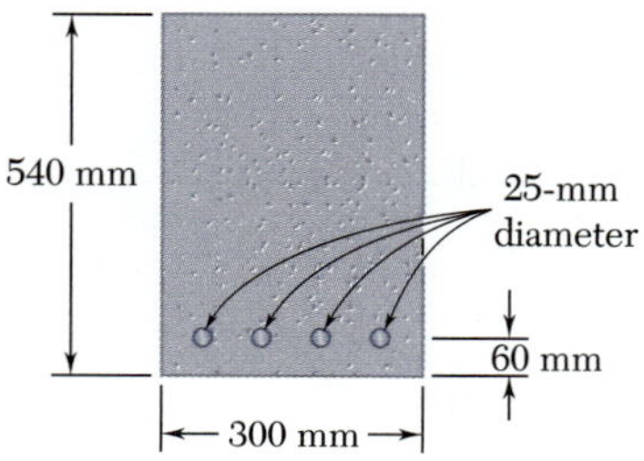


그림 P4.26

**4.27** 연습문제 4.26에서 보의 단면폭을 300 mm에서 350 mm로 증가시켰을 경우, 문제 4.26을 다시 계산하시오.

**4.28** 콘크리트 슬래브가 그림과 같이 지름이 16 mm인 철근에 의해 180 mm 간격으로 보강되었다. 콘크리트의 탄성계수가 각각 20 GPa이고 철근의 탄성계수는 200 GPa이다. 콘크리트의 허용응력이 은 9 MPa, 철근의 허용응력은 120 MPa일 때, 1 m 폭의 슬래브에 허용할 수 있는 가장 큰 굽힘모멘트를 구하시오.

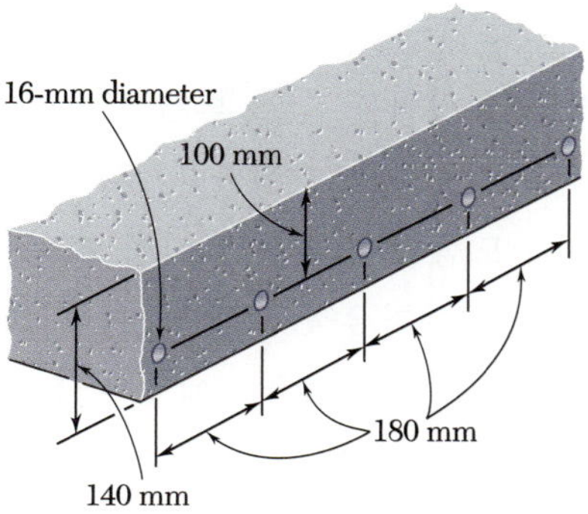


그림 P4.28

**4.29** 콘크리트보가 그림과 같이 3개의 철근으로 보강되었다. 콘크리트의 탄성계수는 20 GPa이고 강의 탄성계수는 200 GPa이다. 콘크리트의 허용응력이 9 MPa, 그리고 강의 허용응력이 140 MPa일 경우, 보의 허용할 수 있는 가장 큰 양(+)의 굽힘모멘트를 구하시오.

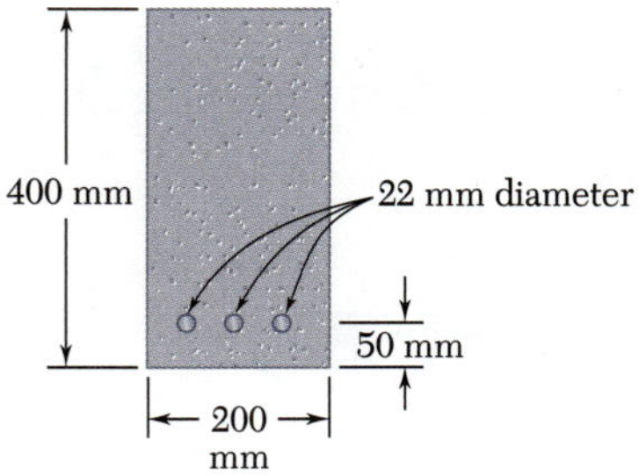


그림 P4.29

**4.30** 그림과 같이 폭이 40 mm인 금속판 5장을 접착하여 복합보를 만들었다. 강, 황동, 그리고 알루미늄의 탄성계수가 각각 210 GPa, 105 GPa, 70 GPa이다. 보가 1800 N·m의 모멘트 작용으로 수평축에 대해 구부릴 경우, 다음을 구하시오. (*a*) 3종류 각 금속판의 최대응력, (*b*) 복합보의 곡률반지름.

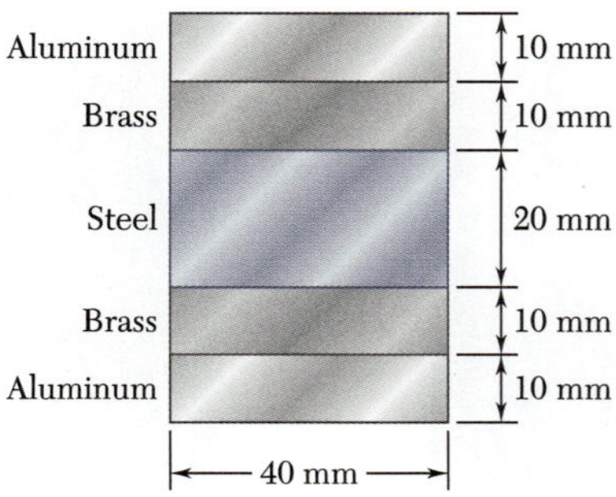


그림 P4.30

## 4.6 대칭면에 작용하는 편심축하중

1.3절에서 축방향 하중을 받는 부재의 단면에 분포하는 응력은 축방향 하중 **P**와 **P**′이 단면의 도심에 작용할 경우에만 균일하다고 가정하였다. 이것을 **중심하중**(centric load)이라고 한다. 여기서는 하중의 작용선이 횡단면의 도심을 통과하지 않을 때, 다시 말하면 **편심하중**(eccentric load)일 때의 응력분포를 해석하여 보자.

편심하중에 대한 두 가지 예를 사진 4.4 및 4.5에 나타낸다. 도로에 설치된 가로등(사진 4.4)의 경우에는 전등의 무게가 전신주에 대하여 편심하중을 발생시키며, 프레스(사진 4.5)에 작용하는 수직하중은 프레스의 후면 기둥에 편심하중을 발생시킨다.

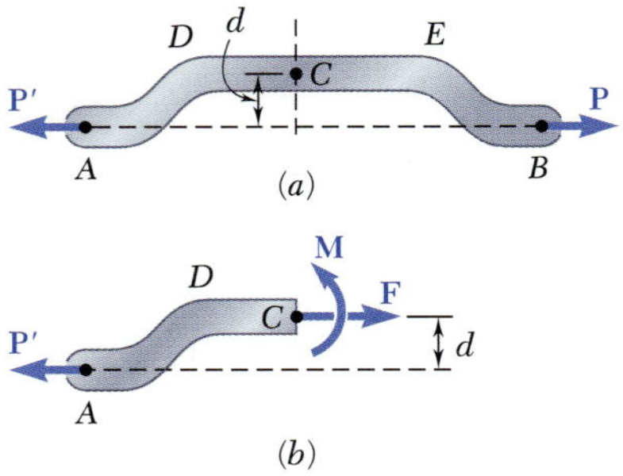


**그림 4.25** 편심하중을 받는 부재

이 절에서의 해석은 대칭면을 갖는 부재들로 한정하고, 하중은 그림 4.25$a$와 같이 부재의 대칭면에 작용한다고 가정한다. 주어진 단면에 작용하는 내력은 그림 4.25$b$와 같이 단면적의 도심 $C$에 작용하는 힘 **F**와 부재의 대칭면에 작용하는 모멘트 **M**으로 표시할 수 있다. 자유물체 $AC$의 평형조건으로부터 힘 **F**와 **P**′의 크기는 같고 방향은 반대이며, 모멘트 **M**은 $C$에 관한 **P**′의 모멘트와 크기가 같고 반대방향이다. 도심 $C$로부터 힘 **P**와 **P**′의 작용선 $AB$까지의 거리를 $d$로 표시하면, 다음을 식을 얻을 수 있다.

$$F = P \qquad \text{그리고} \qquad M = Pd \tag{4.27}$$

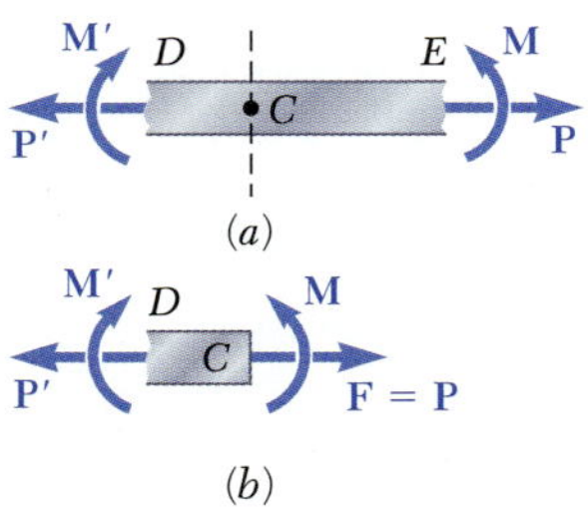


**그림 4.26** 편심하중을 받는 부재의 내력

부재 $AB$의 곧은 부분 $DE$를 $AB$로부터 분리하여 그림 4.26과 같이 도심하중 **P**와 **P**′, 굽힘모멘트 **M**과 **M**′을 동시에 받는다고 하면 단면의 내력은 동일한 힘과 모멘트로 나타낼 수 있다. 그러므로 본래의 편심축하중에 기인한 응력분포는 중심

**사진 4.4**

**사진 4.5**

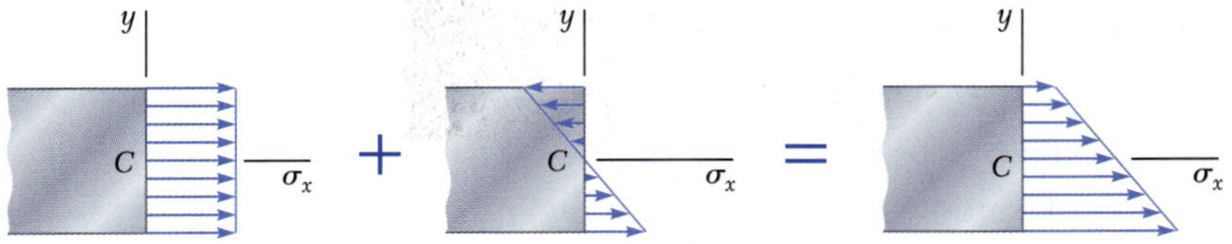


**그림 4.27** 편심축하중에 관한 응력분포

축하중 **P**와 **P′**에 의한 균일한 응력분포와 굽힘모멘트 **M**과 **M′**에 의한 선형분포를 그림 4.27과 같이 중첩시켜 얻을 수 있다. 즉,

$$\sigma_x = (\sigma_x)_{\text{centric}} + (\sigma_x)_{\text{bending}}$$

또는 식 (1.1)과 (4.16)으로부터

$$\sigma_x = \frac{P}{A} - \frac{My}{I} \tag{4.28}$$

여기서 $A$는 단면적이고 $I$는 도심에 대한 관성모멘트이며, $y$는 횡단면의 도심축으로부터 측정된 거리이다. 구한 관계식에서 단면의 응력분포는 **균일한 등분포가 아니라 선형분포**(linear but not uniform)를 나타낸다. 단면 치수와 편심거리에 따른 조합응력은 그림 4.27에 보인 것처럼 같은 부호이거나, 또는 그림 4.28과 같이 일부는 양(+)이고 나머지는 음(−)이 된다. 후자의 경우에 $\sigma_x = 0$인 선이 단면에 있을 것이며, 이 선이 단면의 **중립축**(*neutral axis*)을 나타낸다. $y = 0$에서 $\sigma_x \neq 0$이기 때문에 단면의 중립축은 단면의 도심축과 일치하지 않는다.

위와 같이 얻은 결과는 중첩의 원리(2.11절)와 생브낭(Saint-Venant)의 원리(2.14절)가 적용되는 범위 내에서만 유효하다. 즉, 응력이 재료의 비례한도를 초과해서는 안 되고, 굽힘에 의한 변형이 그림 4.25의 거리 $d$에 큰 영향을 주어서는 안 되며, 또한 응력이 계산되는 단면은 그림의 $D$ 또는 $E$ 점에 너무 근접해서는 안 된다는 것을 의미한다.

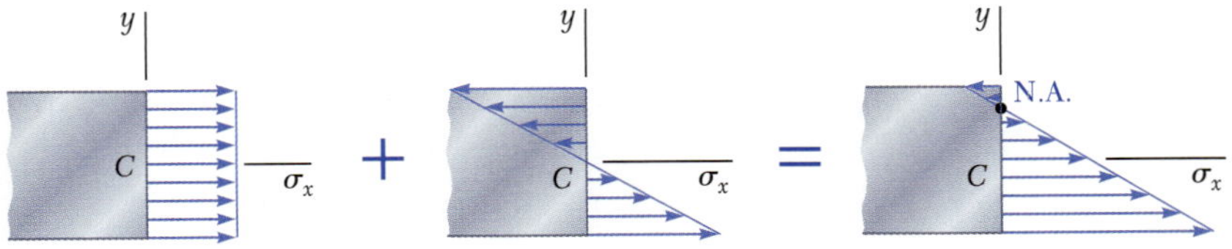


**그림 4.28** 편심축하중에 관한 다른 응력분포

### 예제 4.4

지름이 12 mm인 저탄소 강봉을 구부려서 그림 4.29와 같은 개방링크(open-link) 체인을 만들었다. 링크가 700 N의 하중을 받고 있을 때 다음을 구하시오. (*a*) 링크의 곧은 부분에서 발생하는 인장응력과 압축응력의 최댓값, (*b*) 단면의 도심축과 중립축 사이의 거리.

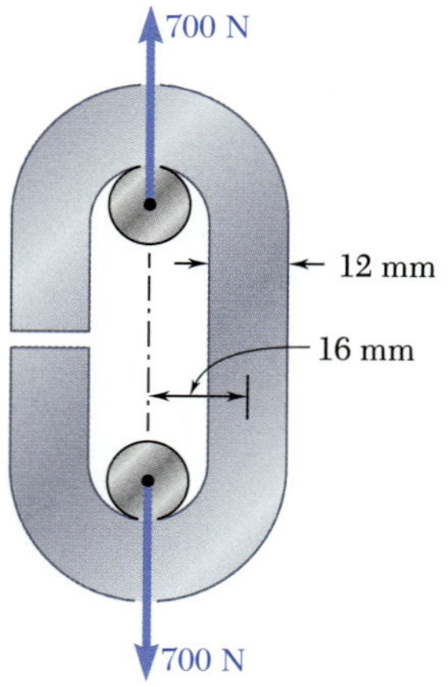


그림 4.29

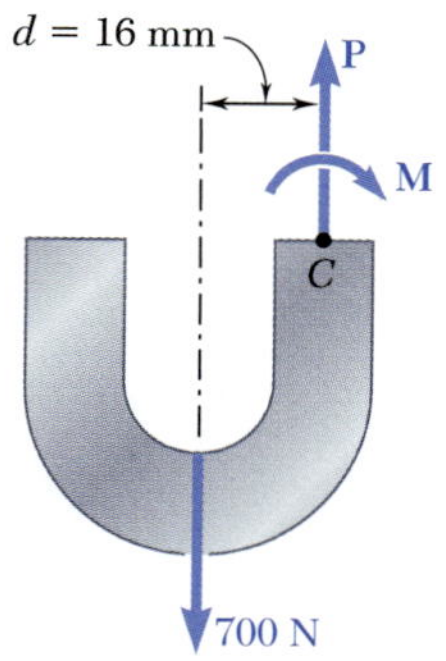


그림 4.30

**풀이**

**(a) 인장응력과 압축응력의 최댓값.** 단면에 발생하는 내력은 그림 4.30의 중심축하중 **P**와 굽힘 모멘트 **M**과 같다.

$$P = 700 \text{ N}$$
$$M = Pd = (700 \text{ N})(0.016 \text{ m}) = 11.2 \text{ N}\cdot\text{m}$$

이에 대한 응력분포는 그림 4.31의 *a*, *b*와 같다. 힘 **P**에 의한 응력분포는 균일하며 $\sigma_0 = P/A$와 같으므로, 다음과 같다.

$$A = \pi c^2 = \pi(6 \text{ mm})^2 = 113.1 \text{ mm}^2$$
$$\sigma_0 = \frac{P}{A} = \frac{700 \text{ N}}{113.1 \text{ mm}^2} = 6.189 \text{ MPa}$$

굽힘모멘트 **M**에 의한 응력은 선형으로 분포하며, 최댓값은 $\sigma_m = Mc/I$이다.

$$I = \tfrac{1}{4}\pi c^4 = \tfrac{1}{4}\pi(6 \text{ mm})^4 = 1017.9 \text{ mm}^4$$
$$\sigma_m = \frac{Mc}{I} = \frac{(11.2 \text{ N}\cdot\text{m})(6 \times 10^{-3} \text{ m})}{1017.9 \times 10^{-12} \text{ m}^4} = 66.02 \text{ MPa}$$

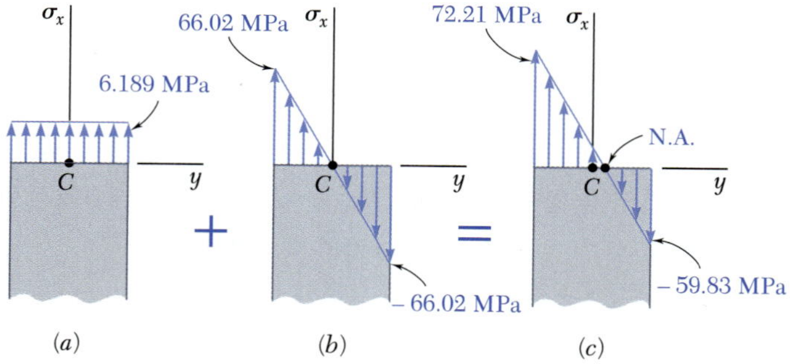


그림 4.31

이들 두 응력분포를 중첩하면 그림 4.31*c*와 같은 편심축하중에 대한 응력분포를 얻을 수 있다. 단면에서의 최대인장응력과 최대압축응력은 각각 다음과 같다.

$$\sigma_t = \sigma_0 + \sigma_m = 6.189 + 66.02 = 72.2 \text{ MPa}$$
$$\sigma_c = \sigma_0 - \sigma_m = 6.189 - 66.02 = -59.8 \text{ MPa}$$

**(b) 도심축과 중립축 사이의 거리.** 도심축으로부터 중립축까지의 거리 $y_0$는 식 (4.28)에서 $\sigma_x = 0$으로 놓고 $y_0$에 대하여 풀면 다음과 같다.

$$0 = \frac{P}{A} - \frac{My_0}{I}$$
$$y_0 = \left(\frac{P}{A}\right)\left(\frac{I}{M}\right) = (6.189 \times 10^6 \text{ Pa})\frac{(1017.9 \times 10^{-12} \text{ m}^4)}{11.2 \text{ N}\cdot\text{m}}$$
$$y_0 = 5.62 \times 10^{-4} \text{ m} = 0.562 \text{ mm}$$

## 기초문제 4.5

그림과 같은 주철링크의 허용인장응력이 30 MPa이고 허용압축응력은 120 MPa이다. 이 경우, 링크에 작용할 수 있는 가장 큰 힘 **P**를 구하시오(T형 단면 치수는 기초문제 4.2와 같다).

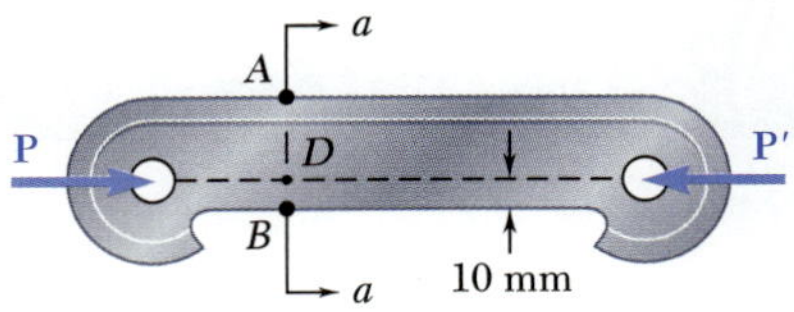


### 풀이

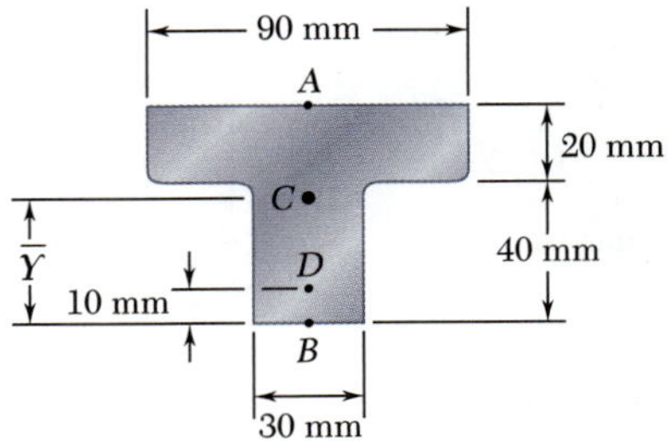

Section $a$–$a$

**단면의 특성.** 기초문제 4.2로부터 다음과 같다.

$$A = 3000\ \text{mm}^2 = 3 \times 10^{-3}\ \text{m}^2 \qquad \overline{Y} = 38\ \text{mm} = 0.038\ \text{m}$$

$$I = 868 \times 10^{-9}\ \text{m}^4$$

여기서 중립축으로부터 하중이 작용하는 편심거리 $d$는 다음과 같다.

$$d = (0.038\ \text{m}) - (0.010\ \text{m}) = 0.028\ \text{m}$$

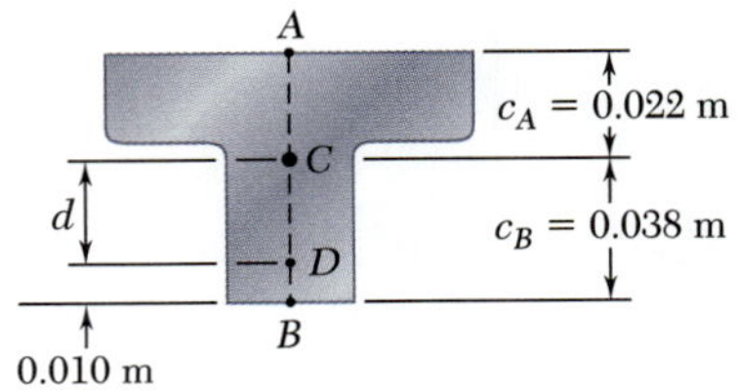


**$C$점에서의 힘 및 모멘트.** **P**를 도심 $C$점에서의 등가 힘–우력계(equivalent force-couple system)로 나타내면 다음과 같다.

$$P = P \qquad M = P(d) = P(0.028\ \text{m}) = 0.028P$$

도심에 작용하는 힘 **P**에 의해 그림 (1)과 같이 균일한 응력분포가 발생되며, 굽힘우력 **M**에 의해 그림 (2)와 같이 선형적인 응력분포가 발생된다.

$$\sigma_0 = \frac{P}{A} = \frac{P}{3 \times 10^{-3}} = 333P \qquad (\text{압축})$$

$$\sigma_1 = \frac{Mc_A}{I} = \frac{(0.028P)(0.022)}{868 \times 10^{-9}} = 710P \qquad (\text{인장})$$

$$\sigma_2 = \frac{Mc_B}{I} = \frac{(0.028P)(0.038)}{868 \times 10^{-9}} = 1226P \qquad (\text{압축})$$

**중첩.** 그림 (3)과 같이 전체 응력분포는 중심축하중 **P**와 우력모멘트 **M**의 중첩에 의하여 발생한다. 인장은 양(+)의 값이고, 압축은 음(−)의 값이므로 최대인장응력 및 최대압축응력은 다음과 같다.

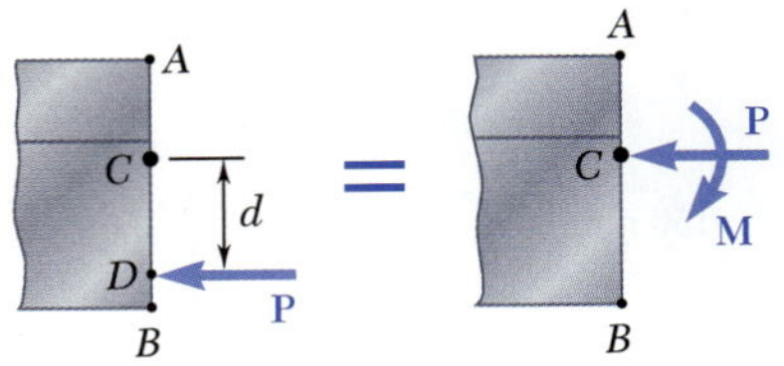


$$\sigma_A = -\frac{P}{A} + \frac{Mc_A}{I} = -333P + 710P = +377P \qquad (\text{인장})$$

$$\sigma_B = -\frac{P}{A} - \frac{Mc_B}{I} = -333P - 1226P = -1559P \qquad (\text{압축})$$

**최대허용하중.** $A$점의 인장응력을 최대 허용인장응력 30 MPa과 같게 놓으면 **P**의 크기는 다음과 같다.

$$\sigma_A = 377P = 30\ \text{MPa} \qquad P = 79.6\ \text{kN} \blacktriangleleft$$

또한 $B$점의 응력을 최대 허용압축응력 120 MPa과 같게 놓으면, 다음과 같은 크기의 힘 **P**를 구할 수 있다.

$$\sigma_B = -1559P = -120\ \text{MPa} \qquad P = 77.0\ \text{kN} \blacktriangleleft$$

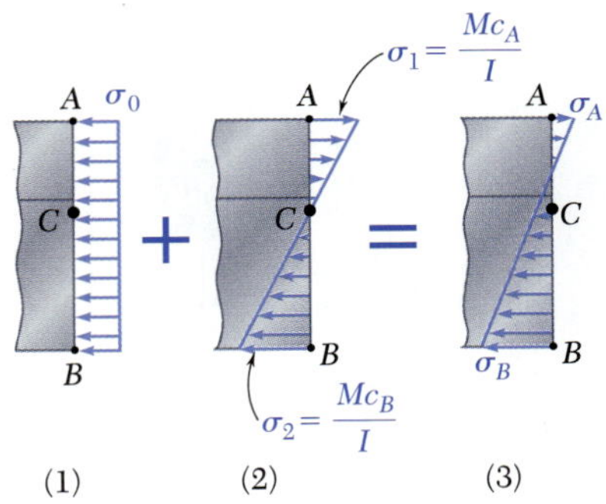


모든 허용응력이 초과되지 않는 범위에서 가장 큰 힘 **P**의 크기는 위의 두 값들 중에서 작은 값을 선택한다.

$$P = 77.0\ \text{kN} \blacktriangleleft$$

# P4C 연습문제

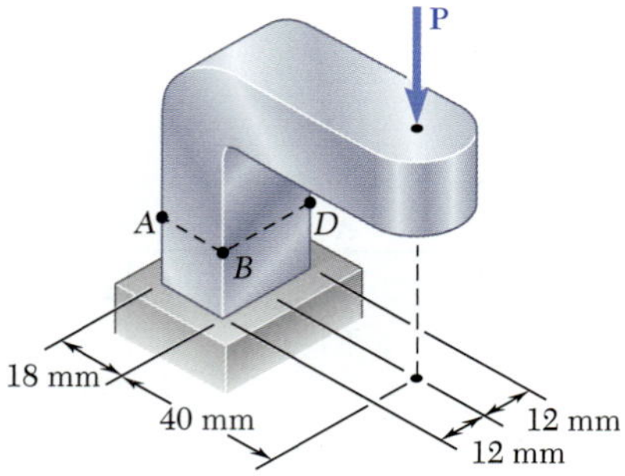


그림 P4.31

**4.31** 수직력 **P**의 크기가 2 kN일 때, 다음 지점에서 발생되는 응력을 구하시오. (*a*) 점 A, (*b*) 점 *B*.

**4.32** 수평력 **P**의 크기가 8 kN일 때, 다음 지점에서 발생되는 응력을 구하시오. (*a*) 점 A, (*b*) 점 *B*.

**4.33** 프레스의 수직부분이 그림과 같은 벽두께가 $t$ = 10 mm의 직사각형 관(tube)으로 만들어졌다. $P$ = 20 kN이 될 때까지 프레스로 접착된 나무판을 조였을 때, 다음 지점에서 발생되는 응력을 구하시오. (*a*) 점 A, (*b*) 점 *B*.

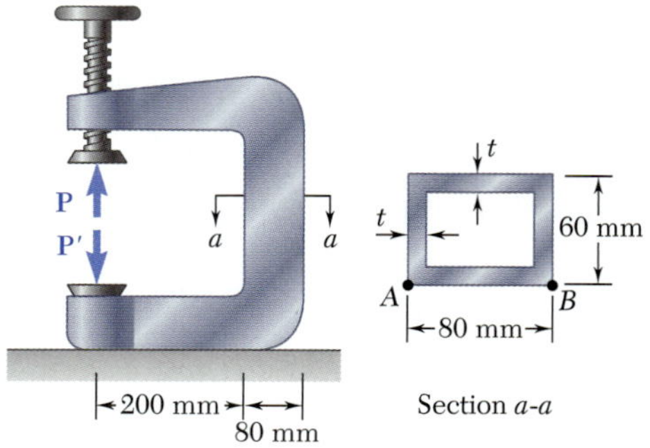


그림 P4.33

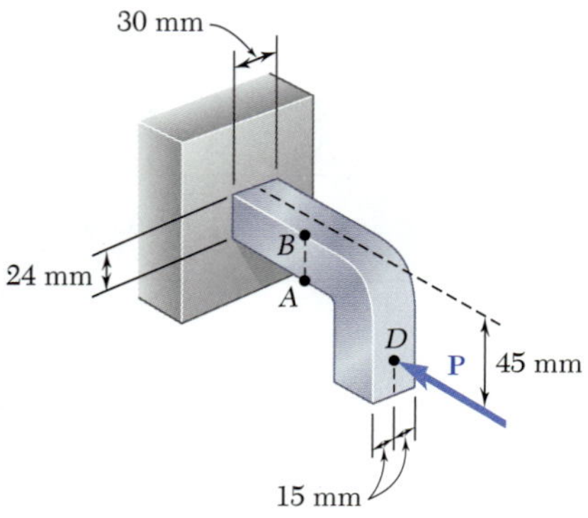


그림 P4.32

**4.34** 다음 경우에 *A*와 *B*지점에서 발생되는 응력을 구하시오. (*a*) 그림에 주어진 모든 하중, (*b*) 60 kN의 하중이 1과 2 지점에서만 작용되는 경우.

**4.35** 다음의 경우에 대하여 *A*와 *B*지점에서 발생되는 응력을 구하시오. (*a*) 그림에서 주어진 하중, (*b*) 60 kN의 하중이 2와 3 지점에서 제거된 경우.

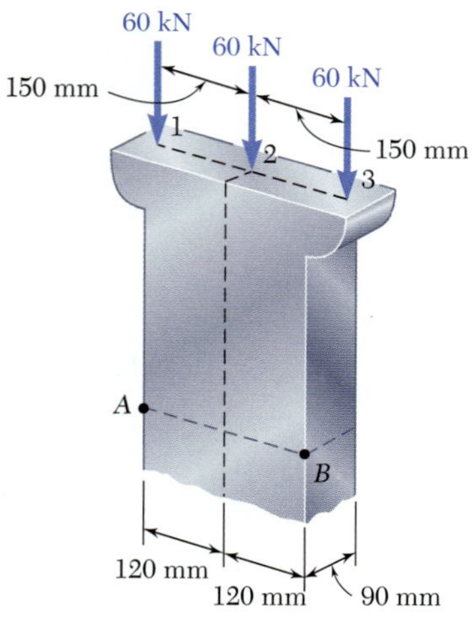


그림 P4.34, P4.35

**4.36** 정사각형봉의 일부분을 그림과 같이 밀링작업으로 제거하였다. $a$ = 30 mm, $d$ = 20 mm 그리고 허용응력 $\sigma_{\text{all}}$ = 60 MPa일 때, 봉의 양끝 중앙에 안전하게 작용할 수 있는 최대 힘의 크기를 구하시오.

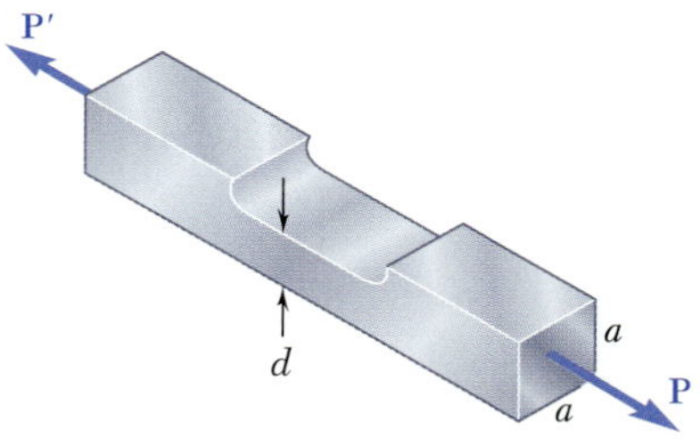


그림 P4.36

**4.37** 그림과 같이 100 × 100 mm인 가운데 목재에 네 장의 25 × 100 mm 목재판을 붙여 짧은 기둥을 제작하였다. 목재의 상부면 중심에 64 kN의 하중이 작용될 때, 다음의 각 경우에 대하여 기둥에 발생하는 최대압축응력을 구하시오. (*a*) 그림과 같은 기둥의 경우, (*b*) 목재판 1을 제거했을 경우, (*c*) 목재판 1, 2를 제거했을 경우, (*d*) 목재판 1, 2, 3을 제거했을 경우, (e) 모든 목재판을 제거했을 경우.

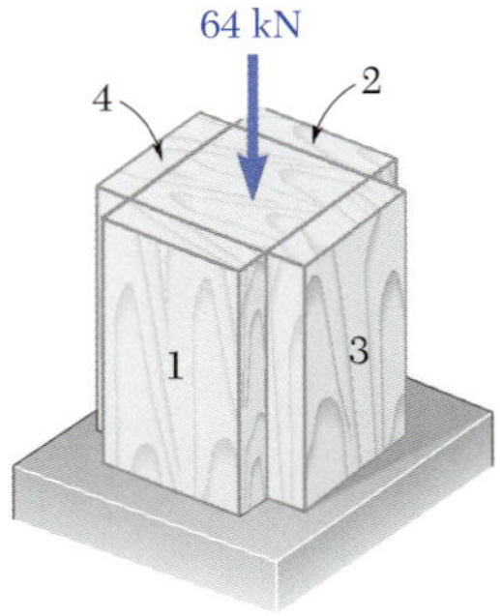

그림 P4.37

**4.38** 지름이 $d$인 원형단면 봉이 그림과 같이 편심이 $h$로 구부러지도록 가공한다. 편심가공 후 최대응력이 편심이 없는 직선봉에 발생하는 응력의 5배가 넘지 않기 위한 최대편심량을 $d$의 함수로 결정하시오.

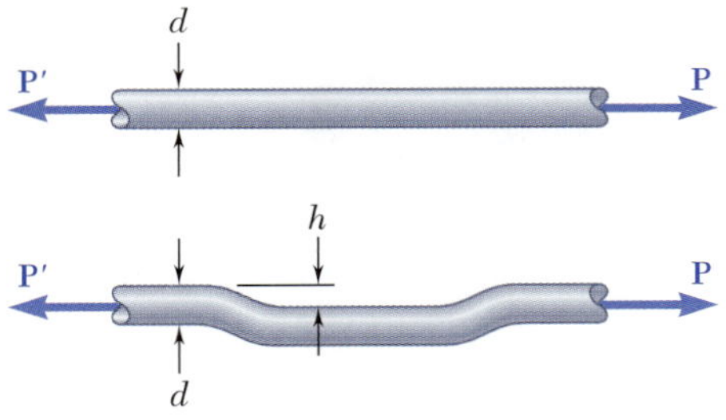

그림 P4.38

**4.39** 강철판에 강봉을 용접하여 그림과 같은 기계부재를 만들었다. 허용응력이 135 MPa일 때, (*a*) 부재에 작용할 수 있는 최대 힘 **P**, (*b*) 이 경우에 해당되는 중립축의 위치를 결정하시오. 단, $C$점은 단면의 도심이고, $I_z = 4195\ \text{mm}^4$이다.

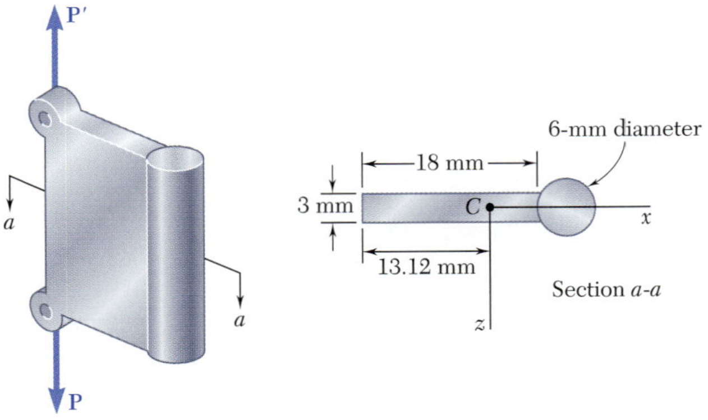

그림 P4.39

**4.40** 그림과 같은 걸쇠(hanger)의 $a-a$ 단면에서의 허용응력이 150 MPa일 때 다음을 구하시오. (*a*) 점 $A$에 작용할 수 있는 최대 수직하중 **P**, (*b*) 이 경우에 해당하는 단면 $a-a$에서의 중립축의 위치.

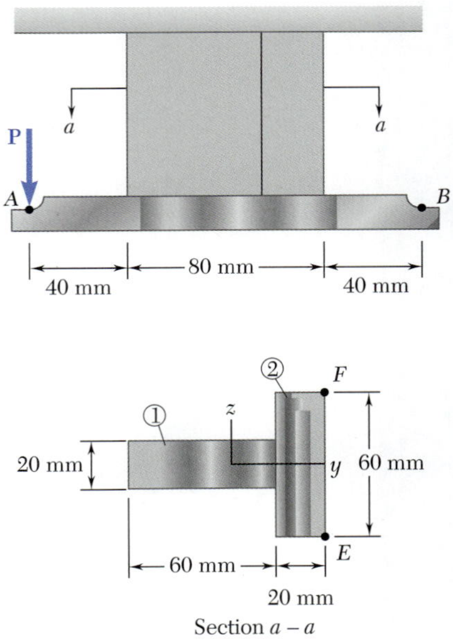

그림 P4.40

**4.41** 단면치수가 25 × 150 mm인 세 장의 강판을 용접하여 그림과 같이 H–형강 기둥을 만든 후, 한쪽 플랜지의 양변으로부터 25 mm를 제거하였다. 하중이 원래 단면의 중심에 계속 작용하고 있으며, 허용응력이 100 MPa일 때, 다음

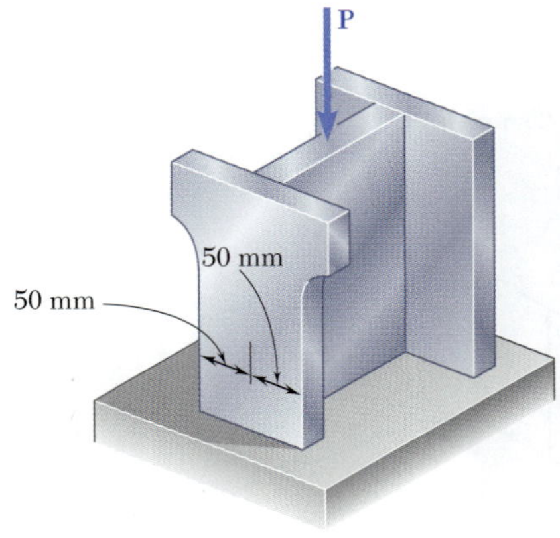

그림 P4.41

사항을 계산하시오. (*a*) 원래 기둥에 작용할 수 있는 최대하중 **P**, (*b*) 플랜지의 양변으로부터 25 mm가 제거된 수정된 기둥에 작용할 수 있는 최대하중 **P**.

**4.42** 크기가 90 kN인 수직하중 **P**가 짧은 기둥의 단면의 대칭축에 있는 점 $C$에 작용하고 $y$ = 125 mm일 때, 다음 사항을 구하시오. (*a*) $A$점의 응력, (*b*) $B$점의 응력, (*c*) 중립축의 위치.

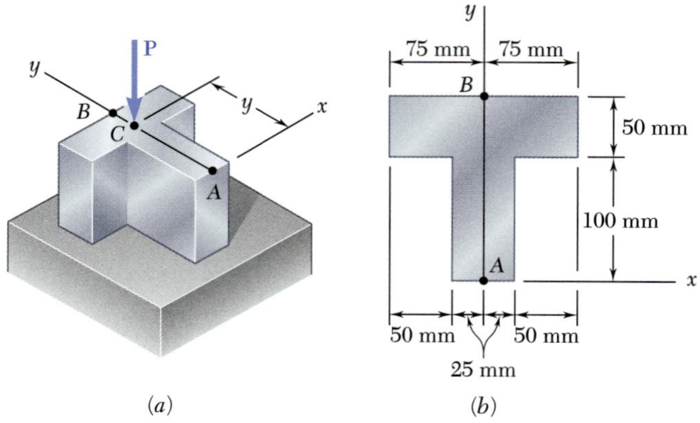


그림 P4.42

**4.43** 클램프를 이용하여 $P$ = 400 N이 될 때까지 조였을 때, $a-a$ 단면에서 다음 사항을 구하시오. (*a*) 점 $A$에서 응력, (*b*) 점 $B$에서 응력, (*c*) $a-a$ 단면에서 중립축의 위치.

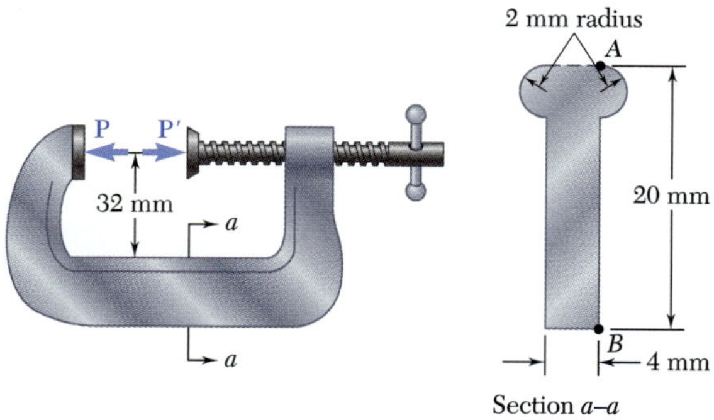


그림 P4.43

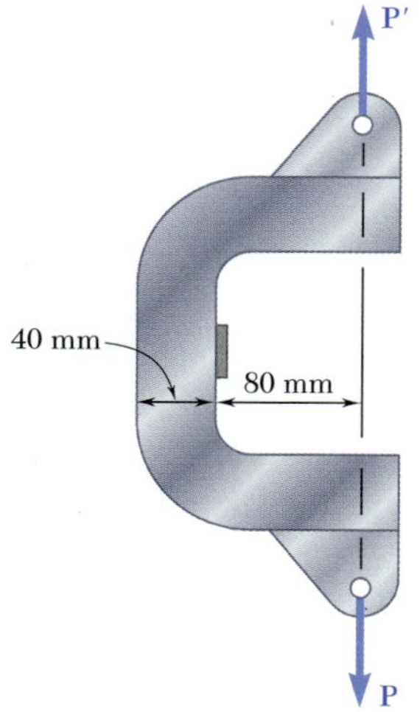


그림 P4.44

**4.44** 그림과 같은 C–형 강봉이 하중 $P$의 크기를 계측하는 검력계(dynamometer)로 사용되고 있다. 봉단면의 한 변이 40 mm인 정사각형이고, 안쪽에 부착된 스트레인게이지의 변형률이 450 $\mu$를 나타낼 때, 하중 $P$의 최댓값을 구하시오. 단, $E$ = 200 GPa을 사용하시오.

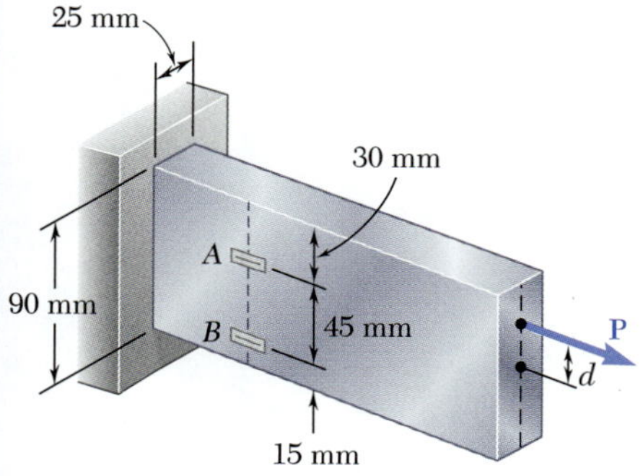


그림 P4.45

**4.45** 편심축하중 **P**가 단면치수 25 × 90 mm인 강재로 된 사각봉에 그림과 같이 작용한다. $E$ = 200 GPa이고, $A$와 $B$점에서의 변형률이 각각 $\epsilon_A = +350\ \mu$, $\epsilon_B = -70\ \mu$로 측정되었다. 다음 사항을 구하시오. (*a*) 거리 $d$, (*b*) 하중 **P**의 크기.

## *4.7 비대칭굽힘

지금까지 순수굽힘에 대한 해석은 적어도 하나의 대칭면을 갖고 있으며 그 대칭평면에 작용하는 우력을 받는 부재들에 제한되었다. 이러한 부재들과 작용하중의 대칭성 때문에 그 부재들은 우력을 받는 평면은 대칭을 유지하고, 따라서 그 평면 내에서 굽혀질 것이란 결론을 얻었다(4.3절 참조). 이러한 경우가 그림 4.32에 표시되어 있으며, (*a*)에서는 각각 수직과 수평인 두 대칭평면을 갖고 있는 부재의 횡단면을 나타내고, (*b*)에서는 단 하나의 수직 대칭면을 갖고 있는 횡단면을 나타낸다. 두 경우에 있어서 각 단면에 작용하는 모멘트는 각 부재의 수직 대칭면에 작용하며 수평우력 벡터 **M**으로 표시하였다. 두 경우에 있어서 단면의 중립축은 우력 축과 일치한다.

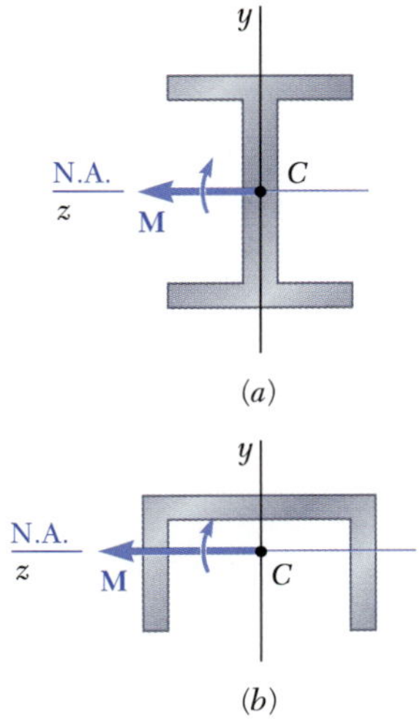

그림 4.32 대칭평면에서 우력벡터

이제 굽힘우력이 부재의 대칭면상에서 작용하지 않는 경우를 생각해 보자. 즉, 굽힘모멘트가 다른 면에서 작용하거나 또는 부재가 어떤 대칭면도 갖고 있지 않는 경우이다. 이런 경우에는 부재가 우력 평면 내에서 구부러질 것이라고 가정할 수 없다. 이것은 그림 4.33에 나타나 있다. 그림의 각 경우에 있어서 각 단면에 작용하는 모멘트는 수직면에 작용한다고 가정하고 수평우력벡터 **M**으로 표시하였다. 그러나 수직면이 대칭면이 아니므로 **부재가 그 평면 내에서 구부러지거나 또는 단면의 중립축이 우력 축과 일치한다고 예상할 수 없다.**

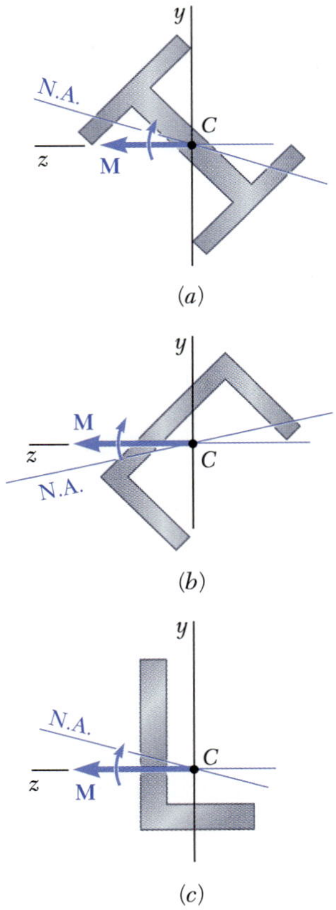

그림 4.33 비대칭평면에서 우력벡터

임의의 단면형상을 갖는 중립축이 그 단면에 작용하는 힘을 나타내는 우력 **M**의 축과 일치하기 위한 엄밀한 조건을 구해 보자. 이러한 단면을 그림 4.34에 나타냈으며 우력벡터 **M** 및 중립축은 모두 $z$축 방향으로 향하는 것으로 가정한다. 4.2절로부터 요소 내력 $\sigma_x\, dA$가 우력 **M**과 등가인 계를 이룬다면 다음 관계를 얻을 수 있었다.

| | | |
|---|---|---|
| $x$ 성분: | $\int \sigma_x dA = 0$ | (4.1) |
| $y$축에 관한 모멘트: | $\int z\sigma_x dA = 0$ | (4.2) |
| $z$축에 관한 모멘트: | $\int(-y\sigma_x dA) = M$ | (4.3) |

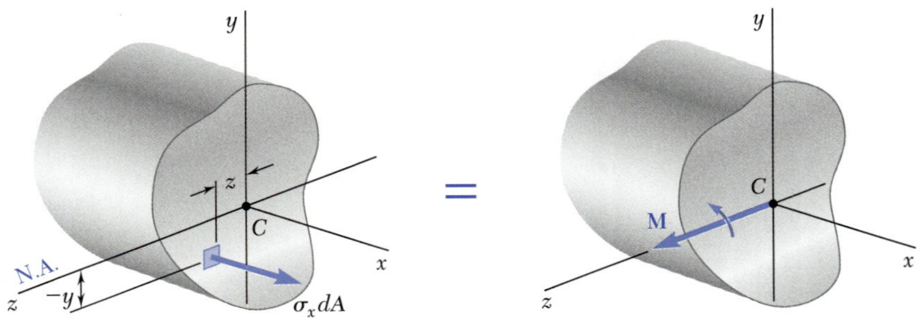

그림 4.34 임의 형상의 단면

앞에서 다룬 바와 같이 모든 응력이 비례한도 내에 있을 때, 위의 첫째 식은 중립축이 도심축이 되어야 하며, 마지막 식에서는 $\sigma_x = -My/I$의 기본적인 관계식이 성립되어야 함을 나타낸다. 그런데 4.2절에서는 횡단면이 $y$축에 대하여 대칭이라고 가정하였기 때문에, 식 (4.2)는 중요하게 생각하지 않았다. 그러나 임의 형상의 단면을 고려한다면 식 (4.2)는 매우 중요해진다. 응력이 재료의 비례한도 내에 있다고 가정하여 $\sigma_x = -\sigma_m y/c$ 를 식 (4.2)에 대입하면 다음 식을 얻을 수 있다.

$$\int z\left(-\frac{\sigma_m y}{c}\right) dA = 0 \qquad \text{또는} \qquad \int yz\,dA = 0 \tag{4.29}$$

식 (4.29)에서 적분항 $\int yz dA$는 $y$와 $z$축에 대한 관성곱(product of inertia) $I_{yz}$를 나타내며, 이 축이 **단면의 주도심축**(principal centroidal axes of the cross section)이면 적분값은 0이 될 것이다.[†] 따라서 **우력 M이 단면의 주도심축 중의 한 방향으로 향할 경우, 단지 이 경우에 한하여 그 단면에 작용하는 우력벡터 M의 축과 중립축은 일치한다**는 결론을 얻는다.

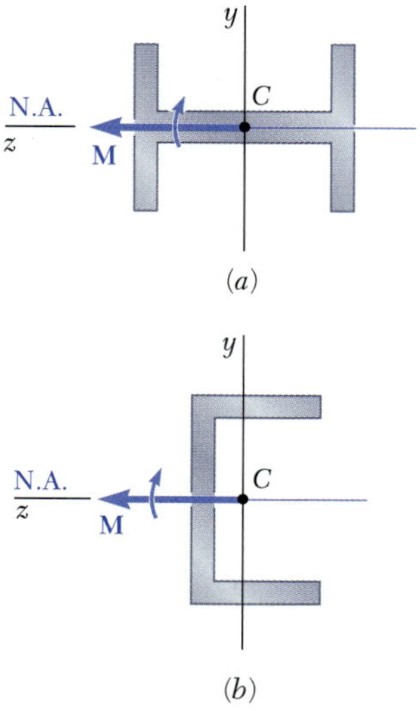


**그림 4.35** 주도심축의 모멘트

그림 4.32에 보인 단면들은 적어도 좌표축 중 하나에 대해서 대칭이며, 각 경우에 있어서 $y$와 $z$축은 단면의 주도심축들이다. 우력벡터 **M**이 주도심축 중 하나와 같은 방향을 향하고 있으므로 중립축은 우력축과 일치한다. 또한, 그림 4.35와 같이 단면을 90° 회전시킨다면, 그림 4.35*b*와 같이 우력이 부재의 대칭면에서 작용하지 않는다고 하여도 우력벡터 **M**이 주도심축을 향하며 중립축은 모멘트의 축과 일치한다.

반면에 그림 4.33에서는 좌표축의 어느 하나도 단면의 대칭축이 아니고 좌표축은 주도심축이 아니다. 따라서 우력벡터 **M**이 주도심축을 향하지 않으며, 중립축은 모멘트의 축과 일치하지 않는다. 그러나 그림 4.33*c*에 보인 단면처럼 비대칭이라고 할지라도 주어진 단면은 주도심축을 갖는다. 만약, 우력벡터 **M**이 이러한 단면의 도심축들 중의 하나를 따라서 작용한다면 그림 4.36과 같이 중립축은 모멘트축

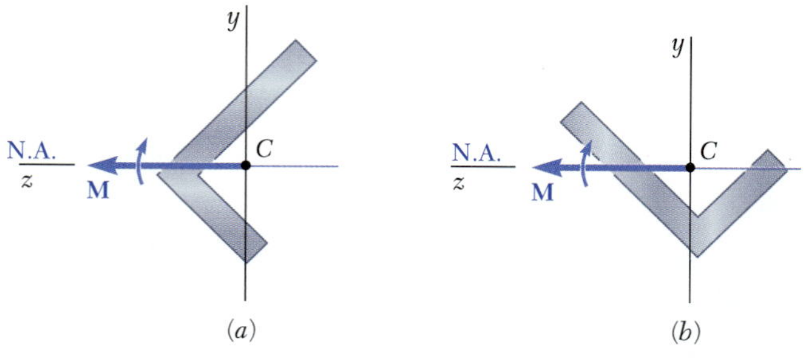


**그림 4.36** 주도심축이 아닌 모멘트

† Ferdinand P. Beer and E. Russell Johnston, Jr., *Mechanics for Engineers*, 5th ed., McGraw-Hill, New York, 2008, 또는 *Vector Mechanics for engineers*, 9th ed., McGraw-Hill, New York, 2010, secs. 9.8–9.10.

과 일치할 것이다. 이 경우, 응력을 결정하기 위하여 대칭부재들에 대해 유도된 4.3절과 4.4절의 방정식들을 사용할 수 있다.

다음에 알 수 있듯이 비대칭굽힘의 가장 일반적인 경우에 응력을 결정할 경우, 중첩의 원리를 사용할 수 있다. 첫째로 수직면에 대하여 그림 4.37과 같이 $\theta$ 각도를 이루는 면에 굽힘우력 $\mathbf{M}$과 $\mathbf{M}'$이 작용되는 대칭수직면을 갖는 부재를 고려해 보자. 그림 4.38과 같이 주어진 단면에 작용하는 힘을 나타내는 우력벡터 $\mathbf{M}$과 수평 $z$축 사이 각은 $\theta$이다. 벡터 $\mathbf{M}$을 $z$와 $y$축을 따라 성분벡터 $\mathbf{M}_z$와 $\mathbf{M}_y$로 분해하면 각각 다음과 같이 된다.

$$M_z = M \cos\theta \qquad M_y = M \sin\theta \tag{4.30}$$

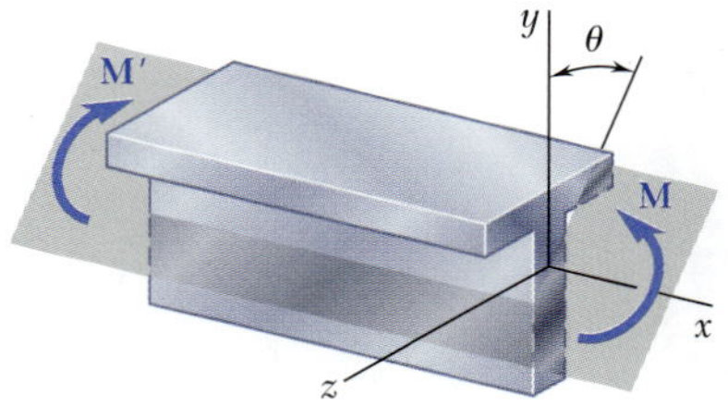


그림 4.37 비대칭굽힘

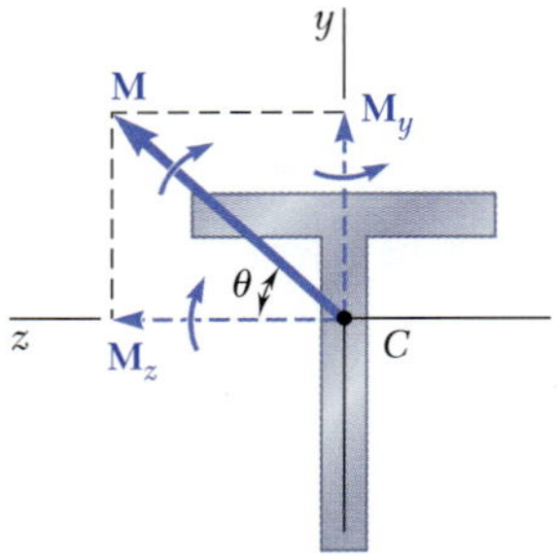


그림 4.38

$y$축과 $z$축은 단면의 주도심축이기 때문에, $\mathbf{M}_z$와 $\mathbf{M}_y$의 우력성분에 의해 발생되는 응력을 결정하기 위하여 식 (4.16)을 사용할 수 있다. 우력 $\mathbf{M}_z$는 수직면에 작용하고 그 평면에서 부재를 그림 4.39과 같이 구부리며, 그로 인한 응력은 다음과 같다.

$$\sigma_x = -\frac{M_z y}{I_z} \tag{4.31}$$

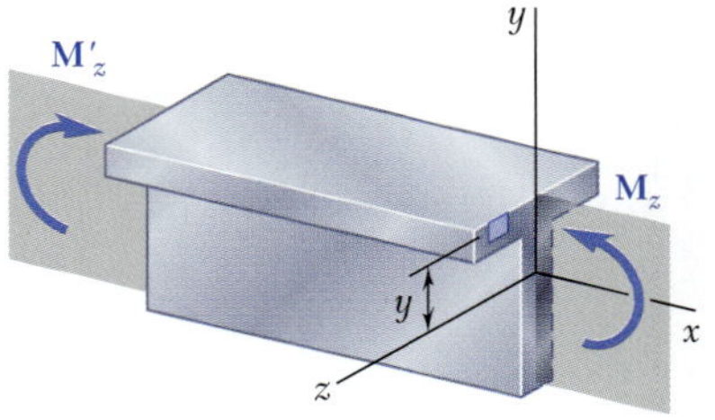


그림 4.39

여기서 $I_z$는 주도심 $z$축에 관한 단면의 관성모멘트이다. 음(−)의 부호는 수직 $xz$평면의 위($y > 0$)에서 압축, 아래($y < 0$)에서는 인장응력이 작용하기 때문이다. 한편, 우력 $\mathbf{M}_y$은 수평평면에 작용하고 그림 4.40과 같이 그 면에서 부재를 구부리며, 그로 인한 응력은 다음과 같다.

$$\sigma_x = +\frac{M_y z}{I_y} \tag{4.32}$$

여기서 $I_y$는 주도심 $y$축에 대한 단면의 관성모멘트이다. 그리고 양(+)의 부호는 수직 $xy$평면의 왼쪽($z > 0$)에서는 인장, 오른쪽($z < 0$)에서는 압축을 받기 때문이다. 본래의 우력 $\mathbf{M}$에 의해서 발생되는 응력분포는 각각 식 (4.31)과 (4.32)에 의해 정의된 응력분포를 아래 식과 같이 중첩하여 얻을 수 있다.

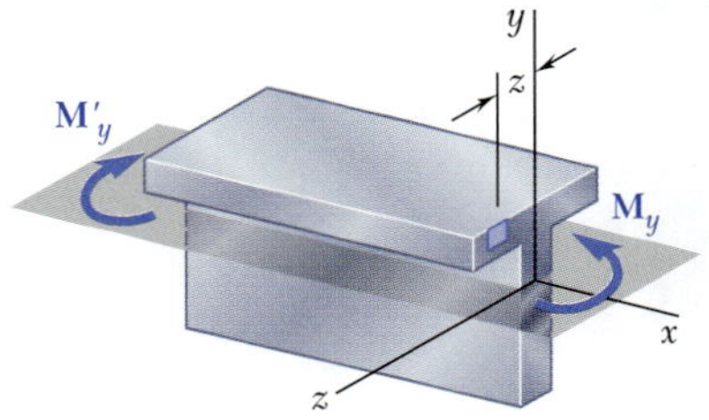


그림 4.40

$$\sigma_x = -\frac{M_z y}{I_z} + \frac{M_y z}{I_y} \tag{4.33}$$

위에서 구한 식들은 그림 4.41과 같이 주도심 $y$축과 $z$축이 먼저 결정된 비대칭 단면에서의 응력을 계산하는 데 사용될 수 있다. 한편, 식 (4.33)는 중첩원리를 적용할 수 있는 경우에만 타당하다. 다시 말하면 중첩하여 계산된 응력이 재료의 비례한도를 초과하고, 우력성분 중 하나에 의해 발생된 변형이 다른 것에 의한 응력분포에 큰 영향을 미칠 경우에는 사용할 수 없다.

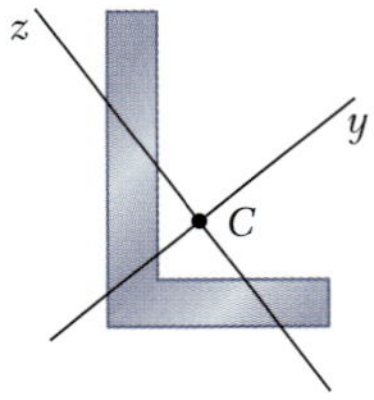


그림 4.41 비대칭단면

식 (4.33)는 비대칭굽힘에 의해 발생된 응력분포가 선형임을 나타낸다. 그러나 이 절의 앞에서 지적했던 것처럼, 단면의 중립축은 일반적으로 굽힘우력축과 일치하지 않을 것이다. 수직응력이 중립축의 어떤 지점에서도 0이므로 그 축을 정의하는 조건식은 식 (4.33)에서 $\sigma_x = 0$으로부터 구할 수 있으며, 다음과 같다.

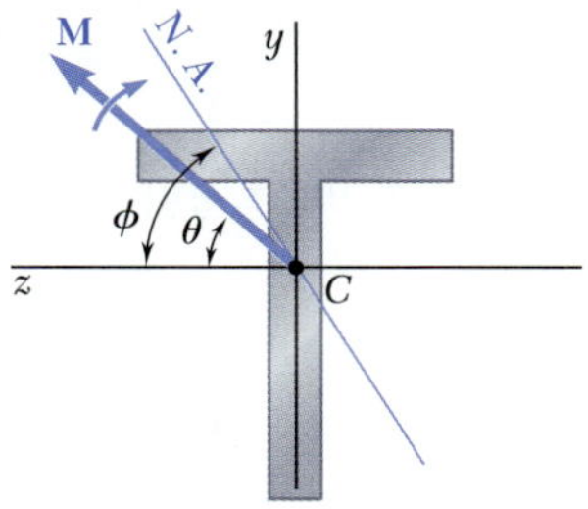

그림 4.42

$$-\frac{M_z y}{I_z} + \frac{M_y z}{I_y} = 0$$

또는 식 (4.30)을 이용하여 $M_z$와 $M_y$를 치환하고 $y$에 대해서 풀면 다음과 같다.

$$y = \left(\frac{I_z}{I_y}\tan\theta\right)z \tag{4.34}$$

위에서 구한 식은 기울기가 $m = (I_z/I_y)\tan\theta$인 직선이다. 그러므로 그림 4.42와 같이 중립축이 $z$축과 이루는 각도 $\phi$는 다음과 같이 정의한다.

$$\tan\phi = \frac{I_z}{I_y}\tan\theta \tag{4.35}$$

여기서 $\theta$는 우력벡터 **M**이 $z$축과 이루는 각이다. $I_z$와 $I_y$는 모두 양(+)이므로, $\phi$와 $\theta$는 동일한 부호를 갖는다. 더욱이 $I_z > I_y$일때 $\phi > \theta$이고, $I_z < I_y$일 때 $\phi < \theta$이다. 따라서 중립축은 항상 우력벡터 **M**과 최소관성모멘트에 해당하는 주축 사이에 위치하게 됨을 알 수 있다.

## 예제 4.5

그림 4.43과 같이 40 × 90 mm의 직사각형 단면을 갖는 목재보에 180 N·m의 모멘트가 수직선과 30° 기울어진 각도를 이루는 면에 작용하고 있다. 다음 사항을 구하시오. (*a*) 보의 최대응력, (*b*) 중립면이 수평면과 이루는 각도.

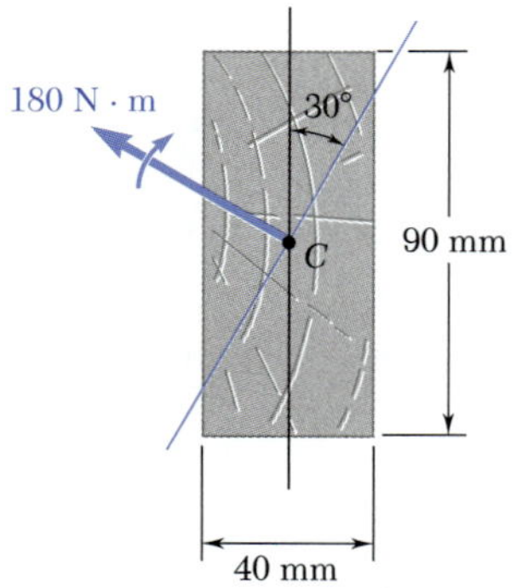

그림 4.43

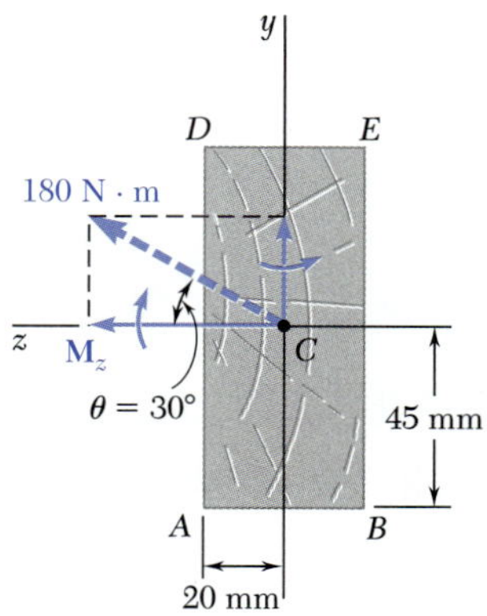

그림 4.44

### 풀이

**(a) 최대응력.** 그림 4.44와 같이 우력벡터의 성분인 $\mathbf{M}_z$, $\mathbf{M}_y$가 먼저 결정되어야 한다.

$$M_z = (180 \text{ N} \cdot \text{m}) \cos 30° = 155.9 \text{ N} \cdot \text{m}$$
$$M_y = (180 \text{ N} \cdot \text{m}) \sin 30° = 90 \text{ N} \cdot \text{m}$$

또한 $z$, $y$축에 대한 단면의 관성모멘트를 계산하면 다음과 같다.

$$I_z = \tfrac{1}{12}(0.04 \text{ m})(0.09 \text{ m})^3 = 2.43 \times 10^{-6} \text{ m}^4$$
$$I_y = \tfrac{1}{12}(0.09 \text{ m})(0.04 \text{ m})^3 = 0.48 \times 10^{-6} \text{ m}^4$$

$\mathbf{M}_z$에 의한 가장 큰 인장응력은 $AB$를 따라 발생한다.

$$\sigma_1 = \frac{M_z y}{I_z} = \frac{(155.9 \text{ N} \cdot \text{m})(0.045 \text{ m})}{2.43 \times 10^{-6} \text{ m}^4} = 2.887 \text{ MPa}$$

$\mathbf{M}_y$에 의한 가장 큰 인장응력은 $AD$를 따라 발생한다.

$$\sigma_2 = \frac{M_y z}{I_y} = \frac{(90 \text{ N} \cdot \text{m})(0.02 \text{ m})}{0.48 \times 10^{-6} \text{ m}^4} = 3.75 \text{ MPa}$$

따라서 조합하중에 의한 가장 큰 인장응력은 $A$에서 발생하며 다음과 같다.

$$\sigma_{max} = \sigma_1 + \sigma_2 = 2.887 + 3.75 = 6.637 \text{ MPa}$$
$$\sigma_{max} = 6.64 \text{ MPa}$$

최대 압축응력은 같은 크기이며 $E$에서 발생한다.

**(b) 중립면과 수평면이 이루는 각도.**

그림 4.45와 같이 중립축이 수평면과 이루는 각도는 식 (4.35)로부터 얻는다.

$$\tan \phi = \frac{I_z}{I_y} \tan \theta = \frac{2.43 \times 10^{-6} \text{ m}^4}{0.48 \times 10^{-6} \text{ m}^4} \tan 30° = 2.923$$
$$\phi = 71.1°$$

단면에서 응력분포는 그림 4.46과 같다.

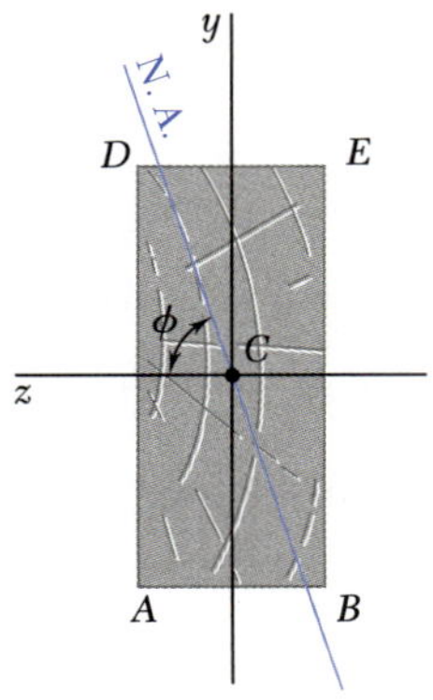


그림 4.45

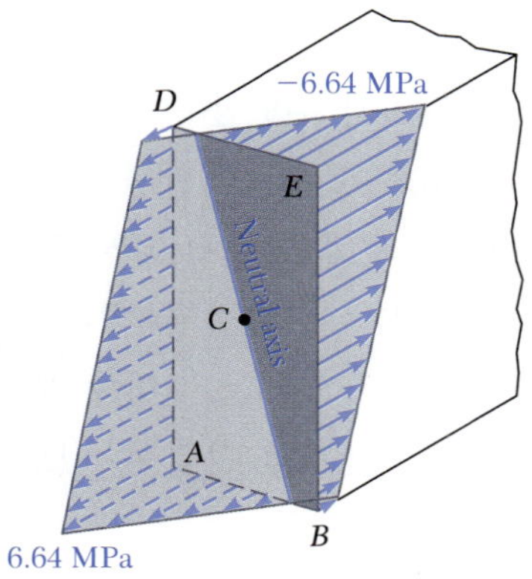


그림 4.46

## *4.8 편심축하중의 일반적인 경우

4.6절에서 부재의 대칭평면 내에 편심축하중이 작용할 때 부재단면에 발생하는 응력을 해석하였다. 이 절에서는 축하중이 대칭면에 작용하지 않는 보다 일반적인 경우에 대하여 살펴보기로 한다.

그림 4.47*a*와 같이 직선부재 *AB*가 크기는 같고 반대방향인 편심축하중 **P**와 **P**′을 받고 있는 경우에 대해 생각하여 보자. *a*와 *b*는 힘의 작용선으로부터 부재 단면의 주도심축까지의 거리이다. 편심력 **P**는 정역학적으로 그림 4.47*b*에서 나타낸 도심력 **P**와 두 개의 우력 $M_y = Pa$와 $M_z = Pb$로 구성된 계와 정역학적으로 등가이다. 마찬가지로 편심력(eccentric force) **P**′은 도심축력(centric force) **P**′, 우력 $\mathbf{M}'_y$와 $\mathbf{M}'_z$로 구성되는 계와 등가이다.

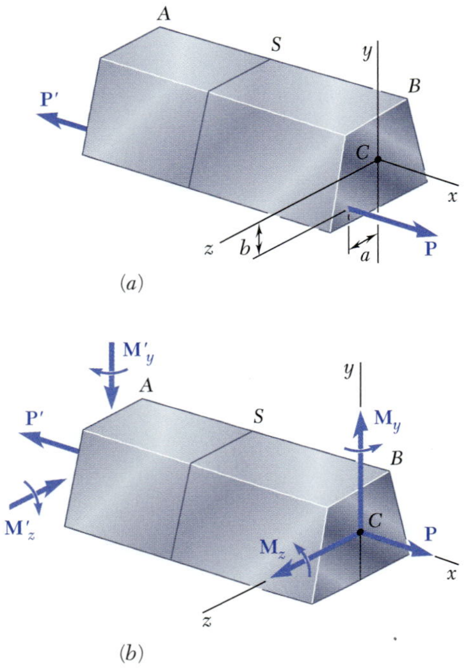

그림 4.47 편심축하중

2.14절에서 소개한 생브낭(Saint-Venant)의 원리에 의해서 부재의 단면 *S*가 부재의 양 끝에 매우 가깝지 않는 한, 부재에 발생하는 응력분포를 결정하기 위해 그림 4.47*a*와 같은 본래의 하중을 그림 4.47*b*와 같은 정역학적으로 등가인 하중으로 대치할 수 있다. 더욱이 그림 4.47*b*의 하중에 의한 응력은 중첩의 원리(2.11절)의 적용 조건들이 만족하는 한, 도심축하중 **P**와 굽힘우력 $\mathbf{M}_y$와 $\mathbf{M}_z$에 상응하는 응력들을 중첩하여 구할 수 있다. 상응하는 우력벡터는 단면 주도심축의 방향으로 향하고 있으므로 도심하중 **P**에 의한 응력은 식 (1.1)에 의해 구하고, 굽힘우력에 의한 응력은 식 (4.33)에 의해 구한다. 따라서 다음의 식과 같이 쓸 수 있다.

$$\sigma_x = \frac{P}{A} - \frac{M_z y}{I_z} + \frac{M_y z}{I_y} \tag{4.36}$$

여기서 *y*와 *z*는 단면의 주도심축으로부터의 거리이다. 위에서 구한 관계식은 단면에서의 응력분포가 **선형**(linear)임을 나타낸다.

식 (4.36)으로부터 조합응력 $\sigma_x$를 계산할 때 오른쪽 3개 항에 대한 각각의 부호를 정확히 결정하는 데 주의해야 한다. 왜냐하면 이들 각각의 항들은 하중 **P**와 **P**′의 방향과 단면의 주도심축에 대한 작용선의 위치에 의해 부호가 양(+)이 되거나 음(−)이 되기 때문이다. 단면의 치수와 **P** 및 **P**′의 작용선의 위치에 따라 단면의 여러 점에서 식 (4.36)으로 계산된 조합응력 $\sigma_x$는 모두 똑같은 부호를 가지거나 또는 서로 다른 부호를 가질 수 있다. 후자의 경우, 즉 서로 다른 부호를 갖는 경우에 단면에 응력이 0이 되는 선이 존재할 것이다. 식 (4.36)에서 $\sigma_x = 0$인 조건으로부터 이 직선의 방정식을 구할 수 있으며, 이 직선이 단면의 **중립축**(neutral axis)을 나타낸다.

$$\frac{M_z}{I_z} y - \frac{M_y}{I_y} z = \frac{P}{A}$$

## 예제 4.6

4.80 kN의 수직하중이 그림 4.48과 같이 80 mm × 120 mm의 직사각형 단면을 지닌 목재기둥에 작용할 때, 다음을 구하시오. (*a*) *A*, *B*, *C* 및 *D*점의 응력, (*b*) 단면에서 중립축 위치.

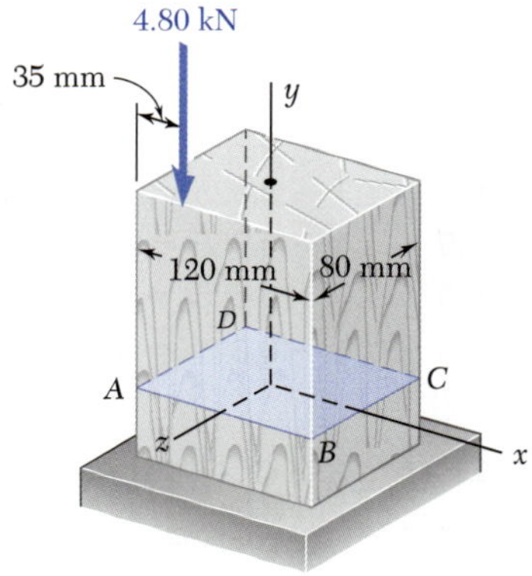


그림 4.48

### 풀이

**(a) 응력.** 주어진 편심하중은 그림 4.49와 같이 중심축하중 **P**와 단면의 주도심축을 따라 작용하는 두 개의 우력 $\mathbf{M}_x$, $\mathbf{M}_z$로 구성되는 등가계로 대치될 수 있다.

$$M_x = (4.80\ \text{kN})(40\ \text{mm}) = 192\ \text{N} \cdot \text{m}$$
$$M_z = (4.80\ \text{kN})(60\ \text{mm} - 35\ \text{mm}) = 120\ \text{N} \cdot \text{m}$$

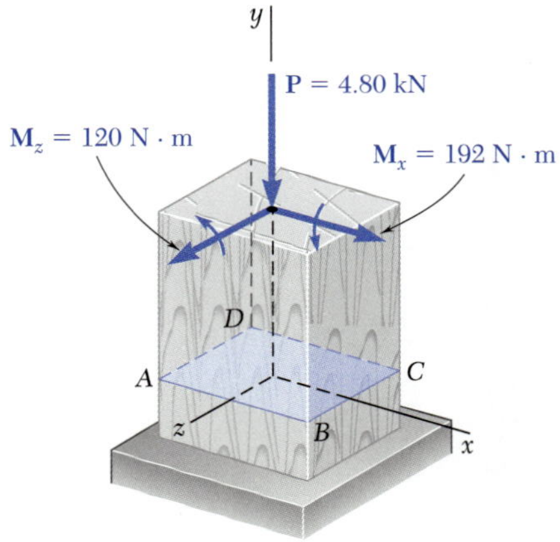


그림 4.49

면적과 도심에 대한 면적관성모멘트를 계산하면 다음과 같다.

$$A = (0.080\ \text{m})(0.120\ \text{m}) = 9.60 \times 10^{-3}\ \text{m}^2$$
$$I_x = \tfrac{1}{12}(0.120\ \text{m})(0.080\ \text{m})^3 = 5.12 \times 10^{-6}\ \text{m}^4$$
$$I_z = \tfrac{1}{12}(0.080\ \text{m})(0.120\ \text{m})^3 = 11.52 \times 10^{-6}\ \text{m}^4$$

중심축하중 **P**에 의한 응력 $\sigma_0$은 음(−)이며 단면에 걸쳐 균일하다.

$$\sigma_0 = \frac{P}{A} = \frac{-4.80\ \text{kN}}{9.60 \times 10^{-3}\ \text{m}^2} = -0.5\ \text{MPa}$$

굽힘우력 $\mathbf{M}_x$, $\mathbf{M}_z$에 의한 응력은 단면에 걸쳐 선형적으로 분포하며 각각 다음과 같은 최댓값을 가진다.

$$\sigma_1 = \frac{M_x z_{\max}}{I_x} = \frac{(192\ \text{N} \cdot \text{m})(40\ \text{mm})}{5.12 \times 10^{-6}\ \text{m}^4} = 1.5\ \text{MPa}$$
$$\sigma_2 = \frac{M_z x_{\max}}{I_z} = \frac{(120\ \text{N} \cdot \text{m})(60\ \text{mm})}{11.52 \times 10^{-6}\ \text{m}^4} = 0.625\ \text{MPa}$$

단면 모서리에서 응력은 다음과 같다.

$$\sigma_y = \sigma_0 \pm \sigma_1 \pm \sigma_2$$

위에서 부호는 그림 4.49로부터 결정되어야 한다. $\mathbf{M}_x$에 의한 응력은 $C$, $D$에서 양(+)이고, $A$, $B$에서는 음(−)이다. 한편으로 $\mathbf{M}_z$에 의한 응력은 $B$, $C$에서 양(+)이며 $A$, $D$에서 음(−)이다.

$$\begin{aligned}
\sigma_A &= -0.5 - 1.5 - 0.625 = -2.625 \text{ MPa} \\
\sigma_B &= -0.5 - 1.5 + 0.625 = -1.375 \text{ MPa} \\
\sigma_C &= -0.5 + 1.5 + 0.625 = +1.625 \text{ MPa} \\
\sigma_D &= -0.5 + 1.5 - 0.625 = +0.375 \text{ MPa}
\end{aligned}$$

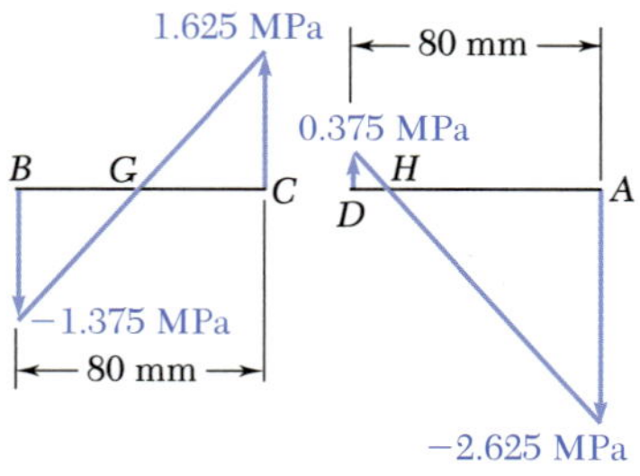

그림 4.50

**(b) 중립축.** 응력은 그림 4.50과 같이 $B$와 $C$ 사이의 $G$점에서 0이 되고, $D$와 $A$ 사이의 $H$점에서 0이 된다. 응력은 선형적으로 분포하므로 다음과 같이 구할 수 있다.

$$\frac{BG}{80 \text{ mm}} = \frac{1.375}{1.625 + 1.375} \qquad BG = 36.7 \text{ mm}$$

$$\frac{HA}{80 \text{ mm}} = \frac{2.625}{2.625 + 0.375} \qquad HA = 70 \text{ mm}$$

중립축은 그림 4.51과 같이 $G$와 $H$점을 연결한 선이다.

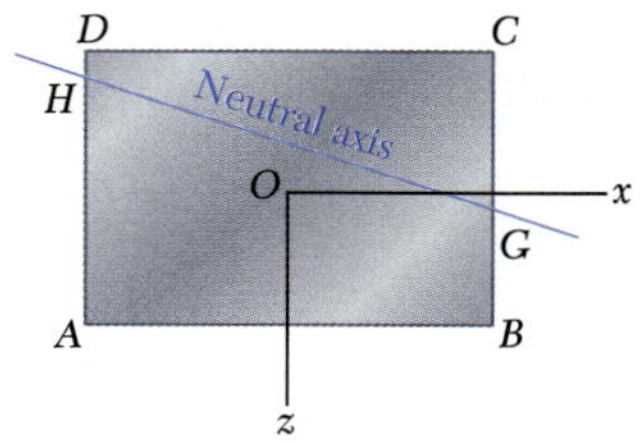

그림 4.51

단면에서 응력분포는 그림 4.52에 나타낸 것과 같다.

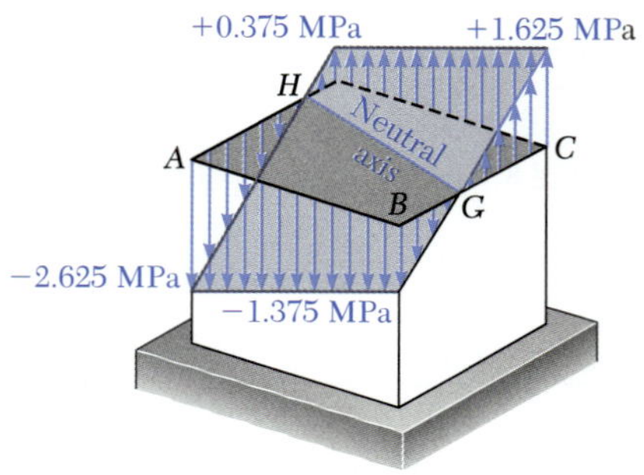

그림 4.52

## 기초문제 4.6

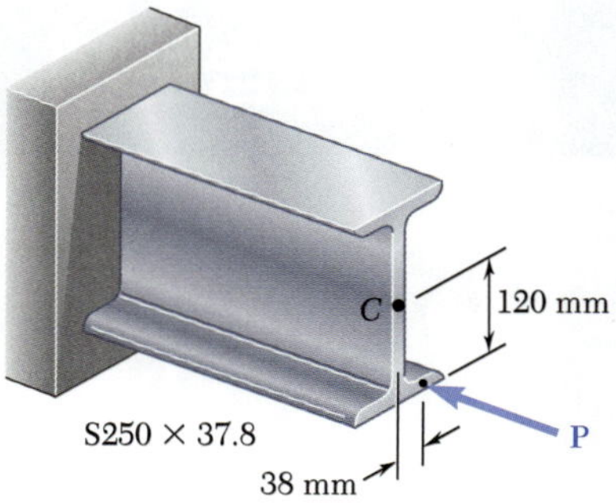


수평하중 **P**가 S250 × 37.8의 압연강 부재에 작용하고 있다. 부재의 압축응력이 82 MPa을 초과하지 않는 범위에서 최대 허용하중 **P**를 구하시오.

## 풀이

**단면특성.** 부록 C로부터 다음을 얻을 수 있다.

*Area:* $A = 4820\ \text{mm}^2$
*Section moduli:* $S_x = 402 \times 10^3\ \text{mm}^3 \qquad S_y = 47.5 \times 10^3\ \text{mm}^3$

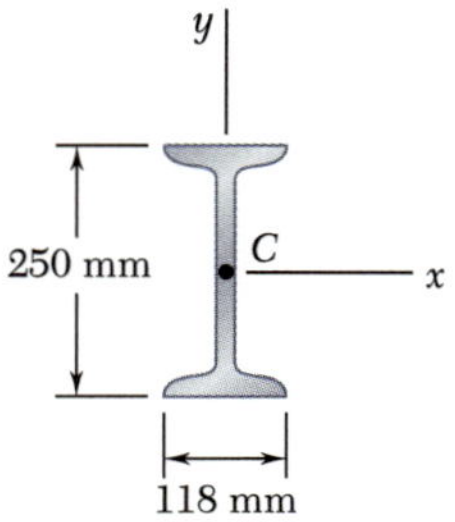


**C에서의 힘 및 우력.** **P**를 단면의 도심 $C$에서 등가의 힘–우력계로 대치하면, 다음과 같다.

$$M_x = (120\ \text{mm})P \qquad M_y = (38\ \text{mm})P$$

우력벡터 $\mathbf{M}_x$, $\mathbf{M}_y$는 단면의 주축을 따라 작용한다는 사실에 주의하여라.

**수직응력.** 중심축하중 **P**와 우력 $\mathbf{M}_x$, $\mathbf{M}_y$에 의한 $A$, $B$, $D$, $E$점에서 응력의 절대값은 다음과 같다.

$$\sigma_1 = \frac{P}{A} = \frac{P}{4820\ \text{mm}^2} = 207 \times 10^{-6} P$$
$$\sigma_2 = \frac{M_x}{S_x} = \frac{120P}{402 \times 10^3\ \text{mm}^3} = 298 \times 10^{-6} P$$
$$\sigma_3 = \frac{M_y}{S_y} = \frac{38P}{47.5 \times 10^3\ \text{mm}^3} = 800 \times 10^{-6} P$$

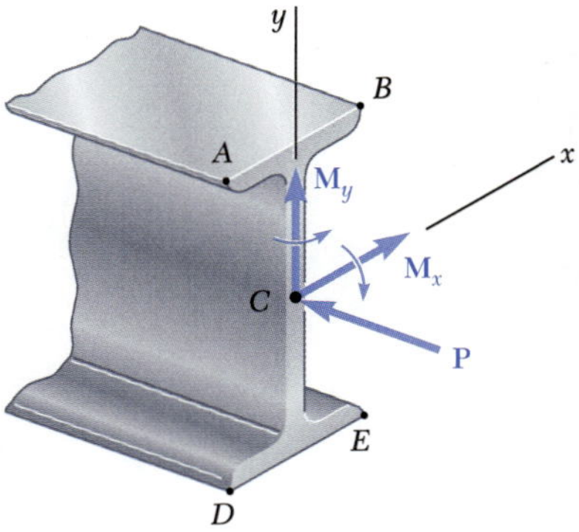


**중첩.** 각 지점에서 전체응력은 **P**, $\mathbf{M}_x$, $\mathbf{M}_y$에 의한 응력을 중첩하여 얻는다. 각 응력의 부호는 힘–우력계의 그림을 검토하여 결정한다.

$$\sigma_A = -\sigma_1 + \sigma_2 + \sigma_3 = -207 \times 10^{-6}P + 298 \times 10^{-6}P + 800 \times 10^{-6}P = +891 \times 10^{-6}P$$
$$\sigma_B = -\sigma_1 + \sigma_2 - \sigma_3 = -207 \times 10^{-6}P + 298 \times 10^{-6}P - 800 \times 10^{-6}P = -709 \times 10^{-6}P$$
$$\sigma_D = -\sigma_1 - \sigma_2 + \sigma_3 = -207 \times 10^{-6}P - 298 \times 10^{-6}P + 800 \times 10^{-6}P = +295 \times 10^{-6}P$$
$$\sigma_E = -\sigma_1 - \sigma_2 - \sigma_3 = -207 \times 10^{-6}P - 298 \times 10^{-6}P - 800 \times 10^{-6}P = -1305 \times 10^{-6}P$$

**최대 허용하중.** 최대 압축응력이 $E$점에서 발생한다. $\sigma_{\text{all}} = 82$ MPa이므로 다음과 같이 구한다.

$$\sigma_{\text{all}} = \sigma_E \qquad -82\ \text{MPa} = -1305 \times 10^{-6}P \qquad P = 62.8\ \text{kN} \blacktriangleleft$$

# P4D 연습문제

**4.46~4.51** 우력 **M**이 그림과 같이 수직선과 $\beta$ 각도를 이루는 평면에서 보에 작용하고 있다. 다음 지점에서 발생되는 응력을 구하시오. (*a*) 점 *A*, (*b*) 점 *B*, (*c*) 점 *D*.

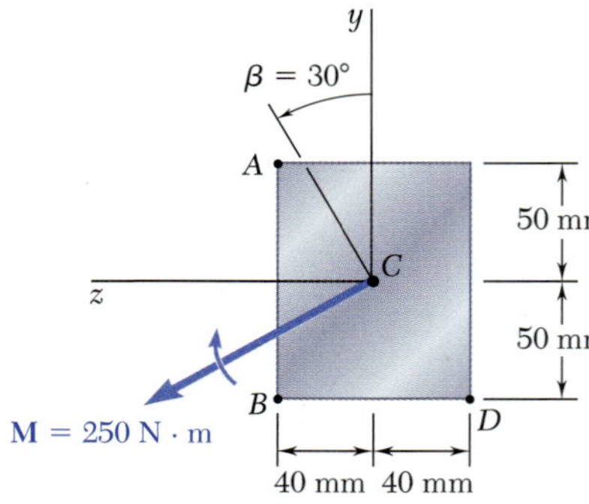


그림 P4.46

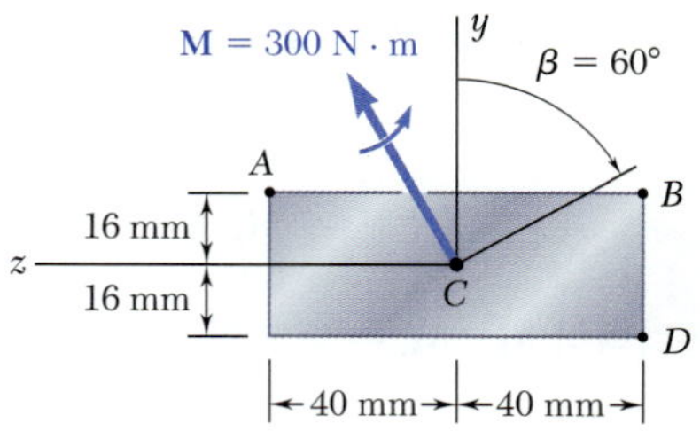


그림 P4.47

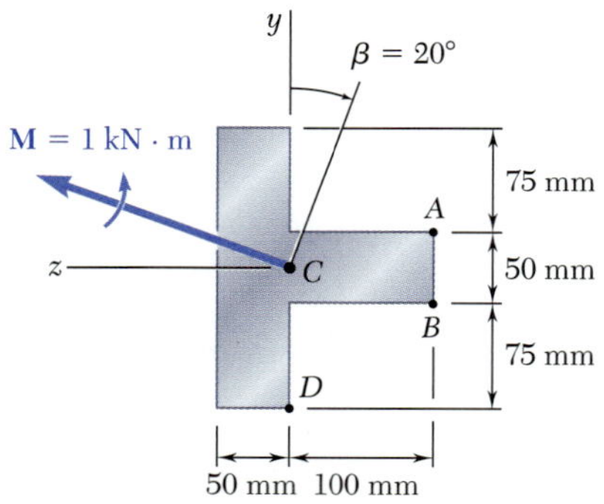


그림 P4.48

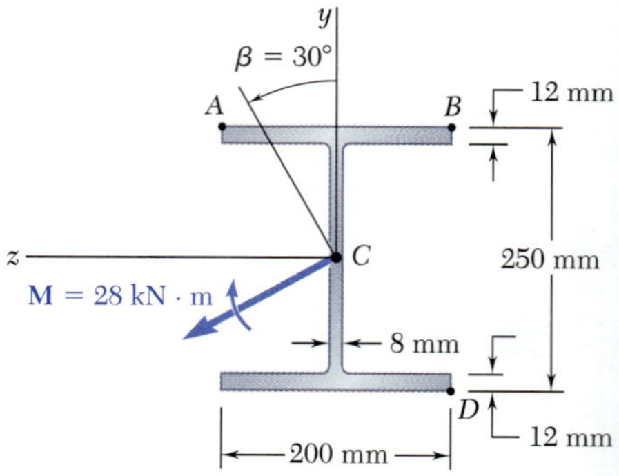


그림 P4.49

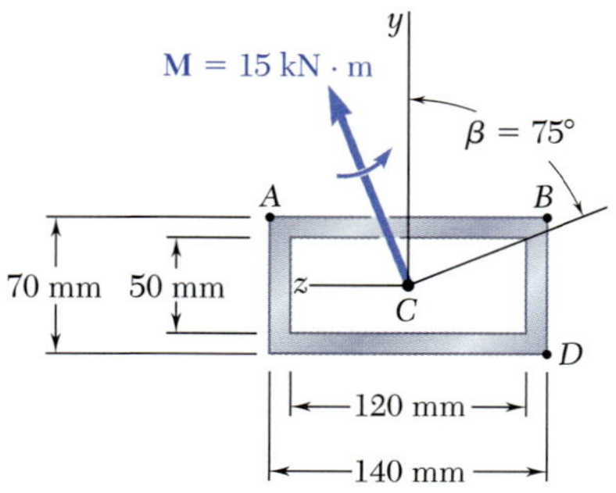


그림 P4.50

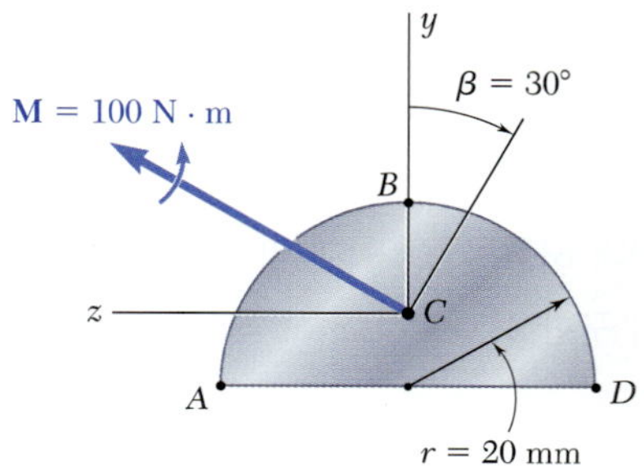


그림 P4.51

**4.52~4.56** 수직면에 있는 우력 **M**이 그림과 같은 방향으로 보에 작용하고 있을 때 다음을 구하시오. (*a*) 수평면과 중립축이 이루는 각도, (*b*) 보에 발생하는 최대 인장응력.

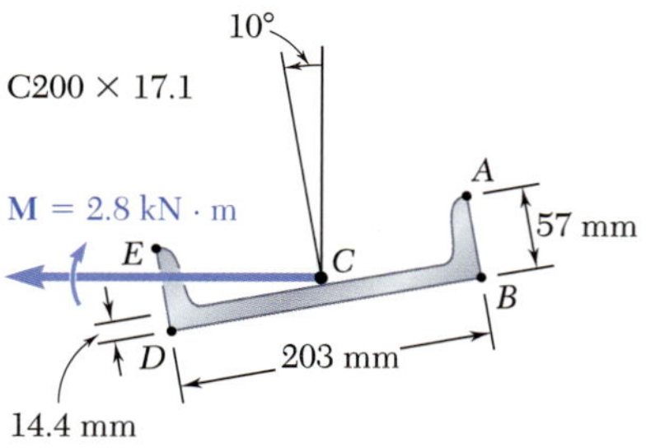


그림 P4.52

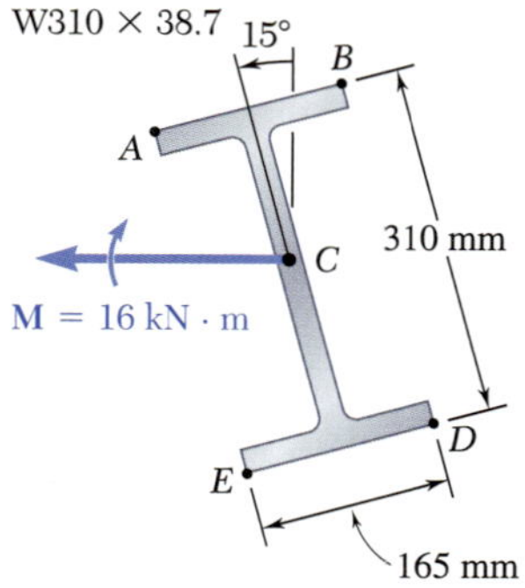


그림 P4.53

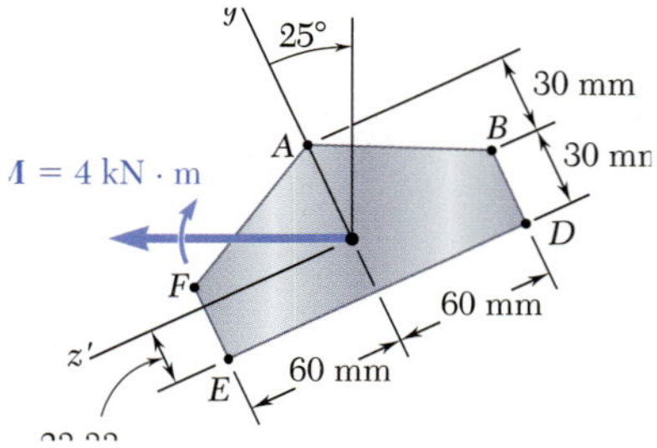


그림 P4.54

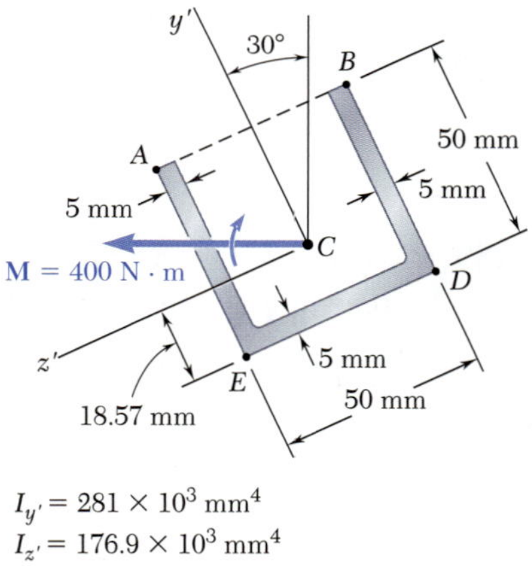


그림 P4.55

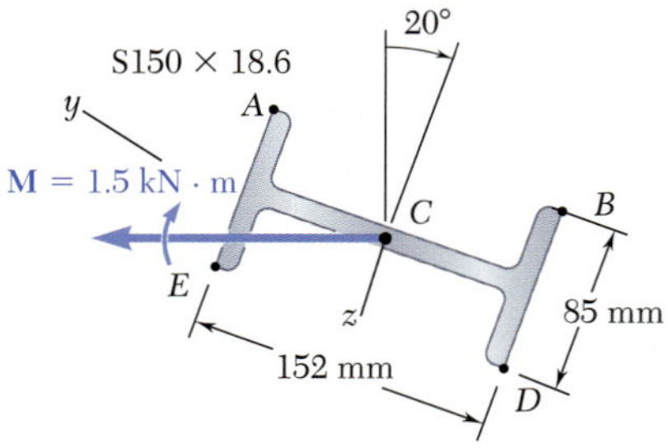


그림 P4.56

***4.57** 수직면에 있는 우력 **M**이 그림과 같은 단면의 보에 작용하고 있을 때 점 $A$에 발생되는 응력을 구하시오.

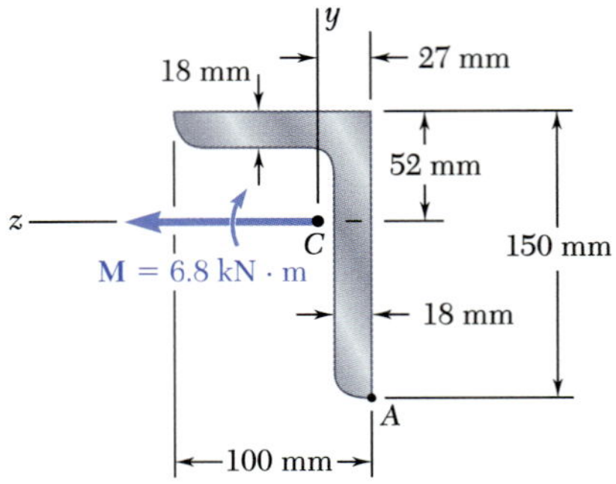


$I_y = 3.65 \times 10^6 \text{ mm}^4$
$I_z = 10.1 \times 10^6 \text{ mm}^4$
$I_{yz} = 3.45 \times 10^6 \text{ mm}^4$

그림 P4.57

**4.58** 벽두께가 12 mm인 직사각형 관에 그림과 같이 하중이 작용한다. 다음 사항을 구하시오. (*a*) 점 $A$, $B$에서의 응력, (*b*) 중립축과 선 $ABD$가 교차하는 지점.

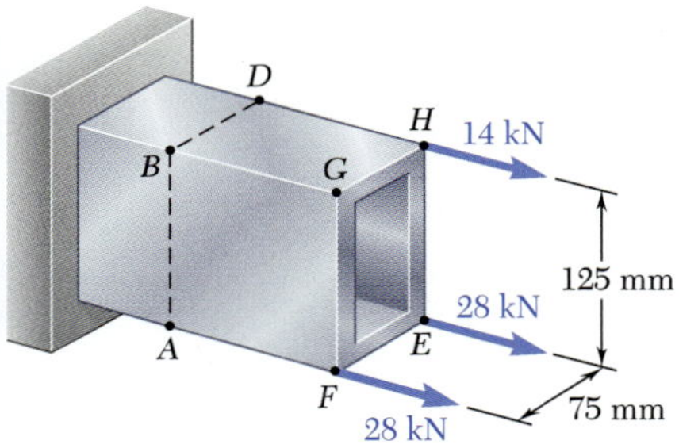


그림 P4.58

**4.59** 50 kN 크기의 축하중 **P**가 W150 × 24 압연강 부재의 단면에 그림과 같이 작용할 경우, 최대압축응력이 90 MPa을 초과하지 않는 범위에서 $a$의 최대거리를 구하시오.

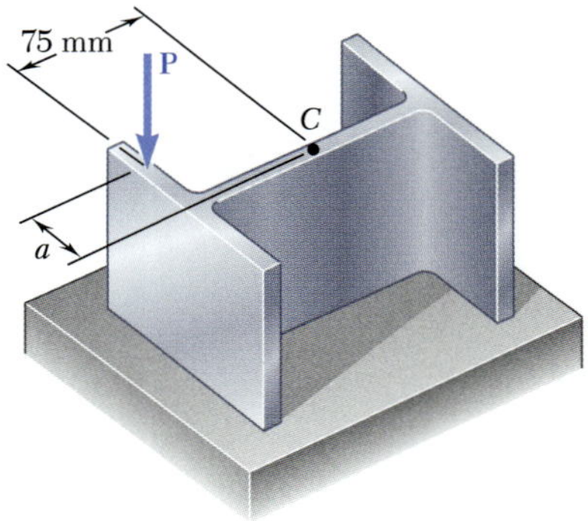


그림 P4.59

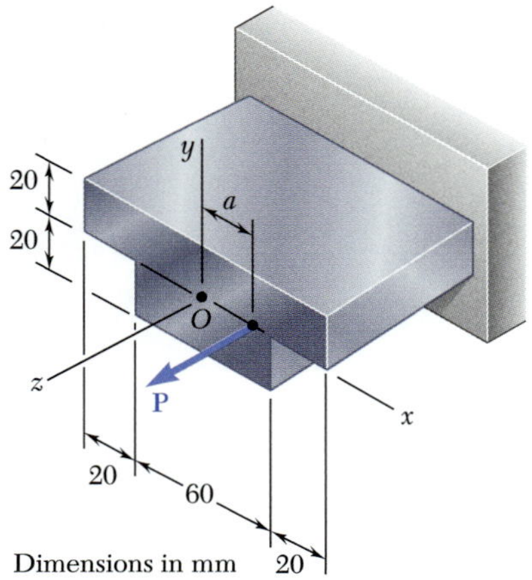


그림 P4.60

**4.60** 100 kN 크기의 수평하중 **P**가 그림과 같은 보에 작용하고 있다. 보의 최대인장응력이 75 MPa을 초과하지 않는 범위에서 허용할 수 있는 $a$의 최대거리를 구하시오.

# 제4장 복습 및 요약

이 장에서는 **순수굽힘**(pure bending)을 받는 부재의 해석을 다루었다. 즉, 그림 4.53과 같이 동일한 길이방향 단면에 크기는 같고 방향이 반대인 우력 **M**과 **M′**이 작용하는 부재에서의 응력과 변형을 고려하였다.

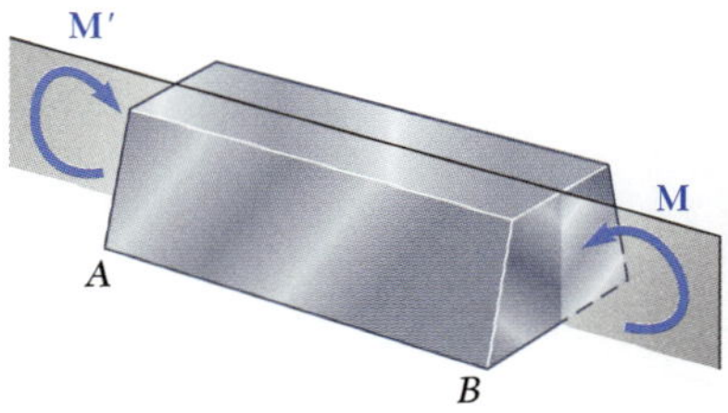


그림 4.53

## 굽힘에 의한 수직변형률

첫 번째로 대칭면에 우력이 작용하는 부재를 다루었다. 부재에서 가능한 변형을 고려하여 4.3절에서는 부재가 변형할 때 **횡단면은 평면을 유지**함을 증명하였다. 그리고 순수 굽힘상태에 있는 부재에는 수직변형률과 수직응력이 0이 되는 **중립면**(neutral surface)이 존재하며, 길이방향 **수직변형률 $\epsilon_x$는 중립면으로부터**의 거리 $y$에 선형적으로 변화됨을 알았다.

$$\epsilon_x = -\frac{y}{\rho} \tag{4.8}$$

위 식에서 $\rho$는 그림 4.54에 표시된 중립면의 **곡률반지름**(*radius of curvature*)이다. 중립면과 횡단면이 만나는 선을 단면의 **중립축**(neutral axis)이라 한다.

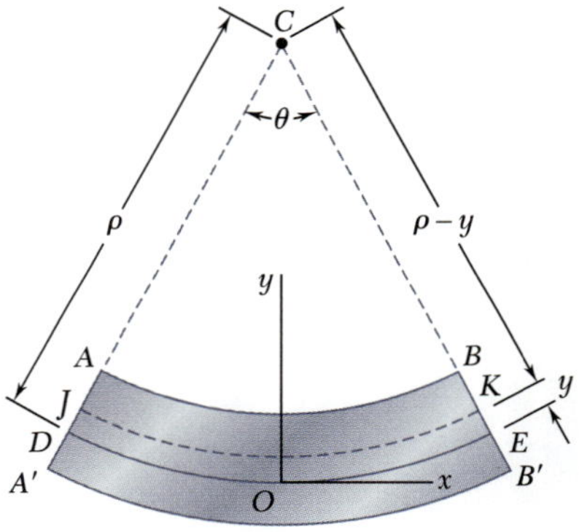


그림 4.54

## 탄성영역에서 수직응력

4.4절에서는 훅의 법칙을 따르는 재료로 만들어진 부재의 경우, 그림 4.55와 같이 **수직응력 $\sigma_x$는 중립축으로부터의 거리에 선형적으로 변화됨**을 알았다. 최대응력 $\sigma_m$을 이용한 수식은 다음과 같다.

$$\sigma_x = -\frac{y}{c}\sigma_m \tag{4.12}$$

위 식에서 $c$는 단면의 중립축으로부터 가장 멀리 떨어진 지점까지 최대거리이다.

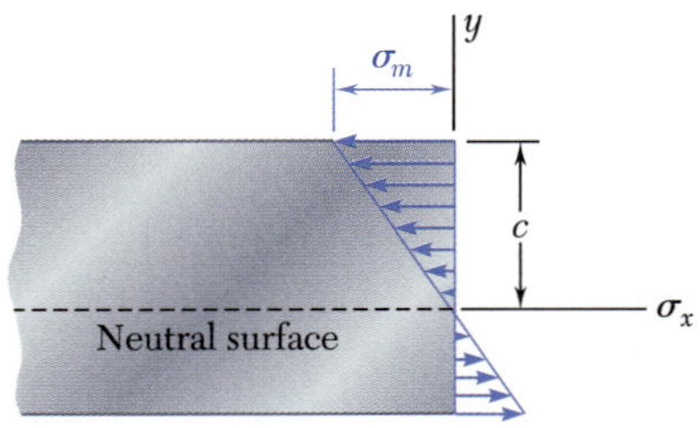


그림 4.55

## 탄성굽힘공식

단면에 발생하는 분력 $\sigma_x\, dA$의 합을 0과 같게 하여 **중립축은 순수굽힘을 받는 부재의 도심을 통과함**을 증명할 수 있다. 단면에 발생하는 분력에 의한 모멘트의 합이 굽힘모멘트와 같다고 놓음으로써 최대응력에 대한 **탄성굽힘공식**(*elastic flexure formula*)은 다음과 같이 된다.

$$\sigma_m = \frac{Mc}{I} \tag{4.15}$$

위 식에서 $I$는 단면의 중립축에 대한 면적관성모멘트이다. 또한 중립축으로부터 $y$만큼 떨어진 곳에서의 수직응력은 다음과 같다.

$$\sigma_x = -\frac{My}{I} \tag{4.16}$$

### 탄성단면계수

$I$와 $c$는 단면의 치수에만 의존하며 **탄성단면계수**(elastic section modulus)는 다음과 같이 정의한다.

$$S = \frac{I}{c} \tag{4.17}$$

따라서 단면계수를 이용하여 최대수직응력을 표시하면 다음과 같다.

$$\sigma_m = \frac{M}{S} \tag{4.18}$$

### 부재의 곡률

부재의 곡률은 곡률반지름의 역수이므로 부재의 **곡률**(*curvature*)은 다음과 같다.

$$\frac{1}{\rho} = \frac{M}{EI} \tag{4.21}$$

### 여러 재료로 구성된 부재

4.5절에서는 서로 **다른 탄성계수**(different moduli of elasticity)로 만들어진 복합부재의 굽힘에 대하여 검토하였다. 횡단면이 평면을 유지할 때 일반적으로 그림 4.56과 같이 **중립축은 복합단면의 도심을 통과하지 않는다**. 재료의 탄성계수의 비를 이용하여 전체를 하나의 재료로 만들어진 등가부재에 해당하는 **변환단면**(transformed section)을 구하였다. 그리고 이러한 등가인 균일부재의 응력을 결정하기 위하여 그림 4.57과 같이 이전에 유도하였던 방법을 적용하였다. 다음으로 복합보의 응력을 결정하기 위하여 기초문제 4.3 및 4.4에서와 같이 탄성계수 비를 사용하였다.

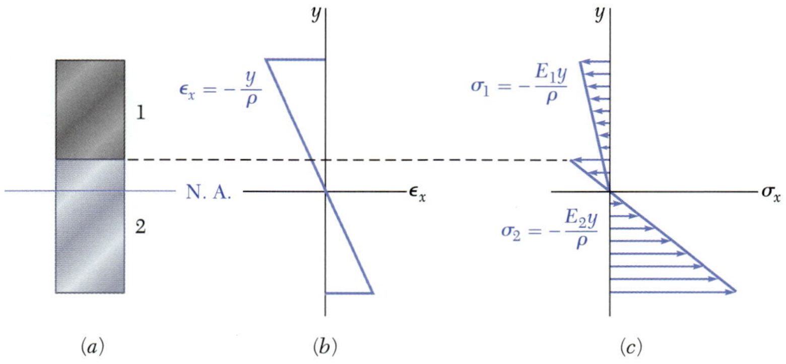


그림 4.56

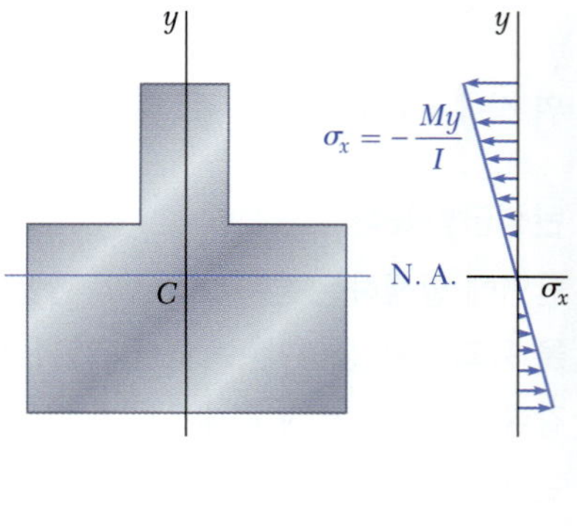


그림 4.57

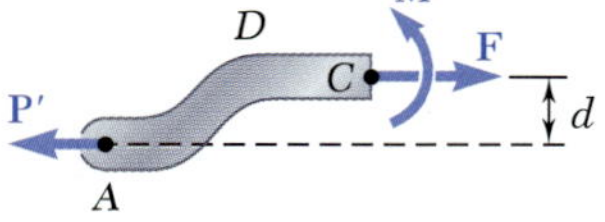


그림 4.58

### 편심축하중

4.6절에서는 **대칭면에서 편심하중**을 받는 부재에서의 응력을 공부하였다. 이에 대한 해석은 이전에 유도하였던 방법을 이용였다. **편심하중**(eccentric load)은 그림 4.58과 같이 단면의 도심에 있는 힘–우력 계로 대치되었으며, 편심하중에 의한 응력분포는 그림 4.59와

같이 각각 중심하중과 굽힘우력에 의한 응력을 중첩시켜 구하였다.

$$\sigma_x = \frac{P}{A} - \frac{My}{I} \tag{4.28}$$

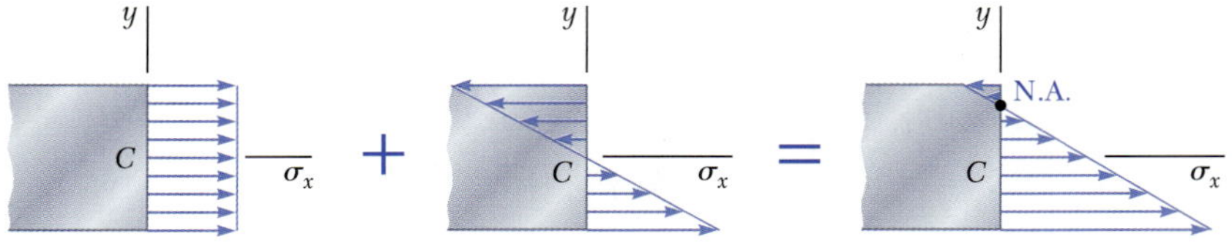


그림 4.59

## 비대칭굽힘

**비대칭단면**(unsymmetric cross section)을 지닌 부재의 굽힘은 4.7절에서 검토하였다. 단면의 주도심축들 중 하나를 따라 우력벡터 **M**이 작용하는 경우에 굽힘공식을 이용할 수 있다. 필요한 경우, **M**을 주축을 따른 성분으로 분해하고 성분우력으로 인한 응력을 중첩하였다(그림 4.60, 그림 4.61).

$$\sigma_x = -\frac{M_z y}{I_z} + \frac{M_y z}{I_y} \tag{4.33}$$

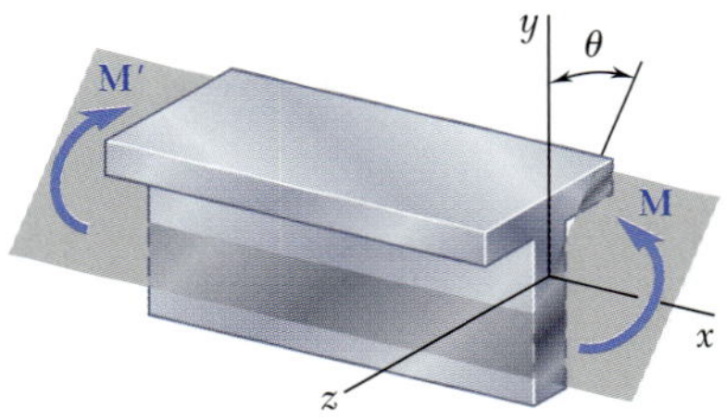


그림 4.60

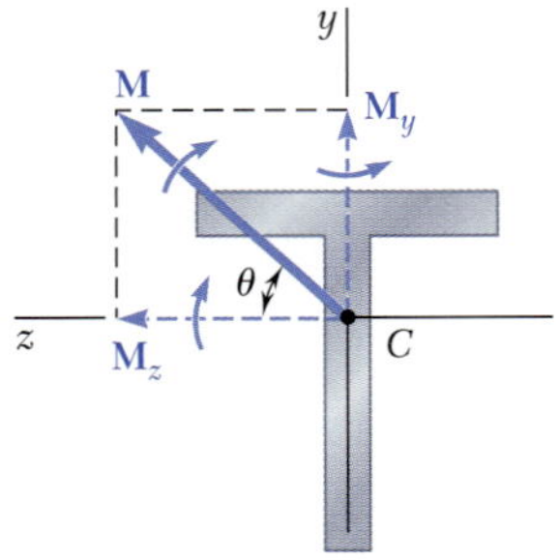


그림 4.61

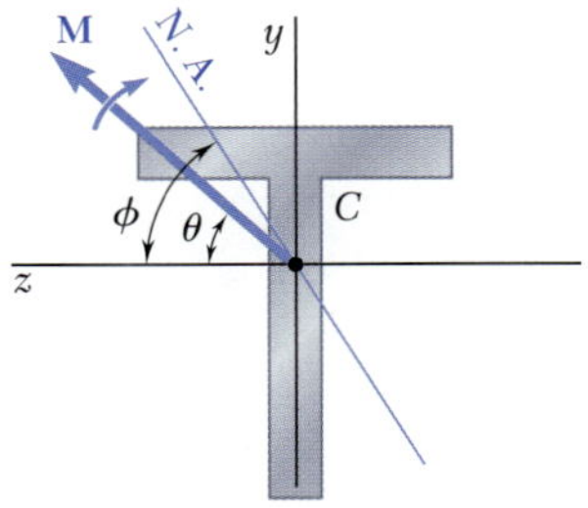


그림 4.62

그림 4.62와 같이 주어진 우력 **M**의 경우에는 중립축 방향을 다음 식을 이용하여 구하였다.

$$\tan\phi = \frac{I_z}{I_y}\tan\theta \tag{4.35}$$

## 일반적인 편심축하중

**편심축하중**(eccentric axial loading)의 일반적인 경우에 대해 4.8절에서 고려하였다. 여기서는 하중을 도 심에 위치하는 힘–우력 계로 대치하였다. 그리고 중심축 하중과 주축방향에 있는 두 개의 우력성분에 의한 응력을 중첩하였다.

$$\sigma_x = \frac{P}{A} - \frac{M_z y}{I_z} + \frac{M_y z}{I_y} \tag{4.36}$$

# P4E 복습문제

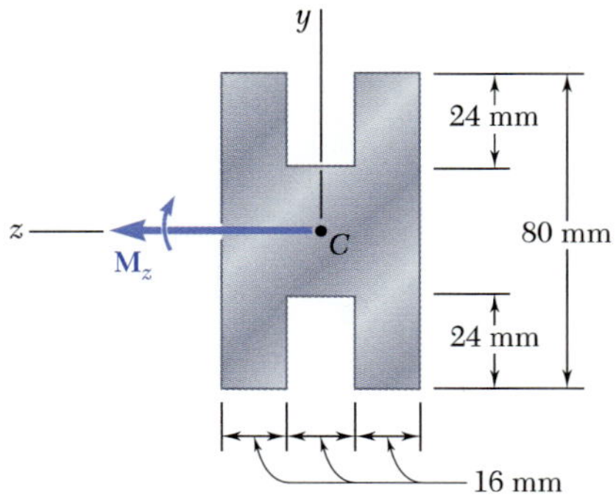


그림 P4.61

**4.61** 알루미늄합금을 그림과 같이 압출시켜 만든 보의 강도는 $\sigma_Y = 250$ MPa, $\sigma_U = 450$ MPa이다. 보가 $z$축에 대해 구부러질 경우, 안전계수를 3.0을 사용하여 보에 작용할 수 있는 최대우력을 구하시오.

**4.62** 지름이 8 mm이고 길이가 60 m인 기다란 봉이 지하에 매설된 전선관의 장애물을 없애거나 새로운 전선관에 와이어를 끼우기 위해 사용된다. 봉은 고강도 강재로 만들어졌고, 저장과 이동을 위해 지름 1.5 m의 스풀(spool)에 감겨 있다. 항복강도를 초과하지 않을 때, 다음 사항을 구하시오. (*a*) 처음 직선이었던 봉이 스풀에 감길 때 봉의 최대응력, (*b*) 이 경우에 해당하는 봉의 굽힘모멘트. 단, $E = 200$ GPa을 사용하시오.

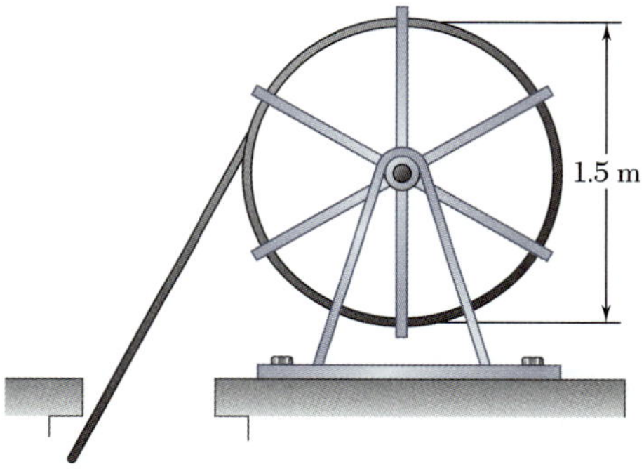


그림 P4.62

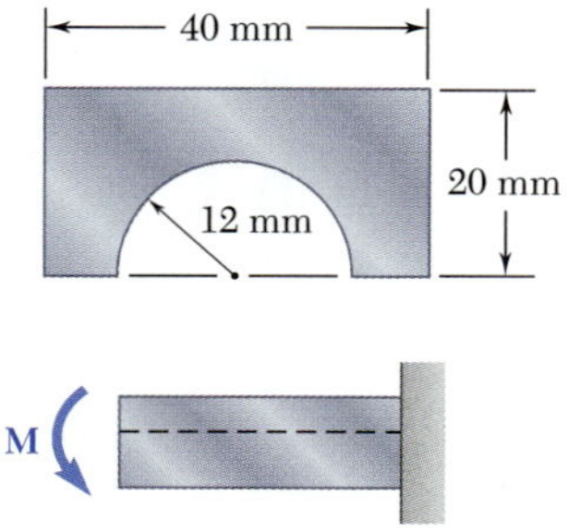


그림 P4.63

**4.63** 허용 인장응력이 84 MPa, 그리고 허용 압축응력이 110 MPa인 보에 작용할 수 있는 가장 큰 우력 **M**을 구하시오.

**4.64** 사각형의 강재봉에 내식성을 높이기 위해 두께 2 mm의 알루미늄 피복을 입혔다. 탄성계수가 강재에서는 200 GPa이고 알루미늄 재질에서는 70 GPa이다. 굽힘모멘트가 300 N·m일 때, 다음 사항을 결정하시오. (*a*) 강봉의 최대응력, (*b*) 알루미늄의 최대응력, (*c*) 봉의 곡률반지름.

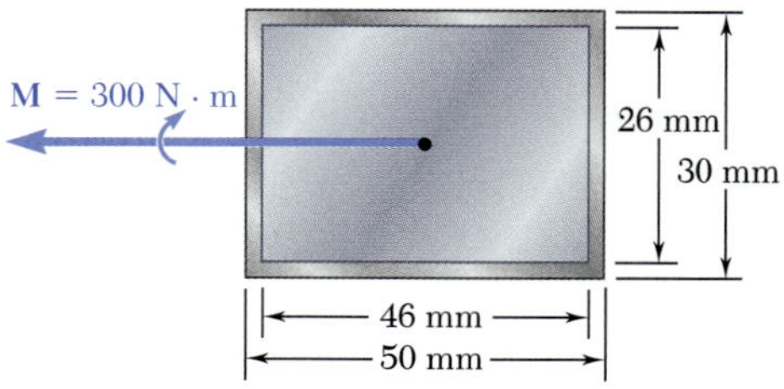


그림 P4.64

**4.65** 그림과 같이 강재로 된 짧은 기둥에 수직힘 **P**가 작용하고 있다. $A$, $B$, $C$점에 있는 스트레인게이지에 의해 다음 변형률이 측정되었다.

$$\epsilon_A = -500\ \mu \qquad \epsilon_B = -1000\ \mu \qquad \epsilon_C = -200\ \mu$$

$E = 200$ GPa일 때 다음 사항을 구하시오. (*a*) **P**의 크기, (*b*) **P**가 가해지는 작용선, (*c*) 이 경우에 기둥의 특정점($x = -62$ mm, $z = -38$ mm)에서 변형률(그림에 표시되어 있지 않음).

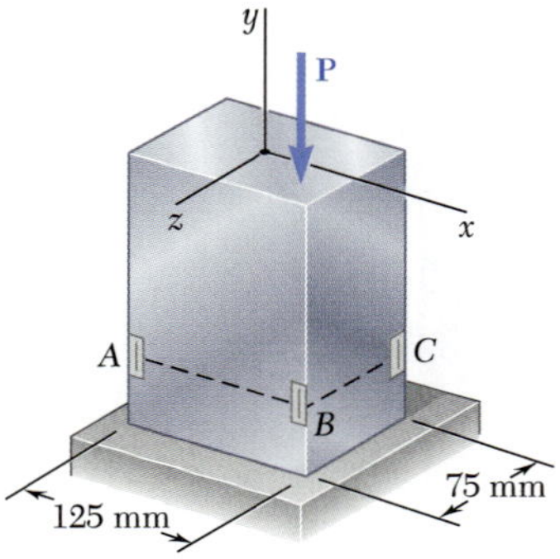


그림 P4.65

**4.66** 수직면에 작용하는 8 kN · m의 모멘트우력 **M**이 W200 × 19.3 압연강보에 가해지고 있다. 다음 사항을 결정하시오. (*a*) 수평축을 형성하는 중립축의 각도, (*b*) 보에서의 최대응력.

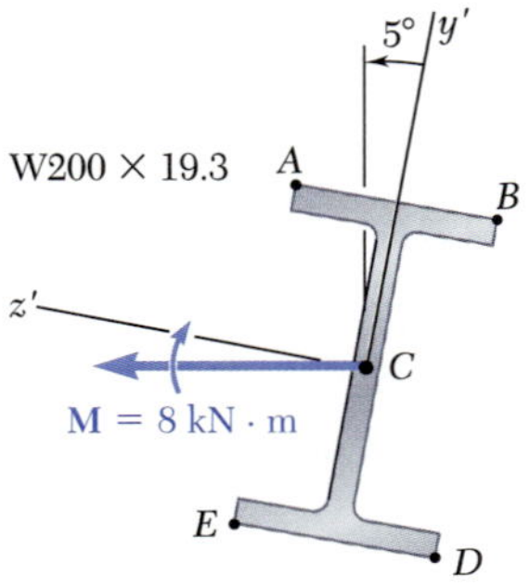


그림 P4.66

**4.67** 그림과 같이 압출 알루미늄합금으로 만들어진 보의 탄성계수 $E = 72$ GPa이다. 우력이 수직평면에 작용할 때, 다음 사항을 구하시오. (*a*) 보에서 최대응력, (*b*) 해당되는 곡률반지름.

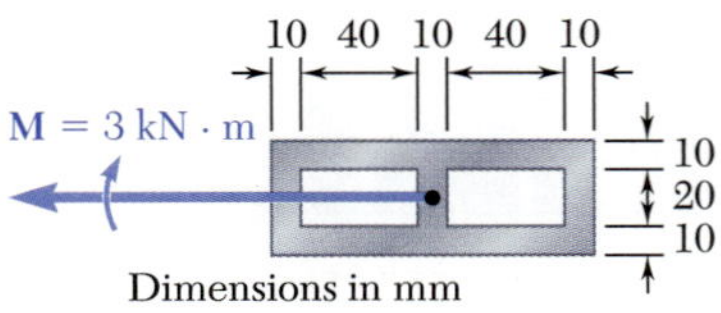


그림 P4.67

# P4F 컴퓨터 활용문제

**다음의 문제들은 컴퓨터를 활용하여 풀 수 있도록 작성되었다.**

**4.C1** 두 장의 알루미늄판과 한 장의 강판을 접합하여 폭 $b = 60$ mm, 높이 $h = 40$ mm의 복합부재를 제작하려고 한다. 강과 알루미늄의 탄성계수는 각각 200 GPa와 75 GPa이다. $M = 1500$ N·m가 작용할 때 $a$가 0에서 20 mm까지 2 mm씩 증가하는 각각 경우에 대하여, 강과 알루미늄에서 발생하는 최대응력을 계산하는 컴퓨터프로그램을 작성하고, 더 작은 적절한 증분을 이용하여 다음을 구하시오.

(*a*) 강에서 발생하는 가장 큰 응력.

(*b*) 이에 해당하는 치수 $a$.

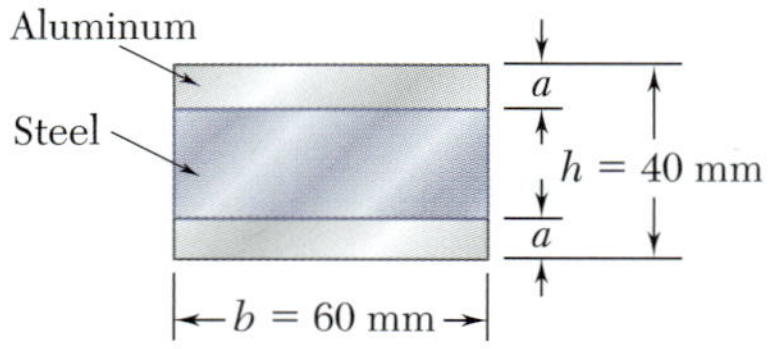


그림 P4.C1

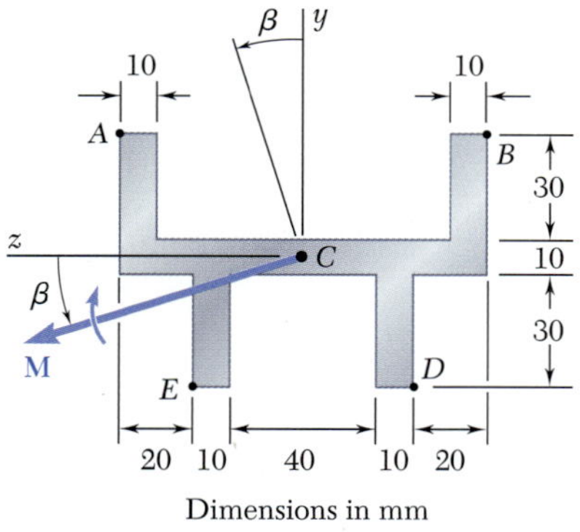


그림 P4.C2

**4.C2** 수직축과 $\beta$ 각도로 기울어진 평면에 900 N·m의 우력 **M**이 그림과 같은 단면을 갖는 보에 작용하고 있다. 단면의 도심은 $C$에 위치하며, $y$축과 $z$축은 주축이다. $\beta$가 0에서 180°까지 10°씩 증가할 때 해당되는 각각의 값에 대해 $A$, $B$, $C$, 그리고 $D$점에서 발생되는 응력을 계산하기 위한 컴퓨터프로그램을 작성하시오. 단, 주어진 값 $I_y = 2.59 \times 10^6$ mm$^4$, $I_z = 0.62 \times 10^6$ mm$^4$을 사용하시오.

**4.C3** 우력 **M**이 그림과 같은 단면을 지닌 보에 작용하는 경우에, 다음에 답하시오.

(*a*) 보에 발생하는 최대인장응력 및 최대압축응력을 계산하는 컴퓨터프로그램을 작성하시오.

(*b*) 이 프로그램을 이용하여 연습문제 4.6을 다시 계산하시오.

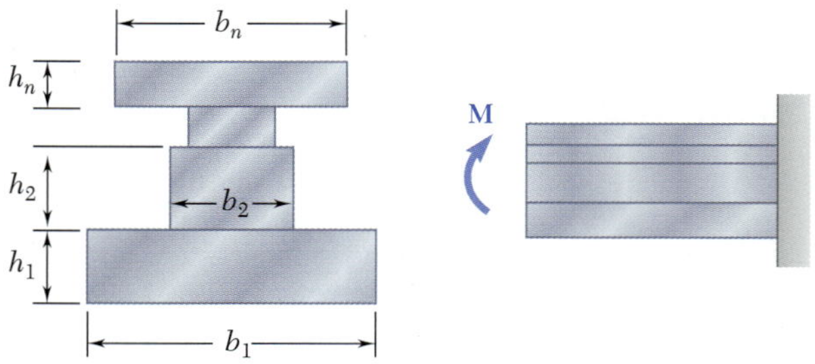


그림 P4.C3

CHAPTER

5

# 보의 굽힘 해석과 설계

## Analysis and Design of Beams for Bending

오버헤드 크레인 시스템을 지지하는 보는 굽힘을 일으키는 횡하중을 받는다.
이 장에서는 이와 같은 굽힘하중에 의해 발생하는 수직응력을 결정할 것이다.

## 5.1 서론



이 장을 포함한 나머지 대부분의 장에서는 부재의 길이를 따라 여러 점에서 작용하는 하중을 지지하는 구조용 부재인 보(beam)의 해석 및 설계를 다룰 것이다. 보는 앞 페이지의 사진에서와 같이 보통 길고 곧은 균일단면의 부재(prismatic member)이다. 강과 알루미늄 보는 구조 및 기계공학 분야에서 모두 중요한 역할을 하며, 목재 보는 주거용 건축에 널리 사용되고 있다(사진 5.1). 대부분의 경우에 하중은 보의 축에 수직하게 작용한다. 이러한 **횡하중**(transverse loading)은 보에 굽힘과 전단만을 발생시킨다. 하중이 보에 직각 방향으로 작용하지 않을 때에는 보에 축방향 힘도 나타난다.

보에 작용하는 횡하중은 그림 5.1$a$의 $\mathbf{P}_1$, $\mathbf{P}_2$, ⋯와 같이 뉴턴(N)이나 그 1,000 배수인 킬로뉴턴(kN)과 같은 단위로 표시되는 **집중하중**과, 그림 5.1$b$의 $w$와 같이 N/m, kN/m와 같은 단위로 표시되는 **분포하중**, 또는 집중하중과 분포하중의 조합으로 구성된다. 그림 5.1$b$의 $A$와 $B$ 구간처럼 단위길이당 하중 $w$가 보의 일부분에 걸쳐 일정하면 **균일분포하중**이라고 말한다.

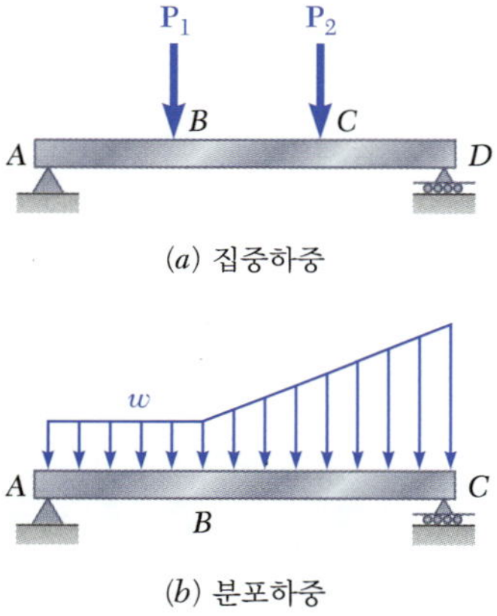


**그림 5.1** 횡하중을 받는 보

**사진 5.1** 주택건축에 사용되는 목재 보

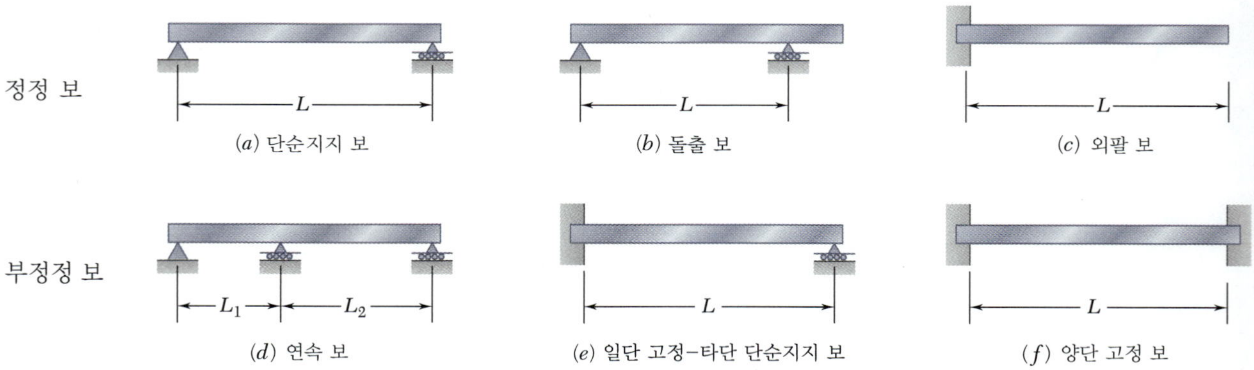


**그림 5.2** 흔히 볼 수 있는 보의 지지 형태

보의 종류는 보의 지지방법에 따라 구분된다. 자주 사용되는 보의 형태는 그림 5.2와 같으며, 그림에서 $L$은 보의 길이(*span*)이다. 그림 5.2의 $a$, $b$, $c$와 같은 보의 지지반력은 단지 총 세 개의 미지력을 포함하고 있으므로 정역학적인 방법으로 결정할 수 있다. 이러한 보를 **정정 보**(*statically determinate beam*)라고 하며 이 장과 다음 장에서 논의할 것이다. 반면에 그림 5.2의 $d$, $e$, $f$와 같은 보의 지지점에서의 반력은 세 개 이상의 미지력을 포함하고 있으며, 정역학인 방법만으로는 결정할 수 없고, 변형에 대한 저항과 관련된 보의 성질을 고려해야만 한다. 이러한 보를 **부정정 보**(*statically indeterminate beam*)라고 하며, 그에 대한 해석은 9장에서 보의 변형을 논의하면서 다룰 것이다.

때로는 두 개 또는 여러 개의 보들이 힌지(hinge)로 연결되어 하나의 연속적인 구조물을 형성한다. $H$점에서 힌지로 연결된 보의 예는 그림 5.3과 같다. 지지점에서의 반력은 네 개의 미지력을 포함하고 있으며 반력은 보의 자유물체도로부터 결정될 수 없음에 유의하라. 이 경우 반력은 각 보의 자유물체도를 별도로 고려하면 여섯 개의 미지력(힌지에서의 두 개의 힘 성분을 포함)을 6개의 식으로부터 결정할 수 있다.

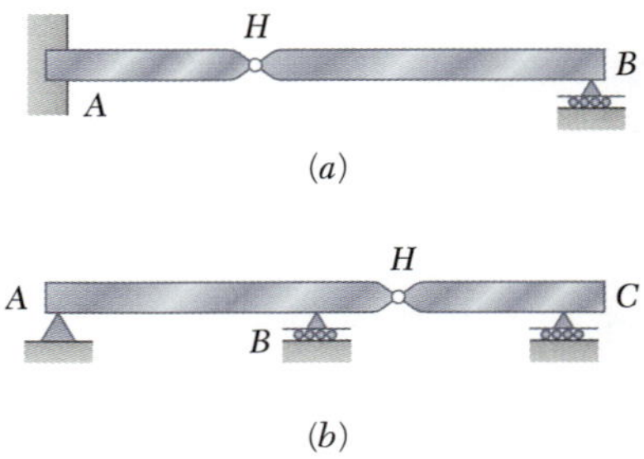

그림 5.3 힌지로 연결된 보

보가 횡하중을 받을 때, 보의 임의 단면에서의 내력은 일반적으로 전단력 **V**와 굽힘모멘트 **M**으로 구성된다. 예를 들어 그림 5.4$a$와 같이 두 개의 집중하중과 하나의 균일분포하중을 받는 단순지지 보 $AB$를 고려하자. $C$점을 통과하는 단면에서의 내력을 결정하기 위하여, 먼저 그림 5.4$b$와 같이 전체 보에 대한 자유물체도를 작성하여 지지점에서의 반력을 계산한다. $C$점을 지나는 단면을 절단하여 그림 5.4$c$와 같이 $AC$의 자유물체도를 작성한 후, 이로부터 전단력 **V**와 굽힘모멘트 **M**을 결정한다.

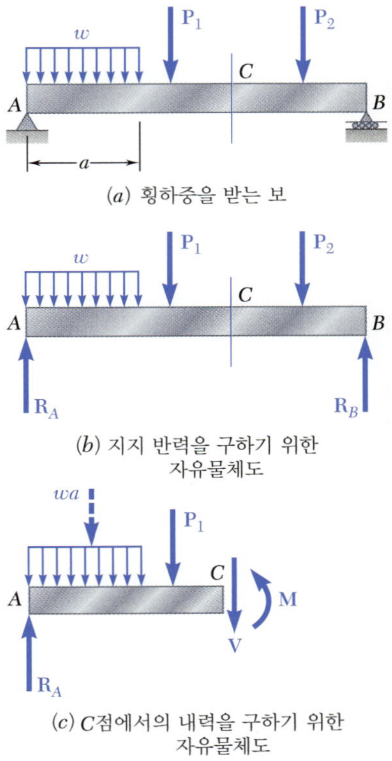

그림 5.4 단순지지 보의 해석

굽힘모멘트 **M**은 횡단면에서 **수직응력**(*normal stress*)을 발생시키며, 전단력 **V**는 **전단응력**을 발생시킨다. 대부분의 경우에 보의 강도설계에서 중요한 판단 기준은 보에서 발생하는 수직응력의 최댓값이다. 보에서 수직응력에 대한 해석은 이 장에서 살펴 볼 것이며, 전단응력에 대한 해석은 6장에서 다룰 것이다.

주어진 단면에서 수직응력의 분포는 굽힘모멘트 **M**과 단면의 형상에 달려 있으므로,[†] 단면의 주어진 점에서 응력뿐만 아니라 최대응력을 결정하기 위하여 4.4절에서 유도된 탄성 굽힘공식을 사용한다.[‡]

$$\sigma_m = \frac{|M|c}{I} \qquad \sigma_x = -\frac{My}{I} \tag{5.1, 5.2}$$

† 주어진 단면에서의 수직응력 분포는 전단응력으로 인한 변형에 영향을 받지 않는다고 가정한다.

‡ 4.2절로부터, 고려되는 지점에서 보의 오목한 형상이 위로 향하는가 또는 아래로 향하는가에 따라, $M$은 양(+) 또는 음(−)이 될 수 있다. 따라서, 횡방향 하중이 작용하는 경우 $M$의 부호는 보의 길이방향을 따라서 바뀔 수 있다. 반면에, $\sigma_m$은 양의 값이므로, 식 (5.1)에서 $M$의 절댓값이 사용되었다.

여기서 $I$는 굽힘평면에 수직한 도심축에 대한 단면의 관성모멘트이며, 그림 4.11에 나타낸 것과 같이 $y$는 중립면에서부터의 거리, 그리고 $c$는 중립면에서부터 최대 거리이다. 또한 4.4절로부터 보의 단면계수는 $S = I/c$이며, 단면에서 수직응력의 최댓값 $\sigma_m$은 다음과 같이 표현된다.

$$\sigma_m = \frac{|M|}{S} \tag{5.3}$$

$\sigma_m$이 $S$에 반비례한다는 사실로부터 큰 단면계수의 보를 선택하는 것이 중요함을 알 수 있다. 압연강의 다양한 단면 형상에 대한 단면계수는 부록 C에 수록되어 있으며 사각형에 대한 단면계수는 이미 4.4절에서 다룬 것처럼 다음과 같다.

$$S = \tfrac{1}{6}bh^2 \tag{5.4}$$

여기에서 $b$와 $h$는 각각 횡단면의 폭과 높이이다.

식 (5.3)에서 균일단면 보의 경우에 $\sigma_m$은 $|M|$에 비례한다. 따라서 보의 수직응력의 최댓값은 $|M|$이 최대인 단면에서 발생한다. 이러한 사실로부터, 주어진 하중조건에서 보를 설계함에 있어서 가장 중요한 사항 중의 하나는 최대 굽힘모멘트의 발생 위치와 그 크기를 결정하는 것이다.

**굽힘모멘트 선도**가 그려지면, 즉 굽힘모멘트 $M$ 값이 보의 여러 점에서 결정되고 보의 왼쪽 끝으로부터 측정한 거리 $x$에 대하여 이를 그림으로 나타내면, 이 일은 상당히 쉬워질 것이다. 동시에 전단력 $V$를 $x$에 대한 그림으로 나타내는 전단력 선도의 작도도 수월해질 것이다.

전단력과 굽힘모멘트 값을 기록할 때 사용되는 부호규약은 5.2절에서 논의될 것이다. 보의 여러 점에서 $V$와 $M$ 값은 해당부분의 보의 자유물체도를 연속적으로 작성함으로써 얻어질 것이다. 5.3절에서는 하중과 전단력, 그리고 굽힘모멘트 사이의 관계가 유도될 것이며, 이 관계식은 전단력과 굽힘모멘트 선도를 얻는 데 사용될 것이다. 이러한 접근방법은 보에 발생하는 굽힘모멘트의 최대 절댓값과 최대 수직응력을 결정하는 데 편리할 것이다.

5.4절에서는 굽힘을 받는 보에서 최대 수직응력이 허용값을 초과하지 않도록 보를 어떻게 설계하는지를 배울 것이며, 이는 이미 언급한 바와 같이 보의 설계에 있어서 중요한 기준이다.

## 5.2 전단력 선도와 굽힘모멘트 선도

5.1절에서 지적한 바와 같이, 측정한 전단력과 굽힘모멘트의 최대 절댓값은 보의

왼쪽 끝으로부터 측정한 거리 $x$에 대하여 $V$와 $M$을 그림으로 나타내면 쉽게 구할 수 있다. 9장에서 알게 되겠지만 $x$의 함수로 $M$을 표시하는 것은 보의 처짐을 구하는 데 있어서도 매우 중요하다.

이 절의 예제와 기초문제에서는 보의 주어진 점에서 $V$와 $M$ 값을 구하여 전단력 선도와 굽힘모멘트 선도를 얻게 될 것이다. $V$와 $M$ 값들은 통상적인 방법으로, 즉 그림 5.5*a*와 같이 이 값들을 구하고자 하는 점을 지나는 단면에서 보를 절단한 다음, 그림 5.5*b*와 같이 어느 한쪽 부분에 대하여 평형을 고려함으로써 구하게 된다. 전단력 $\mathbf{V}$와 $\mathbf{V}'$은 방향이 반대이므로, $AC$와 $CB$의 자유물체 중 어느 것을 고려하는지를 동시에 언급하지 않는다면, $C$점에서의 전단력을 표시하는 위쪽 화살표 또는 아래쪽 화살표는 의미가 없다. 이런 이유에서 전단력이 그림 5.5*b*와 같이 아래로 향하면 (+)부호, 그렇지 않으면 (−)부호로 표시할 것이다. 유사한 부호규약은 굽힘모멘트에 대해서도 적용되어 굽힘모멘트가 그림과 같이 반시계 방향으로 작용하면 양으로 하며,† 그렇지 않은 경우에는 음으로 간주한다.

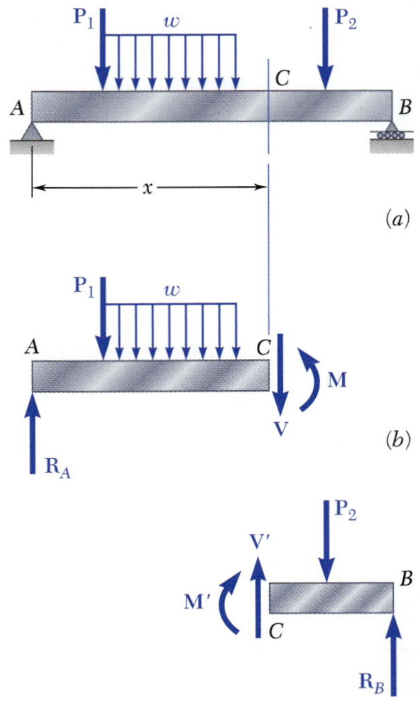

**그림 5.5** *V*와 *M*의 결정

보의 주어진 점에서 전단력 $V$와 굽힘모멘트 $M$은 보의 각 부분에 작용하는 내력과 우력이 그림 5.6*a*와 같은 방향으로 작용하면 양(+)으로 정의한다.

부호규약에 대하여 더 쉽게 이해할 수 있도록 요약하면 다음과 같다.

1. 보의 임의의 주어진 점에서 전단력은 보에 작용하는 **외력**(하중과 반력)이 그 점에서 보를 그림 5.6*b*에서와 같이 절단하려고 할 때 양(*positive*)이다.
2. 보의 임의의 주어진 점에서 굽힘모멘트는 보에 작용하는 **외력**이 그 점에서 보를 그림 5.6*c*와 같이 굽어지게 할 때 양(*positive*)이다.

그림 5.6과 같이 전단력과 굽힘모멘트의 값이 양인 경우는 중앙에 단일 집중하중을 받는 단순지지 보의 왼편의 반쪽에서 나타나는 것과 정확히 같다는 사실에 주목하면 이해에 도움이 될 것이다. 이 사례는 다음 예제에서 상세히 살펴보기로 한다.

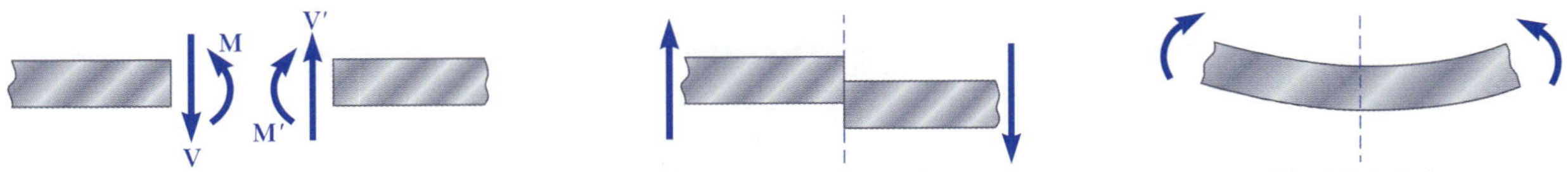

(*a*) 내력 (양의 전단력과 굽힘모멘트) (*b*) 외력의 효과 (양의 전단력) (*c*) 외력의 효과 (양의 굽힘모멘트)

**그림 5.6** 전단력과 굽힘모멘트에 대한 부호규약

† 이 부호규약은 앞서 4.2절에서 사용한 것과 같다.

### 예제 5.1

그림 5.7과 같이 길이가 $L$인 단순지지 보 $AB$가 중앙점 $C$에서 집중하중 $\mathbf{P}$를 받을 때 보에 발생하는 전단력 선도와 굽힘모멘트 선도를 그리시오.

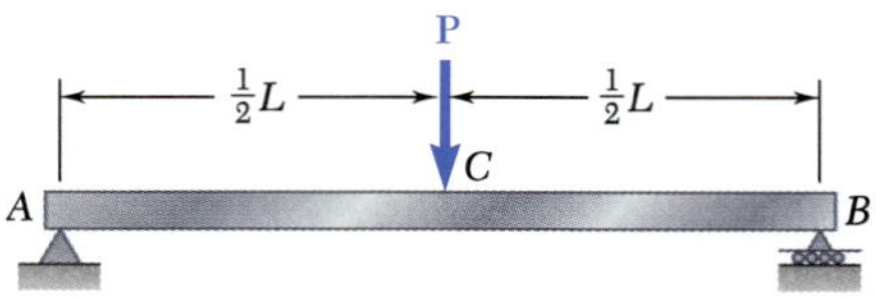

그림 5.7

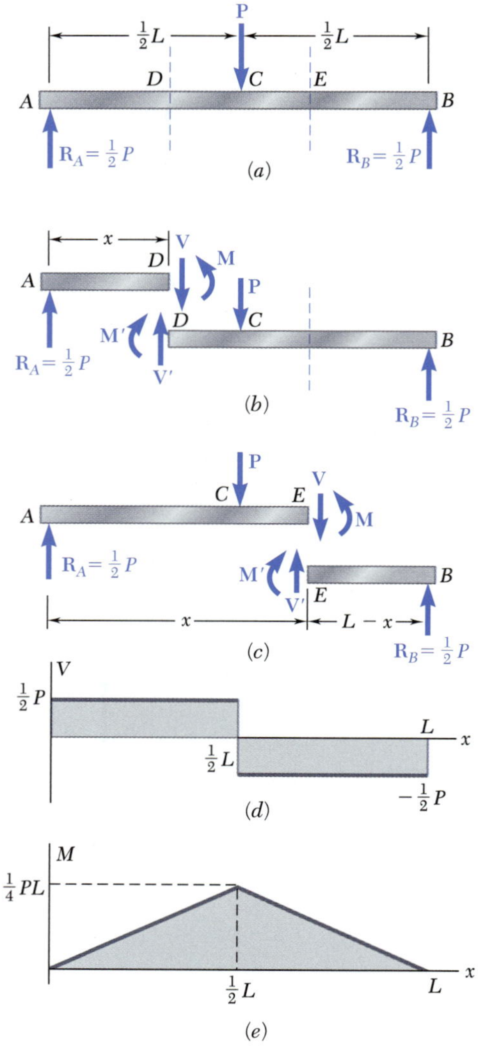

그림 5.8

**풀이**

먼저 그림 5.8$a$와 같이, 전체 보에 대한 자유물체도로부터 지지점의 반력을 결정하면 각 반력의 크기는 $P/2$와 같음을 알 수 있다.

다음으로는 그림 5.8$b$와 같이 $A$와 $C$ 사이의 점 $D$에서 보를 절단하여 $AD$와 $DB$의 자유물체도를 그린다. 전단력과 굽힘모멘트가 양이라고 가정하여 그림 5.6$b$와 같이 내력 $\mathbf{V}$, $\mathbf{V}'$, 그리고 모멘트 $\mathbf{M}$, $\mathbf{M}'$을 표시한다. $AD$의 자유물체도로부터 수직방향으로의 힘 성분의 합과 각 힘의 $D$점에 대한 모멘트의 합이 0이므로 $V = +P/2$, $M = +Px/2$임을 알 수 있다. 전단력과 굽힘모멘트는 모두 양이다. 이러한 사실은 $A$점에서의 반력이 그림 5.6$a$ 및 5.6$b$에 표시된 것과 같이 $D$점에서 보를 전단시키고 굽히려고 함을 알 수 있다. 이제 $A$와 $C$ 사이에서 $V$와 $M$을 그리면, 그림 5.8$d$, 5.8$e$와 같이 전단력은 $V = P/2$로 일정하며 굽힘모멘트는 $x = 0$에서 $M = 0$로부터 $x = L/2$에서 $M = PL/4$로까지 선형적으로 증가한다.

이번에는 그림 5.8$c$와 같이 $C$와 $B$ 사이의 $E$점에서 보를 절단하고 자유물체도를 고려하면 수직방향으로의 힘 성분의 합과 각 힘의 $E$점에 대한 모멘트의 합은 0이므로 $V = -P/2$, $M = P(L - x)/2$를 얻는다. 따라서 전단력은 음이며, 굽힘모멘트는 양이다. 이러한 결과로부터 $B$점에서의 반력은 $E$점에서 보를 그림 5.6$c$와 같이 굽히려고 하나, 그림 5.6$b$에 보인 것과 반대로 전단시키려고 함을 알 수 있다. 따라서 그림 5.8$d$와 5.8$e$와 같이 전단력은 $C$와 $B$ 사이에서 $V = -P/2$로 일정하지만, 굽힘모멘트는 $x = L/2$에서 $M = PL/4$으로부터 $x = L$에서 $M = 0$까지 선형적으로 감소한다.

앞의 예제로부터 보가 집중하중만을 받는 경우에는 하중과 하중 사이에서 전단력은 일정하며 굽힘모멘트는 선형적으로 변함을 알 수 있다. 따라서 이러한 경우 하중이나 반력이 작용하는 지점의 바로 왼쪽과 오른쪽에서의 전단력 $V$와 굽힘모멘트 $M$을 구하면 쉽게 전단력 선도와 굽힘모멘트 선도를 그릴 수가 있다(기초문제 5.1 참조).

**예제 5.2**

그림 5.9와 같이 균일분포하중 $w$를 받는 길이 $L$의 외팔 보 $AB$에 대한 전단력 선도와 굽힘모멘트 선도를 그리시오.

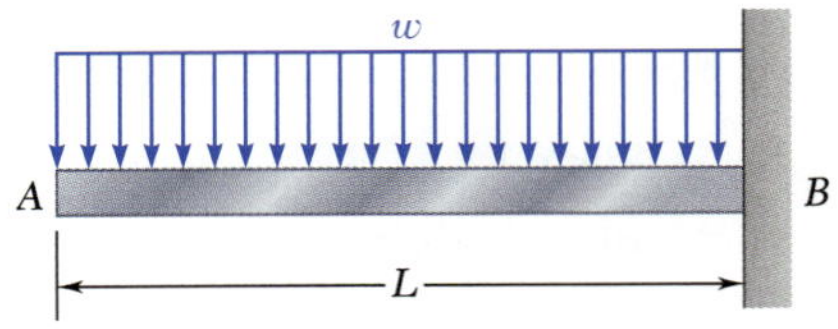


그림 5.9

**풀이** 그림 5.10$a$와 같이 $A$와 $B$ 사이의 점 $C$에서 보를 절단하여, 그림 5.6$a$와 같이 **V**와 **M**을 표시하고 자유물체도를 그린다. $A$에서 $C$까지의 거리를 $x$라 하고, $AC$ 위의 분포하중을 $AC$의 중앙점에서의 합력 $wx$으로 대체하면 다음과 같다.

$$+\uparrow\Sigma F_y = 0: \qquad -wx - V = 0 \qquad V = -wx$$

$$+\circlearrowleft\Sigma M_C = 0: \qquad wx\left(\frac{x}{2}\right) + M = 0 \qquad M = -\frac{1}{2}wx^2$$

전단력은 그림 5.10$b$와 같이 경사진 직선으로 나타나며, 굽힘모멘트는 그림 5.10$c$와 같이 포물선으로 표시된다. $V$와 $M$의 최댓값은 모두 $B$점에서 발생하며 다음과 같다.

$$V_B = -wL \qquad M_B = -\tfrac{1}{2}wL^2$$

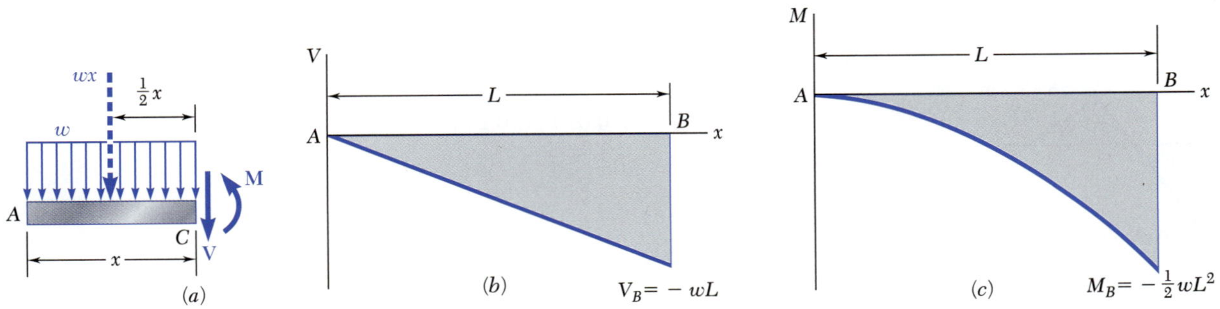


그림 5.10

# 기초문제 5.1

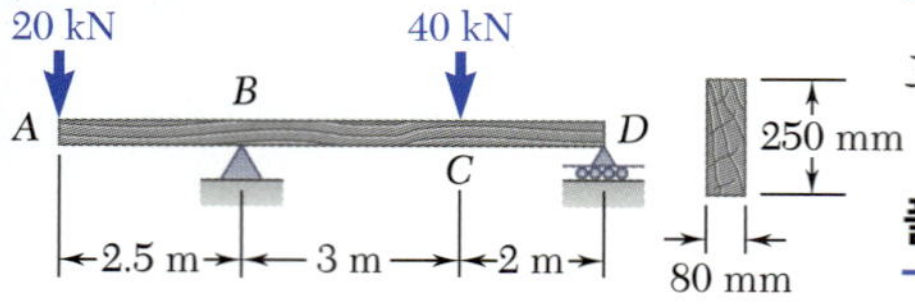


그림과 같이 하중을 받고 있는 목재 보에 발생하는 전단력과 굽힘모멘트 선도를 그리고, 굽힘에 의한 최대 수직응력을 구하시오.

## 풀이

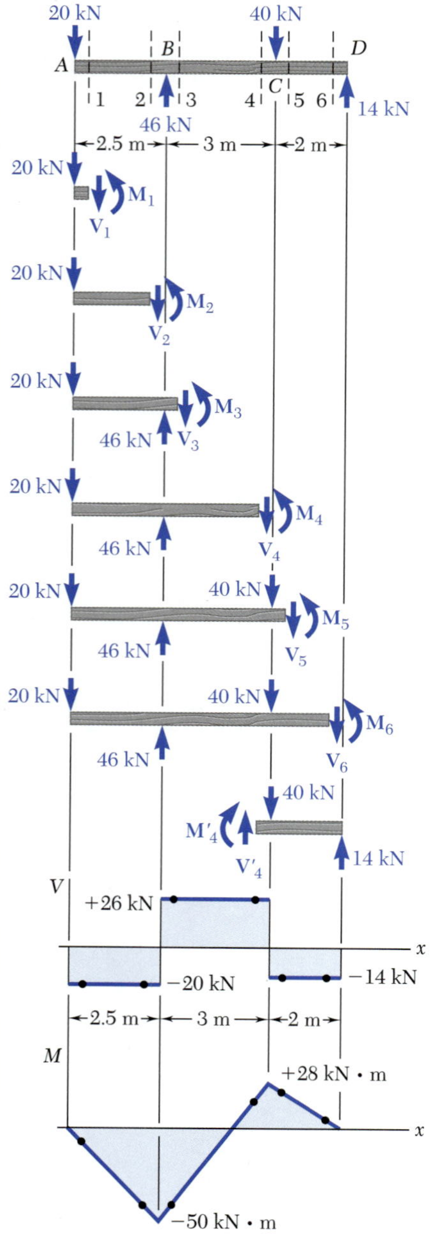


**반력.** 전체 보에 대한 자유물체도를 고려하면 다음과 같이 반력을 얻을 수 있다.

$$\mathbf{R}_B = 46\text{ kN}\uparrow \qquad \mathbf{R}_D = 14\text{ kN}\uparrow$$

**전단력 선도와 굽힘모멘트 선도.** 먼저 20 kN의 힘이 작용하는 $A$점의 오른쪽 부분에서 내력을 구한다. 절단면 1의 왼쪽 부분을 자유물체로 하여, 표준 부호규약에 따라 양의 $V$와 $M$을 가정하면 다음과 같이 쓸 수 있다.

$$+\uparrow\Sigma F_y = 0: \quad -20\text{ kN} - V_1 = 0 \qquad V_1 = -20\text{ kN}$$
$$+\circlearrowleft\Sigma M_1 = 0: \quad (20\text{ kN})(0\text{ m}) + M_1 = 0 \qquad M_1 = 0$$

절단면 2의 왼쪽 부분을 자유물체로 하여, 힘과 모멘트 평형을 고려하면 다음과 같다.

$$+\uparrow\Sigma F_y = 0: \quad -20\text{ kN} - V_2 = 0 \qquad V_2 = -20\text{ kN}$$
$$+\circlearrowleft\Sigma M_2 = 0: \quad (20\text{ kN})(2.5\text{ m}) + M_2 = 0 \qquad M_2 = -50\text{ kN}\cdot\text{m}$$

절단면 3, 4, 5, 6에서의 전단력과 굽힘모멘트는 비슷한 방법을 이용하여 그림과 같은 자유물체도로부터 다음과 같이 구할 수 있다.

$$V_3 = +26\text{ kN} \qquad M_3 = -50\text{ kN}\cdot\text{m}$$
$$V_4 = +26\text{ kN} \qquad M_4 = +28\text{ kN}\cdot\text{m}$$
$$V_5 = -14\text{ kN} \qquad M_5 = +28\text{ kN}\cdot\text{m}$$
$$V_6 = -14\text{ kN} \qquad M_6 = 0$$

뒤쪽에 위치한 몇 개의 절단면의 경우에는 절단면의 오른쪽 부분을 자유물체로 고려하면 더 쉽게 결과를 얻을 수 있다. 예를 들어, 절단면 4의 오른쪽 부분을 자유물체로 생각하면

$$+\uparrow\Sigma F_y = 0: \quad V_4 - 40\text{ kN} + 14\text{ kN} = 0 \qquad V_4 = +26\text{ kN}$$
$$+\circlearrowleft\Sigma M_4 = 0: \quad -M_4 + (14\text{ kN})(2\text{ m}) = 0 \qquad M_4 = +28\text{ kN}\cdot\text{m}$$

이제 전단력과 굽힘모멘트 선도에 각 절단면에 상응하는 여섯 개의 점을 그릴 수 있다. 이미 언급한 것과 같이 전단력은 집중하중 사이에서 일정하며, 굽힘모멘트는 선형적으로 변하므로 전단력과 굽힘모멘트 선도는 그림과 같다.

**최대 수직응력.** 최대 수직응력은 $|M|$이 최대인 $B$점에서 발생한다. 식 (5.4)를 이용하여 보의 단면계수를 구하면 다음과 같다.

$$S = \tfrac{1}{6}bh^2 = \tfrac{1}{6}(0.080\text{ m})(0.250\text{ m})^2 = 833.33 \times 10^{-6}\text{ m}^3$$

단면계수와 $|M| = |M_B| = 50 \times 10^3\text{ N}\cdot\text{m}$를 식 (5.3)에 대입하면 최대 수직응력은 다음과 같게 된다.

$$\sigma_m = \frac{|M_B|}{S} = \frac{(50 \times 10^3\text{ N}\cdot\text{m})}{833.33 \times 10^{-6}} = 60.00 \times 10^6\text{ Pa}$$

보의 최대 수직응력 = 60.0 MPa ◀

## 기초문제 5.2

그림과 같이 W250 × 167 압연강 보 $AB$가 있다. $(a)$ 주어진 하중에 대한 전단력과 굽힘 모멘트 선도를 그리시오. $(b)$ $D$점의 왼쪽 및 오른쪽 단면에서 최대 수직응력을 구하시오.

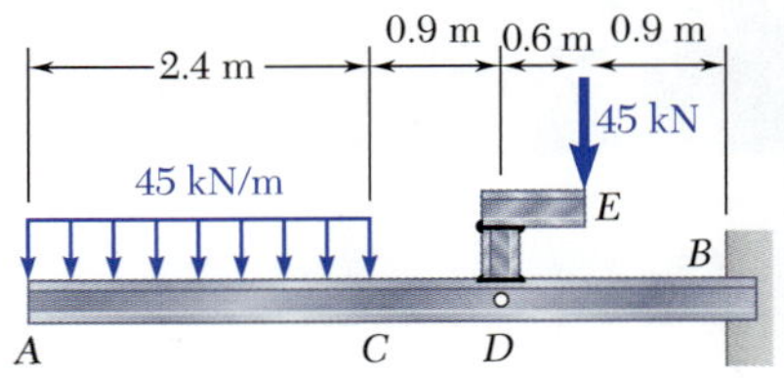


## 풀이

**보의 등가하중.** 45 kN의 하중을 $D$점에서 등가의 힘–모멘트계로 대체시킨다. $B$점에서의 반력은 보 전체의 자유물체도를 고려하여 얻을 수 있다.

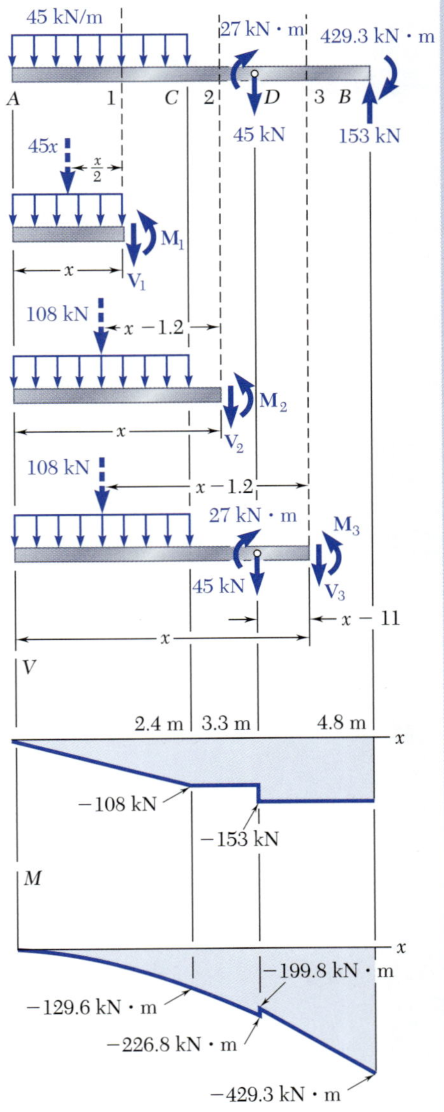


### (a) 전단력 선도와 굽힘모멘트 선도

**$A$에서 $C$까지.** 단면 1의 왼쪽 부분의 보를 고려하고, $A$점으로부터 거리 $x$만큼 떨어진 점에서의 내력을 구한다. 자유물체에 작용하는 분포하중을 합력으로 대체하면 다음의 평형식을 얻을 수 있다.

$$+\uparrow \Sigma F_y = 0: \qquad -45x - V_1 = 0 \qquad V_1 = -45x \text{ kN}$$

$$+\circlearrowleft \Sigma M_1 = 0: \qquad 45x(\tfrac{1}{2}x) + M_1 = 0 \qquad M_1 = -22.5x^2 \text{ kN} \cdot \text{m}$$

자유물체도는 2.4 m보다 작은 $x$에 대하여 사용될 수 있으므로 $V$ 및 $M$에 대한 식은 $0 < x < 2.4$ m 영역에서 유효하다.

**$C$에서 $D$까지.** 단면 2의 왼쪽 부분에 대하여 고려하고, 분포하중을 합력으로 대체하면 다음 식을 얻을 수 있다.

$$+ \ \Sigma F_y = 0: \qquad -108 - V_2 = 0 \qquad V_2 = -108 \text{ kN}$$

$$+\circlearrowleft \Sigma M_2 = 0: \qquad 108(x - 1.2) + M_2 = 0 \qquad M_2 = 129.6 - 108x \quad \text{kN} \cdot \text{m}$$

이 식은 $2.4 \text{ m} < x < 3.3 \text{ m}$ 영역에서 유효하다.

**$D$에서 $B$까지.** 단면 3의 왼쪽 부분의 보를 이용하면 $3.3 \text{ m} < x < 4.8 \text{ m}$ 영역에서 다음과 같이 구해진다.

$$V_3 = -153 \text{ kN} \qquad M_3 = 305.1 - 153x \quad \text{kN} \cdot \text{m}$$

전체 보에 대한 전단력 및 굽힘모멘트 선도는 위의 결과를 이용하여 그릴 수 있다. $D$점에 작용하는 모멘트 27 kN · m는 굽힘모멘트 선도에서 불연속을 일으킨다.

### (b) D점 좌우에서의 최대 수직응력.

부록 $C$에서 W250 × 167 압연강은 $X$-$X$축에 대하여 $S = 2.06 \times 10^6 \text{ mm}^3$이다.

**$D$의 왼쪽.** $|M| = 226.8$ kN · m이므로 $|M|$과 $S$를 식 (5.3)에 대입하면 다음과 같다.

$$\sigma_m = \frac{|M|}{S} = \frac{226.8 \times 10^3 \text{ N} \cdot \text{m}}{2.08 \times 10^{-3} \text{ m}^3} = 109.0 \text{ MPa} \qquad \sigma_m = 109.0 \text{ MPa} \blacktriangleleft$$

**$D$의 오른쪽.** $|M| = 199.8$ kN · m이므로 $|M|$과 $S$를 식 (5.3)에 대입하면 다음과 같다.

$$\sigma_m = \frac{|M|}{S} = \frac{199.8 \times 10^3 \text{ N} \cdot \text{m}}{2.08 \times 10^{-3} \text{ m}^3} = 96.1 \quad \text{MPa} \qquad \sigma_m = 96.1 \quad \text{MPa} \blacktriangleleft$$

# P5A 연습문제

**5.1~5.4** 그림과 같이 하중을 받는 보에 대해 (*a*) 전단력 선도와 굽힘모멘트 선도를 그리고, (*b*) 전단력과 굽힘모멘트 곡선의 식을 구하시오.

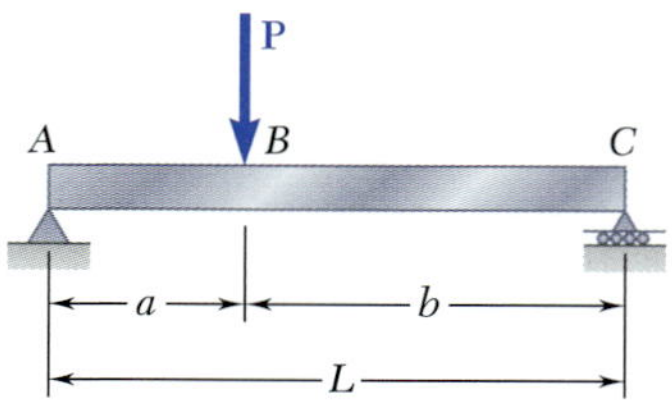


그림 P5.1

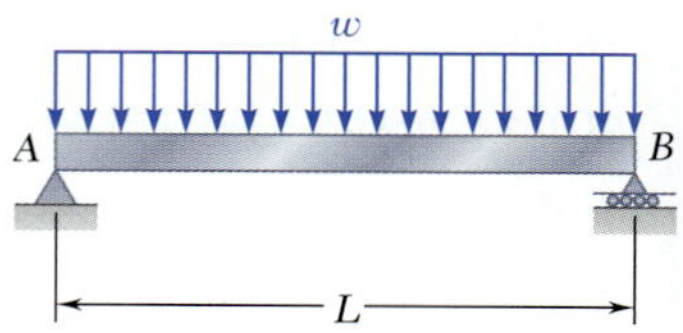


그림 P5.2

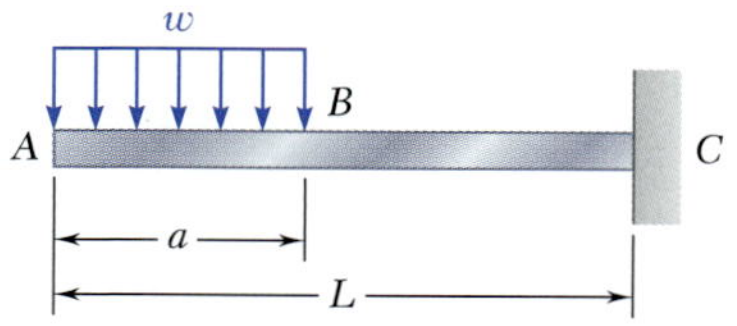


그림 P5.3

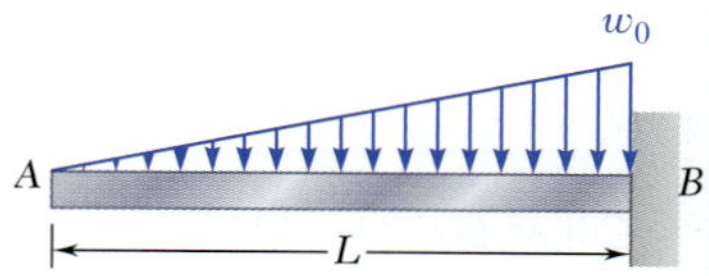


그림 P5.4

**5.5** 그림과 같이 하중을 받는 보의 전단력 선도 및 굽힘모멘트 선도를 그리고 (*a*) 전단력의 최대 절댓값과 (*b*) 굽힘모멘트의 최대 절댓값을 구하시오.

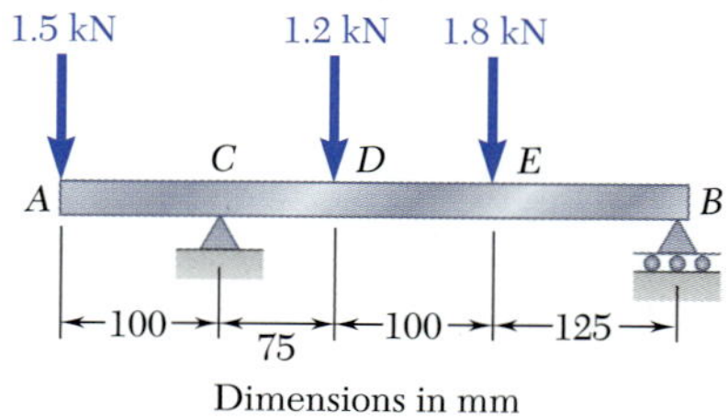


그림 P5.5

**5.6** 그림과 같이 하중을 받는 보의 전단력 선도 및 굽힘모멘트 선도를 그리고 (*a*) 전단력의 최대 절댓값과 (*b*) 굽힘모멘트의 최대 절댓값을 구하시오.

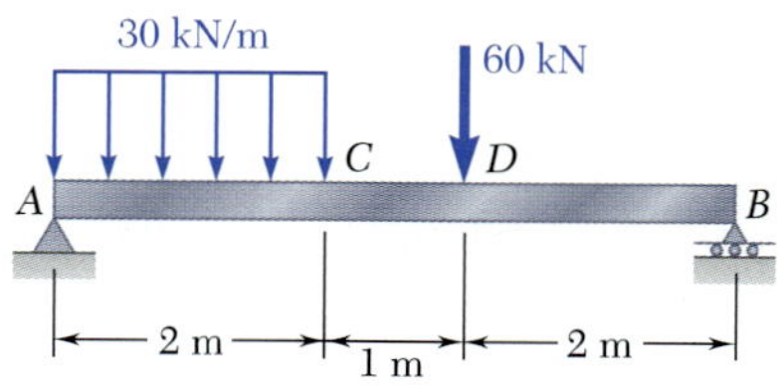


그림 P5.6

**5.7** 그림과 같이 하중을 받는 보의 전단력 선도 및 굽힘모멘트 선도를 그리고 (*a*) 전단력의 최대 절댓값과 (*b*) 굽힘모멘트의 최대 절댓값을 구하시오.

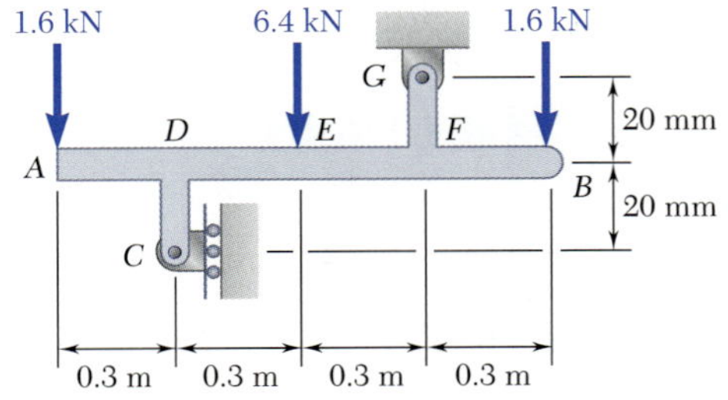


그림 P5.7

**5.8** 지면에서의 반력이 균일하다고 가정하고, 보 *AB*의 전단력 선도 및 굽힘모멘트 선도를 그리고 (*a*) 전단력의 최대 절댓값과 (*b*) 굽힘모멘트의 최대 절댓값을 구하시오.

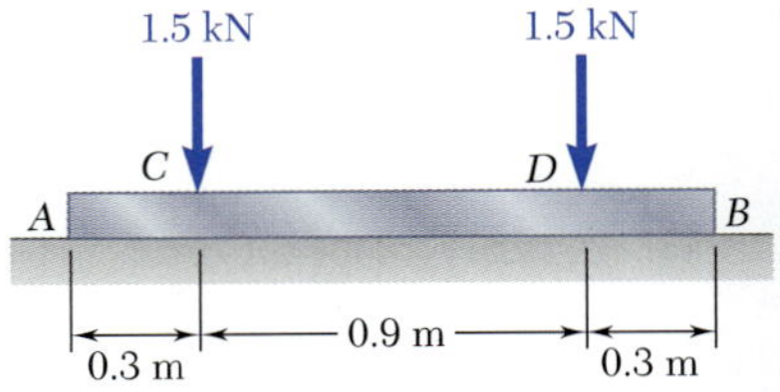


그림 P5.8

**5.9** 그림과 같이 하중을 받는 보에 대해 단면 *C*에서 굽힘에 의한 최대 수직응력을 구하시오.

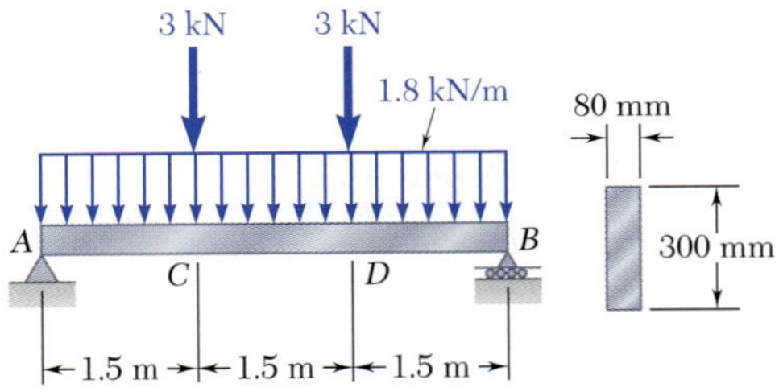


그림 P5.9

**5.10** 그림과 같이 하중을 받는 보에 대해 단면 *a*-*a*에서 굽힘에 의한 최대 수직응력을 구하시오.

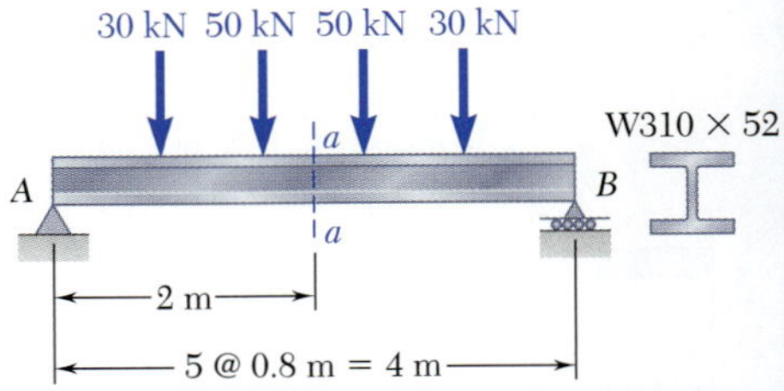


그림 P5.10

**5.11** 그림과 같이 하중을 받는 보에 대해 단면 *C*에서 굽힘에 의한 최대 수직응력을 결정하시오.

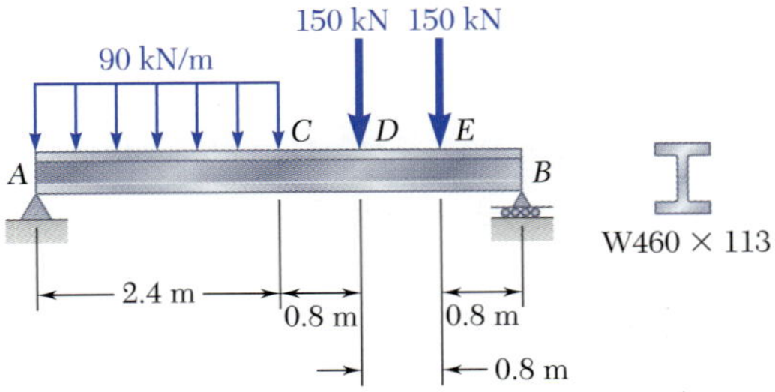


그림 P5.11

**5.12** 그림과 같이 하중을 받는 보에 대해 전단력 및 굽힘모멘트 선도를 그리고, 굽힘에 의한 최대 수직응력을 구하시오.

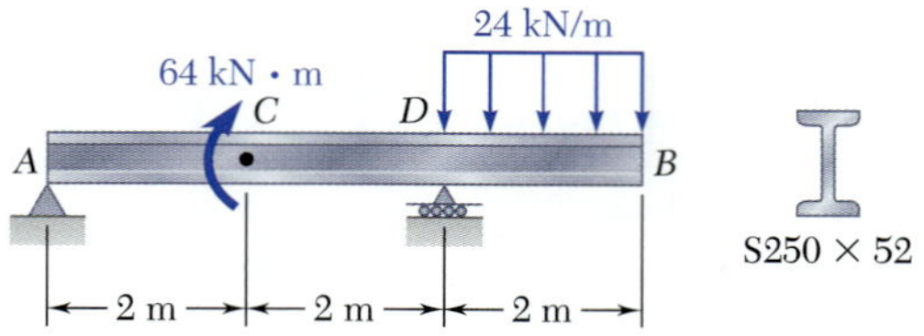


그림 P5.12

**5.13** 그림과 같이 하중을 받는 보에 대해 전단력 및 굽힘모멘트 선도를 그리고, 굽힘에 의한 최대 수직응력을 구하시오.

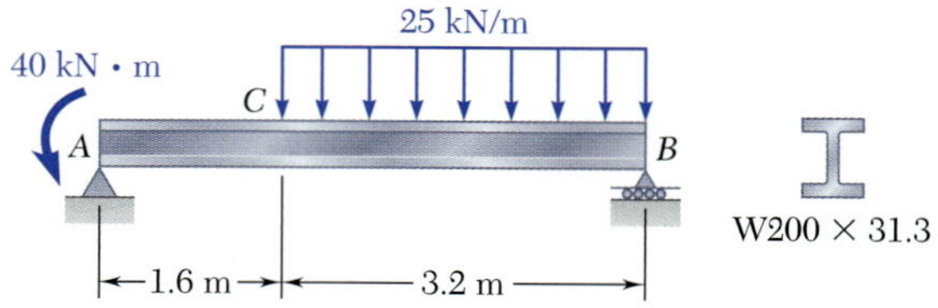


그림 P5.13

**5.14** $W$ = 12 kN일 때, 보 $AB$에 대한 전단력 및 굽힘모멘트 선도를 그리고, 굽힘에 의한 최대 수직응력을 구하시오.

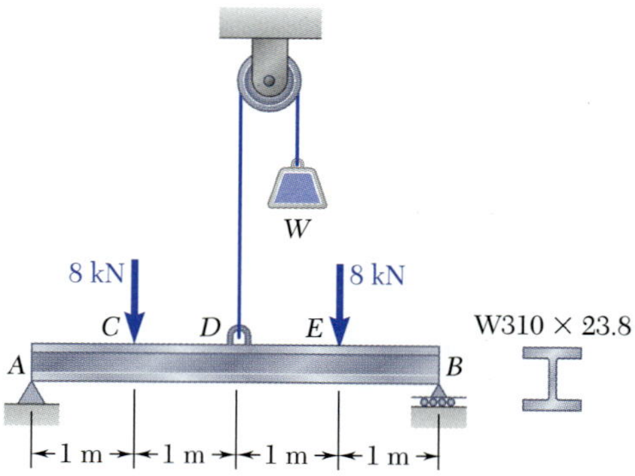


그림 P5.14

**5.15** 한 변의 길이가 $b$인 정사각형 단면의 강철봉이 그림과 같이 지지되어 있다. 강의 밀도가 $\rho$ = 7860 kg/m$^3$일 때, 굽힘에 의한 최대 수직응력이 각각 ($a$) 10 MPa, ($b$) 50 MPa이 되도록 봉의 치수 $b$를 구하시오.

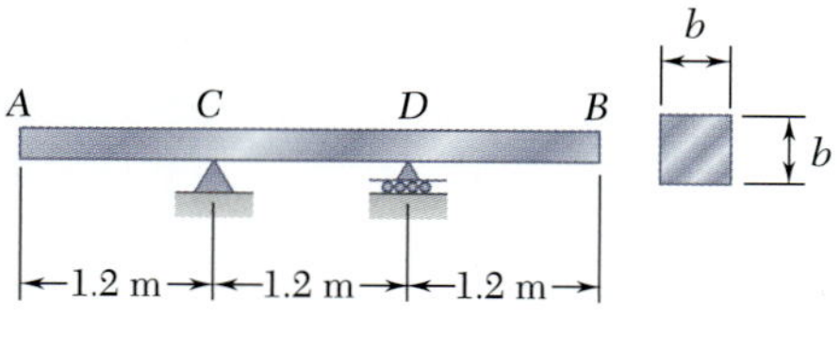


그림 P5.15

**5.16** 지름 $d$의 강철봉이 그림과 같이 지지되고 있다. 강의 밀도가 $\rho$ = 7860 kg/m$^3$일 때, 굽힘에 의한 수직응력이 28 MPa을 초과하지 않도록 최소지름 $d$를 결정하시오.

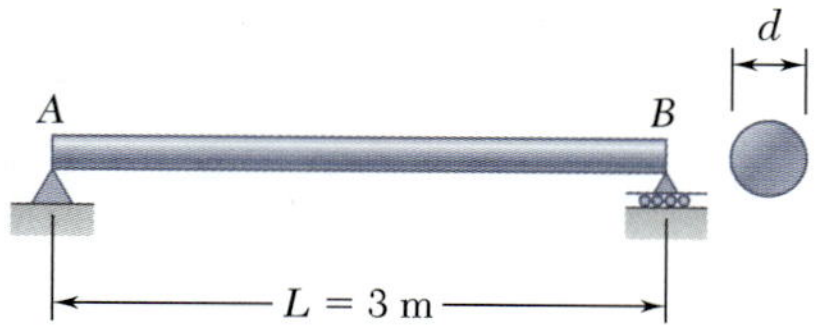


그림 P5.16

## 5.3 하중, 전단력, 굽힘모멘트 사이의 관계

보에 두 개 또는 세 개 이상의 집중하중이 작용하거나 분포하중이 작용하는 경우에, 5.2절에서 소개한 방법으로 전단력 선도와 굽힘모멘트 선도를 작성하기가 매우 번거롭다. 만약 하중과 전단력, 그리고 굽힘모멘트 사이에 존재하는 어떤 관계를 고려한다면 전단력 선도, 특히 굽힘모멘트 선도를 작성하기가 아주 수월해질 것이다.

그림 5.11$a$와 같이 단위길이당 $w$의 분포하중을 받고 있는 단순지지 보 $AB$를 고려하고, 두 점 $C$와 $C'$은 서로 $\Delta x$ 만큼 떨어져 있다고 하자. $C$점에서의 전단력과 굽힘모멘트를 각각 $V$와 $M$으로 나타내고, 양으로 가정하면, $C'$점에서의 전단력과 굽힘모멘트는 각각 $V + \Delta V$와 $M + \Delta M$으로 표시할 수 있다.

이제 $CC'$ 부분의 보를 분리하고 그림 5.11$b$와 같이 자유물체도를 그리면, 이 자유물체에는 크기가 $w\Delta x$인 하중과 $C$와 $C'$에서의 내력 및 모멘트가 작용한다. 전단력과 굽힘모멘트를 양으로 가정하였으므로 내력과 모멘트는 그림과 같이 표시된다.

**하중과 전단력 사이의 관계.** $CC'$의 자유물체에 작용하는 힘들의 수직성분의 합은 0이므로

$$+\uparrow \Sigma F_y = 0: \qquad V - (V + \Delta V) - w\,\Delta x = 0$$
$$\Delta V = -w\,\Delta x$$

위 식의 양 변을 $\Delta x$로 나누고, $\Delta x$를 0으로 접근시키면 다음을 얻는다.

$$\frac{dV}{dx} = -w \tag{5.5}$$

식 (5.5)는 그림 5.11$a$와 같은 하중을 받는 보에서 전단력 선도의 기울기 $dV/dx$는

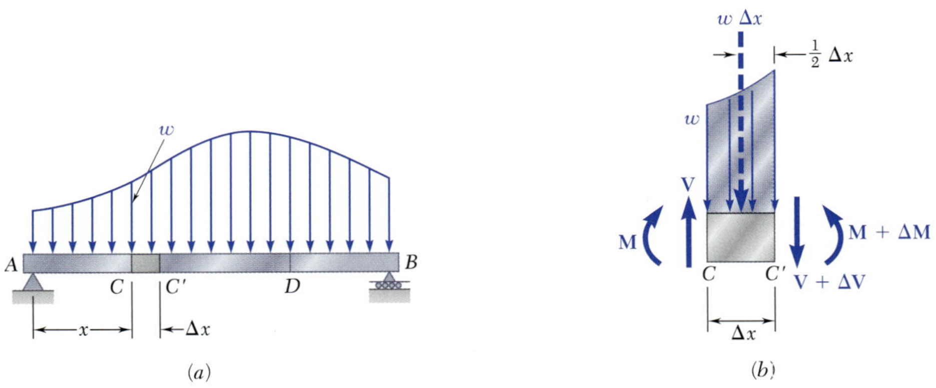


그림 5.11 분포하중을 받는 단순지지 보

음이며, 임의의 점에서 기울기 값은 그 점에서의 단위길이당 하중과 같다는 것을 나타낸다.

식 (5.5)를 구간 $C$와 $D$ 사이에서 적분하면 다음과 같다.

$$V_D - V_C = -\int_{x_C}^{x_D} w\,dx \tag{5.6}$$

$$V_D - V_C = -(C\text{와 } D \text{ 사이의 하중선도 아래 면적}) \tag{5.6'}$$

이와 같은 결과는 $C$와 $D$ 사이의 하중선도 아래 면적이 $C$와 $D$ 사이에 작용하는 전체 하중을 나타내므로, $CD$ 부분에 대한 평형식으로부터도 구할 수 있다.

집중하중이 작용하는 점에 대해서는 식 (5.5)를 적용할 수가 없다. 이 점에서는 전단력 선도가 5.2절에서 설명한 바와 같이 불연속이 된다. 마찬가지로 위 식들은 집중하중으로 인한 전단력의 급격한 변화를 고려하지 않았기 때문에, 식 (5.6)과 식 (5.6′)도 $C$와 $D$ 사이에 집중하중이 작용할 경우에는 성립되지 않는다. 따라서 식 (5.6)과 식 (5.6′)은 분포하중이 작용하는 구간에서만 적용해야 된다.

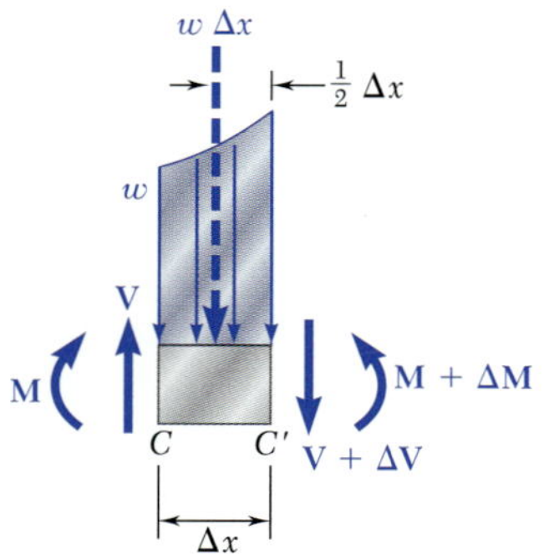

(b)

그림 5.11 (반복)

**전단력과 굽힘모멘트 사이의 관계.** 그림 5.11$b$의 자유물체도에서, $C'$점에 대한 모멘트의 합을 0으로 두면 다음을 얻는다.

$$+\circlearrowleft \Sigma M_{C'} = 0: \qquad (M + \Delta M) - M - V\,\Delta x + w\,\Delta x \frac{\Delta x}{2} = 0$$

$$\Delta M = V\,\Delta x - \frac{1}{2} w\,(\Delta x)^2$$

위 식의 양 변을 $\Delta x$로 나누고, $\Delta x$를 0에 접근시키면 다음 식을 얻는다.

$$\frac{dM}{dx} = V \tag{5.7}$$

식 (5.7)은 굽힘모멘트 선도의 기울기 $dM/dx$가 전단력과 같다는 것을 나타내며, 전단력이 잘 정의된 값을 갖는, 즉 집중하중이 작용하지 않는, 모든 점에서 항상 적용된다. 또한 식 (5.7)은 굽힘모멘트가 최대인 점에서는 $V = 0$이 됨을 의미하며, 이 성질은 굽힘에 의해 보가 파손될 가능성이 있는 위치를 결정하는 데 이용될 수 있다.

식 (5.7)을 $C$와 $D$ 사이에서 적분하면 다음을 얻는다.

$$M_D - M_C = \int_{x_C}^{x_D} V\,dx \tag{5.8}$$

$$M_D - M_C = \text{ C와 } D \text{ 사이의 전단력 선도 아래 면적} \qquad (5.8')$$

전단력이 양(+)이면 전단력 선도 아래 면적도 양이고, 전단력이 음(−)이면 전단력 선도 아래 면적도 음이 된다. 식 (5.8)과 식 (5.8′)는 전단력 선도가 정확하게 그려진다면, $C$와 $D$ 사이에 집중하중이 작용하는 경우에도 유효하다. 그러나 $C$와 $D$ 사

### 예제 5.3

그림 5.12와 같은 단순지지 보에 대한 전단력 선도와 굽힘모멘트 선도를 그리고, 굽힘모멘트의 최댓값을 구하시오.

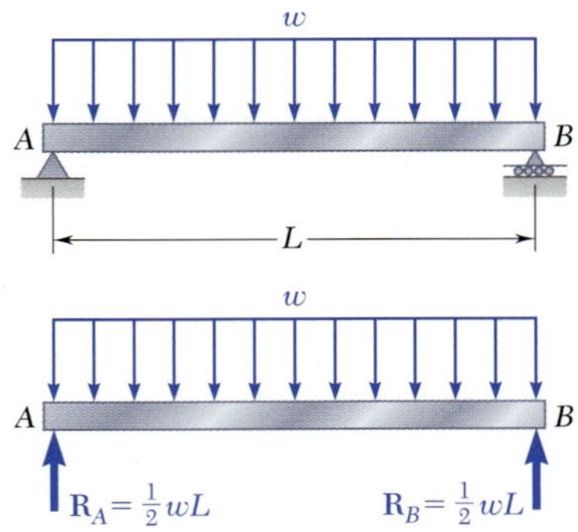


그림 5.12

#### 풀이

전체 보에 대한 자유물체도로부터 지지점의 반력을 구한다.

$$R_A = R_B = \tfrac{1}{2}wL$$

다음에 전단력 선도를 그린다. 보의 왼쪽 끝 $A$에 가까운 곳에서의 전단력은 $R_A$(즉, $\frac{1}{2}wL$)와 같으며, 이는 보의 매우 작은 부분에 대한 자유물체를 사용하여 확인할 수 있다. 식 (5.6)을 이용하여 $A$로부터 임의의 거리 $x$만큼 떨어진 곳에서의 전단력을 다음과 같이 구할 수 있다.

$$V - V_A = -\int_0^x w\,dx = -wx$$

$$V = V_A - wx = \tfrac{1}{2}wL - wx = w(\tfrac{1}{2}L - x)$$

따라서 전단력 선도는 그림 5.13$a$와 같이, $x = L/2$에서 $x$축과 교차하는 경사진 직선이다. 이제 굽힘모멘트를 고려하면 $M_A = 0$임을 알 수 있으며, $A$로부터 $x$만큼 떨어진 곳에서 $M$ 값은 식 (5.8)로부터 다음과 같이 얻어진다.

$$M - M_A = \int_0^x V\,dx$$

$$M = \int_0^x w(\tfrac{1}{2}L - x)dx = \tfrac{1}{2}w(Lx - x^2)$$

굽힘모멘트 선도는 포물선이며 $x = L/2$에서 $dM/dx = V = 0$이므로 굽힘모멘트는 $x = L/2$에서 최댓값을 갖는다. $x = L/2$를 마지막 식에 대입하면 그림 5.13$b$와 같이 $M_{max} = wL^2/8$을 얻을 수 있다.

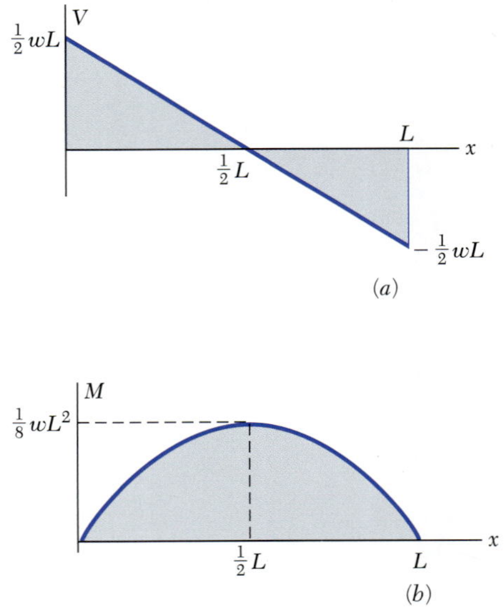


그림 5.13

이의 어떤 점에 우력이 작용할 경우, 우력으로 인한 굽힘모멘트의 급격한 변화를 고려하지 않았기 때문에, 이 식들을 적용할 수가 없다(기초문제 5.6 참조).

대부분의 공학응용에서 몇 개의 특정한 위치에서만 굽힘모멘트 값을 구하면 된다. 일단 전단력 선도가 그려지고, 보의 한쪽 끝에 작용하는 $M$ 값이 결정되면 전단력 선도 아래의 면적을 계산하고, 식 (5.8′)을 이용하여 임의의 주어진 점에서 굽힘모멘트 값을 구할 수 있다. 예를 들면, 예제 5.3에서 $M_A = 0$이므로, 그림 5.13$a$의 전단력 선도에서 양의 값을 갖는 음영으로 표시한 삼각형 면적을 계산하면 보의 최대 굽힘모멘트를 간단히 구할 수 있다. 즉,

$$M_{\max} = \frac{1}{2}\left(\frac{L}{2}\frac{wL}{2}\right) = \frac{wL^2}{8}$$

이 예제에서 하중선도는 수평직선, 전단력 선도는 경사직선, 굽힘모멘트 선도는 포물선이다. 만약 하중선도가 경사진 직선(1차)이라면, 전단력 선도는 포물선(2차)이 되며, 굽힘모멘트 선도는 3차 곡선(3차)이 된다. 전단력 선도와 굽힘모멘트 선도는 하중 선도보다 항상 차수가 각각 하나, 그리고 둘씩 높아진다. 이와 같은 사실을 염두에 두면, 함수 $V(x)$와 $M(x)$를 실제로 구하지 않더라도, 몇 개의 특정 위치에서만 전단력과 굽힘모멘트 값을 구하면 전단력 선도와 굽힘모멘트 선도를 그릴 수 있다. 선도가 연속인 모든 점에서 전단력 선도의 기울기는 $-w$와 같으며, 굽힘모멘트 선도의 기울기는 $V$와 같다는 사실을 이용하면 더욱 더 정확한 선도를 그릴 수 있다.

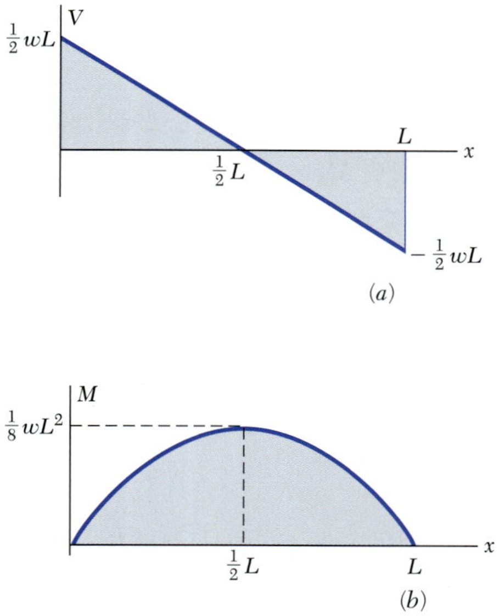


**그림 5.13** (반복)

# 기초문제 5.3

그림과 같은 보에서 전단력 선도와 굽힘모멘트 선도를 그리시오.

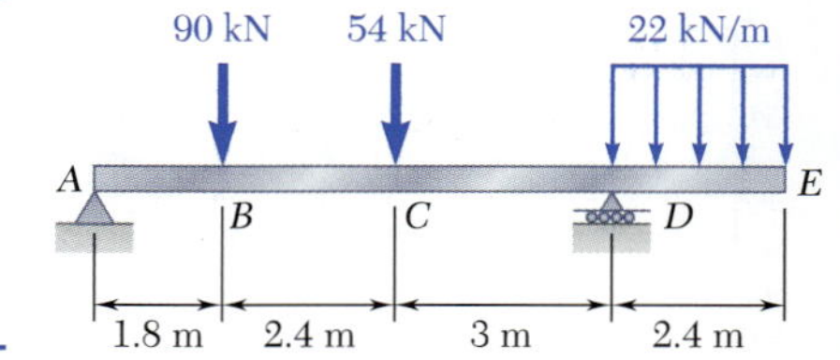


## 풀이

**반력.** 전체 보를 자유물체로 하여 평형조건을 적용하면 다음과 같다.

$$+\circlearrowleft \Sigma M_A = 0:$$
$$D(7.2\text{ m}) - (90\text{ kN})(1.8\text{ m}) - (54\text{ kN})(4.2\text{ m}) - (52.8\text{ kN})(8.4\text{ m}) = 0$$
$$D = 115.6\text{ kN} \qquad \mathbf{D} = 115.6\text{ kN}\uparrow$$

$$+\uparrow \Sigma F_y = 0: \quad A_y - 90\text{ kN} - 54\text{ kN} + 115.6\text{ kN} - 52.8\text{ kN} = 0$$
$$A_y = +81.2\text{ kN} \qquad A_y = 81.2\text{ kN}\uparrow$$

$$\overset{+}{\rightarrow} \Sigma F_x = 0: \quad A_x = 0 \qquad \mathbf{A}_x = 0$$

점 $A$와 $E$에서는 굽힘모멘트가 0이므로, 굽힘모멘트 선도에 점으로 표시되어 있는 두 점을 얻을 수 있다.

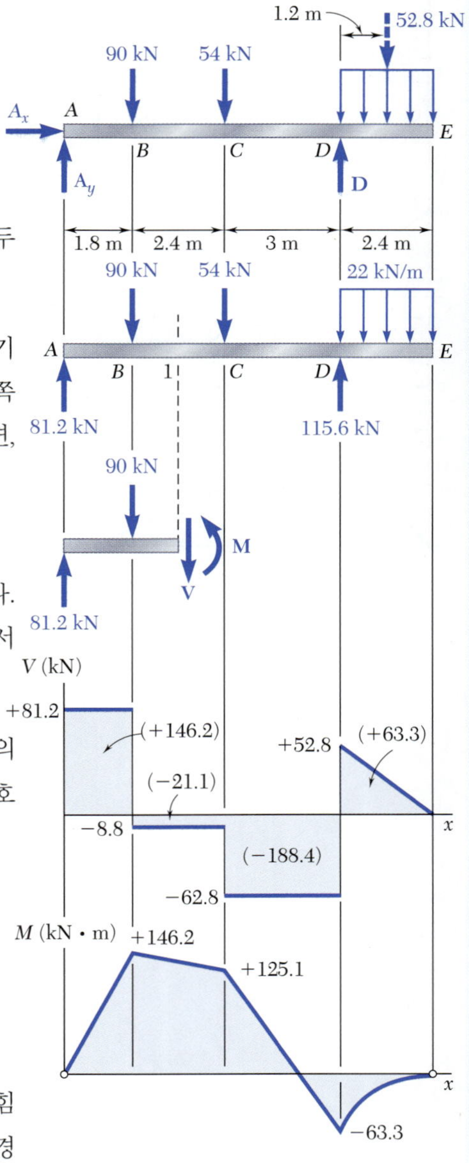


**전단력 선도.** $dV/dx = -w$이므로 집중하중과 반력 사이에서 전단력 선도의 기울기는 0, 즉 전단력은 일정하다. 임의 점에서의 전단력은 보를 두 부분으로 나누어, 한 쪽을 자유물체로 고려하여 구할 수 있다. 예를 들어 단면 1의 왼쪽 부분의 보를 고려하면, $B$, $C$ 사이의 전단력은 다음과 같다.

$$+\uparrow \Sigma F_y = 0: \qquad +81.2\text{ kN} - 90\text{ kN} - V = 0 \qquad V = -8.8\text{ kN}$$

또한 점 $D$의 바로 오른쪽에서 전단력이 $+52.8$ kN이고 끝점 $E$에서 전단력이 0이다. $D$와 $E$ 사이에서 기울기 $dV/dx = -w$로 일정하므로 전단력 선도는 두 점 사이에서 직선으로 표시된다.

**굽힘모멘트 선도.** 두 점 사이의 전단력 선도 아래의 면적은 동일한 두 점 사이에서의 굽힘모멘트의 변화와 같다. 편의상 전단력 선도의 각 부분에 대한 면적은 선도에 괄호로 표시되어 있다. 왼쪽 끝에서 굽힘모멘트 $M_A$는 0이므로 다음을 얻을 수 있다.

$$M_B - M_A = +146.2 \qquad M_B = +146.2\text{ kN}\cdot\text{m}$$
$$M_C - M_B = -21.1 \qquad M_C = +125.1\text{ kN}\cdot\text{m}$$
$$M_D - M_C = -188.4 \qquad M_D = -63.3\text{ kN}\cdot\text{m}$$
$$M_E - M_D = +63.3 \qquad M_E = 0$$

$M_E$는 0이므로 위의 계산결과가 정확함을 확인할 수 있다.

집중하중과 반력 사이에서 전단력이 일정하므로 기울기 $dM/dx$는 일정하며 굽힘모멘트 선도는 두 점을 직선으로 연결하여 그릴 수 있다. $D$와 $E$ 사이에서 전단력은 경사진 직선이므로 굽힘모멘트 선도는 포물선이 된다.

전단력과 굽힘모멘트 선도로부터 $V_{max} = 81.2$ kN, $M_{max} = 146.2$ kN · m를 얻을 수 있다.

## 기초문제 5.4

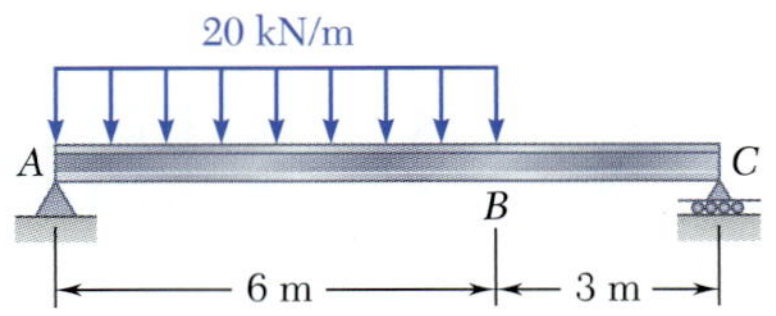


W360 × 79 압연강 보 $AC$가 균일분포하중을 받으며 단순지지되어 있다. 전단력 선도와 굽힘모멘트 선도를 그리고 굽힘에 의한 최대 수직응력의 크기와 위치를 구하시오.

## 풀이

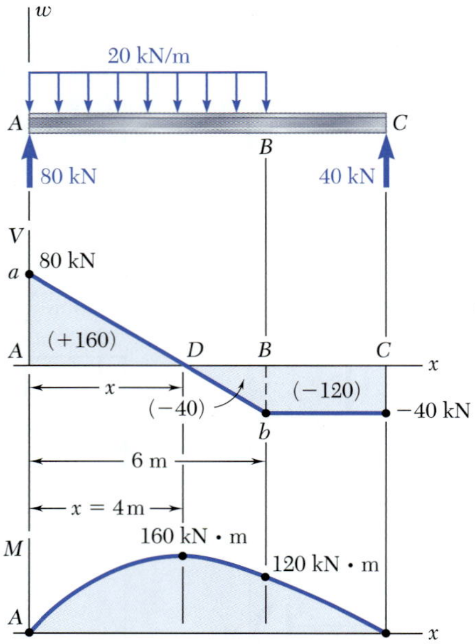


**반력.** 보 전체를 자유물체로 하여 반력을 구하면 다음과 같다.

$$\mathbf{R}_A = 80 \text{ kN} \uparrow \qquad \mathbf{R}_C = 40 \text{ kN} \uparrow$$

**전단력 선도.** $A$의 바로 오른쪽 단면에서 전단력은 $V_A = +80$ kN이다. 두 점 사이의 전단력의 변화는 하중선도 아래 면적의 "(−)"를 취한 값과 같으므로 $V_B$는 다음과 같다.

$$V_B - V_A = -(20 \text{ kN/m})(6 \text{ m}) = -120 \text{ kN}$$
$$V_B = -120 + V_A = -120 + 80 = -40 \text{ kN}$$

$A$, $B$ 사이에서 기울기 $dV/dx = -w$로 일정하므로 두 점 사이의 전단력 선도는 직선으로 표시된다. $B$와 $C$ 사이에서는 하중선도 아래의 면적이 0이므로

$$V_C - V_B = 0 \qquad V_C = V_B = -40 \text{ kN}$$

그리고 전단력은 $B$, $C$ 사이에서 일정하다.

**굽힘모멘트 선도.** 두 끝점에서 굽힘모멘트는 0이다. 최대 굽힘모멘트를 구하기 위하여, $V = 0$가 되는 단면의 위치를 찾으면 다음과 같다.

$$V_D - V_A = -wx$$
$$0 - 80 \text{ kN} = -(20 \text{ kN/m})x$$

위 식에서 $x$를 구하면 $x = 4$ m ◀

최대 굽힘모멘트는 $dM/dx = V = 0$인 $D$점에서 발생한다. 전단력 선도의 각 부분에서의 면적은 선도에 괄호로 표시되었다. 전단력 선도에서 두 점 사이의 면적은 동일한 두 점 사이에서의 굽힘모멘트 변화와 같으므로 다음을 얻을 수 있다.

$$M_D - M_A = +160 \text{ kN} \cdot \text{m} \qquad M_D = +160 \text{ kN} \cdot \text{m}$$
$$M_B - M_D = -\ 40 \text{ kN} \cdot \text{m} \qquad M_B = +120 \text{ kN} \cdot \text{m}$$
$$M_C - M_B = -120 \text{ kN} \cdot \text{m} \qquad M_C = 0$$

굽힘모멘트 선도는 포물선과 직선 부분으로 구성된다. $A$점에서 포물선의 기울기는 그 점에서의 전단력의 크기와 같다.

**최대 수직응력.** 최대 수직응력은 $|M|$이 가장 큰 $D$점에서 발생한다. 부록 C로부터 W360 × 79 압연강의 경우, 수평축에 대한 단면계수 $S = 1270 \text{ mm}^3$이다. 이 값과 $|M| = |M_D| = 160 \times 10^3$ N · m를 식 (5.3)에 대입하면 최대 수직응력은 다음과 같다.

$$\sigma_m = \frac{|M_D|}{S} = \frac{160 \times 10^3 \text{ N} \cdot \text{m}}{1270 \times 10^{-6} \text{ m}^3} = 126.0 \times 10^6 \text{ Pa}$$

보의 최대 수직응력 = 126.0 MPa ◀

## 기초문제 5.5

그림과 같은 외팔 보에 대한 전단력 선도와 굽힘모멘트 선도를 그리시오.

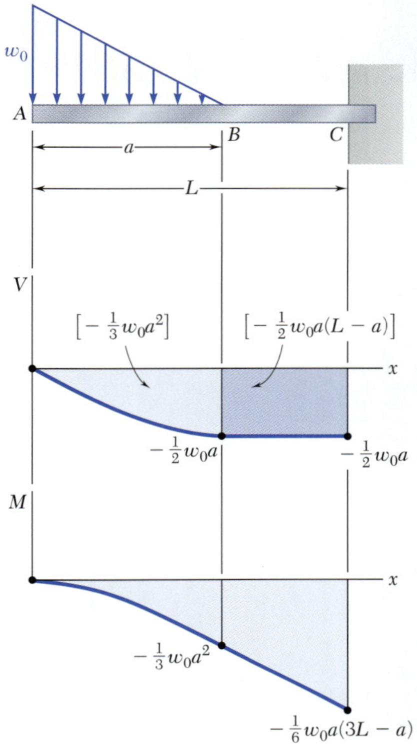


### 풀이

**전단력 선도.** 보의 자유단에서 $V_A = 0$이다. $A$와 $B$ 사이에서 하중선도 아래의 면적은 $\frac{1}{2}w_0a$이므로 $V_B$를 구하면 다음과 같다.

$$V_B - V_A = -\tfrac{1}{2}w_0a \qquad V_B = -\tfrac{1}{2}w_0a$$

$B$와 $C$ 사이에서 보는 하중을 받지 않으므로 $V_C = V_B$가 된다. 점 $A$에서 $w = w_0$이므로 식 (5.5)로부터 전단력 선도의 기울기 $dV/dx = -w_0$이며, $B$점에서 $dV/dx = 0$이다. $A$와 $B$ 사이에서 하중은 선형적으로 감소하므로 전단력 선도는 포물선이 된다. $B$와 $C$ 사이에서 $w = 0$이며 전단력이 일정하므로 선도는 수평선이 된다.

**굽힘모멘트 선도.** 자유단에서 굽힘모멘트 $M_A$는 0이므로, 전단력 선도의 면적을 계산하면 다음을 얻을 수 있다.

$$M_B - M_A = -\tfrac{1}{3}w_0a^2 \qquad M_B = -\tfrac{1}{3}w_0a^2$$
$$M_C - M_B = -\tfrac{1}{2}w_0a(L-a)$$
$$M_C = -\tfrac{1}{6}w_0a(3L-a)$$

굽힘모멘트 선도의 작도는 $dM/dx = V$를 이용하여 완성할 수 있다. 따라서 $A$와 $B$ 사이에서 굽힘모멘트 선도는 $A$점에서의 기울기가 0인 3차곡선이 되며, $B$와 $C$ 사이에서는 직선이 된다.

## 기초문제 5.6

단순지지 보 $AC$가 $B$점에서 모멘트 $T$를 받고 있다. 보의 전단력 선도와 굽힘모멘트 선도를 그리시오.

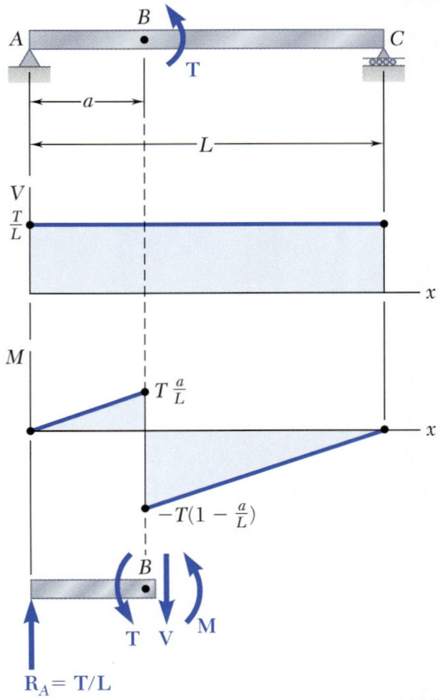


### 풀이

전체 보에 대한 자유물체도로부터 다음을 얻을 수 있다.

$$\mathbf{R}_A = \frac{T}{L}\uparrow \qquad \mathbf{R}_C = \frac{T}{L}\downarrow$$

보의 임의 단면에서 전단력은 $T/L$로 일정하다. 모멘트가 $B$점에서 작용하고 있으므로 굽힘모멘트 선도는 $B$점에서 불연속이며, $B$점에서 갑자기 $T$만큼 감소하는 두 개의 경사진 직선이 된다.

$$+\circlearrowleft\Sigma M_B = 0: \quad -\frac{T}{L}a + T + M = 0 \qquad M = -T\left(1 - \frac{a}{L}\right)$$

# P5B 연습문제

**5.17** 5.3절의 방법을 이용하여 연습문제 5.1$a$를 푸시오.

**5.18** 5.3절의 방법을 이용하여 연습문제 5.2$a$를 푸시오.

**5.19** 5.3절의 방법을 이용하여 연습문제 5.3$a$를 푸시오.

**5.20** 5.3절의 방법을 이용하여 연습문제 5.4$a$를 푸시오.

**5.21** 5.3절의 방법을 이용하여 연습문제 5.5를 푸시오.

**5.22** 5.3절의 방법을 이용하여 연습문제 5.6을 푸시오.

**5.23** 그림 P5.23과 같은 하중을 받는 보에서의 전단력 선도와 굽힘모멘트 선도를 그리고, ($a$) 전단력의 최대 절댓값과, ($b$) 굽힘모멘트의 최대 절댓값을 구하시오.

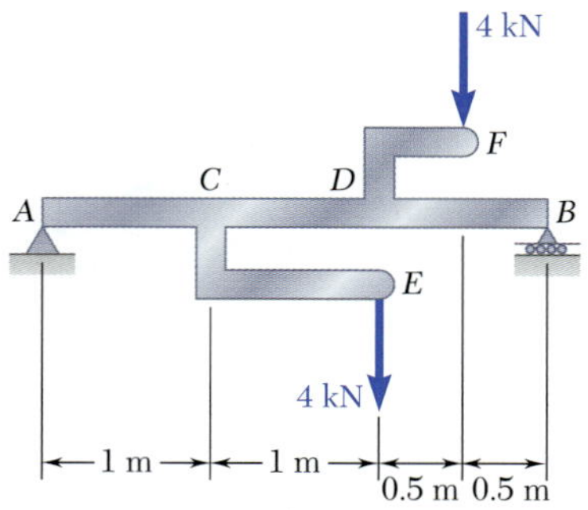


그림 P5.23

**5.24** 5.3절의 방법을 이용하여 연습문제 5.9를 푸시오.

**5.25** 5.3절의 방법을 이용하여 연습문제 5.10을 푸시오.

**5.26, 5.27** ($a$) 주어진 하중을 받는 보에서 전단력 선도 및 굽힘모멘트 선도의 식과, ($b$) 보에 발생하는 절대 최대 굽힘모멘트를 구하시오.

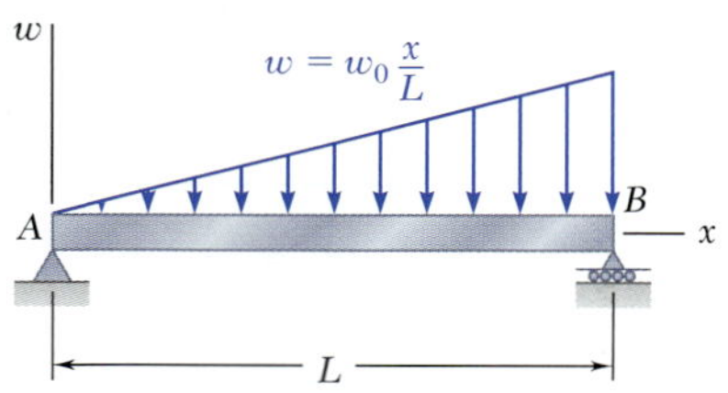


그림 P5.26

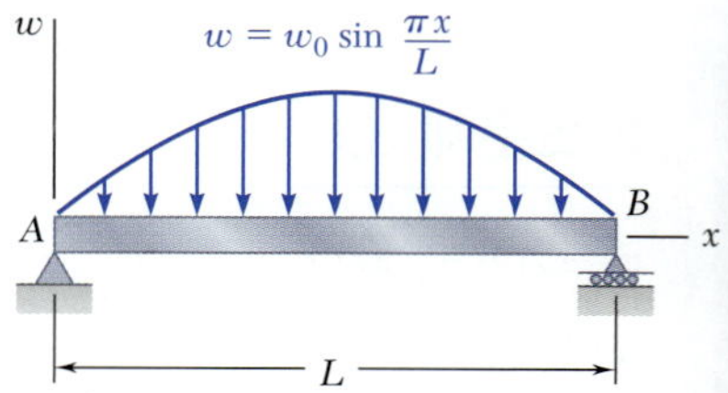


그림 P5.27

**5.28** ($a$) 주어진 하중을 받는 보에서 전단력 선도 및 굽힘모멘트 선도의 식, 그리고 ($b$) 보에 발생하는 절대 최대 굽힘모멘트의 값을 구하시오.

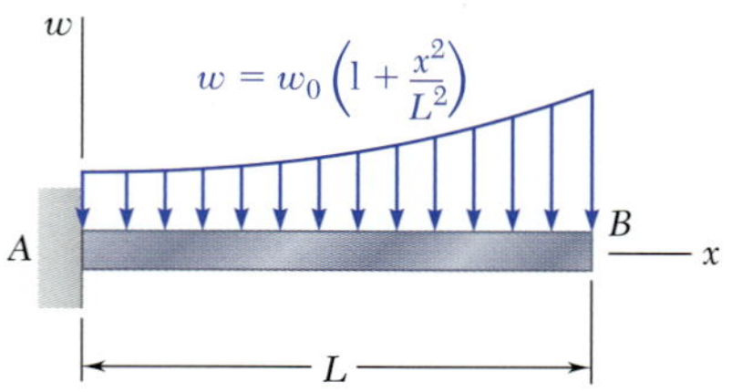


그림 P5.28

**5.29, 5.30** 그림과 같이 하중을 받는 보에서 전단력 선도와 굽힘모멘트 선도를 그리고, 굽힘모멘트에 의한 최대 수직응력을 구하시오.

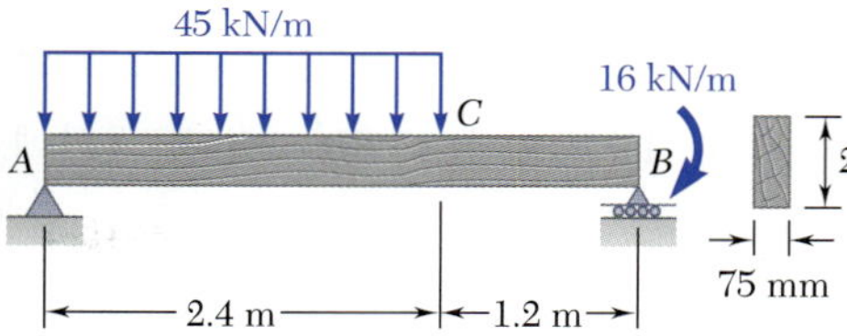


그림 *P5.29*

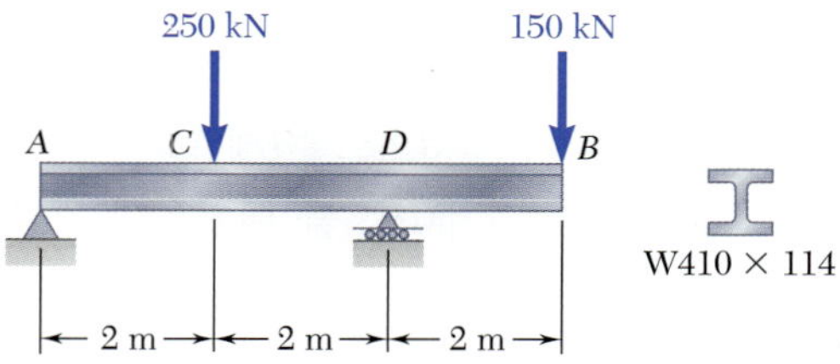


그림 *P5.30*

**5.31** 그림과 같이 하중을 받는 보에서 전단력 선도와 굽힘모멘트 선도를 그리고, 굽힘모멘트에 의한 최대 수직응력을 구하시오.

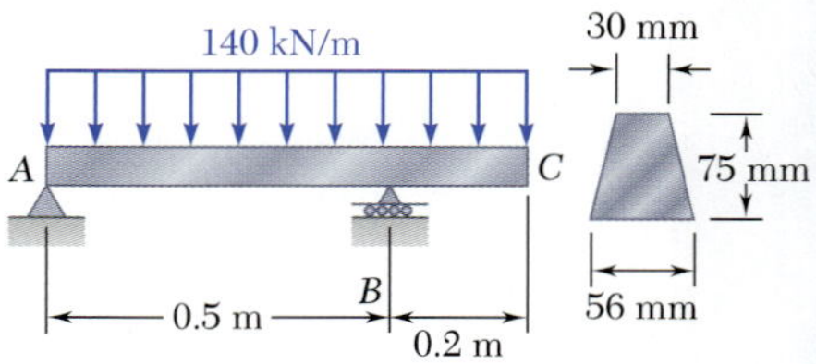


그림 *P5.31*

**5.32** 보 *AB*가 세기 15 kN/m의 균일분포하중과 두 집중하중 **P**와 **Q**를 받고 있다. W250 × 32.7 압연강 보의 하부 플랜지의 하단부에서 굽힘에 의한 수직응력이 *D*에서 −14 MPa, *E*에서 −5.35 MPa로 실험적으로 측정되었다. (*a*) 이 보에 대해 전단력 선도와 굽힘모멘트 선도를 그리시오. (*b*) 굽힘에 의해 보에서 발생하는 최대 수직응력을 결정하시오.

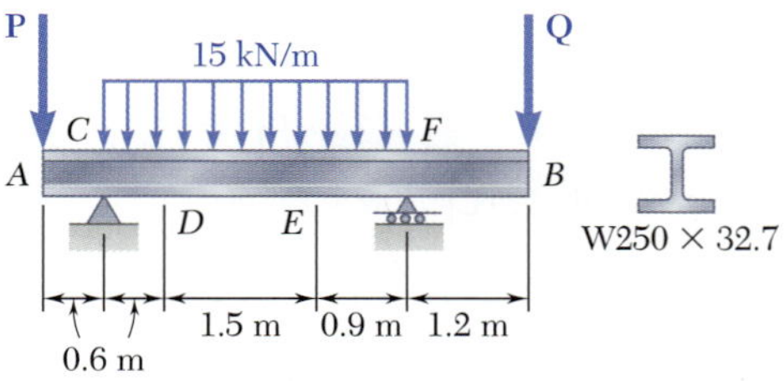


그림 P5.32

**5.33** 그림과 같이 보 *AB*가 2 kN/m의 균일분포하중과 두 집중하중 **P**, **Q**를 지지하고 있다. 보의 하단부에서 굽힘에 의한 수직응력이 *A*와 *C*에서 각각 −56.9 MPa, −29.9 MPa로 실험적으로 측정되었다. 보에서 전단력 선도와 굽힘모멘트 선도를 그리고, 하중 **P**와 **Q**의 크기를 구하시오.

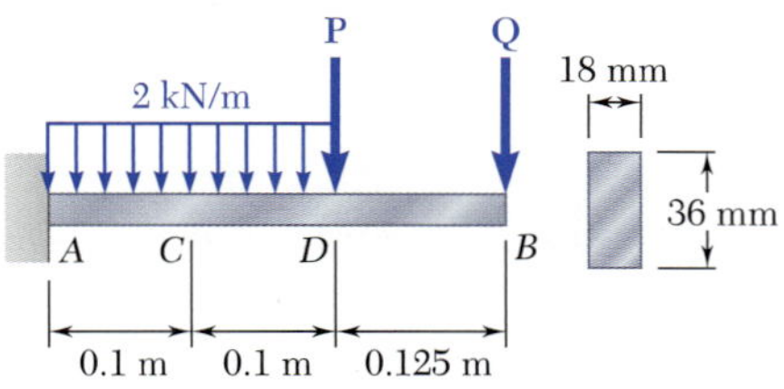


그림 P5.33

## 5.4 굽힘하중을 받는 균일단면 보의 설계

5.1절에서 지적한 바와 같이, 보의 설계는 통상적으로 보에 작용하는 굽힘모멘트의 최대 절댓값 $|M|_{max}$에 의해 좌우된다. 보에서 최대 수직응력 $\sigma_m$은 $|M|_{max}$가 발생하는 임계 단면의 보 표면에서 나타나므로, 식 (5.1) 또는 식 (5.3)[†]의 $|M|$ 대신에 $|M|_{max}$를 대입하여 다음과 같이 구해진다.

$$\sigma_m = \frac{|M|_{max}c}{I} \qquad \sigma_m = \frac{|M|_{max}}{S} \tag{5.1′, 5.3′}$$

안전한 설계를 위해서는 $\sigma_m \leq \sigma_{all}$이어야 하며 $\sigma_{all}$는 사용된 재료의 허용응력이다. 식 (5.3′)의 $\sigma_{all}$ 대신에 $\sigma_m$을 대입하고 $S$에 대하여 풀면 설계하고자 하는 보에 대한 단면계수의 최소 허용값을 다음과 같이 구할 수 있다.

$$S_{min} = \frac{|M|_{max}}{\sigma_{all}} \tag{5.9}$$

이 절에서는 직사각형 단면의 목재 보와 다양한 단면형상을 갖는 압연강 보와 같이 흔히 볼 수 있는 형태의 보에 대한 설계를 다룬다. 적절한 절차를 거쳐서 가장 경제적인 설계를 해야 한다. 경제적으로 가장 저렴한 보는 형태와 재료가 같고 그외 것들이 동등한 보 가운데서 단위길이당 무게가 최소이고 따라서 단면적이 최소인 보를 선택해야 함을 의미한다.

설계절차는 다음의 단계를 따라 이루어진다.[‡]

**1.** 먼저 재료물성표 또는 설계규격서로부터 재료의 허용응력 $\sigma_{all}$ 값을 결정한다. 또한 재료의 극한강도 $\sigma_U$를 적절한 안전계수(1.10절 참조)로 나누어 $\sigma_{all}$ 값을 계산할 수 있다. 인장과 압축방향에서 $\sigma_{all}$ 값이 동일하다고 가정하고, 다음 단계를 진행한다.

**2.** 명시된 하중조건에 상응하는 전단력 선도와 굽힘모멘트 선도를 그리고, 보에 발생하는 굽힘모멘트의 최대 절댓값 $|M|_{max}$을 결정한다.

**3.** 식 (5.9)를 이용하여 보의 단면계수의 최소 허용값 $S_{min}$을 결정한다.

---

† 중립면에 대하여 대칭이 아닌 보에서는 중립면으로부터 보의 상, 하부 표면까지의 거리중 더 큰 값을 $c$로 하여 식 (5.1)과 단면계수 $S = I/c$의 계산에 사용해야 된다.

‡ 이 장에서 고려하는 모든 보는 횡방향 좌굴이 일어나지 않도록 적절히 보강되어 있으며, 집중하중의 작용하에서 웨브(web)의 국부좌굴(crippling)을 방지하기 위하여 압연강보에 지지판(bearing plate)이 설치되어 있다고 가정한다.

**4.** 목재보의 경우 보의 높이 $h$, 폭 $b$, 또는 단면의 형상을 특징짓는 비 $h/b$가 명시될 것이므로, $b$와 $h$가 $\frac{1}{6}bh^2 = S \geq S_{\min}$의 관계를 만족하도록 4.4절의 식 (4.19)를 이용하여 이들 치수를 선정하면 된다.

**5.** 압연강 보의 경우 부록 C의 표를 적절히 참조하여 사용 가능한 보의 단면 중 $S \geq S_{\min}$을 만족하는 단면계수의 보를 고려하고, 그 중에서 단위길이당 무게가 최소인 단면의 보를 선택하는 것이 가장 경제적이다. 가장 작은 $S$ 값을 갖는 단면일 필요는 없다(예제 5.4 참조). 어떤 경우에는 단면의 허용 높이 또는 보의 허용 처짐(8장 참조)을 고려해야 하기 때문에 단면의 선정이 제한받을 수 있다.

현재까지의 논의는 $\sigma_{all}$이 인장과 압축방향으로 동일한 재료에 국한되었다. $\sigma_{all}$이 인장과 압축방향으로 서로 다르면, 인장응력과 압축응력 모두에 대하여 $\sigma_m \leq \sigma_{all}$을 만족하도록 보의 단면을 선정해야 한다. 단면이 중립축에 대하여 대칭이 아닌 경우, 가장 큰 인장응력과 가장 큰 압축응력은 $|M|$이 최대인 단면에서 항상 발생하지는 않는다. 하나는 $M$이 최대인 곳에서, 다른 하나는 $M$이 최소인 곳에서 발생할 수 있다. 따라서 $M_{\max}$와 $M_{\min}$의 결정이 2단계에 포함되어야 하고, 3단계에서 인장응력과 압축응력을 모두 고려해야 된다.

마지막으로 이 장에서 설명한 설계절차는 보의 표면에 발생하는 수직응력만을 고려하였다. 짧은 보, 특히 목재로 만들어진 보는 횡하중을 받을 때 전단에 의하여 파손될 수 있다. 보에 발생하는 전단응력은 6장에서 다룰 것이다.

### 예제 5.4

그림 5.14와 같이 60 kN의 하중을 받는 광폭 플랜지 보(wide flange beam)를 선정하시오. 사용된 강의 허용 수직응력은 165 MPa이다.

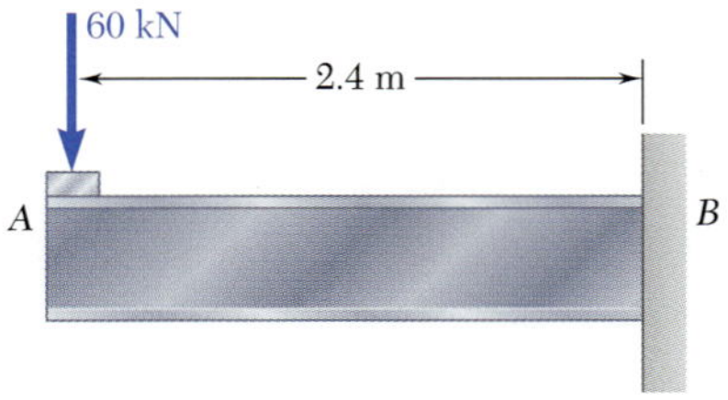


그림 5.14

(계속)

**1.** 허용 수직응력은 다음과 같이 주어진다. $\sigma_{all} = 165$ MPa.

**2.** 전단력은 60 kN로 일정하다. 굽힘모멘트는 $B$에서 최대이다.

$$|M|_{max} = (60 \text{ kN})(2.4 \text{ m}) = 144 \text{ kN} \cdot \text{m}$$

**3.** 최소 허용단면계수는 다음과 같다.

$$S_{min} = \frac{|M|_{max}}{\sigma_{all}} = \frac{144 \text{ kN} \cdot \text{m}}{165 \text{ MPa}} = 872.7 \times 10^3 \text{ mm}^3$$

**4.** 부록 C의 압연강재의 물성표를 참고하면, 형상은 동일한 높이를 갖는 그룹으로 배열되어 있고 각 그룹은 무게가 감소하는 순서로 정열되어 있다. 따라서 단면계수 $S = I/c$가 적어도 $S_{min}$ 이상인 것 중, 각 그룹에서 가장 가벼운 보를 선택하면 결과는 다음 표와 같다.

| Shape | $S \times 10^3$, $\text{mm}^3$ |
|---|---|
| W530 × 66 | 1340 |
| W460 × 52 | 942 |
| W410 × 60 | 1060 |
| W360 × 57.8 | 899 |
| W310 × 74 | 1060 |
| W250 × 80 | 984 |

W460 × 52 형상의 보는 다른 형상들 중 하나보다 더 큰 단면계수를 갖지만, 무게가 단지 52 kg/m이므로 가장 경제적이다. 보의 전체 무게는 (2.4 m) × (52 kg/m) × (9.81 m/s$^2$) = 1244 N으로서 60,000 N의 하중에 비하여 작으므로 본 해석에서 무시할 수 있다.

## 기초문제 5.7

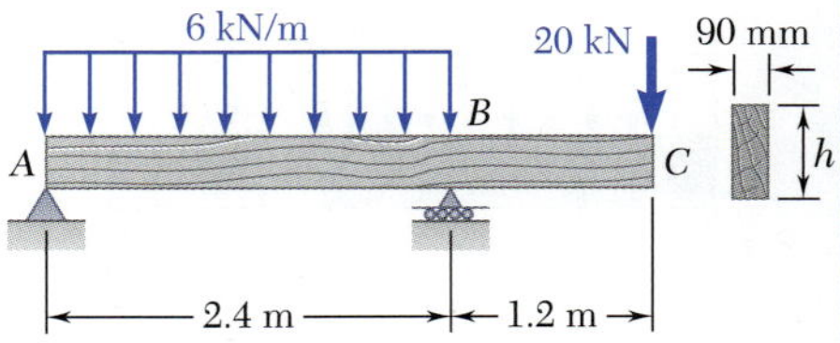


두 지지점 사이의 거리가 2.4 m이고 길이가 3.6 m인 목재 보 $AB$가 그림과 같이 분포하중과 집중하중을 지지하도록 설계되었다. 단면의 공칭 폭(norminal width)이 100 mm이고(실제 폭은 90 mm임), 허용응력이 12 MPa일 때 요구되는 보의 최소 높이 $h$를 구하시오.

## 풀이

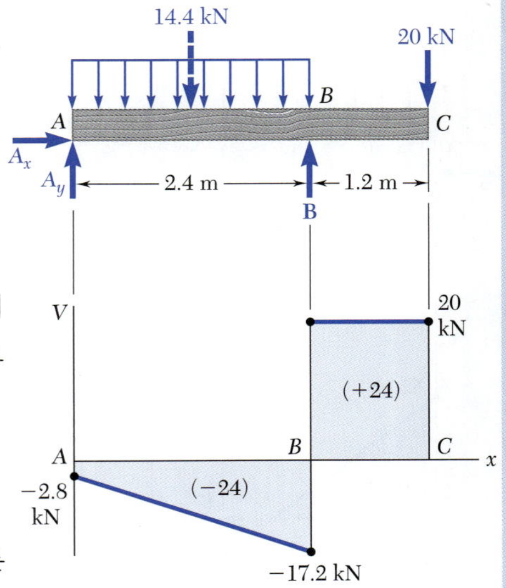


**반력.** 전체 보를 자유물체로 고려한 후, 반력을 구하면 다음과 같다.

$$+\circlearrowleft \Sigma M_A = 0: B(2.4 \text{ m}) - (14.4 \text{ kN})(1.2 \text{ m}) - (20 \text{ kN})(3.6 \text{ m}) = 0$$
$$B = 37.2 \text{ kN} \qquad \mathbf{B} = 37.2 \text{ kN} \uparrow$$
$$\overset{+}{\rightarrow} \Sigma F_x = 0: \qquad A_x = 0$$
$$+\uparrow \Sigma F_y = 0: A_y + 37.2 \text{ kN} - 14.4 \text{ kN} - 20 \text{ kN} = 0$$
$$A_y = -2.8 \text{ kN} \qquad \mathbf{A} = 2.8 \text{ kN} \downarrow$$

**전단력 선도.** $A$의 바로 오른쪽에서의 전단력은 $V_A = A_y = -2.8$ kN이다. $A$와 $B$ 사이의 전단력의 변화는 두 점 사이의 하중선도의 면적에 "마이너스(−)"를 취한 값과 같으므로, $V_B$는 다음과 같이 구할 수 있다.

$$V_B - V_A = -(6 \text{ kN/m})(2.4 \text{ m}) = -14.4 \text{ kN}$$
$$V_B = V_A - 14.4 \text{ kN} = -2.8 \text{ kN} - 14.4 \text{ kN} = -17.2 \text{ kN}$$

$B$점의 반력은 전단력 선도에서 37.2 kN 만큼 갑작스런 증가를 유발하며, $B$점의 오른쪽 부분까지 20 kN의 전단력이 나타난다. $B$와 $C$ 사이에는 작용하중이 없으므로 전단력은 두 점 사이에서 일정하게 유지된다.

**$|M|_{max}$의 결정.** 우선 굽힘모멘트는 양쪽 끝에서 0이므로, $M_A = M_C = 0$이 된다. $A$와 $B$ 사이에서 굽힘모멘트는 전단력 선도 아래의 면적만큼 감소하며, $B$와 $C$ 사이에서는 해당하는 면적만큼 증가한다. 따라서 굽힘모멘트의 절댓값 중 최대치 $|M|_{max} = 24$ kN · m이다.

**최소 허용단면계수.** 식 (5.9)에 $\sigma_{all}$과 $|M|_{max}$를 대입하면 다음을 얻을 수 있다.

$$S_{min} = \frac{|M|_{max}}{\sigma_{all}} = \frac{24 \text{ kN} \cdot \text{m}}{12 \text{ MPa}} = 2 \times 10^6 \text{ mm}^3$$

**최소 보 높이.** 5.4절의 설계절차 중 네 번째 단계의 공식을 상기하고, $b$와 $S_{min}$을 대입하면 다음을 얻는다.

$$\tfrac{1}{6} bh^2 \geq S_{min} \quad \tfrac{1}{6}(90 \text{ mm})h^2 \geq 2 \times 10^6 \text{ mm}^3 \quad h \geq 365.2 \text{ mm}$$

따라서 요구되는 보의 최소 높이는 다음과 같다.

$$h = 366 \text{ mm}$$ ◀

## 기초문제 5.8

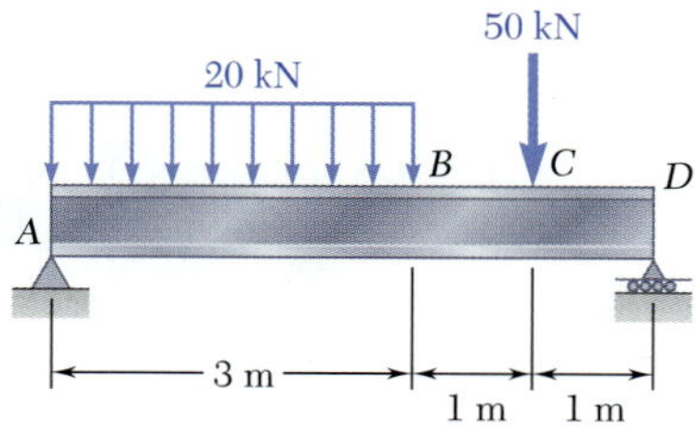


5 m 길이의 단순지지 보 $AD$가 분포하중과 집중하중을 받고 있다. 사용된 강재의 허용 수직응력이 160 MP일 때 사용되어야 할 광폭 플랜지 보의 형상을 선정하시오.

### 풀이

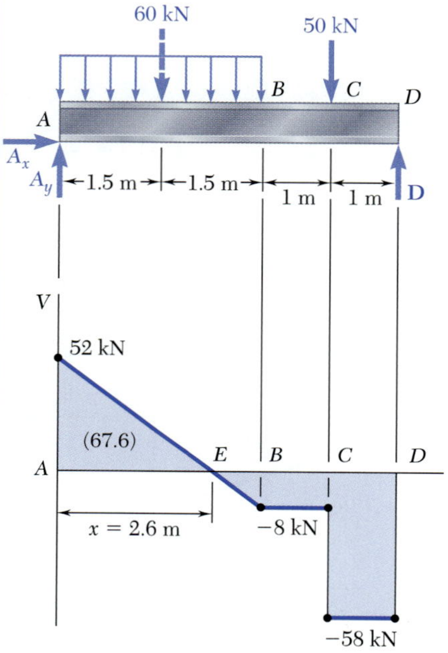


**반력.** 보 전체를 자유물체로 간주해서 반력을 구하면 다음과 같다.

$$+\circlearrowleft \Sigma M_A = 0: \quad D(5\text{ m}) - (60\text{ kN})(1.5\text{ m}) - (50\text{ kN})(4\text{ m}) = 0$$

$$D = 58.0\text{ kN} \qquad \mathbf{D} = 58.0\text{ kN}\uparrow$$

$$\overset{+}{\rightarrow} \Sigma F_x = 0: \quad A_x = 0$$

$$+\uparrow \Sigma F_y = 0: \quad A_y + 58.0\text{ kN} - 60\text{ kN} - 50\text{ kN} = 0$$

$$A_y = 52.0\text{ kN} \qquad \mathbf{A} = 52.0\text{ kN}\uparrow$$

**전단력 선도.** 점 $A$의 바로 오른쪽 부분에서 전단력은 $V_A = A_y = +52.0$ kN이다. $A$와 $B$ 사이에서 전단력의 변화량은 두 점 사이의 하중선도 아래 면적의 음의 값이므로 다음과 같다.

$$V_B = 52.0\text{ kN} - 60\text{ kN} = -8\text{ kN}$$

전단력은 $B$와 $C$ 사이에서 일정하며 $C$점에서 −58 kN으로 떨어진다. 이 값은 $C$와 $D$ 사이에 일정하게 유지된다. $V = 0$이 되는 단면 $E$의 위치는 다음과 같다.

$$V_E - V_A = -wx$$
$$0 - 52.0\text{ kN} = -(20\text{ kN/m})x$$

$x$에 대하여 구하면 $x = 2.60$ m가 된다.

**$|M|_{max}$의 결정.** 굽힘모멘트는 $V = 0$이 되는 $E$점에서 최대가 된다. 지지점 $A$에서 모멘트 $M$이 0이 되므로 $E$점에서의 최댓값은 $A$와 $E$ 사이의 전단력 선도 아래 면적과 같다. 따라서 $|M|_{max} = M_E = 67.6$ kN · m가 된다.

**최소 허용 단면계수.** 식 (5.9)에 $\sigma_{all}$과 $|M|_{max}$를 대입하면 최소 허용 단면계수는 다음과 같이 구해진다.

$$S_{min} = \frac{|M|_{max}}{\sigma_{all}} = \frac{67.6\text{ kN}\cdot\text{m}}{160\text{ MPa}} = 422.5 \times 10^{-6}\text{ m}^3 = 422.5 \times 10^3\text{ mm}^3$$

**광폭 플랜지 보 형상의 선정.** 부록 C로부터 $S_{min}$보다 큰 단면계수를 지니는 형상을 선택한 후, 주어진 높이의 그룹에서 가장 가벼운 형상을 나열하면 왼쪽 표와 같다.

| Shape | $S \times 10^3$, mm$^3$ |
|---|---|
| W410 × 38.8 | 629 |
| W360 × 32.9 | 475 |
| W310 × 38.7 | 547 |
| W250 × 44.8 | 531 |
| W200 × 46.1 | 451 |

따라서 사용이 가능한 가장 가벼운 보의 형상은 W360 × 32.9 ◀

# P5C 연습문제

**5.34, 5.35** 그림과 같이 하중을 받는 목재 보의 허용 수직응력이 12 MPa일 때, 보의 단면을 설계하시오.

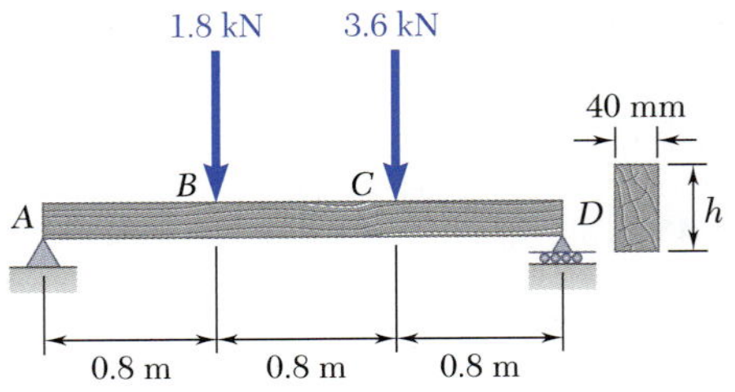


**그림 P5.34**

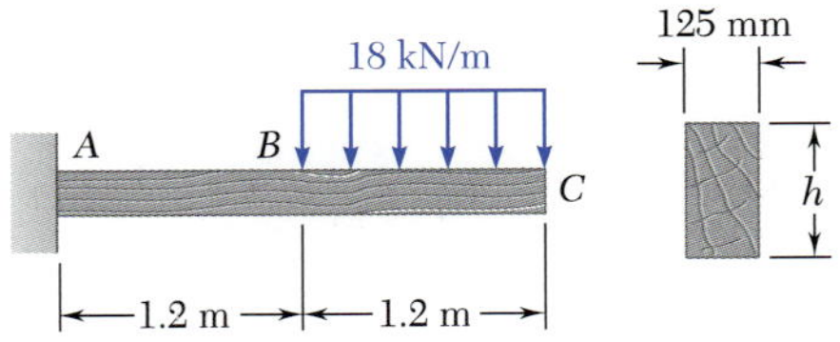


**그림 *P5.35***

**5.36** 그림과 같이 하중을 받는 목재 보의 허용 수직응력이 12 MPa일 때, 보의 단면을 설계하시오.

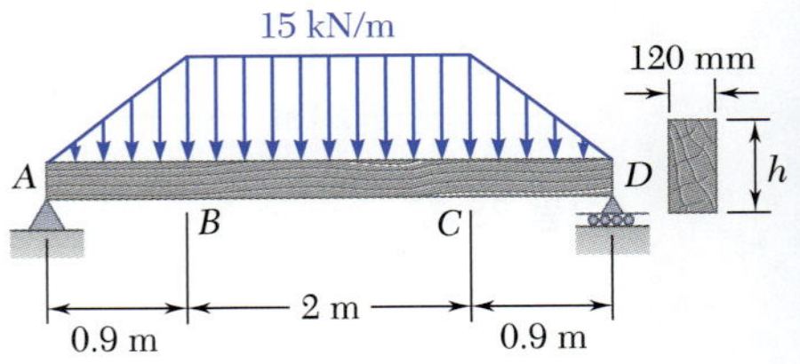


**그림 P5.36**

**5.37** 그림과 같이 하중을 받는 목재 보의 허용 수직응력이 12 MPa일 때, 보의 단면을 설계하시오.

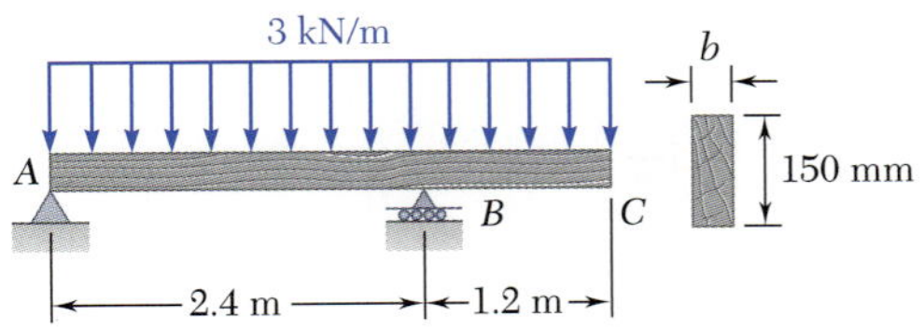


**그림 P5.37**

**5.38, 5.39** 사용된 강의 허용 수직응력이 160 MPa일 때, 그림과 같이 하중을 지지할 수 있는 가장 경제적인 광폭 플랜지 보를 선정하시오.

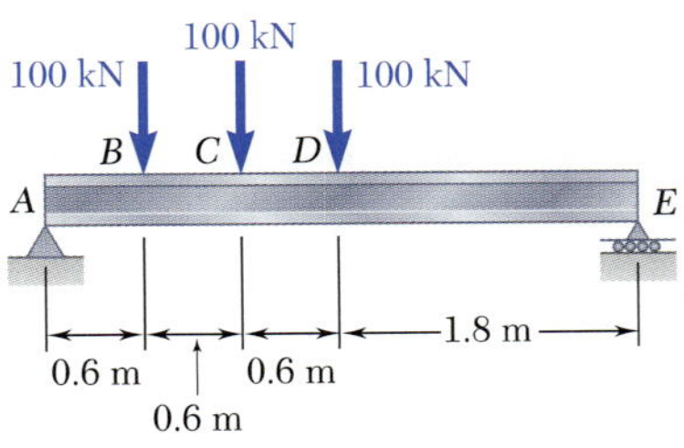


**그림 P5.38**

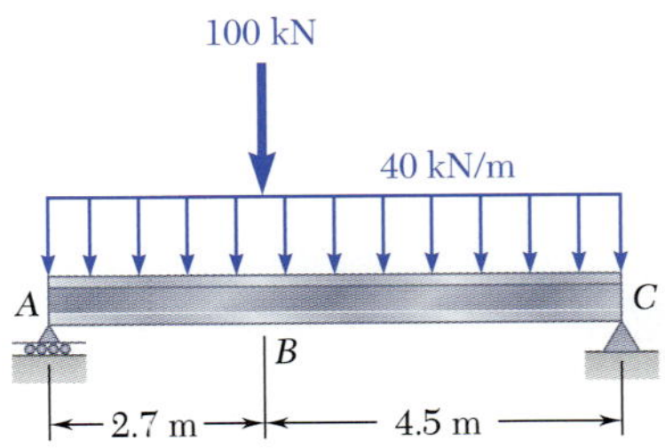


**그림 P5.39**

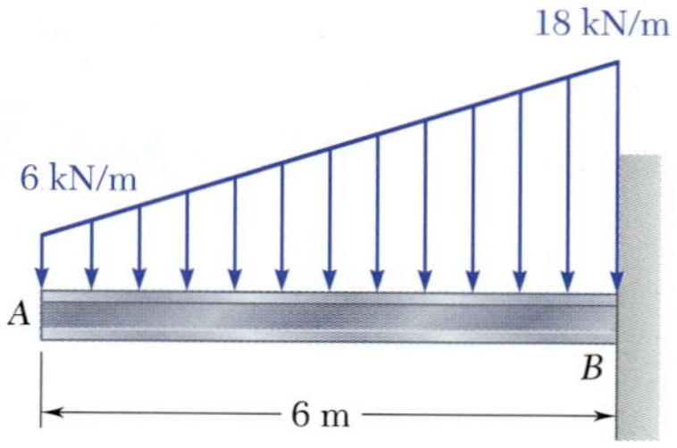


그림 P5.40

**5.40** 사용된 강의 허용 수직응력이 160 MPa일 때, 그림과 같이 하중을 지지할 수 있는 가장 경제적인 광폭 플랜지 보를 선정하시오.

**5.41** 사용된 강의 허용 수직응력이 160 MPa일 때, 그림과 같이 하중을 지지할 수 있는 가장 경제적인 S-형 보를 선정하시오.

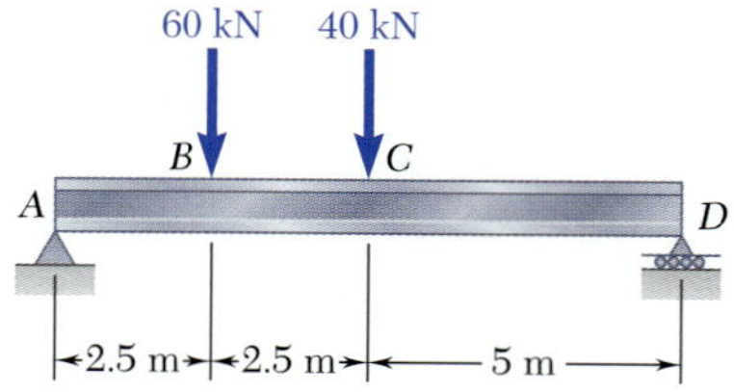


그림 P5.41

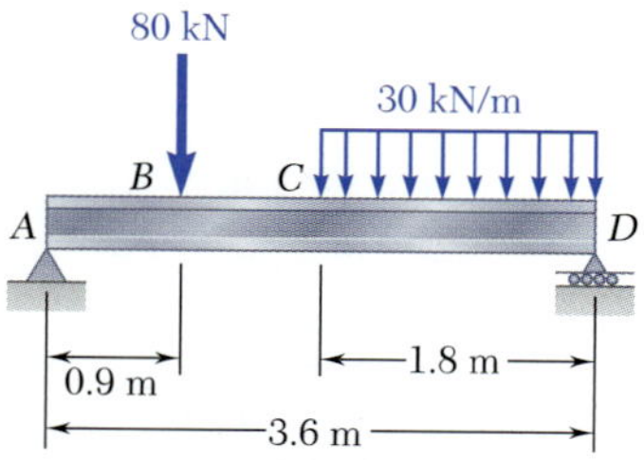


그림 P5.42

**5.42** 사용된 강의 허용 수직응력이 160 MPa일 때, 그림과 같이 하중을 지지할 수 있는 가장 경제적인 S-형 보를 선정하시오.

**5.43** 두 개의 L102 × 76 압연강 앵글을 볼트로 체결하여 그림과 같이 하중을 지지하고 있다. 사용된 강의 허용 수직응력이 140 MPa일 때, 앵글의 최소 두께를 구하시오.

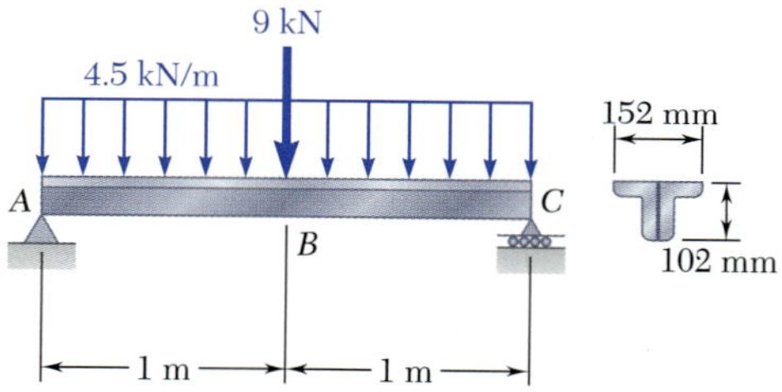


그림 P5.43

**5.44** 지름 100 mm의 강관이 그림과 같이 하중을 지지하고 있다. 사용 가능한 관의 두께는 6 mm에서 24 mm까지 3 mm씩 증가하며, 사용된 강의 허용 수직응력이 150 MPa일 때 최소 벽두께 $t$를 구하시오.

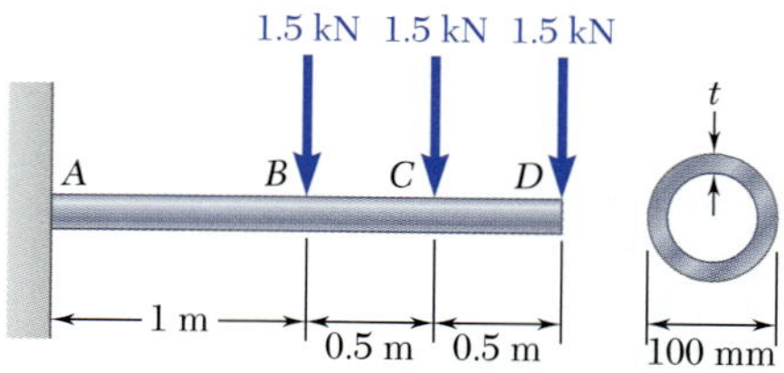


그림 P5.44

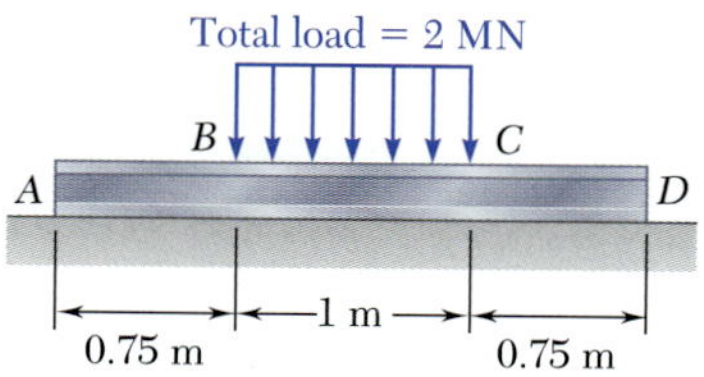


그림 P5.45

**5.45** 지면의 윗방향 반력이 균일하게 분포한다고 가정하고 강의 허용 수직응력이 170 MPa일 때, 그림과 같이 하중을 지지할 수 있는 가장 경제적인 광폭 플랜지 보를 선정하시오.

**5.46** 허용 수직응력이 인장에 대해 +80 MPa이고, 압축에 대해 −130 MPa일 때, 그림과 같은 보에서 허용 가능한 가장 큰 균일분포하중 $w$를 구하시오.

**5.47** 보의 단면이 뒤집혀서 플랜지가 지지점 $B$와 $C$에 놓인다고 가정하고 문제 5.46을 푸시오.

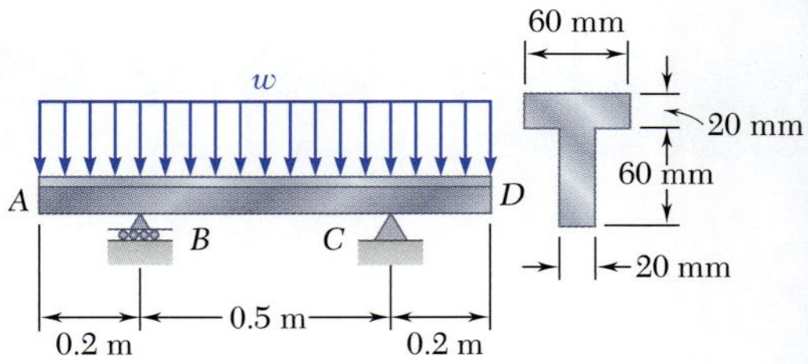


그림 P5.46

# 제5장 복습 및 요약

### 균일단면 보의 설계에 대한 고찰

이 장은 횡하중을 받는 보의 해석 및 설계를 다루었다. 이러한 하중은 집중하중 또는 분포하중으로 분류되며, 보는 그림 5.15와 같이 보가 지지된 방법에 따라 분류된다. 이 장에서는 정정 보만을 다루었으며, 부정정 보에 대한 해석은 8장에서 다루게 될 것이다.

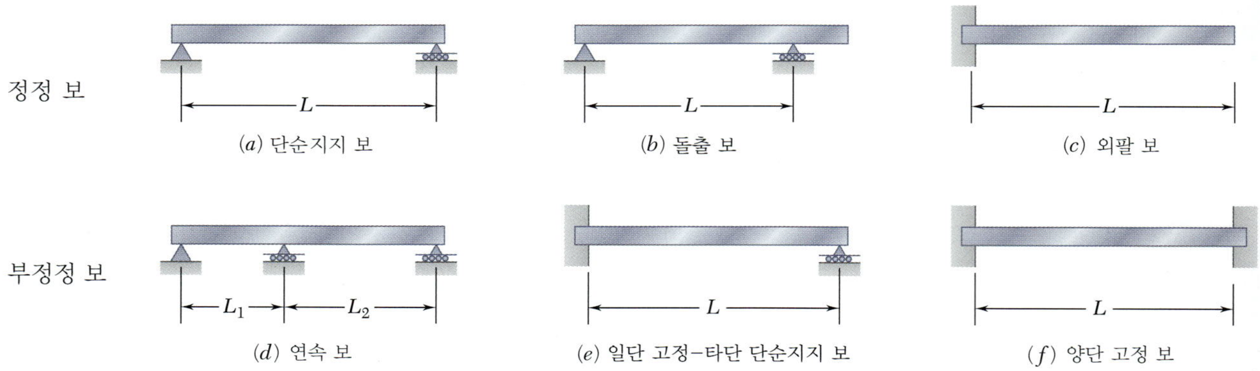


그림 5.15

### 굽힘에 의한 수직응력

횡하중에 의해 보에서 굽힘과 전단이 발생하지만, 보의 강도설계에서 중요한 기준은 굽힘에 의한 수직응력이다[5.1절]. 따라서 이 장은 보의 수직응력 해석에 대하여 다루었으며, 전단응력의 영향에 대해서는 다음 장에서 검토할 것이다.

4.4절을 상기하면 보의 주어진 단면에 발생하는 수직응력의 최댓값 $\sigma_m$은 다음의 굽힘 공식을 이용하여 구한다.

$$\sigma_m = \frac{|M|c}{I} \tag{5.1}$$

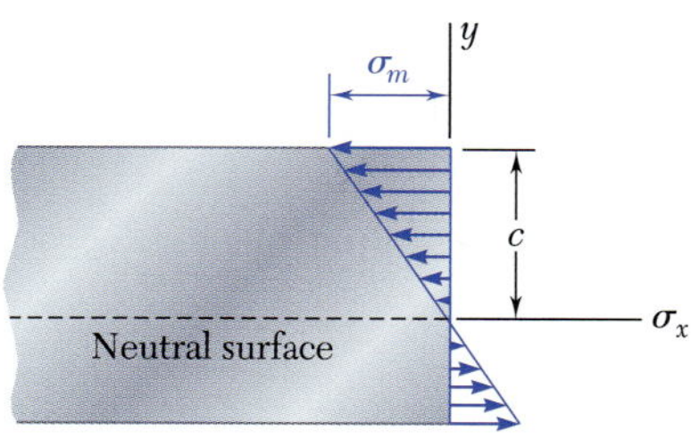


그림 5.16

여기서 $I$는 굽힘모멘트 **M**의 평면에 수직한 도심축에 대한 단면의 면적관성모멘트이고, $c$는 그림 5.16과 같이 중립면으로부터의 최대거리이다. 또한 4.4절에서 보의 단면계수 $S = I/c$를 소개하였으며, 이 단면에서 수직응력의 최댓값 $\sigma_m$은 다음과 같이 주어진다.

$$\sigma_m = \frac{|M|}{S} \tag{5.3}$$

### 전단력 선도와 굽힘모멘트 선도

식 (5.1)으로부터 최대 수직응력은 $|M|$이 가장 큰 단면의 중립축으로부터 가장 먼 곳에서 발생한다. 보에서 $|M|$의 최댓값과 이 모멘트가 발생하는 단면은 전단력 선도와 굽힘모멘

트 선도로부터 쉽게 알아낼 수 있다. 이 선도는 보의 길이에 따른 전단력과 굽힘모멘트의 변화이며, 보의 선택된 점들에서 $V$와 $M$ 값들을 구하여 얻어진다[5.2절]. 이 값들은 결정해야 할 점을 통과하는 단면을 절단하고, 절단된 부분 중 어느 한 부분에 대한 자유물체도를 작성하여 구하였다. 전단력 **V**와 굽힘모멘트 **M**의 방향에 대한 혼동을 피하기 위하여, 이미 언급했던 그림 5.17과 같은 부호규약을 준수해야 한다[예제 5.1, 5.2, 기초문제 5.1, 5.2].

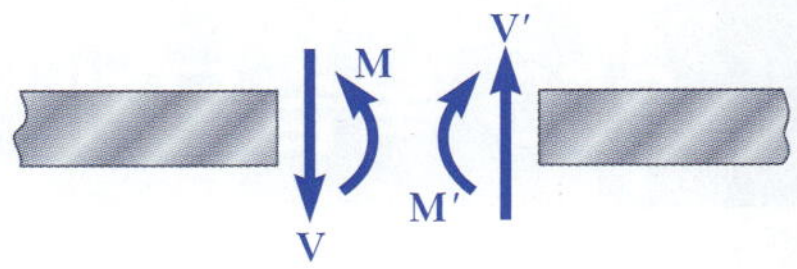

(*a*) 내력
(양의 전단력과 굽힘모멘트)

그림 5.17

### 하중, 전단력, 굽힘모멘트 사이의 관계

전단력과 굽힘모멘트 선도는 다음의 관계식들을 고려하면 쉽게 얻어진다[5.3절]. 단위길이당 분포하중을 $w$라고 정의하고, 아래 방향으로 향할 때 양이라고 가정하면 다음과 같이 쓸 수 있다.

$$\frac{dV}{dx} = -w \qquad \frac{dM}{dx} = V \tag{5.5, 5.7}$$

위 식을 적분 형태로 표시하면 다음과 같다.

$V_D - V_C = -$($C$와 $D$ 사이의 하중선도 아래 면적) (5.6′)

$M_D - M_C =$ $C$와 $D$ 사이의 전단력 선도 아래 면적 (5.8′)

보의 분포하중을 나타내는 선도와 보의 한쪽 단에서의 $V$값으로부터 식 (5.6′)을 이용하여 전단력 선도를 작도할 수 있다. 유사한 방법으로 보의 전단력 선도와 보의 한쪽 단에서의 $M$ 값으로부터 식 (5.8′)을 이용하여 굽힘모멘트 선도를 작도할 수 있다. 집중하중과 집중모멘트는 각각 전단력 선도와 굽힘모멘트 선도에서 불연속을 나타내지만, 이 식들에서는 이와 같은 불연속을 고려하지 않았다[기초문제 5.3, 5.6]. 마지막으로 굽힘모멘트가 최대 및 최소가 되는 점은 전단력이 0이 되는 점이라는 것을 식 (5.7)로부터 알 수 있다[기초문제 5.4].

### 균일단면 보의 설계

균일단면 보의 설계에 대한 적합한 절차는 5.4절에서 설명하였으며, 다음과 같이 요약할 수 있다.

재료에 대한 허용응력 $\sigma_{\text{all}}$을 결정한 후, 보의 설계가 보에 발생하는 최대 수직응력에 의하여 지배받는다고 가정하여 다음의 최소 허용단면계수를 계산한다.

$$S_{\min} = \frac{|M|_{\max}}{\sigma_{\text{all}}} \tag{5.9}$$

보의 폭이 $b$이고 높이가 $h$인 직사각형 단면 목재 보의 단면계수는 $S = \frac{1}{6}bh^2$이다. 따라서 단면의 치수는 $\frac{1}{6}bh^2 \geq S_{\min}$이 되도록 선정해야 한다.

압연강 보의 경우에는 부록 C의 표를 참조한다. 사용 가능한 보의 단면 중에서 단면계수가 $S \geq S_{\min}$인 보를 고려하고, 그 중 단위길이당 무게가 가장 가벼운 단면을 선정한다. 이것이 $S \geq S_{\min}$의 단면 중 가장 경제적인 단면이 된다.

# P5D 복습문제

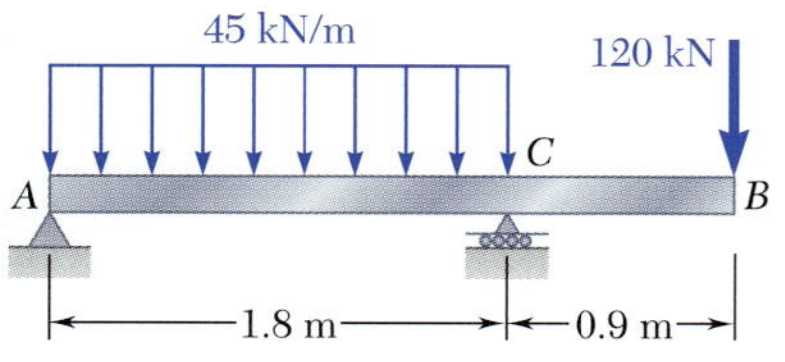


그림 P5.48

**5.48** 그림과 같이 하중을 받는 보의 전단력 선도와 굽힘모멘트 선도를 그리고, 다음의 최대 절댓값을 구하시오. (*a*) 전단력, (*b*) 굽힘모멘트.

**5.49** 그림과 같이 하중을 받는 보의 전단력 선도와 굽힘모멘트 선도를 그리고, 굽힘에 의한 최대 수직응력을 구하시오.

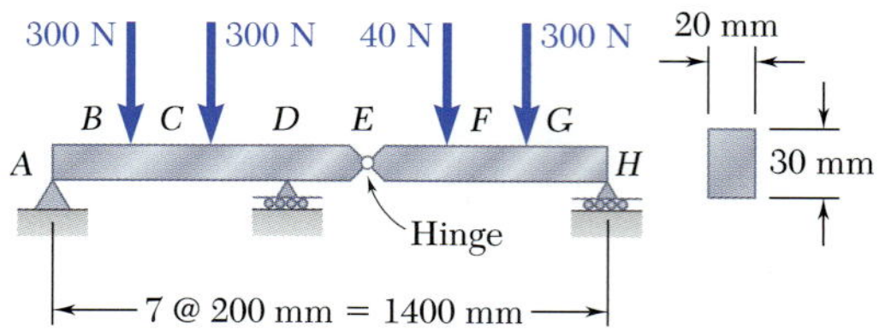


그림 P5.49

**5.50** 보 *AB*가 그림과 같은 하중상태에서 평형을 이루고 있을 때, 전단력 선도와 굽힘모멘트 선도를 그리고, 굽힘에 의한 최대 수직응력을 구하시오.

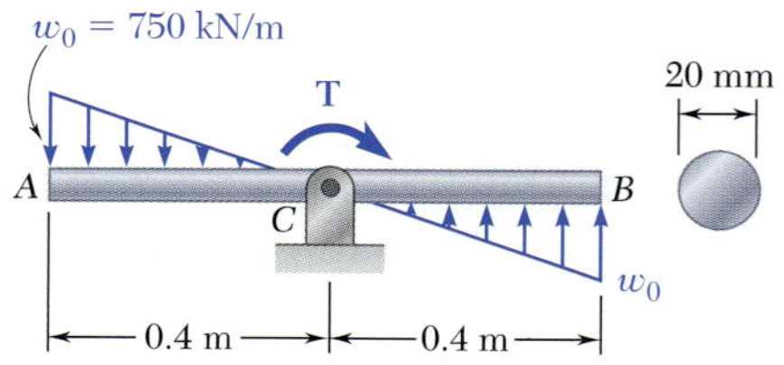


그림 P5.50

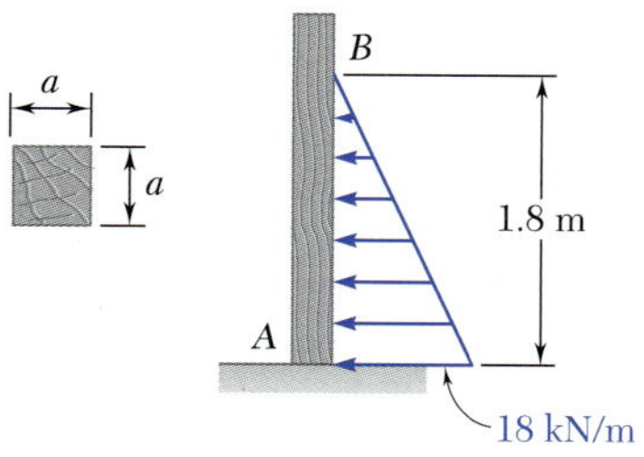


그림 P5.51

**5.51** 그림과 같이 하중을 받는 보에 대해 목재 등급의 허용 수직응력이 12 MPa일 때, 보의 단면을 설계하시오.

**5.52** 인장과 압축에 대한 허용수직응력이 각각 +80 MPa과 −140 MPa일 때, 그림에 보인 보에 허용할 수 있는 최대 하중 **P**를 결정하시오.

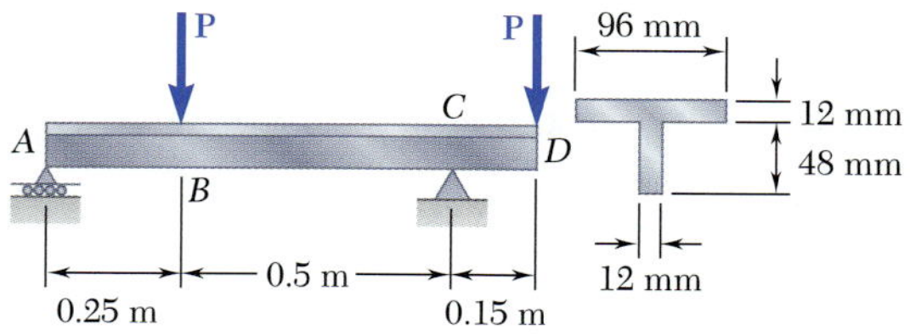


그림 P5.52

# P5E 컴퓨터 활용문제

**다음의 문제들은 컴퓨터를 활용하여 풀 수 있도록 작성되었다.**

**5.C1** 여러 개의 집중하중 $P_i(i = 1, 2, \cdots, n)$가 그림과 같이 보에 작용하고 있다. 주어진 하중과 주어진 단면계수에 대하여 보의 임의의 점에서 전단력, 굽힘모멘트 및 수직응력을 계산할 수 있는 컴퓨터프로그램을 작성하시오. 이 프로그램을 이용하여 연습문제 5.10을 계산하시오. (힌트: 최댓값은 지지점 또는 하중점에서 발생한다.)

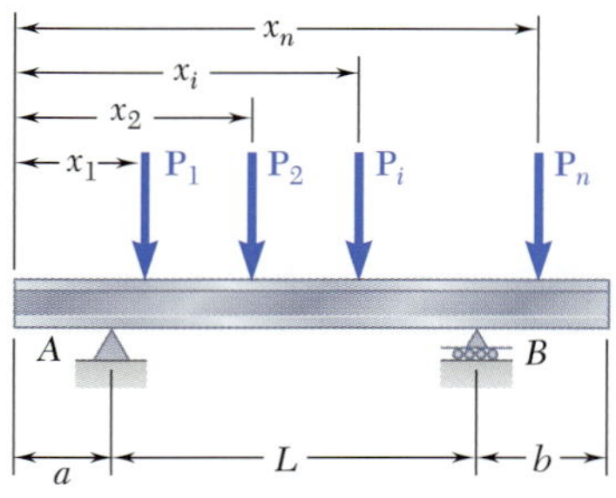


그림 P5.C1

**5.C2** 그림과 같은 하나의 분포하중과 두 개까지의 집중하중을 지지할 수 있는 목재 보를 설계하고자 한다. 균일한 직사각형 단면의 치수 중 하나는 명시되어 있으며, 다른 치수는 보의 최대 수직응력이 주어진 허용응력 값 $\sigma_{all}$을 초과하지 않도록 결정되어야 한다. 주어진 간격 $\Delta L$에서 전단력, 굽힘모멘트, 미지의 형상치수의 최솟값을 계산하는 컴퓨터프로그램을 작성하시오. 이 프로그램을 사용하여 주어진 간격 $\Delta L$에 대하여 다음의 문제를 계산하시오. (*a*) 연습문제 5.34($\Delta L = 0.1$ m), (*b*) 연습문제 5.37($\Delta L = 0.2$ m).

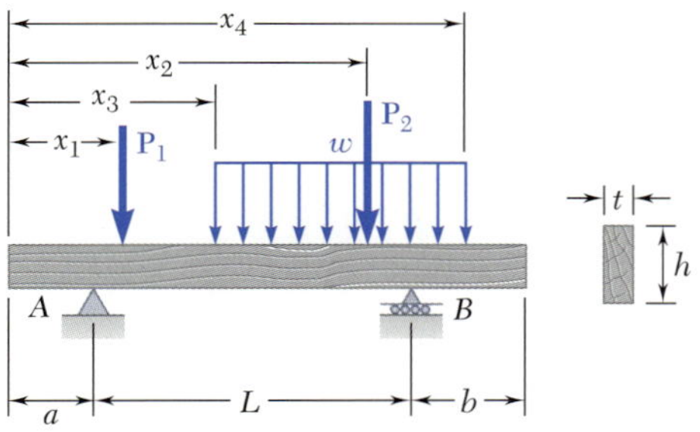


그림 P5.C2

**5.C3** 그림과 같은 하중을 받는 보에서 전단력 선도와 굽힘모멘트 선도를 작도하기 위한 컴퓨터프로그램을 작성하시오. 이 프로그램을 이용하여, 연습문제 5.39와 같이 하중을 받는 보의 전단력 선도와 굽힘모멘트 선도를 $\Delta L = 0.05$ m 간격으로 작도하시오.

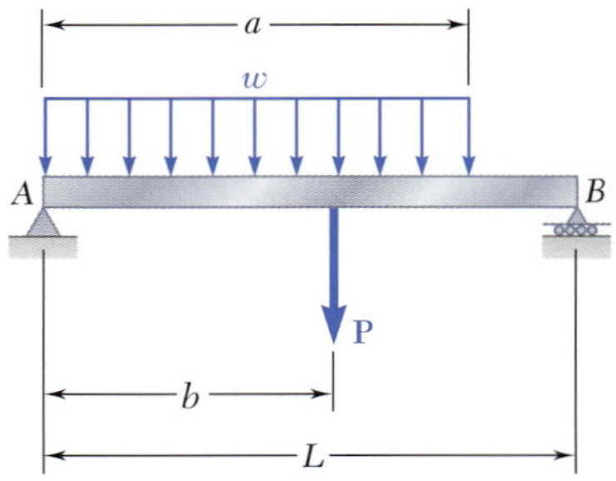


그림 P5.C3

CHAPTER

6

# 보와 박벽 부재의 전단응력

## Shearing Stresses in Beams and Thin-Walled Members

강화 콘크리트 바닥판을 박벽의 강재 단면 각각에 접합시켜 복합 박스 거더(composite box girder) 교량을 만든다. 사진은 교량 아래에 설치된 강재 I형 보이다. 이 장에서는 여러 가지 형태의 보와 거더에서 발생되는 전단응력을 결정할 것이다.

## 6.1 서론



5.1절에서 보에 작용하는 횡하중은 보의 횡단면에 수직응력과 전단응력을 일으킴을 알았다. 단면의 수직응력은 그 단면에서의 굽힘모멘트 **M**에 의해 발생하며, 전단응력은 전단력 **V**에 의해 발생한다. 보의 강도설계에서 주요한 기준은 보에서의 최대 수직 응력값이므로 5장에서 보의 해석은 수직응력에 대해서만 이루어졌다. 그러나 전단응력은 특히 지각이 짧고 단면 높이 치수가 큰 보(short and stubby beam)의 설계에서 중요하기 때문에 전단응력의 해석이 이 장의 첫 번째 주제로 다루어질 것이다.

그림 6.1에서 수직대칭면을 갖는 보의 주어진 횡단면에 작용하는 수직력과 전단력은 굽힘모멘트 **M**과 전단력 **V**와 등가임을 보여주고 있다. 이들 사이의 관계는 여섯 개의 식으로 표현할 수 있다. 이 중 세 개의 식은 수직력 $\sigma_x\, dA$만을 포함하며 4.2절에서 다루었다. 이 식들은 (4.1), (4.2), (4.3)이고, 수직력의 합은 0, $y$, $z$축에 대한 모멘트의 합은 각각 0과 $M$임을 나타낸다. 이제 전단력 $\tau_{xy}\, dA$, $\tau_{xz}\, dA$를 포함하는 나머지 세 개의 식을 구할 수 있다. 이들 중 하나는 $x$축에 대한 전단력의 모멘트 합이 0임을 나타내며, $xy$면에 대해 보가 대칭임을 고려하면 무시될 수 있다. 나머지 두 개의 식은 힘의 $y$, $z$ 성분을 포함하며, 다음과 같다.

$$y \text{ 성분} : \int \tau_{xy}\, dA = -V \tag{6.1}$$

$$z \text{ 성분} : \int \tau_{xz}\, dA = 0 \tag{6.2}$$

첫 번째 식은 횡하중을 받는 보의 횡단면에 수직전단응력이 존재하여야 한다는 것을 보여준다. 두 번째 식은 평균 수평전단응력은 어느 단면에서나 0임을 나타낸다. 그러나 전단응력 $\tau_{xz}$가 어디에서나 0이라는 의미는 아니다.

이제 그림 6.2와 같이 보의 수직대칭면에 위치하는 미소 정육면체 요소를 고려

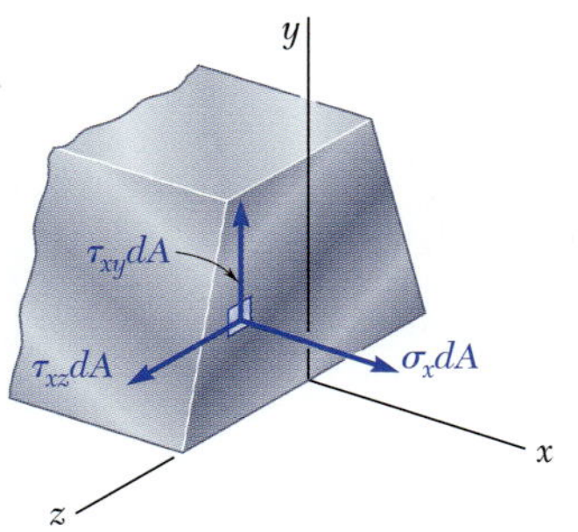


그림 6.1 보의 단면

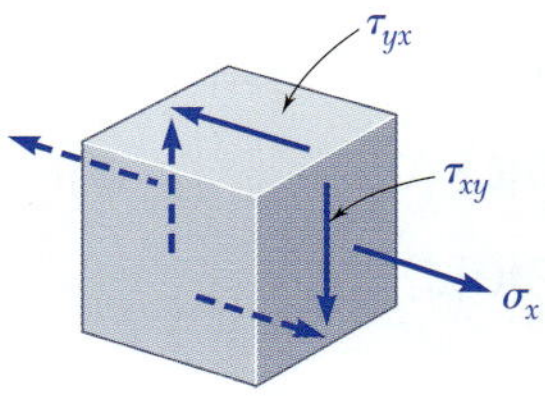


그림 6.2 보 단면의 응력요소

하고, 그 면에 작용하는 응력을 관찰해 보자($\tau_{xz}$는 0이어야 한다). 수직응력 $\sigma_x$와 전단응력 $\tau_{xy}$는 $x$축에 수직인 두 개의 면에 모두 작용하고 있다. 그러나 전단응력 $\tau_{xy}$가 요소의 수직면에 작용할 때, 같은 응력이 같은 요소의 수평면에 작용해야 한다는 사실을 1장에서 배웠다. 따라서 횡하중이 작용하는 모든 부재에는 길이 방향 전단응력이 존재해야 한다는 것을 알 수 있다. 이와 같은 사실은 그림 6.3$a$와 같이 여러 겹의 판재를 쌓은 후 고정단에서 하나로 고정된 외팔보를 통하여 증명할 수 있다. 횡하중 **P**가 복합 보의 자유단에 작용할 때 판재들은 그림 6.3$b$와 같이 각각 서로 미끄러진다. 반대로 모멘트 **M**이 그림 6.3$c$와 같이 복합보의 자유단에 작용하면, 여러 판재들은 동심의 원호를 그리면서 굽혀질 것이고 서로 미끄러지는 현상은 발생하지 않게 된다. 이는 순수굽힘을 받는 보에서는 전단응력이 발생하지 않음을 확인시켜 준다(4.3절 참고).

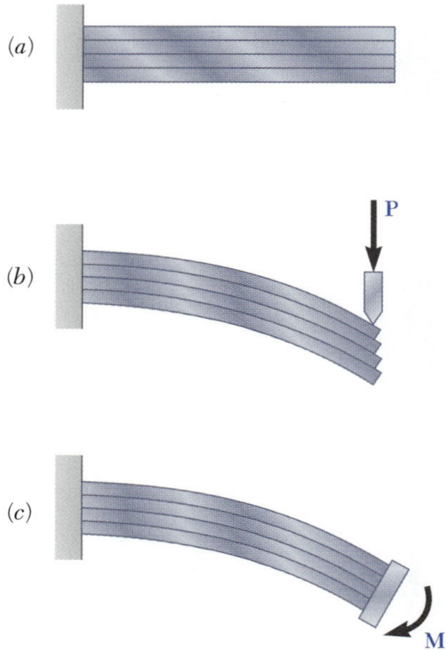


**그림 6.3** 전단응력의 역할을 설명하기 위해 널빤지로 만든 보

횡하중 **P**가 강재와 같이 균질한 점착성 재료로 만들어진 보에 작용할 때, 미끄러짐은 실제로 발생하지 않지만 미끄러지려는 경향은 존재하며, 이는 응력이 수직 횡단면에서 뿐만 아니라 수평의 길이방향 평면에서도 발생함을 보여준다. 전단에 대한 저항이 섬유 사이에서 더 약한 목재 보의 경우 전단에 의한 파괴는 수직면보다 수평면을 따라서 발생한다(사진 6.1)

6.2절에서 하나의 수평면과 두 개의 횡단면으로 둘러싸인 길이 $\Delta x$의 보를 고려할 것이다. 수평면에 작용하는 전단력 $\mathbf{\Delta H}$와 **전단흐름**으로 알려진 단위길이당 전단력 $q$ 또한 결정될 것이다. 수직대칭면을 갖는 보에 대한 전단응력 식을 6.3절에서 유도하고, 6.4절에서 통상적인 보의 전단응력 계산에 사용할 것이다.

6.2절의 내용은 6.5절에서 두 개의 횡단면과 하나의 곡면으로 둘러싸인 보의 경우를 다루기 위해 확장된다. 이는 광폭 보의 플랜지와 상자형 보의 플랜지와 같이 박벽의 대칭형 부재(thin-walled symmetric member)의 임의 점에서 전단응력을 결정하는 데 적용된다.

**사진 6.1** 목재 보의 길이방향 전단 파손

## 6.2 보요소의 수평면에서의 전단

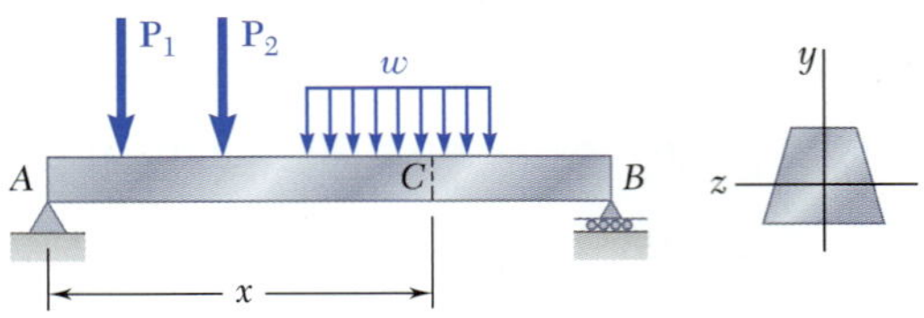


**그림 6.4** 보에 작용하는 하중의 종류

수직대칭면을 갖는 균일한 단면의 보가 여러 개의 집중하중과 분포하중을 지지하는 경우를 고려하자(그림 6.4). 끝점 A로부터 거리 $x$만큼 떨어진 단면에서 보의 폭을 가로질러 중립축으로부터 $y_1$ 거리 떨어진 수평면에서부터 보의 상단까지를 포함하며 그 길이가 $\Delta x$인 요소 $CDD'C'$을 분리시킨다(그림 6.5). 이 요소에 작용하는 힘은 수직전단력 $\mathbf{V}'_C$와 $\mathbf{V}'_D$, 요소의 아래 면에 작용하는 수평 전단력 $\mathbf{\Delta H}$, 수평방향의 수직력 $\sigma_C\, dA$, $\sigma_D\, dA$와 하중 $w\Delta x$로 구성된다(그림 6.6). 따라서 평형식은 다음과 같다.

$$\xrightarrow{+}\Sigma F_x = 0: \qquad \Delta H + \int_{\mathcal{a}} (\sigma_C - \sigma_D)\, dA = 0$$

여기서 적분 영역은 $y = y_1$ 위쪽에 위치한 음영 부분의 면적 $\mathcal{a}$에 해당된다. $C$와 $D$에서 수직응력을 굽힘모멘트 항으로 나타내기 위해, 위의 식을 $\Delta H$에 대해 풀고, 식 (5.2) $\sigma = -My/I$를 이용하면, 다음 식을 얻는다.

$$\Delta H = \frac{M_D - M_C}{I} \int_{\mathcal{a}} y\, dA \tag{6.3}$$

식 (6.3)에서 적분은 $y = y_1$의 위쪽에 위치한 보 단면의 $\mathcal{a}$부분의 중립축에 대한

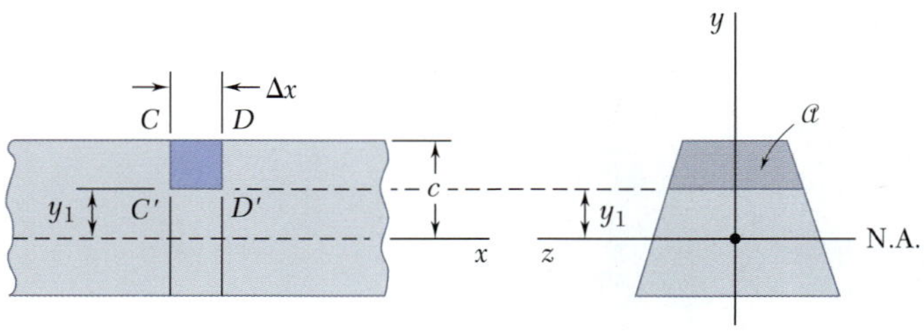


**그림 6.5** 보에서 미소요소

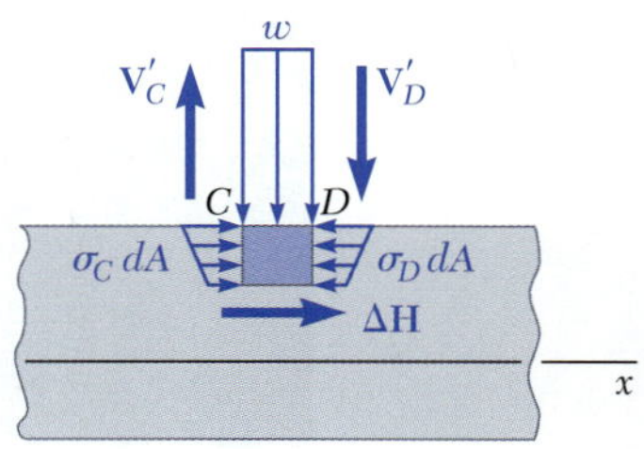


**그림 6.6** 요소에 작용하는 힘

**1차모멘트**를 나타내며, $Q$로 표시할 것이다. 한편, 5.3절의 식 (5.7)을 상기하면, 굽힘모멘트의 증가량 $M_D - M_C$는 다음과 같이 쓸 수 있다.

$$M_D - M_C = \Delta M = (dM/dx)\,\Delta x = V\,\Delta x$$

이를 식 (6.3)에 대입하면, 보 요소에 작용하는 수평전단력은 다음과 같다.

$$\Delta H = \frac{VQ}{I}\Delta x \tag{6.4}$$

상부 요소 $CDD'C'$ 대신에 하부요소 $C'D'D''C''$에 대한 자유물체도를 사용하더라도, 두 요소에 작용하는 전단력 $\mathbf{\Delta H}$와 $\mathbf{\Delta H'}$은 서로 크기가 같고 방향이 반대이기 때문에, 같은 결과가 얻어진다. 이로부터 $y = y_1$선 아래에 위치한 단면의 $\mathcal{A}'$부분의 1차모멘트 $Q$(그림 6.7)는 동일한 선의 위쪽에 위치한 $\mathcal{A}$부분의 1차모멘트(그림 6.5)와 크기는 같고 부호는 반대임을 관찰할 수 있다. 실제로 이 두 모멘트의 합은 전체 단면적의 도심축에 대한 모멘트와 같고, 따라서 0이 되어야 한다. 이와 같은 성질은 $Q$를 간단히 계산할 때 사용될 수 있다. 여기서 $Q$는 $y_1 = 0$에서 최대가 된다. 왜냐하면 중립축 위쪽에 위치한 단면의 요소는 $Q$를 정의하는 식 (6.3)의 적분에 양으로 기여하는 데 반해, 중립축 아래에 위치한 요소는 음으로 기여하기 때문이다.

$q$로 표시되는 단위길이당 수평전단력은 식 (6.4)의 양변을 $\Delta x$로 나누면 얻어진다.

$$q = \frac{\Delta H}{\Delta x} = \frac{VQ}{I} \tag{6.5}$$

여기서 $Q$는 $q$가 계산되는 점 위쪽 또는 아래 쪽에 위치한 단면부분의 중립 축에 대한 1차모멘트이고, $I$는 전체 단면적의 중립축에 대한 관성모멘트이다. 6.6절에서는 단위길이당 수평전단력 $q$를 **전단흐름**(*shear flow*)이라고도 한다.

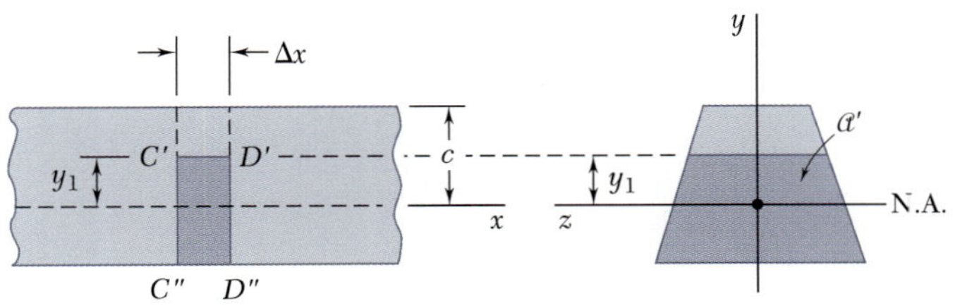


그림 6.7 보에서 미소요소

**예제 6.1**

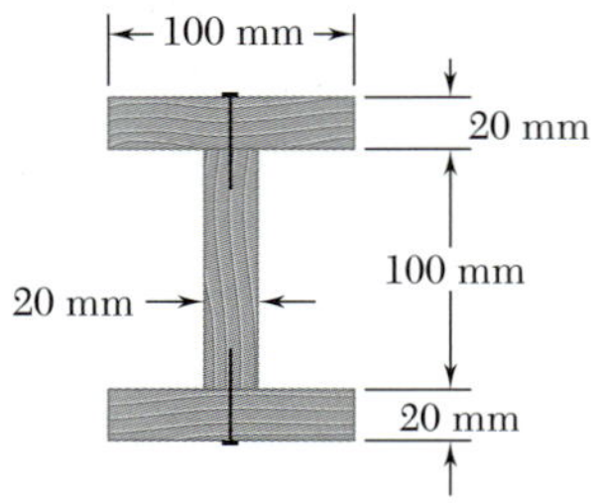


그림 6.8

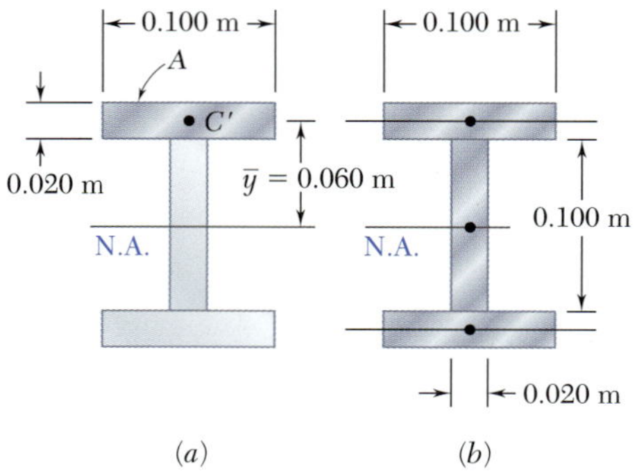


그림 6.9

그림 6.8에서와 같이 20 × 100 mm 단면의 판자 세 개를 못으로 고정시켜 만든 보가 있다. 못의 간격이 25 mm이고 보의 수직전단력 $V = 500$ N일 때, 각 못의 전단력을 구하시오.

**풀이** 먼저 위 평판의 밑면에 작용하는 단위길이당 수평력 $q$를 결정한다. 식 (6.5)를 사용하며, $Q$는 그림 6.9$a$에 표시한 바와 같이, 음영 면적 $A$의 중립축에 대한 1차모멘트이고 $I$는 전체면적의 중립축에 대한 관성모멘트이다(그림 6.9$b$). 한편, 주어진 축에 대한 면적 1차모멘트는 그 축으로부터 면적의 도심까지의 거리를 곱한 것과 같다.†

$$
\begin{aligned}
Q &= A\bar{y} = (0.020 \text{ m} \times 0.100 \text{ m})(0.060 \text{ m}) \\
&= 120 \times 10^{-6} \text{ m}^3 \\
I &= \tfrac{1}{12}(0.020 \text{ m})(0.100 \text{ m})^3 \\
&\quad + 2[\tfrac{1}{12}(0.100 \text{ m})(0.020 \text{ m})^3 \\
&\quad + (0.020 \text{ m} \times 0.100 \text{ m})(0.060 \text{ m})^2] \\
&= 1.667 \times 10^{-6} + 2(0.0667 + 7.2)10^{-6} \\
&= 16.20 \times 10^{-6} \text{ m}^4
\end{aligned}
$$

식 (6.5)에 대입하면

$$q = \frac{VQ}{I} = \frac{(500 \text{ N})(120 \times 10^{-6} \text{ m}^3)}{16.20 \times 10^{-6} \text{ m}^4} = 3704 \text{ N/m}$$

못의 간격이 25 mm이므로 각 못에 걸리는 전단력은 다음과 같다.

$$F = (0.025 \text{ m})q = (0.025 \text{ m})(3704 \text{ N/m}) = 92.6 \text{ N}$$

## 6.3 보의 전단응력

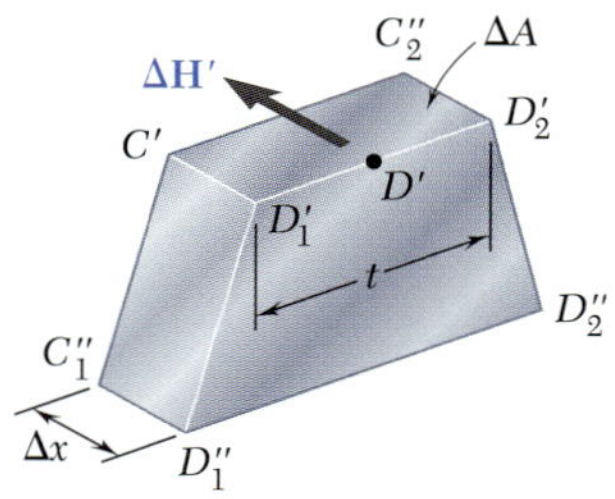


그림 6.10 보 요소

수직대칭면을 가지고 있고, 그 면에서 여러 집중하중 또는 분포하중을 받고 있는 보를 다시 고려하자. 앞 절에서 본 바와 같이, 두 개의 수직절단과 하나의 수평절단을 통하여 길이 $\Delta x$인 요소를 보로부터 분리시키면(그림 6.10), 요소의 수평면에 작용하는 전단력 $\Delta H$의 크기는 식 (6.4)로부터 얻을 수 있다. 요소의 면에 작용하는 **평균 전단응력** $\tau_{ave}$는 $\Delta H$를 그 면의 면적 $\Delta A$로 나누면 얻을 수 있다. $\Delta A = t\,\Delta x$이므로(여기서 $t$는 절단부에서 요소의 폭) 다음 식을 얻는다.

$$\tau_{ave} = \frac{\Delta H}{\Delta A} = \frac{VQ}{I}\frac{\Delta x}{t\,\Delta x}$$

또는

† 부록 A를 참조하시오.

$$\tau_{\text{ave}} = \frac{VQ}{It} \tag{6.6}$$

$D'$을 통과하는 횡단면과 수평면에 각각 작용하는 전단응력 $\tau_{xy}$와 $\tau_{yx}$는 같기 때문에, 식 (6.6)은 선 $D'_1D'_2$ 상의 $\tau_{xy}$의 평균값을 나타냄에 주목할 필요가 있다(그림 6.11).

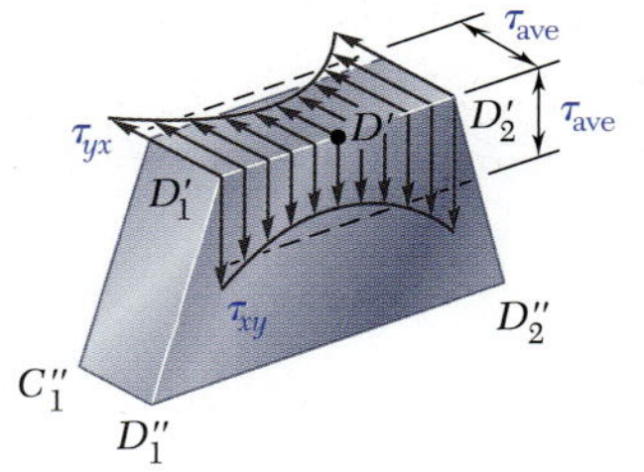

그림 6.11 보 요소

보의 상부면과 하부면에는 작용하는 하중이 없으므로 이들 면에서 $\tau_{yx} = 0$이다. 그러므로 횡단면의 상단 및 하단에서 전단응력 $\tau_{xy} = 0$이다(그림 6.12). 또한 $Q$는 $y = 0$에서 최대인 반면(6.2절 참조), $\tau_{\text{ave}}$는 중립축 상에서 최대가 안될 수도 있는데, 그 이유는 $\tau_{\text{ave}}$가 $Q$뿐만 아니라 단면의 폭 $t$에도 의존하기 때문이다.

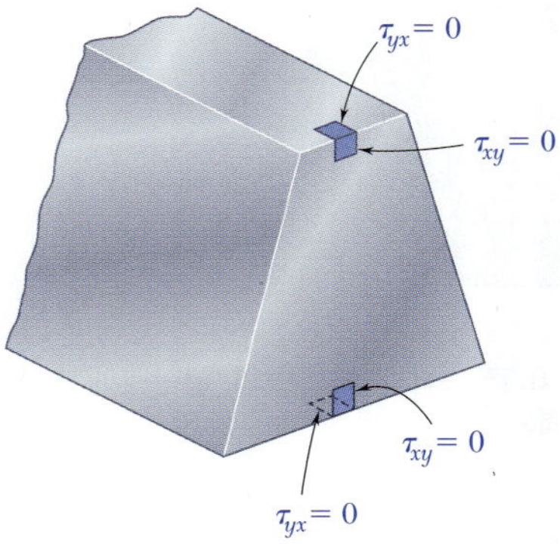

그림 6.12 보의 단면

보 단면의 폭이 높이에 비해 작은 경우, 전단응력은 $D'_1D'_2$를 따라 단지 약간 변하며(그림 6.11), 식 (6.6)은 $D'_1D'_2$ 상의 모든 점에서 $\tau_{xy}$를 계산하는 데 사용될 수 있다. 실제로 $\tau_{xy}$는 $D'$에서보다 $D'_1$과 $D'_2$에서 더 크다.† 그러나 탄성이론에 의하면 폭이 $b$, 높이가 $h$인 직사각형 단면 보의 경우, $b \le h/4$이면, 점 $C_1$과 $C_2$에서 전단응력값은(그림 6.13) 중립축을 따라 계산된 응력의 평균값의 0.8%를 넘지 않는 것으로 알려져 있다.‡

## 6.4 일반적인 보의 전단응력 $\tau_{xy}$

앞 절에서 폭이 좁은 **직사각형 단면 보** 경우(즉, 폭이 $b$이고 높이가 $h$인 직사각형 단면 보에서 $b \le \frac{1}{4}h$) 보의 폭에 따른 전단응력 $\tau_{xy}$의 차이는 $\tau_{\text{ave}}$의 0.8% 이내라는 것을 알았다. 따라서 폭이 좁은 직사각형 단면 보의 임의의 점에서 전단응력 $\tau_{xy}$는 식 (6.6)에 의해서 다음과 같이 표시할 수 있다.

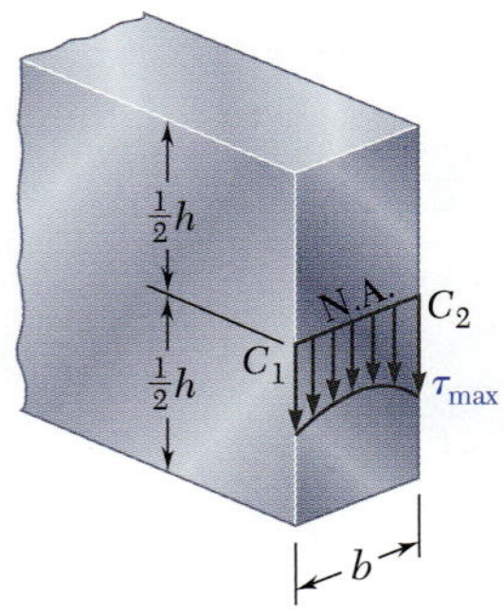

그림 6.13 직사각형 보의 단면

$$\tau_{xy} = \frac{VQ}{It} \tag{6.7}$$

여기서 $t$는 보의 폭 $b$에 해당되며 $Q$는 음영면적 $A'$의 중립축에 대한 1차모멘트이다(그림 6.14). 중립축으로부터 면적 $A$의 도심 $C'$까지 거리가 $\bar{y} = \frac{1}{2}(c + y)$이고,

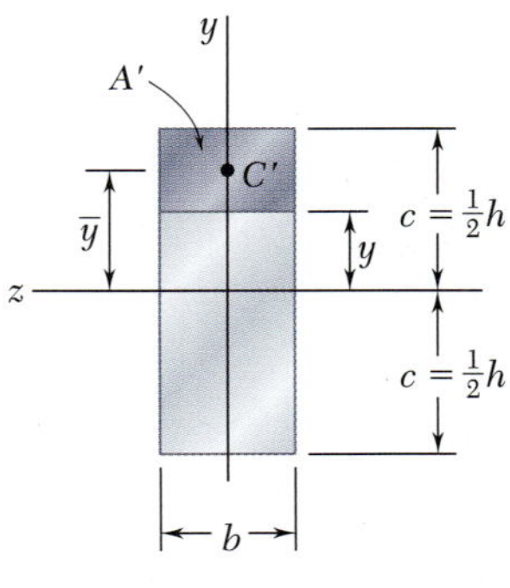

그림 6.14 보의 단면

† S. P. Timoshenko and J. N. Goodier, *Theory of Elasticity*, McGraw Hill, New York, 3d ed., 1970, sec. 124 참조

‡ 반면에 $b/h$ 값이 큰 경우, $C_1$ 및 $C_2$에서 응력값 $\tau_{\max}$는 다음 표와 같이 중립축을 따라 계산된 평균값 $\tau_{\text{ave}}$ 보다 훨씬 크게 된다.

| $b/h$ | 0.25 | 0.5 | 1 | 2 | 4 | 6 | 10 | 20 | 50 |
|---|---|---|---|---|---|---|---|---|---|
| $\tau_{\max}/\tau_{\text{ave}}$ | 1.008 | 1.033 | 1.126 | 1.396 | 1.988 | 2.582 | 3.770 | 6.740 | 15.65 |
| $\tau_{\min}/\tau_{\text{ave}}$ | 0.996 | 0.983 | 0.940 | 0.856 | 0.805 | 0.800 | 0.800 | 0.800 | 0.800 |

$Q = A\bar{y}$임을 고려하면, 다음 결과를 얻는다.

$$Q = A\bar{y} = b(c - y)\tfrac{1}{2}(c + y) = \tfrac{1}{2}b(c^2 - y^2) \tag{6.8}$$

또한, $I = bh^3/12 = \frac{2}{3}bc^3$이므로

$$\tau_{xy} = \frac{VQ}{Ib} = \frac{3}{4}\frac{c^2 - y^2}{bc^3}V$$

보의 단면적은 $A = 2bc$이므로

$$\tau_{xy} = \frac{3}{2}\frac{V}{A}\left(1 - \frac{y^2}{c^2}\right) \tag{6.9}$$

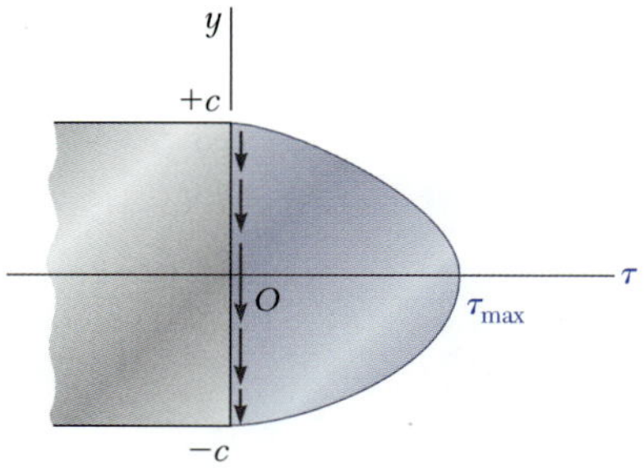


**그림 6.15** 직사각형 보의 횡단면에서 전단응력의 분포

식 (6.9)는 직사각형 단면 보의 횡단면에서 전단응력의 분포가 **포물선**(*parabolic*)임을 나타낸다(그림 6.15). 또한, 앞절에서 이미 관찰한 바와 같이 단면의 상하단($y = \pm c$)에서는 전단응력이 0이 된다. 식 (6.9)에 $y = 0$을 대입하여 폭이 좁은 **직사각형 단면 보**(*narrow rectangular beam*)의 주어진 단면에서 최대 전단응력값을 다음과 같이 구할 수 있다.

$$\tau_{max} = \frac{3}{2}\frac{V}{A} \tag{6.10}$$

위의 관계식은 보의 전체 단면에 걸쳐 응력분포가 균일하다는 잘못된 가정 하에서 구한 응력값 $V/A$보다 최대 전단응력값이 50%가 더 크다는 것을 보여준다.

**미국표준 보**(S-보) 또는 **광폭 플랜지 보**(W-보)인 경우, 식 (6.6)을 이용해서 보의 횡단면의 $aa'$과 $bb'$ 부분에 작용하는 전단응력 $\tau_{xy}$의 평균값을 구할 수 있으며(그림 6.16a, b), 그 결과는 다음과 같다.

$$\tau_{ave} = \frac{VQ}{It} \tag{6.6}$$

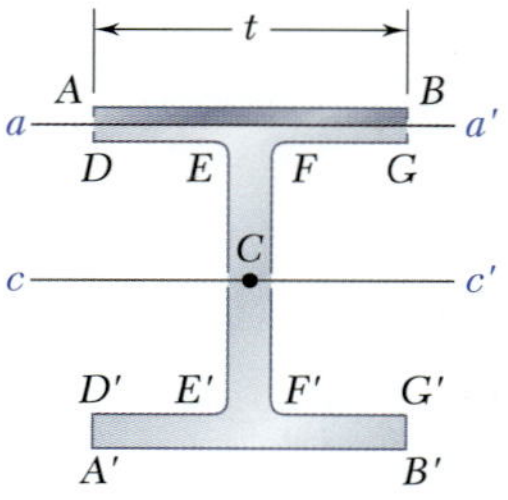


(a)

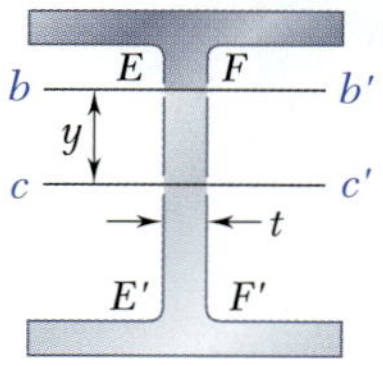


(b)

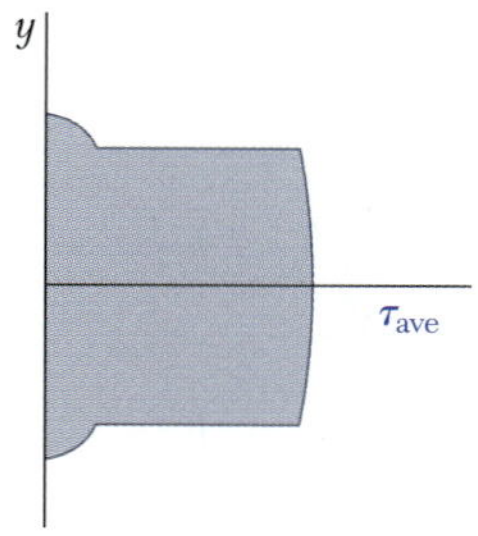


(c)

**그림 6.16** 광폭 플랜지 보의 횡단면에서 전단응력의 분포

여기서 $V$는 수직전단력, $t$는 보의 폭, $Q$는 중립축 $cc'$에 대한 음영면적의 1차 모멘트이며, $I$는 전체 단면적의 $cc'$에 대한 관성모멘트이다. 수직거리 $y$에 따른 $\tau_{ave}$의 선도를 그려 보면 그림 6.16$c$와 같은 분포 곡선이 된다. 플랜지 $ABGD$와 $A'B'G'D'$, 웨브 $EFF'E'$에서의 $t$값의 차이 때문에 전단응력의 불연속이 나타남을 주목할 필요가 있다.

웨브의 경우, 전단응력 $\tau_{xy}$는 단면 $bb'$에 걸쳐 거의 변화하지 않으며, 따라서 $\tau_{xy}$를 평균값 $\tau_{ave}$와 같다고 가정할 수 있으나, 플랜지의 경우는 그렇지 않다. 예를 들어 수평선 $DEFG$를 고려하면 $D$와 $E$ 사이, $F$와 $G$ 사이에서는 두 부분이 보의 자유표면이므로 $\tau_{xy}$가 0이지만, $E$와 $F$ 사이에서는 식 (6.6)에 $t = EF$를 대입하여 $\tau_{xy}$

의 값을 얻을 수가 있다. 실제로 웨브가 모든 전단력을 받는다고 가정할 수 있으며, 전단력 $V$를 웨브의 단면적으로 나누면 최대 전단응력의 근사값을 비교적 잘 구할 수 있다.

$$\tau_{\max} = \frac{V}{A_{\text{web}}} \tag{6.11}$$

그러나 플랜지의 전단응력의 수직성분 $\tau_{xy}$는 무시될 수 있으나, 수평성분 $\tau_{xz}$는 상당한 크기를 가지며 이에 대해서는 6.6절에서 결정될 것이다.

**예제 6.2**

기초문제 5.7의 목재 보에서 허용 전단응력 $\tau_{\text{all}} = 1.75$ MPa일 때, 전단응력의 관점에서 설계가 타당한가 검토해 보시오.

**풀이** 기초문제 5.7의 전단력 선도에서 $V_{\max} = 20$ kN 이었다. 보의 실제 폭은 $b = 90$ mm로 주어졌고, 높이 $h = 366$ mm가 얻어졌다. 좁은 직사각형 단면보의 최대 전단응력 식 (6.10)을 이용하면, 다음을 얻는다.

$$\tau_{\max} = \frac{3}{2}\frac{V}{A} = \frac{3}{2}\frac{V}{bh} = \frac{3(20\text{ kN})}{2(0.09\text{ m})(0.366\text{ m})} = 0.911\text{ MPa}$$

$\tau_{\max} < \tau_{\text{all}}$ 이므로 기초문제 5.7에서 얻어진 설계는 타당하다.

**예제 6.3**

기초문제 5.8의 목재 보에서 허용 전단응력 $\tau_{\text{all}} = 90$ MPa일 때, 문제에서 구한 W360 × 32.9의 단면이 전단응력의 관점에서 타당한가 검토해 보시오.

**풀이** 기초문제 5.8의 전단력 선도에서 $|V|_{\max} = 58$ kN 이었다. 6.4절에서와 같이 웨브가 전체 전단력을 받는다고 가정할 수 있으므로, 보에서 최대 전단응력값을 식 (6.11)로부터 구할 수 있다. 부록 C에서 W360 × 32.9 단면에서 보의 높이와 웨브의 두께는 각각 $d = 349$ mm, $t_w = 5.8$ mm이다. 따라서

$$A_{\text{web}} = d\,t_w = (349\text{ mm})(5.8\text{ mm}) = 2024\text{ mm}^2$$

$|V|_{\max}$와 $A_{\text{web}}$를 식 (6.11)에 대입하면

$$\tau_{\max} = \frac{|V|_{\max}}{A_{\text{web}}} = \frac{58\text{ kN}}{2024\text{ mm}^2} = 28.7\text{ MPa}$$

$\tau_{\max} < \tau_{\text{all}}$이므로 기초문제 5.8에서 얻어진 설계는 타당하다.

## 기초문제 6.1

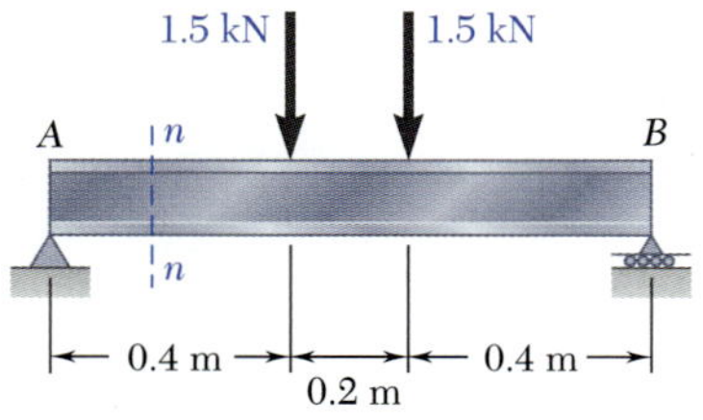


세 개의 평판을 접착시켜 만든 보 $AB$가 그 대칭면상에서 그림과 같이 하중을 받고 있다. 접착부의 폭이 모두 20 mm일 때, $n$–$n$ 단면에서 각 접착부에 발생하는 평균 전단응력을 구하시오. 도심의 위치는 그림과 같으며 도심축에 대한 관성모멘트 $I = 8.63 \times 10^{-6}\ \text{m}^4$이다.

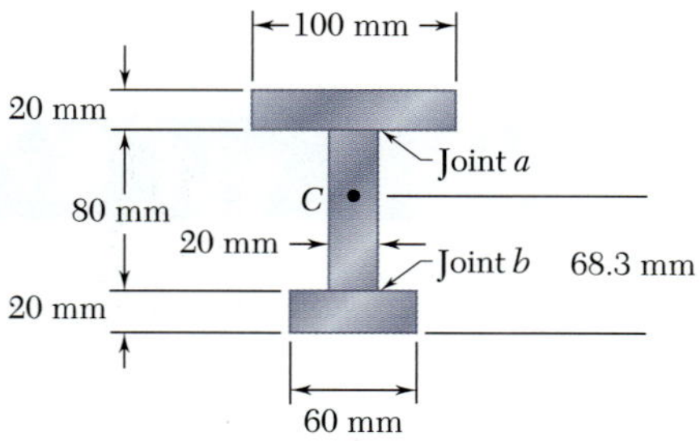


### 풀이

**단면 $n$–$n$에서의 수직전단력.** 보의 중앙에 대해 대칭으로 하중이 작용하고 있으므로 $\mathbf{A} = \mathbf{B} = 1.5\ \text{kN}\uparrow$이다.

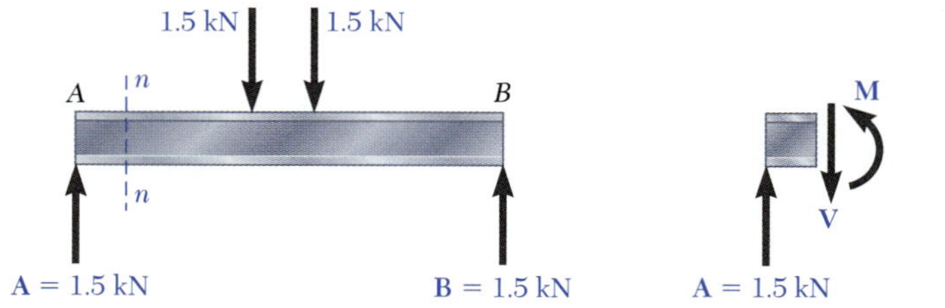


단면 $n$–$n$의 왼쪽 부분에 대한 자유물체도를 고려하면 다음을 얻는다.

$$+\uparrow \Sigma F_y = 0: \qquad 1.5\ \text{kN} - V = 0 \qquad V = 1.5\ \text{kN}$$

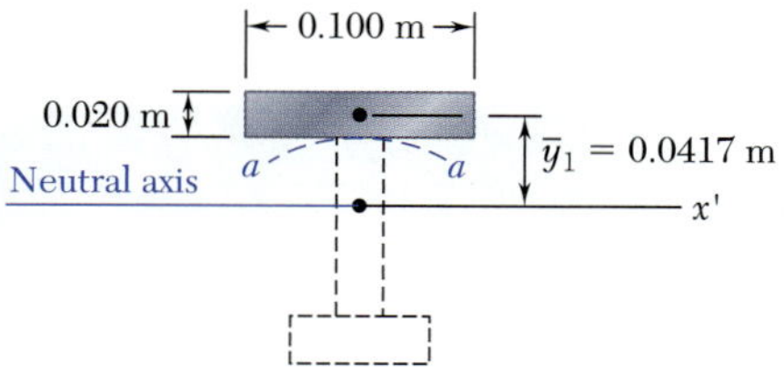


**접착부 $a$에서의 전단응력.** 접착부를 통과하는 단면 $a$–$a$를 기준으로 전체 단면적을 두 부분으로 나누고, 단면 $a$–$a$ 위쪽 면적의 중립축에 관한 1차모멘트 $Q$를 구하면

$$Q = A\bar{y}_1 = [(0.100\ \text{m})(0.020\ \text{m})](0.0417\ \text{m}) = 83.4 \times 10^{-6}\ \text{m}^3$$

접착부의 폭 $t = 0.020$ m이므로, 이것을 식 (6.7)에 대입하여 접착부의 평균 전단응력을 구하면 다음과 같다.

$$\tau_{\text{ave}} = \frac{VQ}{It} = \frac{(1500\ \text{N})(83.4 \times 10^{-6}\ \text{m}^3)}{(8.63 \times 10^{-6}\ \text{m}^4)(0.020\ \text{m})} \qquad \tau_{\text{ave}} = 725\ \text{kPa} \blacktriangleleft$$

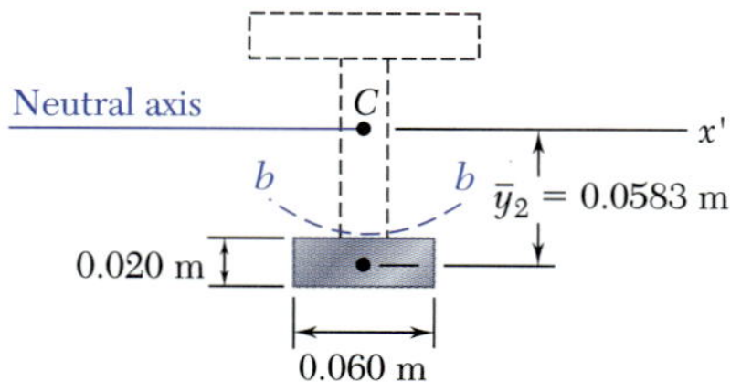


**접착부 $b$에서의 전단응력.** 단면 $b$–$b$의 아래쪽 면적에 대한 1차모멘트 $Q$와 평균 전단응력 $\tau_{\text{ave}}$는 다음과 같다.

$$Q = A\bar{y}_2 = [(0.060\ \text{m})(0.020\ \text{m})](0.0583\ \text{m}) = 70.0 \times 10^{-6}\ \text{m}^3$$

$$\tau_{\text{ave}} = \frac{VQ}{It} = \frac{(1500\ \text{N})(70.0 \times 10^{-6}\ \text{m}^3)}{(8.63 \times 10^{-6}\ \text{m}^4)(0.020\ \text{m})} \qquad \tau_{\text{ave}} = 608\ \text{kPa} \blacktriangleleft$$

## 기초문제 6.2

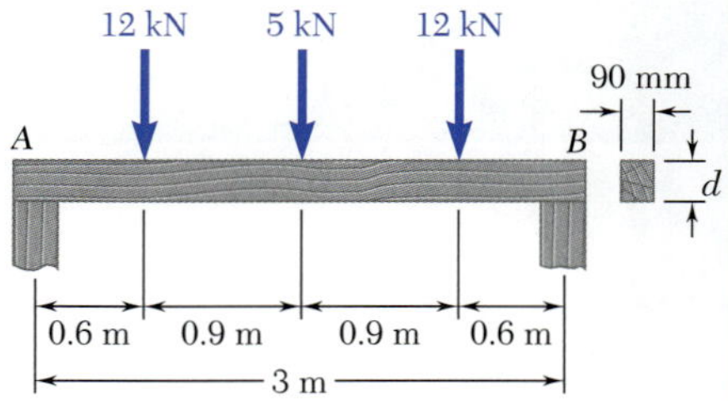


지간이 3 m이고 평균 폭이 100 mm(실제 폭 = 90 mm)인 목재 보 $AB$가 그림과 같이 세 개의 집중하중을 받고 있다. 사용된 목재의 $\sigma_{all}$ = 12 MPa이고 $\tau_{all}$ = 0.8 MPa일 때, 보의 필요한 최소 높이 $d$를 결정하시오.

### 풀이

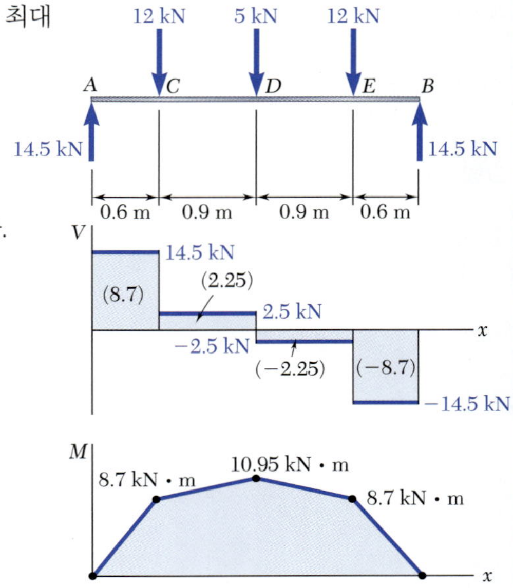


**최대 전단 및 굽힘모멘트.** 전단력 선도와 굽힘모멘트 선도로부터 최대 전단력과 최대 굽힘모멘트를 구할 수 있다.

$$M_{max} = 10.95 \text{ kN} \cdot \text{m}$$
$$V_{max} = 14.5 \text{ kN}$$

**수직 허용응력을 기준으로 한 설계.** 먼저 단면계수 $S$를 높이 $d$의 항으로 표현한다.

$$I = \frac{1}{12}bd^3 \qquad S = \frac{I}{c} = \frac{1}{6}bd^2 = \frac{1}{6}(90)d^2 = 15d^2$$

$M_{max} = 10.95 \text{ kN}\cdot\text{m}$, $\sigma_{all}$ = 12 MPa로부터 다음과 같다.

$$S = \frac{M_{max}}{\sigma_{all}} \qquad 15d^2 = \frac{10.95 \text{ kN} \cdot \text{m}}{12 \text{ MPa}}$$
$$d^2 = 60833 \qquad d = 246.6 \text{ mm}$$

$\sigma_m \le 12$ MPa의 조건을 만족하였다.

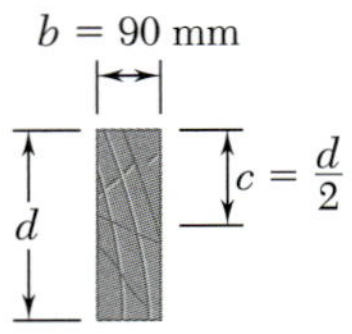


**전단응력 검토.** $V_{max}$ = 14.5 kN, $d$ = 246.6 mm이므로 다음을 얻을 수 있다.

$$\tau_m = \frac{3}{2}\frac{V_{max}}{A} = \frac{3}{2}\frac{14.5 \text{ kN}}{(90 \text{ mm})(246 \text{ mm})} \qquad \tau_m = 0.980 \text{ MPa}$$

$\tau_{all}$ = 0.8 MPa이므로 $d$ = 246.6 mm는 부적합하며, $\tau_m \le 0.8$ MPa를 만족하도록 보를 재 설계하여야 한다.

**허용 전단응력을 기준으로 한 설계.** 허용 전단응력이 설계를 조절할 수 있다는 것을 알고 있으므로, 다음을 얻을 수 있다.

$$\tau_m = \tau_{all} = \frac{3}{2}\frac{V_{max}}{A} \qquad 0.8 \text{ MPa} = \frac{3}{2}\frac{14.5 \text{ kN}}{(90 \text{ mm})d}$$

$$d = 302 \text{ mm} \quad ◀$$

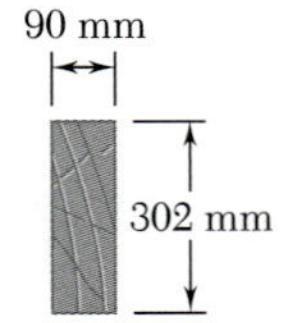


100 mm × 350 mm
Nominal size

물론 수직응력은 $\sigma_{all}$ = 12 MPa보다 작으므로, 302 mm의 높이는 충분히 타당하다.

**참고:** 목재 보의 단면은 보통 공칭 높이가 50 mm씩 증가하므로 공칭치수 100 × 350 mm의 표준 규격이 사용되어야 한다. 이 경우, 실제 단면은 90 × 302 mm가 된다.

# P6A 연습문제

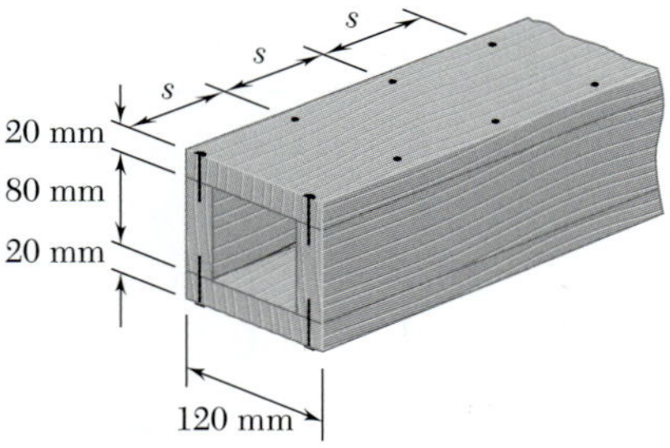


그림 P6.1

**6.1** 정사각형 상자형 보가 20 × 80 mm의 판자 두 개와 20 × 120 mm의 판자 두 개를 그림과 같이 못을 박아 만들어졌다. 못의 간격 $s = 50$ mm이고, 각각의 못에 허용할 수 있는 전단력이 300 N일 때, (*a*) 보에서 허용할 수 있는 최대 수직전단력과, (*b*) 이에 해당되는 최대 전단응력을 결정하시오.

**6.2** 세 개의 판자에 못을 박아 수직전단력을 받도록 보를 만들었다. 못의 간격 $s$가 75 mm이고, 각각의 못의 허용 전단력이 400 N일 때, $w = 120$ mm에 대해 허용 전단응력을 결정하시오.

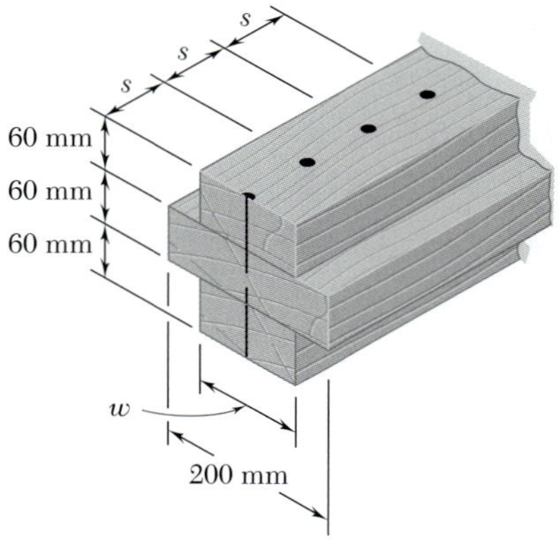


그림 P6.2

**6.3** 그림에서 보인 미국 표준 압연강 보에 두 개의 16 × 200 mm 판을 직경 18 mm인 볼트를 길이 방향으로 120 mm 간격으로 체결하여 보강하였다. 볼트의 허용 평균 전단응력이 90 MPa일 때, 허용할 수 있는 최대 수직전단력을 결정하시오.

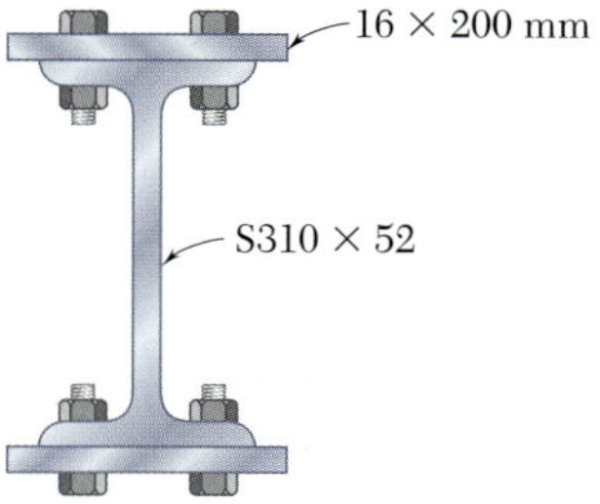


그림 P6.3

**6.4** 압연강 부재를 직경 18 mm의 볼트로 길이방향으로 125 mm 간격으로 체결하여 제작하였다. $y$축에 평행하게 작용하는 130 kN의 전단력에 의해 볼트에서 발생되는 평균 전단응력을 구하시오.

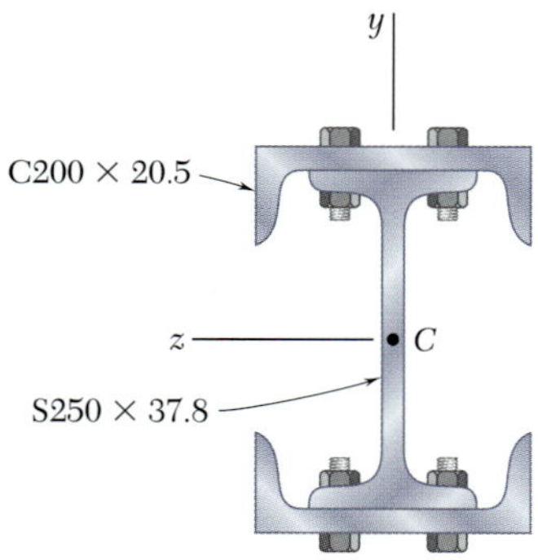


그림 P6.4

**6.5~6.7** 그림에 보인 보와 하중상태에 대해, 단면 $n$–$n$에 발생하는 ($a$) 가장 큰 전단응력, ($b$) 점 $a$에서의 전단응력을 결정하시오.

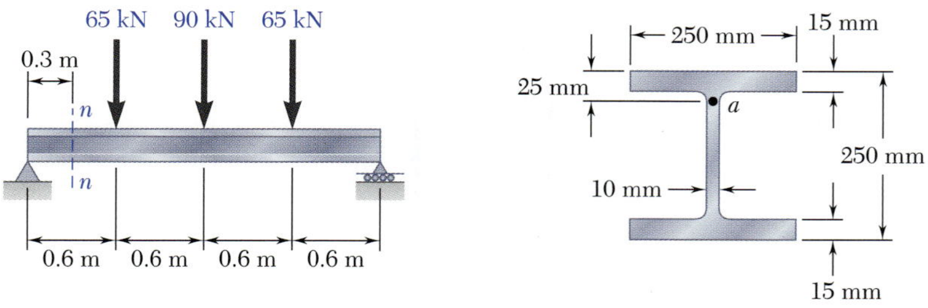


그림 P6.5

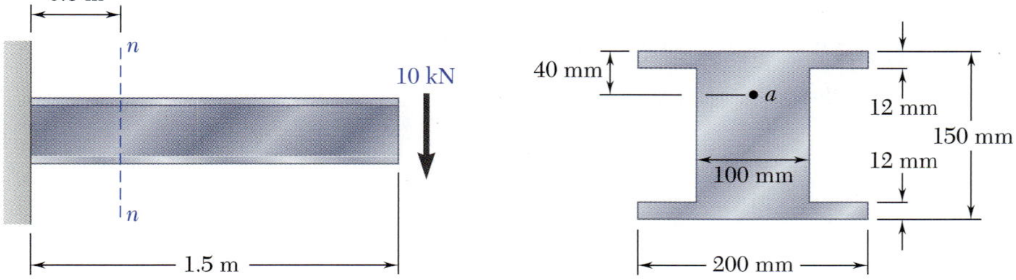


그림 P6.6

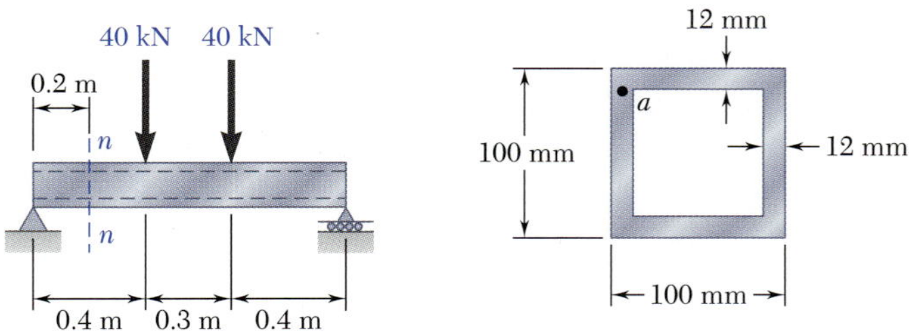


그림 P6.7

**6.8** 그림에 보인 목재 보와 하중상태에 대해, $\sigma_{all} = 12$ MPa이고 $\tau_{all} = 0.9$ MPa일 때, 요구되는 높이 $h$의 최솟값을 구하시오.

**6.9** 그림에 보인 목재 보와 하중상태에 대해, $\sigma_{all} = 12$ MPa이고 $\tau_{all} = 825$ kPa일 때, 요구되는 폭 $b$의 최솟값을 구하시오.

**6.10** 그림과 같이 지지된 직사각형 단면의 길이 $L$인 목재 보 $AB$가 중간점 $C$에 집중하중 $\mathbf{P}$를 받고 있다. ($a$) 보에서 최대 전단응력과 수직응력의 비 $\tau_m/\sigma_m$이 $h/2L$임을 증명하시오. 여기서 $h$와 $L$은 각각 보의 높이와 길이이다. ($b$) $L = 2$ m, $P = 40$ kN, $\tau_m = 960$ kPa, $\sigma_m = 12$ MPa일 때, 보의 높이 $h$와 폭 $b$를 결정하시오.

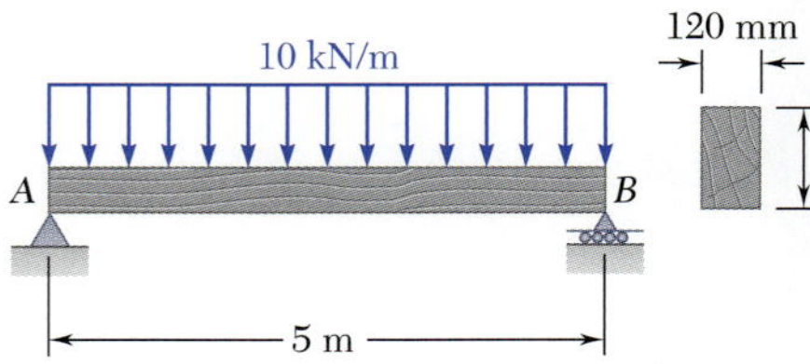


그림 P6.8

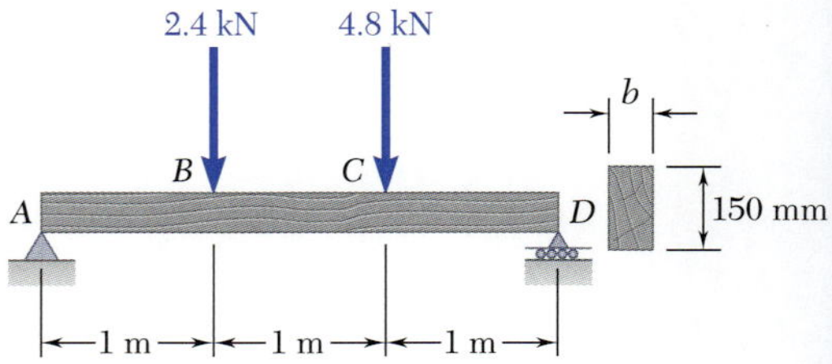


그림 P6.9

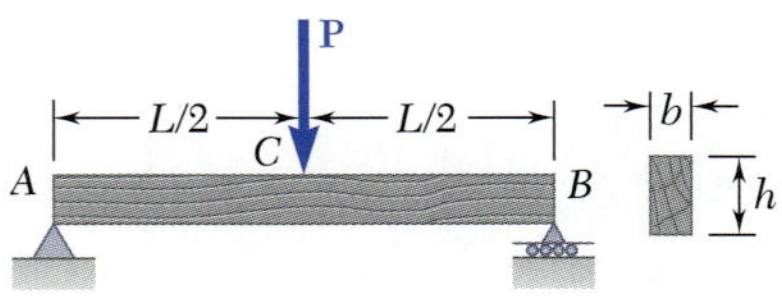


그림 P6.10

**6.11** 그림에 보인 하중을 받는 광폭 플랜지 보에 대해, 최대 수직응력이 160 MPa이고 $\tau_m = V/A_{web}$로 근사한 최대 전단응력이 100 MPa일 때, 작용할 수 있는 최대 하중 **P**를 구하시오.

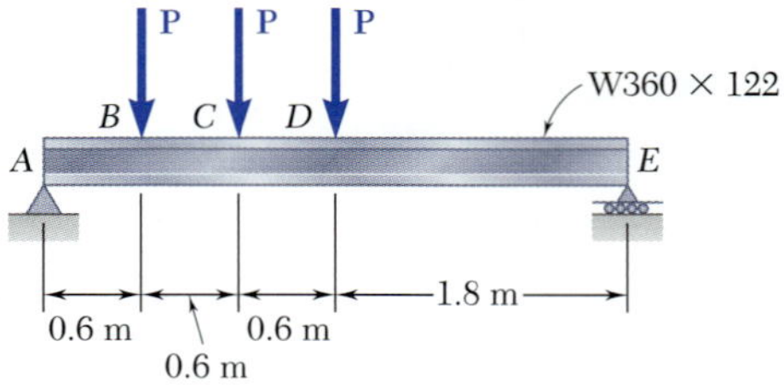


그림 P6.11

**6.12, 6.13** 그림에 보인 보와 하중상태에 대해, 단면 $n$–$n$에서 (*a*) 점 *a*, (*b*) 점 *b*에 발생하는 전단응력을 결정하시오.

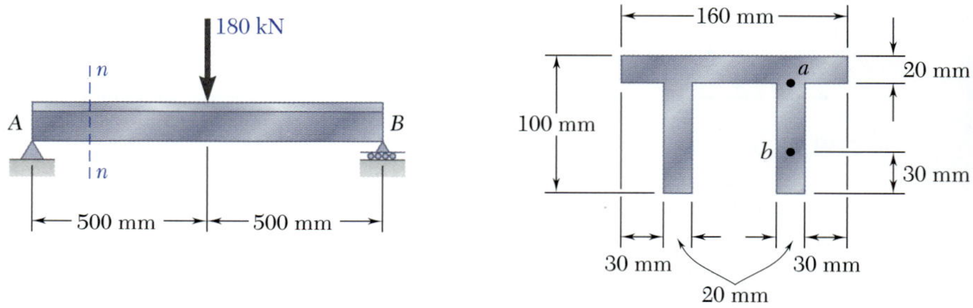


그림 P6.12

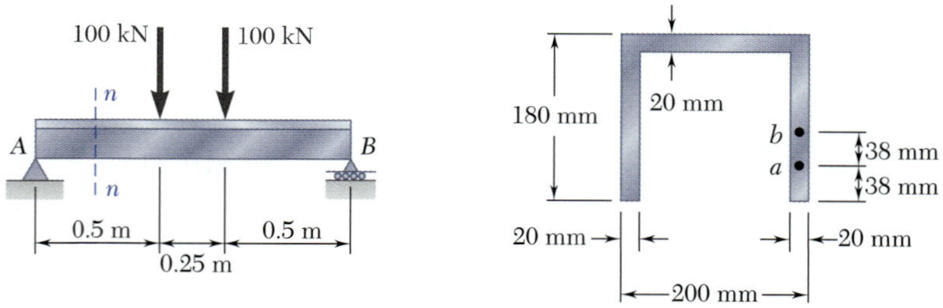


그림 P6.13

**6.14, 6.15** 그림에서와 같은 단면을 갖는 보가 수직전단력 **V**를 받고 있을 때 (*a*) 전단응력이 최대가 되는 수평선을 구하고, (*b*) 이어 최대 전단응력을 나타내는 다음 식에서 상수 *k*를 결정하시오.

$$\tau_{\max} = k\frac{V}{A}$$

여기서 *A*는 보의 단면적이다.

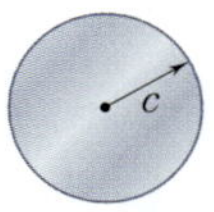


그림 P6.14

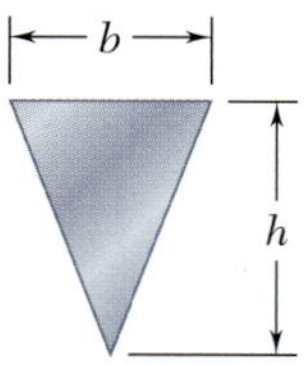


그림 P6.15

## 6.5 임의형상 보요소의 길이방향 전단

그림 6.17*a*와 같이, 4개의 판자를 못질하여 만든 상자형 보를 고려하자. 판자들이 조합된 수평면 상에서 단위길이당 전단력 $q$를 어떻게 구하는지 6.2절에서 다루었다. 그러나 그림 6.17*b*와 같이 판자들이 수직면을 따라 조합된 경우에도 $q$를 구할 수 있을까? 6.4절에서 W-보와 S-보의 횡단면 상에서 응력의 수직성분인 $\tau_{xy}$의 분포를 관찰하였다. 이들 응력은 보의 웨브에서 상당히 일정한 값을 가졌고, 플랜지에서는 무시할 수 있었다. 그러나 플랜지에서 응력의 수평성분인 $\tau_{xz}$는 어떻게 될까?

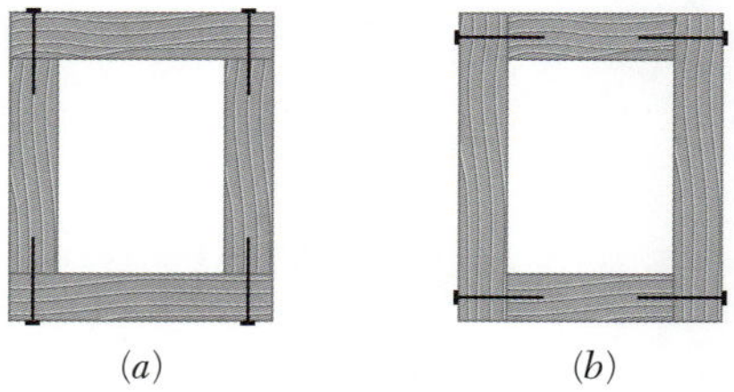

**그림 6.17** 상자형 보의 단면

이와 같은 물음에 답하기 위해 단위길이당 전단력 $q$를 구하기 위해 6.2절에서 다룬 절차를 확장해야 된다.

수직대칭면을 갖고 그림 6.4와 같은 하중을 받는 균일단면 보 $AB$를 고려하자. 끝점 $A$로부터 $x$의 거리에서 길이 $\Delta x$의 요소 $CDD'C'$를 분리시킨다. 그러나 이 요소는 이제 보의 두면으로부터 임의의 곡면으로 연장된다(그림 6.18). 요소에 작용하는 힘은 수직전단력 $\mathbf{V}'_C$와 $\mathbf{V}'_D$, 수평 방향의 수직력 $\sigma_C\, dA$, $\sigma_D\, dA$, 하중 $w\Delta x$, 그리고 곡면상에 작용하는 길이방향 전단력의 합 $\Delta\mathbf{H}$로 되어 있다(그림 6.19). 이들 힘들에 대해 평형식을 적용하면 다음과 같다.

$$\overset{+}{\rightarrow}\Sigma F_x = 0: \qquad \Delta H + \int_{\mathcal{A}} (\sigma_C - \sigma_D)\, dA = 0$$

여기서 적분은 그림 6.18의 단면의 음영 부분 $\mathcal{A}$에 걸쳐 수행된다. 여기서 얻은 식은 6.2절에서 구한 결과와 같지만, 음영 부분의 면적 $\mathcal{A}$는 곡면으로 연장된다.

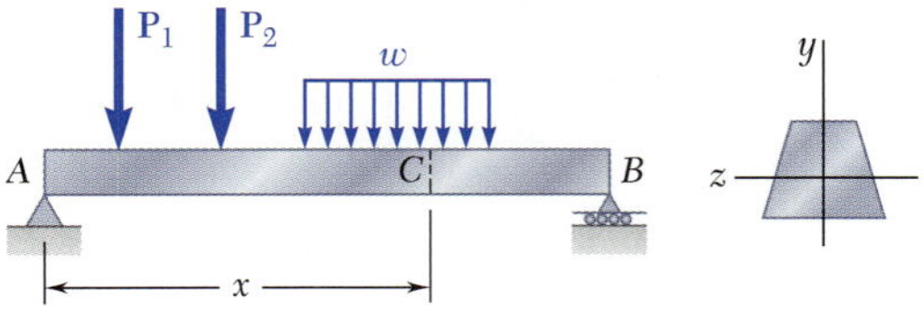

**그림 6.4** (반복) 보에 작용하는 하중의 종류

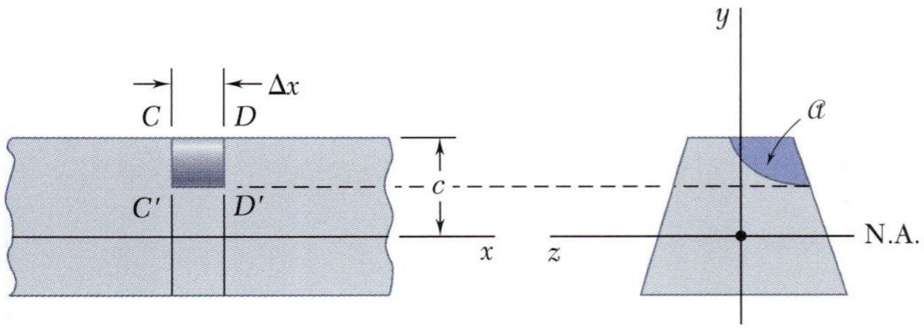

**그림 6.18** 보의 예에서 미소요소

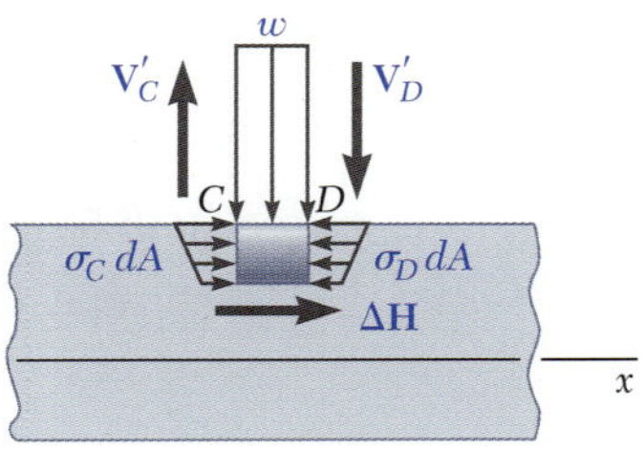

**그림 6.19** 요소에 작용하는 힘

보 요소에 작용하는 길이방향 전단력은 다음과 같다.

$$\Delta H = \frac{VQ}{I}\Delta x \tag{6.4}$$

여기서 $I$는 단면 전체의 중립축에 대한 관성모멘트, $Q$는 음영면적 $a$의 중립축에 대한 1차모멘트, $V$는 단면에서 수직 전단력이다. 식 (6.4)의 양변을 $\Delta x$로 나누면 단위길이당 수평 전단력 또는 전단흐름을 다음과 같이 구할 수 있다.

$$q = \frac{\Delta H}{\Delta x} = \frac{VQ}{I} \tag{6.5}$$

## 예제 6.4

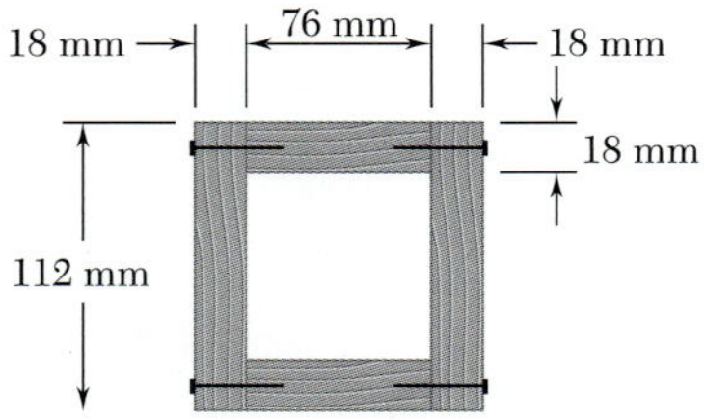


그림 6.20

18 × 76 mm 판자 두 개와 18 × 112 mm 판자 두 개를 못질해서 만든 상자형 보가 있다(그림 6.20). 이 보가 전단력 $V = 2.5$ kN를 받고 있으며, 못의 간격이 44 mm일 때 각 못에 작용하는 전단력을 구하시오.

### 풀이

먼저 상부 판자를 분리시켜 판의 양단에 발생하는 단위 길이당 총힘 $q$를 고려한다. 식 (6.5)를 이용하며, 여기서 $Q$는 그림 6.21$a$의 음영면적 $A'$의 중립축에 대한 1차모멘트 $Q$, $I$는 박스 보의 전체 단면적의 중립축에 대한 관성모멘트이다(그림 6.21$b$)

$$Q = A'\bar{y} = (18\text{ mm})(76\text{ mm})(47\text{ mm}) = 64296\text{ mm}^3$$

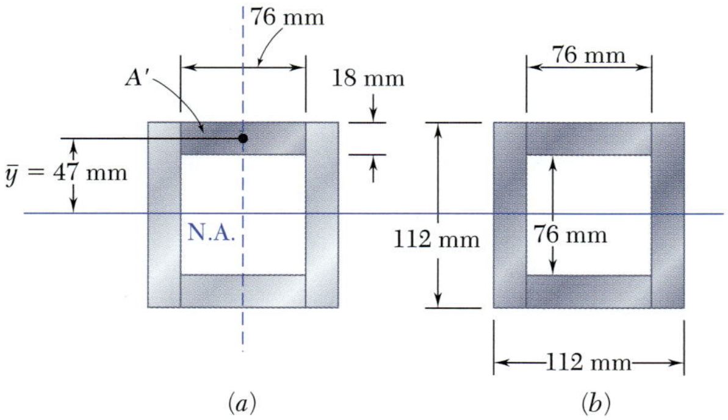


그림 6.21

한 변의 길이가 $a$인 정사각형 단면의 도심축에 대한 관성모멘트 $I = \frac{1}{12}a^4$이므로

$$I = \tfrac{1}{12}(112\text{ mm})^4 - \tfrac{1}{12}(76\text{ mm})^4 = 10.332 \times 10^6\text{ mm}^4$$

이것을 식 (6.5)에 대입하면 다음 결과를 얻는다.

$$q = \frac{VQ}{I} = \frac{(2500\text{ N})(64296\text{ mm}^3)}{10.332 \times 10^6\text{ mm}^4} = 15.56\text{ N/mm}$$

보와 상부 판자는 하중이 작용하는 수직 평면에 대하여 대칭이므로 평판의 양단에는 각각 동일한 하중이 작용하게 된다. 따라서 각 단에 발생하는 단위길이당 전단력은 $\frac{1}{2}q = \frac{1}{2}(15.56) = 7.78$ N/mm가 된다. 한편 못의 간격이 44 mm이므로 각 못에 작용하는 전단력은 다음과 같다.

$$F = (44\text{ mm})(7.78\text{ N/mm}) = 342\text{ N}$$

## 6.6 박벽 부재의 전단응력

앞 절에서 식 (6.4)는 임의 형태의 보 요소의 벽에 작용하는 길이 방향의 전단력 $\mathbf{\Delta H}$를 구하는 데 이용될 수 있고, 식 (6.5)는 상응하는 전단흐름 $q$를 결정하는 데 이용될 수 있음을 알았다. 이 식들은 본 절에서 광폭 플랜지 보의 플랜지(사진 6.2)와, 상자형 보 또는 구조용 튜브(사진 6.3)와 같은 박벽 부재의 평균 전단응력과 전단흐름을 계산하는 데 이용된다.

예를 들어, 광폭 플랜지 보(wide-flange beam)의 길이 $\Delta x$ 부분을 고려하며(그림 6.22$a$), 여기서 $\mathbf{V}$는 보의 횡단면에 작용하는 전단력이다. 상부 플랜지에서 요소 $ABB'A'$을 분리시킨다(그림 6.22$b$). 이 요소에 작용하는 길이방향 전단력 $\mathbf{\Delta H}$는 식 (6.4)로부터 구할 수 있다.

$$\Delta H = \frac{VQ}{I}\Delta x \tag{6.4}$$

사진 6.2 광폭 플랜지 보

사진 6.3 구조용 금속 강관(사각형 및 원형 튜브)

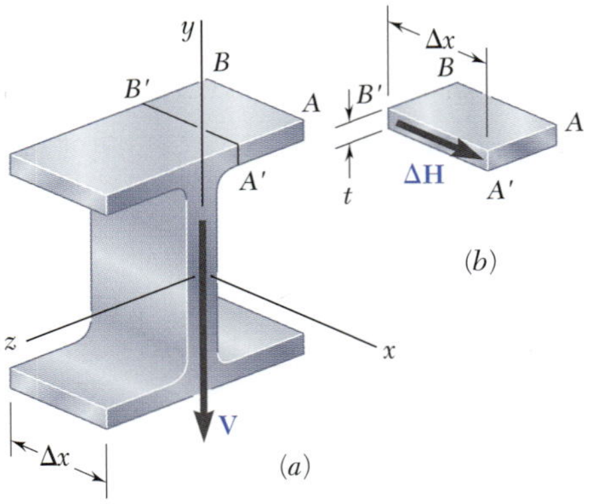


그림 6.22 광폭 플랜지 보 부분

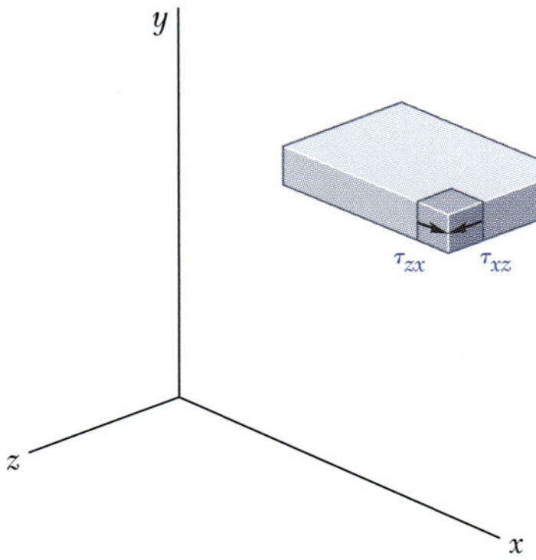


그림 6.23 보 플랜지의 일부

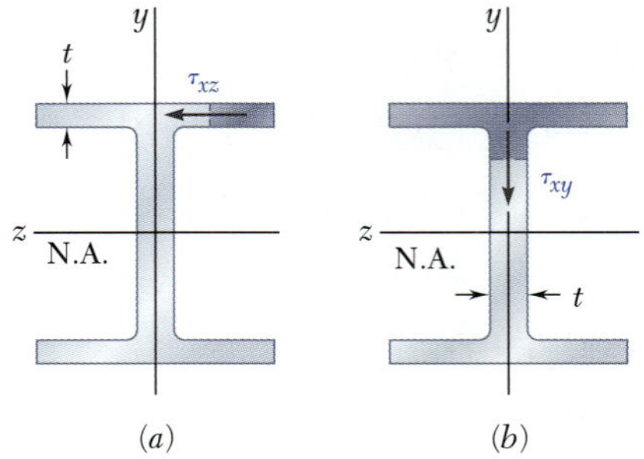


그림 6.24 광폭 플랜지 보

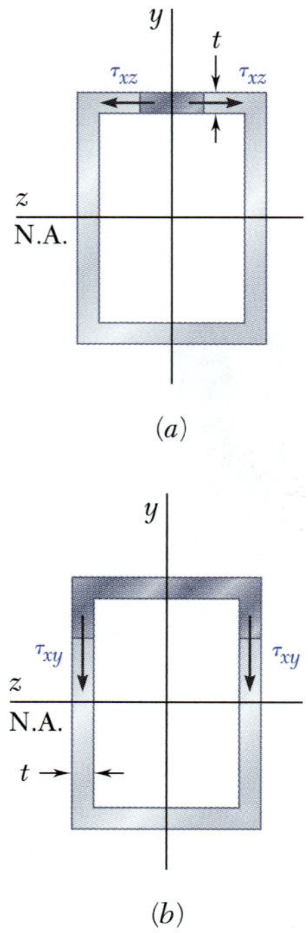


그림 6.25 상자형 보

$\Delta H$를 수직 절단면의 면적 $\Delta A = t\ \Delta x$로 나누면, 요소에 작용하는 평균 전단응력은 6.3절에서 수평 절단면의 경우에 대해 구한 식과 같아진다.

$$\tau_{\text{ave}} = \frac{VQ}{It} \tag{6.6}$$

이 경우 $\tau_{\text{ave}}$는 수직 절단면에 작용하는 $\tau_{zx}$의 평균값을 나타내며, 플랜지의 두께 $t$가 얇으므로 $\tau_{zx}$는 절단면을 따라 거의 변화가 없다. 따라서 $\tau_{xz} = \tau_{zx}$(그림 6.23)임을 상기하면, 식 (6.6)을 이용해서 플랜지의 횡단면상의 모든 점에서 전단응력의 수평성분 $\tau_{xz}$를 구할 수 있다. 여기서 $Q$는 음영면적의 중립축에 대한 1차모멘트이다(그림 6.24$a$). 6.4절에서 웨브에 작용하는 전단응력의 수직성분 $\tau_{xy}$에 대해서도 유사한 결과를 얻은 바 있다(그림 6.24$b$). 상자형 보(그림 6.25), 반원형 파이프(그림 6.26), 그리고 다른 두께가 얇은 부재에 대해서, 부재의 대칭면상에 하중이 작용하는 경우, 이들 부재의 전단응력을 계산하는 데 식 (6.6)을 사용할 수 있다. 각각의 경우에 절단면은 부재의 표면에 수직이어야 하고, 식 (6.6)은 그 표면에 접선방향의 전단응력성분을 발생시킨다(두 자유표면이 서로 근접해 있으므로 다른 성분은 0으로 가정할 수 있다).

식 (6.5)와 식 (6.6)을 비교해 보면 주어진 단면의 한 점에서의 전단응력 $\tau$와 그 점에서의 단면두께 $t$의 곱은 $q$와 같다. 주어진 단면에서 $V$와 $I$는 일정하므로 $q$는 1차모멘트 $Q$에 의해서만 좌우되므로 $q$의 크기를 단면에 쉽게 도시할 수 있다. 예

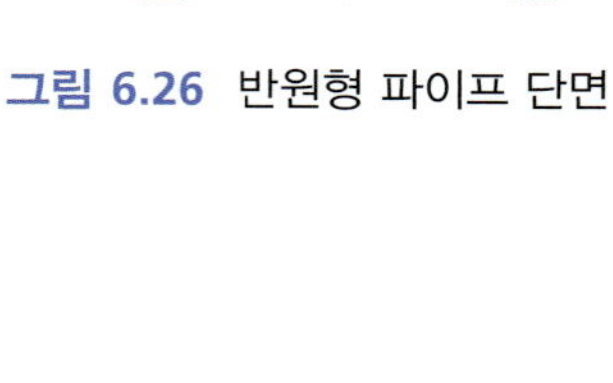


그림 6.26 반원형 파이프 단면 보

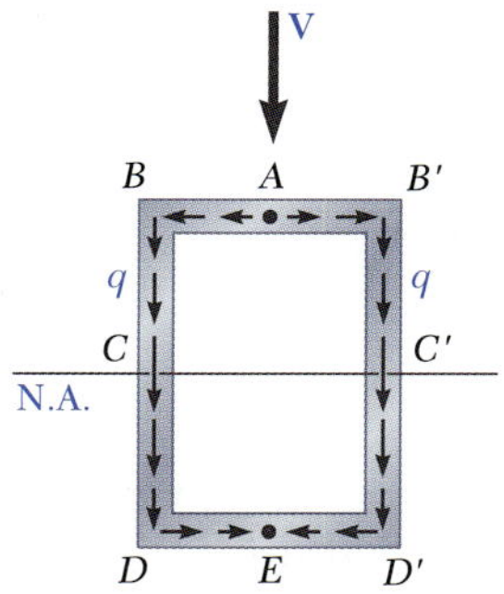


그림 6.27 상자형 보의 단면에서 전단흐름 $q$

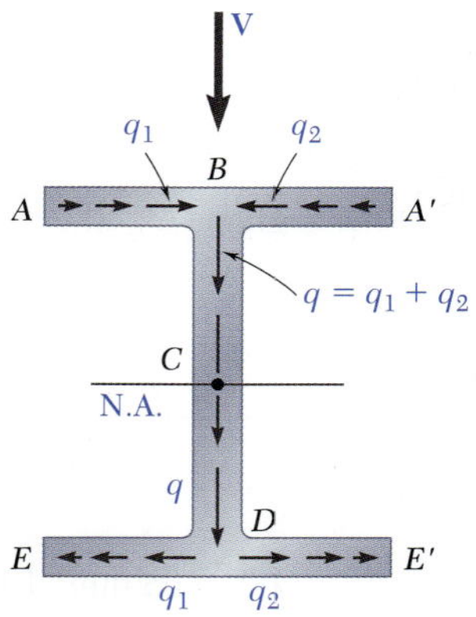


그림 6.28 광폭 플랜지 보의 단면에서 전단흐름 $q$

를 들어 상자형 보(그림 6.27)에서는 $q$의 값이 $A$점에서 0으로부터 중립축상의 점 $C$와 $C'$의 최댓값까지 서서히 증가하다가, $E$점에 도달하면 다시 0으로 감소한다. 또한, $B$, $D$, $B'$ 또는 $D'$ 등의 모서리 부분에서도 $q$의 크기는 급변하지 않으며, 단면의 수직 부분에서의 $q$의 방향(전단력 **V**의 방향과 같음)으로부터 수평 부분의 $q$의 방향을 쉽게 구할 수 있다. 광폭 플랜지 단면(그림 6.28)에서는 $q$의 값이 상부 플랜지의 $AB$와 $A'B$ 부분에서 대칭적으로 분포한다. 웨브의 $B$에서 $q$는 상부 플랜지의 두 개의 반쪽 부분에 해당하므로 이들을 더해 주어야만 웨브의 상부에서 $q$값을 구할 수 있다. 중립축상의 $C$에서 최댓값에 도달한 다음 $q$는 감소하고 $D$에서 두 개의 동일한 부분으로 분리되는데, 이는 $D$에서 하부 플랜지의 두 개의 반쪽 부분에 해당된다. 단위길이당 전단력은 흔히 **전단흐름**으로 불리며 지금까지 묘사한 $q$의 성질과 개수로나 관을 통과하는 유체흐름의 일부 특성 사이의 유사성에서 비롯된 것이다.†

지금까지 모든 하중은 부재의 대칭면 내에서 작용하였다. 광폭 플랜지 보(그림 6.24)나 상자형 보(그림 6.25)와 같이, 두 개의 대칭면을 가진 부재의 경우 주어진 단면의 도심을 통해 어떠한 하중이 작용하더라도 두 개의 대칭축 성분으로 나눌 수 있다. 이때 각 하중성분은 부재를 대칭면 내에서 구부러지게 하며, 식 (6.6)으로부터 상응하는 전단응력을 구할 수 있다. 중립의 원리를 적용하여 결과적인 응력을 구할 수 있다.

대칭면이 없거나 하나의 대칭면을 가진 부재에서 하중이 그 대칭면 내에서 작용하지 않을 경우, **전단중심**이라 불리는 특정 점에 하중이 작용하는 경우를 제외하고 부재에는 **굽힘**과 **비틀림**이 동시에 발생한다. 전단중심과 도심은 일반적으로 일치하지 않는다.

† 박벽 중공축(thin-walled hollow shafts)에서 전단응력의 분포를 해석하는 데 전단흐름의 개념이 사용되었다. 그러나 중공축에서 전단흐름은 일정한 반면에 횡하중을 받는 부재에서 전단흐름은 일정하지 않다.

## 기초문제 6.3

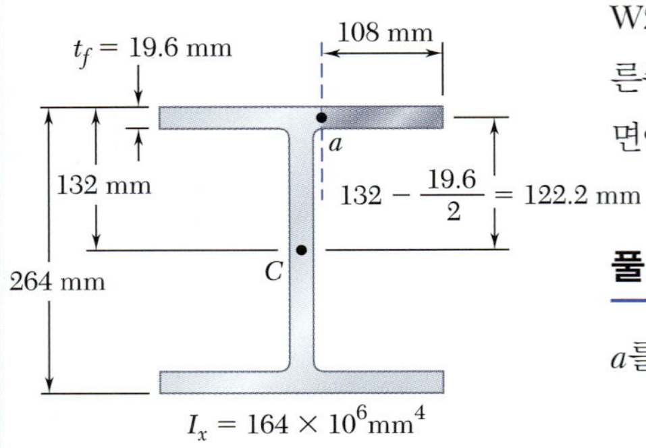


W250 × 101의 압연강 보에 작용하는 수직전단력이 200 kN일 때, 상부 플랜지의 오른쪽 끝으로부터 108 mm 떨어진 점 $a$에서의 수평전단응력을 구하시오. 압연강의 단면에 대한 치수와 형상에 값은 부록 C를 참조하시오.

### 풀이

$a$를 지나는 점선을 따라 플랜지를 절단하고 음영 부분을 분리시키면

$$Q = (108 \text{ mm})(19.6 \text{ mm})(122.2 \text{ mm}) = 258.7 \times 10^3 \text{ mm}^3$$

$$\tau = \frac{VQ}{It} = \frac{(200 \text{ kN})(258.7 \times 10^3 \text{ mm}^3)}{(164 \times 10^6 \text{ mm}^4)(19.6 \text{ mm})} = 16.096 \text{ MPa} \qquad \tau = 16.1 \text{ MPa} \blacktriangleleft$$

## 기초문제 6.4

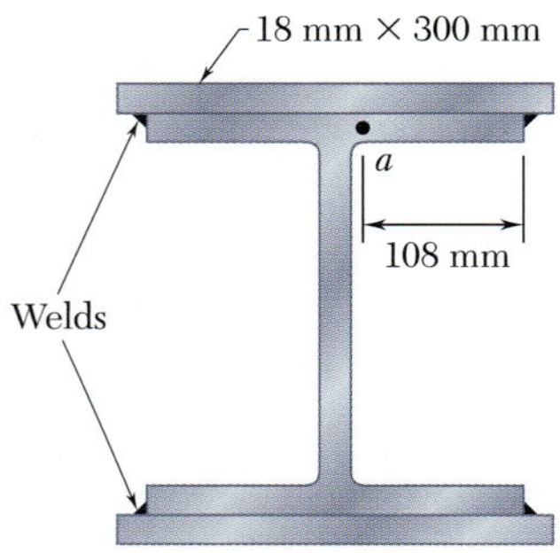


W250 × 101 보의 플랜지에 그림과 같이 18 × 300 mm 평판이 연속 필렛 용접되어 있다고 가정하고 기초문제 6.3을 푸시오.

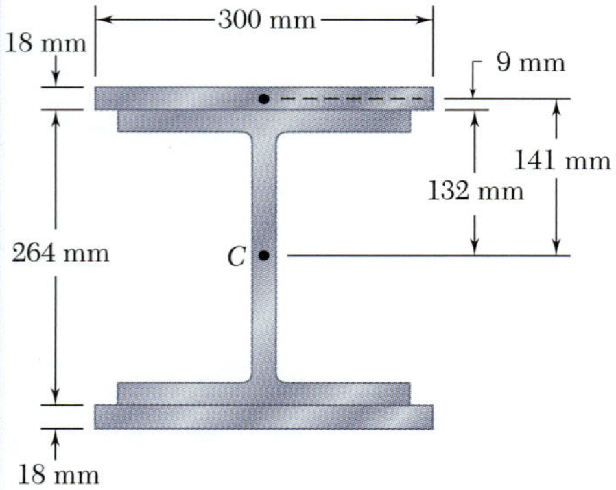


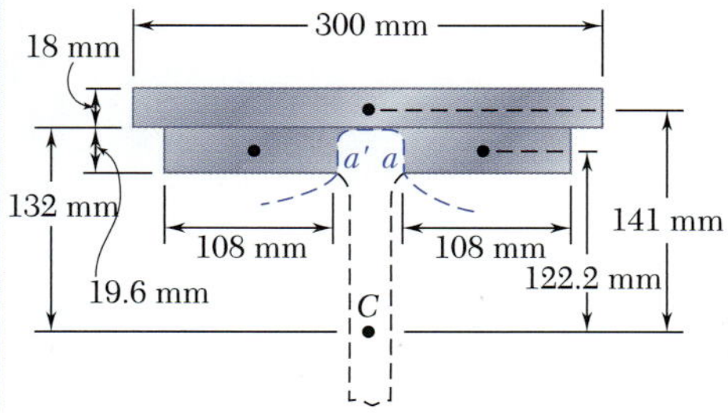


### 풀이

합성 보의 도심에 관한 관성모멘트는 다음과 같다.

$$I = 164 \times 10^6 \text{ mm}^4 + 2\left[\tfrac{1}{12}(300 \text{ mm})(18 \text{ mm})^3 + (300 \text{ mm})(18 \text{ mm})(141 \text{ mm})^2\right]$$
$$I = 379 \times 10^6 \text{ mm}^4$$

상부 판과 플랜지는 용접부에서만 연결되어 있으므로, $a$에서 전단응력을 계산하기 위한 단면은 $a$에서 플랜지를 통과하고 판과 플랜지 사이를 거쳐 대칭점 $a'$에서 다시 플랜지를 통과하는 면이다. 분리한 음영 면적에 대하여 계산하면 다음과 같다.

$$t = 2t_f = 2(19.6 \text{ mm}) = 39.2 \text{ mm}$$
$$Q = 2[(108 \text{ mm})(19.6 \text{ mm})(122.2 \text{ mm})] + (300 \text{ mm})(18 \text{ mm})(141 \text{ mm})$$
$$Q = 1.2787 \times 10^6 \text{ mm}^3$$
$$\tau = \frac{VQ}{It} = \frac{(200 \text{ kN})(1.2787 \times 10^6 \text{ mm}^3)}{(379 \times 10^6 \text{ mm}^4)(39.2 \text{ mm})} \qquad \tau = 17.21 \text{ MPa} \blacktriangleleft$$

## 기초문제 6.5

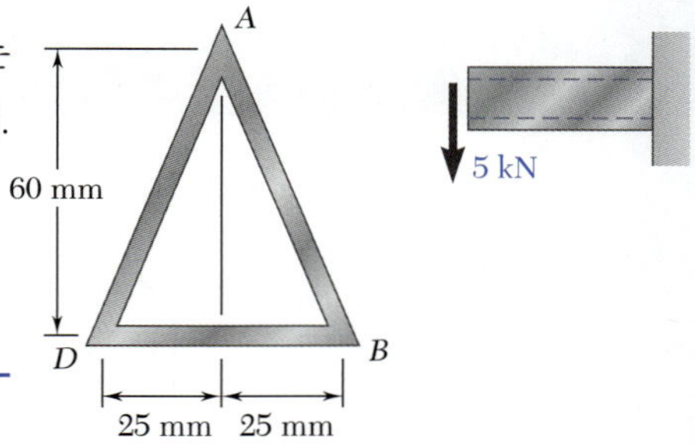


그림과 같이 벽 두께가 3 mm로 일정한 압출된 알루미늄 보가 있다. 이 보에 작용하는 전단력이 5 kN일 때 다음을 구하시오. (*a*) A점에서의 전단응력, (*b*) 보의 최대 전단응력. 주: 주어진 치수는 보의 외면과 내면 사이의 중간선까지의 길이이다.

## 풀이

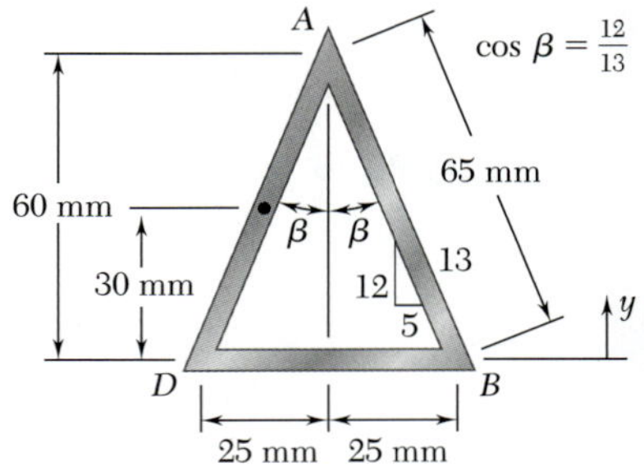


**도심.** $AB = AD = 65$ mm이므로

$$\overline{Y} = \frac{\Sigma\,\overline{y}A}{\Sigma\,A} = \frac{2[(65\text{ mm})(3\text{ mm})(30\text{ mm})]}{2[(65\text{ mm})(3\text{ mm})] + (50\text{ mm})(3\text{ mm})}$$

$$\overline{Y} = 21.67\text{ mm}$$

**도심축에 대한 관성모멘트.** 박벽 부재 보의 각 변은 평행사변형으로 간주할 수 있으며, 이 경우에 $n$–$n$ 축에 평행한 길이를 $b$라고 하면, $I_{nn} = bh^3/12$ 이다.

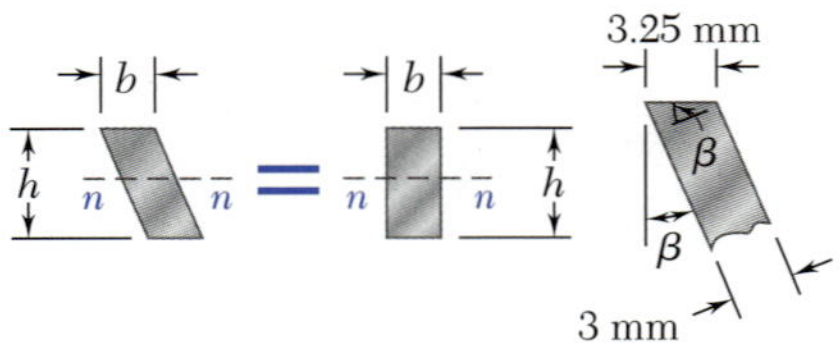


$$b = (3\text{ mm})/\cos\beta = (3\text{ mm})/(12/13) = 3.25\text{ mm}$$

$$I = \Sigma(\overline{I} + Ad^2) = 2[\tfrac{1}{12}(3.25\text{ mm})(60\text{ mm})^3 + (3.25\text{ mm})(60\text{ mm})(8.33\text{ mm})^2] + [\tfrac{1}{12}(50\text{ mm})(3\text{ mm})^3 + (50\text{ mm})(3\text{ mm})(21.67\text{ mm})^2]$$

$$I = 214.6 \times 10^3\text{ mm}^4 \qquad I = 0.2146 \times 10^{-6}\text{ m}^4$$

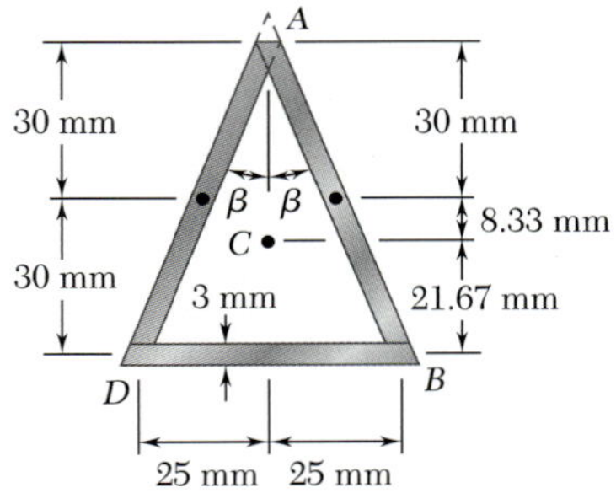


**(a) A점에서의 전단응력.** $A$에 발생하는 전단응력 $\tau_A$라 할 때, 전단흐름 $q_A = \tau_A t$ 이고 그림에 표시한 두 가지 방향 중 하나로 작용되어야 한다. 한편, 단면과 하중상태가 $A$를 지나는 수직선에 대해 모두 대칭이므로 전단흐름도 반드시 대칭으로 작용해야 한다. 그러나 그림에 표시한 가능한 전단흐름의 방향이 모두 대칭이 아니므로 다음과 같이 결론을 내린다.

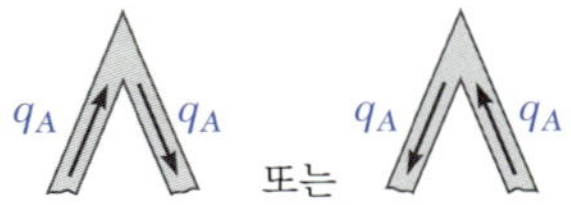


$$\tau_A = 0 \quad ◀$$

**(b) 최대 전단응력.** 벽두께가 일정하므로 최대 전단응력은 중립축에서 발생하고 $Q$ 값도 최대이다. $A$점에서의 전단응력은 0이므로, 그림과 같이 점선을 따라 단면을 자르고 보의 음영 부분을 분리한다. 최대 전단응력을 구하기 위해 중립축에서의 절단면이 빗변에 수직이 되게 자르며, 두께 $t = 3$ mm이다.

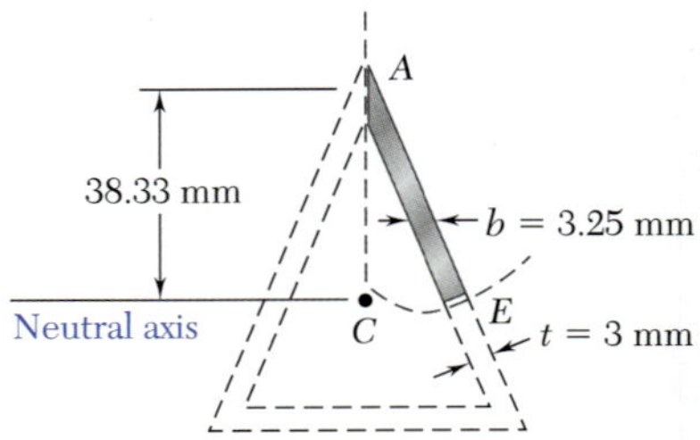


$$Q = [(3.25\text{ mm})(38.33\text{ mm})]\left(\frac{38.33\text{ mm}}{2}\right) = 2387\text{ mm}^3$$

$$Q = 2.387 \times 10^{-6}\text{ m}^3$$

$$\tau_E = \frac{VQ}{It} = \frac{(5\text{ kN})(2.387 \times 10^{-6}\text{ m}^3)}{(0.2146 \times 10^{-6}\text{ m}^4)(0.003\text{ m})} \qquad \tau_{max} = \tau_E = 18.54\text{ MPa} \quad ◀$$

# P6B 연습문제

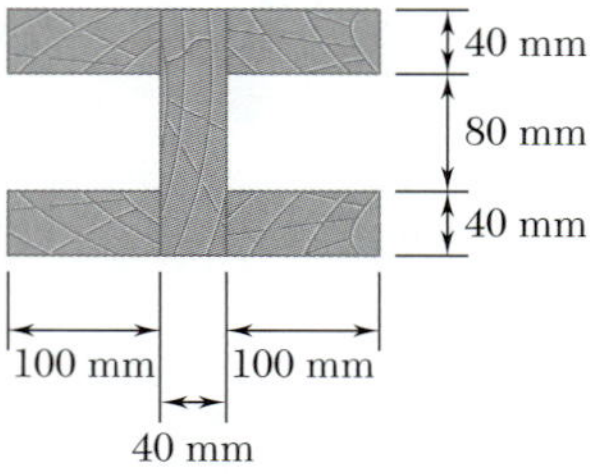


그림 P6.16

**6.16** 다섯 개의 판자를 접착해서 조립하여 만든 보가 그림과 같다. 접합부에서 허용 전단응력이 350 kPa일 때, 보에서 허용할 수 있는 최대 수직력을 결정하시오.

**6.17** 연습문제 6.16의 보에 대해 최대 허용 수평전단응력을 결정하시오.

**6.18** 조립식 목재 보가 5 kN의 수직전단력을 받고 있다. 각각의 못의 허용전단력이 300 N일 때, 못의 최대 허용 간격 $s$를 구하시오.

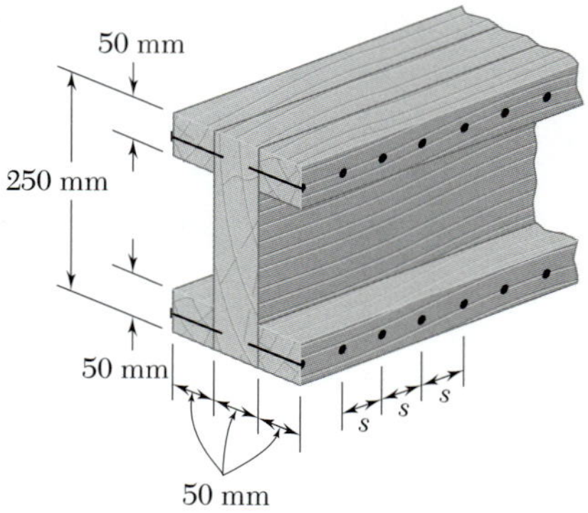


그림 P6.18

**6.19** 압출된 알루미늄 보가 그림과 같이 단면을 갖는다. 보에 수직전단력 40 kN이 작용할 때, 점 ($a$)와 ($b$)에서의 전단응력을 구하시오.

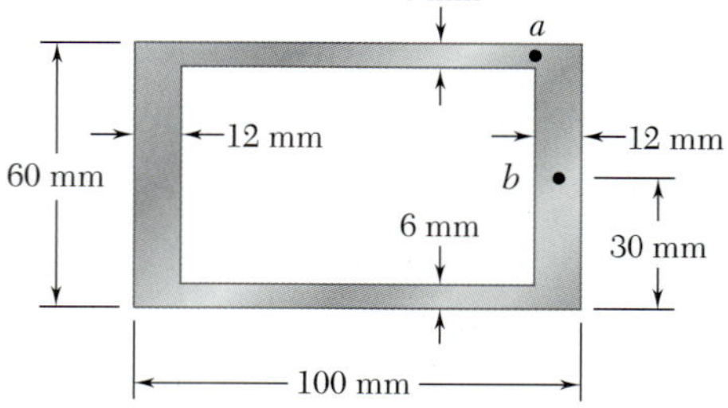


그림 P6.19

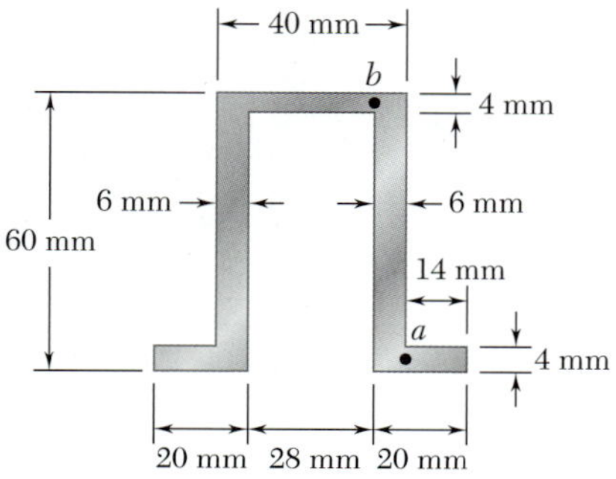


그림 P6.20

**6.20** 수직전단력 **V**가 그림과 같은 모자형의 압출 보에서 75 MPa의 최대 전단응력을 발생시킬 때, ($a$) 점 $a$, ($b$) 점 $b$에서 이에 상응하는 전단응력을 구하시오.

**6.21** 네 개의 L102 × 102 × 9.5의 앵글과 하나의 12 × 400 mm 강판을 볼트로 고정하여 그림과 같은 단면의 보를 제작하였다. 볼트의 직경이 22 mm이고, 길이 방향으로 120 mm마다 위치한다. 이 보가 240 kN의 전단력을 받을 때, 각 볼트에 발생하는 평균 전단응력을 구하시오.

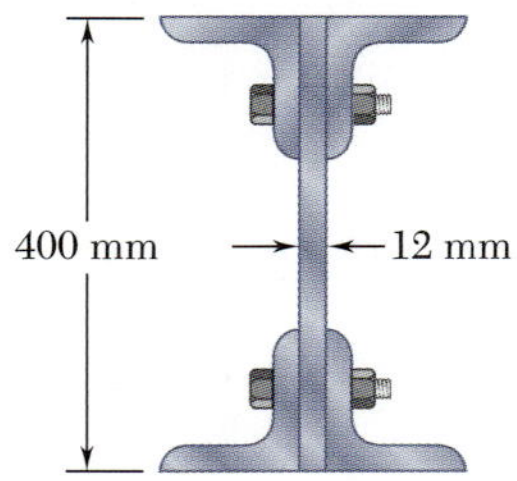


그림 P6.21

**6.22** 그림에 보인 바와 같이, 보의 길이방향을 따라 150 mm 간격으로 직경 14 mm인 볼트로 세 개의 판자가 연결되었다. 10 kN의 수직전단력을 받을 때, 볼트에서의 평균 전단응력을 구하시오.

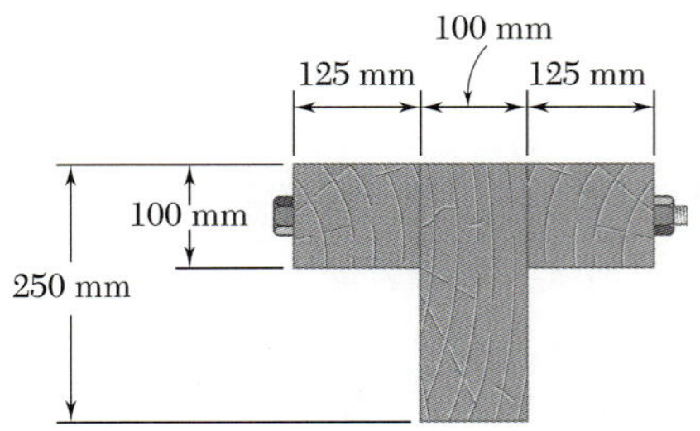


그림 P6.22

**6.23** 20 × 450 mm의 치수를 갖는 세 개의 강판과 L152 × 152 × 19의 앵글 네 개를 볼트로 고정하여 그림에 보인 단면의 보를 제작하였다. 볼트의 직경이 22 mm이고, 길이방향으로 125 mm마다 위치한다. 볼트의 평균허용 전단응력이 90 MPa일 때, 보에 허용할 수 있는 최대 수직전단력을 구하시오. ($I_x = 1896 \times 10^6$ mm$^4$)

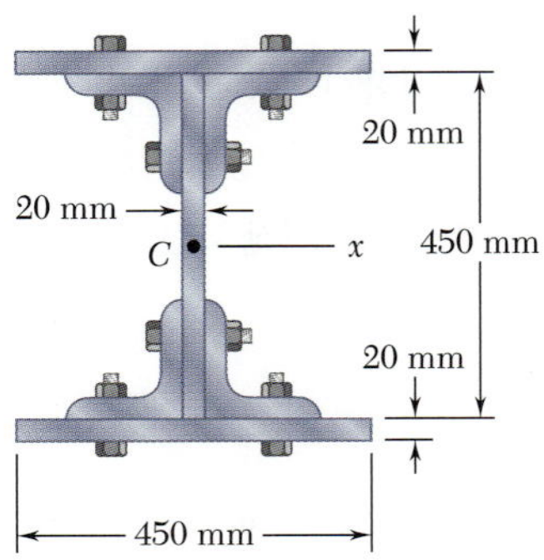


그림 P6.23

**6.24** 두께 6 mm인 판을 그림과 같이 파형 단면으로 제작하여 보로 사용하고 있다. 수직전단력이 5 kN일 때, (*a*) 단면에서 발생하는 최대 전단응력을 구하고, (*b*) *B*점에서의 전단응력을 결정하시오. 또 단면에 발생하는 전단흐름을 스케치하시오.

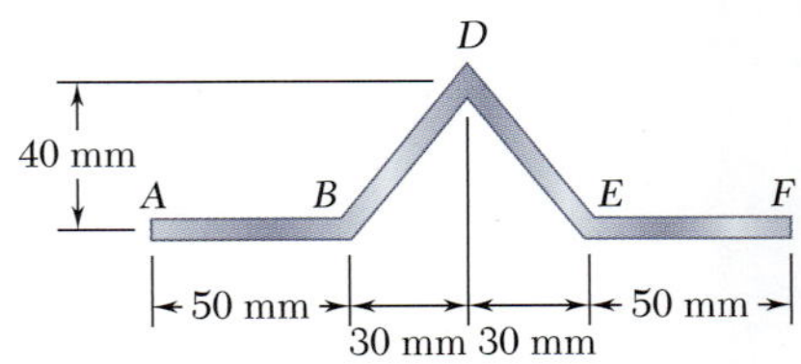


그림 P6.24

**6.25** 두께 $t$인 판을 그림과 같이 굽혀서 보로 사용한다. 수직전단력이 2.4 kN일 때 ($a$) 최대 전단응력이 2 MPa이 되게 하는 두께 $t$를 결정하고, ($b$) $E$ 점에서 발생하는 전단응력을 결정하라. 또 단면에 발생하는 전단흐름을 스케치하시오.

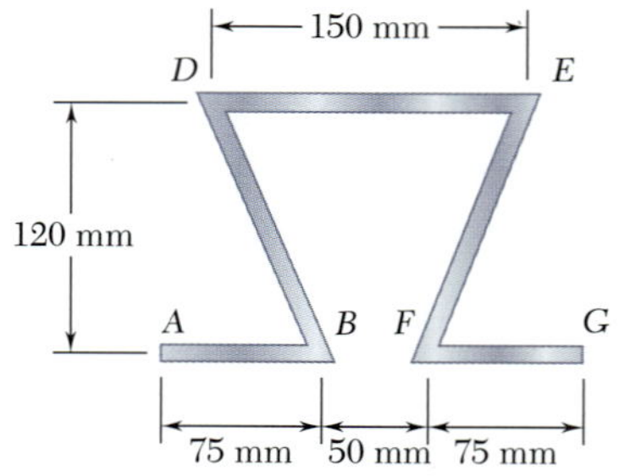

그림 P6.25

**6.26** 압출된 보가 균일한 벽두께 $t$를 갖는다. 수직전단력을 $\mathbf{V}$로, 보의 단면적을 $A$로 나타낼 때, 최대 전단응력을 $\tau_{max} = k(V/A)$와 같은 식으로 나타내고, 상수 $k$를 결정하시오.

그림 P6.26

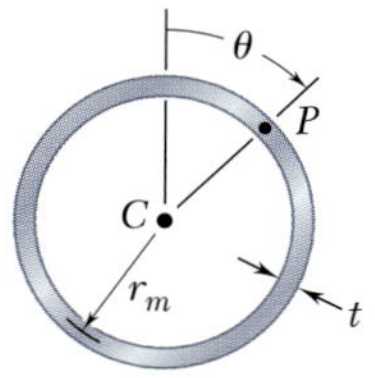

그림 P6.27

**6.27** ($a$) 그림에 보인 박벽 관의 $P$점에서 수직 전단력 $\mathbf{V}$에 의한 전단응력을 구하시오. ($b$) 최대 전단응력이 $\theta = 90°$에서 발생하고, 그 크기가 $2V/A$임을 증명하시오. 여기서 $A$는 파이프의 단면적이다.

**6.28** 강과 알루미늄 봉을 접합하여 그림과 같이 복합 보를 만들었다. 보에 작용하는 수직전단력이 18 kN이고, 강과 알루미늄의 탄성계수가 각각 200 GPa과 73 GPa일 때 ($a$) 접합면에 발생하는 평균응력과 ($b$) 보에서 발생하는 최대응력을 구하시오.

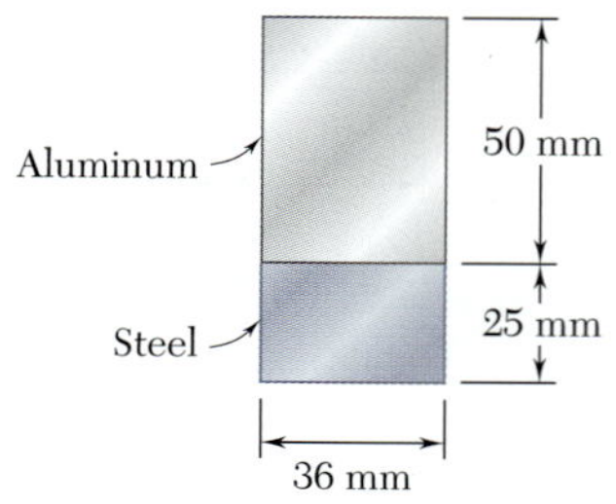

그림 P6.28

# 제6장 복습 및 요약

이 장에서는 횡하중을 받는 보와 박벽 부재의 해석에 중점을 두었다.

## 보 요소에서 응력성분

6.1절에서 횡하중을 받는 보의 수직대칭면에 위치한 작은 요소를 고려하였고(그림 6.29), 그 요소의 횡단면에 수직응력 $\sigma_x$와 전단응력 $\tau_{xy}$가 작용하고 있음을 알았다. 반면에 $\tau_{xy}$와 크기가 같은 전단응력 $\tau_{yx}$는 수평면에 작용하였다.

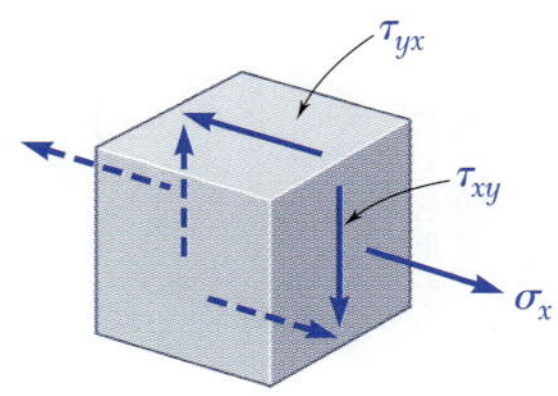

그림 6.29

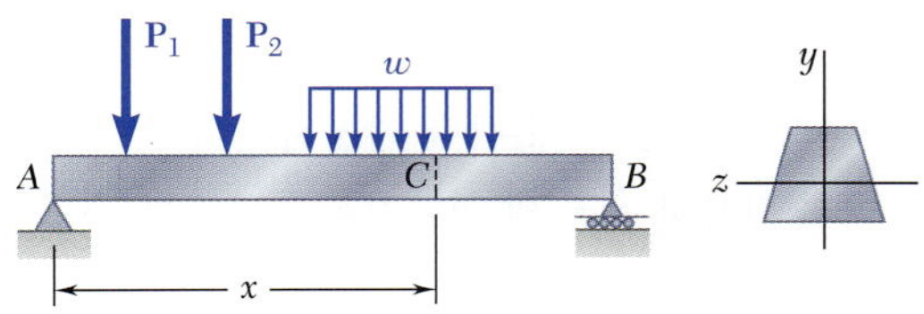

그림 6.30

6.2절에서 여러 개의 집중하중과 분포하중을 받는 수직대칭면을 갖는 균일단면 보 $AB$를 고려하였다(그림 6.30). 끝점 A로부터 거리 $x$ 떨어진 단면에서 보의 폭을 가로질러 중립축으로부터 $y_1$ 거리 떨어진 수평면에서부터 보의 상단까지를 포함하며 그 길이가 $\Delta x$인 요소 $CDD'C'$을 분리시켰다(그림 6.31).

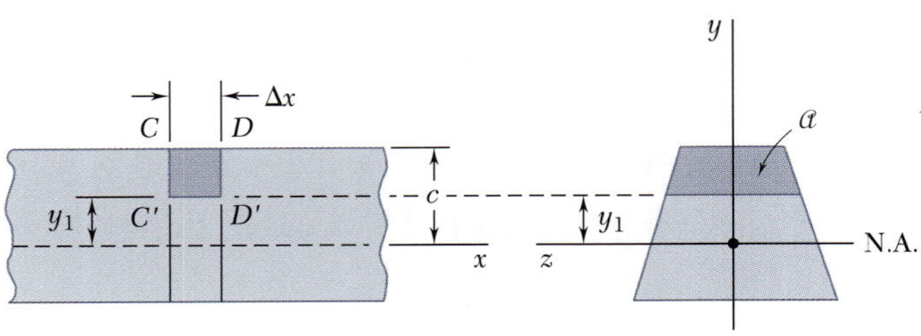

그림 6.31

## 보에서 수평 전단력

보 요소의 하부면에 작용하는 전단력의 크기 $\Delta \mathbf{H}$는 다음과 같다.

$$\Delta H = \frac{VQ}{I}\Delta x \tag{6.4}$$

여기서 $V$ = 주어진 횡단면에서 전단력

$Q$ = 단면의 음영 부분 $\mathcal{a}$의 중립축에 대한 단면의 1차모멘트

$I$ = 전체 단면적의 중립축에 대한 관성모멘트

### 전단 흐름

단위길이당 수평전단력 또는 $q$로 표시되는 **전단흐름**은 식 (6.4)의 양변을 $\Delta x$로 나누어서 얻는다.

$$q = \frac{\Delta H}{\Delta x} = \frac{VQ}{I} \tag{6.5}$$

### 보의 전단응력

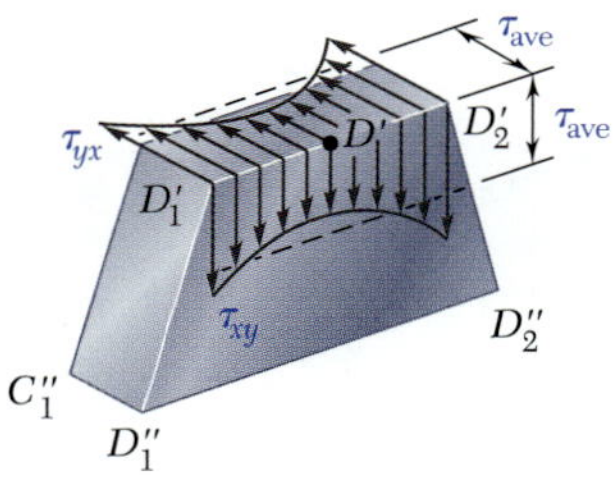

그림 6.32

식 (6.4)의 양변을 요소의 수평면의 면적 $\Delta A$로 나누고, $\Delta A = t\,\Delta x$(여기서 $t$는 절단면에서 요소의 폭)임을 고려하면, 6.3절에서 요소의 수평면 상의 평균 전단응력은 다음과 같이 된다.

$$\tau_{ave} = \frac{VQ}{It} \tag{6.6}$$

또한 $D'$을 통하는 횡단면과 수평면 상에 각각 작용하는 전단응력성분 $\tau_{xy}$와 $\tau_{yx}$는 같고, 식 (6.6)은 선 $D'_1D'_2$를 따라 작용하는 $\tau_{xy}$의 평균값을 나타낸다(그림 6.32).

### 직사각형 단면을 갖는 보의 전단응력

6.4절에서 직사각형 단면 보의 전단응력을 다루었다. 전단응력의 분포는 포물선 형태이고, 최대 전단응력은 단면의 중앙에서 발생하여 다음과 같다.

$$\tau_{max} = \frac{3}{2}\frac{V}{A} \tag{6.10}$$

여기서 $A$는 직사각형 단면의 면적이다. 광폭 플랜지 보에서 최대 전단응력은 전단력 $V$를 웨브의 단면적으로 나누어줌으로써 근사적으로 잘 구할 수 있었다.

### 곡면에서 길이 방향 전단응력

6.5절에서 요소가 수평면 대신에 임의의 곡면으로 둘러싸여 있을 경우, 식 (6.4)와 식 (6.5)는 보 요소에 작용하는 전단흐름 $q$와 길이방향 전단력 $\Delta \mathbf{H}$를 결정하는 데 사용될 수 있었음을 보였다(그림 6.33).

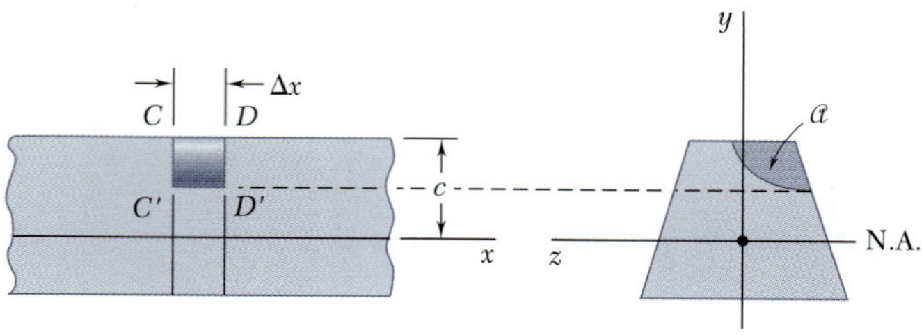

그림 6.33

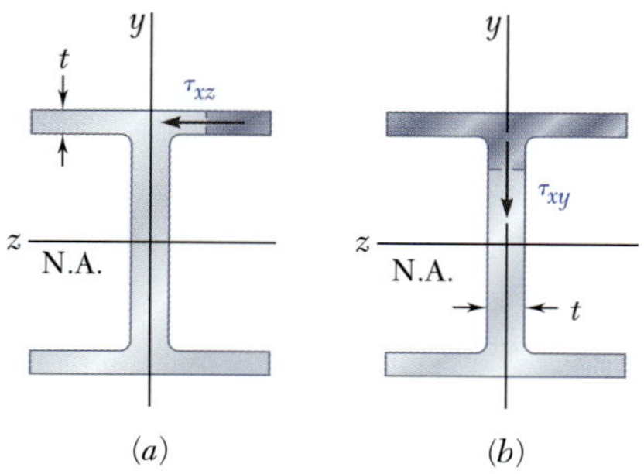

그림 6.34

### 박벽 부재의 전단응력

6.6절에서는 식 (6.6)의 확장을 통하여 광폭 보와 상자형 보와 같은 박벽 부재의 플랜지와 웨브에서 평균 전단응력을 결정할 수 있다(그림 6.34).

# P6C 복습문제

**6.29** 두께가 50 mm인 세 개의 판자를 못으로 결합하여 수직전단력을 받도록 보를 만들었다. 각각의 못의 허용전단력이 600 N이고, 못의 간격 $s$가 75 mm일 때, 허용 전단응력을 결정하시오.

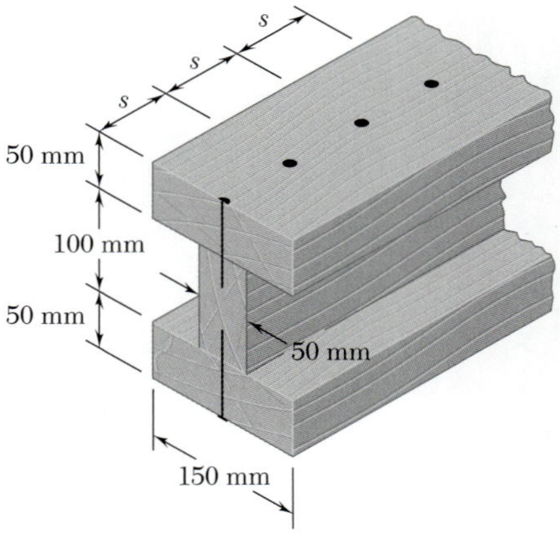


그림 P6.29

**6.30** 그림에서 보인 보는 두 개의 채널을 직경 18 mm인 볼트를 사용하여 길이 방향으로 125 mm 간격으로 체결하여 제작한 것이다. $y$축에 평행하게 작용하는 120 kN의 전단력에 의해 볼트에 작용하는 평균 전단응력을 결정하시오.

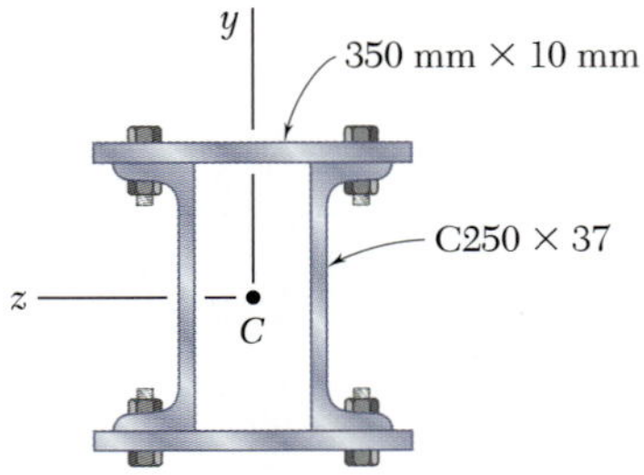


그림 P6.30

**6.31** 그림에 보인 목재 보와 하중상태에 대해, $\sigma_{all} = 12$ MPa이고 $\tau_{all} = 825$ kPa일 때, 폭 $b$의 요구되는 최솟값을 구하시오.

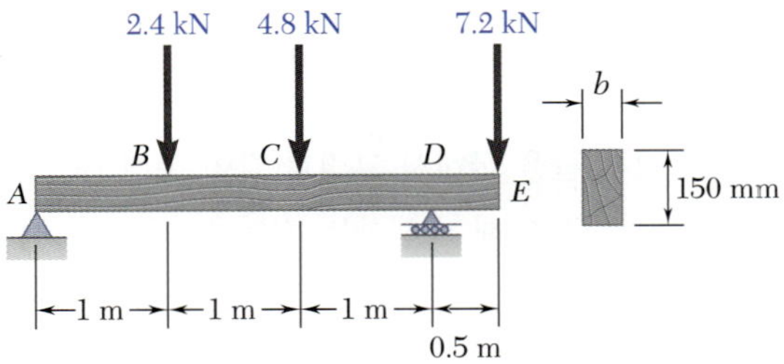


그림 P6.31

**6.32** 그림에 보인 보와 하중상태에 대해 단면 $n$–$n$에서 다음을 구하시오. (a) $a$점에서의 전단응력, (b) $b$점에서의 전단응력.

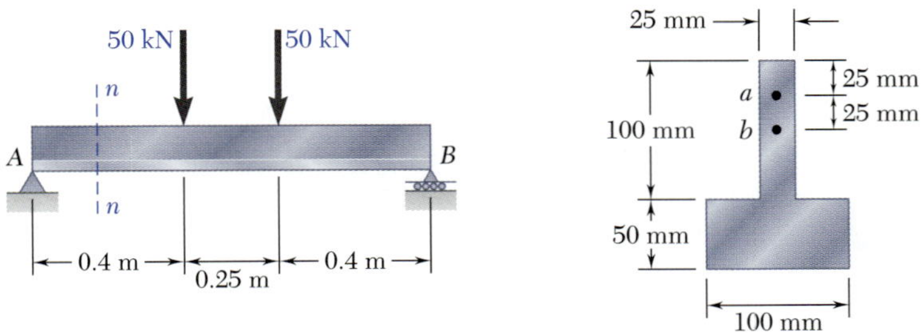


그림 P6.32

# P6D 컴퓨터 활용문제

**다음의 문제들은 컴퓨터를 활용하여 풀 수 있도록 작성되었다.**

**6.C1** 그림과 같이 길이가 $L$이고 균일한 직사각형 단면을 갖는 목재 외팔 보 $AB$가 자유단에서 집중하중 **P**를, 그리고 전체 길이에 걸쳐 균일 분포하중 $w$를 받고 있다. 최대 수직응력과 최대 전단응력이 보의 최대 허용값에 도달할 때, 보의 길이 $L$과 폭 $b$를 결정하는 컴퓨터프로그램을 작성하시오. $\sigma_{all} = 12.4$ MPa, $\tau_{all} = 0.8$ MPa로 가정해서, 이 프로그램을 이용하여 다음 경우에 대해 치수 $L$과 $b$를 결정하시오. (*a*) $P = 4.5$ kN, $w = 0$, (*b*) $P = 0$, $w = 2.2$ N/mm, (*c*) $P = 2.25$ kN, $w = 2.2$ N/mm.

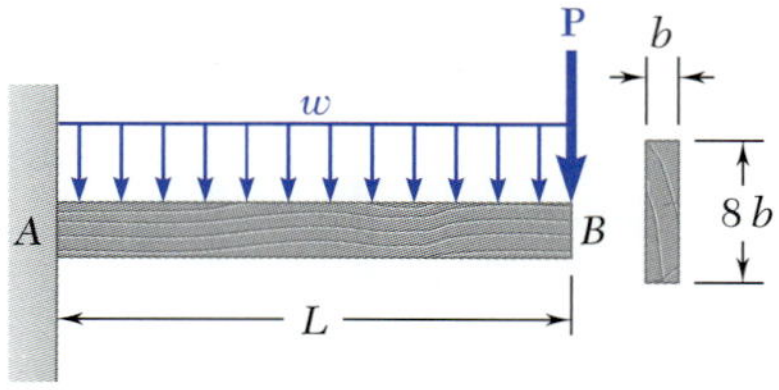


그림 P6.C1

**6.C2** 그림에 보인 단면을 갖는 보가 수직전단력 **V**를 받고 있다. SI 또는 미국 상용단위 중의 하나로 표현되는 치수와 하중으로, 단면을 형성하는 두 인접한 직사각형의 접촉선을 따라 전단응력을 계산하는 컴퓨터프로그램을 작성하시오. 이 프로그램을 사용하여 (*a*) 연습문제 6.6, (*b*) 연습문제 6.7, (*c*) 연습문제 6.12를 계산하시오.

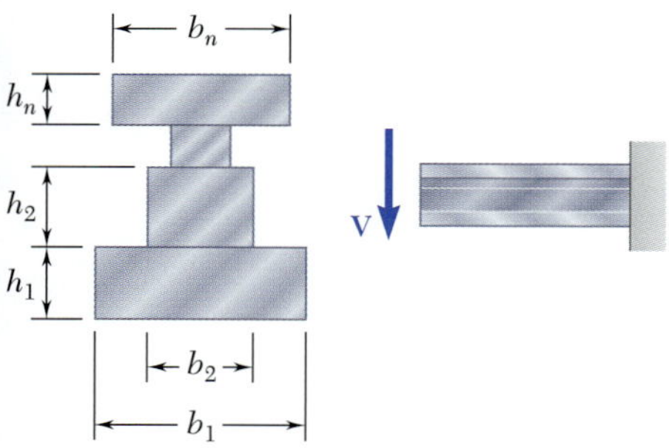


그림 P6.C2

**6.C3** 균일한 두께를 갖는 판을 굽혀서 그림과 같이 수직 대칭면을 갖는 단면의 보로 사용하고 있다. 수직전단력 **V**에 의해 발생하는 전단응력의 분포를 결정하는 데 이용할 수 있는 컴퓨터프로그램을 작성하시오. 작성된 프로그램을 사용하고 두께를 $t = 6$ mm로 가정하여 다음 문제의 단면형태와 하중상태에 대해 문제를 푸시오. (*a*) 연습문제 6.24의 A점, (*b*) 연습문제 6.25의 $E$점에서의 전단응력을 구하시오.

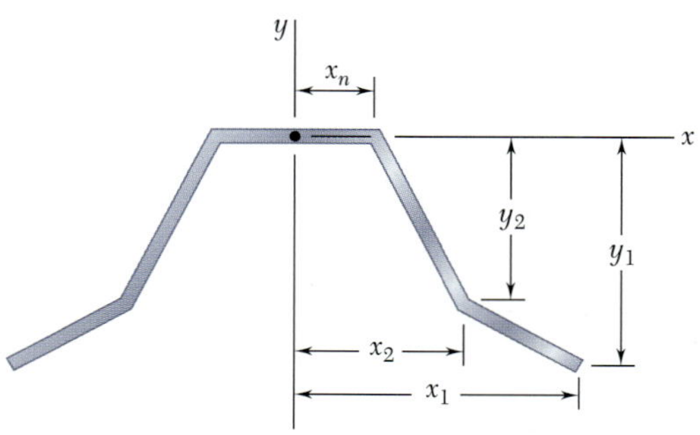


그림 P6.C3

CHAPTER

# 7

# 응력의 변환

## Transformation of Stresses

사진은 비행기 날개에 양력으로 인한 힘을 측정하는 시험 장면이다. 이 장에서는 구조물과 기계부품에서의 응력과 변형률을 다룬다.

## 7.1 서론



주어진 한 점 $Q$에서 가장 일반적인 응력상태는 6개의 성분으로 표시된다(1.9절). 세 개의 성분 $\sigma_x$, $\sigma_y$, $\sigma_z$는 $Q$에 중심을 갖는 미소 정육면체 요소의 면에 작용하는 수직응력이고, 좌표축과 같은 방향으로 작용한다(그림 7.1$a$). 다른 세 개는 $\tau_{xy}$, $\tau_{yz}$, $\tau_{zx}$ [†]로서 동일한 요소에 작용하는 전단응력 성분이다. 좌표축이 회전하는 경우, 동일한 응력상태가 다른 응력성분들로 표시된다(그림 7.1$b$). 이 장에서는 좌표축이 회전할 때 수반되는 응력성분들의 변환에 대한 내용을 다룬다.

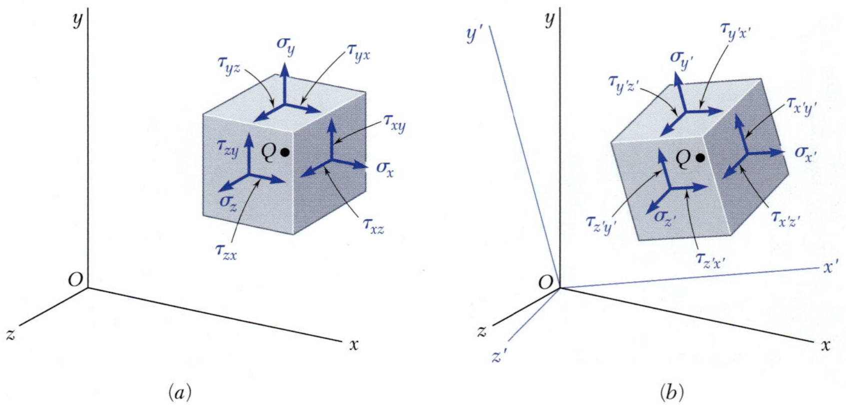


그림 7.1 한 점에서의 일반적인 응력상태

응력의 변환과 관련하여 정육면체 요소의 두 개의 면에 응력이 작용하지 않는 **평면응력** 상태를 주로 취급할 것이다. $z$축을 이 두 면에 수직하게 잡으면 $\sigma_z = \tau_{zx} = \tau_{zy} = 0$가 되고 $\sigma_x$, $\sigma_y$, $\tau_{xy}$ 응력성분만 남게 된다(그림 7.2). 이와 같은 응력상태는 두께가 얇은 판의 중앙면에 하중이 작용하는 경우에 발생한다(그림 7.3). 또한 표면에 외력이 작용하지 않는 구조물의 요소나 기계 부품의 자유표면 위에서도 이와 같은 응력상태가 발생한다(그림 7.4).

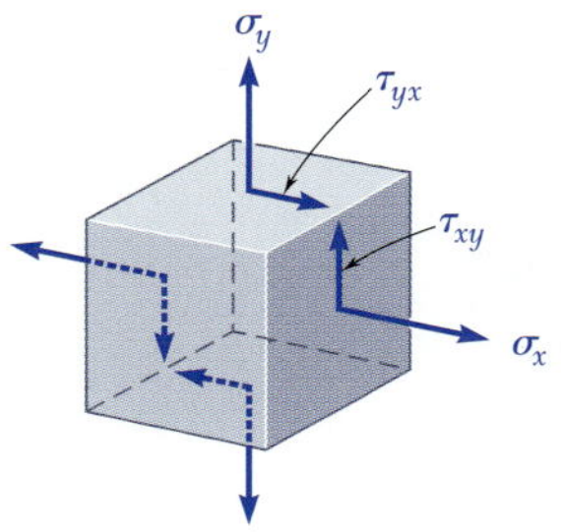


그림 7.2 평면응력

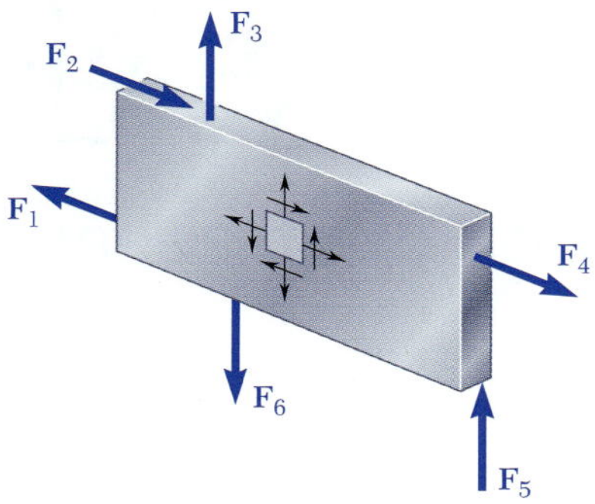


그림 7.3 평면응력의 예

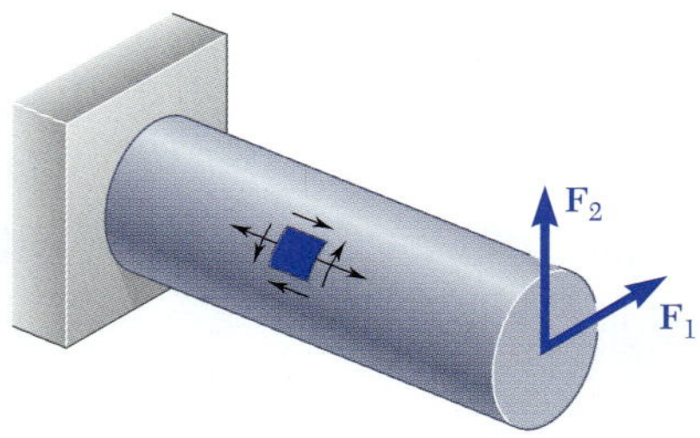


그림 7.4 평면응력의 예

† $\tau_{yx} = \tau_{xy}$, $\tau_{zy} = \tau_{yz}$, $\tau_{xz} = \tau_{zx}$인 관계를 기억하자.

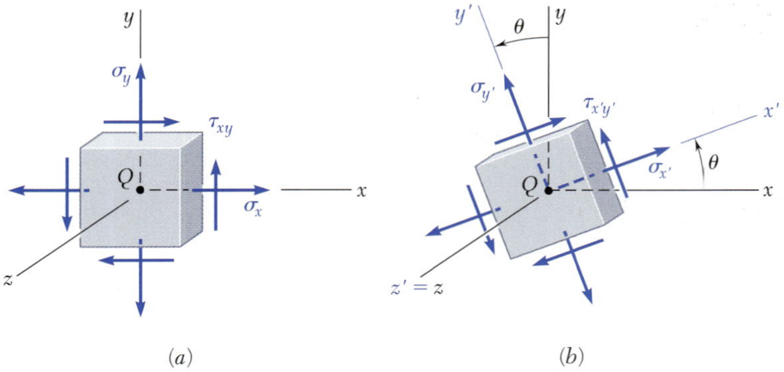


**그림 7.5** 응력의 변환

7.2절에서는 주어진 점 $Q$에서의 평면응력 상태가 응력성분 $\sigma_x$, $\sigma_y$, $\tau_{xy}$로 주어지고 그림 7.5$a$와 같이 요소에 표시될 때, $z$축에 대하여 각도 $\theta$만큼 회전한 요소에 작용하는 응력성분 $\sigma_{x'}$, $\sigma_{y'}$, $\tau_{x'y'}$(그림 7.5$b$)을 결정하는 방법에 대해 알아볼 것이다. 7.3절에서는 $\sigma_{x'}$와 $\sigma_{y'}$가 최대 및 최소 응력이 되는 각도 $\theta_p$를 구할 것이다. 최대 및 최소 수직응력 값을 $Q$점에서의 **주응력**이라고 하며, 이에 해당하는 요소면을 그 점에서 **응력의 주면**으로 정의한다. 또한 전단응력이 최대가 되는 회전각 $\theta_s$에 대해서도 논의할 것이다.

7.4절에서는 응력변환에 관한 문제 해결을 대체할 수 있는 **모어원**(*Mohr's circle*)을 이용하는 방법이 제시된다.

박벽의 압력용기는 평면응력 해석의 중요한 응용 분야 가운데 하나이다. 7.5절에서는 원통형 및 구형 압력용기(사진 7.1, 7.2)의 응력이 다루어질 것이다.

**사진 7.1** 원통형 압력용기

**사진 7.2** 구형 압력용기

## 7.2 평면응력의 변환

점 $Q$에서 평면응력 상태 ($\sigma_z = \tau_{zx} = \tau_{zy} = 0$)를 가정하면, 응력성분은 $\sigma_x$, $\sigma_y$, $\sigma_z$로 정의되고 그림 7.5$a$와 같이 요소에 표시된다. $z$축에 대하여 각도 $\theta$만큼 회전한 요소에 작용하는 응력성분 $\sigma_{x'}$, $\sigma_{y'}$, $\tau_{x'y'}$(그림 7.5$b$)을 $\sigma_x$, $\sigma_y$, $\sigma_z$와 $\theta$의 함수로 구하고자 한다.

$x'$축에 수직한 면에 작용하는 수직응력 $\sigma_{x'}$와 전단응력 $\tau_{x'y'}$를 구하기 위해 $x$, $y$ 및 $x'$축에 각각 수직한 면을 갖는 삼각주 형태의 요소를 고려한다(그림 7.6$a$). 경사면의 면적이 $\Delta A$이면, 수직면과 수평면의 면적은 각각 $\Delta A\cos\theta$와 $\Delta A\sin\theta$가 된다.

세 면에 작용하는 힘이 그림 7.6$b$에 나와 있다(요소의 삼각면에는 힘이 작용하지 않는다. 왜냐하면 그 면에 대응하는 수직응력과 전단응력이 모두 0이라고 가정했기 때문이다). $x'$축과 $y'$축의 성분을 고려하면, 힘의 평형식은 다음과 같이 된다.

$$\begin{aligned}\textstyle\sum F_{x'} = 0: \quad & \sigma_{x'}\,\Delta A - \sigma_x(\Delta A\cos\theta)\cos\theta - \tau_{xy}(\Delta A\cos\theta)\sin\theta \\ & -\sigma_y(\Delta A\sin\theta)\sin\theta - \tau_{xy}(\Delta A\sin\theta)\cos\theta = 0\end{aligned}$$

$$\begin{aligned}\textstyle\sum F_{y'} = 0: \quad & \tau_{x'y'}\,\Delta A + \sigma_x(\Delta A\cos\theta)\sin\theta - \tau_{xy}(\Delta A\cos\theta)\cos\theta \\ & -\sigma_y(\Delta A\sin\theta)\cos\theta + \tau_{xy}(\Delta A\sin\theta)\sin\theta = 0\end{aligned}$$

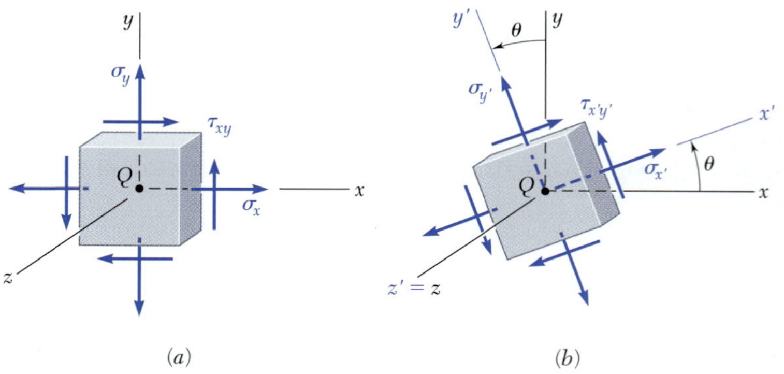


그림 7.5 (반복)

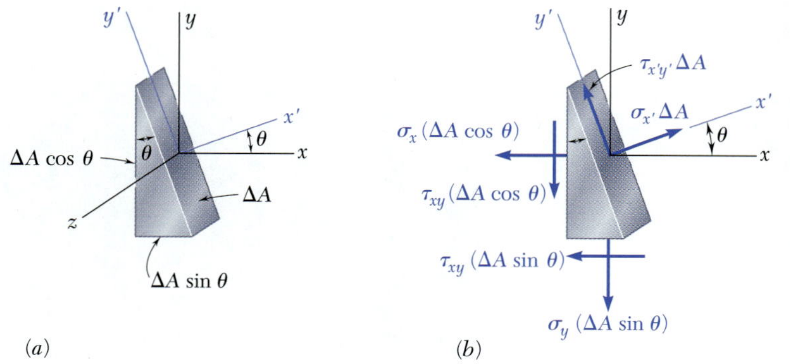


그림 7.6

첫 번째 식으로부터 $\sigma_{x'}$를, 두 번째 식으로부터 $\tau_{x'y'}$을 구한다.

$$\sigma_{x'} = \sigma_x \cos^2 \theta + \sigma_y \sin^2 \theta + 2\tau_{xy} \sin \theta \cos \theta \tag{7.1}$$

$$\tau_{x'y'} = -(\sigma_x - \sigma_y) \sin \theta \cos \theta + \tau_{xy}(\cos^2 \theta - \sin^2 \theta) \tag{7.2}$$

삼각함수 사이의 다음 관계를 이용하면

$$\sin 2\theta = 2 \sin \theta \cos \theta \qquad \cos 2\theta = \cos^2 \theta - \sin^2 \theta \tag{7.3}$$

$$\cos^2 \theta = \frac{1 + \cos 2\theta}{2} \qquad \sin^2 \theta = \frac{1 - \cos 2\theta}{2} \tag{7.4}$$

식 (7.1)을 다른 형태로 나타낼 수 있다.

$$\sigma_{x'} = \sigma_x \frac{1 + \cos 2\theta}{2} + \sigma_y \frac{1 - \cos 2\theta}{2} + \tau_{xy} \sin 2\theta$$

또는

$$\sigma_{x'} = \frac{\sigma_x + \sigma_y}{2} + \frac{\sigma_x - \sigma_y}{2} \cos 2\theta + \tau_{xy} \sin 2\theta \tag{7.5}$$

식 (7.3)의 관계를 이용하면, 식 (7.2)를 다음과 같이 나타낼 수 있다.

$$\tau_{x'y'} = -\frac{\sigma_x - \sigma_y}{2} \sin 2\theta + \tau_{xy} \cos 2\theta \tag{7.6}$$

수직응력 $\sigma_{y'}$에 대한 식은, 식 (7.5)에서 $\theta$를 $y'$축이 $x$축과 이루는 각도 $\theta + 90°$로 대체하여 얻을 수 있다. $\cos (2\theta + 180°) = -\cos 2\theta$, $\sin (2\theta + 180°) = -\sin 2\theta$이므로 $\sigma_{y'}$은 다음과 같이 구해진다.

$$\sigma_{y'} = \frac{\sigma_x + \sigma_y}{2} - \frac{\sigma_x - \sigma_y}{2} \cos 2\theta - \tau_{xy} \sin 2\theta \tag{7.7}$$

식 (7.5)와 (7.7)을 항별로 더하면 다음 관계를 얻는다.

$$\sigma_{x'} + \sigma_{y'} = \sigma_x + \sigma_y \tag{7.8}$$

$\sigma_z = \sigma_{z'} = 0$이므로 평면응력상태의 경우 재료의 정육면체 요소에 작용하는 수직응력의 합은 그 요소의 방향에는 무관하다는 것을 알 수 있다.

## 7.3 주응력과 최대 전단응력

앞 절에서 얻은 식 (7.5)와 식 (7.6)은 원의 매개변수 방정식이다. 달리 표현하면, 한 세트의 직각 축을 사용하여 주어진 매개변수 $\theta$에서 횡좌표 $\sigma_{x'}$과 종좌표 $\tau_{x'y'}$을 갖는 한 점 $M$을 표시하면, 다른 $\theta$에서 구해지는 점들도 모두 하나의 원 위에 놓이게 된다. 이와 같은 성질을 확립하기 위하여 식 (7.5)와 식 (7.6)에서 $\theta$를 소거한다. 즉, 식 (7.5)에서 $(\sigma_x + \sigma_y)/2$를 왼쪽으로 이항한 후 양쪽을 각각 제곱하고, 식 (7.6)의 양쪽도 각각 제곱한다. 마지막으로 이렇게 얻은 두 식을 항별로 합하면 다음 식을 얻게 된다.

$$\left(\sigma_{x'} - \frac{\sigma_x + \sigma_y}{2}\right)^2 + \tau_{x'y'}^2 = \left(\frac{\sigma_x - \sigma_y}{2}\right)^2 + \tau_{xy}^2 \tag{7.9}$$

다음의 관계를 설정하면

$$\sigma_{\text{ave}} = \frac{\sigma_x + \sigma_y}{2} \quad \text{와} \quad R = \sqrt{\left(\frac{\sigma_x - \sigma_y}{2}\right)^2 + \tau_{xy}^2} \tag{7.10}$$

식 (7.9)와 동일한 다음 식을 얻는다.

$$(\sigma_{x'} - \sigma_{\text{ave}})^2 + \tau_{x'y'}^2 = R^2 \tag{7.11}$$

이 식은 횡좌표가 $\sigma_{\text{ave}}$, 종좌표가 0인 점 $C$를 중심으로 하고, 반지름이 $R$인 원의 방정식이다(그림 7.7). 원이 수평축에 대하여 대칭이기 때문에 점 $M$ 대신에 횡좌표가 $\sigma_{x'}$, 종좌표가 $-\tau_{x'y'}$인 점 $N$을 사용해도 같은 결과가 얻어졌을 것이다(그림 7.8). 이러한 성질은 7.4절에서 이용될 것이다.

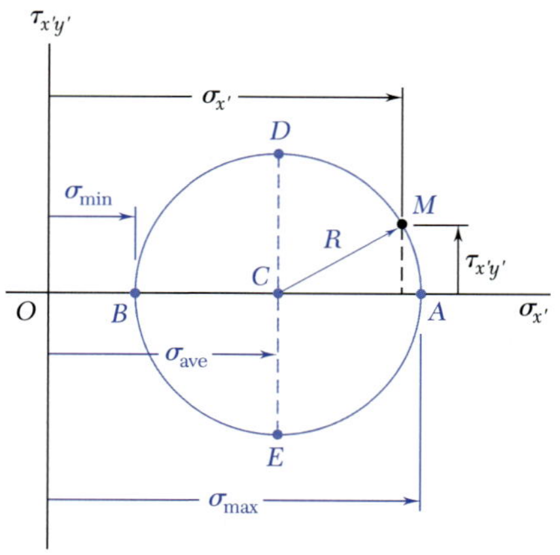


**그림 7.7** 변환된 응력과 원의 관계

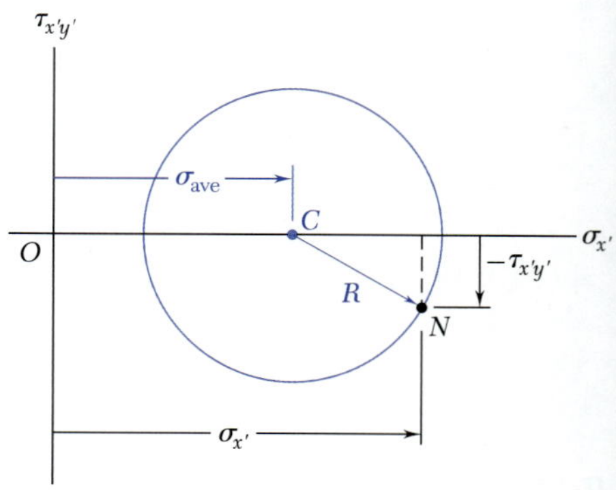


**그림 7.8** 응력 변환을 위한 원의 다른 작도법

원이 수평축과 교차하는 점 $A$와 $B$는 특별히 관심을 가질만하다. 점 $A$는 수직응력 $\sigma_{x'}$의 최댓값에 해당하고, 점 $B$는 최솟값에 해당한다. 또한 이 두 점에서는 전단응력 $\tau_{x'y'}$ 값이 0이 된다. 따라서 점 $A$와 $B$에 상응하는 매개변수 $\theta$의 $\theta_p$ 값은 식 (7.6)에서 $\tau_{x'y'} = 0$으로 둠으로써 얻을 수 있다.†

$$\tan 2\theta_p = \frac{2\tau_{xy}}{\sigma_x - \sigma_y} \tag{7.12}$$

이 식은 서로 180° 떨어진 2개의 $2\theta_p$ 값, 따라서 90° 떨어진 2개의 $\theta_p$ 값을 정의한다. 어느 값이든 최대 수직응력에 상응하는 요소의 방향을 결정하는 데 사용될 수 있다(그림 7.9). 이렇게 얻어진 요소의 면을 포함하는 평면이 점 $Q$에서 응력의 주면이고, 이들 면에 작용하는 상응하는 응력값 $\sigma_{\max}$와 $\sigma_{\min}$은 $Q$에서 주응력이다. 식 (7.12)에 의해 정의되는 두 개의 $\theta_p$ 값은 식 (7.6)에서 $\tau_{x'y'} = 0$로 두고 구해졌으므로, 주면에는 분명히 전단응력이 작용하지 않는다.

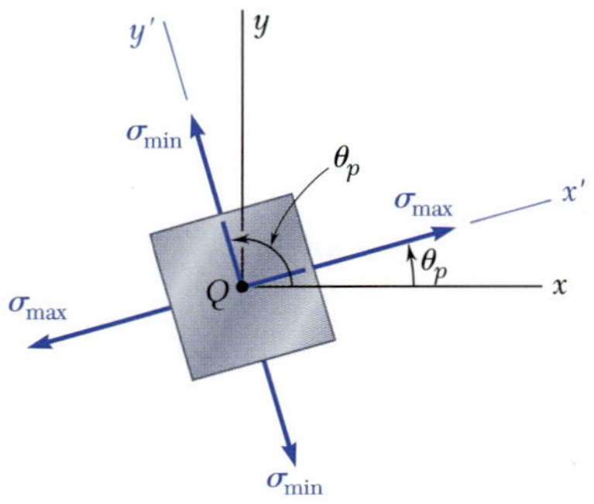


**그림 7.9** 주응력

그림 7.7로부터 다음 관계를 얻을 수 있다.

$$\sigma_{\max} = \sigma_{\text{ave}} + R, \qquad \sigma_{\min} = \sigma_{\text{ave}} - R \tag{7.13}$$

식 (7.10)의 $\sigma_{\text{ave}}$와 $R$을 여기에 대입하면 다음과 같이 정리할 수 있다.

$$\sigma_{\max,\,\min} = \frac{\sigma_x + \sigma_y}{2} \pm \sqrt{\left(\frac{\sigma_x - \sigma_y}{2}\right)^2 + \tau_{xy}^2} \tag{7.14}$$

두 주면 중 어디에 $\sigma_{\max}$가 작용하는지 또 어디에 $\sigma_{\min}$이 작용하는지 직관적으로 알 수 없다면, 식 (7.5)에 $\theta_p$ 값을 대입해 보고 어느 면에 최댓값이 작용하는지 결정할 필요가 있다.

그림 7.7을 다시 살펴보면 원의 수직방향 지름 위에 위치하고 있는 점 $D$와 $E$가 전단응력 $\tau_{x'y'}$의 최댓값에 해당하는 것을 알 수 있다. 점 $D$와 $E$의 횡좌표는 $\sigma_{\text{ave}} = (\sigma_x + \sigma_y)/2$이므로, 이 점에 대응하는 매개변수 $\theta$의 $\theta_s$ 값은 식 (7.5)에서 $\sigma_{x'} = (\sigma_x + \sigma_y)/2$로 두면 구할 수 있다. 이 식에서 마지막 두 항의 합이 0이 되어야 한다. 따라서 $\theta = \theta_s$로 두면‡

$$\frac{\sigma_x - \sigma_y}{2}\cos 2\theta_s + \tau_{xy}\sin 2\theta_s = 0$$

또는

† 식 (7.5)에서 $\sigma_{x'}$을 미분하고, 도함수 $d\sigma_{x'}/d\theta = 0$으로 놓고 이 관계를 구할 수 있다.

‡ 식 (7.6)에서 $\tau_{x'y'}$을 미분하고, 도함수 $d_{x'y'}/d\theta = 0$으로 놓고 이 관계를 구할 수 있다.

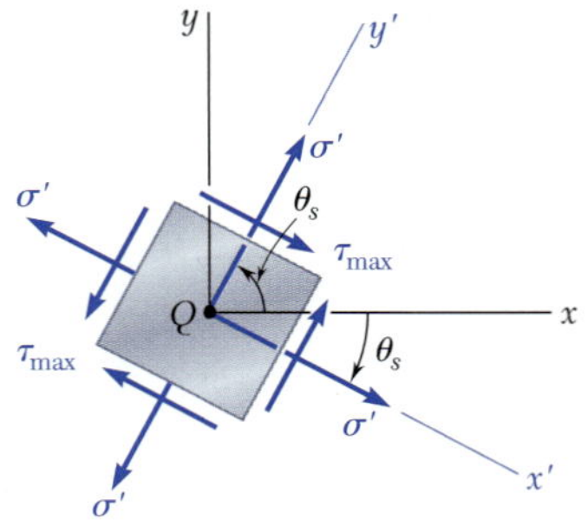


그림 7.10 최대 전단응력

$$\tan 2\theta_s = -\frac{\sigma_x - \sigma_y}{2\tau_{xy}} \tag{7.15}$$

이 식은 서로 180° 떨어진 2개의 $2\theta_s$ 값, 따라서 90° 떨어진 2개의 $\theta_s$ 값을 정의한다. 어느 값이든 최대 전단응력에 상응하는 요소의 방향을 결정하는 데 사용될 수 있다(그림 7.10). 그림 7.7을 살펴보면 전단응력의 최댓값은 원의 반지름 $R$과 같으므로, 식 (7.10)의 두 번째 관계로부터 다음 결과를 얻는다.

$$\tau_{\max} = \sqrt{\left(\frac{\sigma_x - \sigma_y}{2}\right)^2 + \tau_{xy}^2} \tag{7.16}$$

앞서 관찰한 바와 같이, 최대 전단응력 조건에 상응하는 수직응력은 다음과 같다.

$$\sigma' = \sigma_{\text{ave}} = \frac{\sigma_x + \sigma_y}{2} \tag{7.17}$$

식 (7.12)와 (7.15)를 비교하면, $\tan 2\theta_s$는 $\tan 2\theta_p$의 음의 역수이다. 따라서 각 $2\theta_s$와 $2\theta_p$는 90° 떨어져 있으므로, $\theta_s$와 $\theta_p$는 45° 떨어져 있다. 그러므로 **최대 전단응력 평면은 주면과 45°를 이룬다**. 이 사실은 도심 축하중과 관련하여 얻은 1.9절의 결과(그림 1.37)와 비틀림 하중과 관련하여 얻은 3.4절의 결과(그림 3.19)를 확인시켜 준다.

평면응력의 변환 해석에서 요소의 회전은 **응력 평면 내**에서만 이루어 졌다는 것을 알아야 한다. 그림 7.5의 정육면체 요소가 $z$축이 아닌 다른 축에 대하여 회전하면, 식 (7.16)으로 정의되는 것보다 더 큰 전단응력이 요소 면에 작용할 수 있다. 이러한 현상은 식 (7.14)에서 얻어진 주응력이 같은 부호를 가질 때(즉, 모두 인장이거나 모두 압축) 일어난다. 이 경우에 식 (7.16)에 의해 계산된 응력 값을 **최대 면내 전단응력**(*maximum in-plane shearing stress*)이라고 한다.

## 예제 7.1

그림 7.11의 평면응력상태에 대하여 다음을 구하시오. (*a*) 주면, (*b*) 주응력, (*c*) 최대 전단응력과 이에 상응하는 수직응력.

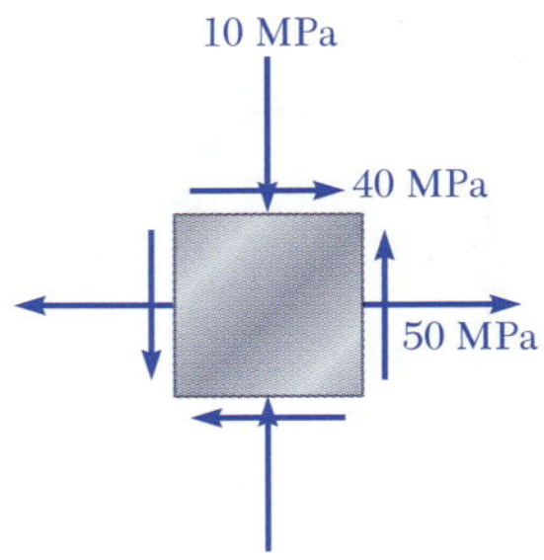


그림 7.11

### 풀이

**(a) 주면.** 부호규약에 따라 응력성분은 다음과 같다.

$$\sigma_x = +50 \text{ MPa} \qquad \sigma_y = -10 \text{ MPa} \qquad \tau_{xy} = +40 \text{ MPa}$$

(7.12)에 대입하면

$$\tan 2\theta_p = \frac{2\tau_{xy}}{\sigma_x - \sigma_y} = \frac{2(+40)}{50 - (-10)} = \frac{80}{60}$$

$$2\theta_p = 53.1°, \qquad 180° + 53.1° = 233.1°$$

$$\theta_p = 26.6°, \qquad 116.6°$$

**(b) 주응력.** 식 (7.14)로부터

$$\sigma_{\max,\min} = \frac{\sigma_x + \sigma_y}{2} \pm \sqrt{\left(\frac{\sigma_x - \sigma_y}{2}\right)^2 + \tau_{xy}^2}$$

$$= 20 \pm \sqrt{(30)^2 + (40)^2}$$

$$\sigma_{\max} = 20 + 50 = 70 \text{ MPa}$$

$$\sigma_{\min} = 20 - 50 = -30 \text{ MPa}$$

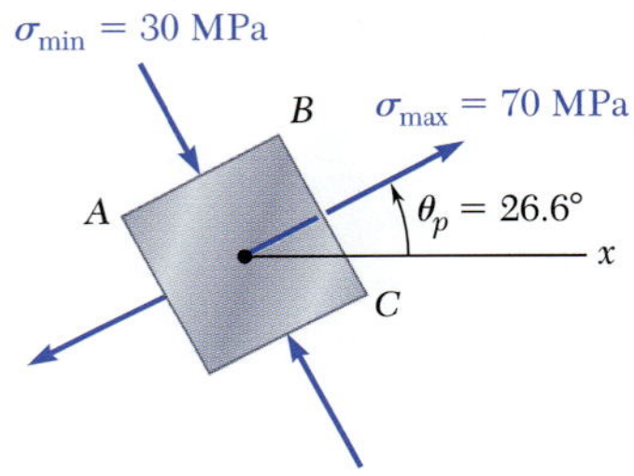


그림 7.12

주면과 주응력을 그림 7.12에 도시하였다. 식 (7.5)에서 $\theta = 26.6°$로 두면, 요소의 *BC* 면에 작용하는 수직응력은 최대응력이다.

$$\sigma_{x'} = \frac{50 - 10}{2} + \frac{50 + 10}{2}\cos 53.1° + 40 \sin 53.1°$$

$$= 20 + 30 \cos 53.1° + 40 \sin 53.1° = 70 \text{ MPa} = \sigma_{\max}$$

**(c) 최대 전단응력.** 식 (7.16)으로부터

$$\tau_{\max} = \sqrt{\left(\frac{\sigma_x - \sigma_y}{2}\right)^2 + \tau_{xy}^2} = \sqrt{(30)^2 + (40)^2} = 50 \text{ MPa}$$

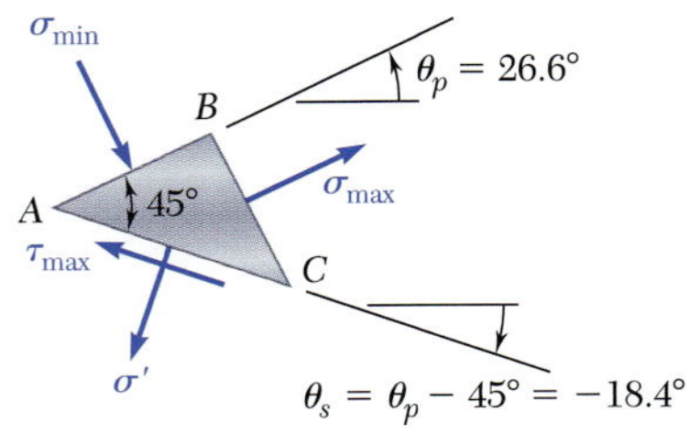


그림 7.13

$\sigma_{\max}$과 $\sigma_{\min}$이 서로 반대 부호를 갖기 때문에 위의 $\tau_{\max}$는 주어진 점에서 실제로 최대 전단응력을 나타낸다. 최대 전단응력면의 방향과 전단응력의 방향은 그림 7.12에 보인 요소를 대각면 *AC*를 따라 절단함으로써 구할 수 있다. 요소의 면 *AB*와 *BC*가 주면이기 때문에 대각면 *AC*는 최대 전단응력면 중의 하나가 된다(그림 7.13). 더우기 삼각주 요소 *ABC*에 대한 평형조건으로부터 *AC*면에 작용하는 전단응력의 작용 방향은 그림과 같다. 최대 전단응력에 상응하는 정육면체요소는 그림 7.14와 같다. 요소의 네 면 각각에 작용하는 수직응력은 식 (7.17)로부터 구할 수 있다.

$$\sigma' = \sigma_{\text{ave}} = \frac{\sigma_x + \sigma_y}{2} = \frac{50 - 10}{2} = 20 \text{ MPa}$$

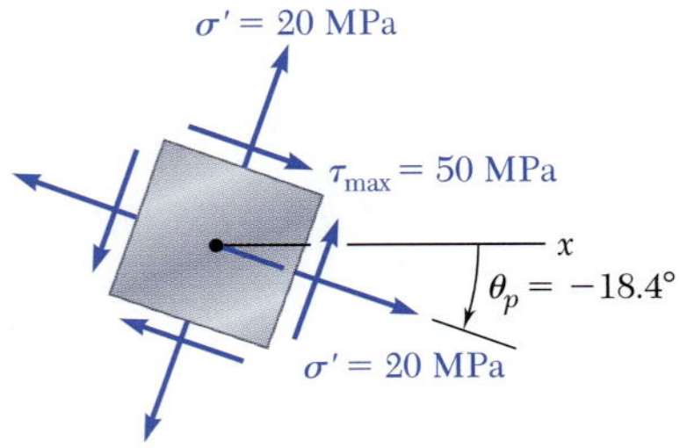


그림 7.14

## 기초문제 7.1

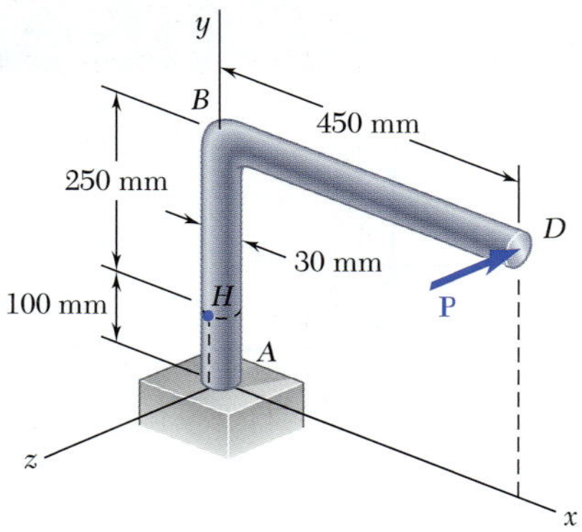


600 N의 크기를 갖는 단일 수평하중 **P**가 레버 $ABD$의 자유단 $D$에 작용한다. 레버 $AB$ 부분의 지름이 30 mm일 때 다음을 구하시오. (*a*) 점 $H$에서 $x$와 $y$축에 각각 평행한 변을 갖는 요소에 대한 수직응력과 전단응력, (*b*) 점 $H$에서의 주면과 주응력.

### 풀이

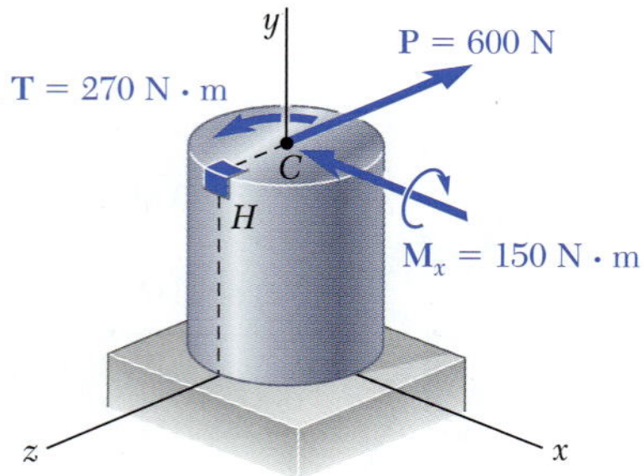


**힘–우력계.** 힘 **P**를 점 $H$를 포함하는 횡단면의 도심 $C$에 작용하는 등가의 힘–우력계로 대체한다.

$$P = 600\text{ N} \qquad T = (600\text{ N})(0.45\text{ m}) = 270\text{ N}\cdot\text{m}$$
$$M_x = (600\text{ N})(0.25\text{ m}) = 150\text{ N}\cdot\text{m}$$

**(a) 점 $H$에서의 응력 $\sigma_x$, $\sigma_y$, $\tau_{xy}$.** 그림 7.2의 부호규약을 사용하고, 점 $C$에서의 힘–우력계를 주의깊게 관찰하면 각 응력성분의 방향과 부호를 결정할 수 있다.

$$\sigma_x = 0 \quad \sigma_y = +\frac{Mc}{I} = +\frac{(150\text{ N}\cdot\text{m})(0.015\text{ m})}{\frac{1}{4}\pi\,(0.015)^4} \qquad \sigma_y = +56.6\text{ MPa} \blacktriangleleft$$

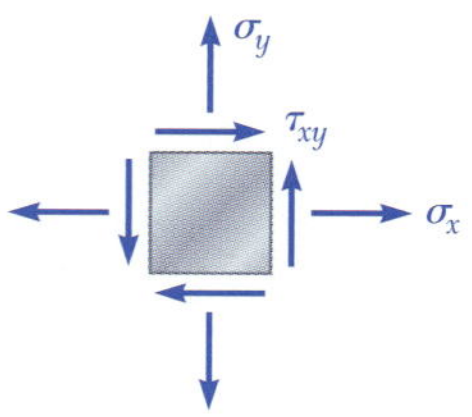


$$\tau_{xy} = +\frac{Tc}{J} = +\frac{(270\text{ N}\cdot\text{m})(0.015)}{\frac{1}{2}\pi\,(0.015)^4} \qquad \tau_{xy} = +50.9\text{ MPa} \blacktriangleleft$$

전단력 $P$는 점 $H$에서 어떠한 전단응력도 발생시키지 않는다.

**(b) 주면과 주응력.** 응력성분 값들을 식 (7.12)에 대입하면 주면의 방향을 구할 수 있다.

$$\tan 2\theta_p = \frac{2\tau_{xy}}{\sigma_x - \sigma_y} = \frac{2(50.9)}{0 - 56.6} = -1.799$$
$$2\theta_p = -60.93° \quad \text{와} \quad 180° - 60.93° = +119.1°$$

$$\theta_p = -30.5° \text{ 와 } +59.5° \blacktriangleleft$$

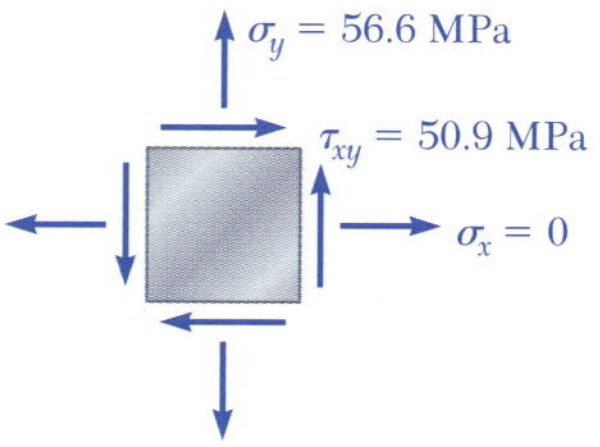


식 (7.14)에 대입하면 주응력의 크기는 다음과 같다.

$$\sigma_{\text{max, min}} = \frac{\sigma_x + \sigma_y}{2} \pm \sqrt{\left(\frac{\sigma_x - \sigma_y}{2}\right)^2 + \tau_{xy}^2}$$
$$= \frac{0 + 56.6}{2} \pm \sqrt{\left(\frac{0 - 56.6}{2}\right)^2 + (50.9)^2} = +28.3 \pm 58.2$$

$$\sigma_{\text{max}} = +86.5\text{ MPa} \blacktriangleleft$$
$$\sigma_{\text{min}} = -29.9\text{ MPa} \blacktriangleleft$$

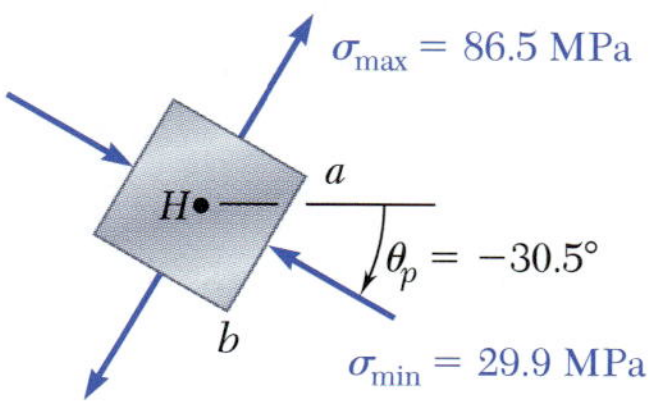


도시한 요소의 $ab$면을 고려하고, 식 (7.5)에 $\theta_p = -30.5°$를 대입하면 $\sigma_{x'} = 29.9$ MPa이다. 주응력은 그림과 같다.

# P7A 연습문제

**7.1, 7.2** 그림과 같이 응력상태가 주어진 경우 음영으로 표시된 삼각형 요소의 경사면에 작용하는 수직응력과 전단응력성분을 구하시오. 7.2절에서 사용한 요소의 평형에 기초한 해석 방법을 적용하시오.

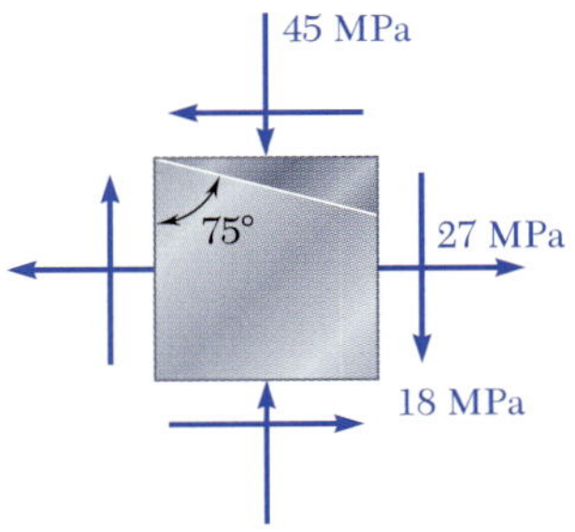


**그림 P7.1**

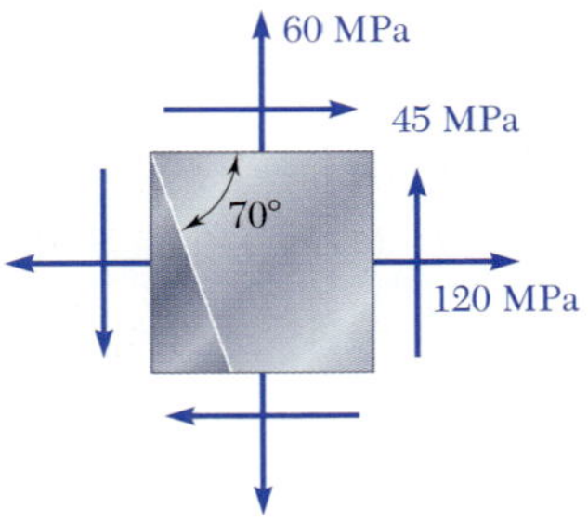


**그림 P7.2**

**7.3, 7.4** 주어진 응력상태에서 (*a*) 주면과 (*b*) 주응력을 결정하시오.

**7.5, 7.6** 주어진 응력상태에서 (*a*) 최대 면내전단응력면의 방향, (*b*) 면내최대 전단응력, (*c*) 이에 상응하는 수직응력을 구하시오.

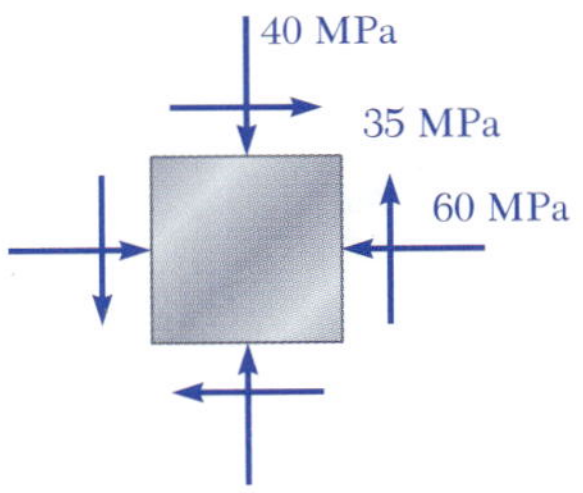


**그림 P7.3 및 P7.5**

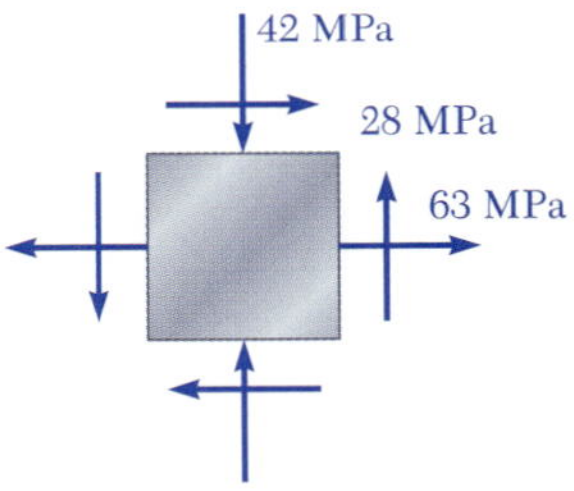


**그림 *P7.4* 및 *P7.6***

**7.7, 7.8** 주어진 응력상태에서 요소를 (*a*) 시계방향으로 25°, (*b*) 반시계방향으로 10° 회전시켰을 때, 수직응력과 전단응력을 결정하시오.

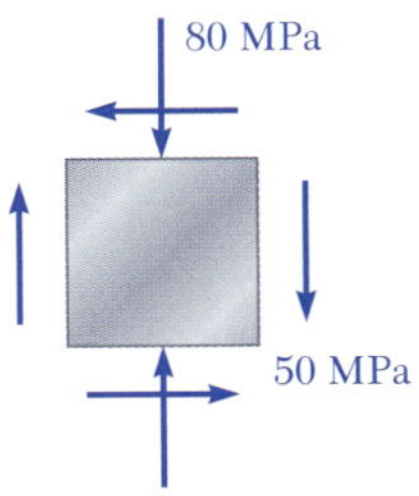


**그림 P7.7**

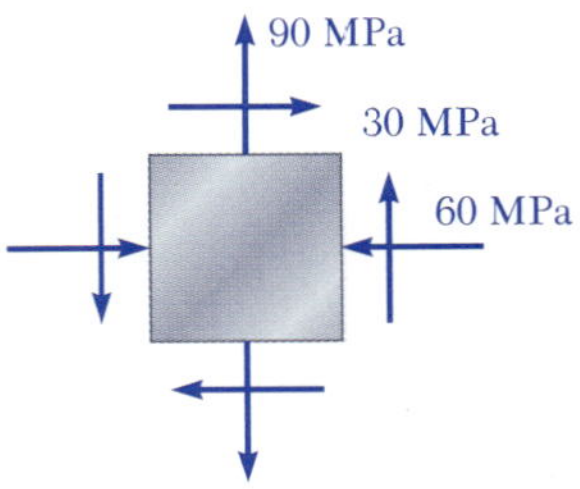


**그림 P7.8**

**7.9** 나무결이 수직축에 대해 15° 경사져 있을 때, 그림과 같은 응력상태에서 (*a*) 결에 평행한 면내전단응력, (*b*) 결에 수직인 수직응력을 결정하시오.

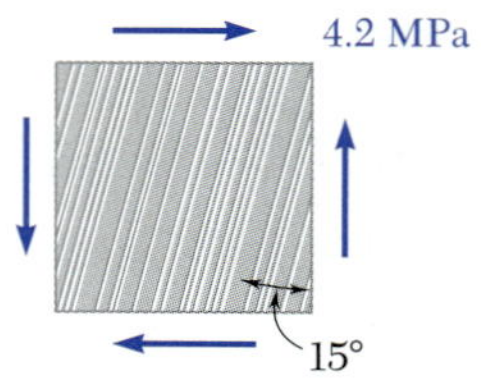


그림 P7.9

**7.10** 바깥지름이 300 mm인 강관이 관의 축에 수직한 평면과 22.5°를 이루는 나선을 따라 용접된 두께 6 mm의 판으로 제작되었다. 그림과 같이 관에 160 kN의 축하중 **P**와 800 N·m의 토크 **T**가 작용할 때, 용접부에 대한 수직응력 $\sigma$와 전단응력 $\tau$를 구하시오.

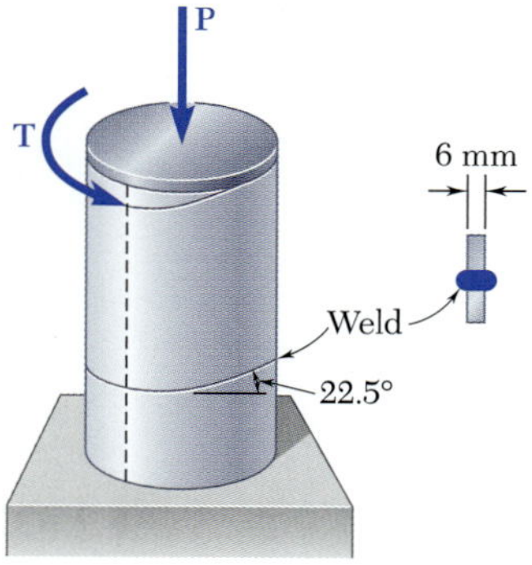


그림 P7.10

**7.11** 그림과 같이 10 × 80 mm의 균일단면을 갖는 두 개의 강판이 용접되었다. 용접된 판에 도심축하중 100 kN이 작용하고 $\beta$가 25°일 때 (*a*) 용접부에 평행한 면내전단응력, (*b*) 용접부에 수직한 수직응력을 구하시오.

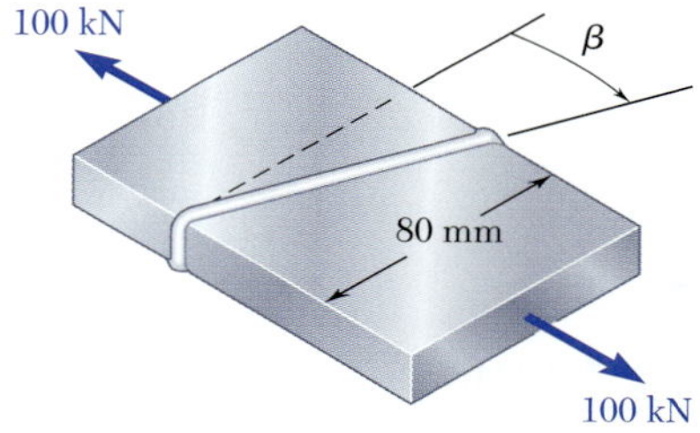


그림 P7.11

**7.12** 지름 25 mm의 중실축 *AB*에 부착된 기어 *D*에 1.8 kN의 수직하중이 작용한다. 그림과 같이 축의 상단에 위치한 점 *H*에 작용하는 주응력과 최대 전단응력을 구하시오.

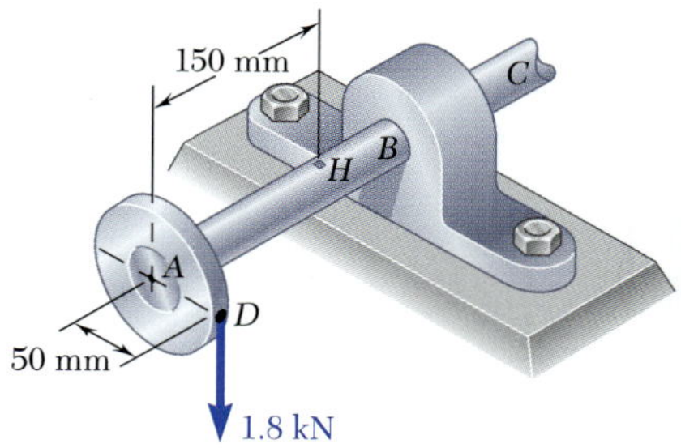


그림 P7.12

**7.13** 정비공이 크로우풋 렌치를 이용하여 $E$에서 볼트를 풀려고 한다. 정비공이 100 kN의 힘을 $A$점에 가할 때 그림과 같이 지름 18 mm인 축의 상단에 위치한 $H$점에서 발생하는 주응력과 최대 전단응력을 구하시오.

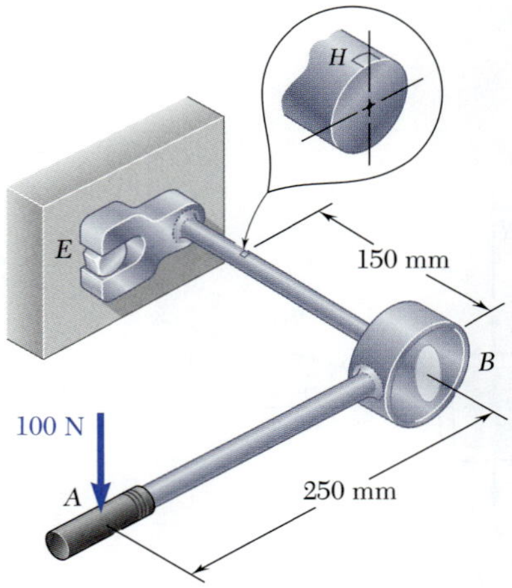


그림 P7.13

**7.14** 강관 $AB$는 바깥지름이 102 mm이고 벽두께가 6 mm이다. 팔 $CD$가 강관에 강체처럼 부착되어 있을 때, $K$점에서 주응력과 최대 전단응력을 구하시오.

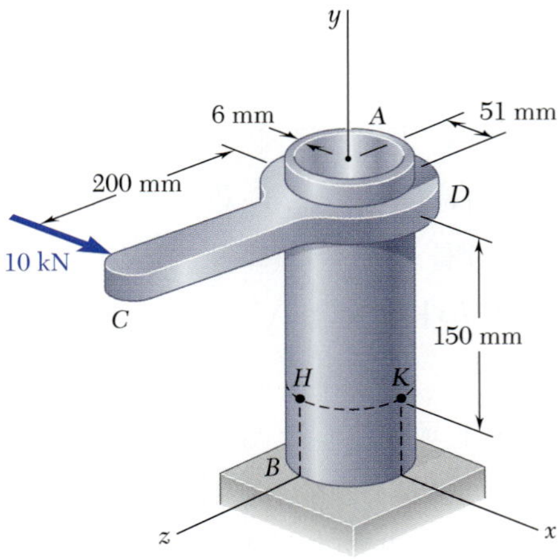


그림 P7.14

**7.15** 그림과 같이 자동차의 축에 힘과 짝힘이 작용하고 있다. 중실축의 지름이 32 mm일 때 ($a$) 축의 상단에 위치한 점 $H$에서의 주면과 주응력, ($b$) 같은 점에서 최대 전단응력을 구하시오.

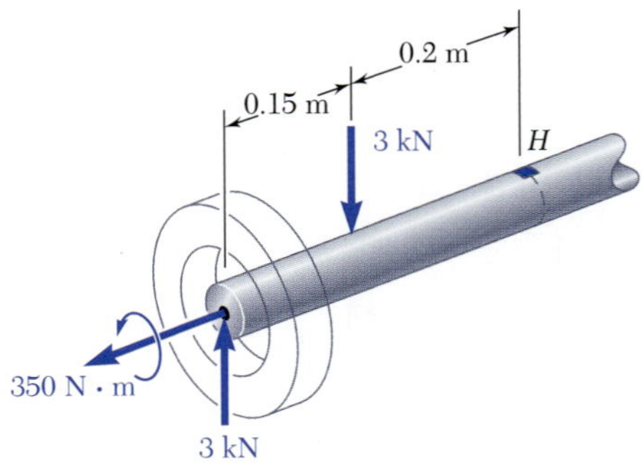


그림 P7.15

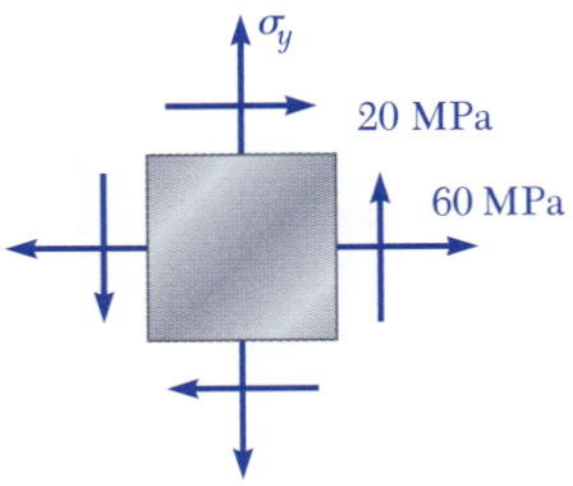


그림 P7.16

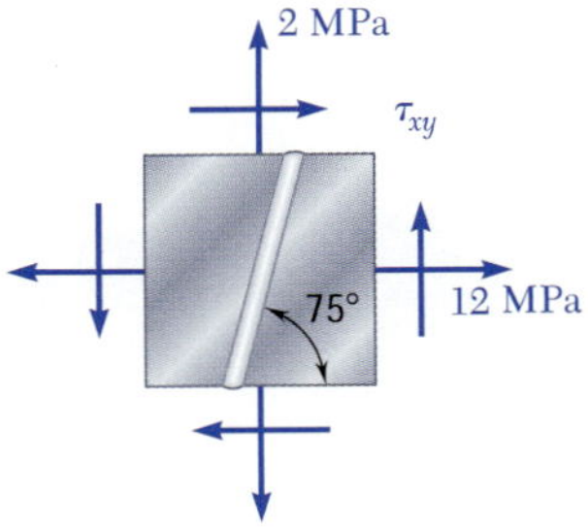


그림 P7.17

**7.16** 그림과 같은 평면응력상태에서 최대 면내전단응력이 75 MPa 이내에 있도록 $\sigma_y$의 최댓값을 구하시오.

**7.17** 그림과 같은 평면응력상태에서 다음을 구하시오. ($a$) 용접부에 평행한 면내전단응력이 0이 되게 하는 $\tau_{xy}$ 값, ($b$) 그에 상당하는 주응력

## 7.4 평면응력에 대한 모어원

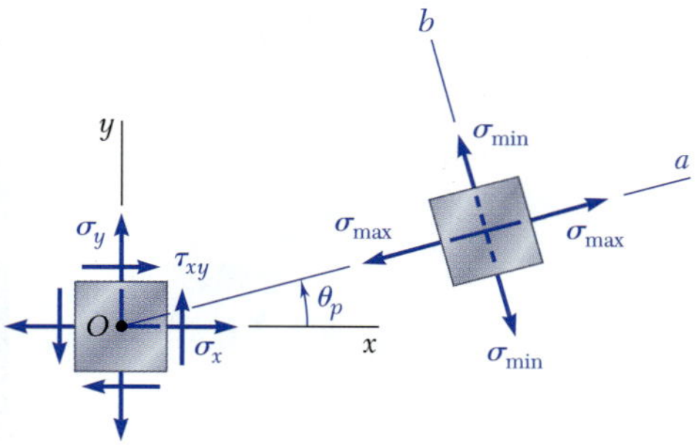


(a)

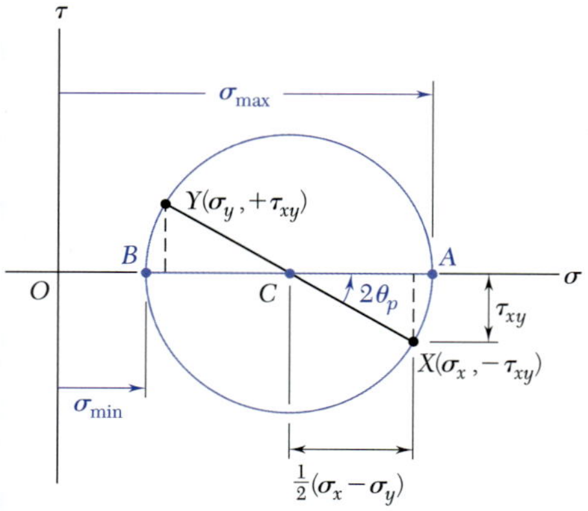


(b)

**그림 7.15** 모어원

평면응력의 변환에 관한 식을 유도하기 위해 앞 절에서 사용했던 원은 독일의 엔지니어 Otto Mohr(1835–1918)에 의해 처음 도입되었고, 평면응력에 대한 **모어원**(*Mohr's circle*)으로 알려져 있다. 이 원은 7.2절과 7.3절에서 다루었던 여러 가지 문제에 대한 또 다른 해법으로 사용될 수 있다. 이 방법은 단순한 기하학적 원리에 기초하고 있으며, 특별한 식을 필요로 하지 않는다. 도식적 해법으로 원래 고안되었지만, 계산기도 사용될 수 있다.

평면응력 상태에 놓여 있는 재료의 정사각형 요소를 고려하고(그림 7.15*a*), 이 요소에 작용하는 응력성분을 $\sigma_x$, $\sigma_y$, $\tau_{xy}$라고 하자. 좌표가 $(\sigma_x, -\tau_{xy})$인 점 $X$와 좌표가 $(\sigma_y, +\tau_{xy})$인 점 $Y$를 작도한다(그림 7.15*b*). 그림 7.15*a*에서 가정한 것처럼 $\tau_{xy}$가 양이면, 그림 7.15*b*와 같이 점 $X$는 $\sigma$축의 아래쪽에, 점 $Y$는 위쪽에 위치하게 된다. $\tau_{xy}$가 음이면 점 $X$는 $\sigma$축 위쪽에, 점 $Y$는 아래쪽에 위치한다. $X$와 $Y$를 직선으로 연결하고, $\sigma$축과의 교차점 $C$를 중심으로 하고 $XY$를 지름으로 하는 원을 그린다. 이때 $C$의 횡좌표와 원의 반지름은 각각 식 (7.10)에 정의된 $\sigma_{\text{ave}}$ 및 $R$과 같다. 이렇게 작도한 원이 바로 평면응력에 대한 **모어원**이다. 따라서, 원이 $\sigma$축과 교차하는 점 $A$와 점 $B$의 횡좌표는 주응력 $\sigma_{\max}$와 $\sigma_{\min}$을 나타낸다.

$\tan(XCA) = 2\tau_{xy}/(\sigma_x - \sigma_y)$이므로, 각도 $XCA$는 식 (7.12)를 만족하는 각도 $2\theta_p$ 중 하나와 크기가 같다. 따라서 그림 7.15*a*에서 주면의 방향을 정의하는 각도 $\theta_p$는 그림 7.15*b*의 모어원 상에서 측정한 각도 $XCA$를 2등분한 값이 된다. 여기서 고려하고 있는 바와 같이 $\sigma_x > \sigma_y$, $\tau_{xy} > 0$이면, $CX$에서 $CA$로의 회전은 반시계방향이다. 이 경우 식 (7.12)에서 구한 각도 $\theta_p$는 주면에 수직인 $Oa$ 방향을 정의하며 양의 값이므로 $Ox$에서 $Oa$로의 회전도 반시계방향이다. 따라서 그림 7.15*a*와 *b*에서 회전 방향은 모두 같다. 그러므로 모어원 상에서 $CX$로부터 $CA$까지 반시계방향으로 $2\theta_p$의 회전이 필요하다면, 그림 7.15*a*에서 $Ox$로부터 $Oa$까지는 반시계방향으로 $\theta_p$의 회전이 필요하다.†

모어원은 유일하게 정의되기 때문에, 그림 7.16*a*의 $x'$축과 $y'$축에 해당하는 응력성분 $\sigma_{x'}$, $\sigma_{y'}$, $\tau_{x'y'}$에 대해서도 동일한 원이 구해질 수 있다. 좌표가 $(\sigma_{x'}, -\tau_{x'y'})$인 점 $X'$과 좌표가 $(\sigma_{y'}, +\tau_{x'y'})$인 점 $Y'$은 모어원 상에 위치하며, 그림 7.16*b*에서 각도 $X'CA$는 그림 7.16*a*에서 각도 $x'Oa$의 2배가 된다. 앞에서 설명한 바와 같이, 각도 $XCA$는 각도 $xOa$의 2배이므로 그림 7.16*b*에서 각도 $XCA'$은 그림 7.16*a*에서 각도 $xOx'$의 2배가 된다. 따라서 수직 및 전단응력 $\sigma_{x'}$, $\sigma_{y'}$, $\tau_{x'y'}$로 정의되는 지름 $X'Y'$은 그림 7.16*a*에서 지름 $XY$를 $x'$축과 $x$축이 이루는 각도 $\theta$의 2배를 회전하면

† 이러한 사실은 그림 7.7 대신에 그림 7.8의 모어원을 사용하는 데서 기인한다.

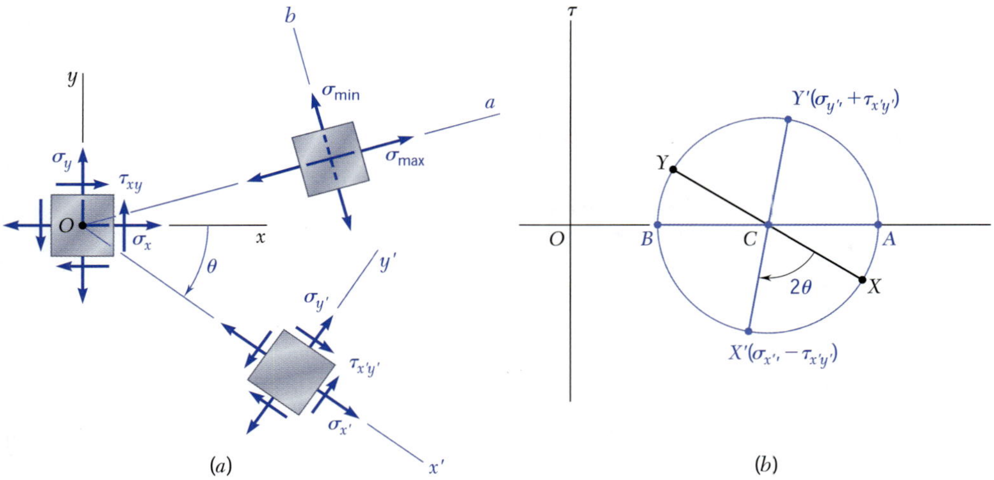


**그림 7.16**

얻어진다. 그림 7.16$b$에서 지름 $XY$로부터 지름 $X'Y'$로의 회전은 그림 7.16$a$에서 $xy$축으로부터 $x'y'$축으로의 회전과 같은 방향이다.

이러한 성질은 최대 전단응력면이 주면과 45°를 이룬다는 사실을 증명하는 데 사용될 수 있다. 실제로 모어원상의 점 $A$와 $B$는 주면에 해당하며, 점 $D$와 $E$는 최대 전단응력면에 해당한다(그림 7.17$b$). 모어원의 지름 $AB$와 $DE$는 90°를 이루므로 이에 대응하는 요소면에서는 서로 45°를 이룬다(그림 7.17$a$).

평면응력에 대한 모어원의 작도는 응력성분을 정의하는 데 사용되는 요소의 각 면을 분리하여 생각하면 훨씬 간단해진다. 그림 7.15와 그림 7.16으로부터 주어진 면에 작용하는 전단응력이 요소를 시계방향으로 회전시키려고 할 때, 그 면에 대응하는 모어원상의 점은 $\sigma$축의 위쪽에 위치한다. 주어진 면에서 전단응력이 그 요소를 반시계방향으로 회전시키려고 할 때, 그 면에 대응하는 모어원상의 점은 $\sigma$축

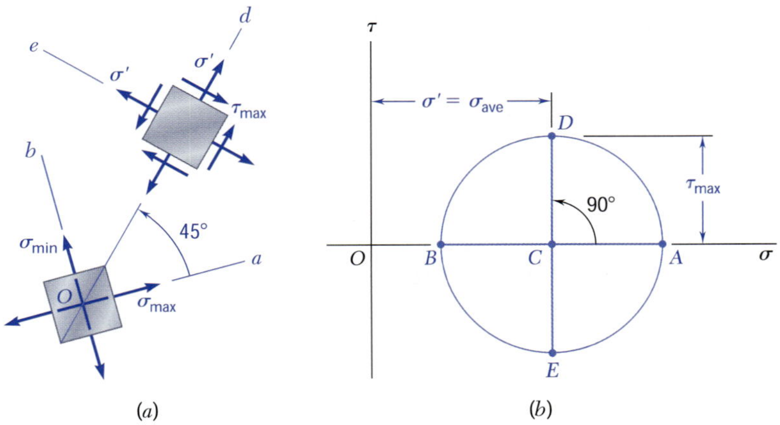


**그림 7.17**

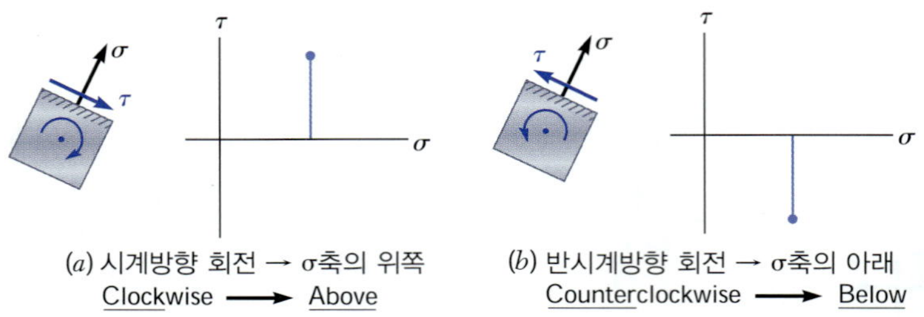


**그림 7.18** 모어원을 작도하기 위한 전단응력의 표시규약

아래쪽에 위치한다(그림 7.18).† 수직응력에 관해서는 통상적인 부호규약이 적용된다. 즉, 인장응력은 양의 값으로 취급되어 오른쪽에 그려지며, 압축응력은 음의 값으로 취급되어 왼쪽에 그려진다.

## 예제 7.2

예제 7.1에서 다루었던 평면응력상태에 대하여 (*a*) 모어원을 작도하고, (*b*) 주응력과 (*c*) 최대 전단응력과 이에 상응하는 수직응력을 구하시오.

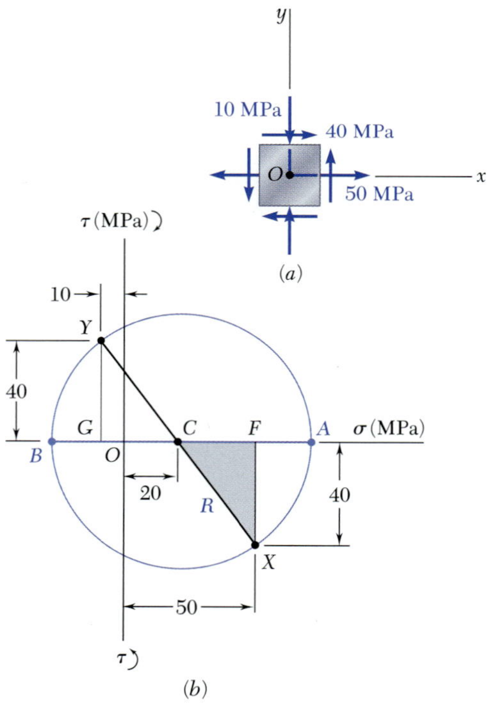


**그림 7.19**

### 풀이

**(a) 모어원의 작도.** 그림 7.19*a*에서 *x*축에 수직한 면에 작용하는 수직응력은 인장(+)이고 전단응력은 요소를 반시계방향으로 회전시키려고 한다. 그러므로 모어원의 점 *X*는 수직축의 오른쪽과 수평축의 아래쪽에 그려진다(그림 7.19*b*). 같은 방법으로 요소의 윗면에 작용하는 수직응력과 전단응력을 살펴보면, 점 *Y*는 수직축의 왼쪽과 수평축의 위쪽에 그려져야 함을 알 수 있다. *XY*를 직선으로 연결하면 모어원의 중심 *C*를 얻게 되며, 이 점의 횡좌표는 다음과 같다.

$$\sigma_{\text{ave}} = \frac{\sigma_x + \sigma_y}{2} = \frac{50 + (-10)}{2} = 20 \text{ MPa}$$

음영 삼각형의 변의 길이는

$$CF = 50 - 20 = 30 \text{ MPa}, \qquad FX = 40 \text{ MPa}$$

이고, 원의 반지름 *R*은 다음과 같다.

$$R = CX = \sqrt{(30)^2 + (40)^2} = 50 \text{ MPa}$$

† 전단응력의 표시규약을 기억하는 데 다음의 문구가 도움이 된다. "부엌에서 시계는 위쪽에 있고, 카운터는 아래쪽에 있다(In the kitchen, the clock is above, and the counter is below)."

**(b) 주면과 주응력.** 주응력은 다음과 같다.

$$\sigma_{max} = OA = OC + CA = 20 + 50 = 70 \text{ MPa}$$
$$\sigma_{min} = OB = OC - BC = 20 - 50 = -30 \text{ MPa}$$

각 $ACX$가 $2\theta_p$를 나타내므로(그림 7.19$b$), 다음 값을 얻는다.

$$\tan 2\theta_p = \frac{FX}{CF} = \frac{40}{30}$$
$$2\theta_p = 53.1° \qquad \theta_p = 26.6°$$

그림 7.20$b$에서 $CX$에서 $CA$로의 회전이 반시계방향이므로, 그림 7.20$a$에서 축 $Ox$로부터 $\sigma_{max}$에 해당하는 축 $Oa$의 회전도 역시 반시계방향이다.

**(c) 최대 전단응력.** 그림 7.20$b$에서 $CA$에서 $CD$로의 회전은 반시계방향으로 90° 회전에 해당하므로 그림 7.20$a$에서 반시계방향으로 45° 더 회전하면 축 $Oa$가 최대 전단응력에 해당하는 축 $Od$로 오게 된다. 그림 7.20$b$로부터 $\tau_{max} = R = 50$ MPa이고, 이에 상응하는 수직응력은 $\sigma' = \sigma_{ave} = 20$ MPa이다. 그림 7.20$b$에서 점 $D$가 $\sigma$축 위쪽에 위치하므로, 그림 7.20$a$에서 축 $Od$에 수직한 면에 작용하는 전단응력의 화살표 방향은 요소를 시계방향으로 회전하도록 향해야 된다.

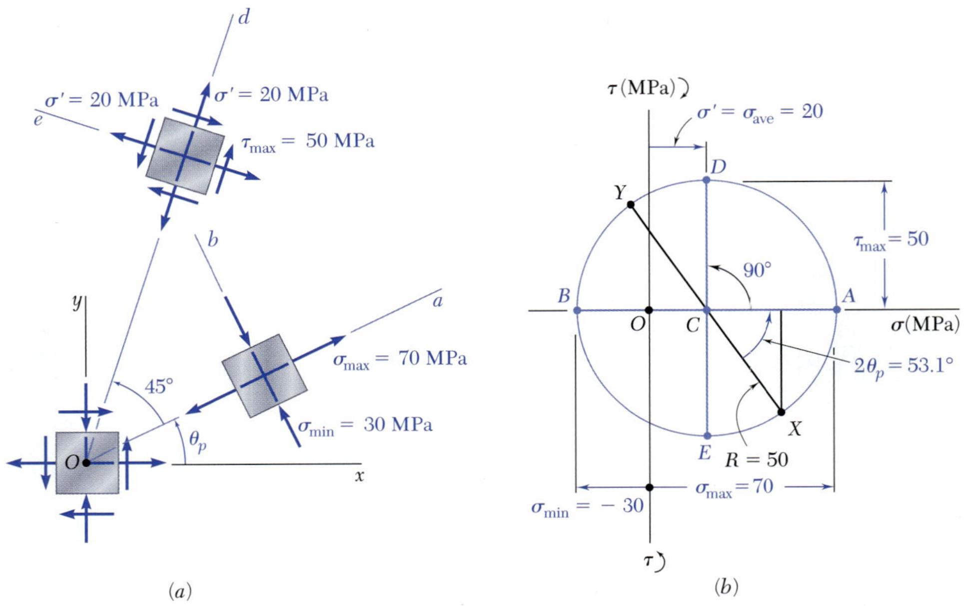


그림 7.20

(계속)

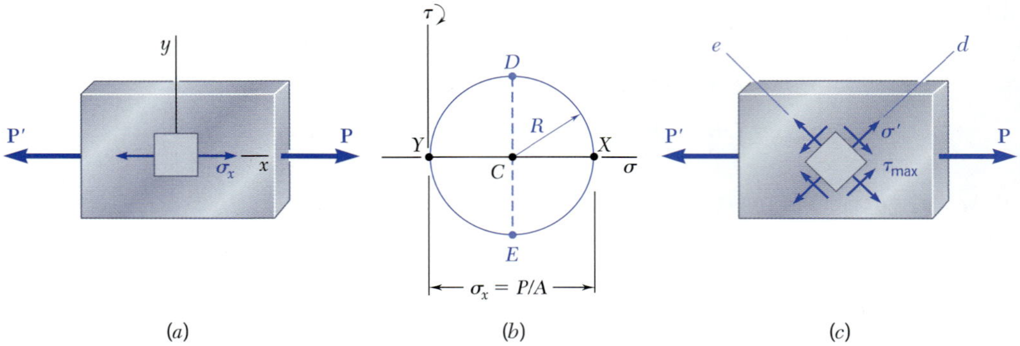


**그림 7.21** 중심축하중에 대한 모어원

앞에서 구한 중심축하중(1.9절)의 경우와 비틀림하중(3.4절)의 경우에 대한 응력의 결과를 모어원을 이용하여 편리하게 검토할 수 있다. 중심축하중이 작용하는 경우(그림 7.21*a*) $\sigma_x = P/A$, $\sigma_y = 0$, $\tau_{xy} = 0$이다. 이에 해당하는 점 $X$와 $Y$는 좌표축의 원점을 지나는 원의 반지름 $R = P/2A$를 나타낸다(그림 7.21*b*). 점 $D$와 $E$는 최대 전단응력면의 방향(그림 7.21*c*)을 나타낼 뿐만 아니라 $\tau_{max}$의 값과 이에 상응하는 수직응력 $\sigma'$의 값도 제공해 준다.

$$\tau_{max} = \sigma' = R = \frac{P}{2A} \tag{7.18}$$

비틀림의 경우(그림 7.22*a*) $\sigma_x = \sigma_y = 0$, $\tau_{xy} = \tau_{max} = Tc/J$이다. 그러므로 점 $X$와 $Y$는 $\tau$축 상에 위치하며, 모어원의 중심은 좌표의 원점이고 반지름은 $R = Tc/J$가 된다(그림 7.22*b*).

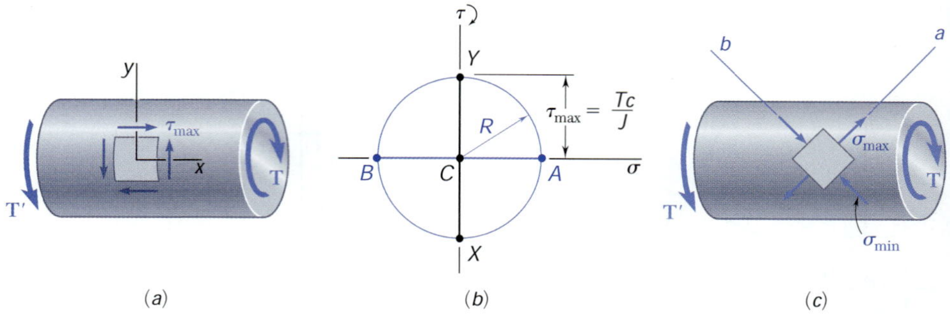


**그림 7.22** 비틀림 하중에 대한 모어원

점 $A$와 $B$는 주면(그림 7.22*c*)을 정의하며, 주응력은 다음과 같다.

$$\sigma_{max,\,min} = \pm R = \pm\frac{Tc}{J} \tag{7.19}$$

## 기초문제 7.2

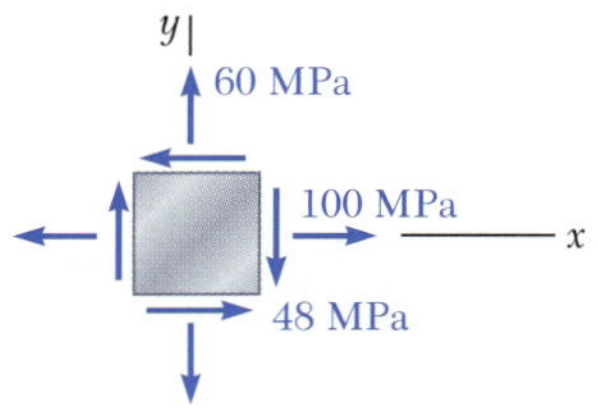


그림과 같은 평면응력상태에 대하여 다음을 구하시오. (*a*) 주면과 주응력, (*b*) 주어진 요소를 반시계방향으로 30°회전시켜서 얻은 요소에 작용하는 응력성분.

## 풀이

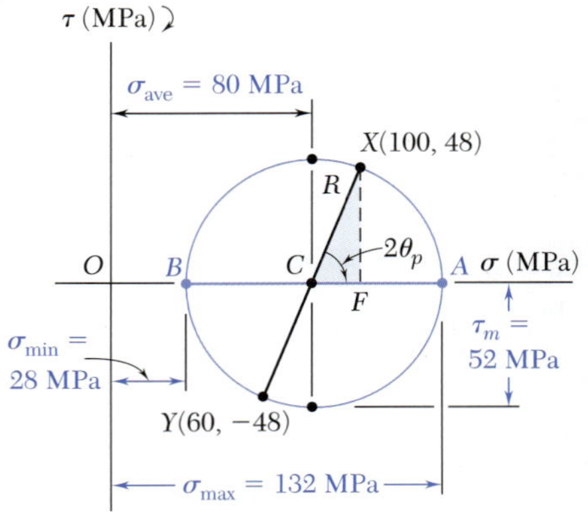


**모어원의 작도.** $x$축에 수직한 면에 인장응력과 요소를 시계방향으로 회전시키려는 전단응력이 작용하므로, 수직축에서 오른쪽으로 100단위와 수평축 위쪽으로 48단위에 점 $X$를 표시한다. 같은 방법으로, 요소 윗면의 응력성분의 관찰로부터 점 $Y(60, -48)$를 표시한다. 점 $X$와 $Y$를 직선으로 연결하고 모어원의 중심 $C$를 얻는다. $\sigma_{ave}$를 나타내는 $C$의 횡좌표와 원의 반지름 $R$은 직접 측정하거나 계산에 의하여 구할 수 있다.

$$\sigma_{ave} = OC = \tfrac{1}{2}(\sigma_x + \sigma_y) = \tfrac{1}{2}(100 + 60) = 80 \text{ MPa}$$

$$R = \sqrt{(CF)^2 + (FX)^2} = \sqrt{(20)^2 + (48)^2} = 52 \text{ MPa}$$

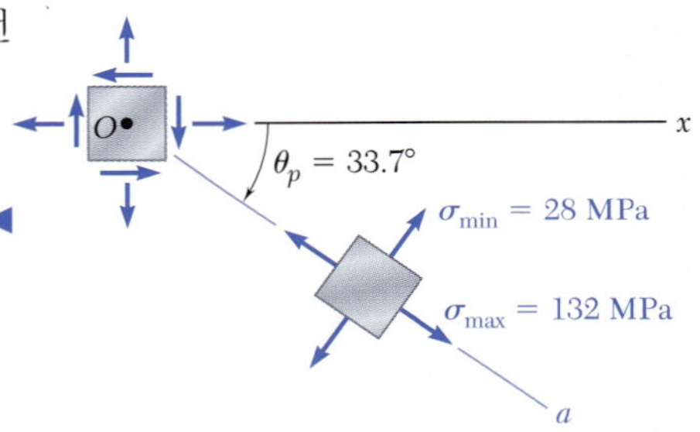


**(a) 주면과 주응력.** 지름 $XY$를 지름 $AB$와 일치할 때까지 시계방향으로 $2\theta_p$만큼 회전시키면 다음 값을 얻을 수 있다.

$$\tan 2\theta_p = \frac{XF}{CF} = \frac{48}{20} = 2.4 \quad 2\theta_p = 67.4° \curvearrowright \qquad \theta_p = 33.7° \curvearrowright \blacktriangleleft$$

주응력은 점 $A$와 점 $B$의 횡좌표로부터 구해진다.

$$\sigma_{max} = OA = OC + CA = 80 + 52 \qquad \sigma_{max} = +132 \text{ MPa} \blacktriangleleft$$

$$\sigma_{min} = OB = OC - BC = 80 - 52 \qquad \sigma_{min} = +\ 28 \text{ MPa} \blacktriangleleft$$

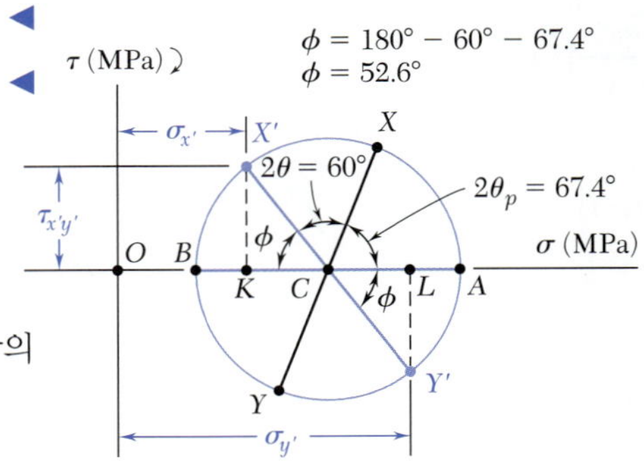


$XY$에서 $AB$로의 회전이 시계방향이기 때문에, 축 $Ox$를 $\sigma_{max}$에 해당하는 축 $Oa$로 오게 하는 회전도 역시 시계방향이다. 주면의 방향은 그림과 같다.

**(b) 30° 회전시킨 요소의 응력성분.** 회전된 요소의 응력성분에 해당하는 모어원상의 점 $X'$과 $Y'$은 $XY$를 반시계방향으로 $2\theta = 60°$만큼 회전시킴으로써 얻어진다.

$$\phi = 180° - 60° - 67.4° \qquad \phi = 52.6° \blacktriangleleft$$

$$\sigma_{x'} = OK = OC - KC = 80 - 52 \cos 52.6° \qquad \sigma_{x'} = +\ 48.4 \text{ MPa} \blacktriangleleft$$

$$\sigma_{y'} = OL = OC + CL = 80 + 52 \cos 52.6° \qquad \sigma_{y'} = +111.6 \text{ MPa} \blacktriangleleft$$

$$\tau_{x'y'} = KX' = 52 \sin 52.6° \qquad \tau_{x'y'} = \quad 41.3 \text{ MPa} \blacktriangleleft$$

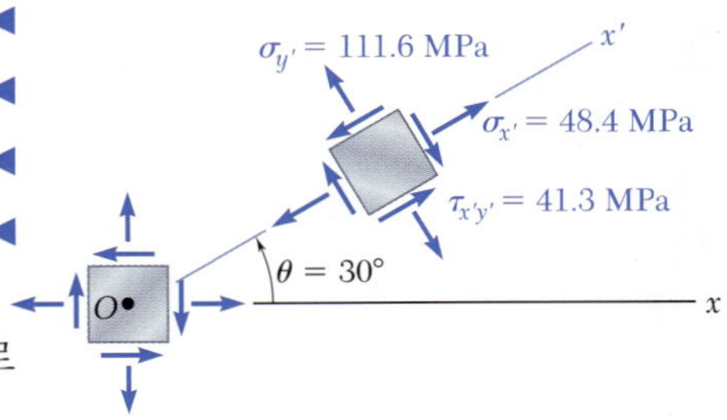


$X'$이 수평축 위쪽에 있기 때문에 $Ox'$에 수직한 면의 전단응력은 요소를 시계방향으로 회전시키려는 방향이다.

## 기초문제 7.3

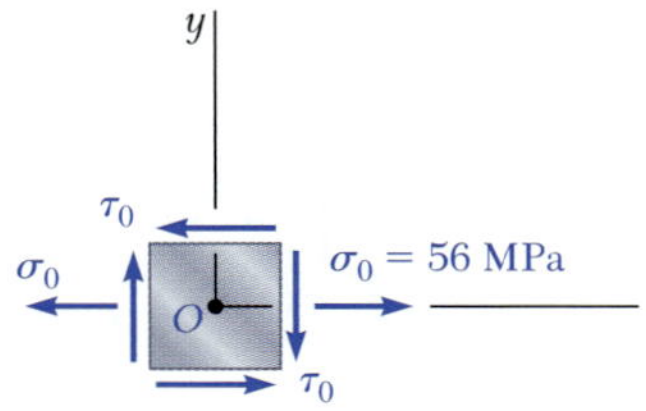


요소의 수직면에 인장응력 $\sigma_0$ = 56 MPa가 작용하고 전단응력은 미지인 평면응력상태에 대하여 다음을 구하시오. (*a*) 최대 수직응력이 70 MPa이 되게 하는 전단응력 $\tau_0$의 크기, (*b*) 이에 상응하는 최대 전단응력.

### 풀이

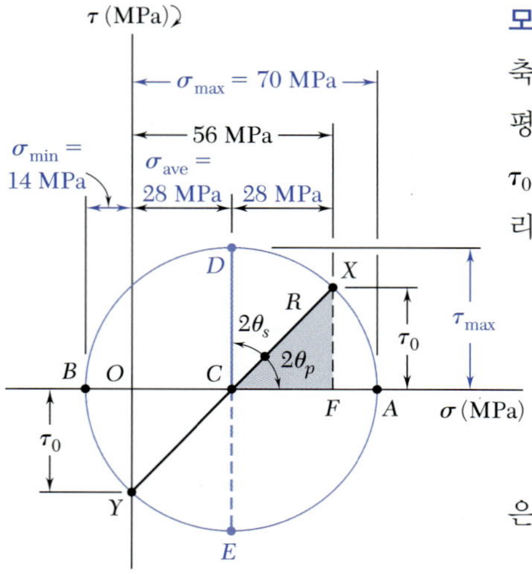


**모어원의 작도.** 전단응력이 그림에서와 같은 방향으로 작용한다고 가정한다. 따라서 $x$축에 수직한 면의 전단응력 $\tau_0$는 요소를 시계방향으로 회전시키려 하므로, 점 $X$는 수평축 위쪽에 좌표 56 MPa과 $\tau_0$인 위치에 표시된다. 요소의 수평면 위에서 $\sigma_y = 0$이고, $\tau_0$는 요소를 반시계방향으로 회전시키려 하므로, 점 $Y$는 좌표원점 $O$의 아래쪽으로 거리 $\tau_0$인 위치에 표시된다.

모어원의 중심 $C$의 횡좌표는 다음과 같다.

$$\sigma_{ave} = \tfrac{1}{2}(\sigma_x + \sigma_y) = \tfrac{1}{2}(56 + 0) = 28 \text{ MPa}$$

최대 수직응력 $\sigma_{max}$ = 70 MPa은 $A$점의 횡좌표에 해당하므로 모어원의 반지름 $R$은 다음과 같이 구할 수 있다.

$$\sigma_{max} = \sigma_{ave} + R$$
$$70 \text{ MPa} = 28 \text{ MPa} + R \qquad R = 42 \text{ MPa}$$

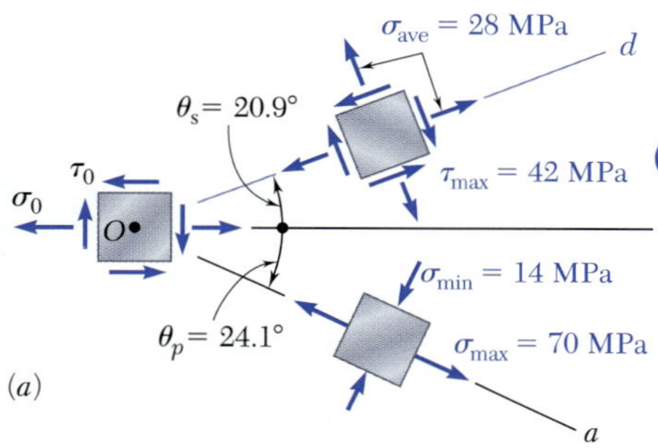


**(a) 전단응력 $\tau_0$.** 직각삼각형 $CFX$로부터 다음 값을 얻는다.

$$\cos 2\theta_p = \frac{CF}{CX} = \frac{CF}{R} = \frac{28 \text{ MPa}}{42 \text{ MPa}} \quad 2\theta_p = 48.2° \downarrow \quad \theta_p = 24.1° \downarrow$$

$$\tau_0 = FX = R \sin 2\theta_p = (42 \text{ MPa}) \sin 48.2° \qquad \tau_0 = 31.3 \text{ MPa} ◀$$

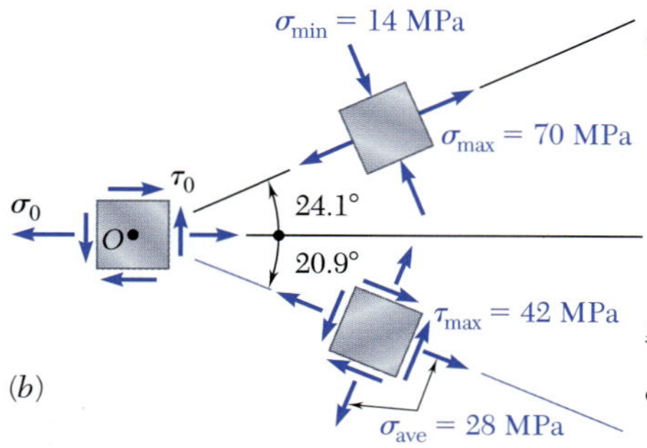


**(b) 최대 전단응력.** 모어원상의 점 $D$의 좌표는 최대 전단응력과 이에 상응하는 수직응력을 나타낸다.

$$\tau_{max} = R = 42 \text{ MPa} \qquad \tau_{max} = 42 \text{ MPa} ◀$$

$$2\theta_s = 90° - 2\theta_p = 90° - 48.2° = 41.8° \uparrow \qquad \theta_s = 20.9° \uparrow$$

최대 전단응력은 그림 *a*에 도시한 요소에 작용한다(주응력이 작용하는 요소도 같이 보여준다).

참고: $\tau_0$의 작용방향을 위와 반대로 가정하더라도 같은 원과 같은 답을 얻게 되나, 요소의 방향은 그림 (*b*)와 같을 것이다.

# P7B 연습문제

**7.18** 모어원을 이용하여 연습문제 7.3과 7.5를 푸시오.

**7.19** 모어원을 이용하여 연습문제 7.6을 푸시오.

**7.20** 모어원을 이용하여 연습문제 7.7을 푸시오.

**7.21** 모어원을 이용하여 연습문제 7.8을 푸시오.

**7.22** 모어원을 이용하여 연습문제 7.9를 푸시오.

**7.23** 모어원을 이용하여 연습문제 7.10을 푸시오.

**7.24** 모어원을 이용하여 연습문제 7.11을 푸시오.

**7.25** 모어원을 이용하여 연습문제 7.12를 푸시오.

**7.26** 모어원을 이용하여 연습문제 7.13을 푸시오.

**7.27** 모어원을 이용하여 연습문제 7.14를 푸시오.

**7.28** 모어원을 이용하여 연습문제 7.15를 푸시오.

**7.29** 모어원을 이용하여 연습문제 7.16을 푸시오.

**7.30** 모어원을 이용하여 연습문제 7.17을 푸시오.

**7.31, 7.32** 그림과 같은 두 가지 응력상태를 중첩한 평면응력상태에 대해 주면과 주응력을 구하시오.

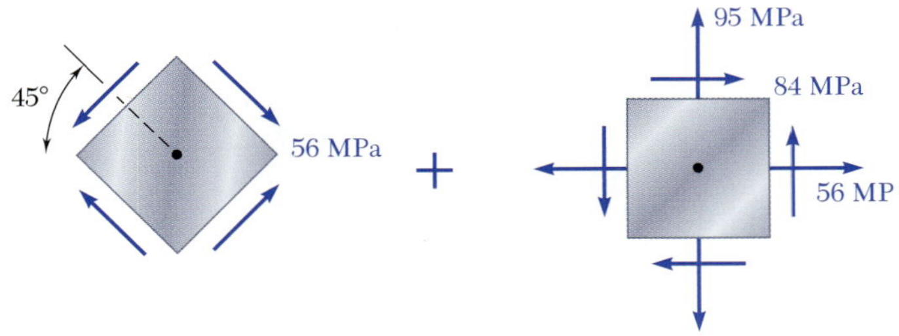


**그림 P7.31**

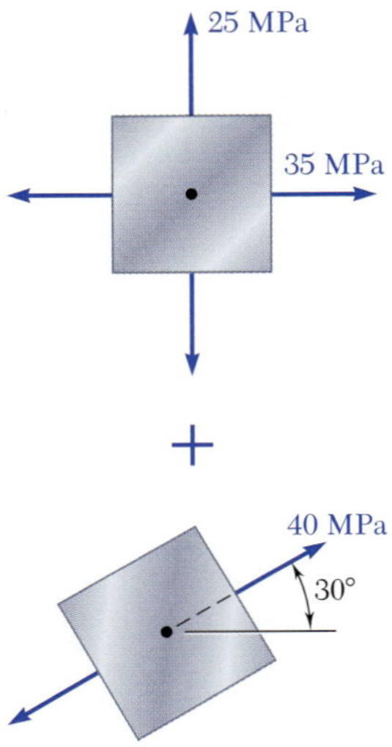


**그림 P7.32**

**7.33** 그림과 같은 응력상태에서 전단응력 $\tau_{x'y'}$의 크기가 56 MPa보다 작거나 같게 되는 $\theta$ 값의 범위를 구하시오.

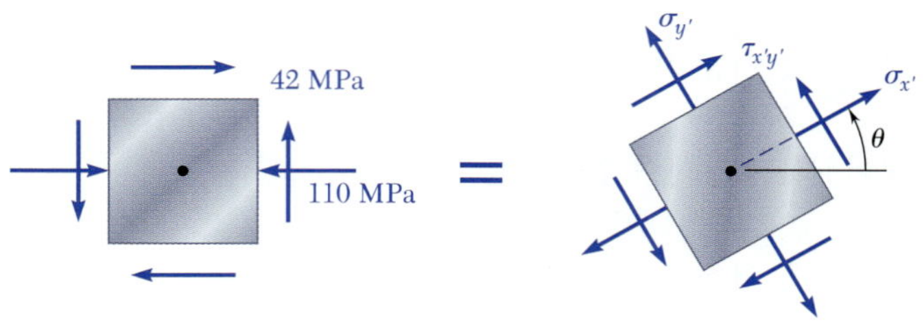


그림 P7.33

**7.34** 그림과 같은 요소에서 최대 인장응력이 60 MPa보다 작거나 같을 때 $\tau_{xy}$ 값의 범위를 구하시오.

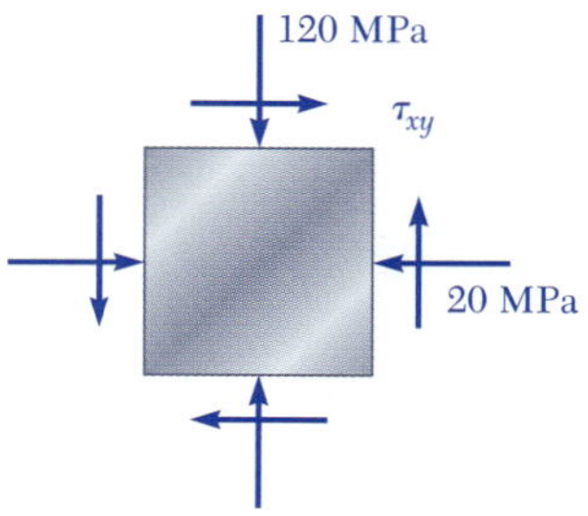


그림 P7.34

**7.35** 수직응력과 전단응력의 방향이 그림과 같고, $\sigma_x$ = 98 MPa, $\sigma_y$ = 63 MPa, $\sigma_{\min}$ = 35 MPa인 요소에 대해 다음을 구하시오. (*a*) 주면의 방향, (*b*) 주응력 $\sigma_{\max}$, (*c*) 최대 면내전단응력.

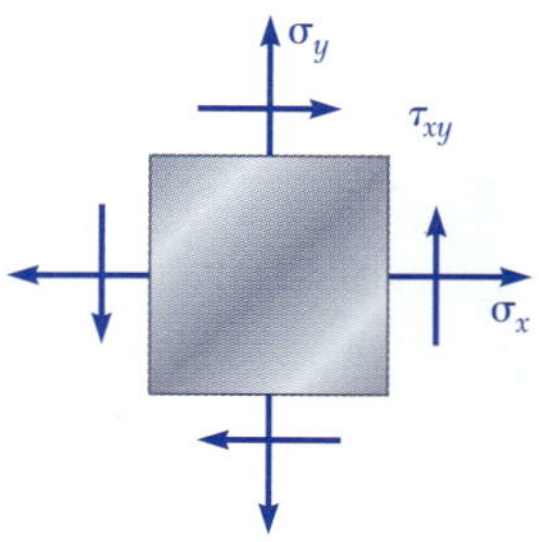


그림 P7.35

## 7.5 박벽 압력용기의 응력

박벽 압력용기(thin-walled pressure vecsel)는 평면응력 해석의 중요한 응용 분야 가운데 하나이다. 용기의 얇은 벽은 굽힘에 거의 저항을 하지 못하기 때문에, 주어진 벽의 요소에 작용하는 내력은 용기의 표면에 접선방향으로 작용한다고 가정할 수 있다(그림 7.23). 그러므로 벽의 요소에 작용하는 결과적인 응력은 용기의 표면에 접선인 평면 내에 있을 것이다.

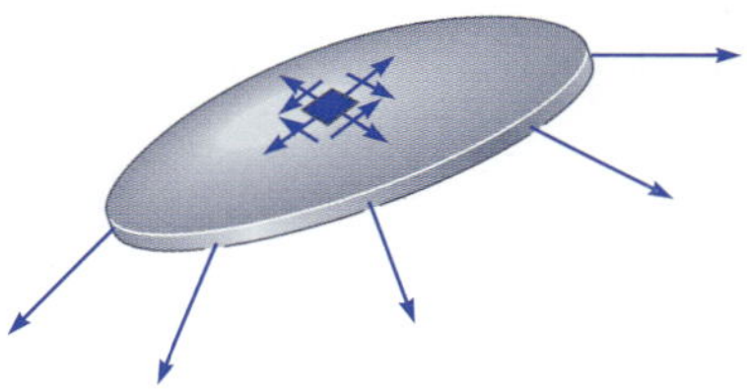

**그림 7.23** 박벽 압력용기에서 응력분포의 가정

박벽 압력용기의 응력해석은 가장 흔히 접하게 되는 원통형 압력용기와 구형 압력용기의 두 가지 형태에 대해서만 해석하기로 한다(사진 7.3, 7.4).

압력이 걸린 유체로 채워진 안쪽 반지름 $r$과 벽두께 $t$인 원통형 압력용기를 고려하자(그림 7.24). 원통축에 각각 평행 및 수직인 측면을 갖는 미소 벽요소에 작용하는 응력을 구해 보자. 용기와 그 내용물의 축대칭성으로 인하여 요소에는 전단 응력이 작용하지 않는다. 그러므로 그림 7.24의 수직응력 $\sigma_1$과 $\sigma_2$는 주응력이다. 응력 $\sigma_1$을 **원환응력**(*hoop stress*)이라고 부르는 데 목재통의 여러 조각판재를 단단히 결속시켜주는 원환에 작용하는 형태의 응력이기 때문이다. 응력 $\sigma_2$를 **길이방향 응력**(*longitudinal stress*)이라고 부른다.

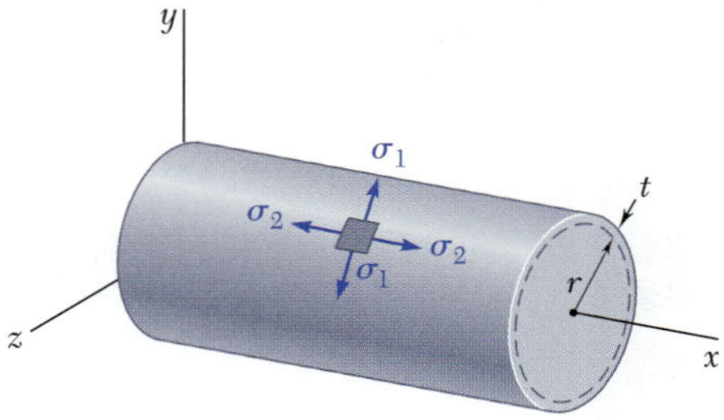


**그림 7.24** 내압이 작용하는 원통형 용기

원환응력 $\sigma_1$을 구하기 위하여 $xy$면과 $yz$면에 평행하며 서로 $\Delta x$ 떨어진 두 면으로 이루어진 용기의 일부분과 그 내용물을 분리한다(그림 7.25). 자유물체에 작용하는 $z$축 방향의 힘은 벽 단면에 작용하는 내력 $\sigma_1\, dA$와 자유물체에 포함된 유체에 작용하는 압축력 $p\, dA$이다. 여기서 $p$는 유체의 **게이지압력**(*gage pressure*)으로서 외부 대기압에 대한 내부 압력의 초과분이다. 내력 $\sigma_1\, dA$의 합은 $\sigma_1$과 벽의 단면적 $2t\,\Delta x$의 곱과 같으며, 압축력 $p\, dA$의 합은 $p$와 면적 $2r\,\Delta x$의 곱과 같다. 평형식 $\Sigma F_z = 0$를 적용하면 다음과 같다.

$$\Sigma F_z = 0: \qquad \sigma_1(2t\,\Delta x) - p(2r\,\Delta x) = 0$$

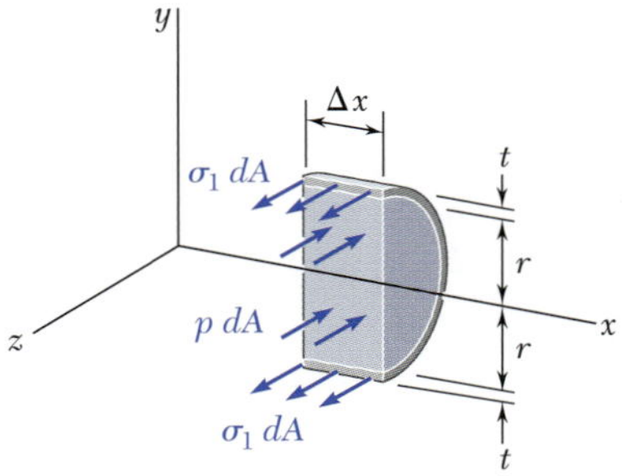


**그림 7.25** 원환응력을 구하기 위한 자유물체

**사진 7.3** 원통형 압력용기

**사진 7.4** 구형 압력용기

원환응력 $\sigma_1$에 대하여 풀면 다음 결과를 얻는다.

$$\sigma_1 = \frac{pr}{t} \tag{7.20}$$

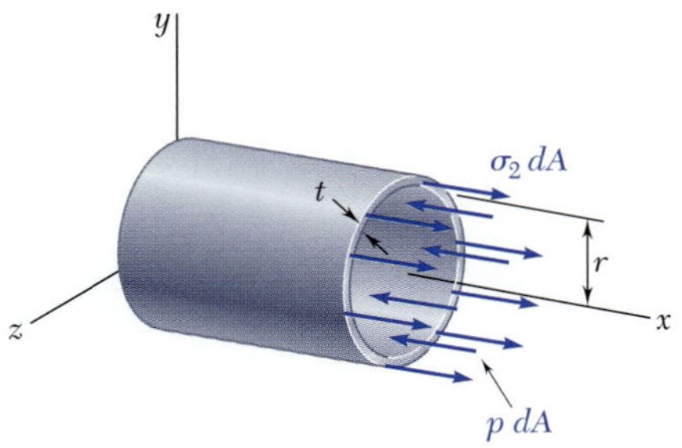


**그림 7.26** 길이방향응력을 구하기 위한 자유물체

길이방향응력 $\sigma_2$를 구하기 위하여 $x$축에 수직으로 절단하고, 절단면의 왼쪽 부분 용기와 그 내용물로 이루어진 자유물체를 고려한다(그림 7.26). 자유물체에 작용하는 힘은 벽단면에 작용하는 내력 $\sigma_2\,dA$와 자유물체에 포함된 유체 부분에 작용하는 압축력 $p\,dA$이다. 유체 부분의 단면적은 $\pi r^2$이고, 벽의 단면적은 원통의 원주 $2\pi r$과 벽두께 $t$의 곱이므로, 평형방정식은 다음과 같다.†

$$\Sigma F_x = 0: \qquad \sigma_2(2\pi rt) - p(\pi r^2) = 0$$

길이방향응력 $\sigma_2$에 대하여 풀면 다음 결과를 얻는다.

$$\sigma_2 = \frac{pr}{2t} \tag{7.21}$$

식 (7.20)과 (7.21)로부터 원환응력 $\sigma_1$은 길이방향응력 $\sigma_2$의 2배임을 알 수 있다.

$$\sigma_1 = 2\sigma_2 \tag{7.22}$$

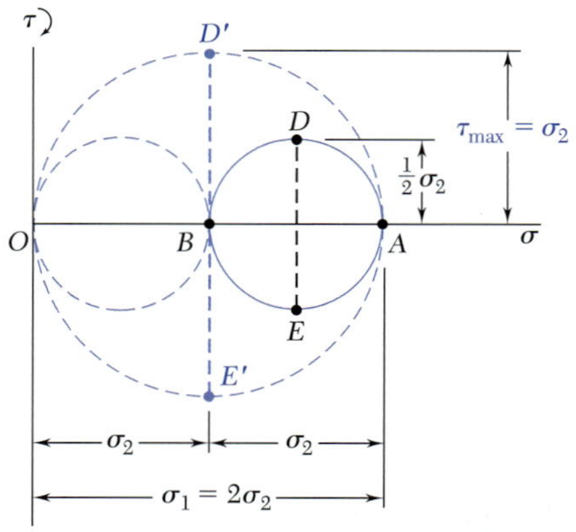


**그림 7.27** 원통형 압력용기의 요소에 대한 모어원

주응력 $\sigma_1$과 $\sigma_2$의 각각에 해당하는 점 $A$와 $B$를 지나는 모어원을 그리고(그림 7.27), 최대 면내전단응력이 이 원의 반지름과 같다는 것을 상기하면 다음과 같다.

$$\tau_{\max\,(\text{in plane})} = \tfrac{1}{2}\sigma_2 = \frac{pr}{4t} \tag{7.23}$$

이 응력은 점 $D$와 $E$에 해당되며, 그림 7.24의 원래의 요소를 용기 표면의 접선 평면내에서 45° 회전시켜 얻어지는 요소에 작용한다. 그러나 용기의 벽에 작용하는

† 힘의 합력 계산 과정에서 벽 단면의 평균 반지름 $r_m = r + \frac{1}{2}t$를 사용하면, 좀 더 정확한 길이방향응력이 얻어진다.

$$\sigma_2 = \frac{pr}{2t}\frac{1}{1 + \dfrac{t}{2r}} \tag{7.21′}$$

그러나 벽두께가 얇은 압력용기에서 $t/2r$ 항은 충분히 작기 때문에 공학적인 설계나 해석용으로 식 (7.21)을 사용할 수 있다. 압력용기의 벽 두께가 얇지 않은 경우(즉, $t/2r$이 작지 않은 경우) 응력 $\sigma_1$과 $\sigma_2$는 벽두께에 걸쳐 변화하므로 탄성론의 방법으로 구해야 된다.

최대 전단응력은 이보다 더 크다. 이 값은 지름 $OA$인 원의 반지름과 같고, 길이방향 축에 대하여 45° 회전에 해당하며 **면외전단응력**(*out of the plane of stress*)으로서 다음과 같다.[†]

$$\tau_{\max} = \sigma_2 = \frac{pr}{2t} \tag{7.24}$$

다음으로 안쪽 반지름이 $r$이고 벽두께가 $t$이며, 게이지 압력(gage pressure)이 $p$인 유체로 채워진 구형압력용기(spherical pressure vessel)를 고려한다. 대칭성으로 인하여 벽의 미소 요소의 4면에 작용하는 응력은 모두 같아야 된다(그림 7.28).

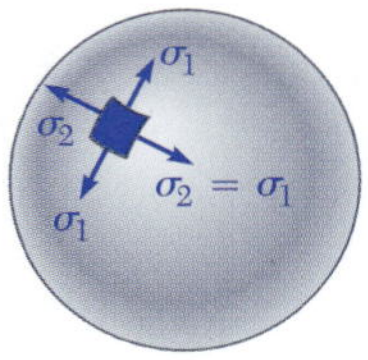


그림 7.28 내압이 작용하는 구형 용기

$$\sigma_1 = \sigma_2 \tag{7.25}$$

응력을 구하기 위하여, 용기의 중심 $C$를 지나는 평면으로 절단하고 왼쪽 부분의 용기와 그 내용물로 이루어진 자유물체를 고려한다(그림 7.29). 이 자유물체에 대한 평형식은 그림 7.26의 자유물체에 대한 것과 똑같다. 그러므로 구형 용기의 경우에 응력은 다음과 같다.

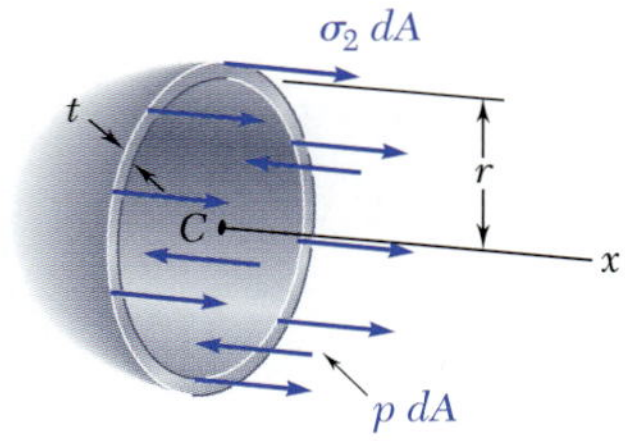


그림 7.29 벽 응력을 구하기 위한 자유물체도

$$\sigma_1 = \sigma_2 = \frac{pr}{2t} \tag{7.26}$$

주응력 $\sigma_1$과 $\sigma_2$가 같기 때문에 용기표면에 접선인 평면 내에서 응력변환에 대한 모어원은 한 점으로 표시된다(그림 7.30). 면내 수직응력은 일정하고, 면내 최대 전단응력은 0이 된다. 그러나 용기의 벽에 작용하는 최대 전단응력은 0이 아니며, 이 값은 지름이 $OA$인 원의 반지름과 같고, 응력평면 외부에서 45° 회전에 해당한다.

$$\tau_{\max} = \tfrac{1}{2}\sigma_1 = \frac{pr}{4t} \tag{7.27}$$

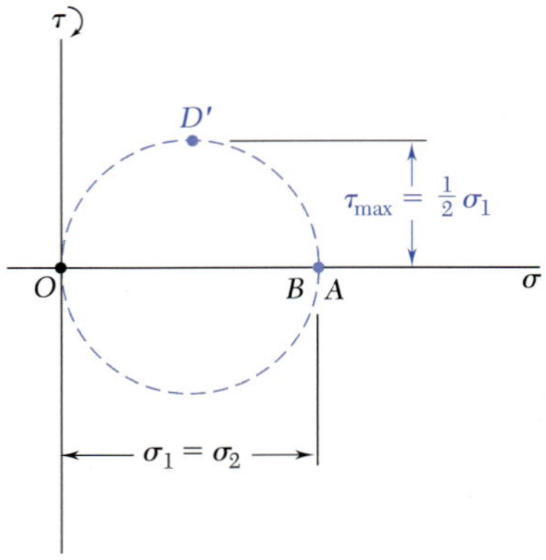


그림 7.30 구형 압력용기의 요소에 대한 모어원

† 용기의 바깥 표면에서 제3주응력이 0이지만, 용기의 안쪽 표면에서는 $-p$이므로 모어원 상에서 점 $C(-p, 0)$로 표시된다. 따라서 용기의 안쪽 표면 근처에서 최대 전단응력은 지름이 $CA$인 원의 반지름과 같고, 다음 식으로 표현된다.

$$\tau_{\max} = \frac{1}{2}(\sigma_1 + p) = \frac{pr}{2t}\left(1 + \frac{t}{r}\right)$$

그러나 두께가 얇은 용기에서는 $t/r$ 항의 값이 작으므로, 벽 단면에 따른 $\tau_{\max}$의 변화를 무시할 수 있다. 이와 같은 내용은 구형 압력용기에도 적용된다.

## 기초문제 7.4

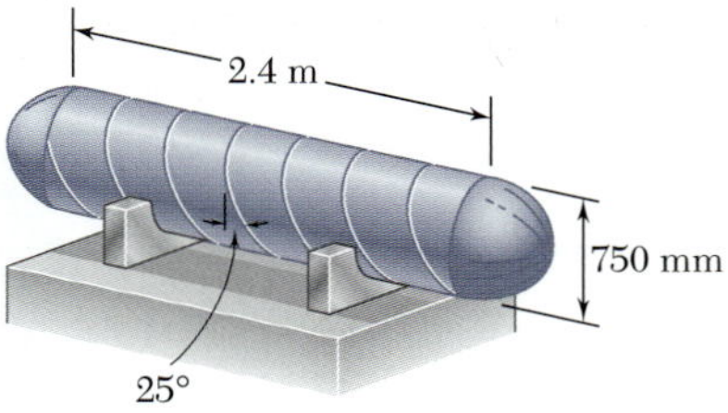


압축공기 탱크가 그림과 같이 두 개의 받침대로 지지되어 있다. 받침대 중 하나는 탱크에 길이방향 하중을 부과하지 않도록 설계되어 있다. 탱크의 원통 부분은 750 mm의 바깥지름으로 되어 있고, 횡단면과 25°를 이루는 나선을 따라 10 mm의 강판을 맞대기 용접하여 제작되어 있다. 양단의 캡은 구형으로 8 mm의 균일한 벽두께를 가진다. 내부 게이지압력이 1.2 MPa일 때 다음을 구하시오. (*a*) 구형캡에서의 수직응력과 최대 전단응력, (*b*) 나선 용접부에 수직 및 평행한 방향으로 작용하는 응력.

### 풀이

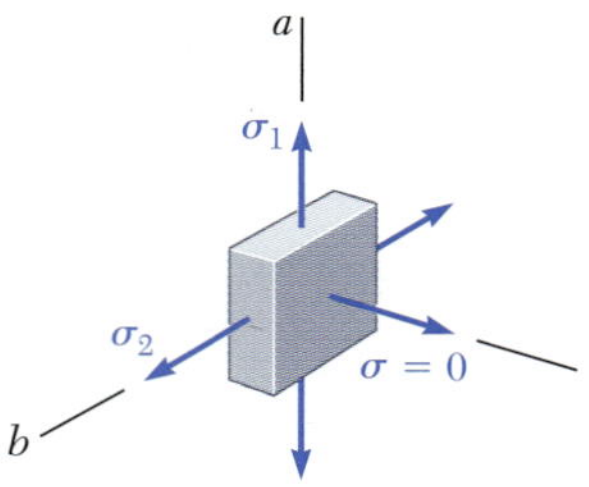


**(a) 구형캡.** 식 (7.26)으로부터 다음을 얻는다.

$$p = 1.2\text{ MPa},\, t = 8\text{ mm},\, r = 375 - 8 = 367\text{ mm}$$

$$\sigma_1 = \sigma_2 = \frac{pr}{2t} = \frac{(1.2\text{ MPa})(367\text{ mm})}{2(8\text{ mm})} \qquad \sigma = 27.5\text{ MPa} \blacktriangleleft$$

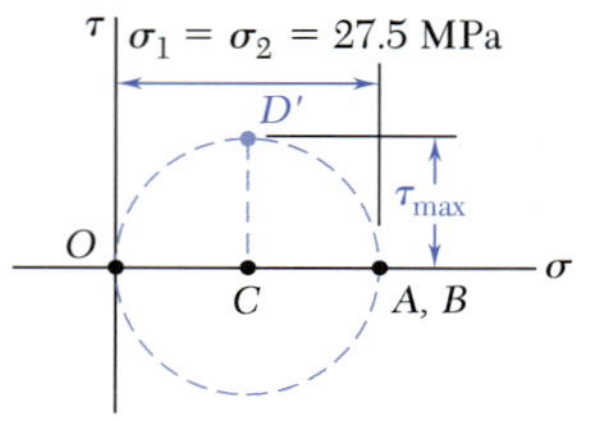


캡의 접선평면 내의 응력에 대한 모어원은 수평축상의 한 점($A$, $B$)이 되고, 모든 면내 전단응력은 '0'이다. 캡의 표면에서 제3주응력은 '0'이고 점 $O$가 이에 해당된다. 지름이 $AO$인 모어원상에서 점 $D'$은 최대 전단응력을 나타내며, 캡의 접선평면과 45°를 이루는 평면상에서 나타난다.

$$\tau_{max} = \tfrac{1}{2}(27.5\text{ MPa}) \qquad \tau_{max} = 13.75\text{ MPa} \blacktriangleleft$$

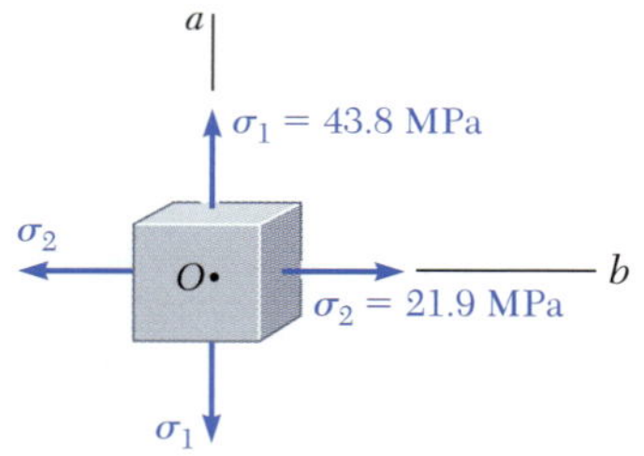


**(b) 탱크의 원통부.** 먼저 원환응력 $\sigma_1$과 길이방향응력 $\sigma_2$를 구한다. 식 (7.20)과 (7.22)를 사용하면 다음 식을 얻을 수 있다.

$$p = 1.2\text{ MPa},\, t = 10\text{ mm},\, r = 375 - 10 = 365\text{ mm}$$

$$\sigma_1 = \frac{pr}{t} = \frac{(1.2\text{ MPa})(365\text{ mm})}{10\text{ mm}} = 43.8\text{ MPa} \qquad \sigma_2 = \tfrac{1}{2}\sigma_1 = 21.9\text{ MPa}$$

$$\sigma_{ave} = \tfrac{1}{2}(\sigma_1 + \sigma_2) = 32.85\text{ MPa} \qquad R = \tfrac{1}{2}(\sigma_1 - \sigma_2) = 10.95\text{ MPa}$$

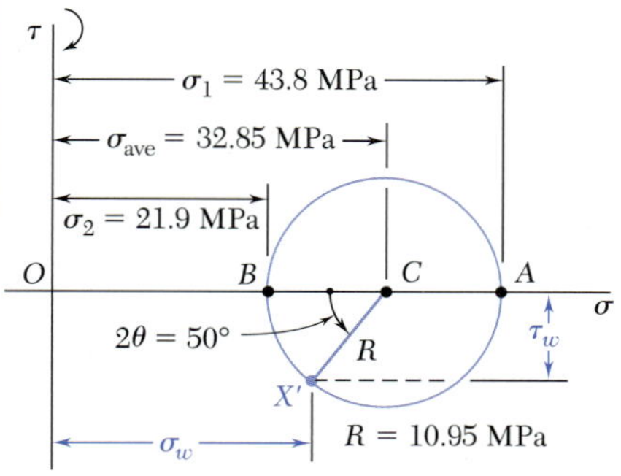


**용접부의 응력.** 원환응력 $\sigma_1$과 길이방향응력 $\sigma_2$가 모두 주응력이므로, 모어원은 그림과 같다. 용접부에 평행한 면을 갖는 요소는 $Ob$축에 수직한 면을 반시계방향으로 25° 회전시키면 얻게 된다. 따라서 모어원상에서 반지름 $CB$를 반시계방향으로 $2\theta = 50°$ 회전시켜 용접부의 응력성분에 해당하는 점 $X'$을 얻는다.

$$\sigma_w = \sigma_{ave} - R\cos 50° = 32.85 - 10.95\cos 50° \qquad \sigma_w = +25.8\text{ MPa} \blacktriangleleft$$

$$\tau_w = R\sin 50° = 10.95\sin 50° \qquad \tau_w = 8.39\text{ MPa} \blacktriangleleft$$

$X'$이 수평축 아래쪽에 있으므로 $\tau_w$는 요소를 반시계방향으로 회전시키려 한다.

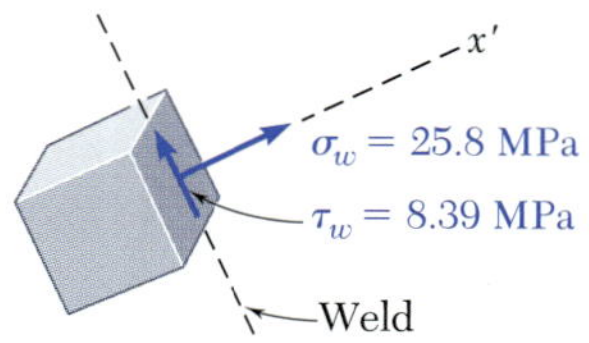

# P7C 연습문제

**7.36** 바깥지름이 5 m이고, 벽두께가 6 mm인 구형의 강재 가스통이 있다. 내부 압력이 350 kPa일 때 가스통에 발생하는 최대 수직응력과 최대 전단응력을 구하시오.

**7.37** 바깥지름이 250 m이고, 벽두께가 6 mm인 구형압력용기의 최대게이지 압력이 8 MPa이다. 사용된 강의 극한 강도가 $\sigma_U$ = 400 MPa일 때 인장파괴와 관련된 안전계수를 구하시오.

**7.38** 농구공의 바깥지름이 300 mm, 두께는 3 mm이다. 이 농구공이 120 kPa의 게이지 압력으로 채워질 때 수직응력을 구하시오.

**7.39** 바깥지름이 900 mm인 구형 압력용기가 극한강도 $\sigma_U$ = 400 MPa인 강으로 제작되었다. 안전계수가 4.0이고 게이지 압력이 3.5 MPa일 때, 사용될 수 있는 최소 벽두께를 구하시오.

**7.40** 바깥쪽 지름이 5 m이고, 벽두께가 22 mm인 구형 가스통이 $E$ = 200 GPa, $\nu$ = 0.29인 강으로 만들어져 있다. 가스통의 게이지 압력이 0에서 1.7 MPa로 증가할 때 (*a*) 가스통에서 발생하는 최대 수직응력, (*b*) 가스통 지름의 증가량을 구하시오.

**7.41** 사진 7.3에 보이는 저장탱크의 바깥지름이 3.3 m이고 벽두께가 18 mm이다. 탱크의 내부 압력이 1.5 MPa일 때, 탱크에 발생하는 최대 수직응력과 최대 전단응력을 구하시오.

**7.42** 그림과 같이 압력이 작용하지 않는 원통형 저장탱크의 벽 두께는 5 mm이고, 인장에서 극한강도가 420 MPa인 강재로 제작되었다. 안전계수 4.0이 요구될 때, 채울 수 있는 물의 최대높이 $h$를 구하시오(물의 비중 = 9810 N/m$^3$).

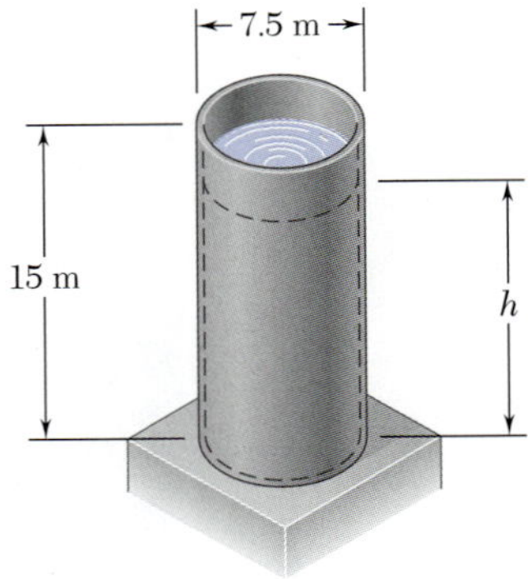


그림 P7.42

**7.43** 그림과 같이 압력탱크의 벽두께는 8 mm이고 횡단면과 이루는 맞대기 용접심의 각도는 $\beta$ = 20°이다. 600 kPa의 게이지 압력이 작용할 때 다음을 구하시오. (*a*) 용접부에 수직한 방향의 수직응력, (*b*) 용접부에 평행한 전단응력.

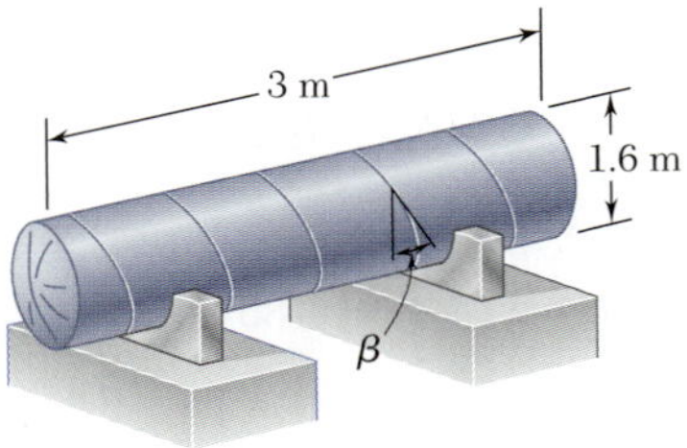


그림 P7.43

**7.44** 연습문제 7.43의 탱크에서 용접부에 수직한 허용 수직응력이 120 MPa이고 용접부에 평행한 허용 전단응력이 80 MPa일 때 최대 허용 게이지 압력을 구하시오.

**7.45** 연습문제 7.43의 탱크에서 게이지 압력이 600 kPa일 때, 용접부에 평행한 전단응력이 12 MPa을 초과하지 않는다면 사용할 수 있는 $\beta$값의 범위를 구하시오.

**7.46** 두께 16 mm인 정사각형 판을 굽히고 용접하여 그림과 같이 두 가지 형태로 압축공기탱크의 원통부를 제작할 수 있다. 용접부에 수직한 허용 수직응력이 65 MPa일 때 각각의 탱크에 대한 최대 허용 게이지 압력을 구하시오.

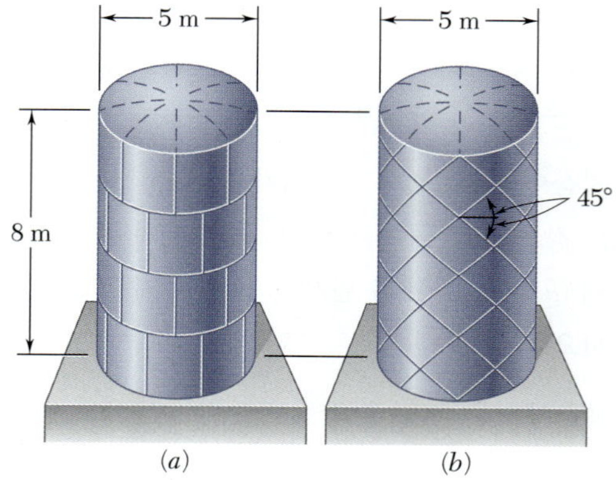


그림 P7.46

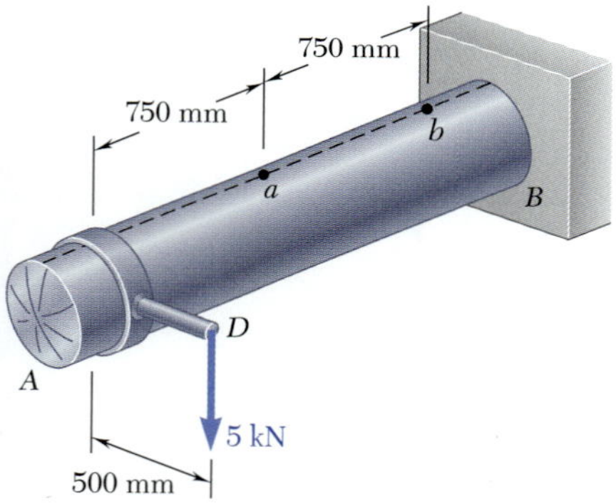


그림 P7.47

**7.47** 압축공기탱크 $AB$의 내경은 450 mm이고 균일한 벽두께 6 mm를 갖는다. 탱크 내부의 게이지 압력이 1.2 MPa일 때 탱크의 상단 $a$점에서의 최대 수직응력과 최대 면내전단응력을 구하시오.

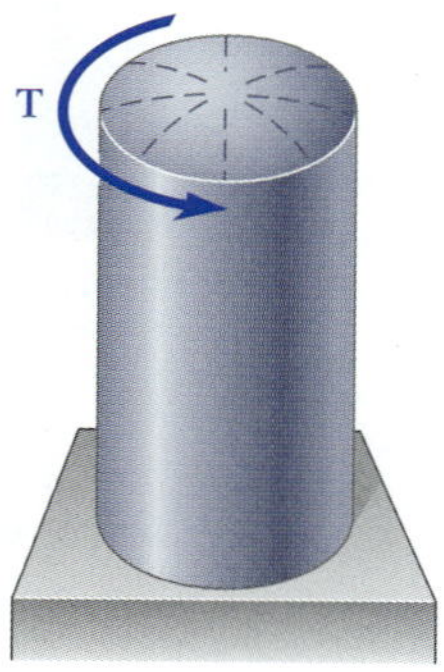


그림 P7.48, P7.49

**7.48** 8 MPa의 압력 하에 있는 압축된 공기로 채워진 탱크의 끝부분에 $T$ = 12 kN·m 크기의 토크가 작용한다. 탱크의 안지름이 180 mm이고, 벽두께가 12 mm일 때, 탱크에서 발생하는 최대 수직응력과 전단응력을 결정하시오.

**7.49** 그림과 같이 탱크는 안지름이 180 mm이고, 벽 두께가 12 mm이다. 탱크가 압력 8 MPa의 압축공기로 채워질 때 최대 수직응력이 75 MPa이 되기 위한 작용 토크 $T$의 크기를 구하시오.

# 제7장 복습 및 요약

이 장에서는 축의 회전에 따른 응력의 변환과 이것을 공학적 문제의 해결에 적용하는 내용을 다루었다.

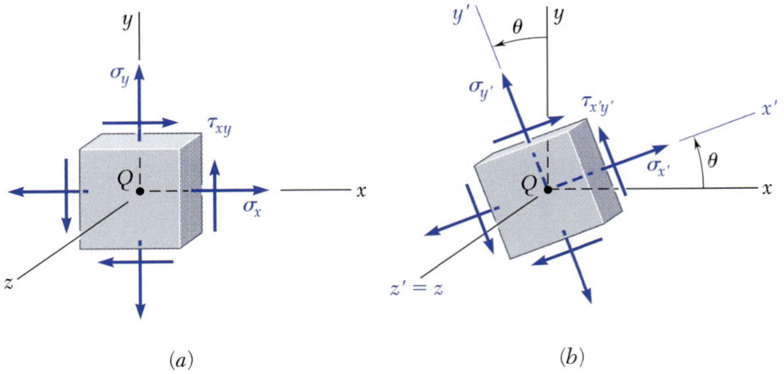


그림 7.31

### 평면응력의 변환

주어진 점 $Q$에서 **평면응력**(*plane stress*) 상태를 고려하고(7.2절), 그림 7.31*a*의 요소와 관련된 응력성분을 $\sigma_x$, $\sigma_y$ 및 $\tau_{xy}$로 표시하면, $z$축에 대하여 각 $\theta$만큼 회전된 요소(그림 7.31*b*)에 작용하는 응력성분 $\sigma_{x'}$, $\sigma_{y'}$ 및 $\tau_{x'y'}$는 다음과 같이 유도하였다.

$$\sigma_{x'} = \frac{\sigma_x + \sigma_y}{2} + \frac{\sigma_x - \sigma_y}{2}\cos 2\theta + \tau_{xy}\sin 2\theta \tag{7.5}$$

$$\sigma_{y'} = \frac{\sigma_x + \sigma_y}{2} - \frac{\sigma_x - \sigma_y}{2}\cos 2\theta - \tau_{xy}\sin 2\theta \tag{7.7}$$

$$\tau_{x'y'} = -\frac{\sigma_x - \sigma_y}{2}\sin 2\theta + \tau_{xy}\cos 2\theta \tag{7.6}$$

7.3절에서는 점 $Q$에서 최대 및 최소 수직응력에 상응하는 회전각 $\theta_p$의 값을 구하였다.

$$\tan 2\theta_p = \frac{2\tau_{xy}}{\sigma_x - \sigma_y} \tag{7.12}$$

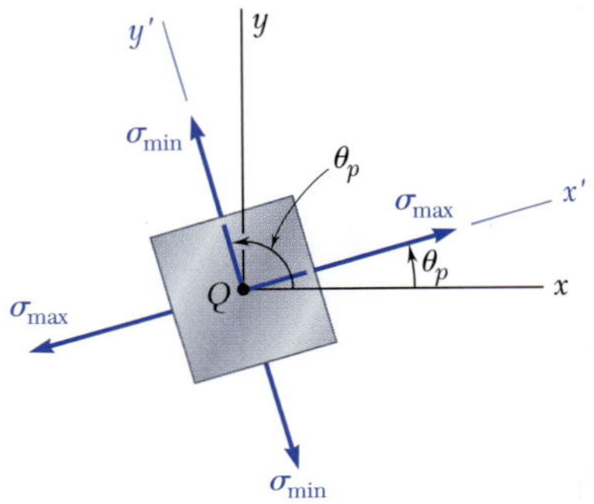


그림 7.32

### 주면, 주응력

두 개의 $\theta_p$ 값이 얻어지는 데 서로 90°를 이루며(그림 7.32), $Q$점에서의 응력의 주면(principal plane)을 정의한다. 이에 상응하는 수직응력 값은 $Q$점에서의 **주응력**(*principal stress*)으로 불리며 다음과 같다.

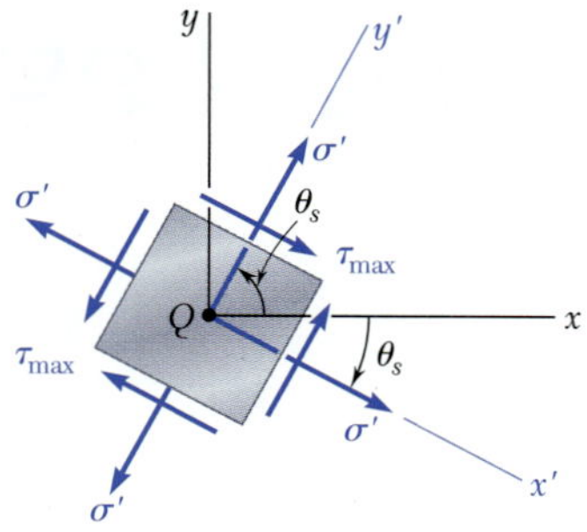


그림 7.33

$$\sigma_{\max,\,\min} = \frac{\sigma_x + \sigma_y}{2} \pm \sqrt{\left(\frac{\sigma_x - \sigma_y}{2}\right)^2 + \tau_{xy}^2} \tag{7.14}$$

또한 이에 상응하는 전단응력은 값은 0이다. 다음으로 최대 전단응력이 발생하는 각도 $\theta$의 $\theta_s$ 값을 구하였다.

$$\tan 2\theta_s = -\frac{\sigma_x - \sigma_y}{2\tau_{xy}} \tag{7.15}$$

### 최대 면내전단응력

두 개의 $\theta_s$ 값이 얻어지며 서로 90°를 이룬다(그림 7.33). 또한 최대 전단응력면은 주면과 45°를 이룬다. 응력면 내에서의 회전에 대한 전단응력의 최댓값은 다음 식과 같다.

$$\tau_{\max} = \sqrt{\left(\frac{\sigma_x - \sigma_y}{2}\right)^2 + \tau_{xy}^2} \tag{7.16}$$

이에 상응하는 수직응력 값은 다음과 같다.

$$\sigma' = \sigma_{\text{ave}} = \frac{\sigma_x + \sigma_y}{2} \tag{7.17}$$

### 응력에 대한 모어원

7.4절에서 소개한 평면응력의 변환을 해석하기 위한 **모어원**은 단순한 기하학적인 관계를 바탕으로 하는 또 다른 방법이다. 그림 7.34$a$의 왼쪽에 주어진 응력상태는 좌표가 $\sigma_x$, $-\tau_{xy}$인 점 $X$와 좌표가 $\sigma_y$, $+\tau_{xy}$인 점 $Y$로 표시된다(그림 7.34$b$). 지름이 $XY$인 원을 그리면 모어원을 얻게 된다. 이 원이 수평축과 만나는 점 $A$와 $B$의 횡좌표는 주응력을 나타내고, 지름 $XY$를 $AB$로 오게 하는 회전각은 그림 7.34$a$에서 주면을 정의하는 각 $\theta_p$의 2배이며,

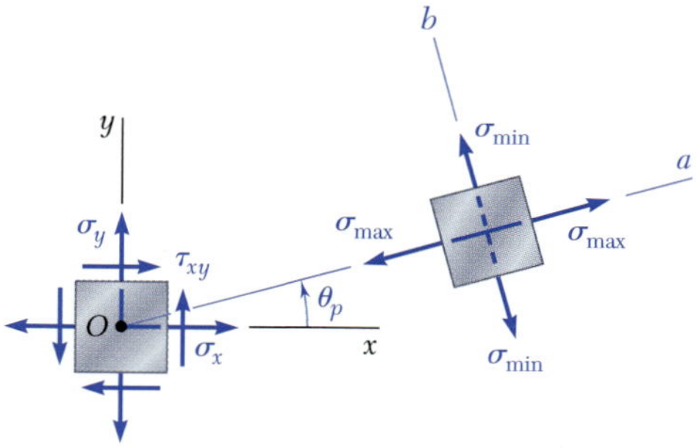


($a$)

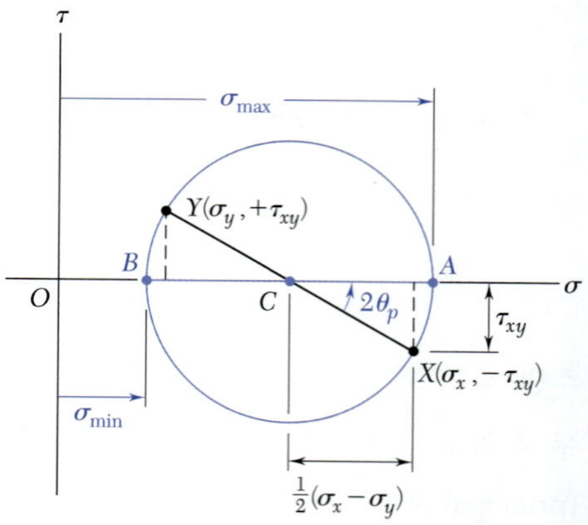


($b$)

그림 7.34

이 두 각도의 회전방향은 같다. 또한 지름 $DE$(그림 7.35)는 최대 전단응력과 이에 상응하는 면의 방향을 나타낸다(예제 7.2, 기초문제 7.2 및 7.3).

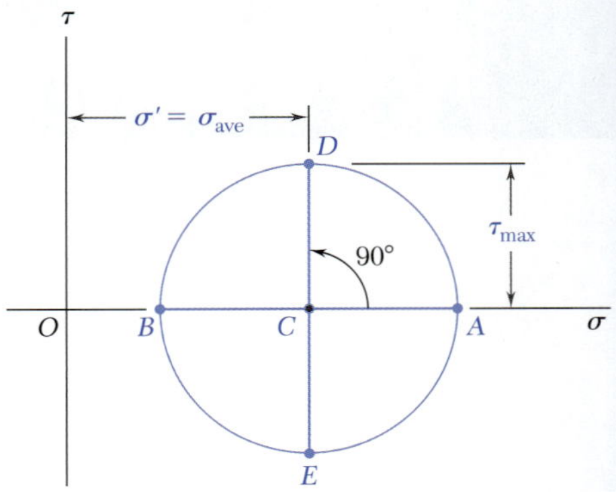


그림 7.35

### 원통형 압력용기

7.5절에서 **두께가 얇은 박벽 압력용기**에 대한 응력을 다루었으며, 용기 벽에 작용하는 응력과 용기내에 채워진 유체의 **게이지 압력** $p$ 사이의 관계식을 유도했다. 안쪽 반지름이 $r$이고 두께가 $t$인 원통형 용기의 경우(그림 7.36), **원환응력**(*hoop stress*) $\sigma_1$과 **길이방향응력**(*longitudinal stress*) $\sigma_2$는 다음과 같다.

$$\sigma_1 = \frac{pr}{t} \qquad \sigma_2 = \frac{pr}{2t} \tag{7.20, 7.21}$$

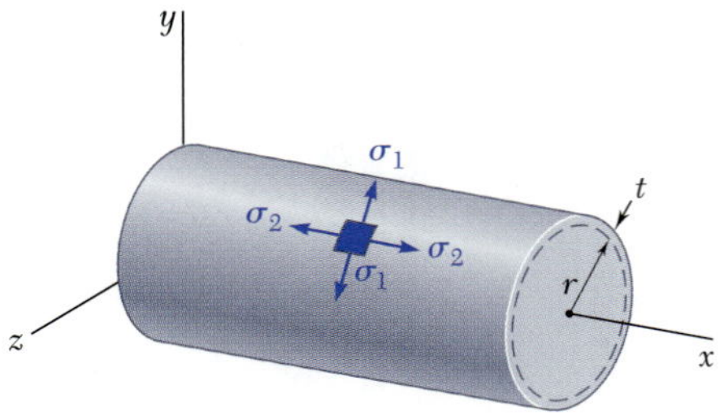


그림 7.36

또한 최대 전단응력은 응력평면의 외부에서 발생하며, 그 크기는 다음과 같다.

$$\tau_{max} = \sigma_2 = \frac{pr}{2t} \tag{7.24}$$

### 구형 압력용기

안쪽 반지름이 $r$이고 두께가 $t$인 **구형 용기**(*spherical vessel*)의 경우에는(그림 7.37), 두 주응력은 크기가 같다.

$$\sigma_1 = \sigma_2 = \frac{pr}{2t} \tag{7.26}$$

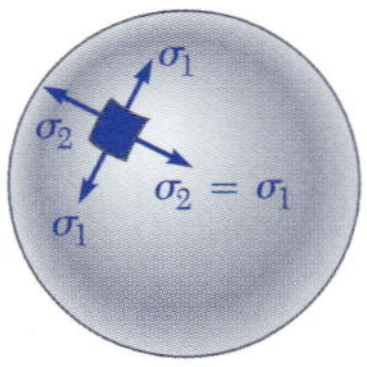


그림 7.37

이 경우에도 **최대 전단응력**은 응력평면의 외부에서 발생하며, 그 크기는 다음과 같다.

$$\tau_{max} = \tfrac{1}{2}\sigma_1 = \frac{pr}{4t} \tag{7.27}$$

# P7D 복습문제

**7.50** 그림과 같은 주철제 기둥의 $D$점에 19.5 kN의 힘이 작용한다. 기둥의 지름이 60 mm일 때, $H$점에서의 주응력과 최대 전단응력을 구하시오.

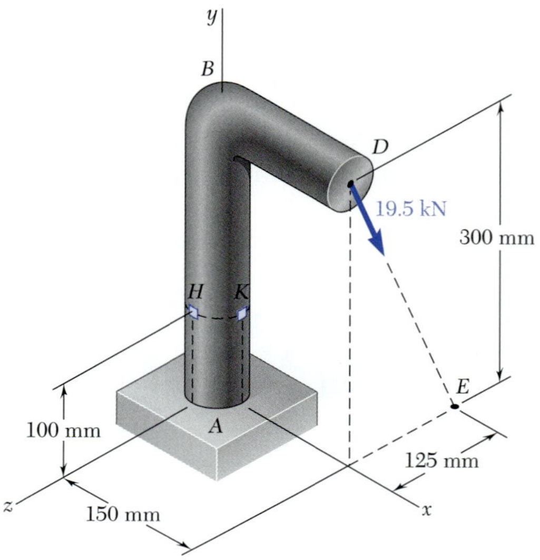


그림 P7.50

**7.51** 그림과 같이 짧은 기둥에 중심축하중 $P$가 작용한다. $a$-$a$ 평면에 작용하는 응력이 $\sigma = -105$ MPa, $\tau = 3.5$ MPa일 때 다음을 구하시오.

(a) $a$-$a$ 평면이 수평과 이루는 각 β

(b) 기둥에 작용하는 최대압축응력

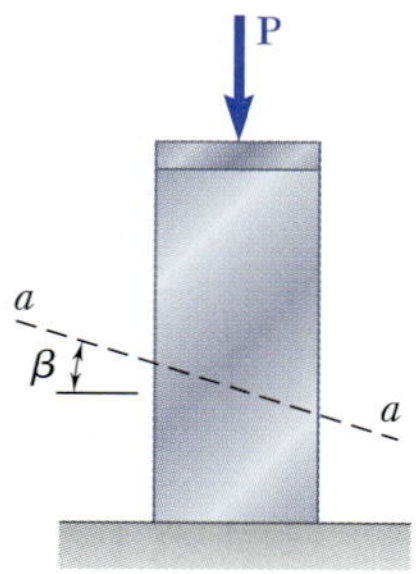


그림 P7.51

**7.52** 그림과 같은 응력상태에서 (a) $\sigma_z = +24$ MPa, (b) $\sigma_z = -24$ MPa, (c) $\sigma_z = 0$일 때, 최대 전단응력을 구하시오.

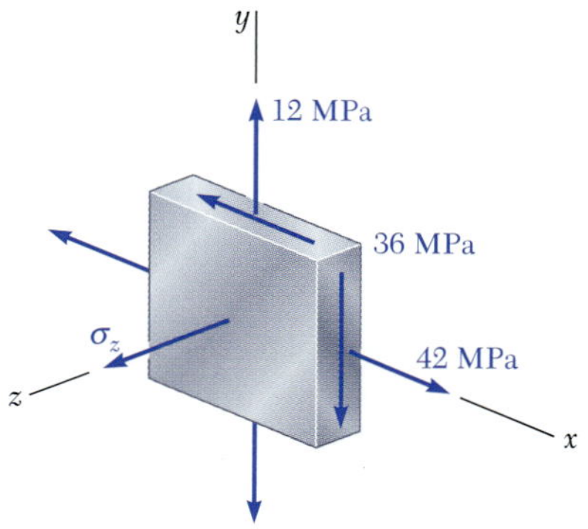


그림 P7.52

**7.53** 그림과 같은 압축공기탱크 $AB$의 바깥지름은 250 mm이고 벽 두께가 8 mm이다. 위쪽에 끼워진 고리의 $B$점에서 수평방향으로 40 kN의 힘 **P**가 작용한다. 탱크 내부의 게이지 압력이 5 MPa일 때, $K$점에서의 최대 수직응력과 최대 전단응력을 구하시오.

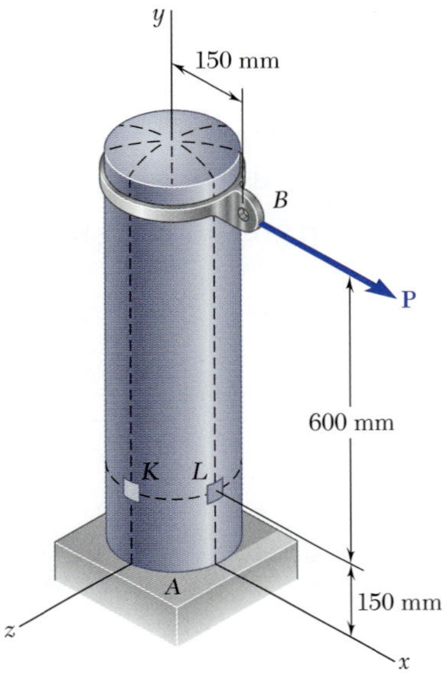


그림 P7.53

**7.54** 황동파이프 $AD$가 파이프의 $BC$ 부분에 3.5 MPa의 정수압을 가하는 데 사용되는 재킷 내부에 끼워맞춤 되어 있다. 파이프의 내압이 0.7 MPa일 때 파이프에서의 최대 수직응력을 구하시오.

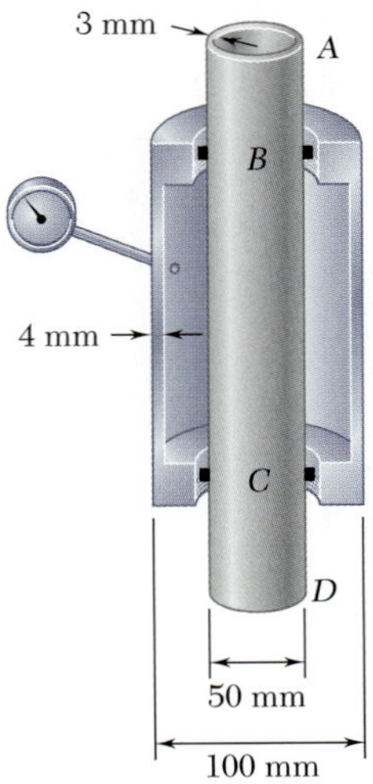


그림 P7.54

# P7E 컴퓨터 활용문제

**다음의 문제들은 컴퓨터를 활용하여 풀 수 있도록 작성되었다.**

**7.C1** 평면응력상태가 그림 P7.C1*a*에 보인 요소와 관련하여 응력성분 $\sigma_x$, $\sigma_y$, $\tau_{xy}$로 정의된다. (*a*) 그림 P7.C1*b*에 보인 바와 같이 $z$축에 대해 각 $\theta$만큼 회전시켰을 때, 요소에 작용하는 응력성분 $\sigma_{x'}$, $\sigma_{y'}$, $\tau_{x'y'}$을 계산할 수 있는 컴퓨터프로그램을 작성하고, (*b*) 연습문제 7.7과 7.8을 작성된 프로그램을 이용하여 계산하시오.

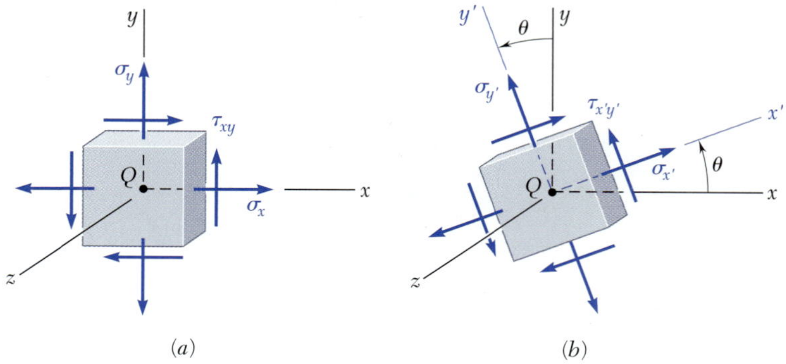


그림 P7.C1

**7.C2** 평면응력상태가 그림 P7.C1*a*에 보인 요소와 관련하여 응력성분 $\sigma_x$, $\sigma_y$, $\tau_{xy}$로 정의된다. (*a*) 주축과 주응력, 최대 면내전단응력 및 최대 전단응력을 결정하기 위한 컴퓨터 프로그램을 작성하고, (*b*) 연습문제 7.3과 7.5를 작성된 프로그램을 이용하여 계산하시오.

CHAPTER

8

# 보의 처짐

## Deflection of Beams

사진은 건설 중인 다중거더 교량(multiple-girder bridge)을 보여 준다. 교량 거더의 설계에서는 강도와 함께 처짐에 대한 사항도 고려되어야 한다.

## 8.1 서론



앞 장에서는 보의 강도 설계에 대해 배웠다. 이 장에서는 보의 설계의 또 다른 국면인 보의 **처짐**을 다룬다. 보의 설계 시방서는 일반적으로 최대 허용 처짐을 규정하므로 주어진 하중에서 보의 최대 처짐에 특히 관심을 가질 필요가 있다. 또한 처짐은 **부정정 보**를 해석하는 데 필수적이다. 부정정 보에서는 지지 반력의 수가 미지 반력을 결정하기 위하여 적용할 수 있는 평형식의 수를 초과한다.

4.4절에서 본 바와 같이 순수굽힘을 받는 균일단면 보는 원호 모양으로 휘어지며, 탄성 범위 내에서 중립면의 곡률은 다음과 같이 표시할 수 있다.

$$\frac{1}{\rho} = \frac{M}{EI} \tag{4.21}$$

여기서 $M$은 굽힘모멘트, $E$는 탄성계수, 그리고 $I$는 중립축에 대한 단면 2차모멘트이다.

보가 수직하중을 받을 때, 식 (4.21)은 생브낭(Saint-Venant)의 원리가 적용되는 한 어느 주어진 횡단면에 대해서도 타당하다. 그러나 굽힘모멘트와 중립면의 곡률은 단면의 위치에 따라 달라지게 될 것이다. 보의 왼쪽 끝으로부터 단면까지의 거리를 $x$라고 하면 곡률은 다음과 같이 쓸 수 있다.

$$\frac{1}{\rho} = \frac{M(x)}{EI} \tag{8.1}$$

보의 여러 점에서의 곡률에 관한 사항으로부터 하중을 받는 보의 변형에 관한 몇 가지 일반적인 결론을 얻을 수 있게 된다(8.2절).

보의 어떤 주워진 점에서의 기울기와 처짐을 결정하기 위해서는 우선 다음의 2계 선형미분방정식을 유도해야 하며, 이는 변형된 보의 형상을 나타내는 **탄성곡선**을 지배한다(8.3절).

$$\frac{d^2y}{dx^2} = \frac{M(x)}{EI}$$

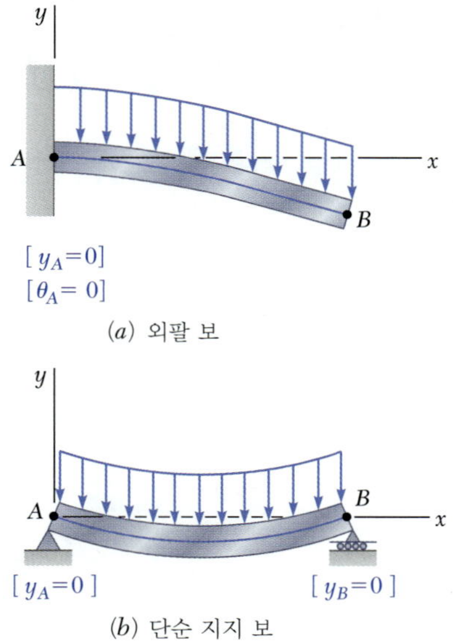


**그림 8.1** 굽힘모멘트가 단일함수 $M(x)$로 주어지는 경우

그림 8.1과 같이 보의 굽힘모멘트가 $x$의 모든 값에 대해 단일함수 $M(x)$로 표현된다면, 보의 임의 점에서의 기울기 $\theta = dy/dx$와 처짐 $y$는 연속된 두 번의 적분으로 구할 수 있다. 그 과정에서 도입되는 두 개의 적분 상수는 그림에 표시되어 있는 경계 조건으로부터 결정될 수 있다.

그러나 보의 여러 구간에서 굽힘모멘트를 표현하는 함수가 다르다면 미분방정식 또한 달라지게 되며 이는 각 구간마다 탄성곡선표현식이 다르다는 것을 의미한다. 예를 들면 그림 8.2의 보의 경우에 두 개의 미분방정식이 필요한데, 하나는 보의 $AD$ 부분에 대한 것이고 다른 하나는 $DB$ 부분에 대한 것이다. 처음 방정식은 $\theta_1$과 $y_1$을, 두 번째 방정식은 함수 $\theta_2$와 $y_2$를 표현한다. 구성된 식으로부터 네 개의 적분상수가 결정되어야 하는데, 두 개는 $A$와 $B$에서의 처짐이 0이라는 식으로부터 정해지고, 나머지 두 개는 $AD$ 부분과 $BD$ 부분이 $D$에서 같은 기울기와 처짐을 갖는다는 조건으로부터 구해진다.

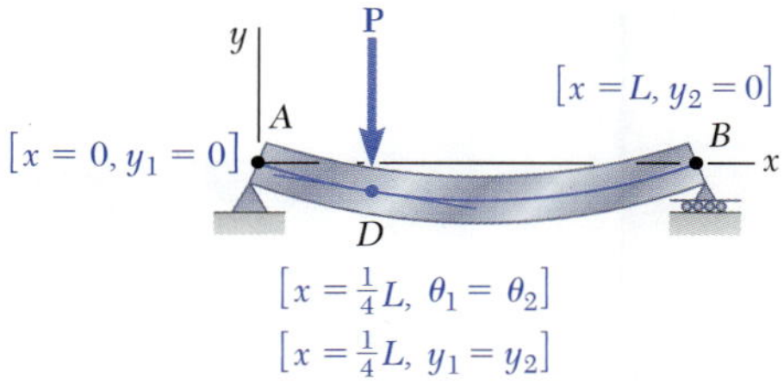

**그림 8.2** 두 개의 방정식이 요구되는 경우

8.4절에서는 균일분포하중 $w(x)$를 지지하는 보의 경우에 그 탄성곡선은 함수 $w(x)$를 네 번 연속으로 적분함으로써 직접 구할 수 있다. 이 과정에서 도입되는 적분상수는 $V$, $M$, $\theta$, $y$의 경계값으로부터 결정할 수 있다.

8.5절에서는 **부정정 보**, 즉 4개 이상의 미지반력으로 지지된 보를 논의하게 된다. 이들 미지반력을 결정하기 위해 적용되는 평형식은 3개뿐이므로, 지지점의 경계 조건으로부터 구한 방정식들을 추가해야 된다.

굽힘모멘트 $M$을 표현하는 데 여러 개의 함수가 필요할 경우에, 앞에 서술한 탄성곡선 결정 방법은 매우 번거롭다. 왜냐하면 각 천이점(transition point)마다 기울기와 처짐을 일치시켜야 하기 때문이다.

8.6절과 8.7절에서는 중첩법을 다루게 되는데 보에 작용하는 여러 하중에 의해 일어나는 기울기와 처짐을 구할 때, 각 하중에 대하여 이 값들을 구하고 이들을 모두 합함으로써 하중 전체에 의한 값을 얻는 방법이다. 이 방법은 부록 D에 있는 표를 이용하면 편리하며, 이 표는 여러 가지 하중과 지지의 유형에 대해 보의 기울기와 처짐을 나타낸 것이다.

## 8.2 횡방향 하중을 받는 보의 변형

이 장의 첫 부분에 4.4절의 식 (4.21)을 도입했는 데, 이는 순수굽힘(pure bending)을 받는 보에서 중립면의 곡률과 굽힘모멘트 사이의 관계를 나타낸 식이다. 이 관계식은 생브낭(Saint-Venant)의 원리가 적용되는 한, 수직하중을 받는 보의 어떤 횡단면에도 타당하다. 그러나 굽힘모멘트와 중립면의 곡률은 단면마다 다르다. 보의 왼쪽 끝으로부터 단면까지의 거리를 $x$라고 하면 다음과 같이 쓸 수 있다.

$$\frac{1}{\rho} = \frac{M(x)}{EI} \tag{8.1}$$

예를 들면, 자유단 $A$에 집중하중 $\mathbf{P}$를 받고 있는 길이 $L$인 외팔 보 $AB$를 고려하자(그림 8.3$a$). $M(x) = -Px$이므로 이를 식 (8.1)에 대입하면 다음과 같다.

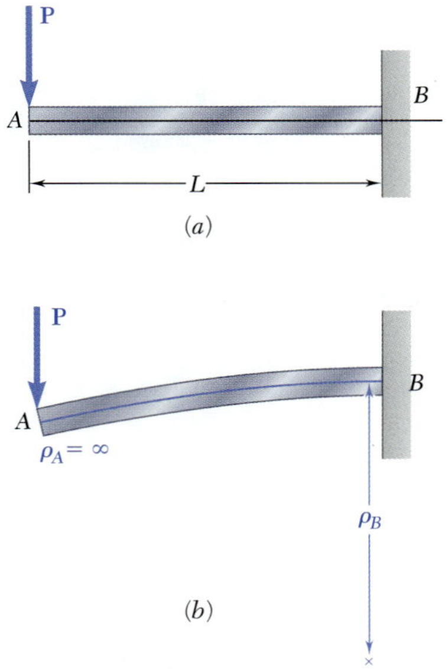


**그림 8.3** 집중하중을 받는 외팔 보

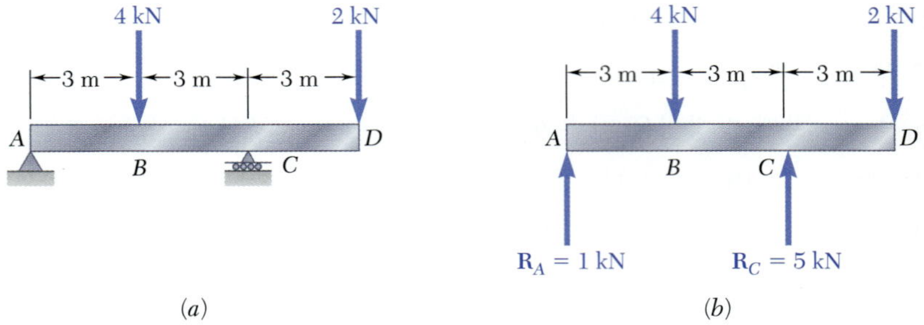


**그림 8.4** 두 개의 집중하중을 받는 돌출 보

$$\frac{1}{\rho} = -\frac{Px}{EI}$$

이 식은 중립면의 곡률이 $x$에 따라 $A$점의 0으로부터 $B$점의 $|\rho_A| = -PL/EI$까지 선형적으로 변한다는 것을 표시하며, $A$점에서 $\rho_A$ 자체는 무한대이고 $B$점에서 $|\rho_B| = EI/PL$이다(그림 8.3$b$).

이번에는 그림 8.4$a$에서 표시된 바와 같이 두 개의 집중하중을 지지하는 돌출 보 $AD$를 고려하자. 보의 자유물체도(그림 8.4$b$)로부터 지점반력은 각각 $R_A$ = 1 kN, $R_C$ = 5 kN임을 알 수 있으며, 해당 굽힘모멘트 선도를 그린다(그림 8.5$a$). 이 선도로부터 보의 양단과 $x$ = 4 m에 위치한 $E$점에서 $M$과 곡률은 0임을 알 수 있다. $AE$에서 굽힘모멘트는 양(+)이며 위로 오목하게 되어 있고, $ED$에서 굽힘모멘트는 음(−)이며 아래로 오목하게 되어 있다(그림 8.5$b$). 또한 곡률의 최댓값(즉, 곡률반지름의 최솟값)은 $|M|$이 최대가 되는 지점 $C$에서 발생함을 알 수 있다.

곡률에 관한 내용으로부터 보의 휘어진 모양에 대하여 적절한 개념을 얻을 수 있다. 그러나 보의 해석과 설계에서 통상적으로 보의 여러 점에서의 **처짐**(*deflection*)과 **기울기**(*slope*)에 관한 더 정확한 지식이 필요하다. 특별히 중요한 것은 보의 **최대처짐**에 관한 것이다. 이 장에서는 식 (8.1)을 사용하여 보의 축상에 있는 $Q$점의 처짐 $y$와 어떤 고정 원점으로부터 $Q$까지의 거리 $x$와의 관계를 구하게

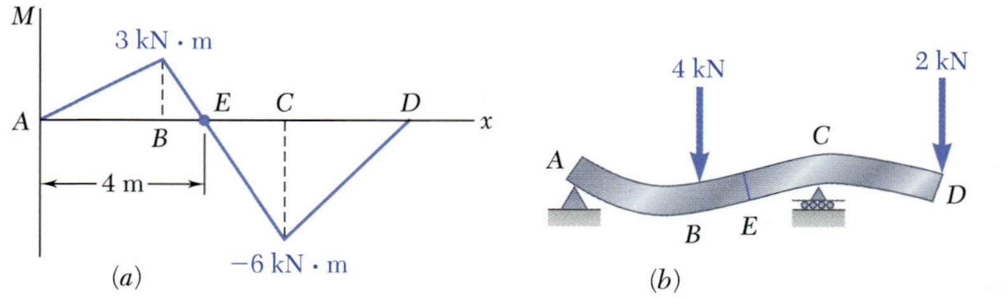


**그림 8.5** 그림 8.4의 보에 대한 모멘트–곡률 관계

된다(그림 8.6). 이렇게 구해진 관계식은 **탄성곡선**의 방정식, 즉 주어진 하중으로 인하여 보의 축이 변형된 곡선에 관한 방정식이다(그림 8.6*b*).[†]

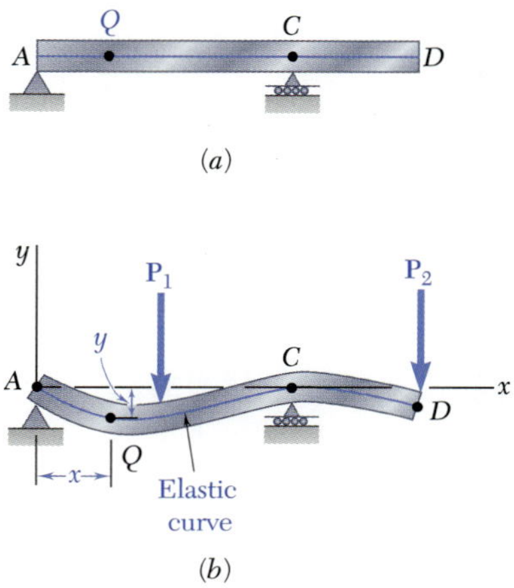


**그림 8.6** 그림 8.4의 보에 대한 탄성곡선

## 8.3 탄성곡선 방정식

기초 미적분학에서 평면곡선의 점 $Q(x, y)$에서의 곡률은 다음과 같다.

$$\frac{1}{\rho} = \frac{\dfrac{d^2y}{dx^2}}{\left[1 + \left(\dfrac{dy}{dx}\right)^2\right]^{3/2}} \tag{8.2}$$

여기서 $dy/dx$와 $d^2y/dx^2$은 이 곡선을 표시하는 함수 $y(x)$의 1차 및 2차 도함수이다. 그러나 보의 탄성곡선에서 기울기 $dy/dx$는 매우 작으며, 그 제곱은 1보다 훨씬 작기 때문에 무시한다. 그러므로 다음과 같이 쓸 수 있다.

$$\frac{1}{\rho} = \frac{d^2y}{dx^2} \tag{8.3}$$

식 (8.1)에 식 (8.3)의 $1/\rho$ 값을 대입하면 다음과 같이 된다.

$$\frac{d^2y}{dx^2} = \frac{M(x)}{EI} \tag{8.4}$$

위 식은 2계 선형미분방정식이며, 탄성곡선에 대한 지배미분방정식이다.

$EI$는 **굽힘강성**(*flexural rigidity*)이라고 알려져 있으며, 이 값이 깊이가 변하는 보의 경우처럼 보의 축에 따라 변하면 식 (8.4)를 적분하기 전에 $EI$를 $x$의 함수로 표시해야 된다. 그러나 여기서 고려하는 균일단면의 경우에 굽힘강성은 일정하다. 그러므로 식 (8.4)의 양변을 $EI$로 곱하고, $x$에 관해서 적분하면 다음과 같이 쓸 수 있다.

$$EI\frac{dy}{dx} = \int_0^x M(x)\,dx + C_1 \tag{8.5}$$

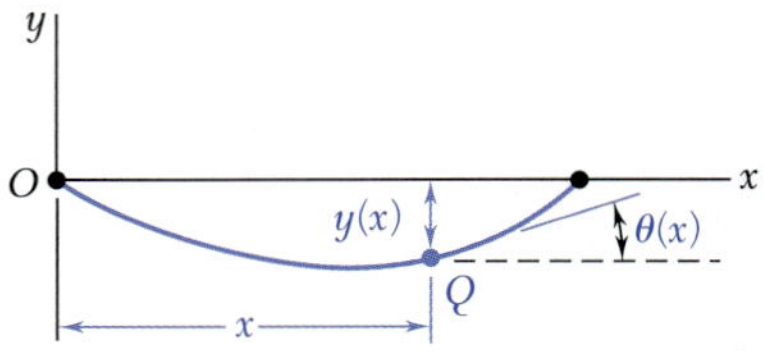


**그림 8.7** 탄성곡선의 기울기 $\theta(x)$

여기서 $C_1$은 적분상수이다. 탄성곡선의 $Q$점에서 그 접선과 수평선이 이루는 라디안(radian) 단위의 각을 $\theta(x)$라고 하고(그림 8.7), 이 각이 매우 작다는 사실을 상기

† 앞 장에서 $y$는 횡단면의 중립축으로부터 그 단면의 어떤 주어진 점까지의 거리를 나타내었다. 그러나 이 장과 다음 장에서 $y$는 수직방향 변위를 나타낸다.

하면 다음과 같이 쓸 수 있다.

$$\frac{dy}{dx} = \tan\theta \simeq \theta(x)$$

그러므로 식 (8.5)를 다른 형태로 표현할 수 있다.

$$EI\,\theta(x) = \int_0^x M(x)\,dx + C_1 \tag{8.5$'$}$$

식 (8.5)의 양변을 $x$로 적분하면 다음과 같다.

$$\begin{aligned} EI\,y &= \int_0^x \left[\int_0^x M(x)\,dx + C_1\right]dx + C_2 \\ EI\,y &= \int_0^x dx \int_0^x M(x)\,dx + C_1x + C_2 \end{aligned} \tag{8.6}$$

여기서 $C_2$는 두 번째 적분상수이며, 우변의 첫 항은 굽힘모멘트 $M(x)$를 $x$에 관해서 두 번 적분해서 구해지는 $x$의 함수를 나타내고 있다. 상수 $C_1$과 $C_2$가 아직도 미정이지만, 식 (8.6)은 보의 임의의 주어진 점 $Q$의 처짐을 정의하며, 식 (8.5)와 식 (8.5′)는 마찬가지로 $Q$점의 기울기를 정의하고 있다.

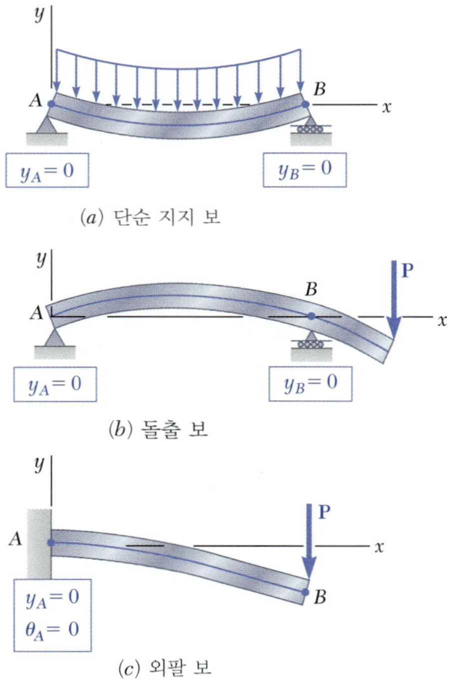


**그림 8.8** 정정 보의 경계 조건

상수 $C_1$과 $C_2$는 **경계 조건**(*boundary conditions*), 좀 더 정확히 말하면 보의 지지점에 대한 조건으로부터 결정된다. 이 절에서의 해석을 정정 보, 즉 지지점의 반력을 정역학적 방법으로 구할 수 있도록 지지되어 있는 보로 한정한다면, 여기서는 다음의 3가지 유형(그림 8.8)의 보만 고려하면 된다. 즉 (*a*) **단순지지 보**(*simply supported beam*), (*b*) **돌출 보**(*overhanging beam*), 그리고 (*c*) **외팔 보**(*cantilever beam*)이다.

단순 보와 돌출 보의 경우에는 지지점은 $A$에서는 힌지(hinge), $B$에서는 롤러(roller)로 지지되어 있으며, 이들 점에서는 처짐이 0이어야 한다. 식 (8.6)에서 처음에는 $x = x_A$일 때 $y = y_A = 0$이라는 조건, 다음에는 $x = x_B$일 때 $y = y_B = 0$이라는 조건을 대입하면 $C_1$과 $C_2$에 관해서 풀 수 있는 두 개의 방정식을 얻게 된다. 외팔 보(그림 8.8*c*)의 경우에는 $A$점의 기울기와 처짐이 모두 0이 된다는 것을 알 수 있다. 식 (8.6)에 $x = x_A$일 때 $y = y_A = 0$이라는 조건을 대입하고, 식 (8.5′)에 $x = x_A$일 때 $\theta = \theta_A = 0$이라는 조건을 대입하면 $C_1$과 $C_2$에 관해서 풀 수 있는 두 개의 방정식이 얻어진다.

## 예제 8.1

외팔 보 $AB$가 균일단면이며 자유단 $A$에서 하중 **P**를 지지하고 있다(그림 8.9). 탄성곡선의 방정식을 결정하고 $A$점의 처짐과 기울기를 구하시오.

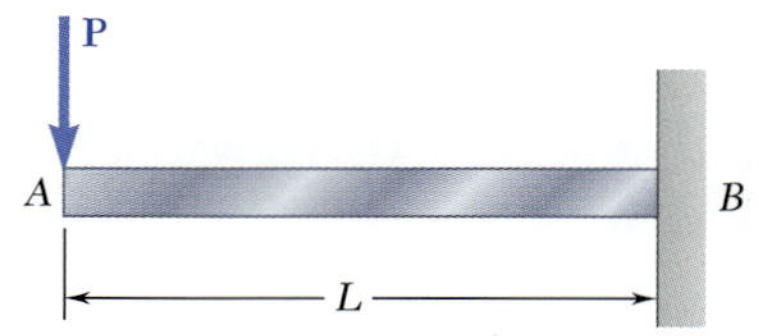


그림 8.9

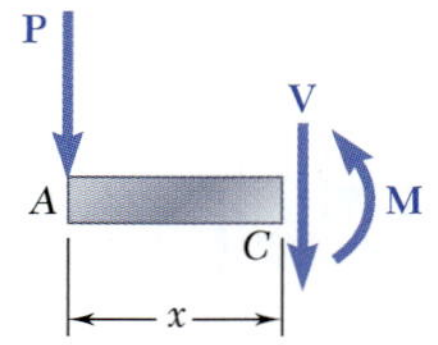


그림 8.10

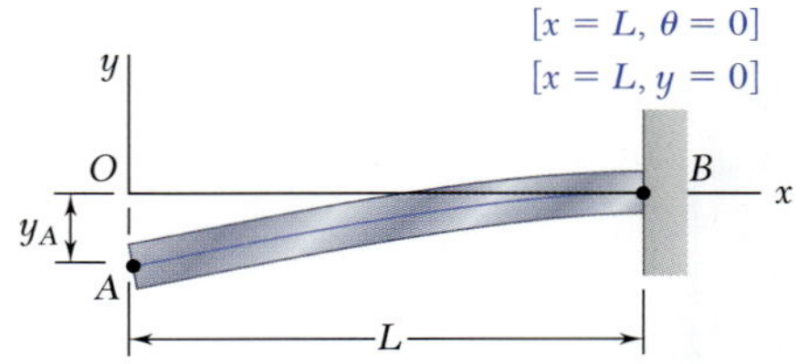


그림 8.11

**풀이** $AC$ 부분의 자유물체도(그림 8.10)를 사용하면 다음과 같이 된다. 여기서 $C$는 왼쪽 끝 $A$로부터 거리 $x$에 위치한 점이다.

$$M = -Px \tag{8.7}$$

식 (8.4)에 $M$을 대입하고 양변을 $EI$로 곱하면 다음과 같이 쓸 수 있다.

$$EI\,\frac{d^2y}{dx^2} = -Px$$

$x$에 관해서 적분하면 다음과 같이 구해진다.

$$EI\,\frac{dy}{dx} = -\tfrac{1}{2}Px^2 + C_1 \tag{8.8}$$

고정단 $B$에서 $x = L$이고 $\theta = dy/dx = 0$이다(그림 8.11). 이들 값을 식 (8.8)에 대입하고 $C_1$에 대하여 풀면 다음과 같이 된다.

$$C_1 = \tfrac{1}{2}PL^2$$

이 값을 식 (8.8)에 대입하면,

$$EI\,\frac{dy}{dx} = -\tfrac{1}{2}Px^2 + \tfrac{1}{2}PL^2 \tag{8.9}$$

식 (8.9)의 양변을 적분하면 다음과 같이 쓸 수 있다.

$$EI\,y = -\tfrac{1}{6}Px^3 + \tfrac{1}{2}PL^2x + C_2 \tag{8.10}$$

그러나 $B$에서 $x = L$, $y = 0$이다. 이를 식 (8.10)에 대입하면 다음과 같이 된다.

$$0 = -\tfrac{1}{6}PL^3 + \tfrac{1}{2}PL^3 + C_2$$
$$C_2 = -\tfrac{1}{3}PL^3$$

$C_2$의 값을 식 (8.10)에 대입하여 다음과 같은 탄성곡선의 방정식을 얻게 된다.

$$EI\,y = -\tfrac{1}{6}Px^3 + \tfrac{1}{2}PL^2x - \tfrac{1}{3}PL^3$$

또는

$$y = \frac{P}{6EI}(-x^3 + 3L^2x - 2L^3) \tag{8.11}$$

$A$점의 처짐과 기울기는 식 (8.11)과 (8.9)에서 $x = 0$로 두면 구할 수 있다.

$$y_A = -\frac{PL^3}{3EI} \qquad 와 \qquad \theta_A = \left(\frac{dy}{dx}\right)_A = \frac{PL^2}{2EI}$$

## 예제 8.2

균일단면의 단순 보 $AB$가 균일분포하중 $w$를 받고 있다(그림 8.12). 탄성곡선의 방정식과 최대처짐을 구하시오.

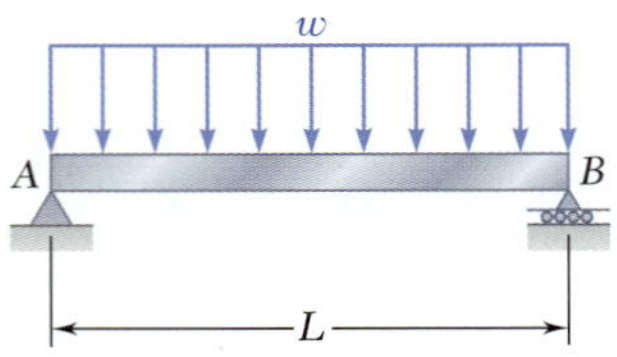


그림 8.12

**풀이** 보의 $AD$ 부분의 자유물체도를 그리고(그림 8.13), $D$점에 관해 모멘트를 취하면 다음과 같이 된다.

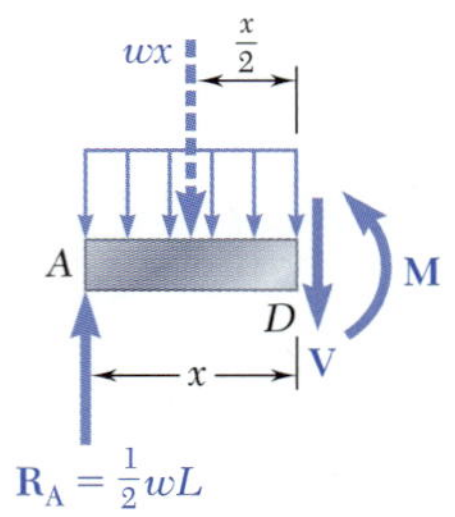


그림 8.13

$$M = \tfrac{1}{2}wLx - \tfrac{1}{2}wx^2 \tag{8.12}$$

식 (8.4)에 이 $M$ 값을 대입하고 양변에 $EI$를 곱하면 다음과 같이 쓸 수 있다.

$$EI\frac{d^2y}{dx^2} = -\frac{1}{2}wx^2 + \frac{1}{2}wLx \tag{8.13}$$

$x$에 관해서 두 번 적분하면 다음과 같다.

$$EI\frac{dy}{dx} = -\frac{1}{6}wx^3 + \frac{1}{4}wLx^2 + C_1 \tag{8.14}$$

$$EI\,y = -\frac{1}{24}wx^4 + \frac{1}{12}wLx^3 + C_1x + C_2 \tag{8.15}$$

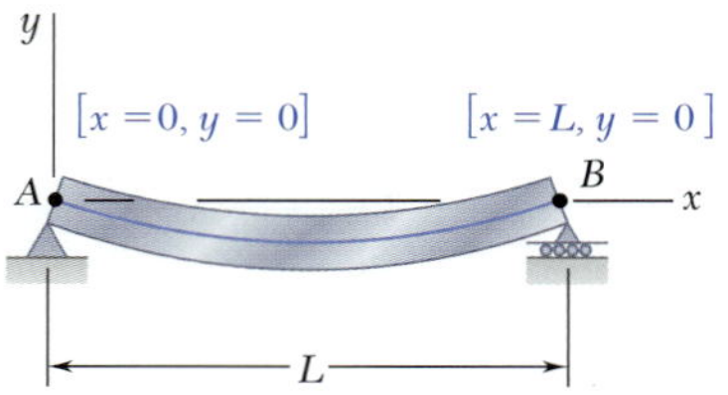


그림 8.14

보의 양단이 $y = 0$이므로(그림 8.14), 우선 식 (8.15)에 $x = 0$과 $y = 0$을 대입하면 $C_2 = 0$를 얻는다. 이 식에 $x = L$과 $y = 0$을 대입하면 다음과 같이 쓸 수 있다.

$$0 = -\tfrac{1}{24}wL^4 + \tfrac{1}{12}wL^4 + C_1L$$
$$C_1 = -\tfrac{1}{24}wL^3$$

$C_1$과 $C_2$의 값을 식 (8.15)에 대입하면, 다음과 같이 탄성곡선의 방정식을 얻게 된다.

$$EI\,y = -\tfrac{1}{24}wx^4 + \tfrac{1}{12}wLx^3 - \tfrac{1}{24}wL^3x$$

또는

$$y = \frac{w}{24EI}(-x^4 + 2Lx^3 - L^3x) \tag{8.16}$$

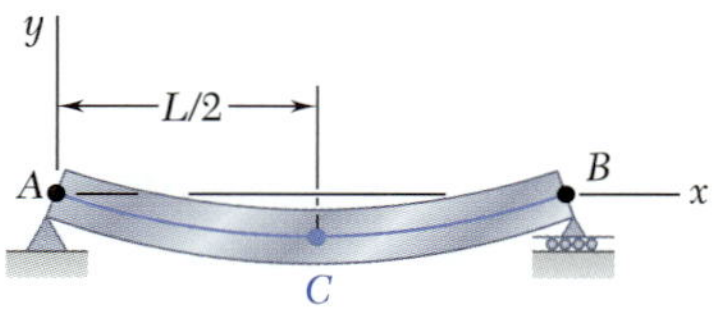


그림 8.15

$C_1$의 값을 식 (8.14)에 대입하면 $x = L/2$일 때 보의 기울기가 0이고 탄성곡선은 중앙점 $C$에서 최대처짐을 가지고 있다는 것을 알 수 있다(그림 8.15). 식 (8.16)에서 $x = L/2$로 두면 다음과 같이 된다.

$$y_C = \frac{w}{24EI}\left(-\frac{L^4}{16} + 2L\frac{L^3}{8} - L^3\frac{L}{2}\right) = -\frac{5wL^4}{384EI}$$

최대처짐은, 더 정확하게 처짐의 최대 절댓값은, 다음과 같다.

$$|y|_{\max} = \frac{5wL^4}{384EI}$$

지금까지 고려한 두 개의 예제에서는 굽힘모멘트를 결정하기 위해서 오직 한 개의 자유물체도가 필요하였다. 결과적으로 보 전체의 $M$을 표현하기 위해서 한 개의 $x$의 함수가 사용되었다. 그러나, 이것은 일반적인 경우가 아니다. 집중하중, 지지점 반력 또는 분포하중에서의 불연속으로 인하여 보를 여러 부분으로 나눌 필요가 있으며, 이들 각 부분마다 다른 $M(x)$ 함수로 굽힘모멘트를 표현해야 한다(사진 8.1). 각 $M(x)$ 함수는 기울기 $\theta(x)$와 처짐 $y(x)$에 대하여 다른 표현식을 갖는다. 처짐에 대한 각 식은 두 개의 적분상수를 포함하고 있기 때문에 많은 상수가 결정되어야 한다. 다음 예제에서 보게 되는 보와 같이, 추가로 소요되는 경계 조건은 전단력과 굽힘모멘트가 보의 여러 점에서 불연속일지라도, 보의 **처짐**과 **기울기**는 어느 점에서나 **불연속이 될 수 없다**는 사실로부터 구할 수 있게 된다.

**사진 8.1** 교량을 서로 연결하기 위해 외팔보 각 부분에 서로 다른 $M(x)$가 필요하다.

## 예제 8.3

그림 8.16과 같은 균일단면 보에서 $D$점의 기울기와 처짐을 구하시오.

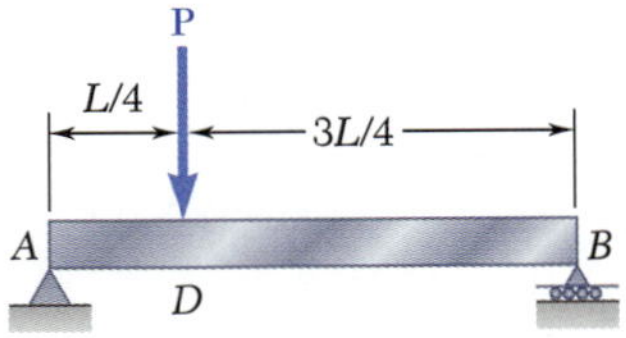


**그림 8.16**

**풀이** 보를 $AD$와 $DB$ 부분으로 나누고 각 부분에 대하여 탄성곡선을 정의하는 함수 $y(x)$를 결정해야 된다.

**1. $A$에서 $D(x < L/4)$.** 그림 8.17에서처럼 $x < L/4$인 $AE$ 부분의 자유물체도를 그린다. $E$에 관해 모멘트를 취하면 다음과 같이 된다.

$$M_1 = \frac{3P}{4}x \tag{8.17}$$

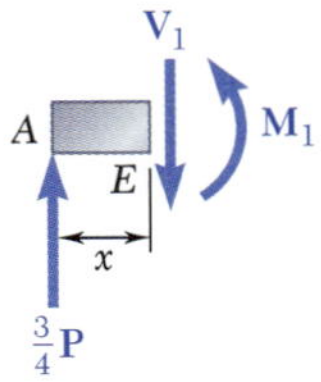


**그림 8.17**

식 (8.4)에 대입하면

$$EI\frac{d^2y_1}{dx^2} = \frac{3}{4}Px \tag{8.18}$$

여기서 $y_1(x)$는 $AD$ 부분에 대한 탄성곡선을 정의하는 함수이다. $x$에 관해서 적분하면 다음과 같이 쓸 수 있다.

$$EI\,\theta_1 = EI\frac{dy_1}{dx} = \frac{3}{8}Px^2 + C_1 \tag{8.19}$$

$$EI\,y_1 = \frac{1}{8}Px^3 + C_1x + C_2 \tag{8.20}$$

(계속)

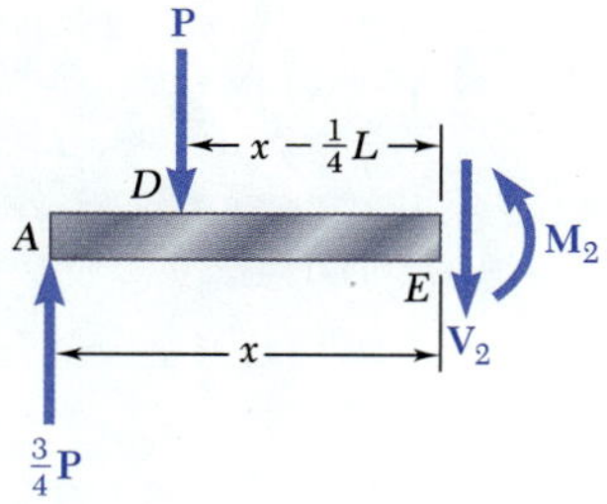


그림 8.18

2. *D*에서 *B* ($x > L/4$). 다음에는 그림 8.18에서처럼 $x > L/4$인 *AE* 부분에 대한 자유물체도를 그린다.

$$M_2 = \frac{3P}{4}x - P\left(x - \frac{L}{4}\right) \tag{8.21}$$

식 (8.4)에 이 값을 대입해서 항을 정리하면

$$EI\,\frac{d^2y_2}{dx^2} = -\frac{1}{4}Px + \frac{1}{4}PL \tag{8.22}$$

여기서 $y_2(x)$는 *DB* 부분에 대한 탄성곡선을 정의하는 함수이다. $x$에 관해서 적분하면 다음과 같이 쓸 수 있다.

$$EI\,\theta_2 = EI\,\frac{dy_2}{dx} = -\frac{1}{8}Px^2 + \frac{1}{4}PLx + C_3 \tag{8.23}$$

$$EI\,y_2 = -\frac{1}{24}Px^3 + \frac{1}{8}PLx^2 + C_3x + C_4 \tag{8.24}$$

**적분상수의 결정.** 적분상수를 결정하기 위하여 만족해야 할 경계 조건이 그림 8.19에 요약되어 있다. 식 (8.20)으로 처짐이 정의되는 지점 *A*에서는 $x = 0$일 때 $y_1 = 0$이어야 한다. 식 (8.24)로 처짐이 정의되는 지점 *B*에서는 $x = L$일 때 $y_2 = 0$이어야 한다. 또한 *D*점에서 처짐이나 기울기에 급격한 변화가 있을 수 없다는 사실로부터, $x = L/4$일 때 $y_1 = y_2$와 $\theta_1 = \theta_2$가 성립되어야 한다. 따라서 다음과 같이 쓸 수 있다.

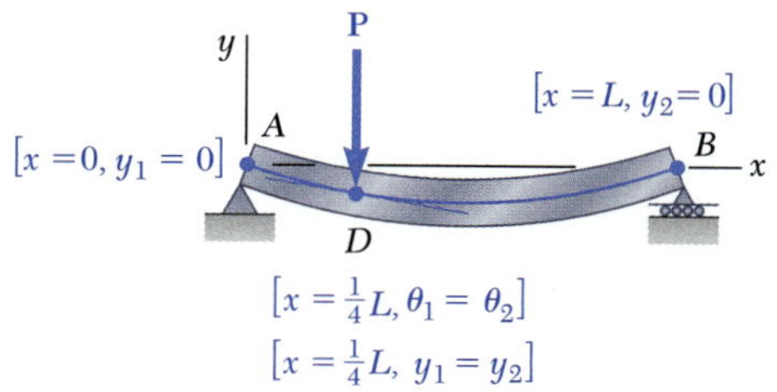


그림 8.19

$[x = 0,\ y_1 = 0]$, 식 (8.20): $\quad 0 = C_2 \quad$ (8.25)

$[x = L,\ y_2 = 0]$, 식 (8.24): $\quad 0 = \frac{1}{12}PL^3 + C_3L + C_4 \quad$ (8.26)

$[x = L/4,\ \theta_1 = \theta_2]$, 식 (8.19)과 식 (8.23):

$$\frac{3}{128}PL^2 + C_1 = \frac{7}{128}PL^2 + C_3 \tag{8.27}$$

$[x = L/4,\ y_1 = y_2]$, 식 (8.20)과 식 (8.24):

$$\frac{PL^3}{512} + C_1\frac{L}{4} = \frac{11PL^3}{1536} + C_3\frac{L}{4} + C_4 \tag{8.28}$$

이들 식을 연립으로 풀면 다음 값을 구할 수 있다.

$$C_1 = -\frac{7PL^2}{128}, C_2 = 0, C_3 = -\frac{11PL^2}{128}, C_4 = \frac{PL^3}{384}$$

$C_1$과 $C_2$의 값을 식 (8.19)와 (8.20)에 대입하면, $x \le L/4$에 대하여 다음과 같이 쓸 수 있다.

$$EI\,\theta_1 = \frac{3}{8}Px^2 - \frac{7PL^2}{128} \tag{8.29}$$

$$EI\,y_1 = \frac{1}{8}Px^3 - \frac{7PL^2}{128}x \tag{8.30}$$

이들 식에 $x = L/4$을 대입하면 $D$점에서의 기울기와 처짐은 각각 다음과 같다.

$$\theta_D = -\frac{PL^2}{32EI} \quad \text{와} \quad y_D = -\frac{3PL^3}{256EI}$$

$\theta_D \neq 0$이므로 $D$점의 처짐은 최대처짐이 아니다.

## *8.4 하중분포로부터 탄성곡선의 결정

8.3절에서 본 바와 같이 탄성곡선의 방정식은 다음의 미분방정식을 두 번 적분하여 구할 수 있다.

$$\frac{d^2y}{dx^2} = \frac{M(x)}{EI} \tag{8.4}$$

여기서 $M(x)$는 보에서 임의 단면의 굽힘모멘트이다. 5.3절로부터 보가 균일분포하중 $w(x)$를 지지할 때 어떤 단면에서든지 $dM/dx = V$, 그리고 $dV/dx = -w$임을 알 수 있다. 식 (8.4)의 양변을 $x$에 관해서 미분하고 $EI$가 일정하다고 가정하면 다음과 같이 된다.

$$\frac{d^3y}{dx^3} = \frac{1}{EI}\frac{dM}{dx} = \frac{V(x)}{EI} \tag{8.31}$$

또 한 번 미분하면,

$$\frac{d^4y}{dx^4} = \frac{1}{EI}\frac{dV}{dx} = -\frac{w(x)}{EI}$$

균일단면의 보가 균일분포하중 $w(x)$를 받을 때, 그 탄성곡선은 다음의 4계 선형미분방정식에 의해 지배된다고 할 수 있다.

$$\frac{d^4y}{dx^4} = -\frac{w(x)}{EI} \tag{8.32}$$

식 (8.32)의 양변을 $EI$로 곱하고 네 번 적분하면 다음과 같이 된다.

$$\begin{aligned}
EI\frac{d^4y}{dx^4} &= -w(x) \\
EI\frac{d^3y}{dx^3} &= V(x) = -\int w(x)\,dx + C_1 \\
EI\frac{d^2y}{dx^2} &= M(x) = -\int dx \int w(x)\,dx + C_1x + C_2 \\
EI\frac{dy}{dx} &= EI\,\theta(x) = -\int dx \int dx \int w(x)\,dx + \frac{1}{2}C_1x^2 + C_2x + C_3 \\
EIy(x) &= -\int dx \int dx \int dx \int w(x)\,dx + \frac{1}{6}C_1x^3 + \frac{1}{2}C_2x^2 + C_3x + C_4
\end{aligned} \tag{8.33}$$

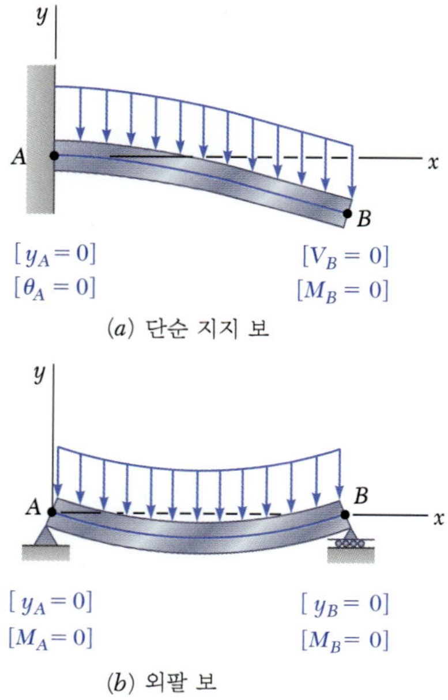


**그림 8.20** 경계 조건

4개의 적분상수는 경계 조건으로부터 결정된다. 이 경계 조건은, (a) 지지점에서의 처짐 또는 기울기에 대한 조건(8.3절과 비교), (b) 외팔 보의 자유단에서 $V$와 $M$이 0이라는 조건, 또는 단순 보의 양단에서 $M$이 0이라는 조건(5.3절과 비교)을 포함하고 있다. 이에 대한 내용이 그림 8.20에 도시되어 있다.

여기서 제시한 방법은 균일분포하중을 지지하고 있는 외팔 보나 단순 보에 효과적으로 사용될 수 있다. 돌출 보의 경우에는 지지점 반력이 전단의 불연속, 즉 $y$의 3차 도함수에서의 불연속을 유발하며, 보 전체에 대한 탄성곡선을 정의하기 위해 다른 함수들이 필요하게 된다.

## 예제 8.4

균일단면의 단순 보 $AB$가 균일분포하중 $w$를 받고 있다(그림 8.21). 탄성곡선의 방정식과 보의 최대처짐을 구하시오(이 보의 형태와 하중은 예제 8.2와 같다).

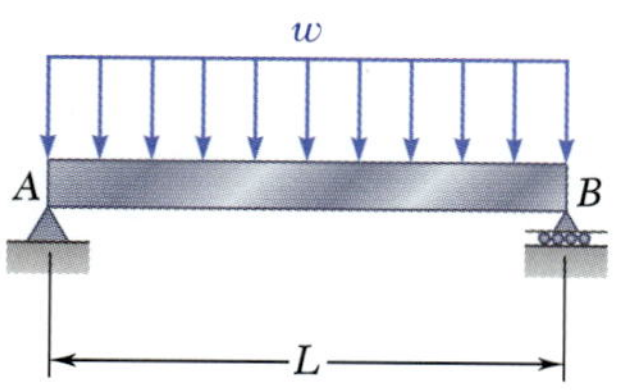


**그림 8.21**

**풀이** $w$가 일정하므로 식 (8.33)의 처음 3개의 식은 다음과 같이 된다.

$$\begin{aligned}
EI\frac{d^4y}{dx^4} &= -w \\
EI\frac{d^3y}{dx^3} &= V(x) = -wx + C_1 \\
EI\frac{d^2y}{dx^2} &= M(x) = -\frac{1}{2}wx^2 + C_1x + C_2
\end{aligned} \tag{8.34}$$

경계 조건에 의하면 보의 양단에서 $M = 0$이므로(그림 8.22), 식 (8.34)에 $x = 0$와 $M = 0$를 대입하여 $C_2 = 0$를 구한다. 다음에는 이 식에 $x = L$과 $M = 0$를 대입하여 $C_1 = \frac{1}{2}wL$을 얻는다.

$C_1$과 $C_2$를 식 (8.34)에 대입하고 두 번 적분하면 다음과 같이 쓸 수 있다.

$$EI\frac{d^2y}{dx^2} = -\frac{1}{2}wx^2 + \frac{1}{2}wLx$$
$$EI\frac{dy}{dx} = -\frac{1}{6}wx^3 + \frac{1}{4}wLx^2 + C_3 \tag{8.35}$$
$$EI\,y = -\frac{1}{24}wx^4 + \frac{1}{12}wLx^3 + C_3x + C_4$$

그러나 보의 양단에서의 경계 조건은 $y = 0$이다. 식 (8.35)에 $x = 0$와 $y = 0$를 대입하면 $C_4 = 0$를 구하게 되고, 이 식에 $x = L$과 $y = 0$를 대입하면 다음과 같이 쓸 수 있다.

$$0 = -\tfrac{1}{24}wL^4 + \tfrac{1}{12}wL^4 + C_3L$$
$$C_3 = -\tfrac{1}{24}wL^3$$

$C_3$와 $C_4$의 값을 식 (8.35)에 대입하고, 양변을 $EI$로 나누면, 다음과 같은 탄성곡선의 방정식을 얻는다.

$$y = \frac{w}{24EI}(-x^4 + 2Lx^3 - L^3x) \tag{8.36}$$

최대처짐의 값은 식 (8.36)에서 $x = L/2$을 대입하여 구한다.

$$|y|_{\max} = \frac{5wL^4}{384EI}$$

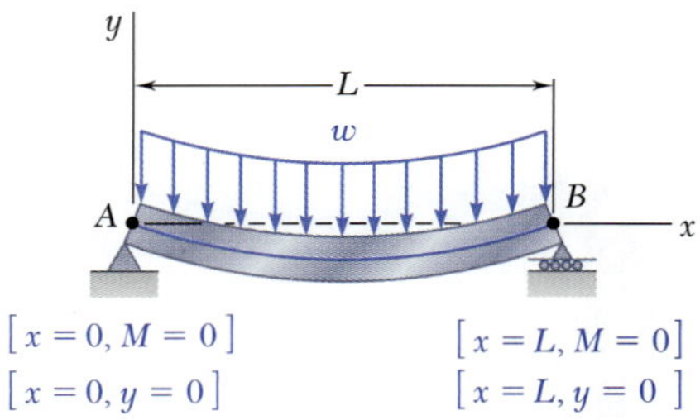


**그림 8.22**

## 8.5 부정정 보

앞 절에서의 해석은 정정 보로만 국한하였다. 이제 $A$는 고정단이고 $B$는 롤러로 지지된 균일단면 보 $AB$를 고려하자(그림 8.23$a$). 보의 자유물체도를 그리면(그림 8.23$b$), 반력은 4개의 미지수를 포함하고 있는 데 반하여, 구성할 수 있는 평형식은 다음의 3개뿐이다.

$$\Sigma F_x = 0 \qquad \Sigma F_y = 0 \qquad \Sigma M_A = 0 \tag{8.37}$$

$A_x$만 이들 식으로부터 결정되므로, 이 보를 부정정 보라고 부른다.

그러나 2장과 3장에서 본 바와 같이 부정정 문제에서 반력은 그 구조물의 **변형**(*deformation*)을 고려함으로써 구할 수 있다. 그러므로 보의 기울기와 변형에 대한

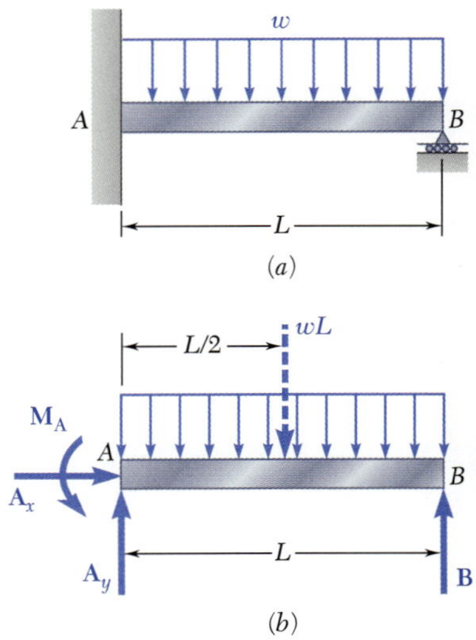


**그림 8.23** 부정정 보

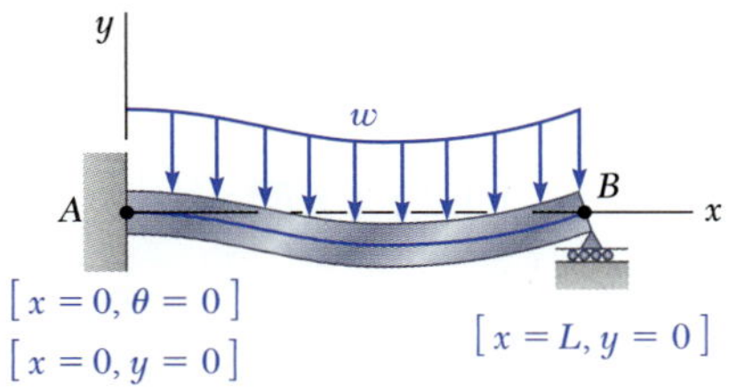


**그림 8.24** 그림 8.23의 보에 대한 경계 조건

계산으로 나아가야 한다. 8.3절에서 사용한 방법을 따라서 우선 보 $AB$에서 어떤 주어진 점의 굽힘모멘트 $M(x)$를 $A$로부터의 거리 $x$, 주어진 하중, 그리고 미지 반력의 항으로 표현한다. $x$에 대하여 적분하면 $\theta$와 $y$에 대한 식을 얻는다. 이 식들은 2개의 추가적인 미지수를, 즉 적분상수 $C_1$과 $C_2$를 포함한다. 지지반력과 적분상수 $C_1$과 $C_2$를 결정하기 위하여 전체적으로 6개의 식을 이용할 수 있다. 3개의 평형식 식 (8.37)과 경계 조건을 만족시키는 3개의 식(즉, $A$에서 기울기와 처짐이 0이고, $B$에서 처짐이 0이다(그림 8.24))이 그것이다. 따라서 지지점의 반력을 결정할 수 있고, 탄성곡선의 방정식을 구할 수 있다.

## 예제 8.5

그림 8.23$a$의 균일단면 보에서 지지점의 반력을 구하시오.

### 풀이

**평형식.** 그림 8.23$b$의 자유물체도로부터 다음과 같이 쓸 수 있다.

$$\overset{+}{\rightarrow}\Sigma F_x = 0: \quad A_x = 0$$
$$+\uparrow \Sigma F_y = 0: \quad A_y + B - wL = 0 \tag{8.38}$$
$$+\circlearrowleft \Sigma M_A = 0: \quad M_A + BL - \tfrac{1}{2}wL^2 = 0$$

**탄성곡선 방정식.** 보의 $AC$ 부분의 자유물체도를 그리면(그림 8.25) 다음과 같이 쓸 수 있다.

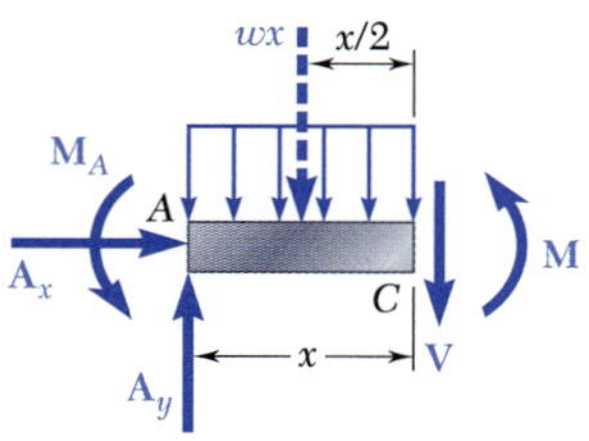


**그림 8.25**

$$+\circlearrowleft \Sigma M_C = 0: \qquad M + \tfrac{1}{2}wx^2 + M_A - A_y x = 0 \tag{8.39}$$

식 (8.39)를 $M$에 관해서 풀고 식 (8.4)에 대입하면 다음과 같이 쓸 수 있다.

$$EI\frac{d^2y}{dx^2} = -\frac{1}{2}wx^2 + A_y x - M_A$$

$x$에 관해서 적분하면 다음과 같다.

$$EI\,\theta = EI\frac{dy}{dx} = -\frac{1}{6}wx^3 + \frac{1}{2}A_y x^2 - M_A x + C_1 \tag{8.40}$$

$$EI\,y = -\frac{1}{24}wx^4 + \frac{1}{6}A_y x^3 - \frac{1}{2}M_A x^2 + C_1 x + C_2 \tag{8.41}$$

그림 8.24에 표시된 경계 조건을 참고하여, 식 (8.40)에 $x = 0$, $\theta = 0$를 대입하고, 식 (8.41)에 $x = 0$, $y = 0$을 대입하면 $C_1 = C_2 = 0$이라고 결론을 내리게 된다. 따라서 식 (8.41)을 다음과 같이 다시 쓸 수 있다.

$$EI\,y = -\tfrac{1}{24}wx^4 + \tfrac{1}{6}A_y x^3 - \tfrac{1}{2}M_A x^2 \tag{8.42}$$

그러나 세 번째의 경계 조건은 $x = L$일 때 $y = 0$이다. 이 값을 식 (8.42)에 대입하면 다음과 같이 쓸 수 있다.

$$0 = -\tfrac{1}{24}wL^4 + \tfrac{1}{6}A_yL^3 - \tfrac{1}{2}M_AL^2$$

또는

$$3M_A - A_yL + \tfrac{1}{4}wL^2 = 0 \tag{8.43}$$

이 식을 3개의 평형식 (8.38)과 연립으로 풀면, 다음과 같이 지지점 반력을 구할 수 있다.

$$A_x = 0 \qquad A_y = \tfrac{5}{8}wL \qquad M_A = \tfrac{1}{8}wL^2 \qquad B = \tfrac{3}{8}wL$$

이 예제에서는 한 개의 과잉반력, 즉 평형식만으로 결정될 수 있는 것보다 한 개 더 많은 반력이 있었다. 이러한 보를 1차 **부정정**(*statically indeterminate to the first degree*)이라고 말한다. 1차 부정정 보에 대한 또 하나의 예제가 기초문제 8.3에 주어져 있다. 만약 보의 지지점에서 두 개의 반력이 초과되어 있다면(그림 8.26*a*), 이 보를 2차 **부정정**이라고 부른다. 이런 경우 5개의 미지반력이 있는데(그림 8.26*b*), 경계 조건으로부터 4개의 식을 얻을 수 있다(그림 8.26*c*). 그러므로 5개의 반력과 2개의 적분상수를 결정하는 데 필요한 7개의 식을 이용할 수 있다.

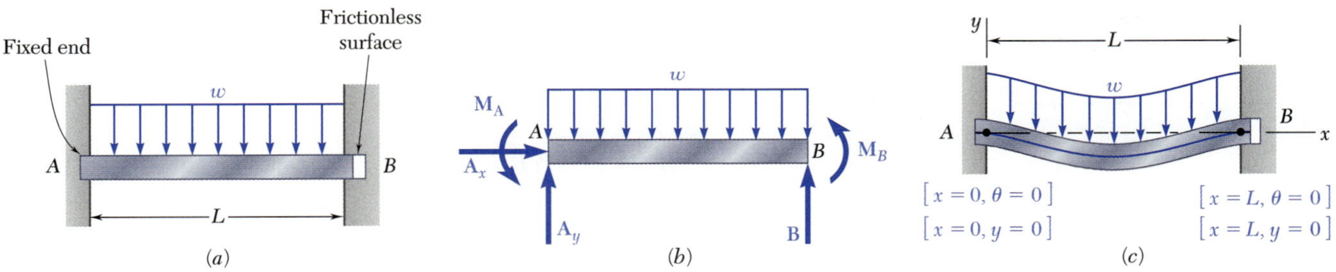


**그림 8.26** 2차 부정정 보

## 기초문제 8.1

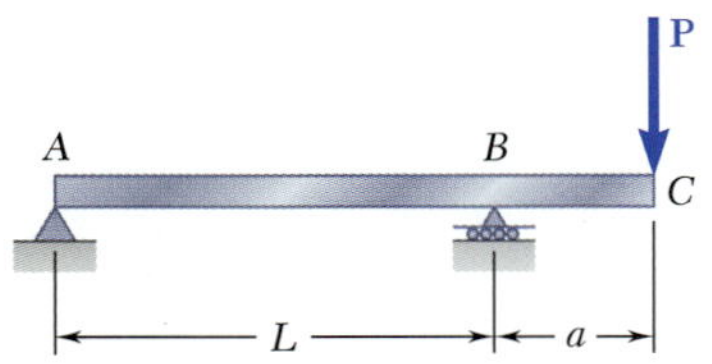


강철재 돌출 보 $ABC$가 $C$단에 집중하중 $\mathbf{P}$를 받고 있다. 보의 $AB$ 부분에 대하여 (*a*) 탄성곡선의 방정식을 유도하시오. (*b*) 최대처짐을 결정하시오. (*c*) 다음의 수치를 사용하여 $y_{\max}$을 계산하시오.

| | | |
|---|---|---|
| W360 × 101 | $I = 300 \times 10^6\ \text{mm}^4$ | $E = 200\ \text{GPa}$ |
| $P = 200\ \text{kN}$ | $L = 4.5\ \text{m}$ | $a = 1.2\ \text{m}$ |

### 풀이

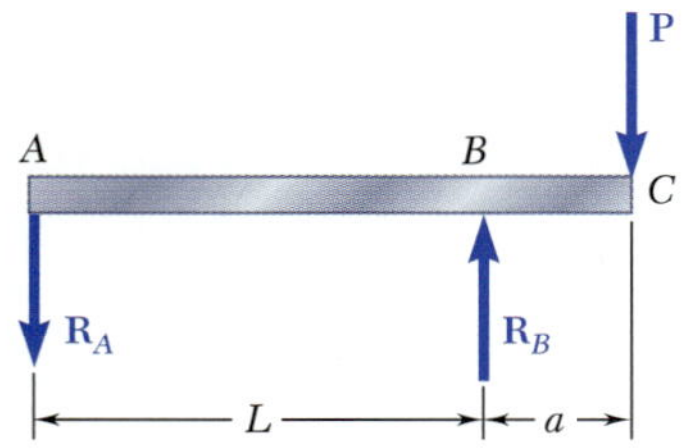


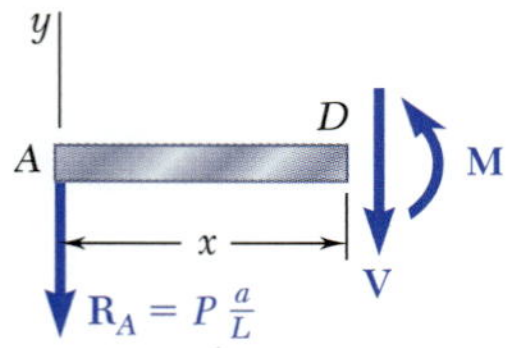


**자유물체도.** 반력은 $\mathbf{R}_A = Pa/L \downarrow \mathbf{R}_B = P(1 + a/L) \uparrow$ 이다. 길이 $x$인 $AD$ 부분의 자유물체도로부터 다음을 구할 수 있다.

$$M = -P\frac{a}{L}x \qquad (0 < x < L)$$

**탄성곡선의 미분방정식.** 식 (8.4)를 사용하여 다음과 같이 쓸 수 있다.

$$EI\frac{d^2y}{dx^2} = -P\frac{a}{L}x$$

굽힘강성 $EI$가 일정하므로, $x$에 관해 두 번 적분하면 다음과 같이 된다.

$$EI\frac{dy}{dx} = -\frac{1}{2}P\frac{a}{L}x^2 + C_1 \qquad (1)$$

$$EI\,y = -\frac{1}{6}P\frac{a}{L}x^3 + C_1x + C_2 \qquad (2)$$

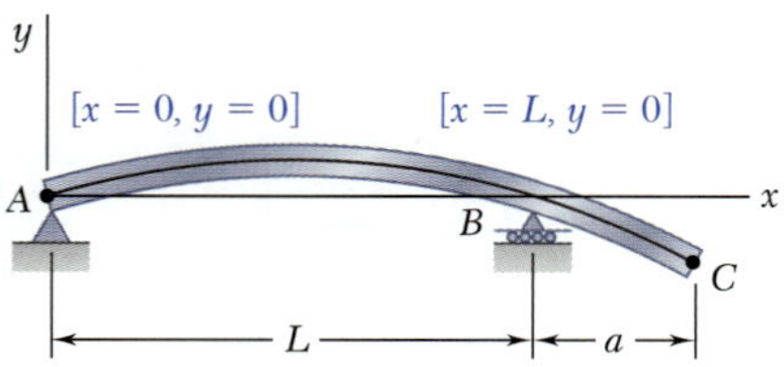


**상수의 결정.** 그림에 표시되어 있는 경계 조건에 대해서 다음과 같이 쓸 수 있다.

$[x = 0, y = 0]$: 식 (2)로부터 $C_2 = 0$.

$[x = L, y = 0]$: 식 (2)로부터 다음과 같이 된다.

$$EI(0) = -\frac{1}{6}P\frac{a}{L}L^3 + C_1L \qquad C_1 = +\frac{1}{6}PaL$$

**(a) 탄성곡선의 방정식.** 식 (1)과 식 (2)에 $C_1$과 $C_2$를 대입하면 다음과 같이 된다.

$$EI\frac{dy}{dx} = -\frac{1}{2}P\frac{a}{L}x^2 + \frac{1}{6}PaL \qquad \frac{dy}{dx} = \frac{PaL}{6EI}\left[1 - 3\left(\frac{x}{L}\right)^2\right] \qquad (3)$$

$$EI\,y = -\frac{1}{6}P\frac{a}{L}x^3 + \frac{1}{6}PaLx \qquad y = \frac{PaL^2}{6EI}\left[\frac{x}{L} - \left(\frac{x}{L}\right)^3\right] \qquad (4) \blacktriangleleft$$

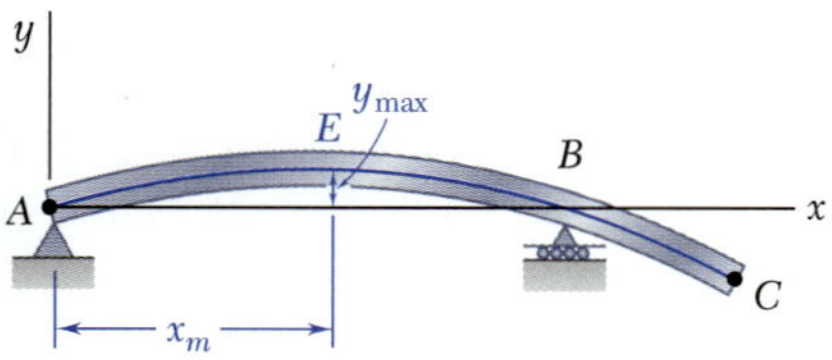


**(b) *AB* 부분의 최대처짐.** 최대처짐 $y_{\max}$는 탄성곡선의 기울기가 0인 점 $E$에서 일어난다. 식 (3)에 $dy/dx = 0$으로 두면 다음과 같이 쓸 수 있다.

$$0 = \frac{PaL}{6EI}\left[1 - 3\left(\frac{x_m}{L}\right)^2\right] \qquad x_m = \frac{L}{\sqrt{3}} = 0.577L$$

식 (4)에 $x_m/L = 0.577$을 대입하면

$$y_{\max} = \frac{PaL^2}{6EI}[(0.577) - (0.577)^3] \qquad y_{\max} = 0.0642\frac{PaL^2}{EI} \blacktriangleleft$$

**(c) $y_{\max}$의 계산.** 주어진 수치를 사용하면 $y_{\max}$의 값은 다음과 같다.

$$y_{\max} = 0.0642\frac{(200 \times 10^3\ \text{N})(1.2\ \text{m})(4.5\ \text{m})^2}{(200 \times 10^9\ \text{Pa})(300 \times 10^{-6}\ \text{m}^4)} \qquad y_{\max} = 5.2\ \text{mm} \blacktriangleleft$$

## 기초문제 8.2

그림에 표시된 보에서, (*a*) 탄성곡선의 방정식, (*b*) A점의 기울기, 그리고 (*c*) 최대처짐을 구하시오.

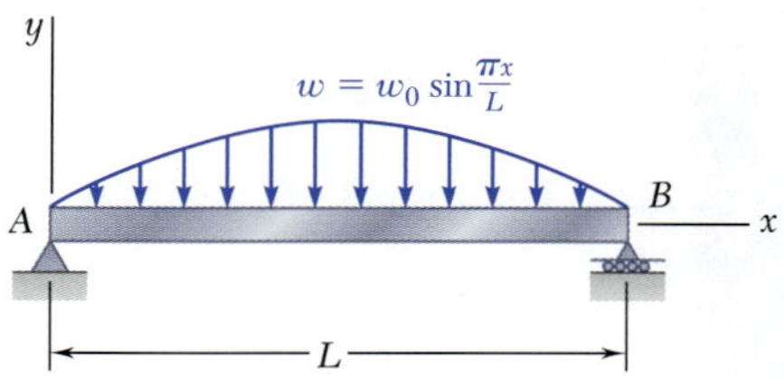


### 풀이

**탄성곡선의 미분방정식.** 식 (8.32)로부터

$$EI\frac{d^4y}{dx^4} = -w(x) = -w_0 \sin\frac{\pi x}{L} \qquad (1)$$

식 (1)을 두 번 적분하면,

$$EI\frac{d^3y}{dx^3} = V = +w_0\frac{L}{\pi}\cos\frac{\pi x}{L} + C_1 \qquad (2)$$

$$EI\frac{d^2y}{dx^2} = M = +w_0\frac{L^2}{\pi^2}\sin\frac{\pi x}{L} + C_1x + C_2 \qquad (3)$$

**경계 조건.**

$[x = 0, M = 0]$: 식 (3)으로부터 $C_2 = 0$.

$[x = L, M = 0]$: 다시 식 (3)으로부터 다음과 같이 쓸 수 있다.

$$0 = w_0\frac{L^2}{\pi^2}\sin\pi + C_1L \quad C_1 = 0$$

그러므로,

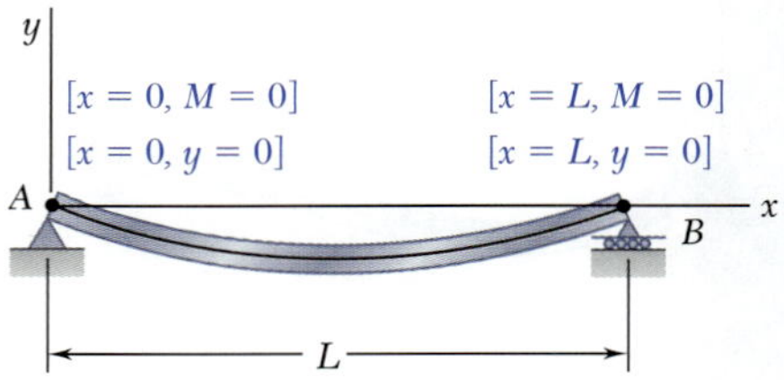


$$EI\frac{d^2y}{dx^2} = +w_0\frac{L^2}{\pi^2}\sin\frac{\pi x}{L} \qquad (4)$$

식 (4)를 두 번 적분하면,

$$EI\frac{dy}{dx} = EI\,\theta = -w_0\frac{L^3}{\pi^3}\cos\frac{\pi x}{L} + C_3 \qquad (5)$$

$$EI\,y = -w_0\frac{L^4}{\pi^4}\sin\frac{\pi x}{L} + C_3x + C_4 \qquad (6)$$

**경계 조건.**

$[x = 0, y = 0]$: 식 (6)으로부터 $C_4 = 0$을 구할 수 있다.

$[x = L, y = 0]$: 다시 식 (6)을 사용하여 $C_3 = 0$을 구한다.

**(a) 탄성곡선의 방정식.** $EIy = -w_0\dfrac{L^4}{\pi^4}\sin\dfrac{\pi x}{L}$ ◀

**(b) A점의 기울기.** $x = 0$에 대하여 다음과 같이 된다.

$$EI\,\theta_A = -w_0\frac{L^3}{\pi^3}\cos 0 \qquad \theta_A = \frac{w_0L^3}{\pi^3EI} \blacktriangleleft$$

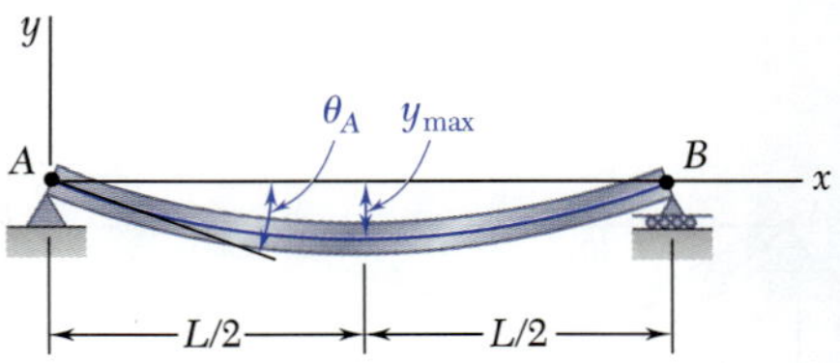


**(c) 최대처짐.** $x = \frac{1}{2}L$에 대하여 다음과 같이 된다.

$$ELy_{max} = -w_0\frac{L^4}{\pi^4}\sin\frac{\pi}{2} \qquad y_{max} = \frac{w_0L^4}{\pi^4EI}\downarrow \blacktriangleleft$$

## 기초문제 8.3

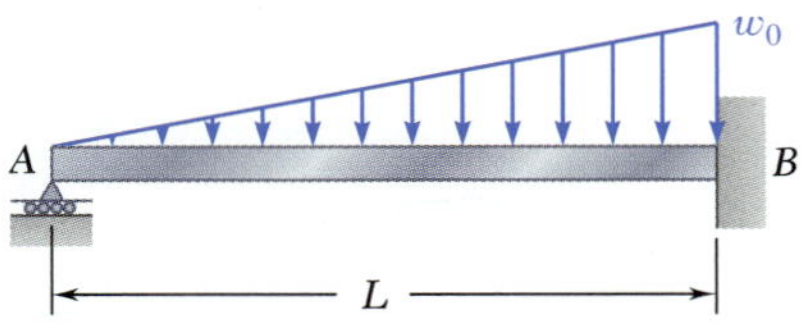


균일단면 보 $AB$에서, $(a)$ A점의 반력을 구하시오. $(b)$ 탄성곡선의 방정식을 유도하시오. $(c)$ A점의 기울기를 구하시오. (이 보는 1차 부정정이다.)

## 풀이

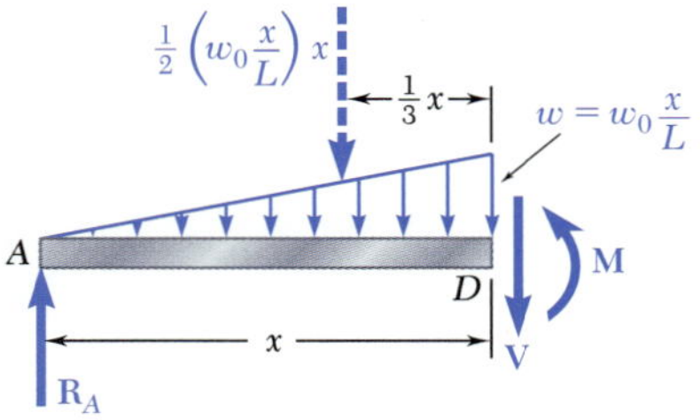


**굽힘모멘트.** 그림에 표시된 자유물체도를 사용하여 다음과 같이 쓸 수 있다.

$$+\circlearrowleft\Sigma M_D = 0: \qquad R_A x - \frac{1}{2}\left(\frac{w_0 x^2}{L}\right)\frac{x}{3} - M = 0 \qquad M = R_A x - \frac{w_0 x^3}{6L}$$

**탄성곡선의 미분방정식.** 식 (8.4)를 사용하여 다음과 같이 쓴다.

$$EI\frac{d^2y}{dx^2} = R_A x - \frac{w_0 x^3}{6L}$$

굽힘강성 $EI$가 일정하므로 $x$에 관해서 두 번 적분하면 다음과 같이 된다.

$$EI\frac{dy}{dx} = EI\,\theta = \frac{1}{2}R_A x^2 - \frac{w_0 x^4}{24L} + C_1 \tag{1}$$

$$EI\,y = \frac{1}{6}R_A x^3 - \frac{w_0 x^5}{120L} + C_1 x + C_2 \tag{2}$$

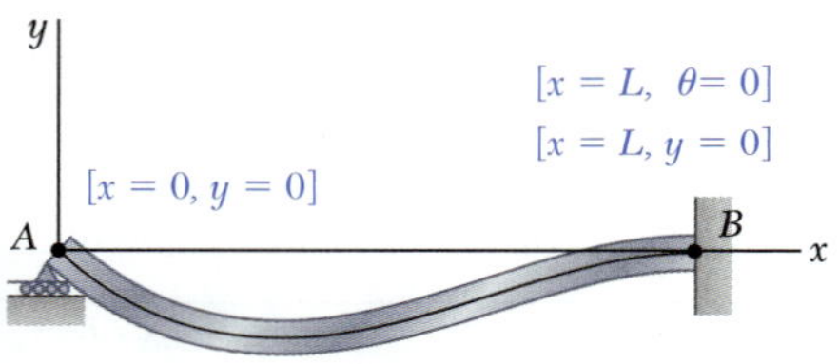


**경계 조건.** 만족되어야 할 3개의 경계 조건이 그림에 표시되어 있다.

$$[x = 0, y = 0]: \quad C_2 = 0 \tag{3}$$

$$[x = L, \theta = 0] \quad \frac{1}{2}R_A L^2 - \frac{w_0 L^3}{24} + C_1 = 0 \tag{4}$$

$$[x = L, y = 0] \quad \frac{1}{6}R_A L^3 - \frac{w_0 L^4}{120} + C_1 L + C_2 = 0 \tag{5}$$

**(a) A점의 반력.** 식 (4)에 $L$을 곱하고 이 식으로부터 식 (5)를 빼면, 식 (3)에서 $C_3 = 0$이므로 다음과 같이 된다.

$$\tfrac{1}{3}R_A L^3 - \tfrac{1}{30}w_0 L^4 = 0 \qquad \mathbf{R}_A = \tfrac{1}{10}w_0 L \uparrow \quad ◀$$

반력은 $E$, $I$와는 무관하다. $R_A = \frac{1}{10}w_0 L$을 식 (4)에 대입하면 다음과 같이 된다.

$$\tfrac{1}{2}(\tfrac{1}{10}w_0 L)L^2 - \tfrac{1}{24}w_0 L^3 + C_1 = 0 \qquad C_1 = -\tfrac{1}{120}w_0 L^3$$

**(b) 탄성곡선의 방정식.** 식 (2)에서 $R_A$, $C_1$, $C_2$를 대입하면 다음과 같이 된다.

$$EI\,y = \frac{1}{6}\left(\frac{1}{10}w_0 L\right)x^3 - \frac{w_0 x^5}{120L} - \left(\frac{1}{120}w_0 L^3\right)x$$

$$y = \frac{w_0}{120EIL}(-x^5 + 2L^2x^3 - L^4x) \quad ◀$$

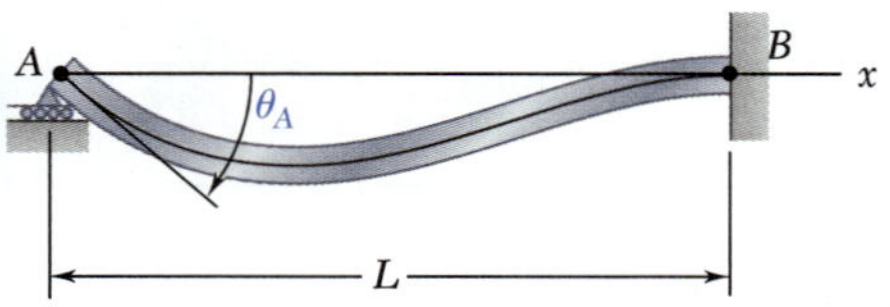


**(c) A점의 기울기.** 위 식을 $x$에 관해서 미분하면 다음과 같이 쓸 수 있다.

$$\theta = \frac{dy}{dx} = \frac{w_0}{120EIL}(-5x^4 + 6L^2x^2 - L^4)$$

$x = 0$로 두면

$$\theta_A = -\frac{w_0 L^3}{120EI} \qquad \theta_A = \frac{w_0 L^3}{120EI} \ \measuredangle \quad ◀$$

# P8A 연습문제

다음 문제들에서 각 보의 굽힘강성 $EI$가 일정하다고 가정한다.

**8.1~8.4** 그림과 같이 하중이 주어질 때, (*a*) 외팔 보 *AB*의 탄성곡선방정식, (*b*) 자유단에서 처짐, (*c*) 자유단에서 기울기를 구하시오.

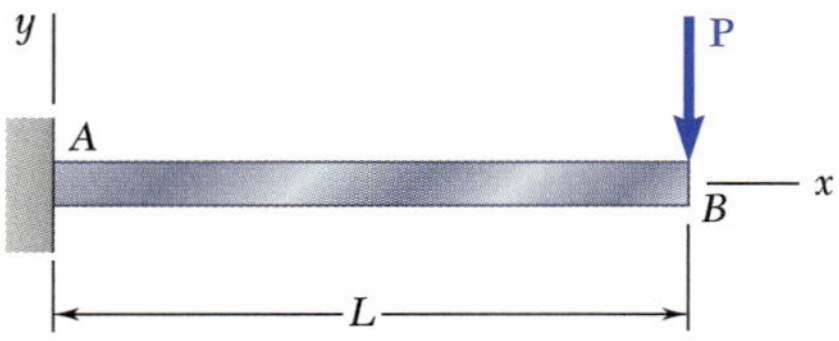


그림 P8.1

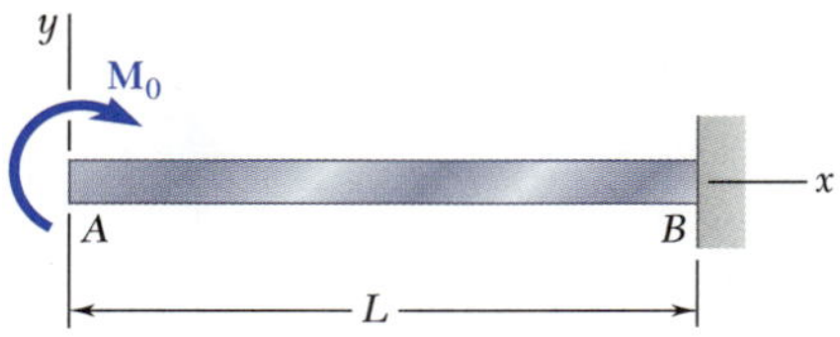


그림 P8.2

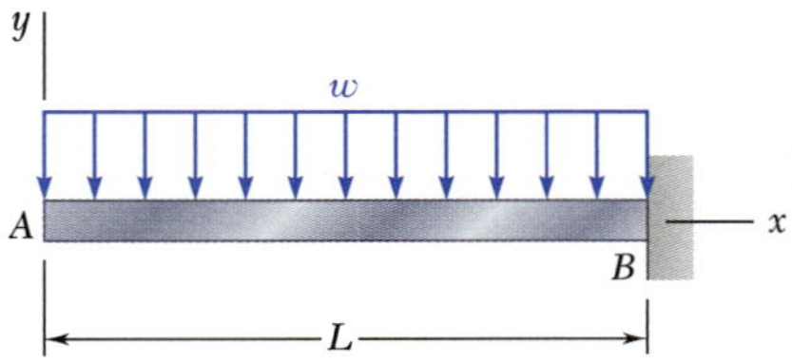


그림 P8.3

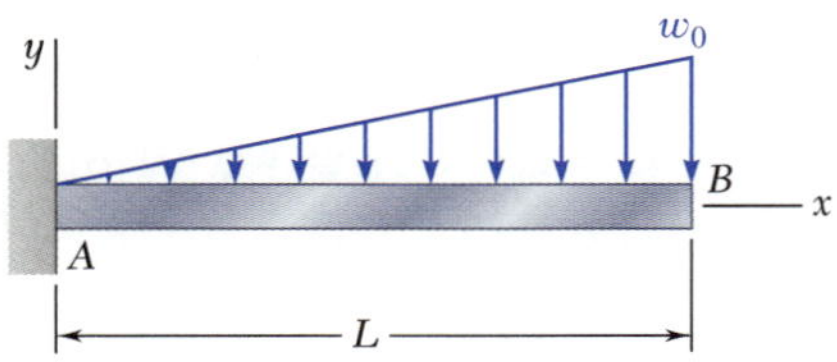


그림 P8.4

**8.5** 보 *AB*는 W130 × 23.8의 압연형강이고, $P = 50$ kN, $L = 1.25$ m, $E = 200$ GPa일 때, (*a*) *A*에서 기울기, (*b*) *C*에서 처짐을 구하시오.

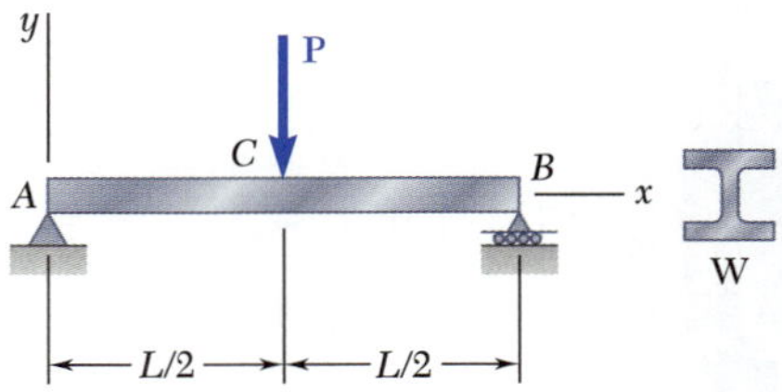


그림 P8.5

**8.6** 보 *AB*는 S200 × 27.4의 압연형강(rolled shape)이고, $w_0 = 60$ kN/m, $L = 2.7$ m, $E = 200$ GPa일 때, (*a*) *A*에서 기울기, (*b*) *C*에서 처짐을 구하시오.

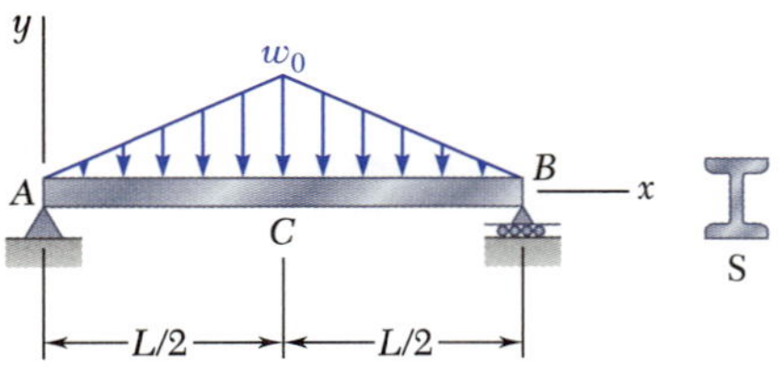


그림 P8.6

**8.7** (*a*) 보 *AB*에서의 최대처짐과 위치를 구하시오. (*b*) 보 *AB*가 W360 × 64, $L = 3.5$ m, $E = 200$ GPa일 때 최대처짐이 1 mm를 초과하지 않도록 최대 허용 모멘트 값 $\mathbf{M}_0$를 계산하시오.

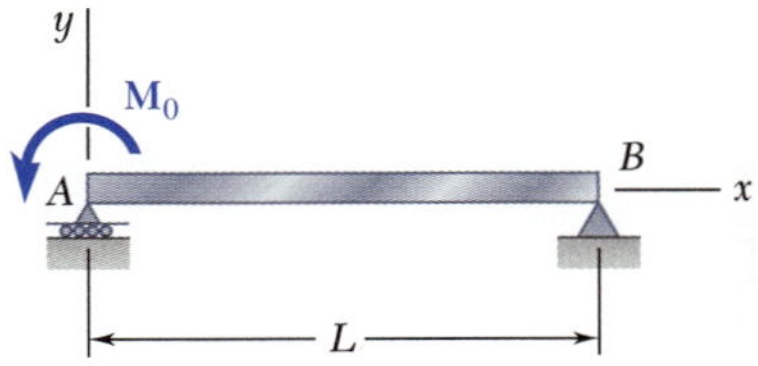


그림 P8.7

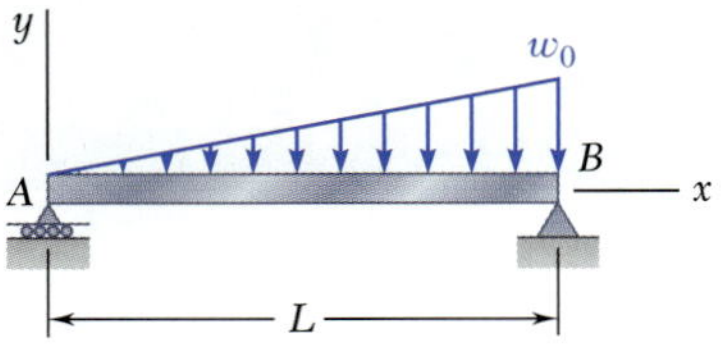


그림 P8.8

**8.8** 그림과 같이 보에 하중이 주어질 때, (*a*) $w_0$, $L$, $E$, $I$로 최대처짐의 크기와 위치를 구하고, (*b*) 최대처짐을 계산하시오. 단, 보 $AB$는 W460 × 74의 압연형강이고 $w_0 = 60$ kN/m, $L = 6$ m, $E = 200$ GPa이다.

**8.9** 그림과 같이 보에 하중이 주어지며 $a = 2$ m, $w = 50$ kN/m, $E = 200$ GPa일 때 (*a*) 지지점 $A$에서의 기울기, (*b*) $C$점에서의 처짐을 구하시오.

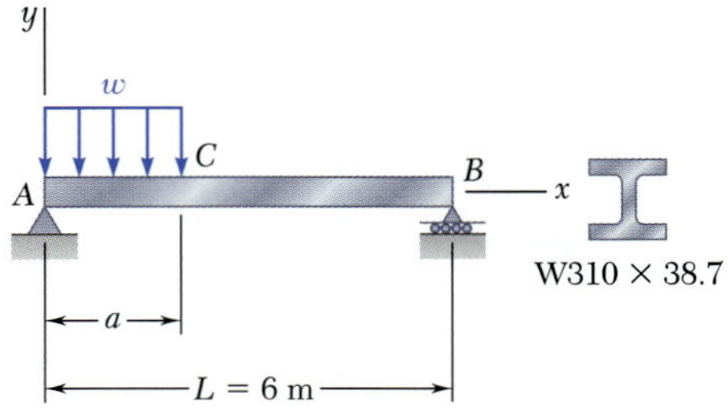


그림 P8.9

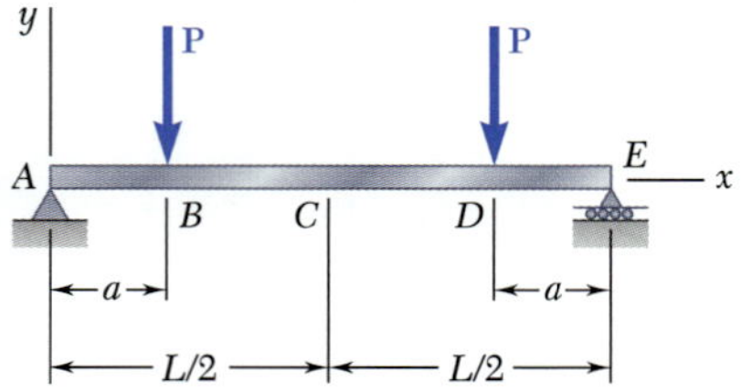


그림 P8.10

**8.10** 보 $AE$는 S200 × 27.4의 압연형강이고, $P = 17.5$ kN, $L = 2.5$ m, $a = 0.8$ m, $E = 200$ GPa일 때, (*a*) $BD$ 부분의 탄성곡선방정식, (*b*) 보의 중앙점 $C$에서 처짐을 구하시오.

**8.11** 그림과 같이 보에 하중이 주어질 때, (*a*) 탄성곡선방정식, (*b*) $A$단에서 기울기, (*c*) 중앙점에서 처짐을 구하시오.

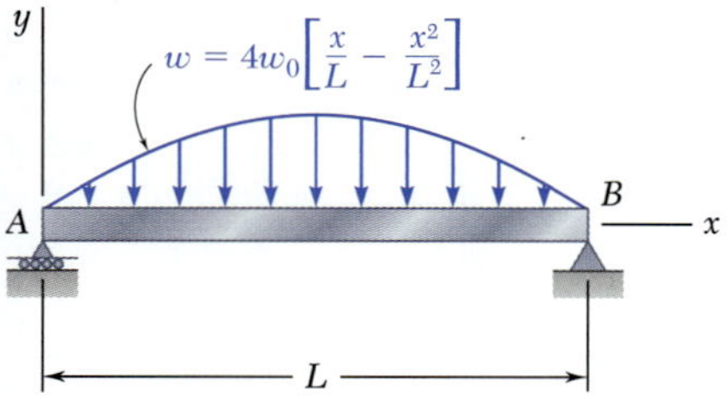


그림 P8.11

**8.12~8.14** 그림과 같이 보에 하중이 주어질 때, 롤러 지지점에서 반력을 구하시오.

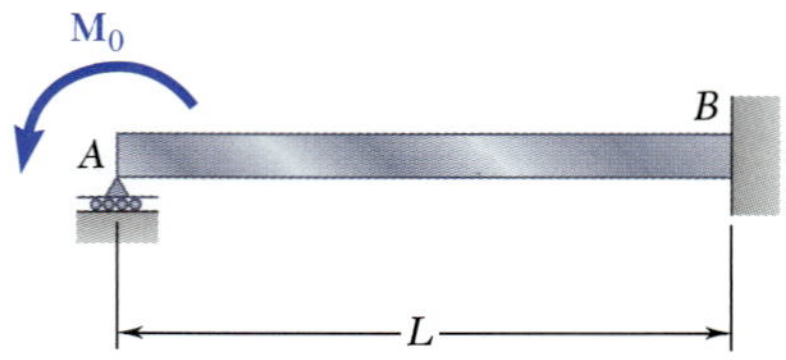


그림 P8.12

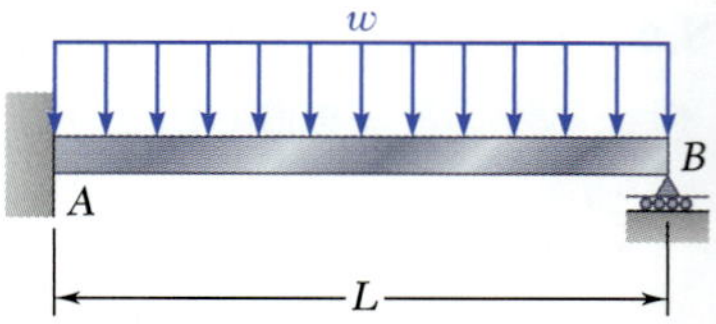


그림 P8.13

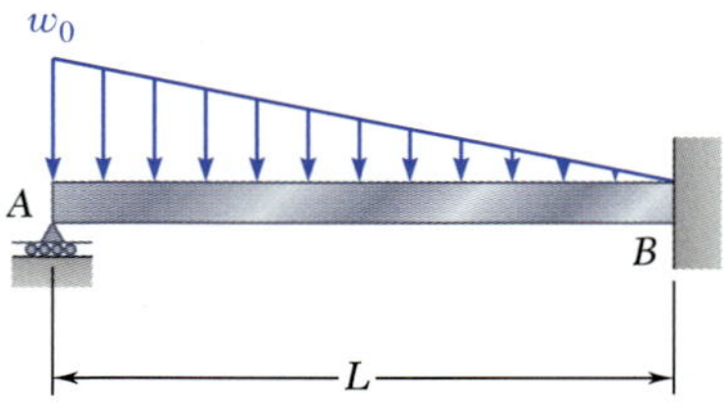


그림 P8.14

**8.15, 8.16** 그림과 같이 보에 하중이 주어질 때, 롤러 지지점에서 반력을 구하고 굽힘모멘트 선도를 그리시오.

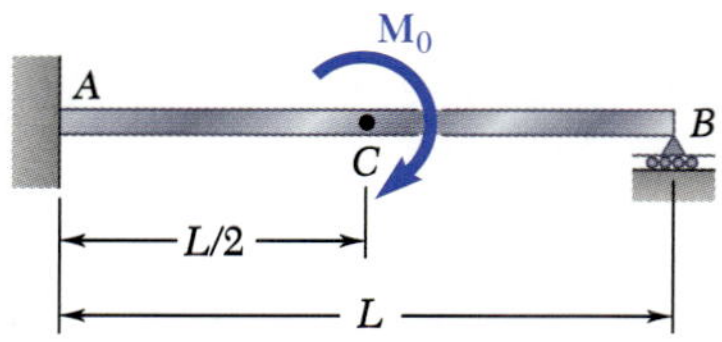


그림 P8.15

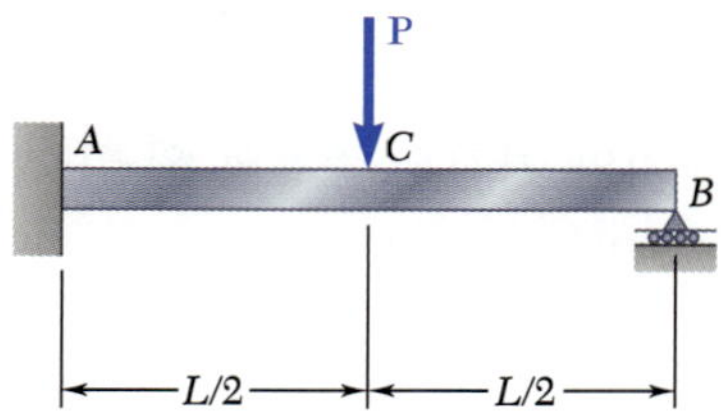


그림 P8.16

**8.17** 롤러 지지점에서 반력을 구하고, $C$점에서 처짐을 구하시오.

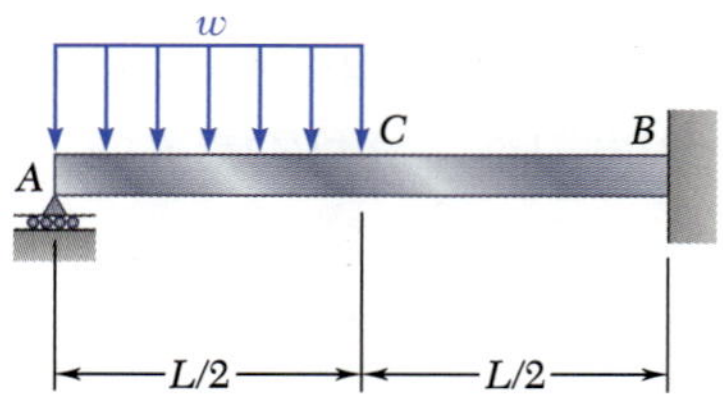


그림 P8.17

**8.18, 8.19** 롤러 지지점에서 반력을 구하고, $D$점에서 처짐을 구하시오. 단, $a = L/3$이다.

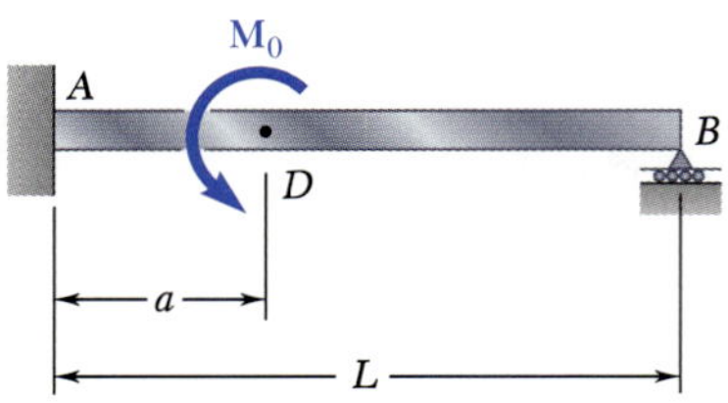


그림 P8.18

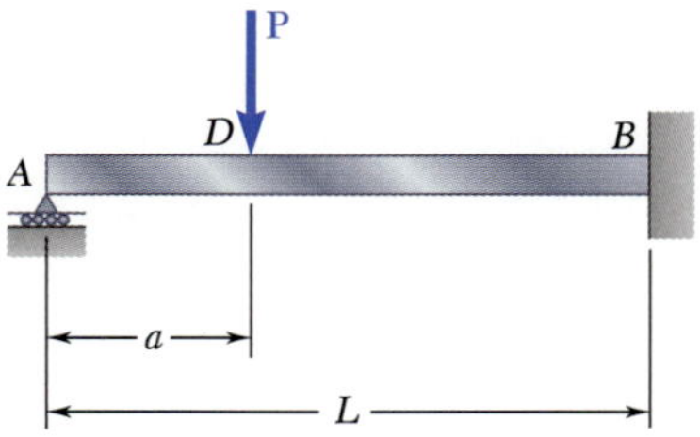


그림 P8.19

**8.20, 8.21** 그림과 같이 보에 하중이 주어질 때, A에서 반력을 구하고 굽힘모멘트 선도를 그리시오.

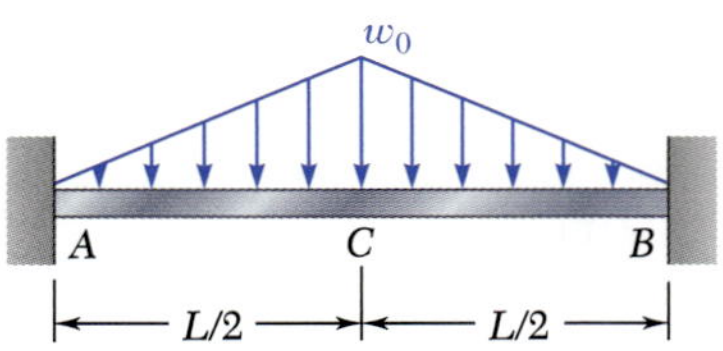


그림 P8.20

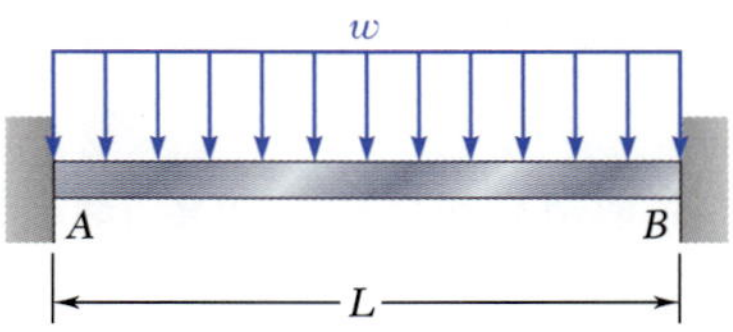


그림 P8.21

## 8.6 중첩법

보가 여러 개의 집중하중 또는 분포하중을 받을 때, 각 하중에 의해 발생하는 기울기와 처짐을 분리하여 계산하는 것이 편리한 경우가 있다. 조합하중으로 인한 기울기와 처짐은 중첩의 원리(2.11절)를 적용하여, 각 하중으로 인한 기울기나 처짐을 합하여 구할 수 있다.

**예제 8.6**

그림 8.27에 표시된 보에서 $D$점의 기울기와 처짐을 구하시오. 굽힘강성은 $EI = 100$ MN·m$^2$이다.

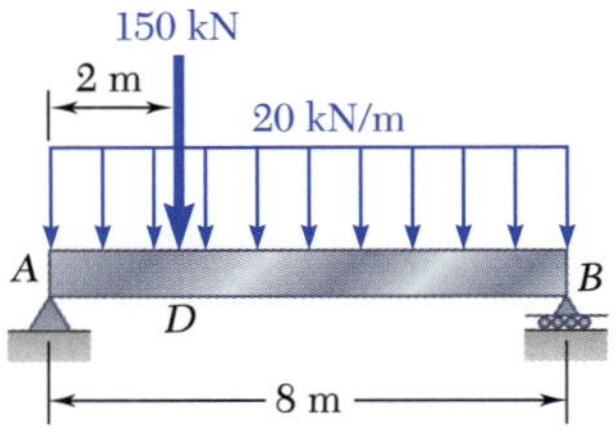


그림 8.27

**풀이** 보의 임의 점의 기울기와 처짐은 집중하중과 균일분포하중으로 인해 발생되는 기울기와 처짐을 각각 중첩시켜 구할 수 있다(그림 8.28).

그림 8.28$b$에 있는 집중하중은 지간의 1/4(quarter span)에 작용하므로 예제 8.3의 보에서 얻은 결과를 사용해서 다음과 같이 쓸 수 있다.

$$(\theta_D)_P = -\frac{PL^2}{32EI} = -\frac{(150\times10^3)(8)^2}{32(100\times10^6)} = -3\times10^{-3}\ \text{rad}$$

$$(y_D)_P = -\frac{3PL^3}{256EI} = -\frac{3(150\times10^3)(8)^3}{256(100\times10^6)} = -9\times10^{-3}\ \text{m} = -9\ \text{mm}$$

반면 예제 8.2에서 구한 균일분포하중에 대한 탄성곡선의 방정식을 이용하여 그림 8.28$c$의 처짐을 다음과 같이 나타낼 수 있다.

$$y = \frac{w}{24EI}(-x^4 + 2Lx^3 - L^3x) \tag{8.44}$$

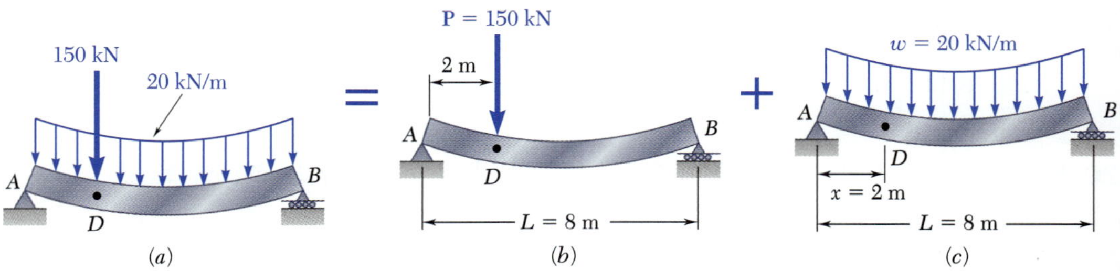


그림 8.28

$x$에 관해서 미분하면, 기울기에 대한 식은 다음과 같다.

$$\theta = \frac{dy}{dx} = \frac{w}{24EI}(-4x^3 + 6Lx^2 - L^3) \tag{8.45}$$

식 (8.45)과 (8.44)에 $w_0 = 20$ kN/m, $x = 2$ m, $L = 8$ m를 대입하면 다음 값을 얻게 된다.

$$(\theta_D)_w = \frac{20 \times 10^3}{24(100 \times 10^6)}(-352) = -2.93 \times 10^{-3} \text{ rad}$$
$$(y_D)_w = \frac{20 \times 10^3}{24(100 \times 10^6)}(-912) = -7.60 \times 10^{-3} \text{ m}$$
$$= -7.60 \text{ mm}$$

집중하중과 균일하중으로 인해 생긴 기울기와 처짐을 조합하면 다음과 같다.

$$\theta_D = (\theta_D)_P + (\theta_D)_w = -3 \times 10^{-3} - 2.93 \times 10^{-3}$$
$$= -5.93 \times 10^{-3} \text{ rad}$$
$$y_D = (y_D)_P + (y_D)_w = -9 \text{ mm} - 7.60 \text{ mm} = -16.60 \text{ mm}$$

실무에 종사하는 기술자들의 편의를 위하여 대부분의 구조공학 또는 기계공학 핸드북에는 여러 가지 하중과 지지의 종류에 대해서 보의 처짐과 기울기를 나타내는 표를 수록하고 있다. 부록 D에 이러한 표가 나와 있다. 그림 8.27의 보의 기울기와 처짐 역시 부록 D의 표로부터 구할 수 있다. 부록 D의 Case 5와 6에 주어진 내용을 사용하면 $x \leq L/4$인 $x$의 모든 값에 대한 보의 처짐을 표현할 수 있다. 이렇게 구한 식으로부터 도함수를 취하면 같은 구간에서 보의 기울기를 구할 수 있다. 보의 양단의 기울기는 표에 주어진 해당 값을 단순히 합침으로써 구할 수 있다. 그러나 그림 8.27의 보의 최대처짐은 Case 5와 6의 최대처짐을 합하여 구할 수는 없다. 왜냐하면 이들 최대처짐은 발생하는 점이 서로 다르기 때문이다.†

## 8.7 부정정 보에서 중첩법의 적용

중첩법을 사용하여 부정정 보의 지지반력을 결정하는 것이 가끔 편리할 때가 있다. 우선 1차 부정정인 보(사진 8.2)의 경우를 고려했을 때(8.5절과 비교), 2.8절에 기술된 방법을 따른다. 반력 중 어느 하나를 과잉반력으로 간주하고 해당 지지점을 제거하거나 상응하는 지지상태로 대체한다. 따라서 이 과잉반력은 미지하중으로 취급되며, 다른 주어진 하중과 함께 그 지지점에 원래 상태와 같은 변형을 발생시켜야 한다. 지지점이 대체되거나 제거된

사진 8.2 고속도로 위에 설치된 연속보는 세 개의 지지점에 설치되어 있으므로 부정정이다.

† 보에서 최대처짐의 근사값은 $x$의 여러 값에 대응하는 $y$값들을 계산하여 구할 수 있다. 최대처짐의 정확한 위치와 크기를 결정하기 위해서는 보의 기울기에 대한 식을 0으로 두고, 이 식으로부터 $x$값을 구할 필요가 있다.

점의 기울기나 처짐은, 주어진 하중에 의한 변형과 과잉반력에 의한 변형을 따로따로 계산한 다음에 이 결과들을 합쳐서 구한다. 일단 지지반력이 구해지면, 보의 기울기와 처짐을 구할 수 있다.

## 예제 8.7

그림 8.29에 도시된 균일단면 보에서 지지반력을 결정하시오. (이 보의 형태와 하중은 8.5절의 예제 8.5와 같다.)

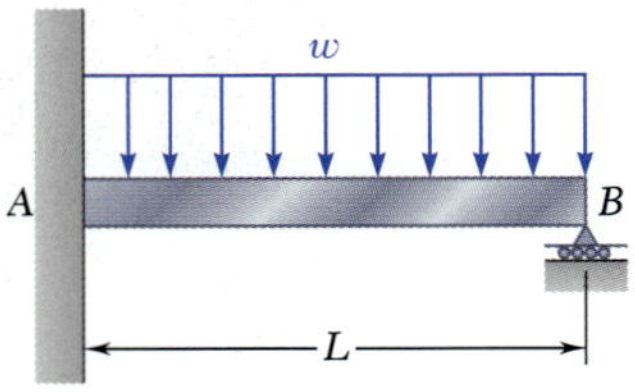


그림 8.29

**풀이** $B$점의 반력을 과잉반력으로 간주하고 지지점으로부터 보의 구속을 제거한다. 반력 $\mathbf{R}_B$는 미지하중으로 고려되며(그림 8.30$a$), $B$점의 처짐이 0이어야 한다는 조건으로부터 결정된다. $B$점에서 균일분포하중(그림 8.30$b$)으로 생기는 처짐 $(y_B)w$와 과잉반력 $\mathbf{R}_B$(그림 8.30$c$)로 생기는 처짐 $(y_B)_R$을 분리해서 고려함으로써 해를 구할 수 있다.

부록 D의 표(case 2와 1)로부터 다음 값을 구한다.

$$(y_B)_w = -\frac{wL^4}{8EI} \qquad (y_B)_R = +\frac{R_BL^3}{3EI}$$

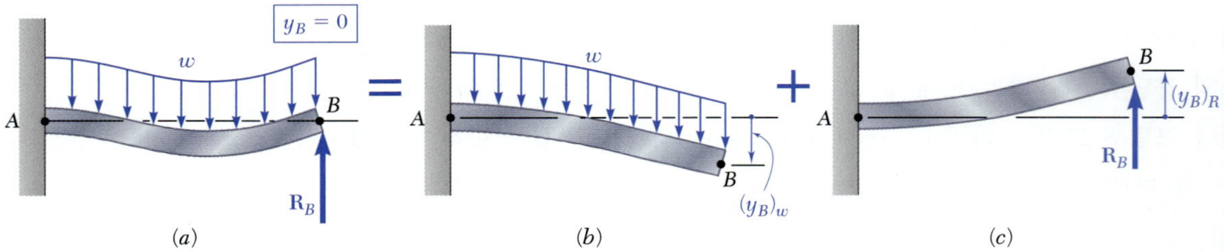


그림 8.30

$B$점의 처짐은 이들 두 값의 합과 같고, 이 합은 0이어야 한다는 사실로부터 다음과 같이 쓸 수 있다.

$$y_B = (y_B)_w + (y_B)_R = 0$$
$$y_B = -\frac{wL^4}{8EI} + \frac{R_BL^3}{3EI} = 0$$

$R_B$에 관해서 풀면, $R_B = \frac{3}{8}wL \qquad \mathbf{R}_B = \frac{3}{8}wL\uparrow$

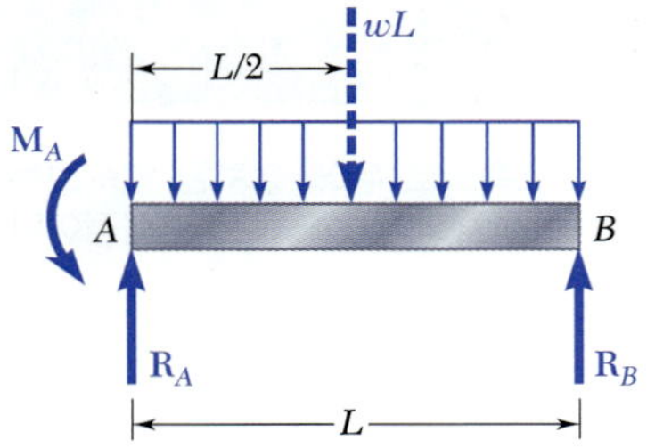


그림 8.31

보의 자유물체도를 그리고(그림 8.31), 이에 상응하는 평형식을 쓰면 다음과 같이 된다.

$$+\uparrow \Sigma F_y = 0: \qquad R_A + R_B - wL = 0$$
$$R_A = wL - R_B = wL - \tfrac{3}{8}wL = \tfrac{5}{8}wL \tag{8.46}$$
$$\mathbf{R}_A = \tfrac{5}{8}wL\uparrow$$

$$+\circlearrowleft \sum M_A = 0: \qquad M_A + R_B L - (wL)(\tfrac{1}{2}L) = 0$$
$$M_A = \tfrac{1}{2}wL^2 - R_B L = \tfrac{1}{2}wL^2 - \tfrac{3}{8}wL^2 = \tfrac{1}{8}wL^2 \tag{8.47}$$
$$\mathbf{M}_A = \tfrac{1}{8}wL^2 \circlearrowleft$$

**대체가능 풀이.** 고정단 $A$에 작용하는 우력을 과잉반력으로 간주하면 이 고정단을 힌지 지지로 대치할 수 있다. 우력 $\mathbf{M}_A$는 미지하중으로 간주하게 되며(그림 8.32$a$), $A$의 기울기가 0이어야 한다는 조건으로부터 구할 수 있다. 균일분포하중(그림 8.32$b$)로 인한 $A$점의 기울기 $(\theta_A)_w$와 미지 우력 $\mathbf{M}_A$(그림 8.32$c$)으로 인한 $A$점의 기울기 $(\theta_A)_M$을 별도로 고려해서 해를 구한다.

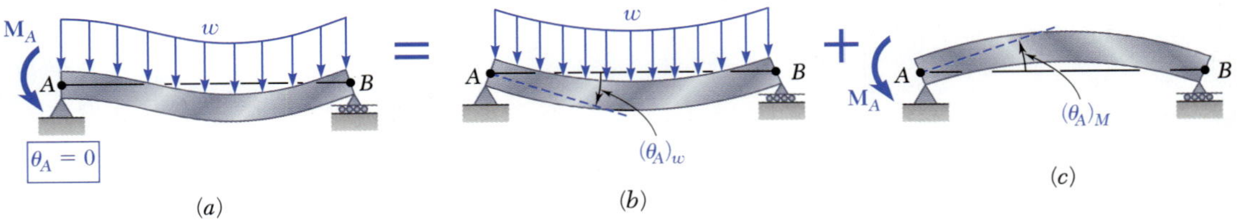


**그림 8.32**

부록 D(Case 6과 7)의 표를 사용하고, case 7에서 $A$와 $B$를 서로 교환하면 다음 값을 얻는다.

$$(\theta_A)_w = -\frac{wL^3}{24EI} \qquad (\theta_A)_M = \frac{M_A L}{3EI}$$

이 두 값을 합하면 $A$점의 기울기가 되고, 이를 0으로 두면 다음과 같이 된다.

$$\theta_A = (\theta_A)_w + (\theta_A)_M = 0$$

$$\theta_A = -\frac{wL^3}{25EI} + \frac{M_A L}{3EI} = 0$$

$M_A$에 관해서 풀면,

$$M_A = \tfrac{1}{8}wL^2 \qquad \mathbf{M}_A = \tfrac{1}{8}wL^2 \circlearrowleft$$

따라서 $R_A$와 $R_B$의 값은 평형식 (8.46)와 (8.47)으로부터 구할 수 있게 된다.

위의 예제에서 고려한 보는 1차 부정정이다. 2차 부정정 보의 경우에는(8.5절 참조), 두 개의 반력이 과잉반력으로 지정되어야 하며, 해당 지지점을 제거하거나 상응하는 지지상태로 대체한다. 과잉반력은 미지하중으로 취급되며, 다른 하중과 함께 그 지지점에 원래 상태와 같은 변형을 발생시켜야 한다. (기초문제 8.6 참조.)

## 기초문제 8.4

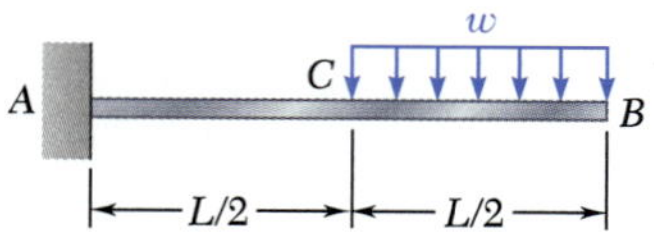


그림에 표시된 보에서 $B$점의 기울기와 처짐을 구하시오.

## 풀이

**중첩의 원리.** 주어진 하중은 다음의 하중들을 중첩시킴으로써 얻어지는 하중과 같다.

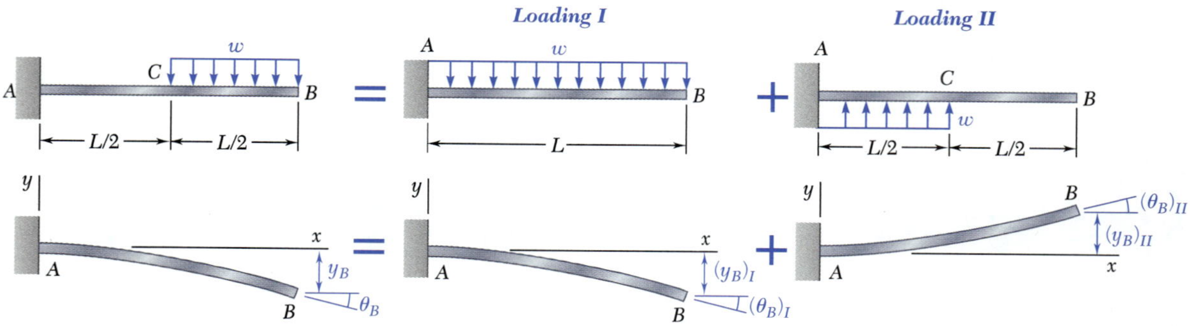


하중 I과 하중 II 각각에 대하여, 부록 D에 있는 표 '보의 처짐과 기울기'를 사용하여 $B$점의 기울기와 처짐을 결정한다.

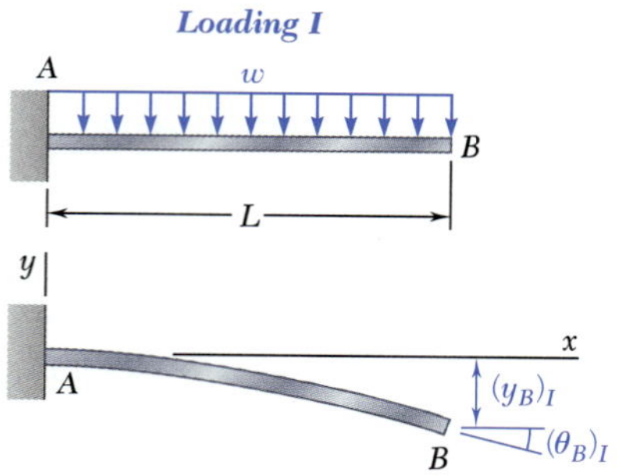


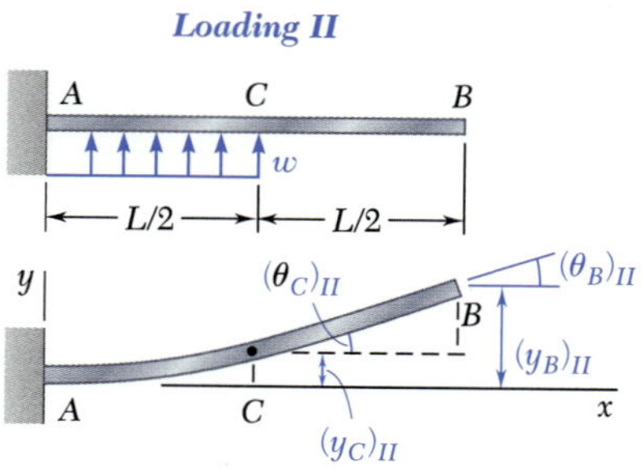


**하중 I.**

$$(\theta_B)_{\mathrm{I}} = -\frac{wL^3}{6EI} \qquad (y_B)_{\mathrm{I}} = -\frac{wL^4}{8EI}$$

**하중 II.**

$$(\theta_C)_{\mathrm{II}} = +\frac{w(L/2)^3}{6EI} = +\frac{wL^3}{48EI} \qquad (y_C)_{\mathrm{II}} = +\frac{w(L/2)^4}{8EI} = +\frac{wL^4}{128EI}$$

$CB$ 부분에서 하중 II에 대한 굽힘모멘트는 0이므로 탄성곡선은 직선이다.

$$(\theta_B)_{\mathrm{II}} = (\theta_C)_{\mathrm{II}} = +\frac{wL^3}{48EI} \qquad (y_B)_{\mathrm{II}} = (y_C)_{\mathrm{II}} + (\theta_C)_{\mathrm{II}}\left(\frac{L}{2}\right)$$

$$= \frac{wL^4}{128EI} + \frac{wL^3}{48EI}\left(\frac{L}{2}\right) = +\frac{7wL^4}{384EI}$$

**점 $B$의 기울기.**

$$y_B = (y_B)_{\mathrm{I}} + (y_B)_{\mathrm{II}} = -\frac{wL^4}{8EI} + \frac{7wL^4}{384EI} = -\frac{41wL^4}{384EI} \qquad \theta_B = \frac{7wL^3}{48EI} ◀$$

**점 $B$의 처짐.**

$$y_B = (y_B)_{\mathrm{I}} + (y_B)_{\mathrm{II}} = -\frac{wL^4}{8EI} + \frac{7wL^4}{384EI} = -\frac{41wL^4}{384EI} \qquad y_B = \frac{41wL^4}{384EI} \downarrow ◀$$

## 기초문제 8.5

그림에 표시된 균일단면의 보에서, (*a*) 각 지점의 반력, (*b*) A점에서 기울기를 구하시오.

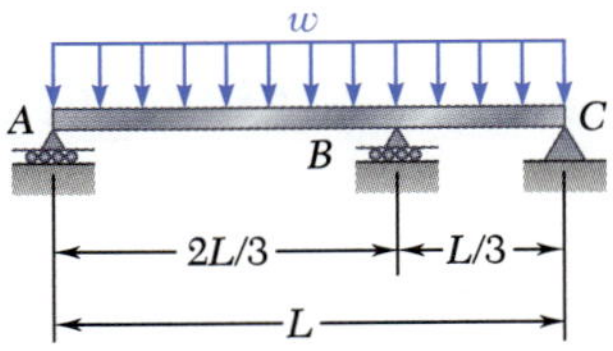


### 풀이

**중첩의 원리.** 반력 $\mathbf{R}_B$를 과잉반력으로 선택하고 미지하중으로 간주한다. 균일분포하중과 반력 $\mathbf{R}_B$로 인한 처짐을 아래와 같이 별도로 고려한다.

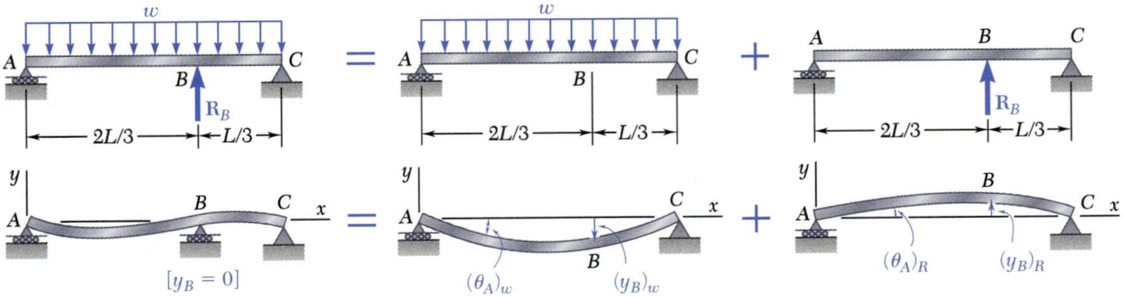


각 하중에 대해서 $B$의 처짐은 부록 D의 표 '보의 처짐과 기울기'를 이용하여 구한다.

**균일분포하중.** 부록 D의 case 6을 사용한다.

$$y = -\frac{w}{24EI}(x^4 - 2Lx^3 + L^3x)$$

점 $B$에서, $x = \frac{2}{3}L$:

$$(y_B)_w = -\frac{w}{24EI}\left[\left(\frac{2}{3}L\right)^4 - 2L\left(\frac{2}{3}L\right)^3 + L^3\left(\frac{2}{3}L\right)\right] = -0.01132\frac{wL^4}{EI}$$

**과잉반력하중.** 부록 D의 case 5에 $a = \frac{2}{3}L$, $b = \frac{1}{3}L$을 대입하면 다음과 같이 된다.

$$(y_B)_R = -\frac{Pa^2b^2}{3EIL} = +\frac{R_B}{3EIL}\left(\frac{2}{3}L\right)^2\left(\frac{L}{3}\right)^2 = 0.01646\frac{R_BL^3}{EI}$$

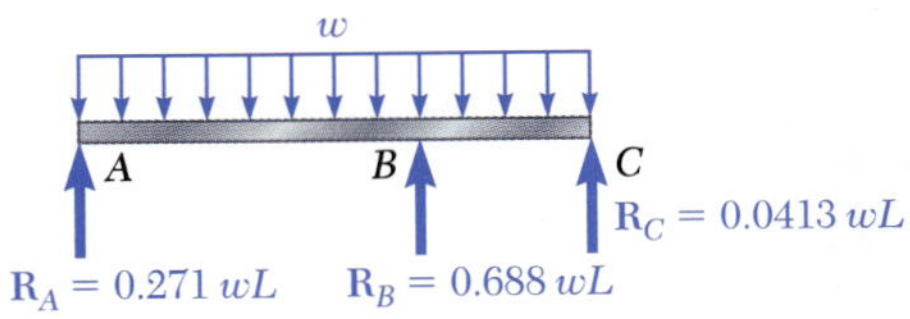


**(a) 지지반력.** $y_B = 0$이므로 다음과 같이 쓸 수 있다.

$$y_B = (y_B)_w + (y_B)_R$$

$$0 = -0.01132\frac{wL^4}{EI} + 0.01646\frac{R_BL^3}{EI} \qquad R_B = 0.688wL \uparrow \blacktriangleleft$$

반력 $R_B$를 구했으므로 다른 반력들은 정역학의 방법을 이용하여 결정할 수 있다.

$$\mathbf{R}_A = 0.271wL \uparrow \qquad \mathbf{R}_C = 0.0413wL \uparrow \blacktriangleleft$$

**(b) *A*점의 기울기.** 부록 D를 참고하면 다음과 같이 된다.

**균일분포하중.** $(\theta_A)_w = -\dfrac{wL^3}{24EI} = -0.04167\dfrac{wL^3}{EI}$

**과잉반력하중.** $P = -R_B = -0.688wL$과 $b = \frac{1}{3}L$에 대하여, $(\theta_A)_R$은 다음과 같이 된다.

$$(\theta_A)_R = -\frac{Pb(L^2 - b^2)}{6EIL} = +\frac{0.688wL}{6EIL}\left(\frac{L}{3}\right)\left[L^2 - \left(\frac{L}{3}\right)^2\right] \qquad (\theta_A)_R = 0.03398\frac{wL^3}{EI}$$

마지막으로, $\theta_A = (\theta_A)_w + (\theta_A)_R$

$$\theta_A = -0.04167\frac{wL^3}{EI} + 0.03398\frac{wL^3}{EI} = -0.00769\frac{wL^3}{EI} \qquad \theta_A = 0.00769\frac{wL^3}{EI} \blacktriangleleft$$

## 기초문제 8.6

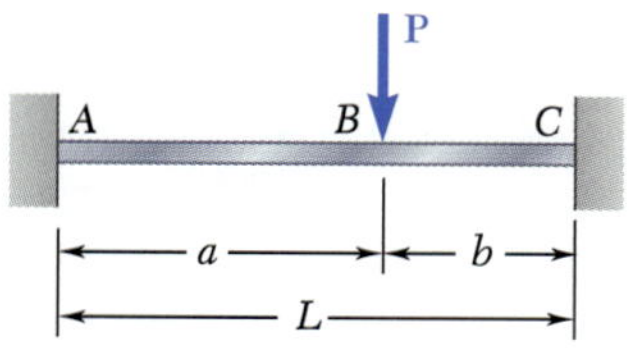


그림에 표시된 보에서 고정단 지지점 $C$의 반력을 구하시오.

### 풀이

**중첩의 원리.** 보의 축방향 하중을 0이라고 가정하면 보 $ABC$는 2차 부정정이고, 두 개의 반력 성분, 즉 수직반력 $R_C$와 우력 $\mathbf{M}_C$를 과잉반력으로 택한다. 하중 $\mathbf{P}$, 반력 $\mathbf{R}_C$, 그리고 우력 $\mathbf{M}_C$로 인해 발생하는 변형은 다음과 같이 각각 따로 고려한다.

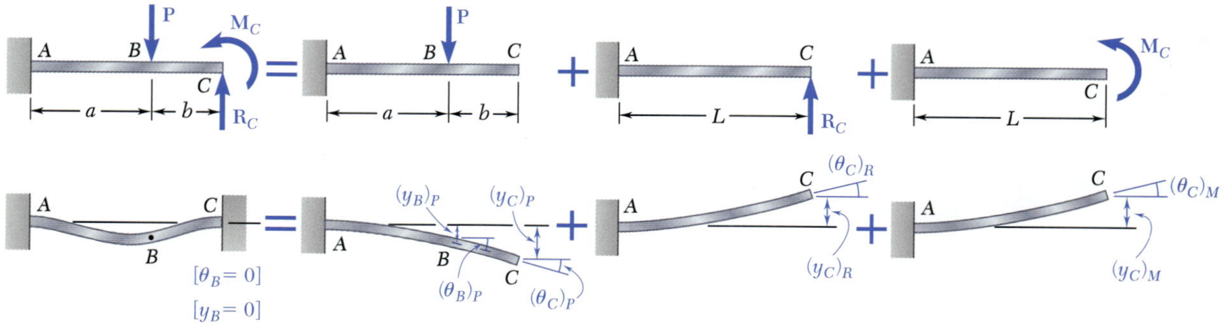


각 하중에 대하여, $C$점의 기울기와 처짐은 부록 D의 표 '보의 처짐과 기울기'를 사용하여 구할 수 있다.

**하중 $P$.** 이 하중에 대해서 $BC$ 부분은 직선이다.

$$(\theta_C)_P = (\theta_B)_P = -\frac{Pa^2}{2EI} \qquad (y_C)_P = (y_B)_P + (\theta_B)_P b$$

$$= -\frac{Pa^3}{3EI} - \frac{Pa^2}{2EI}b = -\frac{Pa^2}{6EI}(2a + 3b)$$

**반력 $R_C$.**

$$(\theta_C)_R = +\frac{R_C L^2}{2EI} \qquad (y_C)_R = +\frac{R_C L^3}{3EI}$$

**우력 $M_C$.**

$$(\theta_C)_M = +\frac{M_C L}{EI} \qquad (y_C)_M = +\frac{M_C L^2}{2EI}$$

**경계 조건.** $C$단에서 기울기와 처짐은 0이어야 한다.

$$[x = L,\ \theta_C = 0]: \quad \theta_C = (\theta_C)_P + (\theta_C)_R + (\theta_C)_M$$

$$0 = -\frac{Pa^2}{2EI} + \frac{R_C L^2}{2EI} + \frac{M_C L}{EI} \qquad (1)$$

$$[x = L,\ y_C = 0]: \quad y_C = (y_C)_P + (y_C)_R + (y_C)_M$$

$$0 = -\frac{Pa^2}{6EI}(2a + 3b) + \frac{R_C L^3}{3EI} + \frac{M_C L^2}{2EI} \qquad (2)$$

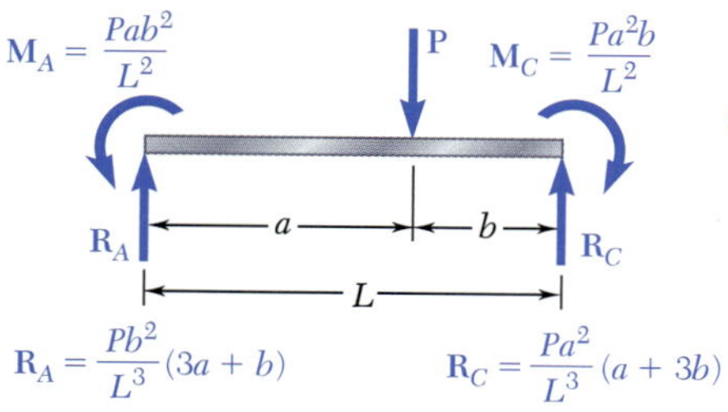


**$C$점의 반력성분.** 식 (1)과 (2)를 연립으로 풀면 다음 값을 얻을 수 있다.

$$R_C = +\frac{Pa^2}{L^3}(a + 3b) \qquad \mathbf{R}_C = \frac{Pa^2}{L^3}(a + 3b) \uparrow \blacktriangleleft$$

$$M_C = -\frac{Pa^2 b}{L^2} \qquad \mathbf{M}_C = \frac{Pa^2 b}{L^2} \circlearrowright \blacktriangleleft$$

정역학의 방법으로 $A$점의 반력도 구할 수 있다.

# P8B 연습문제

각 보의 굽힘강성 $EI$가 일정하다고 가정하고 중첩의 원리를 이용하여 다음 문제들을 푸시오.

**8.22, 8.23** 그림과 같이 외팔 보에 하중이 주어질 때, 자유단에서 기울기와 처짐을 구하시오.

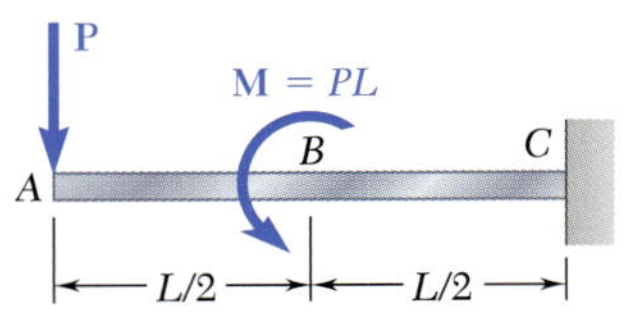


그림 P8.22

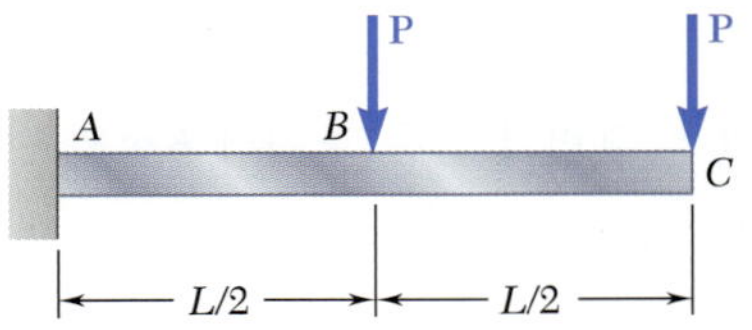


그림 P8.23

**8.24, 8.25** 그림과 같이 보에 하중이 주어질 때, (a) $C$점에서 처짐, (b) $A$단에서 기울기를 구하시오.

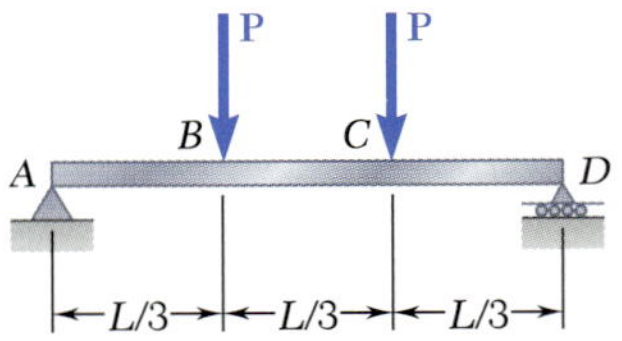


그림 P8.24

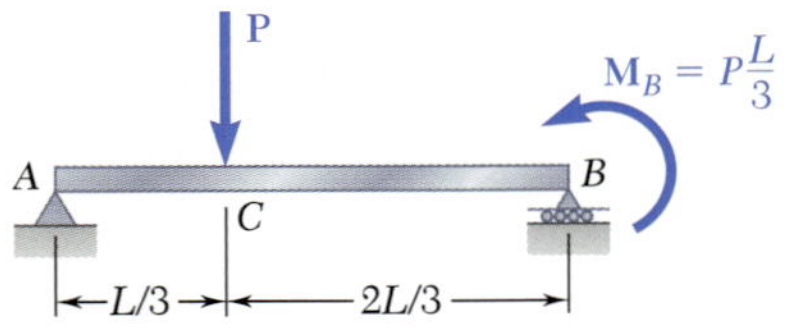


그림 *P8.25*

**8.26** 그림과 같이 외팔 보에 하중이 주어질 때, $C$단에서 기울기와 처짐을 구하시오. 단, $E = 200$ GPa이다.

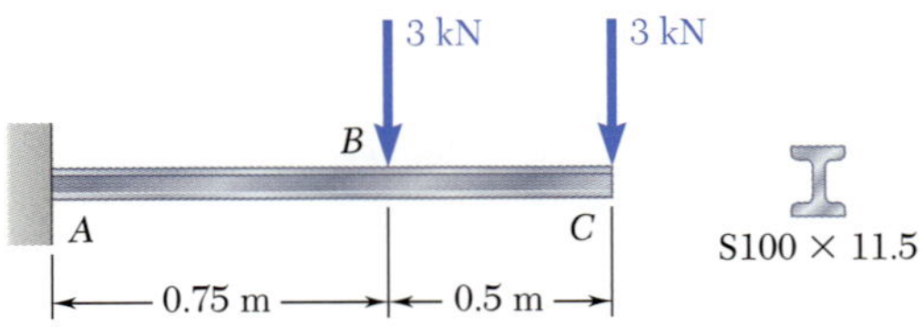


그림 P8.26, *P8.27*

**8.27** 그림과 같이 외팔 보에 하중이 주어질 때, $B$점에서 기울기와 처짐을 구하시오. 단, $E = 200$ GPa이다.

**8.28** 그림과 같이 보에 하중이 주어질 때, (*a*) *A*단에서 기울기, (*b*) *C*점에서 처짐을 구하시오. 단, $E = 200$ GPa이다.

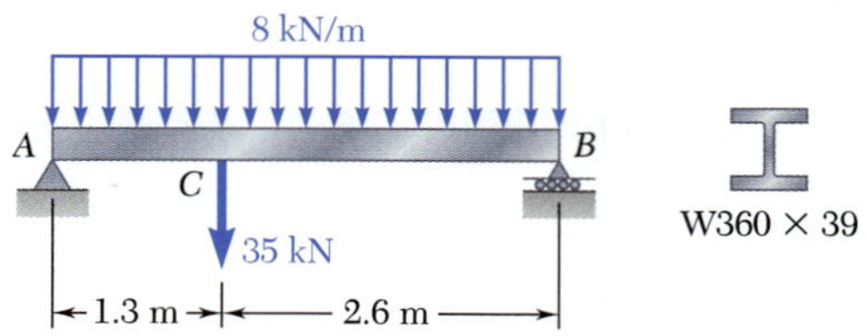


그림 P8.28

**8.29** 그림과 같은 보에서 *B*점의 반력을 구하시오.

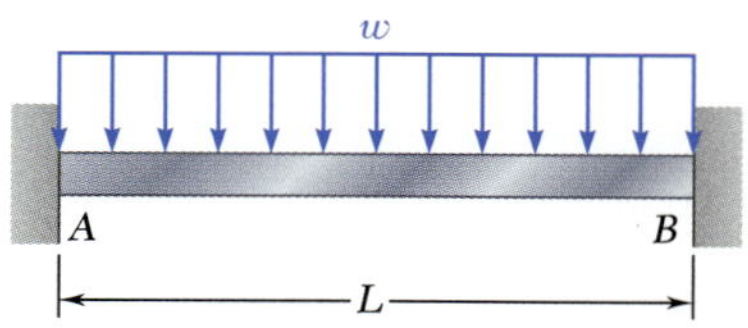


그림 P8.29

**8.30** 그림과 같은 보에서 *B*점의 반력을 구하시오.

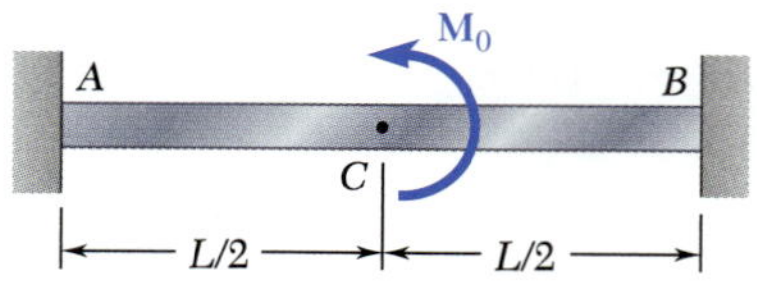


그림 P8.30

**8.31** 그림과 같이 같은 단면을 가진 두 개의 보가 *C*점에서 힌지로 연결되어 있다. 그림과 같이 하중이 주어질 때, (*a*) *A*점에서 기울기, (*b*) *B*점에서 처짐을 구하시오. 단, $E = 200$ GPa이다.

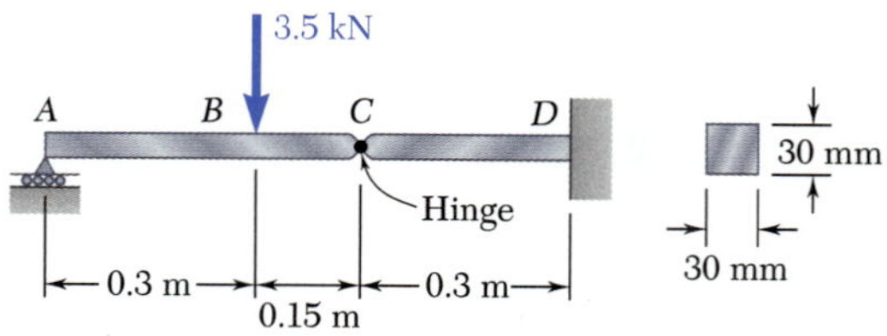


그림 P8.31

**8.32** 그림과 같이 보 $DE$가 외팔 보 $AC$ 위에 놓여 있다. 각 보의 단면은 한 변의 길이가 10 mm인 정사각형이 사용되며, 모멘트 25 N·m가 작용될 때, (*a*) 보 $DE$에서 $E$단, (*b*) 보 $AC$에서 $C$단의 처짐을 구하시오. 단, $E$ = 200 GPa이다.

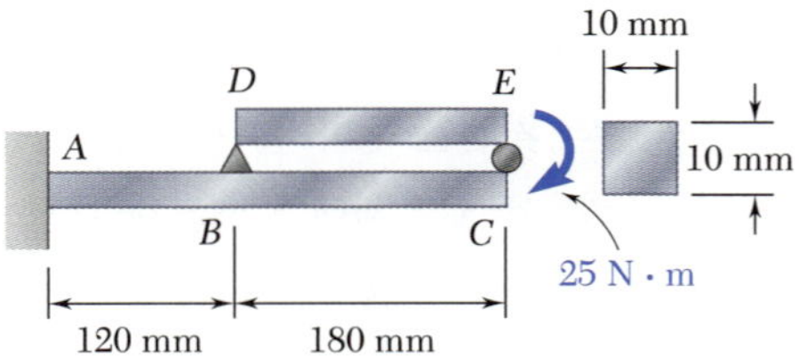


그림 P8.32

**8.33** 그림과 같이 보 $AC$가 외팔 보 $DE$에 놓여 있으며, W410 × 38.8 압연형강이 사용되었다. 그림과 같은 하중을 받고 있을 때, (*a*) $B$점에서 처짐, (*b*) $D$점에서 처짐을 구하시오. 단, $E$ = 200 GPa이다.

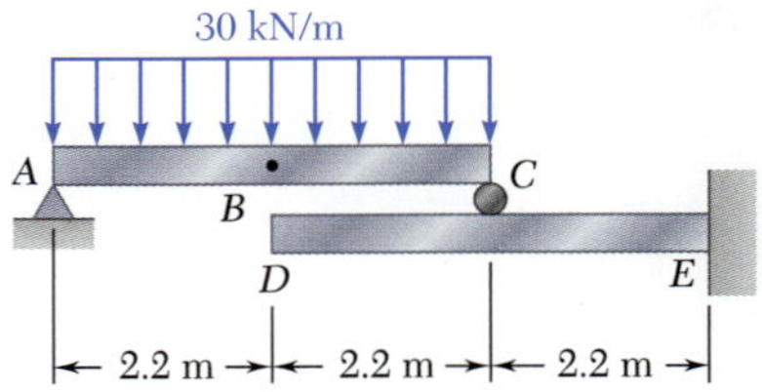


그림 P8.33

**8.34** 그림과 같이 외팔 보 $BC$는 강철 케이블 $AB$에 연결되어 있다. 케이블이 처음에 팽팽하다면, 분포하중에 의해 발생된 케이블에서 인장력을 구하시오. 단, $E$ = 200 GPa이다.

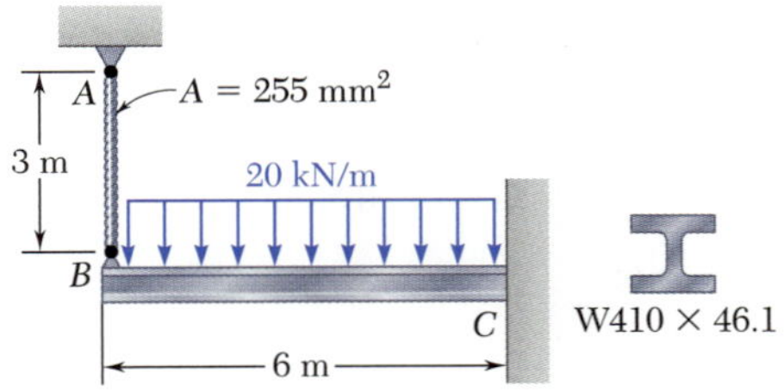


그림 P8.34

**8.35** 지름이 16 mm인 봉 $ABC$가 그림과 같은 모양으로 굽혀져 있다. 200 N의 힘이 작용한 후 $C$단에서 처짐을 구하시오. 단, $E$ = 200 GPa, $G$ = 80 GPa이다.

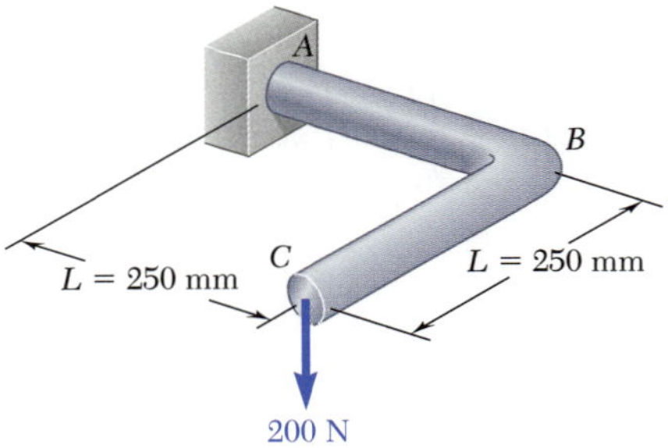


그림 P8.35

# 제8장 복습 및 요약

이 장에서는 횡방향 하중하에서 보의 기울기와 처짐을 결정하는 방법에 대하여 설명하였다. 보의 임의 점에서 기울기와 처짐을 구하기 위해 미분방정식을 적분하는 수학적 방법이 사용되었다. 특히 주어진 하중하에서 최대처짐을 계산하는 것에 중점을 두었다. 지지반력의 개수가 사용 가능한 평형식의 개수를 초과하는 **부정정 보**에서 지지반력과 처짐을 구하기 위해 이 방법을 적용하였다.

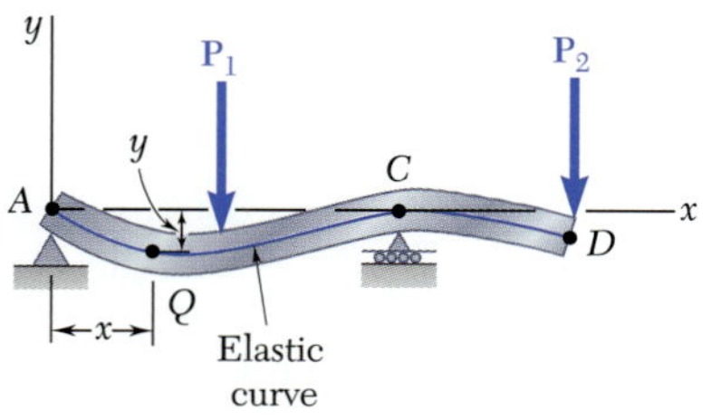

그림 8.33

### 횡하중을 받는 보의 처짐

8.2절에서 순수굽힘을 받는 균일단면 보에서 중립면의 곡률 $1/\rho$과 굽힘모멘트 $M$과의 관계를 나타낸 4.4절의 식 (4.21)이 수직하중을 받는 보에 적용되었는데, 이 경우 $M$과 $1/\rho$는 단면의 위치에 따라 다르다. 보의 왼쪽 끝으로부터 거리를 $x$라고 하면

$$\frac{1}{\rho} = \frac{M(x)}{EI} \tag{8.1}$$

이 식으로부터 임의의 $x$값에 대하여 중립면의 곡률반지름을 결정할 수 있으며, 보의 변형에 관한 어떤 일반적인 결론을 내릴 수 있다.

8.3절에서 임의 점 $Q$의 처짐 $y$와 정의된 원점으로부터의 거리 $x$ 사이의 관계식을 구하는 방법을 논의하였다(그림 8.33). 그러한 관계식은 보의 **탄성곡선**(*elastic curve*)을 정의한다. 곡률 $1/\rho$을 함수 $y(x)$의 도함수의 항으로 표현하고, 식 (8.1)에 대입하면 다음의 2계 선형미분방정식을 얻게 된다.

$$\frac{d^2y}{dx^2} = \frac{M(x)}{EI} \tag{8.4}$$

이 방정식을 두 번 적분하면 각각 기울기 $\theta(x) = dy/dx$와 처짐 $y(x)$를 정의하는 식을 각각 얻게 된다.

$$EI\frac{dy}{dx} = \int_0^x M(x)\,dx + C_1 \tag{8.5}$$

$$EI\,y = \int_0^x dx \int_0^x M(x)\,dx + C_1x + C_2 \tag{8.6}$$

### 경계 조건

$EI$를 보의 **굽힘강성**(*flexural rigidity*)이라고 한다. $C_1$과 $C_2$는 적분상수이며, 보의 지지점에 관한 **경계 조건**(*boundary conditions*)으로부터 결정된다(그림 8.34, 예제 8.1). 최대처짐은 기울기가 0이 되는 $x$의 값을 결정하고, 이에 대응하는 $y$값을 구하여 계산한다(예제

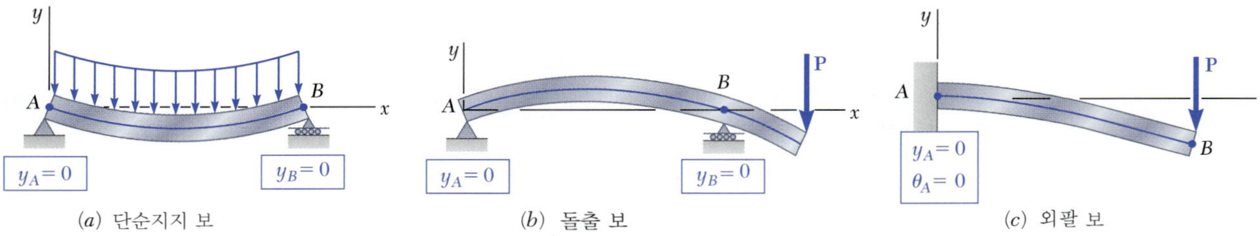


**그림 8.34** 정정 보에서 경계 조건

8.2, 기초문제 8.1).

## 다른 함수에 의해 정의된 탄성곡선

보의 여러 구간에서 굽힘모멘트를 표현하는 함수가 다르게 하중이 작용하는 경우 각 구간의 기울기 $\theta(x)$와 처짐 $y(x)$를 구하기 위하여 해당 구간의 미분방정식이 필요하다. 예제 8.3(그림 8.35)에서 다룬 보의 경우 2개의 미분방정식이 사용되었으며, 하나는 $AD$ 부분에 대한 것이고 다른 하나는 $DB$ 부분에 대한 것이다. 첫 번째 식은 함수 $\theta_1$과 $y_1$을, 두 번째 식은 함수 $\theta_2$와 $y_2$를 포함한다. 따라서 전체적으로 4개의 적분상수가 결정되어야 했다. 2개는 $A$와 $B$에서 처짐이 0이라는 조건으로부터 결정되었으며, 나머지 2개는 $AD$ 부분과 $DB$ 부분이 만나는 점 $D$에서 기울기와 처짐이 같다는 조건으로부터 구할 수 있었다.

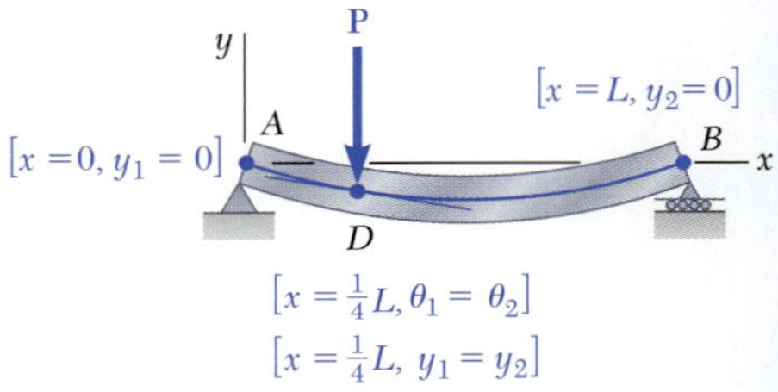


**그림 8.35**

8.4절에서 본 바와 같이 균일분포하중 $w(x)$를 지지하는 보의 경우 탄성곡선은 $w(x)$에 관한 식을 4번 계속 적분하여 $V$, $M$, $\theta$, 그리고 $y$를 적분 순서대로 직접 결정할 수 있다. 그림 8.36$a$의 외팔 보와 그림 8.36$b$의 단순 보에 대해서 4개의 적분상수는 그림의 각 부분에 표시된 경계 조건을 이용하여 결정할 수 있다(예제 8.4, 기초문제 8.2).

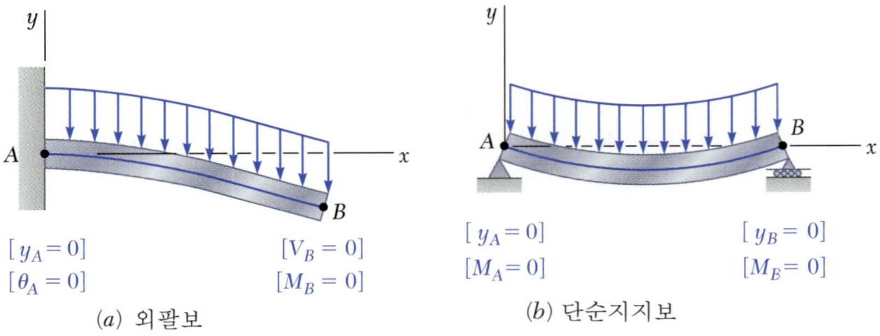


**그림 8.36** 분포하중을 받는 보에 대한 경계 조건

## 부정정 보

8.5절에서 **부정정 보**, 즉 미지의 지지반력이 4개 이상인 보에 대해서 살펴보았다. 이들 미지수를 결정하기 위해 3개의 평형식만 이용할 수 있기 때문에 지지점의 경계 조건을 만족하는 조건식을 추가해야 한다. 그림 8.37의 보에서 지지반력은 4개의 미지수, 즉 $M_A$, $A_x$, $A_y$, $B$이다. 이러한 보를 **1차 부정정 보**라고 한다(만약에 5개의 미지수가 포함되어 있다면, 그 보는 **2차 부정정**이다). 굽힘모멘트 $M(x)$를 4개의 미지수의 항으로 표현한 후에 두 번

적분함으로써(예제 8.5), 이들 미지수와 적분상수 $C_1$과 $C_2$가 포함된 기울기 $\theta(x)$와 처짐 $y(x)$의 표현식을 구하였다. 이 계산과정에 포함된 6개의 미지수는 그림 8.37*b*의 자유물체도에 대한 3개의 평형방정식, 그리고 $x = 0$일 때의 $\theta = 0$, $y = 0$, $x = L$일 때의 $y = 0$이라는 3개의 방정식을 연립으로 풀어서 결정할 수 있었다(그림 8.38, 기초문제 8.3 참조).

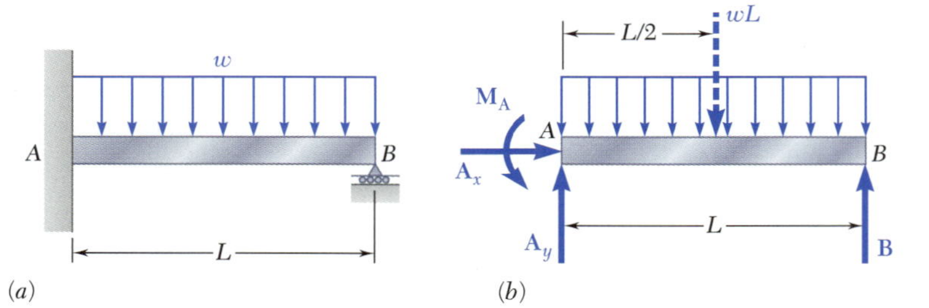


그림 8.37

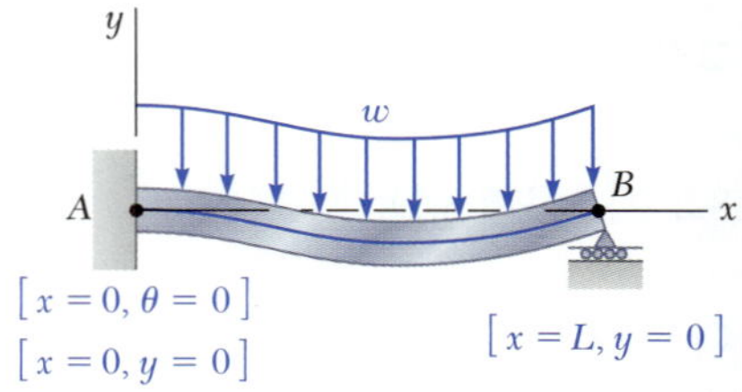


그림 8.38

## 중첩법

**중첩법**(*method of superposition*)을 다루었으며, 이 방법은 보에 작용하는 여러 하중으로 인한 기울기와 처짐을 각 하중에 대하여 개별적으로 계산한 후, 이들을 합하는 것이다(8.6절). 이 절차는 부록 D의 표를 이용하면 편리하며, 이 표에는 여러 가지 하중과 지지의 형태에 대해 보의 기울기와 처짐이 수록되어 있다(예제 8.7, 기초문제 8.4).

## 중첩법에 의한 부정정 보

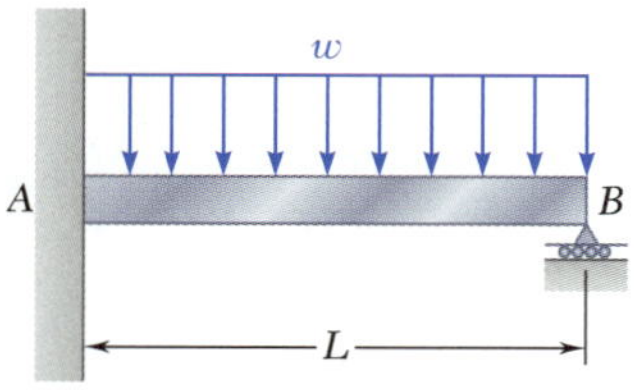


그림 8.39

중첩법은 부정정 보의 해석에도 효과적으로 이용할 수 있다(8.7절). 예제 8.8의 보의 경우에(그림 8.39), 미지의 반력 4개를 가지고 있으므로 **1차 부정정**이며, $B$의 반력을 **과잉반력**(*redundant*)으로 간주하여 보에서 지지점 $B$의 구속을 제거하였다. 반력 $\mathbf{R}_B$를 미지의 하중으로 취급하고, $B$의 처짐을 균일분포하중에 의한 처짐과 $\mathbf{R}_B$에 의한 처짐으로 나누어 고려했을 때 이들 처짐의 합은 0이었다(그림 8.40). 이 방정식을 풀어서 $R_B$를 구하게 된다(기초문제 8.5 참조). **2차 부정정 보**의 경우, 즉 5개의 미지수로 된 지지반력을 가진 보의 경우에 2개의 반력을 과잉반력으로 선택해야 하며, 이 2개의 지지를 제거하거나 적절히 수정해야 한다(기초문제 8.6).

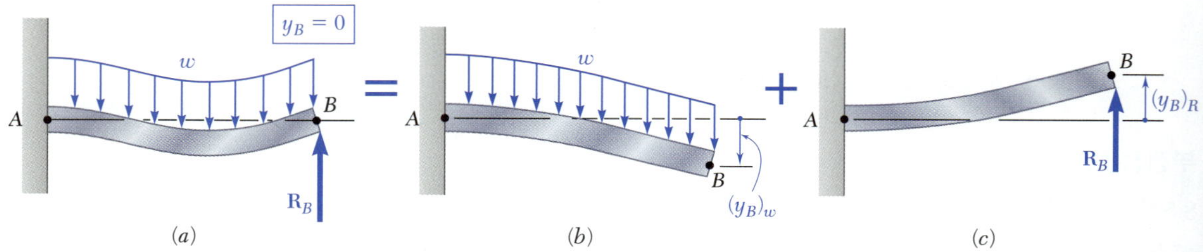


그림 8.40

**8.36** (*a*) *A*와 보의 중심 사이에서 최대처짐량의 크기과 위치를 구하시오. (*b*) 보 *AB*가 W460 × 113 압연형강이며 $M_0 = 224$ kN · m, $E = 200$ GPa일 때 최대 처짐량이 1.2 mm를 초과하지 않도록 허용이 가능한 길이 *L*을 구하시오.

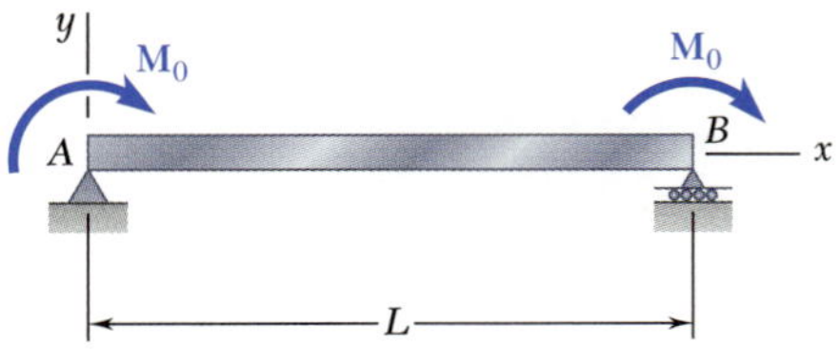


그림 P8.36

**8.37** 그림과 같이 보에 하중이 주어질 때, (*a*) 탄성곡선방정식, (*b*) A단에서 기울기, (*c*) 보의 중앙점에서 처짐을 구하시오.

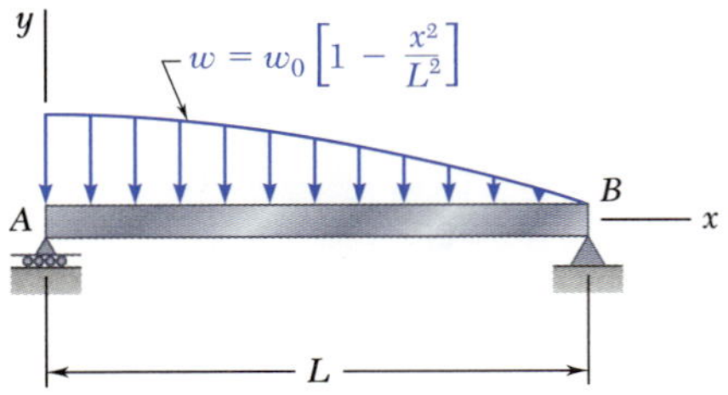


그림 P8.37

**8.38** 보에 그림과 같이 하중이 작용할 때 A점의 지지반력을 구하고, 굽힘모멘트 선도를 작성하시오.

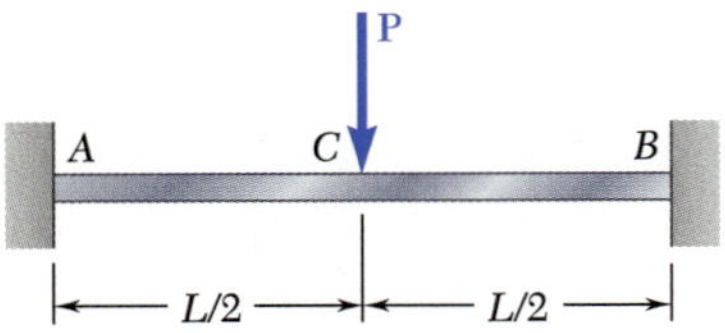


그림 P8.38

**8.39** 균일분포하중이 작용하기 전에 외팔 보 $AB$ 끝단과 외팔 보 $CD$ 끝단 사이에 $\delta_0 = 1.2$ mm의 간격이 있다. (*a*) A에서 반력, (*b*) $D$에서 반력을 구하시오. 단, $E = 105$ GPa, $w = 30$ kN/$m$이다.

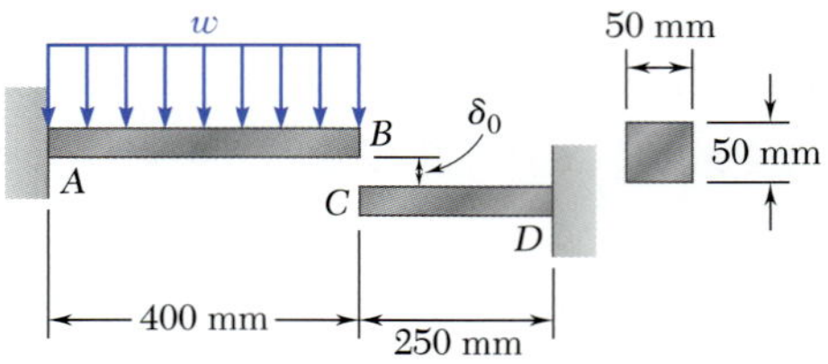


그림 P8.39

**8.40** 그림과 같은 하중을 받는 보에서 (*a*) $C$점에서 기울기, (*b*) $C$점에서 처짐을 구하시오.

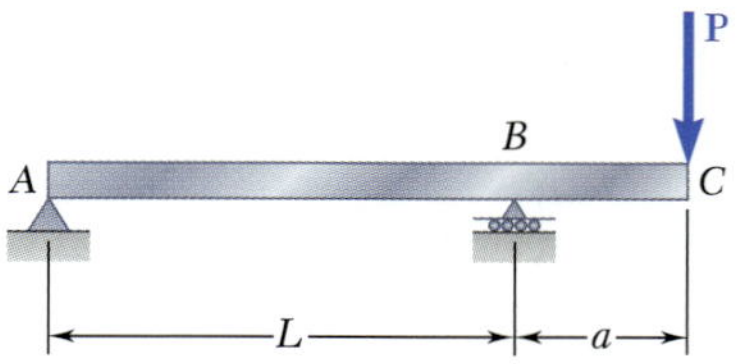


그림 P8.40

**8.41** 유압 잭이 외팔 보 $ABC$의 $B$점을 들어 올리기 위하여 사용되고 있다. 보는 본래 곧고, 수평하며 하중이 작용하고 있지 않다. $C$점을 아래로 움직이게 하기 위하여 20 kN이 $C$점에 작용할 때, (*a*) $C$점을 본래의 위치로 보내기 위하여 $B$점을 얼마나 들어 올려야 하는지 구하고, (*b*) $B$점에서 최종 반력을 구하시오. 단, $E = 200$ GPa이다.

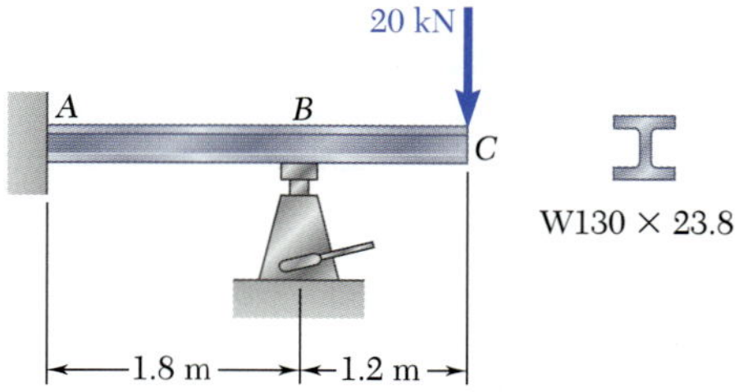


그림 P8.41

# P8D 컴퓨터 활용문제

**다음의 문제들은 컴퓨터를 활용하여 풀 수 있도록 작성되었다.**

**8.C1** 외팔 보 $AB$에 몇 개의 집중하중이 작용하고 있다. 보 $AB$에서 $x = 0$부터 $x = L$까지, $\Delta$씩 증가시키며 기울기와 처짐을 계산하는 컴퓨터프로그램을 작성하시오. 작성된 프로그램과 증분 $\Delta x = 50$ mm를 사용하여 연습문제 8.26, 8.27를 계산하시오.

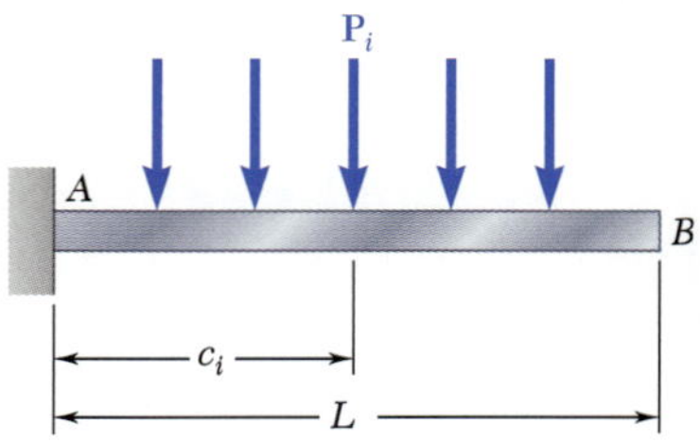


그림 P8.C1

**8.C2** 6 m의 보 $AB$는 그림과 같이 W530 × 92인 압연형강으로 만들어져 있고, 50 kN/m의 분포하중을 받고 있다. 0에서 6 m까지 0.3 m씩 $a$값을 증가시키며 임의의 점에서 기울기와 처짐을 구하는 프로그램을 작성하고, (*a*) $D$점에서 기울기와 처짐, (*b*) 최대처짐량과 위치를 구하시오. 단, $E = 200$ GPa이다.

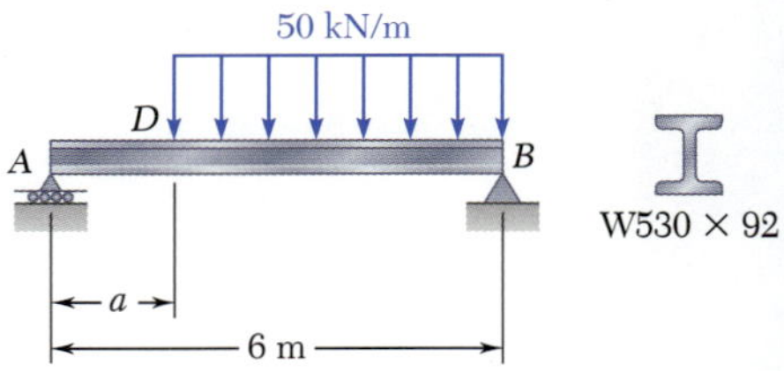


그림 P8.C2

**8.C3** 그림과 같은 단순지지 보 $AB$가 일정한 굽힘강성 $EI$와 몇 개의 집중하중을 받고 있다. 적분법을 사용하여, $x = 0$에서 $x = L$까지 $\Delta x$씩 증가된 위치에서 처짐과 기울기를 계산하는 컴퓨터프로그램을 작성하시오. 프로그램을 사용하여, (*a*) 연습문제 8.5, $\Delta x = 0.03$ m인 경우, (*b*) 연습문제 8.10, $\Delta x = 0.05$ m인 경우를 계산하시오.

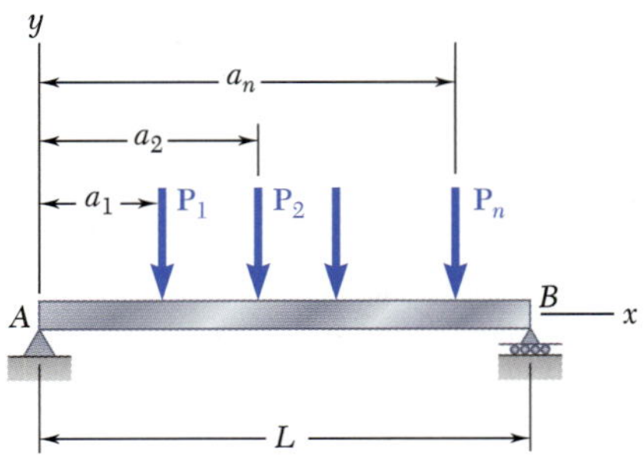


그림 P8.C3

**8.C4** 보 $AB$는 $A$단에서는 고정 지지되어 있고, $D$점에서 롤러로 지지되어 있다. 0에서 $L$까지 주어진 $\Delta a$씩 증가시켜 $a$값에 대하여 보의 자유단에서 처짐과 기울기를 계산하는 컴퓨터프로그램을 작성하시오. 작성한 컴퓨터프로그램을 사용하여 다음 각 경우에 $B$점에서 기울기와 처짐을 계산하시오.

| | $L$ | $\Delta L$ | $w$ | $E$ | Shape |
|---|---|---|---|---|---|
| (a) | 3.6 m | 0.15 m | 24 kN/m | 200 GPa | W410 × 65 |
| (b) | 3 m | 0.2 m | 18 kN/m | 200 GPa | W460 × 113 |

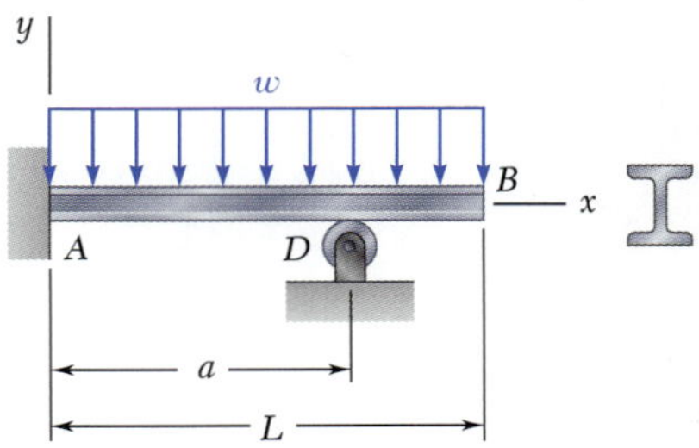


그림 P8.C4

CHAPTER

# 9

# 기둥

## Columns

현대식 고가철도가 사진과 같이 여러 개의 기둥으로 지지되어 있다. 이 장에서는 축방향 압축력을 지지하는 기둥의 해석 및 설계에 대해 논의할 것이다.

## 9.1 서론



지금까지의 논의는 다음의 두 가지 사항에 초점을 맞추었다: (1) 구조물의 강도, 즉 과도한 응력을 발생시키지 않으면서 주어진 하중을 지지하는 능력과 (2) 허용할 수 없을 만큼 큰 변형을 일으키지 않으면서 주어진 하중을 지지하는 능력. 이 장에서는 구조물의 안정(stablility), 즉 구조물의 형상에 급격한 변화를 일으킴 없이 주어진 하중을 지지하는 능력에 관하여 설명하고자 한다. 여기서는 축하중을 받는 균일단면 수직 부재인 기둥에 대해 중점적으로 설명한다.

9.2절에서는 2개의 강체봉이 핀과 스프링으로 연결되고 하중 **P**를 지지하는 단순화된 모델의 안정에 대해 논의한다. 계(system)가 평형상태를 벗어나더라도 하중 $P$가 **임계하중**으로 불리는 $P_{cr}$을 초과하지 않으면 원래의 평형 위치로 되돌아온다. 그러나 $P > P_{cr}$이면 계는 원래의 위치에서 벗어나 새로운 평형 위치에 자리잡게 된다. 첫 번째 계는 **안정**하며, 두 번째 계는 **불안정**하다고 말한다.

9.3절에서는 중심축하중을 받는 핀 지지기둥을 통하여 탄성기둥의 안정을 살펴본다. 기둥의 임계하중을 나타내는 **오일러 공식**(*Euler's formula*)을 유도하고 이 공식을 이용하여 상응하는 기둥의 임계수직응력을 결정한다. 임계하중에 안전계수를 적용함으로써 핀 지지기둥의 허용하중을 결정할 수 있다.

9.4절에서는 단부의 지지조건이 다른 기둥의 안정에 대해 해석한다. 기둥의 **유효길이**(*effective length*)를 결정하는 방법을 터득함으로써 지지조건이 다른 기둥의 해석을 단순화할 수 있다. 유효길이란 같은 임계하중을 갖는 핀 지지기둥의 길이를 말한다.

이 장의 첫 번째 절에서 기둥은 직선이고 균질이며 단면은 균일하다고 가정한다. 이 장의 마지막 절에서는 전문적인 기관에 의해 제안된 경험식을 사용하여 설계하고 해석한 실제 기둥에 대해서 고찰한다. 9.5절에서는 중심축하중을 받는 강, 알루미늄, 그리고 목재로 만들어진 기둥에 대한 허용응력을 나타내는 공식을 제시한다.

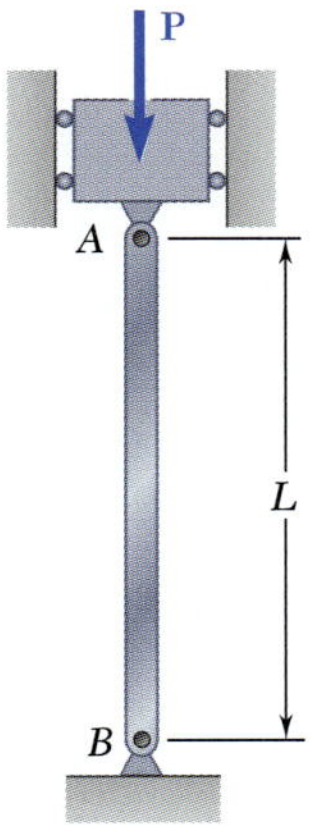

그림 9.1 기둥

## 9.2 구조물의 안정

주어진 하중 **P**를 지지하는 길이 $L$인 기둥 $AB$의 설계를 고려하자(그림 9.1). 기둥은 양단에서 핀 연결되어 있고 **P**는 중심축하중이라고 가정한다. 횡단면의 응력 $\sigma = P/A$의 값이 사용한 재료의 허용응력 $\sigma_{all}$보다 작고, 변형 $\delta = PL/AE$가 규정치 이내가 되도록 단면적 $A$가 선택되었다면, 기둥은 적절하게 설계되었다고 결론내릴 수 있다. 그러나 하중이 작용하는 동안 기둥이 **좌굴**(*buckle*)을 일으킬 수도 있다. 즉, 직선으로 남아 있지 않고 갑자기 휘어지게 되는 것이다(그림 9.2). 사진 9.1은 좌굴시험시 하중을 받은 후 휘어진 상태의 기둥을 나타낸다. 즉 좌굴이 일어난 모습을 보여준다. 분명히 주어진 하중 하에서 좌굴하는 기둥은 적절하게 설계된 것이 아니다.

탄성기둥의 안정에 관한 실제적인 논의에 들어가기 전에, 두 강체봉 $AC$와 $BC$가 $C$에서 핀과 상수 $K$의 비틀림 스프링으로 연결된 단순화된 모델(그림 9.3)을 고려해 봄으로써 문제의 핵심을 관찰해 보고자 한다.

두 봉과 두 힘 **P**와 **P**′이 완전히 일직선상에 있고 교란을 받지 않는 한 그림 9.4$a$와 같은 평형 위치에 머무르게 된다. 그러나 $C$를 약간 오른쪽으로 옮긴다면, 각 봉은 수직선에 대해 미소각 $\Delta\theta$를 이루게 된다(그림 9.4$b$). 이 경우 구조물은 최초의 평형 위치로 되돌아갈 것인가, 아니면 평형 위치에서 더 밀려나갈 것인가? 처음 경우 계는 **안정**(*stable*)하며, 두 번째 경우 계는 **불안정**(*unstable*)하다.

이 두 개의 봉으로 된 계가 안정한가, 혹은 불안정한가를 결정하기 위해서 봉 $AC$에 작용하는 힘을 고려하자(그림 9.5). 이들 힘은 **P**와 **P**′이 이루는 우력, 즉 봉을 수직선에서 멀어지게 한 $P(L/2)\sin\Delta\theta$ 라는 모멘트와 봉을 원래의 수직 위치

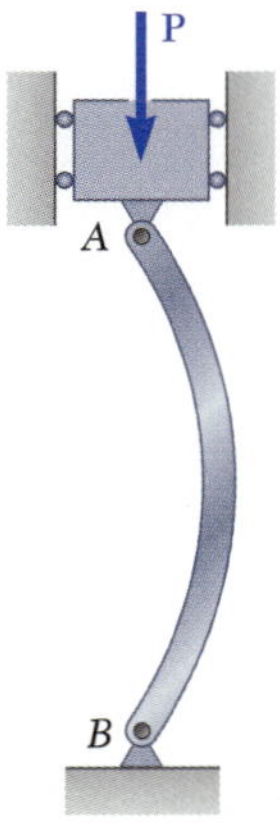


그림 9.2
좌굴된 기둥

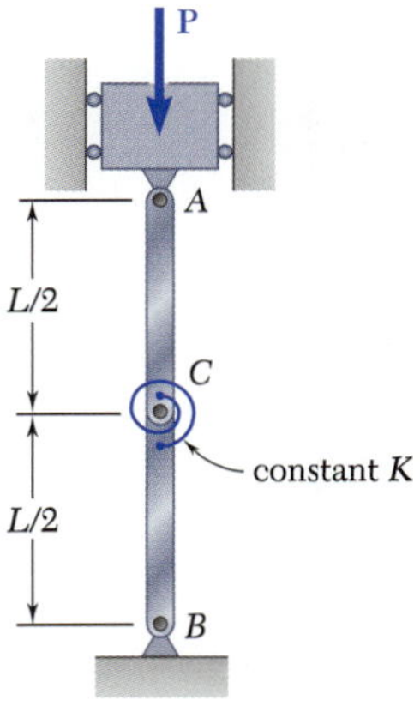


그림 9.3
기둥 모형

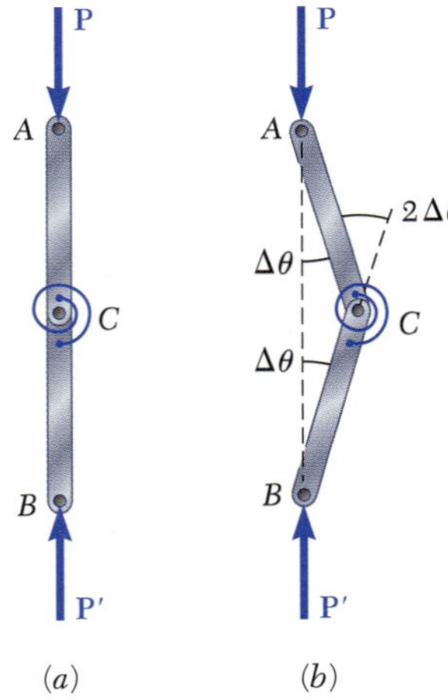


그림 9.4

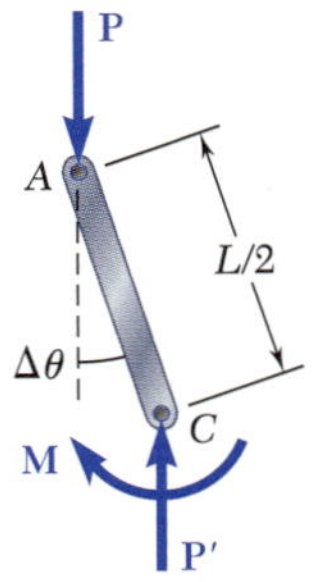


그림 9.5

사진 9.1 좌굴이 일어난 기둥

로 당겨오려는 스프링에 의한 우력 **M**으로 구성된다. 스프링의 처짐각은 $2\ \Delta\theta$이므로, 우력 **M**의 모멘트는 $M = K(2\ \Delta\theta)$이다. 두 번째 우력의 모멘트가 첫 번째 우력의 모멘트보다 크면, 이 계는 최초의 평형 위치로 복귀하려고 할 것이며 이 계는 안정한 것이다. 첫 번째 우력의 모멘트가 두 번째 우력의 모멘트보다 크면, 이 계는 최초의 평형 위치로부터 멀어지려고 할 것이며 이 계는 불안정한 것이다. 두 우력이 서로 같게 되는 하중의 값을 **임계하중**(*critical load*)이라고 부르며 $P_{cr}$로 표기한다.

$$P_{cr}(L/2)\sin\Delta\theta = K(2\ \Delta\theta) \tag{9.1}$$

$\sin\Delta\theta \approx \Delta\theta$이므로

$$P_{cr} = 4K/L \tag{9.2}$$

분명히 이 계는 $P < P_{cr}$이면 안정하며, $P > P_{cr}$이면 불안정하다.

$P > P_{cr}$의 하중이 그림 9.3의 두 봉에 작용하고 이 계가 교란되었다고 가정하자. $P > P_{cr}$이므로 이 계는 수직선으로부터 멀어지게 되며, 약간 진동한 다음에 새로운 평형 위치에 자리잡게 된다(그림 9.6*a*). 자유물체 $AC$(그림 9.6*b*)의 평형을 고려하면 식 (9.1)과 비슷하면서 유한각 $\theta$를 포함하는 다음 식을 얻을 수 있다.

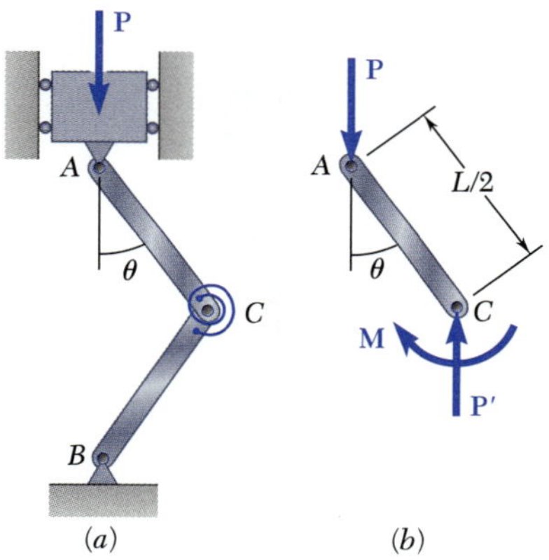

**그림 9.6** 좌굴된 상태의 기둥 모형

$$P(L/2)\sin\theta = K(2\theta)$$

또는

$$\frac{PL}{4K} = \frac{\theta}{\sin\theta} \tag{9.3}$$

그림 9.6에 표시된 평형 위치에 해당하는 $\theta$값은 식 (9.3)을 시행착오법으로 풀어서 얻을 수 있다. 양(+)의 모든 $\theta$값에 대해서 $\sin\theta < \theta$이다. 따라서 식 (9.3)은 왼쪽 변이 1보다 클 때만 0이 아닌 $\theta$값을 갖게 된다. 식 (9.2)를 참고하면 이 사실은 $P > P_{cr}$의 경우에만 성립한다. $P < P_{cr}$이면 그림 9.6에 표시된 두 번째 평형 위치는 존재하지 않을 것이며, 유일하게 가능한 평형 위치는 $\theta = 0$에 해당하는 위치가 될 것이다. 따라서 $P < P_{cr}$의 경우 $\theta = 0$는 안정 위치임에 틀림없다.

이상과 같은 관찰은 일반적으로 구조물과 기계시스템에 적용되며 탄성기둥의 안정을 논의하게 되는 다음 절에서 이용될 것이다.

## 9.3 양단이 핀으로 지지된 기둥의 오일러 공식

앞 절에서 고려한 기둥 $AB$(그림 9.1)에서 하중 **P**의 임계값, 즉 그림 9.1에 표시된 위치가 안정을 잃게 되는 하중의 $P_{cr}$ 값을 구하고자 한다. 만일 $P > P_{cr}$이면 극히

작은 어긋남이나 교란도 기둥으로 하여금 좌굴을 일으키게 할 것이다. 즉 그림 9.2에 표시된 바와 같이 구부러진 형상이 될 것이다.

여기서 그림 9.2와 같은 모양으로 될 수 있는 조건을 구하고자 하는 것이다. 기둥은 수직 위치로 놓여 축하중을 받는 보와 같으므로 $x$를 기둥의 $A$단으로부터 탄성곡선의 점 $Q$까지의 거리, $y$를 그 점의 처짐으로 하여 8장과 같은 방법으로 진행한다(그림 9.7$a$). $x$축은 수직하향, $y$축은 수평 오른편을 (+)로 취했다. 자유물체 $AQ$(그림 9.7$b$)의 평형을 고려하면, $Q$에서 굽힘모멘트는 $M = -Py$이다. 이 $M$의 값을 8.3절의 식 (8.4)에 대입하면 다음과 같다.

$$\frac{d^2y}{dx^2} = \frac{M}{EI} = -\frac{P}{EI}y \tag{9.4}$$

또는 마지막 항을 이항하면,

$$\frac{d^2y}{dx^2} + \frac{P}{EI}y = 0 \tag{9.5}$$

이 식은 상수계수를 가진 2계 선형제차미분방정식이다.

$$p^2 = \frac{P}{EI} \tag{9.6}$$

로 두면 식 (9.5)는 다음과 같이 나타낼 수 있다.

$$\frac{d^2y}{dx^2} + p^2y = 0 \tag{9.7}$$

이 식은 독립변수가 시간 $t$ 대신에 거리 $x$라는 것을 제외하면 단순조화진동에 대한 미분방정식과 똑같다. 식 (9.7)의 일반해는 다음과 같다.

$$y = A\sin px + B\cos px \tag{9.8}$$

이 식으로부터 $d^2y/dx^2$을 계산하고 식 (9.7)에 $d^2y/dx^2$와 $y$를 대입하면 해라는 것을 쉽게 확인할 수 있다.

이 기둥의 $A$단과 $B$단에서 만족되어야 하는 경계 조건(그림 9.7$a$)을 고려하면, 식 (9.8)에 $x = 0$에서 $y = 0$이라는 조건을 적용하면 $B = 0$를 구하게 된다. 식 (9.8)에 $x = L$에서 $y = 0$이라는 조건을 대입하면 다음과 같이 된다.

$$A\sin pL = 0 \tag{9.9}$$

이 식은 $A = 0$이거나 $\sin pL = 0$일 때 만족된다. $A = 0$이 만족되면 식 (9.8)에서 $y = 0$으로 되고, 이 기둥은 직선이 된다(그림 9.1). $\sin pL = 0$이 만족되기 위해서

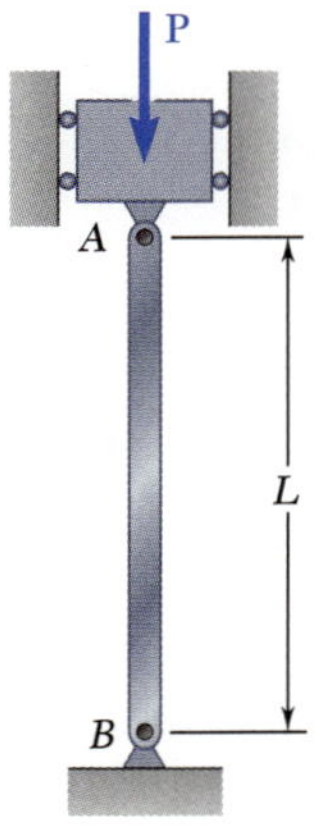


**그림 9.1**
기둥(반복)

**그림 9.2**
좌굴된 기둥(반복)

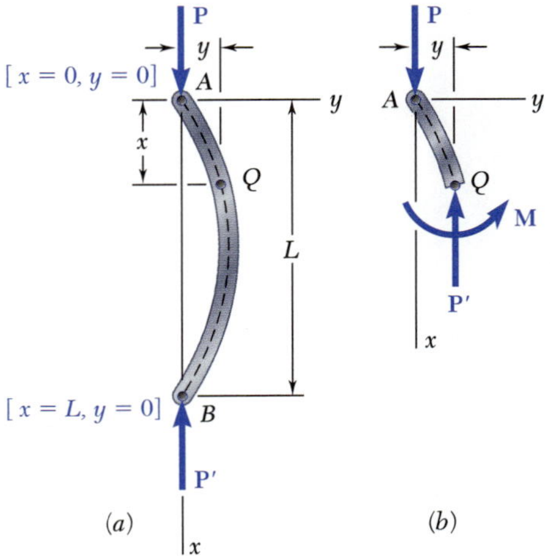


**그림 9.7** 좌굴된 상태의 기둥

$pL = n\pi$ 이어야 하며 식 (9.6)에 $p$를 대입하고 $P$에 대하여 풀면,

$$P = \frac{n^2\pi^2EI}{L^2} \tag{9.10}$$

식 (9.10)에 의해서 정의된 $P$값 중에서 제일 작은 값은 $n = 1$에 해당하는 것이다. 따라서 다음과 같이 나타낼 수 있다.

$$P_{\mathrm{cr}} = \frac{\pi^2EI}{L^2} \tag{9.11}$$

이 식은 **오일러 공식**(*Euler formula*)이라고 알려져 있으며, 스위스의 수학자 Leonhard Euler(1707–1783) 이름에서 유래한 것이다. 식 (9.6)의 $P$에 위의 식을 대입하고, 여기서 얻은 $p$를 식 (9.8)에 대입한 다음 $B = 0$를 고려하면 다음 식을 얻는다.

$$y = A\sin\frac{\pi x}{L} \tag{9.12}$$

이 식은 기둥이 좌굴된 후의 탄성곡선방정식이다(그림 9.2). 이 식에서 최대처짐 $y_{\mathrm{m}} = A$는 아직도 미지수임을 유의해야 한다. 이는 미분방정식 (9.5)가 탄성곡선에 대한 지배 미분방정식의 선형화된 근사식이기 때문이다.[†]

$P < P_{\mathrm{cr}}$이라면 조건 $\sin pL = 0$는 만족될 수 없으며, 식 (9.12)의 해는 존재하지 않는다. 따라서 $A = 0$이 되어야 하고, 유일하게 가능한 기둥의 형상은 직선이다. 따라서 $P < P_{\mathrm{cr}}$에 대하여 그림 9.1의 직선 형상은 안정하다.

원형 또는 정사각형 단면을 갖는 기둥의 경우 관성 모멘트 $I$는 어느 도심축에 대해서도 같으므로 (기둥의 단 연결부에 의해 주어지는 구속을 제외하면) 어느 평면에서나 똑같이 좌굴될 가능성이 있다. 다른 형상의 단면에 대한 임계하중은 식 (9.11)에 $I = I_{\max}$를 사용하여 구해야 한다. 이 경우 좌굴은 상응하는 관성의 주축에 수직인 평면에서 발생하게 된다.

임계하중에 대응하는 응력의 값을 임계응력(critical stress)이라고 하며 $\sigma_{\mathrm{cr}}$로 표기한다. 식 (9.11)에서 $I = Ar^2$을 대입하면 다음과 같이 된다.

$$\sigma_{\mathrm{cr}} = \frac{P_{\mathrm{cr}}}{A} = \frac{\pi^2EAr^2}{AL^2}$$

여기서 $A$는 단면적이고 $r$은 회전반지름(radius of gyration)이다. 따라서 임계응력 $\sigma_{\mathrm{cr}}$은 다음과 같이 나타낼 수 있다.

† 8.3절에서 구한 $d^2y/dx^2 = M/EI$ 은 보의 기울기 $dy/dx$를 무시할 수 있고, 식 (8.3)에 주어진 보의 곡률에 대한 정확한 표현을 $1/\rho = d^2y/dx^2$ 으로 대체할 수 있다는 가정 하에서 구한 것임을 상기하자.

$$\sigma_{cr} = \frac{\pi^2 E}{(L/r)^2} \tag{9.13}$$

$L/r$을 기둥의 **세장비**(*slenderness ratio*)라고 한다. 기둥에서 세장비와 임계응력을 계산할 때는 회전반경 $r$의 최솟값을 사용해야 함은 위에서 설명한 바와 같다.

식 (9.13)에 의하면, 임계하중은 재료의 탄성계수에 비례하고 기둥의 세장비의 제곱에 반비례한다. $E = 200$ GPa, $\sigma_Y = 250$ MPa로 가정하였을 때 구조용 강에 대한 $\sigma_{cr} - L/r$ 곡선이 그림 9.8에 표시되어 있다. 이 곡선에서 안전계수가 사용되어 않았다는 사실을 명심해야 한다. 또한 식 (9.13)이나 그림 9.8에서 구한 $\sigma_{cr}$의 값이 항복강도 $\sigma_Y$보다 크면, 기둥은 압축에서 항복하여 좌굴되기 전에 탄성거동을 멈추기 때문에 이 $\sigma_{cr}$의 값은 별 의미가 없다.

지금까지 논의한 기둥의 거동에 대한 해석은 하중이 완전히 정렬된 중심축하중이라는 기초하고 있다. 실제로 이러한 경우는 거의 없으며, 하중에 대한 편심의 영향을 고려할 필요가 있다. 이 접근법을 사용하면 길고 가느다란 기둥의 좌굴파손으로부터 짧고 뭉툭한 기둥의 압축파손으로 순조롭게 전환할 수 있다. 또한 이 방법은 기둥의 세장비와 기둥을 파괴시키는 하중 사이의 관계에 대하여 더 실제적인 정보를 제공한다.

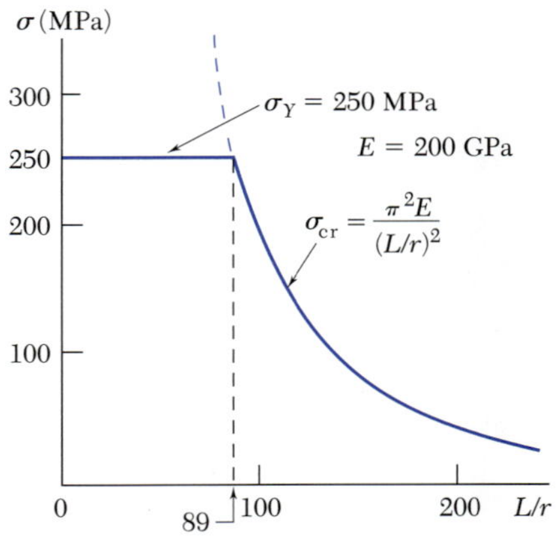


그림 9.8 임계 응력의 곡선

**예제 9.1**

길이 2 m이고 양단이 핀으로 연결된 정사각형 단면의 목재기둥이 있다. $E = 13$ GPa, $\sigma_{all} = 12$ MPa로 가정하고, 좌굴에 대한 오일러 임계하중 계산시에 안전계수 2.5를 사용하여 이 기둥이 (*a*) 100 kN 하중과 (*b*) 200 kN 하중을 각각 안전하게 지지하기 위한 기둥 단면의 크기를 결정하시오.

**풀이**

**(a) 100 kN 하중에 대하여.** 주어진 안전계수를 사용하여 오일러 공식 (9.11)에 다음 값을 대입하고 $I$에 관하여 푼다.

$$P_{cr} = 2.5(100 \text{ kN}) = 250 \text{ kN} \qquad L = 2 \text{ m} \qquad E = 13 \text{ GPa}$$

오일러의 공식 (9.11)으로 $I$를 구하면

$$I = \frac{P_{cr}L^2}{\pi^2 E} = \frac{(250 \times 10^3 \text{ N})(2 \text{ m})^2}{\pi^2(13 \times 10^9 \text{ Pa})} = 7.794 \times 10^{-6} \text{ m}^4$$

한 변이 $a$인 정사각형에 대해서 $I = a^4/12$이므로 다음과 같이 나타낼 수 있다.

$$\frac{a^4}{12} = 7.794 \times 10^{-6} \text{ m}^4 \qquad a = 98.3 \text{ mm} \approx 100 \text{ mm}$$

기둥에서의 수직응력값은

$$\sigma = \frac{P}{A} = \frac{100\ \text{kN}}{(0.100\ \text{m})^2} = 10\ \text{MPa}$$

$\sigma$는 허용응력보다 더 작기 때문에 100 × 100 단면은 적합하다.

**(b) 200 kN 하중에 대하여.** 식 (9.11)을 $I$에 대하여 풀고, $P_{cr} = 2.5(200) = 500$ kN을 대입하면

$$I = 15.588 \times 10^{-6}\ \text{m}^4$$

$$\frac{a^4}{12} = 15.588 \times 10^{-6} \qquad a = 116.95\ \text{mm}$$

수직응력의 값은

$$\sigma = \frac{P}{A} = \frac{200\ \text{kN}}{(0.11695\ \text{m})^2} = 14.62\ \text{MPa}$$

이 값은 허용응력보다 크기 때문에 위에서 구한 치수는 수용할 수 없으며 단면을 압축 저항력에 기초하여 다시 선택해야 한다.

$$A = \frac{P}{\sigma_{all}} = \frac{200\ \text{kN}}{12\ \text{MPa}} = 16.67 \times 10^{-3}\ \text{m}^2$$

$$a^2 = 16.67 \times 10^{-3}\ \text{m}^2 \qquad a = 129.1\ \text{mm}$$

130 × 130 mm의 단면적이 적합하다.

## 9.4 기타 단부조건을 갖는 기둥의 오일러 공식

앞 절에서는 양단이 핀 연결된 기둥에 대하여 오일러 공식 (9.11)을 유도하였다. 다른 단부조건(*end condition*)을 갖는 기둥에 대한 임계하중 $P_{cr}$을 결정하는 방법을 살펴보자.

자유단 $A$에서 하중 **P**를 지지하고 다른 단은 고정단 $B$로 된 기둥의 경우에(그림 9.9*a*), 이 기둥은 핀 연결된 기둥의 상반부처럼 거동함을 알 수 있다(그림 9.9*b*). 그림 9.9*a*의 기둥에 대한 임계하중은 그림 9.9*b*의 핀 연결된 기둥에 대한 임계하중과 같고 오일러 공식 (9.11)에 $L$ 대신에 이 기둥의 실제길이의 2배를 사용하여 구할 수 있다. 그림 9.9에서 기둥의 유효길이 $L_e$는 $2L$과 같으며 $L_e = 2L$을 오일러 공식에 대입하면, 임계하중은 다음 식과 같다.

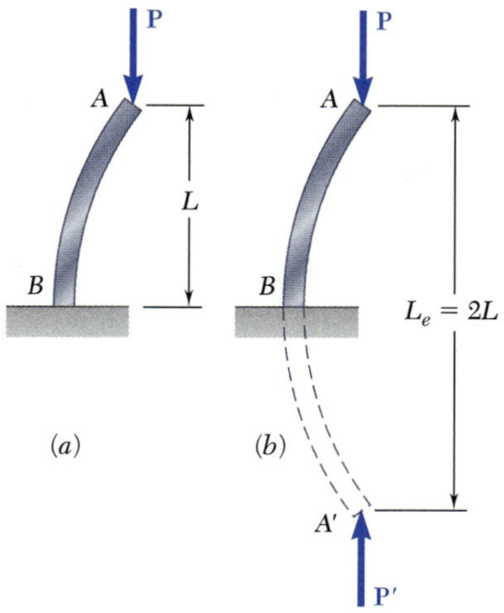

그림 9.9 자유단을 갖는 기둥

$$P_{cr} = \frac{\pi^2 EI}{L_e^2} \tag{9.11′}$$

임계응력은 다음 식으로 주어진다.

$$\sigma_{cr} = \frac{\pi^2 E}{(L_e/r)^2} \tag{9.13'}$$

$L_e/r$을 기둥의 **유효세장비**라고 하며, 그림 9.9의 기둥의 경우 $2L/r$과 같다.

다음으로 양단 $A$와 $B$가 고정되어 있고 하중 **P**를 지지하는 기둥을 고려하자(그림 9.10). 중앙점 $C$를 통하는 수평축에 관해서 지지점과 하중이 대칭이므로 중앙점 $C$의 전단력과 $A$와 $B$의 반력의 수평성분은 0이어야 한다(그림 9.11).

지점 $A$와 하반부 $CB$가 기둥의 상반부 $AC$에 부과한 구속은 똑같다(그림 9.12). 그러므로 $AC$ 부분은 그 중앙점 $D$에 관해서 대칭이어야 하며 이 점은 굽힘모멘트가 0이 되는 변곡점이다. 같은 이유로 하반부의 중앙점 $E$에서의 굽힘모멘트도 0이어야 한다(그림 9.13$a$). 핀 연결된 기둥의 양단에서 굽힘모멘트가 0이므로 그림 9.13$a$의 기둥의 $DE$ 부분은 핀 연결된 기둥과 같이 거동해야 한다(그림 9.13$b$). 따라서 양단이 고정된 기둥의 유효길이는 $Le = L/2$이다.

고정단 $B$와 핀 연결된 단 $A$를 갖는 기둥이 하중 **P**를 지지하는 경우에는(그림 9.14), 탄성곡선의 미분방정식을 풀고 이로부터 기둥의 유효길이를 결정해야 된다. 기둥 전체에 대한 자유물체도로부터(그림 9.15), 축하중 **P**뿐만 아니라 수평력 **V**가 $A$에서 작용하고 있으며 **V**는 정역학적으로 미지수임을 유의할 필요가 있다. 기둥의 $AQ$ 부분(그림 9.16)에 관한 자유물체도로부터 $Q$에서의 굽힘모멘트는 다음과 같다.

$$M = -Py - Vx$$

이 값을 8.3절의 식 (8.4)에 대입하면 다음과 같이 된다.

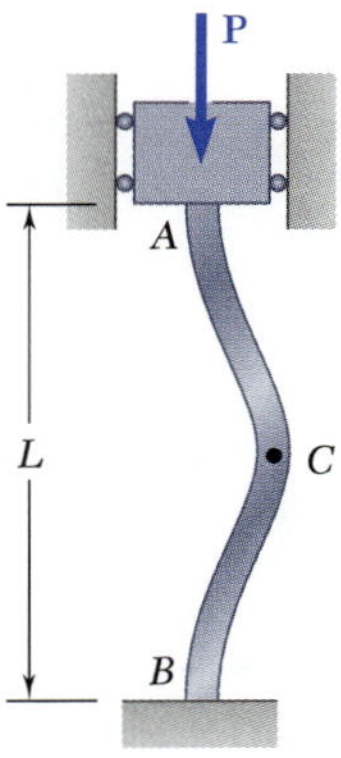

그림 9.10 고정단을 갖는 기둥

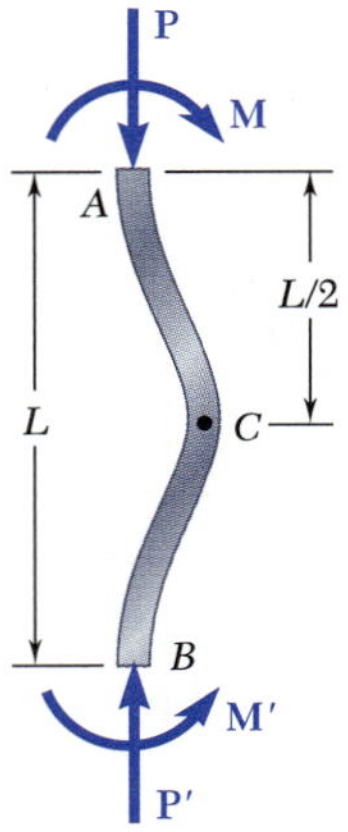

그림 9.11 고정단을 갖는 기둥의 좌굴된 형태

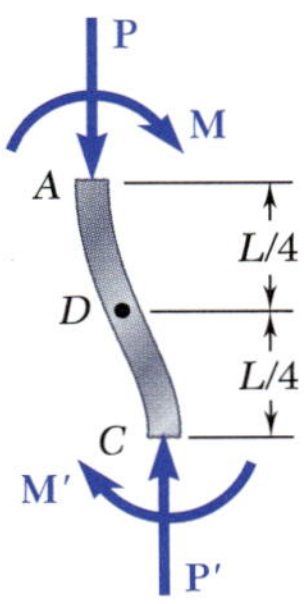

그림 9.12

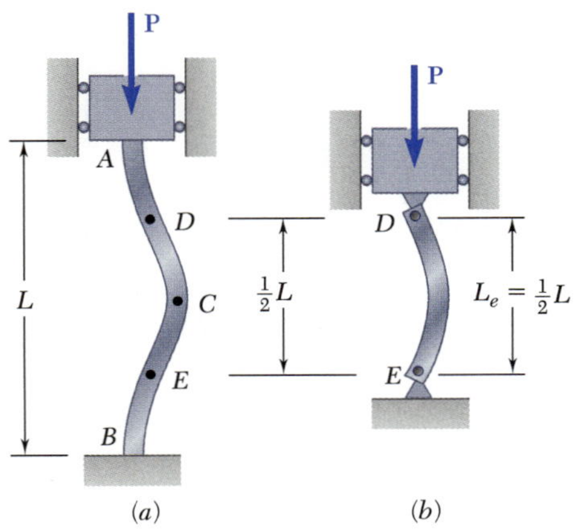

그림 9.13

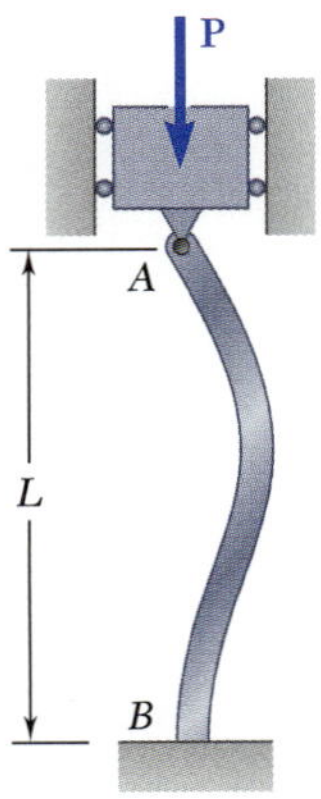

그림 9.14 고정단과 핀 연결된 단을 갖는 기둥

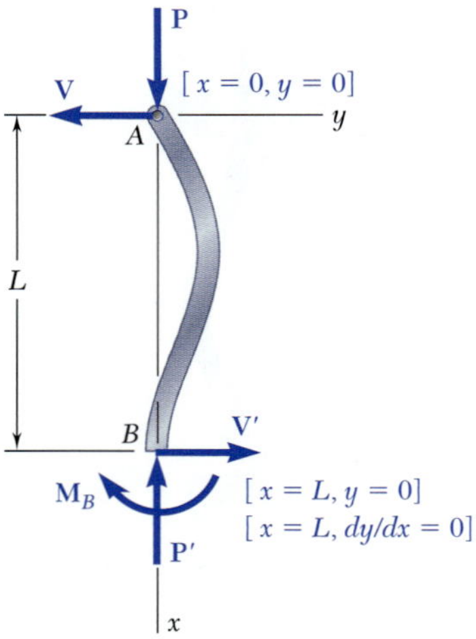


**그림 9.15**

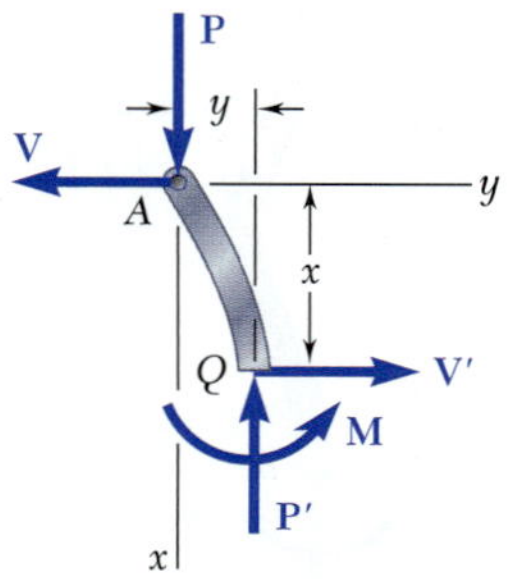


**그림 9.16**

$$\frac{d^2y}{dx^2} = \frac{M}{EI} = -\frac{P}{EI}y - \frac{V}{EI}x$$

$y$를 포함한 항을 이항하고 (9.3)절에서와 같이 다음 관계를 설정하면

$$p^2 = \frac{P}{EI} \tag{9.6}$$

다음 식을 얻을 수 있다.

$$\frac{d^2y}{dx^2} + p^2y = -\frac{V}{EI}x \tag{9.14}$$

이 식은 상수계수를 가진 2계 선형비제차미분방정식이다. 식 (9.7)과 (9.14)의 좌변이 같기 때문에 식 (9.14)의 일반해는 식 (9.14)의 특이해를 식 (9.7)의 해인 식 (9.8)에 더함으로써 얻을 수 있다. 식 (9.14)의 특이해는 다음과 같다.

$$y = -\frac{V}{p^2EI}x$$

또는 식 (9.6)을 상기하면

$$y = -\frac{V}{P}x \tag{9.15}$$

해 (9.8)과 (9.15)를 더하면 식 (9.14)의 일반해는 다음과 같다.

$$y = A \sin px + B \cos px - \frac{V}{P}x \tag{9.16}$$

상수 $A$와 $B$, 미지의 수평력 **V**의 크기 $V$는 그림 9.15에 주어진 경계 조건으로부터 구할 수 있다. 우선 식 (9.16)에서 $x = 0$에서 $y = 0$이어야 하므로 $B = 0$임을 알 수 있다. 다음에는 $x = L$에서 $y = 0$이어야 하므로 다음과 같이 된다.

$$A \sin pL = \frac{V}{P}L \tag{9.17}$$

$dy/dx$를 계산하면

$$\frac{dy}{dx} = Ap \cos px - \frac{V}{P}$$

$x = L$에서 $dy/dx = 0$이어야 하므로 다음 결과를 얻는다.

$$Ap \cos pL = \frac{V}{P} \tag{9.18}$$

식 (9.17)을 항별로 식 (9.18)로 나누면, 식 (9.16)의 해는 오직 다음 조건에서만 존재할 수 있다.

$$\tan pL = pL \tag{9.19}$$

이 식을 시행착오법으로 풀면 식 (9.19)를 만족시키는 $pL$의 최솟값은 다음과 같다.

$$pL = 4.4934 \tag{9.20}$$

식 (9.6)에 식 (9.20)으로부터 구한 $p$값을 대입하고 $P$에 대하여 풀면, 그림 9.14의 기둥에 대한 임계하중을 얻을 수 있다.

$$P_{cr} = \frac{20.19EI}{L^2} \tag{9.21}$$

이 기둥의 유효길이는 식 (9.11′)과 (9.21)의 우변을 같게 둠으로써 얻을 수 있다.

$$\frac{\pi^2 EI}{L_e^2} = \frac{20.19EI}{L^2}$$

$L_e$에 관해 풀면, 일 단은 고정이고 다른 단은 핀 연결된 기둥의 유효길이는 $L_e = 0.699\,L \approx 0.7\,L$임을 알 수 있다.

이 절에서 고려한 여러 가지 단부조건에 해당하는 유효길이를 그림 9.17에 도시하였다.

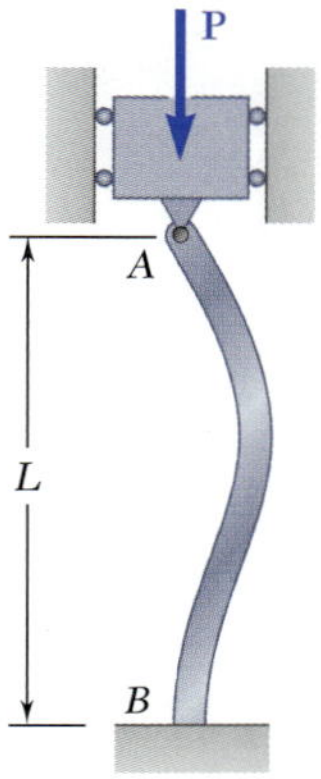


그림 9.14 (반복)

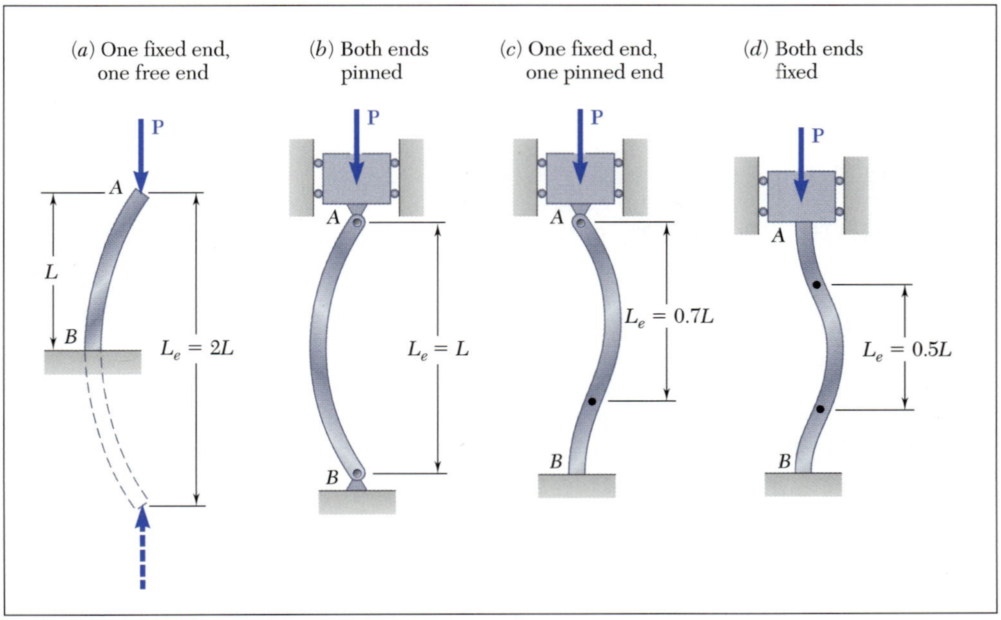


그림 9.17 여러가지 단부 조건에 대한 기둥의 유효길이

## 기초문제 9.1

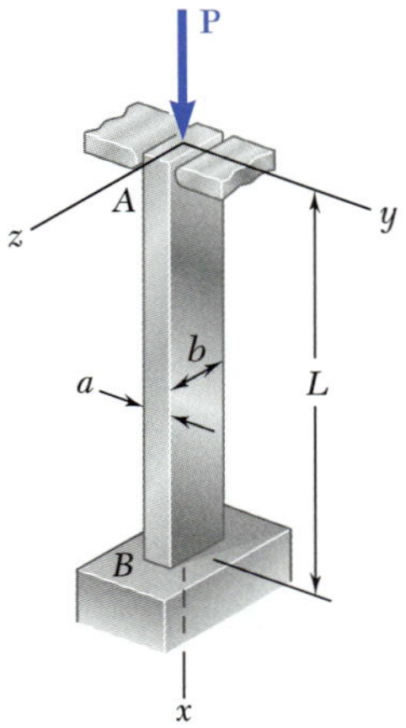


길이 $L$인 직사각형 단면의 알루미늄 기둥이 $B$단에서 고정되고 $A$단에서 중심축하중 $P$를 받고 있다. 두 개의 매끄러운 고정판이 기둥의 한 대칭 수직 평면에서는 $A$단을 움직이지 못하도록 구속하고 있으며 다른 평면에서는 움직일 수 있도록 되어 있다. (*a*) 좌굴에 대하여 가장 효과적인 단면의 두 변의 비 $a/b$를 결정하시오. (*b*) $L = 0.5$ m, $E = 70$ GPa, $P = 20$ kN이고 안전계수가 2.5일 때, 이 기둥의 가장 효율적인 단면을 설계하시오.

### 풀이

**$xy$ 평면에서의 좌굴.** 그림 9.17을 참고하여 $xy$ 평면에서 좌굴에 대한 기둥의 유효길이는 $L_e = 0.7\,L$이다. 단면의 회전반경 $r_z$는 다음과 같이 구해진다.

$$I_x = \tfrac{1}{12}ba^3 \quad A = ab$$

이므로 $I_z = Ar_z^2$

$$r_z^2 = \frac{I_z}{A} = \frac{\frac{1}{12}ba^3}{ab} = \frac{a^2}{12} \qquad r_z = a/\sqrt{12}$$

$xy$ 평면에서 좌굴에 관한 기둥의 유효세장비는 다음과 같다.

$$\frac{L_e}{r_z} = \frac{0.7L}{a/\sqrt{12}} \tag{1}$$

**$xz$ 평면에서의 좌굴.** $xz$ 평면에서 좌굴에 대한 기둥의 유효길이는 $L_e = 2L$이며, 이때의 회전반경은 $r_y = b/\sqrt{12}$ 이다. 그러므로

$$\frac{L_e}{r_y} = \frac{2L}{b/\sqrt{12}} \tag{2}$$

**(a) 가장 효율적인 설계.** 가장 효율적인 설계는 두 가지의 가능한 좌굴 형태에 상응하는 임계응력이 같을 때이다. 식 (9.13′)를 참고하면 위에서 구한 두 개의 유효세장비의 값이 같은 경우가 된다. 따라서 다음과 같이 나타낼 수 있다.

$$\frac{0.7L}{a/\sqrt{12}} = \frac{2L}{b/\sqrt{12}}$$

$a/b$비에 관하여 풀면,

$$\frac{a}{b} = \frac{0.7}{2} \qquad \frac{a}{b} = 0.35 \quad ◀$$

**(b) 주어진 데이터에 대한 설계.** 안전계수 $F.S. = 2.5$이므로

$$P_{cr} = (F.S.)P = (2.5)(20\text{ kN}) = 50\text{ kN}$$

$a = 0.35b$ 이므로 $A = ab = 0.35b^2$이다. 따라서

$$\sigma_{cr} = \frac{P_{cr}}{A} = \frac{50\,000\text{ N}}{0.35b^2}$$

식 (2)에 $L = 0.5$ m를 대입하면 $L_e/r_y = 3.464/b$가 된다. $E$, $L_e/r$와 $\sigma_{cr}$를 식 (9.13′)에 대입하면 다음 결과를 얻는다.

$$\sigma_{cr} = \frac{\pi^2 E}{(L_e/r)^2} \qquad \frac{50\,000\text{ N}}{0.35b^2} = \frac{\pi^2(70\times10^9\text{ Pa})}{(3.464/b)^2}$$

$$b = 39.7\text{ mm} \qquad a = 0.35b = 13.89\text{ mm} \quad ◀$$

## P9A 연습문제

**9.1** 강체봉(rigid bar) $AB$의 $A$단에 있는 스프링의 스프링상수가 $k$일 때 임계하중 $P_{cr}$을 구하시오.

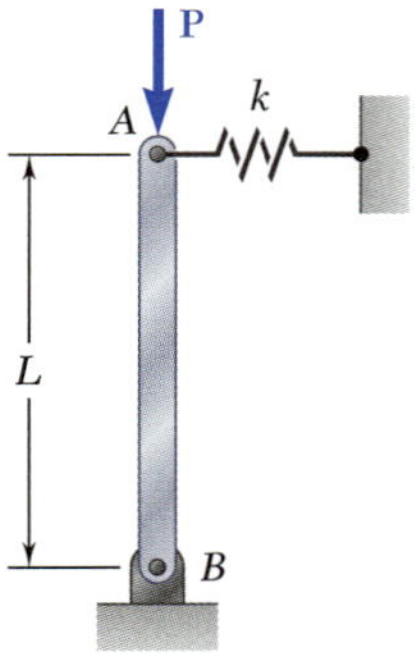


그림 P9.1

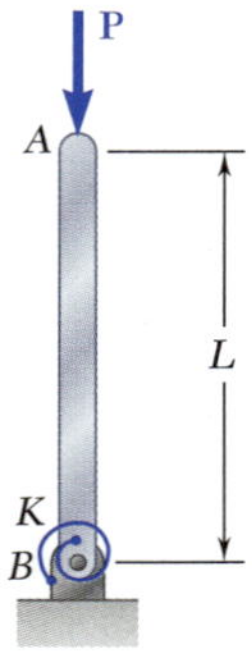


그림 P9.2

**9.2** 강체봉 $AB$의 $B$단에 있는 비틀림 스프링의 스프링상수가 $K$일 때 임계하중 $P_{cr}$을 구하시오.

**9.3** 강체봉 $AD$가 스프링상수 $k$인 두 개의 스프링에 연결되어 있고 평형상태를 이루고 있다. 크기가 같고 방향은 반대인 힘 $P$와 $P9$가 수평력으로 작용할 때, 임계하중 $P_{cr}$의 크기를 결정하시오.

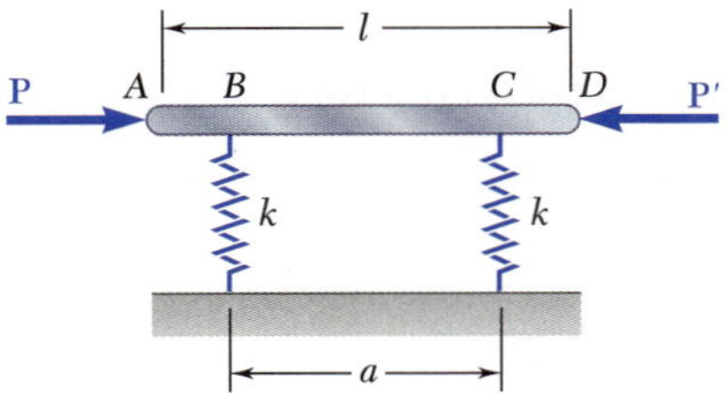


그림 P9.3

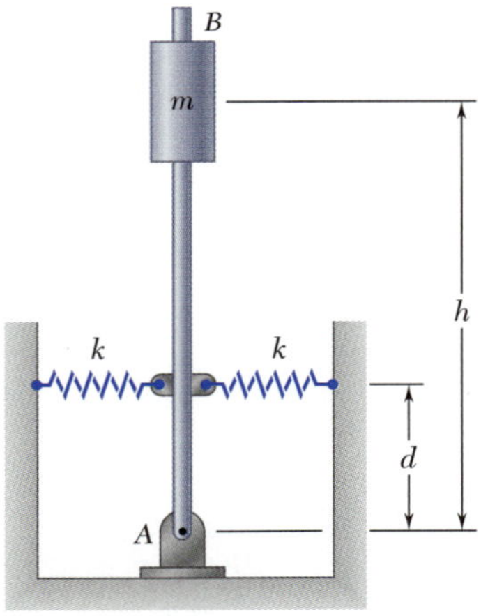


그림 P9.4

**9.4** 강체봉 $AB$는 $A$점에 힌지되어 있고 스프링상수가 $k$인 두 개의 스프링으로 연결되어 있다. $h = 450$ mm, $d = 300$ mm 그리고 m = 200 kg일 때 강체봉 $AB$가 안정적이기 위한 스프링상수 $k$의 범위를 결정하시오. 이때 스프링은 인장 압축방향으로 운동한다.

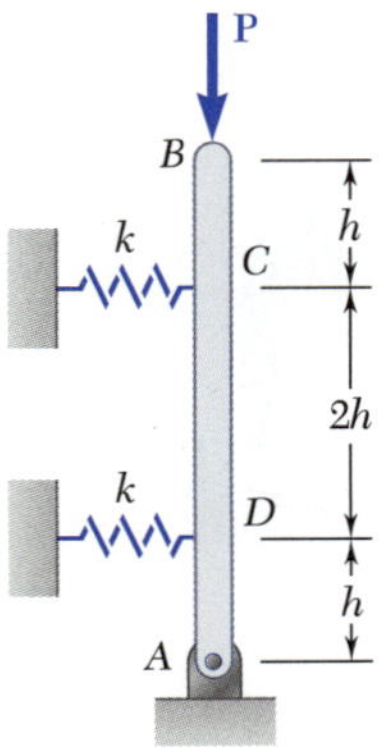


그림 P9.5

**9.5** 강체봉 $AB$가 $A$점에서의 힌지와 상수 $k = 30$ kN/m인 두 개의 스프링에 연결되어 있다. 스프링은 압축 및 인장 방향으로 변형할 수 있다. $h = 0.6$ m일 때, 임계하중을 구하시오.

**9.6** 지름이 30 mm의 황동 봉으로 만든 유효길이 1.5-m의 압축 부재가 있다. 25%의 중량을 줄이기 위해 봉을 중공 단면의 봉으로 교체하였다. (*a*) 임계하중의 감소비를 구하시오. (*b*) 중공 봉의 임계하중을 구하시오. 단, 탄성계수는 $E$ = 105 GPa이다.

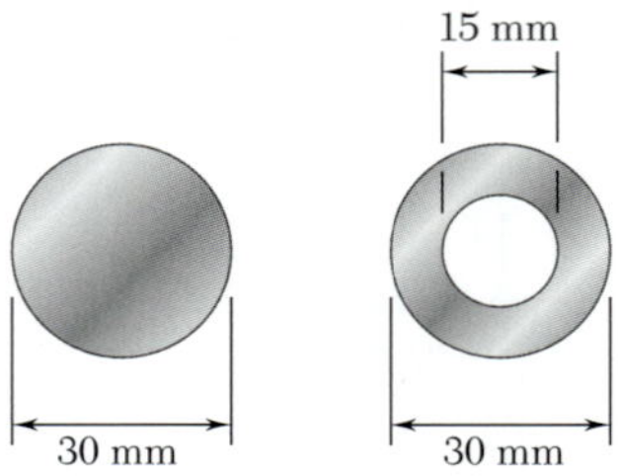


그림 P9.6

**9.7** 동일한 세 개의 판자를 그림과 같이 배열한 후 접착하여 유효길이 $L$인 기둥을 만들었다. $a$ 배치와 $b$ 배치의 임계하중에 대한 비를 구하시오.

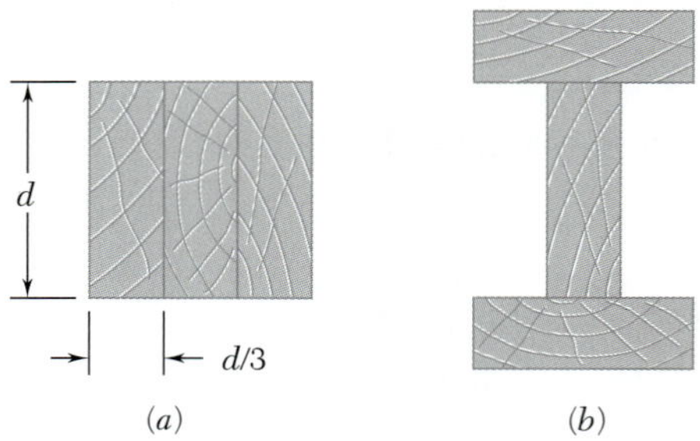


그림 P9.7

**9.8** 원형과 사각 버팀대가 같은 단면적을 가지기 위한 원형 버팀대의 반경을 구하고 각 버팀대의 임계하중을 계산하시오. 단, $E$ = 200 GPa이다.

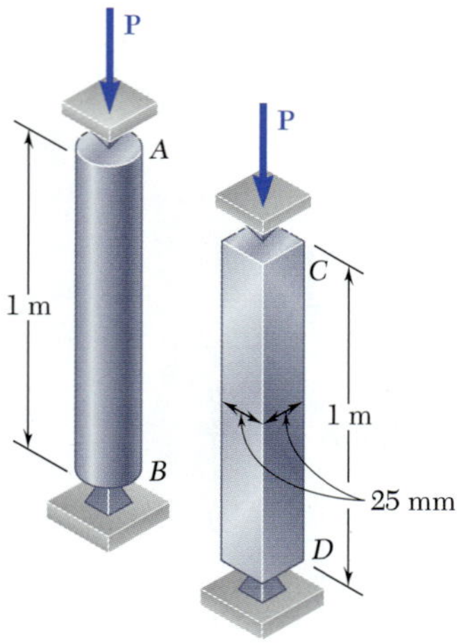


그림 P9.8

**9.9** 유효길이 8.2 m인 두 개의 압축 부재(C200 × 17.1 강재)가 그림과 같이 봉(bar)으로 연결되어 있다. 안전계수가 1.85일 때 허용 가능한 중심축하중을 구하시오. 단, $E$ = 200 GPa, $d$ = 100 mm이다.

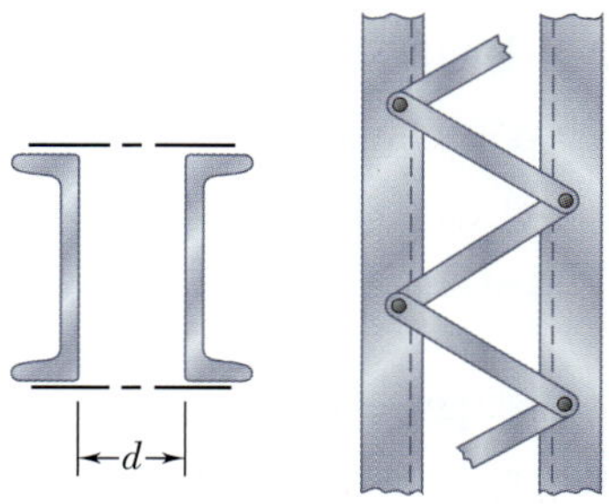


그림 P9.9

**9.10** 안전계수가 2.6일 때 그림에 주어진 구조물에 작용할 수 있는 최대응력 **P**를 구하시오. 단, $E$ = 200 GPa이고 구조물의 평면 좌굴만을 고려한다.

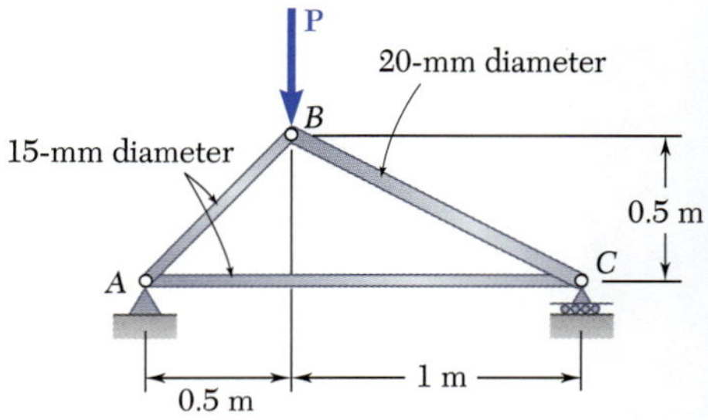


그림 P9.10

**9.11** 다섯 개의 버팀대(strut)들은 각각 강재 중실봉으로 되어 있다. (*a*) 그림 (1)의 버팀대 직경이 20 mm일 때, 좌굴을 고려하여 그림과 같이 주어진 하중에 대한 안전계수를 구하시오. (*b*) (*a*)에서 구한 안전계수를 이용하여 다른 버팀대들의 지름을 구하시오. 단, $E$ = 200 GPa이다.

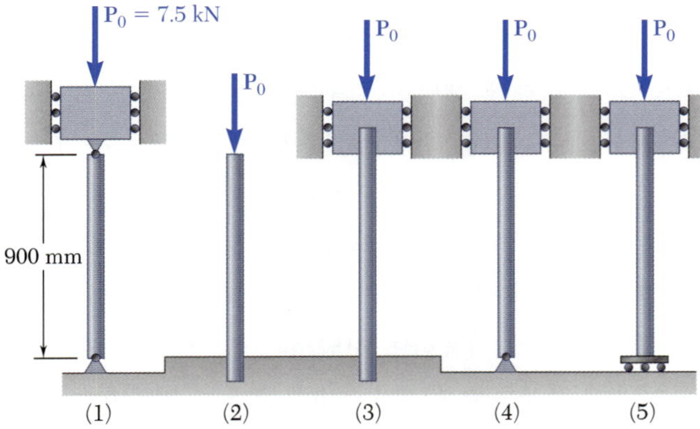


그림 P9.11

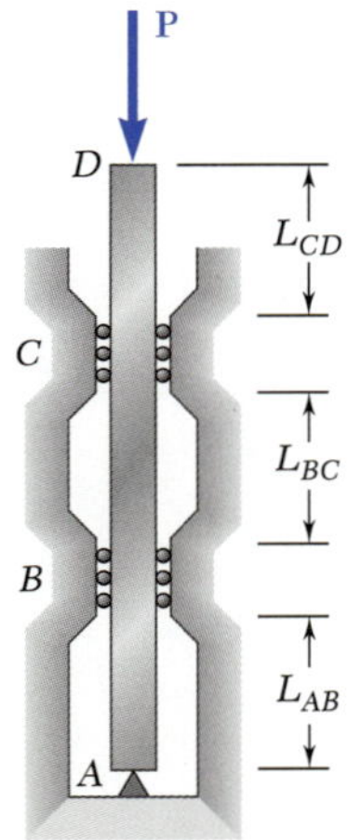


그림 P9.12

**9.12** 한 변의 길이가 32 mm인 정사각형 단면의 알루미늄 버팀대가 $A$점에서 핀으로 연결되어 있고 그림의 평면 내에서의 회전을 방지하기 위해 $B$점과 $C$점에서 여러 개의 롤러로 지지되어 있다. $L_{AB}$ = 1.4 m일 때, (*a*) 허용하중 **P**의 값이 최대가 되게 하는 $L_{BC}$와 $L_{CD}$의 최댓값을 구하고, (*b*) 안전계수가 2.8일 때, 평면의 좌굴만을 고려하여 허용하중의 크기를 구하시오. 단, 탄성계수 $E$ = 72 GPa이다.

**9.13** 기둥 $AB$가 60 kN의 중심축하중 **P**를 받고 있다. 케이블 $BC$와 $BD$를 당겨서 점 $B$가 $x$ 평면 내에서 움직이지 못하게 하였다. 케이블의 인장을 무시하고 오일러 공식과 안전계수 2.2를 사용하여 최대 허용길이 $L$을 구하시오. $E$ = 200 GPa이다.

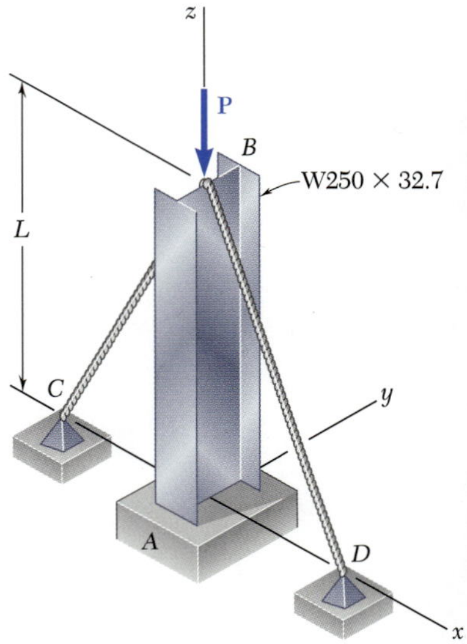


그림 P9.13

**9.14** 연습문제 9.13에서와 같이 W200 × 31.3의 형강이 지지대로 사용되었고 케이블이 정렬되어 있다. $L$ = 7 m이고 안전계수가 2.2일 때 허용 중심축하중 **P**를 구하시오. 단, 탄성계수 $E$ = 200 GPa이다.

## *9.5 중심축하중을 받는 기둥의 설계

앞 절에서 오일러 공식을 사용하여 기둥의 임계하중을 결정하였다. 모든 응력은 비례한도 이내에 있고, 기둥은 초기에 직선이고 균질하며 균일한 단면이었다. 실제 기둥은 이러한 이상적 상태에 못미치며 사실상 기둥의 설계는 수많은 실험실의 시험 결과를 반영하는 경험식에 기초하고 있다.

지난 오랜 기간에 걸쳐 여러 개의 강재 기둥에 중심축하중을 작용시켜 파괴가 발생할 때까지 하중을 증가시키는 시험을 하였다. 그러한 시험결과가 그림 9.18에 나와 있으며, 여기에 표시된 각 점의 종좌표는 파괴 시의 수직응력 $\sigma_{cr}$을, 횡좌표는 그에 상응하는 유효세장비 $L_e/r$을 나타내고 있다. 시험결과가 상당히 분산되어 있으나, 3가지의 파괴 형태에 해당하는 구역을 볼 수 있다. $L_e/r$이 큰 긴 기둥에 대해서 오일러 공식으로 파괴를 가깝게 예측할 수 있으며, $\sigma_{cr}$ 값은 사용한 강재의 $E$ 값에 의존하며 항복강도 $\sigma_Y$에는 무관하다. 아주 짧은 기둥에 대해서 파괴는 본질적으로 항복의 결과로 일어나며, $\sigma_{cr} \approx \sigma_Y$이다. 중간 길이의 기둥에 대하여 파괴는 $\sigma_Y$와 $E$ 모두에 의존한다. 이 구역에서 기둥파괴는 지극히 복잡한 양상을 보이며, 시험데이터를 광범위하게 이용하여 시방서와 설계공식의 개발이 유도된다.

허용응력이나 임계응력을 유효세장비의 항으로 표시하는 경험식이 1세기 전에 처음 도입된 이후로 개선과 향상의 과정을 거쳐 왔다. 시험 결과를 근사적으로 나타내기 위해 사용된 전형적인 경험식들이 그림 9.19에 나와 있다. $L_e/r$의 모든 값에 대하여 단일 공식을 항상 사용할 수 없다. 각각 명확한 적용 범위를 갖는 다른 공식들이 대부분의 설계 시방서에 사용된다.

각각의 경우마다 사용하려는 공식이 주어진 기둥의 $L_e/r$ 값에 적용할 수 있는지를 점검해야 된다. 더 나아가서 그 공식이 기둥의 임계응력 값을 줄 수 있는지를 결정해야 하며, 이 경우에 적절한 안전계수를 적용해야 한다. 또 그 공식이 허용응

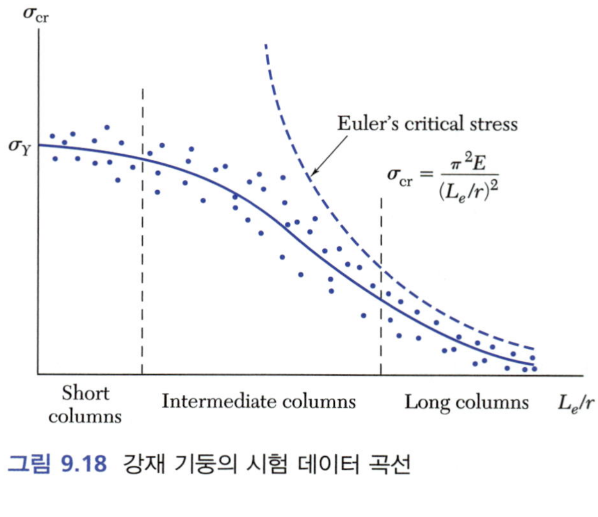


그림 9.18 강재 기둥의 시험 데이터 곡선

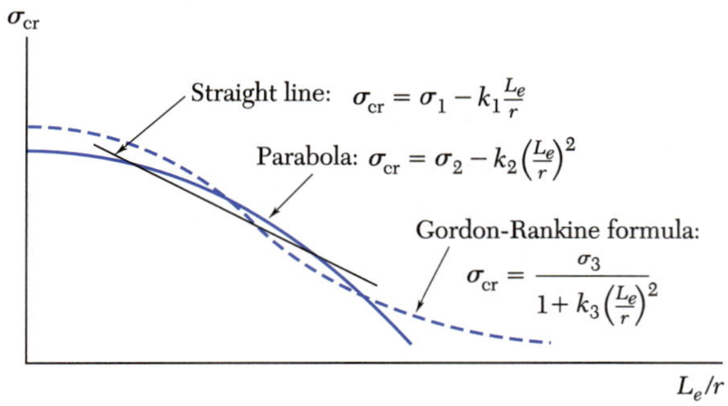


그림 9.19 기둥 임계응력의 경험식 곡선

(a)

(b)

사진 9.2 (a) 강재 기둥에 의해 지지된 물탱크, (b) 목재 기둥을 사용하여 건축된 건물

력을 직접 제공하는지를 결정해야 된다.

이제 중심축하중을 받는 강재, 알루미늄, 그리고 목재 기둥의 설계를 위한 공식을 구체적으로 살펴보기로 한다. 사진 9.2는 이러한 공식들을 사용하여 설계된 기둥의 예를 나타낸다. 허용응력 설계법(*Allowable Streae Design*)을 이용한 세 가지 다른 재료들에 대한 설계를 먼저 제시한다. 다음으로 **하중 및 저항계수 설계법**(*Load and Resistance Factor Design*)[†]에 기초한 강재 기둥의 실계에 필요한 공식을 다루도록 한다.

**구조용 강–허응응력 설계.** 중심축하중을 받는 강재 기둥에 대한 설계에 가장 널리 사용되는 공식은 미국 강구조협회 AISC(American Institute of Steel Construction)[‡]의 시방서에서 볼 수 있다. 단주와 중간주의 허응응력 $\sigma_{all}$을 예측하기 위하여 지수함수식이 사용되고, 장주에 대해서 오일러에 기초한 관계식이 사용되고 있다. 설계는 다음 두 단계로 이루어진다.

**1.** 먼저 $L/r$의 함수로 $\sigma_{cr}$의 변화를 나타내는 곡선을 구한다(그림 9.20). 이 곡선은 안전계수를 도입하지 않고 있다는 사실에 유의해야 된다.[§] 이 곡선의 $AB$ 부분은 다음 식으로 정의된다.

$$\sigma_{cr} = [0.658^{(\sigma_Y/\sigma_e)}]\sigma_Y \tag{9.22}$$

여기서

$$\sigma_e = \frac{\pi^2 E}{(L/r)^2} \tag{9.23}$$

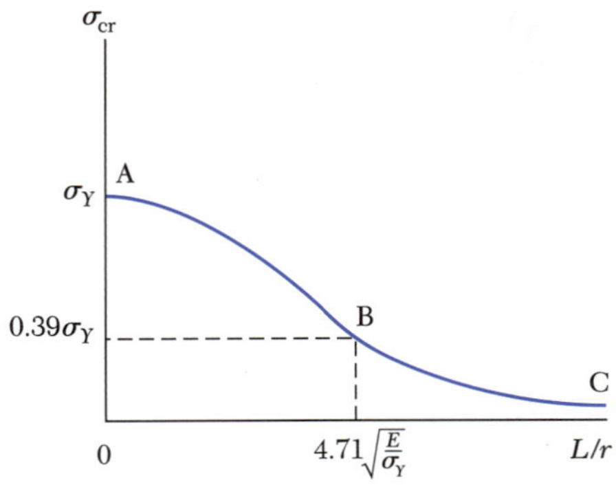


그림 9.20 강재 기둥 설계

† 특정한 설계공식에서 문자 $L$은 항상 유효길이를 의미한다.

‡ *Manual of Steel Construction*, 13th ed., American Institute of Steel Construction, Chicago, 2005.

§ 건축용 구조용 강의 시방서(*Specification for Structural Steel for Buildings*)에서 기호 $F$는 응력을 나타내기 위하여 사용된다.

$BC$ 부분은 다음 식으로 정의된다.

$$\sigma_{\text{cr}} = 0.877\sigma_e \tag{9.24}$$

식 (9.22)에서 $L/r = 0$이면 $\sigma_{\text{cr}} = \sigma_Y$인 것을 알 수 있다. 식 (9.22)과 식 (9.24)은 점 $B$에서 같게 된다. 두 식의 교점에서 세장비 $L/r$의 값은 다음과 같다.

$$\frac{L}{r} = 4.71\sqrt{\frac{E}{\sigma_Y}} \tag{9.25}$$

만약 $L/r$ 값이 식 (9.25)의 값보다 작을 때 $\sigma_{\text{cr}}$은 식 (9.22)에 의해서 결정되고, $L/r$ 값이 클 때 $\sigma_{\text{cr}}$은 식 (9.24)에 의해서 결정된다. 식 (9.25)에 명시된 세장비 $L/r$에 의한 응력 $\sigma_e = 0.44\,\sigma_Y$가 되고, 식 (9.24)를 사용하면 $\sigma_{\text{cr}} = 0.877(0.44\,\sigma_Y) = 0.39\,\sigma_Y$가 된다.

**2.** 최종적인 AISC 설계공식을 구하기 위하여 안전계수를 도입한다. 시방서에 명시된 안전계수는 1.67이다. 따라서 다음과 같이 나타낼 수 있다.

$$\sigma_{\text{all}} = \frac{\sigma_{\text{cr}}}{1.67} \tag{9.26}$$

이 공식은 SI 국제단위로 사용될 수 있다.

식 (9.22), (9.24), (9.25), 그리고 (9.26)를 사용하여 주어진 강재 등급과 주어진 $L/r$ 값에 대하여 허용축응력을 결정할 수 있다는 사실을 알았다. 그 과정은 먼저 식 (9.25)로부터 두 식의 교차점에서의 $L/r$ 값을 계산한다. $L/r$이 식 (9.25)의 값보다 작은 경우에는 식 (9.22)과 식 (9.26)에 의해서 $\sigma_{\text{all}}$을 계산하고, $L/r$이 식 (9.25)의 값보다 큰 경우에는 식 (9.24)과 식 (9.26)에 의해서 $\sigma_{\text{all}}$을 계산한다. 서로 다른 등급의 구조용 강에 대하여 $\sigma_e$의 변화를 $L/r$의 함수로 그림 9.21에 나타냈다.

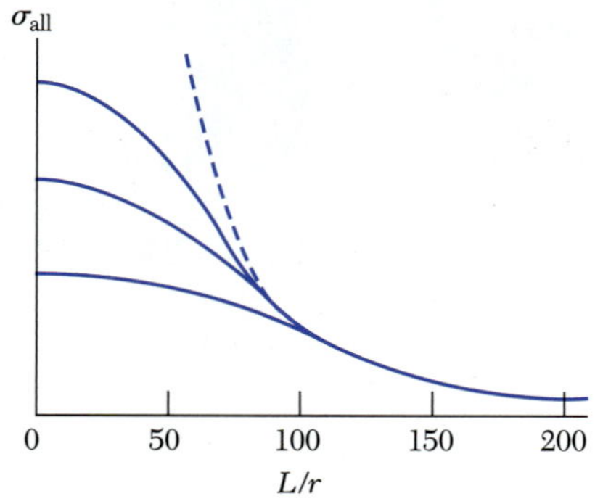


그림 9.21 서로 다른 등급의 강재 기둥 설계

예제 9.2

S100 × 11.5 압연강 압축부재 $AB$가 주어진 중심축하중(그림 9.22)을 안전하게 지지할 수 있는 가장 긴 지지되지 않은 길이 $L$을 구하시오. $\sigma_Y = 250$ MPa, $E = 200$ GPa이라고 가정한다.

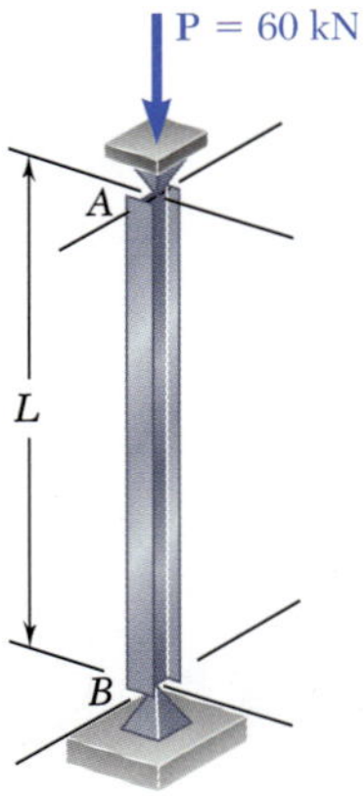


그림 9.22

**풀이** 부록 C로 부터 S100 × 11.5 형상에 대하여 다음 값을 구할 수 있다.

$$A = 1460 \text{ mm}^2 \qquad r_x = 41.7 \text{ mm} \qquad r_y = 14.6 \text{ mm}$$

만약 60 kN 하중이 안전하게 지지된다면,

$$\sigma_{\text{all}} = \frac{P}{A} = \frac{60 \times 10^3 \text{ N}}{1460 \times 10^{-6} \text{ m}^2} = 41.1 \times 10^6 \text{ Pa}$$

임계응력 $\sigma_{\text{cr}}$을 계산하기 위해 식 (9.25)에 의해서 $L/r$가 명시된 세장비보다 크다는 것을 가정하면, 식 (9.24)와 식 (9.23)을 사용하면 다음과 같다.

$$\sigma_{\text{cr}} = 0.877\,\sigma_e = 0.877\,\frac{\pi^2 E}{(L/r)^2}$$
$$= 0.877\,\frac{\pi^2(200 \times 10^9 \text{ Pa})}{(L/r)^2} = \frac{1.731 \times 10^{12} \text{ Pa}}{(L/r)^2}$$

식 (9.26)에 이 식을 사용하고, $\sigma_{\text{all}}$을 구한다.

$$\sigma_{\text{all}} = \frac{\sigma_{\text{cr}}}{1.67} = \frac{1.037 \times 10^{12} \text{ Pa}}{(L/r)^2}$$

이 식과 $\sigma_{\text{all}}$의 요구된 값을 같게 두면

$$\frac{1.037 \times 10^{12} \text{ Pa}}{(L/r)^2} = 41.1 \times 10^6 \text{ Pa} \qquad L/r = 158.8$$

식 (9.25)으로부터 세장비는 다음과 같다.

$$\frac{L}{r} = 4.71\sqrt{\frac{200 \times 10^9}{250 \times 10^6}} = 133.2$$

$L/r$이 이 세장비보다 크다는 가정이 옳았다. 두 회전반경 중 작은 값을 선택하면 $L$을 구할 수 있다.

$$\frac{L}{r_y} = \frac{L}{14.6 \times 10^{-3} \text{ m}} = 158.8 \qquad L = 2.32 \text{ m}$$

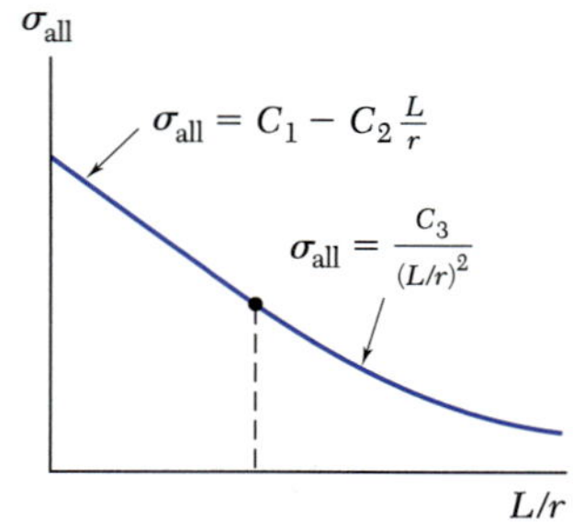


**그림 9.23** 알루미늄 기둥 설계

**알루미늄.** 많은 알루미늄 합금이 구조물 또는 기계의 재료로 사용될 수 있다. 대부분의 기둥에 대하여 알루미늄 협회[†]는 중심축하중을 받는 기둥의 허용응력에 대하여 두 가지 공식을 제공하고 있다. 이들 공식에 의하여 정의되는 $L/r$과 $\sigma_{all}$ 사이의 관계가 그림 9.23에 도시되어 있다. 단주에 대해서 $\sigma_{all}$과 $L/r$ 사이에 직선관계식이 사용되며, 장주에 대해서는 오일러 형의 공식이 사용되고 있다. 건물과 이와 유사한 구조물의 설계에 사용되는 세부적인 공식이 일반적으로 사용되는 두 가지 합금에 대하여 아래와 같이 주어져 있다.

알루미늄 합금 Alloy 6061-T6:

$L/r < 66$:
$$\sigma_{all} = [140 - 0.874(L/r)]\ \text{MPa} \tag{9.27}$$

$L/r \geq 66$:
$$\sigma_{all} = \frac{354 \times 10^3\ \text{MPa}}{(L/r)^2} \tag{9.28}$$

알루미늄 합금 Alloy 2014-T6:

$L/r < 55$:
$$\sigma_{all} = [213 - 1.577(L/r)]\ \text{MPa} \tag{9.29}$$

$L/r \geq 55$:
$$\sigma_{all} = \frac{382 \times 10^3\ \text{MPa}}{(L/r)^2} \tag{9.30}$$

**목재.** 중심축하중을 받는 목재 기둥의 설계를 위하여 미국 삼림및제지협회(American Forest and Paper Association)[‡]는 중심축하중을 받는 단주, 중간주, 장주에 대한 허용응력을 구하는 데 사용할 수 있는 단일 공식을 제시하고 있다. 변의 길이가 $b$, $d\,(d < b)$인 직사각형 단면을 갖는 기둥에 대하여 $L/d$에 대한 $\sigma_{all}$의 변

† *Specifications for Aluminum Structures*, Aluminum Association, Inc., Washington D.C., 209.

‡ *National Design Specification for Wood Construction*, American Forest & Paper Association, American Wood Council, Washington, D.C., 2005.

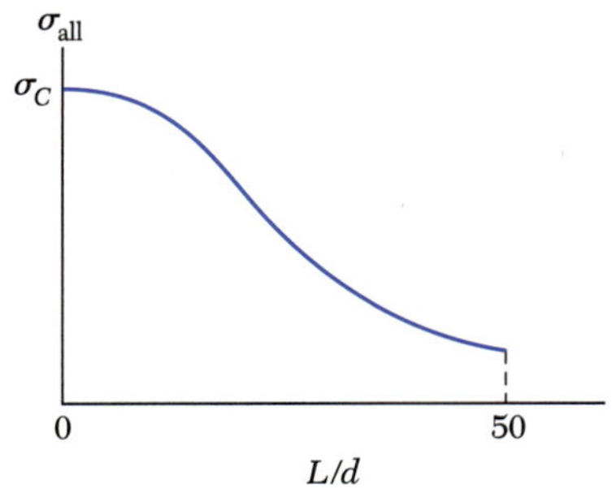


그림 9.24 목재 기둥 설계

화가 그림 9.24에 나와 있다.

단일 목재 또는 접착된 층으로 만들어진 중심 기둥에 대한 허용응력 $\sigma_{all}$은 다음과 같다.

$$\sigma_{all} = \sigma_C C_P \tag{9.31}$$

여기서 $\sigma_C$는 압축 방향이 목재의 섬유에 평행하도록 수정된 허용응력이다.† $\sigma_C$를 얻기 위한 수정내용은 다른 변화들(하중 지속 시간 내에서의 변화들 같은)을 설명하는 시방서에 포함되어 있다. 기둥 안정계수 $C_P$는 기둥의 길이로부터 결정되고 다음 식으로 정의된다.

$$C_P = \frac{1 + (\sigma_{CE}/\sigma_C)}{2c} - \sqrt{\left[\frac{1 + (\sigma_{CE}/\sigma_C)}{2c}\right]^2 - \frac{\sigma_{CE}/\sigma_C}{c}} \tag{9.32}$$

매개 변수 $c$는 기둥의 형식으로부터 결정되며, 제재된 목재 기둥에 대해서 0.8이고 접착층으로 만들어진 기둥에 대해서는 0.90이다. $\sigma_{CE}$의 값은 다음과 같이 정의된다.

$$\sigma_{CE} = \frac{0.822E}{(L/d)^2} \tag{9.33}$$

여기서 $E$는 기둥의 좌굴에 대한 수정된 탄성계수이다. 미국목재건설설계시방서(National Design Specification for Wood Construction)는 목재 기둥의 $L/d$가 50을 초과하지 않도록 제한하고 있다.

† *National Design Specification for Wood Construction*에서 기호 $F$는 응력을 나타내기 위하여 사용된다.

## 예제 9.3

그림 9.25의 기둥 $AB$의 유효길이는 4.2 m이고 144 kN을 안전하게 지지해야 된다. 정사각의 접착된 적층 목재 단면(glued laminated cross section)을 사용하여 기둥을 설계하시오. 나무에 대하여 수정된 탄성계수는 $E = 11$ GPa, 압축방향이 목재의 섬유에 평행하도록 수정된 허용응력은 $\sigma_C = 7$ MPa이다.

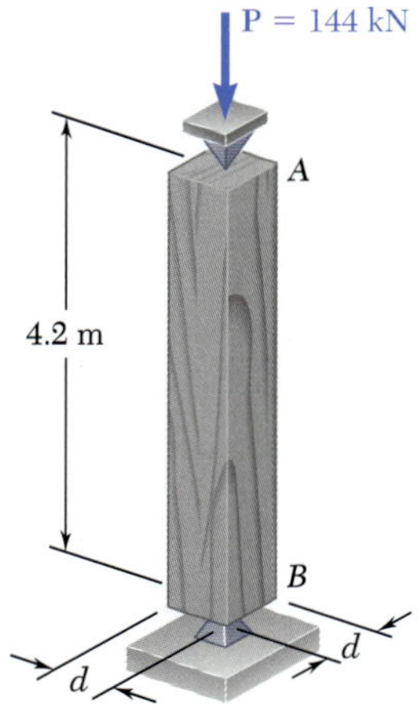

그림 9.25

### 풀이

접착층 목재 기둥에 대한 $c = 0.90$이다. 식 (9.33)을 이용하여 $\sigma_{CE}$ 값을 계산하면 다음과 같다.

$$\sigma_{CE} = \frac{0.822\,E}{(L/d)^2} = \frac{0.822(11\text{ GPa})}{(4.2\text{ m}/d)^2} = 512.6d^2\text{ MPa } (d\text{ is in m})$$

$d$의 항으로 기둥 안정계수를 표현하기 위해 식 (9.32)와 $(\sigma_{CE}/\sigma_C) = (512.6d^2\text{ MPa})/(7\text{ MPa}) = 73.23d^2$를 함께 사용하면 다음과 같다.

$$C_P = \frac{1 + (\sigma_{CE}/\sigma_C)}{2c} - \sqrt{\left[\frac{1 + (\sigma_{CE}/\sigma_C)}{2c}\right]^2 - \frac{\sigma_{CE}/\sigma_C}{c}}$$

$$= \frac{1 + 73.23\,d^2}{2(0.90)} - \sqrt{\left[\frac{1 + 73.23\,d^2}{2(0.90)}\right]^2 - \frac{73.23\,d^2}{0.90}}$$

기둥이 144 kN을 지지해야 하므로, 식 (9.31)을 이용하면 다음과 같다.

$$\sigma_{\text{all}} = \frac{144\text{ kN}}{d^2} = \sigma_C C_P = (7\text{ MPa})C_P$$

$$C_P = \frac{144\,000\text{ N}}{(7 \times 10^6\text{ Pa})\,d^2} = \frac{0.02057}{d^2}\ (d\text{ is in m})$$

$C_P$에 대해서 이 식을 풀고 이전 식에 대입하면 다음과 같다.

$$\frac{0.02057}{d^2} = \frac{1 + 73.23\,d^2}{2(0.90)} - \sqrt{\left[\frac{1 + 73.23\,d^2}{2(0.90)}\right]^2 - \frac{73.23\,d^2}{0.90}}$$

시행착오법을 이용해 $d$를 구하면, $d = 0.1514\text{ m} = 151.4\text{ mm}$

## 기초문제 9.2

W250 × 58 압연형강으로 된 기둥 $AB$에서 $\sigma_Y = 250$ MPa, $E = 200$ GPa이다. 다음과 같은 경우에 작용시킬 수 있는 중심축하중 **P**를 결정하시오. (*a*) 모든 방향에서 유효길이 7.2 m일 때, (*b*) $xz$ 평면에서 중앙점 $C$의 움직임을 방지하도록 브레이싱(bracing)이 설치되었을 경우($xy$ 평면에서 $C$점의 운동은 브레이싱 때문에 영향을 받지 않는다고 가정한다).

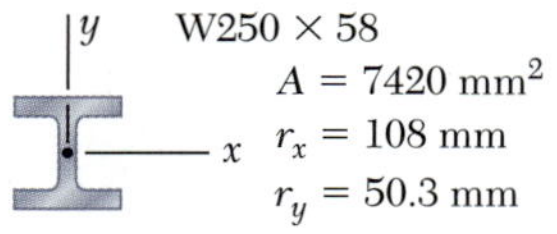


## 풀이

우선 주어진 항복강도 $\sigma_Y = 250$ MPa에 해당하는 세장비의 값을 식 (9.25)로 부터 계산한다.

$$\frac{L}{r} = 4.71\sqrt{\frac{200 \times 10^9 \text{ Pa}}{250 \times 10^6 \text{ Pa}}} = 133.22$$

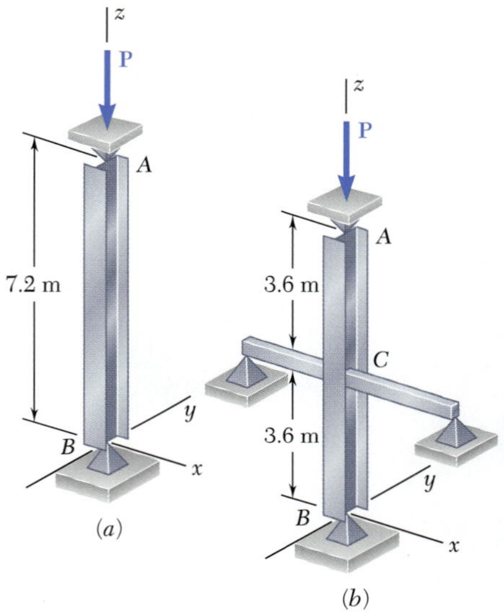


**(a) 유효길이 = 7,200 mm.** $\rho_y < r_x$이므로 좌굴은 $xz$ 평면 내에서 일어날 것이다. $L =$ 7200 mm, $r = r_y = 50.3$ mm이므로 세장비는 다음과 같다.

$$\frac{L}{r_y} = \frac{7200 \text{ mm}}{50.3 \text{ mm}} = 143.1$$

$L/r > 133.2$이기 때문에, $\sigma_{cr}$을 결정하기 위해서 식 (9.24)에서 식 (9.23)을 사용한다.

$$\sigma_{cr} = 0.877\,\sigma_e = 0.877\frac{\pi^2 E}{(L/r)^2} = 0.877\frac{\pi^2(200 \times 10^9 \text{ Pa})}{(143.1)^2} = 84.54 \text{ MPa}$$

식 (9.26)을 이용하여 허용응력을 결정한다.

$$\sigma_{all} = \frac{\sigma_{cr}}{1.67} = \frac{84.54 \text{ MPa}}{1.67} = 50.62 \text{ MPa}$$

$$P_{all} = \sigma_{all}A = (50.62 \times 10^6 \text{ Pa})(7420 \times 10^{-6} \text{ m}^2) = 375.6 \text{ kN} \quad P_{all} = 376 \text{ kN} \blacktriangleleft$$

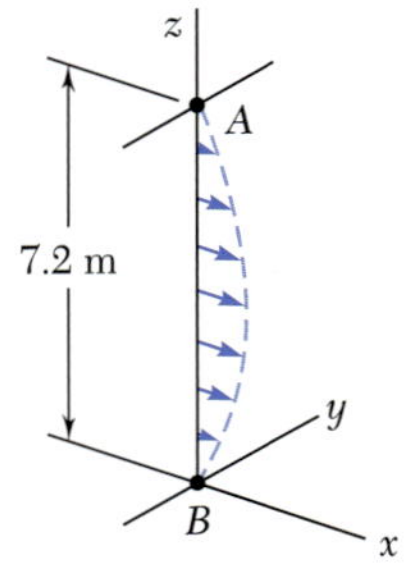


**(b) 중앙점 $C$에 브레이싱된 경우.** 브레이싱은 $yz$ 평면이 아니라 $xz$ 평면에서 $C$점의 움직임을 방지하므로 각 평면에서 좌굴에 해당하는 세장비를 계산하고 큰 값을 결정해야 된다.

**$xz$ 평면:** 유효길이 = 3.6 m = 3600 mm, $r = ry = 50.3$ mm

$$L/r = (3.6 \text{ m})/(0.0503 \text{ m}) = 71.6$$

**$yz$ 평면:** 유효길이 = 7.2 m = 7200 mm, $r = rx = 0.108$ mm

$$L/r = (7.2 \text{ m})/(0.108 \text{ m}) = 66.7$$

더 큰 세장비가 더 작은 허용하중에 상응하므로 $L/r = 71.6$을 택한다. 이 값은 $L/r =$ 133.7보다 작으므로 $\sigma_{cr}$을 결정하기 위하여 식 (9.23), 식 (9.22)를 사용한다.

$$\sigma_e = \frac{\pi^2 E}{(L/r)^2} = \frac{\pi^2(200 \times 10^9 \text{ Pa})}{(71.6)^2} = 385.0 \text{ MPa}$$

$$\sigma_{cr} = \left[0.658^{(\sigma_Y/\sigma_e)}\right]\sigma_Y = \left[0.658^{(250/385)}\right](250 \text{ MPa}) = 190.5 \text{ MPa}$$

식 (9.26)을 사용하여 허용응력과 허용하중을 계산한다.

$$\sigma_{all} = \frac{\sigma_{cr}}{1.67} = \frac{190.5 \text{ MPa}}{1.67} = 114.1 \text{ MPa}$$

$$P_{all} = \sigma_{all}A = (114.1 \text{ MPa})(7420 \times 10^{-6} \text{ m}^2) = 846.6 \text{ kN} \quad P_{all} = 847 \text{ kN} \blacktriangleleft$$

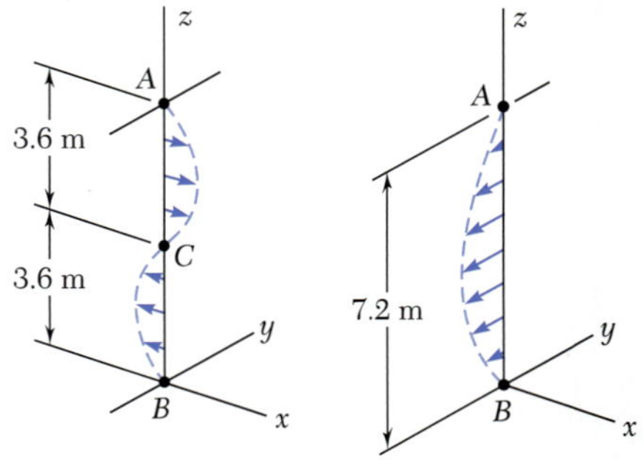


Buckling in $xz$ plane　　Buckling in $yz$ plane

## 기초문제 9.3

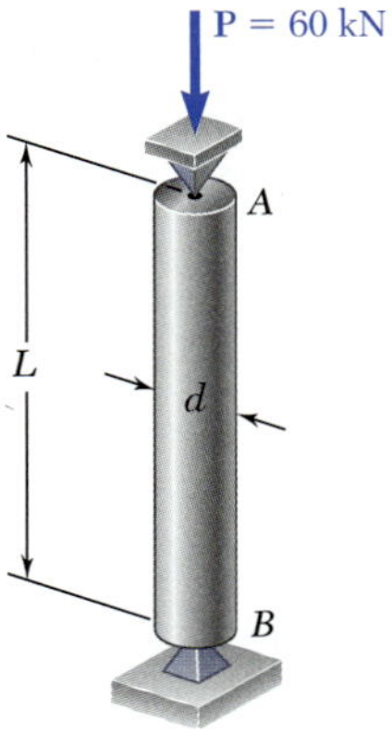


그림과 같은 원형단면 봉에 대하여, 길이가 (*a*) $L = 750$ mm, (*b*) $L = 300$ mm에서 중심축하중 $P = 60$ kN을 지지할 수 있는 최소지름을 결정하시오.

### 풀이

원형 봉의 단면 성질은 다음과 같다.

$$I = \frac{\pi}{4}c^4 \qquad A = \pi c^2 \qquad r = \sqrt{\frac{I}{A}} = \sqrt{\frac{\pi c^4/4}{\pi c^2}} = \frac{c}{2}$$

(a) 길이 750 mm인 경우. 봉의 지름을 모르므로 $L/r$ 값을 가정해야 한다. $L/r > 55$라고 가정하고 식 (9.30)을 사용하기로 한다. 중심축하중 $\mathbf{P}$에 대해서 $\sigma = P/A$이고 다음과 같이 나타낼 수 있다.

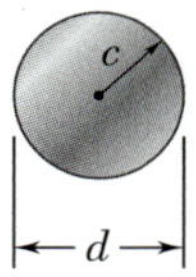


$$\frac{P}{A} = \sigma_{\text{all}} = \frac{382 \times 10^3 \text{ MPa}}{(L/r)^2}$$

$$\frac{60 \times 10^3 \text{ N}}{\pi c^2} = \frac{382 \times 10^9 \text{ Pa}}{\left(\dfrac{0.750 \text{ m}}{c/2}\right)^2}$$

$$c^4 = 112.5 \times 10^{-9} \text{ m}^4 \qquad c = 18.31 \text{ mm}$$

$c = 18.44$ mm에 대해서 세장비는 다음과 같다.

$$\frac{L}{r} = \frac{L}{c/2} = \frac{750 \text{ mm}}{(18.31 \text{ mm})/2} = 81.9 > 55$$

$L/r > 55$라는 가정은 옳았다. $L = 750$ mm에 대하여 필요한 지름은 다음과 같다.

$$d = 2c = 2(18.31 \text{ mm}) \qquad d = 36.6 \text{ mm} \blacktriangleleft$$

(b) 길이 300 mm인 경우. $L/r > 55$라고 가정한다. 식 (9.30)을 사용하고 (*a*)에서 사용한 과정을 따르면, $c = 11.58$ mm와 $L/r = 51.8$임을 알 수 있다. $L/r$이 55보다 작으므로 $L/r > 55$라는 가정은 틀렸다. 따라서 이번에는 $L/r < 55$라고 가정하고 이 봉의 설계를 위해 식 (9.29)를 사용한다.

$$\frac{P}{A} = \sigma_{\text{all}} = \left[213 - 1.577\left(\frac{L}{r}\right)\right] \text{MPa}$$

$$\frac{60 \times 10^3 \text{ N}}{\pi c^2} = \left[213 - 1.577\left(\frac{0.3 \text{ m}}{c/2}\right)\right] 10^6 \text{ Pa}$$

$$c = 11.95 \text{ mm}$$

$c = 11.95$ mm에 대하여 세장비는 다음과 같다.

$$\frac{L}{r} = \frac{L}{c/2} = \frac{300 \text{ mm}}{(11.95 \text{ mm})/2} = 50.2$$

$L/r < 55$라는 가정은 옳았다. $L = 300$ mm인 경우에 필요한 지름은 다음과 같다.

$$d = 2c = 2(11.95 \text{ mm}) \qquad d = 23.9 \text{ mm} \blacktriangleleft$$

**9.15** 허용응력 설계법을 이용하여 유효길이가 6 m인 기둥의 허용중심축하중을 구하시오. 기둥으로 사용된 압연강 형상의 규격은 (*a*) W200 × 35.9, (*b*) W200 × 86이다. $\sigma_Y = 250$ MPa, $E = 200$ GPa을 사용하시오.

**9.16** 그림과 같은 단면을 가진 강관이 기둥으로 사용되었다. 기둥의 유효길이가 (*a*) 6 m, (*b*) 4 m일 때 AISC 허용응력 설계법을 사용하여 허용 중심축하중을 구하시오. $\sigma_Y = 250$ MPa, $E = 200$ GPa을 사용하시오.

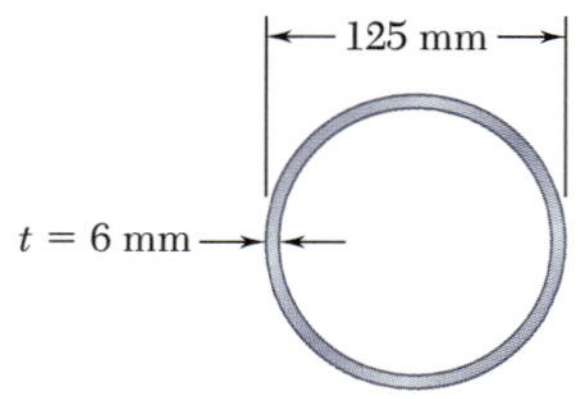


그림 P9.16

**9.17** 그림과 같은 단면을 가진 보의 유효길이는 4 m이다. 허용응력 설계법을 사용하여 기둥에 가해질 수 있는 최대 중심축하중을 구하시오. $\sigma_Y = 250$ MPa, $E = 200$ GPa을 사용하시오.

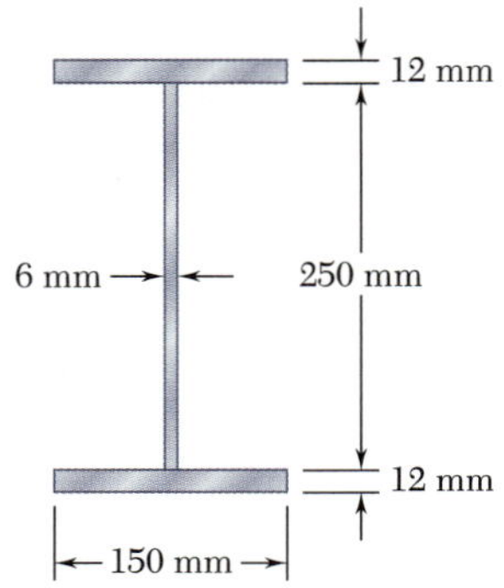


그림 P9.17

**9.18** 알루미늄 합금 2014-T6을 이용하여 (*a*) 150 kN (*b*) 90 kN (*c*) 25 kN 크기의 편심하중 **P**에 대한 알루미늄 바 *AB*의 최대 허용길이를 결정하시오.

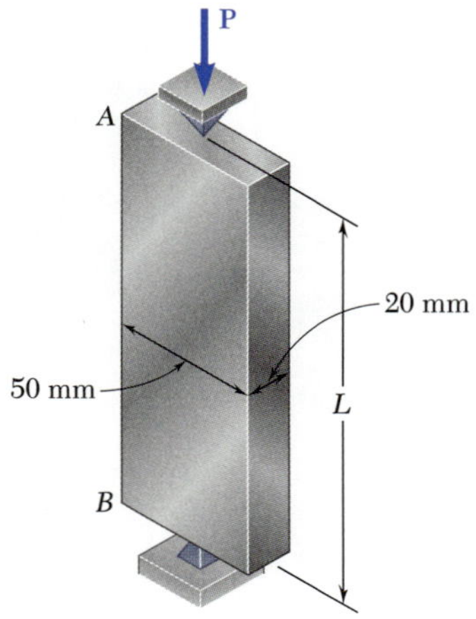


그림 P9.18

**9.19** 유효길이가 3.5 m인 기둥이 114 × 140 mm의 단면을 가진 통나무 각목으로 제작되었다. 압축 방향이 목재의 섬유에 평행하도록 수정된 허용압축응력이 $\sigma_C = 7.6$ MPa이고, $E = 2.8$ GPa일 때 기둥의 최대 허용 중심축하중을 구하시오.

**9.20** 알루미늄 구조용 관(알루미늄 합금 2014-T6)이 그림과 같이 유효길이 1.7 m의 기둥으로 사용하기 위하여 2개의 판(알루미늄 합금 2014-T6)을 볼트로 연결하여 보강하였다. 최대 허용 중심축하중을 구하시오.

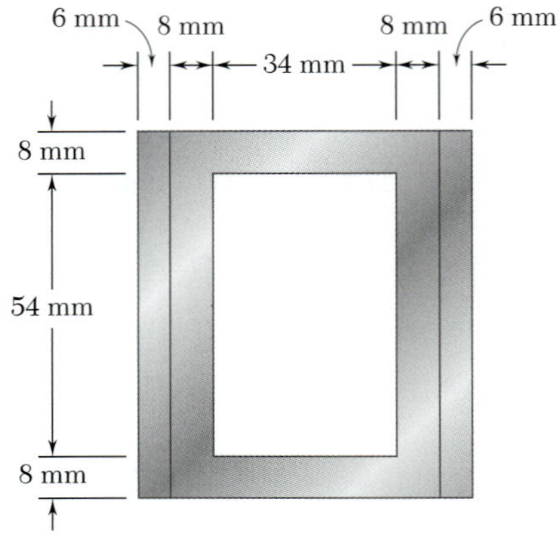


그림 P9.20

**9.21** 유효길이가 4.4 m인 사각 단면의 기둥이 합판으로 만들어졌다. 압축 방향이 목재의 섬유에 평행하도록 수정된 허용압축응력이 $\sigma_C$ = 8.3 MPa이고, $E$ = 4.6 GPa일 때 기둥의 최대 허용 중심축하중을 구하시오.

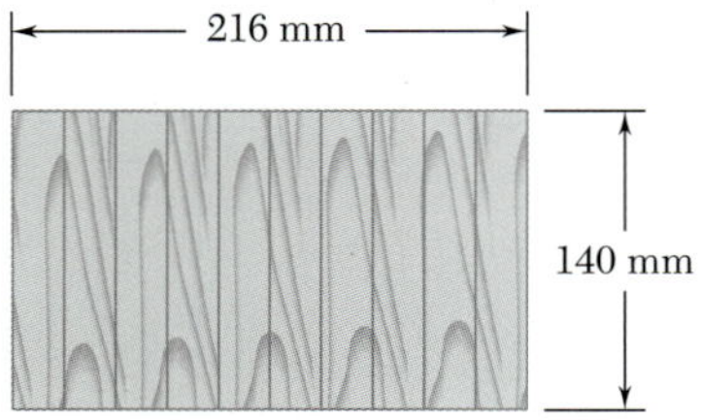


그림 P9.21

**9.22** 그림과 같이 72 kN 중심 하중이 알루미늄 기둥(알루미늄 합금 6061-T6)에 의해 지지되어야 한다. 사용할 수 있는 최소 치수 $b$를 구하시오.

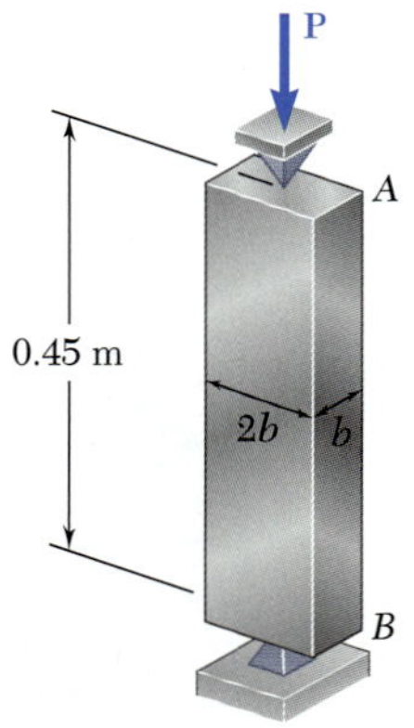


그림 P9.22

**9.23** 그림과 같이 합판으로 된 기둥($\sigma_C$ = 9.2 MPa, $E$ = 5.7 GPa)이 상단 $A$는 자유단이고, 하단 $B$는 바닥에 고정되어 있다. 축하중 62 kN을 지지할 수 있는 최소 단면적을 구하시오.

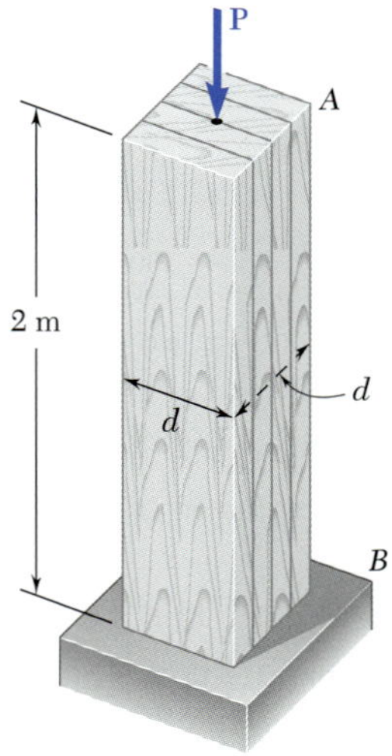


그림 P9.23

**9.24** 그림과 같이 정사각형 단면의 관이 유효길이 7.8 m의 기둥($\sigma_Y = 250$ MPa, $E = 200$ GPa)으로 260 kN의 축하중을 받고 있다. 사각 단면의 관의 사용 가능한 두께는 6 mm부터 18 mm까지 1.5 mm 단위로 증가할 수 있다. 허용응력 설계법을 이용하여 가장 가벼운 관을 결정하시오.

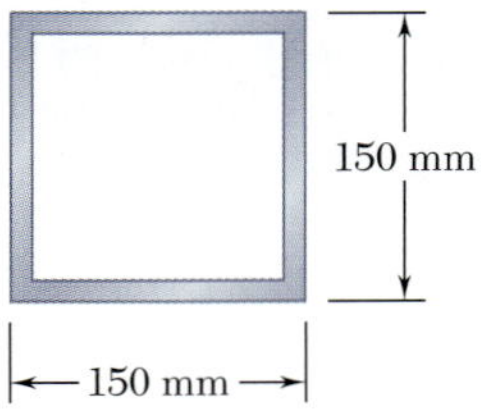


그림 P9.24

**9.25** 강재 기둥($\sigma_Y = 250$ MPa, $E = 200$ GPa)이 축하중 **P**를 지지하고 있다. 허용응력 설계법을 이용하여 하중 **P**가 다음과 같을 때 사용 가능한 $d$의 최소길이를 구하시오. ($a$) $P = 108$ kN, ($b$) $P = 166$ kN.

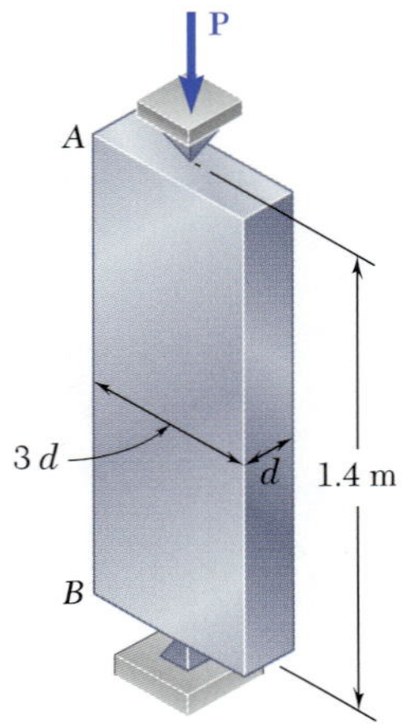


그림 P9.25

**9.26** 그림과 같이 89 × 64 mm 앵글($\sigma_Y = 250$ MPa, $E = 200$ GPa) 2개를 볼트로 연결하여 180 kN의 축하중을 지지하는 유효길이 2.4 m 기둥으로 사용하고 있다. 앵글의 사용 가능한 두께는 6.4 mm, 9.5 mm, 12.7 mm이다. 허용응력 설계법을 이용하여 사용가능한 가장 가벼운 앵글을 결정하시오.

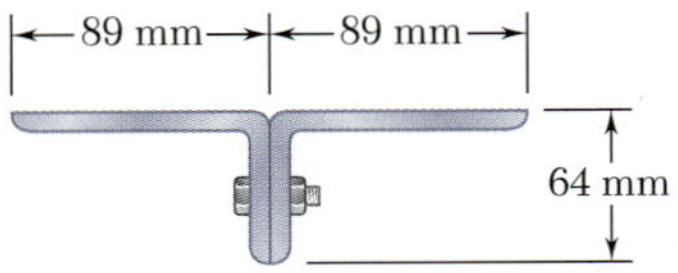


그림 P9.26

**9.27** 유효길이가 5.8 m인 기둥이 축하중을 지지하고 있다. 활하중(live load)에 대한 사하중(dead load)의 비가 1.35이다. 사하중계수 $\gamma_D = 1.2$, 활하중계수 $\gamma_L = 1.6$, 저항계수 $\phi = 0.90$이다. 기둥이 다음의 압연강 형상으로 만들어진 경우 지지할 수 있는 허용사하중과 허용활하중을 구하시오. ($a$) W250 × 67, ($b$) W360 × 101. $\sigma_Y = 345$ MPa, $E = 200$ GPa이다.

**9.28** 그림과 같은 단면을 가진 직사각형 단면 관이 4.4 m 유효길이의 기둥($\sigma_Y = 250$ MPa, $E = 200$ GPa)으로 사용되었다. 축방향 사하중이 220 kN 작용할 경우 지지할 수 있는 축방향 활하중의 최댓값을 하중 및 저항계수 설계법으로 구하시오. 사하중계수 $\gamma_D = 1.2$, $\gamma_L = 1.6$, 저항계수 $\phi = 0.85$이다.

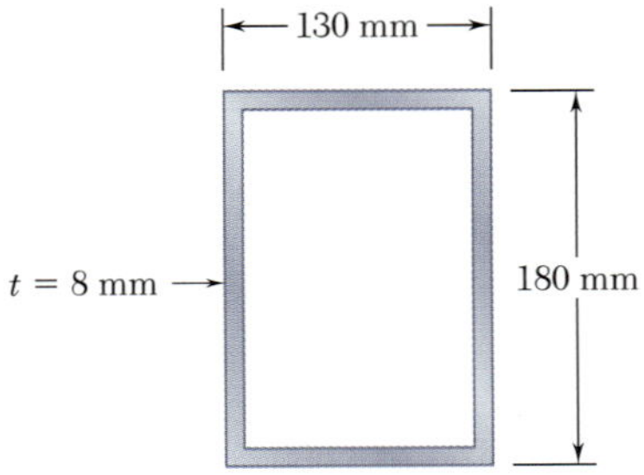


그림 P9.28

# 제9장 복습 및 요약

## 임계하중

이 장에서는 하중을 지지하는 균일단면부재인 기둥의 설계와 해석에 대하여 논의하였다. 기둥의 거동에 대한 통찰력을 얻기 위해 먼저 9.2절에서 단순화된 모델의 평형에 대해서 고찰하고 **임계하중** $P_{cr}$을 초과하는 하중 $P$의 값을 구했다. 이 모델에 대해서 두 가지 평형 위치가 존재할 수 있는데 하나는 횡처짐이 0인 원래 위치에서의 평형 위치이고 또 하나는 아주 큰 처짐을 수반하는 두 번째 위치에서의 평형 위치이다. 첫 번째 평형 위치에서 $P > P_{cr}$ 경우에 불안정이고, 두 번째 경우에 $P < P_{cr}$에서 안정하다고 결론을 내릴 수 있다.

9.3절에서 중심축하중 $P$를 받는 길이가 $L$이고 일정한 굽힘강성 $EI$를 갖는 핀 지지기둥을 살펴보았다. 기둥이 그림 9.26과 같이 좌굴된 것으로 가정하여 $Q$에서의 굽힘모멘트가 $-Py$이므로 다음 식을 얻는다.

$$\frac{d^2y}{dx^2} = \frac{M}{EI} = -\frac{P}{EI}y \tag{9.4}$$

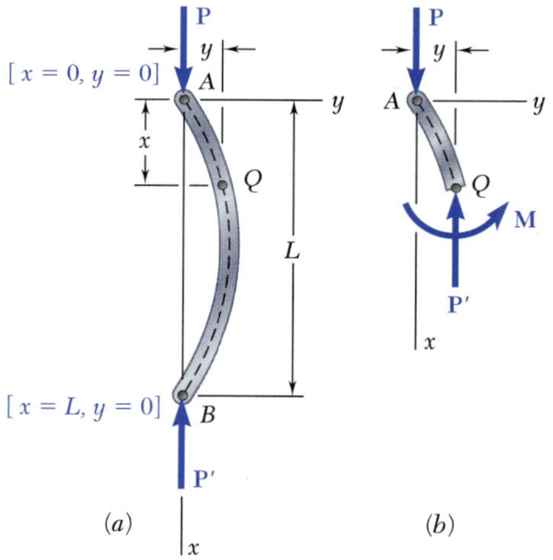


그림 9.26

## 오일러 공식

이 미분방정식을 풀고 핀 지지기둥에 상응하는 경계 조건을 적용하여 좌굴을 일으킬 수 있는 가장 작은 하중 $P$를 결정했다. 임계하중이라고 알려진 $P_{cr}$로 표기되는 이 하중은 **오일러 공식**(*Euler formula*)으로서 다음과 같다.

$$P_{cr} = \frac{\pi^2 EI}{L^2} \tag{9.11}$$

여기서 $L$은 기둥의 길이이다. 이 하중이나 이보다 더 큰 하중에서 기둥의 평형은 불안정이고 횡처짐이 발생한다.

기둥의 단면적을 $A$로 나타내고 회전반경을 $r$로 표시하면 임계하중 $P_{cr}$에 대응하는 임계응력 $\sigma_{cr}$을 얻을 수 있다.

$$\sigma_{cr} = \frac{\pi^2 E}{(L/r)^2} \tag{9.13}$$

## 세장비

$L/r$을 **세장비**(*Slenderness ratio*)라 하고 $L/r$의 함수로서 $\sigma_{cr}$을 도시하였다(그림 9.27). 여기서 해석은 응력이 재료의 항복강도 이하라고 가정하므로 $\sigma_{cr} > \sigma_Y$일 때 기둥은 항복에 의해 파손될 것이다.

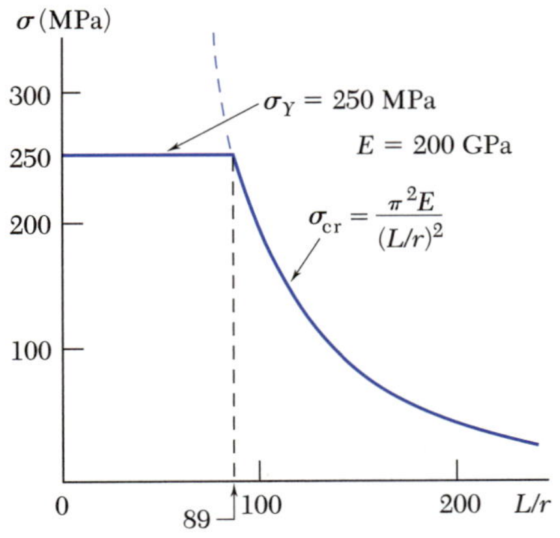


그림 9.27

## 유효길이

9.4절에서 여러 가지 단부조건을 갖는 기둥의 임계하중을 다음 식으로 표현하였다.

$$P_{cr} = \frac{\pi^2 EI}{L_e^2} \tag{9.11'}$$

여기서 $L_e$는 기둥의 **유효길이**, 즉 핀 지지기둥과 등가인 길이를 나타낸다. 각종 단부조건의 기둥에 대하여 유효길이를 계산하고 그림 9.17에 나타내었다.

## 실제 기둥의 설계, 중심축하중 기둥

이 장의 첫부분에서 기둥은 직선이고 균질이며, 균일단면을 갖는 것으로 가정했다. 모든 실제 기둥에는 결함이 존재하므로 **실제 기둥을 설계할 때**는 실험실의 시험에 기초한 경험식을 이용하며, 이는 전문기관에서 규격과 코드로 발행된다. 9.5절에서 강재, 알루미늄재, 목재의 **중심축하중 기둥**의 설계에 관하여 살펴보았다. 각 재료에 대하여 세장비 $L/r$의 함수인 허용응력식에 기초하여 기둥을 설계하였다. 또한 구조용 강재에 대하여, 하중 및 저항계수 설계법이 사용될 수 있다.

# P9C 복습문제

**9.29** 강체 막대(rigid bar) $AD$가 스프링상수 $k$를 가진 두 개의 스프링에 연결되어 있고, 그림과 같이 평형상태를 이루고 있다. 반대방향의 등가하중 $P$와 $P'$가 서로 수직한 방향으로 작용하고 있을 때 시스템의 임계하중 $P_{cr}$을 구하시오. 각의 스프링은 인장 또는 압축에서 작용할 수 있다.

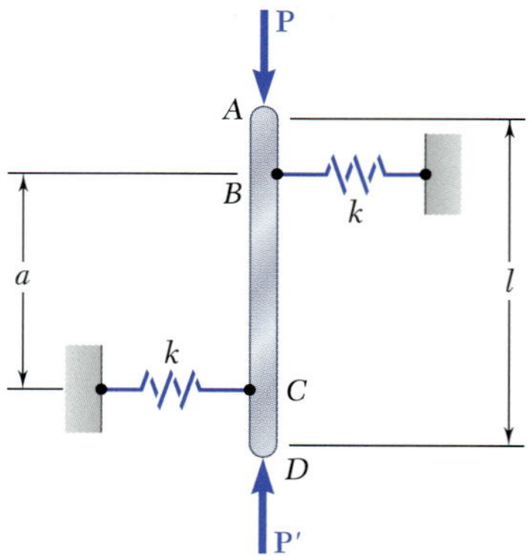


그림 P9.29

**9.30** 강재봉(steel rod) $BC$가 강체 막대 $AB$와 연결되어 있고, 고정 지점 $C$에 연결되어 있다. $G = 77$ GPa이고, $d = 12$ mm일 때 임계하중 $P_{cr}$을 구하시오.

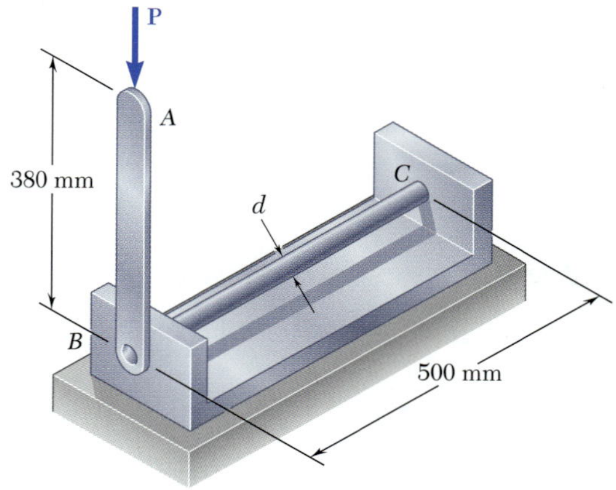


그림 P9.30

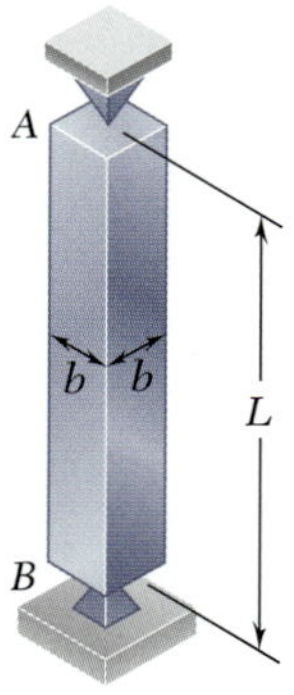


그림 P9.31

**9.31** 그림과 같이 핀 지지된 기둥의 $A$와 $B$ 사이의 거리는 $L$로 고정되어 있다. 온도 $T_C$에서 기둥에 작용하는 힘은 0이고, 온도 $T_1 = T_0 + \Delta T$에서 좌굴이 발생한다. $\Delta T$를 $b$, $L$, 그리고 열팽창계수 $\alpha$의 항으로 구하시오.

**9.32** 균일한 알루미늄 봉 $AB$는 $20 \times 36$ mm의 직사각형의 단면을 가지며, 그림과 같이 핀과 브리켓으로 지지되어 있다. 봉의 각 끝은 핀에 의해서 수평방향으로는 자유롭게 움직이나, 수직방향으로는 브리켓에 의해 회전하지 못한다. 안전계수가 2.5로 요구될 때 $E = 70$ GPa을 이용하여 허용 중심축하중 **P**를 구하시오.

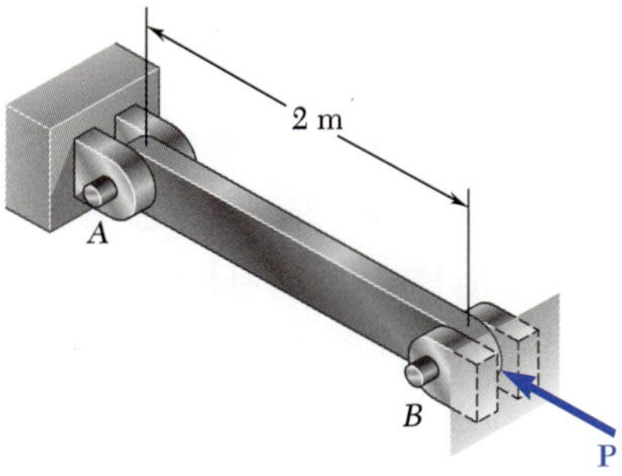


그림 P9.32

**9.33** 그림과 같은 단면을 가진 압축 부재의 유효길이가 1.5 m이고, 재질이 알루미늄 합금 6061-T6일 때 허용 중심축하중을 구하시오.

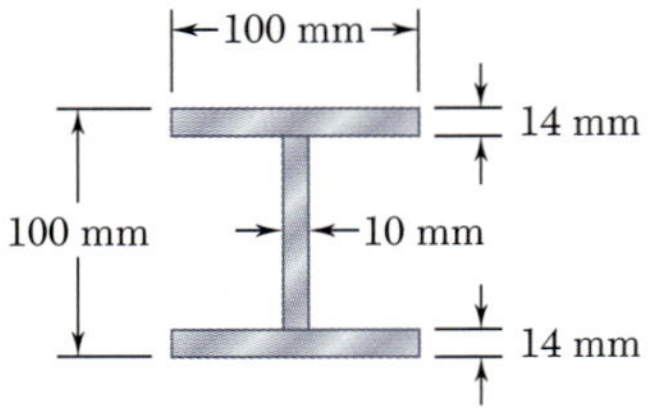


그림 P9.33

**9.34** 탄성계수 $E = 200$ GPa일 때 구조물의 평면내에서만 좌굴을 고려하여 $P = 5.2$ kN이고 그림과 같은 구조물의 안전계수를 구하시오.

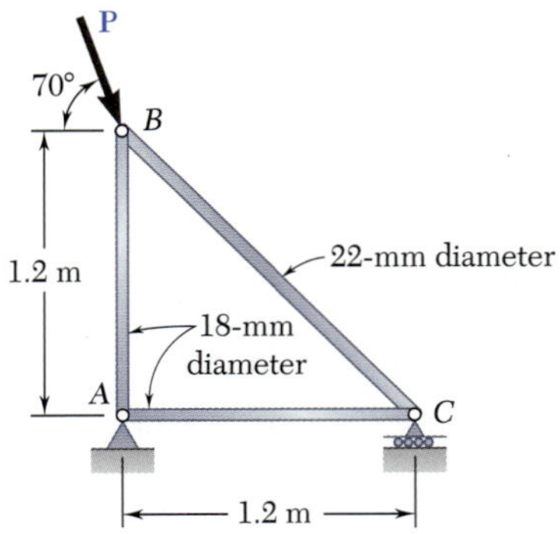


그림 P9.34

**9.35** 봉 $AB$의 끝지점 $A$는 자유롭고 아랫부분 $B$는 고정되어 있다. 알루미늄 합금 (*a*) 6061-T6, (*b*) 2014-T6 일 때 허용 중심축하중 **P**를 구하시오.

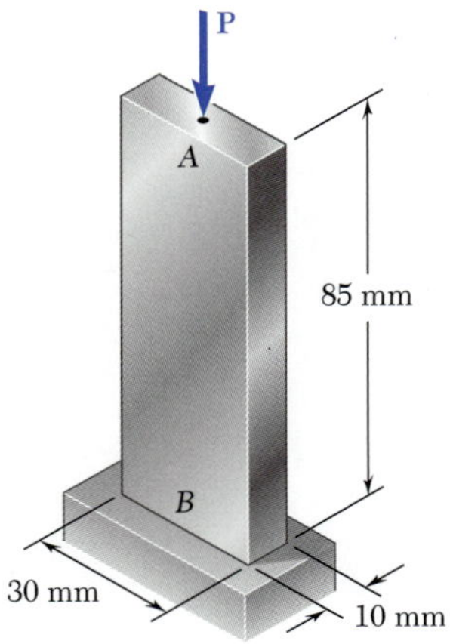


그림 P9.35

# P9D 컴퓨터 활용문제

**다음의 문제들은 컴퓨터를 활용하여 풀 수 있도록 작성되었다.**

**9.C1** 유효길이 500 mm인 강재로 된 봉이 축하중 **P**를 지지하는 압축 지지대로 사용되고 있다. $\sigma_Y = 245$ MPa, $E = 200$ GPa이고, 요구되는 안전계수가 2.8이며, 오일러 공식을 사용할 때 컴퓨터프로그램을 작성하고 그것을 사용하여 봉의 반지름을 6 mm에서 24 mm까지 2 mm씩 증가시키면서 허용 중심축하중 $P_{all}$을 계산하시오.

**9.C2** 핀 결합으로 이루어져 있는 부재 $AB$와 $BC$는 바깥지름이 120 mm이고, 벽두께가 10 mm인 알루미늄 파이프이다. 요구되는 안전계수가 3.5일 때 $h$의 값을 4 m에서 8 m로 0.25 m씩 증가시키면서 그림에서 배치된 케이블에 의해 지지될 수 있는 블록의 최대 질량 m을 구하시오. 탄성계수 $E = 70$ GPa이고 구조물의 평면 내에서의 좌굴이 발생하는 경우만 고려하시오.

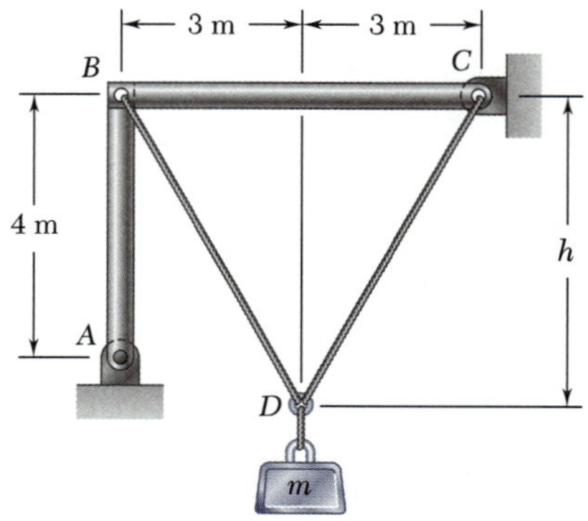


그림 P9.C2

**9.C3** 유효길이가 $L$인 기둥이 축하중 **P**를 지지하고 있고 압연강 형상으로 제작되어 있다. 사용된 강의 등급에 대한 항복강도는 $\sigma_Y$로 표기하고, 탄성계수는 $E$, 선택된 형태의 횡단면적은 $A$, 그리고 최소 회전반경은 $r$로 표기된다. 허용응력 설계법에 대한 AISC 설계식을 사용하여 허용하중 **P**를 계산하는 프로그램을 작성하시오. 이 프로그램을 사용하여 연습문제 9.15를 계산하시오.

APPENDICES

# 부록

# 부록 A 면적모멘트

## A.1 면적 1차모멘트와 면적의 도심

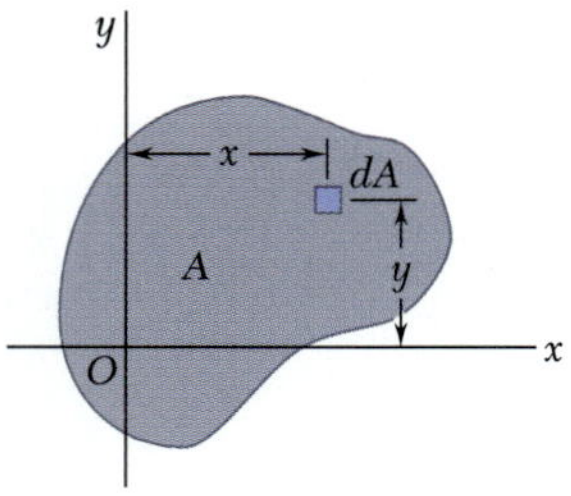


그림 A.1

$xy$ 평면에 놓여 있는 단면 $A$를 고려하자(그림 A.1). 단면 요소 $dA$의 좌표를 $x$, $y$라고 하면 $x$축에 관한 단면 $A$의 1차모멘트는 다음과 같은 적분으로 정의한다.

$$Q_x = \int_A y\, dA \tag{A.1}$$

마찬가지로 $y$축에 관한 단면 $A$의 1차모멘트는 다음과 같은 적분으로 정의된다.

$$Q_y = \int_A x\, dA \tag{A.2}$$

좌표축의 위치에 따라서 적분의 부호가 양, 음, 또는 0이 될 수 있다. SI 국제단위를 사용하는 경우 1차모멘트 $Q_x$와 $Q_y$는 $m^3$ 또는 $mm^3$으로 표시된다.

단면 $A$의 도심은 다음 관계를 만족하는 좌표 $\bar{x}$와 $\bar{y}$로 정의되는 점 $C$로 정의한다(그림 A.2).

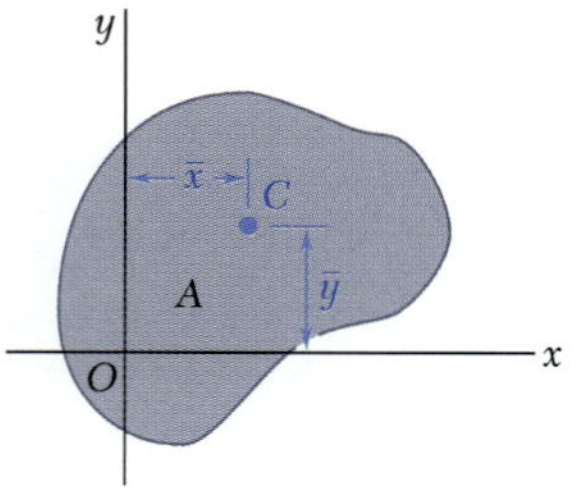


그림 A.2

$$\int_A x\, dA = A\bar{x} \qquad \int_A y\, dA = A\bar{y} \tag{A.3}$$

식 (A.1)과 (A.2)를 식 (A.3)과 비교하면, 단면 $A$의 1차모멘트는 그 단면적과 단면적의 도심의 좌표와의 곱으로 표현될 수 있다는 것을 알 수 있다.

$$Q_x = A\bar{y} \qquad Q_y = A\bar{x} \tag{A.4}$$

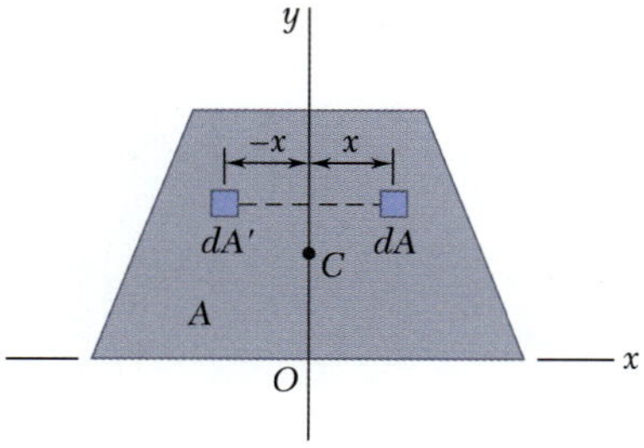


그림 A.3

한 면적이 대칭축을 가지고 있을 때, 그 대칭축에 관한 면적 1차모멘트는 0이다. $y$축에 관해서 대칭인 그림 A.3의 면적 $A$를 고려하면, 횡좌표 $x$의 면적 요소 $dA$에 대해서 횡좌표 $(-x)$의 면적 요소 $dA'$가 대응하고 있음을 알 수 있다. 따라서 식 (A.2)의 적분은 0이 되며, $Q_y = 0$이다. 또한, 식 A.3의 첫 번째 식으로부터 $\bar{x} = 0$

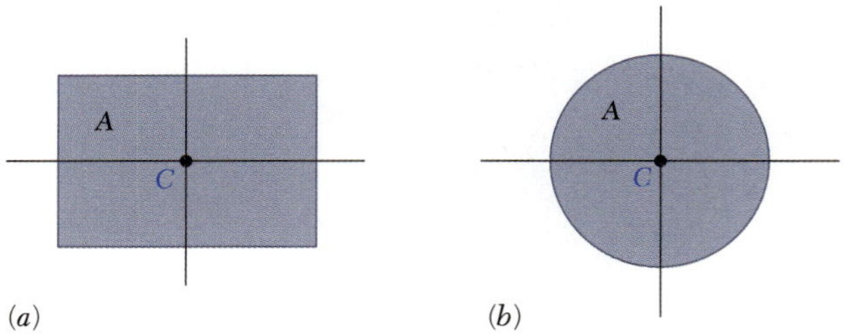


그림 A.4

이 되어야 한다. 그러므로 면적 $A$가 한 개의 대칭축을 가지고 있다면, 그 도심 $C$는 그 축상에 위치하게 된다.

직사각형은 두 개의 대칭축을 가지고 있으므로(그림 A.4$a$), 직사각형 면적의 중심 $C$는 그 기하학적 중심과 일치한다. 마찬가지로 원형 면적의 도심도 원의 중심과 일치한다(그림 A.4$b$). 한 면적이 대칭중심 $O$를 가지고 있으면, $O$를 통과하는 모든 축에 대한 면적 1차모멘트는 0이다. 그림 A.5의 면적 $A$를 고려하면, 좌표가 $x$, $y$인 각 면적 요소 $dA$에 좌표 $(-x, -y)$인 면적 요소 $dA'$가 대응하고 있음을 알 수 있다. 따라서 식 (A.1)과 (A.2)의 적분은 둘 다 0이고 $Q_x = Q_y = 0$이 된다. 또한 식 (A.3)으로부터 $\bar{x} = \bar{y} = 0$이 된다. 즉, 이 면적의 도심은 대칭중심과 일치한다. 대칭으로 인하여 한 면적의 도심 $C$의 위치를 결정할 수 있을 때, 어느 주어진 축에 관한 이 면적의 1차모멘트를 식 (A.4)로부터 쉽게 구할 수 있다. 예를 들면 그림 A.6의 직사각형 면적의 경우에 다음과 같이 나타낼 수 있다.

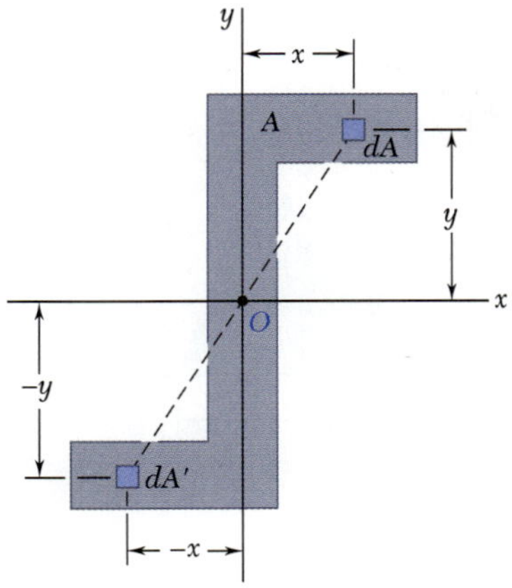


그림 A.5

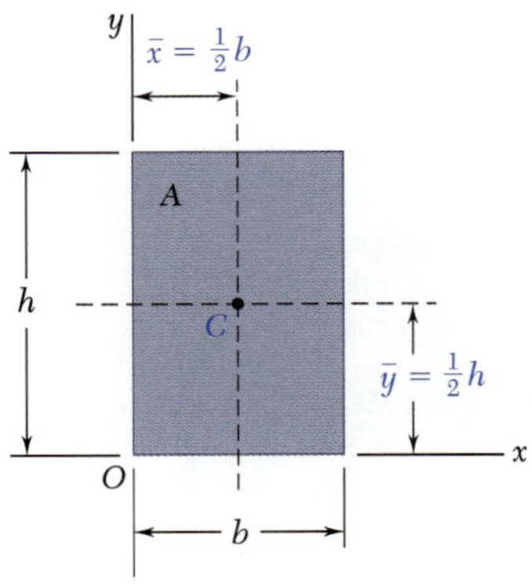


그림 A.6

$$Q_x = A\bar{y} = (bh)(\tfrac{1}{2}h) = \tfrac{1}{2}bh^2$$

그리고

$$Q_y = A\bar{x} = (bh)(\tfrac{1}{2}b) = \tfrac{1}{2}b^2h$$

그러나 대부분의 경우에 주어진 면적의 1차모멘트와 도심을 결정하기 위하여 식 (A.1)에서 식 (A.3)까지의 적분을 수행할 필요가 있다. 각 적분은 실제로는 2중 적분이긴 하지만, 많은 응용과정에서 면적 요소 $dA$를 수평 또는 수직인 얇은 조각으로 택하여 단일변수로 적분할 수 있도록 한다. 이 과정이 예제 A.1에 나와 있다.

**예제 A.1**

그림 A.7의 삼각형 면적에 대해서 (a) $x$축에 관한 면적 1차모멘트 $Q_x$와 (b) 면적의 도심의 종좌표 $\bar{y}$를 구하시오.

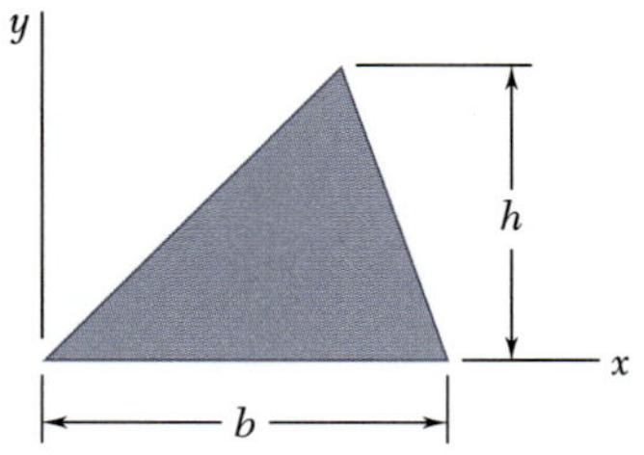


그림 A.7

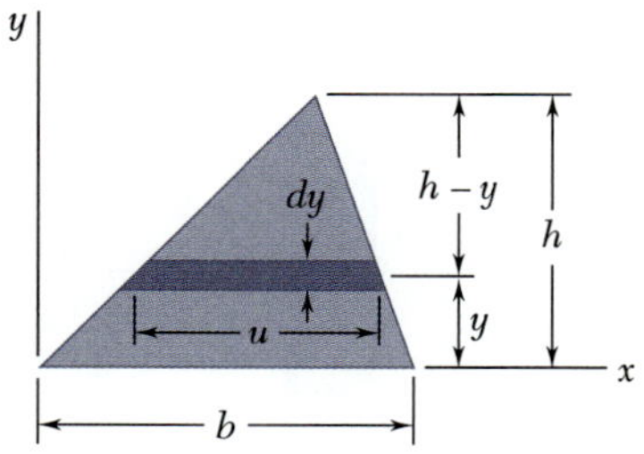


그림 A.8

**풀이**

**(a) 1차모멘트 $Q_x$.** 길이 $u$이고 두께 $dy$인 수평조각을 면적 요소로 택한다. 이 면적 요소내의 모든 점은 $x$축으로부터 똑같은 거리 $y$에 있다(그림 A.8). 닮은 삼각형으로부터 다음과 같이 된다.

$$\frac{u}{b} = \frac{h-y}{h} \qquad u = b\frac{h-y}{h}$$

그리고

$$dA = u\,dy = b\frac{h-y}{h}\,dy$$

$x$축에 관한 면적 1차모멘트는

$$Q_x = \int_A y\,dA = \int_0^h yb\frac{h-y}{h}\,dy = \frac{b}{h}\int_0^h (hy - y^2)\,dy$$
$$= \frac{b}{h}\left[h\frac{y^2}{2} - \frac{y^3}{3}\right]_0^h \qquad Q_x = \tfrac{1}{6}bh^2$$

**(b) 도심의 종좌표.** 식 (A.4)에서 $A = \frac{1}{2}bh$를 대입하면

$$Q_x = A\bar{y} \qquad \tfrac{1}{6}bh^2 = (\tfrac{1}{2}bh)\bar{y}$$
$$\bar{y} = \tfrac{1}{3}h$$

## A.2 합성면적의 1차모멘트와 도심

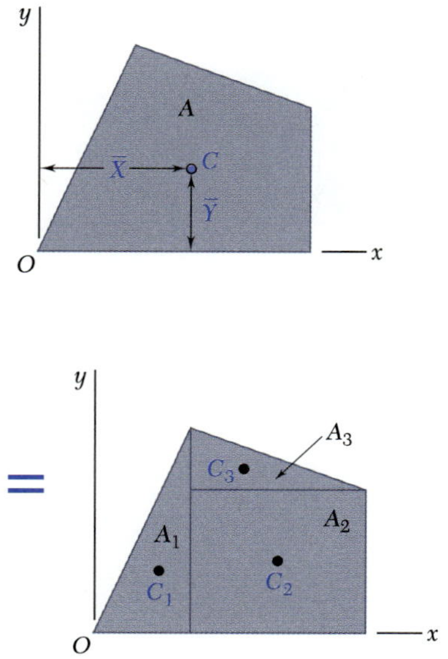


그림 A.9

그림 A.9에 표시된 부등변 사각형과 같은 면적 $A$를 고려하자. 이 사각형은 단순한 도형으로 나눌 수 있다. 앞 절에서 본 바와 같이 $x$축에 관한 면적 1차모멘트는 적분 $\int y\,dA$로 나타나며, 이 적분은 면적 $A$ 전체에 걸친 것이다. 면적 $A$를 $A_1$, $A_2$, $A_3$ 부분으로 나누면 다음과 같이 나타낼 수 있다.

$$Q_x = \int_A y\,dA = \int_{A_1} y\,dA + \int_{A_2} y\,dA + \int_{A_3} y\,dA$$

또한 식 (A.3)의 두 번째 식으로부터,

$$Q_x = A_1\bar{y}_1 + A_2\bar{y}_2 + A_3\bar{y}_3$$

여기서 $\bar{y}_1$, $\bar{y}_2$, 그리고 $\bar{y}_3$는 각 면적요소 $A_1$, $A_2$, 그리고 $A_3$의 도심의 종좌표를 나타낸다. 이 결과를 임의의 개수를 갖는 면적성분으로 확대하고, $Q_y$에 대해서도 같은 방법으로 나타내면 다음과 같다.

$$Q_x = \sum A_i\bar{y}_i \quad Q_y = \sum A_i\bar{x}_i \tag{A.5}$$

합성면적 A의 도심인 $C$의 좌표 $\bar{X}$와 $\bar{Y}$를 구하기 위해서 식 (A.5)에 $Q_x = A\bar{Y}$와 $Qy = A\bar{X}$를 대입하면 다음과 같이 된다.

$$A\bar{Y} = \sum_i A_i\bar{y}_i \quad A\bar{X} = \sum_i A_i\bar{x}_i$$

$A$는 면적성분 $A_i$의 합이므로 $\bar{X}$와 $\bar{Y}$에 관해서 풀면 다음과 같이 된다.

$$\bar{X} = \frac{\sum_i A_i\bar{x}_i}{\sum_i A_i} \quad \bar{Y} = \frac{\sum_i A_i\bar{y}_i}{\sum_i A_i} \tag{A.6}$$

**예제 A.2**

그림 A.10에 있는 면적 $A$의 도심 $C$의 좌표를 구하시오.

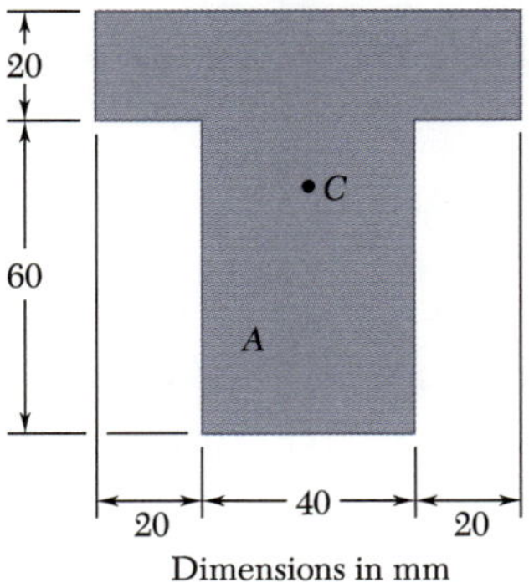


그림 A.10

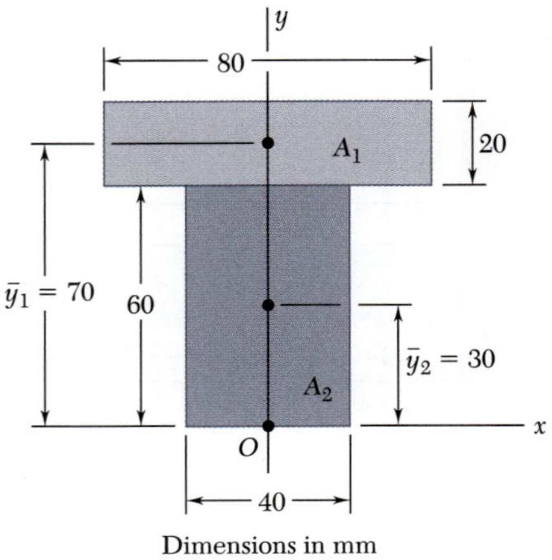


그림 A.11

**풀이** 그림 A.11에 표시된 바와 같이 좌표축을 택하면, $y$축이 대칭축이므로 도심은 $y$축 위에 놓이게 된다. 따라서 $\bar{X} = 0$이다.

$A$를 면적성분 $A_1$과 $A_2$로 나눈 다음, 도심의 종좌표 $\bar{Y}$를 결정하기 위하여 식 (A.6)의 두 번째 식을 사용한다. 실제 계산은 다음과 같이 표의 형태로 하는 것이 가장 좋다.

| | Area, $mm^2$ | $\bar{y}_i$, mm | $A_i\bar{y}_i$, $mm^3$ |
|---|---|---|---|
| $A_1$ | $(20)(80) = 1600$ | 70 | $112 \times 10^3$ |
| $A_2$ | $(40)(60) = 2400$ | 30 | $72 \times 10^3$ |
| | $\sum_i A_i = 4000$ | | $\sum_i A_i\bar{y}_i = 184 \times 10^3$ |

$$\bar{Y} = \frac{\sum_i A_i\bar{y}_i}{\sum_i A_i} = \frac{184 \times 10^3 \text{ mm}^3}{4 \times 10^3 \text{ mm}^2} = 46 \text{ mm}$$

**예제 A.3**

예제 A.2의 면적 $A$에서, 도심 $C$를 지나는 수평축 $x'$을 고려하기로 한다(이러한 축을 도심축이라고 한다). 이 축의 윗부분에 위치하고 있는 면적 $A$의 부분을 $A'$이라고 할 때, $x'$축에 관한 면적 1차모멘트를 구하시오(그림 A.12).

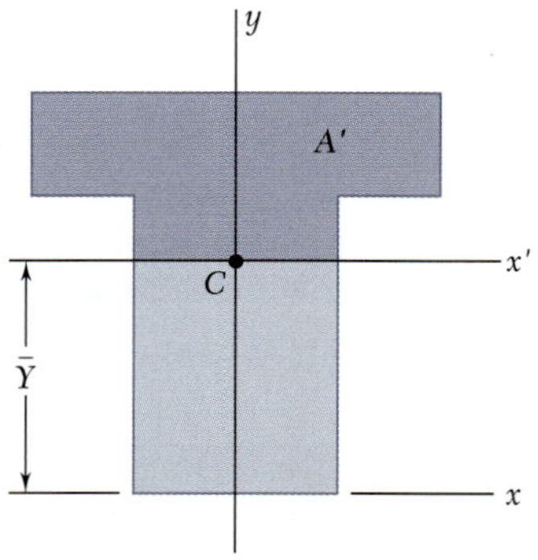


그림 A.12

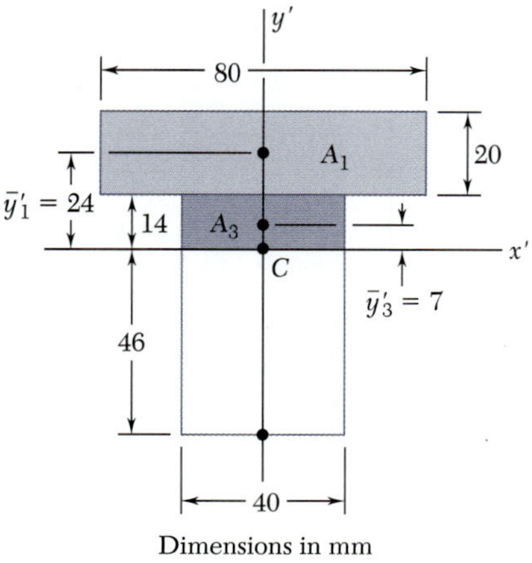


그림 A.13

**풀이** 면적 $A'$을 면적요소 $A_1$과 $A_3$로 나눈다(그림 A.13). 예제 A.2를 보면 $C$는 $A$의 하단으로부터 46 mm 위쪽에 위치하고 있다. $A_1$과 $A_3$의 종좌표 $\bar{y}'_1$과 $\bar{y}'_3$를 각각 계산하고 $x'$축에 관한 면적 $A'$의 1차모멘트 $Q'_x$를 다음과 같이 표시한다.

$$\begin{aligned} Q'_{x'} &= A_1\bar{y}'_1 + A_3\bar{y}'_3 \\ &= (20 \times 80)(24) + (14 \times 40)(7) = 42.3 \times 10^3 \text{ mm}^3 \end{aligned}$$

**별해.** 면적 $A$의 도심 $C$가 $x'$축 상에 놓여 있으므로 이 축에 대한 전체면적 $A$의 1차모멘트 $Q_{x'} = 0$이다.

$$Q_{x'} = A\bar{y}' = A(0) = 0$$

$x'$축 상부의 면적을 $A''$이라 하고, $x'$축에 관한 $A''$의 1차모멘트를 $Q''_{x'}$이라고 하면 다음과 같이 나타낼 수 있다.

$$Q_{x'} = Q'_{x'} + Q''_{x'} = 0 \quad \text{or} \quad Q'_{x'} = -Q''_{x'}$$

이로부터 $A'$과 $A''$의 1차모멘트는 같은 크기와 반대부호를 갖는다는 것을 알 수 있다. 그림 A.14로부터 다음과 같이 나타낼 수 있다.

$$Q''_{x'} = A_4\bar{y}'_4 = (40 \times 46)(-23) = -42.3 \times 10^3 \text{ mm}^3$$

그리고

$$Q'_{x'} = -Q''_{x'} = +42.3 \times 10^3 \text{ mm}^3$$

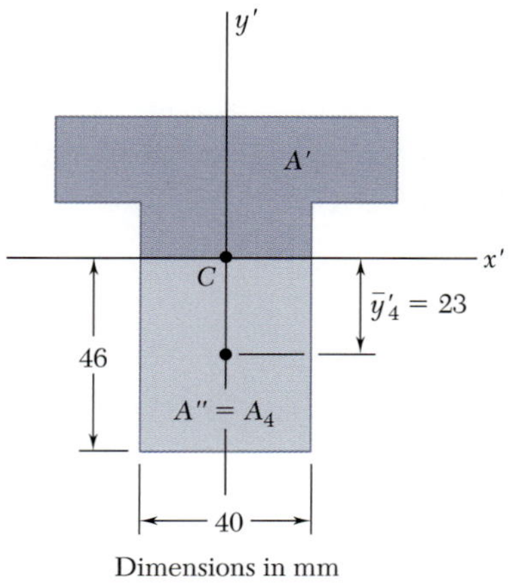

그림 A.14

## A.3 면적 2차모멘트 또는 면적 관성모멘트와 회전반경

$xy$ 평면에 놓여 있는 면적 $A$와 좌표 $x$, $y$에 위치한 면적요소 $dA$를 고려하자(그림 A.1). $x$축에 관한 면적 $A$의 2차모멘트 또는 관성모멘트와 $y$축에 관한 면적 $A$의 2차모멘트 또는 관성모멘트는 각각 다음과 같이 정의된다.

$$I_x = \int_A y^2\, dA \quad I_y = \int_A x^2\, dA \tag{A.7}$$

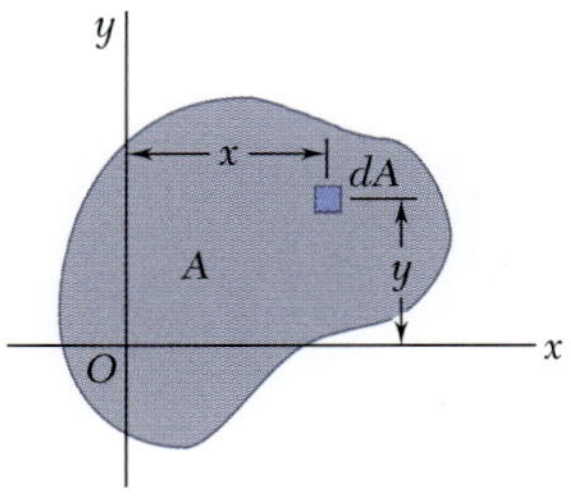

그림 A.1 (반복)

이들 적분은 요소 $dA$의 직각좌표로부터 계산되므로, 직각관성모멘트(*rectangular moment of inertia*)라고도 한다. 각 적분은 실제로는 2중적분이긴 하지만, 많은 응용 과정에서 면적 요소 $dA$를 수평, 또는 수직인 얇은 조각으로 택하여 단일변수로 적분을 수행할 수 있도록 한다. 이 과정이 예제 A.4에 나와 있다.

이번에는 점 $O$에 관한 면적 $A$의 극관성모멘트(polar moment of inertia)를 다음과 같이 적분으로 정의한다(그림 A.15).

$$J_O = \int_A \rho^2\, dA \tag{A.8}$$

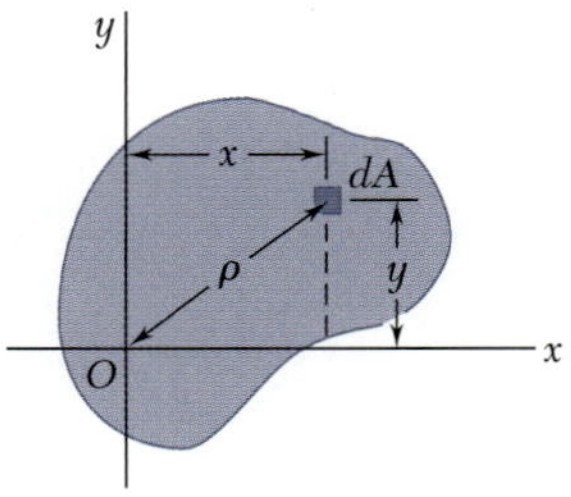

그림 A.15

여기서 $\rho$는 점 $O$로부터 면적 요소 $dA$까지의 거리이다. 이 적분은 실제로는 이중적분이긴 하지만 원형단면의 경우에 면적 요소 $dA$를 얇은 원환으로 택하면 $J_O$의 계산을 단일적분으로 축소시킬 수 있다(예제 A.5 참조). 식 (A.7)과 (A.8)로부터 알 수 있는 바와 같이 면적의 관성모멘트는 양의 물리량이다. SI 국제단위로는 $m^4$ 또는 $mm^4$이 사용된다.

어떤 주어진 면적의 극관성모멘트 $J_O$와 직각관성모멘트 $I_x$ 및 $I_y$ 사이에 중요한 관계가 성립될 수 있다. $\rho^2 = x^2 + y^2$이므로 다음과 같이 나타낼 수 있다.

$$J_O = \int_A \rho^2\, dA = \int_A (x^2 + y^2)\, dA = \int_A y^2\, dA + \int_A x^2\, dA$$

또는

$$J_O = I_x + I_y \tag{A.9}$$

한 면적 $A$의 $x$축에 관한 회전반경(radius of gyration)은 다음 관계를 만족시키는 $r_x$로 정의된다.

$$I_x = r_x^2 A \tag{A.10}$$

여기서 $I_x$는 $x$축에 관한 면적 $A$의 관성모멘트이다. 식 (A.10)을 $r_x$에 관해 풀면 다음과 같이 된다.

$$r_x = \sqrt{\frac{I_x}{A}} \tag{A.11}$$

같은 방법으로 $y$축에 관한 회전반경과 원점 $O$에 관한 회전반경을 다음과 같이 정의할 수 있다.

$$I_y = r_y^2 A \qquad r_y = \sqrt{\frac{I_y}{A}} \tag{A.12}$$

$$J_O = r_O^2 A \qquad r_O = \sqrt{\frac{J_O}{A}} \tag{A.13}$$

식 (A.9)의 $J_O$, $I_x$, $I_y$에 해당 회전반경의 항을 대입하면 다음 식을 얻는다.

$$r_O^2 = r_x^2 + r_y^2 \tag{A.14}$$

## 예제 A.4

그림 A.16의 직사각형 면적에서 (*a*) 도심축 $x$에 관한 면적 2차모멘트 $I_x$와 (*b*) 회전반경 $r_x$를 결정하시오.

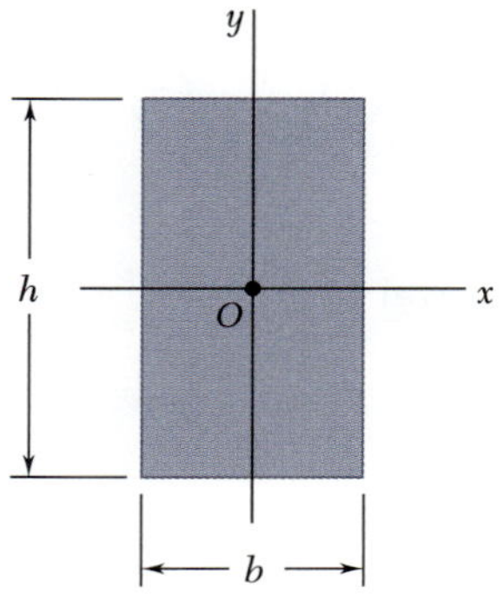


그림 A.16

**풀이**

**(a) 관성모멘트 $I_x$.** 길이 $b$, 두께 $dy$이며 수평인 얇은 조각을 면적 요소로 택한다(그림 A.17). 이 조각 안에 있는 모든 점은 $x$축으로부터 같은 거리 $y$에 있기 때문에, $x$축에 관한 이 조각의 관성모멘트는 다음과 같다.

$$dI_x = y^2\, dA = y^2(b\, dy)$$

$y = -h/2$로부터 $y = +h/2$까지 적분해서 다음과 같이 나타낼 수 있다.

$$I_x = \int_A y^2\, dA = \int_{-h/2}^{+h/2} y^2(b\, dy) = \tfrac{1}{3}b[y^3]_{-h/2}^{+h/2}$$

$$= \tfrac{1}{3}b\left(\frac{h^3}{8} + \frac{h^3}{8}\right)$$

또는

$$I_x = \tfrac{1}{12}bh^3$$

**b. 회전반경 $r_x$.** 식 (A.10)으로부터 다음과 같이 된다.

$$I_x = r_x^2 A \quad \tfrac{1}{12}bh^3 = r_x^2(bh)$$

$r_x$에 관해서 풀면 다음과 같다,

$$r_x = h/\sqrt{12}$$

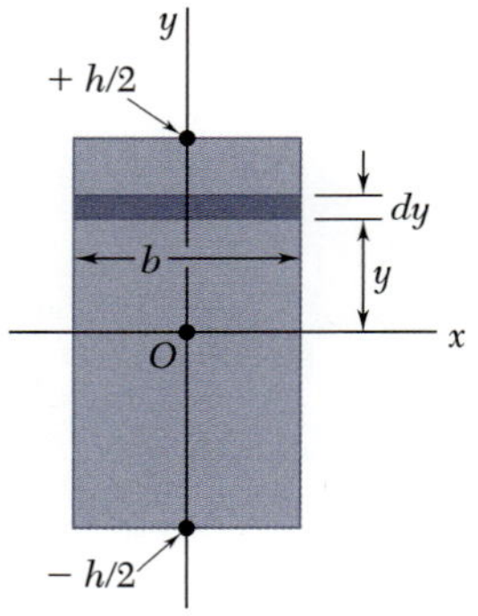


그림 A.17

## 예제 A.5

그림 A.18의 원형면적에 대해서 (*a*) 극관성모멘트 $J_O$와 (*b*) 직각관성모멘트 $I_x$와 $I_y$를 구하시오.

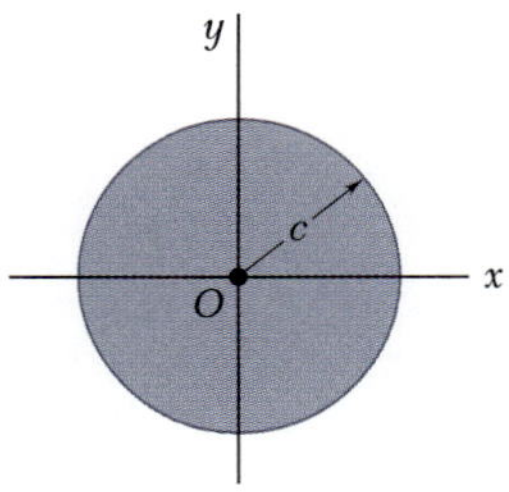


그림 A.18

**풀이**

**(a) 극관성모멘트.** 반지름 $\rho$이고 두께 $d\rho$인 원환을 면적 요소로 택한다(그림 A.19). 원환 내의 모든 점은 원점 $O$로부터 똑같은 거리 $\rho$에 있기 때문에 원환의 극관성모멘트는 다음과 같다.

$$dJ_O = \rho^2\, dA = \rho^2(2\pi\rho\, d\rho)$$

(계속)

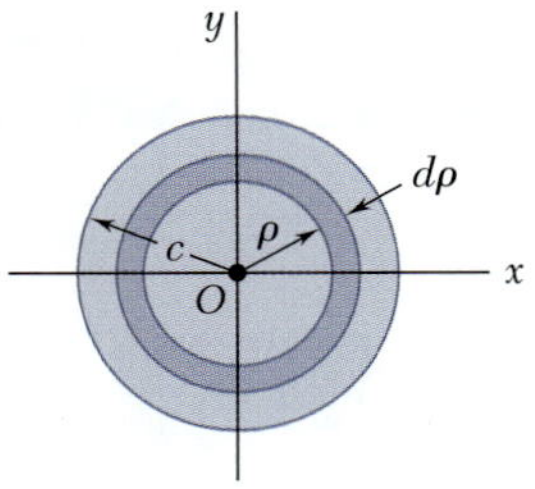


그림 A.19

$\rho$를 0부터 $c$까지 적분하면 다음과 같이 나타낼 수 있다.

$$J_O = \int_A \rho^2\,dA = \int_0^c \rho^2(2\pi\rho\,d\rho) = 2\pi\int_0^c \rho^3\,d\rho$$
$$J_O = \tfrac{1}{2}\pi c^4$$

**(b) 직각관성모멘트.** 원형면적이 대칭이기 때문에 $I_x = I_y$가 된다. 식 (A.9)으로부터 다음과 같이 된다.

$$J_O = I_x + I_y = 2I_x \quad \tfrac{1}{2}\pi c^4 = 2I_x$$

따라서

$$I_x = I_y = \tfrac{1}{4}\pi c^4$$

이다.

## A.4 평행축 정리

임의의 축 $x$에 대한 면적 $A$의 관성모멘트 $I_x$를 고려하자(그림 A.20). 면적요소 $dA$로부터 임의의 축 $x$까지의 거리를 $y$라고 하면 A.3절로부터 다음과 같이 나타낼 수 있다.

$$I_x = \int_A y^2\,dA$$

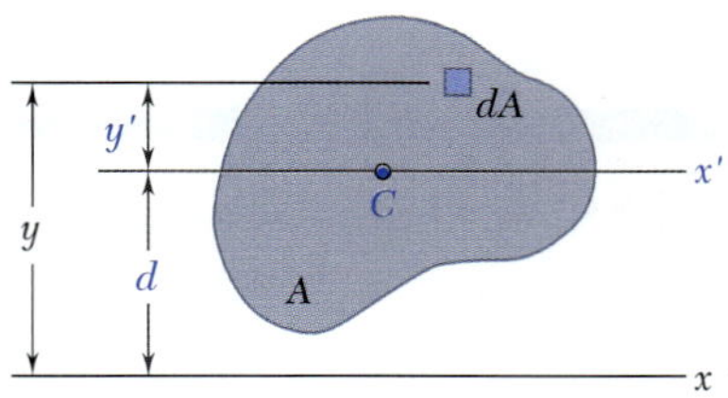


그림 A.20

$x$축에 평행하면서 면적의 도심 $C$를 통과하는 도심 $x'$축을 그린다. 면적요소 $dA$로부터 $x'$축까지의 거리를 $y'$이라고 하면 $y = y' + d$이고 여기서 $d$는 두 축 사이의 거리이다. $I_x$를 표시하는 적분에 $y = y' + d$를 대입하면 다음과 같이 나타낼 수 있다.

$$I_x = \int_A y^2\, dA = \int_A (y' + d)^2 dA$$

$$I_x = \int_A y'^2\, dA + 2d \int_A y'\, dA + d^2 \int_A dA \tag{A.15}$$

식 (A.15)의 첫 번째 적분은 도심축 $x'$에 관한 면적 $A$의 관성모멘트 $\bar{I}_{x'}$를 나타낸다. 두 번째 적분은 $x'$축에 관한 면적 $A$의 1차모멘트 $Q_{x'}$를 나타내며, 이 값은 도심이 $x'$축상에 놓여 있기 때문에 0이다. A.1절로부터 다음과 같이 나타낼 수 있다(그림 A.20).

$$Q_{x'} = A\bar{y}' = A(0) = 0$$

식 (A.15)의 마지막 적분은 면적 $A$와 같다. 그러므로 다음과 같이 나타낼 수 있다.

$$I_x = \bar{I}_{x'} + Ad^2 \tag{A.16}$$

이 공식은 임의의 축 $x$에 관한 면적의 관성모멘트 $I_x$는 $x$축에 평행한 도심축 $x'$에 대한 면적의 관성모멘트 $\bar{I}_{x'}$에 단면적 $A$와 두 축 간의 거리 $d$의 제곱을 곱한 $Ad^2$을 더한 것과 같다는 것을 나타내고 있다. 이를 평행축 정리(*parallel-axis theorem*)라고 한다. 평행축 정리는 도심축에 관한 관성모멘트를 알고 있을 때 같은 방향의 어떤 주어진 축에 관한 관성모멘트를 결정할 수 있게 한다. 역으로, 도심축과 평행한 임의의 축에 관한 단면 $A$의 관성모멘트 $I_x$를 알고 있다면, 이 $I_x$에서 $Ad^2$을 빼으로써, 도심축 $x'$에 관한 면적 $A$의 관성모멘트 $\bar{I}_{x'}$를 결정할 수 있게 한다. 평행축 정리는 오직 두 축 중에서 어느 한 축이 도심축일 때만 적용된다는 사실에 유의해야 한다.

임의의 점 $O$에 관한 면적의 극관성모멘트 $J_O$와 도심 $C$에 대한 이 면적의 극관성모멘트 $\bar{J}_C$ 간의 관계를 나타내는 비슷한 공식을 유도할 수 있다. $O$와 $C$ 간의 거리를 $d$라고 하면 다음과 같이 나타낼 수 있다.

$$J_O = \bar{J}_C + Ad^2 \tag{A.17}$$

## A.5 합성 면적의 관성모멘트

$A_1$, $A_2$ 등의 면적요소로 구성되어 있는 합성면적 $A$를 고려하자. 면적 $A$의 관성모멘트를 나타내는 적분은 $A_1$, $A_2$ 등의 적분들로 나누어질 수 있기 때문에, 주어진

임의축에 관한 $A$의 관성모멘트는 동일 축에 관한 면적 $A_1$, $A_2$ 등의 관성모멘트를 합함으로써 구할 수 있다. 그러나 면적성분의 관성모멘트를 합하기 전에 평행축정리를 사용하여 각 관성모멘트를 원하는 축으로 전환시켜야 한다. 이에 관한 사항이 예제 A.6에 나와 있다.

### 예제 A.6

주어진 면적에서 도심축 $x$에 관한 관성모멘트를 구하시오(그림 A.21).

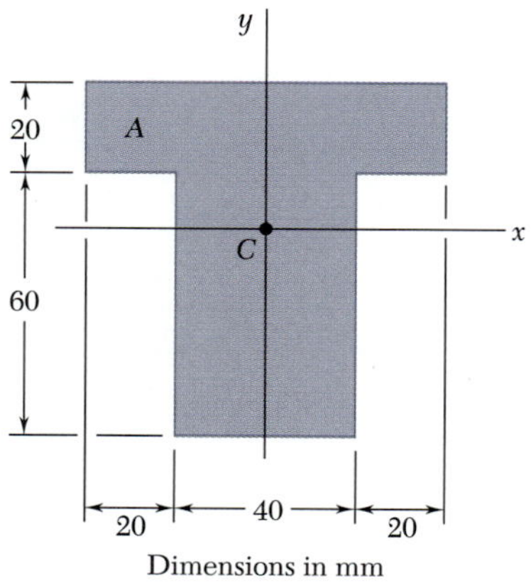


그림 A.21

**풀이**

**도심의 위치.** 우선 주어진 면적의 도심 위치를 결정해야한다. 그러나 이 주어진 면적의 도심은 이미 예제 A.2에서 결정되어 있다. 이 예제에서 $C$는 면적 $A$의 하단에서 46 mm 위쪽에 위치하고 있음을 알고 있다.

**관성모멘트의 계산.** 면적 $A$를 두 개의 직사각형 면적 $A_1$과 $A_2$로 나누고(그림 A.22), 각 면적의 $x$축에 관한 관성모멘트를 계산한다.

**직사각형 면적 $A_1$.** $x'$축에 관한 $A_1$의 관성모멘트 $(I_x)_1$를 구하기 위해서 우선 $A_1$ 자체의 도심축 $x'$에 관한 관성모멘트를 계산하여야 한다. 직사각형 면적의 도심축 관성모멘트에 대해서 예제 A.4의 ($a$)에서 유도한 공식으로부터 다음과 같이 나타낼 수 있다.

$$(\bar{I}_{x'})_1 = \tfrac{1}{12}bh^3 = \tfrac{1}{12}(80\text{ mm})(20\text{ mm})^3 = 53.3 \times 10^3\text{ mm}^4$$

평행축 정리를 사용하여 $x$축에 관한 $A_1$의 관성모멘트를 다음과 같이 결정한다.

$$\begin{aligned}(I_x)_1 &= (\bar{I}_{x'})_1 + A_1 d_1^2 = 53.3 \times 10^3 + (80 \times 20)(24)^2 \\ &= 975 \times 10^3\text{ mm}^4\end{aligned}$$

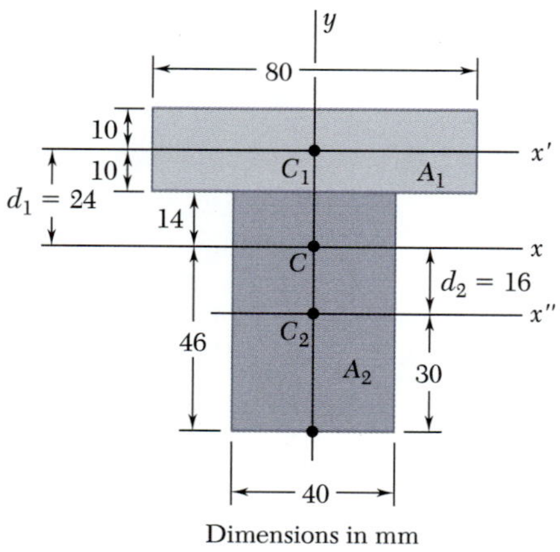


그림 A.22

**직사각형 면적 $A_2$.** 자체의 도심축 $x''$에 관한 $A_2$의 관성모멘트를 계산하고, 이를 $x$축에 전환시키기 위해 평행축 정리를 사용하면 다음과 같이 나타낼 수 있다.

$$\begin{aligned}(\bar{I}_{x''})_2 &= \tfrac{1}{12}bh^3 = \tfrac{1}{12}(40)(60)^3 = 720 \times 10^3\text{ mm}^4 \\ (I_x)_2 &= (\bar{I}_{x''})_2 + A_2 d_2^2 = 720 \times 10^3 + (40 \times 60)(16)^2 \\ &= 1334 \times 10^3\text{ mm}^4\end{aligned}$$

**전체 면적 $A$.** $x$축에 관한 $A_1$과 $A_2$의 관성모멘트를 합하면, 전체 면적의 관성모멘트 $\bar{I}_x$를 구할 수 있다(그림 A.21).

$$\begin{aligned}\bar{I}_x &= (I_x)_1 + (I_x)_2 = 975 \times 10^3 + 1334 \times 10^3 \\ \bar{I}_x &= 2.31 \times 10^6\text{ mm}^4\end{aligned}$$

# 부록 B 공학에 사용되는 대표적인 재료들의 일반적 물성[1, 5](SI Units)

| Material | Density kg/$m^3$ | Ultimate Strength: Tension, MPa | Ultimate Strength: Compression,[2] MPa | Ultimate Strength: Shear, MPa | Yield Strength[3]: Tension, MPa | Yield Strength[3]: Shear, MPa | Modulus of Elasticity, GPa | Modulus of Rigidity, GPa | Coefficient of Thermal Expansion, $10^{-6}$/°C | Ductility, Percent Elongation in 50 mm |
|---|---|---|---|---|---|---|---|---|---|---|
| **Steel** | | | | | | | | | | |
| Structural (ASTM-A36) | 7860 | 400 | | | 250 | 145 | 200 | 77.2 | 11.7 | 21 |
| High-strength-low-alloy | | | | | | | | | | |
| ASTM-A709 Grade 345 | 7860 | 450 | | | 345 | | 200 | 77.2 | 11.7 | 21 |
| ASTM-A913 Grade 450 | 7860 | 550 | | | 450 | | 200 | 77.2 | 11.7 | 17 |
| ASTM-A992 Grade 345 | 7860 | 450 | | | 345 | | 200 | 77.2 | 11.7 | 21 |
| Quenched & tempered | | | | | | | | | | |
| ASTM-A709 Grade 690 | 7860 | 760 | | | 690 | | 200 | 77.2 | 11.7 | 18 |
| Stainless, AISI 302 | | | | | | | | | | |
| Cold-rolled | 7920 | 860 | | | 520 | | 190 | 75 | 17.3 | 12 |
| Annealed | 7920 | 655 | | | 260 | 150 | 190 | 75 | 17.3 | 50 |
| Reinforcing Steel | | | | | | | | | | |
| Medium strength | 7860 | 480 | | | 275 | | 200 | 77 | 11.7 | |
| High strength | 7860 | 620 | | | 415 | | 200 | 77 | 11.7 | |
| **Cast Iron** | | | | | | | | | | |
| Gray Cast Iron | | | | | | | | | | |
| 4.5% C, ASTM A-48 | 7200 | 170 | 655 | 240 | | | 69 | 28 | 12.1 | 0.5 |
| Malleable Cast Iron | | | | | | | | | | |
| 2% C, 1% Si, ASTM A-47 | 7300 | 345 | 620 | 330 | 230 | | 165 | 65 | 12.1 | 10 |
| **Aluminum** | | | | | | | | | | |
| Alloy 1100-H14 (99% Al) | 2710 | 110 | | 70 | 95 | 55 | 70 | 26 | 23.6 | 9 |
| Alloy 2014-T6 | 2800 | 455 | | 275 | 400 | 230 | 75 | 27 | 23.0 | 13 |
| Alloy-2024-T4 | 2800 | 470 | | 280 | 325 | | 73 | | 23.2 | 19 |
| Alloy-5456-H116 | 2630 | 315 | | 185 | 230 | 130 | 72 | | 23.9 | 16 |
| Alloy 6061-T6 | 2710 | 260 | | 165 | 240 | 140 | 70 | 26 | 23.6 | 17 |
| Alloy 7075-T6 | 2800 | 570 | | 330 | 500 | | 72 | 28 | 23.6 | 11 |
| **Copper** | | | | | | | | | | |
| Oxygen-free copper (99.9% Cu) | | | | | | | | | | |
| Annealed | 8910 | 220 | | 150 | 70 | | 120 | 44 | 16.9 | 45 |
| Hard-drawn | 8910 | 390 | | 200 | 265 | | 120 | 44 | 16.9 | 4 |
| Yellow-Brass (65% Cu, 35% Zn) | | | | | | | | | | |
| Cold-rolled | 8470 | 510 | | 300 | 410 | 250 | 105 | 39 | 20.9 | 8 |
| Annealed | 8470 | 320 | | 220 | 100 | 60 | 105 | 39 | 20.9 | 65 |
| Red Brass (85% Cu, 15% Zn) | | | | | | | | | | |
| Cold-rolled | 8740 | 585 | | 320 | 435 | | 120 | 44 | 18.7 | 3 |
| Annealed | 8740 | 270 | | 210 | 70 | | 120 | 44 | 18.7 | 48 |
| Tin bronze (88 Cu, 8Sn, 4Zn) | 8800 | 310 | | | 145 | | 95 | | 18.0 | 30 |
| Manganese bronze (63 Cu, 25 Zn, 6 Al, 3 Mn, 3 Fe) | 8360 | 655 | | | 330 | | 105 | | 21.6 | 20 |
| Aluminum bronze (81 Cu, 4 Ni, 4 Fe, 11 Al) | 8330 | 620 | 900 | | 275 | | 110 | 42 | 16.2 | 6 |

(계속)

| Material | Density kg/m$^3$ | Ultimate Strength: Tension, MPa | Ultimate Strength: Compression,[2] MPa | Ultimate Strength: Shear, MPa | Yield Strength[3]: Tension, MPa | Yield Strength[3]: Shear, MPa | Modulus of Elasticity, GPa | Modulus of Rigidity, GPa | Coefficient of Thermal Expansion, $10^{-6}/°C$ | Ductility, Percent Elongation in 50 mm |
|---|---|---|---|---|---|---|---|---|---|---|
| **Magnesium Alloys** | | | | | | | | | | |
| Alloy AZ80 (Forging) | 1800 | 345 | | 160 | 250 | | 45 | 16 | 25.2 | 6 |
| Alloy AZ31 (Extrusion) | 1770 | 255 | | 130 | 200 | | 45 | 16 | 25.2 | 12 |
| **Titanium** | | | | | | | | | | |
| Alloy (6% Al, 4% V) | 4730 | 900 | | | 830 | | 115 | | 9.5 | 10 |
| **Monel Alloy 400(Ni-Cu)** | | | | | | | | | | |
| Cold-worked | 8830 | 675 | | | 585 | 345 | 180 | | 13.9 | 22 |
| Annealed | 8830 | 550 | | | 220 | 125 | 180 | | 13.9 | 46 |
| **Cupronickel** (90% Cu, 10% Ni) | | | | | | | | | | |
| Annealed | 8940 | 365 | | | 110 | | 140 | 52 | 17.1 | 35 |
| Cold-worked | 8940 | 585 | | | 545 | | 140 | 52 | 17.1 | 3 |
| **Timber, air dry** | | | | | | | | | | |
| Douglas fir | 470 | 100 | 50 | 7.6 | | | 13 | 0.7 | Varies | |
| Spruce, Sitka | 415 | 60 | 39 | 7.6 | | | 10 | 0.5 | 3.0 to 4.5 | |
| Shortleaf pine | 500 | | 50 | 9.7 | | | 12 | | | |
| Western white pine | 390 | | 34 | 7.0 | | | 10 | | | |
| Ponderosa pine | 415 | 55 | 36 | 7.6 | | | 9 | | | |
| White oak | 690 | | 51 | 13.8 | | | 12 | | | |
| Red oak | 660 | | 47 | 12.4 | | | 12 | | | |
| Western hemlock | 440 | 90 | 50 | 10.0 | | | 11 | | | |
| Shagbark hickory | 720 | | 63 | 16.5 | | | 15 | | | |
| Redwood | 415 | 65 | 42 | 6.2 | | | 9 | | | |
| **Concrete** | | | | | | | | | | |
| Medium strength | 2320 | | 28 | | | | 25 | | 9.9 | |
| High strength | 2320 | | 40 | | | | 30 | | 9.9 | |
| **Plastics** | | | | | | | | | | |
| Nylon, type 6/6, (molding compound) | 1140 | 75 | 95 | | 45 | | 2.8 | | 144 | 50 |
| Polycarbonate | 1200 | 65 | 85 | | 35 | | 2.4 | | 122 | 110 |
| Polyester, PBT (thermoplastic) | 1340 | 55 | 75 | | 55 | | 2.4 | | 135 | 150 |
| Polyester elastomer | 1200 | 45 | | 40 | | | 0.2 | | | 500 |
| Polystyrene | 1030 | 55 | 90 | | 55 | | 3.1 | | 125 | 2 |
| Vinyl, rigid PVC | 1440 | 40 | 70 | | 45 | | 3.1 | | 135 | 40 |
| Rubber | 910 | 15 | | | | | | | 162 | 600 |
| Granite (Avg. values) | 2770 | 20 | 240 | 35 | | | 70 | 4 | 7.2 | |
| Marble (Avg. values) | 2770 | 15 | 125 | 28 | | | 55 | 3 | 10.8 | |
| Sandstone (Avg. values) | 2300 | 7 | 85 | 14 | | | 40 | 2 | 9.0 | |
| Glass, 98% silica | 2190 | | 50 | | | | 65 | 4.1 | 80 | |

[1]Properties of metals vary widely as a result of variations in composition, heat treatment, and mechanical working.
[2]For ductile metals the compression strength is generally assumed to be equal to the tension strength.
[3]Offset of 0.2 percent.
[4]Timber properties are for loading parallel to the grain.
[5]See also *Marks' Mechanical Engineering Handbook,* 10th ed., McGraw-Hill, New York, 1996; *Annual Book of ASTM,* American Society for Testing Materials, Philadelphia, Pa.; *Metals Handbook,* American Society of Metals, Metals Park, Ohio; and *Aluminum Design Manual,* The Aluminum Association, Washington, DC.

# 부록 C 압연강재의 단면형상의 특성(SI Units)

## W 형
### (광폭플랜지 형상)

W Shapes (Wide–Flange Shapes)

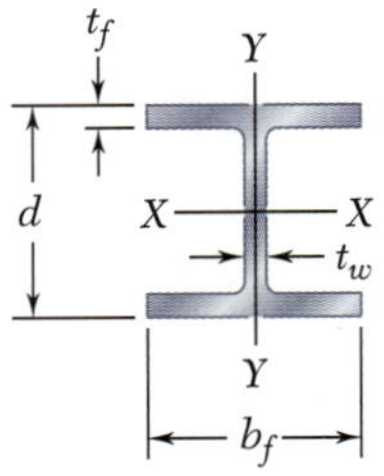


| Designation† | Area $A$, mm$^2$ | Depth $d$, mm | Flange Width $b_f$, mm | Flange Thickness $t_f$, mm | Web Thickness $t_w$, mm | Axis X-X $I_x$ $10^6$ mm$^4$ | Axis X-X $S_x$ $10^3$ mm$^3$ | Axis X-X $r_x$ mm | Axis Y-Y $I_y$ $10^6$ mm$^4$ | Axis Y-Y $S_y$ $10^3$ mm$^3$ | Axis Y-Y $r_y$ mm |
|---|---|---|---|---|---|---|---|---|---|---|---|
| W920 × 449 | 57300 | 947 | 424 | 42.7 | 24.0 | 8780 | 18500 | 391 | 541 | 2560 | 97.0 |
| 201 | 25600 | 904 | 305 | 20.1 | 15.2 | 3250 | 7190 | 356 | 93.7 | 618 | 60.5 |
| W840 × 299 | 38200 | 856 | 399 | 29.2 | 18.2 | 4830 | 11200 | 356 | 312 | 1560 | 90.4 |
| 176 | 22400 | 836 | 292 | 18.8 | 14.0 | 2460 | 5880 | 330 | 77.8 | 534 | 58.9 |
| W760 × 257 | 32900 | 772 | 381 | 27.2 | 16.6 | 3430 | 8870 | 323 | 249 | 1310 | 86.9 |
| 147 | 18800 | 754 | 267 | 17.0 | 13.2 | 1660 | 4410 | 297 | 53.3 | 401 | 53.3 |
| W690 × 217 | 27800 | 696 | 356 | 24.8 | 15.4 | 2360 | 6780 | 292 | 184 | 1040 | 81.3 |
| 125 | 16000 | 678 | 254 | 16.3 | 11.7 | 1190 | 3490 | 272 | 44.1 | 347 | 52.6 |
| W610 × 155 | 19700 | 612 | 325 | 19.1 | 12.7 | 1290 | 4230 | 257 | 108 | 667 | 73.9 |
| 101 | 13000 | 602 | 228 | 14.9 | 10.5 | 762 | 2520 | 243 | 29.3 | 257 | 47.5 |
| W530 × 150 | 19200 | 544 | 312 | 20.3 | 12.7 | 1010 | 3720 | 229 | 103 | 660 | 73.4 |
| 92 | 11800 | 533 | 209 | 15.6 | 10.2 | 554 | 2080 | 217 | 23.9 | 229 | 45.0 |
| 66 | 8390 | 526 | 165 | 11.4 | 8.89 | 351 | 1340 | 205 | 8.62 | 104 | 32.0 |
| W460 × 158 | 20100 | 475 | 284 | 23.9 | 15.0 | 795 | 3340 | 199 | 91.6 | 646 | 67.6 |
| 113 | 14400 | 462 | 279 | 17.3 | 10.8 | 554 | 2390 | 196 | 63.3 | 452 | 66.3 |
| 74 | 9480 | 457 | 191 | 14.5 | 9.02 | 333 | 1460 | 187 | 16.7 | 175 | 41.9 |
| 52 | 6650 | 450 | 152 | 10.8 | 7.62 | 212 | 944 | 179 | 6.37 | 83.9 | 31.0 |
| W410 × 114 | 14600 | 419 | 262 | 19.3 | 11.6 | 462 | 2200 | 178 | 57.4 | 441 | 62.7 |
| 85 | 10800 | 417 | 181 | 18.2 | 10.9 | 316 | 1510 | 171 | 17.9 | 198 | 40.6 |
| 60 | 7610 | 406 | 178 | 12.8 | 7.75 | 216 | 1060 | 168 | 12.0 | 135 | 39.9 |
| 46.1 | 5890 | 404 | 140 | 11.2 | 6.99 | 156 | 773 | 163 | 5.16 | 73.6 | 29.7 |
| 38.8 | 4950 | 399 | 140 | 8.76 | 6.35 | 125 | 629 | 159 | 3.99 | 57.2 | 28.4 |
| W360 × 551 | 70300 | 455 | 419 | 67.6 | 42.2 | 2260 | 9950 | 180 | 828 | 3950 | 108 |
| 216 | 27500 | 376 | 394 | 27.7 | 17.3 | 712 | 3800 | 161 | 282 | 1430 | 101 |
| 122 | 15500 | 363 | 257 | 21.7 | 13.0 | 367 | 2020 | 154 | 61.6 | 480 | 63.0 |
| 101 | 12900 | 356 | 254 | 18.3 | 10.5 | 301 | 1690 | 153 | 50.4 | 397 | 62.5 |
| 79 | 10100 | 353 | 205 | 16.8 | 9.40 | 225 | 1270 | 150 | 24.0 | 234 | 48.8 |
| 64 | 8130 | 348 | 203 | 13.5 | 7.75 | 178 | 1030 | 148 | 18.8 | 185 | 48.0 |
| 57.8 | 7230 | 358 | 172 | 13.1 | 7.87 | 160 | 895 | 149 | 11.1 | 129 | 39.4 |
| 44 | 5710 | 351 | 171 | 9.78 | 6.86 | 121 | 688 | 146 | 8.16 | 95.4 | 37.8 |
| 39 | 4960 | 353 | 128 | 10.7 | 6.48 | 102 | 578 | 144 | 3.71 | 58.2 | 27.4 |
| 32.9 | 4190 | 348 | 127 | 8.51 | 5.84 | 82.8 | 475 | 141 | 2.91 | 45.9 | 26.4 |

†A wide-flange shape is designated by the letter W followed by the nominal depth in millimeters and the mass in kilograms per meter.

# W 형
## (광폭플랜지 형상)

## W Shapes (Wide–Flange Shapes)

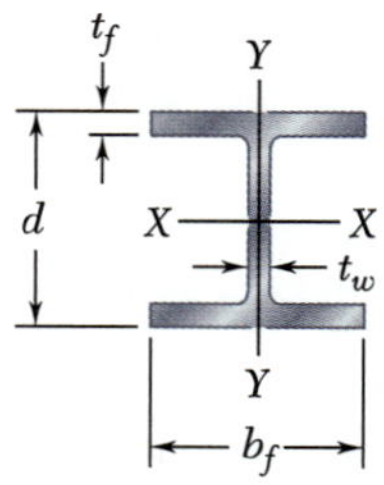


| Designation† | Area $A$, mm$^2$ | Depth $d$, mm | Flange Width $b_f$, mm | Flange Thickness $t_f$, mm | Web Thickness $t_w$, mm | Axis X-X $I_x$ $10^6$ mm$^4$ | Axis X-X $S_x$ $10^3$ mm$^3$ | Axis X-X $r_x$ mm | Axis Y-Y $I_y$ $10^6$ mm$^4$ | Axis Y-Y $S_y$ $10^3$ mm$^3$ | Axis Y-Y $r_y$ mm |
|---|---|---|---|---|---|---|---|---|---|---|---|
| W310 × 143 | 18200 | 323 | 310 | 22.9 | 14.0 | 347 | 2150 | 138 | 112 | 728 | 78.5 |
| 107 | 13600 | 312 | 305 | 17.0 | 10.9 | 248 | 1600 | 135 | 81.2 | 531 | 77.2 |
| 74 | 9420 | 310 | 205 | 16.3 | 9.40 | 163 | 1050 | 132 | 23.4 | 228 | 49.8 |
| 60 | 7550 | 302 | 203 | 13.1 | 7.49 | 128 | 844 | 130 | 18.4 | 180 | 49.3 |
| 52 | 6650 | 318 | 167 | 13.2 | 7.62 | 119 | 747 | 133 | 10.2 | 122 | 39.1 |
| 44.5 | 5670 | 312 | 166 | 11.2 | 6.60 | 99.1 | 633 | 132 | 8.45 | 102 | 38.6 |
| 38.7 | 4940 | 310 | 165 | 9.65 | 5.84 | 84.9 | 547 | 131 | 7.20 | 87.5 | 38.4 |
| 32.7 | 4180 | 312 | 102 | 10.8 | 6.60 | 64.9 | 416 | 125 | 1.94 | 37.9 | 21.5 |
| 23.8 | 3040 | 305 | 101 | 6.73 | 5.59 | 42.9 | 280 | 119 | 1.17 | 23.1 | 19.6 |
| W250 × 167 | 21200 | 290 | 264 | 31.8 | 19.2 | 298 | 2060 | 118 | 98.2 | 742 | 68.1 |
| 101 | 12900 | 264 | 257 | 19.6 | 11.9 | 164 | 1240 | 113 | 55.8 | 433 | 65.8 |
| 80 | 10200 | 257 | 254 | 15.6 | 9.4 | 126 | 983 | 111 | 42.9 | 338 | 65.0 |
| 67 | 8580 | 257 | 204 | 15.7 | 8.89 | 103 | 805 | 110 | 22.2 | 218 | 51.1 |
| 58 | 7420 | 252 | 203 | 13.5 | 8.00 | 87.0 | 690 | 108 | 18.7 | 185 | 50.3 |
| 49.1 | 6260 | 247 | 202 | 11.0 | 7.37 | 71.2 | 574 | 106 | 15.2 | 151 | 49.3 |
| 44.8 | 5700 | 267 | 148 | 13.0 | 7.62 | 70.8 | 531 | 111 | 6.95 | 94.2 | 34.8 |
| 32.7 | 4190 | 259 | 146 | 9.14 | 6.10 | 49.1 | 380 | 108 | 4.75 | 65.1 | 33.8 |
| 28.4 | 3630 | 259 | 102 | 10.0 | 6.35 | 40.1 | 308 | 105 | 1.79 | 35.1 | 22.2 |
| 22.3 | 2850 | 254 | 102 | 6.86 | 5.84 | 28.7 | 226 | 100 | 1.20 | 23.8 | 20.6 |
| W200 × 86 | 11000 | 222 | 209 | 20.6 | 13.0 | 94.9 | 852 | 92.7 | 31.3 | 300 | 53.3 |
| 71 | 9100 | 216 | 206 | 17.4 | 10.2 | 76.6 | 708 | 91.7 | 25.3 | 246 | 52.8 |
| 59 | 7550 | 210 | 205 | 14.2 | 9.14 | 60.8 | 582 | 89.7 | 20.4 | 200 | 51.8 |
| 52 | 6650 | 206 | 204 | 12.6 | 7.87 | 52.9 | 511 | 89.2 | 17.7 | 174 | 51.6 |
| 46.1 | 5880 | 203 | 203 | 11.0 | 7.24 | 45.8 | 451 | 88.1 | 15.4 | 152 | 51.3 |
| 41.7 | 5320 | 205 | 166 | 11.8 | 7.24 | 40.8 | 398 | 87.6 | 9.03 | 109 | 41.1 |
| 35.9 | 4570 | 201 | 165 | 10.2 | 6.22 | 34.4 | 342 | 86.9 | 7.62 | 92.3 | 40.9 |
| 31.3 | 3970 | 210 | 134 | 10.2 | 6.35 | 31.3 | 298 | 88.6 | 4.07 | 60.8 | 32.0 |
| 26.6 | 3390 | 207 | 133 | 8.38 | 5.84 | 25.8 | 249 | 87.1 | 3.32 | 49.8 | 31.2 |
| 22.5 | 2860 | 206 | 102 | 8.00 | 6.22 | 20.0 | 193 | 83.6 | 1.42 | 27.9 | 22.3 |
| 19.3 | 2480 | 203 | 102 | 6.48 | 5.84 | 16.5 | 162 | 81.5 | 1.14 | 22.5 | 21.4 |
| W150 × 37.1 | 4740 | 162 | 154 | 11.6 | 8.13 | 22.2 | 274 | 68.6 | 7.12 | 91.9 | 38.6 |
| 29.8 | 3790 | 157 | 153 | 9.27 | 6.60 | 17.2 | 220 | 67.6 | 5.54 | 72.3 | 38.1 |
| 24 | 3060 | 160 | 102 | 10.3 | 6.60 | 13.4 | 167 | 66.0 | 1.84 | 36.1 | 24.6 |
| 18 | 2290 | 153 | 102 | 7.11 | 5.84 | 9.20 | 120 | 63.2 | 1.24 | 24.6 | 23.3 |
| 13.5 | 1730 | 150 | 100 | 5.46 | 4.32 | 6.83 | 91.1 | 62.7 | 0.916 | 18.2 | 23.0 |
| W130 × 28.1 | 3590 | 131 | 128 | 10.9 | 6.86 | 10.9 | 167 | 55.1 | 3.80 | 59.5 | 32.5 |
| 23.8 | 3040 | 127 | 127 | 9.14 | 6.10 | 8.91 | 140 | 54.1 | 3.13 | 49.2 | 32.0 |
| W100 × 19.3 | 2470 | 106 | 103 | 8.76 | 7.11 | 4.70 | 89.5 | 43.7 | 1.61 | 31.1 | 25.4 |

†A wide-flange shape is designated by the letter W followed by the nominal depth in millimeters and the mass in kilograms per meter.

# S 형
## (미국 표준 형상)

## S Shapes (American Standard Shapes)

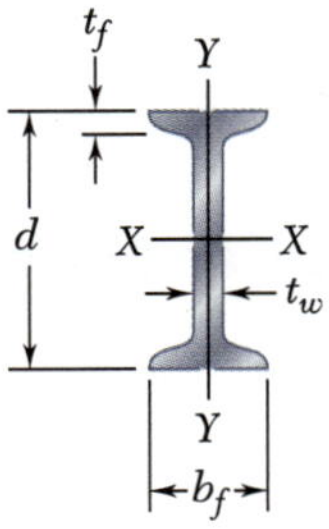


| Designation† | Area $A$, $mm^2$ | Depth $d$, mm | Flange Width $b_f$, mm | Flange Thickness $t_f$, mm | Web Thickness $t_w$, mm | Axis X-X $I_x$ $10^6$ $mm^4$ | Axis X-X $S_x$ $10^3$ $mm^3$ | Axis X-X $r_x$ mm | Axis Y-Y $I_y$ $10^6$ $mm^4$ | Axis Y-Y $S_y$ $10^3$ $mm^3$ | Axis Y-Y $r_y$ mm |
|---|---|---|---|---|---|---|---|---|---|---|---|
| S610 × 180 | 22900 | 622 | 204 | 27.7 | 20.3 | 1320 | 4230 | 240 | 34.5 | 338 | 38.9 |
| 158 | 20100 | 622 | 200 | 27.7 | 15.7 | 1220 | 3930 | 247 | 32.0 | 320 | 39.9 |
| 149 | 18900 | 610 | 184 | 22.1 | 18.9 | 991 | 3260 | 229 | 19.7 | 215 | 32.3 |
| 134 | 17100 | 610 | 181 | 22.1 | 15.9 | 937 | 3060 | 234 | 18.6 | 205 | 33.0 |
| 119 | 15200 | 610 | 178 | 22.1 | 12.7 | 874 | 2870 | 241 | 17.5 | 197 | 34.0 |
| S510 × 143 | 18200 | 516 | 183 | 23.4 | 20.3 | 695 | 2700 | 196 | 20.8 | 228 | 33.8 |
| 128 | 16300 | 516 | 179 | 23.4 | 16.8 | 653 | 2540 | 200 | 19.4 | 216 | 34.5 |
| 112 | 14200 | 508 | 162 | 20.2 | 16.1 | 533 | 2100 | 194 | 12.3 | 152 | 29.5 |
| 98.2 | 12500 | 508 | 159 | 20.2 | 12.8 | 495 | 1950 | 199 | 11.4 | 144 | 30.2 |
| S460 × 104 | 13200 | 457 | 159 | 17.6 | 18.1 | 384 | 1690 | 170 | 10.0 | 126 | 27.4 |
| 81.4 | 10300 | 457 | 152 | 17.6 | 11.7 | 333 | 1460 | 180 | 8.62 | 113 | 29.0 |
| S380 × 74 | 9480 | 381 | 143 | 15.8 | 14.0 | 202 | 1060 | 146 | 6.49 | 90.6 | 26.2 |
| 64 | 8130 | 381 | 140 | 15.8 | 10.4 | 186 | 973 | 151 | 5.95 | 85.0 | 26.9 |
| S310 × 74 | 9420 | 305 | 139 | 16.7 | 17.4 | 126 | 829 | 116 | 6.49 | 93.2 | 26.2 |
| 60.7 | 7680 | 305 | 133 | 16.7 | 11.7 | 112 | 739 | 121 | 5.62 | 84.1 | 26.9 |
| 52 | 6580 | 305 | 129 | 13.8 | 10.9 | 94.9 | 624 | 120 | 4.10 | 63.6 | 24.9 |
| 47.3 | 6010 | 305 | 127 | 13.8 | 8.89 | 90.3 | 593 | 123 | 3.88 | 61.1 | 25.4 |
| S250 × 52 | 6650 | 254 | 125 | 12.5 | 15.1 | 61.2 | 482 | 96.0 | 3.45 | 55.1 | 22.8 |
| 37.8 | 4810 | 254 | 118 | 12.5 | 7.90 | 51.2 | 403 | 103 | 2.80 | 47.4 | 24.1 |
| S200 × 34 | 4360 | 203 | 106 | 10.8 | 11.2 | 26.9 | 265 | 78.5 | 1.78 | 33.6 | 20.2 |
| 27.4 | 3480 | 203 | 102 | 10.8 | 6.88 | 23.9 | 236 | 82.8 | 1.54 | 30.2 | 21.0 |
| S150 × 25.7 | 3260 | 152 | 90.7 | 9.12 | 11.8 | 10.9 | 143 | 57.9 | 0.953 | 21.0 | 17.1 |
| 18.6 | 2360 | 152 | 84.6 | 9.12 | 5.89 | 9.16 | 120 | 62.2 | 0.749 | 17.7 | 17.8 |
| S130 × 15 | 1890 | 127 | 76.2 | 8.28 | 5.44 | 5.12 | 80.3 | 52.1 | 0.495 | 13.0 | 16.2 |
| S100 × 14.1 | 1800 | 102 | 71.1 | 7.44 | 8.28 | 2.81 | 55.4 | 39.6 | 0.369 | 10.4 | 14.3 |
| 11.5 | 1460 | 102 | 67.6 | 7.44 | 4.90 | 2.52 | 49.7 | 41.7 | 0.311 | 9.21 | 14.6 |
| S75 × 11.2 | 1420 | 76.2 | 63.8 | 6.60 | 8.86 | 1.21 | 31.8 | 29.2 | 0.241 | 7.55 | 13.0 |
| 8.5 | 1070 | 76.2 | 59.2 | 6.60 | 4.32 | 1.04 | 27.4 | 31.2 | 0.186 | 6.28 | 13.2 |

†An American Standard Beam is designated by the letter S followed by the nominal depth in millimeters and the mass in kilograms per meter.

# C 형
## (미국 표준 형상)

## C Shapes (American Standard Channels)

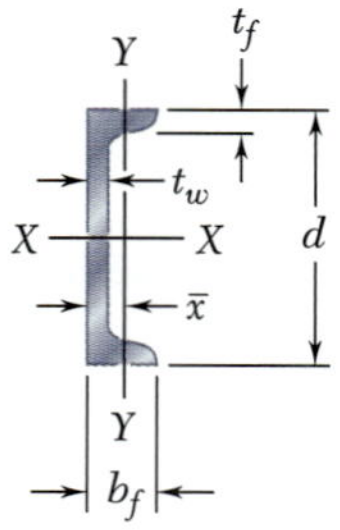


| Designation† | Area $A$, mm² | Depth $d$, mm | Flange Width $b_f$, mm | Flange Thickness $t_f$, mm | Web Thickness $t_w$, mm | Axis X-X $I_x$ $10^6$ mm⁴ | Axis X-X $S_x$ $10^3$ mm³ | Axis X-X $r_x$ mm | Axis Y-Y $I_y$ $10^6$ mm⁴ | Axis Y-Y $S_y$ $10^3$ mm³ | Axis Y-Y $r_y$ mm | Axis Y-Y $x$ mm |
|---|---|---|---|---|---|---|---|---|---|---|---|---|
| C380 × 74 | 9480 | 381 | 94.5 | 16.5 | 18.2 | 168 | 882 | 133 | 4.58 | 61.8 | 22.0 | 20.3 |
| 60 | 7610 | 381 | 89.4 | 16.5 | 13.2 | 145 | 762 | 138 | 3.82 | 54.7 | 22.4 | 19.8 |
| 50.4 | 6450 | 381 | 86.4 | 16.5 | 10.2 | 131 | 688 | 143 | 3.36 | 50.6 | 22.9 | 20.0 |
| C310 × 45 | 5680 | 305 | 80.5 | 12.7 | 13.0 | 67.4 | 442 | 109 | 2.13 | 33.6 | 19.4 | 17.1 |
| 37 | 4740 | 305 | 77.5 | 12.7 | 9.83 | 59.9 | 393 | 113 | 1.85 | 30.6 | 19.8 | 17.1 |
| 30.8 | 3920 | 305 | 74.7 | 12.7 | 7.16 | 53.7 | 352 | 117 | 1.61 | 28.2 | 20.2 | 17.7 |
| C250 × 45 | 5680 | 254 | 77.0 | 11.1 | 17.1 | 42.9 | 339 | 86.9 | 1.64 | 27.0 | 17.0 | 16.5 |
| 37 | 4740 | 254 | 73.4 | 11.1 | 13.4 | 37.9 | 298 | 89.4 | 1.39 | 24.1 | 17.1 | 15.7 |
| 30 | 3790 | 254 | 69.6 | 11.1 | 9.63 | 32.8 | 259 | 93.0 | 1.17 | 21.5 | 17.5 | 15.4 |
| 22.8 | 2890 | 254 | 66.0 | 11.1 | 6.10 | 28.0 | 221 | 98.3 | 0.945 | 18.8 | 18.1 | 16.1 |
| C230 × 30 | 3790 | 229 | 67.3 | 10.5 | 11.4 | 25.3 | 221 | 81.8 | 1.00 | 19.2 | 16.3 | 14.8 |
| 22 | 2850 | 229 | 63.2 | 10.5 | 7.24 | 21.2 | 185 | 86.4 | 0.795 | 16.6 | 16.7 | 14.9 |
| 19.9 | 2540 | 229 | 61.7 | 10.5 | 5.92 | 19.9 | 174 | 88.6 | 0.728 | 15.6 | 16.9 | 15.3 |
| C200 × 27.9 | 3550 | 203 | 64.3 | 9.91 | 12.4 | 18.3 | 180 | 71.6 | 0.820 | 16.6 | 15.2 | 14.4 |
| 20.5 | 2610 | 203 | 59.4 | 9.91 | 7.70 | 15.0 | 148 | 75.9 | 0.633 | 13.9 | 15.6 | 14.1 |
| 17.1 | 2170 | 203 | 57.4 | 9.91 | 5.59 | 13.5 | 133 | 79.0 | 0.545 | 12.7 | 15.8 | 14.5 |
| C180 × 18.2 | 2320 | 178 | 55.6 | 9.30 | 7.98 | 10.1 | 113 | 66.0 | 0.483 | 11.4 | 14.4 | 13.3 |
| 14.6 | 1850 | 178 | 53.1 | 9.30 | 5.33 | 8.82 | 100 | 69.1 | 0.398 | 10.1 | 14.7 | 13.7 |
| C150 × 19.3 | 2460 | 152 | 54.9 | 8.71 | 11.1 | 7.20 | 94.7 | 54.1 | 0.437 | 10.5 | 13.3 | 13.1 |
| 15.6 | 1990 | 152 | 51.6 | 8.71 | 7.98 | 6.29 | 82.6 | 56.4 | 0.358 | 9.19 | 13.4 | 12.7 |
| 12.2 | 1540 | 152 | 48.8 | 8.71 | 5.08 | 5.45 | 71.3 | 59.4 | 0.286 | 8.00 | 13.6 | 13.0 |
| C130 × 13 | 1700 | 127 | 48.0 | 8.13 | 8.26 | 3.70 | 58.3 | 46.5 | 0.260 | 7.28 | 12.3 | 12.1 |
| 10.4 | 1270 | 127 | 44.5 | 8.13 | 4.83 | 3.11 | 49.0 | 49.5 | 0.196 | 6.10 | 12.4 | 12.3 |
| C100 × 10.8 | 1370 | 102 | 43.7 | 7.52 | 8.15 | 1.91 | 37.5 | 37.3 | 0.177 | 5.52 | 11.4 | 11.7 |
| 8 | 1020 | 102 | 40.1 | 7.52 | 4.67 | 1.60 | 31.5 | 39.6 | 0.130 | 4.54 | 11.3 | 11.6 |
| C75 × 8.9 | 1140 | 76.2 | 40.6 | 6.93 | 9.04 | 0.862 | 22.6 | 27.4 | 0.125 | 4.31 | 10.5 | 11.6 |
| 7.4 | 948 | 76.2 | 38.1 | 6.93 | 6.55 | 0.770 | 20.2 | 28.4 | 0.100 | 3.74 | 10.3 | 11.2 |
| 6.1 | 774 | 76.2 | 35.8 | 6.93 | 4.32 | 0.687 | 18.0 | 29.7 | 0.0795 | 3.21 | 10.1 | 11.1 |

†An American Standard Channel is designated by the letter C followed by the nominal depth in millimeters and the mass in kilograms per meter.

# 앵글형
## (등변)

## Angles (Equal Legs)

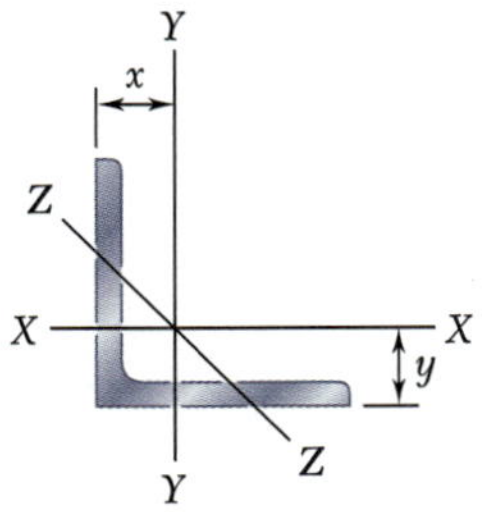


| Size and Thickness, mm | Mass per Meter, kg/m | Area, $mm^2$ | Axis X-X: $I$ $10^6$ $mm^4$ | Axis X-X: $S$ $10^3$ $mm^3$ | Axis X-X: $r$ mm | Axis X-X: $x$ or $y$ mm | Axis Z-Z: $r_z$ mm |
|---|---|---|---|---|---|---|---|
| L203 × 203 × 25.4 | 75.9 | 9680 | 37.1 | 259 | 61.7 | 59.9 | 39.6 |
| 19 | 57.9 | 7350 | 29.1 | 200 | 62.5 | 57.4 | 39.9 |
| 12.7 | 39.3 | 5000 | 20.3 | 137 | 63.2 | 55.1 | 40.4 |
| L152 × 152 × 25.4 | 55.7 | 7100 | 14.7 | 140 | 45.5 | 47.2 | 29.7 |
| 19 | 42.7 | 5460 | 11.7 | 109 | 46.2 | 45.0 | 29.7 |
| 15.9 | 36.0 | 4600 | 10.0 | 92.4 | 46.7 | 43.7 | 29.7 |
| 12.7 | 29.2 | 3720 | 8.28 | 75.2 | 47.2 | 42.4 | 30.0 |
| 9.5 | 22.2 | 2830 | 6.41 | 57.5 | 47.5 | 41.1 | 30.2 |
| L127 × 127 × 19 | 35.1 | 4480 | 6.53 | 74.1 | 38.1 | 38.6 | 24.7 |
| 15.9 | 29.8 | 3780 | 5.66 | 63.1 | 38.6 | 37.3 | 24.8 |
| 12.7 | 24.1 | 3060 | 4.70 | 51.6 | 38.9 | 36.1 | 24.9 |
| 9.5 | 18.3 | 2330 | 3.65 | 39.5 | 39.4 | 34.8 | 25.0 |
| L102 × 102 × 19 | 27.5 | 3510 | 3.17 | 45.7 | 30.0 | 32.3 | 19.7 |
| 15.9 | 23.4 | 2970 | 2.76 | 39.0 | 30.5 | 31.0 | 19.7 |
| 12.7 | 19.0 | 2420 | 2.30 | 32.1 | 30.7 | 30.0 | 19.7 |
| 9.5 | 14.6 | 1850 | 1.80 | 24.6 | 31.2 | 28.7 | 19.8 |
| 6.4 | 9.80 | 1250 | 1.25 | 16.9 | 31.8 | 27.4 | 19.9 |
| L89 × 89 × 12.7 | 16.5 | 2100 | 1.51 | 24.3 | 26.7 | 26.7 | 17.2 |
| 9.5 | 12.6 | 1600 | 1.19 | 18.8 | 27.2 | 25.4 | 17.3 |
| 6.4 | 8.60 | 1090 | 0.832 | 12.9 | 27.7 | 24.2 | 17.5 |
| L76 × 76 × 12.7 | 14.0 | 1770 | 0.916 | 17.4 | 22.7 | 23.6 | 14.7 |
| 9.5 | 10.7 | 1360 | 0.728 | 13.5 | 23.1 | 22.5 | 14.8 |
| 6.4 | 7.30 | 929 | 0.512 | 9.32 | 23.5 | 21.2 | 14.9 |
| L64 × 64 × 12.7 | 11.4 | 1450 | 0.508 | 11.7 | 18.7 | 20.4 | 12.2 |
| 9.5 | 8.70 | 1120 | 0.405 | 9.14 | 19.0 | 19.3 | 12.2 |
| 6.4 | 6.10 | 768 | 0.288 | 6.34 | 19.4 | 18.1 | 12.2 |
| 4.8 | 4.60 | 581 | 0.223 | 4.83 | 19.6 | 17.4 | 12.2 |
| L51 × 51 × 9.5 | 7.00 | 877 | 0.198 | 5.70 | 15.0 | 16.1 | 9.80 |
| 6.4 | 4.70 | 605 | 0.144 | 4.00 | 15.4 | 14.9 | 9.83 |
| 3.2 | 2.40 | 312 | 0.0787 | 2.11 | 15.7 | 13.6 | 9.93 |

# 앵글형
## (부등변)

## Angles (Unequal Legs)

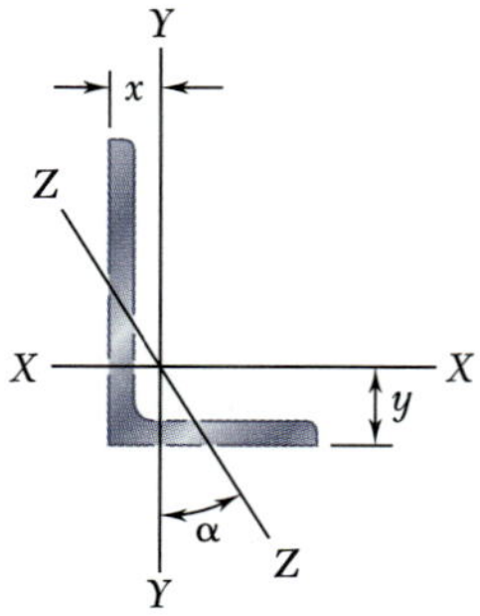


| | | | Axis *X-X* | | | | Axis *Y-Y* | | | | Axis *Z-Z* | |
|---|---|---|---|---|---|---|---|---|---|---|---|---|
| Size and Thickness, mm | Mass per Meter kg/m | Area $mm^2$ | $I_x$ $10^6$ $mm^4$ | $S_x$ $10^3$ $mm^3$ | $r_x$ mm | $y$ mm | $I_y$ $10^6$ $mm^4$ | $S_y$ $10^3$ $mm^3$ | $r_y$ mm | $x$ mm | $r_z$ mm | tan $\alpha$ |
| L203 × 152 × 25.4 | 65.5 | 8390 | 33.7 | 247 | 63.2 | 67.3 | 16.1 | 146 | 43.7 | 41.9 | 32.5 | 0.542 |
| 19 | 50.1 | 6410 | 26.4 | 192 | 64.0 | 64.8 | 12.8 | 113 | 44.5 | 39.6 | 32.8 | 0.550 |
| 12.7 | 34.1 | 4350 | 18.5 | 131 | 64.8 | 62.5 | 9.03 | 78.5 | 45.5 | 37.1 | 33.0 | 0.557 |
| L152 × 102 × 19 | 35.0 | 4480 | 10.2 | 102 | 47.8 | 52.6 | 3.59 | 48.3 | 28.4 | 27.2 | 21.7 | 0.428 |
| 12.7 | 24.0 | 3060 | 7.20 | 70.6 | 48.5 | 50.3 | 2.59 | 33.8 | 29.0 | 24.9 | 21.9 | 0.440 |
| 9.5 | 18.2 | 2330 | 5.58 | 54.1 | 49.0 | 49.0 | 2.02 | 25.9 | 29.5 | 23.7 | 22.1 | 0.446 |
| L127 × 76 × 12.7 | 19.0 | 2420 | 3.93 | 47.4 | 40.1 | 44.2 | 1.06 | 18.5 | 20.9 | 18.9 | 16.3 | 0.357 |
| 9.5 | 14.5 | 1850 | 3.06 | 36.4 | 40.6 | 42.9 | 0.837 | 14.3 | 21.3 | 17.7 | 16.4 | 0.364 |
| 6.4 | 9.80 | 1250 | 2.12 | 24.7 | 41.1 | 41.7 | 0.587 | 9.83 | 21.7 | 16.5 | 16.6 | 0.371 |
| L102 × 76 × 12.7 | 16.4 | 2100 | 2.09 | 30.6 | 31.5 | 33.5 | 0.999 | 18.0 | 21.8 | 20.9 | 16.1 | 0.542 |
| 9.5 | 12.6 | 1600 | 1.64 | 23.6 | 32.0 | 32.3 | 0.787 | 13.9 | 22.2 | 19.7 | 16.2 | 0.551 |
| 6.4 | 8.60 | 1090 | 1.14 | 16.2 | 32.3 | 31.0 | 0.554 | 9.59 | 22.5 | 18.4 | 16.2 | 0.558 |
| L89 × 64 × 12.7 | 13.9 | 1770 | 1.35 | 23.1 | 27.4 | 30.5 | 0.566 | 12.4 | 17.8 | 17.8 | 13.5 | 0.485 |
| 9.5 | 10.7 | 1360 | 1.07 | 17.9 | 27.9 | 29.2 | 0.454 | 9.65 | 18.2 | 16.6 | 13.6 | 0.495 |
| 6.4 | 7.30 | 929 | 0.753 | 12.3 | 28.4 | 27.9 | 0.323 | 6.72 | 18.6 | 15.4 | 13.7 | 0.504 |
| L76 × 51 × 12.7 | 11.5 | 1450 | 0.799 | 16.4 | 23.4 | 27.4 | 0.278 | 7.70 | 13.8 | 14.7 | 10.8 | 0.413 |
| 9.5 | 8.80 | 1120 | 0.641 | 12.8 | 23.8 | 26.2 | 0.224 | 6.03 | 14.1 | 13.6 | 10.8 | 0.426 |
| 6.4 | 6.10 | 768 | 0.454 | 8.87 | 24.2 | 24.9 | 0.162 | 4.23 | 14.5 | 12.4 | 10.9 | 0.437 |
| L64 × 51 × 9.5 | 7.90 | 1000 | 0.380 | 8.95 | 19.5 | 21.0 | 0.214 | 5.92 | 14.6 | 14.7 | 10.6 | 0.612 |
| 6.4 | 5.40 | 684 | 0.273 | 6.24 | 19.9 | 19.8 | 0.155 | 4.15 | 15.0 | 13.5 | 10.7 | 0.624 |

# 부록 D 보의 처짐과 기울기

| Beam and Loading | Elastic Curve | Maximum Deflection | Slope at End | Equation of Elastic Curve |
|---|---|---|---|---|
| 1 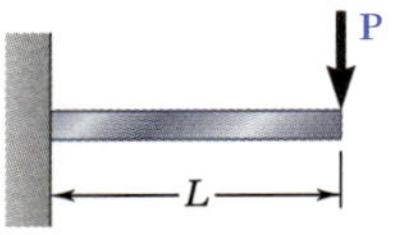 | 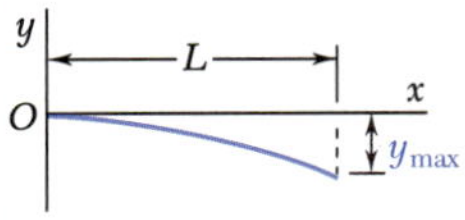 | $-\dfrac{PL^3}{3EI}$ | $-\dfrac{PL^2}{2EI}$ | $y = \dfrac{P}{6EI}(x^3 - 3Lx^2)$ |
| 2 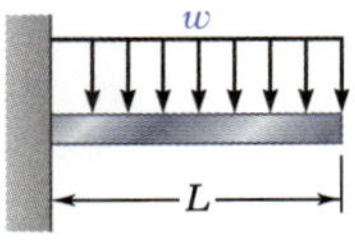 | 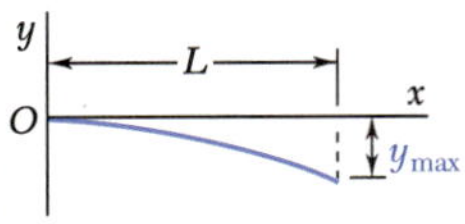 | $-\dfrac{wL^4}{8EI}$ | $-\dfrac{wL^3}{6EI}$ | $y = -\dfrac{w}{24EI}(x^4 - 4Lx^3 + 6L^2x^2)$ |
| 3 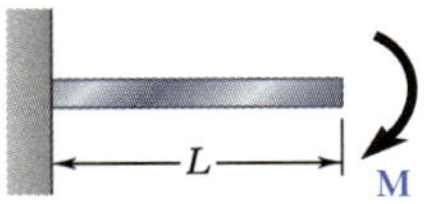 | 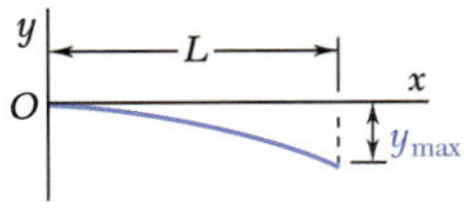 | $-\dfrac{ML^2}{2EI}$ | $-\dfrac{ML}{EI}$ | $y = -\dfrac{M}{2EI}x^2$ |
| 4 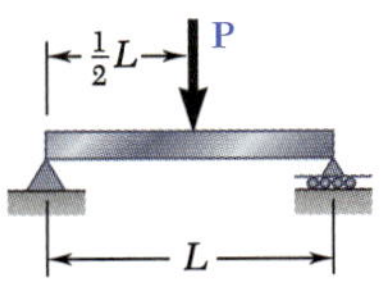 | 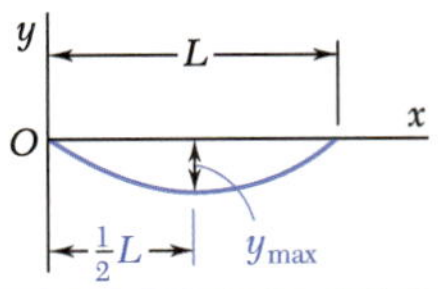 | $-\dfrac{PL^3}{48EI}$ | $\pm\dfrac{PL^2}{16EI}$ | For $x \leq \frac{1}{2}L$:<br>$y = \dfrac{P}{48EI}(4x^3 - 3L^2x)$ |
| 5 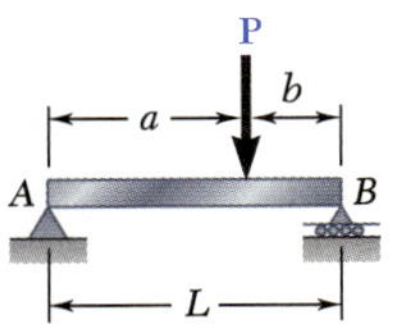 | 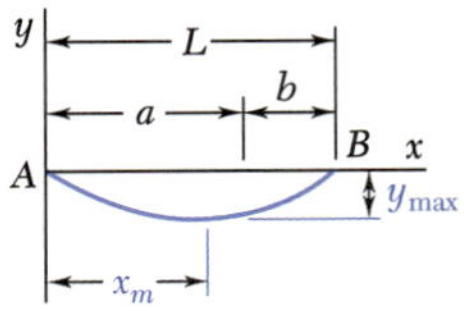 | For $a > b$:<br>$-\dfrac{Pb(L^2 - b^2)^{3/2}}{9\sqrt{3}EIL}$<br>at $x_m = \sqrt{\dfrac{L^2 - b^2}{3}}$ | $\theta_A = -\dfrac{Pb(L^2 - b^2)}{6EIL}$<br>$\theta_B = +\dfrac{Pa(L^2 - a^2)}{6EIL}$ | For $x < a$:<br>$y = \dfrac{Pb}{6EIL}[x^3 - (L^2 - b^2)x]$<br>For $x = a$: $y = -\dfrac{Pa^2b^2}{3EIL}$ |
| 6 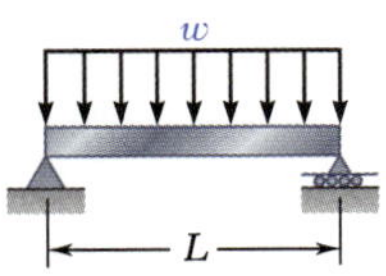 | 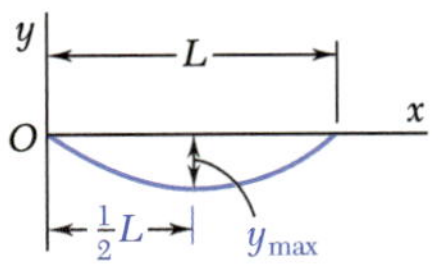 | $-\dfrac{5wL^4}{384EI}$ | $\pm\dfrac{wL^3}{24EI}$ | $y = -\dfrac{w}{24EI}(x^4 - 2Lx^3 + L^3x)$ |
| 7 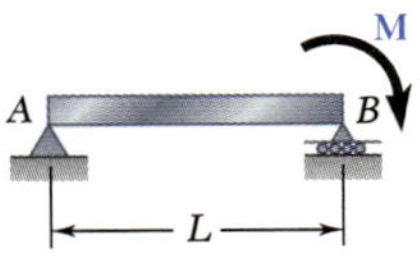 | 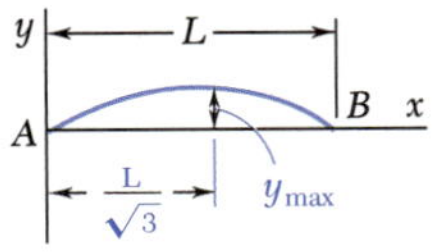 | $\dfrac{ML^2}{9\sqrt{3}EI}$ | $\theta_A = +\dfrac{ML}{6EI}$<br>$\theta_B = -\dfrac{ML}{3EI}$ | $y = -\dfrac{M}{6EIL}(x^3 - L^2x)$ |

# 부록 E 연습문제 정답

## Chapter 1

### P1A 연습문제

1.1 $d_1 = 22.6$ mm, $d_2 = 15.96$ mm

1.2 $P = 112.9$ kN

1.3 $d_s = 25.2$ mm

1.4 $\sigma_{BD} = 101.6$ MPa, $\sigma_{CE} = -21.7$ MPa

1.5 $P = 33.1$ kN

1.6 $\sigma_{CG} = 98.3$ MPa

1.7 $A_{AE} = 238.1 \times 10^{-6}\ \text{m}^2$

1.8 (*a*) $P = 17.86$ kN, (*b*) $\sigma_{BC} = -41.4$ MPa

1.9 $P = 67.9$ kN

1.10 $d = 60.2$ mm

1.11 $L = 178.6$ mm

1.12 $a = 277$ mm

1.13 (*a*) $d = 11.45$ mm, (*b*) $\sigma_b = 134.9$ MPa, (*c*) $\sigma_b = 90.0$ MPa

1.14 (*a*) $d = 25.9$ mm, (*b*) $\sigma_b = 271$ MPa

1.15 (*a*) $\sigma = 3.97$ MPa, (*b*) $b = 202$ mm, (*c*) $\sigma_b = 20.8$ MPa

### P1B 연습문제

1.16 $\sigma = 480$ kPa, $\tau = 277$ kPa

1.17 $\sigma = 489$ kPa, $\tau = 489$ kPa

1.18 $P = 337$ kN

1.19 (*a*) $|\sigma|_{\max} = 54.1$ MPa, (*b*) $\tau_{\max} = 27.0$ MPa

1.20 $F.S. = 3.60$

1.21 (*a*) $F.S. = 3.97$, (*b*) $a = 16.27 \times 10^{-3}$ m or 16.27 mm

1.22 $A_{AB} = 168.1\ \text{mm}^2$

1.23 $L = 146.8$ mm

1.24 $P = 10.25$ kN

1.25 $d = 20.8$ mm

1.26 $a = 38$ mm, $b = 195.6$ mm

1.27 $P = 1.683$ kN

1.28 $P = 13.7$ kN

1.29 $P = 3.72$ kN

1.30 $P = 3.97$ kN

### P1C 연습문제

1.31 $d_2 = 14.93$ mm

1.32 (*a*) $\sigma_{AB} = 94.7$ MPa, (*b*) $\sigma_{BC} = -64.4$ MPa

1.33 $\sigma_{CD} = +195.3$ MPa

1.34 $L = 292$ mm

1.35 $F.S. = 3.45$

1.36 (*a*) $d = 5.57$ mm, (*b*) $\sigma_b = 38.9$ MPa, (*c*) $\sigma_b = 35.0$ MPa

1.37 $22.8° \leq \theta \leq 32.1°$

## Chapter 2

### P2A 연습문제

2.1 (*a*) $P_{\text{all}} = 2.45$ kN, (*b*) $\delta = 50.0$ mm

2.2 (*a*) $\sigma = 81.8$ MPa, (*b*) $F.S. = 1.712$

2.3 (*a*) $\delta = 2.6$ mm, (*b*) $\sigma = 26.5$ MPa

2.4 $E = 73.7$ GPa

2.5 $d_{\min} = 4.07$ mm, $L_{\min} = 0.91$ m

2.6 $d = 9.21$ mm

2.7 $d = 0.631$ mm

2.8 $P = 1.988$ kN

2.9 $\delta_C = 4.47$ mm

2.10 $A_{BC} = 16.52$ mm

2.11 (*a*) $\delta_A = 0.01819\ \text{mm} \uparrow$, (*b*) $\delta_B = 0.0919\ \text{mm} \downarrow$

2.12 $(a)\ \delta_{AB} = 2.83$ mm, $(b)\ \delta_{BC} = 3.27$ mm

2.13 $\delta_{AB} = -2.11$ mm, $\delta_{AD} = 2.03$ mm

2.14 $\delta_E = 0.0531$ mm

2.15 $(a)\ \delta_E = 80.4\ \mu\text{m} \uparrow$, $(b)\ \delta_F = 209\ \mu\text{m} \downarrow$,
$(c)\ \delta_G = 390\ \mu\text{m} \downarrow$

## P2B 연습문제

2.16 $(a)\ \sigma_a = 65.1$ MPa, $(b)\ \delta = 0.279$ mm

2.17 $\sigma_s = -59.5$ MPa, $\sigma_c = -8.627$ MPa

2.18 $(a)\ \sigma_b = 140.6$ MPa, $(b)\ \sigma_a = 93.75$ MPa

2.19 $(a)\ \sigma_s = -116.3$ MPa, $\sigma_a = -40.7$ MPa,
$(b)\ \delta = -0.145$ mm

2.20 $(a)\ \delta = 0.0762$ mm,
$(b)\ \sigma_{AB} = 30.5$ MPa, $\sigma_{EF} = 38.1$ MPa

2.21 $(a)\ R_A = 58.6\ \text{kN}\rightarrow$, $R_D = 50.6\ \text{kN}\leftarrow$,
$(b)\ \delta_{BC} = 39.2 \times 10^{-3}$ mm

2.22 $(a)\ P_C = 1036.7$ N, $(b)\ \delta_D = 1.98$ mm

2.23 $(a)\ F_{BC} = 4$ kN, $F_{DE} = -1.6$ kN, $(b)\ \delta_A = 0.056\ \text{mm}\rightarrow$

2.24 $\sigma_s = -8.04$ MPa, $\sigma_c = 0.21$ MPa

2.25 $\sigma_a = -8.15$ MPa

2.26 $P = 142.6$ kN

2.27 $(a)\ \sigma_{AB} = -44.4$ MPa, $\sigma_{BC} = -100.0$ MPa,
$(b)$ i.e. 0.500 mm $\downarrow$

2.28 $(a)\ \sigma_s = -36.8$ MPa, $(b)\ L_f = 250.147$ mm

2.29 $(a)\ \Delta T = 21.4$°C, $(b)\ \sigma_s = 57.0$ MPa, $\sigma_b = 3.68$ MPa

2.30 $(a)\ T_{\text{hot}} = 94.1$°C, $L_{\text{exact}} = 0.45027$ m

## P2C 연습문제

2.31 $(a)\ \delta_x = 0.0358$ mm, $(b)\ \delta_y = -0.00258$ mm,
$(c)\ \sigma_z = -0.0003437$ mm, $(d)\ \Delta A = -0.00825\ \text{mm}^2$

2.32 $(a)\ \delta_y = 0.205$ mm, $(b)\ \delta_x = -0.00955$ mm

2.33 $E = 205$ MPa, $\nu = 0.455$, $G = 70.3$ MPa

2.34 $F = 408$ kN

2.35 $(a)\ \delta = -0.652$ mm, $(b)\ \Delta d_o = 0.0235$ mm,
$(c)\ \Delta t = 0.001173$ mm

2.36 $(a)\ \delta_{AB} = 10.20\ \mu\text{m}$, $(b)\ \delta_{BC} = 2.40\ \mu\text{m}$,
$(c)\ \delta_{AC} = 8.91\mu\text{m}$

2.37 $\tan\theta = 1.99551$

2.38 (a) $\delta_y = 0.13$ mm, (b) $\delta_x = -0.0146$ mm

2.39 $\sigma_x = \dfrac{E}{1-\nu^2}(\epsilon_x + \nu\epsilon_y)$, $\sigma_y = \dfrac{E}{1-\nu^2}(\epsilon_y + \nu\epsilon_x)$,
$\epsilon_z = -\dfrac{\nu}{1-\nu}(\epsilon_x + \epsilon_y)$

2.40 $\sigma_z = \nu(\sigma_x + \sigma_y)$, $\epsilon_x = \dfrac{1}{E}[(1-\nu^2)\sigma_x + \nu(1+\nu)\sigma_y]$,
$\epsilon_y = \dfrac{1}{E}[(1-\nu^2)\sigma_y - \nu(1+\nu)\sigma_x]$

2.41 $(a)\ \sigma_x = \nu\sigma_0$, $(b)\ \dfrac{\sigma_0}{\epsilon_z} = \dfrac{E}{1-\nu^2}$

2.42 $(a)\ b = 262$ mm, $(b)\ a = 21.4$ mm

2.43 $G = 10.26$ MPa

2.44 $b_{\min} = 56.3$ mm, $a_{\min} = 20.5$ mm

2.45 $\delta = 1.091\ \text{mm} \downarrow$

## P2D 연습문제

2.46 $(a)\ \sigma_{\max} = 69.5$ MPa, $(b)\ \sigma_{\max} = 66.7$ MPa

2.47 $(a)\ P = 58.7$ kN, $(b)\ P = 69.75$ kN

2.48 $(a)\ r_f = 11.4$ mm, $(b)\ P = 28.8$ kN

2.49 $t = 36.7$ mm

2.50 $(a)\ P = 92.3$ kN, $\delta = 0.791$ mm,
$(b)\ P = 180.0$ kN, $\delta = 1.714$ mm

2.51 $\sigma_{\max} = 189.6$ MPa

2.52 $(a)\ \sigma_{\max} = 96.4\ \text{N/mm}^2$, $(b)\ \sigma_{\max} = 138.2\text{N/mm}^2$

2.53 $P = 23.9$ kN

## P2E 연습문제

2.54 $d = 31$ mm

2.55 $(a)\ \delta_{\text{tot}} = -0.1549$ mm, $(b)\ \delta_B = 0.1019\ \text{mm} \downarrow$

2.56 $(a)$ P= 31.6 kN, $(b)\ \delta = 0.025$ mm

2.57 $\Delta T = 4.67$°C

2.58 $\delta_{BD} = +1.84$ mm, $\delta_{DE} = +2.88$ mm

2.59 $(a)\ \sigma_a = -57.1$ MPa, $(b)\ \sigma_b = -85.7$ MPa

2.60 $(a)\ \delta_{AB} = 0.0754$ mm, $(b)\ \delta_{BC} = 0.1028$ mm,
$(c)\ \delta_{AC} = 0.1220$ mm

2.61 $G = 16.67$ MPa

2.62 $k = 19.00 \times 10^3$ kN/m

## Chapter 3

### P3A 연습문제

3.1 (*a*) $\tau = 53.4$ MPa, (*b*) $\tau = 53.9$ MPa

3.2 $\tau_{max} = 78.8$ MPa

3.3 (*a*) $\tau_{max} = 54.6$ MPa, (*b*) $c_1 = 43.6$ mm

3.4 (*a*) $T_{CD} = 2.080$ N·m, (*b*) $d_s = 50$ mm

3.5 (*a*) $\tau_{max} = 56.6$ MPa, (*b*) $\tau_{max} = 36.6$ MPa

3.6 (*a*) shaft *CD* , (*b*) 85.8 MPa

3.7 (*a*) $\tau_{AB} = 81.2$ MPa, (*b*) $\tau_{BC} = 64.5$ MPa, (*c*) $\tau_{CD} = 23.0$ MPa

3.8 $d_{AB} = 2c = 35.8$ mm, $d_{BC} = 2c = 42.4$ mm

3.9 $T = 754$ N·m

3.10 (*a*) $d_{AB} = 2c = 50.3$ mm, (*b*) $d_{BC} = 2c = 63.4$ mm

3.11 $T_{all} = 3.18$ kN·m

3.12 $T_C = 441.7$ Nm

3.13 (*a*) $d_{BC} = 2c = 37$ mm, (*b*) $d_{EF} = 2c = 31.2$ mm

3.14 (*a*) $\tau = 72.5$ MPa, (*b*) $\tau = 68.7$ MPa

3.15 (*a*) $d = 2c = 59.6$ mm, (*b*) $d = 2c = 43.9$ mm

### P3B 연습문제

3.16 (*a*) $\phi = 4.21°$, (*b*) $\phi = 5.25°$

3.17 (*a*) $T_0 = 2.19$ kN·m , (*b*) $\phi_s = 9.11°$

3.18 $\tau = 64.7$ MPa

3.19 (*a*) $\phi_{B/C} = 1.384°$, (*b*) $\phi_{B/D} = 3.22°$

3.20 (*a*) $\phi_B = 14.43°$, (*b*) $\phi_C = 46.9°$

3.21 $\phi_A = 6.02°$

3.22 $\phi_{AD} = 1.624°$

3.23 $\phi_A = 3.82°$

3.24 $d = 62.9$ mm

3.25 $d = 42.1$ mm

3.26 (*a*) $d = 82.1$ mm, (*b*) $d = 109.4$mm

3.27 $d = 22.5$ mm

3.28 (*a*) $\tau = 73.6$ MPa, (*b*) $\tau = 34.4$ MPa, (*c*) $\phi = 5.07°$

3.29 $\phi_{all} = 4.13°$

3.30 (*a*) $\tau_{max} = 34.37$ MPa, (*b*) $\tau_{max} = 50.82$ MPa, (*c*) $\phi = 4.53°$

### P3C 연습문제

3.31 $\tau_{max} = 89.7$ MPa

3.32 $d = 2c = 12.5$ mm

3.33 $T = 67$ kN

3.34 $\phi_A = 12.22°$

3.35 (*a*) $T_A = T_{AB} = 1105$ N·m, $T_C = T_{BC} = 295$ N·m, (*b*) $\tau_{AB} = 45.0$ MPa, (*c*) $\tau_{BC} = 27.4$ MPa

3.36 $d = 2c = 36.1$ mm

3.37 $\dfrac{d_2}{d_1} = 1.221$

3.38 $\tau_2 = 39.3$ MPa

## Chapter 4

### P4A 연습문제

4.1 (a) $\sigma_A = -61.6$ MPa, (b) $\sigma_B = 91.7$ MPa

4.2 $M_z = 2.38$ kN·m

4.3 $M_x = 129.6$ kN·m

4.4 $M_{all} = 9548$ N·m

4.5 $\sigma_{top} = -102.4$ MPa (compression), $\sigma_{bot} = 73.2$ MPa (tension)

4.6 $\sigma_{top} = -79.8$ MPa (compression), $\sigma_{bot} = 118.2$ MPa (tension)

4.7 $F = 58.8$ kN

4.8 $F = 61.3$ kN

4.9 $F = 9.51$ kN

4.10 $M = 106.1$ N·m

4.11 $M_{all} = 4.5$ kNm

4.12 $\sigma_m = 498.8$ MPa

4.13 (*a*) $\sigma = 75.0$ MPa, $\rho = 26.7$ m,

$(b)\ \sigma = 125.0$ MPa, $\rho = 9.60$ m

4.14 $(a)\ \sigma_{max} = \dfrac{6M}{a^3}, \dfrac{1}{\rho} = \dfrac{12M}{Ea^4},$

$(b)\ \sigma_{max} = \dfrac{8.49M}{a^3}, \dfrac{1}{\rho} = \dfrac{12M}{Ea^4}$

4.15 $(a)\ \dfrac{d}{b} = \sqrt{2}, (b)\ \dfrac{d}{b} = \sqrt{3}$

## P4B 연습문제

4.16 $M = 1.092$ kN·m

4.17 $M = 887$ N·m

4.18 $M = 1.411$ kN·m

4.19 $M = 1.578$ kN·m

4.20 $M = 35.2$ kN·m

4.21 $M = 20.74$ kNm

4.22 (a) $\sigma_a = 66.2$ MPa, (b) $\sigma_s = -112.4$ MPa

4.23 $(a)\ \sigma_w = -19.2$ MPa, $(b)\ \sigma_s = 123.8$ MPa

4.24 $\rho = 39.8$ m

4.25 $\rho = 117.96$ m $= 118$ m

4.26 $(a)\ \sigma = 212$ MPa, $(b)\ \sigma = -15.59$ MPa

4.27 $(a)\ \sigma = 210$ MPa, $(b)\ \sigma = -14.08$ MPa

4.28 M = 11.73 kN·m

4.29 M = 40.7 kN·m

4.30 $(a)\ \sigma_a = 62.3$ MPa, $\sigma_b = 62.3$ MPa, $\sigma_s = 62.3$ MPa,

$(b)\ \rho = 33.7$ m

## P4C 연습문제

4.31 $(a)\ \sigma_A = 71.0$ MPa, $(b)\ \sigma_B = -80.2$ MPa

4.32 $(a)\ \sigma_A = -102.8$ MPa

$(b)\ \sigma_B = 80.6$ MPa

4.33 $(a)\ \sigma_A = 112.7$ MPa, $(b)\ \sigma_B = -96.0$ MPa

4.34 $(a)\ \sigma_A = \sigma_B = -8.33$ MPa,

$(b)\ \sigma_A = -15.97$ MPa, $\sigma_B = 4.86$ MPa

4.35 $(a)\ \sigma = -8.3$ MPa,

$(b)\ \sigma_A = -13.2$ MPa, $\sigma_B = 7.6$ MPa

4.36 $P = 14.40$ kN

4.37 $(a)\ \sigma = -3.2$ MPa, $(b)\ \sigma = -5.26$ MPa,

$(c)\ \sigma = -4.3$ MPa, $(d)\ \sigma = -8.2$ MPa,

$(e)\ \sigma = -6.4$ MPa

4.38 $h = 0.500d$

4.39 $(a)\ P = 2.54$ kN, $(b)\ y = 3.89$ mm

4.40 $(a)\ P = 40.3$ kN, $(b)\ y = 6.30$ mm

4.41 $(a)\ P = 1125$ kN, $(b)\ P = 817$ kN

4.42 $(a)\ \sigma_A = 4.15$ MPa, $(b)\ \sigma_B = 13.77$ MPa,

$(c)$ 34.74 mm from point

4.43 $(a)\ \sigma_A = 47.6$ MPa, $(b)\ \sigma_B = -49.4$ MPa,

$(c)\ a = 9.80$ mm below top of section

4.44 $P = 9.00$ kN

4.45 $(a)\ d = 30.0$ mm, $P = 94.5$ kN

## P4D 연습문제

4.46 $(a)\ \sigma_A = -2.80$ MPa, $(b)\ \sigma_B = 0.452$ MPa,

$(c)\ \sigma_D = 2.80$ MPa

4.47 $(a)\ \sigma_A = -3.37$ MPa, $(b)\ \sigma_B = -18.60$ MPa,

$(c)\ \sigma_D = 3.37$ MPa

4.48 $(a)\ \sigma_A = 2.05$ MPa, $(b)\ \sigma_B = -0.684$ MPa,

$(c)\ \sigma_D = 2.73$ MPa

4.49 $(a)\ \sigma_A = -127.5$ MPa, $(b)\ \sigma_B = 47.4$ MPa,

$(c)\ \sigma_D = 127.5$ MPa

4.50 $(a)\ \sigma_A = 65.8$ MPa, $(b)\ \sigma_B = -164.5$ MPa,

$(c)\ \sigma_D = -65.8$ MPa

4.51 $(a)\ \sigma_A = 57.8$ MPa, $(b)\ \sigma_B = -56.8$ MPa,

$(c)\ \sigma_D = 25.9$ MPa

4.52 $(a)\ \alpha = 9.59°$, $(b)\ \sigma_D = 77.5$ MPa

4.53 $(a)\ \alpha = 57.3°$, $(b)\ \sigma_E = 75.1$ MPa

4.54 $(a)\ \alpha = 19.52°$, $(b)\ \sigma_E = 95.0$ MPa

4.55 $(a)\ \alpha = 10.03°$, $(b)\ \sigma_E = 54.2$ MPa

4.56 $(a)\ \alpha = 18.21°$, $(b)\ \sigma_D = 80.9$ MPa

4.57 $\alpha_A = 72.1$ MPa

4.58 $(a)\ \sigma_A = 31.5$ MPa, $\sigma_B = -10.39$ MPa,

$(b)$ 94.0 mm above point A

4.59 $\sigma_A = -90 \times 10^6$ Pa, $a = 36.8$ mm

4.60 $a = 17.11$ mm

## P4E 연습문제

4.61 $M = 5.28$ kN·m

4.62 (a) $\sigma_{max} = 1066.6$ MPa, (b) $M = 53.6$ N·m

4.63 $M = 210.9$ Nm

4.64 (a) $\sigma_s = 46.9$ Mpa, (b) $\sigma_a = 18.94$ MPa, (c) $\rho = 55.4$ m

4.65 $M_x = 9242$ N·m, $M_z = -9838.6$ N·m, $P = 656.29$ kN, $x = 14.99$ mm, $z = 14.08$ mm, $\sigma_D = 60$ MPa

4.66 (a) $\alpha = 46.6°$, (b) $\sigma_D = 79.6$ Mpa

4.67 (a) $\sigma = 112.5$ MPa, (b) $\rho = 12.80$ m

## Chapter 5

### P5A 연습문제

5.1 (a)

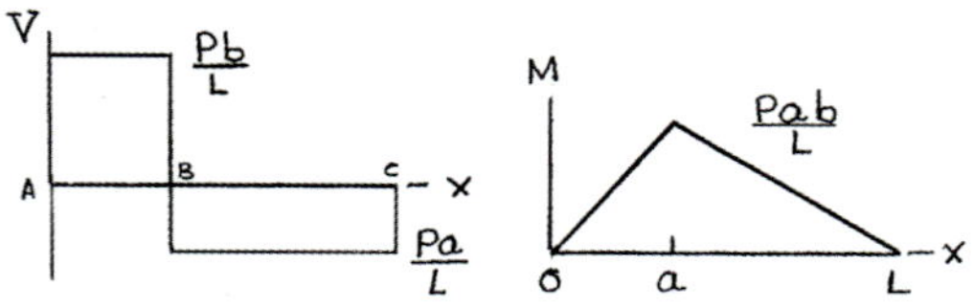

(b) $0 < x < a$, $V = \dfrac{Pb}{L}$, $M = \dfrac{Pbx}{L}$

$a < x < L$, $V = -\dfrac{Pa}{L}$, $M = \dfrac{Pa(L-x)}{L}$

5.2 (a)

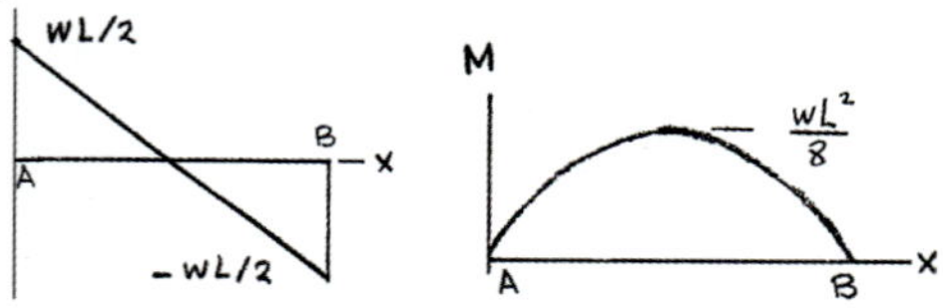

(b) $V = w\left(\dfrac{L}{2} - x\right)$, $M = \dfrac{w}{2}x(L-x)$

5.3 (a)

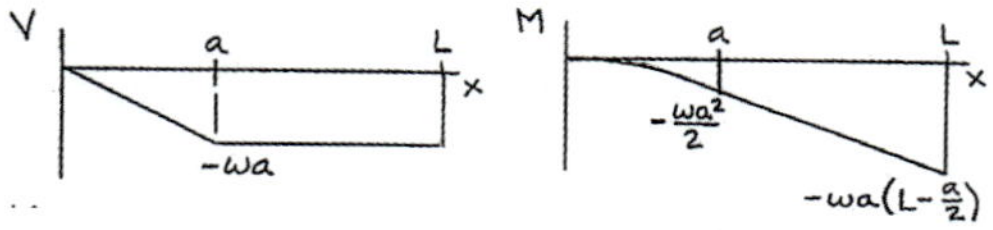

(b) $0 < x < a$, $V = -wx$, $M = -\dfrac{wx^2}{2}$

$a < x < L$, $V = -wa$, $M = -wa\left(x - \dfrac{a}{2}\right)$

5.4 (a)

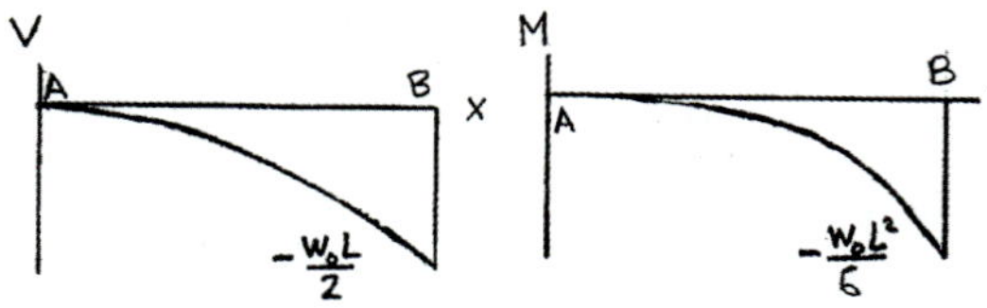

(b) $V = -\dfrac{w_0x^2}{2L}$, $M = -\dfrac{w_0x^3}{6L}$

5.5 (a) $|V|_{max} = 2.15$ kN

(b) $|M|_{max} = 150$ N·m

5.6 (a) $|V|_{max} = 72.0$ kN

(b) $|M|_{max} = 96.0$ kN·m

5.7 (a) $|V|_{max} = 8.0$ kN

(b) $|M|_{max} = 1.92$ kN·m

5.8 (a) $|V|_{max} = 900$ N

(b) $|M|_{max} = 112.5$ N·m

5.9 $\sigma_{max} = 7.13$ MPa

5.10 $\sigma_{max} = 139.2$ MPa

5.11 $\sigma_{max} = 129.5$ MPa

5.12 $\sigma_{max} = 116.2$ Pa

5.13 $\sigma_{max} = 135.9$ MPa

5.14 $\sigma_{max} = 14.29$ MPa

5.15 (a) $b = 33.3$ mm, (b) $b = 6.66$ mm

5.16 $d = 24.8$ mm

### P5B 연습문제

5.17 5.1번 답 참조

5.18 5.2번 답 참조

5.19 5.3번 답 참조

5.20 5.4번 답 참조

5.21 5.5번 답 참조

5.22 5.6번 답 참조

5.23 (a) $|V|_{max} = 6.00$ kN

(b) $|M|_{max} = 6.00$ kN·m

5.24 5.9번 답 참조

5.25 5.10번 답 참조

5.26 (a) $V = \frac{1}{6}w_0(L^2 - 3x^2)/L$, $M = \frac{1}{6}w_0(Lx - x^3/L)$

(b) $M_{\max} = 0.0642 w_0 L^2$

5.27 (a) $V = \frac{w_0 L}{\pi}\cos\frac{\pi x}{L}$, $M = \frac{w_0 L^2}{\pi^2}\sin\frac{\pi x}{L}$

(b) $M_{\max} = \frac{w_0 L^2}{\pi^2}$

5.28 (a) $V = w_0\left(\frac{4}{3}L - x - \frac{1}{3}\frac{x^3}{L^2}\right)$

$M = w_0\left(\frac{4}{3}Lx - \frac{1}{2}x^2 - \frac{1}{12}\frac{x^4}{L^2} - \frac{3}{4}L^2\right)$

(b) $|M|_{\max} = \frac{3}{4}w_0 L^2$

5.29 $\sigma_{\max} = 64.9$ Pa

5.30 $\sigma_{\max} = 136.4$ MPa

5.31 $\sigma_{\max} = 86.9$ MPa

5.32 $\sigma_{\max} = 42.83$ Pa

5.33 $P = 500$ N, $Q = 250$ N

### P5C 연습문제

5.34 $h = 173.2$ mm

5.35 $h = 394$ mm

5.36 $h = 323$ mm

5.37 $b = 48.0$ mm

5.38 W530 × 66

5.39 W610 × 101

5.40 W530 × 66

5.41 S460 × 81.4

5.42 S310 × 47.3

5.43 L102 × 76 × 12.7, $t_{\min} = 12.7$ mm

5.44 $t = 9$ mm

5.45 W610 × 101

5.46 $w = 176.8$ kN/m

5.47 $w = 108.8$ kN/m

### P5D 연습문제

5.48 (a) $|V|_{\max} = 120$ kN

(b) $|M|_{\max} = 108$ kNm

5.49 $\sigma_{\max} = 17.19$ MPa

5.50 $\sigma_{\max} = 50.9$ MPa

5.51 $a_{\min} = 169$ mm

5.52 $P = 7.32$ kN

## Chapter 6

### P6A 연습문제

6.1 $V = 1.387$ kN, $\tau_{\max} = 380$ kPa

6.2 $V = 738$ N

6.3 $V = 193.5$ kN

6.4 $\tau_{\text{bolt}} = 78.9$ MPa

6.5 (a) $\tau_{\max} = 50$ MPa, (b) $\tau = 44$ MPa

6.6 (a) $\tau_{\max} = 920$ kPa, (b) $\tau_a = 765$ kPa

6.7 (a) $\tau_{\max} = 21.05$ MPa, (b) $\tau = 15.85$ MPa

6.8 $h = 360.8$ mm

6.9 $b = 88.9$ mm

6.10 (a) $\frac{\tau_m}{\sigma_m} = \frac{h}{2L}$

(b) $h = 320$ mm, $b = 97.7$ mm

6.11 $P = 179.6$ kN

6.12 (a) $\tau_a = 31.0$ MPa, (b) $\tau_b = 23.2$ MPa

6.13 (a) $\tau_a = 10.8$ MPa, (b) $\tau_b = 17.3$ MPa

6.14 (a) $\tau_{\max}$은 단면의 폭이 $t = 2c$ 중립축(도심) 위치에서 발생

(b) $k = 1.333$

6.15 (a) $y_m = \frac{h}{2}$(높이의 절반위치)

(b) $k = 1.5$

### P6B 연습문제

6.16 $V = 4.28$ kN

6.17 $V = 4.63$ kN

6.18 $s = 40.1$ mm

6.19 (a) $\tau_a = 36.5$ MPa,

(b) $\tau_b = 34.5$ MPa

6.20 (a) $\tau_a = 41.4$ MPa,

(b) $\tau_b = 41.4$ MPa

6.21 $\tau_{bolt} = 83.3$ MPa

6.22 $\tau_{bolt} = 20.6$ MPa

6.23 $q = 255$ kN

6.24 (a) $\tau_m = 14.1$ MPa, (b) $\tau_B = 12.5$ MPa

6.25 (a) $t = 5.56$ mm

(b) $\tau_E = 1.4$ MPa

6.26 (a) $k = 2.08$, (b) $k = 2.10$

6.27 (a) $\tau_P = \dfrac{V \sin\theta}{\pi r_m t}$

(b) $\tau_m = \dfrac{2V}{A}$

6.28 (a) $\tau_{max} = 9.92$ MPa

(b) $\tau_{max} = 9.97$ MPa

P6C 연습문제

6.29 $V = 1304$ N

6.30 $\tau_{bolt} = 68.8$ MPa

6.31 $b = 87.3$ mm

6.32 (a) $\tau_a = 8.75$ MPa

(b) $\tau_b = 15$ MPa

## Chapter 7

P7A 연습문제

7.1 $\sigma = -49.2$ Mpa

$\tau = 2.41$ MPa

7.2 $\sigma = 14.19$ MPa

$\tau = 15.19$ MPa

7.3 (a) $\theta = -37.0°, 53.0°$

(b) $\sigma_{max} = -13.60$ MPa

$\sigma_{min} = -86.4$ MPa

7.4 (a) $\theta_P = 14.04°, 104.04°$

(b) $\sigma_{max} = 70$ MPa

$\sigma_{min} = -49$ MPa

7.5 (a) $\theta_s = 8.0°, 98.0°$

(b) $\tau_{max} = 36.4$ MPa

$\sigma' = -50.0$ MPa

7.6 (a) $\theta_s = -30.96°, 59.04°$

(b) $\tau_{max} = 59.5$ MPa

$\sigma' = 10.5$ MPa

7.7 (a) $\sigma_{x'} = 24.0$ MPa

$\tau_{x'y'} = -1.5$ MPa

$\sigma_{y'} = -104.0$ MPa

(b) $\sigma_{x'} = -19.5$ MPa

$\tau_{x'y'} = -60.7$ MPa

$\sigma_{y'} = -60.5$ MPa

7.8 (a) $\sigma_{x'} = -56.2$ MPa

$\tau_{x'y'} = -38.2$ MPa

$\sigma_{y'} = 86.2$ MPa

(b) $\sigma_{x'} = -45.2$ MPa

$\tau_{x'y'} = 53.8$ MPa

$\sigma_{y'} = 75.2$ MPa

7.9 (a) $\tau_{x'y'} = 3.64$ MPa

(b) $\sigma_{x'} = -2.1$ MPa

7.10 $\sigma_w = -25.4$ MPa, $\tau_w = -9.5$ MPa

7.11 $\tau_w = 47.9$ MPa, $\sigma_w = 102.7$ MPa

7.12 $\sigma_a = \sigma_{ave} + R = 180.76$ MPa

$\sigma_b = \sigma_{ave} - R = -4.76$ MPa

$\tau_{max} = R = 92.76$ MPa

7.13 $\sigma_a = \sigma_{ave} + R = 38.5$ MPa

$\sigma_b = \sigma_{ave} - R = -12.3$ MPa

$\tau_{max} = R = 25.4$ MPa

7.14 $\sigma_{max} = 12.18$ MPa

$\sigma_{min} = -48.7$ MPa

$\tau_{max} = 30.5$ MPa

7.15 (a) $\sigma_{max} = 18.67$ MPa

$\sigma_{min} = -158.5$ MPa

$\theta_p = 18.9°$ and $108.9°$

(b) $\tau_{max} = 88.6$ MPa

7.16 $\sigma_y = 205$ MPa

7.17 (*a*) $\tau_{xy} = -2.89$ MPa

(*b*) $\sigma_a = 12.77$ MPa, $\sigma_b = 1.226$ MPa

## P7B 연습문제

7.18 $\theta_B = -37.03°$, $\theta_A = 52.97°$

$\sigma_{\min} = -86.4$ MPa

$\sigma_{\max} = -13.6$ MPa

$\theta_d = 8.0°$

$\theta_e = 98.0°$

$\tau_{\max} = 36.4$ MPa

$\sigma' = -50.0$ MPa

7.19 $\theta_d = 59.04°$, $\theta_e = -30.96°$

$\tau_{\max} = R = 59.5$ MPa

$\sigma' = \sigma_{\text{ave}} = 10.5$ MPa

7.20 (*a*) $\sigma_{x'} = \sigma_{\text{ave}} + R\cos\varphi = 24.0$ Mpa

$\tau_{x'y'} = -R\sin\varphi = -1.5$ MPa

$\sigma_{y'} = \sigma_{\text{ave}} - R\cos\varphi = -104.0$ MPa

(*b*) $\sigma_{x'} = \sigma_{\text{ave}} + R\cos\varphi = -19.5$ Mpa

$\tau_{x'y'} = -R\sin\varphi = -60.7$ MPa

$\sigma_{y'} = \sigma_{\text{ave}} - R\cos\varphi = -60.5$ MPa

7.21 (*a*) $\sigma_{x'} = \sigma_{\text{ave}} - R\cos\varphi = -56.2$ Mpa

$\tau_{x'y'} = -R\sin\varphi = -38.2$ MPa

$\sigma_{y'} = \sigma_{\text{ave}} + R\cos\varphi = 86.2$ MPa

(*b*) $\sigma_{x'} = \sigma_{\text{ave}} - R\cos\varphi = -45.2$ Mpa

$\tau_{x'y'} = R\sin\varphi = 53.8$ MPa

$\sigma_{y'} = \sigma_{\text{ave}} + R\cos\varphi = 75.2$ MPa

7.22 (*a*) $\tau_{x'y'} = R\cos 30° = 600\cos 30° = 3.6$ MPa

(*b*) $\sigma_{x'} = \sigma_{\text{ave}} - R\sin 30° = -600\sin 30° = -2.1$ MPa

7.23 $\sigma_w = -25.4$ MPa

$\tau_w = -9.5$ MPa

7.24 (*a*) $\tau_w = 62.5\sin 50°$ $\qquad \tau_w = 47.9$ MPa

(*b*) $\sigma_w = 62.5 + 62.5\cos 50°$ $\qquad \sigma_w = 102.7$ MPa

7.25 $\sigma_a = \sigma_{\text{ave}} + R = 180.76$ MPa

$\sigma_b = \sigma_{\text{ave}} - R = -4.76$ MPa

$\tau_{\max} = R = 92.76$ MPa

7.26 $\sigma_a = \sigma_{\text{ave}} + R = 38.5$ MPa

$\sigma_b = \sigma_{\text{ave}} - R = -12.3$ MPa

7.27 $\sigma_{\max} = 12.18$ MPa

$\sigma_{\min} = -48.74$ MPa

$\tau_{\max} = 30.46$ MPa

7.28 $\sigma_a = -158.5$ MPa

$\sigma_b = 18.67$ MPa

$\tau_{\max} = 88.6$ MPa

7.29 $\sigma_y = 205$ MPa

7.30 (*a*) $\tau_{xy} = -2.89$ MPa

(*b*) $\sigma_a = 12.77$ MPa

$\sigma_b = 1.23$MPa

7.31 $\theta_a = 33.69°$, $\qquad \theta_b = 123.69°$

$\sigma_a = 168$ MPa, $\qquad \sigma_b = -14$ MPa

7.32 $\theta_a = 24.6°$, $\qquad \theta_b = 114.6°$

$\sigma_a = 72.91$ MPa, $\qquad \sigma_b = 27.09$ MPa

7.33 $45° \le \theta \le 97.64°$

7.34 $-120$ MPa $\le \tau_{xy} \le 120$ MPa

7.35 (*a*) $\theta_a = 33.69°$, $\theta_b = 123.69°$

(*b*) $\sigma_{\max} = \sigma_{\text{ave}} + R = 126$ MPa

(*c*) $\tau_{\max(\text{in-plane})} = R = 45.5$ MPa

## P7C 연습문제

7.36 $\sigma = 72.7$ MPa

$\tau_{\max} = 36.4$ MPa

7.37 F.S. = 5.04

7.38 $\sigma = 2.94$ MPa

7.39 $t_{\min} = 7.74$ mm

7.40 (*a*) $\sigma_{\max} = 95.7$ MPa

(*b*) $\Delta d = 1.699$ mm

7.41 $\sigma_{\max} = 136.0$MPa

$\tau_{\max} = 68.0$ MPa

7.42 $h = 14.3$ m

7.43 (*a*) $\sigma = 33.2$ MPa

(*b*)$\tau_w = 9.55$ MPa

7.44 $p = 2.17$ MPa

7.45 $-22.0° \le \beta \le 27.0°$, $63.0° \le \beta \le 117.0°$

7.46 (*a*) $p = 419$ kPa

(*b*) $p = 558$ kPa

7.47 $\sigma_{max} = 45.1$ MPa

$\tau_{max(in\text{-}plane)} = 9.40$ MPa

7.48 $\sigma_{max} = 68.6$ MPa

$\tau_{max} = 34.3$ MPa

7.49 $T = 17.06$ kN·m

P7D 복습문제

7.50 $\sigma_{min} = -9.52$ MPa

$\tau_{max} = 41.7$ MPa

7.51 (*a*) $\beta = 18.4°$

(*b*) $\dfrac{P}{A} = 116.6$ MPa

7.52 (*a*) $\tau_{max} = 39$ MPa

(*b*) $\tau_{max} = 45$ MPa

(*c*) $\tau_{max} = 39$ MPa

7.53 $\sigma_a = 77.4$ MPa, $\sigma_b = 32.3$ MPa, $\sigma_z \approx 0$

$\tau_{max} = 38.7$ MPa

7.54 $\sigma_1 = 2.74$ MPa(인장)

$\sigma_2 = 21.9$ MPa(압축)

## Chapter 8

P8A 연습문제

8.1 (*a*) $y = -\dfrac{Px^2}{6EI}(3L - x)$

(*b*) $y_B = \dfrac{PL^3}{3EI} \downarrow$

(c) $\theta_B = \dfrac{PL^2}{2EI}$

8.2 (*a*) $y = \dfrac{M_0}{2EI}(L - x)^2$, (*b*) $y_A = \dfrac{M_0L^2}{2EI} \uparrow$

(*c*) $\theta_A = \dfrac{w_0L}{EI}$

8.3 (*a*) $y = -\dfrac{w}{24EI}(x^4 - 4L^3x + 3L^4)$

(*b*) $y_A = \dfrac{wL^3}{8EI} \downarrow$

(c) $\theta_A = \dfrac{wL^3}{6EI}$

8.4 (*a*) $y = -\dfrac{w_0}{EIL}(\dfrac{1}{6}L^3x^2 - \dfrac{1}{12}Lx^4 + \dfrac{1}{120}x^5)$

(*b*) $y_B = \dfrac{11}{120}\dfrac{w_0L^4}{EI} \downarrow$

(c) $\theta_B = \dfrac{1}{8}\dfrac{w_0L^3}{EI}$

8.5 (*a*) $\theta_A = 2.77 \times 10^{-3}$ rad

(*b*) $y_C = 1.156$ mm $\downarrow$

8.6 (*a*) $\theta_A = 6.43 \times 10^{-3}$ rad

(*b*) $y_c = 5.6$ mm $\downarrow$

8.7 (*a*) $x_m = 0.423L$

(*b*) $y_m = 0.06415\dfrac{M_0L^2}{EI}$

(c) $M_0 = 45.3$ kN·m

8.8 (*a*) $x_m = 0.5193L$

(*b*) $y_m = 0.0652\dfrac{w_0L^4}{EI} \downarrow$

(c) $y_m = 7.61$ kN·m $\downarrow$

8.9 (*a*) $\theta_A = 8.18 \times 10^{-3}$ rad

(*b*) $y_C = 11.78$ mm $\downarrow$

8.10 (*a*) $y = \dfrac{P}{EI}(\dfrac{1}{2}ax^2 - \dfrac{1}{2}aLx + \dfrac{1}{6}a^3)$

(*b*) $y_C = 1.976$ mm $\downarrow$

8.11 (*a*) $y = \dfrac{w_0}{EIL^2}(\dfrac{1}{90}x^6 - \dfrac{1}{30}Lx^5 + \dfrac{1}{18}L^3x^3 - \dfrac{1}{30}L^5x)$

(*b*) $\theta_A = \dfrac{1}{30}\dfrac{w_0L^3}{EI}$

(*c*) $y_C = \dfrac{61}{5760}\dfrac{w_0L^4}{EI} \downarrow$

8.12 $R_A = \dfrac{3}{2}\dfrac{M_0}{L} \uparrow$

8.13 $R_B = \dfrac{3}{8}wL \uparrow$

8.14 $R_A = \dfrac{11}{40}w_0L \uparrow$

8.15 $R_B = \dfrac{9}{8}\dfrac{M_0}{L} \uparrow$, $M_A = \dfrac{1}{8}M_0$,

$M_{C^-} = -\dfrac{7}{16}M_0$, $M_{C^+} = -\dfrac{9}{16}M_0$

8.16 $R_B = \dfrac{5}{16}P \uparrow$, $R_A = \dfrac{7}{16}P \uparrow$,

$M_A = -\dfrac{3}{16}PL$, $M_C = \dfrac{5}{32}PL$, $M_B = 0$

8.17 $R_A = \dfrac{41}{128}wL \uparrow$, $y_C = \dfrac{19}{6144}\dfrac{wL^4}{EI} \downarrow$

8.18 $R_B = \dfrac{5M_0}{6L}\downarrow$, $y_D = \dfrac{7M_0L^2}{486EI}\uparrow$

8.19 $R_A = \dfrac{14}{27}P\uparrow$, $y_D = \dfrac{20}{2187}\dfrac{PL^3}{EI}\uparrow$

8.20 $R_A = \dfrac{wL}{4}$, $M_A = -0.05208w_0L^2$,
$M_C = 0.03125w_0L^2$

### P8B 연습문제

8.21 $R_B = R_A = \dfrac{1}{2}wL\uparrow$, $M_A = -\dfrac{1}{12}wL^2$,
$M = w[6x(L-x) - L^2]/12$

8.22 $\theta_A = \dfrac{PL^2}{EI}$ ↘, $y_A = \dfrac{17}{24}\dfrac{PL^3}{EI}\downarrow$

8.23 $\theta_C = \theta'_C + \theta''_C = \dfrac{5PL^2}{8EI}$ ↘,
$y_C = y'_C + y''_C = \dfrac{7PL^2}{16EI}\downarrow$

8.24 $(a)\ y_C = \dfrac{5}{162}\dfrac{PL^3}{EI}\downarrow$, $(b)\ \theta_A = \dfrac{1}{9}\dfrac{PL^2}{EI}$ ↘

8.25 $(a)\ y_C = \dfrac{8}{243}\dfrac{PL^3}{EI}\downarrow$, $(b)\ \theta_A = \dfrac{19}{162}\dfrac{PL^2}{EI}$ ↘

8.26 $\theta_C = 6.32\times10^{-3}$ rad ↘, $y_C = 5.55$ mm $\downarrow$

8.27 $\theta_B = 5.58\times10^{-3}$ rad ↘, $y_B = 2.51$ mm $\downarrow$

8.28 $(a)\ \theta_A = 2.58\times10^{-3}$ rad ↘
$(b)\ y_C = 2.70$ mm $\downarrow$

8.29 $R_B = \dfrac{1}{2}wL\uparrow$, $M_B = \dfrac{1}{12}wL^2$ ↻

8.30 $R_B = \dfrac{3}{2}\dfrac{M_0}{L}\uparrow$, $M_B = \dfrac{1}{4}M_0$ ↺

8.31 $(a)\ \theta_A = \theta'_A + \theta''_A = 0.00605$ rad ↘,
$(b)\ y_B = y'_B + y''_B = 1.43$ mm $\downarrow$

8.32 $(a)\ y_C = 5.94$ mm $\downarrow$
$(b)\ y_C = 6.75$ mm $\downarrow$

8.33 $(a)\ y_B = 10.54$ mm $\downarrow$
$(b)\ y_D = 23.4$ mm $\downarrow$

8.34 $P = 43.9$ kN

8.35 $y_C = 9.31$ mm $\downarrow$

### P8C 복습문제

8.36 $(a)\ x_m = 0.21132L$, $|y_m| = 0.0160375\dfrac{M_0L^2}{EI}$
$(b)\ L = 6.09$ m

8.37 $(a)\ y = w_0(x^6 - 15L^2x^4 + 25L^3x^3 - 11L^5x)/360\,EIL^2$
$(b)\ \theta_A = \dfrac{11}{360}\dfrac{w_0L^3}{EI}$ ↘
$(c)\ y_C = 0.00916\dfrac{w_0L^4}{EI}\downarrow$

8.38 $R_A = R_B = \dfrac{1}{2}P$, $M_A = \dfrac{1}{8}PL$ ↺

8.39 $R_A = 10.86$ kN $\uparrow$, $M_A = 1.942$ kN·m ↺,
$R_D = 1.144$ kN $\uparrow$, $M_D = 0.286$ kN·m ↻

8.40 $(a)\ \theta_C = \dfrac{Pa(2L+3a)}{6EI}$ ↘
$(b)\ y_C = \dfrac{Pa^2(L+a)}{3EI}\downarrow$

8.41 $(a)\ y_B = 6.87$ mm $\uparrow$
$(b)\ R_B = 46.3$ mm $\uparrow$

## Chapter 9

### P9A 연습문제

9.1 $P_{cr} = kL$

9.2 $P_{cr} = k/L$

9.3 $P_{cr} = \dfrac{ka^2}{2l}$

9.4 $k > 4.91$ kN/m

9.5 $p = 45$ kN

9.6 $(a)$ 6.25%, $(b)\ P_{cr} = 17.17$ kN

9.7 $\dfrac{P_{cr,a}}{P_{cr,b}} = 1.421$

9.8 반경 $c = 14.10$ mm, 원형 $P_{cr} = 61.4$ kN,
사각형 $P_{cr} = 64.3$ kN

9.9 $P_{all} = 303$ kN

9.10 $P_{all} = 4.00$ kN

9.11 $(a)\ F.S. = 2.55$, $(b)\ d_2 = 28.3$ mm
$(c)\ d_3 = 14.14$ mm, $(d)\ d_4 = 16.72$ mm
$(e)\ d_5 = 20.0$ mm

9.12 $(a)\ L_{BC} = 1.96$ mm, $L_{CD} = 0.49$ m
$(b)\ P_{all} = 23.1$ kN

9.13 $L = 12.01$ m

9.14 $P_{all} = 143.7$ kN

## P9B 연습문제

9.15 (*a*) $P_{all} = 220$ kN

(*b*) $P_{all} = 841$ kN

9.16 (*a*) $P_{all} = 114.7$ kN

(*b*) $P_{all} = 208$ kN

9.17 $P_{all} = 412.2$ kN

9.18 (*a*) $L = 231$ mm, (*b*) $L = 376$ mm

(*c*) $L = 714$ mm

9.19 $P_{all} = 35.9$ kN

9.20 $P_{all} = 160.4$ kN

9.21 $P_{all} = 107.7$ kN

9.22 $b = 22.3$ mm

9.23 $d = 123.1$ mm

9.24 $t = 9$ mm

9.25 (*a*) $d = 30.1$ mm, (*b*) $d = 33.5$ mm

9.26 $L89 \times 64 \times 12.7$

9.27 (*a*) $P_D = 433$ kN, $P_L = 321$ kN

(*b*) $P_D = 896$ kN, $P_L = 664$ kN

9.28 $P_L = 262.3$ kN

## P9C 복습문제

9.29 $P_{cr} = \dfrac{ka^2}{2l}$

9.30 $d = 9.68$ mm

9.31 $\Delta T = \dfrac{\pi^2 b^2}{12L^2\alpha}$

9.32 $P = 5.37$ kN

9.33 $P_{all} = 311.2$ kN

9.34 $F.S. = 2.27$

9.35 (*a*) $P_{all} = 26.6$ kN

(*b*) $P_{all} = 33.0$ kN

# 사진출처

## CHAPTER 1

4p 사진 1.1 ⓒ Photo courtesy of Dr. T.H. Baek; 7p 사진 1.2 ⓒ John DeWolf

## CHAPTER 2

45p 2장 ⓒ Photo courtesy of Dr. T.H. Baek; 49p 사진 2.1 ⓒ John DeWolf; 49p 사진 2.2 ⓒ Mrs_ya/shutterstock; 49p 사진 2.3 ⓒ John DeWolf; 50p 사진 2.4 ⓒ John DeWolf; 51p 사진 2.5 ⓒ John DeWolf

## CHAPTER 3

111p 3장 ⓒ HywitDimyadi/shutterstock; 112p 사진 3.1 ⓒ wittana/shutterstock; 122p 사진 3.2 ⓒ John DeWolf; 128p 사진 3.3 ⓒ Kokusai

## CHAPTER 4

149p 4장 ⓒ baranq/shutterstock; 150p 사진 4.1 ⓒ kbgen/shutterstock; 151p 사진 4.2 ⓒ Luigi Zanasi/Wikipedia; 159p 사진 4.3 ⓒ Hisham Ibrahim/Getty Images RF; 176p 사진 4.4 ⓒ Photo courtesy of Dr. T.H. Baek; 176p 사진 4.5 ⓒ John DeWolf

## CHAPTER 5

202p 사진 5.1 ⓒ David Papazian/CORBIS RF

## CHAPTER 6

235p 6장 ⓒ SeppVei/Wikipedia; 237p 사진 6.1 ⓒ John DeWolf; 251p 사진 6.2 ⓒ gualtiero boffi/shutterstock; 251p 사진 6.3 ⓒ Maxx-Studio/shutterstock

## CHAPTER7

265p 사진 7.1 ⓒ Radlund & Associates/Getty Images RF; 265p 사진 7.2 ⓒ Photo courtesy of Dr. T.H. Baek; 285p 사진 7.3 ⓒ Photo courtesy of Dr. T.H. Baek; 사진 사진 7.4 ⓒ Photo courtesy of Dr. T.H. Baek

## CHAPTER 8

297p 8장 ⓒ Photo courtesy of Dr. T.H. Baek; 305p 사진 8.1 ⓒ RoyaltyFree/CORBIS; 319p 사진 8.2 ⓒ John DeWolf

## CHAPTER 9

335p 9장 ⓒ Photo courtesy of Dr. T.H. Baek; 337p 사진 9.1 ⓒ Photo courtesy of Dr. Mohammad Ali Morovat, University of Texas at Austin.; 351p 사진 9.2(a) ⓒ Johnny Habell/shutterstock; 351p 사진 9.2(b) ⓒ Art65395/shutterstock

# 찾아보기

## Centroids of Common Shapes of Areas and Lines

| Shape | | $\bar{x}$ | $\bar{y}$ | Area |
|---|---|---|---|---|
| Triangular area | 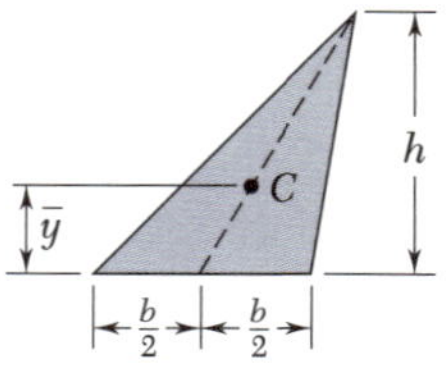 | | $\frac{h}{3}$ | $\frac{bh}{2}$ |
| Quarter-circular area | 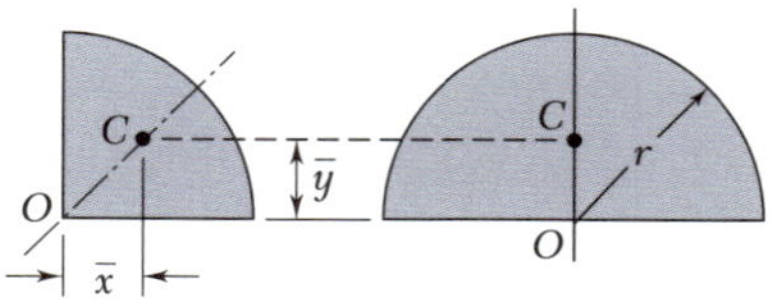 | $\frac{4r}{3\pi}$ | $\frac{4r}{3\pi}$ | $\frac{\pi r^2}{4}$ |
| Semicircular area | | $0$ | $\frac{4r}{3\pi}$ | $\frac{\pi r^2}{2}$ |
| Semiparabolic area | 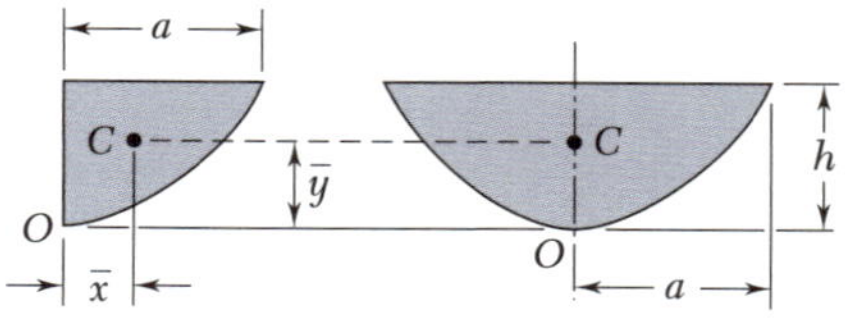 | $\frac{3a}{8}$ | $\frac{3h}{5}$ | $\frac{2ah}{3}$ |
| Parabolic area | | $0$ | $\frac{3h}{5}$ | $\frac{4ah}{3}$ |
| Parabolic spandrel | 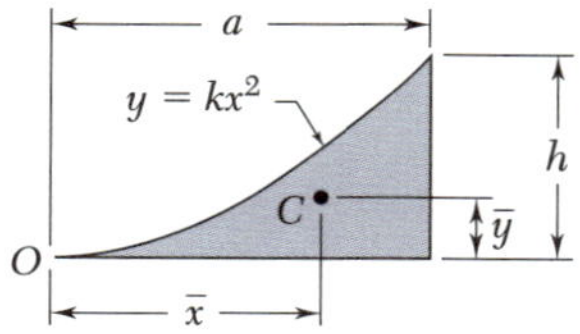 | $\frac{3a}{4}$ | $\frac{3h}{10}$ | $\frac{ah}{3}$ |
| Circular sector | 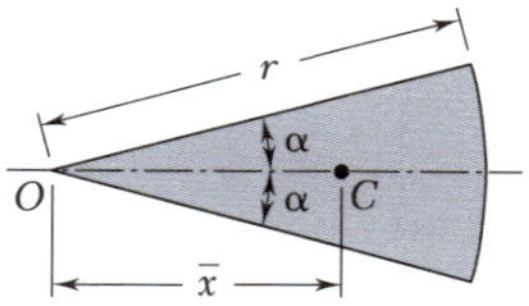 | $\frac{2r\sin\alpha}{3\alpha}$ | $0$ | $\alpha r^2$ |
| Quarter-circular arc | 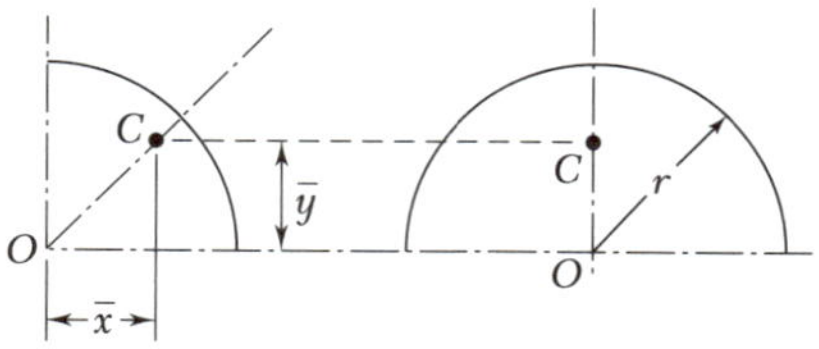 | $\frac{2r}{\pi}$ | $\frac{2r}{\pi}$ | $\frac{\pi r}{2}$ |
| Semicircular arc | | $0$ | $\frac{2r}{\pi}$ | $\pi r$ |
| Arc of circle | 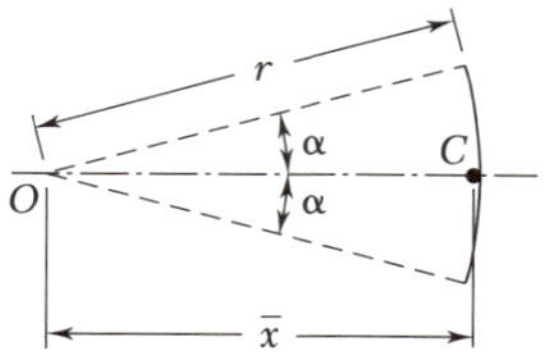 | $\frac{r\sin\alpha}{\alpha}$ | $0$ | $2\alpha r$ |

## Moments of Inertia of Common Geometric Shapes

<table>
<tr><td>Rectangle</td><td>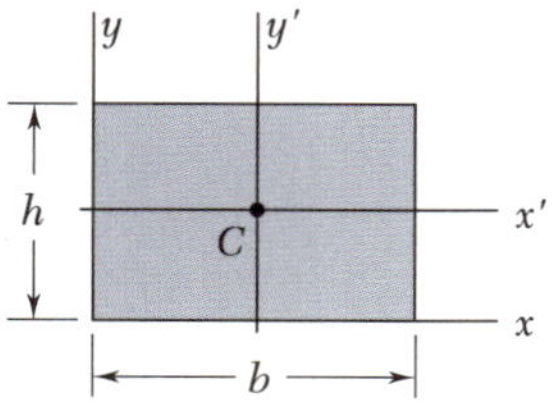
</td><td>$\bar{I}_{x'} = \frac{1}{12}bh^3$<br>$\bar{I}_{y'} = \frac{1}{12}b^3h$<br>$I_x = \frac{1}{3}bh^3$<br>$I_y = \frac{1}{3}b^3h$<br>$J_C = \frac{1}{12}bh(b^2 + h^2)$</td></tr>
<tr><td>Triangle</td><td>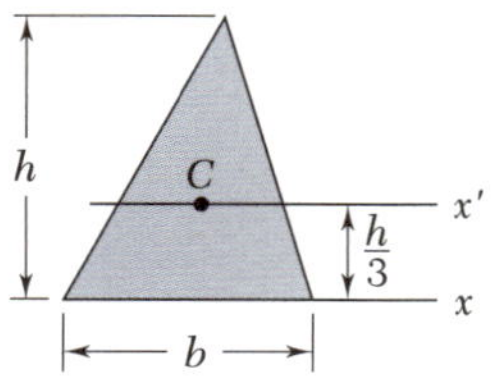
</td><td>$\bar{I}_{x'} = \frac{1}{36}bh^3$<br>$I_x = \frac{1}{12}bh^3$</td></tr>
<tr><td>Circle</td><td>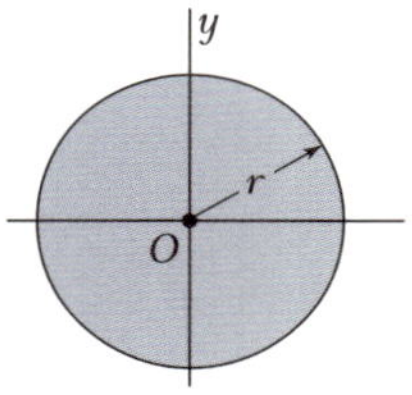
</td><td>$\bar{I}_x = \bar{I}_y = \frac{1}{4}\pi r^4$<br>$J_O = \frac{1}{2}\pi r^4$</td></tr>
<tr><td>Semicircle</td><td>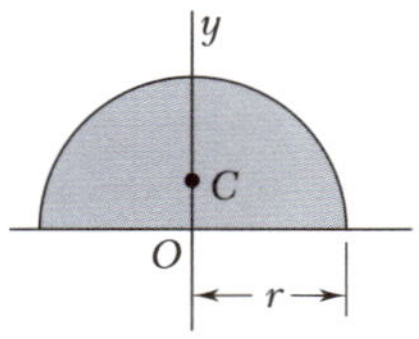
</td><td>$I_x = I_y = \frac{1}{8}\pi r^4$<br>$J_O = \frac{1}{4}\pi r^4$</td></tr>
<tr><td>Quarter circle</td><td>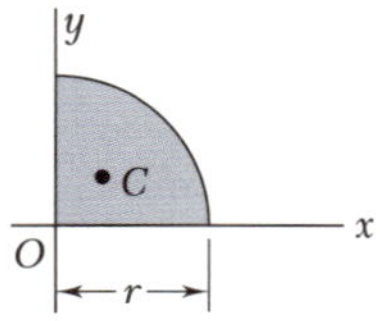
</td><td>$I_x = I_y = \frac{1}{16}\pi r^4$<br>$J_O = \frac{1}{8}\pi r^4$</td></tr>
<tr><td>Ellipse</td><td>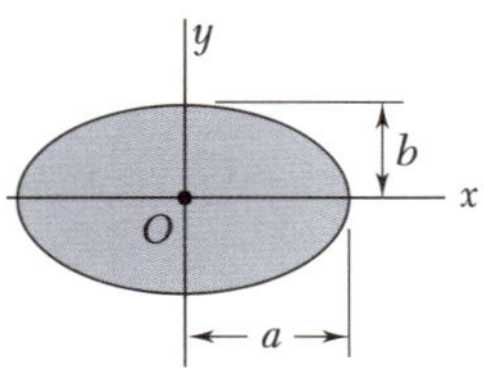
</td><td>$\bar{I}_x = \frac{1}{4}\pi ab^3$<br>$\bar{I}_y = \frac{1}{4}\pi a^3b$<br>$J_O = \frac{1}{4}\pi ab(a^2 + b^2)$</td></tr>
</table>